Peter Jung

Mobilkommunikation

De Gruyter Studium

Weitere empfehlenswerte Titel

Mobilkommunikation.
Innere physikalische Schicht
Peter Jung, 2025
ISBN 978-3-11-144564-9; e-ISBN (PDF) 978-3-11-144617-2

5G.
Die Mobilfunknetze der 5. Generation
Ulrich Trick, 2023
ISBN: 978-3-11-118638-2; e-ISBN 978-3-11-118662-7

Digital Mobilities and Smart Borders.
How Digital Technologies Transform Migration and Sovereign Borders
Louis Everuss, 2024
ISBN: 978-3-11-071397-8; e-ISBN 978-3-11-071405-0

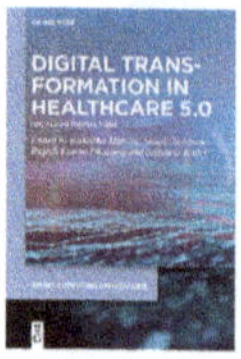

Digital Transformation in Healthcare 5.0.
Volume 1: IoT, AI and Digital Twin
Edited by: Rishabha Malviya, Sonali Sundram, Rajesh Kumar Dhanaraj and Seifedine Kadry, 2024
ISBN: 978-3-11-139738-2; e-ISBN 978-3-11-139854-9

Digital Transformation in Healthcare 5.0.
Volume 2: Metaverse, Nanorobots and Machine Learning
Edited by: Rishabha Malviya, Sonali Sundram, Rajesh Kumar Dhanaraj and Seifedine Kadry, 2024
ISBN: 978-3-11-132646-7; e-ISBN 978-3-11-132785-3

Peter Jung

Mobilkommunikation

Band 2: Anspruchsvolle Kanalcodes

DE GRUYTER

Autor
Prof. Dr.-Ing. habil. Peter Jung
Universität Duisburg-Essen
Fakultät für Ingenieurwissenschaften
Fachbereich Kommunikationstechnik
47057 Duisburg
Deutschland

Peter Jung und Guido Bruck
Institut für Kommunikationstechnik (IKT) GbR
Poststraße 87
46562 Voerde
Deutschland
peter.jung@kommunikationstechnik.org

ISBN 978-3-11-144572-4
e-ISBN (PDF) 978-3-11-144608-0
e-ISBN (EPUB) 978-3-11-144614-1
Set-ISBN 978-3-11-145274-6

Library of Congress Control Number: 2025931779

Bibliografische Information der Deutschen Nationalbibliothek
Die Deutsche Nationalbibliothek verzeichnet diese Publikation in der Deutschen Nationalbibliografie; detaillierte bibliografische Daten sind im Internet über
http://dnb.dnb.de abrufbar.

Coverabbildung: agsandrew / iStock / Getty Images Plus
Satz: VTeX UAB, Lithuania

www.degruyter.com
Fragen zur allgemeinen Produktsicherheit:
productsafety@degruyterbrill.com

Sine Anne et Christa non est vita.

„Die Philosophie steht in diesem großen Buch geschrieben, das unserem Blick ständig offen liegt — ich meine das Universum. Aber das Buch ist nicht zu verstehen, wenn man nicht zuvor die Sprache erlernt und sich mit den Buchstaben vertraut gemacht hat, in denen es geschrieben ist.

Es ist in der Sprache der Mathematik geschrieben, und deren Buchstaben sind Kreise, Dreiecke und andere geometrische Figuren, ohne die es dem Menschen unmöglich ist, ein einziges Bild davon zu verstehen; ohne diese irrt man in einem dunklen Labyrinth herum."

Galileo Galilei: Il Saggiatore (Der Prüfer), Oktober 1623.

Vorwort

„Take Me Home, Country Roads“ (John Denver, 1971) zu dem vorliegenden Buch

„Mobilkommunikation — Anspruchsvolle Kanalcodes“,

welches die Fortsetzung des ersten — *„Surprise, Surprise!“* (Mezzoforte, 1982) — Bandes mit dem Titel

„Mobilkommunikation — Innere physikalische Schicht“

ist.

Es geht wieder einmal um die mobile Kommunikationstechnik. Kommunikationstechnik ist ein wahrhaft wunderbares Wort. Es ist sogar derart wunderbar, dass eine einzelne Sprache gar nicht ausreicht, um es zu fassen. Wir brauchen tatsächlich zwei Sprachen, nämlich die beiden „Klassiker“ Latein und Griechisch, und zwar genau in dieser Reihenfolge. Los geht es mit Latein, denn *communicatio* stammt eben daraus und bedeutet „Mitteilung“, „Verbindung“, „Zusammenhang“ [1, S. 211] und damit auch Gemeinsamkeit. Aber auch die alten Griechen stehen dem mit ihrem Beitrag in nichts nach, denn sie liefern *téchnē* und somit das „Handwerk“ und die „Kunstfertigkeit“ [2, S. 672]. Amalgamiert ergibt das

die Kunst der Mitteilung,

und das Ganze auch noch mobil! Schön, nicht wahr?

Manche von Ihnen werden es bestimmt schon bemerkt haben, dass es einen englischsprachigen Vorläufer des vorliegenden Buches gibt. Dieser englischsprachige Vorläufer stammt aus dem Jahr 2024 und ist in der Tat die Grundlage für dieses Buch, das Sie gerade vor sich haben, lieber Leser. Herr Dr. Damiano Sacco vom Verlag de Gruyter hatte bereits vor der Entstehungsphase der englischsprachigen Fassung angeregt, im Nachgang auch eine deutsche Übersetzung zu erstellen. Wenn man sich eingehend mit dieser Idee befasst, so kommt man letztlich zum Schluss, dass auf diese Weise ein bestehendes englischsprachiges Werk tatsächlich weiterentwickelt werden kann, nämlich um wertvolle Aspekte, die in die englischsprachige Urfassung allein schon aus Zeitgründen nicht mehr gepasst haben. Gerade als „Mobilfunker“ wird man rasch Parallelen zur ständigen Weiterentwicklung von Mobilfunkstandards erkennen. Wenn ich auf die Zeit der Zusammenarbeit mit dem Verlag de Gruyter blicke, so bewahrheitet sich deshalb auch für den „Mobilfunker“ Peter Jung die wunderschöne Aussage

„Und jedem Anfang wohnt ein Zauber inne“

von Hermann Hesse, die man in seinem Gedicht „Stufen“ vom 4. Mai 1941 findet. Ich habe mir also erlaubt, den englischsprachigen Vorläufer nicht einfach zu übersetzen,

https://doi.org/10.1515/9783111446080-201

sondern zahlreiche Ergänzungen einzubringen. Da ich davon überzeugt bin, dass die herkömmliche Mobilkommunikation früher oder später um die Quantenkommunikation erweitert und vielleicht irgendwann sogar durch die Quantenkommunikation ersetzt wird, drehen sich viele dieser Ergänzungen um Aspekte der Quantenkommunikation.

Eine Sache jedoch habe ich von der englischsprachigen Urfassung übernommen, und zwar die Bilder. Nach reiflicher Überlegung habe ich mich dazu entschlossen, meinen ursprünglichen Plan der Fertigung von deutschen Übersetzungen der Bilder aufzugeben. Ich hoffe nämlich, dass ich es dem Leser erleichtern kann, sich in die im Wesentlichen englischsprachige Welt der Kommunikationstechnik einzufinden, wenn ich es bei den englischsprachigen „Originalkunstwerken" belasse.

In der Tat wirken auch manche Fachbegriffe in der deutschen Sprache sperrig, ja sogar ungewohnt und wenig vertraut. Dennoch halte ich die deutschen Fachbegriffe für wichtig. Zum besseren Verständnis habe ich sie im Text häufig um die englischsprachigen Varianten ergänzt und diese auch gemeinsam häufig wiederholt. *HTH* (engl. „hope this helps")!

Der vorliegende zweite Band befasst sich mit grundlegenden Begriffen der linearen Blockcodes und Faltungscodes, diskutiert die Grundlagen der endlichen Zahlenkörper und der Zahlentheorie, der Turbo-Faltungscodes, welche die Struktur der regulären Faltungscodes übernehmen, der Low Density Parity Check (LDPC) Codes sowie der Polarcodes, welche die bekannten Reed-Muller (RM) Codes erweitern, „that's it, that's it, that's it, baby, what's your mama gonna say when she finds that you party like this girl, sorry, I mean reader"? (Al Jarreau in *„Roof Garden"*, 1981, meiner Meinung nach der beste Jazzsänger aller Zeiten, und George Dukes Spiel auf dem „Dynomy Rhodes" E-Piano ist in diesem Lied atemberaubend). Alle genannten Aspekte und insbesondere die genannten Kanalcodes sind in heutige Mobilkommunikationssysteme integriert und verdienen daher Beachtung.

Im Folgenden und bis zum Ende dieses Vorworts möchte ich einige Teile des Vorworts des ersten Bandes [3] zitieren und einige zusätzliche Bemerkungen hinzufügen.

Das Gebiet der Mobilkommunikation hat sich in den letzten Jahrzehnten mit zunehmendem Tempo entwickelt. Es gibt neue und fortgeschrittene Themen aus verschiedenen Bereichen, insbesondere in Bezug auf die Übertragung von physikalischen Signalen, d. h. auf der physikalischen Schicht. Die rasante Entwicklung erfordert einerseits das Verständnis der Grundlagen und andererseits die Ausarbeitung neuer Aspekte der fünften, sechsten und der folgenden Generationen der Mobilkommunikation, um den Weg in die Zukunft zu ebnen. Es gilt also, Folgendes zu tun: *„Rockin' Down The Highway" (The Doobie Brothers, 1972)*, wie in Abbildung 1 dargestellt.

Wie der erste Band [3] entstand auch dieses Buch aus den Vorlesungen, die der Autor an der Universität Duisburg-Essen als Inhaber des Lehrstuhls für Kommunikationstechnik gehalten hat. Das Manuskript ist ein Arbeitsergebnis der letzten rund fünfzehn Jahre. Möge dieses Buch alle jene begleiten, welche die genannten Themen vertiefen möchten.

Abb. 1: Sicht des Autors auf *„Rockin' Down The Highway"* (The Doobie Brothers, 1972) der Geschichte der Mobilkommunikation.

In der deutschen Ausgabe seines Buches mit dem Titel „Eine kurze Geschichte der Zeit" schrieb Stephen Hawking [4, S. 7]:

> „Man hat mir gesagt, dass jede Gleichung im Buch die Verkaufszahlen halbiert."

Nun, dieses Buch besteht hauptsächlich aus Gleichungen. Trotzdem hoffe ich, dass es Leser geben wird, die es für ihre berufliche Arbeit nützlich finden.

Lassen Sie mich nun zwei persönlichen Bemerkungen wiederholen, die ich bereits im Vorwort des ersten Bandes gemacht habe. Wir alle leben in einer verrückten Zeit, in der überall nach Plagiaten gesucht wird. Obwohl nicht jeder Autor absichtlich das geistige Eigentum anderer stiehlt, mussten zu viele, vielleicht manchmal etwas naive Menschen, die unangenehmsten Konsequenzen dieser merkwürdigen „Jagd" erleiden. Ich glaube, dass ich für mich eine tragfähige Verteidigung gefunden habe, indem ich Zitate in jedem Satz und in jedem Bild anbringe, in denen ich die Gedanken anderer Menschen entdecken konnte. Das Gute daran ist, dass ich gleichzeitig die Schöpfer anderer Publikationen angemessen ehre.

Ich zitiere jene Publikationen, die ich persönlich benutzt und konsultiert habe, während ich dieses Buch schrieb, und ich bin so präzise wie möglich, indem ich Seitenzahlen und sogar die Nummern von Gleichungen, Tabellen oder Bilder der zitierten Publikationen angebe, um es dem Leser zu ermöglichen, frühere Ergebnisse schnell zu identifizieren. Seltsamerweise wurde ich bereits von anonymen Gutachtern für diese Art des Zitierens kritisiert. Trotzdem lasse ich mich nicht davon abbringen. Ich ziehe es vor, die

Kritik eines anonymen Gutachters zu ertragen, als die öffentlichen Anschuldigungen, ein „Abschreiber" und „Seelendieb" zu sein, zu erdulden. Vielleicht kann ich sogar ein Vorbild für zukünftige Autoren sein.

Übrigens behaupte ich nicht, eine vollständige Bibliographie zu haben. Insbesondere erwähne oder zitiere ich keine Publikationen, die ich persönlich als fehlerhaft oder minderwertig einschätze. Da ich die Gefühle anderer Autoren nicht verletzen möchte, verzichte ich darauf, diese Werke explizit zu kritisieren. Ich entschuldige mich jedoch bereits jetzt bei jedem Leser dafür, dass ich möglicherweise Texte ignoriert habe, die er oder sie für wichtig hält.

Und hier kommt die zweite Bemerkung. Das Vorwort der Autobiographie des Nobelpreisträgers von 1932, Werner *Heisenberg*, mit dem Titel „Der Teil und das Ganze", das offensichtlich aus dem Lateinischen „pars pro toto" abgeleitet ist, beginnt mit der Aussage [5, S. 7]:

> „Wissenschaft wird von Menschen gemacht. Dieser an sich selbstverständliche Sachverhalt gerät leicht in Vergessenheit, [...]"

Beim Schreiben dieses Buchs hatte ich „nette kleine Assoziationen", die Menschen zu verschiedenen Gelegenheiten nun einmal haben, und in einigen Fällen habe ich diese Assoziationen aufgeschrieben. Meistens sind diese Assoziationen mit Liedern verbunden, die plötzlich in meinem Kopf auftauchten. In der Regel ist nur der Titel des zitierten Liedes von Belang und rechtfertigt das Zitat. Ich möchte nicht den Eindruck erwecken, dass ich die Texte oder die erzählten Geschichten der Lieder ganz oder teilweise gutheiße. Dennoch hoffe ich, dass die kleinen Ablenkungen durch die genannten Assoziationen dem Leser zeigen, dass Wissenschaft Spaß machen muss, und ohne Spaß gibt es keine Wissenschaft. Denken Sie immer an das deutsche Sprichwort:

> „Wo man singt, da lass dich ruhig nieder, böse Menschen haben keine Lieder".

Wie heißt es so schön in dem Song *„Let The Good Times Roll"* von Louis Jordan and his Tympany Five aus dem Jahr 1946:

> „Hey, everybody, let's have some fun,
> You only live but once
> And when you're dead you're done.
>
> So let the good times roll.
> Let the good times roll.
> I don't care if you're young or old,
> Get together, let the good times roll!"

Davon gibt es übrigens grandiose Coverversionen von B. B. King und Ray Charles.

Die Grundlage für meine persönliche Liedauswahl wird im Folgenden erläutert.

Ich war mein ganzes Leben lang von Musik aller Art fasziniert. Besonders Rock 'n' Roll, Jazz, Gospel, Soul und Funk der 1960er Jahre bis heute haben es mir angetan wie ein wahr gewordener Traum. Der deutsche „Schlager" gehört nicht zu meinen Favoriten (Entschuldigung, Leute, das ist einfach nicht mein Geschmack).

Als wäre es gestern gewesen, erinnere ich mich an zwei Ereignisse, die zumindest für mich bemerkenswert sind. Das erste ereignete sich am Morgen eines schönen Tages im August 1970. Meine Eltern und ich machten uns gerade fertig für den Tag und hörten dabei die Morgensendung im Radio, als die aus dem Jahr 1967 stammende Aufnahme *„A Whiter Shade Of Pale"* von Procul Harum lief. Damals wusste ich nicht viel über Bach und sein großartiges Musikstück *„Air"* aus seiner Suite Nr. 3 in D-Dur, aber ich hörte diese wunderbaren Harmonien und diesen atemberaubenden Klang eines mir bis dahin unbekannten Instruments. Als ich meine Mutter fragte, was das sei, antwortete sie mir, es sei eine Hammond-Orgel. Ich war sofort davon überzeugt, dass ich lernen musste, wie man dieses Instrument spielt. Ich freue mich, sagen zu können, dass mir meine Eltern eine kleine Orgel kauften und mir Orgelunterricht ermöglichten. Viele Jahre später fand ich heraus, dass es damals Matthew Fisher war, der eine „Hammond C3" auf der Aufnahme von Procul Harum spielte.

Das zweite Ereignis ereignete sich 1972. Ich erinnere mich, wie ich vor dem Fernseher saß und „The Temptations" ihren Hit *„Papa Was A Rolling Stone"* darboten. Alle fünf Musiker trugen rosafarbene Anzüge, der Leadsänger stand vorne auf der rechten Seite der Bühne und sang in ein Mikrofon auf einem Mikrofonständer, und die anderen vier Musiker tanzten hinter dem Leadsänger zur Musik. Obwohl ich den Liedtext damals nicht verstehen konnte, weil ich mit acht Jahren noch kein Englisch gelernt hatte, merkte ich wieder einmal, dass Musik den Unterschied macht.

Ich kann nicht anders, ich bin immer noch gerührt, wenn ich an diese Ereignisse zurück denke. Jetzt, lieber Leser, verstehen Sie vielleicht, warum einige Verweise auf bekannte Musikstücke in diesem Buch verstreut sind. Vielleicht denken Sie sogar, dass ich ein Mensch sein könnte, der manchmal wie ein Wissenschaftler anmutet, wer weiß? Jedenfalls werde ich diesen Gedanken nicht bestreiten.

Vince Ebert, ein deutscher Physiker und Komiker, wurde vor nicht allzu langer Zeit in einer lokalen Zeitung mit einem Foto gezeigt, auf dem er eine kleine Papierflagge mit einem darauf gedruckten Slogan schwenkt. Der Slogan lautet:

MAKE SCIENCE GREAT AGAIN.

Dazu kann man nur James Brown zitieren: *„Please, Please, Please!"* (Der „Godfather of Soul", James Brown, 1956 — er spielte diesen „Signature Song" live während seines wunderbaren Auftritts bei der „Teenage Awards Music International (TAMI)"-Show im wichtigsten Jahr der Menschheitsgeschichte, 1964).

Eine fast letzte Sache, die ich erwähnen möchte, ist die folgende. Diese Monographie kann Fehler enthalten. Wenn Sie einen finden, dürfen Sie ihn natürlich behalten. Ich wäre jedoch dankbar, wenn Sie mich wissen ließen, was Ihrer Meinung nach falsch gelaufen ist.

Und noch eine fast letzte Sache. Ich kann nicht widerstehen zu erwähnen, dass ich Pfälzer bin, geboren in Kaiserslautern und aufgewachsen im Landkreis Kaiserslautern. Mein leider schon verstorbener kaiserslauterer „Landsmann", der Mundartdichter Eugen Damm, hat einmal festgestellt, dass es der Herr höchstselbst war, der uns Pfälzern die bedeutende Aufgabe, die Weltachse zu schmieren, auf ewig übertrug. Na, hörten Sie die Weltachse schon einmal quietschen? Nein? Sehen Sie, so zuverlässig und gut machen wir Pfälzer unsere Sache!

Eben dieser Eugen Damm hat in ein paar Gedichtzeilen zusammengefasst, was Pfalz und Kultur sind, und diese lauten sinngemäß so:

„Des sin so Sache als,
die zeischn, wie schää's is in de Palz.
Mir tringen unsern guten Wein,
wenn wir emol dorschdisch sein.
Awwer Alkohol, die ‚Lumbebrieh',
die tringt e reschter Pälzer nie!"

Auf Hochdeutsch heißt das in etwa:

„Diese Dinge
zeigen die Schönheit der Pfalz.
Wir trinken unseren guten Wein,
wenn wir durstig sind.
Aber Alkohol, diese ‚Putzbrühe',
trinkt ein richtiger Pfälzer nie!"

Dem ist nichts hinzuzufügen, nicht wahr?

Ich hoffe aufrichtig, dass Ihnen, lieber Leser, das Studium meiner beiden Bücher genauso viel Freude bereitet, wie die Pfalz schön ist, und dass Sie die Lektüre als Gewinn empfinden mögen.

Und nun, lieber Leser, lassen Sie uns mit der „*Garden Party*" (Mezzoforte, 1982, die persönlichen Helden des Autors im zeitgenössischen Jazz und Fusion) beginnen. Ich weiß, dass „*We're In This Love Together*" (Al Jarreau, 1981), unserer gemeinsamen, ewigen Liebe zur Wissenschaft. Also, „people all over the world, start a *Love Train*" für Wissenschaft und Natur, „get all on board and keep riding on through. If you miss it, I feel sorry, sorry for you" (O'Jays, 1972)! „*All Together Now*" (The Beatles, 1969),

MAKE SCIENCE GREAT AGAIN!

Duisburg, 3. März 2025

Danksagung

Hiermit möchte ich mich herzlich bei all denjenigen bedanken, die mich unterstützt haben, während ich an diesem Buch gearbeitet habe. Ich werde nicht viele Namen nennen, um sicherzustellen, dass die meisten von ihnen anonym bleiben können, und bitte um Entschuldigung bei all jenen, die nicht genannt werden, aber gerne ihren Namen hier gelesen hätten. Einige sollen jedoch ausdrücklich erwähnt werden.

Zunächst einmal möchte ich Frau Anne Jung für ihre großartige Unterstützung beim Korrekturlesen danken. Trotz der enormen zeitlichen Belastung, die ihr Studium der Humanmedizin mit sich bringt, hat sie die Zeit gefunden, sich mit von Ihrer Warte aus fachfremden Themen auseinanderzusetzen.

Außerdem möchte ich mich bei den Herren Dr. Guido Horst Bruck, Dr. Lukas Vincent Grinewitschus, Faris Abdel Rehim, Hamza Almujahed, Kushtrim Dini und Lukas Knopp für unzählige Diskussionen über die Themen und wissenschaftlichen Details sowie für die Hilfe beim Korrekturlesen bedanken.

Ein ganz besonderer Dank geht an Herrn Kushtrim Dini. Er half schon bei der ersten Fassung des Manuskripts dabei, „Geschwurbel" in Deutsch zu konvertieren. Seine gründliches Durcharbeiten hat wesentlich zum Reifen des Manuskripts beigetragen.

Nicht zuletzt möchte ich mich bei allen Mitarbeitern bei de Gruyter, insbesondere bei Frau Jessika Kischke und Herrn Dr. Damiano Sacco, dafür bedanken, dass sie mir die Möglichkeit gegeben haben, dieses Buch bei de Gruyter zu veröffentlichen. Darüber hinaus war ihre Unterstützung bei der Übersetzung des englischsprachigen Originals eine wertvolle Hilfe. Die Zusammenarbeit war und ist erstklassig!

https://doi.org/10.1515/9783111446080-202

Notation

In diesem Buch werden folgende Notationen verwendet.

Die imaginäre Einheit ist

$$\mathrm{j} = \sqrt{-1}.$$

Komplexe Variablen sind unterstrichen, z. B. $\underline{\boldsymbol{M}}$, $\underline{\boldsymbol{v}}$, $\underline{x}$.

$\mathrm{Re}\{\cdot\}$ bezeichnet den Realteil von $\cdot$ und $\mathrm{Im}\{\cdot\}$ den Imaginärteil von $\cdot$.

Matrizen werden als fett und kursiv gedruckte Großbuchstaben dargestellt, z. B. $\boldsymbol{M}$. Vektoren werden als fett und kursiv gedruckte Kleinbuchstaben geschrieben, z. B. $\boldsymbol{v}$.

Mit $\boldsymbol{M}^{\mathrm{T}}$ ist die Transponierte der Matrix $\boldsymbol{M}$ und mit $\boldsymbol{v}^{\mathrm{T}}$ die Transponierte des Vektors $\boldsymbol{v}$ gemeint.

Die komplex konjugierte, d. h. die hermitesche Transposition der Matrix $\underline{\boldsymbol{M}}$ ist $\underline{\boldsymbol{M}}^{\mathrm{H}}$, und die komplex konjugierte, d. h. die hermitesche Transposition des Vektors $\underline{\boldsymbol{v}}$ ist $\underline{\boldsymbol{v}}^{\mathrm{H}}$.

Das Kronecker-Produkt wird mit $\otimes$ angezeigt.

Die leere Menge ist

$$\emptyset = \{\}.$$

Die Menge der nichtnegativen ganzen Zahlen ist

$$\mathbb{N} = \{0, 1, 2, 3 \cdots\},$$

und

$$\mathbb{N}^{*} = \{1, 2, 3 \cdots\}$$

ist die Menge der positiven ganzen Zahlen.

Die Menge aller ganzen Zahlen wird durch $\mathbb{Z}$ bezeichnet.

Die Menge der reellen Zahlen ist $\mathbb{R}$, und $\mathbb{R}_0^+$ ist die Menge der nichtnegativen reellen Zahlen. Die Menge der positiven reellen Zahlen wird mit $\mathbb{R}^+$ bezeichnet. $\mathbb{R}^-$ bezeichnet die Menge der negativen reellen Zahlen.

Die Menge der komplexen Zahlen ist $\mathbb{C}$.

Sei $a, b \in \mathbb{R}$ mit $a \leq b$. Die Bezeichnung $[a, b]$ ist das geschlossene Intervall mit den Elementen $a \leq x \leq b$. Die beiden Endpunkte $a, b \in \mathbb{R}$ gehören also zum geschlossenen Intervall.

Mit $[a, b[$ bzw. $[a, b)$ wird das nach rechts halboffene Intervall mit den Elementen $a \leq x < b$ bezeichnet, d. h. lediglich der Endpunkt $a \in \mathbb{R}$ gehört zum Intervall, der Endpunkt $b \in \mathbb{R}$ jedoch nicht.

Mit $]a, b]$ bzw. $(a, b]$ wird das nach links halboffene Intervall mit den Elementen $a < x \leq b$ bezeichnet, d. h. lediglich der Endpunkt $b \in \mathbb{R}$ gehört zum Intervall, der Endpunkt $a \in \mathbb{R}$ jedoch nicht.

https://doi.org/10.1515/9783111446080-203

Die Bezeichnung $]a, b[$ ist das offene Intervall mit den Elementen $a < x < b$. Die beiden Endpunkte $a, b \in \mathbb{R}$ gehören also nicht zum offenen Intervall.

Das N-fache kartesische Produkt von $\mathbb{R}$ ist

$$\mathbb{R}^N = \underbrace{\mathbb{R} \times \mathbb{R} \times \cdots \times \mathbb{R}}_{N \text{ Terme}}, \quad N \in \mathbb{N}^*.$$

Das N-fache kartesische Produkt von $\mathbb{C}$ ist

$$\mathbb{C}^N = \underbrace{\mathbb{C} \times \mathbb{C} \times \cdots \times \mathbb{C}}_{N \text{ Terme}}, \quad N \in \mathbb{N}^*.$$

Die Faltung wird mit $*$ bezeichnet.

Die in der Mobilkommunikation üblicherweise verwendete Kanalcodierung basiert auf Nachrichtensymbolen und Codesymbolen, die beide aus $\mathbb{F}_2$, gleich $\{0, 1\}$, stammen. Daher heißen die Nachrichtensymbole Nachrichtenbits und die Codesymbole Codebits. $\mathbb{F}_2$ ist das *Galois-Feld* mit den zwei Elementen 0 und 1. $\mathbb{F}_2$ ist ein endliches Feld, d. h. ein endlicher Zahlenkörper.

Um die linearen Operationen in $\mathbb{F}_2$ von der „regulären" Addition „+" und der „regulären" Multiplikation „·" zu unterscheiden, wird die additive Operation zweier beliebiger Elemente aus $\mathbb{F}_2$ mit „$\oplus$" und die multiplikative Operation zweier beliebiger Elemente aus $\mathbb{F}_2$ mit „$\odot$" bezeichnet. Die gleichen Notationen „$\oplus$" und „$\odot$" werden verwendet, um Operationen in anderen endlichen Feldern bzw. Zahlenkörpern anzuzeigen, z. B. in $\mathbb{F}_{2^n}$, $n \in \{2, 3 \cdots\}$. Weiterhin ist $\mathbb{F}_2[x]$ die Menge der Polynome über $\mathbb{F}_2$ und $\mathbb{F}_2[x]_n$ die Menge der Polynome über $\mathbb{F}_2$ mit einem Grad nicht größer als n.

Sätze, Lemmata, Korollare und Trivialitäten

In diesem Buch werden wir an den entsprechenden Stellen Sätze, Lemmata und Korollare verwenden. Es ist daher unerlässlich zu wissen, was diese Ausdrücke bedeuten. Wir werden die grundlegenden Konzepte dieser Ausdrücke in aller Kürze und ohne Verweise wiedergeben, da sie als allgemein bekannt gelten.

Ein *Satz* ist eine nicht selbstverständliche Behauptung, die erweislich wahr und bewiesen ist.

Ein *Lemma* ist ein bewiesener Satz oder eine Aussage, deren Bedeutung hinter derjenigen eines Satzes steht. Ein Lemma ist oft das „Sprungbrett“ zu einem größeren Ergebnis. Das genannte größere ist in der Regel ein Satz. Lemmata werden daher auch „Hilfssätze“ genannt.

Ein *Korollar* ist eine Aussage, die sich leicht und unmittelbar aus einem bereits bekannten Ergebnis ableiten lässt. Dieses bereits bekannte Ergebnis ist in der Regel ein Satz oder ein Lemma. Ein Korollar kann somit als ein mehr oder weniger triviales Ergebnis betrachtet werden.

Trivial? Was heißt da trivial?

Nun, vermutlich weiß es jeder Leser, dass das Adjektiv „trivial“ aus dem Lateinischen stammt und soviel wie „abgedroschen“, „platt“, „gewöhnlich“, „alltäglich“, aber eben auch „unmittelbar einsichtig“ bedeutet [6, S. 385]. In der letzten Bedeutung wird das Adjektiv „trivial“ üblicherweise in Fachbüchern wie dem vorliegenden verwendet.

Woher kommt dieser ganze Zauber? Um diesen zu verstehen, müssen wir ein wenig in der Zeit zurückreisen.

Im Mittelalter und bis zur Aufklärung, d. h. bis Erasmus von Rotterdam auf der Bildfläche erschien, bestand die universitäre Lehre in einer Art „Grundstudium“ und dem darauf aufbauenden Studium an den höheren Fakultäten Theologie, Medizin und Recht (Jurisprudenz) [7, S. 154]. Das „Grundstudium“ umfasste den bereits in der Antike entstandenen Fächerkanon der *„septem artes liberales“*, d. h. der sieben freien Künste. Diese brachten die einem freien Mann ziemende Bildung. Als freier Mann galt, wer nicht für seinen Broterwerb arbeiten musste. Soviel zum Thema Recht auf Bildung!

Die „septem artes liberales“ wurden von den „Artistenfakultäten“ als Propädeutikum für das Studium der genannten höheren Fakultäten gelehrt und bestanden aus

– den drei sprachlich ausgerichteten Fächern Grammatik, Dialektik (Logik) und Rhetorik, welche das *„trivium“*, den „Dreiweg“ bildeten, sowie
– den vier mathematisch-realen Fächern Arithmetik, Geometrie, Musik und Astronomie, welche das *„quadrivium“*, den „Vierweg“ bildeten

[7, S. 154], [8, S. 660].

Insgesamt sind die „septem artes liberales“ von der mittelalterlichen Philosophie, der *„philia“* (Liebe) zur *„sophia“* (Weisheit) und somit dem Streben nach Wissen und Bildung durchwirkt und sind letztlich deren Manifestationen.

https://doi.org/10.1515/9783111446080-204

Jetzt versteht man schon viel besser, warum Johann Wolfgang von Goethe seinen Protagonisten Faust sagen lässt:

> „Habe nun, ach! Philosophie,
> Juristerei und Medizin,
> Und leider auch Theologie
> Durchaus studiert, mit heißem Bemühn.
> Da steh ich nun, ich armer Tor!
> Und bin so klug als wie zuvor;
> Heiße Magister, heiße Doktor gar
> Und ziehe schon an die zehen Jahr
> Herauf, herab und quer und krumm
> Meine Schüler an der Nase herum (...)"

Wer hätt's gedacht, dass der Dreiweg trivial sein könnte. Aber zu „dreiweglichen" Ehrenrettung darf man ruhig wissen, dass „trivial" bereits in der Antike die oben angeführten Bedeutungen hatte.

Der Autor versichert Ihnen, lieber Leser, dass es nicht ausgeschlossen ist, dass er Sie nicht an der Nase herumzieht! Vielmehr ist es ausgeschlossen, dass er Sie an der Nase herumzieht. Schließlich heißt der Autor auch nicht Faust, und Sie sind sicher auch nicht sein Schüler.

Arithmetische Vorrangregeln

Es scheint, dass die sozialen Medien allmählich die Rolle einer „Quelle der Weisheit“ übernommen haben. Sie bieten starke Meinungen, die oft mit einem Mangel an Fakten einhergehen, und finden Anhänger, die sich teils wie die sprichwörtlichen Lemminge verhalten.

In letzter Zeit gibt es beispielsweise eine Tendenz, mathematische Konventionen wie die arithmetischen Vorrangregeln, d. h. die Reihenfolge der mathematischen Operationen, auf erstaunlich zweifelhafte Weise auszulegen [9, Vorderseite, 27. März 2024].

Befolgen wir also den lateinischen Imperativ „principiis obsta“, wehren wir den Anfängen der mathematischen Dummheit.

Lassen Sie uns außerdem dem englischen Imperativ „*Fight For Your Right*“ (Beastie Boys, 1986), richtig zu rechnen, folgen!

Zur großen Überraschung des Autors konnte er kaum ein Buch finden, das er zu den folgenden Regeln zitieren konnte. Zum Glück gibt es [9].

Gehen Sie beim Rechnen also wie folgt vor [9, Rückseite, 27. März 2024]:

1. *KLAMMERN AUSWERTEN*. Rechne innerhalb einer Klammer von links nach rechts.
2. *POTENZEN AUSWERTEN*. Rechne innerhalb einer Potenz von links nach rechts.
3. *PUNKTRECHNUNG*. Führe alle Multiplikationen und Divisionen durch. Rechne von links nach rechts.
4. *STRICHRECHNUNG*. Führe alle Additionen und Subtraktionen durch. Rechne von links nach rechts.
5. *VON LINKS NACH RECHTS RECHNEN*. Rechne im Zweifel immer von links nach rechts.

https://doi.org/10.1515/9783111446080-205

Inhalt

1 Einleitung — Anspruchsvolle Kanalcodes für die Mobilkommunikation

1.1 Oh mein Gott! Oh mein Gott! Noch ein weiteres Buch über... Kanalcodierung!

Ich hätte nie gedacht, dass ich jemals ein Lehrbuch über Kanalcodierung schreiben würde. Aber, wie man so schön sagt,

> „unverhofft kommt oft!"

Nun denn, *„Here We Go Again"* (The Weeknd, 2022), noch ein Band über *Kanalcodierung*.

Warum braucht die Welt das?

Zunächst einmal, warum nicht? Man erinnere sich an den großen bayerischen Komiker Karl *Valentin*, der einmal mit bayerischem Akzent erkannte, dass

> *„alles schon gesagt wurde, nur noch nicht von jedem"*.

Obwohl dieser Ausspruch durchaus einen gewissen Sinn für Humor beweist, nicht unbedingt den meinen, sondern den Valentins, klingt er doch etwas zu sarkastisch, nicht wahr? Was mich betrifft, ist der wahre Grund für dieses Buch meine persönliche Unzufriedenheit mit der verfügbaren Sammlung von Lehrbüchern zum Thema Kanalcodierung für die moderne Mobilkommunikation.

Meiner Meinung nach ist es wichtig zu verstehen, dass die Kanalcodierung einen Blick durch die „Augen" der modernen Mobilkommunikation verdient. Und ich muss zugeben, dass der Leser natürlich zahlreiche Lehrbücher finden wird, die auf den ersten Blick „die Mobilfunkwelle reiten", aber am Ende doch nur herkömmliche nachrichtentechnische Lehrbücher im Gewand eines Mobilfunklehrbuchs sind. Ein klarer Punkt, der üblicherweise weder gemacht noch deutlich verfolgt wird, ist die Tatsache, dass in der modernen Mobilkommunikation nur Nachrichten endlicher Länge, d. h. endliche Blöcke von Nachrichtensymbolen, übertragen werden und deshalb alle Kanalcodes zu Blockcodes werden. Daher muss man beispielsweise Faltungscodes als Blockcodes betrachten. Es ist schlichtweg vergeblich, Theorien zu präsentieren, die sich auf Nachrichten unendlicher Länge stützen.

Punkt.

Selbstverständlich gibt es eine große Vielfalt an Lehrbüchern zur Kanalcodierung. Und ja, es gibt sicherlich mindestens einige, die wirklich großartig sind. Ich selbst bin von den Schriften von Florence Jessie *MacWilliams* und Neil James Alexander *Sloane* [10] sowie von Bernd *Friedrichs* [11] und von Martin *Bossert* [12] sehr angetan.

Nichtsdestotrotz stellen gute Lehrbücher über Kanalcodierung in der Regel die Zahlentheorie dar, aber die Grundlagen und Überlegungen, die von der Informationstheorie gelegt werden [13, 14], werden meistens nicht ausreichend behandelt und daher nicht

https://doi.org/10.1515/9783111446080-001

in eine verständliche und anschauliche Beziehung zum „warum" und „wie" der Kanalcodierung gesetzt. Um es auf den Punkt zu bringen: In der Regel vermisse ich klare und leicht verständliche Aussagen über das wahre und tiefe Verständnis, d. h. ich bekomme einfach keine zufriedenstellenden Antworten auf die Frage: „Warum ist der ganze Aufwand notwendig, und wie hängt das alles miteinander und mit dem Rest der, oder vielmehr meiner, Welt zusammen?"

Zudem bringen die meisten guten Lehrbücher keine aktuellen Fortschritte.

Mir persönlich fehlen oft präzise Verweise auf die frühen Veröffentlichungen und vorzugsweise auf die Ursprünge, die es dem Leser ermöglichen würden, seine oder ihre eigene fundierte Bewertung der Materie zu entwickeln.

Bemerkung 1.1 (Zur Bedeutung von Referenzen). Erlauben Sie mir, einige weitere Details zu meiner Beschwerde über das Fehlen präziser Zitate zu geben. Ich werde mich auf das drastischste Beispiel beziehen, das ich persönlich kenne, obwohl es nicht im Bereich der Kanalcodierung liegt. Es betrifft die Theorie der speziellen Relativitätstheorie. Wie Sie sicherlich wissen, wird die spezielle Relativitätstheorie oft dem deutschen Physiker und Nobelpreisträger Albert *Einstein* zugeschrieben, obwohl es sicherlich weitere Beiträge zu dieser Theorie gibt [15, S. 15f.].

Ein sicherlich bemerkenswertes Lehrbuch zur speziellen Relativitätstheorie wurde 1919 vom deutschen Physiker und Nobelpreisträger Max *von Laue* veröffentlicht, siehe beispielsweise [15, S. 226]. Obwohl dieses Lehrbuch recht klar ist, könnte es ein „Neuling" auf diesem Gebiet, der nur begrenzte Kenntnisse der deutschen Sprache hat, schwer haben, von Laues Lehrbuch zu verstehen oder gar zu übersetzen. Aufgrund seiner Bedeutung diente von Laues Lehrbuch als Ausgangspunkt für viele englische Essays, von denen einige zumindest teilweise Übersetzungen des deutschen Originals enthalten. Bedauerlicherweise machten viele englische Autoren Übersetzungsfehler, die wissenschaftlichen „Unsinn" verursachten [15, S. 227].

In der Sprache der Informationstheorie betrachtet man die Übersetzung vom Deutschen ins Englische als Übertragungskanal. Im gerade geschilderten Fall war die „mittlere Quellrate", d. h. die Quellentropie $\mathrm{H}\{X\}$, offensichtlich deutlich größer als die maximale Transinformation $\max I\{X;Y\}$, d. h. die Kanalkapazität, allerdings ohne einen Code zu haben, der die Äquivokation $\mathrm{H}\{X\mid Y\}$ hätte überwinden können.

Der erwähnte „Unsinn" verwirrte viele, insbesondere in den USA aber auch anderswo, über Jahre, wenn nicht Jahrzehnte [15, S. 227]. Zum Beispiel gibt es Rückübersetzungen der fehlerhaften englischen Lehrbücher ins Deutsche, natürlich unter Beibehaltung, wenn nicht sogar Verstärkung des erwähnten „Unsinns".

Kehren wir nochmals zur Sprache der Informationstheorie zurück. Es gibt kaskadierte Übertragungskanäle, die jeweils eine bestimmte Äquivokation verursachen und daher unter „mittleren Quellraten" an ihren jeweiligen Eingängen „leiden", die nicht mit ihren jeweiligen Kanalkapazitäten übereinstimmen. Wir alle sind also von der *„Kettenregel der Information"* betroffen. Eine recht unterhaltsame Illustration dessen, wohin kaskadierte fehlerhafte Übertragungskanäle führen können, findet sich beispielsweise zu Beginn der zweiten Geschichte „Isnoguds Schüler" in [16], erschaffen von den großen französischen Cartoonisten René *Goscinny* und Jean *Tabary*.

Ich bin sicher, dass diese unbefriedigende, wahrscheinlich sogar schädliche Situation hätte vermieden werden können, wenn ein „geeigneter" Kanalcode verwendet worden wäre, meiner Meinung nach dargestellt durch präzise Zitate.

Was können wir aus dieser Anekdote lernen? Es gibt mindestens drei Lektionen:

1. Vermeide Lehrbücher, die keine klaren und präzisen Zitate enthalten, einschließlich beispielsweise Seitenangaben.

2. Glaube nicht einfach alles, was ein Autor vermitteln will.
3. Werde ein kritischer Wissenschaftler, überprüfe die verfügbaren Referenzen und bilde dir deine eigene Meinung.

Oh, übrigens, wenn Sie gerne lesen möchten, was Albert Einstein über die Relativitätstheorie schrieb, wäre die nur 112 Seiten lange Monographie [17] zu empfehlen.

Also, warum nicht… versuchen, die Situation zu verbessern?

Als Physiker habe ich vielleicht eine andere Perspektive als jemand, der sein ganzes Berufsleben lang als Ingenieur gearbeitet hat und daher die Dinge mit einer anderen Perspektive betrachtet als ich. Vielleicht mögen einige meiner Ansichten und Einsichten erhellend sein.

Abbildung 1.1 illustriert die Antwort auf die obige Frage nach dem Sinn und dem Zweck dieses Lehrbuches, indem einige technische Details gezeigt werden. Natürlich

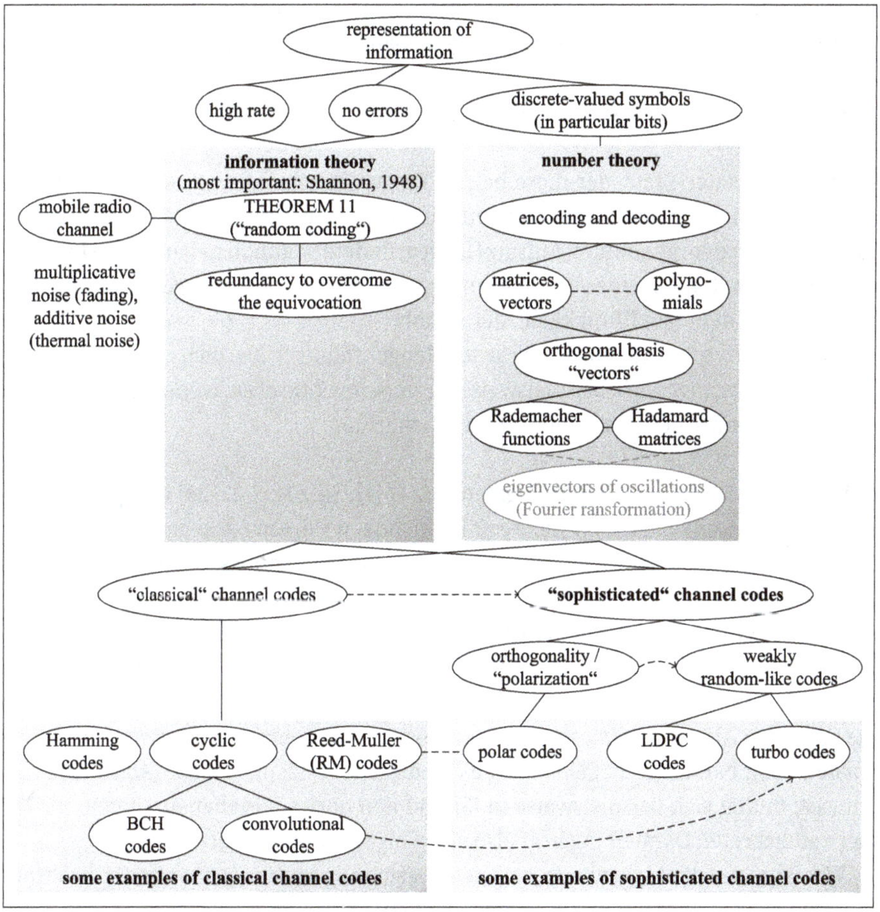

Abb. 1.1: Zur Antwort auf die Frage: „Warum braucht die Welt dieses Lehrbuch?“.

verdienen diese technischen Details anständige Definitionen, die im Laufe dieses Lehrbuchs gegeben werden. Für den Moment tun wir einfach so, als ob wir diese Definitionen kennen und versuchen, uns die Beziehungen zwischen den genannten technischen Details vorzustellen, einverstanden?

Bitte sehen Sie es mir nach, dass ich zur einfacheren Übersicht in den folgenden wenigen Absätzen dieses Abschnitts 1.1 nur eine sehr begrenzte Anzahl von Referenzen angeben werde. Ich verspreche, dass detaillierte Zitate der weiterführenden Literatur in allen folgenden Abschnitten und Kapiteln zu finden sein werden.

Die *Kanalcodierung* handelt von der geeigneten *Darstellung* der zu übertragenden Information. Codierung ist Darstellung. Wenn man an Übertragung denkt, so hofft man oft auf einen sofortigen, d. h. einen augenblicklichen Empfang. Dies erfordert eine hohe *Rate* im Sinne von *Übertragungsrate* oder Übertragungsgeschwindigkeit. Dies ist die Menge an Information, welche von einem Sender zu einem Empfänger übertragen wird, bezogen auf eine möglichst kurze Übertragungsdauer. Natürlich fordern wir, dass die Übertragung der Information fehlerfrei erfolgt. Das ist doch was!

Deshalb müssen mindestens zwei Fragen beantwortet werden:
- Ist das überhaupt möglich?
- Falls ja, gibt es eine maximale Übertragungsrate für eine fehlerfrei Übertragung?

Es scheint, dass der Erste, der diese beiden Fragen in seinem wegweisenden Aufsatz [13] aus dem Jahr 1948 mit einem eindeutigen „ja" beantworten konnte, Claude Elwood *Shannon* war. In dem genannten Aufsatz [13] begründete Shannon nebenbei die *Informationstheorie*. Im Kontext eines Übertragungskanals, der durch Störungen beeinträchtigt wird, wie etwa dem Mobilfunkkanal, der sowohl
- multiplikative Störungen, d. h. *Schwund* (engl. „fading"), als auch
- additive Störungen wie beispielsweise *thermisches Rauschen*, wenn man dem Kanal auch das thermische Rauschen zuordnen möchte,

berücksichtigt, stellte uns Shannon seinen *Satz 11* [13, Satz 11, S. 22–24] vor, der im Nachhinein auch als *„random coding theorem"* bezeichnet wird. Kurz gesagt, zeigt [13, Satz 11, S. 22–24], dass es Codes mit Redundanz gibt, welche den Einfluss der durch den Kanal auferlegten Störungen überwinden.

Die Darstellung der Information könnte auf zeitstetige Weise durch zeitstetige Funktionen erfolgen, die üblicherweise zeitstetige Signale beziehungsweise zeitkontinuierliche Signale genannt werden. Allerdings lehrt uns die Mathematik, dass Signale durch eine Folge von Abtastwerten „approximiert" werden können, vorausgesetzt, dass diese Signale streng bandbegrenzt sind. Details zu diesem Konzept, das als *„Abtastsatz"* bekannt ist, finden sich beispielsweise in [3] und den dort angegebenen Zitaten. Im Fall einer zeitdiskreten Darstellung liegt also eine Folge von Abtastwerten vor.

Was ist, wenn die Abtastwerte wertstetig beziehungsweise wertkontinuierlich sind? Man nehme an, es wird mit geringem oder gar keinem Fehler möglich sein, jeden Abtastwert durch eine abzählbare und endliche Menge von verschiedenen diskreten Werten darzustellen. Die wertdiskrete Darstellung eines Abtastwerts wird auch als „Quantisierung“ bezeichnet. Jeder einzelne diskrete Wert kann dann durch einen binären Vektor dargestellt werden, der aus Bits besteht. Alles in allem nimmt man an, dass die Information durch diskrete Symbole dargestellt wird und somit durch ein zeitdiskretes und wertdiskretes Signal, das mit binären Symbolen, d. h. Bits, dargestellt wird.

Dieses zeitdiskrete und wertdiskrete Signal wird durch den gewählten Kanalcode codiert. Das codierte Signal wird dann über den Übertragungskanal gesendet und vom Empfänger empfangen. Der Empfänger hat die Aufgabe, das empfangene Signal zu decodieren und eine „Schätzung“, d. h. eine empfangene Version des zeitdiskreten und wertdiskreten Signals zu bilden. Um diese Vorgehensweise zu quantifizieren, benötigt man ein mathematisches Mittel. Folglich benötigt man ein mathematisches Mittel, um den Kanalcode überhaupt darzustellen.

Und da befinden wir uns mitten in der *Zahlentheorie.*

Um das Leben einfach und bequem zu machen, nehme man an, dass die Codierung auf der linearen Algebra basiert. Daher konzentrieren wir uns nur auf solche Kanalcodes, die üblicherweise als *lineare Codes* bezeichnet werden. In diesem Fall können die Codierung und Decodierung sowie der Kanalcode selbst durch Matrizen und Vektoren dargestellt werden. Und da es eine Eins-zu-eins-Entsprechung zwischen Vektoren und Polynomen gibt, kann man stattdessen Polynome für die Erstellung von Kanalcodes, die Codierung und Decodierung verwenden.

Wow! Wir haben gerade das weite Universum der *Vektorräume* betreten. Klingt ein bisschen nach einer Mission zur Erkundung von Kanalcodes, auch solchen, die noch niemand zuvor gesehen hat. Hören Sie jetzt auch gerade das Star-Trek-Thema in Ihrem Kopf spielen? Oh, ich liebe es…

Immer noch informationshungrig?

Also, lassen Sie uns das *„Star Trekkin’* Across The Universe“ (The Firm, 1988) fortsetzen. In den zu betrachtenden Vektorräumen gibt es orthogonale, wenn nicht sogar orthonormale Basen. Da wir uns bereits oben entschieden haben, nur binäre Symbole, d. h. Bits, zu verwenden, können die Basisvektoren beispielsweise in Hadamard-Matrizen und Rademacher-Funktionen gefunden werden, die beide eng mit den Eigenvektoren von Schwingungen und damit von vielen physikalischen Systemen verwandt sind. Wir können also nicht vermeiden, auf Verwandte der Fourier-Transformation und der Fourier-Reihe zu stoßen.

Es muss im Grunde nicht erwähnt werden, dass Eigenvektoren die Eigenzustände physikalischer Systeme darstellen und daher in der Regel *paarweise orthogonal* sind, wenn sie zu unterschiedlichen Eigenwerten gehören [18, S. 288]. Andernfalls können sie paarweise orthogonal gewählt werden, beispielsweise durch Verwenden des Gram-Schmidt-Orthogonalisierungsverfahrens [18, S. 288]. Das bedeutet, dass alle Eigenvektoren am Ende linear unabhängig sind [18, S. 288]. Wenn wir diese Fakten etwas unscharf ausdrücken, könnten wir uns davon mitreißen lassen zu sagen, dass die Eigenzustände *„unkorreliert“* sind. Das bedeutet, dass die Eigenzustände nicht miteinander in Beziehung stehen. Anschaulich bedeutet das, dass jeder weitere Eigenvektor maximale

„Neuheit“ einbringt, weil diese „Neuheit“ nicht vorhergesehen werden kann, indem man nur die anderen Eigenvektoren betrachtet. Wenn wir also nur Eigenvektoren als Codewörter verwenden, sollte der entsprechende Kanalcode ein Mitglied der „Premier League der Kanalcodes“ sein, zumindest was den Fehlerschutz betrifft. Wenn wir außerdem nur solche Codewörter verwenden, welche Linearkombinationen der genannten Eigenvektoren sind, sollten wir immer noch einen bemerkenswert gut funktionierenden Kanalcode haben. Übrigens haben wir gerade ein mögliches Entwurfsparadigma für Reed-Muller (RM) Codes gefunden, die eng mit Simplex-Codes und Polarcodes verwandt sind.

Wow, das ging schnell, nicht wahr?

Es gibt auch ein Konzept in der Zahlentheorie, das sich mit dem Vermeiden von Beziehungen zwischen den Elementen von Mengen beschäftigt. Dazu helfen nämlich *„Primzahlen“* oder, zumindest, *„irreduzible Zahlen“*. Das klingt nach einer ähnlichen Idee wie Orthogonalität. Tatsächlich führt die Verwendung von primitiven Polynomen oder von irreduziblen Polynomen zu beeindruckend leistungsfähigen und schwach zufällig wirkenden Codes, die Turbo-Codes genannt werden. Und das Vermeiden gemeinsamer Elemente zwischen zwei Spalten der spärlich besetzten Prüfmatrix beziehungsweise Paritätsprüfmatrix führt zu einer anderen Art von beeindruckend leistungsfähigen und schwach zufällig wirkenden Codes, die als Low Density Parity Check (LDPC) Codes bekannt sind.

Toll! *„Life Is A Rollercoaster“* (Ronan Keating, 2000), nicht wahr?

Nachdem wir nun die beiden tragenden Säulen der Kanalcodierung, nämlich Informationstheorie und Zahlentheorie, identifiziert haben, kann man sich den Kanalcodes zuwenden. Die Kanalcodes, die in den ersten rund vierzig Jahren nach dem Erscheinen von Shannons Aufsatz [13] im Jahr 1948 vorgeschlagen wurden, gelten als *„klassische“ Kanalcodes*, während die jüngsten Entwicklungen seit etwa dem Jahr 1990 in diesem Buch als *„anspruchsvolle“ Kanalcodes* bezeichnet werden. Natürlich basieren die anspruchsvollen Kanalcodes auf den klassischen Kanalcodes.

Unter den klassischen Kanalcodes finden wir beispielsweise die Hamming-Codes und zyklische Codes wie die Bose-Chaudhuri-Hocquenghem (BCH)-Codes. Nur zur Klarstellung, ja, Sie haben natürlich recht, dass Hamming-Codes auch zyklisch sein können, aber sie müssen es nicht unbedingt sein. Wir werden auch zeigen, dass Faltungscodes für die moderne Mobilkommunikation als zyklische Codes mit Diversitätszweigen betrachtet werden können. Darüber hinaus sind die bekannten Reed-Muller (RM) Codes, die beispielsweise auf Hadamard-Matrizen beziehungsweise auf Rademacher-Funktionen basieren können und dem Prinzip der Orthogonalität folgen, klassische Kanalcodes.

Zu den anspruchsvollen Kanalcodes zählen die Polarcodes, die in den letzten gut zehn Jahren viel Aufmerksamkeit erhalten haben und als eine Weiterentwicklung der Reed-Muller (RM) Codes betrachtet werden müssen, d. h. sie folgen dem Prinzip der Orthogonalität. Die Polarcodes nutzen die Kettenregel der Information aus, die es ermöglicht, die „Kanalpolarisation“ zu realisieren. Dennoch sind die leistungsstärksten

Codes diejenigen, die am besten mit Shannons Satz 11 [13, Satz 11, S. 22–24] übereinstimmen, d. h. schwach zufällig wirkende Codes sind. Die Low Density Parity Check (LDPC) Codes und die Turbo-Codes gehören zu dieser Klasse von Kanalcodes.

Kommen wir zur Struktur dieses Lehrbuchs. Nach diesem ersten Abschnitt 1.1 des Kapitels 1 wird in Abschnitt 1.2 definiert, was unter anspruchsvoller Kanalcodierung zu verstehen ist. Das allgemeine Konzept der Kanalcodierung wird in Abschnitt 1.3 behandelt. Um Einblicke in die mathematische Struktur linearer Kanalcodierung zu geben, siehe Abschnitt 1.5, wird in Abschnitt 1.4 das Konzept der Vektorräume veranschaulicht. Die Abschnitte 1.6, 1.7 und 1.8 geben eine kurze Veranschaulichung der Fehlererkennung und der Decodierung. Ein ausgewählter Satz von Beispielen für die lineare Kanalcodierung ist in Abschnitt 1.9 angegeben. Abschnitt 1.10 diskutiert sechs bekannte Strategien zur Konstruktion neuer Kanalcodes aus bekannten Kanalcodes. Abschnitt 1.12 enthält eine Einführung in die Zahlentheorie. Diese ist hilfreich, um die zyklischen Kanalcodes zu verstehen, siehe Abschnitte 1.11 und 1.13. Abschnitt 1.14 enthält eine ausgewählte Reihe von Beispielen zyklischer Kanalcodes. Nachdem Permutationsmatrizen und das Kronecker-Produkt in den Abschnitten 1.15 und 1.16 veranschaulicht wurden, werden in Abschnitt 1.17 die Reed-Muller (RM) Codes erläutert. Abschließend enthält Abschnitt 1.18 eine kurze Diskussion über Faltungscodes.

In der Tat ist Kapitel 1 ziemlich lang, und der Leser könnte denken, dass das Thema des Lehrbuchs verfehlt wurde. Lassen Sie mich dieser Ansicht widersprechen.

Wie bereits oben angedeutet, enthält dieses erste Kapitel 1 alle grundlegenden Prinzipien der Kanalcodierung. Diese grundlegenden Prinzipien bilden nicht nur die Grundlage der klassischen Kanalcodierung, sondern auch diejenige der anspruchsvollen Kanalcodierung. Folglich können die Kapitel 2, 3 und 4, welche den drei anspruchsvollen Kanalcodes

- Turbo-Faltungscodes,
- Low Density Parity Check (LDPC) Codes und
- Polarcodes

gewidmet sind und die alle in der modernen Mobilkommunikation verwendet werden, auf eine Wiederholung der genannten grundlegenden Prinzipien verzichten und daher kurz gehalten werden.

Kapitel 2 veranschaulicht Turbo-Faltungscodes mit einer einführenden Diskussion in Abschnitt 2.1. Abschnitt 2.2 behandelt die parallele Verkettung von rekursiven systematischen Faltungscodes (engl. „recursive systematic convolutional (RSC) code"), welche die Basis der Turbo-Faltungscodes bilden. Abschnitt 2.3 betrachtet die Decodierung von Turbo-Faltungscodes.

In Kapitel 3 werden die Low Density Parity Check (LDPC) Codes, beginnend mit deren Definition in Abschnitt 3.1, behandelt. Abschnitt 3.2 veranschaulicht die Decodierung von Low Density Parity Check (LDPC) Codes.

Kapitel 4 ist den Polarcodes gewidmet, beginnend mit der Kanalpolarisation, siehe Abschnitt 4.1. Die rekursive Definition von Erzeugermatrizen ist Gegenstand von Abschnitt 4.2. Das Kanalkombinieren (engl. „channel combining") und das Kanalaufspalten (engl. „channel splitting") werden in den Abschnitten 4.3 und 4.4 veranschaulicht. Abschnitt 4.5 diskutiert die Leistungsfähigkeit von Polarcodes.

1.2 Anspruchsvolle Kanalcodierung

„Here We Go Again" (Demi Lovato, 2009) mit dem zweiten Band über *Mobilkommunikation*, einem Begriff, der bereits ausführlich im ersten Band [3, S. 1] behandelt wird. Der besagte erste Band [3] konzentriert sich auf die *Umsetzung digitaler Daten in analoge Signale an den Sendern und zurück an den Empfängern*. Dies ist die Aufgabe der *inneren physikalischen Schicht*.

Moderne Mobilkommunikationssysteme gehen von der Übertragung von aus binären Ziffern, d. h. *Bits*, bestehenden *Blöcken* oder *Bursts* endlicher Länge aus. Diese Blöcke beziehungsweise Bursts werden bequem mit Spaltenvektoren $\boldsymbol{b}$ dargestellt. Diese Bits in den Spaltenvektoren $\boldsymbol{b}$ werden mit einem *Modulationsbildner* (engl. „modulation mapper") [19, Bild 5.3-1, S. 25; Bild 6.3-1, S. 107; S. 189–193], auf *komplexe Datensymbole* abgebildet, die in *komplexen Datenvektoren* $\underline{\boldsymbol{d}}$ angeordnet werden. Diese komplexen Datenvektoren $\underline{\boldsymbol{d}}$ sind ebenfalls Spaltenvektoren. Die komplexen Datensymbole in den komplexen Datenvektoren $\underline{\boldsymbol{d}}$ werden einem digitalen Modulator zugeführt, der das *zeitstetige komplexe Basisbandsignal* $\underline{s}(t)$ erzeugt, siehe das allgemeine Blockdiagramm des Senders, das in Abbildung 1.2 dargestellt ist.

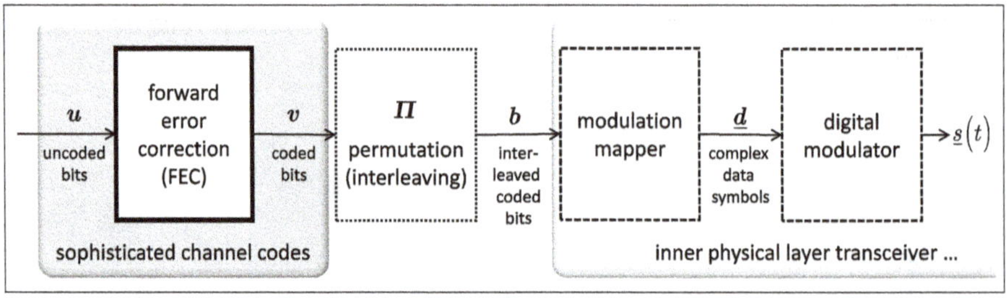

Abb. 1.2: Allgemeines Blockdiagramm der physikalischen Schicht eines Senders in einem modernen Mobilkommunikationssystem (angepasst nach beispielsweise [3, Bild 3.47, S. 422]).

Im vorliegenden Buch konzentrieren wir uns ausschließlich auf den digitalen Bereich und betrachten die *anspruchsvolle Kanalcodierung*. Was ist das für eine Sache? Klingt nach Arbeit! Lassen Sie uns zunächst nicht *„Lazy"* (Deep Purple, 1970; es gibt eine großartige Coverversion dieses Liedes von Jimmy Barnes, Joe Bonamassa und anderen) sein und etwas Licht in die *„Black Night"* (Deep Purple, 1970) bringen. Also, lasst uns den *„Smoke On The Water"* (Deep Purple, 1972) vertreiben und *„Sail Away"* (Deep Purple, 1974) auf *„The Wide Ocean"* (Tommy Emmanuel, 2020) der anspruchsvollen Kanalcodierung.

Wir beginnen mit dem Begriff „Code“.

Definition 1.1 (Code). Eine Menge von Regeln, die verwendet werden, um Daten von einer Form der Darstellung in eine andere umzusetzen, wird als *Code* bezeichnet [20, p. 202].

Offensichtlich bedeutet Code einfach „Darstellung“. Nun, das war „*Easy*“ (The Commodores, 1977).

Und was ist „Kanalcodierung“? Mal sehen...

In modernen Mobilkommunikationssystemen ist der Übertragungskanal „*rauschbehaftet*“ [13, S. 19], d. h. das Sendesignal wird durch Rauschen gestört, zumindest während der Übertragung durch den zeitselektiven Mehrwegekanal, und in den Empfängern durch thermisches Rauschen [3, Abschnitt 3.11.2]. [3, Abschnitt 3.11.3] diskutiert kurz das Konzept der *Kanalkapazität* C mit besonderem Fokus auf rauschbehaftete Übertragungskanäle [13, S. 19]. Es wird in [3, Abschnitt 3.11.3] verdeutlicht, dass die Kanalkapazität C die

> *maximale mittlere Anzahl der Bits ist, die pro Nachricht, d. h. pro Sendesignal, während der Übertragungszeit T_S fehlerfrei vom Sender über den Übertragungskanal zum Empfänger übertragen werden kann, vorausgesetzt, dass die übertragene Nachricht durch eine geeignete Codierung dargestellt wurde* [13, S. 22].

Die besagte Codierung wird als *Kanalcodierung* bezeichnet [21, S. 3], [3, Abschnitt 3.11.3].

> *Wenn* $\mathrm{H}\{X\} \leq C$ *gilt, dann existiert eine solche Kanalcodierung, welche die Übertragung der Ausgaben der Quelle über den Kanal mit einer beliebig kleinen Rate von Fehlern erlaubt* [13, Satz 11, S. 22], [3, Abschnitt 3.11.3].

Das schauen wir uns genauer an.

Satz 1.1 (Kanalkapazität ist die maximale Rate für die fehlerfreie Übertragung). *Gegeben seien ein diskreter Kanal mit der Kanalkapazität C und eine diskrete Quelle mit der Entropie $H\{X\}$ pro Sekunde* [13, *Satz 11, S. 22*].

1. *Für $H\{X\} \leq C$ gibt es einen Code, mit dem die Ausgabe der Quelle mit einer beliebig kleinen Fehlerrate (oder einer beliebig kleinen Unsicherheit) über den Kanal übertragen werden kann* [13, *Satz 11, S. 22*].
2. *Für $H\{X\} > C$ ist es möglich, die Quelle so zu codieren, dass die Fehlerrate kleiner ist als $H\{X\} - C + \epsilon$, wobei ϵ beliebig klein ist* [13, *Satz 11, S. 22*].
3. *Es gibt keinen Code, der eine Fehlerrate kleiner als $H\{X\} - C$ liefert* [13, *Satz 11, S. 22*].

Beweis. Wir werden dem Beweis in [13, Satz 11, S. 22–24] folgen. Wir werden berücksichtigen, dass die Entropien in [3] den binären Logarithmus verwenden und daher die Anzahl der Bits pro Kanalzugriff messen.

<u>*Beweis für Punkt* 1</u>
Die Kanalkapazität des rauschbehafteten Übertragungskanals ist [3, Abschnitt 3.11.3], [13, S. 23]

$$C = \max\left\{\mathrm{H}\{X\} - \mathrm{H}\{X \mid Y\}\right\}. \tag{1.1}$$

In (1.1) ist $\mathrm{H}\{X \mid Y\}$ die *Äquivokation*, die auch als *Verlust* bezeichnet wird, siehe [3, Abschnitt 3.11.2], [13, S. 20]. Die Größe Y repräsentiert das *Ensemble* [3, Abschnitt 3.11.1], [14, S. 13] am Ausgang des Übertragungskanals. Die Maximierung in (1.1) erfolgt über alle Quellen, die als Eingang für den Übertragungskanal verwendet werden könnten [13, S. 23].

Angenommen, man habe diejenige bestimmte Quelle S_0 identifiziert, welche die Kanalkapazität erreicht [13, S. 23]. Für diese Quelle S_0 sind die folgenden Aussagen zutreffend [13, S. 23]:

1. Da die Entropie $\mathrm{H}\{X\}$ diejenige Rate ist, mit welcher die Quelle Bits erzeugt, ist die Anzahl der verfügbaren verschiedenen binären Folgen für die Übertragung, die eine lange Dauer T_S haben, ungefähr $2^{\{T_S \cdot \mathrm{H}\{X\}\}}$ [13, S. 23].
2. Mit der Entropie $\mathrm{H}\{Y\}$ des Ausgangs ist die Anzahl der möglichen verschiedenen Empfangsfolgen während T_S ungefähr $2^{\{T_S \cdot \mathrm{H}\{Y\}\}}$.
3. Aufgrund der mittleren Rate der Mehrdeutigkeit $\mathrm{H}\{X \mid Y\}$, d. h. der Äquivokation, könnte jede mögliche Empfangsfolge von ungefähr $2^{\{T_S \cdot \mathrm{H}\{X \mid Y\}\}}$ verschiedenen Eingangsfolgen während T_S erzeugt worden sein.

Wenn T_S gegen Unendlich geht, wird der Ausdruck „ungefähr" zu „genau" [13, S. 23]. Abbildung 1.3 veranschaulicht die Beziehungen zwischen Kanaleingaben und Kanalausgaben, siehe beispielsweise [13, Bild 10, S. 23]

Man nehme nun an, dass es eine andere Quelle S_1 gibt, die nur eine solche Übertragungsrate R erreicht, welche niedriger als C ist, d. h. $R < C$ [13, S. 23]. Dann gibt es $2^{\{T_S \cdot R\}}$ Empfangsfolgen, die durch die maximale ungefähre Anzahl von Übertragungsfolgen $2^{\{T_S \cdot \mathrm{H}\{X\}\}}$, die von der Quelle S_0 bereitgestellt werden, verursacht worden sein könnten [13, S. 24].

Die Wahrscheinlichkeit dafür, dass eine dieser $2^{\{T_S \cdot \mathrm{H}\{X\}\}}$ potentiellen Übertragungsfolgen eine Empfangsfolge ist, ist daher gegeben durch [13, S. 24]

$$\frac{2^{\{T_S \cdot R\}}}{2^{\{T_S \cdot \mathrm{H}\{X\}\}}} = 2^{\{T_S \cdot [R - \mathrm{H}\{X\}]\}}. \tag{1.2}$$

Daher ist die Wahrscheinlichkeit, dass keine dieser $2^{\{T_S \cdot \mathrm{H}\{X\}\}}$ potentiellen Übertragungsfolgen eine Empfangsfolge ist, d. h. die *Fehlerwahrscheinlichkeit* ist [13, S. 24]

$$\left\langle 1 - \frac{2^{\{T_S \cdot R\}}}{2^{\{T_S \cdot \mathrm{H}\{X\}\}}} \right\rangle^{2^{\{T_S \cdot \mathrm{H}\{X \mid Y\}\}}} = \left\langle 1 - 2^{\{T_S \cdot [R - \mathrm{H}\{X\}]\}} \right\rangle^{2^{\{T_S \cdot \mathrm{H}\{X \mid Y\}\}}}, \tag{1.3}$$

da es Mehrdeutigkeit gemessen durch die Äquivokation $\mathrm{H}\{X \mid Y\}$ gibt [13, S. 23f.].

Mit [13, S. 24]

$$R < \mathrm{H}\{X\} - \mathrm{H}\{X \mid Y\} \quad \Leftrightarrow \quad R - \mathrm{H}\{X\} = -\mathrm{H}\{X \mid Y\} - \eta, \quad \eta \in \mathbb{R}^+, \tag{1.4}$$

ergibt (1.3) [13, S. 24]

$$\left\langle 1 - 2^{\{T_S \cdot [-\mathrm{H}\{X \mid Y\} - \eta]\}} \right\rangle^{2^{\{T_S \cdot \mathrm{H}\{X \mid Y\}\}}} = \left\langle 1 - 2^{\{-T_S \cdot \mathrm{H}\{X \mid Y\} - T_S \cdot \eta\}} \right\rangle^{2^{\{T_S \cdot \mathrm{H}\{X \mid Y\}\}}}. \tag{1.5}$$

Wenn man nun T_S gegen Unendlich gehen lässt, nähert sich die Fehlerwahrscheinlichkeit $\langle 1 - 2^{\{-T_S \cdot \mathrm{H}\{X \mid Y\} - T_S \cdot \eta\}} \rangle^{2^{\{T_S \cdot \mathrm{H}\{X \mid Y\}\}}}$ dem Wert 0.

Beweis für Punkt 2

Im Falle der bestmöglichen Quelle S_0 ist die maximale Übertragungsrate C möglich. Daten, die mit einer solchen Rate $\mathrm{H}\{X\}$ erzeugt werden, welche über dieser maximalen Übertragungsrate C liegt, d. h. $\mathrm{H}\{X\} > C$, werden vernachlässigt. Dieser vernachlässigte Teil wird durch die Äquivokation $\mathrm{H}\{X \mid Y\}$ dargestellt, die am Empfänger gleich $(\mathrm{H}\{X\} - C)$ ist [13, S. 24]. Wenn wir ϵ zu den übertragenen Signalen hinzufügen, erhält man $(\mathrm{H}\{X\} + \epsilon)$ und damit die zu beweisende zweite Aussage [13, S. 24].

Beweis für Punkt 3

Angenommen, man könnte eine Quelle mit $H\{X\}$ gleich $(C + a)$ codieren und durch diese Codierung eine Äquivokation $H\{X \mid Y\}$ von $(a - \epsilon)$, $\epsilon \in \mathbb{R}^+$, erreichen [13, S. 24]. Dann ist die Übertragungsrate R gleich $(C + a)$ und man erhält

$$H\{X\} - H\{X \mid Y\} = C + a - (a - \epsilon) = C + \epsilon, \quad \epsilon \in \mathbb{R}^+. \tag{1.6}$$

Dies widerspricht der Definition von C als Maximum von $(H\{X\} - H\{X \mid Y\})$ und führt somit zur dritten Aussage [13, S. 24]. □

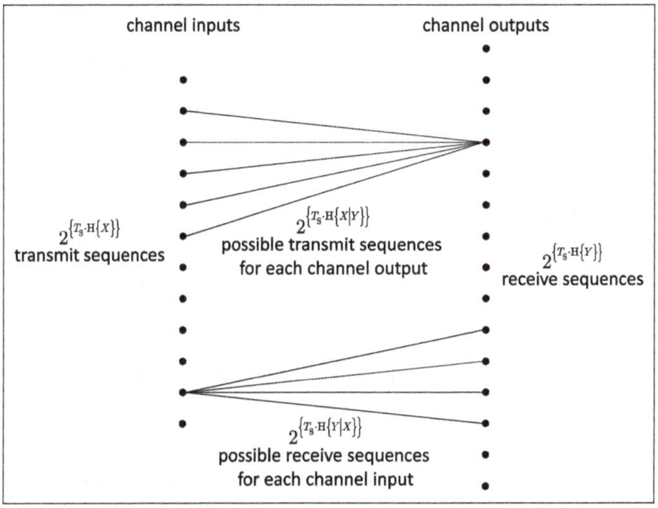

Abb. 1.3: Beziehungen zwischen Kanaleingaben und Kanalausgaben (angepasst nach [13, Bild 10, S. 23]).

Leider liefert der Beweis von Satz 1.1, siehe beispielsweise [13, Satz 11, S. 22–24], keine Methode zur Konstruktion von Codes [3, Abschnitt 3.11.3], [13, S. 24]. Nichtsdestotrotz hat man nun ein viel klareres Bild davon, worum es in diesem Lehrbuch geht: Wir streben nach der *idealen Übertragung*.

Definition 1.2 (Ideale Übertragung). Die Übertragung von Daten mit der Quellentropie $H\{X\}$ über einen Übertragungskanal mit der Kanalkapazität C wird als *ideale Übertragung* bezeichnet, wenn

$$H\{X\} = C. \tag{1.7}$$

Die Äquivokation $H\{X \mid Y\}$ ist in diesem Fall gleich 0. Dies hat die fehlerfreie Übertragung zur Folge.

Und nun kann man festlegen, was Kanalcodes sind.

Definition 1.3 (Kanalcode). Ein *Kanalcode* codiert eine Quelle S mit der Quellentropie $H\{X\}$ so, dass die *ideale Übertragung* approximiert wird.

Wir wollen also solche Kanalcodes finden, welche die Übertragung mit der höchstmöglichen Übertragungsrate ermöglichen und gleichzeitig Übertragungsfehler vermeiden [21, S. 3]. Der Ausdruck „approximieren" in Definition 1.3 sowie das „versuchen zu vermeiden" deuten darauf hin, dass das Finden eines solchen Kanalcodes, welcher die ideale Übertragung ermöglicht, mindestens schwierig, wenn nicht sogar unmöglich sein könnte. Glücklicherweise sind seit der Grundsteinlegung der Informationstheorie durch Claude E. *Shannon* in seinem wegweisenden Papier [13] aus dem Jahr 1948 zahlreiche Kanalcodes entwickelt worden, welche die ideale Übertragung recht gut approximieren. Viele dieser Kanalcodes wurden bereits in moderne Mobilkommunikationssysteme integriert [3, Abschnitt 3.11.3].

Im Kontext seines „Satzes 11" [13, Satz 11, S. 22–24] stellt Shannon folgendes fest.

Zitat [13, S. 24]. *„Der Versuch einer guten Annäherung an die ideale Codierung anhand der Methode des Beweises* (Anmerkung des Autors: der Beweis des Satzes 11) *ist im Allgemeinen nicht praktikabel. Abgesehen von einigen eher trivialen Fällen und bestimmten Grenzfällen wurde tatsächlich keine explizite Beschreibung einer approximativen Reihenentwicklung der idealen Codierung gefunden. Wahrscheinlich ist dies kein Zufall, sondern hängt mit der Schwierigkeit zusammen, eine explizite Konstruktion für eine gute Annäherung an eine Zufallsfolge zu geben."*
(Übersetzung durch den Autor)

Daher wird [13, Satz 11, S. 22–24] oft als das *„Argument der Zufallscodierung"* (engl. „random coding argument") bezeichnet.

Obwohl es dem einen oder anderen etwas artifiziell erscheinen mag, wollen wir zwischen *„klassischen" Kanalcodes*, die bis ungefähr zum Ende der 1960er Jahre, d. h. in den „frühen Tagen" der Informationstheorie vorgeschlagen wurden, und *„anspruchsvollen" Kanalcodes*, die von etwa 1960 bis heute entwickelt und untersucht wurden, unterscheiden.

Definition 1.4 (Anspruchsvoller Kanalcode). Ein solcher Kanalcode, welcher eine verbesserte Annäherung an die ideale Übertragung als „klassische" Kanalcodes erlaubt, wird als *„anspruchsvoller" Kanalcode* bezeichnet.

Wir betrachten
- Hamming-Codes [22, S. 100–102],
- Hsiao-Codes [22, S. 102–105],
- Reed-Muller-Codes [22, S. 105–119],
- Golay-Codes [22, S. 125–128],
- Bose-Chaudhuri-Hocquenghem (BCH) Codes einschließlich Reed-Solomon (RS) Codes [22, S. 194–240] und
- Faltungscodes [22, S. 453–510],

als klassische Kanalcodes. Derzeit besteht die Gruppe der anspruchsvollen Kanalcodes aus

- Low Density Parity Check (LDPC) Codes [22, S. 851–945],
- Turbo-Codes [22, S. 766–844] und
- Polarcodes [23].

In diesem Lehrbuch wird auf diese drei anspruchsvollen Kanalcodes eingegangen.

Da der Modulationsbildner (engl. „modulation mapper“) als Eingabe Bits erwartet, werden lediglich *binäre* Kanalcodes betrachtet, d. h. solche Kanalcodes, welche codierte Bits an ihren Ausgängen erzeugen. Es erscheint daher sinnvoll, auch die Eingangssymbole der binären anspruchsvollen Kanalcodes auf Bits zu beschränken. Genau das wird ab hier auch so gemacht.

Die Beschränkung auf Kanalcodes mit binären Eingaben und binären Ausgaben (engl. „binary inputs and binary outputs“, BIBO) erfordert ein wenig zusätzliches mathematisches Verständnis. Daher wird uns der Weg zu anspruchsvollen Kanalcodes direkt zur mathematischen Disziplin der *endlichen Körper* (engl. „finite fields“) [10, S. 81, 93], [24, S. 1], [25] führen. Die Diskussion endlicher Körper erscheint im Kontext klassischer Kanalcodes etwas einfacher. Da sich dieses Kapitel 1 mit den Grundlagen befasst, ist die Behandlung der klassischen Kanalcodes auch gerade im Hinblick auf die Betrachtung der endlichen Körper (engl. „finite fields“) zweckmäßig. Deshalb ist dieses Kapitel 1 auch so umfangreich. Bevor wir im Zusammenhang mit anspruchsvollen Kanalcodes dem Imperativ *„Get Down On It“* (Kool and the Gang, 1981) folgen können, schauen wir uns erst einmal die notwendigen mathematischen Grundlagen an. Das hat *„Soul With A Capital S“* (Tower of Power, 1993).

Lasst es Codes geben!

Und es gab Codes, oder war es doch *„Let There Be Rock“*, (AC/DC, 1977)?

1.3 Allgemeines Konzept der Kanalcodes

Es sei die Ausgabe einer Informationsquelle eine Folge $\{u_i\}$ von Bits

$$u_i \in \mathbb{F}_2 = \{0, 1\}, \quad i \in \mathbb{Z}. \tag{1.8}$$

Die Menge $\mathbb{F}_2$ ist natürlich *abzählbar* und *endlich*, d. h. sie hat die Kardinalzahl $|\mathbb{F}_2|$ gleich 2 und das Lebesgue-Maß 0. Die Menge $\mathbb{F}_2$ wird als *Galois-Feld* mit zwei Elementen bezeichnet [21, S. 407], [25, Definition 1.41, S. 15]. Évariste *Galois* war ein französischer Mathematiker, der im frühen neunzehnten Jahrhundert lebte und tragischerweise im Alter von nur 20 Jahren in einem Duell starb. Wäre diese Geschichte nicht so traurig, könnten wir leicht zu dem Schluss kommen, dass Mathematik gefährlich ist. Wie auch immer, der Autor ist froh, dass wir alle Ingenieure sind.

Es scheint auf den ersten Blick ziemlich überraschend, dass eine endliche Menge ein Körper beziehungsweise ein Feld ist [21, S. 407–409]. Werfen wir einen genaueren

Blick darauf. Aber bevor man zum *endlichen Körper* beziehungsweise zum *endlichen Feld* übergeht, muss ein weiteres Thema betrachtet werden, nämlich die *„Operation"* [18, S. 308].

Definition 1.5 (*m*-äre Operation). Eine *m*-äre Operation

$$\varphi: \underbrace{\mathbb{A} \times \mathbb{A} \times \mathbb{A} \times \cdots \times \mathbb{A}}_{m \text{ Terme, abgekürzt durch } \mathbb{A}^m} \mapsto \mathbb{A} \quad \Leftrightarrow \quad \varphi: \mathbb{A}^m \mapsto \mathbb{A} \tag{1.9}$$

auf der Menge $\mathbb{A}$ ist eine Funktion, die jedem *m*-Tupel von Werten aus $\mathbb{A}$ einen Wert aus $\mathbb{A}$ zuordnet [18, S. 308], [26, S. 675].

Ein spezieller Fall der Definition 1.5 ist die *binäre Operation.*

Definition 1.6 (Binäre Operation). Eine binäre Operation

$$\circ: \mathbb{A} \times \mathbb{A} \mapsto \mathbb{A}, \tag{1.10}$$

auf der Menge $\mathbb{A}$ ist eine Funktion, die jedem 2-Tupel von Werten aus $\mathbb{A}$ einen Wert aus $\mathbb{A}$ zuordnet [18, S. 308].

Bemerkung 1.2 (Zu binären Operationen). Typische binäre Operationen sind die Addition von zwei Elementen aus der Menge $\mathbb{A}$ oder die Multiplikation von zwei Elementen aus der Menge $\mathbb{A}$ [18, S. 308].

Nun ist zunächst zu definieren, was unter den Ausdrücken *Feld* beziehungsweise *Körper* und *endliches Feld* beziehungsweise *endlicher Körper* zu verstehen ist.

Definition 1.7 (Körper / Feld). Eine nicht leere Menge $\mathbb{F}$ ist ein *Körper* beziehungsweise ein *Feld* mit zwei Operationen „Addition" $\oplus$ und „Multiplikation" $\odot$, wenn
- $(\mathbb{F}, \oplus)$ eine Abelsche Gruppe mit dem neutralen oder Identitätselement 0 ist,
- $(\mathbb{F}\backslash\{0\}, \odot)$ eine Abelsche Gruppe mit dem neutralen oder Identitätselement 1 ist und
- die „Multiplikation" $\odot$ und die „Addition" $\oplus$ dem Distributivgesetz

$$\alpha \odot (\beta \oplus \gamma) = \alpha \odot \beta \oplus \alpha \odot \gamma, \quad \alpha, \beta, \gamma \in \mathbb{F}, \tag{1.11}$$

genügen [21, S. 407], [25, Definition 1.29, S. 11f.].

Trommelwirbel! Hier kommt die nächste Definition, aber nicht vor der *„Fanfare For The Common Man"* (Aaron Copland, 1942 / vielleicht ist die bekannteste Coverversion von Emerson, Lake and Palmer 1977 gespielt)!

Definition 1.8 (Endlicher Körper / endliches Feld). Ein Körper beziehungsweise ein Feld mit einer endlichen Anzahl von Elementen wird als *endlicher Körper* beziehungsweise *endliches Feld* bezeichnet [21, S. 407], [25, Definition 1.41, S. 15], [10, S. 81, 93], [24, S. 1].

Definition 1.9 (Ordnung / Kardinalzahl). Die endliche Anzahl von Elementen eines endlichen Körpers beziehungsweise endlichen Feldes heißt *Ordnung des endlichen Körpers* beziehungsweise *Ordnung des endlichen Feldes*. Die Ordnung ist also die *Kardinalzahl der Menge* $\mathbb{F}$ [10, S. 81].

Nun betrachten wir erneut $\mathbb{F}_2$.

Definition 1.10 („Additionsoperation" $\oplus$ und „Multiplikationsoperation" $\odot$ in $\mathbb{F}_2$). In $\mathbb{F}_2$ sollen die „Addition" Operation $\oplus$ und die „Multiplikation" Operation $\odot$ die folgenden Ergebnisse liefern [21, Tabelle B.2-1, S. 407]:

$\oplus$	**0**	**1**
0	0	1
1	1	0

$\odot$	**0**	**1**
0	0	0
1	0	1

Offensichtlich funktioniert die „Addition" Operation $\oplus$ wie das logische *exklusive Oder* (EXOR, XOR) und die „Multiplikation" Operation $\odot$ wie das logische *Und* [27, Bild 6.12, S. 626].

Nun ist zu überprüfen, ob $\mathbb{F}_2$ ein Körper beziehungsweise ein Feld $(\mathbb{F}_2, \oplus, \odot)$ ist.

Satz 1.2 ($\mathbb{F}_2$ ist ein endlicher Körper (endliches Feld)). $\mathbb{F}_2$ *beziehungsweise* $(\mathbb{F}_2, \oplus, \odot)$ *ist ein endlicher Körper beziehungsweise ein endliches Feld.*

Beweis. Die Kardinalzahl von $\mathbb{F}_2$ ist

$$|\mathbb{F}_2| = 2 \tag{1.12}$$

und daher ist $\mathbb{F}_2$ endlich: $\checkmark$.

Nun muss man zeigen, dass $(\mathbb{F}_2, \oplus)$ eine Abelsche Gruppe mit dem neutralen oder Identitätselement 0 ist.

1. *Abgeschlossenheit und Eindeutigkeit*: $\checkmark$

Für $\alpha, \beta \in \mathbb{F}_2$ folgt aus Definition 1.10, dass $\alpha \oplus \beta \in \mathbb{F}_2$ ist, und daher ist die Abgeschlossenheit gegeben. Darüber hinaus folgt aus Definition 1.10, dass $\alpha \oplus \beta \in \mathbb{F}_2$ eindeutig ist.

2. *Neutrales (Identitäts-) Element*: $\checkmark$

Es folgt aus Definition 1.10, dass 0 das neutrale (Identitäts-) Element ist.

3. *Inverses Element*: $\checkmark$

Für jedes $\alpha \in \mathbb{F}_2$ gibt es ein inverses Element $\alpha^{-1} \in \mathbb{F}_2$ mit

$$\alpha \oplus \alpha^{-1} = \alpha^{-1} \oplus \alpha = 0. \tag{1.13}$$

Es folgt aus Definition 1.10, dass 0 das Inverse von 0 und 1 das Inverse von 1 ist. Man erhält die folgende Tabelle.

α	α^{-1}	$\alpha \oplus \alpha^{-1}$	$\alpha^{-1} \oplus \alpha$
0	0	0	0
1	1	0	0

Es ist somit

$$\alpha^{-1} = \alpha, \quad \alpha \oplus \alpha^{-1} = \alpha^{-1} \oplus \alpha = \alpha \oplus \alpha = 0, \quad \alpha \in \mathbb{F}_2. \tag{1.14}$$

4. *Assoziativgesetz*: ✓

Für $\alpha, \beta, \gamma \in \mathbb{F}_2$ folgt aus Definition 1.10 dass

$$\alpha \oplus (\beta \oplus \gamma) = (\alpha \oplus \beta) \oplus \gamma, \quad \alpha, \beta, \gamma \in \mathbb{F}_2. \tag{1.15}$$

Man erhält die folgende Tabelle.

α	β	γ	$\beta \oplus \gamma$	$\alpha \oplus \beta$	$\alpha \oplus (\beta \oplus \gamma)$	$(\alpha \oplus \beta) \oplus \gamma$
0	0	0	0	0	0	0
0	0	1	1	0	1	1
0	1	0	1	1	1	1
0	1	1	0	1	0	0
1	0	0	0	1	1	1
1	0	1	1	1	0	0
1	1	0	1	0	0	0
1	1	1	0	0	1	1

5. *Kommutativgesetz*: ✓

Es folgt aus Definition 1.10, dass

$$\alpha \oplus \beta = \beta \oplus \alpha \quad \alpha, \beta \in \mathbb{F}_2, \tag{1.16}$$

gilt. Man erhält die folgende Tabelle.

α	β	$\alpha \oplus \beta$	$\beta \oplus \alpha$
0	0	0	0
0	1	1	1
1	0	1	1
1	1	0	0

Offensichtlich ist $(\mathbb{F}_2, \oplus)$ eine Abelsche Gruppe mit dem neutralen oder Identitätselement 0: ✓.

Als Nächstes muss man zeigen, dass $(\mathbb{F}_2 \backslash \{0\}, \odot)$ eine Abelsche Gruppe mit dem neutralen oder Identitätselement 1 ist.

1. *Abgeschlossenheit und Eindeutigkeit*: ✓

Für $\alpha, \beta \in \mathbb{F}_2 \backslash \{0\}$, d. h.

$$\alpha = \beta = 1, \tag{1.17}$$

folgt aus Definition 1.10 dass

$$\alpha \odot \beta = 1 \odot 1 = 1 \in \mathbb{F}_2 \backslash \{0\}, \tag{1.18}$$

daher sind die Abgeschlossenheit und die Eindeutigkeit gegeben.

2. *Neutrales (Identitäts-) Element*: ✓
Es folgt aus Definition 1.10, dass 1 das neutrale (Identitäts-) Element ist. In der Tat ist es das einzige Element in $\mathbb{F}_2\backslash\{0\}$.

3. *Inverses Element*: ✓
Für jedes $\alpha \in \mathbb{F}_2\backslash\{0\}$, d. h. für α gleich 1, gibt es ein inverses Element $\alpha^{-1} \in \mathbb{F}_2\backslash\{0\}$ mit

$$\alpha \odot \alpha^{-1} = \alpha^{-1} \odot \alpha = 1 \odot 1 = 1. \tag{1.19}$$

Das inverse Element von α, das gleich 1 ist, ist α^{-1} gleich 1.

4. *Assoziativgesetz*: ✓
Für $\alpha, \beta, \gamma \in \mathbb{F}_2\backslash\{0\}$, d. h. für

$$\alpha = \beta = \gamma = 1, \tag{1.20}$$

folgt aus Definition 1.10, dass

$$\alpha \odot (\beta \odot \gamma) = 1 \odot (1 \odot 1) = (\alpha \odot \beta) \odot \gamma = (1 \odot 1) \odot 1 = 1, \quad \alpha, \beta, \gamma \in \mathbb{F}_2\backslash\{0\} = \{1\}. \tag{1.21}$$

5. *Kommutativgesetz*: ✓
Es folgt aus Definition 1.10, dass

$$\alpha \odot \beta = 1 \odot 1 = \beta \odot \alpha = 1 \odot 1 = 1, \quad \alpha, \beta \in \mathbb{F}_2\backslash\{0\} = \{1\}, \tag{1.22}$$

gilt.

Offensichtlich ist $(\mathbb{F}_2\backslash\{0\}, \odot)$ eine Abelsche Gruppe mit dem neutralen oder Identitätselement 1: ✓. Schließlich muss man das Distributivgesetz beweisen. Man erhält die folgende Tabelle.

α	β	γ	$\beta \oplus \gamma$	$\alpha \odot (\beta \oplus \gamma)$	$\alpha \odot \beta \oplus \alpha \odot \gamma$
0	0	0	0	0	$0 \oplus 0 = 0$
0	0	1	1	0	$0 \oplus 0 = 0$
0	1	0	1	0	$0 \oplus 0 = 0$
0	1	1	0	0	$0 \oplus 0 = 0$
1	0	0	0	0	$0 \oplus 0 = 0$
1	0	1	1	1	$0 \oplus 1 = 1$
1	1	0	1	1	$1 \oplus 0 = 1$
1	1	1	0	0	$1 \oplus 1 = 0$

Offensichtlich gilt das Distributivgesetz: ✓. □

Bemerkung 1.3 (Kein Körper (Feld) mit nur einem Element). Es gibt kein endliches Feld mit nur einem Element. Alle Körper (Felder) in der abstrakten Algebra müssen mindestens zwei verschiedene Elemente enthalten, nämlich das additive Identitätselement, Null, und das multiplikative Identitätselement, Eins. Dies ist in einer Menge mit nur einem einzigen Element nicht der Fall.

Das eher philosophische Problem des „Körpers (Feldes) mit nur einem Element" wurde erstmals von dem belgischen Mathematiker Jacques Tits im Jahr 1956 angesprochen und hat seitdem einige Forschung in der Mathematik nach sich gezogen.

Die Folge $\{u_i\}$ aus den Bits $u_i \in \mathbb{F}_2$, $i \in \mathbb{Z}$, nach (1.8) werde in Nachrichtenblöcke [22, S. 3] segmentiert, die man jeweils mit einem Zeilenvektor [22, S. 3; Gl. (3.3), S. 67]

$$\boldsymbol{u} = (u_0, u_1 \cdots u_{k-1}), \quad u_i \in \mathbb{F}_2, \quad i \in \{0, 1 \cdots (k-1)\}, \quad k \in \mathbb{N}^*, \tag{1.23}$$

darstellt, der aus k Nachrichtenbits u_i, $i \in \{0, 1 \cdots (k-1)\}$, $k \in \mathbb{N}^*$, besteht. Diese Nachrichtenbits heißen auch Nachrichtensymbole oder Nachrichtenziffern, siehe beispielsweise [22, S. 3]. Der genannte Zeilenvektor wird als *Nachricht* [22, S. 3] beziehungsweise als *Nachrichtenvektor* bezeichnet. Offensichtlich gibt es 2^k, $k \in \mathbb{N}^*$, verschiedene Nachrichten [22, S. 3].

Es liege ein Codierer vor, der $\boldsymbol{u}$ aus (1.23) auf ein binäres n-Tupel [22, S. 3; Gl. (3.5), S. 69] abbildet, das durch den Zeilenvektor

$$\boldsymbol{v} = (v_0, v_1 \cdots v_{n-1}), \quad v_j \in \mathbb{F}_2, \quad j \in \{0, 1 \cdots (n-1)\}, \quad n \geq k, \quad k, n \in \mathbb{N}^*, \tag{1.24}$$

gegeben ist. Der Zeilenvektor $\boldsymbol{v}$ nach (1.24) wird als *Codewort* [22, S. 3] beziehungsweise als *Codevektor* bezeichnet. Die Codebits v_j, $j \in \{0, 1 \cdots (n-1)\}$, $n \in \mathbb{N}^*$, heißen auch Codesymbole oder Codeziffern, siehe beispielsweise [22, S. 3]. Den 2^k, $k \in \mathbb{N}^*$, möglichen Nachrichten entsprechend, gibt es 2^k, $k \in \mathbb{N}^*$, mögliche Codewörter [22, S. 3]. Diese Menge von 2^k möglichen Codewörtern heißt (n, k) *Blockcode* [22, S. 3].

Das Verhältnis

$$R = \frac{k}{n}, \quad k, n \in \mathbb{N}^*, \tag{1.25}$$

von k, $k \in \mathbb{N}^*$, und n, $n \in \mathbb{N}^*$, wird als *Coderate* [22, S. 3] bezeichnet. Für endliche $k, n \in \mathbb{N}^*$ erhält man

$$0 < R \leq 1. \tag{1.26}$$

Damit ein Blockcode sinnvoll ist, müssen die 2^k Codewörter paarweise verschieden sein [22, S. 66]. Daher ist eine eineindeutige Zuordnung zwischen einer bestimmten Nachricht $\boldsymbol{u}$ und dem zugehörigen Codewort $\boldsymbol{v}$ erforderlich [22, S. 66].

1.4 Vektorräume über $\mathbb{F}_2$

In Abschnitt 1.3 haben wir den endlichen Körper beziehungsweise das endliche Feld definiert und die Vektoren $\boldsymbol{u}$ nach (1.23) mit den Komponenten $u_i \in \mathbb{F}_2$, $i \in \{0, 1 \cdots (k-1)\}$, $k \in \mathbb{N}^*$, aus dem endlichen Feld $\mathbb{F}_2$ und $\boldsymbol{v}$ aus (1.24) mit den Komponenten $v_j \in \mathbb{F}_2$, $j \in \{0, 1 \cdots (n-1)\}$, $n \in \mathbb{N}^*$, aus dem endlichen Feld $\mathbb{F}_2$ eingeführt.

Der Vektorraum $\mathbb{F}_2^k$ ergibt sich aus dem *k-fachen kartesischen Produkt* $\mathbb{F}_2^k$ von $\mathbb{F}_2$ mit sich selbst

$$\mathbb{F}_2^k = \underbrace{\mathbb{F}_2 \times \mathbb{F}_2 \times \cdots \times \mathbb{F}_2}_{k \text{ Faktoren}}, \quad k \in \mathbb{N}^*. \tag{1.27}$$

Der Vektor $\boldsymbol{u}$ ist ein Element dieses Vektorraums $\mathbb{F}_2^k$.

Entsprechend ergibt sich der Vektorraum $\mathbb{F}_2^n$ aus dem *n-fachen kartesischen Produkt* $\mathbb{F}_2^n$ von $\mathbb{F}_2$ mit sich selbst

$$\mathbb{F}_2^n = \underbrace{\mathbb{F}_2 \times \mathbb{F}_2 \times \cdots \times \mathbb{F}_2}_{n \text{ Faktoren}}, \quad n \in \mathbb{N}^*, \tag{1.28}$$

und $\boldsymbol{v}$ ist ein Element dieses Vektorraums $\mathbb{F}_2^n$. Es gilt also

$$\boldsymbol{u} \in \mathbb{F}_2^k, \quad \boldsymbol{v} \in \mathbb{F}_2^n, \quad k, n \in \mathbb{N}^*. \tag{1.29}$$

Ohne Beschränkung der Allgemeinheit betrachten wir im Folgenden nur die Vektoren aus $\mathbb{F}_2^k$, $k \in \mathbb{N}^*$. Natürlich sind alle folgenden Aspekte auch für die Vektoren aus $\mathbb{F}_2^n$, $n \in \mathbb{N}^*$, gültig.

Die *Addition* $\oplus$ *zweier Vektoren*

$$\boldsymbol{u}^{(1)} = (u_0^{(1)}, u_1^{(1)} \cdots u_{k-1}^{(1)}) \in \mathbb{F}_2^k, \quad \boldsymbol{u}^{(2)} = (u_0^{(2)}, u_1^{(2)} \cdots u_{k-1}^{(2)}) \in \mathbb{F}_2^k, \quad k \in \mathbb{N}^*, \tag{1.30}$$

lässt sich wie folgt definieren:

$$\begin{gathered}\boldsymbol{u}^{(1)} \oplus \boldsymbol{u}^{(2)} = (u_0^{(1)} \oplus u_0^{(2)},\ u_1^{(1)} \oplus u_1^{(2)} \ \cdots\ u_{k-1}^{(1)} \oplus u_{k-1}^{(2)}) \in \mathbb{F}_2^k, \\ u_i^{(1)}, u_i^{(2)} \in \mathbb{F}_2, \quad i \in \{0, 1 \cdots (k-1)\}, \quad k \in \mathbb{N}^*.\end{gathered} \tag{1.31}$$

Die Addition zweier Vektoren $\boldsymbol{u}^{(1)} \in \mathbb{F}_2^k, k \in \mathbb{N}^*$, und $\boldsymbol{u}^{(2)} \in \mathbb{F}_2^k, k \in \mathbb{N}^*$, ergibt den Vektor $(\boldsymbol{u}^{(1)} \oplus \boldsymbol{u}^{(2)})$, der die Komponenten $(u_i^{(1)} \oplus u_i^{(2)}) \in \mathbb{F}_2, i \in \{0, 1 \cdots (k-1)\}, k \in \mathbb{N}^*$, hat. Diese Komponenten $(u_i^{(1)} \oplus u_i^{(2)}) \in \mathbb{F}_2$ sind die jeweiligen Summen der Komponenten $u_i^{(1)} \in \mathbb{F}_2$, $i \in \{0, 1 \cdots (k-1)\}, k \in \mathbb{N}^*$, von $\boldsymbol{u}^{(1)}$ und $u_i^{(2)} \in \mathbb{F}_2, i \in \{0, 1 \cdots (k-1)\}, k \in \mathbb{N}^*$, von $\boldsymbol{u}^{(2)}$. Daher ist der Vektor $(\boldsymbol{u}^{(1)} \oplus \boldsymbol{u}^{(2)})$ auch ein Element von $\mathbb{F}_2^k$.

Wegen (1.31) ist $(\mathbb{F}_2^k, \oplus)$ abgeschlossen, und die durch (1.31) definierte Addition ist eindeutig. Da $(\mathbb{F}_2, \oplus)$ eine Abelsche Gruppe ist, siehe Satz 1.2, ist auch $(\mathbb{F}_2^k, \oplus)$ *ist eine Abelsche Gruppe*.

Nun definieren wir die *äußere Multiplikation* $\odot$ *eines Elements* $\alpha \in \mathbb{F}_2$ *und eines Vektors* $\boldsymbol{u} \in \mathbb{F}_2^k$ wie folgt:

$$\alpha \odot \boldsymbol{u} = (\alpha \odot u_0,\ \alpha \odot u_1 \ \cdots\ \alpha \odot u_{k-1}) \in \mathbb{F}_2^k, \quad \alpha, u_i \in \mathbb{F}_2, \quad i \in \{0, 1 \cdots (k-1)\}, \quad k \in \mathbb{N}^*. \tag{1.32}$$

Mit $u_i \in \mathbb{F}_2, i \in \{0, 1 \cdots (k-1)\}, k \in \mathbb{N}^*$, und mit $\alpha \in \mathbb{F}_2$, ist auch $(\alpha \odot u_i) \in \mathbb{F}_2, i \in \{0, 1 \cdots (k-1)\}, k \in \mathbb{N}^*$, siehe Satz 1.2. Daher ist $(\alpha \odot \boldsymbol{u})$ ein Element von $\mathbb{F}_2^k$.

Definition 1.11 (Vektorraum über $\mathbb{F}_2$). Der endliche Körper $\mathbb{F}_2$, beziehungsweise $(\mathbb{F}_2, \oplus, \odot)$, siehe Satz 1.2, und die Abelsche Gruppe $(\mathbb{F}_2^k, \oplus)$ der Vektoren $\boldsymbol{u}$ entsprechend der äußeren Multiplikation $\mathbb{F}_2 \times \mathbb{F}_2^k \to \mathbb{F}_2^k$ nach (1.32), die den Vektor $(\alpha \odot \boldsymbol{u}) \in \mathbb{F}_2^k$ dem geordneten Paar $(\alpha, \boldsymbol{u})$ zuweist, wird als *Vektorraum über* $\mathbb{F}_2$ bezeichnet [18, S. 327].

Die folgenden Regeln ergeben sich unmittelbar [18, S. 327]:

(V1) Assoziativgesetz der Addition

$$\left(\boldsymbol{u}^{(1)} \oplus \boldsymbol{u}^{(2)}\right) \oplus \boldsymbol{u}^{(3)} = \boldsymbol{u}^{(1)} \oplus \left(\boldsymbol{u}^{(2)} \oplus \boldsymbol{u}^{(3)}\right) \in \mathbb{F}_2^k, \quad \boldsymbol{u}^{(1)}, \boldsymbol{u}^{(2)}, \boldsymbol{u}^{(3)} \in \mathbb{F}_2^k, \quad k \in \mathbb{N}^*. \tag{1.33}$$

(V2) Neutrales (Identitäts-)Element der Addition

Es gibt einen Vektor $\mathbf{0}_k \in \mathbb{F}_2^k$, $k \in \mathbb{N}^*$, der als *Nullvektor* bezeichnet wird, mit

$$\boldsymbol{u} \oplus \mathbf{0}_k = \boldsymbol{u}, \quad \mathbf{0}_k, \boldsymbol{u} \in \mathbb{F}_2^k, \quad k \in \mathbb{N}^*. \tag{1.34}$$

Dieser Vektor $\mathbf{0}_k \in \mathbb{F}_2^k$ hat die Form

$$\mathbf{0}_k = \underbrace{(0, 0 \cdots 0)}_{k \text{ Komponenten}} \in \mathbb{F}_2^k, \quad 0 \in \mathbb{F}_2, \quad k \in \mathbb{N}^*. \tag{1.35}$$

(V3) Inverses Element der Addition

Es gibt einen Vektor $(-\boldsymbol{u}) \in \mathbb{F}_2^k$, $k \in \mathbb{N}^*$, der die Eigenschaft

$$\boldsymbol{u} \oplus (-\boldsymbol{u}) = \mathbf{0}_k, \quad \mathbf{0}_k, \boldsymbol{u}, (-\boldsymbol{u}) \in \mathbb{F}_2^k, \quad k \in \mathbb{N}^*, \tag{1.36}$$

erfüllt. Der Zusammenhang (1.14) aus Satz 1.2 und (1.31) führen uns zur Schlussfolgerung, dass

$$\begin{aligned}
\mathbf{0}_k &= \boldsymbol{u} \oplus (-\boldsymbol{u}) \\
&= \big(\underbrace{u_0 \oplus (-u_0)}_{=0}, \underbrace{u_1 \oplus (-u_1)}_{=0} \cdots \underbrace{u_{k-1} \oplus (-u_{k-1})}_{=0}\big) \\
&= \big(\underbrace{u_0 \oplus u_0^{-1}}_{=0}, \underbrace{u_1 \oplus u_1^{-1}}_{=0} \cdots \underbrace{u_{k-1} \oplus u_{k-1}^{-1}}_{=0}\big) \\
&= (\underbrace{u_0 \oplus u_0}_{=0}, \underbrace{u_1 \oplus u_1}_{=0} \cdots \underbrace{u_{k-1} \oplus u_{k-1}}_{=0}) \\
&= \boldsymbol{u} \oplus \boldsymbol{u}.
\end{aligned} \tag{1.37}$$

Man erhält

$$(-\boldsymbol{u}) = \boldsymbol{u} \in \mathbb{F}_2. \tag{1.38}$$

(V4) Kommutativgesetz der Addition

$$\boldsymbol{u}^{(1)} \oplus \boldsymbol{u}^{(2)} = \boldsymbol{u}^{(2)} \oplus \boldsymbol{u}^{(1)} \in \mathbb{F}_2^k, \quad \boldsymbol{u}^{(1)}, \boldsymbol{u}^{(2)} \in \mathbb{F}_2^k, \quad k \in \mathbb{N}^*. \tag{1.39}$$

(V5) Neutrales (Identitäts-)Element der äußeren Multiplikation

Mit $1 \in \mathbb{F}_2$ und $\boldsymbol{u} \in \mathbb{F}_2^k$, $k \in \mathbb{N}^*$, erhält man

$$1 \odot \boldsymbol{u} = \boldsymbol{u}, \quad 1 \in \mathbb{F}_2, \quad \boldsymbol{u} \in \mathbb{F}_2^k, \quad k \in \mathbb{N}^*. \tag{1.40}$$

(V6) Assoziativgesetz der äußeren Multiplikation

Mit $\alpha, \beta \in \mathbb{F}_2$ und $\boldsymbol{u} \in \mathbb{F}_2^k$, $k \in \mathbb{N}^*$, erhält man

$$\alpha \odot (\beta \odot \boldsymbol{u}) = (\alpha \odot \beta) \odot \boldsymbol{u}, \quad \alpha, \beta \in \mathbb{F}_2, \quad \boldsymbol{u} \in \mathbb{F}_2^k, \quad k \in \mathbb{N}^*. \tag{1.41}$$

(V7) Distributivgesetz 1

Mit $\alpha, \beta \in \mathbb{F}_2$ und $\boldsymbol{u} \in \mathbb{F}_2^k$, $k \in \mathbb{N}^*$, erhält man

$$(\alpha \oplus \beta) \odot \boldsymbol{u} = \alpha \odot \boldsymbol{u} \oplus \beta \odot \boldsymbol{u}, \quad \alpha, \beta \in \mathbb{F}_2, \quad \boldsymbol{u} \in \mathbb{F}_2^k, \quad k \in \mathbb{N}^*. \tag{1.42}$$

(V8) Distributivgesetz 2

Mit $\alpha \in \mathbb{F}_2$ und $\boldsymbol{u}^{(1)}, \boldsymbol{u}^{(2)} \in \mathbb{F}_2^k$, $k \in \mathbb{N}^*$, erhält man

$$\alpha \odot \left(\boldsymbol{u}^{(1)} \oplus \boldsymbol{u}^{(2)}\right) = \alpha \odot \boldsymbol{u}^{(1)} \oplus \alpha \odot \boldsymbol{u}^{(2)}, \quad \alpha \in \mathbb{F}_2, \quad \boldsymbol{u}^{(1)}, \boldsymbol{u}^{(2)} \in \mathbb{F}_2^k, \quad k \in \mathbb{N}^*. \tag{1.43}$$

Ausgehend von (1.37) betrachten wir die Definition identischer Vektoren $\boldsymbol{u}^{(1)} \in \mathbb{F}_2^k$, $k \in \mathbb{N}^*$, und $\boldsymbol{u}^{(2)} \in \mathbb{F}_2^k$, $k \in \mathbb{N}^*$.

Definition 1.12 (Identische Vektoren von $\mathbb{F}_2^k$). Zwei Vektoren $\boldsymbol{u}^{(1)} \in \mathbb{F}_2^k$, $k \in \mathbb{N}^*$, und $\boldsymbol{u}^{(2)} \in \mathbb{F}_2^k$, $k \in \mathbb{N}^*$, sind dann und nur dann *identisch*, wenn für ihre Komponenten $u_i^{(1)}, u_i^{(2)} \in \mathbb{F}_2$, $i \in \{0, 1 \cdots (k-1)\}$, $k \in \mathbb{N}^*$, die folgende Bedingung

$$u_i^{(1)} = u_i^{(2)}, \quad u_i^{(1)}, u_i^{(2)} \in \mathbb{F}_2, \quad i \in \{0, 1 \cdots (k-1)\}, \quad k \in \mathbb{N}^*, \tag{1.44}$$

erfüllt ist. Man schreibt dann [18, S. 10f.]

$$\boldsymbol{u}^{(1)} = \boldsymbol{u}^{(2)} \tag{1.45}$$

oder

$$\boldsymbol{u}^{(1)} \equiv \boldsymbol{u}^{(2)}. \tag{1.46}$$

Bemerkung 1.4 (Zu identischen Vektoren von $\mathbb{F}_2^k$). Verwendet man (1.37), so ergibt sich

$$\boldsymbol{u}^{(1)} \oplus \boldsymbol{u}^{(2)} = \boldsymbol{u}^{(2)} \oplus \boldsymbol{u}^{(1)} = \boldsymbol{0}_k, \quad k \in \mathbb{N}^*, \tag{1.47}$$

wenn die beiden Vektoren $\boldsymbol{u}^{(1)} \in \mathbb{F}_2^k$, $k \in \mathbb{N}^*$, und $\boldsymbol{u}^{(2)} \in \mathbb{F}_2^k$, $k \in \mathbb{N}^*$, identisch sind.

Was ergibt sich, wenn zwei Vektoren $\boldsymbol{u}^{(1)} \in \mathbb{F}_2^k$, $k \in \mathbb{N}^*$, und $\boldsymbol{u}^{(2)} \in \mathbb{F}_2^k$, $k \in \mathbb{N}^*$, nicht identisch sind? Offensichtlich benötigt man eine Art von *Abstandsmaß*, das auf zwei Vektoren aus $\mathbb{F}_2^k$, $k \in \mathbb{N}^*$, angewendet werden kann. Wir nennen dieses Abstandsmaß *Metrik* beziehungsweise *Abstand* [28, S. 3].

Diese Metrik beziehungsweise dieser Abstand ist mit der *„Länge" des Differenzvektors* $\boldsymbol{u}^{(1)} \oplus \boldsymbol{u}^{(2)}$ der beiden Vektoren $\boldsymbol{u}^{(1)} \in \mathbb{F}_2^k$, $k \in \mathbb{N}^*$, und $\boldsymbol{u}^{(2)} \in \mathbb{F}_2^k$, $k \in \mathbb{N}^*$, verbunden [22, S. 76–78]. Deshalb überlegen wir zunächst, wie die „Länge" definiert werden könnte.

Da die Komponenten jedes Vektors $\boldsymbol{u} \in \mathbb{F}_2^k$, $k \in \mathbb{N}^*$, aus $\mathbb{F}_2$ stammen, könnte die „Länge" von $\boldsymbol{u} \in \mathbb{F}_2^k$, $k \in \mathbb{N}^*$, beispielsweise auf

- der Anzahl der Komponenten von $\boldsymbol{u}$ basieren, die alle gleich 0 sind, oder auf
- der Anzahl der Komponenten von $\boldsymbol{u}$ basieren, die alle gleich 1 sind.

Verwendet man beispielsweise die Anzahl derjenigen Komponenten von $\boldsymbol{u}$, welche alle gleich 0 sind, so wäre der Nullvektor $\mathbf{0}_k \in \mathbb{F}_2^k, k \in \mathbb{N}^*$, der „längste" Vektor aller Vektoren von $\mathbb{F}_2^k$, $k \in \mathbb{N}^*$, mit der Länge k. Das klingt seltsam, denn oft ist $\mathbf{0}_k \in \mathbb{F}_2^k$, $k \in \mathbb{N}^*$, der Ortsvektor des Ursprungs mit dem Abstand 0 vom Ursprung. Also verwerfen wir diese Option.

Verwendet man stattdessen die Anzahl derjenigen Komponenten von $\boldsymbol{u}$, welche alle gleich 1 sind, so wäre der Nullvektor $\mathbf{0}_k \in \mathbb{F}_2^k$, $k \in \mathbb{N}^*$, der „kürzeste" Vektor aller Vektoren von $\mathbb{F}_2^k$, $k \in \mathbb{N}^*$, mit der Länge 0. Das klingt recht ansprechend, da es an solche Vektorräume erinnert, die uns möglicherweise in der Vergangenheit begegnet sind, beispielsweise $\mathbb{R}^k$, $k \in \mathbb{N}^*$, oder $\mathbb{C}^k$, $k \in \mathbb{N}^*$. Also wählen wir diese Option, um die Länge von $\boldsymbol{u} \in \mathbb{F}_2^k, k \in \mathbb{N}^*$, zu definieren. Diese zu definierende Länge heißt *Hamming-Gewicht* [22, S. 76].

Definition 1.13 (Hamming-Gewicht). Es sei $\boldsymbol{u}$ gleich $(u_0, u_1 \cdots u_{k-1})$ ein binäres k-Tupel, d. h. ein Vektor aus $\mathbb{F}_2^k, k \in \mathbb{N}^*$. Das *Hamming-Gewicht* $w_\mathrm{H}\{\boldsymbol{u}\}$ von $\boldsymbol{u}$, ist die Anzahl der von 0 verschiedenen Komponenten [22, S. 76]. Man erhält

$$w_\mathrm{H}\{\boldsymbol{u}\} = \sum_{i=0}^{k-1} u_i, \quad k \in \mathbb{N}^*. \tag{1.48}$$

Wir betrachten das folgende Beispiel.

Beispiel 1.1. Das Hamming-Gewicht von

$$\boldsymbol{u} = (1, 0, 0, 1, 0, 1, 1) \tag{1.49}$$

ist [22, S. 76]

$$w_\mathrm{H}\{\boldsymbol{u}\} = w_\mathrm{H}\big\{(1, 0, 0, 1, 0, 1, 1)\big\} = 4. \tag{1.50}$$

Ausgehend vom Hamming-Gewicht aus Definition 1.13 definieren wir diejenige Metrik beziehungsweise denjenigen Abstand, welchen man *Hamming-Abstand* [22, S. 76] nennt.

Definition 1.14 (Hamming-Abstand). Es seien $\boldsymbol{u}^{(1)}$, mit den Komponenten $u_i^{(1)} \in \mathbb{F}_2, i \in \{0, 1 \cdots (k-1)\}$, $k \in \mathbb{N}^*$, und $\boldsymbol{u}^{(2)}$, mit den Komponenten $u_i^{(2)} \in \mathbb{F}_2, i \in \{0, 1 \cdots (k-1)\}, k \in \mathbb{N}^*$, zwei beliebige Vektoren aus $\mathbb{F}_2^k$, $k \in \mathbb{N}^*$. Der *Hamming-Abstand* zwischen $\boldsymbol{u}^{(1)}$ und $\boldsymbol{u}^{(2)}$ wird mit $d_\mathrm{H}\{\boldsymbol{u}^{(1)}, \boldsymbol{u}^{(2)}\}$ bezeichnet und ist definiert als die Anzahl der Komponenten, in denen sich $\boldsymbol{u}^{(1)}$ und $\boldsymbol{u}^{(2)}$ unterscheiden [22, S. 76].

Bemerkung 1.5 (Zum Hamming-Abstand). Die Anzahl der Komponenten, in denen sich $\boldsymbol{u}^{(1)}$ und $\boldsymbol{u}^{(2)}$ aus $\mathbb{F}_2^k, k \in \mathbb{N}^*$, unterscheiden, ist genau gleich der Anzahl der Komponenten des Differenzvektors $\boldsymbol{u}^{(1)} \oplus \boldsymbol{u}^{(2)}$, die gleich 1 sind. Ausgehend von der linken Tabelle in Definition 1.10 und mit (1.31) ergibt sich, dass
- alle Komponenten von $\boldsymbol{u}^{(1)} \oplus \boldsymbol{u}^{(2)}$, in denen $\boldsymbol{u}^{(1)}$ und $\boldsymbol{u}^{(2)}$ identisch sind, gleich 0 sind, und
- alle Komponenten von $\boldsymbol{u}^{(1)} \oplus \boldsymbol{u}^{(2)}$, in denen sich $\boldsymbol{u}^{(1)}$ und $\boldsymbol{u}^{(2)}$ unterscheiden, gleich 1 sind.

Man erhält sofort

$$d_{\mathrm{H}}\{u_i^{(1)}, u_i^{(2)}\} = u_i^{(1)} \oplus u_i^{(2)} = \begin{cases} 1 & \text{für } u_i^{(1)} \neq u_i^{(2)}, \\ 0 & \text{für } u_i^{(1)} = u_i^{(2)}, \end{cases} \quad i \in \{0, 1 \cdots (k-1)\}, \quad k \in \mathbb{N}^*. \quad (1.51)$$

Satz 1.3 (Hamming-Abstand). *Es seien $\boldsymbol{u}^{(1)}$ mit den Komponenten $u_i^{(1)} \in \mathbb{F}_2, i \in \{0, 1 \cdots (k-1)\}, k \in \mathbb{N}^*$, und $\boldsymbol{u}^{(2)}$ mit den Komponenten $u_i^{(2)} \in \mathbb{F}_2, i \in \{0, 1 \cdots (k-1)\}, k \in \mathbb{N}^*$, zwei beliebige Vektoren aus $\mathbb{F}_2^k, k \in \mathbb{N}^*$.*

Dann ist die Hamming-Distanz $d_H\{\boldsymbol{u}^{(1)}, \boldsymbol{u}^{(2)}\}$ durch

$$d_H\{\boldsymbol{u}^{(1)}, \boldsymbol{u}^{(2)}\} = \sum_{i=0}^{k-1} d_H\{u_i^{(1)}, u_i^{(2)}\} = \sum_{i=0}^{k-1} u_i^{(1)} \oplus u_i^{(2)}, \quad k \in \mathbb{N}^*, \quad (1.52)$$

gegeben.

Beweis. Der Beweis ergibt sich aus Bemerkung 1.5 und (1.51). □

Bemerkung 1.6 (Zum Hamming-Abstand — Teil 2). Es seien $\boldsymbol{u}^{(1)}$ mit den Komponenten $u_i^{(1)} \in \mathbb{F}_2, i \in \{0, 1 \cdots (k-1)\}, k \in \mathbb{N}^*$, und $\boldsymbol{u}^{(2)}$ mit den Komponenten $u_i^{(2)} \in \mathbb{F}_2, i \in \{0, 1 \cdots (k-1)\}, k \in \mathbb{N}^*$, zwei beliebige Vektoren aus $\mathbb{F}_2^k, k \in \mathbb{N}^*$.

Vergleicht man (1.48) und (1.52), findet man sofort

$$d_{\mathrm{H}}\{\boldsymbol{u}^{(1)}, \boldsymbol{u}^{(2)}\} = w_{\mathrm{H}}\{\boldsymbol{u}^{(1)} \oplus \boldsymbol{u}^{(2)}\}. \quad (1.53)$$

Insbesondere, wenn $\boldsymbol{u}^{(2)}$ gleich dem Nullvektor $\boldsymbol{0}_k, k \in \mathbb{N}^*$, ist, ergibt (1.53)

$$d_{\mathrm{H}}\{\boldsymbol{u}^{(1)}, \boldsymbol{0}_k\} = w_{\mathrm{H}}\{\boldsymbol{u}^{(1)} \oplus \boldsymbol{0}_k\} = w_{\mathrm{H}}\{\boldsymbol{u}^{(1)}\}. \quad (1.54)$$

Schauen wir uns das folgende Beispiel an.

Beispiel 1.2. Es seien

$$\boldsymbol{u}^{(1)} = (1, 0, 0, 1, 0, 1, 1) \quad \boldsymbol{u}^{(2)} = (0, 1, 0, 0, 0, 1, 1). \quad (1.55)$$

Wir erhalten

$$d_{\mathrm{H}}\{\boldsymbol{u}^{(1)}, \boldsymbol{u}^{(2)}\} = d_{\mathrm{H}}\{(1, 0, 0, 1, 0, 1, 1), (0, 1, 0, 0, 0, 1, 1)\} = 3, \quad (1.56)$$

weil $\boldsymbol{u}^{(1)}$ und $\boldsymbol{u}^{(2)}$ an drei Komponenten, d. h. Koordinaten, voneinander abweichen [22, S. 76].

Nun betrachten wir einige Eigenschaften des Hamming-Abstands $d_{\mathrm{H}}\{\cdot, \cdot\}$.

Korollar 1.1 (Hamming-Abstand gleich 0 nur für identische Vektoren). *Es seien $\boldsymbol{u}^{(1)}$ mit den Komponenten $u_i^{(1)} \in \mathbb{F}_2, i \in \{0, 1 \cdots (k-1)\}, k \in \mathbb{N}^*$, und $\boldsymbol{u}^{(2)}$ mit den Komponenten $u_i^{(2)} \in \mathbb{F}_2, i \in \{0, 1 \cdots (k-1)\}, k \in \mathbb{N}^*$, zwei beliebige Vektoren aus $\mathbb{F}_2^k, k \in \mathbb{N}^*$.*

Die Beziehung

$$d_H\{\boldsymbol{u}^{(1)}, \boldsymbol{u}^{(2)}\} = 0 \quad (1.57)$$

gilt nur, wenn $\boldsymbol{u}^{(1)}$ *und* $\boldsymbol{u}^{(2)}$ *identisch sind.*

Beweis. Laut Definition 1.14 ist die Hamming-Distanz $d_{\mathrm{H}}\{\boldsymbol{u}^{(1)}, \boldsymbol{u}^{(2)}\}$ zwischen $\boldsymbol{u}^{(1)}$ und $\boldsymbol{u}^{(2)}$ die Anzahl derjenigen Komponenten, d. h. Koordinaten, an welchen sich $\boldsymbol{u}^{(1)}$ und $\boldsymbol{u}^{(2)}$ voneinander unterscheiden [22, S. 76]. Wenn $d_{\mathrm{H}}\{\boldsymbol{u}^{(1)}, \boldsymbol{u}^{(2)}\}$ gleich 0 ist, differieren keine Komponenten, d. h. Koordinaten, von $\boldsymbol{u}^{(1)}$ und $\boldsymbol{u}^{(2)}$. Dies führt unmittelbar zu

$$\boldsymbol{u}^{(1)} = \boldsymbol{u}^{(2)}. \tag{1.58}$$

Nun seien $\boldsymbol{u}^{(1)}$ und $\boldsymbol{u}^{(2)}$ identisch. In diesem Fall unterscheiden sich $\boldsymbol{u}^{(1)}$ und $\boldsymbol{u}^{(2)}$ an keinen Komponenten, d. h. Koordinaten, und daher erhält man

$$d_{\mathrm{H}}\left\{\boldsymbol{u}^{(1)}, \boldsymbol{u}^{(2)}\right\} = d_{\mathrm{H}}\left\{\boldsymbol{u}^{(1)}, \boldsymbol{u}^{(1)}\right\} = d_{\mathrm{H}}\left\{\boldsymbol{u}^{(2)}, \boldsymbol{u}^{(2)}\right\} = w_{\mathrm{H}}\{\boldsymbol{0}_k\} = 0, \quad k \in \mathbb{N}^*. \tag{1.59}$$

□

Korollar 1.2 (Hamming-Abstand ist nichtnegativ). *Es seien* $\boldsymbol{u}^{(1)}$ *mit den Komponenten* $u_i^{(1)} \in \mathbb{F}_2$, $i \in \{0, 1 \cdots (k-1)\}$, $k \in \mathbb{N}^*$, *und* $\boldsymbol{u}^{(2)}$ *mit den Komponenten* $u_i^{(2)} \in \mathbb{F}_2$, $i \in \{0, 1 \cdots (k-1)\}$, $k \in \mathbb{N}^*$, *zwei beliebige Vektoren aus* $\mathbb{F}_2^k$, $k \in \mathbb{N}^*$.

Der Hamming-Abstand hat die folgende Eigenschaft:

$$d_H\left\{\boldsymbol{u}^{(1)}, \boldsymbol{u}^{(2)}\right\} \geq 0. \tag{1.60}$$

Beweis. Es folgt aus (1.53), dass die Hamming-Distanz $d_{\mathrm{H}}\{\boldsymbol{u}^{(1)}, \boldsymbol{u}^{(2)}\}$ dann und nur dann gleich 0 ist, wenn $\boldsymbol{u}^{(1)}$ gleich $\boldsymbol{u}^{(2)}$ ist. In diesem Fall führt (1.51) zu

$$d_{\mathrm{H}}\left\{u_i^{(1)}, u_i^{(2)}\right\} = u_i^{(1)} \oplus u_i^{(2)} = 0, \quad i \in \left\{0, 1 \cdots (k-1)\right\}, \quad k \in \mathbb{N}^*. \tag{1.61}$$

Somit gilt

$$d_{\mathrm{H}}\left\{\boldsymbol{u}^{(1)}, \boldsymbol{u}^{(2)}\right\} = \sum_{i=0}^{k-1} d_{\mathrm{H}}\left\{u_i^{(1)}, u_i^{(2)}\right\} = \sum_{i=0}^{k-1} 0 = 0, \quad k \in \mathbb{N}^*. \tag{1.62}$$

Nun nehme man an, dass es $d \in \mathbb{N}^*$ Komponenten, d. h. Koordinaten, mit den Indizes $\{i_1, i_2 \cdots i_d\} \subseteq \{0, 1 \cdots (k-1)\}$ gibt, an denen $\boldsymbol{u}^{(1)}$ und $\boldsymbol{u}^{(2)}$ voneinander abweichen. In diesem Fall ist

- $d_{\mathrm{H}}\{u_i^{(1)}, u_i^{(2)}\}$ gleich 0 für alle Indizes $i \notin \{i_1, i_2 \cdots i_d\}$ und
- $d_{\mathrm{H}}\{u_i^{(1)}, u_i^{(2)}\}$ gleich 1 für alle Indizes $i \in \{i_1, i_2 \cdots i_d\}$.

Dann erhält man

$$d_{\mathrm{H}}\left\{\boldsymbol{u}^{(1)}, \boldsymbol{u}^{(2)}\right\} = \sum_{i=0}^{k-1} d_{\mathrm{H}}\left\{u_i^{(1)}, u_i^{(2)}\right\} = d > 0. \tag{1.63}$$

□

Korollar 1.3 (Hamming-Abstand ist symmetrisch). *Es seien* $\boldsymbol{u}^{(1)}$ *mit den Komponenten* $u_i^{(1)} \in \mathbb{F}_2$, $i \in \{0, 1 \cdots (k-1)\}$, $k \in \mathbb{N}^*$, *und* $\boldsymbol{u}^{(2)}$ *mit den Komponenten* $u_i^{(2)} \in \mathbb{F}_2$, $i \in \{0, 1 \cdots (k-1)\}$, $k \in \mathbb{N}^*$, *zwei beliebige Vektoren aus* $\mathbb{F}_2^k$, $k \in \mathbb{N}^*$.

Der Hamming-Abstand hat die folgende Eigenschaft:

$$d_H\left\{\boldsymbol{u}^{(1)}, \boldsymbol{u}^{(2)}\right\} = d_H\left\{\boldsymbol{u}^{(2)}, \boldsymbol{u}^{(1)}\right\}. \tag{1.64}$$

Beweis. Mit (1.53) erhält man

$$d_{\mathrm{H}}\left\{\boldsymbol{u}^{(1)}, \boldsymbol{u}^{(2)}\right\} = w_{\mathrm{H}}\left\{\boldsymbol{u}^{(1)} \oplus \boldsymbol{u}^{(2)}\right\} = w_{\mathrm{H}}\left\{\boldsymbol{u}^{(2)} \oplus \boldsymbol{u}^{(1)}\right\} = d_{\mathrm{H}}\left\{\boldsymbol{u}^{(2)}, \boldsymbol{u}^{(1)}\right\}. \tag{1.65}$$

□

Satz 1.4 (Dreiecksungleichung des Hamming-Abstands). *Es seien* $\boldsymbol{u}^{(1)}$ *mit den Komponenten* $u_i^{(1)} \in \mathbb{F}_2$, $i \in \{0, 1 \cdots (k-1)\}$, $k \in \mathbb{N}^*$, $\boldsymbol{u}^{(2)}$ *mit den Komponenten* $u_i^{(2)} \in \mathbb{F}_2$, $i \in \{0, 1 \cdots (k-1)\}$, $k \in \mathbb{N}^*$, *und* $\boldsymbol{u}^{(3)}$ *mit den Komponenten* $u_i^{(3)} \in \mathbb{F}_2$, $i \in \{0, 1 \cdots (k-1)\}$, $k \in \mathbb{N}^*$, *drei beliebige Vektoren aus* $\mathbb{F}_2^k$, $k \in \mathbb{N}^*$.

Dann gilt die folgende Relation, die als Dreiecksungleichung *bezeichnet wird* [22, *S. 13*], [28, *S. 3*]:

$$d_H\left\{\boldsymbol{u}^{(1)}, \boldsymbol{u}^{(2)}\right\} + d_H\left\{\boldsymbol{u}^{(2)}, \boldsymbol{u}^{(3)}\right\} \geq d_H\left\{\boldsymbol{u}^{(1)}, \boldsymbol{u}^{(3)}\right\}. \tag{1.66}$$

Beweis. Es ist

$$0 \leq d_{\mathrm{H}}\left\{u_i^{(1)}, u_i^{(2)}\right\} \leq 1, \quad 0 \leq d_{\mathrm{H}}\left\{u_i^{(2)}, u_i^{(3)}\right\} \leq 1, \quad 0 \leq d_{\mathrm{H}}\left\{u_i^{(1)}, u_i^{(3)}\right\} \leq 1, \tag{1.67}$$
$$i \in \left\{0, 1 \cdots (k-1)\right\}, \quad k \in \mathbb{N}^*.$$

Weiterhin gilt

$$d_{\mathrm{H}}\left\{\boldsymbol{u}^{(1)}, \boldsymbol{u}^{(2)}\right\} = \sum_{i=0}^{k-1} d_{\mathrm{H}}\left\{u_i^{(1)}, u_i^{(2)}\right\}, \tag{1.68}$$

$$d_{\mathrm{H}}\left\{\boldsymbol{u}^{2)}, \boldsymbol{u}^{(3)}\right\} = \sum_{i=0}^{k-1} d_{\mathrm{H}}\left\{u_i^{(2)}, u_i^{(3)}\right\}, \tag{1.69}$$

$$d_{\mathrm{H}}\left\{\boldsymbol{u}^{(1)}, \boldsymbol{u}^{(3)}\right\} = \sum_{i=0}^{k-1} d_{\mathrm{H}}\left\{u_i^{(1)}, u_i^{(3)}\right\}. \tag{1.70}$$

Nun erhält man

$$d_{\mathrm{H}}\left\{\boldsymbol{u}^{(1)}, \boldsymbol{u}^{(2)}\right\} + d_{\mathrm{H}}\left\{\boldsymbol{u}^{(2)}, \boldsymbol{u}^{(3)}\right\} = \sum_{i=0}^{k-1}\left[d_{\mathrm{H}}\left\{u_i^{(1)}, u_i^{(2)}\right\} + d_{\mathrm{H}}\left\{u_i^{(2)}, u_i^{(3)}\right\}\right], \tag{1.71}$$
$$k \in \mathbb{N}^*.$$

Es gilt zu zeigen, dass

$$\sum_{i=0}^{k-1}\left[d_{\mathrm{H}}\left\{u_i^{(1)}, u_i^{(2)}\right\} + d_{\mathrm{H}}\left\{u_i^{(2)}, u_i^{(3)}\right\}\right] \geq \sum_{i=0}^{k-1} d_{\mathrm{H}}\left\{u_i^{(1)}, u_i^{(3)}\right\} \tag{1.72}$$

ist. Es gibt insgesamt fünf Fälle, die man im Beweis betrachten muss.

Fall 1: $u_i^{(1)} = u_i^{(2)} = u_i^{(3)}$ für alle $i \in \{0, 1 \cdots (k-1)\}$

Man erhält

$$d_{\mathrm{H}}\left\{\boldsymbol{u}^{(1)}, \boldsymbol{u}^{(2)}\right\} = d_{\mathrm{H}}\left\{\boldsymbol{u}^{(2)}, \boldsymbol{u}^{(3)}\right\} = d_{\mathrm{H}}\left\{\boldsymbol{u}^{(1)}, \boldsymbol{u}^{(3)}\right\} = 0. \tag{1.73}$$

Daraus ergibt sich die wahre Aussage

$$\underbrace{d_{\mathrm{H}}\left\{\boldsymbol{u}^{(1)}, \boldsymbol{u}^{(2)}\right\}}_{=0} + \underbrace{d_{\mathrm{H}}\left\{\boldsymbol{u}^{(2)}, \boldsymbol{u}^{(3)}\right\}}_{=0} = \underbrace{d_{\mathrm{H}}\left\{\boldsymbol{u}^{(1)}, \boldsymbol{u}^{(3)}\right\}}_{=0}. \tag{1.74}$$

Fall 2: $u_i^{(1)} = u_i^{(2)}$ für alle $i \in \{0, 1 \cdots (k-1)\}$ und $u_i^{(1)} = u_i^{(2)} \neq u_i^{(3)}$ für mindestens einen Index i

Man erhält

$$d_\mathrm{H}\{\boldsymbol{u}^{(1)}, \boldsymbol{u}^{(2)}\} = 0 \tag{1.75}$$

und

$$d_\mathrm{H}\{\boldsymbol{u}^{(2)}, \boldsymbol{u}^{(3)}\} = d_\mathrm{H}\{\boldsymbol{u}^{(1)}, \boldsymbol{u}^{(3)}\} > 0. \tag{1.76}$$

Dies liefert sofort die wahre Aussage

$$\underbrace{d_\mathrm{H}\{\boldsymbol{u}^{(1)}, \boldsymbol{u}^{(2)}\}}_{=0} + \underbrace{d_\mathrm{H}\{\boldsymbol{u}^{(2)}, \boldsymbol{u}^{(3)}\}}_{>0} = \underbrace{d_\mathrm{H}\{\boldsymbol{u}^{(1)}, \boldsymbol{u}^{(3)}\}}_{=d_\mathrm{H}\{\boldsymbol{u}^{(2)},\boldsymbol{u}^{(3)}\}>0}. \tag{1.77}$$

Fall 3: $u_i^{(1)} = u_i^{(3)}$ für alle $i \in \{0, 1 \cdots (k-1)\}$ und $u_i^{(1)} = u_i^{(3)} \neq u_i^{(2)}$ für mindestens einen Index i

Man erhält

$$d_\mathrm{H}\{\boldsymbol{u}^{(1)}, \boldsymbol{u}^{(3)}\} = 0 \tag{1.78}$$

und

$$d_\mathrm{H}\{\boldsymbol{u}^{(1)}, \boldsymbol{u}^{(2)}\} = \underbrace{d_\mathrm{H}\{\boldsymbol{u}^{(2)}, \boldsymbol{u}^{(3)}\}}_{=d_\mathrm{H}\{\boldsymbol{u}^{(3)},\boldsymbol{u}^{(2)}\}} > 0. \tag{1.79}$$

Das liefert sofort die wahre Aussage

$$\underbrace{d_\mathrm{H}\{\boldsymbol{u}^{(1)}, \boldsymbol{u}^{(2)}\}}_{>0} + \underbrace{d_\mathrm{H}\{\boldsymbol{u}^{(2)}, \boldsymbol{u}^{(3)}\}}_{=d_\mathrm{H}\{\boldsymbol{u}^{(1)},\boldsymbol{u}^{(2)}\}>0} > \underbrace{d_\mathrm{H}\{\boldsymbol{u}^{(1)}, \boldsymbol{u}^{3)}\}}_{=0}. \tag{1.80}$$

Fall 4: $u_i^{(2)} = u_i^{(3)}$ für alle $i \in \{0, 1 \cdots (k-1)\}$ und $u_i^{(2)} = u_i^{(3)} \neq u_i^{(1)}$ für mindestens einen Index i

Man erhält

$$d_\mathrm{H}\{\boldsymbol{u}^{(2)}, \boldsymbol{u}^{(3)}\} = 0 \tag{1.81}$$

und

$$d_\mathrm{H}\{\boldsymbol{u}^{(1)}, \boldsymbol{u}^{(2)}\} = d_\mathrm{H}\{\boldsymbol{u}^{(1)}, \boldsymbol{u}^{(3)}\} > 0. \tag{1.82}$$

Das führt sofort zur wahren Aussage

$$\underbrace{d_\mathrm{H}\{\boldsymbol{u}^{(1)}, \boldsymbol{u}^{(2)}\}}_{>0} + \underbrace{d_\mathrm{H}\{\boldsymbol{u}^{(2)}, \boldsymbol{u}^{(3)}\}}_{=0} = \underbrace{d_\mathrm{H}\{\boldsymbol{u}^{(1)}, \boldsymbol{u}^{3)}\}}_{=d_\mathrm{H}\{\boldsymbol{u}^{(1)},\boldsymbol{u}^{(2)}\}>0}. \tag{1.83}$$

Fall 5: alle drei Vektoren unterscheiden sich

Wenn $\boldsymbol{u}^{(1)}$ und $\boldsymbol{u}^{(2)}$ sich in $u_i^{(1)}$ beziehungsweise $u_i^{(2)}$ unterscheiden, dann muss $u_i^{(3)}$ identisch mit entweder $u_i^{(1)}$ oder $u_i^{(2)}$ sein. Dann gilt

$$\underbrace{\underbrace{d_\mathrm{H}\{u_i^{(1)}, u_i^{(2)}\}}_{=1} + \underbrace{d_\mathrm{H}\{u_i^{(2)}, u_i^{(3)}\}}_{\geq 0}}_{\geq 1} \geq \underbrace{d_\mathrm{H}\{u_i^{(1)}, u_i^{(3)}\}}_{\geq 0} \geq 0. \tag{1.84}$$

Wenn $\boldsymbol{u}^{(2)}$ und $\boldsymbol{u}^{(3)}$ sich in $u_{\bar{i}}^{(2)}$ beziehungsweise $u_{\bar{i}}^{(3)}$ unterscheiden, dann muss $u_{\bar{i}}^{(1)}$ identisch mit entweder $u_{\bar{i}}^{(2)}$ oder $u_{\bar{i}}^{(3)}$ sein. Dann gilt

$$\underbrace{\underbrace{d_\mathrm{H}\{u_i^{(1)}, u_i^{(2)}\}}_{\geq 0} + \underbrace{d_\mathrm{H}\{u_i^{(2)}, u_i^{(3)}\}}_{=1}}_{\geq 1} \geq \underbrace{d_\mathrm{H}\{u_i^{(1)}, u_i^{(3)}\}}_{\geq 0} \geq 0. \tag{1.85}$$

Daher ist

$$\underbrace{d_\mathrm{H}\{\boldsymbol{u}^{(1)}, \boldsymbol{u}^{(2)}\}}_{\geq 1} + \underbrace{d_\mathrm{H}\{\boldsymbol{u}^{(2)}, \boldsymbol{u}^{(3)}\}}_{\geq 1} > \underbrace{d_\mathrm{H}\{\boldsymbol{u}^{(1)}, \boldsymbol{u}^{3)}\}}_{\geq 0}. \tag{1.86}$$

□

Bemerkung 1.7 (Zu Satz 1.4). Es seien $\boldsymbol{u}^{(1)}$ mit den Komponenten $u_i^{(1)} \in \mathbb{F}_2, i \in \{0, 1 \cdots (k-1)\}, k \in \mathbb{N}^*$, $\boldsymbol{u}^{(2)}$ mit den Komponenten $u_i^{(2)} \in \mathbb{F}_2, i \in \{0, 1 \cdots (k-1)\}, k \in \mathbb{N}^*$, und $\boldsymbol{u}^{(3)}$ mit den Komponenten $u_i^{(3)} \in \mathbb{F}_2, i \in \{0, 1 \cdots (k-1)\}, k \in \mathbb{N}^*$, drei beliebige Vektoren aus $\mathbb{F}_2^k, k \in \mathbb{N}^*$.

Mit (1.53) kann Satz 1.4 in der folgenden Form geschrieben werden

$$w_\mathrm{H}\{\boldsymbol{u}^{(1)} \oplus \boldsymbol{u}^{(2)}\} + w_\mathrm{H}\{\boldsymbol{u}^{(2)} \oplus \boldsymbol{u}^{(3)}\} \geq w_\mathrm{H}\{\boldsymbol{u}^{(1)} \oplus \boldsymbol{u}^{(3)}\}. \tag{1.87}$$

Aus Korollar 1.1, Korollar 1.2, Korollar 1.3 und Satz 1.4 folgt, dass $d_\mathrm{H}\{\cdot,\cdot\}$ nach Definition 1.14 die folgenden drei *Axiome des metrischen Raums* [28, S. 3] erfüllt:

- $d_\mathrm{H}\{\boldsymbol{u}^{(1)}, \boldsymbol{u}^{(2)}\} \geq 0$; $d_\mathrm{H}\{\boldsymbol{u}^{(1)}, \boldsymbol{u}^{(1)}\} = 0$; $d_\mathrm{H}\{\boldsymbol{u}^{(1)}, \boldsymbol{u}^{(2)}\} = 0$ führt zu $\boldsymbol{u}^{(1)} = \boldsymbol{u}^{(2)}$.
- $d_\mathrm{H}\{\boldsymbol{u}^{(1)}, \boldsymbol{u}^{(2)}\} = d_\mathrm{H}\{\boldsymbol{u}^{(2)}, \boldsymbol{u}^{(1)}\}$.
- $d_\mathrm{H}\{\boldsymbol{u}^{(1)}, \boldsymbol{u}^{(2)}\} + d_\mathrm{H}\{\boldsymbol{u}^{(2)}, \boldsymbol{u}^{(3)}\} \geq d_\mathrm{H}\{\boldsymbol{u}^{(1)}, \boldsymbol{u}^{(3)}\}$.

Da der Hamming-Abstand $d_\mathrm{H}\{\cdot,\cdot\}$ aus Definition 1.14 auf $\mathbb{F}_2^k$, $k \in \mathbb{N}^*$, anwendbar ist, ist der Vektorraum $\mathbb{F}_2^k$, $k \in \mathbb{N}^*$, ein *metrischer Raum* [28, S. 3].

Beispiel 1.3. Man wähle

$$\boldsymbol{u}^{(1)} = (1,0,0,1,0,1,1), \quad \boldsymbol{u}^{(2)} = (0,1,0,0,0,1,1), \quad \boldsymbol{u}^{(3)} = (0,1,1,1,0,1,1) \tag{1.88}$$

und erhält

$$d_\mathrm{H}\{\boldsymbol{u}^{(1)}, \boldsymbol{u}^{(2)}\} = 3, \quad d_\mathrm{H}\{\boldsymbol{u}^{(2)}, \boldsymbol{u}^{(3)}\} = 2, \quad d_\mathrm{H}\{\boldsymbol{u}^{(1)}, \boldsymbol{u}^{(3)}\} = 3. \tag{1.89}$$

Offensichtlich gilt

$$d_\mathrm{H}\{\boldsymbol{u}^{(1)}, \boldsymbol{u}^{(2)}\} + d_\mathrm{H}\{\boldsymbol{u}^{(2)}, \boldsymbol{u}^{(3)}\} = 5 \geq 3 = d_\mathrm{H}\{\boldsymbol{u}^{(1)}, \boldsymbol{u}^{(3)}\}. \tag{1.90}$$

Betrachten wir ein weiteres Beispiel.

Beispiel 1.4. Betrachten Sie das in Abbildung 1.4 dargestellte Dreieck. Die Seitenlängen sind

$$a = \overline{BC}, \quad b = \overline{AC}, \quad c = \overline{AB}. \tag{1.91}$$

Aus Abbildung 1.4 ergeben sich die *Dreiecksungleichungen*

$$a + b \geq c, \quad a + c \geq b, \quad b + c \geq a. \tag{1.92}$$

Außerdem gilt

$$\alpha + \beta + \gamma = \pi. \tag{1.93}$$

Es seien
- $\boldsymbol{a}$ derjenige Vektor, welcher bei B beginnt und bei C endet,
- $\boldsymbol{b}$ derjenige Vektor, welcher bei A beginnt und bei C endet und
- $\boldsymbol{c}$ derjenige Vektor, welcher bei A beginnt und bei B endet.

Im zweidimensionalen euklidischen Vektorraum seien $\|\boldsymbol{a}\|$ und $\|\boldsymbol{b}\|$ die Normen von $\boldsymbol{a}$ und $\boldsymbol{b}$, d. h. die „Längen" von $\boldsymbol{a}$ und $\boldsymbol{b}$. Daher sind $\|\boldsymbol{a}\|$ und $\|\boldsymbol{b}\|$ die jeweiligen Abstände zwischen $\boldsymbol{a}$ und dem Ursprung sowie $\boldsymbol{b}$ und dem Ursprung. Der Ursprung wird durch den Nullvektor $\mathbf{0}$ dargestellt.

Man bezeichnet den Winkel, den $\boldsymbol{a}$ und $\boldsymbol{b}$ einschließen, mit $\measuredangle(\boldsymbol{a}, \boldsymbol{b})$. Offensichtlich ist $\measuredangle(\boldsymbol{a}, \boldsymbol{b})$ kleiner oder gleich π.

Nun definieren wir das Skalarprodukt $\langle \boldsymbol{a} \mid \boldsymbol{b} \rangle$ zwischen $\boldsymbol{a}$ und $\boldsymbol{b}$ als das Produkt der Normen $\|\boldsymbol{a}\|$ und $\|\boldsymbol{b}\|$ und dem Kosinus von $\measuredangle(\boldsymbol{a}, \boldsymbol{b})$, d. h.

$$\langle \boldsymbol{a} \mid \boldsymbol{b} \rangle = \|\boldsymbol{a}\| \cdot \|\boldsymbol{b}\| \cdot \cos\left\{\measuredangle(\boldsymbol{a}, \boldsymbol{b})\right\}. \tag{1.94}$$

Offensichtlich gilt

$$\langle \boldsymbol{a} \mid \boldsymbol{a} \rangle = \|\boldsymbol{a}\|^2, \quad \langle \boldsymbol{b} \mid \boldsymbol{b} \rangle = \|\boldsymbol{b}\|^2, \tag{1.95}$$

und somit

$$\|\boldsymbol{a}\| = \sqrt{\langle \boldsymbol{a} \mid \boldsymbol{a} \rangle}, \quad \|\boldsymbol{b}\| = \sqrt{\langle \boldsymbol{b} \mid \boldsymbol{b} \rangle}. \tag{1.96}$$

Nach Abbildung 1.4 ergibt sich

$$\boldsymbol{b} - (-\boldsymbol{a}) = \boldsymbol{a} + \boldsymbol{b} = \boldsymbol{c}. \tag{1.97}$$

Mit (1.96) ist der quadratische Abstand zwischen $(-\boldsymbol{a})$ und $\boldsymbol{b}$

$$\begin{aligned} \|\boldsymbol{c}\|^2 = \|\boldsymbol{a} + \boldsymbol{b}\|^2 &= \big\langle (\boldsymbol{a} + \boldsymbol{b}) \mid (\boldsymbol{a} + \boldsymbol{b}) \big\rangle \\ &= \langle \boldsymbol{a} \mid \boldsymbol{a} \rangle + 2\langle \boldsymbol{a} \mid \boldsymbol{b} \rangle + \langle \boldsymbol{b} \mid \boldsymbol{b} \rangle \qquad (1.98) \\ &= \|\boldsymbol{a}\|^2 + \|\boldsymbol{b}\|^2 + 2\|\boldsymbol{a}\|\|\boldsymbol{b}\| \cos\left\{\measuredangle(\boldsymbol{a}, \boldsymbol{b})\right\}. \qquad (1.99) \end{aligned}$$

Wegen

$$\cos\left\{\measuredangle(\boldsymbol{a}, \boldsymbol{b})\right\} \leq 1, \tag{1.100}$$

erhält man

$$2\|\boldsymbol{a}\|\|\boldsymbol{b}\| \cos\left\{\measuredangle(\boldsymbol{a}, \boldsymbol{b})\right\} \leq 2\|\boldsymbol{a}\|\|\boldsymbol{b}\|. \tag{1.101}$$

Die Ungleichung (1.101) führt zur *Cauchy-Schwarzschen Ungleichung* [18, Gl. (1.114a), S. 31]

$$\left|\big\langle \boldsymbol{a} \mid \boldsymbol{b} \big\rangle\right| \leq \|\boldsymbol{a}\|\|\boldsymbol{b}\|. \tag{1.102}$$

Mit (1.102) wird (1.99) zu

$$\|\boldsymbol{a} + \boldsymbol{b}\|^2 \leq \|\boldsymbol{a}\|^2 + \|\boldsymbol{b}\|^2 + 2\|\boldsymbol{a}\|\|\boldsymbol{b}\|. \tag{1.103}$$

Aus

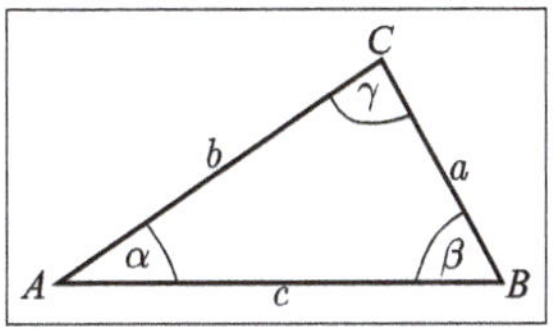

Abb. 1.4: Dreieck.

$$\|\boldsymbol{a}\|^2 + \|\boldsymbol{b}\|^2 + 2\|\boldsymbol{a}\|\|\boldsymbol{b}\| = \left(\|\boldsymbol{a}\| + \|\boldsymbol{b}\|\right)^2 \tag{1.104}$$

erhält man die *Dreiecksungleichung* [18, Gl. (4.46), S. 266]

$$\left(\|\boldsymbol{a}+\boldsymbol{b}\| =\right) \quad \|\boldsymbol{c}\| \le \|\boldsymbol{a}\| + \|\boldsymbol{b}\|. \tag{1.105}$$

Mit Satz 1.4 kann man die *umgekehrte Dreiecksungleichung* beweisen.

Satz 1.5 (Umgekehrte Dreiecksungleichung des Hamming-Abstands). *Es seien $\boldsymbol{u}^{(1)}$ mit den Komponenten $u_i^{(1)} \in \mathbb{F}_2$, $i \in \{0, 1 \cdots (k-1)\}$, $k \in \mathbb{N}^*$, und $\boldsymbol{u}^{(2)}$ mit den Komponenten $u_i^{(2)} \in \mathbb{F}_2$, $i \in \{0, 1 \cdots (k-1)\}$, $k \in \mathbb{N}^*$, zwei beliebige Vektoren aus $\mathbb{F}_2^k$, $k \in \mathbb{N}^*$. Das Hamming-Gewicht $w_H\{\boldsymbol{u}^{(1)} \oplus \boldsymbol{u}^{(2)}\}$ ist gleich dem Hamming-Abstand $d_H\{\boldsymbol{u}^{(1)}, \boldsymbol{u}^{(2)}\}$.*

Das Hamming-Gewicht hat die folgende Eigenschaft (umgekehrte Dreiecksungleichung [10, *Gl. (15), S. 12*]*):*

$$w_H\left\{\boldsymbol{u}^{(1)}\right\} - w_H\left\{\boldsymbol{u}^{(2)}\right\} \le w_H\left\{\boldsymbol{u}^{(1)} \oplus \boldsymbol{u}^{(2)}\right\}. \tag{1.106}$$

Beweis. Das Hamming-Gewicht $w_{\mathrm{H}}\{\boldsymbol{u}^{(1)}\}$ von $\boldsymbol{u}^{(1)}$ ist

$$\begin{aligned} w_{\mathrm{H}}\left\{\boldsymbol{u}^{(1)}\right\} &= w_{\mathrm{H}}\Big\{\boldsymbol{u}^{(1)} \oplus \underbrace{\left(\boldsymbol{u}^{(2)} \oplus \boldsymbol{u}^{(2)}\right)}_{=\mathbf{0}_k} \oplus \mathbf{0}_k\Big\} \\ &= w_{\mathrm{H}}\left\{\left(\boldsymbol{u}^{(1)} \oplus \boldsymbol{u}^{(2)}\right) \oplus \left(\boldsymbol{u}^{(2)} \oplus \mathbf{0}_k\right)\right\} \\ &= d_{\mathrm{H}}\left\{\left(\boldsymbol{u}^{(1)} \oplus \boldsymbol{u}^{(2)}\right), \left(\boldsymbol{u}^{(2)} \oplus \mathbf{0}_k\right)\right\}. \end{aligned} \tag{1.107}$$

Mit Satz 1.4 ergibt sich

$$w_{\mathrm{H}}\left\{\boldsymbol{u}^{(1)}\right\} \le d_{\mathrm{H}}\left\{\boldsymbol{u}^{(1)}, \boldsymbol{u}^{(2)}\right\} + \underbrace{d_{\mathrm{H}}\left\{\boldsymbol{u}^{(2)}, \mathbf{0}_k\right\}}_{=w_{\mathrm{H}}\{\boldsymbol{u}^{(2)}\}} = d_{\mathrm{H}}\left\{\boldsymbol{u}^{(1)}, \boldsymbol{u}^{(2)}\right\} + w_{\mathrm{H}}\left\{\boldsymbol{u}^{(2)}\right\}. \tag{1.108}$$

Aus (1.108) folgt

$$w_{\mathrm{H}}\left\{\boldsymbol{u}^{(1)}\right\} - w_{\mathrm{H}}\left\{\boldsymbol{u}^{(2)}\right\} \le d_{\mathrm{H}}\left\{\boldsymbol{u}^{(1)}, \boldsymbol{u}^{(2)}\right\} = w_{\mathrm{H}}\left\{\boldsymbol{u}^{(1)} \oplus \boldsymbol{u}^{(2)}\right\}. \tag{1.109}$$

Wenn $\boldsymbol{u}^{(1)}$ und $\boldsymbol{u}^{(2)}$ voneinander abweichen, dann ist $w_{\mathrm{H}}\{\boldsymbol{u}^{(1)} \oplus \boldsymbol{u}^{(2)}\}$ positiv, jedoch wird $(w_{\mathrm{H}}\{\boldsymbol{u}^{(1)}\} - w_{\mathrm{H}}\{\boldsymbol{u}^{(2)}\})$ nur dann positiv sein, wenn $w_{\mathrm{H}}\{\boldsymbol{u}^{(1)}\}$ größer als $w_{\mathrm{H}}\{\boldsymbol{u}^{(2)}\}$ ist. Die Gleichheit in (1.106) wird also nicht immer für verschiedene $\boldsymbol{u}^{(1)}$ und $\boldsymbol{u}^{(2)}$ erreicht. Wenn jedoch $\boldsymbol{u}^{(1)}$ und $\boldsymbol{u}^{(2)}$ gleich sind, so erreicht man immer die Gleichheit in (1.106). □

Ist $\boldsymbol{u}^{(2)} \in \mathbb{F}_2^k$ der Nullvektor $\mathbf{0}_k \in \mathbb{F}_2^k$, $k \in \mathbb{N}^*$, dann wird (1.66) zu

$$d_{\mathrm{H}}\{\boldsymbol{u}^{(1)}, \boldsymbol{u}^{(3)}\} \le \underbrace{d_{\mathrm{H}}\{\boldsymbol{u}^{(1)}, \mathbf{0}_k\}}_{=w_{\mathrm{H}}\{\boldsymbol{u}^{(1)}\}} + \underbrace{d_{\mathrm{H}}\{\mathbf{0}_k, \boldsymbol{u}^{(3)}\}}_{=w_{\mathrm{H}}\{\boldsymbol{u}^{(3)}\}}, \quad k \in \mathbb{N}^*. \tag{1.110}$$

Wenn $\boldsymbol{u}^{(3)}$ durch $\boldsymbol{u}^{(2)}$ ersetzt und (1.110) mit (1.109) kombiniert wird, ergibt sich

$$w_{\mathrm{H}}\{\boldsymbol{u}^{(1)}\} - w_{\mathrm{H}}\{\boldsymbol{u}^{(2)}\} \leq \underbrace{d_{\mathrm{H}}\{\boldsymbol{u}^{(1)}, \boldsymbol{u}^{(2)}\}}_{=w_{\mathrm{H}}\{\boldsymbol{u}^{(1)} \oplus \boldsymbol{u}^{(2)}\}} \leq w_{\mathrm{H}}\{\boldsymbol{u}^{(1)}\} + w_{\mathrm{H}}\{\boldsymbol{u}^{(2)}\} \tag{1.111}$$

für beliebige $\boldsymbol{u}^{(1)}, \boldsymbol{u}^{(2)} \in \mathbb{F}_2^k$.

Im Folgenden verwenden wir die folgende Notation

$$\bigoplus_{i=0}^{m-1} a_i \odot \boldsymbol{u}^{(i)}, \quad m \in \{2, 3 \cdots 2^k\}, \quad k \in \mathbb{N}^*, \tag{1.112}$$

beziehungsweise $\bigoplus_{i=0}^{m-1} a_i \odot \boldsymbol{u}^{(i)}$, welche die Abkürzung der m-fachen Addition mit der additiven Operation $\oplus$ ist, $m \in \{2, 3 \cdots 2^k\}$, $k \in \mathbb{N}^*$.

Es seien $\boldsymbol{u}^{(0)} \in \mathbb{F}_2^k, \boldsymbol{u}^{(1)} \in \mathbb{F}_2^k, \cdots \boldsymbol{u}^{(m-1)} \in \mathbb{F}_2^k$, $m \in \{2, 3 \cdots 2^k\}$, $k \in \mathbb{N}^*$, Vektoren aus $\mathbb{F}_2^k$, die nicht alle identisch sind, und es seien $a_0 \in \mathbb{F}_2, a_1 \in \mathbb{F}_2, \cdots a_{m-1} \in \mathbb{F}_2$, beliebig gewählte Elemente aus $\mathbb{F}_2$. Dann führt uns die Betrachtung von (1.43) zu dem Schluss, dass

$$a_0 \odot \boldsymbol{u}^{(0)} \oplus a_1 \odot \boldsymbol{u}^{(1)} \oplus \cdots \oplus a_{m-1} \odot \boldsymbol{u}^{(m-1)} = \bigoplus_{i=0}^{m-1} a_i \odot \boldsymbol{u}^{(i)}, \tag{1.113}$$
$$a_i \in \mathbb{F}_2, \quad \boldsymbol{u}^{(i)} \in \mathbb{F}_2^k, \quad i \in \{0, 1 \cdots m\}, \quad m \in \{2, 3 \cdots 2^k\}, \quad k \in \mathbb{N}^*,$$

auch ein Element von $\mathbb{F}_2^k$ ist. Die Beziehung (1.113) wird als *Linearkombination der Vektoren* $\boldsymbol{u}^{(i)} \in \mathbb{F}_2^k$ bezeichnet [21, S. 411], [29, Gl. (1.96), S. 70], [28, S. 40]. Die Beziehung (1.113) führt uns unmittelbar zur *linearen Unabhängigkeit* [18, S. 619], [29, S. 71].

Definition 1.15 (Lineare Unabhängigkeit und lineare Abhängigkeit von Vektoren in $\mathbb{F}_2^k$). Die Menge $\{\boldsymbol{u}^{(0)}, \boldsymbol{u}^{(1)} \cdots \boldsymbol{u}^{(m-1)}\}$ von Vektoren, $m \in \{2, 3 \cdots 2^k\}$, $k \in \mathbb{N}^*$, die aus $\mathbb{F}_2^k$ stammen und die paarweise unterschiedlich sind, d. h. sich jeweils voneinander unterscheiden, wird als *linear unabhängig* bezeichnet, wenn es keine Menge von Elementen $\{a_0, a_1 \cdots a_{m-1}\}$ gibt, die aus $\mathbb{F}_2$ stammen und die nicht alle gleich 0 sind, sodass [18, Abschnitt 5.3.7.2, S. 327], [21, S. 411], [29, S. 71], [28, S. 40],

$$\bigoplus_{i=0}^{m-1} a_i \odot \boldsymbol{u}^{(i)} = \boldsymbol{0}_k, \quad a_i \in \mathbb{F}_2, \quad \boldsymbol{u}^{(i)} \in \mathbb{F}_2^k, \quad i \in \{0, 1 \cdots m\}, \quad m \in \left\{2, 3 \cdots 2^k\right\}, \quad k \in \mathbb{N}^*. \tag{1.114}$$

Andernfalls wird die Menge $\{\boldsymbol{u}^{(0)}, \boldsymbol{u}^{(1)} \cdots \boldsymbol{u}^{(m-1)}\}$ von Vektoren, $m \in \{2, 3 \cdots 2^k\}$, $k \in \mathbb{N}^*$, die aus $\mathbb{F}_2^k$ stammen und die paarweise unterschiedlich sind, als *linear abhängig* bezeichnet [18, Abschnitt 5.3.7.2, S. 327], [29, S. 71], [28, S. 40].

Ein wichtiges Beispiel für lineare Abhängigkeit sind *kollineare Vektoren* [18, S. 189], [29, S. 71].

Definition 1.16 (Kollineare Vektoren in $\mathbb{F}_2^k$). Zwei Vektoren $\boldsymbol{u}^{(0)}$ und $\boldsymbol{u}^{(1)}$ von Vektoren aus $\mathbb{F}_2^k$, $k \in \mathbb{N}^*$, sind dann und nur dann *kollinear*, wenn [29, S. 71]

$$u^{(0)} = a \odot u^{(1)}, \quad a \in \mathbb{F}_2, \quad u^{(1)} \in \mathbb{F}_2^k, \tag{1.115}$$

gilt.

Bemerkung 1.8 (Zu kollinearen Vektoren in $\mathbb{F}_2^k$). Da $a \in \mathbb{F}_2$ in (1.115) nur die Werte 0 und 1 annehmen kann, unterscheidet man die folgenden zwei Fälle kollinearer Vektoren. Erstens sei a gleich 0. Dann ist $a \odot \boldsymbol{u}^{(1)}$ gleich dem Nullvektor $\mathbf{0}_k$, $k \in \mathbb{N}^*$, d. h. $\boldsymbol{u}^{(0)}$ ist gleich $\mathbf{0}_k$, $k \in \mathbb{N}^*$. Daher bedeutet (1.115), dass jeder Vektor $\boldsymbol{u}^{(1)}$ aus $\mathbb{F}_2^k$, $k \in \mathbb{N}^*$, und der Nullvektor $\mathbf{0}_k$, $k \in \mathbb{N}^*$, kollinear sind.

Zweitens sei a gleich 1. Dann ist $a \odot \boldsymbol{u}^{(1)}$ gleich $\boldsymbol{u}^{(1)}$, d. h. $\boldsymbol{u}^{(0)}$ muss gleich $\boldsymbol{u}^{(1)}$ sein. Das heißt, dass $\boldsymbol{u}^{(0)}$ und $\boldsymbol{u}^{(1)}$ identisch sind, siehe Definition 1.12.

Zusammengefasst ist jeder Vektor $\boldsymbol{u} \in \mathbb{F}_2^k$, $k \in \mathbb{N}^*$, kollinear
- zum Nullvektor $\mathbf{0}_k$, $k \in \mathbb{N}^*$,
- zu sich selbst und
- zu keinem anderen Vektor von $\mathbb{F}_2^k$, $k \in \mathbb{N}^*$, der nicht der Nullvektor ist.

Betrachtet man $\boldsymbol{u}$ aus (1.23), so stellt man fest, dass die Komponenten $u_i \in \mathbb{F}_2$, $i \in \{0, 1 \cdots (k-1)\}$, $k \in \mathbb{N}^*$, die Koordinaten im Vektorraum $\mathbb{F}_2^k$, sind, der eindeutig k-dimensional ist. Wählt man die k *Einheitsvektoren*

$$\boldsymbol{e}^{(i)} = (e_0^{(i)}, e_1^{(i)} \cdots e_{k-1}^{(i)}) = (0, 0 \cdots \underbrace{1}_{i\text{-te Stelle}} \cdots 0) \in \mathbb{F}_2^k, \quad i \in \{0, 1 \cdots (k-1)\}, \quad k \in \mathbb{N}^*, \tag{1.116}$$

so kann man jeden Vektor $\boldsymbol{u} \in \mathbb{F}_2^k$, $k \in \mathbb{N}^*$, der durch (1.23) gegeben ist, folgendermaßen darstellen

$$\boldsymbol{u} = u_0 \odot \boldsymbol{e}^{(0)} \oplus u_1 \odot \boldsymbol{e}^{(1)} \oplus \cdots \oplus u_{k-1} \odot \boldsymbol{e}^{(k-1)} = \bigoplus_{i=0}^{k-1} u_i \odot \boldsymbol{e}^{(i)}, \quad k \in \mathbb{N}^*. \tag{1.117}$$

Gleichung (1.117) ist die lineare Überlagerung der k Einheitsvektoren $\boldsymbol{e}^{(i)}$, $i \in \{0, 1 \cdots (k-1)\}$, $k \in \mathbb{N}^*$, gewichtet mit den Komponenten $u_i \in \mathbb{F}_2$, $i \in \{0, 1 \cdots (k-1)\}$, $k \in \mathbb{N}^*$, von $\boldsymbol{u} \in \mathbb{F}_2^k$, $k \in \mathbb{N}^*$. Daher führen uns (1.116) und (1.117) zu der Schlussfolgerung, dass die k Einheitsvektoren $\boldsymbol{e}^{(i)}$, $i \in \{0, 1 \cdots (k-1)\}$, $k \in \mathbb{N}^*$, eine *algebraische Basis* [18, S. 619], [28, S. 40] von $\mathbb{F}_2^k$ bilden, die man verwenden kann, um jeden Vektor $\boldsymbol{u} \in \mathbb{F}_2^k$, $k \in \mathbb{N}^*$, darzustellen. Eine algebraische Basis wird auch *Hamel-Basis* genannt [18, S. 619].

Nun ist es an der Zeit zu definieren, was *Dimension* bedeutet.

Definition 1.17 (Dimension eines Vektorraums). Die Anzahl der Elemente einer algebraischen Basis eines Vektorraums $\mathbb{V}$, d. h. die Anzahl der Basisvektoren, wird als *Dimension* $\dim\{\mathbb{V}\}$ *des Vektorraums* bezeichnet [18, S. 619], [28, S. 41].

Bemerkung 1.9 (Zur algebraischen Basis von $\mathbb{F}_2^k$). Da $\mathbb{F}_2^k$, $k \in \mathbb{N}^*$, k-dimensional ist, gibt es genau k linear unabhängige Vektoren, die $\mathbb{F}_2^k$, $k \in \mathbb{N}^*$, aufspannen. Es kann nicht mehr als k linear unabhängige Vektoren geben, die $\mathbb{F}_2^k$, $k \in \mathbb{N}^*$, aufspannen. Ebenso kann es nicht weniger als k linear unabhängige Vektoren geben, die $\mathbb{F}_2^k$, $k \in \mathbb{N}^*$, aufspannen.

Nach (1.116) und (1.117) kann man die Menge $\{\boldsymbol{e}^{(0)}, \boldsymbol{e}^{(1)} \cdots \boldsymbol{e}^{(k-1)}\}$, $k \in \mathbb{N}^*$, der k Einheitsvektoren $\boldsymbol{e}^{(i)}$, $i \in \{0, 1 \cdots (k-1)\}$, $k \in \mathbb{N}^*$, verwenden, um jeden Vektor $\boldsymbol{u} \in \mathbb{F}_2^k$, $k \in \mathbb{N}^*$, der durch (1.23) gegeben ist, als Linearkombination dieser k Einheitsvektoren darzustellen.

Die Menge $\{\boldsymbol{e}^{(0)}, \boldsymbol{e}^{(1)} \cdots \boldsymbol{e}^{(k-1)}\}$, $k \in \mathbb{N}^*$, wird auch als *Vektorsystem* bezeichnet [28, S. 40].

Die Menge aller Vektoren, die durch die Linearkombination der Elemente der Menge $\{\boldsymbol{e}^{(0)}, \boldsymbol{e}^{(1)} \cdots \boldsymbol{e}^{(k-1)}\}$, $k \in \mathbb{N}^*$, gebildet werden können, wird manchmal als $\mathcal{L}(\{\boldsymbol{e}^{(0)}, \boldsymbol{e}^{(1)} \cdots \boldsymbol{e}^{(k-1)}\})$ geschrieben.

Es gilt nach (1.116) und (1.117), dass $\mathcal{L}(\{\boldsymbol{e}^{(0)}, \boldsymbol{e}^{(1)} \cdots \boldsymbol{e}^{(k-1)}\})$ identisch mit $\mathbb{F}_2^k$, $k \in \mathbb{N}^*$, ist, d. h.

$$\mathcal{L}\left(\left\{\boldsymbol{e}^{(0)}, \boldsymbol{e}^{(1)} \cdots \boldsymbol{e}^{(k-1)}\right\}\right) = \mathbb{F}_2^k, \quad k \in \mathbb{N}^*. \tag{1.118}$$

Daher ist das System $\{\boldsymbol{e}^{(0)}, \boldsymbol{e}^{(1)} \cdots \boldsymbol{e}^{(k-1)}\}$, $k \in \mathbb{N}^*$, eine algebraische Basis von $\mathbb{F}_2^k$, $k \in \mathbb{N}^*$, [28, S. 40].

Mit der quadratischen *$k \times k$-Einheitsmatrix*

$$\boldsymbol{I}_k = \begin{pmatrix} \boldsymbol{e}^{(0)} \\ \boldsymbol{e}^{(1)} \\ \vdots \\ \boldsymbol{e}^{(k-1)} \end{pmatrix} = \begin{pmatrix} 1 & 0 & \cdots & 0 \\ 0 & 1 & \cdots & 0 \\ \vdots & \vdots & \ddots & \vdots \\ 0 & 0 & \cdots & 1 \end{pmatrix}, \tag{1.119}$$

wird (1.117) zu

$$\boldsymbol{u} = (u_0, u_1 \cdots u_{k-1}) \begin{pmatrix} 1 & 0 & \cdots & 0 \\ 0 & 1 & \cdots & 0 \\ \vdots & \vdots & \ddots & \vdots \\ 0 & 0 & \cdots & 1 \end{pmatrix} = \boldsymbol{u}\boldsymbol{I}_k, \quad k \in \mathbb{N}^*. \tag{1.120}$$

Da die quadratische $k \times k$-Einheitsmatrix $\boldsymbol{I}_k$ aus (1.119) genau $k \in \mathbb{N}^*$ Zeilen sowie $k \in \mathbb{N}^*$ Spalten und damit $k \cdot k$ Komponenten hat, schreibt man

$$\boldsymbol{I}_k \in \mathbb{F}_2^{k \times k} \tag{1.121}$$

um auszudrücken, dass $\boldsymbol{I}_k$, $k \in \mathbb{N}^*$, eine Matrix ist, siehe beispielsweise die ähnliche Notation aus [11, S. 487].

Es sei nochmals festgestellt, dass das in diesem Abschnitt 1.4 für die Vektoren $\boldsymbol{u} \in \mathbb{F}_2^k$, $k \in \mathbb{N}^*$, aus (1.23) Festgestellte selbstverständlich auch für die Vektoren $\boldsymbol{v} \in \mathbb{F}_2^n$, $n \in \mathbb{N}^*$, gemäß (1.24) gilt.

1.5 Lineare Kanalcodes

Wie in Abschnitt 1.3 beschrieben, implementiert ein Kanalcode die funktionale Abbildung einer *Nachricht* $\boldsymbol{u} \in \mathbb{F}_2^k$, $k \in \mathbb{N}^*$, aus (1.23) auf das entsprechende *Codewort* $\boldsymbol{v} \in \mathbb{F}_2^n$, $n \in \mathbb{N}^*$, nach (1.24). Um eine ordnungsgemäße Decodierung am Empfänger zu gewährleisten, benötigt man eine *bijektive Abbildung*, d. h. eine „umkehrbare" *eineindeutige Abbildung*. Daher muss eine bestimmte Nachricht $\boldsymbol{u} \in \mathbb{F}_2^k$, $k \in \mathbb{N}^*$, eindeutig ein ebenso bestimmtes Codewort $\boldsymbol{v} \in \mathbb{F}_2^n$, $n \in \mathbb{N}^*$, verursachen, das sich von allen anderen $(2^k - 1)$ möglichen Codewörtern unterscheidet. Dies haben wir bereits am Ende des Abschnitts 1.3 festgestellt:

> *„Damit ein Blockcode sinnvoll ist, müssen die 2^k Codewörter paarweise verschieden sein [22, S. 66]. Daher ist eine eineindeutige Zuordnung zwischen einer bestimmten Nachricht **u** und dem zugehörigen Codewort **v** erforderlich [22, S. 66].“*

Selbstverständlich muss man definieren, was *Decodierung* bedeutet.

Definition 1.18 (Decodierung). *Decodierung* bedeutet, die Wirkung der vorherigen Codierung auf Daten rückgängig zu machen [20, S. 317].

Dies führt uns unmittelbar zu der folgenden Definition.

Definition 1.19 (Kanaldecodierung). *Kanaldecodierung* bedeutet, die Wirkung der vorherigen Kanalcodierung rückgängig zu machen.

Der Begriff *Decodierer* hat folgende Bedeutung.

Definition 1.20 (Decodierer). Ein *Decodierer* ist eine Einrichtung, welche die Decodierung durchführt [20, S. 317].

Somit kommen wir zum Begriff *Kanaldecodierer*.

Definition 1.21 (Kanaldecodierer). Ein *Kanaldecodierer* ist eine Einrichtung, welche die Kanaldecodierung durchführt.

Betrachtet man Abschnitt 1.4 und insbesondere (1.120), so wird man sicherlich zur folgenden Frage gelangen:

> *Was passiert, wenn man die quadratische $k \times k$-Einheitsmatrix $\boldsymbol{I}_k$, $k \in \mathbb{N}^*$, in (1.120) durch eine andere von der Nullmatrix verschiedene Matrix $\boldsymbol{G}$ ersetzt, welche $\boldsymbol{u} \in \mathbb{F}_2^k$, $k \in \mathbb{N}^*$, auf $\boldsymbol{v} \in \mathbb{F}_2^n$, $n \in \mathbb{N}^*$, abbildet?*

Natürlich muss $\boldsymbol{G}$ eine $k \times n$, $k, n \in \mathbb{N}^*$, Matrix sein [22, S. 67]. Außerdem müssen die Elemente der $k \times n$ Matrix $\boldsymbol{G}$ aus $\mathbb{F}_2$ stammen. Wie bereits erwähnt, darf die $k \times n$ Matrix $\boldsymbol{G}$ nicht gleich der $k \times n$ Nullmatrix $\mathbf{0}_{k \times n}$ sein. Jetzt wird (1.120) zu [22, Gl. (3.3), S. 67]

$$\boldsymbol{v} = \boldsymbol{u}\boldsymbol{G}, \quad \boldsymbol{G} \in \mathbb{F}_2^{k \times n} \setminus \{\mathbf{0}_{k \times n}\}, \quad \boldsymbol{v} \in \mathbb{F}_2^n, \quad \boldsymbol{u} \in \mathbb{F}_2^k, \quad k, n \in \mathbb{N}^*. \tag{1.122}$$

Definiert man die $k \in \mathbb{N}^*$ Zeilenvektoren [22, S. 67]

$$\boldsymbol{g}^{(i)} = (g_0^{(i)}, g_1^{(i)} \cdots g_{n-1}^{(i)}), \tag{1.123}$$
$$\boldsymbol{g}^{(i)} \in \mathbb{F}_2^n \setminus \{\mathbf{0}_n\} \setminus \{\mathbf{0}_n\}, \quad g_j^{(i)} \in \mathbb{F}_2,$$

$$i \in \{0, 1 \cdots (k-1)\}, \quad j \in \{0, 1 \cdots (n-1)\}, \quad k, n \in \mathbb{N}^*,$$

so nimmt die $k \times n$ Matrix $\boldsymbol{G}$ die folgende Form [22, Gl. (3.2), S. 67]

$$\boldsymbol{G} = \begin{pmatrix} \boldsymbol{g}^{(0)} \\ \boldsymbol{g}^{(1)} \\ \vdots \\ \boldsymbol{g}^{(k-1)} \end{pmatrix} = \begin{pmatrix} g_0^{(0)} & g_1^{(0)} & \cdots & g_{n-1}^{(0)} \\ g_0^{(1)} & g_1^{(1)} & \cdots & g_{n-1}^{(1)} \\ \vdots & \vdots & \ddots & \vdots \\ g_0^{(k-1)} & g_1^{(k-1)} & \cdots & g_{n-1}^{(k-1)} \end{pmatrix}, \tag{1.124}$$

$$\boldsymbol{G} \in \mathbb{F}_2^{k \times n} \setminus \{\boldsymbol{0}_{k \times n}\}, \quad \boldsymbol{g}^{(i)} \in \mathbb{F}_2^n \setminus \{\boldsymbol{0}_n\} \setminus \{\boldsymbol{0}_n\}, \quad g_j^{(i)} \in \mathbb{F}_2,$$
$$i \in \{0, 1 \cdots (k-1)\}, \quad j \in \{0, 1 \cdots (n-1)\}, \quad k, n \in \mathbb{N}^*,$$

an. Mit der Notation nach (1.117) und mit (1.124) kann man (1.122) in der folgenden Form [22, Gl. (3.1) und (3.3), S. 67]

$$\boldsymbol{v} = (u_0, u_1 \cdots u_{k-1}) \begin{pmatrix} \boldsymbol{g}^{(0)} \\ \boldsymbol{g}^{(1)} \\ \vdots \\ \boldsymbol{g}^{(k-1)} \end{pmatrix} = \bigoplus_{i=0}^{k-1} u_i \odot \boldsymbol{g}^{(i)}, \tag{1.125}$$

$$\boldsymbol{v} \in \mathbb{F}_2^n, \quad \boldsymbol{g}^{(i)} \in \mathbb{F}_2^n \setminus \{\boldsymbol{0}_n\}, \quad u_i \in \mathbb{F}_2, \quad i \in \{0, 1 \cdots (k-1)\}, \quad k, n \in \mathbb{N}^*,$$

schreiben. Das Codewort $\boldsymbol{v} \in \mathbb{F}_2^n$, $n \in \mathbb{N}^*$, von (1.125) ist die Linearkombination der k, $k \in \mathbb{N}^*$, Zeilenvektoren $\boldsymbol{g}^{(i)} \in \mathbb{F}_2^n \setminus \{\boldsymbol{0}_n\}$, $i \in \{0, 1 \cdots (k-1)\}$, $k, n \in \mathbb{N}^*$. Um einen sinnvollen Blockcode zu erhalten, müssen die $k \in \mathbb{N}^*$ Zeilenvektoren $\boldsymbol{g}^{(i)} \in \mathbb{F}_2^n \setminus \{\boldsymbol{0}_n\}$, $i \in \{0, 1 \cdots (k-1)\}$, $k, n \in \mathbb{N}^*$, linear unabhängig sein [22, S. 67].

Da die $k \in \mathbb{N}^*$ unterschiedlichen und linear unabhängigen Zeilenvektoren $\boldsymbol{g}^{(i)} \in \mathbb{F}_2^n \setminus \{\boldsymbol{0}_n\}$, $i \in \{0, 1 \cdots (k-1)\}$, $k, n \in \mathbb{N}^*$, aus $\mathbb{F}_2^n$, $n \in \mathbb{N}^*$, stammen, bilden sie eine algebraische Basis eines k-dimensionalen Unterraums $\mathbb{V}$ von $\mathbb{F}_2^n$, $n \in \mathbb{N}^*$ [28, S. 40]. Verwendet man die Notation von (1.118), so ist der k-dimensionale Unterraum $\mathbb{V}$ von $\mathbb{F}_2^n$, $n \in \mathbb{N}^*$, [28, S. 40]

$$\mathcal{L}(\{\boldsymbol{g}^{(0)}, \boldsymbol{g}^{(1)} \cdots \boldsymbol{g}^{(k-1)}\}) = \mathbb{V}, \quad \dim\{\mathbb{V}\} = k, \tag{1.126}$$
$$\mathbb{V} \subseteq \mathbb{F}_2^n, \quad \boldsymbol{g}^{(i)} \in \mathbb{F}_2^n \setminus \{\boldsymbol{0}_n\}, \quad i \in \{0, 1 \cdots (k-1)\}, \quad k, n \in \mathbb{N}^*.$$

In (1.126) bezeichnet $\dim\{\mathbb{V}\}$ die Dimension von $\mathbb{V}$, siehe Definition 1.17.

Lassen Sie uns daher die Zeilenvektoren $\boldsymbol{g}^{(i)} \in \mathbb{F}_2^n \setminus \{\boldsymbol{0}_n\}$, $i \in \{0, 1 \cdots (k-1)\}$, $k, n \in \mathbb{N}^*$, als *Basisvektoren* bezeichnen.

Geht man von (1.125) aus, so kann man das *Skalarprodukt* beziehungsweise das *innere Produkt* von zwei beliebigen Vektoren $\boldsymbol{u}^{(1)} \in \mathbb{F}_2^k$, mit den Komponenten $u_i^{(1)} \in \mathbb{F}_2$, $i \in \{0, 1 \cdots (k-1)\}$, $k \in \mathbb{N}^*$, und $\boldsymbol{u}^{(2)} \in \mathbb{F}_2^k$, mit den Komponenten $u_i^{(2)} \in \mathbb{F}_2$, $i \in \{0, 1 \cdots (k-1)\}$, $k \in \mathbb{N}^*$, definieren [12, Definition 1.4, S. 9].

Definition 1.22 (Inneres Produkt / Skalarprodukt). Es seien $\boldsymbol{u}^{(1)}$ mit den Komponenten $u_i^{(1)} \in \mathbb{F}_2, i \in \{0, 1 \cdots (k-1)\}, k \in \mathbb{N}^*$, und $\boldsymbol{u}^{(2)}$ mit den Komponenten $u_i^{(2)} \in \mathbb{F}_2, i \in \{0, 1 \cdots (k-1)\}, k \in \mathbb{N}^*$, zwei beliebige Vektoren von $\mathbb{F}_2^k, k \in \mathbb{N}^*$.

Das *innere Produkt* beziehungsweise das *Skalarprodukt* von $\boldsymbol{u}^{(1)} \in \mathbb{F}_2^k, k \in \mathbb{N}^*$, und $\boldsymbol{u}^{(2)} \in \mathbb{F}_2^k$, $k \in \mathbb{N}^*$, ist [12, Definition 1.4, S. 9]

$$\left\langle \boldsymbol{u}^{(1)} \mid \boldsymbol{u}^{(2)} \right\rangle = \boldsymbol{u}^{(1)} \boldsymbol{u}^{(2)\mathrm{T}} = \bigoplus_{i=0}^{k-1} u_i^{(1)} \odot u_i^{(2)}, \quad \boldsymbol{u}^{(1)}, \boldsymbol{u}^{(2)} \in \mathbb{F}_2^k, \quad k \in \mathbb{N}^*. \tag{1.127}$$

Der k-dimensionale Unterraum $\mathbb{V} \subseteq \mathbb{F}_2^n, n \in \mathbb{N}^*$, besteht aus allen zulässigen Codewörtern $\boldsymbol{v}$, die durch (1.122) beziehungsweise (1.125) gebildet werden, und wird *Code* $\mathbb{V}$ genannt. Offensichtlich hat der Code $\mathbb{V}$ die *Dimension k*, $k \in \mathbb{N}^*$. Außerdem hat der Code $\mathbb{V}$ nur solche Codewörter, welche n Komponenten haben. Daher sagen wir, der Code $\mathbb{V}$ hat die *Länge n*. Der Code $\mathbb{V}$ wird auch als (n, k) *Blockcode* [22, S. 3] beziehungsweise als (n, k) *Code* bezeichnet.

Da der Code $\mathbb{V}$ die Menge aller zulässigen Codewörter ist, kann man nun eine aktualisierte, die Definition 1.3 ergänzende Definition finden.

Definition 1.23 (Kanalcode — eine Aktualisierung). Ein *Kanalcode* ist die Menge $\mathbb{V}$ der Codewörter $\boldsymbol{v}$ [22, S. 3].

Nun kann man definieren, was ein *binärer Code* ist.

Definition 1.24 (Binärer Code). Ein (n, k) binärer Code ist die Menge $\mathbb{V}$ von Codewörtern $\boldsymbol{v}$, die alle aus dem Vektorraum $\mathbb{F}_2^n$ stammen, $n \in \mathbb{N}^*$, siehe auch [14, S. 220]. Die Komponenten der Codewörter $\boldsymbol{v} \in \mathbb{F}_2^n$, $n \in \mathbb{N}^*$, sind daher binär und dem Galois-Feld $\mathbb{F}_2$ entnommen, siehe auch [14, S. 220].

Dies führt uns zur Definition eines *binären linearen Codes*.

Definition 1.25 (Binärer linearer Code / Blockcode). Ein Code, d. h. ein Blockcode, $\mathbb{V}$ mit der Dimension k, $k \in \mathbb{N}^*$, und der Länge $n, n \geq k, n \in \mathbb{N}^*$, sowie mit 2^k Codewörtern wird dann und nur dann (n, k) *binärer linearer Code* genannt, wenn seine n Codewörter einen k-dimensionalen Unterraum des Vektorraums $\mathbb{F}_2^n$ aller n-Tupel über dem endlichen Körper $\mathbb{F}_2$ bilden, siehe auch [22, Definition 3.1, S. 66].

Aufgrund ihrer einfachen mathematischen Beschreibung und folglich ihrer effizienten Implementierbarkeit und wegen ihrer vielversprechenden Fähigkeit zur Annäherung an die ideale Übertragung haben lineare Kanalcodes viel Aufmerksamkeit erhalten [22, S. 66]. Daher beschränken wir uns in diesem Lehrbuch auf lineare Kanalcodes.

Bemerkung 1.10 (Zu binären linearen Codes / Blockcodes). Mit Berücksichtigung von (1.122) und (1.125) kommt man zu dem Schluss, dass binäre lineare Codes beziehungsweise binäre lineare Blockcodes auf Nachrichten $\boldsymbol{u} \in \mathbb{F}_2^k, k \in \mathbb{N}^*$, mit Komponenten aus dem Galois-Feld $\mathbb{F}_2$ basieren. Daher haben binäre lineare Codes beziehungsweise binäre lineare Blockcodes binäre Eingaben und binäre Ausgaben.

Beispiel 1.5. Tabelle 1.1 veranschaulicht denjenigen (3, 1) binären linearen Blockcode, welcher der kürzeste *Hamming-Code* [12, S. 20–22] und gleichzeitig ein Wiederholungscode ist.

Ein sehr beliebtes Beispiel ist das in Tabelle 1.2 gegebene, welches einen (7, 4) binären linearen Blockcode mit Dimension k gleich 4 und Länge n gleich 7 zeigt, siehe beispielsweise [22, Tabelle 3.1, S. 68], [12, S. 20–22]. Dieser (7, 4) binäre lineare Blockcode aus Tabelle 1.2 ist der zweitkürzeste *Hamming-Code* und gleichzeitig der kürzeste Hamming-Code [22, S. 100], [12, S. 20–22], der kein Wiederholungscode ist.

Tab. 1.1: Beispiel eines (3, 1) binären linearen Blockcodes (angepasst nach beispielsweise [12, S. 20–22]).

Nachricht u	Codewort v
(0)	(0, 0, 0)
(1)	(1, 1, 1)

Tab. 1.2: Beispiel eines (7, 4) binären linearen Blockcodes (angepasst nach [22, Tabelle 3.1, S. 68] und [12, S. 20–22]).

Nachricht u	Codewort v
(0, 0, 0, 0)	(0, 0, 0, 0, 0, 0, 0)
(1, 0, 0, 0)	(0, 1, 1, 1, 0, 0, 0)
(0, 1, 0, 0)	(1, 0, 1, 0, 1, 0, 0)
(1, 1, 0, 0)	(1, 1, 0, 1, 1, 0, 0)
(0, 0, 1, 0)	(1, 1, 0, 0, 0, 1, 0)
(1, 0, 1, 0)	(1, 0, 1, 1, 0, 1, 0)
(0, 1, 1, 0)	(0, 1, 1, 0, 1, 1, 0)
(1, 1, 1, 0)	(0, 0, 0, 1, 1, 1, 0)
(0, 0, 0, 1)	(1, 1, 1, 0, 0, 0, 1)
(1, 0, 0, 1)	(1, 0, 0, 1, 0, 0, 1)
(0, 1, 0, 1)	(0, 1, 0, 0, 1, 0, 1)
(1, 1, 0, 1)	(0, 0, 1, 1, 1, 0, 1)
(0, 0, 1, 1)	(0, 0, 1, 0, 0, 1, 1)
(1, 0, 1, 1)	(0, 1, 0, 1, 0, 1, 1)
(0, 1, 1, 1)	(1, 0, 0, 0, 1, 1, 1)
(1, 1, 1, 1)	(1, 1, 1, 1, 1, 1, 1)

Da es $k \in \mathbb{N}^*$ verschiedene und linear unabhängige Zeilenvektoren $\boldsymbol{g}^{(i)} \in \mathbb{F}_2^n \setminus \{\boldsymbol{0}_n\}$, $i \in \{0, 1 \cdots (k-1)\}$, $k, n \in \mathbb{N}^*$, gibt, ist der „Rang“ $\text{Rg}\{\boldsymbol{G}\}$ [18, S. 264] der $k \times n$ Matrix $\boldsymbol{G}$ gleich k. Es ist also

$$\text{Rg}\{\boldsymbol{G}\} = \dim\{\mathbb{V}\} = k, \quad k \in \mathbb{N}^*. \tag{1.128}$$

Offensichtlich erzeugen die Zeilen von $\boldsymbol{G}$ in (1.124) den (n, k) linearen Code $\mathbb{V}$ [22, S. 67]. Aus diesem Grund wird die Matrix $\boldsymbol{G}$ in (1.124) als *Generatormatrix für* $\mathbb{V}$ [22, S. 67] bezeichnet.

Nota bene, dass beliebige k linear unabhängige Codewörter $\boldsymbol{g}^{(i)} \in \mathbb{F}_2^n \setminus \{\mathbf{0}_n\}$, $i \in \{0, 1 \cdots (k-1)\}$, $k, n \in \mathbb{N}^*$, eines (n, k) binären linearen Blockcodes $\mathbb{V}$ verwendet werden können, um eine Generatormatrix für diesen speziellen Code $\mathbb{V}$ zu bilden [22, S. 67], [12, S. 22]. Das bedeutet, dass die Generatormatrix $\boldsymbol{G}$ in (1.124) nicht einzigartig ist, siehe auch [22, S. 67], [12, S. 22].

Dennoch wird ein (n, k) binärer linearer Blockcode $\mathbb{V}$ vollständig durch die $k \in \mathbb{N}^*$ Zeilen einer Generatormatrix $\boldsymbol{G}$ gemäß (1.124) spezifiziert [22, S. 67]. Daher muss der Codierer nur die $k \in \mathbb{N}^*$ Zeilen von $\boldsymbol{G}$ nach (1.124) speichern und eine Linearkombination dieser $k \in \mathbb{N}^*$ Zeilen basierend auf dem Nachrichtenvektor $\boldsymbol{u}$ nach (1.49) bilden [22, S. 67].

Beispiel 1.6. Wir fahren mit Beispiel 1.5 fort.

Diejenige Generatormatrix $\boldsymbol{G}$, welche verwendet wird, um den (3, 1) binären linearen Blockcode aus Tabelle 1.1 zu erzeugen, ist

$$\boldsymbol{G} = \begin{pmatrix} 1 & 1 & 1 \end{pmatrix}. \tag{1.129}$$

Offensichtlich besteht die Generatormatrix $\boldsymbol{G}$ nach (1.129) aus dem zweiten Codewort aus Tabelle 1.1, und man erhält

$$\boldsymbol{g}^{(0)} = (1, 1, 1). \tag{1.130}$$

Diejenige Generatormatrix $\boldsymbol{G}$, welche verwendet wird, um den (7, 4) binären linearen Blockcode aus Tabelle 1.2 zu erzeugen, ist

$$\boldsymbol{G} = \begin{pmatrix} 0 & 1 & 1 & 1 & 0 & 0 & 0 \\ 1 & 0 & 1 & 0 & 1 & 0 & 0 \\ 1 & 1 & 0 & 0 & 0 & 1 & 0 \\ 1 & 1 & 1 & 0 & 0 & 0 & 1 \end{pmatrix}. \tag{1.131}$$

Offensichtlich besteht die Generatormatrix $\boldsymbol{G}$ von (1.131) aus dem zweiten Codewort, dem dritten Codewort, dem fünften Codewort und dem neunten Codewort aus Tabelle 1.2. Die entsprechenden Basisvektoren sind

$$\boldsymbol{g}^{(0)} = (0, 1, 1, 1, 0, 0, 0), \tag{1.132}$$

$$\boldsymbol{g}^{(1)} = (1, 0, 1, 0, 1, 0, 0), \tag{1.133}$$

$$\boldsymbol{g}^{(2)} = (1, 1, 0, 0, 0, 1, 0), \tag{1.134}$$

$$\boldsymbol{g}^{(3)} = (1, 1, 1, 0, 0, 0, 1). \tag{1.135}$$

Ausgehend von (1.122) und (1.125) und mit Berücksichtigung der Tatsache, dass $\boldsymbol{u} \in \mathbb{F}_2^k$, $k \in \mathbb{N}^*$, der Nullvektor $\mathbf{0}_k \in \mathbb{F}_2^k$, $k \in \mathbb{N}^*$, sein kann, ist das zum Nullvektor gehörende Codewort $\boldsymbol{v} \in \mathbb{F}_2^n$, $n \in \mathbb{N}^*$, der Nullvektor $\mathbf{0}_n \in \mathbb{F}_2^n$, $n \in \mathbb{N}^*$ [30, S. 129]. Somit ist der Nullvektor $\mathbf{0}_n \in \mathbb{F}_2^n$, $n \in \mathbb{N}^*$, ein zulässiges Codewort eines (n, k) linearen Codes [30, S. 129].

Der (n, k) binäre lineare Blockcode $\mathbb{V}$ ist der Zeilenraum von $\boldsymbol{G}$ nach (1.124) [31, S. 53]. Daher bleibt der (n, k) binäre lineare Blockcode $\mathbb{V}$ bei der Anwendung *elementarer Zei-*

lenoperationen auf die Zeilenvektoren $\boldsymbol{g}^{(i)} \in \mathbb{F}_2^n \setminus \{\boldsymbol{0}_n\}$, $i \in \{0, 1 \cdots (k-1)\}$, $k, n \in \mathbb{N}^*$ von $\boldsymbol{G}$ nach (1.124) unverändert [31, S. 53]. Elementare Zeilenoperationen sind [11, S. 109]

a) die Permutation von Zeilen,
b) die Multiplikation einer Zeile mit einem von Null verschiedenen Skalar,
c) die Summation zweier Zeilen.

Wenn also die Generatormatrix $\boldsymbol{G}'$ durch elementare Zeilenoperationen aus $\boldsymbol{G}$ hervorgeht, so sind der durch $\boldsymbol{G}$ erzeugte (n, k) binäre lineare Blockcode $\mathbb{V}$ und der durch $\boldsymbol{G}'$ erzeugte (n, k) binäre lineare Blockcode $\mathbb{V}'$ *identisch*, d. h. $\mathbb{V}$ ist gleich $\mathbb{V}'$ [11, S. 18, 109].

Ausgehend von einem (n, k) binären linearen Blockcode $\mathbb{V}$ kann man den Hamming-Abstand zwischen zwei unterschiedlichen Codewörtern berechnen [22, S. 76]. Der *minimale Abstand* d_{min} zweier unterschiedlicher Codewörter des (n, k) binären linearen Blockcodes $\mathbb{V}$ heißt *Minimaldistanz* beziehungsweise *Mindestdistanz* und wird durch die folgende Definition gegeben.

Definition 1.26 (Minimaldistanz eines binären linearen Blockcodes). Es seien $\boldsymbol{v} \in \mathbb{V}$ und $\boldsymbol{w} \in \mathbb{V}$ zwei Codewörter eines (n, k) binären linearen Blockcodes $\mathbb{V}$. Die *Minimaldistanz* des Codes C ist [22]

$$d_{\text{min}} = \min\left\{d_{\text{H}}\{\boldsymbol{v}, \boldsymbol{w}\}\right\}, \quad \boldsymbol{v}, \boldsymbol{w} \in \mathbb{V}, \quad \boldsymbol{v} \neq \boldsymbol{w}. \tag{1.136}$$

Da der (n, k) binäre lineare Blockcode $\mathbb{V}$ linear ist, ist die Summe zweier Codewörter ebenfalls ein Codewort [22, S. 67, 76]. Somit ist die Hamming-Distanz zweier Codewörter $\boldsymbol{v} \in \mathbb{V}$ und $\boldsymbol{w} \in \mathbb{V}$ gleich dem Hamming-Gewicht eines dritten Codeworts $(\boldsymbol{v} \oplus \boldsymbol{w}) \in \mathbb{V}$. Es folgt

$$d_{\text{min}} = \min\{d_{\text{H}}\{\boldsymbol{v}, \boldsymbol{w}\}\} = \min\{w_{\text{H}}\{\boldsymbol{v} \oplus \boldsymbol{w}\}\} = w_{\text{min}}, \quad \boldsymbol{v}, \boldsymbol{w} \in \mathbb{V}, \quad \boldsymbol{v} \neq \boldsymbol{w}. \tag{1.137}$$

Die Minimaldistanz d_{min} ist also gleich dem *Minimalgewicht* w_{min} *aller von Null verschiedenen Codewörter* $(\boldsymbol{v} \oplus \boldsymbol{w}) \in \mathbb{V}$ ist [22, S. 77]. Daher wird w_{min} als *minimales Gewicht* beziehungsweise *Minimalgewicht* de (n, k) *binären linearen Blockcodes* $\mathbb{V}$ bezeichnet [22, S. 77].

Satz 1.6 (Minimaldistanz eines binären linearen Blockcodes). *Die Minimaldistanz d_{min} eines (n, k) binären linearen Blockcodes $\mathbb{V}$ ist gleich dem minimalen Gewicht w_{min} seiner von Null verschiedenen Codewörter und umgekehrt* [22, S. 77].

Beweis. Der Beweis erfolgt durch (1.137). □

Beispiel 1.7. Wir fahren mit den Beispielen 1.5 und 1.6 fort.

Wir betrachten Tabelle 1.2. Die Gewichte der von Null verschiedenen Codewörter stammen aus der Menge $\{3, 4, 7\}$. Das Gewicht 3 tritt siebenmal auf, das Gewicht 4 tritt siebenmal auf, und das Gewicht 7 tritt einmal auf. Offensichtlich ist das Minimalgewicht w_{min} gleich 3. Somit ist auch die Minimaldistanz d_{min} gleich 3.

Mit der Minimaldistanz $d_{\min}$ wird der (n,k) binäre lineare Blockcode $\mathbb{V}$ oft als $(n,k,d_{\min})$ binären linearen Blockcode $\mathbb{V}$ bezeichnet [12, Definition 1.9, S. 11], [31, S. 60], [11, Satz 3.4, S. 74], [32, Definition 3.7.2, S. 68].

Es ist zweifellos klar, dass die Minimaldistanz $d_{\min}$ die Länge n, $n \in \mathbb{N}^*$, eines $(n,k,d_{\min})$ binären linearen Blockcodes $\mathbb{V}$ nicht überschreiten kann. Diese Tatsache führt uns zu der folgenden Schranke

$$d_{\min} \leq n \quad \Leftrightarrow \quad \frac{d_{\min}}{n} \stackrel{\text{def}}{=} \delta \leq 1, \quad n \in \mathbb{N}^*. \tag{1.138}$$

Nichtsdestotrotz bleibt die Frage, ob eine Beziehung zwischen der Coderate R und der Minimaldistanz $d_{\min}$ gefunden werden kann. Auf der Suche nach Antworten auf diese Frage wurden mehrere Schranken gefunden, die R und $d_{\min}$ beziehungsweise δ aus (1.138) verwenden. Wir werden im Folgenden einige dieser Schranken besprechen.

Die erste betrachtete Schranke heißt *Singleton-Schranke* (engl. „Singleton bound") [12, Satz 6.9, S. 139], [11, Satz 3.7, Gl. (3.3.1), S. 80].

Satz 1.7 (Singleton-Schranke). *Für einen $(n,k,d_{\min})$ binären linearen Blockcode $\mathbb{V}$ gilt [12, Satz 6.9, S. 139], [11, Satz 3.7, Gl. (3.3.1), S. 80]*

$$d_{\min} \leq n - k + 1, \quad k,n \in \mathbb{N}^*. \tag{1.139}$$

Der Ausdruck $(n-k+1)$, $k,n \in \mathbb{N}^*$, in (1.139) wird als Singleton-Schranke *bezeichnet [11, Satz 3.7, Gl. (3.3.1), S. 80]. Im Falle der Gleichheit in (1.139), wird der $(n,k,d_{\min})$ binäre lineare Blockcode $\mathbb{V}$ als* maximalabstandseparabler (engl. „maximum distance separable", MDS) Code *bezeichnet [12, Satz 6.10, S. 139], [11, Satz 3.7, S. 80].*

Beweis. Der Beweis erfolgt durch (1.139). □

Bemerkung 1.11 (Zur Singleton-Schranke). Die Beziehungen

$$\frac{d_{\min}}{n} \leq 1 - \underbrace{\frac{k}{n}}_{=R} + \frac{1}{n} \quad \Leftrightarrow \quad \frac{d_{\min}}{n} \leq R + \frac{1}{n}, \quad k,n \in \mathbb{N}^*, \tag{1.140}$$

folgen unmittelbar aus (1.139). Daraus ergibt sich die folgende obere Schranke für die Coderate

$$R \leq 1 - \frac{d_{\min}}{n}, \quad n \gg 1, \quad n \in \mathbb{N}^*. \tag{1.141}$$

Des Weiteren kann die Singleton-Schranke in (1.139) als obere Schranke für die Anzahl der Codewörter 2^k, $k \in \mathbb{N}^*$, auf folgende Weise ausgedrückt werden [33, S. 17f.]

$$2^k \leq 2^{n-d_{\min}+1}, \quad k,n \in \mathbb{N}^*. \tag{1.142}$$

Jedes Codewort der Länge $n \in \mathbb{N}^*$ wird durch die Verarbeitung von k Nachrichtendatenbits u_i, $i \in \{0, 1 \cdots (k-1)\}$, $k \in \mathbb{N}^*$, erzeugt und enthält daher $(n-k)$, $k,n \in \mathbb{N}^*$, *Paritätsprüfbits*. Diese Paritätsprüfbits sind *Redundanzbits* und heißen auch [22, S. 68], [12, S. 8]

- *Paritätsprüfziffern*,
- *Redundanzziffern* oder
- *„Redundanzzeichen"*.

Die Anzahl der möglichen Paritätsprüffolgen ist daher gleich 2^{n-k}, $k, n \in \mathbb{N}^*$.

Aus der Singleton-Schranke nach (1.139) folgt eine untere Schranke für die Anzahl der möglichen Paritätsprüffolgen

$$2^{n-k} \geq 2^{d_{\min}-1}, \quad k, n \in \mathbb{N}^*. \tag{1.143}$$

Als Nächstes betrachten wir die *Plotkin-Schranke* (engl. „Plotkin bound“) [21, Gl. (3.4-5), S. 109], [11, Satz 3.11, Gl. (3.3.4), S. 82].

Satz 1.8 (Plotkin-Schranke). *Für einen $(n, k, d_{\min})$ binären linearen Blockcode $\mathbb{V}$ gilt*

$$d_{\min} \leq \frac{n}{2(1-2^{-k})} \approx \frac{n}{2}, \quad k, n \in \mathbb{N}^*. \tag{1.144}$$

Beweis. Jede Komponente $v_j \in \mathbb{F}_2, j \in \{0, 1 \cdots (n-1)\}, n \in \mathbb{N}^*$, eines Codeworts $\boldsymbol{v} \in \mathbb{V} \subseteq \mathbb{F}_2^n, n \in \mathbb{N}^*$, nimmt die Werte 0 und 1 mit gleicher Wahrscheinlichkeit 1/2 an [11, Satz 3.11, S. 82]. Daher ist das mittlere Hamming-Gewicht jeder Komponente $v_j \in \mathbb{F}_2, j \in \{0, 1 \cdots (n-1)\}, n \in \mathbb{N}^*$, gleich 1/2 [11, Satz 3.11, S. 82].

Somit ist das mittlere Hamming-Gewicht eines Codeworts $\boldsymbol{v} \in \mathbb{V} \subseteq \mathbb{F}_2^n, n \in \mathbb{N}^*$, gleich $n/2, n \in \mathbb{N}^*$ [11, Satz 3.11, S. 82]. Wenn das Nullcodewort $\mathbf{0}_n$ weggelassen wird, erhöht sich das mittlere Hamming-Gewicht eines Codeworts auf

$$\frac{n}{2} \cdot \frac{2^k}{2^k - 1} = \frac{n}{2(1-2^{-k})} \approx \frac{n}{2}, \quad k \in \mathbb{N}^*. \tag{1.145}$$

Das mittlere Hamming-Gewicht $n/2$ eines Codeworts muss größer sein als das Minimalgewicht. d. h. als die Minimaldistanz $d_{\min}$ [11, Satz 3.11, S. 82]. □

Bemerkung 1.12 (Zur Plotkin-Schranke — erste Betrachtung). Ausgehend von (1.144) erhält man

$$d_{\min} \leq \frac{n}{2(1-2^{-k})} \quad \Leftrightarrow \quad d_{\min} \leq \frac{n}{2} \frac{2^k}{(2^k-1)} \quad \Leftrightarrow \quad 2^k d_{\min} - d_{\min} \leq 2^k \frac{n}{2}, \quad k, n \in \mathbb{N}^*. \tag{1.146}$$

Somit folgt

$$2^k d_{\min} - 2^k \frac{n}{2} - d_{\min} \leq 0, \quad \Leftrightarrow \quad 2^k \left(d_{\min} - \frac{n}{2} \right) \leq d_{\min}, \quad k, n \in \mathbb{N}^*. \tag{1.147}$$

Ausgehend von einem $(n, k, d_{\min})$ binären linearen Blockcode $\mathbb{V}$ ist die *Kardinalzahl* $|\mathbb{V}|$, d. h. die Anzahl der verschiedenen Codewörter des $(n, k, d_{\min})$ binären linearen Blockcodes $\mathbb{V}$, gleich 2^k, $k \in \mathbb{N}^*$ [18, S. 300]. Dann wird (1.147) zu [34, Lemma 3.10, S. 34]

$$|\mathbb{V}| \left(d_{\min} - \frac{n}{2} \right) \leq d_{\min}, \quad k, n \in \mathbb{N}^*. \tag{1.148}$$

Daraus ergibt sich eine obere Schranke für die Anzahl der Codewörter [33, S. 16]

$$2^k \leq \frac{d_{\min}}{d_{\min} - n/2}, \quad k, n \in \mathbb{N}^*. \tag{1.149}$$

Satz 1.9 (Plotkin-Schranke — Teil 2). *Ausgehend von einem $(n, k, d_{\min})$ binären linearen Blockcode $\mathbb{V}$ mit der Minimaldistanz $d_{\min} \leq n/2$, $n \in \mathbb{N}^*$ gibt es eine obere Schranke für die Anzahl der Codewörter 2^k, $k \in \mathbb{N}^*$,* *nämlich* [34, *Satz 3.12, S. 35*]

$$2^k \leq d_{\min} \cdot 2^{n-2d_{\min}+2}, \quad d_{\min} \leq \frac{n}{2}, \quad k,n \in \mathbb{N}^*. \tag{1.150}$$

Beweis. Setze [34, Satz 3.12, S. 35]

$$m = n - 2d_{\min} + 1 \quad \Leftrightarrow \quad 2d_{\min} - 1 = n - m, \quad m,n \in \mathbb{N}^*. \tag{1.151}$$

Für jedes m-Tupel $\boldsymbol{x} \in \mathbb{F}_2^m$, sei die zugehörige Menge $\mathbb{V}^{(x)}$ eine Teilmenge des $(n,k,d_{\min})$ binären linearen Blockcodes $\mathbb{V}$. Die m binären Komponenten von $\boldsymbol{x} \in \mathbb{F}_2^m$ sind also gleich mit den ersten m binären Komponenten eines jeden Codeworts aus $\mathbb{V}^{(x)}$.

Nun löschen wir die erwähnten ersten m binären Komponenten von jedem Element von $\mathbb{V}^{(x)} \subset \mathbb{V}$ [34, Satz 3.12, S. 35]. Es entsteht der binäre lineare Blockcode $\tilde{\mathbb{V}}^{(x)}$ mit der Länge $(2d_{\min} - 1)$ und der Minimaldistanz $(d_{\min} + \epsilon)$ für ein $\epsilon \geq 0$ [34, Satz 3.12, S. 35].

Mit Satz 1.8 wird die linke Seite von (1.148) zu [34, Satz 3.12, S. 36]

$$\left|\tilde{\mathbb{V}}^{(x)}\right| \cdot \left([d_{\min} + \epsilon] - \frac{2d_{\min} - 1}{2} \right) = \left|\tilde{\mathbb{V}}^{(x)}\right| \cdot \left(\epsilon + \frac{1}{2} \right) = \frac{1}{2} \cdot \left|\tilde{\mathbb{V}}^{(x)}\right| \cdot (2\epsilon + 1). \tag{1.152}$$

Daher ergibt (1.150) [34, Satz 3.12, S. 36]

$$\frac{1}{2} \cdot \left|\tilde{\mathbb{V}}^{(x)}\right| \cdot (2\epsilon + 1) \leq d_{\min} + \epsilon \quad \Leftrightarrow \quad \left|\tilde{\mathbb{V}}^{(x)}\right| \leq \frac{2(d_{\min} + \epsilon)}{2\epsilon + 1} \leq 2d_{\min}. \tag{1.153}$$

Somit erhält man [34, Satz 3.12, S. 36]

$$\begin{aligned} 2^k = |\mathbb{V}| = \sum_{x \in \mathbb{F}_2^m} \left|\tilde{\mathbb{V}}^{(x)}\right| \leq 2^m \cdot 2d_{\min} = d_{\min} \cdot 2^{m+1} = d_{\min} \cdot 2^{n-2d_{\min}+1+1} \\ \leq d_{\min} \cdot 2^{n-2d_{\min}+2}, \quad m,n \in \mathbb{N}^*. \end{aligned} \tag{1.154}$$

□

Bemerkung 1.13 (Zur Plotkin-Schranke — Teil 2). Die Plotkin-Schranke (1.150) führt auf eine untere Schranke für die Anzahl 2^{n-k} der möglichen Paritätsprüffolgen

$$2^{n-k} \geq \frac{2^{2(d_{\min}-1)}}{d_{\min}} = \frac{4^{d_{\min}-1}}{d_{\min}}, \quad d_{\min} \leq \frac{n}{2}, \quad k,n \in \mathbb{N}^*. \tag{1.155}$$

Jetzt kommt die *verbesserte Plotkin-Schranke* (engl. „improved Plotkin bound") [34, Satz 3.14, S. 37] and die Reihe.

Satz 1.10 (Verbesserte Plotkin-Schranke). *Die* verbesserte Plotkin-Schranke *gibt eine obere Schranke für die Coderate an*

$$R \leq 1 - \frac{2d_{\min}}{n} = 1 - 2\delta, \quad \frac{d_{\min}}{n} = \delta \leq \frac{1}{2}, \quad d_{\min}, n \in \mathbb{N}^*. \tag{1.156}$$

Beweis. Mit $|\mathbb{V}|$ gleich 2^k, $k \in \mathbb{N}^*$, wird (1.154) zu [34, Satz 3.14, S. 37]

$$\log_2\left\{2^k\right\} \leq \log_2\left\{d_{\min} \cdot 2^{n-2d_{\min}+2}\right\} \quad \Leftrightarrow \quad k \leq \log_2\{d_{\min}\} + n - 2d_{\min} + 2, \quad n \in \mathbb{N}^*. \tag{1.157}$$

Es folgt

$$R = \frac{k}{n} \leq 1 - \frac{2d_{\min}}{n} + \underbrace{\frac{\log_2\{d_{\min}\} + 2}{n}}_{\to 0 \text{ für } n \gg 1}, \quad n \in \mathbb{N}^*. \tag{1.158}$$

Daraus ergibt sich [34, Satz 3.14, S. 37]

$$R \leq 1 - \frac{2d_{\min}}{n} = 1 - 2\delta, \quad \frac{d_{\min}}{n} = \delta \leq \frac{1}{2}, \quad d_{\min}, n \in \mathbb{N}^*. \tag{1.159}$$

□

Den Permutationen der Komponenten, d. h. der Koordinaten des Codeworts $\boldsymbol{v}$ des (n, k) binären linearen Blockcodes $\mathbb{V}$ entsprechen Permutationen der Spalten der zugehörigen Generatormatrix $\boldsymbol{G}$ [31, S. 53]. Diese Permutationen der Spalten der Generatormatrix $\boldsymbol{G}$ führen zu einer neuen Generatormatrix $\boldsymbol{G}''$. Die neue Generatormatrix $\boldsymbol{G}''$ erzeugt einen solchen (n, k) binären linearen Blockcode $\mathbb{V}''$, welcher die gleiche Minimaldistanz, das gleiche Minimalgewicht und die gleiche Gewichtsverteilung aufweist [10, S. 229], der jedoch in der Regel nicht identisch mit dem ursprünglichen (n, k) binären linearen Blockcode $\mathbb{V}$ mit der Generatormatrix $\boldsymbol{G}$ ist. Da sich der (n, k) binäre lineare Blockcode $\mathbb{V}$ und der (n, k) binäre lineare Blockcode $\mathbb{V}''$ nur in der Reihenfolge der Komponenten, d. h. der Koordinaten des Codeworts $\boldsymbol{v}$ unterscheiden, werden $\mathbb{V}$ und $\mathbb{V}''$ *äquivalente Codes* genannt [10, S. 24], [11, S. 18, 109].

Definition 1.27 (Äquivalenter Code). Zwei Codes werden als *äquivalent* bezeichnet, wenn sie sich nur in der Reihenfolge der Komponenten, d. h. der Koordinaten, des Codeworts $\boldsymbol{v}$, unterscheiden [10, S. 24], [11, S. 18, 109].

Und nun ein Beispiel [10, S. 24].

Beispiel 1.8. Der Code

$$\mathbb{V} = \{(0, 0, 0, 0), (0, 0, 1, 1), (1, 1, 0, 0), (1, 1, 1, 1)\} \tag{1.160}$$

und der Code

$$\mathbb{V}'' = \{(0, 0, 0, 0), (0, 1, 0, 1), (1, 0, 1, 0), (1, 1, 1, 1)\} \tag{1.161}$$

sind äquivalent, weil man lediglich die zweiten und die dritten Komponenten, d. h. die Koordinaten, eines Codeworts $\boldsymbol{v} \in \mathbb{V}$ permutieren muss, um $\mathbb{V}''$ zu erhalten [10, S. 24].

Zwei (n, k) binäre lineare Blockcodes $\mathbb{V}$ und $\mathbb{V}''$ sind dann und nur dann äquivalent, wenn ihre Generatormatrizen durch elementare Zeilenoperationen und Spaltenpermutationen ineinander überführt werden können [31, S. 53].

Da es mehrere Generatormatrizen $\boldsymbol{G}$ nach (1.124) gibt, die den identischen (n, k) binären linearen Blockcode $\mathbb{V}$ erzeugen, können wir die für uns günstigste Version der Generatormatrix $\boldsymbol{G}$ bestimmen, und zwar durch

– Auswahl jener k, $k \in \mathbb{N}^*$, Codewörter $\boldsymbol{v} \in \mathbb{V}$, die an ihren jeweiligen Enden die k *Einheitsvektoren* $\boldsymbol{e}^{(i)} \in \mathbb{F}_2^k$, $i \in \{0, 1 \cdots (k-1)\}$, $k \in \mathbb{N}^*$, von (1.116) haben,

- Auswahl desjenigen Codeworts $\boldsymbol{v} \in \mathbb{V}$ als ersten Basisvektor $\boldsymbol{g}^{(0)}$, welches $\boldsymbol{e}^{(0)} \in \mathbb{F}_2^k$, $k \in \mathbb{N}^*$, an seinem Ende hat, dann Auswahl desjenigen Codeworts $\boldsymbol{v} \in \mathbb{V}$ als zweiten Basisvektor $\boldsymbol{g}^{(1)}$, welches $\boldsymbol{e}^{(1)} \in \mathbb{F}_2^k$, $k \in \mathbb{N}^*$, an seinem Ende hat, und so weiter, bis dasjenige Codewort $\boldsymbol{v} \in \mathbb{V}$ als letzter Basisvektor $\boldsymbol{g}^{(k-1)}$ ausgewählt wird, welches $\boldsymbol{e}^{(k-1)} \in \mathbb{F}_2^k$, $k \in \mathbb{N}^*$, an seinem Ende hat, und schließlich
- Aufstellung der Generatormatrix $\boldsymbol{G}$ nach (1.124).

Die so bestimmte Generatormatrix $\boldsymbol{G}$ hat die folgende Form [22, Gl. (3.4), S. 69]

$$\boldsymbol{G} = \begin{pmatrix} p_0^{(0)} & p_1^{(0)} & \cdots & p_{n-k-1}^{(0)} & 1 & 0 & 0 & \cdots & 0 \\ p_0^{(1)} & p_1^{(1)} & \cdots & p_{n-k-1}^{(1)} & 0 & 1 & 0 & \cdots & 0 \\ p_0^{(2)} & p_1^{(2)} & \cdots & p_{n-k-1}^{(2)} & 0 & 0 & 1 & \cdots & 0 \\ \vdots & \vdots & \ddots & \vdots & \vdots & \vdots & \vdots & \ddots & \vdots \\ p_0^{(k-1)} & p_1^{(k-1)} & \cdots & p_{n-k-1}^{(k-1)} & 0 & 0 & 0 & \cdots & 1 \end{pmatrix}, \tag{1.162}$$

$$\boldsymbol{G} \in \mathbb{F}_2^{k\times n} \setminus \{\boldsymbol{0}_{k\times n}\}, \quad p_m^{(i)} \in \mathbb{F}_2,$$
$$i \in \{0,1\cdots(k-1)\}, \quad m \in \{0,1\cdots(n-k-1)\}, \quad k,n \in \mathbb{N}^*,$$

die aus einer $k \times (n-k)$ *Paritätsmatrix* [22, Gl. (3.4), S. 69]

$$\boldsymbol{P} = \begin{pmatrix} p_0^{(0)} & p_1^{(0)} & \cdots & p_{n-k-1}^{(0)} \\ p_0^{(1)} & p_1^{(1)} & \cdots & p_{n-k-1}^{(1)} \\ p_0^{(2)} & p_1^{(2)} & \cdots & p_{n-k-1}^{(2)} \\ \vdots & \vdots & \ddots & \vdots \\ p_0^{(k-1)} & p_1^{(k-1)} & \cdots & p_{n-k-1}^{(k-1)} \end{pmatrix}, \quad \boldsymbol{P} \in \mathbb{F}_2^{k\times(n-k)} \setminus \{\boldsymbol{0}_{k\times(n-k)}\}, \quad p_m^{(i)} \in \mathbb{F}_2, \tag{1.163}$$

$$i \in \{0,1\cdots(k-1)\}, \quad m \in \{0,1\cdots(n-k-1)\}, \quad k,n \in \mathbb{N}^*,$$

mit den Elementen $p_m^{(i)} \in \mathbb{F}_2$, $i \in \{0,1\cdots(k-1)\}$, $m \in \{0,1\cdots(n-k-1)\}$, $k,n \in \mathbb{N}^*$, welche die Werte 0 oder 1 annehmen, und der $k\times k$ *Einheitsmatrix* $\boldsymbol{I}_k$, $k \in \mathbb{N}^*$, aus (1.119) besteht [22, Gl. (3.4), S. 69]. Mit (1.163) und mit (1.119) wird (1.162) zu [22, S. 69]

$$\boldsymbol{G} = \begin{pmatrix} \boldsymbol{P} & \boldsymbol{I}_k \end{pmatrix}, \quad \boldsymbol{G} \in \mathbb{F}_2^{k\times n} \setminus \{\boldsymbol{0}_{k\times n}\}, \quad \boldsymbol{P} \in \mathbb{F}_2^{k\times(n-k)} \setminus \{\boldsymbol{0}_{k\times(n-k)}\}, \quad \boldsymbol{I}_k \in \mathbb{F}_2^{k\times k}, \tag{1.164}$$
$$k,n \in \mathbb{N}^*.$$

Mit einer Nachricht $\boldsymbol{u} \in \mathbb{F}_2^k$, $k \in \mathbb{N}^*$, und mit (1.120) wird das entsprechende Codewort $\boldsymbol{v} \in \mathbb{V}$ aus (1.122) zu

$$\boldsymbol{v} = \boldsymbol{u}\boldsymbol{G} = \boldsymbol{u}\begin{pmatrix} \boldsymbol{P} & \boldsymbol{I}_k \end{pmatrix} = \begin{pmatrix} \boldsymbol{u}\boldsymbol{P} & \boldsymbol{u}\boldsymbol{I}_k \end{pmatrix} = \begin{pmatrix} \boldsymbol{u}\boldsymbol{P} & \boldsymbol{u} \end{pmatrix}, \tag{1.165}$$
$$\boldsymbol{G} \in \mathbb{F}_2^{k\times n} \setminus \{\boldsymbol{0}_{k\times n}\}, \quad \boldsymbol{P} \in \mathbb{F}_2^{k\times(n-k)} \setminus \{\boldsymbol{0}_{k\times(n-k)}\}, \quad \boldsymbol{I}_k \in \mathbb{F}_2^{k\times k},$$

$$\boldsymbol{v} \in \mathbb{V} \subseteq \mathbb{F}_2^n, \quad \boldsymbol{u} \in \mathbb{F}_2^k, \quad k, n \in \mathbb{N}^*.$$

Gemäß (1.165) enthält das Codewort $\boldsymbol{v} \in \mathbb{V}$ die Nachricht $\boldsymbol{u} \in \mathbb{F}_2^k$, $k \in \mathbb{N}^*$, die sich am Ende von $\boldsymbol{v} \in \mathbb{V}$ befindet, während die ersten $(n-k)$, $k, n \in \mathbb{N}^*$, Komponenten von $\boldsymbol{v} \in \mathbb{V}$ durch das Produkt der Nachricht $\boldsymbol{u} \in \mathbb{F}_2^k$, $k \in \mathbb{N}^*$, und der $k \times (n-k)$ Paritätsmatrix $\boldsymbol{P}$, $k, n \in \mathbb{N}^*$, bestimmt werden, siehe [22, Gl. (3.4), S. 69]. Diese ersten $(n-k)$, $k, n \in \mathbb{N}^*$, Komponenten von $\boldsymbol{v} \in \mathbb{V}$ werden beispielsweise als *Paritätsprüfziffern* [22, S. 68], *Redundanzzeichen* [12, S. 8] oder *redundante Bits* [22, S. 3] und dergleichen bezeichnet. Da $\boldsymbol{v} \in \mathbb{V}$ bereits die Nachricht $\boldsymbol{u} \in \mathbb{F}_2^k$, $k \in \mathbb{N}^*$, am Ende enthält, sind die ersten $(n-k)$, $k, n \in \mathbb{N}^*$, Komponenten von $\boldsymbol{v} \in \mathbb{V}$, die durch $\boldsymbol{uP}$ bestimmt werden, offensichtlich *redundant* und sollen die Äquivokation $\mathrm{H}\{X \mid Y\}$ überwinden, siehe Abschnitt 1.2, insbesondere Abbildung 1.3.

Ein (n, k) binärer linearer Blockcode $\mathbb{V}$, der nur aus solchen Codewörtern besteht, welche gemäß der Struktur von (1.162) beziehungsweise von (1.165) die Nachricht $\boldsymbol{u} \in \mathbb{F}_2^k$, $k \in \mathbb{N}^*$, enthalten, wird als *systematischer* (n, k) *binärer linearer Blockcode* $\mathbb{V}$ bezeichnet [22, S. 68]. Die resultierende *systematische Struktur* von $\boldsymbol{v} \in \mathbb{V}$ wird in Abbildung 1.5 illustriert [22, Bild 3.1, S. 68].

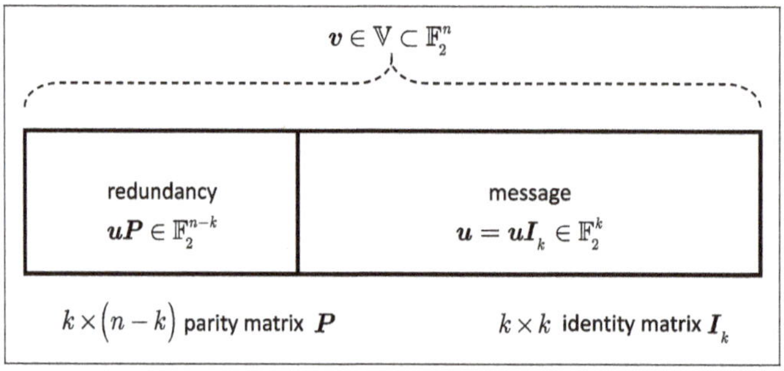

Abb. 1.5: Systematische Struktur eines Codeworts $\boldsymbol{v} \in \mathbb{V}$ (angepasst nach [22, Bild 3.1, S. 68]).

Beispiel 1.9. Die beiden Hamming-Codes, die beispielsweise in den Beispielen 1.5 und 1.6 betrachtet werden, sind systematische binäre lineare Blockcodes.

Durch geeignete Anwendung der zuvor genannten elementaren Zeilenoperationen [11, S. 109] auf eine vorgegebene Generatormatrix $\boldsymbol{G}$, die durch (1.124) gegeben ist und nicht die Form von (1.162) hat, wird diejenige gewünschte systematische Struktur erzielt, welche auch als *systematische Form* bezeichnet wird.

Man erhält [22, Gl. (3.6a) S. 69]

$$v_{n-k+i} = u_i, \quad i \in \{0, 1 \cdots (k-1)\}, \quad k \in \mathbb{N}^*, \tag{1.166}$$

und mit (1.125) ergibt sich [22, Gl. (3.6b) S. 69]

$$v_j = \bigoplus_{i=0}^{k-1} u_i \odot p_j^{(i)}, \quad j \in \{0, 1 \cdots (n-k-1)\}, \quad n \geq k, \quad k, n \in \mathbb{N}^*. \tag{1.167}$$

Diejenigen $(n-k), k, n \in \mathbb{N}^*$, Gleichungen, welche durch (1.167) gegeben sind, werden als *Paritätsprüfgleichungen* des (n, k) binären linearen Blockcodes $\mathbb{V}$ bezeichnet [22, S. 69].

Jede Generatormatrix $\boldsymbol{G}$ kann in eine Generatormatrix in *Zeilenstufenform* (engl. „row echelon form"), die auch als

- *Standardform*,
- *Gauß'sche Normalform* und
- *kanonische Staffelform*

bezeichnet wird, transformiert werden [31, S. 53], [11, S. 109]. Die Zeilenstufenform einer Matrix ist wie folgt definiert [31, S. 41].

Definition 1.28 (Zeilenstufenform / Standardform einer Matrix). Die *Zeilenstufenform* oder *Standardform* einer Matrix ist wie folgt definiert [31, S. 41]:

a) Das führende nicht verschwindende Element jeder Zeile, die nicht nur Nullen enthält, ist eins.
b) Jede Spalte, die ein solches führendes Element enthält, hat für jeden ihrer anderen Einträge eine Null.
c) Das führende Element einer Zeile ist in einer Spalte, die sich rechts von denjenigen Spalten befindet, welche die führenden Elemente der höheren Zeilen enthalten.
d) Alle Zeilen, deren Elemente alle gleich 0 sind, stehen unterhalb aller Zeilen, die wenigstens ein von 0 verschiedenes Element enthalten.

Ein Beispiel gefällig?

Beispiel 1.10. Die Matrix

$$\begin{pmatrix} \mathbf{1} & 2 & \underline{0} & 3 & 4 & \underline{0} \\ \underline{0} & 0 & \mathbf{1} & 5 & 0 & \underline{0} \\ \underline{0} & 0 & \underline{0} & 0 & 0 & \mathbf{1} \\ \underline{0} & 0 & \underline{0} & 0 & 0 & \underline{0} \end{pmatrix} \tag{1.168}$$

ist in der Zeilenstufenform, d. h. der Standardform.

Die führenden nicht verschwindenden Elemente sind fett gedruckt. Die Nullen in jeder Spalte, die ein solches führendes Element enthält, sind unterstrichen. Die führenden Elemente befinden sich in der ersten, der dritten und der sechsten Spalte. Diese drei Spalten haben keine weiteren nicht verschwindenden Elemente.

Das führende Element der ersten Zeile ist in der ersten Spalte. Das führende Element der zweiten Zeile ist in der dritten Spalte und daher rechts von den führenden Elementen der höheren Zeilen, d. h. der ersten Zeile. Das führende Element der dritten Zeile ist in der sechsten Spalte und daher rechts von den führenden Elementen der höheren Zeilen, d. h. der ersten und der zweiten Zeile.

Die vierte Zeile hat kein führendes Element. Sie enthält nur Nullen und kommt unter alle weiteren Zeilen, die wenigstens ein von 0 verschiedenes Element enthalten.

Jede Generatormatrix $\boldsymbol{G}$ aus (1.124) beziehungsweise aus (1.162) kann durch Spaltenpermutationen in eine Generatormatrix eines äquivalenten Codes mit einer $k \times k$ Einheitsmatrix $\boldsymbol{I}_k$ in den ersten oder in den letzten k Spalten transformiert werden. Man erhält dann die folgende *systematische Form der Generatormatrix* [31, S. 53]

$$\boldsymbol{G} = \begin{pmatrix} \boldsymbol{I}_k & \boldsymbol{P} \end{pmatrix}, \quad \boldsymbol{G} \in \mathbb{F}_2^{k\times n} \setminus \{\boldsymbol{0}_{k\times n}\}, \quad \boldsymbol{P} \in \mathbb{F}_2^{k\times(n-k)} \setminus \{\boldsymbol{0}_{k\times(n-k)}\}, \quad \boldsymbol{I}_k \in \mathbb{F}_2^{k\times k}, \tag{1.169}$$

$$k, n \in \mathbb{N}^*. \tag{1.170}$$

Bemerkung 1.14 (Zur systematischen Form der Generatormatrix $\boldsymbol{G}$). Der Codierer eines Codes wird dann und nur dann als systematischer Codierer bezeichnet, wenn $k \in \mathbb{N}^*$ Nachrichtenbits einer Nachricht $\boldsymbol{u}$ auf $k \leq n$, $k, n \in \mathbb{N}^*$, Bits, die im Codewort $\boldsymbol{v}$ enthalten sind, ohne Änderung abgebildet werden [10, Definition, S. 302]. Das bedeutet, dass es verschiedene, d. h. voneinander unterschiedliche Koordinaten $i_0, i_1 \cdots i_{k-1}$, $k \in \mathbb{N}^*$, gibt, sodass [10, Definition, S. 302]

$$c_{i_0} = u_0, \quad c_{i_1} = u_1 \quad \cdots \quad c_{i_{k-1}} = u_{k-1}, \quad k \in \mathbb{N}^*. \tag{1.171}$$

Daher ist die Nachricht unverändert im Codewort zu finden [10, Definition, S. 302].

Leider führt die oben angegebene sehr liberale Definition (1.171) eines systematischen Codierers zu einem Mangel an Übereinstimmung darüber, wie die systematische Form einer Generatormatrix definiert werden sollte. Folglich gibt es kein gemeinsames Verständnis über die genaue Form der Generatormatrix in systematischer Form.

Zum Beispiel verwenden Lin und Costello die Form von (1.162), siehe beispielsweise [22, S. 69].

Blahut, siehe beispielsweise [31, S. 53], [35, S. 49], Bossert, siehe beispielsweise [11, Definition 1.13, S. 14], und Friedrichs, siehe beispielsweise [11, Gl. (109), S. 109], bevorzugen offenbar die *Zeilenstufenform* (1.169), siehe beispielsweise Definition 1.28 und Beispiel 1.10.

MacWilliams und Sloane lassen die genaue Struktur vollständig flexibel [10, Definition, S. 302], verwenden jedoch in einigen Beispielen die Zeilenstufenform, siehe beispielsweise [10, S. 6f.].

Es gibt eine weitere nützliche Matrix, die mit jedem (n, k) binären linearen Blockcode $\mathbb{V}$ assoziiert ist [22, S. 70]. Für jede $k \times n$, $k, n \in \mathbb{N}^*$, Generatormatrix $\boldsymbol{G}$ mit k, $k \in \mathbb{N}^*$, vom Nullvektor $\boldsymbol{0}_n$, $n \in \mathbb{N}^*$, verschiedenen und linear unabhängigen Zeilenvektoren $\boldsymbol{g}^{(i)} \in \mathbb{F}_2^n \setminus \{\boldsymbol{0}_n\}$, $i \in \{0, 1 \cdots (k-1)\}$, $k \in \mathbb{N}^*$, gibt es eine $(n-k) \times n$ Matrix [10, S. 2], [11, S. 111],

$$\boldsymbol{H} = \begin{pmatrix} \boldsymbol{h}^{(0)} \\ \boldsymbol{h}^{(1)} \\ \vdots \\ \boldsymbol{h}^{(n-k-1)} \end{pmatrix} = \begin{pmatrix} h_0^{(0)} & h_1^{(0)} & \cdots & h_{n-1}^{(0)} \\ h_0^{(1)} & h_1^{(1)} & \cdots & h_{n-1}^{(1)} \\ \vdots & \vdots & \ddots & \vdots \\ h_0^{(n-k-1)} & h_1^{(n-k-1)} & \cdots & h_{n-1}^{(n-k-1)} \end{pmatrix}, \quad \mathrm{Rg}\{\boldsymbol{H}\} = n-k, \tag{1.172}$$

$$\boldsymbol{H} \in \mathbb{F}_2^{(n-k)\times n} \setminus \{\boldsymbol{0}_{(n-k)\times n}\}, \quad \boldsymbol{h}^{(m)} \in \mathbb{F}_2^n \setminus \{\boldsymbol{0}_n\}, \quad h_j^{(m)} \in \mathbb{F}_2,$$
$$m \in \{0, 1 \cdots (n-k-1)\}, \quad j \in \{0, 1 \cdots (n-1)\}, \quad k, n \in \mathbb{N}^*,$$

mit solchen $(n-k)$ linear unabhängigen Zeilen

$$\boldsymbol{h}^{(m)} = (h_0^{(m)}, h_1^{(m)} \cdots h_{n-1}^{(m)}) \in \mathbb{F}_2^n \setminus \{\boldsymbol{0}_n\}, \tag{1.173}$$
$$h_j^{(m)} \in \mathbb{F}_2, \quad m \in \{0, 1 \cdots (n-k-1)\}, \quad j \in \{0, 1 \cdots (n-1)\}, \quad k, n \in \mathbb{N}^*,$$

dass jeder der k, $k \in \mathbb{N}^*$, Basisvektoren $\boldsymbol{g}^{(i)} \in \mathbb{F}_2^n \setminus \{\boldsymbol{0}_n\}$, $i \in \{0, 1 \cdots (k-1)\}$, $k \in \mathbb{N}^*$, siehe (1.123), aus dem Zeilenraum von $\boldsymbol{G}$ zu jedem der $(n-k)$, $k, n \in \mathbb{N}^*$, Zeilenvektoren $\boldsymbol{h}^{(m)}$, $m \in \{0, 1 \cdots (n-k-1)\}$, $k, n \in \mathbb{N}^*$, von $\boldsymbol{H}$ aus (1.172) orthogonal ist und jeder Vektor, der orthogonal zu den Zeilenvektoren von $\boldsymbol{H}$ ist, im Zeilenraum von $\boldsymbol{G}$ liegt [22, S. 70]. Diese $(n-k) \times n$ Matrix $\boldsymbol{H}$ nach (1.172) heißt *Prüfmatrix (Paritätsprüfmatrix)* [10, S. 2].

Bemerkung 1.15 ($k \times (n-k)$ Paritätsmatrix $\boldsymbol{P}$ von (1.163) und $(n-k) \times n$ Prüfmatrix (Paritätsprüfmatrix) $\boldsymbol{H}$ von (1.172) sind verschiedene Matrizen). Nota bene, dass die $k \times (n-k)$ Paritätsmatrix $\boldsymbol{P}$ von (1.163) und die $(n-k) \times n$ Prüfmatrix (Paritätsprüfmatrix) $\boldsymbol{H}$ von (1.172) verschiedene Matrizen sind, obwohl ihre Namen „ähnlich" klingen.

Daher kann man den durch $\boldsymbol{G}$ erzeugten (n, k) binären linearen Blockcode $\mathbb{V}$ auf alternative Weise beschreiben. Es sei die $n \times (n-k)$ Matrix

$$\boldsymbol{H}^{\mathrm{T}} = \begin{pmatrix} \boldsymbol{h}^{(0)\mathrm{T}} & \boldsymbol{h}^{(1)\mathrm{T}} & \cdots & \boldsymbol{h}^{(n-k-1)\mathrm{T}} \end{pmatrix} \tag{1.174}$$

die Transponierte von $\boldsymbol{H}$ aus (1.172). Der Vektor $\boldsymbol{v} \in \mathbb{F}_2^n$ ist genau dann ein Codewort des (n, k) binären linearen Blockcodes $\mathbb{V}$, wenn [22, S. 70]

$$\boldsymbol{v}\boldsymbol{H}^{\mathrm{T}} = \boldsymbol{0}_{n-k}, \quad \boldsymbol{v} \in \mathbb{F}_2^n, \quad k, n \in \mathbb{N}^*, \tag{1.175}$$

gilt. Folglich erhält man [11, Definition 4.2, S. 111]

$$\boldsymbol{w}\boldsymbol{H}^{\mathrm{T}} \neq \boldsymbol{0}_{n-k}, \quad \boldsymbol{w} \in \mathbb{F}_2^n \setminus \mathbb{V}, \quad k, n \in \mathbb{N}^*, \tag{1.176}$$

für alle n-Tupel $\boldsymbol{w} \in \mathbb{F}_2^n \setminus \mathbb{V}$, die keine Elemente des (n, k) binären linearen Blockcodes $\mathbb{V}$ sind.

Definition 1.29 (Prüfmatrix / Paritätsprüfmatrix). Eine $(n-k) \times n$, $k, n \in \mathbb{N}^*$, Matrix $\boldsymbol{H}$ wird *Prüfmatrix (Paritätsprüfmatrix)* des (n, k) binären linearen Blockcodes $\mathbb{V}$ genannt, wenn der (n, k) binäre lineare Blockcode $\mathbb{V}$ der *Kern* beziehungsweise *Nullraum* von $\boldsymbol{H}$ ist [11, Definition 4.2, S. 111]

$$\mathbb{V} = \left\{ \boldsymbol{v} \in \mathbb{F}_2^n \mid \boldsymbol{v}\boldsymbol{H}^{\mathrm{T}} = \boldsymbol{0}_{n-k} \right\}, \quad k, n \in \mathbb{N}^*, \tag{1.177}$$

siehe (1.175).

Satz 1.11 (Rang der Prüfmatrix / Paritätsprüfmatrix). *Der Rang* $\mathrm{Rg}\{\boldsymbol{H}\}$ *der* $(n-k) \times n$, $k, n \in \mathbb{N}^*$, *Prüfmatrix (Paritätsprüfmatrix)* $\boldsymbol{H}$ *ist gleich* $(n-k)$ [11, *Satz 4.2, S. 111*].

Beweis. Falls $\mathrm{Rg}\{\boldsymbol{H}\} < (n-k)$ gilt, dann sind die $(n-k)$ Zeilen der $(n-k) \times k$, $k, n \in \mathbb{N}^*$, Prüfmatrix (Paritätsprüfmatrix) $\boldsymbol{H}$ nach (1.172) beziehungsweise nach (1.184) linear abhängig. Durch Anwendung elementarer Zeilenoperationen auf die $(n-k) \times k$, $k, n \in \mathbb{N}^*$, Prüfmatrix (Paritätsprüfmatrix) $\boldsymbol{H}$ entsteht mindestens eine Zeile, die nur Nullen enthält, und der Nullraum von $\boldsymbol{H}$ hätte die Dimension $> k$. Dann ist der Nullraum von $\boldsymbol{H}$ aber nicht der (n, k) binäre lineare Blockcode $\mathbb{V}$, und die Definition von $\boldsymbol{H}$ ist nicht erfüllt. □

Die $(n-k)$ Zeilen der $(n-k) \times k$, $k, n \in \mathbb{N}^*$, Prüfmatrix (Paritätsprüfmatrix) $\boldsymbol{H}$ nach (1.172) beziehungsweise (1.184) sind linear unabhängig. Dann ergibt sich

$$\begin{aligned} \boldsymbol{u}\boldsymbol{G}\boldsymbol{H}^{\mathrm{T}} = \boldsymbol{0}_{n-k}, \quad & \boldsymbol{u} \in \mathbb{F}_2^k, \quad \boldsymbol{G} \in \mathbb{F}_2^{k\times n} \setminus \{\boldsymbol{0}_{k\times n}\}, \quad \boldsymbol{H} \in \mathbb{F}_2^{(n-k)\times n} \setminus \{\boldsymbol{0}_{(n-k)\times n}\}, \\ & k, n \in \mathbb{N}^*, \end{aligned} \tag{1.178}$$

für alle Nachrichten $\boldsymbol{u} \in \mathbb{F}_2^k$. Gleichung (1.178) kann nur erfüllt werden, wenn $\boldsymbol{G}\boldsymbol{H}^{\mathrm{T}}$ die $k \times (n-k)$ *Nullmatrix* $\boldsymbol{0}_{k\times(n-k)}$ ist, d. h.

$$\boldsymbol{G}\boldsymbol{H}^{\mathrm{T}} = \boldsymbol{0}_{k\times(n-k)}, \quad \boldsymbol{G} \in \mathbb{F}_2^{k\times n} \setminus \{\boldsymbol{0}_{k\times n}\}, \quad \boldsymbol{H} \in \mathbb{F}_2^{(n-k)\times n} \setminus \{\boldsymbol{0}_{(n-k)\times n}\}, \quad k, n \in \mathbb{N}^*. \tag{1.179}$$

Satz 1.12 (Prüfmatrix (Paritätsprüfmatrix) erfüllt (1.179)). *Die $(n-k) \times n$, $k, n \in \mathbb{N}^*$, Matrix $\boldsymbol{H}$ ist eine Prüfmatrix (Paritätsprüfmatrix) für den (n, k) binären linearen Blockcode $\mathbb{V}$, wenn (1.179) erfüllt ist* [11, *Satz 4.3 (1), S. 111f.*].

Beweis. Der Beweis ist in (1.178). □

Mit (1.124) und mit (1.174) wird die linke Seite von (1.179) zu

$$\begin{aligned} & \begin{pmatrix} \boldsymbol{g}^{(0)} \\ \boldsymbol{g}^{(1)} \\ \vdots \\ \boldsymbol{g}^{(k-1)} \end{pmatrix} \begin{pmatrix} \boldsymbol{h}^{(0)\mathrm{T}} & \boldsymbol{h}^{(1)\mathrm{T}} & \cdots & \boldsymbol{h}^{(n-k-1)\mathrm{T}} \end{pmatrix} \\ & = \begin{pmatrix} \boldsymbol{g}^{(0)}\boldsymbol{h}^{(0)\mathrm{T}} & \boldsymbol{g}^{(0)}\boldsymbol{h}^{(1)\mathrm{T}} & \cdots & \boldsymbol{g}^{(0)}\boldsymbol{h}^{(n-k-1)\mathrm{T}} \\ \boldsymbol{g}^{(1)}\boldsymbol{h}^{(0)\mathrm{T}} & \boldsymbol{g}^{(1)}\boldsymbol{h}^{(1)\mathrm{T}} & \cdots & \boldsymbol{g}^{(1)}\boldsymbol{h}^{(n-k-1)\mathrm{T}} \\ \vdots & \vdots & \ddots & \vdots \\ \boldsymbol{g}^{(k-1)}\boldsymbol{h}^{(0)\mathrm{T}} & \boldsymbol{g}^{(k-1)}\boldsymbol{h}^{(1)\mathrm{T}} & \cdots & \boldsymbol{g}^{(k-1)}\boldsymbol{h}^{(n-k-1)\mathrm{T}} \end{pmatrix}. \end{aligned} \tag{1.180}$$

Daraus ergibt sich

$$\begin{pmatrix} \boldsymbol{g}^{(0)}\boldsymbol{h}^{(0)\mathrm{T}} & \boldsymbol{g}^{(0)}\boldsymbol{h}^{(1)\mathrm{T}} & \cdots & \boldsymbol{g}^{(0)}\boldsymbol{h}^{(n-k-1)\mathrm{T}} \\ \boldsymbol{g}^{(1)}\boldsymbol{h}^{(0)\mathrm{T}} & \boldsymbol{g}^{(1)}\boldsymbol{h}^{(1)\mathrm{T}} & \cdots & \boldsymbol{g}^{(1)}\boldsymbol{h}^{(n-k-1)\mathrm{T}} \\ \vdots & \vdots & \ddots & \vdots \\ \boldsymbol{g}^{(k-1)}\boldsymbol{h}^{(0)\mathrm{T}} & \boldsymbol{g}^{(k-1)}\boldsymbol{h}^{(1)\mathrm{T}} & \cdots & \boldsymbol{g}^{(k-1)}\boldsymbol{h}^{(n-k-1)\mathrm{T}} \end{pmatrix} = \underbrace{\begin{pmatrix} 0 & 0 & \cdots & 0 \\ 0 & 0 & \cdots & 0 \\ \vdots & \vdots & \ddots & \vdots \\ 0 & 0 & \cdots & 0 \end{pmatrix}}_{=\boldsymbol{0}_{k\times(n-k)}} \tag{1.181}$$

beziehungsweise mit (1.127) aus Definition 1.22

$$\boldsymbol{g}^{(i)}\boldsymbol{h}^{(m)\mathrm{T}} = \langle \boldsymbol{g}^{(i)} \mid \boldsymbol{h}^{(m)} \rangle = [\boldsymbol{G}\boldsymbol{H}^{\mathrm{T}}]_{i,m} = 0, \tag{1.182}$$

$$i \in \{0, 1 \cdots (k-1)\}, \quad m \in \{0, 1 \cdots (n-k-1)\}, \quad k, n \in \mathbb{N}^*. \tag{1.183}$$

Gemäß (1.182) ist das Matrixelement $[\boldsymbol{G}\boldsymbol{H}^{\mathrm{T}}]_{i,m}$, $i \in \{0,1\cdots(k-1)\}$, $m \in \{0,1\cdots(n-k-1)\}$, $k,n \in \mathbb{N}^*$, in der i-ten Zeile und der m-ten Spalte, gegeben durch das innere Produkt $\langle \boldsymbol{g}^{(i)} \mid \boldsymbol{h}^{(m)} \rangle$ gleich $\boldsymbol{g}^{(i)}\boldsymbol{h}^{(m)\mathrm{T}}$, $i \in \{0,1\cdots(k-1)\}$, $m \in \{0,1\cdots(n-k-1)\}$, $k,n \in \mathbb{N}^*$, gleich 0. Das bedeutet, dass jeder der k, $k \in \mathbb{N}^*$, Basisvektoren $\boldsymbol{g}^{(i)} \in \mathbb{F}_2^n \setminus \{\boldsymbol{0}_n\}$, $i \in \{0,1\cdots(k-1)\}$, $k \in \mathbb{N}^*$, siehe (1.123), im Zeilenraum von $\boldsymbol{G}$ orthogonal zu jedem der $(n-k)$, $k,n \in \mathbb{N}^*$, Zeilenvektoren $\boldsymbol{h}^{(m)}$, $m \in \{0,1\cdots(n-k-1)\}$, $k,n \in \mathbb{N}^*$, von $\boldsymbol{H}$ aus (1.172) ist [22, S. 70]. Der (n,k) binäre lineare Blockcode $\mathbb{V}$ wird daher als der *Kern* beziehungsweise der *Nullraum* von $\boldsymbol{H}$ bezeichnet [22, S. 70].

Wenn die $k\times n$, $k,n \in \mathbb{N}^*$, Generatormatrix $\boldsymbol{G}$ des (n,k) binären linearen Blockcodes $\mathbb{V}$ in der systematischen Form aus (1.162) vorliegt, nimmt die $(n-k)\times n$, $k,n \in \mathbb{N}^*$, Prüfmatrix (Paritätsprüfmatrix) $\boldsymbol{H}$ die folgende Form [22, Gl. (3.7), S. 70]

$$\boldsymbol{H} = \begin{pmatrix} \boldsymbol{I}_{n-k} & \boldsymbol{P}^{\mathrm{T}} \end{pmatrix} = \begin{pmatrix} 1 & 0 & 0 & \cdots & 0 & p_0^{(0)} & p_0^{(1)} & \cdots & p_0^{(k-1)} \\ 0 & 1 & 0 & \cdots & 0 & p_1^{(0)} & p_1^{(1)} & \cdots & p_1^{(k-1)} \\ 0 & 0 & 1 & \cdots & 0 & p_2^{(0)} & p_2^{(1)} & \cdots & p_2^{(k-1)} \\ \vdots & \vdots & \vdots & \ddots & \vdots & \vdots & \vdots & \ddots & \vdots \\ 0 & 0 & 0 & \cdots & 1 & p_{n-k-1}^{(0)} & p_{n-k-1}^{(1)} & \cdots & p_{n-k-1}^{(k-1)} \end{pmatrix}, \quad k,n \in \mathbb{N}^*, \tag{1.184}$$

an. In (1.184) ist die $(n-k)\times k$ Matrix $\boldsymbol{P}^{\mathrm{T}}$ die Transponierte der $k\times(n-k)$ Paritätsmatrix $\boldsymbol{P}$. Die in (1.184) gegebene Form der Prüfmatrix (Paritätsprüfmatrix) wird manchmal als *Standardform* (engl. „row echelon form") bezeichnet [10, Gl. (2), S. 2; Gl. (39), S. 24]. Daher erhält man

$$\boldsymbol{H}^{\mathrm{T}} = \begin{pmatrix} \boldsymbol{I}_{n-k} \\ \boldsymbol{P} \end{pmatrix} = \begin{pmatrix} 1 & 0 & 0 & \cdots & 0 \\ 0 & 1 & 0 & \cdots & 0 \\ 0 & 0 & 1 & \cdots & 0 \\ \vdots & \vdots & \vdots & \ddots & \vdots \\ 0 & 0 & 0 & \cdots & 1 \\ p_0^{(0)} & p_1^{(0)} & p_2^{(0)} & \cdots & p_{n-k-1}^{(0)} \\ p_0^{(1)} & p_1^{(1)} & p_2^{(1)} & \cdots & p_{n-k-1}^{(1)} \\ \vdots & \vdots & \vdots & \ddots & \vdots \\ p_0^{(k-1)} & p_1^{(k-1)} & p_2^{(k-1)} & \cdots & p_{n-k-1}^{(k-1)} \end{pmatrix}, \quad k,n \in \mathbb{N}^*. \tag{1.185}$$

Mit (1.162) und mit (1.184) nimmt die linke Seite von (1.179) die Form

$$\boldsymbol{G}\boldsymbol{H}^{\mathrm{T}} = \begin{pmatrix} \boldsymbol{P} & \boldsymbol{I}_k \end{pmatrix} \begin{pmatrix} \boldsymbol{I}_{n-k} \\ \boldsymbol{P} \end{pmatrix} = \boldsymbol{P}\boldsymbol{I}_{n-k} \oplus \boldsymbol{I}_k\boldsymbol{P} = \boldsymbol{P} \oplus \boldsymbol{P} = \boldsymbol{0}_{k\times(n-k)}, \quad k,n \in \mathbb{N}^*, \tag{1.186}$$

an. Das kann leicht wie folgt überprüft werden:

$$
\begin{pmatrix}
p_0^{(0)} & p_1^{(0)} & \cdots & p_{n-k-1}^{(0)} & 1 & 0 & 0 & \cdots & 0 \\
p_0^{(1)} & p_1^{(1)} & \cdots & p_{n-k-1}^{(1)} & 0 & 1 & 0 & \cdots & 0 \\
p_0^{(2)} & p_1^{(2)} & \cdots & p_{n-k-1}^{(2)} & 0 & 0 & 1 & \cdots & 0 \\
\vdots & \vdots & \ddots & \vdots & \vdots & \vdots & \vdots & \ddots & \vdots \\
p_0^{(k-1)} & p_1^{(k-1)} & \cdots & p_{n-k-1}^{(k-1)} & 0 & 0 & 0 & \cdots & 1
\end{pmatrix}
\begin{pmatrix}
1 & 0 & 0 & \cdots & 0 \\
0 & 1 & 0 & \cdots & 0 \\
0 & 0 & 1 & \cdots & 0 \\
\vdots & \vdots & \vdots & \ddots & \vdots \\
0 & 0 & 0 & \cdots & 1 \\
p_0^{(0)} & p_1^{(0)} & p_2^{(0)} & \cdots & p_{n-k-1}^{(0)} \\
p_0^{(1)} & p_1^{(1)} & p_2^{(1)} & \cdots & p_{n-k-1}^{(1)} \\
\vdots & \vdots & \vdots & \ddots & \vdots \\
p_0^{(k-1)} & p_1^{(k-1)} & p_2^{(k-1)} & \cdots & p_{n-k-1}^{(k-1)}
\end{pmatrix}
$$

$$
= \begin{pmatrix}
p_0^{(0)} \oplus p_0^{(0)} & p_1^{(0)} \oplus p_1^{(0)} & \cdots & p_{n-k-1}^{(0)} \oplus p_{n-k-1}^{(0)} \\
p_0^{(1)} \oplus p_0^{(1)} & p_1^{(1)} \oplus p_1^{(1)} & \cdots & p_{n-k-1}^{(1)} \oplus p_{n-k-1}^{(1)} \\
p_0^{(2)} \oplus p_0^{(2)} & p_1^{(2)} \oplus p_1^{(2)} & \cdots & p_{n-k-1}^{(2)} \oplus p_{n-k-1}^{(2)} \\
\vdots & \vdots & \ddots & \vdots \\
p_0^{(k-1)} \oplus p_0^{(k-1)} & p_1^{(k-1)} \oplus p_1^{(k-1)} & \cdots & p_{n-k-1}^{(k-1)} \oplus p_{n-k-1}^{(k-1)}
\end{pmatrix}
$$

$$
= \boldsymbol{P} \oplus \boldsymbol{P} = \mathbf{0}_{k\times(n-k)}, \quad k,n \in \mathbb{N}^*. \tag{1.187}
$$

Satz 1.13 (Prüfmatrix / Paritätsprüfmatrix erfüllt (1.184) für eine Generatormatrix in systematischer Form (1.162)). *Die $(n-k)\times n$, $k,n \in \mathbb{N}^*$, Prüfmatrix (Paritätsprüfmatrix) $\boldsymbol{H}$ des (n,k) binären linearen Blockcodes $\mathbb{V}$ nimmt diejenige Form an, welche durch (1.184) gegeben ist, wenn die $k \times n$, $k,n \in \mathbb{N}^*$, Generatormatrix $\boldsymbol{G}$ in der systematischen Form von (1.162) vorliegt* [11, *Satz 4.3 (2), S. 111f.*]

Beweis. Der Beweis ergibt sich aus (1.186). □

Bemerkung 1.16 (Zur alternativen systematischen Struktur). Das Ergebnis von (1.187) beziehungsweise (1.186) ändert sich nicht, wenn $\boldsymbol{G}$ gleich $\begin{pmatrix} \boldsymbol{I}_k & \boldsymbol{P} \end{pmatrix}$ und $\boldsymbol{H}$ gleich $\begin{pmatrix} \boldsymbol{P}^{\mathrm{T}} & \boldsymbol{I}_{n-k} \end{pmatrix}$ ist. Dann ist

$$
\boldsymbol{G}\boldsymbol{H}^{\mathrm{T}} = \begin{pmatrix} \boldsymbol{I}_k & \boldsymbol{P} \end{pmatrix} \begin{pmatrix} \boldsymbol{P} \\ \boldsymbol{I}_{n-k} \end{pmatrix} = \boldsymbol{I}_k\boldsymbol{P} \oplus \boldsymbol{P}\boldsymbol{I}_{n-k} = \boldsymbol{P} \oplus \boldsymbol{P} = \mathbf{0}_{k\times(n-k)}, \quad k,n \in \mathbb{N}^*. \tag{1.188}
$$

Korollar 1.4 (Minimalgewicht eines Codes — Teil 2). *Es sei $\mathbb{V}$ ein (n,k) binärer linearer Blockcode mit der $(n-k)\times n$, $k,n \in \mathbb{N}^*$, Prüfmatrix (Paritätsprüfmatrix) $\boldsymbol{H}$.*

Wenn die Summe von $(d_{\min}-1)$ oder weniger Spalten von $\boldsymbol{H}$ nicht gleich dem Nullvektor $\mathbf{0}_{n-k}$ ist, dann hat der Code ein Minimalgewicht von mindestens $d_{\min}$ [22, *Korollar 3.2.1, S. 78*], [11, *Satz 4.4, S. 113*].

Beweis. Es sei $\boldsymbol{v}$ ein Codewort mit dem Hamming-Gewicht $w_{\mathrm{H}}\{\boldsymbol{v}\}$ gleich $d_{\min} \in \mathbb{N}^*$. Dann gilt

$$\mathbf{0}_{n-k} = \boldsymbol{v}\mathbf{H}^{\mathrm{T}}, \quad k, n \in \mathbb{N}^*. \tag{1.189}$$

Gleichung (1.189) erfordert, dass die Summe von $d_{\min}$ Spalten von $\boldsymbol{H}$ gleich dem Nullvektor $\mathbf{0}_{n-k}, k, n \in \mathbb{N}^*$ ist. Deshalb ist die minimale Anzahl von linear abhängigen Spalten von $\boldsymbol{H}$ gleich $d_{\min}$ [11, Satz 4.4, S. 113].

Wenn die Summe von nur $(d_{\min} - 1)$ oder weniger Spalten gleich dem Nullvektor $\mathbf{0}_{n-k}, k, n \in \mathbb{N}^*$, und daher die minimale Anzahl von linear abhängigen Spalten von $\boldsymbol{H} \le (d_{\min} - 1)$ wären, so gäbe es mindestens ein Codewort, welches das Gewicht $(d_{\min} - 1)$ oder weniger hätte. Diese hypothetische Situation widerspricht jedoch der Definition der Minimaldistanz $d_{\min}$, siehe Satz 1.6.

Daher ist die minimale Anzahl von linear abhängigen Spalten von $\boldsymbol{H}$, d. h. die minimale Anzahl von Spalten von $\boldsymbol{H}$, deren Summe gleich dem Nullvektor $\mathbf{0}_{n-k}, k, n \in \mathbb{N}^*$, ist, durch $d_{\min}$ gegeben. □

Wenn die Summe von $d \ge d_{\min}$ Spalten von $\boldsymbol{H}$ gleich dem Nullvektor $\mathbf{0}_{n-k}, k, n \in \mathbb{N}^*$, ist, so existiert mindestens ein Codewort $\boldsymbol{v}$ mit dem Hamming-Gewicht $w_{\mathrm{H}}\{\boldsymbol{v}\}$ gleich d.

Korollar 1.5 (Minimalgewicht eines Codes — Teil 3). *Es sei $\mathbb{V}$ ein (n, k) binärer linearer Blockcode mit der $(n - k) \times n, k, n \in \mathbb{N}^*$, Prüfmatrix (Paritätsprüfmatrix) $\boldsymbol{H}$.*

Das Minimalgewicht beziehungsweise die Minimaldistanz $d_{\min}$ von $\mathbb{V}$ ist gleich der minimalen Anzahl von Spalten von $\boldsymbol{H}$, die linear abhängig sind und summiert den Nullvektor $\mathbf{0}_{n-k}, k, n \in \mathbb{N}^*$, ergeben [22, Korollar 3.2.2, S. 78], [11, Satz 4.4, S. 113].

Beweis. Es sei $\boldsymbol{v} \in \mathbb{V}$ ein Codewort mit dem Hamming-Gewicht $w_{\mathrm{H}}\{\boldsymbol{v}\}$ gleich $d_{\min} \in \mathbb{N}^*$. Daher gilt (1.189) für $\boldsymbol{v} \in \mathbb{V}$. Somit ist die Summe von $d_{\min}$ Spalten von $\boldsymbol{H}$ gleich dem Nullvektor $\mathbf{0}_{n-k}, k, n \in \mathbb{N}^*$.

Nach Korollar 1.4 ist die minimale Anzahl von Spalten von $\boldsymbol{H}$, deren Summe der Nullvektor $\mathbf{0}_{n-k}$, $k, n \in \mathbb{N}^*$, ist, gleich $d_{\min}$, wenn es keine weniger als $d_{\min}$ verschiedenen Spalten von $\boldsymbol{H}$ gibt, deren Summe gleich dem Nullvektor $\mathbf{0}_{n-k}$ $k, n \in \mathbb{N}^*$, ist.

Nach Satz 1.6 ist $d_{\min}$ das Minimalgewicht $w_{\min}$ eines Codeworts $\boldsymbol{v}$, das sich vom Nullvektor $\mathbf{0}_n, n \in \mathbb{N}^*$, unterscheidet.

Wenn daher gemäß Satz 1.6 die kleinste Anzahl von Spalten von $\boldsymbol{H}$, deren Summe gleich dem Nullvektor $\mathbf{0}_{n-k}, k, n \in \mathbb{N}^*$, ist, gleich $d_{\min}$ und somit gleich dem Minimalgewicht $w_{\min}$ eines Codeworts $\boldsymbol{v}$ ist, so ist $d_{\min}$ das Minimalgewicht beziehungsweise die Minimaldistanz von $\mathbb{V}$.

Daher ist die minimale Anzahl von linear abhängigen Spalten der $(n - k) \times n, k, n \in \mathbb{N}^*$, Prüfmatrix (Paritätsprüfmatrix) $\boldsymbol{H}$ gleich $d_{\min}$. □

Kommen wir zu einem Beispiel.

Beispiel 1.11. Man betrachte den $(7, 4, 3)$ binären linearen Blockcode $\mathbb{V}$ aus Tabelle 1.2. Die 3×7 Prüfmatrix (Paritätsprüfmatrix) $\boldsymbol{H}$ ist

$$\boldsymbol{H} = \begin{pmatrix} 1 & 0 & 0 & 0 & 1 & 1 & 1 \\ 0 & 1 & 0 & 1 & 0 & 1 & 1 \\ 0 & 0 & 1 & 1 & 1 & 0 & 1 \end{pmatrix}. \tag{1.190}$$

Man sieht, dass die Spalten paarweise verschieden sind und jede der Spalten von $\boldsymbol{H}$ mindestens eine Eins enthält [22, S. 78]. Daher ist die Summe von zwei oder weniger Spalten nicht der Nullvektor $\mathbf{0}_3$ [22, S. 78]. Somit ist das Minimalgewicht dieses Codes mindestens 3 [22, S. 78].

Allerdings ist die Summe aus der nullten, der zweiten und der vierten Spalte gleich $\mathbf{0}_3$ [22, S. 78]

$$\begin{pmatrix} 1 \\ 0 \\ 0 \end{pmatrix} \oplus \begin{pmatrix} 0 \\ 0 \\ 1 \end{pmatrix} \oplus \begin{pmatrix} 1 \\ 0 \\ 1 \end{pmatrix} = \begin{pmatrix} 1 \oplus 0 \oplus 1 \\ 0 \oplus 0 \oplus 0 \\ 0 \oplus 1 \oplus 1 \end{pmatrix} = \begin{pmatrix} 0 \\ 0 \\ 0 \end{pmatrix}. \tag{1.191}$$

Somit ist nach Korollar 1.4, das Minimalgewicht des Codes 3 [22, S. 78].

Tabelle 1.2 zeigt, dass das Minimalgewicht des Codes tatsächlich 3 ist, siehe Beispiel 1.7. Es folgt aus Korollar 1.5, dass die Minimaldistanz gleich 3 ist.

Die weitergehende Analyse eines (n, k, d_{min}) binären linearen Blockcodes führt uns zur folgenden Erkenntnis.

Satz 1.14 (Mindestens $(d_{\text{min}} - 1)$ linear unabhängige Spalten der Prüfmatrix / Paritätsprüfmatrix). *Es sei $\boldsymbol{H} \in \mathbb{F}_2^{(n-k)\times n}$, $k, n \in \mathbb{N}^*$, eine Prüfmatrix (Paritätsprüfmatrix) eines (n, k, d_{min}) binären linearen Blockcodes $\mathbb{V}$ [11, Satz 4.4, S. 113].*

Dann ist die Minimaldistanz d_{min} die minimale Anzahl von linear abhängigen Spalten in $\boldsymbol{H} \in \mathbb{F}_2^{(n-k)\times n}$, $k, n \in \mathbb{N}^*$ [11, Satz 4.4, S. 113].

Daher ist jede Auswahl von $(d_{\text{min}} - 1)$ Spalten von $\boldsymbol{H} \in \mathbb{F}_2^{(n-k)\times n}$, $k, n \in \mathbb{N}^*$, linear unabhängig, und es gibt mindestens eine Auswahl von d_{min} linear abhängigen Spalten [11, Satz 4.4, S. 113].

Beweis. Es seien $\boldsymbol{\eta}^{(j)} \in \mathbb{F}_2^{n-k}$, $j \in \{0, 1 \cdots (n-1)\}$, $k, n \in \mathbb{N}^*$, die Spaltenvektoren der Prüfmatrix (Paritätsprüfmatrix) $\boldsymbol{H} \in \mathbb{F}_2^{(n-k)\times n}$, $k, n \in \mathbb{N}^*$ [11, Satz 4.4, S. 113]

$$\boldsymbol{H} = \begin{pmatrix} \boldsymbol{\eta}^{(0)\mathrm{T}} & \boldsymbol{\eta}^{(1)\mathrm{T}} & \cdots & \boldsymbol{\eta}^{(n-1)\mathrm{T}} \end{pmatrix} \quad \boldsymbol{H} \in \mathbb{F}_2^{(n-k)\times n}, \quad k, n \in \mathbb{N}^*. \tag{1.192}$$

Zunächst ist der erste Teil dieses Satzes zu beweisen.

Angenommen, es gibt eine Auswahl von nur $(d_{\text{min}} - 1)$ linear abhängigen Spaltenvektoren $\boldsymbol{\eta}^{(r_1)} \in \mathbb{F}_2^{n-k}$, $\boldsymbol{\eta}^{(r_2)} \in \mathbb{F}_2^{n-k}$, $\cdots \boldsymbol{\eta}^{(r_{[d_{\text{min}}-1]})} \in \mathbb{F}_2^{n-k}$ [11, Satz 4.4, S. 113]. Dann gibt es ein n-Tupel

$$\boldsymbol{y} = (y_0, y_1 \cdots y_{n-1}), \quad \boldsymbol{y} \in \mathbb{F}_2^n, \quad n \in \mathbb{N}^*, \tag{1.193}$$

mit dem Hamming-Gewicht $w_{\text{H}}\{\boldsymbol{y}\} \le (d_{\text{min}} - 1)$, das die folgende Beziehung erfüllt [11, Satz 4.4, S. 113]

$$\mathbf{0}_{n-k} = \sum_{a=1}^{d_{\text{min}}-1} y_{r_a} \boldsymbol{\eta}^{(r_a)} = \sum_{j=0}^{n-1} y_j \boldsymbol{\eta}^{(j)} = \boldsymbol{y} \boldsymbol{H}^{\mathrm{T}}. \tag{1.194}$$

Daher ist $\boldsymbol{y}$ aus (1.193) ein Codewort, d. h. $\boldsymbol{y} \in \mathbb{V} \subseteq \mathbb{F}_2^n$, $n \in \mathbb{N}^*$ [11, Satz 4.4, S. 113]. Dies widerspricht jedoch der obigen Annahme $w_{\text{H}}\{\boldsymbol{y}\} \le (d_{\text{min}} - 1)$. Daher ist auch die Annahme, dass es eine Auswahl von nur $(d_{\text{min}} - 1)$ linear abhängigen Spaltenvektoren $\boldsymbol{\eta}^{(r_1)} \in \mathbb{F}_2^{n-k}$, $\boldsymbol{\eta}^{(r_2)} \in \mathbb{F}_2^{n-k}$, $\cdots \boldsymbol{\eta}^{(r_{[d_{\text{min}}-1]})} \in \mathbb{F}_2^{n-k}$ gibt, falsch. Somit hat die Prüfmatrix (Paritätsprüfmatrix) $\boldsymbol{H} \in \mathbb{F}_2^{(n-k)\times n}$, $k, n \in \mathbb{N}^*$, mindestens $(d_{\text{min}} - 1)$ linear unabhängige Spaltenvektoren.

Nun gilt es, den zweiten Teil dieses Satzes zu beweisen.

Es sei $\boldsymbol{v} \in \mathbb{V} \subseteq \mathbb{F}_2^n$, $n \in \mathbb{N}^*$, ein Codewort mit dem Hamming-Gewicht $w_{\text{H}}\{\boldsymbol{v}\}$ gleich d_{min} [11, Satz 4.4, S. 113]. Wegen

$$\mathbf{0}_{n-k} = \boldsymbol{v} \boldsymbol{H}^{\mathrm{T}}, \quad k, n \in \mathbb{N}^*, \tag{1.195}$$

bestimmen diejenigen d_{min} Komponenten von $\boldsymbol{v} \in \mathbb{V} \subseteq \mathbb{F}_2^n$, $n \in \mathbb{N}^*$, welche gleich 1 sind, die Auswahl von d_{min} linear abhängigen Spaltenvektoren der Prüfmatrix (Paritätsprüfmatrix) $\boldsymbol{H} \in \mathbb{F}_2^{(n-k)\times n}$, $k, n \in \mathbb{N}^*$. □

Der binomische Lehrsatz lautet [18, Gl. (1.36a), (1.36b) und (1.36c), S.12]

$$(a+b)^m = \sum_{i=0}^{m} \binom{m}{i} a^{m-i} b^i, \quad a,b \in \mathbb{C}, \quad m \in \mathbb{N}^*. \tag{1.196}$$

Mit der Singleton-Schranke (1.139) aus Satz 1.7 ergibt sich

$$d_{\min} - 2 \leq n - k - 1, \quad k,n \in \mathbb{N}^*, \tag{1.197}$$

und indem a und b gleich 1 gesetzt werden und m durch $(n-1)$ ersetzt wird, führt uns (1.196) sofort zu

$$2^{n-1} = \sum_{i=0}^{n-1} \binom{n-1}{i} = \sum_{i=0}^{d_{\min}-2} \binom{n-1}{i} + \sum_{i=d_{\min}-1}^{n-1} \binom{n-1}{i}, \quad n \in \mathbb{N}^*. \tag{1.198}$$

Mit

$$2^{n-1} = 2^{n-k} \cdot 2^{k-1}, \quad k,n \in \mathbb{N}^*, \tag{1.199}$$

erhält man

$$2^{n-k} > \frac{1}{2^{k-1}} \sum_{i=0}^{d_{\min}-2} \binom{n-1}{i}, \quad k,n \in \mathbb{N}^*, \tag{1.200}$$

aus (1.198). Jedoch kann die Schranke nach (1.200) im Falle eines $(n,k,d_{\min})$ binären linearen Blockcodes $\mathbb{V}$ weiter verbessert werden: Ausgehend von Satz 1.14 ergibt sich die *Gilbert-Varshamov-Schranke* [11, Satz 3.12, S. 83].

Satz 1.15 (Gilbert-Varshamov-Schranke). *Für*

$$\sum_{i=0}^{d_{\min}-2} \binom{n-1}{i} < 2^{n-k}, \quad d_{\min},k,n \in \mathbb{N}^*, \tag{1.201}$$

existiert ein $(n,k,d_{\min})$ binärer linearer Blockcode $\mathbb{V}$ [21, Gleichungen (3.4-6) und (3.4-7), S. 109f.], [11, Satz 3.12, S. 83]. Die Ungleichung (1.201) wird als Gilbert-Varshamov-Schranke *bezeichnet [21, Gleichungen (3.4-6) und (3.4-7), S. 109f.], [11, Satz 3.12, S. 83]. Die Gilbert-Varshamov-Schranke ist eine Schranke für die Anzahl der Paritätsprüffolge 2^{n-k}, $k,n \in \mathbb{N}^*$.*

Beweis. Unter Berücksichtigung von Satz 1.14 ist zu zeigen, dass die Prüfmatrix (Paritätsprüfmatrix) $\boldsymbol{H} \in \mathbb{F}_2^{(n-k)\times n}$, $k,n \in \mathbb{N}^*$, mit $n, n \in \mathbb{N}^*$, Spalten der Länge $(n-k)$, $k,n \in \mathbb{N}^*$, so konstruiert werden kann, dass jede Auswahl von $(d_{\min}-1)$ Spalten linear unabhängig ist [11, Satz 3.12, S. 83].

Der erste Spaltenvektor $\boldsymbol{\eta}^{(0)} \in \mathbb{F}_2^{n-k}$, $k,n \in \mathbb{N}^*$, der Prüfmatrix (Paritätsprüfmatrix) $\boldsymbol{H}$ darf nicht gleich dem Nullvektor $\mathbf{0}_{n-k}$, $k,n \in \mathbb{N}^*$, sein [11, Satz 3.12, S. 83].

Der zweite Spaltenvektor $\boldsymbol{\eta}^{(1)} \in \mathbb{F}_2^{n-k}$, $k,n \in \mathbb{N}^*$, der Prüfmatrix (Paritätsprüfmatrix) $\boldsymbol{H}$ darf kein Vielfaches des ersten Spaltenvektors sein [11, Satz 3.12, S. 83].

Der dritte Spaltenvektor $\boldsymbol{\eta}^{(2)} \in \mathbb{F}_2^{n-k}$, $k,n \in \mathbb{N}^*$, der Prüfmatrix (Paritätsprüfmatrix) $\boldsymbol{H}$ darf keine Linearkombination der ersten beiden Spaltenvektoren sein, und so weiter [11, Satz 3.12, S. 83].

Man nehme an, dass $(n-1)$, $n \in \mathbb{N}^*$, Spaltenvektoren auf die oben beschriebene Weise konstruiert wurden [11, Satz 3.12, S. 83]. Natürlich darf der $n$te Spaltenvektor $\boldsymbol{\eta}^{(n-1)} \in \mathbb{F}_2^{n-k}$, $k, n \in \mathbb{N}^*$, keine Linearkombination von $(d_{\text{min}} - 2)$ beliebig ausgewählten Spaltenvektoren der vorherigen $(n-1)$, $n \in \mathbb{N}^*$, Spaltenvektoren sein [11, Satz 3.12, S. 83].

Die Anzahl der Linearkombinationen von genau i Spaltenvektoren, die aus den $(n-1)$, $n \in \mathbb{N}^*$, Spaltenvektoren ausgewählt werden, ist gleich

$$\binom{n-1}{i}, \tag{1.202}$$

und daher gibt es

$$\mathfrak{L} = \sum_{i=1}^{d_{\text{min}}-2} \binom{n-1}{i}. \tag{1.203}$$

Linearkombinationen von bis zu $(d_{\text{min}} - 2)$ beliebig ausgewählten Spaltenvektoren, die aus den ersten $(n-1)$, $n \in \mathbb{N}^*$, Spaltenvektoren der Prüfmatrix (Paritätsprüfmatrix) $\boldsymbol{H} \in \mathbb{F}_2^{(n-k)\times n}$, $k, n \in \mathbb{N}^*$, ausgewählt werden [11, Satz 3.12, S. 83].

Da es 2^{n-k}, $k, n \in \mathbb{N}^*$, mögliche Realisierungen des $n$ten, $n \in \mathbb{N}^*$, Spaltenvektors gibt, muss man sicherstellen, dass der $n$te, $n \in \mathbb{N}^*$, Spaltenvektor weder gleich dem Nullvektor $\mathbf{0}_{n-k}$, $k, n \in \mathbb{N}^*$, noch gleich einer der $\mathfrak{L}$ linearen Kombinationen ist, siehe (1.203). Somit muss

$$2^{n-k} > 1 + \sum_{i=1}^{d_{\text{min}}-2} \binom{n-1}{i} = \sum_{i=0}^{d_{\text{min}}-2} \binom{n-1}{i}, \quad k, n \in \mathbb{N}^*, \tag{1.204}$$

gelten. □

Bemerkung 1.17 (Zur Gilbert-Varshamov-Schranke). Die Gilbert-Varshamov-Schranke aus (1.201) kann als obere Schranke für die Anzahl der Codewörter ausgedrückt werden:

$$2^k < \frac{2^n}{\sum_{i=0}^{d_{\text{min}}-2} \binom{n-1}{i}}, \quad d_{\text{min}}, k, n \in \mathbb{N}^*. \tag{1.205}$$

Die 2^{n-k}, $k, n \in \mathbb{N}^*$, Linearkombinationen der Zeilenvektoren der $(n-k) \times n$, $k, n \in \mathbb{N}^*$, Prüfmatrix (Paritätsprüfmatrix) $\boldsymbol{H}$ bilden einen $(n, [n-k])$ binären linearen Blockcode $\mathbb{V}^{\perp}$, der als der *duale Code von* $\mathbb{V}$ bezeichnet wird [22, S. 70], [10, S. 26], [11, Definition 4.3, S. 115].

Definition 1.30 (Dualer Code). Es sei $\boldsymbol{G}$ die $k \times n$, $k, n \in \mathbb{N}^*$, Generatormatrix des (n, k) binären linearen Blockcodes $\mathbb{V}$, der die $(n-k) \times n$, $k, n \in \mathbb{N}^*$, Prüfmatrix (Paritätsprüfmatrix) $\boldsymbol{H}$ hat.

Der *duale Code* $\mathbb{V}^{\perp}$, der auch *orthogonaler Code* $\mathbb{V}^{\perp}$ genannt wird, ist die Menge derjenigen 2^{n-k}, $k, n \in \mathbb{N}^*$, Vektoren $\boldsymbol{x} \in \mathbb{F}_2^n$, $n \in \mathbb{N}^*$, welche orthogonal zu allen Codewörtern von $\mathbb{V}$ sind [10, Gleichung (42), S. 26]

$$\mathbb{V}^{\perp} = \left\{\boldsymbol{x} \in \mathbb{F}_2^n \mid \langle \boldsymbol{x} \mid \boldsymbol{v} \rangle = \boldsymbol{x}\boldsymbol{v}^{\mathrm{T}} = \mathbf{0}_n \ \forall\, \boldsymbol{v} \in \mathbb{V}\right\}, \quad n \in \mathbb{N}^*. \tag{1.206}$$

$\mathbb{V}^{\perp}$ ist ein $(n, [n-k])$ binärer linearer Blockcode [10, S. 26]. Darüber hinaus ist $\mathbb{V}^{\perp}$ der *orthogonale Unterraum zu* $\mathbb{V}$ [10, S. 26].

Daher ist eine $(n-k) \times n$, $k, n \in \mathbb{N}^*$, Prüfmatrix (Paritätsprüfmatrix) $\boldsymbol{H}$ für einen (n, k) binären linearen Blockcode $\mathbb{V}$ gleichzeitig eine Generatormatrix für dessen dualen $(n, [n-k])$ binären linearen Blockcode $\mathbb{V}^{\perp}$, [22, S. 70], [10, S. 26], [11, S. 115].

Unter Berücksichtigung von (1.206) ist der duale $(n, [n-k])$ binäre lineare Blockcode $\mathbb{V}^{\perp}$ der *Kern* beziehungsweise der *Nullraum* des (n, k) binären linearen Blockcodes $\mathbb{V}$ [22, S. 70]. Dieser heißt auch der *orthogonale Unterraum zum (n, k) binären linearen Blockcode* $\mathbb{V}$ [10, S. 26].

Eine allgemeine Diskussion des Minimalgewichts des dualen Codes geht über den Rahmen dieses Lehrbuchs hinaus. Der Leser wird daher auf das ausgezeichnete, um nicht zu sagen perfekte Lehrbuch von Florence Jessie *MacWilliams* und Neil James Alexander *Sloane* [10, Kapitel 5] verwiesen.

1.6 Syndrom und Fehlererkennung

Wir gehen von einem (n, k) binären linearen Blockcode $\mathbb{V}$ mit der $k \times n$, $k, n \in \mathbb{N}^*$, Generatormatrix $\boldsymbol{G}$ und der $(n-k) \times n$, $k, n \in \mathbb{N}^*$, Prüfmatrix (Paritätsprüfmatrix) $\boldsymbol{H}$ aus. Es sei $\boldsymbol{v} \in \mathbb{V}$ ein Codewort, das über einen verrauschten Kanal übertragen wurde. Weiterhin sei

$$\boldsymbol{r} = (r_0, r_1 \cdots r_{n-1}), \quad \boldsymbol{r} \in \mathbb{F}_2^n, \quad r_j \in \mathbb{F}_2, \quad j \in \{0, 1 \cdots (n-1)\}, \quad n \in \mathbb{N}^*, \tag{1.207}$$

der *Empfangsvektor* am Eingang des Decodierers. Aufgrund des Kanalrauschens kann $\boldsymbol{r}$ aus (1.207) von $\boldsymbol{v}$ nach (1.24) abweichen. Der Vektor

$$\begin{aligned} \boldsymbol{e} &= (e_0, e_1 \cdots e_{n-1}) \\ &= \boldsymbol{r} \oplus \boldsymbol{v} \\ &= (r_0 \oplus v_0\,,\, r_1 \oplus v_1 \,\cdots\, r_{n-1} \oplus v_{n-1}), \\ &\quad \boldsymbol{e}, \boldsymbol{r} \in \mathbb{F}_2^n, \quad \boldsymbol{v} \in \mathbb{V} \subseteq \mathbb{F}_2^n, \quad e_j = \begin{cases} 0 & \text{wenn } r_j = v_j, \\ 1 & \text{wenn } r_j \neq v_j, \end{cases} \\ &\quad e_j, r_j, v_j \in \mathbb{F}_2, \quad j \in \{0, 1 \cdots (n-1)\}, \quad n \in \mathbb{N}^*, \end{aligned} \tag{1.208}$$

wird *Fehlervektor*, *Fehlerwort* beziehungsweise *Fehlermuster* genannt. Die Einsen in $\boldsymbol{e}$ nach (1.208) sind diejenigen *Übertragungsfehler*, welche durch den Übertragungskanal und das Rauschen verursacht wurden.

Mit (1.207) und mit (1.208) ergibt sich

$$\boldsymbol{r} = \boldsymbol{v} \oplus \boldsymbol{e}, \quad \boldsymbol{e}, \boldsymbol{r} \in \mathbb{F}_2^n, \quad \boldsymbol{v} \in \mathbb{V} \subseteq \mathbb{F}_2^n, \quad n \in \mathbb{N}^*. \tag{1.209}$$

Der Decodierer bestimmt zunächst, ob $\boldsymbol{r}$ Übertragungsfehler enthält [22, S. 72]. Dazu wird

$$\mathbf{s} = (s_0, s_1 \cdots s_{n-k-1}) = \mathbf{r}\mathbf{H}^{\mathrm{T}}, \quad \mathbf{s} \in \mathbb{F}_2^{n-k}, \quad \mathbf{r} \in \mathbb{F}_2^n, \quad \mathbf{H}^{\mathrm{T}} \in \mathbb{F}_2^{n\times(n-k)} \setminus \{\mathbf{0}_{n\times(n-k)}\}, \quad s_m \in \mathbb{F}_2, \quad m \in \{0, 1 \cdots (n-k-1)\}, \quad n \in \mathbb{N}^*, \tag{1.210}$$

berechnet [22, Gleichung (3.10), S. 72]. Die Größe $\mathbf{s}$ heißt *Syndrom von* $\mathbf{r}$. Nur wenn $\mathbf{r}$ ein Codewort ist, d. h. wenn $\mathbf{e}$ der Nullvektor $\mathbf{0}_n$, $n \in \mathbb{N}^*$, ist, ist das Syndrom $\mathbf{s}$ gleich dem Nullvektor $\mathbf{0}_{n-k}$, $k, n \in \mathbb{N}^*$. Dann betrachtet der Empfänger $\mathbf{r}$ als fehlerfrei.

Wenn $\mathbf{r}$ kein Codewort ist, gilt [22, S. 72]

$$\mathbf{s} \neq \mathbf{0}_{n-k}, \quad \mathbf{s} \in \mathbb{F}_2^{n-k}, \quad k, n \in \mathbb{N}^*. \tag{1.211}$$

Wenn Übertragungsfehler erkannt werden, versucht der Decodierer entweder, diese Fehler zu lokalisieren und zu korrigieren. Dieses Vorgehen heißt *Vorwärtsfehlerkorrektur* (engl. „forward error correction“, FEC). Oder der Decodierer fordert eine erneute Übertragung von $\mathbf{v}$ an. Dieses Vorgehen heißt *automatische Wiederholungsanfrage* (engl. „automatic repeat request“, ARQ) [22, S. 72].

Darüber hinaus kommt es vor, dass die Übertragungsfehler anhand des Fehlervektors $\mathbf{e}$ nicht nachweisbar sind. Dann enthält $\mathbf{r}$ Übertragungsfehler, obwohl $\mathbf{r}\mathbf{H}^{\mathrm{T}}$ der Nullvektor $\mathbf{0}_{n-k}$, $k, n \in \mathbb{N}^*$, ist. Diese Situation tritt dann ein, wenn der Fehlervektor $\mathbf{e}$ nach (1.208) ein vom Nullvektor $\mathbf{0}_n$, $n \in \mathbb{N}^*$, verschiedenes Codewort ist [22, S. 73]. Solche Fehlermuster werden als *nicht detektierbare Fehlermuster*, *nicht detektierbare Fehlerwörter* beziehungsweise *nicht detektierbare Fehlervektoren* bezeichnet [22, S. 73]. Da es $(2^k - 1)$ vom Nullvektor $\mathbf{0}_n$, $n \in \mathbb{N}^*$, verschiedene Codewörter $\mathbf{v} \in \mathbb{V}$ gibt, gibt es $(2^k - 1)$ nicht detektierbare Fehlermuster [22, S. 73]. Im Fall eines solchen nicht detektierbaren Fehlermusters ist ein *Decodierfehler* unvermeidlich [22, S. 73].

Das Syndrom $\mathbf{s}$ des Empfangsvektors $\mathbf{r}$, siehe (1.210), hängt nur vom Fehlervektor $\mathbf{e}$ und nicht vom übertragenen Codewort $\mathbf{v}$ ab [22, S. 73]. Man erhält [22, S. 73]

$$\mathbf{s} = (\mathbf{v} \oplus \mathbf{e})\,\mathbf{H}^{\mathrm{T}} = \underbrace{\mathbf{v}\mathbf{H}^{\mathrm{T}}}_{=\mathbf{0}_{n-k}} \oplus \mathbf{e}\mathbf{H}^{\mathrm{T}} = \mathbf{0}_{n-k} \oplus \mathbf{e}\mathbf{H}^{\mathrm{T}} = \mathbf{e}\mathbf{H}^{\mathrm{T}}, \quad \mathbf{s} \in \mathbb{F}_2^{n-k}, \quad \mathbf{v}, \mathbf{e} \in \mathbb{F}_2^n, \quad \mathbf{H}^{\mathrm{T}} \in \mathbb{F}_2^{n\times(n-k)} \setminus \{\mathbf{0}_{n\times(n-k)}\}, \quad k, n \in \mathbb{N}^*. \tag{1.212}$$

1.7 Fehlererkennungs- und Fehlerkorrekturfähigkeiten eines (n, k) binären linearen Blockcodes

1.7.1 Nicht detektierbare und detektierbare Übertragungsfehler

Wenn ein Codewort $\mathbf{v} \in \mathbb{V} \subseteq \mathbb{F}_2^n$, $n \in \mathbb{N}^*$, über einen Übertragungskanal übertragen wird, tritt ein Fehlermuster $\mathbf{e}$ auf, das l, $l \in \{0, 1 \cdots n\}$, $n \in \mathbb{N}^*$, Übertragungsfehler enthält. Der Empfangsvektor $\mathbf{r} \in \mathbb{F}_2^n$, $n \in \mathbb{N}^*$, unterscheidet sich dann in l, $l \in \{0, 1 \cdots n\}$, $n \in \mathbb{N}^*$, Komponenten vom übertragenen Codewort $\mathbf{v} \in \mathbb{V} \subseteq \mathbb{F}_2^n$, $n \in \mathbb{N}^*$. Die Hamming-Abstand $d_{\mathrm{H}}\{\mathbf{v}, \mathbf{r}\}$ zwischen $\mathbf{v} \in \mathbb{V} \subseteq \mathbb{F}_2^n$, $n \in \mathbb{N}^*$, und $\mathbf{r} \in \mathbb{F}_2^n$, $n \in \mathbb{N}^*$, ist daher [22, S. 78]

$$d_{\mathrm{H}}\{\boldsymbol{v}, \boldsymbol{r}\} = l, \quad l \in \{0, 1 \cdots n\}, \quad n \in \mathbb{N}^*. \tag{1.213}$$

Wenn $d_{\min}$ die Minimaldistanz des verwendeten $(n, k, d_{\min})$ binären linearen Blockcodes $\mathbb{V}$ ist, unterscheiden sich zwei verschiedenen Codewörter des $(n, k, d_{\min})$ binären linearen Blockcodes $\mathbb{V}$ in mindestens $d_{\min}$ Komponenten [22, S. 78]. Daher muss dasjenige Fehlermuster $\boldsymbol{e}$, das erforderlich ist, mindestens $d_{\min}$ Übertragungsfehler enthalten, um ein zulässiges Codewort in ein anderes zulässiges Codewort zu ändern [22, S. 78]. Somit kann der verwendete $(n, k, d_{\min})$ binäre lineare Blockcode $\mathbb{V}$ alle Fehlermuster mit höchstens $(d_{\min} - 1)$ oder weniger Fehlern erkennen [22, S. 78]. Der verwendete $(n, k, d_{\min})$ binäre lineare Blockcode $\mathbb{V}$ kann jedoch nicht alle Fehlermuster mit $d_{\min}$ Übertragungsfehlern erkennen, da es mindestens ein Paar von Codewörtern gibt, die sich in genau $d_{\min}$ Komponenten unterscheiden. Dann gibt es ein solches Fehlermuster $\boldsymbol{e}$ mit $d_{\min}$ Übertragungsfehlern, welches das eine zulässige Codewort in das andere zulässige Codewort transformiert [22, S. 78]. Diese Art der Verfälschung tritt auch bei mehr als $d_{\min}$ Übertragungsfehlern auf [22, S. 78]. Somit hat die Fehlererkennungsfähigkeit des verwendeten $(n, k, d_{\min})$ binären linearen Blockcodes $\mathbb{V}$ mit der Minimaldistanz $d_{\min}$ den garantierten Wert $(d_{\min} - 1)$ [22, S. 78].

Jeder $(n, k, d_{\min})$ binäre lineare Blockcode $\mathbb{V}$ ist jedoch in der Lage, eine große Anzahl von Fehlermustern mit $d_{\min}$ oder mehr Übertragungsfehlern zu erkennen [22, S. 78]. Der $(n, k, d_{\min})$ binäre lineare Blockcode $\mathbb{V}$ kann sogar $(2^n - 2^k)$ Fehlermuster der Länge n erkennen [22, S. 78].

Überrascht? Nun, schauen wir mal.

Der Vektorraum $\mathbb{F}_2^n$, $n \in \mathbb{N}^*$, besteht aus 2^n, $n \in \mathbb{N}^*$, Vektoren, von denen $(2^n - 1)$, $n \in \mathbb{N}^*$, vom Nullvektor $\mathbf{0}_n$, $n \in \mathbb{N}^*$, verschieden sind. Es gibt also $(2^n - 1)$, $n \in \mathbb{N}^*$, mögliche vom Nullvektor $\mathbf{0}_n$, $n \in \mathbb{N}^*$, verschiedene Fehlermuster $\boldsymbol{e} \in \mathbb{F}_2^n \setminus \{\mathbf{0}_n\}$, $n \in \mathbb{N}^*$.

Mit der vom großen deutschen Mathematiker Felix *Hausdorff* in seinem Lehrbuch über die *Mengenlehre* [36, S. 14, 17, 18] eingeführten Notation gilt

$$\mathbb{F}_2^n = \mathbb{V} + (\mathbb{F}_2^n - \mathbb{V}) = \mathbb{V} \cup (\mathbb{F}_2^n \setminus \mathbb{V}), \quad \mathbb{V}(\mathbb{F}_2^n - \mathbb{V}) = \mathbb{V} \cap (\mathbb{F}_2^n \setminus \mathbb{V}) = \emptyset, \quad n \in \mathbb{N}^*. \tag{1.214}$$

Da der Nullvektor $\mathbf{0}_n \in \mathbb{V}$, $n \in \mathbb{N}^*$, ein zulässiges Codewort ist, folgt $\mathbf{0}_n \notin (\mathbb{F}_2^n - \mathbb{V})$, beziehungsweise $\mathbf{0}_n \notin (\mathbb{F}_2^n \setminus \mathbb{V})$, $n \in \mathbb{N}^*$.

Aus (1.214) folgt, dass es $(2^k - 1)$, $k \in \mathbb{N}^*$, Fehlermuster $\boldsymbol{e} \in \mathbb{V} \subseteq \mathbb{F}_2^n$ gibt, die mit den $(2^k - 1)$, $k \in \mathbb{N}^*$, vom Nullvektor $\mathbf{0}_n \in \mathbb{V}$, $n \in \mathbb{N}^*$, verschiedenen Codewörtern $\boldsymbol{v} \in \mathbb{V} \setminus \{\mathbf{0}_n\}$, $n \in \mathbb{N}^*$, übereinstimmen. Diese $(2^k - 1)$, $k \in \mathbb{N}^*$, Fehlermuster $\boldsymbol{e} \in \mathbb{V} \subseteq \mathbb{F}_2^n$, $k \in \mathbb{N}^*$, führen zu *nicht detektierbaren* Übertragungsfehlern, weil in diesem Fall $(\boldsymbol{v} \oplus \boldsymbol{e}) \in \mathbb{V} \subseteq \mathbb{F}_2^n$, $k \in \mathbb{N}^*$, und somit $\boldsymbol{r} \in \mathbb{V} \subseteq \mathbb{F}_2^n$, $k \in \mathbb{N}^*$, gilt [22, S. 78f.].

Wenn jedoch ein Fehlermuster $\boldsymbol{e}$ ein Element von $(\mathbb{F}_2^n - \mathbb{V})$ beziehungsweise von $(\mathbb{F}_2^n \setminus \mathbb{V})$, ist, so ist dieses Fehlermuster $\boldsymbol{e}$ kein zulässiges Codewort. Auch der Empfangsvektor $\boldsymbol{r}$ ist dann kein zulässiges Codewort. In diesem Fall gilt $\boldsymbol{r} \notin \mathbb{V}$ beziehungsweise $(\boldsymbol{v} \oplus \boldsymbol{e}) \notin \mathbb{V}$ [22, S. 79]. Somit wird in diesem Fall ein Übertragungsfehler erkannt [22, S. 79].

Die Differenz der Anzahl $(2^n - 1), n \in \mathbb{N}^*$, möglicher vom Nullvektor $\mathbf{0}_n \in \mathbb{V}, n \in \mathbb{N}^*$, verschiedener Fehlermuster $\boldsymbol{e} \in \mathbb{F}_2^n \setminus \{\mathbf{0}_n\}$, und der Anzahl $(2^k - 1), k \in \mathbb{N}^*$, der nicht detektierbaren möglichen vom Nullvektor $\mathbf{0}_n \in \mathbb{V}, n \in \mathbb{N}^*$, verschiedenen Fehlermuster ist die Anzahl der *detektierbaren* Fehlermuster, und es gilt [22, S. 79]

$$(2^n - 1) - (2^k - 1) = 2^n - 2^k, \quad k, n \in \mathbb{N}^*. \tag{1.215}$$

Daher bleibt für $n \gg k, k, n \in \mathbb{N}^*$, nur eine insignifikant kleine Anzahl von Fehlermustern unentdeckt [22, S. 79].

1.7.2 Übertragungsfehlerwahrscheinlichkeit ohne Decodierung

Um die *Übertragungsfehlerwahrscheinlichkeit* zu ermitteln, benötigt man ein Modell des Übertragungskanals. Um schnelle Einsichten zu gewinnen, sollte dieses Kanalmodell einfach und leicht zu handhaben, jedoch nicht unrealistisch sein. Eine beliebte Wahl ist das Modell des *binärsymmetrischen Kanals* (engl. „binary symmetric (noisy) channel", BSC) [21, Bild 3.1-1, S. 79f.], [10, Bild 1.1, S. 1].

Die Diskussion des binärsymmetrischen Kanals (engl. „binary symmetric (noisy) channel", BSC) profitiert von der Definition der *binären Entropiefunktion* [11, Gl. (A.2.3), S. 432], [37, Gl. (1), S. 64].

Definition 1.31 (Binäre Entropiefunktion). Die *binäre Entropiefunktion* ist [11, Gl. (A.2.3), S. 432]

$$\mathrm{H}_2\{p\} = -p \log_2\{p\} - (1-p)\log_2\{1-p\} = -\log_2\left\{p^p(1-p)^{1-p}\right\}, \quad p \in [0,1]. \tag{1.216}$$

Daher erhält man

$$2^{-\mathrm{H}_2\{p\}} = p^p(1-p)^{1-p}, \quad p \in [0,1]. \tag{1.217}$$

Bemerkung 1.18 (Zur binären Entropiefunktion). Die erste Ableitung der binären Entropiefunktion $\mathrm{H}_2\{p\}$ nach (1.216) ist

$$\frac{\mathrm{dH}_2\{p\}}{\mathrm{d}p} = \log_2\left\{\frac{1-p}{p}\right\}. \tag{1.218}$$

Setzt man $\mathrm{dH}_2\{p\}/\mathrm{d}p$ gleich null, so erhält man

$$\log_2\left\{\frac{1-p_0}{p_0}\right\} = 0 \quad \Leftrightarrow \quad \frac{1-p_0}{p_0} = 1 \quad \Leftrightarrow \quad p_0 = \frac{1}{2}. \tag{1.219}$$

Die zweite Ableitung

$$\frac{\mathrm{d}^2\mathrm{H}_2\{p\}}{\mathrm{d}p^2} = -\frac{1}{p(1-p)}, \tag{1.220}$$

ist für p_0 gleich 1/2 negativ. Daher hat die binäre Entropiefunktion $\mathrm{H}_2\{p\}$ aus (1.216) das globale Maximum

$$H_2\{p_0\} = H_2\left\{\frac{1}{2}\right\} = -\frac{1}{2}\log_2\left\{\frac{1}{2}\right\} - \frac{1}{2}\log_2\left\{\frac{1}{2}\right\} = \log_2\{2\} = 1. \tag{1.221}$$

In Abbildung 1.6 ist die binäre Entropiefunktion $H_2\{p\}$ über $p \in [0,1]$ dargestellt [11, Gl. (A.2.3), Bild A.1, S. 432]. Man erkennt, dass $H_2\{p\}$ für $p \in [0,1/2]$ monoton wächst und für $p \in [1/2,1]$ monoton fällt.

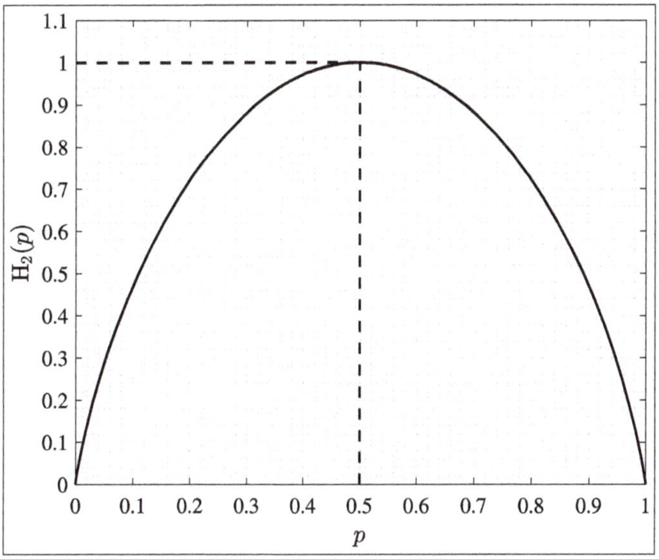

Abb. 1.6: Binäre Entropiefunktion $H_2\{p\}$ über $p \in [0,1]$ (angepasst nach [11, Gl. (A.2.3), S. 432], [37, Gl. (1), S. 64]).

Die Eingaben des binärsymmetrischen Kanals (engl. „binary symmetric (noisy) channel“, BSC) sind diejenigen Bits $v_j \in \mathbb{F}_2 = \{0,1\}, j \in \{0,1\cdots(n-1)\}, n \in \mathbb{N}^*$, welche die Komponenten des *Sendecodewortes* $\boldsymbol{v} \in \mathbb{V} \subseteq \mathbb{F}_2^n, n \in \mathbb{N}^*$, sind, siehe (1.24). Jedes Eingabebit $v_j \in \mathbb{F}_2, j \in \{0,1\cdots(n-1)\}, n \in \mathbb{N}^*$, das über den binärsymmetrischen Kanal (engl. „binary symmetric (noisy) channel“, BSC) übertragen wird, wird vom Empfänger entweder

- mit der Wahrscheinlichkeit $(1-p), p \in [0,1]$, korrekt oder
- mit der Wahrscheinlichkeit $p, p \in [0,1]$, fehlerhaft

empfangen [21, Bild 3.1-1, S. 79f.], [10, Bild 1.1, S. 1]. Die Wahrscheinlichkeit p wird als *Übergangswahrscheinlichkeit* (engl. „crossover probability“) [21, S. 79] beziehungsweise als *Fehlerwahrscheinlichkeit* (engl. „error probability“) [10, Bild 1.1, S. 1] bezeichnet. Folglich sind die Ausgaben des binärsymmetrischen Kanals (engl. „binary symmetric (noisy) channel channel“, BSC) diejenigen Bits $r_j \in \mathbb{F}_2, j \in \{0,1\cdots(n-1)\}, n \in \mathbb{N}^*$, welche die Komponenten des *Empfangsvektors* $\boldsymbol{r} \in \mathbb{V} \subseteq \mathbb{F}_2^n, n \in \mathbb{N}^*$, sind, siehe (1.207).

Da die Komponenten aus $\mathbb{F}_2$ gleich $\{0,1\}$ entnommen werden, kann jede Komponente $v_j \in \mathbb{F}_2, j \in \{0,1 \cdots (n-1)\}, n \in \mathbb{N}^*$, des Sendecodewortes $\boldsymbol{v} \in \mathbb{V} \subseteq \mathbb{F}_2^n, n \in \mathbb{N}^*$, nach (1.24) welches in den binärsymmetrischen Kanal (engl. „binary symmetric (noisy) channel", BSC) eingespeist wird, entweder den Wert a_0 gleich 0 oder den Wert a_1 gleich 1 annehmen. Dementsprechend kann jede Komponente $r_j \in \mathbb{F}_2, j \in \{0,1 \cdots (n-1)\}, n \in \mathbb{N}^*$, des *Empfangsvektors* $\boldsymbol{r} \in \mathbb{V} \subseteq \mathbb{F}_2^n, n \in \mathbb{N}^*$, die am Ausgang des binärsymmetrischen Kanals (engl. „binary symmetric (noisy) channel", BSC) vorliegt, entweder den Wert b_0 gleich 0 oder den Wert b_1 gleich 1 annehmen. Die entsprechenden Übergänge zwischen den Eingaben und den Ausgaben des binärsymmetrischen Kanals (engl. „binary symmetric (noisy) channel", BSC) sind in Abbildung 1.7 dargestellt, siehe beispielsweise [21, Bild 3.1-1(a), S. 80].

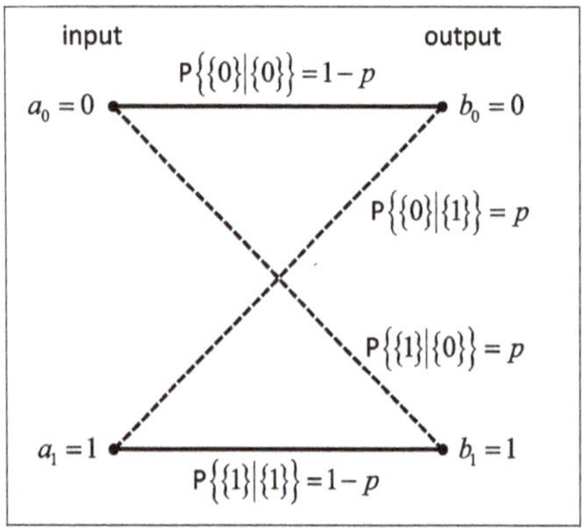

Abb. 1.7: Struktur des binärsymmetrischen Kanals (engl. „binary symmetric (noisy) channel", BSC); die Ereignisse sind $\{a_i\}, i \in \{0,1\}$, und $\{b_j\}, j \in \{0,1\}$ (angepasst nach [21, Bild 3.1-1(a), S. 80]).

Der Rauschvektor $\boldsymbol{n} \in \mathbb{V} \subseteq \mathbb{F}_2^n, n \in \mathbb{N}^*$, welcher dem binärsymmetrischen Kanal (engl. „binary symmetric (noisy) channel", BSC) zugeordnet ist, bestehe aus den Komponenten $n_j \in \mathbb{F}_2, j \in \{0,1 \cdots (n-1)\}, n \in \mathbb{N}^*$. Mit der additiven Operation $\oplus$ in $\mathbb{F}_2$ gleich $\{0,1\}$, kann die Übertragung über den binärsymmetrischen Kanal (engl. „binary symmetric (noisy) channel", BSC) durch

$$r_j = v_j \oplus n_j, \quad n_j, r_j, v_j \in \mathbb{F}_2, \quad j \in \{0,1 \cdots (n-1)\}, \quad n \in \mathbb{N}^*. \tag{1.222}$$

beschrieben werden.

Zieht man beispielsweise (1.208) und (1.209) heran, so erkennt man, dass der soeben eingeführte und mit dem binärsymmetrischen Kanal (engl. „binary symmetric (noisy) channel", BSC) verbundene Rauschvektor $\boldsymbol{n} \in \mathbb{V} \subseteq \mathbb{F}_2^n, n \in \mathbb{N}^*$, dem Fehlervektor $\boldsymbol{e}$ nach (1.208) entspricht.

Wegen (1.209) und (1.222) ist das Rauschen, das mit dem binärsymmetrischen Kanal (engl. „binary symmetric (noisy) channel", BSC) verbunden ist, additiv [37, Bild 1(a),

S. 62]. In dieser Hinsicht ähnelt der binärsymmetrische Kanal (engl. „binary symmetric (noisy) channel“, BSC) dem schwundfreien Einwegkanal mit additivem weißem Gauß'schem Rauschen (engl. „additive white Gaussian noise“, AWGN).

Bemerkung 1.19 (Zur Kapazität des binärsymmetrischen Kanals (engl. „binary symmetric (noisy) channel“ BSC)). Es seien $\mathrm{P}\{\{a_i\}\}$, $i \in \{0,1\}$, die *a-priori Wahrscheinlichkeiten der Quelle.*

Außerdem sei p die *Übergangswahrscheinlichkeit* des binärsymmetrischen Kanals (engl. „binary symmetric (noisy) channel“, BSC).

Weiterhin seien $\mathrm{P}\{\{b_j\} \mid \{a_i\}\}$, $i, j \in \{0,1\}$, die *Übergangswahrscheinlichkeiten* des binärsymmetrischen Kanals (engl. „binary symmetric (noisy) channel“, BSC).

Schließlich seien $\mathrm{P}\{\{b_j\}\}$, $j \in \{0,1\}$, die *a-posteriori Wahrscheinlichkeiten der Senke.*

Mit der *binären Entropiefunktion* $\mathrm{H}_2\{p\}$ nach (1.216) [11, Gl. (A.2.3), S. 432] und mit den Ergebnissen aus Tabelle 1.3 ist die *Quellenentropie*

$$\begin{aligned} \mathrm{H}\{X\} &= -\sum_{i=0}^{1} \mathrm{P}\big\{\{a_i\}\big\} \log_2\big\{\mathrm{P}\big\{\{a_i\}\big\}\big\} \\ &= -\mathrm{P}\big\{\{a_0\}\big\} \log_2\big\{\mathrm{P}\big\{\{a_0\}\big\}\big\} - \mathrm{P}\big\{\{a_1\}\big\} \log_2\big\{\mathrm{P}\big\{\{a_1\}\big\}\big\} \\ &= -q \log_2\{q\} - (1-q) \log_2\{1-q\} \\ &= \mathrm{H}_2\{q\}. \end{aligned} \tag{1.223}$$

Die *Irrelevanz* ist

$$\begin{aligned} \mathrm{H}\{Y \mid X\} &= -\sum_{i=0}^{1}\sum_{j=0}^{1} \mathrm{P}\big\{\{b_j\}\{a_i\}\big\} \log_2\big\{\mathrm{P}\big\{\{b_j\} \mid \{a_i\}\big\}\big\} \\ &= -q(1-p)\log_2\{1-p\} - qp\log_2\{p\} \\ &\quad - (1-q)p\log_2\{p\} - (1-q)(1-p)\log_2\{1-p\} \\ &= \big[(1-p)\log_2\{1-p\}\big] \cdot \underbrace{(-q-1+q)}_{=-1} + \big[p\log_2\{p\}\big] \cdot \underbrace{(-q-1+q)}_{=-1} \\ &= -p\log_2\{p\} - (1-p)\log_2\{1-p\} \\ &= \mathrm{H}_2\{p\}. \end{aligned} \tag{1.224}$$

Wie erwartet, hängt die Irrelevanz nur von p ab, aber nicht von q und somit auch nicht von der Quelle.

Tab. 1.3: Ereignisse und Wahrscheinlichkeiten im Fall der Übertragung über den binärsymmetrischen Kanal (engl. „binary symmetric (noisy) channel“, BSC).

Ereignisse		**Wahrscheinlichkeiten**			
$\{a_i\}$	$\{b_j\}$	$\mathrm{P}\{\{a_i\}\}$	$\mathrm{P}\{\{b_j\} \mid \{a_i\}\}$	$\mathrm{P}\{\{b_j\}\{a_i\}\}$	$\mathrm{P}\{\{b_j\}\} = \sum_{i=0}^{1} \mathrm{P}\{\{b_j\}\{a_i\}\}$
$\{0\}$	$\{0\}$	q	$1-p$	$q(1-p)$	$q(1-p)+(1-q)p$
$\{0\}$	$\{1\}$	q	p	qp	$qp+(1-q)(1-p)$
$\{1\}$	$\{0\}$	$1-q$	p	$(1-q)p$	$q(1-p)+(1-q)p$
$\{1\}$	$\{1\}$	$1-q$	$1-p$	$(1-q)(1-p)$	$qp+(1-q)(1-p)$

Mit

$$\begin{aligned}\sum_{j=0}^{1} \mathrm{P}\big\{\{b_j\}\big\} \log_2\big\{\mathrm{P}\big\{\{b_j\}\big\}\big\} &= \mathrm{P}\big\{\{b_0\}\big\} \log_2\big\{\mathrm{P}\big\{\{b_0\}\big\}\big\} + \mathrm{P}\big\{\{b_1\}\big\} \log_2\big\{\mathrm{P}\big\{\{b_1\}\big\}\big\} \\ &= \big[q(1-p) + (1-q)p\big] \log_2\big\{q(1-p) + (1-q)p\big\} \\ &\quad + \big[qp + (1-q)(1-p)\big] \log_2\big\{qp + (1-q)(1-p)\big\} \\ &= -\mathrm{H}_2\big\{qp + (1-q)(1-p)\big\},\end{aligned} \tag{1.225}$$

wird die *Entropie der Senke*

$$\mathrm{H}\{Y\} = \mathrm{H}_2\big\{qp + (1-q)(1-p)\big\}. \tag{1.226}$$

Darüber hinaus erhält man die *Transinformation* [21, Gl. (3.1-5), S. 81]

$$\begin{aligned}I\{X;Y\} &= \mathrm{H}\{Y\} - \mathrm{H}\{Y \mid X\} \\ &= \mathrm{H}_2\big\{qp + (1-q)(1-p)\big\} - \underbrace{\big\{-p\log_2\{p\} - (1-p)\log_2\{1-p\}\big\}}_{=\mathrm{H}_2\{p\}} \\ &= \mathrm{H}_2\big\{qp + (1-q)(1-p)\big\} - \mathrm{H}_2\{p\}.\end{aligned} \tag{1.227}$$

Die *Äquivokation* wird somit zu

$$\mathrm{H}\{X \mid Y\} = \mathrm{H}\{X\} - I\{X;Y\} = \mathrm{H}_2\{q\} + \mathrm{H}_2\{p\} - \mathrm{H}_2\big\{qp + (1-q)(1-p)\big\}. \tag{1.228}$$

Die Funktion $\mathrm{H}_2\{qp + (1-q)(1-p)\}$ in (1.227) erreicht ihr Maximum $\mathrm{H}_2\{1/2\}$ gleich 1 an der Stelle

$$qp + (1-q)(1-p) = \frac{1}{2}. \tag{1.229}$$

Die *Kanalkapazität* des binärsymmetrischen Kanals (engl. „binary symmetric (noisy) channel", BSC) ist somit [21, S. 82], [37, Glg. (2), S. 64]

$$C = \max_q I\{X;Y\} = 1 - \mathrm{H}_2\{p\}. \tag{1.230}$$

Abbildung 1.8 zeigt die Kanalkapazität C des binärsymmetrischen Kanals (engl. „binary symmetric (noisy) channel", BSC) gemäß (1.230) in Abhängigkeit von $p \in [0,1]$, siehe [38, Bild 7.1-4, S. 383].

Wie erwartet nimmt C nach (1.230) mit steigender Übergangswahrscheinlichkeit p ab, solange $p < 1/2$ gilt.

Die minimale Kanalkapazität C gleich 0 wird für p gleich 1/2 erreicht. Im Fall von p gleich 1/2 weiß die Senke nämlich nur, dass im Durchschnitt die Hälfte der Eingangssymbole fehlerhaft ist. Da es jedoch unbekannt ist, welche Hälfte der Eingangssymbole fehlerfrei empfangen wurden, gibt es keine Möglichkeit zur Korrektur der fehlerhaft empfangenen Eingangssymbole und damit auch keine Möglichkeit zur Informationsübertragung.

Auf den ersten Blick überraschend wächst C nach (1.230) mit zunehmendem p für $1/2 < p \leq 1$ wieder. Der Grund dafür ist, dass die Zahl der fehlerhaft empfangenen Eingangssymbole die Hälfte der gesendeten Eingangssymbole zunehmend übersteigt und somit eine triviale Fehlerkorrektur durch das schlichte Kippen aller empfangenen Eingangssymbole möglich ist.

Wie, das glauben Sie nicht?

Betrachten wir das Beispiel p gleich 1. Dann ist jedes einzelne empfangene Eingangssymbol mit Sicherheit fehlerhaft. Es genügt also, jedes empfangene Eingangssymbol zu kippen, und schon sind alle Fehler beseitigt, und die Kanalkapazität ist 1.

Daher ist C nach (1.230) achsensymmetrisch bezüglich der Achse p gleich 1/2.

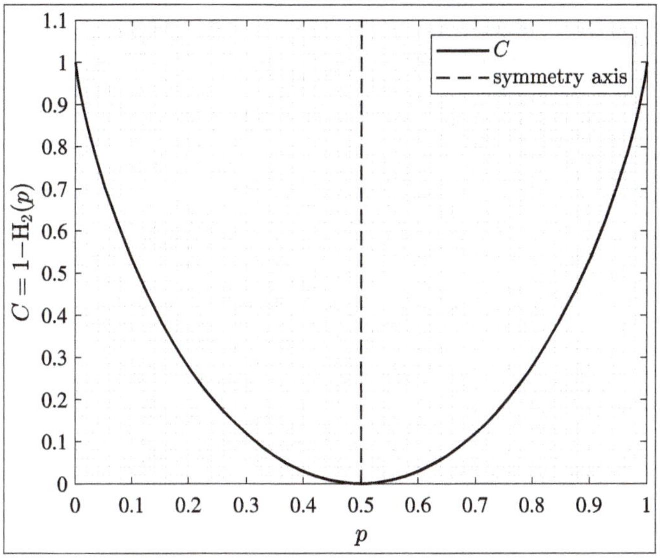

Abb. 1.8: Kanalkapazität C des binärsymmetrischen Kanals (engl. „binary symmetric (noisy) channel", BSC) gemäß (1.230) in Abhängigkeit von $p \in [0, 1]$ (angepasst nach [38, Bild 7.1-4, S. 383]).

Bemerkung 1.20 (Binärer Auslöschungskanal (engl. „binary erasure channel" BEC)). Neben dem binärsymmetrischen Kanal (engl. „binary symmetric (noisy) channel", BSC) gibt es ein zweites wichtiges Kanalmodell, das wir im Zusammenhang mit Polarcodes verwenden werden, nämlich den *binären Auslöschungskanal (engl. „binary erasure channel", BEC)*, siehe [37, S. 62]. Diesen gilt es nun zu analysieren.

Jede Komponente $v_j \in \mathbb{F}_2, j \in \{0, 1 \cdots (n-1)\}, n \in \mathbb{N}^*$, des gesendeten Codeworts $\boldsymbol{v} \in \mathbb{V} \subseteq \mathbb{F}_2^n$, $n \in \mathbb{N}^*$, gemäß (1.24), welches in den binären Auslöschungskanal (engl. „binary erasure channel", BEC) eingespeist wird, kann entweder den Wert a_0 gleich 0 oder den Wert a_1 gleich 1 annehmen.

Jede Komponente $r_j, j \in \{0, 1 \cdots (n-1)\}, n \in \mathbb{N}^*$, des Empfangsvektors $\boldsymbol{r} \in \mathbb{V} \subseteq \mathbb{F}_2^n, n \in \mathbb{N}^*$, welcher am Ausgang des binären Auslöschungskanals (engl. „binary erasure channel", BEC) vorliegt, kann entweder den Wert b_0 gleich 0 oder den Wert b_1 gleich 1 annehmen oder gelöscht werden, dargestellt durch den Wert b_e gleich e.

Das mit dem binären Auslöschungskanal (engl. „binary erasure channel", BEC) assoziierte Rauschen ist daher multiplikativ [37, Bild 1 (b), S. 62]. In dieser Hinsicht ähnelt der binäre Auslöschungskanal (engl. „binary erasure channel", BEC) einem schwundbehafteten Einwegkanal.

Die entsprechenden Übergänge zwischen den Eingaben und den Ausgaben des binären Auslöschungskanals (engl. „binary erasure channel", BEC) sind in Abbildung 1.9 dargestellt, siehe beispielsweise [39, Bild 2.47, S. 56].

Zu betrachten ist nun die Kanalkapazität des binären Auslöschungskanals (engl. „binary erasure channel", BEC).

Es seien $\mathrm{P}\{\{a_i\}\}, i \in \{0, 1\}$, die *a-priori Wahrscheinlichkeiten der Quelle*.

Weiterhin sei ϵ die *Auslöschungswahrscheinlichkeit* des binären Auslöschungskanals (engl. „binary erasure channel", BEC).

Zudem seien $\mathrm{P}\{\{b_j\} \mid \{a_i\}\}, i \in \{0, 1\}, j \in \{0, 1, \mathrm{e}\}$, die *Übergangswahrscheinlichkeiten* des binären Auslöschungskanals (engl. „binary erasure channel", BEC).

Und schließlich seien $\mathrm{P}\{\{b_j\}\}, j \in \{0, 1, \mathrm{e}\}$, die *a-posteriori Wahrscheinlichkeiten der Senke*.

Mit der *binären Entropiefunktion* $\mathrm{H}_2\{p\}$ definiert durch (1.216) [11, Glg. (A.2.3), S. 432] und mit den Ergebnissen aus Tabelle 1.4 ergibt sich die Quellenentropie zu

$$\begin{aligned} \mathrm{H}\{X\} &= -\sum_{i=0}^{1} \mathrm{P}\big\{\{a_i\}\big\} \log_2\big\{\mathrm{P}\big\{\{a_i\}\big\}\big\} \\ &= -\mathrm{P}\big\{\{a_0\}\big\} \log_2\big\{\mathrm{P}\big\{\{a_0\}\big\}\big\} - \mathrm{P}\big\{\{a_1\}\big\} \log_2\big\{\mathrm{P}\big\{\{a_1\}\big\}\big\} \\ &= -q \log_2\{q\} - (1-q)\log_2\{1-q\} \\ &= \mathrm{H}_2\{q\}. \end{aligned} \tag{1.231}$$

Die *Irrelevanz* ist

$$\begin{aligned} \mathrm{H}\{Y \mid X\} &= -\sum_{i=0}^{1} \sum_{j\in\{0,1,\mathrm{e}\}} \mathrm{P}\big\{\{b_j\}\{a_i\}\big\} \log_2\big\{\mathrm{P}\big\{\{b_j\} \mid \{a_i\}\big\}\big\} \\ &= q\mathrm{H}_2\{\epsilon\} + (1-q)\mathrm{H}_2\{\epsilon\} \\ &= \mathrm{H}_2\{\epsilon\}. \end{aligned} \tag{1.232}$$

Wie erwartet hängt die Irrelevanz nur von ϵ ab, aber nicht von q und daher nicht von der Quelle.

Mit

$$\begin{aligned} \sum_{j\in\{0,1,\mathrm{e}\}} \mathrm{P}\big\{\{b_j\}\big\} \log_2\big\{\mathrm{P}\big\{\{b_j\}\big\}\big\} &= \mathrm{P}\big\{\{b_0\}\big\} \log_2\big\{\mathrm{P}\big\{\{b_0\}\big\}\big\} \\ &\quad + \mathrm{P}\big\{\{b_1\}\big\} \log_2\big\{\mathrm{P}\big\{\{b_1\}\big\}\big\} \\ &\quad + \mathrm{P}\big\{\{\mathrm{e}\}\big\} \log_2\big\{\mathrm{P}\{\mathrm{e}\}\big\} \\ &= q(1-\epsilon)\log_2\big\{q(1-\epsilon)\big\} \\ &\quad + \epsilon \log_2\{\epsilon\} \\ &\quad + (1-q)(1-\epsilon)\log_2\big\{(1-q)(1-\epsilon)\big\} \\ &= \epsilon \log_2\{\epsilon\} \\ &\quad + q(1-\epsilon)\log_2\{q\} + q(1-\epsilon)\log_2\{1-\epsilon\} \\ &\quad + (1-q)(1-\epsilon)\log_2\{1-q\} + (1-q)(1-\epsilon)\log_2\{1-\epsilon\} \\ &= \underbrace{\epsilon \log_2\{\epsilon\} + (1-\epsilon)\log_2\{1-\epsilon\}}_{=-\mathrm{H}_2\{\epsilon\}} \underbrace{\big[q + (1-q)\big]}_{=1} \\ &\quad + (1-\epsilon)\underbrace{\big[q\log_2\{q\} + (1-q)\log_2\{1-q\}\big]}_{=-\mathrm{H}_2\{q\}} \\ &= -(1-\epsilon)\mathrm{H}_2\{q\} - \mathrm{H}_2\{\epsilon\}, \end{aligned} \tag{1.233}$$

ergibt sich die *Senkenentropie* zu

$$\mathrm{H}\{Y\} = (1-\epsilon)\mathrm{H}_2\{q\} + \mathrm{H}_2\{\epsilon\}. \tag{1.234}$$

Darüber hinaus erhält man die *Transinformation* [39, Glg. (2.59), S. 56]

$$\begin{aligned} I\{X;Y\} &= \mathrm{H}\{Y\} - \mathrm{H}\{Y \mid X\} \\ &= (1-\epsilon)\mathrm{H}_2\{q\} + \mathrm{H}_2\{\epsilon\} - \mathrm{H}_2\{\epsilon\} \\ &= (1-\epsilon)\mathrm{H}_2\{q\}. \end{aligned} \tag{1.235}$$

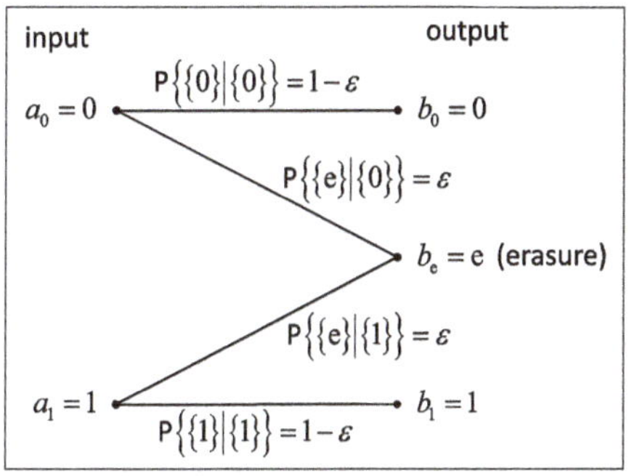

Abb. 1.9: Schematische Darstellung des binären Auslöschungskanals (engl. „binary erasure channel“, BEC); die Ereignisse sind $\{a_i\}$, $i \in \{0,1\}$, und $\{b_j\}$, $j \in \{0,1,e\}$ (angepasst nach [39, Bild 2.47, S. 56]).

Tab. 1.4: Ereignisse und Wahrscheinlichkeiten im Fall der Übertragung über den binären Auslöschungskanal (engl. „binary erasure channel“, BEC).

Ereignisse		**Wahrscheinlichkeiten**			
$\{a_i\}$	$\{b_j\}$	$\mathrm{P}\{\{a_i\}\}$	$\mathrm{P}\{\{b_j\} \mid \{a_i\}\}$	$\mathrm{P}\{\{b_j\}\{a_i\}\}$	$\mathrm{P}\{\{b_j\}\} = \sum_{i=0}^{1} \mathrm{P}\{\{b_j\}\{a_i\}\}$
$\{0\}$	$\{0\}$	q	$1-\epsilon$	$q(1-\epsilon)$	$q(1-\epsilon)$
$\{0\}$	$\{e\}$	q	ϵ	$q\epsilon$	ϵ
$\{0\}$	$\{1\}$	q	0	0	$(1-q)(1-\epsilon)$
$\{1\}$	$\{0\}$	$1-q$	0	0	$q(1-\epsilon)$
$\{1\}$	$\{e\}$	$1-q$	ϵ	$(1-q)\epsilon$	ϵ
$\{1\}$	$\{1\}$	$1-q$	$1-\epsilon$	$(1-q)(1-\epsilon)$	$(1-q)(1-\epsilon)$

Die *Äquivokation* wird daher zu

$$\mathrm{H}\{X \mid Y\} = \mathrm{H}\{X\} - I\{X;Y\} = \mathrm{H}_2\{q\} - (1-\epsilon)\mathrm{H}_2\{q\} = \epsilon \mathrm{H}_2\{q\}. \tag{1.236}$$

Die binäre Entropiefunktion $\mathrm{H}_2\{q\}$ nach (1.235) erreicht sein Maximum $\mathrm{H}_2\{1/2\}$ gleich 1 für

$$q = \frac{1}{2}. \tag{1.237}$$

Die *Kanalkapazität* ergibt sich daher wie folgt [37, Glg. (2"), S. 65], [39, Glg. (2.62), S. 56]

$$C = \max_q I\{X;Y\} = 1 - \epsilon. \tag{1.238}$$

Abbildung 1.10 zeigt die Kanalkapazität C des binären Auslöschungskanals (engl. „binary erasure channel“, BEC) gemäß (1.238) in Abhängigkeit von $\epsilon \in [0,1]$.

Bemerkung 1.21 (Bhattacharyya-Parameter). Die *Bhattacharyya-Schranke* [11, S. 44f.] erlaubt die Bewertung derjenigen Übertragungsqualität, welche mit der Maximum-Likelihood (ML)-Detektion beziehungsweise mit der Maximum-Likelihood (ML)-Decodierung erzielt werden kann.

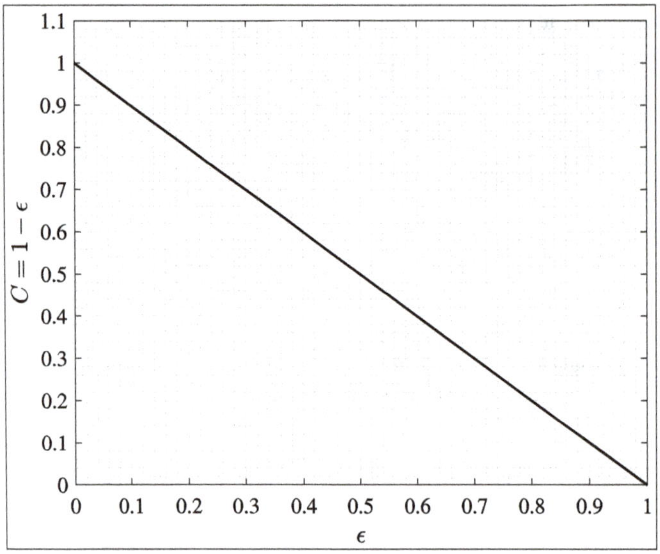

Abb. 1.10: Kanalkapazität C des binären Auslöschungskanals (engl. „binary erasure channel", BEC) gemäß (1.238) in Abhängigkeit von $\epsilon \in [0,1]$.

Wir betrachten die binäre Übertragung und die dadurch verursachte Kanalausgabe b_j, $j \in \{0,1\}$, im Fall des binärsymmetrischen Kanals (engl. „binary symmetric (noisy) channel", BSC), beziehungsweise $j \in \{0,1,\mathrm{e}\}$, im Fall des binären Auslöschungskanals (engl. „binary erasure channel", BEC).

Die Bitfehlerwahrscheinlichkeit P_b, d. h. die Wahrscheinlichkeit für den fehlerhaften Empfang von a_i, $i \in \{0,1\}$, wird durch [40, S. 63]

$$P_\mathrm{b} \le \sum_{j\in\{0,1,\mathrm{e}\}} \sqrt{\mathrm{P}\big\{\{b_j\} \mid \{a_0\}\big\}\mathrm{P}\big\{\{b_j\} \mid \{a_1\}\big\}} \tag{1.239}$$

nach oben beschränkt. Im Fall einer stetigen Kanalausgabe $b \in \mathbb{R}$ lautet der Zusammenhang (1.239) [40, S. 63]

$$P_\mathrm{b} \le \int_{-\infty}^{+\infty} \sqrt{\mathrm{p}(b \mid a_0)\mathrm{p}(b \mid a_1)}\,\mathrm{d}b. \tag{1.240}$$

Die Beziehungen (1.239) beziehungsweise (1.240) werden als *Bhattacharyya-Schranke* bezeichnet. Die Terme

diskrete Kanalausgabe	stetige Kanalausgabe
$-\ln\{\sum_{j\in\{0,1,\mathrm{e}\}} \sqrt{\mathrm{P}\{\{b_j\} \mid \{a_0\}\}\mathrm{P}\{\{b_j\} \mid \{a_1\}\}}\}$	$-\ln\{\int_{-\infty}^{+\infty} \sqrt{\mathrm{p}(b \mid a_0)\mathrm{p}(b \mid a_1)}\,\mathrm{d}b\}$

(1.241)

heißen *Bhattacharyya-Distanz* [40, S. 63, 88].

Im Fall eines symmetrischen *diskreten gedächtnislosen Kanals (engl. „discrete memoryless channel", DMC)* wie

– dem binärsymmetrischen Kanal (engl. „binary symmetric (noisy) channel", BSC),

- dem binären Auslöschungskanal (engl. „binary erasure channel“, BEC) und
- dem schwundfreien Einwegkanal mit additivem weißem Gauß'schem Rauschen (engl. „additive white Gaussian noise“, AWGN) und mit binären Eingaben,

ist der *Bhattacharyya-Parameter*

diskrete Kanalausgabe	stetige Kanalausgabe
$Z = \sum_{j\in\{0,1,e\}} \sqrt{\mathrm{P}\{\{b_j\} \mid \{a_0\}\}\mathrm{P}\{\{b_j\} \mid \{a_1\}\}}$	$Z = \int_{-\infty}^{+\infty} \sqrt{\mathrm{p}(b \mid a_0)\mathrm{p}(b \mid a_1)}\, db$

(1.242)

In (1.242) sind $\mathrm{P}\{\{b_j\} \mid \{a_0\}\}$ und $\mathrm{P}\{\{b_j\} \mid \{a_1\}\}$ die Übergangswahrscheinlichkeiten, während $\mathrm{p}(b \mid a_0)$ und $\mathrm{p}(b \mid a_1)$ die Übergangswahrscheinlichkeitsdichten und die infinitesimalen Wahrscheinlichkeiten durch $(\mathrm{p}(b \mid a_0)\, db)$ und $(\mathrm{p}(b \mid a_1)\, db)$ gegeben sind.

Im Fall des binären Auslöschungskanals (engl. „binary erasure channel“, BEC) mit den Übergangswahrscheinlichkeiten

$$\begin{aligned} &\mathrm{P}\{\{0\} \mid \{0\}\} = 1-\epsilon, && \mathrm{P}\{\{0\} \mid \{1\}\} = 0,\\ &\mathrm{P}\{\{1\} \mid \{0\}\} = 0, && \mathrm{P}\{\{1\} \mid \{1\}\} = 1-\epsilon,\\ &\mathrm{P}\{\{e\} \mid \{0\}\} = \epsilon, && \mathrm{P}\{\{e\} \mid \{1\}\} = \epsilon, \end{aligned} \tag{1.243}$$

erhält man [39, S. 83]

$$\begin{aligned} Z &= \underbrace{\sqrt{\underbrace{\mathrm{P}\{\{0\} \mid \{0\}\}}_{=1-\epsilon}\underbrace{\mathrm{P}\{\{0\} \mid \{1\}\}}_{0}}}_{=0}\\ &\quad + \underbrace{\sqrt{\underbrace{\mathrm{P}\{\{1\} \mid \{0\}\}}_{=0}\underbrace{\mathrm{P}\{\{1\} \mid \{1\}\}}_{1-\epsilon}}}_{=0}\\ &\quad + \sqrt{\underbrace{\mathrm{P}\{\{e\} \mid \{0\}\}}_{=\epsilon}\underbrace{\mathrm{P}\{\{e\} \mid \{1\}\}}_{=\epsilon}}\\ &= \epsilon. \end{aligned} \tag{1.244}$$

Der Bhattacharyya-Parameter Z des binären Auslöschungskanals (engl. „binary erasure channel“, BEC) ist in Abbildung 1.11 über der Auslöschungswahrscheinlichkeit ϵ dargestellt, siehe (1.244).

Streng genommen produziert der binäre Auslöschungskanal (engl. „binary erasure channel“, BEC) keine fehlerhaften Eingangssymbole. Vielmehr löscht der binäre Auslöschungskanal (engl. „binary erasure channel“, BEC) einige Eingangssymbole aus. Wenn man diese Auslöschung von Eingangssymbolen als Bitfehler betrachtete, wäre das „Bitfehlerverhältnis“ des binären Auslöschungskanals (engl. „binary erasure channel“, BEC)

$$P_\mathrm{b} = \epsilon \leq Z = \epsilon. \tag{1.245}$$

Im Fall des binärsymmetrischen Kanals (engl. „binary symmetric (noisy) channel“, BSC) mit den Übergangswahrscheinlichkeiten

$$\begin{aligned} &\mathrm{P}\{\{0\} \mid \{0\}\} = 1-p, && \mathrm{P}\{\{0\} \mid \{1\}\} = p,\\ &\mathrm{P}\{\{1\} \mid \{0\}\} = p, && \mathrm{P}\{\{1\} \mid \{1\}\} = 1-p, \end{aligned} \tag{1.246}$$

resultiert [39, S. 83], [40, S. 88],

$$\begin{aligned} Z &= \sqrt{\underbrace{\mathrm{P}\{\{0\}\mid\{0\}\}}_{=1-p}\underbrace{\mathrm{P}\{\{0\}\mid\{1\}\}}_{=p}} + \sqrt{\underbrace{\mathrm{P}\{\{1\}\mid\{0\}\}}_{=p}\underbrace{\mathrm{P}\{\{1\}\mid\{1\}\}}_{=1-p}} = 2\sqrt{p(1-p)} \\ &= \sqrt{4p(1-p)}. \end{aligned} \tag{1.247}$$

Der Bhattacharyya-Parameter Z des binärsymmetrischen Kanals (engl. „binary symmetric (noisy) channel“, BSC) ist in Abbildung 1.12 über der Übergangswahrscheinlichkeit p dargestellt, siehe (1.247).

Unter Berücksichtigung derjenigen Situation, welche in Abbildung 1.8 dargestellt und in Bemerkung 1.19 besprochen wird, bestimmt man zunächst die Bitfehlerwahrscheinlichkeit im Fall von $p \in [0, 1/2]$.

Es sei q die a-priori Wahrscheinlichkeit für das Auftreten von a_0 am Eingang des binärsymmetrischen Kanals (engl. „binary symmetric (noisy) channel“, BSC). Man erhält

$$P_\mathrm{b} = q\mathrm{P}\{\{1\}\mid\{0\}\} + (1-q)\mathrm{P}\{\{0\}\mid\{1\}\} = qp + (1-q)p = p, \quad p \in [0, 1/2]. \tag{1.248}$$

Im Fall von $p \in (1/2, 1]$ erhält man

$$P_\mathrm{b} = q(1-p) + (1-q)(1-p) = 1-p, \quad p \in (1/2, 1].$$

Daher ergibt sich im Fall des binärsymmetrischen Kanals (engl. „binary symmetric (noisy) channel“, BSC) auch $P_\mathrm{b} \le Z$.

Darüber hinaus ergibt sich aus Abbildung 1.8, dass die Bitfehlerwahrscheinlichkeit niemals größer als 1/2 sein kann. *Dies gilt für jedes binäre Übertragungssystem.*

Mit der mittleren Symbolenergie E_b, die wir ohne Beschränkung der Allgemeinheit gleich 1 setzen können, hat der schwundfreie Einwegkanal mit additivem weißem Gauß'schem Rauschen (engl. „additive white Gaussian noise“, AWGN) und mit binären Eingaben die Eingangswerte

$$\sqrt{E_\mathrm{b}} \cdot (1 - 2a_i) = 1 - 2a_i, \quad a_i \in \{0, 1\}, \quad i \in \{0, 1\}. \tag{1.249}$$

Mit der zweiseitigen Rauschleistungsdichte $N_0/2$ und somit mit dem Signal-Stör-Verhältnis (engl. „signal-to-noise ratio“, SNR) E_b/N_0 am Empfängereingang sind die Übergangswahrscheinlichkeitsdichten [38, Gl. (5.1-11), S. 235]

$$\mathrm{p}(b \mid a_0) = \frac{1}{\sqrt{\pi N_0}} \exp\left\{-\frac{(b - \sqrt{E_\mathrm{b}})^2}{N_0}\right\}, \quad \mathrm{p}(b \mid a_1) = \frac{1}{\sqrt{\pi N_0}} \exp\left\{-\frac{(b + \sqrt{E_\mathrm{b}})^2}{N_0}\right\}, \tag{1.250}$$

und der Bhattacharyya-Parameter ist [18, no. 25, S. 1088]

$$\begin{aligned} Z &= \int_{-\infty}^{+\infty} \sqrt{\mathrm{p}(b \mid a_0)\mathrm{p}(b \mid a_1)}\, \mathrm{d}b \\ &= \int_{-\infty}^{+\infty} \sqrt{\frac{1}{\sqrt{\pi N_0}} \exp\left\{-\frac{(b - \sqrt{E_\mathrm{b}})^2}{N_0}\right\} \frac{1}{\sqrt{\pi N_0}} \exp\left\{-\frac{(b + \sqrt{E_\mathrm{b}})^2}{N_0}\right\}}\, db \\ &= \frac{1}{\sqrt{\pi N_0}} \int_{-\infty}^{+\infty} \sqrt{\exp\left\{-\frac{(b - \sqrt{E_\mathrm{b}})^2}{N_0} - \frac{(b + \sqrt{E_\mathrm{b}})^2}{N_0}\right\}}\, db \\ &= \frac{1}{\sqrt{\pi N_0}} \int_{-\infty}^{+\infty} \sqrt{\exp\left\{-\frac{b^2 - 2b\sqrt{E_\mathrm{b}} + E_\mathrm{b} + b^2 + 2b\sqrt{E_\mathrm{b}} + E_\mathrm{b}}{N_0}\right\}}\, db \end{aligned}$$

$$= \frac{1}{\sqrt{\pi N_0}} \int_{-\infty}^{+\infty} \exp\left\{-\frac{2b^2 + 2E_b}{2N_0}\right\} db = \exp\left\{-\frac{E_b}{N_0}\right\} \frac{1}{\sqrt{\pi N_0}} \int_{-\infty}^{+\infty} \exp\left\{-\frac{b^2}{N_0}\right\} db$$

$$= \exp\left\{-\frac{E_b}{N_0}\right\} \frac{2\sqrt{N_0}}{\sqrt{\pi N_0}} \underbrace{\int_0^{+\infty} \exp\{-y^2\}\, dy}_{=\sqrt{\pi}/2}$$

$$= \exp\left\{-\frac{E_b}{N_0}\right\}. \tag{1.251}$$

Der Bhattacharyya-Parameter Z des schwundfreien Einwegkanals mit additivem weißem Gauß'schem Rauschen (engl. „additive white Gaussian noise“, AWGN) und mit binären Eingaben ist in Abbildung 1.13 über dem Signal-Stör-Verhältnis E_b/N_0 nach (1.251) dargestellt.

Die Bitfehlerwahrscheinlichkeit im Fall des schwundfreien Einwegkanals mit additivem weißem Gauß'schem Rauschen (engl. „additive white Gaussian noise“, AWGN) und mit binären Eingaben ist [38, Gl. (5.2-4), S. 255], [18, S. 478],

$$P_b = \int_{-\infty}^{0} \mathrm{P}\{\{a_0\}\}\mathrm{p}(b \mid a_0)\, db + \int_0^{+\infty} \mathrm{P}\{\{a_1\}\}\mathrm{p}(b \mid a_1)\, db$$

$$= \frac{q}{\sqrt{\pi N_0}} \int_{-\infty}^{0} \exp\left\{-\frac{(b-\sqrt{E_b})^2}{N_0}\right\} db + \frac{1-q}{\sqrt{\pi N_0}} \int_0^{+\infty} \exp\left\{-\frac{(b+\sqrt{E_b})^2}{N_0}\right\} db$$

$$= \frac{q\sqrt{N_0}}{\sqrt{\pi N_0}} \int_{-\infty}^{-\sqrt{E_b/N_0}} \exp\{-y^2\}\, dy + \frac{(1-q)\sqrt{N_0}}{\sqrt{\pi N_0}} \underbrace{\int_{\sqrt{E_b/N_0}}^{+\infty} \exp\{-y^2\}\, dy}_{=\sqrt{\pi}\cdot\mathrm{erfc}\{\sqrt{E_b/N_0}\}/2}$$

$$= \frac{q}{\sqrt{\pi}} \underbrace{\int_{\sqrt{E_b/N_0}}^{+\infty} \exp\{-y^2\}\, dy}_{=\sqrt{\pi}\cdot\mathrm{erfc}\{\sqrt{E_b/N_0}\}/2} + \frac{(1-q)}{2}\mathrm{erfc}\left\{\sqrt{\frac{E_b}{N_0}}\right\}$$

$$= \frac{1}{2}\mathrm{erfc}\left\{\sqrt{\frac{E_b}{N_0}}\right\} \cdot (q + 1 - q)$$

$$= \frac{1}{2}\mathrm{erfc}\left\{\sqrt{\frac{E_b}{N_0}}\right\}. \tag{1.252}$$

Wegen [41, S. 85]

$$\frac{1}{2}\mathrm{erfc}\left\{\sqrt{\frac{E_b}{N_0}}\right\} \le \exp\left\{-\frac{E_b}{N_0}\right\}, \tag{1.253}$$

gilt $P_b \le Z$ auch im Fall des schwundfreien Einwegkanals mit additivem weißem Gauß'schem Rauschen (engl. „additive white Gaussian noise“, AWGN) und mit binären Eingaben.

Die *Übertragungsfehlerwahrscheinlichkeit ohne Decodierung*, d. h. die *Wahrscheinlichkeit eines unentdeckten Übertragungsfehlers ohne Decodierung*, kann ermittelt werden, indem die Wahrscheinlichkeit des Auftretens eines bestimmten Fehlermusters $\boldsymbol{e} \in \mathbb{F}_2^n$ [10, S. 9] berechnet wird, das kein zulässiges Codewort ist. Im Fall eines $(n, k, d_{\min})$ binären linearen Blockcodes $\mathbb{V}$ ist die Länge des Fehlermusters $\boldsymbol{e} \in \mathbb{F}_2^n$ gleich n.

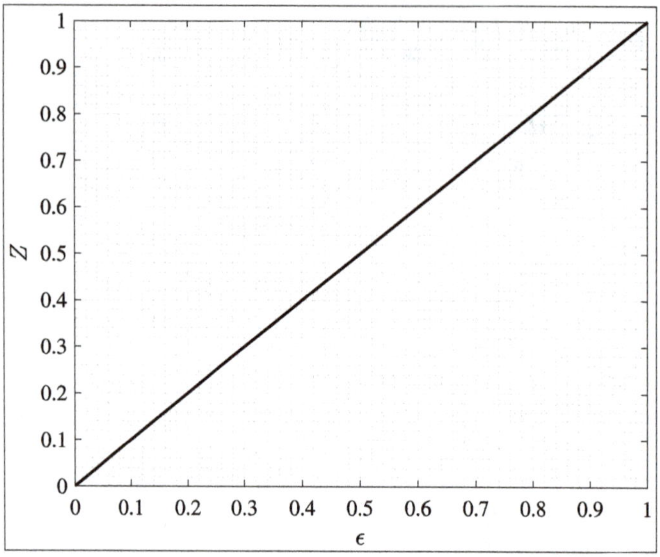

Abb. 1.11: Bhattacharyya-Parameter Z des binären Auslöschungskanals (engl. „binary erasure channel", BEC) über der Auslöschungswahrscheinlichkeit ε.

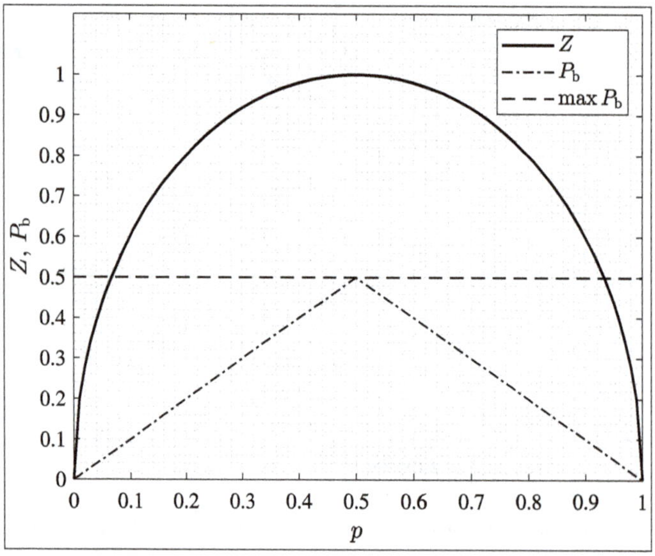

Abb. 1.12: Bhattacharyya-Parameter Z des binärsymmetrischen Kanals (engl. „binary symmetric (noisy) channel", BSC) über der Übergangswahrscheinlichkeit p.

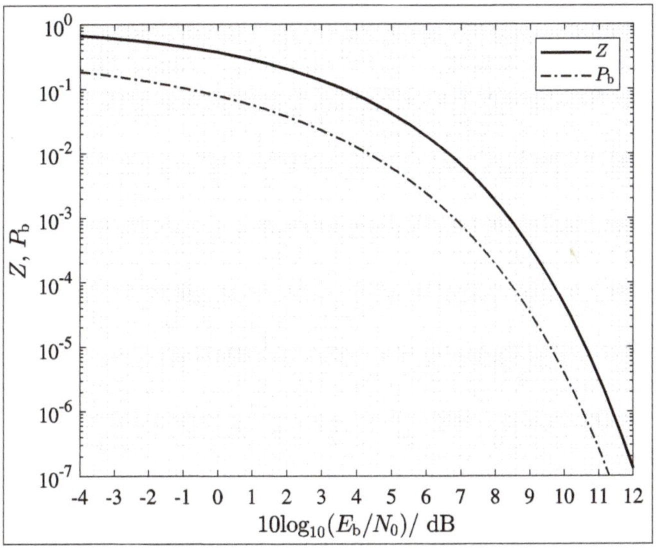

Abb. 1.13: Bhattacharyya-Parameter Z des schwundfreien Einwegkanals mit additivem weißem Gauß'schem Rauschen (engl. „additive white Gaussian noise“, AWGN) und mit binären Eingaben über dem Signal-Stör-Verhältnis E_b/N_0, siehe (1.251).

Zunächst nehme man an, dass das Fehlermuster $\boldsymbol{e} \in \mathbb{F}_2^n$ der Nullvektor $\boldsymbol{0}_n$, $n \in \mathbb{N}^*$, mit dem Hamming-Gewicht

$$w_H\{\boldsymbol{e}\} = w_H\{\boldsymbol{0}_n\} = 0, \quad n \in \mathbb{N}^*, \tag{1.254}$$

ist. Diejenige Wahrscheinlichkeit $\mathsf{P}\{w_H\{\boldsymbol{0}_n\} = 0\}$, $n \in \mathbb{N}^*$, dafür, dass das Fehlermuster $\boldsymbol{e} \in \mathbb{F}_2^n$ am Ausgang des binärsymmetrischen Kanals (engl. „binary symmetric (noisy) channel“, BSC) der Nullvektor $\boldsymbol{0}_n$, $n \in \mathbb{N}^*$, ist, ist [11, S. 11]

$$\mathsf{P}\{w_H\{\boldsymbol{e}\} = 0\} = (1-p)^n, \quad p \in [0,1], \quad \boldsymbol{e} \in \mathbb{F}_2^n, \quad n \in \mathbb{N}^*. \tag{1.255}$$

Dies bedeutet, dass keine der Komponenten $v_j \in \mathbb{F}_2, j \in \{0,1\cdots(n-1)\}$, $n \in \mathbb{N}^*$, des übertragenen Codeworts $\boldsymbol{v} \in \mathbb{V} \subseteq \mathbb{F}_2^n$, $n \in \mathbb{N}^*$, nach (1.24) während der Übertragung verändert wird. Daher tritt kein Bitfehler auf.

Nun nehme man an, dass eine einzelne Komponente $v_j \in \mathbb{F}_2, j \in \{0,1\cdots(n-1)\}$, $n \in \mathbb{N}^*$, des übertragenen Codeworts $\boldsymbol{v} \in \mathbb{V} \subseteq \mathbb{F}_2^n$, $n \in \mathbb{N}^*$, nach (1.24) verändert wird. Dann hat das Fehlermuster $\boldsymbol{e} \in \mathbb{F}_2^n$ das Gewicht

$$w_H\{\boldsymbol{e}\} = 1, \quad \boldsymbol{e} \in \mathbb{F}_2^n, \quad n \in \mathbb{N}^*, \tag{1.256}$$

und die Wahrscheinlichkeit $\mathsf{P}\{w_H\{\boldsymbol{e}\} = 1\}$ ist

$$\mathsf{P}\{w_H\{\boldsymbol{e}\} = 1\} = p \cdot (1-p)^{n-1}, \quad p \in [0,1], \quad \boldsymbol{e} \in \mathbb{F}_2^n, \quad n \in \mathbb{N}^*. \tag{1.257}$$

Da es n solche Fehlermuster mit $w_{\mathrm{H}}\{\boldsymbol{e}\}$ gleich 1 gibt, ist der Beitrag zur Übertragungsfehlerwahrscheinlichkeit ohne Decodierung P_{nd}, d. h. derjenigen Wahrscheinlichkeit eines unentdeckten Übertragungsfehlers ohne Decodierung,

$$n \cdot \mathsf{P}\{w_{\mathrm{H}}\{\boldsymbol{e}\} = 1\} = n \cdot p \cdot (1-p)^{n-1}, \quad p \in [0,1], \quad \boldsymbol{e} \in \mathbb{F}_2^n, \quad n \in \mathbb{N}^*. \tag{1.258}$$

Nun nehme man an, dass l, $l \in \{2,3\cdots n\}$, $n \in \mathbb{N}^*$, Komponenten $v_j \in \mathbb{F}_2$, $j \in \{0,1\cdots(n-1)\}$, $n \in \mathbb{N}^*$, des übertragenen Codeworts $\boldsymbol{v} \in \mathbb{V} \subseteq \mathbb{F}_2^n$, $n \in \mathbb{N}^*$, nach (1.24) während der Übertragung verändert werden. Dann hat das Fehlermuster $\boldsymbol{e} \in \mathbb{F}_2^n$ das Gewicht

$$w_{\mathrm{H}}\{\boldsymbol{e}\} = l, \quad l \in \{2,3\cdots n\}, \quad \boldsymbol{e} \in \mathbb{F}_2^n, \quad n \in \mathbb{N}^*, \tag{1.259}$$

und die Wahrscheinlichkeit $\mathsf{P}\{w_{\mathrm{H}}\{\boldsymbol{e}\} = l\}$ ist

$$\mathsf{P}\{w_{\mathrm{H}}\{\boldsymbol{e}\} = 1\} = p^l \cdot (1-p)^{n-l}, \qquad p \in [0,1], \quad l \in \{2,3\cdots n\}, \quad \boldsymbol{e} \in \mathbb{F}_2^n, \quad n \in \mathbb{N}^*. \tag{1.260}$$

Es existieren [11, Gl. (1.3.9), S. 11], [42, S. 391],

$$\binom{n}{l} = \frac{n!}{l!(n-l)!}, \quad l \in \{2,3\cdots n\}, \quad n \in \mathbb{N}^*, \tag{1.261}$$

verschiedene Fehlermuster mit $w_{\mathrm{H}}\{\boldsymbol{e}\}$ gleich l, $l \in \{2,3\cdots n\}$, $n \in \mathbb{N}^*$, und der Beitrag zur Übertragungsfehlerwahrscheinlichkeit ohne Decodierung P_{nd}, d. h. derjenigen Wahrscheinlichkeit eines unentdeckten Übertragungsfehlers ohne Decodierung, ist [11, Gl. (1.3.9), S. 11]

$$\binom{n}{l} \cdot \mathsf{P}\{w_{\mathrm{H}}\{\boldsymbol{e}\} = l\} = \binom{n}{l} \cdot p^l \cdot (1-p)^{n-l}, \qquad p \in [0,1], \quad l \in \{2,3\cdots n\}, \quad \boldsymbol{e} \in \mathbb{F}_2^n, \quad n \in \mathbb{N}^*. \tag{1.262}$$

Mit dem *binomischen Lehrsatz* [18, Gl. (1.36c), S. 12]

$$1 = 1^n = ([1-p]+p)^n \equiv \sum_{l=0}^{n} \binom{n}{l} \cdot p^l (1-p)^{n-l}, \quad p \in [0,1], \quad n \in \mathbb{N}^*, \tag{1.263}$$

ist die Übertragungsfehlerwahrscheinlichkeit ohne Decodierung P_{nd}, d. h. die Wahrscheinlichkeit eines unentdeckten Übertragungsfehlers ohne Decodierung, gleich [11, Gl. (1.3.6), S. 11]

$$\begin{aligned}\mathsf{P}_{\mathrm{nd}} &= \sum_{l=1}^{n} \binom{n}{l} \cdot p^l (1-p)^{n-l} = \underbrace{\sum_{l=0}^{n} \binom{n}{l} \cdot p^l (1-p)^{n-l}}_{=([1-p]+p)^n} - \underbrace{\binom{n}{0}}_{=1} \cdot \underbrace{p^0}_{=1} \cdot (1-p)^n, \\ &= 1-(1-p)^n, \quad p \in [0,1], \quad n \in \mathbb{N}^*. \end{aligned} \tag{1.264}$$

Bemerkung 1.22 (Zur Übertragungsfehlerwahrscheinlichkeit ohne Decodierung P_{nd}). Mit dem binomischen Lehrsatz (1.263) ergibt sich [11, S. 11]

$$\begin{aligned}(1-p)^n &= \sum_{l=0}^{n}\binom{n}{l}\cdot 1^{n-l}\cdot(-p)^l\\ &= \sum_{l=0}^{n}\binom{n}{l}\cdot(-p)^l, \qquad (1.265)\\ &= \binom{n}{0}+\binom{n}{1}\cdot(-p)+\binom{n}{2}\cdot(-p)^2+\cdots+\binom{n}{n}\cdot(-p)^n\\ &= 1-np+\frac{(n-1)n}{2}p^2+\cdots+(-p)^n, \quad p\in[0,1], \quad n\in\mathbb{N}^*, \qquad (1.266)\end{aligned}$$

und daher wird (1.264) zu [11, Gl. (1.3.7), S. 11]

$$P_{nd} = np - \frac{(n-1)n}{2}p^2 - \cdots - (-p)^n \approx np, \quad \text{für } np \ll 1, \quad p\in[0,1], \quad n\in\mathbb{N}^*. \qquad (1.267)$$

1.7.3 Übertragungsfehlerwahrscheinlichkeit mit Decodierung

Wir betrachten erneut einen (n, k, d_{min}) binären linearen Blockcode $\mathbb{V}$ und die Übertragung über den binärsymmetrischen Kanal (engl. „binary symmetric (noisy) channel“, BSC) mit der Übergangswahrscheinlichkeit p, $p \in [0,1]$, siehe Abschnitt 1.7.2.

Es sei $A_l \in \mathbb{N}$, $l \in \{0,1\cdots n\}$, $n \in \mathbb{N}^*$, die Anzahl der Codewörter $\boldsymbol{v} \in \mathbb{V} \subseteq \mathbb{F}_2^n$, $n \in \mathbb{N}^*$, nach (1.24) mit dem Hamming-Gewicht $w_{\text{H}}\{\boldsymbol{v}\}$ gleich l, $l \in \{0,1\cdots n\}$, $n \in \mathbb{N}^*$. Die Zahlen $A_0, A_1 \cdots A_n$, $n \in \mathbb{N}^*$, heißen die *Gewichtsverteilung des* (n, k, d_{min}) binären linearen Blockcodes $\mathbb{V}$ [22].

Beispiel 1.12. Wir fahren mit den Beispielen 1.5, 1.6 und 1.7 fort.

In Anbetracht von Tabelle 1.2 und Beispiel 1.7 ist die Gewichtsverteilung des (7, 4, 3) binären linearen Blockcodes mit der Dimension k gleich 4, mit der Länge n gleich 7 und mit der Minimaldistanz d_{min} gleich 3, der in Tabelle 1.2 [22, Tabelle 3.1, S. 68], [12, S. 20–22] angegeben ist, durch [22, S. 79]

$$\begin{aligned}A_0 &= 1,\\ A_1 &= 0,\\ A_2 &= 0,\\ A_3 &= 7,\\ A_4 &= 7,\\ A_5 &= 0,\\ A_6 &= 0,\\ A_7 &= 1,\end{aligned} \qquad (1.268)$$

gegeben.

Wenn der (n, k, d_{min}) binäre lineare Blockcode $\mathbb{V}$ nur zur Fehlererkennung im Falle der Übertragung über den oben genannten binärsymmetrischen Kanal (engl. „binary symmetric (noisy) channel“, BSC) verwendet wird, kann die Wahrscheinlichkeit, dass der Decodierer Übertragungsfehler nicht erkennt, durch Ausnutzen der Gewichtsverteilung $A_0, A_1 \cdots A_n$, $n \in \mathbb{N}^*$, des (n, k, d_{min}) binären linearen Blockcodes $\mathbb{V}$ berechnet werden [22, S. 79]. Da der (n, k, d_{min}) binäre lineare Blockcode $\mathbb{V}$ mit der Minimaldistanz d_{min} alle Übertragungsfehler mit Fehlermustern $\boldsymbol{e} \in \mathbb{F}_2^n$, $n \in \mathbb{N}^*$, erkennt, die das Hamming-Gewicht $\leq (d_{\text{min}} - 1)$ haben, tragen nur solche Fehlermuster $\boldsymbol{e} \in \mathbb{F}_2^n$, $n \in \mathbb{N}^*$, mit Hamming-Gewichten $\geq d_{\text{min}}$ zur *Wahrscheinlichkeit eines unentdeckten Fehlers mit Decodierung* $\mathrm{P_d}$ [22, Gl. (3.19), S. 79], [11, Gl. (3.6.1), S. 91], bei

$$A_l \cdot \mathrm{P}\{w_{\mathrm{H}}\{\boldsymbol{e}\} = l\} = A_l \cdot p^l \cdot (1-p)^{n-l}, \qquad A_l \in \mathbb{N}, \quad p \in [0,1], \quad l \in \{d_{\text{min}}, (d_{\text{min}}+1) \cdots n\}, \quad n \in \mathbb{N}^*. \tag{1.269}$$

Man erhält daher [22, Gl. (3.19), S. 79], [11, Gl. (3.6.1), S. 91]

$$\mathrm{P_d} = \sum_{l=d_{\text{min}}}^{n} A_l \cdot p^l \cdot (1-p)^{n-l}, \qquad A_l \in \mathbb{N}, \quad p \in [0,1], \quad l \in \{d_{\text{min}}, (d_{\text{min}}+1) \cdots n\}, \quad n \in \mathbb{N}^*. \tag{1.270}$$

Wegen

$$A_l \leq \binom{n}{l}, \quad A_l \in \mathbb{N}, \quad l \in \{d_{\text{min}}, (d_{\text{min}}+1) \cdots n\}, \quad n \in \mathbb{N}^*, \tag{1.271}$$

erhält man

$$\mathrm{P_d} \leq \mathrm{P_{nd}}. \tag{1.272}$$

Für $p \ll 1$ und somit $(1-p)^{n-l}$ ungefähr gleich 1 kann (1.270) durch [11, Gl. (3.6.3), S. 91]

$$\mathrm{P_{\approx d}} = A_{d_{\text{min}}} \cdot p^{d_{\text{min}}}, \quad A_{d_{\text{min}}} \in \mathbb{N}, \tag{1.273}$$

approximiert werden.

Bemerkung 1.23 (Zur Wahrscheinlichkeit eines unentdeckten Fehlers mit Decodierung $\mathrm{P_d}$). Es sei p gleich 1/2. Dann wird (1.270) zu

$$\begin{aligned}\mathrm{P_d} &= \sum_{l=d_{\text{min}}}^{n} A_l \cdot \left(\frac{1}{2}\right)^l \cdot \left(\frac{1}{2}\right)^{n-l} = \sum_{l=d_{\text{min}}}^{n} A_l \cdot \left(\frac{1}{2}\right)^n \\ &= \frac{1}{2^n} \sum_{l=d_{\text{min}}}^{n} A_l, \quad A_l \in \mathbb{N}, \quad l \in \{d_{\text{min}}, (d_{\text{min}}+1) \cdots n\}, \quad n \in \mathbb{N}^*. \end{aligned} \tag{1.274}$$

Da $(\sum_{l=d_{\text{min}}}^{n} A_l)$ gleich der Anzahl $(2^k - 1)$, $k \in \mathbb{N}^*$, der vom Nullvektor $\mathbf{0}_n$ verschiedenen Codewörtern ist, wird (1.274) zu [12, S. 19]

$$\mathrm{P_d} = \frac{2^k - 1}{2^n} = \frac{1}{2^{n-k}} - \frac{1}{2^n} \leq \frac{1}{2^{n-k}}, \quad k, n \in \mathbb{N}^*. \tag{1.275}$$

Beispiel 1.13. Lassen Sie uns mit den Beispielen 1.5, 1.6, 1.7 und 1.12 fortfahren.
Im Falle des (7, 4) binären linearen Blockcodes $\mathbb{V}$ aus Tabelle 1.2 ergibt sich

$$\begin{aligned}\mathrm{P_d} &= \sum_{l=d_{\min}}^{n} A_l p^l (1-p)^{n-l} = \sum_{l=3}^{7} A_l p^l (1-p)^{7-l} \\ &= A_3 p^3 (1-p)^{7-3} + A_4 p^4 (1-p)^{7-4} + A_7 p^7 (1-p)^{7-7} \\ &= 7p^3(1-p)^3 + p^7. \end{aligned} \tag{1.276}$$

Darüber hinaus erhält man

$$\mathrm{P_{\approx d}} = A_{d_{\min}} \cdot p^{d_{\min}} = 7p^3. \tag{1.277}$$

Abbildung 1.14 zeigt $\mathrm{P_{nd}}$ gleich $[1-[1-p]^7]$, $\mathrm{P_d}$ gleich $[7p^3(1-p)^3+p^7]$ und $\mathrm{P_{\approx d}}$ gleich $7p^3$ über $p \in [0,1]$ für den (7, 4) binären linearen Blockcode $\mathbb{V}$ aus Tabelle 1.2.

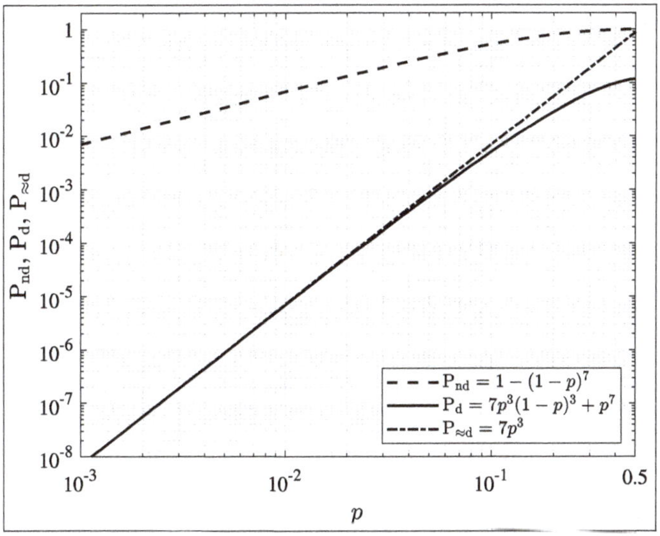

Abb. 1.14: $\mathrm{P_{nd}}$ gleich $[1-[1-p]^7]$, $\mathrm{P_d}$ gleich $[7p^3(1-p)^3+p^7]$ und $\mathrm{P_{\approx d}}$ gleich $7p^3$ über p für den (7, 4) binären linearen Blockcode $\mathbb{V}$ aus Tabelle 1.2.

Es bleibt weiterhin die Frage, wie viele Fehler ein $(n, k, d_{\min})$ binärer linearer Blockcode $\mathbb{V}$ mit der Minimaldistanz $d_{\min}$ korrigieren kann [22, S. 79]. Die Antwort auf diese Frage wollen wir im Folgenden finden.

Man kann zunächst $t \in \mathbb{N}^*$ mit [22, Gl. (3.20), S. 79]

$$t \leq \frac{d_{\min} - 1}{2} \leq t + \frac{1}{2} \quad \Leftrightarrow \quad 2t + 1 \leq d_{\min} \leq 2t + 2 \tag{1.278}$$

bestimmen.

Es seien $\boldsymbol{v} \in \mathbb{V} \subseteq \mathbb{F}_2^n$, $n \in \mathbb{N}^*$, das übertragene Codewort und $\boldsymbol{r} \in \mathbb{F}_2^n$, $n \in \mathbb{N}^*$, der Empfangsvektor [22, S. 79]. Es sei außerdem $\boldsymbol{w} \in \mathbb{V} \subseteq \mathbb{F}_2^n$, $n \in \mathbb{N}^*$, ein beliebiges anderes zulässiges Codewort im betrachteten (n, k, d_{min}) binären linearen Blockcode $\mathbb{V}$. Dann lehrt uns die Dreiecksungleichung des Satzes 1.4 [22, Gl. (3.21), S. 79]

$$d_{\text{H}}\{\boldsymbol{v}, \boldsymbol{r}\} + d_{\text{H}}\{\boldsymbol{r}, \boldsymbol{w}\} \geq d_{\text{H}}\{\boldsymbol{v}, \boldsymbol{w}\}. \tag{1.279}$$

Wenn ein Fehlermuster $\boldsymbol{e} \in \mathbb{F}_2^n$, $n \in \mathbb{N}$, auftritt, das $t' \in \mathbb{N}^*$ Übertragungsfehler darstellt, dann unterscheidet sich der Empfangsvektor $\boldsymbol{r} \in \mathbb{F}_2^n$, $n \in \mathbb{N}^*$, in t' Komponenten von $\boldsymbol{v} \in \mathbb{V} \subseteq \mathbb{F}_2^n$, $n \in \mathbb{N}^*$, und man erhält

$$d_{\text{H}}\{\boldsymbol{v}, \boldsymbol{r}\} = t', \quad \boldsymbol{v} \in \mathbb{V} \subseteq \mathbb{F}_2^n, \quad \boldsymbol{r} \in \mathbb{F}_2^n, \quad t' \in \mathbb{N}^*, \quad n \in \mathbb{N}^*. \tag{1.280}$$

Da $\boldsymbol{v}, \boldsymbol{w} \in \mathbb{V} \subseteq \mathbb{F}_2^n$, $n \in \mathbb{N}^*$, zulässige Codewörter sind, erhält man mit (1.278) [22, Gl. (3.22), S. 79]

$$d_{\text{H}}\{\boldsymbol{v}, \boldsymbol{w}\} \geq d_{\text{min}} \geq 2t + 1, \quad \boldsymbol{v}, \boldsymbol{w} \in \mathbb{V} \subseteq \mathbb{F}_2^n, \quad \boldsymbol{r} \in \mathbb{F}_2^n, \quad t \in \mathbb{N}^*, \quad n \in \mathbb{N}^*. \tag{1.281}$$

Mit (1.281) wird (1.279) zu [22, S. 80]

$$\begin{gathered} t' + d_{\text{H}}\{\boldsymbol{r}, \boldsymbol{w}\} \geq 2t + 1 \quad \Leftrightarrow \quad d_{\text{H}}\{\boldsymbol{r}, \boldsymbol{w}\} \geq 2t - t' + 1, \\ t, t' \in \mathbb{N}^*, \quad \boldsymbol{w} \in \mathbb{V} \subseteq \mathbb{F}_2^n, \quad \boldsymbol{r} \in \mathbb{F}_2^n, \quad n \in \mathbb{N}^*. \end{gathered} \tag{1.282}$$

Im Fall von $t' \leq t$, $t, t' \in \mathbb{N}^*$, erhält man [22, S. 80]

$$d_{\text{H}}\{\boldsymbol{r}, \boldsymbol{w}\} > t, \quad t \in \mathbb{N}^*, \quad \boldsymbol{w} \in \mathbb{V} \subseteq \mathbb{F}_2^n, \quad \boldsymbol{r} \in \mathbb{F}_2^n, \quad n \in \mathbb{N}^*. \tag{1.283}$$

Wenn also ein Fehlermuster $\boldsymbol{e} \in \mathbb{F}_2^n$, $n \in \mathbb{N}$, mit $t \in \mathbb{N}^*$ oder weniger Übertragungsfehlern auftritt, so ist der Empfangsvektor $\boldsymbol{r} \in \mathbb{F}_2^n$, $n \in \mathbb{N}$, „näher" am übertragenden Codewort $\boldsymbol{v} \in \mathbb{V} \subseteq \mathbb{F}_2^n$, $n \in \mathbb{N}^*$, als an jedem anderen zulässigen Codewort $\boldsymbol{w} \in \mathbb{V} \subseteq \mathbb{F}_2^n$, $n \in \mathbb{N}^*$ [22, S. 80].

Der Decodierer wird sich dann für $\boldsymbol{v} \in \mathbb{V} \subseteq \mathbb{F}_2^n$, $n \in \mathbb{N}^*$, entscheiden. Nach der Decodierung liegen somit keine Übertragungsfehler vor. Daher kann der betrachtete (n, k, d_{min}) binäre lineare Blockcode $\mathbb{V}$ höchstens t Übertragungsfehler korrigieren [22, S. 80].

Allerdings ist der (n, k, d_{min}) binäre lineare Blockcode $\mathbb{V}$ nicht in der Lage, alle Fehlermuster $\boldsymbol{e} \in \mathbb{F}_2^n$, $n \in \mathbb{N}$, mit $l > t$, $l, t \in \mathbb{N}^*$, Übertragungsfehlern zu korrigieren, da es mindestens einen solchen Fall gibt, in welchem ein Fehlermuster $\boldsymbol{e} \in \mathbb{F}_2^n$, $n \in \mathbb{N}$, mit $l \in \mathbb{N}^*$, Übertragungsfehlern zu einem solchen Empfangsvektor $\boldsymbol{r} \in \mathbb{F}_2^n$, $n \in \mathbb{N}$, führt, welcher „näher" an einem nicht übertragenen, aber dennoch zulässigen und deshalb falschen Codewort als am tatsächlich übertragenen Codewort $\boldsymbol{v} \in \mathbb{V} \subseteq \mathbb{F}_2^n$, $n \in \mathbb{N}^*$, ist [22, S. 80]. Lassen Sie uns einen Beweis dafür betrachten.

Es seien $\boldsymbol{v}, \boldsymbol{w} \in \mathbb{V} \subseteq \mathbb{F}_2^n$, $n \in \mathbb{N}^*$, zwei zulässige Codewörter, und es gelte [22, S. 80]

$$d_{\mathrm{H}}\{\boldsymbol{v}, \boldsymbol{w}\} = d_{\min}. \tag{1.284}$$

Außerdem seien $\boldsymbol{e}^{(1)} \in \mathbb{F}_2^n$, $n \in \mathbb{N}^*$, und $\boldsymbol{e}^{(2)} \in \mathbb{F}_2^n$, $n \in \mathbb{N}^*$, zwei Fehlermuster, die den folgenden Bedingungen genügen [22, S. 80]:

a) $\boldsymbol{e}^{(1)} \oplus \boldsymbol{e}^{(2)} = \boldsymbol{v} \oplus \boldsymbol{w}$, $n \in \mathbb{N}^*$.
b) $\boldsymbol{e}^{(1)} \in \mathbb{F}_2^n$, $n \in \mathbb{N}^*$, und $\boldsymbol{e}^{(2)} \in \mathbb{F}_2^n$, $n \in \mathbb{N}^*$, haben keine von 0 verschiedenen Komponenten an denselben Stellen.

Daraus ergibt sich [22, Gl. (3.23), S. 80]

$$w_{\mathrm{H}}\{\boldsymbol{e}^{(1)}\} + w_{\mathrm{H}}\{\boldsymbol{e}^{(2)}\} = w_{\mathrm{H}}\{\boldsymbol{v} \oplus \boldsymbol{w}\} = d_{\mathrm{H}}\{\boldsymbol{v}, \boldsymbol{w}\} = d_{\min}, \quad \boldsymbol{e}^{(1)}, \boldsymbol{e}^{(2)} \in \mathbb{F}_2^n, \quad \boldsymbol{v}, \boldsymbol{w} \in \mathbb{V} \subseteq \mathbb{F}_2^n, \quad n \in \mathbb{N}^*. \tag{1.285}$$

Angenommen, dass $\boldsymbol{v} \in \mathbb{V} \subseteq \mathbb{F}_2^n$, $n \in \mathbb{N}^*$, übertragen und durch das Fehlermuster $\boldsymbol{e}^{(1)} \in \mathbb{F}_2^n$, $n \in \mathbb{N}^*$, verfälscht wird. Dann erhält man [22, S. 80]

$$\boldsymbol{r} = \boldsymbol{v} \oplus \boldsymbol{e}^{(1)}, \quad \boldsymbol{e}^{(1)}, \boldsymbol{r} \in \mathbb{F}_2^n, \quad \boldsymbol{v} \in \mathbb{V} \subseteq \mathbb{F}_2^n, \quad n \in \mathbb{N}^*, \tag{1.286}$$

sowie [22, Gl. (3.24), S. 80]

$$d_{\mathrm{H}}\{\boldsymbol{v}, \boldsymbol{r}\} = w_{\mathrm{H}}\{\boldsymbol{v} \oplus \boldsymbol{r}\} = w_{\mathrm{H}}\{\boldsymbol{e}^{(1)}\}, \quad \boldsymbol{e}^{(1)}, \boldsymbol{r} \in \mathbb{F}_2^n, \quad \boldsymbol{v} \in \mathbb{V} \subseteq \mathbb{F}_2^n, \quad n \in \mathbb{N}^*. \tag{1.287}$$

Es ergibt sich [22, Gl. (3.25), S. 80]

$$d_{\mathrm{H}}\{\boldsymbol{w}, \boldsymbol{r}\} = w_{\mathrm{H}}\{\boldsymbol{w} \oplus \boldsymbol{r}\} = w_{\mathrm{H}}\{\boldsymbol{w} \oplus \boldsymbol{v} \oplus \boldsymbol{e}^{(1)}\} = w_{\mathrm{H}}\{\boldsymbol{e}^{(1)} \oplus \boldsymbol{e}^{(2)} \oplus \boldsymbol{e}^{(1)}\} = w_{\mathrm{H}}\{\boldsymbol{e}^{(2)}\}, \quad \boldsymbol{e}^{(1)}, \boldsymbol{e}^{(2)}, \boldsymbol{r} \in \mathbb{F}_2^n, \quad \boldsymbol{v}, \boldsymbol{w} \in \mathbb{V} \subseteq \mathbb{F}_2^n, \quad n \in \mathbb{N}^*. \tag{1.288}$$

Die Annahme [22, S. 80]

$$w_{\mathrm{H}}\{\boldsymbol{e}^{(1)}\} \geq t + 1, \quad \boldsymbol{e}^{(1)} \in \mathbb{F}_2^n, \quad n, t \in \mathbb{N}^*, \tag{1.289}$$

führt unmittelbar zu

$$w_{\mathrm{H}}\{\boldsymbol{e}^{(2)}\} \leq t + 1, \quad \boldsymbol{e}^{(2)} \in \mathbb{F}_2^n, \quad n, t \in \mathbb{N}^*, \tag{1.290}$$

da das Maximum von $(t + 1 - w_{\mathrm{H}}\{\boldsymbol{e}^{(1)}\})$ gleich 0 ist. Somit erhält man [22, S. 80]

$$d_{\mathrm{H}}\{\boldsymbol{v}, \boldsymbol{r}\} \geq d_{\mathrm{H}}\{\boldsymbol{w}, \boldsymbol{r}\}, \quad \boldsymbol{r} \in \mathbb{F}_2^n, \quad \boldsymbol{v}, \boldsymbol{w} \in \mathbb{V} \subseteq \mathbb{F}_2^n, \quad n \in \mathbb{N}^*. \tag{1.291}$$

Daher gibt es ein Fehlermuster $\boldsymbol{e}^{(1)} \in \mathbb{F}_2^n$, $n \in \mathbb{N}^*$, mit $l > t$, $l, t \in \mathbb{N}^*$, Übertragungsfehlern, das zu einem Empfangsvektor $\boldsymbol{r} \in \mathbb{F}_2^n$, $n \in \mathbb{N}^*$, führt, der „näher“ an einem nicht übertragenen, aber dennoch zulässigen und deshalb falschen Codewort $\boldsymbol{w} \in \mathbb{V} \subseteq \mathbb{F}_2^n$, $n \in \mathbb{N}^*$, als am tatsächlich übertragenen Codewort $\boldsymbol{v} \in \mathbb{V} \subseteq \mathbb{F}_2^n$, $n \in \mathbb{N}^*$, ist [22, S. 81]. In diesem Fall würde eine fehlerhafte Decodierung resultieren [22, S. 81]. Also garantiert ein (n, k, d_{min}) binärer linearer Blockcode $\mathbb{V}$ mit der Minimaldistanz d_{min} die Korrektur aller Fehlermuster, die aus höchstens

$$t = \left\lfloor \frac{d_{\text{min}} - 1}{2} \right\rfloor \tag{1.292}$$

Fehlern bestehen. In (1.292) ist $\lfloor (d_{\text{min}} - 1)/2 \rfloor$ diejenige größte ganze Zahl, welche nicht größer als $(d_{\text{min}} - 1)/2$ ist [22, S. 81]. Der Parameter $t \in \mathbb{N}^*$ gleich $\lfloor (d_{\text{min}} - 1)/2 \rfloor$ nach (1.292) wird als die *Zufallsfehlerkorrekturfähigkeit* (engl. „random-error-correcting capability") des (n, k, d_{min}) binären linearen Blockcodes $\mathbb{V}$ bezeichnet [22, S. 81]. Der (n, k, d_{min}) binäre lineare Blockcode $\mathbb{V}$ wird deshalb *t-Fehlerkorrekturcode* genannt [22, S. 81].

Definition 1.32 (Gaußklammer / untere Gaußklammer / Abrundungsfunktion (engl. „floor function")). Die Funktion [43, Definition 1.12, S. 9]

$$\begin{aligned} f: \mathbb{R} &\mapsto \mathbb{Z} \\ x &\mapsto \lfloor x \rfloor = \max\{k \in \mathbb{Z} \mid k \leq x\} \end{aligned} \tag{1.293}$$

heißt

- *Gaußklammer*,
- *untere Gaußklammer* beziehungsweise
- *Abrundungsfunktion* (engl. „floor function") [44, S. 12]

und führt zur *„Rundung in Richtung* $-\infty$".

Die Funktion $f : \mathbb{R} \mapsto \mathbb{Z}$ aus (1.293) wurde erstmals vom „princeps mathematicorum", dem Fürsten der Mathematiker, Carl Friedrich Gauß im Jahr 1808 eingeführt.

Abbildung 1.15 veranschaulicht die *Gaußklammer* (engl. „floor function") $f : \mathbb{R} \mapsto \mathbb{Z}$ nach (1.293) mit der Funktionsvorschrift $\lfloor x \rfloor$ gleich $\max\{k \in \mathbb{Z} \mid k \leq x\}$, die auch *untere Gaußklammer* und *Abrundungsfunktion* genannt wird. Offensichtlich führt die Gaußklammer (engl. „floor function") eine Quantisierung der Werte einer beliebigen reellen Funktion wie der *Identitätsfunktion*

$$\begin{aligned} \text{id}: \mathbb{R} &\mapsto \mathbb{R} \\ x &\mapsto \text{id}(x) = x \end{aligned} \tag{1.294}$$

durch, die als Eingabe an $f : \mathbb{R} \mapsto \mathbb{Z}$ nach (1.293) dient.

Ein weiterer wichtiger Weg zur Quantisierung ist die *obere Gaußklammer* (engl. „ceiling function"), die auch *Aufrundungsfunktion* heißt und in der nächsten Definition 1.33 behandelt wird.

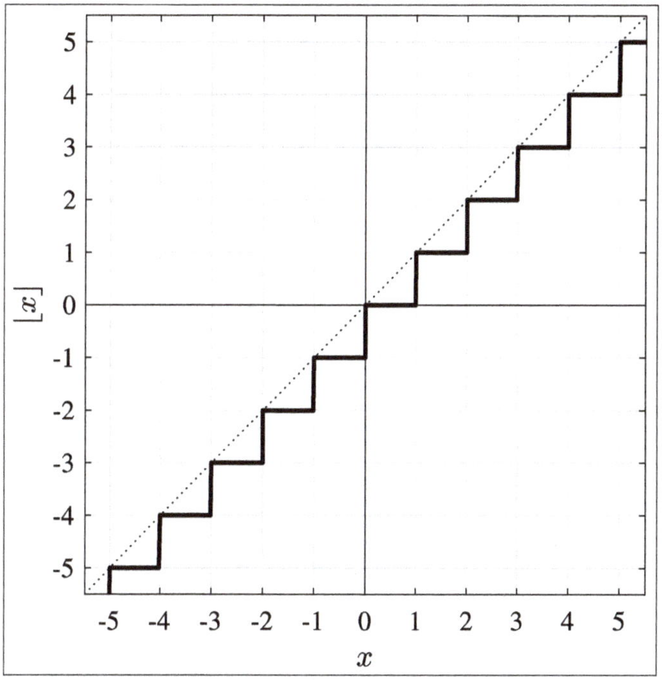

Abb. 1.15: Detail der Gaußklammer (untere Gaußklammer, Abrundungsfunktion, engl. „floor function“) $f : \mathbb{R} \mapsto \mathbb{Z}$ nach (1.293) mit der Funktionsvorschrift $\lfloor x \rfloor$ gleich $\max\{k \in \mathbb{Z} \mid k \leq x\}$.

Definition 1.33 (Obere Gaußklammer / Aufrundungsfunktion (engl. „ceiling function“)). Die Funktion [43, Definition 1.12, S. 9]

$$\begin{aligned} c: \quad \mathbb{R} &\mapsto \mathbb{Z} \\ x &\mapsto \lceil x \rceil = \min\{k \in \mathbb{Z} \mid k \geq x\} \end{aligned} \tag{1.295}$$

wird [43, Definition 1.12, S. 9], [44, S. 12]

- *obere Gaußklammer* beziehungsweise
- *Aufrundungsfunktion* (engl. „ceiling function“)

genannt und führt die „*Rundung in Richtung* $+\infty$“ durch.

Abbildung 1.16 veranschaulicht die *obere Gaußklammer* (engl. „ceiling function“) c : $\mathbb{R} \mapsto \mathbb{Z}$ nach (1.295) mit der Funktionsvorschrift $\lceil x \rceil$ gleich $\min\{k \in \mathbb{Z} \mid k \geq x\}$.

Ein dritter wichtiger Ansatz zur Quantisierung ist die *Rundungsfunktion* (engl. „rounding function“), die wir in der nächsten Definition 1.34 behandeln.

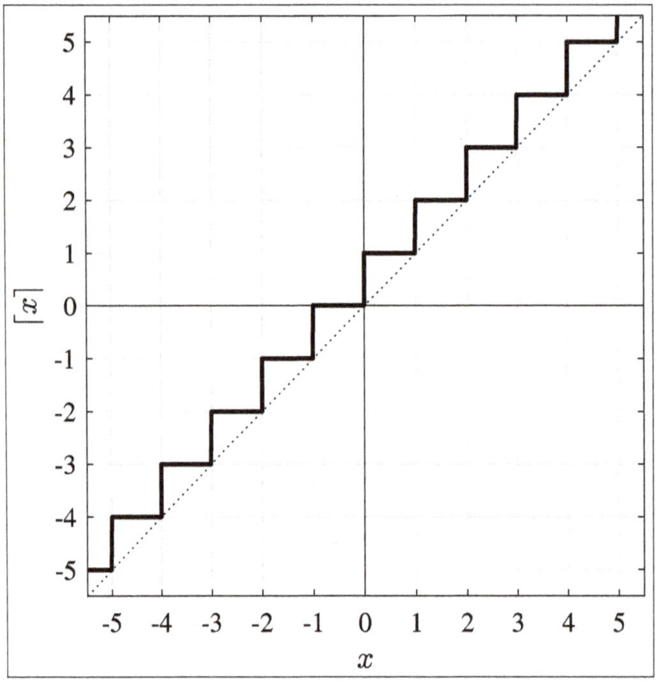

Abb. 1.16: Detail der *oberen Gaußklammer* (Aufrundungsfunktion, engl. „ceiling function") $c : \mathbb{R} \mapsto \mathbb{Z}$ nach (1.295) mit der Funktionsvorschrift $\lceil x \rceil$ gleich $\min\{k \in \mathbb{Z} \mid k \geq x\}$.

Definition 1.34 (Rundungsfunktion). Die *Rundungsfunktion* [42, S. 5]

$$\begin{aligned} \mathrm{rd} : \quad \mathbb{R} &\mapsto \mathbb{Z} \\ x &\mapsto \mathrm{rd}(x) = \lfloor x + 1/2 \rfloor = \lceil x - 1/2 \rceil \end{aligned} \tag{1.296}$$

führt die Rundung durch.

Abbildung 1.17 veranschaulicht die *Rundungsfunktion* (engl. „rounding function") $\mathrm{rd} : \mathbb{R} \mapsto \mathbb{Z}$ aus (1.296) mit der Funktionsvorschrift $\mathrm{rd}(x)$ gleich $\lfloor x + 1/2 \rfloor = \lceil x - 1/2 \rceil$.

Ein (n, k, d_{min}) binärer linearer Blockcode $\mathbb{V}$ mit der Zufallsfehlerkorrekturfähigkeit t ist in der Regel in der Lage, viele Fehlermuster von $(t+1)$ oder mehr Übertragungsfehlern zu korrigieren [22, S. 81]. Ein t-fehlerkorrigierender (n, k, d_{min}) binärer linearer Blockcode $\mathbb{V}$ kann insgesamt 2^{n-k} Fehlermuster korrigieren, einschließlich derjenigen mit t oder weniger Übertragungsfehlern [22, S. 81]. Wenn ein t-fehlerkorrigierender (n, k, d_{min}) binärer linearer Blockcode $\mathbb{V}$ ausschließlich für die Fehlerkorrektur bei der Übertragung über den binärsymmetrischen Kanal (engl. „binary symmetric (noisy) channel", BSC) mit der Übergangswahrscheinlichkeit p verwendet wird, ist die Fehlerwahrscheinlichkeit $\mathrm{P}(E)$ nach oben beschränkt, und es gilt [22, Gl. (3.26), S. 81], [11, Gl. (3.7.1), S. 93], [12, S. 18]

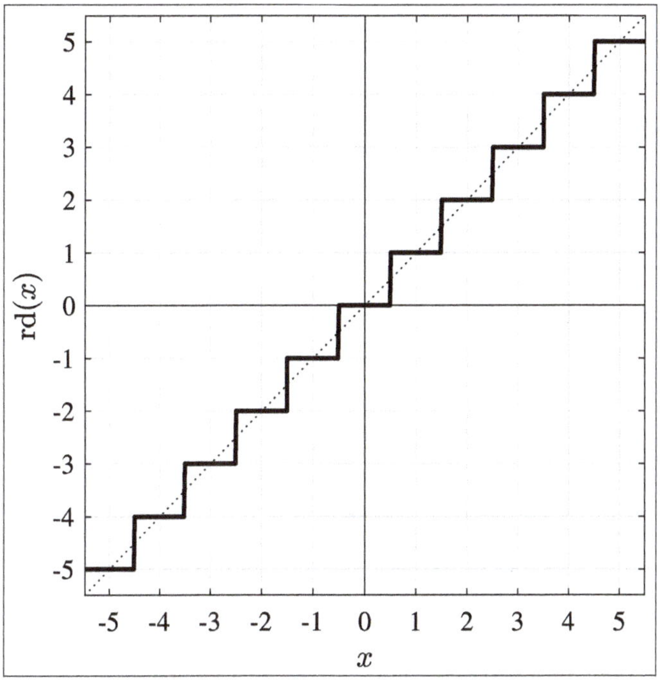

Abb. 1.17: Detail der *Rundungsfunktion* rd : $\mathbb{R} \mapsto \mathbb{Z}$ nach (1.296) mit der Funktionsvorschrift rd(x) gleich $\lfloor x + 1/2 \rfloor = \lceil x - 1/2 \rceil$.

$$\mathrm{P}(E) \leq \sum_{l=t+1}^{n} \binom{n}{l} p^l (1-p)^{n-l}, \tag{1.297}$$

$$p \in [0,1], \quad t = \left\lfloor \frac{(d_{\min} - 1)}{2} \right\rfloor, \quad d_{\min}, n \in \mathbb{N}^*.$$

Bemerkung 1.24 (Zur P(E) von (1.297)). Mit dem *binomischen Lehrsatz* (1.263) [18, Gl. (1.36c), S. 12] erhält man

$$1 = \sum_{l=0}^{t} \binom{n}{l} p^l (1-p)^{n-l} + \sum_{l=t+1}^{n} \binom{n}{l} p^l (1-p)^{n-l}, \tag{1.298}$$

sowie

$$\sum_{l=t+1}^{n} \binom{n}{l} p^l (1-p)^{n-l} = 1 - \sum_{l=0}^{t} \binom{n}{l} p^l (1-p)^{n-l}. \tag{1.299}$$

Daher wird (1.297) zu [11, Gl. (3.7.1), S. 93], [12, S. 18]

$$\mathrm{P}(E) \leq 1 - \sum_{l=0}^{t} \binom{n}{l} p^l (1-p)^{n-l}, \quad p \in [0,1], \quad t = \left\lfloor \frac{(d_{\min} - 1)}{2} \right\rfloor, \quad d_{\min}, n \in \mathbb{N}^*. \tag{1.300}$$

Ausgehend von der obigen Diskussion und mit (1.292) erhält man die *Kugelpackungsschranke*, die auch als *Hamming-Schranke* bezeichnet wird [11, Satz 3.9, S. 81].

Satz 1.16 (Hamming-Schranke / Kugelpackungsschranke). *Ein* (n, k, d_{min}) *binärer linearer Blockcode* $\mathbb{V}$ *mit der Zufallsfehlerkorrekturfähigkeit t nach (1.292), d. h. ein t-fehlerkorrigierender Code, muss die folgende Bedingung erfüllen* [11, *Satz 3.9, Gl. (3.3.2) und (3.3.3), S. 81*]

$$2^{n-k} \geq \sum_{i=0}^{t} \binom{n}{i} = 1 + n + \binom{n}{2} + \cdots + \binom{n}{t}, \quad k, n \in \mathbb{N}^*. \tag{1.301}$$

Die Ungleichung (1.301) wird als Kugelpackungsschranke *beziehungsweise als* Hamming-Schranke *bezeichnet* [11, *Satz 3.9, S. 81*]. *Die Hamming-Schranke ist eine obere Grenze für die Anzahl* 2^{n-k}, $k, n \in \mathbb{N}^*$, *der Paritätsprüffolgen.*

Beweis. Jedes Codewort $\boldsymbol{v} \in \mathbb{V} \subseteq \mathbb{F}_2^n$, $n \in \mathbb{N}^*$, bildet das Zentrum einer Kugel. Lassen Sie uns die Radien all dieser 2^k, $k \in \mathbb{N}^*$, Kugeln maximal groß wählen, jedoch sicherstellen, dass keine Kugel mit anderen Kugeln überlappt [12, Satz 1.10, S. 12]. Das bedeutet, dass alle Kugeln disjunkt sind [11, S. 81]. Es ist offensichtlich klar, dass der Radius einer solchen Kugel durch $d_{\mathrm{min}}/2$ nach oben beschränkt ist [12, Satz 1.10, S. 12].

Man kann jedem Empfangsvektor $\boldsymbol{r} \in \mathbb{F}_2^n$, $n \in \mathbb{N}^*$, ein bestimmtes Codewort $\hat{\boldsymbol{v}} \in \mathbb{V} \subseteq \mathbb{F}_2^n$, $n \in \mathbb{N}^*$, eindeutig zuordnen, solange die Hamming-Distanz $d_{\mathrm{H}}\{\boldsymbol{r}, \hat{\boldsymbol{v}}\}$ kleiner ist als oder gleich dem Radius der zugehörigen Kugel, d. h. solange der Empfangsvektor $\boldsymbol{r} \in \mathbb{F}_2^n$, $n \in \mathbb{N}^*$, innerhalb der Kugel mit dem Zentrum $\hat{\boldsymbol{v}} \in \mathbb{V} \subseteq \mathbb{F}_2^n$, $n \in \mathbb{N}^*$ liegt [12, Satz 1.10, S. 12]. Das bedeutet, dass man das gesendete Codewort mutmaßlich korrekt decodieren wird. Aus diesem Grund heißt die genannte Kugel

- *Decodierkugel* [11, S. 81],
- *Korrekturkugel* [12, Satz 1.10, S. 12] beziehungsweise
- *Hamming-Kugel* [31, S. 59f.].

Die korrekte Decodierung erfordert daher, dass $d_{\mathrm{H}}\{\boldsymbol{r}, \hat{\boldsymbol{v}}\}$ kleiner oder gleich der Zufallsfehlerkorrekturfähigkeit t ist, die durch $\lfloor (d_{\mathrm{min}} - 1)/2 \rfloor$ gegeben ist. Die Anzahl derjenigen unterschiedlichen Empfangsvektoren $\boldsymbol{r} \in \mathbb{F}_2^n$, $n \in \mathbb{N}^*$, welche diese Anforderung für eine bestimmte Decodierkugel erfüllen, ist [37, Gl. (6), S. 65]

$$V_n(t) = \sum_{i=0}^{t} \binom{n}{i} \quad t = \left\lfloor \frac{d_{\mathrm{min}} - 1}{2} \right\rfloor, \quad n, t \in \mathbb{N}^*. \tag{1.302}$$

Soweit dem Autor bekannt ist, wurde die Bezeichnung $V_n(t)$ (genauer „$V_n(k_1)$") erstmals von Peter *Elias* in seinem wegweisenden Artikel von 1955 eingeführt. Eine verkürzte Nachdruckfassung kann in [37, S. 61–74] gefunden werden.

Da es 2^k, $k \in \mathbb{N}^*$, solche Decodierkugeln gibt, ist die Gesamtzahl derjenigen Empfangsvektoren $\boldsymbol{r} \in \mathbb{F}_2^n$, $n \in \mathbb{N}^*$, welche die Anforderung einer mutmaßlich korrekten Decodierung erfüllen, gleich $2^k \cdot V_n(t)$, $k \in \mathbb{N}^*$, und somit

$$2^k \cdot V_n(t) = 2^k \sum_{i=0}^{t} \binom{n}{i} \quad t = \left\lfloor \frac{d_{\mathrm{min}} - 1}{2} \right\rfloor, \quad k, n, t \in \mathbb{N}^*. \tag{1.303}$$

Offensichtlich kann $2^k \cdot V_n(t)$, $k \in \mathbb{N}^*$, nicht größer sein als die Gesamtzahl 2^n, $n \in \mathbb{N}^*$, der Empfangsvektoren, die in $\mathbb{F}_2^n$, $n \in \mathbb{N}^*$, enthalten sind. Daher erhält man

$$2^n \geq 2^k \cdot V_n(t) = 2^k \sum_{i=0}^{t} \binom{n}{i} \quad t = \left\lfloor \frac{d_{\min} - 1}{2} \right\rfloor, \quad k, n, t \in \mathbb{N}^*. \tag{1.304}$$

Die Beziehung (1.304) führt sofort zu (1.301). □

Bemerkung 1.25 (Zur Hamming-Schranke). Der Zusammenhang (1.301) kann in der Form einer oberen Grenze für die Anzahl der Codewörter 2^k, $k \in \mathbb{N}^*$, geschrieben werden [33, S. 15]

$$2^k \leq \frac{2^n}{\sum_{i=0}^{t} \binom{n}{i}}, \quad k, n \in \mathbb{N}^*. \tag{1.305}$$

Ausgehend von (1.301) erhält man

$$n - k \geq \log_2 \left\{ \sum_{i=0}^{t} \binom{n}{i} \right\} \quad \Leftrightarrow \quad 1 - \underbrace{\frac{k}{n}}_{=R} \geq \frac{1}{n} \log_2 \left\{ \sum_{i=0}^{t} \binom{n}{i} \right\}, \quad k, n \in \mathbb{N}^*. \tag{1.306}$$

Die Beziehung (1.306) bedeutet, dass die Coderate R nach oben beschränkt durch

$$R \leq 1 - \frac{1}{n} \log_2 \left\{ \sum_{i=0}^{t} \binom{n}{i} \right\}, \quad k, n \in \mathbb{N}^*, \tag{1.307}$$

ist.

Bemerkung 1.26 (Zur Äquivokation). Es wird Zeit, das in Abschnitt 1.2 Besprochene erneut zu betrachten und insbesondere die Äquivokation näher zu erläutern.

Satz 1.16 lehrt uns, dass $V_n(t)$, $n \in \mathbb{N}^*$, die Anzahl der unterschiedlichen Empfangsvektoren $\boldsymbol{r} \in \mathbb{F}_2^n$, $n \in \mathbb{N}^*$, ist, die alle innerhalb einer Decodierkugel mit einem zulässigen Codewort $\boldsymbol{v} \in \mathbb{V} \subseteq \mathbb{F}_2^n$, $n \in \mathbb{N}^*$, in ihrem Zentrum und mit dem Radius t gleich $\lfloor (d_{\min} - 1)/2 \rfloor$ liegen. Mit anderen Worten bedeutet mutmaßlich fehlerfreies Decodieren, dass alle $V_n(t)$ Empfangsvektoren innerhalb der genannten Decodierkugel auf das eine zulässige Codewort $\boldsymbol{v} \in \mathbb{V} \subseteq \mathbb{F}_2^n$, $n \in \mathbb{N}^*$, in ihrem Zentrum abgebildet werden.

Kommt Ihnen das irgendwie bekannt vor?

Lassen Sie uns einen anderen Standpunkt einnehmen. Angenommen, die Quelle, d. h. der Sender, überträgt Nachrichten der Länge $n \in \mathbb{N}^*$. Jede übertragene Nachricht, d. h. jedes Sendesignal, hat die Übertragungsdauer T_S. Es stehen 2^n, $n \in \mathbb{N}^*$, mögliche Sendesignale zur Verfügung, die innerhalb der Übertragungsdauer T_S übertragen werden können. Man nehme an, dass alle diese möglichen Sendesignale gleich wahrscheinlich sind. Dann erreicht die Quellentropie $\mathrm{H}\{X\}$ ihr Maximum, und man erhält

$$2^{\{T_S \cdot \mathrm{H}\{X\}\}} \approx 2^n \quad \Leftrightarrow \quad \mathrm{H}\{X\} \approx \frac{n}{T_S}, \quad n \in \mathbb{N}^*, \tag{1.308}$$

und „$\approx$" wird für $T_S \to \infty$ zu „$=$".

Angenommen, dass aufgrund von Störungen während der Übertragung im Durchschnitt $\log_2\{V_n(t)\}$ Bits verloren gehen. Dies bedeutet, dass es eine mittlere Anzahl $V_n(t)$ von Nachrichten gibt, die alle „für den Empfänger gleich klingen" und somit auf die gleiche Empfangsfolge abgebildet werden.

Offensichtlich kann die Äquivokation $\mathrm{H}\{X \mid Y\}$, die eine Eigenschaft des Übertragungskanals ist, durch

$$2^{\{T_S \cdot \mathrm{H}\{X \mid Y\}\}} \approx V_n(t) \quad \Leftrightarrow \quad \mathrm{H}\{X \mid Y\} \approx \frac{\log_2\{V_n(t)\}}{T_S}, \quad n \in \mathbb{N}^*, \tag{1.309}$$

approximiert werden. Die mit der Übertragungsdauer T_S skalierte Äquivokation $\mathrm{H}\{X \mid Y\}$ ist ein Maß für den Binärlogarithmus des Volumens $V_n(t)$ der Decodierkugel. Es können nur die durchschnittlich etwa $T_S \cdot (\mathrm{H}\{X\} - \mathrm{H}\{X \mid Y\})$ Bits pro Empfangssignal fehlerfrei decodiert werden.

Um die Mehrdeutigkeit zu überwinden, die durch die genannten Störungen verursacht wird, können nur durchschnittlich etwa $T_S \cdot (\mathrm{H}\{X\} - \mathrm{H}\{X \mid Y\})$ informationstragende Bits pro Nachricht gesendet werden. Diese etwa $T_S \cdot (\mathrm{H}\{X\} - \mathrm{H}\{X \mid Y\})$ informationstragenden Bits können von durchschnittlich ungefähr $T_S \cdot \mathrm{H}\{X \mid Y\}$ Paritätsprüfbits begleitet werden, um die mittlere Übertragungsrate $\mathrm{H}\{X\}$ zu erreichen, während die mittlere Informationsrate nur $(\mathrm{H}\{X\} - \mathrm{H}\{X \mid Y\})$ beträgt.

Da $T_S \cdot \mathrm{H}\{X \mid Y\}$ nicht notwendigerweise eine ganze Zahl ist, sollte die mittlere Anzahl $(n - k)$ von Paritätsprüfbits größer oder gleich $T_S \cdot \mathrm{H}\{X \mid Y\}$ sein

$$n - k \geq T_S \cdot \mathrm{H}\{X \mid Y\} \approx \log_2\left\{V_n(t)\right\}, \quad k, n \in \mathbb{N}^*. \tag{1.310}$$

Die Beziehung (1.310) ist die logarithmische Version der Hamming-Schranke nach (1.301). Man erhält sofort

$$R \leq 1 - \frac{\log_2\{V_n(t)\}}{n} \approx 1 - \frac{T_S \cdot \mathrm{H}\{X \mid Y\}}{n}, \quad n \in \mathbb{N}^*. \tag{1.311}$$

Daher ist die maximal zulässige Coderate $R_{\max}$ für einen potenziell fehlerfreien Empfang durch $(1 - \log_2\{V_n(t)\}/n)$, $n \in \mathbb{N}^*$, gegeben [37, Gl. (8'), S. 65].

Nota bene, dass die Äquivokation $\mathrm{H}\{X \mid Y\}$, die eine Eigenschaft des Übertragungskanals ist, mit $\log_2\{V_n(t)\}/T_S$ ungefähr gleichgesetzt wurde. $V_n(t)$ wird durch den eingesetzten $(n, k, d_{\min})$ binären linearen Blockcode $\mathbb{V}$ bestimmt. Das bedeutet, dass in dem betrachteten Fall nur solche Übertragungskanäle mit einer Äquivokation $\mathrm{H}\{X \mid Y\}$, die nicht größer ist als ungefähr $\log_2\{V_n(t)\}/T_S$, für eine fehlerfreie Übertragung qualifiziert sind, während Übertragungskanäle mit größerer Äquivokation immer noch Fehler verursachen, die nicht korrigiert werden können.

Der Code muss also auf die Äquivokation $\mathrm{H}\{X \mid Y\}$ abgestimmt sein.

Wird $V_n(t)$ richtig gewählt, so ist $(n - k)$, $k, n \in \mathbb{N}^*$, in etwa gleich der mit T_S skalierten Äquivokation $\mathrm{H}\{X \mid Y\}$.

Abschließend sollte erwähnt werden, dass das Modell des Übertragungskanals, das berücksichtigt werden muss, um die in dieser Bemerkung 1.26 diskutierten Ergebnisse zu erhalten, der binärsymmetrische Kanal (engl. „binary symmetric (noisy) channel“, BSC) ist, siehe beispielsweise [37, S. 65].

Darüber hinaus führt Satz 1.16 zur folgenden Definition.

Definition 1.35 (Perfekter Code). Ein $(n, k, d_{\min})$ binärer linearer Blockcode $\mathbb{V}$ heißt *perfekter Code*, wenn (1.301) mit Gleichheit erfüllt ist, d. h. wenn alle 2^n, $n \in \mathbb{N}^*$, Empfangsvektoren, die in $\mathbb{F}_2^n$ enthalten sind, innerhalb der $2^k \cdot V_n(t)$, $k \in \mathbb{N}^*$, Decodierkugeln liegen [21, S. 107], [12, Definition 1.11, S. 12], [11, Satz 3.9, S. 81].

Lassen Sie uns Folgendes betrachten.

Satz 1.17 (Gilbert-Schranke für binäre lineare Codes). *Es seien $d, n \in \mathbb{N}^*$ mit*

$$2 \leq d \leq \frac{n}{2}. \tag{1.312}$$

Dann existiert ein $(n, k, d_{\min})$ binärer linearer Blockcode $\mathbb{V}$ mit der Dimension k, mit der Länge n und mit der Minimaldistanz $d_{\min} \geq d$, für welchen [31, *Satz 12.3.2, S. 387*]

$$\sum_{i=0}^{d-1} \binom{n}{i} \geq 2^{n-k}, \quad 2 \leq d \leq \frac{n}{2}, \quad d \leq d_{\min}, \quad d,k,n \in \mathbb{N}^*, \tag{1.313}$$

erfüllt ist. Die Beziehung (1.313) heißt Gilbert-Schranke für binäre lineare Codes [31, *Satz 12.3.2, S. 387f.*].

Beweis. In einem $(n, k, d_{\min})$ binären linearen Blockcode $\mathbb{V}$ gibt es 2^k, $k \in \mathbb{N}^*$, Codewörter und daher auch 2^k, $k \in \mathbb{N}^*$, Decodierkugeln mit demselben Radius $(d-1)$, $d \in \mathbb{N}^*$ [31, Satz 12.3.2, S. 387]. Jede dieser Decodierkugeln enthält [31, S. 386]

$$V_n(d-1) = \sum_{i=0}^{d-1} \binom{n}{i}, \quad 2 \leq d \leq \frac{n}{2}, \quad d \leq d_{\min}, \quad d,n \in \mathbb{N}^*, \tag{1.314}$$

mögliche Empfangsvektoren.

Die Anzahl derjenigen möglichen Empfangsvektoren, welche in allen 2^k, $k \in \mathbb{N}^*$, Decodierkugeln enthalten sind, ist daher [31, Satz 12.3.2, S. 387]

$$2^k V_n(d-1) = 2^k \sum_{i=0}^{d-1} \binom{n}{i}, \quad 2 \leq d \leq \frac{n}{2}, \quad d \leq d_{\min}, \quad d,k,n \in \mathbb{N}^*. \tag{1.315}$$

Diese Anzahl $2^k V_n(d-1)$ nach (1.315) muss kleiner sein als die Gesamtanzahl der möglichen Empfangsvektoren 2^n, $n \in \mathbb{N}^*$. Man erhält [31, Satz 12.3.2, S. 387]

$$2^k \sum_{i=0}^{d-1} \binom{n}{i} < 2^n \quad \Leftrightarrow \quad \sum_{i=0}^{d-1} \binom{n}{i} < 2^{n-k}, \quad 2 \leq d \leq \frac{n}{2}, \quad d \leq d_{\min}, \quad d,k,n \in \mathbb{N}^*. \tag{1.316}$$

Es muss mindestens einen Punkt $\boldsymbol{w} \in \mathbb{F}_2^n$, $n \in \mathbb{N}^*$, geben, der nicht in einer Decodierkugel liegt [31, Satz 12.3.2, S. 388]. Dies betrachten wir im Folgenden genauer.

Es sei $\boldsymbol{v} \in \mathbb{V} \subseteq \mathbb{F}_2^n$, $n \in \mathbb{N}^*$, ein Codewort. Dann muss $(\boldsymbol{v} \oplus \boldsymbol{w})$ in derselben Nebenklasse (engl. „coset") wie das Codewort $\boldsymbol{v} \in \mathbb{V} \subseteq \mathbb{F}_2^n$, $n \in \mathbb{N}^*$, sein und kann auch nicht in einer Decodierkugel liegen. Denn wäre dies der Fall, dann wäre auch $\boldsymbol{w} \in \mathbb{F}_2^n$, $n \in \mathbb{N}^*$, in einer Decodierkugel um ein anderes Codewort $\boldsymbol{v}' \in \mathbb{V} \subseteq \mathbb{F}_2^n$, $n \in \mathbb{N}^*$, [31, Satz 12.3.2, S. 388]. In diesem Fall muss es einen linearen binären Blockcode geben, der größer als $\mathbb{V}$ ist und die Minimaldistanz von mindestens d hat [31, Satz 12.3.2, S. 388]. Daher kann jeder $(n, k, d_{\min})$ binäre lineare Blockcode $\mathbb{V}$, der nicht mit (1.313) übereinstimmt, durch Anhängen eines weiteren Basisvektors vergrößert werden [31, Satz 12.3.2, S. 388]. □

Bemerkung 1.27 (Zur Gilbert-Schranke für binäre lineare Codes). Die Beziehung (1.313) kann als untere Grenze für die Anzahl der Codewörter ausgedrückt werden [33, S. 19]

$$2^k \geq \frac{2^n}{\sum_{i=0}^{d-1} \binom{n}{i}}, \quad 2 \leq d \leq \frac{n}{2}, \quad d \leq d_{\min}, \quad d,k,n \in \mathbb{N}^*. \tag{1.317}$$

Mit der binären Entropiefunktion $\mathrm{H}_2\{p\}$ von (1.216) kann man den folgenden, recht nützlichen Satz 1.18 formulieren.

Satz 1.18 (Schranke mit der binären Entropiefunktion). *Es gilt die folgende Schranke* [11, *Satz A.1, S. 433f.*]

$$\sum_{i=0}^{np} \binom{n}{i} \leq 2^{nH_2\{p\}}, \quad p \in \left[0, \frac{1}{2}\right], \quad n \in \mathbb{N}^*. \tag{1.318}$$

Beweis. Mit dem binomischen Lehrsatz nach (1.196) [18, Gl. (1.36a), (1.36b) und (1.36c), S. 12] erhält man [11, Satz A.1, S. 433f.]

$$1 = (p + 1 - p)^n = \sum_{i=0}^{n} \binom{n}{i} (1-p)^{n-i} p^i \geq (1-p)^n \cdot \sum_{i=0}^{np} \binom{n}{i} \left(\frac{p}{1-p}\right)^i, \qquad (1.319)$$

$$p \in \left[0, \frac{1}{2}\right], \quad n \in \mathbb{N}^*.$$

Da $i \leq np$ und [11, Satz A.1, S. 433f.]

$$\frac{p}{1-p} \leq 1 \quad \Rightarrow \quad \left(\frac{p}{1-p}\right)^i \geq \left(\frac{p}{1-p}\right)^{np}, \quad p \in \left[0, \frac{1}{2}\right], \quad n \in \mathbb{N}^*, \qquad (1.320)$$

ist, wird (1.319) zu

$$1 \geq (1-p)^n \cdot \sum_{i=0}^{np} \binom{n}{i} \left(\frac{p}{1-p}\right)^{np} = \left[p^p (1-p)^{1-p}\right]^n \cdot \sum_{i=0}^{np} \binom{n}{i}. \qquad (1.321)$$

Daraus folgt

$$1 \geq 2^{-n\mathrm{H}_2\{p\}} \cdot \sum_{i=0}^{np} \binom{n}{i}, \quad p \in \left[0, \frac{1}{2}\right], \quad n \in \mathbb{N}^*. \qquad (1.322)$$

□

Ausgehend von Satz 1.18 und (1.18) erhält man

$$\frac{1}{n} \log_2 \left\{ \sum_{i=0}^{np} \binom{n}{i} \right\} \leq \mathrm{H}_2\{p\}, \quad p \in \left[0, \frac{1}{2}\right], \quad n \in \mathbb{N}^*. \qquad (1.323)$$

Bemerkung 1.28 (Zur Gilbert-Schranke (1.313)). Mit (1.318) wird die Gilbert-Schranke (1.313) [31, Satz 12.3.2, S. 387f.] zu

$$2^{n\mathrm{H}_2\{\frac{d-1}{n}\}} \geq 2^{n-k}, \quad 2 \leq d \leq \frac{n}{2}, \quad d, k, n \in \mathbb{N}^*. \qquad (1.324)$$

Daraus folgt

$$n\mathrm{H}_2\left\{\frac{d-1}{n}\right\} \geq n - k \quad \Leftrightarrow \quad \mathrm{H}_2\left\{\frac{d-1}{n}\right\} \geq 1 - \underbrace{\frac{k}{n}}_{=R}, \quad 2 \leq d \leq \frac{n}{2}, \quad d, k, n \in \mathbb{N}^*. \qquad (1.325)$$

Daher gilt [31, S. 387]

$$R \geq 1 - \mathrm{H}_2\left\{\frac{d-1}{n}\right\}, \quad 2 \leq d \leq \frac{n}{2}, \quad d, k, n \in \mathbb{N}^*. \qquad (1.326)$$

Die Beziehung (1.326) heißt auch *binäre Gilbert-Schranke* [31, S. 386f.].

Mit $d_{\min} \geq d$, siehe Satz 1.17, und folglich $d_{\min} \leq n/2$, ergibt sich die folgende Näherung

$$\mathrm{H}_2\left\{\frac{d-1}{n}\right\} \leq \mathrm{H}_2\left\{\frac{d_{\min}}{n}\right\}, \quad n \in \mathbb{N}^*, \qquad (1.327)$$

da $\mathrm{H}_2\{x\}$ für $0 \le x \le 1/2$ monoton wächst. Deshalb wird (1.326) zu [11, Gl. (3.4.5), S. 85]

$$R \ge 1 - \mathrm{H}_2\left\{\frac{d_{\min}}{n}\right\}, \quad n \in \mathbb{N}^*. \tag{1.328}$$

Bemerkung 1.29 (Zur Hamming-Schranke (1.301)). Mit

$$np = t \quad \Leftrightarrow \quad p = \frac{t}{n}, \quad \frac{t}{n} \le \frac{1}{2}, \quad n, t \in \mathbb{N}^*, \tag{1.329}$$

und mit (1.323) erhält man

$$\mathrm{H}_2\left\{\frac{t}{n}\right\} \ge \frac{1}{n}\log_2\left\{\sum_{i=0}^{t}\binom{n}{i}\right\}, \quad \frac{t}{n} \le \frac{1}{2}, \quad n, t \in \mathbb{N}^*. \tag{1.330}$$

Im Fall von $n \to \infty$ wird die Gleichheit in der Schranke (1.330) erreicht [11, Satz A.1, Gl. (A.2.7), S. 433].

Daher kann die logarithmische Form (1.306) der Hamming-Schranke nach Satz 1.16 folgendermaßen

$$\underbrace{1 - \frac{k}{n}}_{=R} \ge \mathrm{H}_2\left\{\frac{t}{n}\right\} \quad \Leftrightarrow \quad 1 - R \ge \mathrm{H}_2\left\{\frac{t}{n}\right\}, \quad \frac{t}{n} \le \frac{1}{2}, \quad n \gg 1 \quad n, t \in \mathbb{N}^*, \tag{1.331}$$

geschrieben werden. Dies führt zu

$$R \le 1 - \mathrm{H}_2\left\{\frac{t}{n}\right\}, \quad \frac{t}{n} \le \frac{1}{2}, \quad n \gg 1, \quad n, t \in \mathbb{N}^*. \tag{1.332}$$

Mit

$$t = \left\lfloor \frac{d_{\min} - 1}{2} \right\rfloor \approx \frac{d_{\min}}{2} \tag{1.333}$$

und mit

$$\mathrm{H}_2\left\{\frac{t}{n}\right\} \approx \mathrm{H}_2\left\{\frac{d_{\min}}{2n}\right\}, \quad \frac{t}{n} \le \frac{1}{2}, \quad n \gg 1, \quad n, t \in \mathbb{N}^*, \tag{1.334}$$

wird (1.332) zu [11, Gl. (3.4.2), S. 84]

$$R \le 1 - \mathrm{H}_2\left\{\frac{d_{\min}}{2n}\right\}, \quad n \gg 1, \quad d_{\min}, n \in \mathbb{N}^*. \tag{1.335}$$

Tabelle 1.5 bringt einen Überblick über

- die Singleton-Schranke (1.143),
- die Plotkin-Schranke (1.155) und die verbesserte Plotkin-Schranke in der Form von (1.159),
- die Hamming-Schranke (1.301) und
- die Gilbert-Varshamov-Schranke (1.201), kombiniert mit der Gilbert-Schranke für binäre lineare Codes (1.317)

zur Anzahl 2^{n-k}, $k, n \in \mathbb{N}^*$, der Paritätsprüffolgen.

Tab. 1.5: Zusammenfassung der Schranken für die Anzahl 2^{n-k}, $k, n \in \mathbb{N}^*$, der Paritätsprüffolgen.

Singleton-Schranke (1.143)	$2^{n-k} \geq 2^{d_{\min}-1}$
Plotkin-Schranke (1.155)	$2^{n-k} \geq 4^{d_{\min}-1}/d_{\min}$
Verbesserte Plotkin-Schranke (1.159)	$R \leq 1 - \frac{2d_{\min}}{n} = 1 - 2\delta$
Hamming-Schranke (1.301)	$2^{n-k} \geq \sum_{i=0}^{t} \binom{n}{i}$, $t = \lfloor (d_{\min} - 1)/2 \rfloor$
Gilbert-Varshamov-Schranke (1.201), kombiniert mit der Gilbert-Schranke für binäre lineare Codes (1.317)	$\sum_{i=0}^{d-1} \binom{n}{i} \geq 2^{n-k} > \sum_{i=0}^{d_{\min}-2} \binom{n-1}{i}$, $2 \leq d \leq \frac{n}{2}$, $d \leq d_{\min}$

Abbildung 1.18 veranschaulicht
- die Singleton-Schranke in der Form von (1.141),
- die verbesserte Plotkin-Schranke in der Form von (1.159),
- die Hamming-Schranke in der Form von (1.335) und
- die untere Gilbert-Schranke, die auch als untere Gilbert-Varshamov-Schranke bezeichnet wird, in der Form von (1.328)

über δ gleich $d_{\min}/n$.

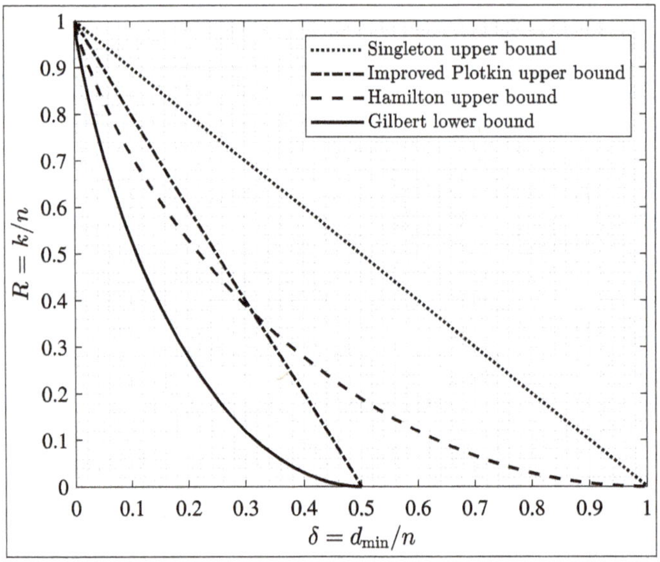

Abb. 1.18: Singleton-Schranke in der Form von (1.141), verbesserte Plotkin-Schranke in der Form von (1.159), Hamming-Schranke in der Form von (1.335) und untere Gilbert-Schranke, die auch als untere Gilbert-Varshamov-Schranke bezeichnet wird, in der Form von (1.328).

1.8 Syndromdecodierung eines $(n, k, d_{\min})$ binären linearen Blockcodes $\mathbb{V}$

In den letzten Jahrzehnten wurden zahlreiche Decodierungsverfahren für $(n, k, d_{\min})$ binäre lineare Blockcodes $\mathbb{V}$ vorgeschlagen, siehe beispielsweise [22, S. 82–90, 395–447], [21, S. 96–99], [12, S. 161–225], [11, S. 124f., 393–395]. Im Falle eines allgemeinen $(n, k, d_{\min})$ binären linearen Blockcodes $\mathbb{V}$ erweist sich jedoch keines der vorgeschlagenen Decodierungsverfahren als effizient [11, S. 124].

Daher werden wir uns zunächst auf ein einfaches, unkompliziertes Decodierungsverfahren beschränken, das als *Syndromdecodierung* bezeichnet wird, obwohl die Syndromdecodierung auch nur eine begrenzte praktische Relevanz hat, da deren Realisierung für einen leistungsstarken $(n, k, d_{\min})$ binären linearen Blockcode $\mathbb{V}$ immer noch zu komplex ist [11, S. 124].

Die Syndromdecodierung setzt bei dem Empfangsvektor $\boldsymbol{r} \in \mathbb{F}_2^n$, $n \in \mathbb{N}^*$, an. Die Komponenten $r_j \in \mathbb{F}_2, j \in \{0, 1 \cdots (n-1)\}, n \in \mathbb{N}^*$, des Empfangsvektors $\boldsymbol{r} \in \mathbb{F}_2^n$, $n \in \mathbb{N}^*$, können nur die Werte 0 oder 1 annehmen. Derjenige Datendetektor, welcher die Demodulation vor der Kanaldecodierung durchführt, beschränkt seine Ausgabewerte daher auf Werte aus $\mathbb{F}_2$ [11, Bild 1.2, S. 8f.]. Die genannten Ausgabewerte des Datendetektors sind die bereits erwähnten Komponenten $r_j \in \mathbb{F}_2, j \in \{0, 1 \cdots (n-1)\}, n \in \mathbb{N}^*$, des Empfangsvektors $\boldsymbol{r} \in \mathbb{F}_2^n$, $n \in \mathbb{N}^*$ [11, Bild 1.2, S. 8f.].

Offensichtlich stammen die Komponenten $r_j \in \mathbb{F}_2, j \in \{0, 1 \cdots (n-1)\}, n \in \mathbb{N}^*$, die vom Datendetektor erzeugt werden, aus derselben Menge $\mathbb{F}_2$ wie die Komponenten $v_j \in \mathbb{F}_2, j \in \{0, 1 \cdots (n-1)\}, n \in \mathbb{N}^*$, des übertragenden Codeworts $\boldsymbol{v} \in \mathbb{V} \subseteq \mathbb{F}_2^n$, $n \in \mathbb{N}^*$. Da v_j und $r_j, j \in \{0, 1 \cdots (n-1)\}, n \in \mathbb{N}^*$, aus derselben Menge stammen, in unserem Fall aus $\mathbb{F}_2$, spricht man von einem Datendetektor mit *quantisierten Entscheidungen* (engl. „hard decisions“) [11, S. 9, 124]. Daher gilt die Syndromdecodierung als ein *Decodierungsverfahren mit quantisierter Entscheidung* (engl. „hard decision decoding“) [11, S. 124].

Definition 1.36 (Decodierung mit quantisierter Entscheidung (engl. „hard decision decoding“)). Ein Decodierungsverfahren wird dann und nur dann als *Maximum-Likelihood (ML)-Decodierungsverfahren mit quantisierter Entscheidung* (engl. „hard decision maximum-likelihood (ML) decoding“) bezeichnet, wenn die Komponenten $v_j \in \mathbb{F}_2, j \in \{0, 1 \cdots (n-1)\}, n \in \mathbb{N}^*$, des übertragenden Codeworts $\boldsymbol{v} \in \mathbb{V} \subseteq \mathbb{F}_2^n$, $n \in \mathbb{N}^*$, und die Komponenten $r_j \in \mathbb{F}_2, j \in \{0, 1 \cdots (n-1)\}, n \in \mathbb{N}^*$, des Empfangsvektors $\boldsymbol{r} \in \mathbb{F}_2^n$, $n \in \mathbb{N}^*$, aus derselben Menge, beispielsweise aus $\mathbb{F}_2$, stammen [11, Bild 1.2, S. 8f.].

Im Falle der Decodierung mit quantisierter Entscheidung (engl. „hard decision decoding“) wird dasjenige Codewort $\hat{\boldsymbol{v}} \in \mathbb{V} \subseteq \mathbb{F}_2^n$, $n \in \mathbb{N}^*$, *decodiert*, d. h. von der Kanaldecodierung gefunden und ausgegeben, das den geringsten Hamming-Abstand $d_{\mathrm{H}}\{\hat{\boldsymbol{v}}, \boldsymbol{r}\}$ vom Empfangsvektor $\boldsymbol{r} \in \mathbb{F}_2^n$, $n \in \mathbb{N}^*$, hat [11, S. 124]. Die so durchgeführte Decodierung ist eine *Maximum-Likelihood (ML)-Decodierung* (engl. „maximum likelihood decoding“, MLD) [11, Satz 1.2, Satz 1.3, S. 23, 124].

Satz 1.19 (Maximum-Likelihood (ML)-Decodierung). *Es seien $\boldsymbol{v} \in \mathbb{V} \subseteq \mathbb{F}_2^n$, $n \in \mathbb{N}^*$, das übertragene Codewort und $\hat{\boldsymbol{v}} \in \mathbb{V} \subseteq \mathbb{F}_2^n$, $n \in \mathbb{N}^*$, das vom Kanaldecodierer ausgegebene decodierte Codewort.*

Die Fehlerwahrscheinlichkeit $\mathrm{P}\{\hat{\boldsymbol{v}} \neq \boldsymbol{v}\}$ nach der Decodierung wird minimal, wenn die Decodierung wie folgt durchgeführt wird [11, Satz 1.2, S. 23]:

Ausgehend vom Empfangsvektor $\boldsymbol{r} \in \mathbb{F}_2^n$, $n \in \mathbb{N}^*$, wird dasjenige Codewort $\hat{\boldsymbol{v}} \in \mathbb{V} \subseteq \mathbb{F}_2^n$, $n \in \mathbb{N}^*$, decodiert, für welches die bedingte Wahrscheinlichkeitsfunktion (engl. „likelihood function“) $\mathrm{P}\{\boldsymbol{r} \mid \hat{\boldsymbol{v}}\}$ maximal ist [11, Satz 1.2, S. 23]. Der Begriff „Likelihood-Funktion“ wird oft nicht übersetzt und bedeutet in etwa „Ähnlichkeitsfunktion“ beziehungsweise „Mutmaßlichkeitsfunktion“ [45, S. 434]. Die Likelihood-Funktion quantifiziert die Ähnlichkeit zwischen dem ungestörten Signal am Empfängereingang, das auf der Grundlage des Datenvektors $\underline{\tilde{\boldsymbol{d}}}$ und somit auf dem ungestörten Sendesignal $\underline{s}(t)$ fußt, und dem gestörten Empfangsvektor $\underline{\boldsymbol{e}}(t)$, der über einen gedächtnislosen aber gestörten Übertragungskanal zum Empfängereingang gelangt und dort gemessen wird. Eine erhellende Darlegung dieses Sachverhalts findet man u. a. in [46, Gln. (1) und (2), Bild 1, S. 363f.] und in [47, Bilder 1 und 2, S. 269].

Beweis. Es sei $\mathrm{P}\{\boldsymbol{v}\}$ die a-priori Wahrscheinlichkeit für die senderseitige Auswahl des zu übertragenden Codeworts $\boldsymbol{v} \in \mathbb{V} \subseteq \mathbb{F}_2^n$, $n \in \mathbb{N}^*$. Wir nehmen außerdem an, dass alle erlaubten Codewörter senderseitig mit derselben Wahrscheinlichkeit $\mathrm{P}\{\boldsymbol{v}\}$ auftreten [11, S. 22]

$$\mathrm{P}\{\boldsymbol{v}\} = \frac{1}{2^k} = 2^{-k}, \quad k \in \mathbb{N}^*. \tag{1.336}$$

Dann ist die Fehlerwahrscheinlichkeit $\mathrm{P}\{\hat{\boldsymbol{v}} \neq \boldsymbol{v}\}$ [11, S. 22]

$$\begin{aligned}
\mathrm{P}\{\hat{\boldsymbol{v}} \neq \boldsymbol{v}\} &= \sum_{\boldsymbol{v}\in\mathbb{V}} \mathrm{P}\big\{\{\hat{\boldsymbol{v}} \neq \boldsymbol{v}\}\{\boldsymbol{v}\}\big\} \\
&= \sum_{\boldsymbol{v}\in\mathbb{V}} \mathrm{P}\{\hat{\boldsymbol{v}} \neq \boldsymbol{v} \mid \boldsymbol{v}\}\mathrm{P}\{\boldsymbol{v}\} \\
&= \frac{1}{2^k} \sum_{\boldsymbol{v}\in\mathbb{V}} \underbrace{\Bigg(\sum_{\substack{\boldsymbol{r} \\ \hat{\boldsymbol{v}}\neq\boldsymbol{v}}} \mathrm{P}\{\boldsymbol{r} \mid \boldsymbol{v}\}\Bigg)}_{=\mathrm{P}\{\hat{\boldsymbol{v}}\neq\boldsymbol{v} \mid \boldsymbol{v}\}} \\
&= \underbrace{\frac{1}{2^k} \sum_{\boldsymbol{v}\in\mathbb{V},\boldsymbol{r}} \mathrm{P}\{\boldsymbol{r} \mid \boldsymbol{v}\}}_{=1} - \frac{1}{2^k} \sum_{\substack{\boldsymbol{v}\in\mathbb{V},\boldsymbol{r} \\ \hat{\boldsymbol{v}}\equiv\boldsymbol{v}}} \mathrm{P}\{\boldsymbol{r} \mid \boldsymbol{v}\} \\
&= 1 - \frac{1}{2^k} \sum_{\boldsymbol{r}} \mathrm{P}\{\boldsymbol{r} \mid \hat{\boldsymbol{v}}\}, \quad \boldsymbol{r} \in \mathbb{F}_2^n, \quad \boldsymbol{v}, \hat{\boldsymbol{v}} \in \mathbb{V} \subseteq \mathbb{F}_2^n, \quad k, n \in \mathbb{N}^*.
\end{aligned} \tag{1.337}$$

Die Minimierung von $\mathrm{P}\{\hat{\boldsymbol{v}} \neq \boldsymbol{v}\}$ erfordert ausgehend von (1.337) somit die Maximierung von $\sum_{\boldsymbol{r}} \mathrm{P}\{\boldsymbol{r} \mid \hat{\boldsymbol{v}}\}$. Die Summe $\sum_{\boldsymbol{r}} \mathrm{P}\{\boldsymbol{r} \mid \hat{\boldsymbol{v}}\}$ ist sicher maximal, wenn jeder Term $\mathrm{P}\{\boldsymbol{r} \mid \hat{\boldsymbol{v}}\}$ für den vorliegenden Empfangsvektor $\boldsymbol{r} \in \mathbb{F}_2^n$, $n \in \mathbb{N}^*$, maximal ist [11, S. 22]. Die Maximierung von $\mathrm{P}\{\boldsymbol{r} \mid \hat{\boldsymbol{v}}\}$ erfolgt durch geeignete Wahl von $\hat{\boldsymbol{v}} \in \mathbb{V} \subseteq \mathbb{F}_2^n$, $n \in \mathbb{N}^*$.

Die Decodierungsvorschrift ist also

$$\hat{\boldsymbol{v}} = \arg\max_{\boldsymbol{v}\in\mathbb{V}} \big\{\mathrm{P}\{\boldsymbol{r} \mid \boldsymbol{v}\}\big\}, \quad \boldsymbol{r} \in \mathbb{F}_2^n, \quad \boldsymbol{v}, \hat{\boldsymbol{v}} \in \mathbb{V} \subseteq \mathbb{F}_2^n, \quad k, n \in \mathbb{N}^*. \tag{1.338}$$

□

Am Ausgang des Datendetektors können die vorliegenden Komponenten $r_j \in \mathbb{F}_2$, $j \in \{0, 1 \cdots (n-1)\}$, $n \in \mathbb{N}^*$, des Empfangsvektors $\boldsymbol{r} \in \mathbb{F}_2^n$, $n \in \mathbb{N}^*$, als unabhängig betrachtet werden [12, S. 173], [11, S. 23]. Daher hat die Wahrscheinlichkeitsfunktion die Form [11, Gl. (1.6.7), S. 23]

$$\mathrm{P}\{\boldsymbol{r} \mid \hat{\boldsymbol{v}}\} = \prod_{j=0}^{n-1} \mathrm{P}\{r_j \mid \hat{v}_j\}, \tag{1.339}$$
$$\boldsymbol{r} \in \mathbb{F}_2^n, \quad \hat{\boldsymbol{v}} \in \mathbb{V} \subseteq \mathbb{F}_2^n, \quad r_j, \hat{v}_j \in \mathbb{F}_2, \quad j \in \{0, 1 \cdots (n-1)\}, \quad n \in \mathbb{N}^*.$$

Angenommen, der Empfangsvektor $\boldsymbol{r} \in \mathbb{F}_2^n$, $n \in \mathbb{N}^*$, und das decodierte Codewort $\hat{\boldsymbol{v}} \in \mathbb{V} \subseteq \mathbb{F}_2^n$, $n \in \mathbb{N}^*$, unterscheiden sich genau in

$$d_{\mathrm{H}}\{\boldsymbol{r}, \hat{\boldsymbol{v}}\} = t, \quad \boldsymbol{r} \in \mathbb{F}_2^n, \quad \hat{\boldsymbol{v}} \in \mathbb{V} \subseteq \mathbb{F}_2^n, \quad n, t \in \mathbb{N}^*, \tag{1.340}$$

Komponenten. Im Fall der Übertragung über den binärsymmetrischen Kanal (engl. „binary symmetric (noisy) channel“, BSC) mit der Übergangswahrscheinlichkeit p kann die Likelihood-Funktion nach (1.339) als [12, S. 173], [11, Gl. (1.6.7), S. 23]

$$\begin{aligned} \mathrm{P}\{\boldsymbol{r} \mid \hat{\boldsymbol{v}}\} &= (1-p)^{n-t} \cdot p^t \\ &= (1-p)^n \cdot \frac{p^t}{(1-p)^t} \\ &= (1-p)^n \cdot \left(\frac{p}{1-p}\right)^{d_{\mathrm{H}}\{\boldsymbol{r}, \hat{\boldsymbol{v}}\}}, \end{aligned} \tag{1.341}$$
$$\boldsymbol{r} \in \mathbb{F}_2^n, \quad \hat{\boldsymbol{v}} \in \mathbb{V} \subseteq \mathbb{F}_2^n, \quad p \in [0, \tfrac{1}{2}[, \quad t = d_{\mathrm{H}}\{\boldsymbol{r}, \hat{\boldsymbol{v}}\}, \quad n, t \in \mathbb{N}^*,$$

geschrieben werden. Aus (1.341) folgt, dass $\mathrm{P}\{\boldsymbol{r} \mid \hat{\boldsymbol{v}}\}$ das Maximum bei einem minimalen Hamming-Abstand $d_{\mathrm{H}}\{\boldsymbol{r}, \hat{\boldsymbol{v}}\}$ zwischen dem Empfangsvektor $\boldsymbol{r} \in \mathbb{F}_2^n$, $n \in \mathbb{N}^*$, und dem decodierten Codewort $\hat{\boldsymbol{v}} \in \mathbb{V} \subseteq \mathbb{F}_2^n$, $n \in \mathbb{N}^*$, annimmt [11, Satz 1.3, Gl. (1.6.8), S. 23].

Satz 1.20 (Maximum-Likelihood (ML)-Decodierung mit quantisierter Entscheidung (engl. „hard decision decoding“)). *Die Fehlerwahrscheinlichkeit $\mathrm{P}\{\hat{\boldsymbol{v}} \neq \boldsymbol{v}\}$ nach der Decodierung wird minimal, wenn die Decodierung wie folgt durchgeführt wird [11, Satz 1.3, S. 23].*

Ausgehend vom Empfangsvektor $\boldsymbol{r} \in \mathbb{F}_2^n$, $n \in \mathbb{N}^*$, wird dasjenige Codewort $\hat{\boldsymbol{v}} \in \mathbb{V} \subseteq \mathbb{F}_2^n$, $n \in \mathbb{N}^*$, decodiert, für welches die Hamming-Distanz $d_H\{\boldsymbol{r}, \hat{\boldsymbol{v}}\}$ kleiner oder gleich $d_H\{\boldsymbol{r}, \boldsymbol{w}\}$ für jedes andere Codewort $\boldsymbol{w} \in \mathbb{V} \subseteq \mathbb{F}_2^n$, $n \in \mathbb{N}^*$ ist [11, Satz 1.3, Gl. (1.6.8), S. 23]

$$d_H\{\boldsymbol{r}, \hat{\boldsymbol{v}}\} \leq d_H\{\boldsymbol{r}, \boldsymbol{w}\} \; \forall \, \boldsymbol{w} \in \mathbb{V} \subseteq \mathbb{F}_2^n, \quad \boldsymbol{r} \in \mathbb{F}_2^n, \quad \hat{\boldsymbol{v}} \in \mathbb{V} \subseteq \mathbb{F}_2^n, \quad n \in \mathbb{N}^*. \tag{1.342}$$

Beweis. Der Beweis ergibt sich aus (1.339), (1.340) und (1.341). □

Daher ist die Syndromdecodierung eine *Maximum-Likelihood (ML)-Decodierung mit quantisierter Entscheidung* (engl. „hard decision decoding“) [11, Satz 4.12, S. 124].

Der erste Schritt, den die Syndromdecodierung unternimmt, ist die Partitionierung der 2^n, $n \in \mathbb{N}^*$, möglichen Empfangsvektoren $\boldsymbol{r} \in \mathbb{F}_2^n$, $n \in \mathbb{N}^*$, in 2^{n-k}, $k, n \in \mathbb{N}^*$, disjunkte Teilmengen $\mathbb{D}^{(0)}, \mathbb{D}^{(1)} \cdots \mathbb{D}^{(2^{n-k}-1)}$, $k, n \in \mathbb{N}^*$. Jede dieser 2^{n-k} Teilmengen $\mathbb{D}^{(m)}$, $m \in \{0, 1 \cdots (2^{n-k}-1)\}$, $k, n \in \mathbb{N}^*$, 2^k, $k \in \mathbb{N}^*$, enthält n-Tupel [22, S. 82], [21, S. 103–107], [12, S. 17f.], [11, S. 122f.]. Eine Teilmenge $\mathbb{D}^{(m)}$, $m \in \{0, 1 \cdots (2^{n-k}-1)\}$, $k, n \in \mathbb{N}^*$, wird als *Nebenklasse* (engl. *„coset“*) bezeichnet [11, S. 122f.].

Lassen Sie uns die 2^{n-k}, $k,n \in \mathbb{N}^*$, Nebenklassen $\mathbb{D}^{(m)}$, $m \in \{0,1\cdots(2^{n-k}-1)\}$, $k,n \in \mathbb{N}^*$, definieren. Gleichung (1.212) führt zu 2^{n-k}, $k,n \in \mathbb{N}^*$, verschiedenen Syndromen $\boldsymbol{s}^{(m)} \in \mathbb{F}_2^{n-k}$, $m \in \{0,1\cdots(2^{n-k}-1)\}$, $k,n \in \mathbb{N}^*$. Mit all den Fehlermustern $\boldsymbol{e} \in \mathbb{F}_2^n$, $n \in \mathbb{N}^*$, die zum gleichen Syndrom $\boldsymbol{s}^{(m)} \in \mathbb{F}_2^{n-k}$, $m \in \{0,1\cdots(2^{n-k}-1)\}$, gehören, ist die Nebenklasse $\mathbb{D}^{(m)}$, $m \in \{0,1\cdots(2^{n-k}-1)\}$, $k,n \in \mathbb{N}^*$, gleich [11, Gl. (4.6.3), S. 122]

$$\mathbb{D}^{(m)} = \left\{\boldsymbol{e} \in \mathbb{F}_2^n \mid \boldsymbol{e}\boldsymbol{H}^{\mathrm{T}} = \boldsymbol{s}^{(m)}\right\}, \quad m \in \{0,1\cdots(2^{n-k}-1)\}, \quad k,n \in \mathbb{N}^*. \tag{1.343}$$

Mit dem *Syndrom eines jeden zulässigen Codewortes*

$$\boldsymbol{s}^{(0)} = \boldsymbol{0}_{n-k} \in \mathbb{F}_2^{n-k}, \quad k,n \in \mathbb{N}^*, \tag{1.344}$$

erhält man [11, S. 122]

$$\mathbb{D}^{(0)} = \mathbb{V}, \quad \mathbb{V} \subseteq \mathbb{F}_2^n, \quad n \in \mathbb{N}^*. \tag{1.345}$$

Die Nebenklasse $\mathbb{D}^{(0)}$ aus (1.345) enthält also alle zulässigen Codewörter des $(n,k,d_{\min})$ binärer linearer Blockcode $\mathbb{V}$ [11, S. 122].

Alle anderen $(2^{n-k}-1)$, $k,n \in \mathbb{N}^*$, Nebenklassen $\mathbb{D}^{(m)}$, $m \in \{1,2\cdots(2^{n-k}-1)\}$, $k,n \in \mathbb{N}^*$, enthalten keine zulässigen Codewörter [11, S. 122].

Bemerkung 1.30 (Disjunkte Nebenklassen). Aus (1.343) folgt, dass die 2^{n-k}, $k,n \in \mathbb{N}^*$, Nebenklassen $\mathbb{D}^{(m)}$ mit $m \in \{0,1\cdots(2^{n-k}-1)\}$, $k,n \in \mathbb{N}^*$, disjunkt sind, denn ein bestimmtes Fehlermuster $\boldsymbol{e} \in \mathbb{F}_2^n$, $n \in \mathbb{N}^*$, kann nicht mehr als ein Syndrom haben.

Wir betrachten zwei verschiedene Fehlermuster $\boldsymbol{e} \in \mathbb{F}_2^n$, $n \in \mathbb{N}^*$, und $\tilde{\boldsymbol{e}} \in \mathbb{F}_2^n$, $n \in \mathbb{N}^*$, die beide Elemente einer willkürlich gewählten Nebenklasse $\mathbb{D}^{(m)}$, $m \in \{0,1\cdots(2^{n-k}-1)\}$, $k,n \in \mathbb{N}^*$, sind [11, S. 122]

$$\boldsymbol{e},\tilde{\boldsymbol{e}} \in \mathbb{D}^{(m)}, \quad m \in \{0,1\cdots(2^{n-k}-1)\}, \quad k,n \in \mathbb{N}^*. \tag{1.346}$$

Die Beziehung (1.343) erfordert [11, S. 122]

$$\boldsymbol{e}\boldsymbol{H}^{\mathrm{T}} = \tilde{\boldsymbol{e}}\boldsymbol{H}^{\mathrm{T}}, \quad \boldsymbol{e},\tilde{\boldsymbol{e}} \in \mathbb{D}^{(m)}, \quad m \in \{0,1\cdots(2^{n-k}-1)\}, \quad k,n \in \mathbb{N}^*, \tag{1.347}$$

und somit [11, S. 122]

$$(\boldsymbol{e}-\tilde{\boldsymbol{e}})\boldsymbol{H}^{\mathrm{T}} \equiv (\boldsymbol{e}\oplus\tilde{\boldsymbol{e}})\boldsymbol{H}^{\mathrm{T}} = \boldsymbol{0}_{n-k}, \quad \boldsymbol{e},\tilde{\boldsymbol{e}} \in \mathbb{D}^{(m)}, \quad m \in \{0,1\cdots(2^{n-k}-1)\}, \quad k,n \in \mathbb{N}^*. \tag{1.348}$$

Offensichtlich ist die Differenz zweier Elemente $\boldsymbol{e},\tilde{\boldsymbol{e}} \in \mathbb{D}^{(m)}$, $m \in \{0,1\cdots(2^{n-k}-1)\}$, $k,n \in \mathbb{N}^*$, aus einer beliebigen Nebenklasse $\mathbb{D}^{(m)}$, $m \in \{0,1\cdots(2^{n-k}-1)\}$, $k,n \in \mathbb{N}^*$, immer ein zulässiges Codewort [11, S. 122]!

Wählt man ein einzelnes, aber beliebiges Fehlermuster $\boldsymbol{e} \in \mathbb{F}_2^n$, $n \in \mathbb{N}^*$, das zum Syndrom $\boldsymbol{s}^{(m)}$ aus $\mathbb{F}_2^{n-k}$ führt, $m \in \{0, 1 \cdots (2^{n-k} - 1)\}$, $k, n \in \mathbb{N}^*$, und verwendet man alle 2^k, $k \in \mathbb{N}^*$, Codewörter $\boldsymbol{v} \in \mathbb{V} \subseteq \mathbb{F}_2^n$, $n \in \mathbb{N}^*$, so kann man (1.343) auf folgende Weise [11, Gl. (4.6.4), S. 122]

$$\mathbb{D}^{(m)} = \{\boldsymbol{e} \oplus \boldsymbol{v} \mid \boldsymbol{v} \in \mathbb{V},\ \boldsymbol{e}\boldsymbol{H}^{\mathrm{T}} = \boldsymbol{s}^{(m)}\}, \quad m \in \{0, 1 \cdots (2^{n-k} - 1)\}, \quad k, n \in \mathbb{N}^*, \tag{1.349}$$

umschreiben.

Dasjenige Fehlermuster $\boldsymbol{e}^{(m)}$, $m \in \{0, 1 \cdots (2^{n-k} - 1)\}$, $k, n \in \mathbb{N}^*$, mit dem minimalen Hamming-Gewicht aller 2^k, $k \in \mathbb{N}^*$, Elemente der Nebenklasse $\mathbb{D}^{(m)}$, $m \in \{0, 1 \cdots (2^{n-k} - 1)\}$, $k, n \in \mathbb{N}^*$, heißt *Anführer der Nebenklasse* (engl. „coset leader"). Nota bene, dass der Anführer der Nebenklasse (engl. „coset leader") $\boldsymbol{e}^{(m)} \in \mathbb{D}^{(m)}$, $m \in \{0, 1 \cdots (2^{n-k} - 1)\}$, $k, n \in \mathbb{N}^*$, nicht notwendigerweise eindeutig ist [11, S. 123]. Mit $\boldsymbol{e}^{(m)}$, $m \in \{0, 1 \cdots (2^{n-k} - 1)\}$, wird (1.349) zu [11, Gl. (4.6.7), S. 123]

$$\mathbb{D}^{(m)} = \{\boldsymbol{e}^{(m)} \oplus \boldsymbol{v} \mid \boldsymbol{v} \in \mathbb{V},\ \boldsymbol{e}^{(m)}\boldsymbol{H}^{\mathrm{T}} = \boldsymbol{s}^{(m)}\}, \quad m \in \{0, 1 \cdots (2^{n-k} - 1)\}, \quad k, n \in \mathbb{N}^*. \tag{1.350}$$

Es gilt jedenfalls [11, S. 123]

$$\boldsymbol{e}^{(0)} = \boldsymbol{0}_n, \quad n \in \mathbb{N}^*. \tag{1.351}$$

In einigen Fällen gibt es jedoch mehrere Kandidaten für die jeweiligen Anführer der weiteren Nebenklassen, d. h. Fehlermuster mit dem gleichen kleinsten Hamming-Gewicht [11, S. 123]. In diesem Fall genügt in jeder Nebenklasse eine willkürliche Wahl eines dieser Kandidaten zum Anführer der jeweiligen Nebenklasse [11, S. 123].

Im Folgenden werden die Definitionen (1.343), (1.349) und (1.350) erläutert.

Satz 1.21 (Syndrom der 2^k Elemente einer Nebenklasse $\mathbb{D}^{(m)}$). *Alle 2^k n-Tupel einer Nebenklasse $\mathbb{D}^{(m)}$, $m \in \{0, 1 \cdots (2^{n-k} - 1)\}$, $k, n \in \mathbb{N}^*$, haben dasselbe Syndrom* [22, *Satz 3.6, S. 86*].

Die Syndrome verschiedener Nebenklassen sind paarweise verschieden [22, *Satz 3.6, S. 86*].

Beweis. Gemäß (1.350) hat jedes Element der Nebenklasse $\mathbb{D}^{(m)}$, $m \in \{0, 1 \cdots (2^{n-k} - 1)\}$, $k, n \in \mathbb{N}^*$, das Syndrom

$$\left(\boldsymbol{e}^{(m)} \oplus \boldsymbol{v}\right)\boldsymbol{H}^{\mathrm{T}} = \boldsymbol{e}^{(m)}\boldsymbol{H}^{\mathrm{T}}, \quad \boldsymbol{v} \in \mathbb{V}, \quad m \in \left\{0, 1 \cdots \left(2^{n-k} - 1\right)\right\}, \quad k, n \in \mathbb{N}^*. \tag{1.352}$$

Daher ist das Syndrom jedes Elements in der Nebenklasse $\mathbb{D}^{(m)}$, $m \in \{0, 1 \cdots (2^{n-k} - 1)\}$, $k, n \in \mathbb{N}^*$, gleich dem Syndrom des Anführers der Nebenklasse [22, Satz 3.6, S. 86]. Folglich haben alle Vektoren einer Nebenklasse dasselbe Syndrom [22, Satz 3.6, S. 86].

Es seien $\boldsymbol{e}^{(m)}$ der Anführer der Nebenklasse $\mathbb{D}^{(m)}$ und $\boldsymbol{e}^{(\mu)}$, $m < \mu$, der Anführer der Nebenklasse $\mathbb{D}^{(\mu)}$ [22, Satz 3.6, S. 86]. Daher sind $\boldsymbol{e}^{(m)}$ und $\boldsymbol{e}^{(\mu)}$ nicht in der gleichen Nebenklasse. Angenommen, die Syndrome dieser beiden Nebenklassen $\mathbb{D}^{(m)}$ und $\mathbb{D}^{(\mu)}$ sind gleich [22]. Dann gilt

$$\boldsymbol{e}^{(m)}\boldsymbol{H}^{\mathrm{T}} = \boldsymbol{e}^{(\mu)}\boldsymbol{H}^{\mathrm{T}}. \tag{1.353}$$

Daraus ergibt sich [22, Satz 3.6, S. 86]

$$\left(\boldsymbol{e}^{(m)} \oplus \boldsymbol{e}^{(\mu)}\right)\boldsymbol{H}^{\mathrm{T}} = \boldsymbol{0}_{n-k}, \quad k, n \in \mathbb{N}^*, \tag{1.354}$$

Gleichung (1.354) impliziert, dass $(\boldsymbol{e}^{(m)} \oplus \boldsymbol{e}^{(\mu)})$ ein Codewort des $(n, k, d_{\min})$ binären linearen Blockcodes $\mathbb{V}$ ist [22, Satz 3.6, S. 86]. Somit gilt [22, Satz 3.6, S. 86]

$$\boldsymbol{e}^{(\mu)} = \boldsymbol{e}^{(m)} \oplus \underbrace{\left(\boldsymbol{e}^{(m)} \oplus \boldsymbol{e}^{(\mu)}\right)}_{\in \mathbb{V}}, \tag{1.355}$$

und daher muss $\boldsymbol{e}^{(m)}$ in $\mathbb{D}^{(\mu)}$ sein. Dies widerspricht der Konstruktionsregel der Nebenklassen [22, Satz 3.6, S. 86]. □

Wir verwenden wieder die von dem großen deutschen Mathematiker Felix *Hausdorff* in seinem wegweisenden Lehrbuch über *Mengenlehre* [36, S. 14, 17, 18] eingeführte Notation. Die Familie aller 2^{n-k}, $k, n \in \mathbb{N}^*$, disjunkten Nebenklassen $\mathbb{D}^{(m)}$, $m \in \{0, 1 \cdots (2^{n-k} - 1)\}$, $k, n \in \mathbb{N}^*$, mit

$$\mathbb{D}^{(0)} + \mathbb{D}^{(1)} + \cdots + \mathbb{D}^{(2^{n-k}-1)} = \mathop{\mathfrak{S}}_{m=0}^{2^{n-k}-1} \mathbb{D}^{(m)} = \mathbb{F}_2^n, \quad k, n \in \mathbb{N}^*, \tag{1.356}$$

heißt *Nebenklassenzerlegung* (engl. *„standard array"*) [11, Definition 4.8, S. 123]. Die lineare Superposition der 2^{n-k} Nebenklassen $\mathbb{D}^{(m)}$, $m \in \{0, 1 \cdots (2^{n-k} - 1)\}$, $k, n \in \mathbb{N}^*$, ergeben gemäß (1.356) den Vektorraum $\mathbb{F}_2^n$, $n \in \mathbb{N}^*$.

Die 2^{n-k} Nebenklassen $\mathbb{D}^{(m)}$, $m \in \{0, 1 \cdots (2^{n-k} - 1)\}$, $k, n \in \mathbb{N}^*$, sind paarweise disjunkt und stellen deshalb eine eindeutige *Partition* beziehungsweise eine eindeutige *Zerlegung* von $\mathbb{F}_2^n$, $n \in \mathbb{N}^*$ dar [11, Gl. (4.6.6), S. 122].

Unsere bisherigen Erkenntnisse werden in den folgenden Definitionen zusammengefasst.

Definition 1.37 (Nebenklasse (engl. „coset")). Die disjunkten Teilmengen $\mathbb{D}^{(m)}$, $m \in \{0, 1 \cdots (2^{n-k} - 1)\}$, $k, n \in \mathbb{N}^*$, die durch (1.343), (1.349) und (1.350) definiert sind und die (1.356) erfüllen, werden als *Nebenklassen* bezeichnet [11, S. 122f.].

Definition 1.38 (Anführer der Nebenklasse (engl. „coset leader")). Es sei $\boldsymbol{e}^{(m)} \in \mathbb{D}^{(m)}$, $m \in \{0, 1 \cdots (2^{n-k} - 1)\}$, $k, n \in \mathbb{N}^*$, das Fehlermuster mit dem kleinsten Hamming-Gewicht aller 2^k, $k \in \mathbb{N}^*$, Elemente der Nebenklasse $\mathbb{D}^{(m)}$, $m \in \{0, 1 \cdots (2^{n-k} - 1)\}$, $k, n \in \mathbb{N}^*$.

Dieses spezielle Fehlermuster $\boldsymbol{e}^{(m)} \in \mathbb{D}^{(m)}$ heißt *Anführer der Nebenklasse* [11, S. 123].

Mit diesem Anführer der Nebenklasse $\boldsymbol{e}^{(m)} \in \mathbb{D}^{(m)}$ wird die Nebenklasse $\mathbb{D}^{(m)}$, $m \in \{0, 1 \cdots (2^{n-k} - 1)\}$, $k, n \in \mathbb{N}^*$, durch (1.350) [11, Gl. (4.6.7), S. 123] dargestellt.

Definition 1.39 (Nebenklassenzerlegung (engl. *„standard array"*)). Die Familie aller 2^{n-k}, $k, n \in \mathbb{N}^*$, disjunkten Teilmengen $\mathbb{D}^{(m)}$, $m \in \{0, 1 \cdots (2^{n-k} - 1)\}$, $k, n \in \mathbb{N}^*$, die durch (1.343), (1.349) und (1.350) definiert sind und die (1.356) erfüllen, heißen *Nebenklassenzerlegung* (engl. *„standard array"*) [11, S. 122f.].

Die Nebenklassenzerlegung (engl. *„standard array"*) hat die folgende Struktur, siehe beispielsweise [22, Bild 3.6, S. 82]:

Nebenklasse, Syndrom	Anführer der Nebenklasse, *Spaltenmatrix* $\boldsymbol{D}^{(0)}$	$\boldsymbol{D}^{(1)}$	$\cdots$	$\boldsymbol{D}^{(l)}$	$\cdots$	$\boldsymbol{D}^{(2^k-1)}$
$\mathbb{D}^{(0)} = \mathbb{V}$, $\boldsymbol{s}^{(0)}$	$\boldsymbol{e}^{(0)} = \boldsymbol{v}^{(0)} = \boldsymbol{0}_n$	$\boldsymbol{v}^{(1)}$	$\cdots$	$\boldsymbol{v}^{(l)}$	$\cdots$	$\boldsymbol{v}^{(2^k-1)}$
$\mathbb{D}^{(1)}$, $\boldsymbol{s}^{(1)}$	$\boldsymbol{e}^{(1)}$	$\boldsymbol{e}^{(1)} \oplus \boldsymbol{v}^{(1)}$	$\cdots$	$\boldsymbol{e}^{(1)} \oplus \boldsymbol{v}^{(l)}$	$\cdots$	$\boldsymbol{e}^{(1)} \oplus \boldsymbol{v}^{(2^k-1)}$
$\vdots$	$\vdots$	$\vdots$	$\vdots$	$\vdots$	$\vdots$	$\vdots$
$\mathbb{D}^{(m)}$, $\boldsymbol{s}^{(m)}$	$\boldsymbol{e}^{(m)}$	$\boldsymbol{e}^{(m)} \oplus \boldsymbol{v}^{(1)}$	$\cdots$	$\boldsymbol{e}^{(m)} \oplus \boldsymbol{v}^{(l)}$	$\cdots$	$\boldsymbol{e}^{(m)} \oplus \boldsymbol{v}^{(2^k-1)}$
$\vdots$	$\vdots$	$\vdots$	$\vdots$	$\vdots$	$\vdots$	$\vdots$
$\mathbb{D}^{(2^{n-k}-1)}$, $\boldsymbol{s}^{(2^{n-k}-1)}$	$\boldsymbol{e}^{(2^{n-k}-1)}$	$\boldsymbol{e}^{(2^{n-k}-1)} \oplus \boldsymbol{v}^{(1)}$	$\cdots$	$\boldsymbol{e}^{(2^{n-k}-1)} \oplus \boldsymbol{v}^{(l)}$	$\cdots$	$\boldsymbol{e}^{(2^{n-k}-1)} \oplus \boldsymbol{v}^{(2^k-1)}$

(1.357)

Satz 1.22 (Eindeutige Elemente in einer Nebenklassenzerlegung (engl. *„standard array"*)). *Die n-Tupel in derselben Zeile einer Nebenklassenzerlegung (engl.* „standard array"*) sind paarweise verschieden.*

Jedes n-Tupel erscheint in genau einer Zeile [22].

Beweis. Die bestimmte Zeile, m, $m \in \{0, 1 \cdots (2^{n-k} - 1)\}$, $k, n \in \mathbb{N}^*$, bildet die Nebenklasse $\mathbb{D}^{(m)}$, $m \in \{0, 1 \cdots (2^{n-k} - 1)\}$, $k, n \in \mathbb{N}^*$.

Es sei $\boldsymbol{e}^{(m)} \in \mathbb{D}^{(m)}$, $m \in \{0, 1 \cdots (2^{n-k} - 1)\}$, $k, n \in \mathbb{N}^*$, der Anführer dieser Nebenklasse $\mathbb{D}^{(m)}$, $m \in \{0, 1 \cdots (2^{n-k} - 1)\}$, $k, n \in \mathbb{N}^*$.

Darüber hinaus seien $\boldsymbol{v}^{(l)} \in \mathbb{V} \subseteq \mathbb{F}_2^n$ und $\boldsymbol{v}^{(\lambda)} \in \mathbb{V} \subseteq \mathbb{F}_2^n$, $l, \lambda \in \{0, 1 \cdots (2^k - 1)\}$, $k, n \in \mathbb{N}^*$, zwei unterschiedliche Codewörter

$$\boldsymbol{v}^{(l)} \neq \boldsymbol{v}^{(\lambda)} \quad \text{für } l \neq \lambda, \quad \boldsymbol{v}^{(l)}, \boldsymbol{v}^{(\lambda)} \in \mathbb{V} \subseteq \mathbb{F}_2^n, \quad l, \lambda \in \left\{0, 1 \cdots \left(2^k - 1\right)\right\}, \quad k, n \in \mathbb{N}^*. \tag{1.358}$$

Man nehme an, dass zwei beliebige n-Tupel $(\boldsymbol{e}^{(m)} \oplus \boldsymbol{v}^{(l)}) \in \mathbb{D}^{(m)}$ und $(\boldsymbol{e}^{(m)} \oplus \boldsymbol{v}^{(\lambda)}) \in \mathbb{D}^{(m)}$ identisch sind [22, Satz 3.3, S. 82f.]

$$\boldsymbol{e}^{(m)} \oplus \boldsymbol{v}^{(l)} = \boldsymbol{e}^{(m)} \oplus \boldsymbol{v}^{(\lambda)}, \tag{1.359}$$
$$\boldsymbol{e}^{(m)} \in \mathbb{D}^{(m)} \subseteq \mathbb{F}_2^n, \quad m \in \left\{0, 1 \cdots \left(2^{n-k} - 1\right)\right\},$$
$$\boldsymbol{v}^{(l)}, \boldsymbol{v}^{(\lambda)} \in \mathbb{V} \subseteq \mathbb{F}_2^n, \quad l, \lambda \in \left\{0, 1 \cdots \left(2^k - 1\right)\right\}, \quad k, n \in \mathbb{N}^*.$$

Gleichung (1.359) impliziert

$$\boldsymbol{v}^{(l)} = \boldsymbol{v}^{(\lambda)}, \quad \boldsymbol{v}^{(l)}, \boldsymbol{v}^{(\lambda)} \in \mathbb{V} \subseteq \mathbb{F}_2^n, \quad l, \lambda \in \left\{0, 1 \cdots \left(2^k - 1\right)\right\}, \quad k, n \in \mathbb{N}^*. \tag{1.360}$$

Dies widerspricht der Annahme, dass $\boldsymbol{v}^{(l)} \in \mathbb{V} \subseteq \mathbb{F}_2^n$ und $\boldsymbol{v}^{(\lambda)} \in \mathbb{V} \subseteq \mathbb{F}_2^n$, $l, \lambda \in \{0, 1 \cdots (2^k - 1)\}$, $k, n \in \mathbb{N}^*$, unterschiedlich sind, siehe (1.358) [22, S. 83].

Nun nehme man an, dass dasselbe n-Tupel mindestens zweimal in der Nebenklasse $\mathbb{D}^{(m)}$, $m \in \{0, 1 \cdots (2^{n-k} - 1)\}$, $k, n \in \mathbb{N}^*$, ist. Dies widerspricht jedoch der Definition einer Nebenklasse, siehe beispielsweise (1.350). □

Darüber hinaus gilt es die Auswahl der Anführer der Nebenklasse näher zu betrachten.

Satz 1.23 (Auswahl der Anführer der Nebenklasse). *Im Fall eines (n, k, d_{min}) binären linearen Blockcodes $\mathbb{V}$ können alle n-Tupel mit dem Hamming-Gewicht $\leq t$, d. h. $\leq \lfloor (d_{\text{min}} - 1)/2 \rfloor$, als Anführer der Nebenklasse einer Standardanordnung der (n, k, d_{min}) binärer linearer Blockcode $\mathbb{V}$ verwendet werden* [22].

Wenn alle n-Tupel mit dem Hamming-Gewicht $\leq t$, d. h. $\leq \lfloor (d_{\text{min}} - 1)/2 \rfloor$, als Anführer der Nebenklasse verwendet werden, so gibt es mindestens ein n-Tupel mit Gewicht $(t + 1)$, das nicht als Anführer der Nebenklasse verwendet werden kann [22, *Satz 3.5, S. 85f.*].

Beweis. Da die Minimaldistanz des (n, k, d_{min}) binären linearen Blockcodes $\mathbb{V}$ d_{min} ist, ist das Minimalgewicht des (n, k, d_{min}) binären linearen Blockcodes $\mathbb{V}$ ebenfalls d_{min} [22, Satz 3.5, S. 85f.].

Es seien $\boldsymbol{x}$ und $\boldsymbol{y}$ zwei n-Tupel mit Gewicht $\leq t$ [22, Satz 3.5, S. 85f.]

$$w_{\text{H}}\{\boldsymbol{x}\} \leq t \leq \left\lfloor \frac{d_{\text{min}} - 1}{2} \right\rfloor, \quad w_{\text{H}}\{\boldsymbol{y}\} \leq t \leq \left\lfloor \frac{d_{\text{min}} - 1}{2} \right\rfloor. \tag{1.361}$$

Offensichtlich ist das Gewicht $w_{\text{H}}\{\boldsymbol{x} \oplus \boldsymbol{y}\}$ von $(\boldsymbol{x} \oplus \boldsymbol{y})$ durch die Dreiecksungleichung nach oben beschränkt, siehe Satz 1.4, [22, Satz 3.5, S. 85f.]

$$w_{\text{H}}\{\boldsymbol{x} \oplus \boldsymbol{y}\} \leq w_{\text{H}}\{\boldsymbol{x}\} + w_{\text{H}}\{\boldsymbol{y}\} \leq 2 \left\lfloor \frac{d_{\text{min}} - 1}{2} \right\rfloor \leq d_{\text{min}} - 1 < d_{\text{min}}. \tag{1.362}$$

Wenn $\boldsymbol{x}$ und $\boldsymbol{y}$ in derselben Nebenklasse sind, muss $(\boldsymbol{x} \oplus \boldsymbol{y})$ ein vom Nullvektor $\mathbf{0}_n$ verschiedenes Codewort des (n, k, d_{min}) binären linearen Blockcodes $\mathbb{V}$ sein [22, Satz 3.5, S. 85f.]. Dies ist jedoch unmöglich, weil das Hamming-Gewicht $w_{\text{H}}\{\boldsymbol{x} \oplus \boldsymbol{y}\}$ von $(\boldsymbol{x} \oplus \boldsymbol{y})$ gemäß (1.362) kleiner ist als das Minimalgewicht d_{min} [22, Satz 3.5, S. 85f.]. Daher können keine zwei n-Tupel mit dem Hamming-Gewicht $\leq t$ in derselben Nebenklasse eines (n, k, d_{min}) binären linearen Blockcodes $\mathbb{V}$ sein. Somit können alle n-Tupel mit dem Hamming-Gewicht $\leq t$ als Anführer der Nebenklasse verwendet werden [22, Satz 3.5, S. 85f.].

Nun sei $\boldsymbol{v}$ ein Codewort des (n, k, d_{min}) binären linearen Blockcodes $\mathbb{V}$ mit dem Minimalgewicht [22, Satz 3.5, S. 85f.]

$$w_{\text{H}}\{\boldsymbol{v}\} = d_{\text{min}}. \tag{1.363}$$

Darüber hinaus seien $\boldsymbol{x}$ und $\boldsymbol{y}$ zwei n-Tupel, welche die folgenden Bedingungen erfüllen [22, Satz 3.5, S. 85f.]:

a) $\boldsymbol{x} \oplus \boldsymbol{y} = \boldsymbol{v}$;
b) $\boldsymbol{x}$ und $\boldsymbol{y}$ haben keine gemeinsamen Koordinaten mit von 0 verschiedenen Komponenten.

Offensichtlich müssen $\boldsymbol{x}$ und $\boldsymbol{y}$ mit

$$w_{\text{H}}\{\boldsymbol{x}\} + w_{\text{H}}\{\boldsymbol{y}\} = w_{\text{H}}\{\boldsymbol{v}\} = d_{\text{min}} \tag{1.364}$$

in der gleichen Nebenklasse sein [22, Satz 3.5, S. 85f.]. Man nehme nun an, dass $w_{\text{H}}\{\boldsymbol{y}\}$ gleich $(t + 1)$ ist [22, Satz 3.5, S. 85f.]. Wegen [22, Satz 3.5, S. 85f.]

$$2t + 1 \le d_{\text{min}} \le 2t + 2 \tag{1.365}$$

muss $w_{\text{H}}\{x\}$ entweder gleich t oder $(t+1)$ sein [22, Satz 3.5, S. 85f.]. Wenn also $\boldsymbol{x}$ als Anführer der Nebenklasse gewählt wird, dann darf $\boldsymbol{y}$ kein Anführer der Nebenklasse sein [22, Satz 3.5, S. 85f.]. □

Die Nebenklassenzerlegung (engl. *„standard array“*), siehe (1.357), besteht aus 2^k, $k \in \mathbb{N}^*$, disjunkten Spalten, wobei jede Spalte insgesamt 2^{n-k}, $k, n \in \mathbb{N}^*$, n-Tupel enthält [22, S. 83]. Dasjenige n-Tupel in der obersten Zeile der Nebenklassenzerlegung (engl. *„standard array“*), siehe (1.357), ist ein Codewort des (n, k, d_{min}) binären linearen Blockcodes $\mathbb{V}$ [22, S. 83]. Daher ist die $l$te, $l \in \{0, 1 \cdots (2^k - 1)\}$, $k \in \mathbb{N}^*$, Spalte der Nebenklassenzerlegung (engl. *„standard array“*) nach (1.357) durch die Spaltenmatrix

$$\boldsymbol{D}^{(l)} = \begin{pmatrix} \boldsymbol{v}^{(l)} \\ \boldsymbol{e}^{(1)} \oplus \boldsymbol{v}^{(l)} \\ \boldsymbol{e}^{(2)} \oplus \boldsymbol{v}^{(l)} \\ \vdots \\ \boldsymbol{e}^{(m)} \oplus \boldsymbol{v}^{(l)} \\ \vdots \\ \boldsymbol{e}^{(2^{n-k}-1)} \oplus \boldsymbol{v}^{(l)} \end{pmatrix}, \tag{1.366}$$

$$l \in \{0, 1 \cdots (2^k - 1)\}, \quad m \in \{0, 1 \cdots (2^{n-k} - 1)\}, \quad k, n \in \mathbb{N}^*,$$

gegeben.

Die Zeilen der Spaltenmatrix $\boldsymbol{D}^{(0)}$ sind die Anführer der Nebenklassen $\boldsymbol{e}^{(m)}$, $m \in \{0, 1 \cdots (2^{n-k} - 1)\}$, $k, n \in \mathbb{N}^*$ [22, Gl. (3.27), S. 83f.].

Es sei $\boldsymbol{v}^{(l)}$ $l \in \{0, 1 \cdots (2^k - 1)\}$, $k \in \mathbb{N}^*$, das übertragene Codewort [22, S. 84]. Am Ausgang des rauschenden Übertragungskanals beziehungsweise des Datendetektors mit quantisierten Entscheidungen (engl. „hard decisions“) erhält man denjenigen Empfangsvektor $\boldsymbol{r} \in \mathbb{F}_2^n, n \in \mathbb{N}^*$, welcher eine Zeile der Spaltenmatrix $\boldsymbol{D}^{(l)}$, $l \in \{0, 1 \cdots (2^k - 1)\}$, $k \in \mathbb{N}^*$, darstellt, wenn das Fehlermuster ein Anführer einer Nebenklasse ist [22, S. 84]. Dann wird das im Empfangsvektor $\boldsymbol{r}$ enthaltene übertragene Codewort $\boldsymbol{v}^{(l)}$ $l \in \{0, 1 \cdots (2^k - 1)\}$, $k \in \mathbb{N}^*$, korrekt decodiert.

Wenn jedoch das durch den rauschenden Übertragungskanal verursachte Fehlermuster kein Anführer der Nebenklasse ist, so wird die Decodierung fehlerhaft sein [22, S. 84]. Angenommen, der rauschende Übertragungskanal verursacht das Fehlermuster $\boldsymbol{e}_x$, das in irgendeiner Nebenklasse und in irgendeiner Spaltenmatrix sein muss, jedoch nicht in $\boldsymbol{D}^{(l)}$, $l \in \{0, 1 \cdots (2^k - 1)\}$, $k \in \mathbb{N}^*$, [22, S. 84]. Es sei beispielsweise $\boldsymbol{e}_x$ in der $j$ten Nebenklasse $\mathbb{D}^{(j)}$, $j \in \{0, 1 \cdots (2^{n-k} - 1)\}$, $k, n \in \mathbb{N}^*$, und in der $i$ten Spaltenmatrix $\boldsymbol{D}^{(i)}$, $i \in \{0, 1 \cdots (2^k - 1)\}$, $k \in \mathbb{N}^*$, [22, S. 84]. Dann hat man [22, S. 84]

$$\boldsymbol{e}_x = \boldsymbol{e}^{(j)} \oplus \boldsymbol{v}^{(i)}, \quad i \in \{0, 1 \cdots (2^k - 1)\}, \quad j \in \{0, 1 \cdots (2^{n-k} - 1)\}, \quad k \in \mathbb{N}^*, \tag{1.367}$$

und der Empfangsvektor wird [22, S. 84]

$$\boldsymbol{r} = \boldsymbol{v}^{(l)} \oplus \boldsymbol{e}_x = \boldsymbol{v}^{(l)} \oplus \left(\boldsymbol{e}^{(j)} \oplus \boldsymbol{v}^{(i)}\right) = \boldsymbol{e}^{(j)} \oplus \left(\boldsymbol{v}^{(l)} \oplus \boldsymbol{v}^{(i)}\right), \quad i, l \in \{0, 1 \cdots (2^k - 1)\}, \quad j \in \{0, 1 \cdots (2^{n-k} - 1)\}, \quad k \in \mathbb{N}^*. \tag{1.368}$$

Der Vektor $(\boldsymbol{v}^{(l)} \oplus \boldsymbol{v}^{(i)})$ ist ein Codewort, das nicht gleich $\boldsymbol{v}^{(l)}$ ist, wenn $\boldsymbol{v}^{(i)}$ nicht gleich der Nullvektor $\mathbf{0}_n$, $n \in \mathbb{N}^*$, ist [22, S. 84].

Daher ist die Decodierung genau dann korrekt, wenn das durch den Kanal verursachte Fehlermuster ein Anführer der Nebenklasse ist [22, S. 84]. Die 2^{n-k}, $k, n \in \mathbb{N}^*$, Anführer der Nebenklassen $\boldsymbol{e}^{(m)}$, $m \in \{0, 1 \cdots (2^{n-k} - 1)\}$, $k, n \in \mathbb{N}^*$, einschließlich des Nullvektors $\mathbf{0}_n$ werden deshalb als die *korrigierbaren Fehlermuster* bezeichnet [22, S. 84].

Satz 1.24 (Korrekturfähigkeit eines $(n, k, d_{\min})$ binärer linearer Blockcode $\mathbb{V}$). *Jeder $(n, k, d_{\min})$ binäre lineare Blockcode $\mathbb{V}$ kann 2^{n-k} Fehlermuster korrigieren [22, Satz 3.4, S. 84].*

Beweis. Der Beweis ist in der obigen Diskussion gegeben. □

Satz 1.25 (Überarbeitete Maximum-Likelihood (ML)-Decodierung mit quantisierter Entscheidung (engl. „hard decision decoding")). *Wir gehen von einem $(n, k, d_{\min})$ binären linearen Blockcode $\mathbb{V}$ mit den 2^{n-k} Nebenklassen $\mathbb{D}^{(m)}$, $m \in \{0, 1 \cdots (2^{n-k} - 1)\}$, $k, n \in \mathbb{N}^*$, und den Anführern der Nebenklassen $\boldsymbol{e}^{(m)}$, $m \in \{0, 1 \cdots (2^{n-k} - 1)\}$, $k, n \in \mathbb{N}^*$, aus. Jeder Anführer einer Nebenklasse habe das Minimalgewicht aller 2^k, $k \in \mathbb{N}^*$, Elemente in seiner jeweiligen Nebenklasse.*

Ferner sei $\boldsymbol{r} \in \mathbb{F}_2^n$, $n \in \mathbb{N}^*$, der Empfangsvektor. Der Empfangsvektor $\boldsymbol{r} \in \mathbb{F}_2^n$, $n \in \mathbb{N}^*$, sei ein Element einer bestimmten Nebenklasse $\mathbb{D}^{(m)}$, $m \in \{0, 1 \cdots (2^{n-k} - 1)\}$, $k, n \in \mathbb{N}^*$, mit dem Anführer der Nebenklasse $\boldsymbol{e}^{(m)} \in \mathbb{D}^{(m)} \subseteq \mathbb{F}_2^n$, $m \in \{0, 1 \cdots (2^{n-k} - 1)\}$, $k, n \in \mathbb{N}^*$.

Dann ist das decodierte Codewort $\hat{\boldsymbol{v}} \in \mathbb{V} \subseteq \mathbb{F}_2^n$, $n \in \mathbb{N}^*$, das man mit der Maximum-Likelihood (ML)-Decodierung mit quantisierter Entscheidung (engl. „hard decision decoding") *erhält [11, Satz 4.12, S. 124]*

$$\hat{\boldsymbol{v}} = \boldsymbol{r} \oplus \boldsymbol{e}^{(m)}, \quad \hat{\boldsymbol{v}} \in \mathbb{V} \subseteq \mathbb{F}_2^n, \quad \boldsymbol{r}, \boldsymbol{e}^{(m)} \in \mathbb{D}^{(m)} \subseteq \mathbb{F}_2^n, \quad m \in \left\{0, 1 \cdots \left(2^{n-k} - 1\right)\right\}, \quad n \in \mathbb{N}^*. \tag{1.369}$$

Beweis. Es sei $\boldsymbol{w} \in \mathbb{V} \subseteq \mathbb{F}_2^n$, $n \in \mathbb{N}^*$, ein beliebiges Codewort [11, Satz 4.12, S. 124]. Wegen $\hat{\boldsymbol{v}} \in \mathbb{V} \subseteq \mathbb{F}_2^n$, $n \in \mathbb{N}^*$, ist auch $(\hat{\boldsymbol{v}} \oplus \boldsymbol{w})$ ein Codewort [11, Satz 4.12, S. 124].

Daher gilt [11, Satz 4.12, S. 124]

$$\boldsymbol{e}^{(m)} \oplus (\hat{\boldsymbol{v}} \oplus \boldsymbol{w}) \in \mathbb{D}^{(m)} \subseteq \mathbb{F}_2^n, \quad m \in \left\{0, 1 \cdots \left(2^{n-k} - 1\right)\right\}, \quad n \in \mathbb{N}^*. \tag{1.370}$$

Da das Hamming-Gewicht $w_{\mathrm{H}}\{\boldsymbol{e}^{(m)}\}$, $m \in \{0, 1 \cdots (2^{n-k} - 1)\}$, $k, n \in \mathbb{N}^*$, des Anführers der Nebenklasse minimal ist, erhält man [11, Satz 4.12, S. 124]

$$w_{\mathrm{H}}\left\{\boldsymbol{e}^{(m)}\right\} \le w_{\mathrm{H}}\left\{\boldsymbol{e}^{(m)} \oplus (\hat{\boldsymbol{v}} \oplus \boldsymbol{w})\right\}, \quad m \in \left\{0, 1 \cdots \left(2^{n-k} - 1\right)\right\}, \quad n \in \mathbb{N}^*. \tag{1.371}$$

Für den Anführer der Nebenklasse gilt [11, Satz 4.12, S. 124]

$$\boldsymbol{e}^{(m)} = \boldsymbol{r} \oplus \hat{\boldsymbol{v}}, \quad \boldsymbol{e}^{(m)}, \boldsymbol{r} \in \mathbb{D}^{(m)} \subseteq \mathbb{F}_2^n, \quad \hat{\boldsymbol{v}} \in \mathbb{V} \subseteq \mathbb{F}_2^n, \quad m \in \left\{0, 1 \cdots \left(2^{n-k} - 1\right)\right\}, \quad n \in \mathbb{N}^*. \tag{1.372}$$

Deshalb wird (1.371) zu [11, Satz 4.12, S. 124]

$$d_H\{\boldsymbol{r}, \hat{\boldsymbol{v}}\} = w_H\{\boldsymbol{r} \oplus \hat{\boldsymbol{v}}\} \leq w_H\left\{\boldsymbol{r} \oplus \hat{\boldsymbol{v}} \oplus (\hat{\boldsymbol{v}} \oplus \boldsymbol{w})\right\} = w_H\{\boldsymbol{r} \oplus \boldsymbol{w}\} = d_H\{\boldsymbol{r}, \boldsymbol{w}\}. \tag{1.373}$$

Dies ist die Detektionsregel der Maximum-Likelihood (ML)-Decodierung mit quantisierter Entscheidung (engl. „hard decision decoding“), siehe Satz 1.20 [11, Satz 4.12, S. 124]. □

Die *Decodierung mit Nebenklassenzerlegung (engl. „standard array“)* kann wie folgt durchgeführt werden [11, S. 124].

1. Finden Sie die bestimmte Nebenklasse $\mathbb{D}^{(m)}$, $m \in \{0, 1 \cdots (2^{n-k} - 1)\}$, $k, n \in \mathbb{N}^*$, die den empfangenen Vektor $\boldsymbol{r} \in \mathbb{F}_2^n$, $n \in \mathbb{N}^*$, enthält.
2. Verwenden Sie den Anführer der Nebenklasse $\boldsymbol{e}^{(m)} \in \mathbb{D}^{(m)} \subseteq \mathbb{F}_2^n$, $m \in \{0, 1 \cdots (2^{n-k} - 1)\}$, $k, n \in \mathbb{N}^*$, um (1.369) zu berechnen.

Die *Syndromdecodierung* ist eine rechnerisch vereinfachte Version der Decodierung mit Nebenklassenzerlegung (engl. „standard array“). Die Syndromdecodierung wird folgendermaßen durchgeführt [11, S. 124]:

1. Erstellen Sie eine Tabelle mit 2^{n-k}, $k, n \in \mathbb{N}^*$, Elementen $(\boldsymbol{s}^{(m)}, \boldsymbol{e}^{(m)})$.
2. Berechnen Sie das Syndrom $\boldsymbol{r}\boldsymbol{H}^{\mathrm{T}}$ des Empfangsvektors $\boldsymbol{r} \in \mathbb{F}_2^n$, $n \in \mathbb{N}^*$.
3. Finden Sie den Anführer der Nebenklasse $\boldsymbol{e}^{(m)} \in \mathbb{D}^{(m)} \subseteq \mathbb{F}_2^n$, $m \in \{0, 1 \cdots (2^{n-k} - 1)\}$, $k, n \in \mathbb{N}^*$, der dem Syndrom $\boldsymbol{r}\boldsymbol{H}^{\mathrm{T}}$ in der oben genannten Tabelle entspricht.
4. Verwenden Sie diesen Anführer der Nebenklasse $\boldsymbol{e}^{(m)} \in \mathbb{D}^{(m)} \subseteq \mathbb{F}_2^n$, $m \in \{0, 1 \cdots (2^{n-k} - 1)\}$, $k, n \in \mathbb{N}^*$, um (1.369) zu berechnen.

1.9 Einige Beispiele für $(n, k, d_{\min})$ binäre lineare Blockcodes

1.9.1 Binärer linearer Einzelparitätsprüfcode (engl. „single parity check (SPC) code“)

Ein binärer linearer *Einzelparitätsprüfcode (engl. „single parity check (SPC) code“)* ist ein $(k+1, k, 2)$ binärer linearer Blockcode $\mathbb{V}$ mit einer einzigen Paritätsprüfziffer [22, S. 94], der in der Lage ist, einen einzigen Übertragungsfehler zu erkennen. Da der Minimaldistanz $d_{\min}$ gleich 2 ist, ist die Zufallsfehlerkorrekturfähigkeit (engl. „random-error-correcting capability“) t gleich 0. Somit ist keine Fehlerkorrektur möglich. SPC-Codes werden oft zur einfachen Fehlererkennung verwendet [22, S. 94].

Die Coderate des Einzelparitätsprüfcodes (engl. „single parity check (SPC) code“) ist

$$R = \frac{k}{k+1}, \quad k \in \mathbb{N}^*. \tag{1.374}$$

Die $k \times (k+1)$ Generatormatrix ist in systematischer Form gleich [22, Gl. (3.44), S. 94]

$$
\boldsymbol{G} = \underbrace{\left(\begin{array}{c:cccccc} 1 & 1 & 0 & 0 & 0 & \cdots & 0 \\ 1 & 0 & 1 & 0 & 0 & \cdots & 0 \\ 1 & 0 & 0 & 1 & 0 & \cdots & 0 \\ 1 & 0 & 0 & 0 & 1 & \cdots & 0 \\ \vdots & \vdots & \vdots & \vdots & \vdots & \ddots & \vdots \\ 1 & 0 & 0 & 0 & 0 & & 1 \end{array}\right)}_{=\mathbf{1}_k^{\mathrm{T}} \quad = \boldsymbol{I}_k} = (\mathbf{1}_k^{\mathrm{T}}\ \boldsymbol{I}_k), \quad \mathbf{1}_k = \underbrace{(1,1\cdots 1)}_{k \text{ Komponenten}}, \quad k \in \mathbb{N}^*. \tag{1.375}
$$

Mit der Paritätsprüfziffer [22, Gl. (3.43), S. 94]

$$
p = \bigoplus_{i=0}^{k-1} u_i, \quad p, u_i \in \mathbb{F}_2, \quad i \in \{0, 1 \cdots (k-1)\}, \quad k \in \mathbb{N}^*, \tag{1.376}
$$

hat jedes Codewort die Form [22, S. 94]

$$
\boldsymbol{v} = (p, u_0, u_1, u_2, \ldots, u_{k-1}), \quad \boldsymbol{v} \in \mathbb{V} \subset \mathbb{F}_2^{k+1}, \quad p, u_i \in \mathbb{F}_2, \quad i \in \{0, 1 \cdots (k-1)\}, \quad k \in \mathbb{N}^*. \tag{1.377}
$$

Da alle Codewörter des SPC-Codes gerade, d. h. restlos durch 2 teilbare Hamming-Gewichte haben, ist die Minimaldistanz $d_{\min}$ gleich 2 [22, S. 94].

Da alle Codewörter gerade Hamming-Gewichte haben, wird ein SPC-Code auch als *gerader Einzelparitätsprüfcode* (engl. „even parity check code") bezeichnet [22, S. 94].

Die $1 \times (k+1)$ Prüfmatrix (Paritätsprüfmatrix) des SPC-Codes ist [22, Gl. (3.45), S. 94]

$$
\boldsymbol{H} = \mathbf{1}_{k+1}, \quad k \in \mathbb{N}^*. \tag{1.378}
$$

1.9.2 Binärer linearer Wiederholungscode

Ein binärer linearer *Wiederholungscode* ist ein $(n, 1, n)$ binärer linearer Blockcode $\mathbb{V}$, der nur aus zwei Codewörtern besteht, nämlich dem Nullvektor [22, S. 94]

$$
\mathbf{0}_n = \underbrace{(0, 0 \cdots 0)}_{n \text{ Nullen}}, \quad n \in \mathbb{N}^*, \tag{1.379}
$$

und dem Einsvektor [22, S. 94]

$$
\mathbf{1}_n = \underbrace{(1, 1 \cdots 1)}_{n \text{ Einsen}}, \quad n \in \mathbb{N}^*. \tag{1.380}
$$

Der Wiederholungscode wiederholt einfach ein einzelnes Nachrichtenbit u_0 genau $(n-1)$, $n \in \mathbb{N}^*$, mal [22, S. 94]. Die Minimaldistanz $d_{\min}$ ist gleich der Länge n, $n \in \mathbb{N}^*$, des

Wiederholungscodes. Daher kann der Wiederholungscode $(n-1), n \in \mathbb{N}^*$, Übertragungsfehler erkennen. Seine Zufallsfehlerkorrekturfähigkeit (engl. „random-error-correcting capability“) t ist $\lfloor (n-1)/2 \rfloor$.

Die Coderate des Wiederholungscodes ist

$$R = \frac{1}{n}, \quad n \in \mathbb{N}^*. \tag{1.381}$$

Die Generatormatrix des Wiederholungscodes ist die $1 \times n$ Matrix [22, Gl. (3.46), S. 94]

$$\boldsymbol{G} = \mathbf{1}_n, \quad n \in \mathbb{N}^*. \tag{1.382}$$

Folglich ist die $(n-1) \times n$ Prüfmatrix (Paritätsprüfmatrix) gleich

$$\boldsymbol{H} = \underbrace{\begin{pmatrix} 1 & 1 & 0 & 0 & 0 & \cdots & 0 \\ 1 & 0 & 1 & 0 & 0 & \cdots & 0 \\ 1 & 0 & 0 & 1 & 0 & \cdots & 0 \\ 1 & 0 & 0 & 0 & 1 & \cdots & 0 \\ \vdots & \vdots & \vdots & \vdots & \vdots & \ddots & \vdots \\ 1 & 0 & 0 & 0 & 0 & & 1 \end{pmatrix}}_{= \mathbf{1}_{n-1}^{\mathrm{T}} \;\; = \boldsymbol{I}_{n-1}} = \left(\mathbf{1}_{n-1}^{\mathrm{T}} \; \boldsymbol{I}_{n-1}\right), \quad n \in \mathbb{N}^*. \tag{1.383}$$

Aus (1.375) und (1.382) sowie aus (1.378) und (1.383) ersieht man, dass der Wiederholungscode und der Einzelparitätsprüfcode duale Codes sind [22, S. 94].

1.9.3 Binäre maximalabstandseparable Codes (engl. „maximum distance separable (MDS) codes“)

Satz 1.26 (Binäre maximalabstandseparable Codes (engl. „maximum distance separable (MDS) codes“)). *Die einzigen binären maximalabstandseparablen Codes (engl. „maximum distance separable (MDS) codes“), siehe Satz 1.7, sind triviale Codes, nämlich* [12, *Satz 6.11, S. 139f.*]

- *der $([k+1], k, 2)$ binäre lineare Einzelparitätsprüfcode (engl. „single parity check (SPC) code“) mit der Dimension $k \in \mathbb{N}^*$, mit der Länge $[k+1]$ und mit der Minimaldistanz 2, siehe Abschnitt 1.9.1,*
- *der $(n, 1, n)$ binäre lineare Wiederholungscode mit der Dimension 1, mit der Länge $n \in \mathbb{N}^*$ und mit der Minimaldistanz $k \in \mathbb{N}^*$, siehe Abschnitt 1.9.2, und*
- *der $(k, k, 1)$ binäre lineare Code ohne Redundanz mit der Dimension $k \in \mathbb{N}^*$, mit der Länge $k \in \mathbb{N}^*$ und mit der Minimaldistanz 1.*

Beweis. Ausgehend von Satz 1.7 und (1.139) gilt

$$d_{\min} = n - k + 1, \quad \Leftrightarrow \quad n - k = d_{\min} - 1, \quad k, n \in \mathbb{N}^*, \tag{1.384}$$

im Fall eines binären maximalabstandseparablen Codes (engl. „maximum distance separable (MDS) code“) [12, Satz 6.11, S. 140].

Die Beziehung (1.384) ergibt für d_{min} gleich 1 nur im Fall des $(k, k, 1)$ binären linearen Codes ohne Redundanz eine korrekte mathematische Aussage, nämlich

$$k - k = 1 - 1, \quad k \in \mathbb{N}^*. \tag{1.385}$$

Im Fall von d_{min} gleich 2 ergibt (1.384) nur für n gleich $(k + 1)$ eine korrekte mathematische Aussage, nämlich

$$n - k = 2 - 1, \quad k, n \in \mathbb{N}^*. \tag{1.386}$$

Gleichung (1.386) erfordert also den $([k + 1], k, 2)$ binären linearen Einzelparitätsprüfcode (engl. „single parity check (SPC) code"), $k \in \mathbb{N}^*$, siehe Abschnitt 1.9.1.

Im Fall von d_{min} gleich n ergibt (1.384) schließlich nur für k gleich 1 eine korrekte mathematische Aussage, nämlich

$$n - k = n - 1, \quad k, n \in \mathbb{N}^*. \tag{1.387}$$

Gleichung (1.387) kann nur im Fall des $(n, 1, n)$ binären linearen Wiederholungscodes, mit der Dimension k gleich 1, mit der Länge $n \in \mathbb{N}^*$ und mit der Minimaldistanz n erfüllt werden.

Daher sind

- der $([k + 1], k, 2)$ binäre lineare Einzelparitätsprüfcode (engl. „single parity check (SPC) code") mit der Dimension $k \in \mathbb{N}^*$, mit der Länge $[k + 1]$ und mit der Minimaldistanz 2, siehe Abschnitt 1.9.1,
- der $(n, 1, n)$ binäre lineare Wiederholungscode mit der Dimension 1, mit der Länge $n \in \mathbb{N}^*$ und mit der Minimaldistanz $k \in \mathbb{N}^*$, siehe Abschnitt 1.9.2, und
- der $(k, k, 1)$ binäre lineare Code ohne Redundanz mit der Dimension $k \in \mathbb{N}^*$, mit der Länge $k \in \mathbb{N}^*$ und mit der Minimaldistanz 1

binäre maximalabstandseparable Codes (engl. „maximum distance separable (MDS) codes").

Mit (1.384) wird die Gilbert-Varshamov-Schranke (1.201) aus Satz 1.15 zu

$$\sum_{i=0}^{d_{\mathrm{min}}-2} \binom{n-1}{i} = \sum_{i=0}^{d_{\mathrm{min}}-2} \binom{d_{\mathrm{min}} + k - 2}{i} < 2^{d_{\mathrm{min}}-1} = 2^{n-k}, \quad d_{\mathrm{min}}, k, n \in \mathbb{N}^*. \tag{1.388}$$

Im Fall von d_{min} gleich 1 erhält man aus (1.388) die korrekte mathematische Aussage

$$\underbrace{\sum_{i=0}^{-1} \binom{k-1}{i}}_{=0} < 2^0 = 1, \quad k \in \mathbb{N}^*. \tag{1.389}$$

Daher ist der $(k, k, 1)$ binäre lineare Code ohne Redundanz, nicht nur ein binärer maximalabstandseparabler Code (engl. „maximum distance separable (MDS) code"), sondern er erfüllt auch die Gilbert-Varshamov-Schranke (1.201) aus Satz 1.15.

Nun betrachten wir den Fall d_{min} gleich 2. Die Beziehung (1.388) wird jetzt zu

$$\underbrace{\sum_{i=0}^{0} \binom{k}{i}}_{=1} < 2^1 = 2, \quad k \in \mathbb{N}^*. \tag{1.390}$$

Auch (1.390) ist eine korrekte mathematische Aussage. Daher ist der $([k + 1], k, 2)$ binäre lineare Einzelparitätsprüfcode (engl. „single parity check (SPC) code"), siehe Abschnitt 1.9.1, nicht nur ein binärer maximalabstandseparabler Code (engl. „maximum distance separable (MDS) code"), sondern er erfüllt ebenfalls die Gilbert-Varshamov-Schranke (1.201) aus Satz 1.15.

Weiterhin betrachten wir den Fall von $d_{\min}$ gleich n, $n \in \mathbb{N}^*$. Die Beziehung (1.388) ergibt in diesem Fall die korrekte mathematische Aussage

$$\sum_{i=0}^{n-2} \binom{n-1}{i} < \underbrace{\sum_{i=0}^{n-1} \binom{n-1}{i} = 2^{n-1}}_{\text{binomischer Lehrsatz [18, Gl. (1.36a), (1.36b) und (1.36c), S. 12]}} \quad , \quad n \in \mathbb{N}^*. \tag{1.391}$$

Daher ist der $(n, 1, n)$ binäre lineare Wiederholungscode, siehe Abschnitt 1.9.2, nicht nur ein binärer maximalabstandseparabler Code (engl. „maximum distance separable (MDS) code"), sondern er erfüllt auch die Gilbert-Varshamov-Schranke (1.201) aus Satz 1.15.

Schließlich gilt es den Fall von $d_{\min} \in \{3, 4 \cdots (n-1)\}$, $n \in \mathbb{N}^*$ zu betrachten. Der binomische Lehrsatz ergibt [18, Gl. (1.36a), (1.36b) und (1.36c), S. 12]

$$2^{d_{\min}-1} = (1+1)^{d_{\min}-1} = \sum_{i=0}^{d_{\min}-1} \binom{d_{\min}-1}{i}, \quad d_{\min} \in \left\{3, 4 \cdots (n-1)\right\}, \quad n \in \mathbb{N}^*. \tag{1.392}$$

Wegen

$$\begin{aligned}
\binom{d_{\min}-1}{i} &= \frac{(d_{\min}-1)!}{i!(d_{\min}-1-i)!} \\
&= \frac{(d_{\min}-1)!d_{\min}}{i!(d_{\min}-1-i)!d_{\min}} \\
&\leq \frac{d_{\min}!}{i!(d_{\min}-1-i)!(d_{\min}-i)} \\
&\leq \frac{d_{\min}!}{i!(d_{\min}-i)!} \\
&\leq \frac{d_{\min}!(d_{\min}+1)\cdot \ldots \cdot (d_{\min}+k-1)}{i!(d_{\min}-i)!(d_{\min}+1)\cdot \ldots \cdot (d_{\min}+k-1)} \\
&\leq \frac{(d_{\min}+k-1)!}{i!(d_{\min}-i)!(d_{\min}-i+1)\cdot \ldots \cdot (d_{\min}-i+k-1)} \\
&\leq \frac{(d_{\min}+k-1)!}{i!(d_{\min}+k-1-i)!} \\
&\leq \binom{d_{\min}-1+k}{i},
\end{aligned} \tag{1.393}$$

$$i \in \left\{0, 1 \cdots (d_{\min}-1)\right\}, \quad d_{\min} \in \left\{3, 4 \cdots (n-1)\right\}, \quad k, n \in \mathbb{N}^*,$$

mit Gleichheit nur für i gleich 0, kann man sicher sagen [12, S. 140]

$$2^{d_{\min}-1} = \sum_{i=0}^{d_{\min}-1} \binom{d_{\min}-1}{i} = \sum_{i=0}^{d_{\min}-2} \binom{d_{\min}-1}{i} + 1 < \sum_{i=0}^{d_{\min}-2} \binom{d_{\min}-1+k}{i}, \tag{1.394}$$

$$d_{\min} \in \left\{3, 4 \cdots (n-1)\right\}, \quad k, n \in \mathbb{N}^*.$$

Daher wird (1.388) zu

$$2^{n-k} < \sum_{i=0}^{d_{\min}-2} \binom{d_{\min}+k-1}{i}, \quad d_{\min} \in \left\{3, 4 \cdots (n-1)\right\}, \quad k, n \in \mathbb{N}^*. \tag{1.395}$$

Die Beziehung (1.395) erfordert, dass $(n-k) < (d_{\min}-1)$. Daher können die Codes mit $d_{\min} \in \{3, 4 \cdots (n-1)\}$, $n \in \mathbb{N}^*$, nicht trivial sein. □

1.9.4 Selbstduale Codes (engl. „self-dual code")

Ein $(n, k, d_{\min})$ binärer linearer Blockcode $\mathbb{V}$, der gleich seinem dualen $(n, [n-k], d_{\min})$ binären linearen Blockcode $\mathbb{V}^{\perp}$ ist, wird als *selbstdualer Code* (engl. „self-dual code") bezeichnet [22, S. 94].

Offensichtlich müssen die Dimensionen des $(n, k, d_{\min})$ binären linearen Blockcodes $\mathbb{V}$ und des $(n, [n-k], d_{\min})$ binären linearen Blockcodes $\mathbb{V}^{\perp}$ gleich sein [22, S. 94]

$$k = n - k, \quad \Leftrightarrow \quad k = \frac{n}{2}, \quad k, n \in \mathbb{N}^{*}. \tag{1.396}$$

Somit muss die Länge n eine gerade Zahl sein.

Aus (1.396) folgt, dass die Coderate des selbstdualen Codes stets

$$R = \frac{k}{n} = \frac{1}{2} \tag{1.397}$$

ist [22, S. 94].

Es sei [22, S. 95]

$$\boldsymbol{G} = (\boldsymbol{P} \;\; \boldsymbol{I}_{n/2}), \quad n \in \mathbb{N}^{*}, \tag{1.398}$$

eine $(n/2) \times n$ Generatormatrix eines selbstdualen Bockcodes $\mathbb{V}$. Dann ist $\boldsymbol{G}$ auch eine Generatormatrix seines dualen Bockcodes $\mathbb{V}^{\perp}$ und somit eine Prüfmatrix (Paritätsprüfmatrix) von $\mathbb{V}$ [22, S. 94]. Es folgt [22, Gl. (3.47), S. 94]

$$\boldsymbol{0}_{n/2 \times n/2} = \boldsymbol{G}\,\boldsymbol{G}^{\mathrm{T}}, \quad n \text{ gerade}, \quad n \in \mathbb{N}^{*}. \tag{1.399}$$

Gleichung (1.399) führt unmittelbar zu

$$\boldsymbol{0}_{n/2 \times n/2} = (\boldsymbol{P} \;\; \boldsymbol{I}_{n/2}) \begin{pmatrix} \boldsymbol{P}^{\mathrm{T}} \\ \boldsymbol{I}_{n/2} \end{pmatrix} = \boldsymbol{P}\,\boldsymbol{P}^{\mathrm{T}} \oplus \boldsymbol{I}_{n/2}\,\boldsymbol{I}_{n/2} = \boldsymbol{P}\,\boldsymbol{P}^{\mathrm{T}} \oplus \boldsymbol{I}_{n/2}, \quad n \in \mathbb{N}^{*}, \tag{1.400}$$

und folglich zu [22, Gl. (3.48), S. 95]

$$\boldsymbol{P}\,\boldsymbol{P}^{\mathrm{T}} = \boldsymbol{I}_{n/2}, \quad n \in \mathbb{N}^{*}.$$

Wenn ein $(n, k, d_{\min})$ binärer linearer Blockcode $\mathbb{V}$ mit der Coderate R gleich 1/2 die Bedingung (1.399) erfüllt, dann ist er ein selbstdualer $(n, n/2, d_{\min})$ binärer linearer Blockcode $\mathbb{V}$ [22, S. 95].

1.9.5 Hamming-Codes

Definition 1.40 (Hamming-Code). Die Prüfmatrix (Paritätsprüfmatrix) $\boldsymbol{H} \in \mathbb{F}_2^{h\times[2^h-1]}$, $h \in \{2, 3\cdots\}$, eines *Hamming-Codes* hat $(2^h - 1)$ Spaltenvektoren $\boldsymbol{\eta}^{(0)} \in \mathbb{F}_2^h$, $\boldsymbol{\eta}^{(1)} \in \mathbb{F}_2^h$, $\cdots \boldsymbol{\eta}^{(2^h-2)} \in \mathbb{F}_2^h$, die aus h Elementen aus $\mathbb{F}_2$ bestehen und die alle Spaltenvektoren aus $\mathbb{F}_2^h \setminus \{\mathbf{0}_h\}$ sind [12, Definition 1.16, S. 20], [10, S. 191].

Der Parameter h, $h \in \{2, 3\cdots\}$, wird als *Ordnung des Hamming-Codes* bezeichnet [11, S. 118].

Die Spaltenvektoren von $\boldsymbol{H} \in \mathbb{F}_2^{h\times[2^h-1]}$, $h \in \{2, 3\cdots\}$, sind paarweise linear unabhängig, und drei beliebige unterschiedlichen Spaltenvektoren von $\boldsymbol{H} \in \mathbb{F}_2^{h\times[2^h-1]}$, $h \in \{2, 3\cdots\}$, sind linear abhängig [12, Satz 1.17, S. 20].

Daher ist die Minimaldistanz $d_{\min}$ gleich 3 [12, Satz 1.18, S. 20]. Ein Hamming-Code mit $h \in \{2, 3\cdots\}$ ist somit ein $([2^h - 1], [2^h - h - 1], 3)$ binärer linearer Blockcode $\mathbb{V}$ [12, S. 20], [11, S. 118].

Ein Hamming-Code kann somit zwei Übertragungsfehler erkennen und einen Übertragungsfehler korrigieren [12, S. 20].

Satz 1.27 (Hamming-Codes sind perfekte Codes). *Hamming-Codes sind perfekte Codes* [12, *Satz 1.18, S. 20*].

Beweis. Es ist

$$n = 2^h - 1, \quad k = \underbrace{2^h - 1}_{=n} - h \;\Rightarrow n - k = h, \quad d_{\min} = 3 \;\Rightarrow t = \left\lfloor \frac{d_{\min} - 1}{2} \right\rfloor = 1. \tag{1.401}$$

Mit (1.301) aus Satz 1.16 erhält man

$$2^h = 2^{n-k} \geq \sum_{i=0}^{1} \binom{n}{i} = 1 + \binom{2^h - 1}{1} = 1 + 2^h - 1 = 2^h \quad k, n \in \mathbb{N}^*. \tag{1.402}$$

Daher erfüllt jeder Hamming-Code der Ordnung h, $h \in \{2, 3\cdots\}$, (1.301) mit Gleichheit und ist daher ein perfekter Code gemäß Definition 1.35. □

1.9.6 Simplex-Codes

Definition 1.41 (Simplex-Code). Der duale Code eines Hamming-Codes, d. h. eines $([2^h-1], [2^h-h-1], 3)$ binären linearen Blockcodes $\mathbb{V}$, ist ein *Simplex-Code*, d. h. ein $([2^h - 1], h)$ binärer linearer Blockcode $\mathbb{V}^\perp$.

Dieser Simplex-Code hat die Prüfmatrix (Paritätsprüfmatrix) $\boldsymbol{H} \in \mathbb{F}_2^{h\times[2^h-1]}$, $h \in \{2, 3\cdots\}$, des Hamming-Codes als Generatormatrix [12, S. 110], [10, S. 30, 221], [11, Definition 4.5, S. 119].

Satz 1.28 (Minimaldistanz $d_{\min}$ eines Simplex-Codes). *Jedes vom Nullvektor $\mathbf{0}_{2^h-1}$ verschiedene Codewort des Simplex-Codes mit der Dimension h, $h \in \{2, 3\cdots\}$, hat das Hamming-Gewicht 2^{h-1}, $h \in \{2, 3\cdots\}$,* [12, *S. 110*], [11, *Definition 4.5, S. 119*], [48, *Satz 3.13, S. 33*].

Daher ist die Minimaldistanz $d_{\min}$ auch gleich 2^{h-1}, $h \in \{2, 3\cdots\}$ [12, *S. 110*], [11, *Definition 4.5, S. 119*], [48, *Satz 3.13, S. 33*].

Beweis. Es sei $\boldsymbol{G} \in \mathbb{F}_2^{h\times[2^h-1]}$ $h \in \{2,3\cdots\}$, eine Generatormatrix des h-dimensionalen, $h \in \{2,3\cdots\}$, Simplex-Codes [48, Satz 3.13, S. 33]

$$\mathbb{V}^\perp = \left\{\boldsymbol{uG} \mid \boldsymbol{u} \in \mathbb{F}_2^h\right\}, \quad \boldsymbol{G} \in \mathbb{F}_2^{h\times[2^h-1]}, \quad h \in \{2,3\cdots\}. \tag{1.403}$$

Das Hamming-Gewicht $w_\text{H}\{\boldsymbol{uG}\}$ jedes vom Nullvektor $\boldsymbol{0}_{2^h-1}$ verschiedenen Codeworts $\boldsymbol{uG} \in \mathbb{V}^\perp \backslash \boldsymbol{0}_{2^h-1}$, $h \in \{2,3\cdots\}$, ist [48, Satz 3.13, S. 33]

$$w_\text{H}\{\boldsymbol{uG}\} = 2^h - 1 - c, \quad h \in \{2,3\cdots\}, \quad c \in \mathbb{N}^*, \tag{1.404}$$

In (1.404) ist $c \in \mathbb{N}^*$ die Anzahl derjenigen Spaltenvektoren $\boldsymbol{\eta} \in \mathbb{F}_2^h$ ist, für welche

$$\boldsymbol{u\eta}^\text{T} = 0 \tag{1.405}$$

gilt [48, Satz 3.13, S. 33].

Der Vektorraum $\mathbb{F}_2^h$, $h \in \{2,3\cdots\}$, enthält genau $(h-1)$, $h \in \{2,3\cdots\}$, Spaltenvektoren, die orthogonal zu $\boldsymbol{u} \in \mathbb{F}_2^h$, $h \in \{2,3\cdots\}$ sind [48, Satz 3.13, S. 33]. Da jene Spaltenvektoren $\boldsymbol{\eta} \in \mathbb{F}_2^h$, $h \in \{2,3\cdots\}$, von $\boldsymbol{G} \in \mathbb{F}_2^{h\times[2^h-1]}$, $h \in \{2,3\cdots\}$, welche (1.405) erfüllen, Linearkombinationen der genannten $(h-1)$, $h \in \{2,3\cdots\}$, Spaltenvektoren sind, welche orthogonal zu $\boldsymbol{u} \in \mathbb{F}_2^h$, $h \in \{2,3\cdots\}$, sind, gibt es genau c gleich $(2^{h-1}-1)$, $h \in \{2,3\cdots\}$, solche Spaltenvektoren [48, Satz 3.13, S. 33].

Mit (1.404) folgt

$$w_\text{H}\{\boldsymbol{uG}\} = 2^h - 1 - \left(2^{h-1} - 1\right) = 2^h - 2^{h-1} = 2^{h-1}(2-1) = 2^{h-1}, \quad h \in \{2,3\cdots\}. \tag{1.406}$$

Aus (1.406) ergibt sich die Minimaldistanz d_min gleich 2^{h-1}, $h \in \{2,3\cdots\}$ [12, S. 110], [11, Definition 4.5, S. 119], [48, Satz 3.13, S. 33]. □

Daher ist jeder Simplex-Code ein $([2^h-1], h, 2^{h-1})$ binärer linearer Blockcode $\mathbb{V}^\perp$.

Der Ausdruck „Simplex“ bezieht sich darauf, dass die (2^h-1), $h \in \{2,3\cdots\}$, vom Nullvektor $\boldsymbol{0}_{2^h-1}$ verschiedenen Codewörter alle dieselbe konstante „Länge“ d_min gleich 2^{h-1}, $h \in \{2,3\cdots\}$, haben und zusammen mit dem Nullvektor $\boldsymbol{0}_{2^h-1}$, $h \in \{2,3\cdots\}$, somit ein (2^h-1)-*Simplex* im 2^{2^h-1}-dimensionalen Vektorraum aller (2^h-1)-Tupel bilden [10, S. 31], [49, S. 149].

„Just for the records“: Die Simplex-Codes erfüllen die Griesmer-Schranke, die eine Verallgemeinerung der Singleton-Schranke ist [48, S. 31–33].

Abbildung 1.19 zeigt die Coderate R über δ gleich d_min/n, $n \in \mathbb{N}^*$, für

- den $([k+1], k, 2)$ binären linearen Einzelparitätsprüfcode (engl. „single parity check (SPC) code“), $k \in \mathbb{N}^*$, siehe Abschnitt 1.9.1,
- den $(n, 1, n)$ binären linearen Wiederholungscode, $n \in \mathbb{N}^*$, mit der Dimension k gleich 1 und Länge $n \in \mathbb{N}^*$, siehe Abschnitt 1.9.2, und
- den $(k, k, 1)$ binären linearen Code ohne jegliche Redundanz, $k \in \mathbb{N}^*$,
- den $([2^h-1], [2^h-h-1], 3)$ Hamming-Code, $h \in \{2,3\cdots\}$, und
- den $([2^h-1], h, 2^{h-1})$ Simplex-Code.

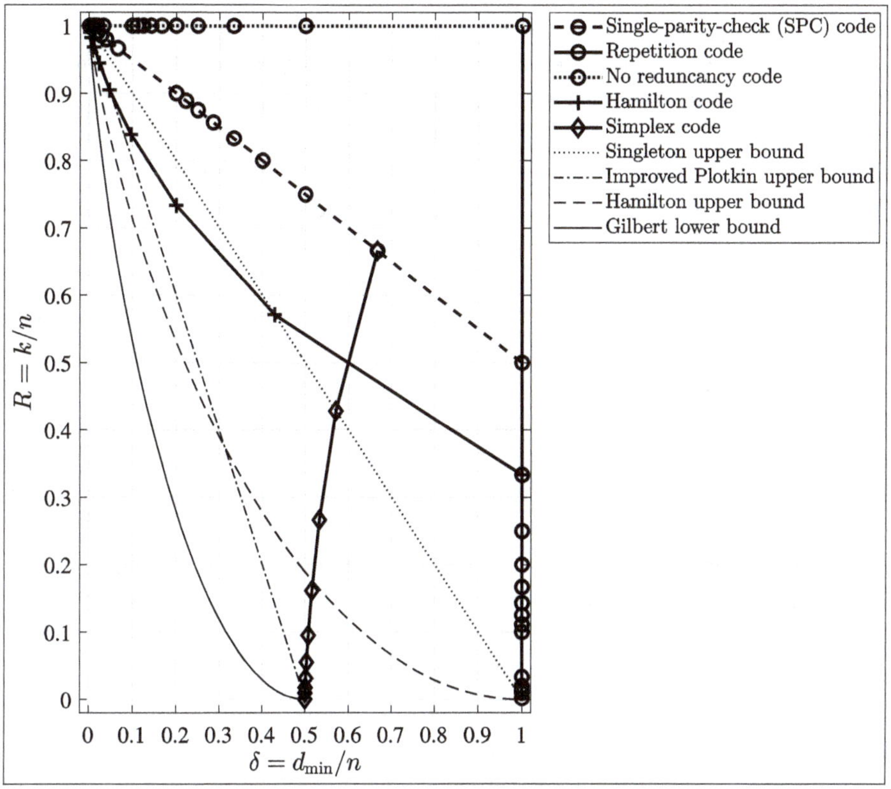

Abb. 1.19: Coderate R über $\delta = d_{\text{min}}/n$, $n \in \mathbb{N}^*$ für verschiedene binäre lineare Blockcodes, die in diesem Abschnitt 1.9 betrachtet werden.

1.10 Sechs Strategien zur Konstruktion neuer Codes aus bekannten Codes

Moderne Mobilkommunikationssysteme müssen rückwärtskompatibel zu vorherigen und bestehenden Systemvarianten sein. Um diese Notwendigkeit zu erfüllen, sind auch Anpassungen solcher Kanalcodierungsverfahren erforderlich, die bereits in den Vorgängern der modernen Mobilkommunikationssysteme eingesetzt wurden. Daher ist das Motto die Konstruktion neuer Codes aus alten. In diesem Abschnitt 1.10 sollen sechs einfache Strategien zur Konstruktion neuer Codes aus alten Codes illustriert werden [10, Kapitel 1, § 9, S. 27–32].

Die *erste Strategie* ...

... ist *das Hinzufügen einer Gesamtparitätsprüfung* (engl. „adding an overall parity check“) [10, Kapitel 1, § 9, S. 27]. Wir betrachten einen solchen (n, k) binären linearen Blockcode $\mathbb{V}$, in welchem einige Codewörter ungerade Hamming-Gewichte haben [10, Kapitel 1, § 9, S. 27]. Ausgehend vom genannten (n, k) binären linearen Blockcode $\mathbb{V}$ bil-

det man einen $([n+1], k)$ binären linearen Blockcode $\mathbb{V}$, indem man
- eine 0 an das Ende eines jeden Codewortes $\boldsymbol{v} \in \mathbb{W}$ mit geradem Gewicht, und
- eine 1 an das Ende eines jeden Codewortes $\boldsymbol{v} \in \mathbb{W}$ mit ungeradem Gewicht

anfügt [10, Kapitel 1, § 9, S. 27f.]. Somit hat der neue $([n+1], k)$ binäre lineare Blockcode $\mathbb{V}$ die Eigenschaft, dass jedes seiner Codewörter ein gerades Hamming-Gewicht hat. Deshalb erfüllt jedes dieser Codewörter die neue Paritätsprüfgleichung

$$v_0 \oplus v_1 \oplus v_2 \oplus \cdots \oplus v_{n-1} \oplus v_n = 0, \quad n \in \mathbb{N}^*, \tag{1.407}$$

die *„Gesamtparitätsprüfung"* genannt wird [10, Kapitel 1, § 9, S. 27]. Da $w_{\mathrm{H}}\{\boldsymbol{v}\}$ gerade ist, ist auch die Hamming-Distanz zwischen jedem Paar von Codewörtern gerade [10, Kapitel 1, § 9, S. 27]. Wenn die Minimaldistanz des (n, k) binären linearen Blockcodes $\mathbb{V}$ ungerade war, dann ist die Minimaldistanz des neuen $([n+1], k)$ binären linearen Blockcodes $\mathbb{W}$ gleich $(d_{\min} + 1)$.

Aus dem alten $(n, k, d_{\min})$ binären linearen Blockcode $\mathbb{V}$ ist ein neuer $([n+1], k, [d_{\min}+1])$ binärer linearer Blockcode $\mathbb{W}$ entstanden [10, Kapitel 1, § 9, S. 27].

Beispiel 1.14. Wir betrachten den $(2, 2, 1)$ binären linearen Blockcode $\mathbb{V}$ mit der 2×2 Generatormatrix

$$\boldsymbol{G} = \begin{pmatrix} 1 & 0 \\ 0 & 1 \end{pmatrix} = \boldsymbol{I}_k, \tag{1.408}$$

in systematischer Form. Der $(2, 2, 1)$ binäre lineare Blockcode $\mathbb{V}$ hat die folgenden vier Codewörter

$$\begin{aligned} \boldsymbol{v}^{(1)} &= \begin{pmatrix} 0 & 0 \end{pmatrix} \begin{pmatrix} 1 & 0 \\ 0 & 1 \end{pmatrix} = \begin{pmatrix} 0 & 0 \end{pmatrix}, \\ \boldsymbol{v}^{(2)} &= \begin{pmatrix} 0 & 1 \end{pmatrix} \begin{pmatrix} 1 & 0 \\ 0 & 1 \end{pmatrix} = \begin{pmatrix} 0 & 1 \end{pmatrix}, \\ \boldsymbol{v}^{(3)} &= \begin{pmatrix} 1 & 0 \end{pmatrix} \begin{pmatrix} 1 & 0 \\ 0 & 1 \end{pmatrix} = \begin{pmatrix} 1 & 0 \end{pmatrix}, \\ \boldsymbol{v}^{(4)} &= \begin{pmatrix} 1 & 1 \end{pmatrix} \begin{pmatrix} 1 & 0 \\ 0 & 1 \end{pmatrix} = \begin{pmatrix} 1 & 1 \end{pmatrix}. \end{aligned} \tag{1.409}$$

Offensichtlich ist die Minimaldistanz $d_{\min}$ gleich 1 und somit ungerade.

Das Hinzufügen einer Gesamtparitätsprüfung ergibt den $(3, 2, 2)$ binären linearen Blockcode $\mathbb{W}$. Dieser ist ein Einzelparitätsprüfcode (engl. „single parity check (SPC) code")

$$\mathbb{W} = \{(0,0,0), (1,0,1), (1,1,0), (0,1,1)\}, \tag{1.410}$$

der mit der 2×3 Generatormatrix erzeugt werden kann

$$\boldsymbol{G}^{(\mathbb{W})} = \begin{pmatrix} 1 & 1 & 0 \\ 1 & 0 & 1 \end{pmatrix} = (\boldsymbol{P}\,\boldsymbol{I}_2), \quad \boldsymbol{P} = \begin{pmatrix} 1 \\ 1 \end{pmatrix}. \tag{1.411}$$

Die Minimaldistanz des $(3, 2, 2)$ binären linearen Blockcodes $\mathbb{W}$ ist $(d_{\min} + 1)$, gleich 2 und somit erwartungsgemäß gerade.

Das Hinzufügen von Prüfzeichen zu Codewörtern wird allgemein als *Erweiterung eines Codes* (engl. „extending a code") bezeichnet [10, Kapitel 1, § 9, S. 27]. Wir betrachten erneut das Beispiel des (n, k, d_{min}) binären linearen Blockcodes $\mathbb{V}$ mit der Prüfmatrix (Paritätsprüfmatrix) $\boldsymbol{H}$. Der neue $([n+1], k, [d_{\text{min}}+1])$ binäre lineare Blockcode $\mathbb{W}$ hat die Prüfmatrix (Paritätsprüfmatrix) [10, Kapitel 1, § 9, S. 27]

$$\boldsymbol{H}^{(\mathbb{W})} = \begin{pmatrix} 1 & 1 & \cdots & 1 \\ & & & 0 \\ & \boldsymbol{H} & & \vdots \\ & & & 0 \end{pmatrix}. \qquad (1.412)$$

Beispiel 1.15. Wir betrachten erneut den $(3, 2, 2)$ binären linearen Blockcode $\mathbb{W}$ aus Beispiel 1.14. Dessen 1×3 Prüfmatrix (Paritätsprüfmatrix) ist

$$\boldsymbol{H}^{(\mathbb{W})} = \begin{pmatrix} \boldsymbol{I}_1 & \boldsymbol{P}^{\mathrm{T}} \end{pmatrix} = \begin{pmatrix} 1 & 1 & 1 \end{pmatrix}. \qquad (1.413)$$

Der duale Code, der von $\boldsymbol{H}^{(\mathbb{W})}$ aufgespannt wird, ist der $(3, 1, 3)$ Wiederholungscode [22, S. 94]. Dieser ist auch ein Hamming-Code [12, S. 20f.].

Die *zweite Strategie* ...

... ist die *Punktierung eines Codes durch Löschen von Koordinaten* (engl. „puncturing a code by deleting coordinates"), d. h. von Komponenten der Codewörter. Dies ist der inverse Vorgang zur gerade besprochenen Erweiterung eines Codes [10, Kapitel 1, § 9, S. 28f.]. Der neue punktierte Code wird mit $\mathbb{V}^*$ bezeichnet und ist somit ein punktierter $([n-1], k)$ binärer linearer Blockcode $\mathbb{V}^*$ [10, Kapitel 1, § 9, S. 29].

Beispiel 1.16. Wir betrachten den $(3, 2, 2)$ binären linearen Blockcode $\mathbb{V}$, d. h. den Einzelparitätsprüfcode (engl. „single parity check (SPC) code") mit der Generatormatrix

$$\boldsymbol{G} = \begin{pmatrix} 1 & 1 & 0 \\ 1 & 0 & 1 \end{pmatrix}. \qquad (1.414)$$

Der $(3, 2, 2)$ binäre lineare Blockcode $\mathbb{V}$ hat die folgenden vier Codewörter

$$\begin{aligned} \boldsymbol{v}^{(1)} &= \begin{pmatrix} 0 & 0 \end{pmatrix} \begin{pmatrix} 1 & 1 & 0 \\ 1 & 0 & 1 \end{pmatrix} = \begin{pmatrix} 0 & 0 & 0 \end{pmatrix}, \\ \boldsymbol{v}^{(2)} &= \begin{pmatrix} 0 & 1 \end{pmatrix} \begin{pmatrix} 1 & 1 & 0 \\ 1 & 0 & 1 \end{pmatrix} = \begin{pmatrix} 1 & 0 & 1 \end{pmatrix}, \\ \boldsymbol{v}^{(3)} &= \begin{pmatrix} 1 & 0 \end{pmatrix} \begin{pmatrix} 1 & 1 & 0 \\ 1 & 0 & 1 \end{pmatrix} = \begin{pmatrix} 1 & 1 & 0 \end{pmatrix}, \\ \boldsymbol{v}^{(4)} &= \begin{pmatrix} 1 & 1 \end{pmatrix} \begin{pmatrix} 1 & 1 & 0 \\ 1 & 0 & 1 \end{pmatrix} = \begin{pmatrix} 0 & 1 & 1 \end{pmatrix}. \end{aligned} \qquad (1.415)$$

Offensichtlich ist d_{min} gleich 2.

Darüber hinaus sieht man sofort aus (1.415), dass die vom Nullvektor $\mathbf{0}_3$ verschiedenen Codewörter alle dieselben „Längen", d. h. dasselbe Hamming-Gewicht d_{min} gleich 2 haben. Daher bildet der $(3, 2, 2)$ binäre lineare Blockcode $\mathbb{V}$ ein 3-*Simplex*, das auch als *Tetraeder* bezeichnet wird. Der betrachtete Code ist also ein Simplex-Code [10, Bild 1.12, S. 30f.], [49, S. 148f.].

Wenn durch Punktionieren dieses $(3, 2, 2)$ binären linearen Blockcodes $\mathbb{V}$ beispielsweise die erste Koordinate gelöscht wird, so ergibt sich der $(2, 1, 1)$ binäre lineare Blockcode

$$\mathbb{V}^* = \{(0, 0), (0, 1), (1, 0), (1, 1)\} \tag{1.416}$$

mit der Generatormatrix

$$\boldsymbol{G}^{(\mathbb{V}^*)} = \begin{pmatrix} 1 & 0 \\ 0 & 1 \end{pmatrix}. \tag{1.417}$$

Im Allgemeinen verringert sich jedes Mal, wenn eine Koordinate gelöscht wird, die Länge n auf $(n - 1)$. Die Anzahl der Codewörter k bleibt gleich. Sofern man Glück hat, bleibt die Minimaldistanz d_{min} erhalten. Ansonsten wird die Minimaldistanz d_{min} auf $(d_{\mathrm{min}} - 1)$ reduziert [10, Kapitel 1, § 9, S. 29].

Die *dritte Strategie* ...

... ist das *Expurgieren durch Verwerfen von Codewörtern* (engl. „expurgating by throwing away codewords") [10, Kapitel 1, § 9, S. 29]. Die häufigste Methode wird im Folgenden veranschaulicht. Wir betrachten einen (n, k, d_{min}) binären linearen Blockcode $\mathbb{V}$ [10, Kapitel 1, § 9, S. 29]. Die Hälfte der Codewörter hat ein gerades Hamming-Gewicht, und die andere Hälfte der Codewörter hat ein ungerades Hamming-Gewicht [10, Kapitel 1, § 9, S. 29]. Man expurgiert diesen (n, k, d_{min}) binären linearen Blockcode $\mathbb{V}$, indem man diejenigen Codewörter mit ungeradem Hamming-Gewicht verwirft und so einen $(n, [k - 1], d'_{\mathrm{min}})$ binären linearen Blockcode $\mathbb{V}'$ erhält [10, Kapitel 1, § 9, S. 29]. Häufig gilt $d'_{\mathrm{min}} > d_{\mathrm{min}}$, zum Beispiel, wenn d_{min} ungerade ist [10, Kapitel 1, § 9, S. 29].

Die *vierte Strategie* ...

... ist das *Augmentieren durch Hinzufügen neuer Codewörter* (engl. „augmenting by adding new codewords") [10, Kapitel 1, § 9, S. 29]. Die gebräuchlichste Methode des Augmentierens eines Codes besteht darin, den Einsvektor $\mathbf{1}_n$ hinzuzufügen, vorausgesetzt, dass der Einsvektor $\mathbf{1}_n$ noch kein Element des Codes ist [10, Kapitel 1, § 9, S. 29]. Dies ist dasselbe wie das Hinzufügen einer Zeile von Einsen zur Generatormatrix [10, Kapitel 1, § 9, S. 29]. Es sei $\boldsymbol{v} \in \mathbb{V} \subseteq \mathbb{F}_2^n$, $n \in \mathbb{N}^*$, ein Codewort des (n, k, d_{min}) binären lineares Blockcodes $\mathbb{V}$. Wir nehmen an, dass der (n, k, d_{min}) binäre lineare Blockcode $\mathbb{V}$ den Einsvektor $\mathbf{1}_n$, $n \in \mathbb{N}^*$, nicht enthält [10, Kapitel 1, § 9, S. 29]. Es seien nun alle n-Tupel der Form $(\mathbf{1}_n \oplus \boldsymbol{v})$, $n \in \mathbb{N}^*$, mit $\boldsymbol{v} \in \mathbb{V} \subseteq \mathbb{F}_2^n$, $n \in \mathbb{N}^*$, die Elemente der Menge $\{\mathbf{1}_n \oplus \mathbb{V}\}$, $n \in \mathbb{N}^*$ [10, Kapitel 1, § 9, S. 29]. Die Menge $\{\mathbf{1}_n \oplus \mathbb{V}\}$, $n \in \mathbb{N}^*$, enthält somit alle *Komplemente* der Codewörter $\boldsymbol{v} \in \mathbb{V} \subseteq \mathbb{F}_2^n$, $n \in \mathbb{N}^*$ [10, Kapitel 1, § 9, S. 29]. Dann ist die augmentierte Version des (n, k, d_{min}) binären linearen Blockcodes $\mathbb{V}$ der augmentierte $(n, [k + 1], d_{\mathrm{min}}^{(\mathbb{W})})$ binäre lineare Blockcode $\mathbb{W}$ mit [10, Kapitel 1, § 9, S. 29]

$$\mathbb{W} = \mathbb{V} + \{\mathbf{1}_n \oplus \mathbb{V}\} = \mathbb{V} \cup \{\mathbf{1}_n \oplus \mathbb{V}\}, \quad n \in \mathbb{N}^*. \tag{1.418}$$

Der minimale Abstand $d_{\mathrm{min}}^{(\mathbb{W})}$ des $(n, [k+1], d_{\mathrm{min}}^{(\mathbb{W})})$ binären linearen Blockcodes $\mathbb{W}$ nach (1.418) ist [10, Kapitel 1, § 9, S. 29]

$$d_{\mathrm{min}}^{(\mathbb{W})} = \min\{d_{\mathrm{min}}, (n - d')\}, \quad n \in \mathbb{N}^*. \tag{1.419}$$

In (1.419) ist d' das größte Hamming-Gewicht eines Codeworts des ursprünglichen (n, k, d_{min}) binären linearen Blockcodes $\mathbb{V}$ [10, Kapitel 1, § 9, S. 29]. [10, Kapitel 1, § 9, S. 29].

Die *fünfte Strategie* ...

... ist das *Verlängern durch Hinzufügen von Nachrichtensymbolen* (engl. „lengthening by adding message symbols") [10, Kapitel 1, § 9, S. 29]. Das Verlängern eines Codes wird leicht durch [10, Kapitel 1, § 9, S. 29]

- Augmentieren, d. h. durch das Hinzufügen des Codeworts $\mathbf{1}_n$, $n \in \mathbb{N}^*$, und
- die anschließende Erweiterung mit einer allgemeinen Paritätsprüfung

erreicht. Dies hat zur Folge, dass ein weiteres Nachrichtensymbol hinzugefügt wird [10, Kapitel 1, § 9, S. 29].

Die *sechste und letzte Strategie* ...

... ist das *Verkürzen durch Entnahme eines Durchschnitts* (engl. „shortening by taking a cross-section") [10, Kapitel 1, § 9, S. 29]. Eine inverse Operation zur oben dargestellten Codeverlängerung besteht darin, nur diejenigen Codewörter mit v_0 gleich 0 zu behalten und anschließend die v_0-Koordinate zu löschen. Dieses Vorgehen wird als *Entnahme eines Durchschnitts des Codes* bezeichnet [10, Kapitel 1, § 9, S. 29].

1.11 Zyklische binäre lineare Blockcodes

Zyklische (n, k, d_{min}) binäre lineare Blockcodes sind die am meisten untersuchten binären linearen Blockcodes, da sie leicht zu codieren sind und darüber hinaus die wichtige Familie der *Bose-Chaudhuri-Hocquenghem (BCH)*-Codes einschließen [10, S. 188]. Darüber hinaus sind sie Bausteine für viele andere Codes [10, S. 188].

Definition 1.42 (Zyklischer (n, k, d_{min}) binärer linearer Blockcode $\mathbb{V}$). Ein (n, k, d_{min}) binärer linearer Blockcode $\mathbb{V}$ ist zyklisch, wenn er

- linear und
- jede zyklische Verschiebung eines Codeworts ebenfalls ein Codewort

ist [22, Definition 5.1, S. 136], [12, Definition 1.20, S. 23], [11, Definition 5.1, S. 129], [10, S. 188].

Wenn also das n-Tupel $\boldsymbol{v} \in \mathbb{V} \subseteq \mathbb{F}_2^n$, $n \in \mathbb{N}^*$, mit

$$\boldsymbol{v} = (v_0, v_1, v_2 \cdots v_{n-2}, v_{n-1}), \quad \boldsymbol{v} \in \mathbb{V} \subseteq \mathbb{F}_2^n, \quad n \in \mathbb{N}^*, \tag{1.420}$$

ein Codewort des zyklischen (n, k, d_{min}) binären linearen Blockcodes $\mathbb{V}$ ist, so ist gemäß Definition 1.42 auch [22, S. 136], [11, S. 129]

$$\boldsymbol{w} = (v_{n-1}, v_0, v_1, v_2 \cdots v_{n-2}), \quad \boldsymbol{v} \in \mathbb{V} \subseteq \mathbb{F}_2^n, \quad v_j \in \mathbb{F}_2, \quad j \in \{0, 1 \cdots (n-1)\}, \quad n \in \mathbb{N}^*, \tag{1.421}$$

ein Codewort. Darüber hinaus sind

$$\begin{array}{llllllll} (v_{n-2}, & v_{n-1}, & v_0 & \cdots & v_{n-4}, & v_{n-3}) & \in \mathbb{V}, \\ (v_{n-3}, & v_{n-2}, & v_{n-1}, & v_0 & \cdots & v_{n-4}) & \in \mathbb{V}, \\ & & & \vdots & & & \\ (v_1 & \cdots & v_{n-3}, & v_{n-2}, & v_{n-1}, & v_0) & \in \mathbb{V}, \end{array} \tag{1.422}$$

ebenfalls Codewörter des zyklischen (n, k, d_{min}) binären linearen Blockcodes $\mathbb{V}$ [11, S. 129]. Obwohl (1.420), (1.421) und (1.422) anscheinend eine Verschiebung nach rechts suggerieren, ist es offensichtlich, dass eine Verschiebung nach links denselben zyklischen (n, k, d_{min}) binären linearen Blockcode $\mathbb{V}$ ergibt [11, S. 129].

Im Fall eines zyklischen (n, k, d_{min}) binären linearen Blockcodes $\mathbb{V}$ hat die $k \times n$ Generatormatrix die folgende Form

$$\begin{aligned} \boldsymbol{G} &= \begin{pmatrix} g_0 & g_1 & \cdots & g_{n-k} & g_{n-k+1} & \cdots & g_{n-1} \\ g_{n-1} & g_0 & \cdots & g_{n-k-1} & g_{n-k} & \cdots & g_{n-2} \\ \vdots & \vdots & \ddots & \vdots & \vdots & \ddots & \vdots \\ g_{n-(k-1)} & g_{n-(k-1)+1} & \cdots & g_0 & g_1 & \cdots & g_{n-k} \end{pmatrix} \\ &= \begin{pmatrix} g_0 & g_1 & \cdots & g_{n-k} & g_{n-k+1} & \cdots & g_{n-1} \\ g_{n-1} & g_0 & \cdots & g_{n-k-1} & g_{n-k} & \cdots & g_{n-2} \\ \vdots & \vdots & \ddots & \vdots & \vdots & \ddots & \vdots \\ g_{n-k+1} & g_{n-k+2} & \cdots & g_0 & g_1 & \cdots & g_{n-k} \end{pmatrix}. \end{aligned} \tag{1.423}$$

Lassen Sie uns nun zwei Beispiele betrachten.

Beispiel 1.17. Der (3, 2, 2) Einzelparitätsprüfcode (engl. „single parity check (SPC) code")

$$\mathbb{V} = \{(0,0,0), (1,1,0), (0,1,1), (1,0,1)\} \tag{1.424}$$

ist zyklisch [10, S. 189].

Die Nachricht sei

$$\boldsymbol{u} = (u_0, u_1), \quad \boldsymbol{u} \in \mathbb{F}_2^2, \quad u_i \in \mathbb{F}_2, \quad i \in \{0, 1\}. \tag{1.425}$$

Die 2×3 Generatormatrix ist

$$G = \begin{pmatrix} 1 & 1 & 0 \\ 0 & 1 & 1 \end{pmatrix}, \quad G \in \mathbb{F}_2^{2\times 3}. \tag{1.426}$$

Dann ist das Codewort

$$\boldsymbol{v} = (v_0, v_1, v_2) = \boldsymbol{u}G = (u_0, u_1)\begin{pmatrix} 1 & 1 & 0 \\ 0 & 1 & 1 \end{pmatrix} = \left(u_0, [u_0 \oplus u_1], u_1\right), \tag{1.427}$$
$$\boldsymbol{v} \in \mathbb{F}_2^3, \quad \boldsymbol{u} \in \mathbb{F}_2^2, \quad u_i, v_j \in \mathbb{F}_2, \quad i \in \{0,1\}, \quad j \in \{0,1,2\}.$$

Man erhält somit die folgenden Beziehungen zwischen der Nachricht $\boldsymbol{u}$ und dem zugehörigen Codewort $\boldsymbol{v}$:

$\boldsymbol{u}$	$\boldsymbol{v}$
$(0,0)$	$(0,0,0)$
$(1,0)$	$(1,1,0)$
$(0,1)$	$(0,1,1)$
$(1,1)$	$(1,0,1)$

Beispiel 1.18. Wir betrachten erneut den (7, 4, 3) Hamming-Code

$$\mathbb{V} = \left\{ \begin{array}{llll} (0,0,0,0,0,0,0), & (0,1,1,1,0,0,0), & (0,0,0,1,1,1,0), & (1,0,1,0,1,0,0), \\ (0,1,0,0,1,0,1), & (0,0,1,1,1,0,1), & (1,1,0,1,1,0,0), & (0,1,1,0,1,1,0), \\ (1,1,0,0,0,1,0), & (1,0,1,1,0,1,0), & (1,0,0,1,0,0,1), & (0,0,1,0,0,1,1), \\ (0,1,0,1,0,1,1), & (1,1,1,0,0,0,1), & (1,0,0,0,1,1,1), & (1,1,1,1,1,1,1) \end{array} \right\} \tag{1.428}$$

der beispielsweise in den Beispielen 1.5, 1.6, 1.7, 1.9 und 1.11 behandelt wurde.

Offensichtlich ist dieser (7, 4, 3) Hamming-Code nicht zyklisch, da beispielsweise $(0,1,1,1,0,0,0) \in \mathbb{V}$ ein Codewort ist, aber die zyklische Verschiebung $(0,0,1,1,1,0,0) \notin \mathbb{V}$ von $(0,1,1,1,0,0,0) \in \mathbb{V}$ ist kein Codewort.

Die systematische Generatormatrix G von $\mathbb{V}$ nach (1.428) ist in (1.131).

Wir gehen von (1.131) aus und verschieben die vierte Spalte von G in (1.131) an die erste Position und somit vor die erste Spalte von G aus (1.131). Wir erhalten

$$G^{(1)} = \begin{pmatrix} 1 & 0 & 1 & 1 & 0 & 0 & 0 \\ 0 & 1 & 0 & 1 & 1 & 0 & 0 \\ 0 & 1 & 1 & 0 & 0 & 1 & 0 \\ 0 & 1 & 1 & 1 & 0 & 0 & 1 \end{pmatrix}, \quad G^{(1)} \in \mathbb{F}_2^{4\times 7}. \tag{1.429}$$

Jetzt verschieben wir die vierte Spalte von $G^{(1)}$ aus (1.429) in die zweite Spalte, d. h. vor die zweite Spalte von G aus (1.131), und erhalten [11, Beispiel 5.1, S. 130]

$$G^{(2)} = \begin{pmatrix} 1 & 1 & 0 & 1 & 0 & 0 & 0 \\ 0 & 1 & 1 & 0 & 1 & 0 & 0 \\ 0 & 0 & 1 & 1 & 0 & 1 & 0 \\ 0 & 1 & 1 & 1 & 0 & 0 & 1 \end{pmatrix}, \quad G^{(2)} \in \mathbb{F}_2^{4\times 7}. \tag{1.430}$$

Schließlich erhält man durch Addieren der zweiten Zeile zur vierten Zeile [11, Beispiel 5.1, S. 130]

$$G^{(3)} = \begin{pmatrix} 1 & 1 & 0 & 1 & 0 & 0 & 0 \\ 0 & 1 & 1 & 0 & 1 & 0 & 0 \\ 0 & 0 & 1 & 1 & 0 & 1 & 0 \\ 0 & 0 & 0 & 1 & 1 & 0 & 1 \end{pmatrix}, \quad G^{(3)} \in \mathbb{F}_2^{4\times 7}. \tag{1.431}$$

Tabelle 1.6 veranschaulicht die Entsprechung von Nachrichten $\boldsymbol{u}$ und Codewörtern $\boldsymbol{v} \in \mathbb{V}^{(3)}$ des $(7, 4, 3)$ Hamming-Codes $\mathbb{V}^{(3)}$ mit der Generatormatrix $\boldsymbol{G}^{(3)}$ nach (1.431) [11, Beispiel 5.1, S. 130].

Offensichtlich ist $\boldsymbol{G}^{(3)}$ aus (1.431) die Generatormatrix des zyklischen $(7, 4, 3)$ Hamming-Codes $\mathbb{V}^{(3)}$, der zu dem $(7, 4, 3)$ Hamming-Code $\mathbb{V}$ mit der Generatormatrix $\boldsymbol{G}$ nach (1.131) äquivalent ist [11, Beispiel 5.1, S. 130].

Tab. 1.6: Zyklischer $(7, 4, 3)$ Hamming-Code $\mathbb{V}^{(3)}$ mit der Generatormatrix $\boldsymbol{G}^{(3)}$ nach (1.431); dieser Code $\mathbb{V}^{(3)}$ ist äquivalent zu dem Hamming-Code $\mathbb{V}$ mit der Generatormatrix $\boldsymbol{G}$ aus (1.131) (angepasst nach [11, Beispiel 5.1, S. 130]).

Nachricht $\boldsymbol{u}$	**Codewort $\boldsymbol{v} \in \mathbb{V}^{(3)}$**
(0, 0, 0, 0)	(0, 0, 0, 0, 0, 0, 0)
(1, 0, 0, 0)	(1, 1, 0, 1, 0, 0, 0)
(0, 1, 0, 0)	(0, 1, 1, 0, 1, 0, 0)
(0, 0, 1, 0)	(0, 0, 1, 1, 0, 1, 0)
(0, 0, 0, 1)	(0, 0, 0, 1, 1, 0, 1)
(1, 1, 1, 0)	(1, 0, 0, 0, 1, 1, 0)
(0, 1, 1, 1)	(0, 1, 0, 0, 0, 1, 1)
(1, 1, 0, 1)	(1, 0, 1, 0, 0, 0, 1)
(1, 0, 1, 0)	(1, 1, 1, 0, 0, 1, 0)
(0, 1, 0, 1)	(0, 1, 1, 1, 0, 0, 1)
(1, 1, 0, 0)	(1, 0, 1, 1, 1, 0, 0)
(0, 1, 1, 0)	(0, 1, 0, 1, 1, 1, 0)
(0, 0, 1, 1)	(0, 0, 1, 0, 1, 1, 1)
(1, 1, 1, 1)	(1, 0, 0, 1, 0, 1, 1)
(1, 0, 0, 1)	(1, 1, 0, 0, 1, 0, 1)
(1, 0, 1, 1)	(1, 1, 1, 1, 1, 1, 1)

Es scheint, dass unsere erste Vermutung über die Form der Generatormatrix $\boldsymbol{G}$ eines zyklischen (n, k, d_{min}) binären linearen Blockcodes $\mathbb{V}$ korrekt war, siehe (1.423). Wenn man (1.426) und (1.431) betrachtet, so stellt man fest, dass in beiden Fällen die Komponenten der Generatormatrix $\boldsymbol{G}$ die folgenden Bedingungen

$$g_j \begin{cases} = 1 & \text{für } j \in \{0, (n-k)\}, \\ \in \mathbb{F}_2 & \text{für } j \in \{1, 2 \cdots (n-k-1)\}, \\ = 0 & \text{für } j \in \{(n-k+1), (n-k+2) \cdots (n-1)\}, \end{cases} \qquad k, n \in \mathbb{N}^*, \tag{1.432}$$

erfüllen, siehe beispielsweise [22, Satz 5.2, S. 138f.]. Daraus folgt eine zweite Vermutung über die Form der Generatormatrix $\boldsymbol{G}$ eines zyklischen (n, k, d_{min}) binären linearen Blockcodes $\mathbb{V}$ [11, Satz 5.3, S. 135]

$$\boldsymbol{G} = \begin{pmatrix} \overbrace{g_0}^{=1} & g_1 & \cdots & \overbrace{g_{n-k}}^{=1} & 0 & \cdots & 0 \\ 0 & \underbrace{g_0}_{=1} & \cdots & g_{n-k-1} & \underbrace{g_{n-k}}_{=1} & \cdots & 0 \\ \vdots & \vdots & \ddots & \vdots & \vdots & \ddots & \vdots \\ 0 & 0 & \cdots & \underbrace{g_0}_{=1} & g_1 & \cdots & \underbrace{g_{n-k}}_{=1} \end{pmatrix}, \quad k, n \in \mathbb{N}^*. \tag{1.433}$$

Bemerkung 1.31 (Zur Generatormatrix $\boldsymbol{G}$ aus (1.433)). In [3, Kapitel 4] wurde die $(N + W_\text{p} - 1) \times N$ *Kanalmatrix im Zeitbereich*

$$\underline{\boldsymbol{A}}^{(\text{t})} = \begin{pmatrix} \underline{h}_0^{(\text{t})} & 0 & \cdots & 0 & 0 \\ \underline{h}_1^{(\text{t})} & \underline{h}_0^{(\text{t})} & \cdots & 0 & 0 \\ \underline{h}_2^{(\text{t})} & \underline{h}_1^{(\text{t})} & \cdots & 0 & 0 \\ \vdots & \vdots & \ddots & \vdots & \vdots \\ \underline{h}_{W_\text{p}-2}^{(\text{t})} & \underline{h}_{W_\text{p}-3}^{(\text{t})} & \cdots & \underline{h}_1^{(\text{t})} & \underline{h}_0^{(\text{t})} \\ \underline{h}_{W_\text{p}-1}^{(\text{t})} & \underline{h}_{W_\text{p}-2}^{(\text{t})} & \cdots & \underline{h}_2^{(\text{t})} & \underline{h}_1^{(\text{t})} \\ 0 & \underline{h}_{W_\text{p}-1}^{(\text{t})} & \cdots & \vdots & \underline{h}_2^{(\text{t})} \\ 0 & 0 & \ddots & \vdots & \vdots \\ \vdots & \vdots & \cdots & \underline{h}_{W_\text{p}-1}^{(\text{t})} & \underline{h}_{W_\text{p}-2}^{(\text{t})} \\ 0 & 0 & \cdots & 0 & \underline{h}_{W_\text{p}-1}^{(\text{t})} \end{pmatrix}, \quad N, W_\text{p} \in \mathbb{N}^*, \tag{1.434}$$

zur Beschreibung des Mehrwegeempfangs eines Sendesignals eingeführt, das den Empfänger über einen Mobilfunkkanal mit W_p Wegen erreicht, mit dem komplexen Kanalimpulsantwortvektor $\underline{\boldsymbol{h}} \in \mathbb{C}^{W_\text{p}}$ gleich $(\underline{h}_0, \underline{h}_1 \cdots \underline{h}_{W_\text{p}-1})$, $W_\text{p} \in \mathbb{N}^*$. Die $(N + W_\text{p} - 1) \times N$ Kanalmatrix im Zeitbereich $\underline{\boldsymbol{A}}^{(\text{t})}$ (1.434) wird manchmal als *Faltungsmatrix* bezeichnet, weil die Anwendung von $\underline{\boldsymbol{A}}^{(\text{t})}$ auf einen komplexen Datenvektor $\underline{\boldsymbol{d}}$ gleich $(\underline{d}_0, \underline{d}_1 \cdots \underline{d}_{N-1})$, $N \in \mathbb{N}^*$, zur zeitdiskreten Faltung der Komponenten des Kanalimpulsantwortvektors $\underline{\boldsymbol{h}}$ und der komplexen Datensymbole, die im komplexen Datenvektor $\underline{\boldsymbol{d}}$ enthalten sind, führt.

Es ist bemerkenswert, dass die Transponierte $\boldsymbol{G}^\text{T}$ der Generatormatrix $\boldsymbol{G}$ aus (1.433) die gleiche Struktur wie $\underline{\boldsymbol{A}}^{(\text{t})}$ hat. Man findet

$$k \leftrightarrow N, \quad n \leftrightarrow (N + W_\text{p} - 1), \quad (n - k) \leftrightarrow (W_\text{p} - 1). \tag{1.435}$$

Dies ermöglicht einige interessante Schlussfolgerungen.

a) Die Generatormatrix eines zyklischen (n, k, d_min) binären linearen Blockcodes $\mathbb{V}$ ist eine Faltungsmatrix.

b) Die Codierung eines zyklischen (n, k, d_min) binären linearen Blockcodes $\mathbb{V}$ kann als die Faltung der Nachricht $\boldsymbol{u}$ und des Generatorpolynoms in der Form des Zeilenvektors $\boldsymbol{g}^{(0)}$ betrachtet werden, siehe (1.124).

c) Die Übertragung eines Sendesignals über einen Mobilfunkkanal kann als die Codierung mit einem zyklischen (n, k, d_min) binären linearen Blockcode $\mathbb{V}$ betrachtet werden; der komplexe Datenvektor $\underline{\boldsymbol{d}}$ entspricht der Nachricht $\boldsymbol{u}$, und der komplexe Kanalimpulsantwortvektor $\underline{\boldsymbol{h}} \in \mathbb{C}^{W_\text{p}}$ entspricht dem Generatorpolynom in der Form des Zeilenvektors $\boldsymbol{g}^{(0)}$, siehe (1.124).

Die Forderung, dass g_0 und g_{n-k}, $k, n \in \mathbb{N}^*$, gleich 1 sind, siehe (1.432) [22, Satz 5.2, S. 138f.] garantiert, dass keine Spalte von (1.433) das Hamming-Gewicht 0 hat. Auf diese Weise wird vermieden, dass der binäre lineare Blockcode die Länge kleiner n hat. Ähnliches verlangt man auch von $\boldsymbol{G}$ in der systematischen Form von (1.162). Die resultierende Tatsache, dass das Maximum der von Null verschiedenen Komponenten pro Zeile der Generatormatrix $\boldsymbol{G}$ nach (1.433) gleich $(n - k + 1)$ ist, ist nicht überraschend, wenn man bedenkt, dass dies auch für die Generatormatrix $\boldsymbol{G}$ in der systematischen Form gemäß (1.162) der Fall ist.

Bemerkung 1.32 (Zu Zirkulanten). Lassen Sie uns nun ein kleines Gedankenexperiment durchführen. In dieser Bemerkung 1.32 verwenden wir das „übliche" Kalkül für die Körper $\mathbb{R}$ und $\mathbb{C}$.

Was wäre, wenn man der Generatormatrix $\boldsymbol{G}$ aus (1.433) noch weitere $(n-k)$ Zeilen hinzufügen würden, wobei jede Zeile bis auf eine Verschiebung um ein Element nach rechts identisch mit der vorherigen Zeile ist? Wenn man also das n-Tupel

$$\boldsymbol{g} = (g_0, g_1 \cdots g_{n-k}, 0 \cdots 0) = (1, g_1 \cdots 1, 0 \cdots 0), \quad k, n \in \mathbb{N}^*, \tag{1.436}$$

verwendet, erhält man dann die $n \times n$ quadratische Matrix

$$\begin{aligned}\mathrm{Circ}(\boldsymbol{g}) &= \mathrm{Circ}(g_0, g_1 \cdots g_{n-k}, 0 \cdots 0)\\ &= \begin{pmatrix} g_0 & g_1 & \cdots & g_{n-k} & 0 & \cdots & 0 \\ 0 & g_0 & \cdots & g_{n-k-1} & g_{n-k} & \cdots & 0 \\ \vdots & \vdots & \ddots & \vdots & \vdots & \ddots & \vdots \\ 0 & 0 & \cdots & g_0 & g_1 & \cdots & g_{n-k} \\ \hdashline g_{n-k} & 0 & \cdots & 0 & g_0 & \cdots & g_{n-k-1} \\ g_{n-k-1} & g_{n-k} & \cdots & 0 & 0 & \cdots & g_{n-k-2} \\ \vdots & \vdots & \ddots & \vdots & \vdots & \ddots & \vdots \\ g_1 & g_2 & \cdots & g_{n-k} & 0 & \cdots & g_0 \end{pmatrix}\\ &= \begin{pmatrix} & & & \boldsymbol{G} & & & \\ \hdashline g_{n-k} & 0 & \cdots & 0 & g_0 & \cdots & g_{n-k-1} \\ g_{n-k-1} & g_{n-k} & \cdots & 0 & 0 & \cdots & g_{n-k-2} \\ \vdots & \vdots & \ddots & \vdots & \vdots & \ddots & \vdots \\ g_1 & g_2 & \cdots & g_{n-k} & 0 & \cdots & g_0 \end{pmatrix}, \quad k, n \in \mathbb{N}^*,\end{aligned} \tag{1.437}$$

die als *zirkulante Matrix der Ordnung n* beziehungsweise kurz als *Zirkulante der Ordnung n* bezeichnet wird [50, S. 66]. Offensichtlich ist die Generatormatrix $\boldsymbol{G}$ nach (1.433) die Untermatrix dieser Zirkulante aus (1.437).

Obwohl man möglicherweise nicht alle schönen Eigenschaften von Zirkulanten nutzen kann, wie beispielsweise die Diagonalisierung durch die diskrete Fourier-Transformation [50, Satz 3.2.2, S. 72f.], so kann man doch vom Wissen über Zirkulanten profitieren [50, S. 27, 68]. Mit der $n \times n$, Permutationsmatrix [50, Gleichungen (2.4.14), (2.4.15) und (2.4.16), S. 27]

$$\boldsymbol{\Pi} = \begin{pmatrix} 0 & 1 & 0 & 0 & \cdots & 0 \\ 0 & 0 & 1 & 0 & \cdots & 0 \\ \vdots & \vdots & \vdots & \vdots & \ddots & \vdots \\ 1 & 0 & 0 & 0 & \cdots & 0 \end{pmatrix}, \quad \boldsymbol{\Pi}^k = \underbrace{\boldsymbol{\Pi} \cdot \boldsymbol{\Pi} \cdot \ldots \cdot \boldsymbol{\Pi}}_{k \text{ Faktoren}}, \quad \boldsymbol{\Pi}^n = \boldsymbol{\Pi}^0 = \boldsymbol{I}_n, \quad k, n \in \mathbb{N}^*, \tag{1.438}$$

ergibt sich [50, Gleichung (3.1.4), S. 68]

$$\mathrm{Circ}(\boldsymbol{g}) = g_0 \boldsymbol{I}_n + g_1 \boldsymbol{\Pi} + \cdots + g_{n-k} \boldsymbol{\Pi}^{n-k} = \sum_{m=0}^{n-k} g_m \boldsymbol{\Pi}^m, \quad k, n \in \mathbb{N}^*. \tag{1.439}$$

Das *Polynom*

$$\begin{aligned} g(z) &= g_0 \underbrace{z^0}_{=1} + g_1 z^1 + \cdots + g_{n-k} z^{n-k} = \sum_{m=0}^{n-k} g_m z^m \\ &= z^0 + g_1 z^1 + \cdots + z^{n-k}, \quad k, n \in \mathbb{N}^*, \end{aligned} \tag{1.440}$$

mit dem n-Tupel $\boldsymbol{g}$ von (1.436), (1.439) wird durch [50, S. 68]

$$\mathrm{Circ}(\boldsymbol{g}) = g(\boldsymbol{\Pi}) \tag{1.441}$$

vorgegeben. Der führende Koeffizient g_{n-k} des Polynoms $g(x)$ aus (1.440) ist gleich 1. Polynome mit dem führenden Koeffizienten, der gleich 1 ist, werden als *monische Polynome* [10, S. 99] oder *normierte Polynome* [11, S. 132] bezeichnet.

Das Polynom $g(x)$ wurde in (1.440) offensichtlich so eingeführt, dass es die Zirkulante der Ordnung n, $n \in \mathbb{N}^*$, darstellt, siehe auch (1.441). Daher wird das Polynom $g(x)$ als *Repräsentant der Zirkulante* bezeichnet [50, S. 68].

Nun kehren wir zurück zum Kalkül in $\mathbb{F}_2$. Motiviert durch die Bemerkung 1.32 definieren wir die Entsprechung des n-Tupels aus $\mathbb{F}_2^n$, $n \in \mathbb{N}^*$, und eines geeignet gewählten Polynoms [11, Definition 5.2, S. 131].

Definition 1.43 (Entsprechung eines n-Tupels und eines geeignet gewählten Polynoms). Das n-Tupel

$$\boldsymbol{v} = (v_0, v_1 \cdots v_{n-1}), \quad \boldsymbol{v} \in \mathbb{F}_2^n, \quad v_j \in \mathbb{F}_2, \quad j \in \{0, 1 \cdots (n-1)\}, \quad n \in \mathbb{N}^*, \tag{1.442}$$

entspricht dem Polynom vom Grad $(n-1)$ [11, Definition 5.2, S. 131]

$$\boldsymbol{v} \in \mathbb{F}_2^n \quad \leftrightarrow \quad v(x) = v_0 \odot x^0 \oplus v_1 \odot x^1 \oplus \cdots \oplus v_{n-1} \odot x^{n-1} = \bigoplus_{j=0}^{n-1} v_j \odot x^j, \quad n \in \mathbb{N}^*. \tag{1.443}$$

Darüber hinaus sei der Vektorraum $\mathbb{F}_2[x]_{n-1}$, $n \in \mathbb{N}^*$, die Menge aller Polynome vom Grad $(n-1)$, $n \in \mathbb{N}^*$, oder kleiner mit Koeffizienten aus $\mathbb{F}_2$ [11, Definition 5.2, S. 131].

$\mathbb{F}_2[x]$ bezeichnet die Menge aller Polynome beliebigen Grades mit Koeffizienten aus $\mathbb{F}_2$ [11, Definition 5.2, S. 131].

Bemerkung 1.33 (Zu x in (1.443)). Die Größe x, die in (1.443) verwendet wird, darf nicht mit einer Eingangsvariable eines Übertragungskanals verwechselt werden [11, S. 131]. Vielmehr ist x ein „Platzhalter". Anstelle von x hätte man ebenso eine andere Größe verwenden können, beispielsweise z^{-1} oder D [11, S. 131].

Bemerkung 1.34 (Zur Multiplikation von $v(x)$ mit $(x \oplus 1)$). Verwendet man

$$\mathbf{v} = (1, 1, 1, 1 \cdots 1) \in \mathbb{F}_2^n \tag{1.444}$$

und multipliziert $\mathbf{v}$ mit $(x \oplus 1)$, so ergibt sich

$$\begin{aligned}(x \oplus 1) \odot v(x) &= (x \oplus 1) \odot \left(1 \oplus x \oplus \cdots \oplus x^{n-1}\right) \\ &= x \oplus x^2 \oplus \cdots \oplus x^{n-1} \oplus x^n \oplus 1 \oplus x \oplus x^2 \oplus \cdots \oplus x^{n-1} \\ &= 1 \oplus \underbrace{(1 \oplus 1)}_{=0} \odot x \oplus \underbrace{(1 \oplus 1)}_{=0} \odot x^2 \oplus \cdots \oplus \underbrace{(1 \oplus 1)}_{=0} \odot x^{n-1} \oplus x^n \\ &= x^n \oplus 1, \quad n \in \mathbb{N}^*. \end{aligned} \tag{1.445}$$

Dies führt uns zu der folgenden Identität

$$v(x) = \left(1 \oplus x \oplus \cdots \oplus x^{n-1}\right) = (x \oplus 1)^{-1} \odot \left(x^n \oplus 1\right), \quad n \in \mathbb{N}^*, \tag{1.446}$$

beziehungsweise [11, S. 131]

$$1 \oplus x \oplus \cdots \oplus x^{n-1} = \bigoplus_{j=0}^{n-1} x^j = \frac{x^n \oplus 1}{x \oplus 1} = \left(x^n \oplus 1\right)/(x \oplus 1), \quad n \in \mathbb{N}^*. \tag{1.447}$$

Tabelle 1.7 zeigt die Zuordnung der Zeilenvektoren $\mathbf{v}$ in $\mathbb{F}_2^n$ zu den Polynomen $v(x)$ in $\mathbb{F}_2[x]_{n-1}$ [11, S. 131].

Tab. 1.7: Zuordnung der Zeilenvektoren in $\mathbb{F}_2^n$ zu den Polynomen in $\mathbb{F}_2[x]_{n-1}$ (angepasst nach [11, S. 131]).

$\mathbf{v} \in \mathbb{F}_2^n$	$\leftrightarrow$	$\mathbf{v(x)} \in \mathbb{F}_2[x]_{n-1}$
$(0, 0, 0, 0 \cdots 0)$	$\leftrightarrow$	0
$(1, 0, 0, 0 \cdots 0)$	$\leftrightarrow$	$x^0 = 1$
$(0, 1, 0, 0 \cdots 0)$	$\leftrightarrow$	x^1
$(0, 0, 1, 0 \cdots 0)$	$\leftrightarrow$	x^2
$(0, 0, 0, 1 \cdots 0)$	$\leftrightarrow$	x^3
$\vdots$	$\vdots$	$\vdots$
$(0, 0, 0, 0 \cdots 1)$	$\leftrightarrow$	x^{n-1}
$\vdots$	$\vdots$	$\vdots$
$(1, 1, 1, 1 \cdots 1)$	$\leftrightarrow$	$\bigoplus_{j=0}^{n-1} x^j = (x^n \oplus 1)/(x \oplus 1)$

Ausgehend von (1.432) und von Bemerkung 1.32 sowie mit Definition 1.43 ist das *monische Generatorpolynom über* $\mathbb{F}_2$ [11, Definition 5.3, S. 133], [10, S. 190], [22, Sätze 5.4

und 5.5, S. 139f.], [31, S. 101]

$$g(x) = \bigoplus_{j=0}^{n-k} g_j \odot x^j, \quad g(x) \in \mathbb{F}_2[x]_{n-k}, \quad g_j \begin{cases} = 1 & \text{for } j \in \{0, (n-k)\}, \\ \in \mathbb{F}_2 & \text{for } j \in \{1, 2 \cdots (n-k-1)\}, \end{cases} \quad k, n \in \mathbb{N}^*. \tag{1.448}$$

Es folgt

$$g(x) = 1 \oplus g_1 \odot x \oplus g_2 \odot x^2 \oplus \cdots \oplus x^{n-k}, \\ g(x) \in \mathbb{F}_2[x]_{n-k}, \quad g_j \in \mathbb{F}_2 \text{ for } j \in \{1, 2 \cdots (n-k-1)\}, \quad k, n \in \mathbb{N}^*. \tag{1.449}$$

Ausgehend von einem zyklischen $(n, k, d_{\min})$ binären linearen Blockcode $\mathbb{V}$ und von Definition 1.43 sei $u(x) \in \mathbb{F}_2[x]_{k-1}$, $k \in \mathbb{N}^*$, das *Nachrichtenpolynom über* $\mathbb{F}_2$ mit dem Grad $(k-1)$, $k \in \mathbb{N}^*$. Es gilt

$$u(x) = \bigoplus_{i=0}^{k-1} u_i \odot x^i, \quad u(x) \in \mathbb{F}_2[x]_{k-1}, \quad k \in \mathbb{N}^*. \tag{1.450}$$

Mit dem Generatorpolynom $g(x) \in \mathbb{F}_2[x]_{n-k}$, $k, n \in \mathbb{N}^*$, über $\mathbb{F}_2$, siehe (1.448) beziehungsweise (1.449), erhält man das *Codepolynom über* $\mathbb{F}_2$ [22, S. 139] $v(x) \in \mathbb{F}_2[x]_{n-1}$, $n \in \mathbb{N}^*$, aus (1.443) mit dem Grad $(n-1)$, $n \in \mathbb{N}^*$, wie folgt

$$\begin{aligned} v(x) &= u(x) \odot g(x) \\ &= \left(\bigoplus_{i=0}^{k-1} u_i \odot x^i \right) \odot \left(\bigoplus_{j=0}^{n-k} g_j \odot x^j \right) \\ &= \bigoplus_{i=0}^{k-1} \bigoplus_{j=0}^{n-k} (u_i \odot x^i) \odot (g_j \odot x^j) \\ &= \bigoplus_{i=0}^{k-1} \bigoplus_{j=0}^{n-k} (u_i \odot g_j) \odot x^{i+j} \\ &= (u_0 \odot g_0) \odot x^0 \\ &\quad \oplus (u_0 \odot g_1 \oplus u_1 \odot g_0) \odot x^1 \\ &\quad \oplus (u_0 \odot g_2 \oplus u_1 \odot g_1 \oplus u_2 \odot g_0) \odot x^2 \\ &\quad \oplus (u_0 \odot g_3 \oplus u_1 \odot g_2 \oplus u_2 \odot g_1 \oplus u_3 \odot g_0) \odot x^2 \\ &\quad \oplus \cdots \\ &\quad \oplus (u_{k-1} \odot g_{n-k}) \odot x^{n-1} \\ &= u_0 \odot x^0 \\ &\quad \oplus (u_0 \odot g_1 \oplus u_1) \odot x^1 \end{aligned} \tag{1.451}$$

$$
\begin{aligned}
&\oplus (u_0 \odot g_2 \oplus u_1 \odot g_1 \oplus u_2) \odot x^2 \\
&\oplus (u_0 \odot g_3 \oplus u_1 \odot g_2 \oplus u_2 \odot g_1 \oplus u_3) \odot x^2 \\
&\oplus \cdots \\
&\oplus u_{k-1} \odot x^{n-1} \\
&= \bigoplus_{j=0}^{n-1} \underbrace{\bigoplus_{i=\max\{0,j-(n-k)\}}^{\min\{j,k-1\}} (u_i \odot g_{j-i})}_{=v_j \text{ (diskrete Faltung)}} \odot x^j, \quad n \in \mathbb{N}^*.
\end{aligned} \tag{1.452}
$$

Der Ausdruck $v_j, j \in \{0, \dots (n-1)\}$, gleich $\bigoplus_{i=\max\{0,j-(n-k)\}}^{\min\{j,k-1\}} (u_i \odot g_{j-i}), j \in \{0, \dots (n-1)\}$, ist die *diskrete Faltung* der Nachrichtenbits u_i, $i \in \{0, \dots (k-1)\}$, und der Koeffizienten g_j, $j \in \{0, \dots (n-k)\}$, des Generatorpolynoms $g(x)$ [11, Satz 5.3, S. 135].

Die Ergebnisse $v_j, j \in \{0, \dots (n-1)\}$, von $\bigoplus_{i=\max\{0,j-(n-k)\}}^{\min\{j,k-1\}} (u_i \odot g_{j-i}), j \in \{0, \dots (n-1)\}$, werden aus der Vektor-Matrix-Multiplikation $\boldsymbol{uG}$ mit der Generatormatrix $\boldsymbol{G}$ von (1.433) [11, Satz 5.3, S. 135] gewonnen.

Die obige Diskussion führt uns somit zu folgendem Satz.

Satz 1.29 (Zyklischer $(n, k, d_{\min})$ binärer linearer Blockcode $\mathbb{V}$ und sein monisches Generatorpolynom). *Das* monische Generatorpolynom $g(x) \in \mathbb{F}_2[x]_{n-k}$, $k, n \in \mathbb{N}^*$, *über* $\mathbb{F}_2$, *hat den Grad* $(n-k)$, $k, n \in \mathbb{N}^*$, *und erzeugt den zyklischen* $(n, k, d_{\min})$ *binären linearen Blockcode* $\mathbb{V}$ [11, *Definition 5.3, S. 133*]

$$
\mathbb{V} = \left\{ u(x) \odot g(x) \mid u(x) \in \mathbb{F}_2[x]_{k-1} \right\}, \quad k \in \mathbb{N}^*. \tag{1.453}
$$

Beweis. Ausgehend von (1.452) wissen wir, dass der Grad des Codepolynoms $v(x) \in \mathbb{F}_2[x]_{n-1}$, $n \in \mathbb{N}^*$, gleich $(n-1)$ ist. Das bedeutet, dass die Länge des Codeworts und damit die Länge des zyklischen $(n, k, d_{\min})$ binären linearen Blockcodes $\mathbb{V}$ gleich n, $n \in \mathbb{N}^*$, ist [11, Definition 5.3, S. 133].

Natürlich gibt es mit (1.450) 2^k, $k \in \mathbb{N}^*$, Nachrichtenpolynome [11, Definition 5.3, S. 133]. Wenn zwei beliebige Nachrichtenpolynome $u^{(1)}(x) \in \mathbb{F}_2[x]_{k-1}$ und $u^{(2)}(x) \in \mathbb{F}_2[x]_{k-1}$, $k \in \mathbb{N}^*$, nicht identisch sind, so ist [11, Definition 5.3, S. 133]

$$
\begin{aligned}
&\underbrace{u^{(1)}(x) \odot g(x)}_{=v^{(1)} \in \mathbb{F}_2[x]_{n-1}} \neq \underbrace{u^{(2)}(x) \odot g(x)}_{=v^{(2)} \in \mathbb{F}_2[x]_{n-1}}, \\
&u^{(1)}(x) \neq u^{(2)}(x), \quad u^{(1)}(x), u^{(2)}(x) \in \mathbb{F}_2[x]_{k-1}, \quad k, n \in \mathbb{N}^*.
\end{aligned} \tag{1.454}
$$

Daher ergibt sich [11, Definition 5.3, S. 133]

$$
|\mathbb{V}| = 2^k, \quad k \in \mathbb{N}^*. \tag{1.455}
$$

Somit ist die Dimension des zyklischen $(n, k, d_{\min})$ binären linearen Blockcodes $\mathbb{V}$ gleich k, $k \in \mathbb{N}^*$ [11, Definition 5.3, S. 133].

Der zyklische $(n, k, d_{\min})$ binäre lineare Blockcode $\mathbb{V}$ ist linear, weil [11, Definition 5.3, S. 133]

$$
u^{(1)}(x) \odot g(x) \oplus u^{(2)}(x) \odot g(x) = \left(u^{(1)}(x) \oplus u^{(2)}(x)\right) \odot g(x), \quad k \in \mathbb{N}^*, \tag{1.456}
$$

gilt. □

Die vorherigen Seiten haben bereits gezeigt, dass die mathematische Behandlung eines zyklischen (n, k, d_{min}) binären linearen Blockcodes $\mathbb{V}$ einige zusätzliche mathematische Kenntnisse erfordert. Daher scheint es notwendig, dieses zusätzliche mathematische Wissen zu erwerben, bevor man in der Lage ist, mit zyklischen (n, k, d_{min}) binären linearen Blockcodes $\mathbb{V}$ fortzufahren. Deshalb werden wir uns als Nächstes mit ein wenig Zahlentheorie beschäftigen.

1.12 Kurze Einführung in die Zahlentheorie

1.12.1 Nullen, Einheiten, irreduzible Zahlen, Primzahlen und zusammengesetzte Zahlen

Die Zahlentheorie begann als das Studium der *positiven natürlichen Zahlen*, welche die Elemente der Menge [51, S. 1]

$$\mathbb{N}^* = \{1, 2, 3 \cdots\} \tag{1.457}$$

sind. In der jüngeren Vergangenheit gab es das ständige Drängen aus der Mengenlehre und der Informatik heraus [26, S. 221], die *„Null"* in die Menge der natürlichen Zahlen aufzunehmen. Man schreibt

$$\mathbb{N} = \{\mathbf{0}, 1, 2, 3 \cdots\}. \tag{1.458}$$

Ein bemerkenswerter Kommentar zur Etablierung von $\mathbb{N}$ nach (1.458) findet sich in [52, Abschnitt 1.1, S. 1]:

> *„Als Gott die Zahlen schuf, gab er ihnen als Wohnung eine Gerade. Er setzte ein Rad auf einen Punkt mit Namen ‚Null' und setzte es in Schwung. Eine sinnreiche Vorrichtung hinterließ nach jeder vollen Umdrehung eine Markierung. Seitdem breitet sich der Zahlenstrahl aus. Sein nicht vorhandenes Ende verschwindet im Nebel der Unendlichkeit."*

Ausgehend von diesem schönen Bild bezeichnet man dasjenige Liniensegment, welches bei 0 beginnt und bei 1 endet, als *Einheitsliniensegment* beziehungsweise als *Einheitsdistanz* [26, S. 220].

Berücksichtigt man die negativen Varianten der positiven natürlichen Zahlen, die sich aus der Spiegelung an der Null (0) ergeben, so erhält man die Menge der ganzen Zahlen [51, S. 1]

$$\mathbb{Z} = \{\cdots - 3, -2, -1, 0, 1, 2, 3 \cdots\}, \tag{1.459}$$

welche die Grundlage der Zahlentheorie bildet. So kann man zu Recht behaupten, dass die

> *die Zahlentheorie ganze Zahlen und ganzzahlige Funktionen behandelt.*

Es gibt vier Arten solcher Zahlen, die untersucht werden können, nämlich
- die *„Null“*, beispielsweise die Zahl $0 \in \mathbb{N}$,
- die *Einheiten*, beispielsweise die Zahl $1 \in \mathbb{N}$,
- die *Primzahlen* [18, S. 330], [53, S. 55–84], oder zumindest *irreduzible Zahlen* [53, S. 55, 64–66], und
- die *zusammengesetzten Zahlen* [18, S. 330], [53, S. 55].

Die Zahl 0 ist die kleinste nichtnegative ganze Zahl. Sie ist gerade, da die Division durch 2 keinen Rest hat. Außerdem quantifiziert die Zahl 0 die Größe der Leere, die uns in der Lutherbibel bereits im zweiten Satz der Genesis begegnet:

> *„Und die Erde war wüst und leer, und es war finster auf der Tiefe; und der Geist Gottes schwebte auf dem Wasser.“*

Im Hebräischen heißt das übrigens *„tohuwabohu“* und bedeutet neben „leer“ auch noch „chaotisch“ im Sinne von „ungeordnet“. Deshalb lautet die Übersetzung der Lutherbibel ja auch „wüst und leer“. Da hat wohl einer nicht aufgeräumt, nicht wahr? Obwohl die Leere an prominentester Stelle in der Bibel steht, hat sich gerade die katholische Kirche mit der Null genauso unfassbar schwer getan wie mit dem heliozentrischen Weltbild. Die Gier nach Geld und Macht bewirkt nie Gutes...

Aber jetzt, husch, husch, zurück zum Glück!

Es geht bei der Zahl 0 also um das *„Nichts“*, beispielsweise die Kardinalität der leeren Menge $\emptyset$.

Die Zahl 0 ist das neutrale Element hinsichtlich der Addition. Die Zahl 0 ist *idempotent* für Exponenten $n \in \mathbb{N}^*$ größer als 0 [18, S. 296], [53, S. 94], d. h. es gilt

$$0^n = 0 \quad \forall n \in \mathbb{N}^*. \tag{1.460}$$

„Wow“, könnte der Leser denken, ein weiterer neuer Ausdruck *„Got A Hold On Me“* (Christine McVie, 1984).

Nun aber: „Enter *Idempotence*“ und dieses Mal ausnahmsweise nicht „Sandman“ (*„Enter Sandman“*, Metallica, 1991 — hören Sie auch das ikonische Gitarrenriff, Lars Ulrichs schweres Schlagzeugspiel, James Hetfields Leadgesang und Kirk Hammetts Leadgitarre?).

Definition 1.44 (Idempotenz). Es sei $\mathbb{A}$ eine Menge mit einer binären Operation $\circ : \mathbb{A} \times \mathbb{A} \mapsto \mathbb{A}$. Ein Element $i \in \mathbb{A}$ heißt *idempotent* unter $\circ$, wenn die folgende Beziehung gilt [10, S. 217]

$$i \circ i = i, \quad i \in \mathbb{A}. \tag{1.461}$$

Der Ausdruck *„idempotent“* besteht aus den lateinischen Wörtern „idem“, „das Gleiche“, und „potentia“, „die Kraft“.

Darüber hinaus gehört die Zahl 0 zu den *fünf wichtigsten Konstanten in der Analysis*, wenn man so will, den *fünf Superstars der Zahlentheorie*. Diese sind [54, S. 96]

- die Null 0, d. h. das neutrale Element der Addition beziehungsweise das additive Identitätselement,
- die Eins 1, d. h. das neutrale Element der Multiplikation beziehungsweise das multiplikative Identitätselement,
- die *Kreiszahl* beziehungsweise die *Ludolfsche Zahl* π,
- die *Euler'sche Zahl* e und
- die *imaginäre Einheit* j.

Die fünf Superstars der Zahlentheorie sind durch die *Euler'sche Identität* [54, S. 96], [55, S. 67] verknüpft

$$e^{\mathrm{j}\pi} + 1 = 0. \tag{1.462}$$

Die Entdeckung dieser bemerkenswerten und gleichzeitig so einfachen Beziehung (1.462) war eine Großtat der Mathematik, die dem zu Recht gefeierten Schweizer Mathematikgenie Leonhard *Euler* zugeschrieben wird. Laut [55, S. 67] nannte Richard *Feynman* die Gleichung (1.462) *„die bemerkenswerteste Formel in der Mathematik"*.

Die *„Erfindung der Null"*, insbesondere das Festlegen eines Symbols für die „Null" war eine nicht minder bedeutende Großtat indischer Mathematiker im sechsten Jahrhundert [53, S. 1, 10].

„Thank U, Next" (Ariana Grande, 2019)!

Die Zahl 1 ist die *Einheit* und daher *keine Primzahl*. Die Zahl 1 ist ungerade, da die Division durch 2 einen Rest ergibt. Die Zahl 1 ist die erste, d. h. die kleinste, positive natürliche Zahl. Die Zahl 1 ist idempotent für alle Exponenten $n \in \mathbb{N}^*$ größer als 0. Es gilt also

$$1^n = 1 \quad \forall n \in \mathbb{N}^*. \tag{1.463}$$

Die Zahl 1 kann nicht in eine Faktorisierung von Primzahlen zerlegt werden. Daher ergibt die Faktorisierung das leere Produkt. Laut der obigen Diskussion ist die Zahl 1 auch eine der fünf wichtigsten Konstanten in der Analysis.

Langsam nehmen wir Fahrt auf, nicht wahr? Zahlentheorie hat schon etwas Erhebendes, und Frédéric François *Chopin* liefert mit *„In mir klingt ein Lied"* (Etüde Opus 10 Nummer 3 aus dem Jahr 1832) stets eine wunderbare Musik dazu.

Eine *Primzahl* ist eine beispielsweise natürliche Zahl größer als 1 mit den folgenden Eigenschaften [53, S. 55, 63–66]:

- Eine Primzahl kann ohne Rest nur durch 1 oder durch sich selbst geteilt werden [53, Satz 4.2, S. 63] und ist deshalb *irreduzibel*. Man nennt dies auch *Trivial-Teiler-Eigenschaft* beziehungsweise *Irreduzibilität* [53, S. 65].
- Wenn eine Primzahl ein Produkt teilt, teilt sie mindestens einen der Faktoren des Produkts [53, Satz 4.2, S. 63f.]. Diese Eigenschaft heißt auch *Primzahlkriterium*.

Primzahlen können nicht gebildet werden, indem man zwei kleinere natürliche Zahlen multipliziert. Euklid zeigte, dass es unendlich viele Primzahlen gibt [53, S. 8, 56–69].

Irreduzibilität führt nicht in allen Fällen zum Primzahlkriterium, siehe das folgende Beispiel [53, S. 64–66].

Beispiel 1.19. Wir betrachten [53, S. 64]

$$\mathbb{Z}[\sqrt{-5}] := \{a + b\sqrt{-5} \mid a, b \in \mathbb{Z}\}. \tag{1.464}$$

Nun wählen wir die Zahl $6 \in \mathbb{Z}[\sqrt{-5}]$. In $\mathbb{Z}[\sqrt{-5}]$ hat die Zahl 6 zwei verschiedene Faktorisierungen, nämlich

$$6 = 2 \cdot 3, \tag{1.465}$$

und

$$6 = (1 + \sqrt{-5}) \cdot (1 - \sqrt{-5}). \tag{1.466}$$

Die Elemente $2 \in \mathbb{Z}[\sqrt{-5}]$ und $3 \in \mathbb{Z}[\sqrt{-5}]$ können nicht weiter reduziert werden, d. h. sie können nicht als Produkt von anderen Elementen aus $\mathbb{Z}[\sqrt{-5}]$, die „kleiner" sind als die Elemente 2 und 3, geschrieben werden. Die Elemente $2 \in \mathbb{Z}[\sqrt{-5}]$ und $3 \in \mathbb{Z}[\sqrt{-5}]$ sind also irreduzibel in $\mathbb{Z}[\sqrt{-5}]$.

Auch $(1 + \sqrt{-5})$ und $(1 - \sqrt{-5})$ können in $\mathbb{Z}[\sqrt{-5}]$ nicht weiter reduziert werden, da weder ± 2, ± 3 noch $\pm\sqrt{-5}$ die Elemente $(1 + \sqrt{-5})$ oder $(1 - \sqrt{-5})$ teilen. Daher sind in $\mathbb{Z}[\sqrt{-5}]$ auch die Elemente $(1 + \sqrt{-5})$ und $(1 - \sqrt{-5})$ irreduzibel [53, S. 64].

Darüber hinaus teilt die Zahl 2 das Produkt $(1 + \sqrt{-5}) \cdot (1 - \sqrt{-5})$. Allerdings teilt 2 weder den Faktor $(1 + \sqrt{-5})$ noch den Faktor $(1 - \sqrt{-5})$ [53, S. 64].

Außerdem teilt die Zahl 3 das Produkt $(1 + \sqrt{-5}) \cdot (1 - \sqrt{-5})$. Allerdings teilt 3 weder den Faktor $(1 + \sqrt{-5})$ noch den Faktor $(1 - \sqrt{-5})$.

Daher sind weder $2 \in \mathbb{Z}[\sqrt{-5}]$ noch $3 \in \mathbb{Z}[\sqrt{-5}]$ Primzahlen, obwohl sie in $\mathbb{Z}[\sqrt{-5}]$ irreduzibel sind.

Im Fall von Polynomen wird der Ausdruck „Primzahl" normalerweise durch den Begriff „irreduzibles Polynom" ersetzt [24, S. 14], auch wenn das eine oder andere Polynom möglicherweise sowohl ein Primpolynom als auch ein irreduzibles Polynom ist und somit beide oben genannte Eigenschaften erfüllt.

Jetzt kommen wir zum Schluss dieses kurzen Abschnitts 1.12 und lassen deshalb zur Einstimmung die *„Jupiter-Sinfonie"* von Wolfgang Amadeus *Mozart* (Sinfonie Nummer 41, KV 551, 1788), vorzugsweise den vierten Satz Molto Allegro, erschallen. Warum eigentlich Jupiter? Nun, der römische Jupiter ist der griechische Zeus. Aus dem wurde der griechische „theos" und daraus wiederum der lateinische „deus". Der Letztgenannte bringt uns in der deutschen Sprache wieder zum Anfang unserer kleinen Geschichte in diesem Abschnitt 1.12. Der Leser könnte jetzt denken *„You Spin Me Round (Like A Record)"* (Dead or Alive, 1984). Irgendwie stimmt das auch. Während eines unserer Fachgespräche vor gut dreißig Jahren sagte mein lieber geschätzter Fachkollege Yeheskel („Zeke") *Bar-Ness* zu mir „Peter, you are a philosopher!", keine Ahnung, warum. Ähnliches würde der Autor niemals von sich behaupten. Er bleibt lieber dem Motto *„si tacuisses, philosophus mansisses"* von Anicius Manlius Severinus Boethius treu.

Eine natürliche Zahl größer als 1, die keine Primzahl ist, wird als zusammengesetzte Zahl bezeichnet [53, S. 55].

Um eine prägnante algebraische Beschreibung von zyklischen Codes zu geben, greifen wir auf das Konzept der endlichen Körper zurück, siehe Definition 1.8. Endliche Körper sind Grundlage fürs Konstruieren und fürs Decodieren von Codes [10, S. 81, 93], [24, S. 1].

1.12.2 Ringe, Integritätsbereiche und euklidische Ringe

Unser Weg zur Analyse endlicher Körper führt uns direkt zu den algebraischen Strukturen *Ring*, *Integritätsbereich* und *euklidischer Ring*. Insbesondere die euklidischen Ringe sind für die Codierungstheorie von größter Bedeutung [24, Vorwort], beispielsweise für die mathematische Beschreibung zyklischer Codes. Daher ist es ratsam, ein solides Verständnis dieser interessanten mathematischen Strukturen zu entwickeln.

Ein erster Schritt ist die Betrachtung des Begriffs Algebra. Eine *universelle Algebra* besteht aus einer Menge $\mathbb{A}$, die *Trägermenge* heißt, und mindestens einer auf $\mathbb{A}$ definierten Operation [18, S. 353].

Definition 1.45 (Algebra). Eine *Algebra* auf einer Trägermenge $\mathbb{A}$ ist ein linearer Vektorraum mit einer assoziativen und distributiven Multiplikation [26, S. 680].

Wir werden im Folgenden lediglich eindeutige binäre Operationen $\circ : \mathbb{A}^2 \mapsto \mathbb{A}$ [18, S. 308] verwenden. Ferner sei die Trägermenge $\mathbb{A}$ unter $\circ : \mathbb{A}^2 \mapsto \mathbb{A}$ abgeschlossen. Mit der eindeutigen binären Operation $\circ : \mathbb{A}^2 \mapsto \mathbb{A}$ wird $(\mathbb{A}, \circ)$ als *Magma*, *Binar* oder *Gruppoid* bezeichnet [56, S. 147].

$(\mathbb{A}, \circ)$ heißt *Halbgruppe*, wenn $\circ : \mathbb{A}^2 \mapsto \mathbb{A}$ assoziativ ist [18, S. 308]

$$(\alpha \circ \beta) \circ \gamma = (\alpha \circ \beta \circ \gamma) = \alpha \circ \beta \circ \gamma, \quad \alpha, \beta, \gamma \in \mathbb{A}. \tag{1.467}$$

Eine Halbgruppe mit einem Identitätselement $\epsilon \in \mathbb{A}$, das auch als *neutrales Element* bezeichnet wird und die Bedingung

$$\epsilon \circ \alpha = \alpha \circ \epsilon = \alpha, \quad \alpha, \epsilon \in \mathbb{A}, \tag{1.468}$$

erfüllt, heißt *Monoid* [57, S. 6], [58, S. 5].

Ein Monoid, das ein inverses Element $\alpha^{-1} \in \mathbb{A}$ zu jedem Element $\alpha \in \mathbb{A}$ mit

$$\alpha^{-1} \circ \alpha = \alpha \circ \alpha^{-1} = \epsilon, \quad \alpha, \alpha^{-1}, \epsilon \in \mathbb{A}, \tag{1.469}$$

hat, heißt *Gruppe* [18, S. 309], [57, S. 17].

Wenn auch das Kommutativgesetz

$$\alpha \circ \beta = \beta \circ \alpha, \quad \alpha, \epsilon \in \mathbb{A}, \tag{1.470}$$

gilt, wird eine Gruppe *kommutative Gruppe* oder *Abelsche Gruppe* genannt [57, S. 18], [58, S. 7], und ein Monoid wird als *kommutatives Monoid* bezeichnet [58, S. 5].

Tabelle 1.8 fasst die obigen Erkenntnisse zusammen.

Tab. 1.8: Varianten von $(\mathbb{A}, \circ)$.

$(\mathbb{A}, \circ)$	**Magma, Binar, Gruppoid**	**Halbgruppe**	**Monoid**	**Gruppe**	**kommutatives Monoid**	**kommutative Gruppe, Abelsche Gruppe**
$\circ$ eindeutig, $\mathbb{A}$ abgeschlossen unter $\circ$	✓	✓	✓	✓	✓	✓
Assoziativgesetz		✓	✓	✓	✓	✓
Identitätselement			✓	✓	✓	✓
inverses Element				✓		✓
Kommutativgesetz					✓	✓

Was ist also ein *Ring*?

Definition 1.46 (Ring). Ein *Ring* $(\mathbb{A}, \oplus, \odot)$ [26, S. 700] ist eine Menge $\mathbb{A}$ mit zwei binären Operationen $\oplus$ („Addition“) und $\odot$ („Multiplikation“) und mit den folgenden erfüllten Axiomen:

a) $(\mathbb{A}, \oplus)$ ist eine Abelsche Gruppe.
b) $(\mathbb{A}, \odot)$ ist eine Halbgruppe.
c) Die Distributivgesetze

$$\alpha \odot (\beta \oplus \gamma) = \alpha \odot \beta \oplus \alpha \odot \gamma \tag{1.471}$$

und

$$(\beta \oplus \gamma) \odot \alpha = \beta \odot \alpha \oplus \gamma \odot \alpha \tag{1.472}$$

gelten für $\alpha, \beta, \gamma \in \mathbb{A}$ [18, S. 323], [26, S. 700].

Liegt *Kürzbarkeit* (engl. „cancellation law“) vor, so gilt

$$\alpha \odot \beta = \alpha \odot \gamma \quad \Rightarrow \quad \beta = \gamma, \quad \alpha \neq 0 \quad \alpha, \beta, \gamma \in \mathbb{A}. \tag{1.473}$$

Wenn aus $\alpha \odot \beta$ gleich 0 stets α gleich 0 oder β gleich 0 folgt, so ist $(\mathbb{A}, \oplus, \odot)$ *nullteilerfrei* [26, S. 700].

Definition 1.46 führt uns zum *Integritätsbereich* [26, S. 700].

Definition 1.47 (Integritätsbereich). Ein Integritätsbereich $(\mathbb{D}, \oplus, \odot)$ ist ein *kommutativer Ring mit Kürzbarkeit* [26, S. 700].

Im Einzelnen heißt das Folgendes: Ein *Integritätsbereich* $(\mathbb{D}, \oplus, \odot)$ [26, S. 700] ist eine Menge $\mathbb{D}$ mit zwei binären Operationen $\oplus$ („Addition") und $\odot$ („Multiplikation") und mit den folgenden erfüllten Axiomen:

a) $(\mathbb{D}, \oplus)$ ist eine Abelsche Gruppe mit dem additiven Identitätselement 0.
b) $(\mathbb{D}, \odot)$ ist ein kommutatives Monoid, d. h. eine kommutative Halbgruppe mit dem multiplikativen Identitätselement 1.
c) Die Distributivgesetze

$$\alpha \odot (\beta \oplus \gamma) = \alpha \odot \beta \,\oplus\, \alpha \odot \gamma \tag{1.474}$$

und

$$(\beta \oplus \gamma) \odot \alpha = \beta \odot \alpha \,\oplus\, \gamma \odot \alpha \tag{1.475}$$

gelten für $\alpha, \beta, \gamma \in \mathbb{D}$.
d) Es liegt Kürzbarkeit für $\alpha, \beta, \gamma \in \mathbb{D}$ vor [24, S. 3], [26, S. 700].

Beispiel 1.20. Wir betrachten $(\mathbb{Z}, \oplus, \odot)$. Die Addition „$\oplus$" ist die herkömmliche Addition „+", die wir alle kennen. Die Multiplikation „$\odot$" ist die herkömmliche Multiplikation, die wir ebenfalls alle kennen.

Zuerst muss man überprüfen, ob $(\mathbb{Z}, \oplus)$ eine Abelsche Gruppe mit dem additiven Identitätselement 0 ist.

- $(\mathbb{Z}, \oplus)$ ist abgeschlossen.
- Die Addition ist eindeutig.
- Das additive Identitätselement ist $0 \in \mathbb{Z}$, weil

$$\alpha + 0 = \alpha, \quad 0, \alpha \in \mathbb{Z}, \tag{1.476}$$

gilt.
- Das inverses Element ist $(-\alpha) \in \mathbb{Z}$, weil

$$(-\alpha) + \alpha = 0, \quad \alpha \in \mathbb{Z}, \tag{1.477}$$

gilt.
- Das Assoziativgesetz

$$\alpha + (\beta + \gamma) = (\alpha + \beta) + \gamma, \quad \alpha, \beta, \gamma \in \mathbb{Z}, \tag{1.478}$$

gilt.
- Das Kommutativgesetz

$$\alpha + \beta = \beta + \alpha, \quad \alpha, \beta \in \mathbb{Z}, \tag{1.479}$$

gilt.

Als Nächstes muss man überprüfen, ob $(\mathbb{Z}, \odot)$ ein kommutatives Monoid, d. h. eine kommutative Halbgruppe mit dem multiplikativen Identitätselement 1 ist.

- $(\mathbb{Z}, \odot)$ ist abgeschlossen.
- Die Multiplikation ist eindeutig.

– Das multiplikative Identitätselement ist 1, weil

$$\alpha \cdot 1 = \alpha, \quad 1, \alpha \in \mathbb{Z}, \tag{1.480}$$

gilt.

– Das Assoziativgesetz

$$\alpha \cdot (\beta \cdot \gamma) = (\alpha \cdot \beta) \cdot \gamma, \quad \alpha, \beta, \gamma \in \mathbb{Z}, \tag{1.481}$$

gilt.

– Das Kommutativgesetz

$$\alpha \cdot \beta = \beta \cdot \alpha, \quad \alpha, \beta \in \mathbb{Z}, \tag{1.482}$$

gilt.

Darüber hinaus gelten die Distributivgesetze

$$\alpha \cdot (\beta + \gamma) = \alpha \cdot \beta + \alpha \cdot \gamma, \quad \alpha, \beta, \gamma \in \mathbb{Z}, \tag{1.483}$$

und

$$(\beta + \gamma) \cdot \alpha = \beta \cdot \alpha + \gamma \cdot \alpha, \quad \alpha, \beta, \gamma \in \mathbb{Z}. \tag{1.484}$$

Schließlich muss man die Kürzbarkeit überprüfen. Da $\alpha \cdot \beta$ und $\alpha \cdot \gamma$ für $\alpha \neq 0$ und $\alpha, \beta, \gamma \in \mathbb{Z}$ eindeutig sind,

$$\alpha \cdot \beta = \alpha \cdot \gamma, \quad \alpha, \beta, \gamma \in \mathbb{Z}, \tag{1.485}$$

folgt

$$\beta = \gamma, \quad \beta, \gamma \in \mathbb{Z}. \tag{1.486}$$

Daher ist $(\mathbb{Z}, \oplus, \odot)$ ein Integritätsbereich.

Wir definieren

$$\mathbb{Z}[\sqrt{-1}] := \{a + b\sqrt{-1} \mid a, b \in \mathbb{Z}\}. \tag{1.487}$$

$\mathbb{Z}[\sqrt{-1}]$ ist eine Erweiterung der ganzen Zahlen $\mathbb{Z}$ [53, S. 65]. $\mathbb{Z}[\sqrt{-1}]$ wurde ausführlich von dem größten Mathematiker aller Zeiten, dem Deutschen Carl Friedrich *Gauß*, studiert. Carl Friedrich *Gauß* hat sich wahrhaftig den Ehrentitel *„princeps mathematicorum“*, das bedeutet *Fürst der Mathematiker*, verdient [53, S. 65]. Zu Ehren von Carl Friedrich Gauß heißt die Menge $\mathbb{Z}[\sqrt{-1}]$ *Gauß'sche Zahlen* [24, S. 4], [53, S. 65]. Ausgehend von Beispiel 1.20 sieht man sofort, dass die Gauß'schen Zahlen $\mathbb{Z}[\sqrt{-1}]$ einen Integritätsbereich darstellen [24, S. 4].

Ein *euklidischer Ring* $(\mathbb{E}, \oplus, \odot)$ [26, S. 751], [57, S. 189–194] ist ein Integritätsbereich, in welchem die Elemente die Eigenschaft der *„Größe“* haben [24, S. 3]. Lassen Sie uns die Eigenschaft „Größe“ von $a \in \mathbb{E}, a \neq 0$, mit $h\{a\} \in \mathbb{R}_0^+$ bezeichnen. Es gelte somit $h\{a\} \geq 0$.

Definition 1.48 (euklidischer Ring). Ein Integritätsbereich mit einem Identitätselement heißt *euklidischer Ring*, wenn es eine *euklidische Funktion* $h : \mathbb{E} \setminus \{0\} \to \mathbb{N}$ gibt, die jedem Element $\alpha \in \mathbb{E}$, $\alpha \neq 0$, eine nichtnegative ganze Zahl $h\{\alpha\} \in \mathbb{N}$ zuweist, welche die folgenden Eigenschaften hat [24, S. 4], [26, S. 751]:

- $h\{\alpha \odot \beta\} \geq h\{\alpha\}, \quad \forall \alpha, \beta \in \mathbb{E}, \quad \alpha \neq 0, \beta \neq 0.$
- Für alle $\alpha \neq 0$ und $\beta \neq 0$ existieren $q \in \mathbb{E}$ („Quotient") und $r \in \mathbb{E}$ („Rest") mit

$$\alpha = q \odot \beta \oplus r, \quad \alpha, \beta \in \mathbb{E} \setminus \{0\}, \quad q, r \in \mathbb{E}, \tag{1.488}$$

für die $r \in \mathbb{E}$ entweder gleich $0 \in \mathbb{E}$ oder $h\{r\} < h\{\beta\}$ ist.

Euklidische Ringe sind deshalb *Integritätsbereiche mit einem Divisionsalgorithmus*.

Die euklidische Funktion $h : \mathbb{E} \setminus \{0\} \to \mathbb{N}$ wird auch als die *euklidische Normfunktion* die *euklidische Norm* oder der *euklidischer Betrag* bezeichnet.

In einigen Definitionen findet man $h : \mathbb{E} \to \mathbb{N}$ anstelle von $h : \mathbb{E} \setminus \{0\} \to \mathbb{N}$, wobei $h\{0\}$ auf 0 gesetzt wird.

Tabelle 1.9 fasst die obigen Erkenntnisse zusammen.

Tab. 1.9: Ring, Integritätsbereich und euklidischer Ring.

	Ring $(\mathbb{A}, \oplus, \odot)$	**Integritäts-Bereich** $(\mathbb{D}, \oplus, \odot)$	**euklidischer Ring** $(\mathbb{E}, \oplus, \odot)$
$(\mathbb{A}, \oplus)$ / $(\mathbb{D}, \oplus)$ / $(\mathbb{E}, \oplus)$	Abelsche Gruppe	Abelsche Gruppe	Abelsche Gruppe
$(\mathbb{A}, \odot)$ / $(\mathbb{D}, \odot)$ / $(\mathbb{E}, \odot)$	Halbgruppe	kommutatives Monoid	kommutatives Monoid
Distributivgesetze	√	√	√
Kürzbarkeit		√	√
Divisionsalgorithmus			√

Bevor wir ein erstes Beispiel betrachten, kommt erst einmal Satz 1.30.

Satz 1.30 (Differenz rationaler Zahlen und ganzer Zahlen). *Für $\lambda \in \mathbb{Q}$ gibt es ein einzigartiges $l \in \mathbb{Z}$ mit*

$$|\lambda - l| \leq \frac{1}{2}, \quad \lambda \in \mathbb{Q}, \quad l \in \mathbb{Z}. \tag{1.489}$$

Beweis. Mit der *Gaußklammer* ergibt sich

$$\left\lfloor \lambda + \frac{1}{2} \right\rfloor \leq \lambda + \frac{1}{2} < \left\lfloor \lambda + \frac{1}{2} \right\rfloor + 1, \quad \lambda \in \mathbb{Q}, \quad l \in \mathbb{Z}. \tag{1.490}$$

Es folgt

$$0 \leq \lambda + \frac{1}{2} - \left\lfloor \lambda + \frac{1}{2} \right\rfloor < 1 \quad \Leftrightarrow \quad -\frac{1}{2} \leq \lambda - \left\lfloor \lambda + \frac{1}{2} \right\rfloor < \frac{1}{2}, \quad \lambda \in \mathbb{Q}, \quad l \in \mathbb{Z}. \tag{1.491}$$

Mit dem einzigartigen

$$l = \left\lfloor \lambda + \frac{1}{2} \right\rfloor, \quad \lambda \in \mathbb{Q}, \quad l \in \mathbb{Z}, \tag{1.492}$$

erhält man

$$-\frac{1}{2} \leq \lambda - l < \frac{1}{2} \quad \Rightarrow \quad |\lambda - l| \leq \frac{1}{2} \quad \lambda \in \mathbb{Q}, \quad l \in \mathbb{Z}. \tag{1.493}$$

□

Die Beziehung (1.489) lehrt uns, dass $l \in \mathbb{Z}$ diejenige ganze Zahl ist, welche $\lambda \in \mathbb{Q}$ am nächsten ist. Dies wird in Abbildung 1.20 für λ aus dem Intervall $[-2{,}5, +2{,}5]$ veranschaulicht. Die Auswahl von $l \in \mathbb{Z}$ als die zu $\lambda \in \mathbb{Q}$ nächstgelegene ganze Zahl erfolgt gemäß (1.489). Wir erhalten

$$l = \mathrm{rd}(\lambda), \quad \lambda \in \mathbb{Q}, \quad l \in \mathbb{Z}. \tag{1.494}$$

Abbildung 1.20 zeigt einen Ausschnitt von $|\lambda - l| \in \mathbb{Q}$ nach (1.489) mit $l \in \mathbb{Z}$ gleich $\mathrm{rd}(\lambda)$, $\lambda \in \mathbb{Q}$, als die zu λ nächstgelegene ganze Zahl. In Abbildung 1.20 werden die gewählten $l \in \mathbb{Z}$ durch vertikale gestrichelte Linien angezeigt, während $|\lambda - l| \in \mathbb{Q}$ als durchgezogene Linie über $\lambda \in \mathbb{Q}$ dargestellt ist. In allen Fällen gilt $|\lambda - l| \leq 1/2$. Diejenigen Bereiche, in welchen jeweils ein bestimmtes $l \in \mathbb{Z}$ vorherrscht, werden als grau schattierte Rechtecke verdeutlicht. Die Grauschattierung ändert sich, wenn sich $l \in \mathbb{Z}$ ändert.

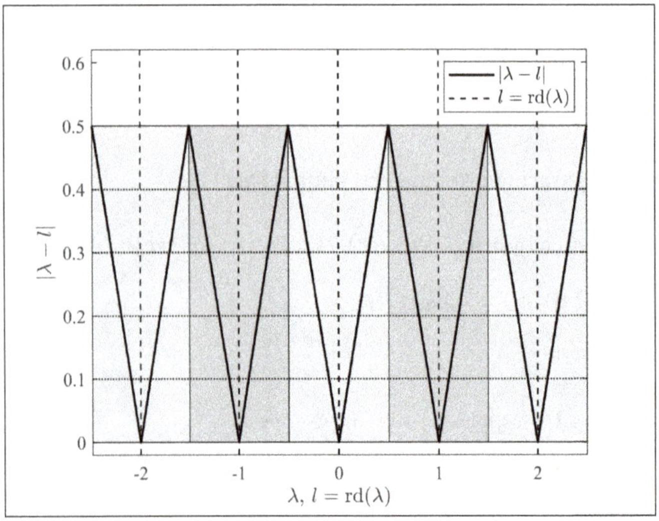

Abb. 1.20: Detail von $|\lambda - l| \in \mathbb{Q}$ aus (1.489) mit $l \in \mathbb{Z}$ gleich $\mathrm{rd}(\lambda)$, $\lambda \in \mathbb{Q}$, als die nächstgelegene ganze Zahl zu λ.

Beispiel 1.21. Wir betrachten die ganzen Zahlen $(\mathbb{Z}, +, \cdot)$ und definieren

$$h\{a\} = |a| \geq 1, \quad \forall a \in \mathbb{Z}, \quad a \neq 0. \tag{1.495}$$

Mit (1.495) ergibt sich

$$h\{a \cdot \beta\} = |a\beta| = |a| \cdot \underbrace{|\beta|}_{\geq 1} = h\{a\} \cdot \underbrace{h\{\beta\}}_{\geq 1} \geq h\{a\}, \quad \forall a, \beta \in \mathbb{E}, \quad a \neq 0, \beta \neq 0. \tag{1.496}$$

Offenbar ist $h\{a\}$ multiplikativ. Die erste Eigenschaft gemäß Definition 1.48 ist daher erfüllt.

Betrachten wir nun die zweite Eigenschaft nach Definition 1.48:

$$a = q\beta + r, \quad h\{r\} < h\{\beta\}, \quad a, \beta \in \mathbb{Z} \setminus \{0\}, \quad q, r \in \mathbb{Z}. \tag{1.497}$$

Wir können also die beiden von Null verschiedenen Elemente a und β für ein kleinstmögliches $r \in \mathbb{E}$ durch $q \in \mathbb{Z}$ approximieren.

Angenommen, dass das Element β das Element a teilt. Man schreibt dann $\beta \mid a$ und liest „β teilt a". In diesem Fall gilt $h\{\beta\} \geq 1$. Außerdem verschwindet r.

Betrachten wir nun der Fall, in dem r nicht verschwindet. Es ist dann

$$\frac{a}{\beta} = \lambda, \quad a, \beta \in \mathbb{Z} \setminus \{0\}, \quad \lambda \in \mathbb{Q}. \tag{1.498}$$

Nach Satz 1.30 gibt es eindeutige Wahlmöglichkeiten $l \in \mathbb{Z}$ mit

$$|\lambda - l| \leq \frac{1}{2}, \quad l \in \mathbb{Z}, \quad \lambda \in \mathbb{Q}. \tag{1.499}$$

Wir finden daher stets $l \in \mathbb{Z}$ mit kleinstem Abstand zu $\lambda \in \mathbb{Q}$. Dann gilt

$$\frac{a}{\beta} = \underbrace{l}_{=q} + \underbrace{\lambda - l}_{=r/\beta} = q + \frac{r}{\beta}, \quad r, a, \beta \in \mathbb{Z} \setminus \{0\}, \quad l \in \mathbb{Z}, \quad \lambda \in \mathbb{Q}. \tag{1.500}$$

Mit

$$r = (\lambda - l)\beta, \quad r, \beta \in \mathbb{Z} \setminus \{0\}, \quad l \in \mathbb{Z}, \quad \lambda \in \mathbb{Q}, \tag{1.501}$$

erhält man

$$h\{r\} = |r| = \left|(\lambda - l)\beta\right| = \underbrace{|\lambda - l|}_{\leq 1/2} \cdot |\beta| \leq \frac{1}{2} \cdot |\beta| < |\beta| = h\{\beta\}, \tag{1.502}$$
$$r, \beta \in \mathbb{Z} \setminus \{0\}, \quad l \in \mathbb{Z}, \quad \lambda \in \mathbb{Q}.$$

Daher ist $(\mathbb{Z}, +, \cdot)$ ein euklidischer Ring [24, S. 4].

Beispiel 1.22. Wir betrachten die Gauß'schen Zahlen

$$\mathbb{Z}[\sqrt{-1}] := \{a + b\sqrt{-1} \mid a, b \in \mathbb{Z}\}. \tag{1.503}$$

Es gilt zu prüfen, ob $(\mathbb{Z}[\sqrt{-1}], +, \cdot)$ ein euklidischer Ring ist [24, S. 4]. Es gelte

$$\underline{a} = a + b\sqrt{-1} = a + \mathrm{j}b, \quad \underline{a} \in \mathbb{Z}[\sqrt{-1}], \quad a, b \in \mathbb{Z}. \tag{1.504}$$

Wir definieren

$$h\{\underline{\alpha}\} = |a + \mathrm{j}b|^2 = \underline{\alpha}\,\underline{\alpha}^* = (a + \mathrm{j}b) \cdot (a - \mathrm{j}b) = a^2 + b^2, \quad \underline{\alpha} \in \mathbb{Z}[\sqrt{-1}], \quad a, b \in \mathbb{Z}. \tag{1.505}$$

Offensichtlich ist $h\{\underline{\alpha}\} \in \mathbb{N}$. Außerdem wäre $h\{\underline{\alpha}\}$ nur dann gleich 0, wenn $\underline{\alpha}$ gleich 0 ist. Für diesen Fall ist $h\{\underline{\alpha}\}$ jedoch nicht definiert. Daher gilt $h\{\underline{\alpha}\} \geq 1$ für alle $\underline{\alpha} \in \mathbb{Z}[\sqrt{-1}]$.

Mit

$$\underline{\beta} = c + d\sqrt{-1} = c + \mathrm{j}d, \quad h\{\underline{\beta}\} = c^2 + d^2, \quad \underline{\beta} \in \mathbb{Z}[\sqrt{-1}], \quad c, d \in \mathbb{Z}, \tag{1.506}$$

und mit

$$\underline{\alpha} \cdot \underline{\beta} = (a + \mathrm{j}b) \cdot (c + \mathrm{j}d) = ac - bd + \mathrm{j}(ad + bc), \quad \underline{\alpha}, \underline{\beta} \in \mathbb{Z}[\sqrt{-1}], \quad a, b, c, d \in \mathbb{Z}, \tag{1.507}$$

erhält man

$$\begin{aligned} h\{\underline{\alpha} \cdot \underline{\beta}\} &= (ac - bd)^2 + (ad + bd)^2 \\ &= a^2c^2 - 2abcd + b^2d^2 + a^2d^2 + 2abcd + b^2c^2 \\ &= a^2c^2 + a^2d^2 + b^2c^2 + b^2d^2 \\ &= a^2\left(c^2 + d^2\right) + b^2\left(c^2 + d^2\right) \\ &= \left(a^2 + b^2\right)\left(c^2 + d^2\right) \\ &= h\{\underline{\alpha}\} \cdot h\{\underline{\beta}\}, \quad \underline{\alpha}, \underline{\beta} \in \mathbb{Z}[\sqrt{-1}], \quad a, b, c, d \in \mathbb{Z}. \end{aligned} \tag{1.508}$$

Offenbar ist $h\{\underline{\alpha}\}$ multiplikativ.

Wir überprüfen nun die erste Eigenschaft aus Definition 1.48, nämlich

$$h\{\underline{\alpha} \cdot \underline{\beta}\} \geq h\{\underline{\alpha}\}, \quad \forall\, \underline{\alpha}, \underline{\beta} \in \mathbb{Z}[\sqrt{-1}], \quad \underline{\alpha} \neq 0, \underline{\beta} \neq 0. \tag{1.509}$$

Da für $\underline{\beta} \neq 0$

$$h\{\underline{\beta}\} \geq 1, \quad \underline{\beta} \in \mathbb{Z}[\sqrt{-1}], \tag{1.510}$$

gilt, erhält man

$$h\{\underline{\alpha} \cdot \underline{\beta}\} = h\{\underline{\alpha}\} \cdot \underbrace{h\{\underline{\beta}\}}_{\geq 1} \geq h\{\underline{\alpha}\}. \tag{1.511}$$

Somit ist die erste Eigenschaft der Definition 1.48 erfüllt.

Nun muss man die zweite Eigenschaft aus Definition 1.48 überprüfen, nach der für alle $\underline{\alpha} \neq 0$ und $\underline{\beta} \neq 0$ eine Größe $\underline{q}$ („Quotient") und eine weitere Größe $\underline{r}$ („Rest") existieren, mit denen sich

$$\underline{\alpha} = \underline{q}\,\underline{\beta} + \underline{r}, \quad \underline{q}, \underline{r}, \underline{\alpha}, \underline{\beta} \in \mathbb{Z}[\sqrt{-1}], \tag{1.512}$$

ergibt. Die Größe $\underline{r}$ ist entweder gleich 0, oder es ist $h\{\underline{r}\} < h\{\underline{\beta}\}$.

Zunächst nehmen wir an, dass $\underline{\beta} \mid \underline{\alpha}$ gilt. In diesem Fall verschwindet $\underline{r}$.

Kommen wir nun zum zweiten Teil der zweiten Eigenschaft, d. h. demjenigen Fall, in welchem $\underline{r}$ nicht verschwindet. Es ist bekannt, dass

$$\frac{\underline{\alpha}}{\underline{\beta}} = \lambda + \mathrm{j}\xi = \frac{\underline{\alpha} \cdot \underline{\beta}^*}{|\underline{\beta}|^2} = \frac{\underline{\alpha} \cdot \underline{\beta}^*}{h\{\underline{\beta}\}}, \quad \underline{\alpha}, \underline{\beta} \in \mathbb{Z}[\sqrt{-1}], \quad \lambda, \xi \in \mathbb{Q}. \tag{1.513}$$

Es gibt eindeutige Wahlmöglichkeiten $l, m \in \mathbb{Z}$ mit

$$|\lambda - l| \le \frac{1}{2}, \quad \lambda \in \mathbb{Q}, \quad l \in \mathbb{Z}, \tag{1.514}$$

beziehungsweise

$$|\xi - m| \le \frac{1}{2}, \quad \xi \in \mathbb{Q}, \quad m \in \mathbb{Z}. \tag{1.515}$$

Wir erhalten dann

$$\begin{aligned}
\frac{\underline{\alpha}}{\underline{\beta}} &= \lambda + \mathrm{j}\xi \\
&= \lambda + (l - l) + \mathrm{j}\big[\xi + (m - m)\big] \\
&= \underbrace{l + \mathrm{j}m}_{=\underline{q}} + \underbrace{(\lambda - l) + \mathrm{j}(\xi - m)}_{=\underline{r}/\underline{\beta}} \\
&= \underline{q} + \frac{\underline{r}}{\underline{\beta}}, \quad \lambda, \xi \in \mathbb{Q}, \quad l, m \in \mathbb{Z}.
\end{aligned} \tag{1.516}$$

Es folgt

$$\begin{aligned}
\underline{r} &= (\lambda - l)\underline{\beta} + \mathrm{j}(\xi - m)\underline{\beta} \\
&= (\lambda - l)\big(\mathrm{Re}\{\underline{\beta}\} + \mathrm{j}\,\mathrm{Im}\{\underline{\beta}\}\big) + \mathrm{j}(\xi - m)\big(\mathrm{Re}\{\underline{\beta}\} + \mathrm{j}\,\mathrm{Im}\{\underline{\beta}\}\big) \\
&= \mathrm{Re}\{\underline{\beta}\}(\lambda - l) - \mathrm{Im}\{\underline{\beta}\}(\xi - m) + \mathrm{j}\big\{\mathrm{Re}\{\underline{\beta}\}(\xi - m) + \mathrm{Im}\{\underline{\beta}\}(\lambda - l)\big\}
\end{aligned} \tag{1.517}$$

und daher

$$\begin{aligned}
h\{\underline{r}\} &= |\underline{r}|^2 \\
&= \big\{\mathrm{Re}\{\underline{\beta}\}(\lambda - l) - \mathrm{Im}\{\underline{\beta}\}(\xi - m)\big\}^2 \\
&\quad + \big\{\mathrm{Re}\{\underline{\beta}\}(\xi - m) + \mathrm{Im}\{\underline{\beta}\}(\lambda - l)\big\}^2.
\end{aligned} \tag{1.518}$$

Dies führt zu

$$\begin{aligned}
h\{\underline{r}\} &= \big\{\mathrm{Re}\{\underline{\beta}\}\big\}^2(\lambda - l)^2 + \big\{\mathrm{Im}\{\underline{\beta}\}\big\}^2(\xi - m)^2 \\
&\quad - 2\,\mathrm{Re}\{\underline{\beta}\}\,\mathrm{Im}\{\underline{\beta}\}(\lambda - l)(\xi - m) \\
&\quad + \big\{\mathrm{Re}\{\underline{\beta}\}\big\}^2(\xi - m)^2 + \big\{\mathrm{Im}\{\underline{\beta}\}\big\}^2(\lambda - l)^2 \\
&\quad + 2\,\mathrm{Re}\{\underline{\beta}\}\,\mathrm{Im}\{\underline{\beta}\}(\lambda - l)(\xi - m) \\
&= \big(\mathrm{Re}\{\underline{\beta}\}\big)^2\big\{(\lambda - l)^2 + (\xi - m)^2\big\} + \big(\mathrm{Im}\{\underline{\beta}\}\big)^2\big\{(\lambda - l)^2 + (\xi - m)^2\big\} \\
&= \underbrace{\Big[\big(\mathrm{Re}\{\underline{\beta}\}\big)^2 + \big(\mathrm{Im}\{\underline{\beta}\}\big)^2\Big]}_{=h\{\underline{\beta}\}} \cdot \underbrace{\big[(\lambda - l)^2 + (\xi - m)^2\big]}_{=h\{\underline{r}/\underline{\beta}\}} \\
&= h\{\underline{\beta}\} \cdot h\left\{\frac{\underline{r}}{\underline{\beta}}\right\}.
\end{aligned} \tag{1.519}$$

Mit

$$h\left\{\frac{\underline{r}}{\underline{\beta}}\right\} = (\lambda - l)^2 + (\xi - m)^2 \le \frac{1}{4} + \frac{1}{4} = \frac{1}{2}, \quad \lambda, \xi \in \mathbb{Q}, \quad l, m \in \mathbb{Z}, \tag{1.520}$$

erhält man

$$h\{\underline{r}\} = h\{\underline{\beta}\} \cdot h\left\{\frac{\underline{r}}{\underline{\beta}}\right\} \leq \frac{1}{2} h\{\underline{\beta}\} < h\{\underline{\beta}\}. \tag{1.521}$$

Daher ist $(\mathbb{Z}[\sqrt{-1}], +, \cdot)$ ein euklidischer Ring [24, S. 4].

Beispiel 1.23. Wir betrachten

$$\mathbb{Z}[\sqrt{-p}] := \left\{a + b\sqrt{-p} \mid a, b \in \mathbb{Z},\ p \in \mathbb{N}^*\right\} \tag{1.522}$$

mit $p \in \mathbb{N}^*$ als positiver Primzahl, d. h. $p \in \{2, 3, 5, 7 \cdots\}$.

Es gilt zu evaluieren, ob $(\mathbb{Z}[\sqrt{-p}], +, \cdot)$ ein euklidischer Ring ist [24, S. 4]. Es gilt

$$\underline{\alpha} = a + b\sqrt{-p} = a + \mathrm{j}b\sqrt{p}, \quad \underline{\alpha} \in \mathbb{Z}[\sqrt{-p}], \quad a, b \in \mathbb{Z}, \quad p \in \{2, 3, 5, 7 \cdots\}. \tag{1.523}$$

Wir definieren

$$h\{\underline{\alpha}\} = |a + \mathrm{j}b\sqrt{p}|^2 = a^2 + pb^2, \quad \underline{\alpha} \in \mathbb{Z}[\sqrt{-p}], \quad a, b \in \mathbb{Z}, \quad p \in \{2, 3, 5, 7 \cdots\}. \tag{1.524}$$

Offensichtlich gilt $h\{\underline{\alpha}\} \in \mathbb{N}^*$. Die Größe $h\{\underline{\alpha}\} \in \mathbb{N}^*$ wäre nur dann gleich 0, wenn $\underline{\alpha}$ gleich 0 ist. Für diesen Fall ist jedoch $h\{\underline{\alpha}\}$ nicht definiert. Daher gilt $h\{\underline{\alpha}\} \geq 1$ für alle $\underline{\alpha} \in \mathbb{Z}[\sqrt{-p}]$.

Mit

$$\underline{\beta} = c + d\sqrt{-p} = c + \mathrm{j}d\sqrt{p}, \quad \underline{\beta} \in \mathbb{Z}[\sqrt{-p}], \quad c, d \in \mathbb{Z}, \quad p \in \{2, 3, 5, 7 \cdots\}, \tag{1.525}$$

gilt

$$h\{\underline{\beta}\} = c^2 + pd^2 \quad \underline{\beta} \in \mathbb{Z}[\sqrt{-p}], \quad c, d \in \mathbb{Z}, \quad p \in \{2, 3, 5, 7 \cdots\}, \tag{1.526}$$

sowie

$$\underline{\alpha} \cdot \underline{\beta} = (a + \mathrm{j}b\sqrt{p}) \cdot (c + \mathrm{j}d\sqrt{p}) = ac - pbd + \mathrm{j}(ad + bc)\sqrt{p}, \tag{1.527}$$

$$\underline{\alpha}, \underline{\beta} \in \mathbb{Z}[\sqrt{-p}], \quad a, b, c, d \in \mathbb{Z}, \quad p \in \{2, 3, 5, 7 \cdots\}, \tag{1.528}$$

und mit

$$\begin{aligned} h\{\underline{\alpha}\} \cdot h\{\underline{\beta}\} &= \left(a^2 + pb^2\right) \cdot \left(c^2 + pd^2\right) \\ &= a^2c^2 + pa^2d^2 + pb^2c^2 + p^2b^2d^2 \\ &= a^2c^2 + p^2b^2d^2 + p\left(a^2d^2 + b^2c^2\right), \\ &\quad \underline{\alpha}, \underline{\beta} \in \mathbb{Z}[\sqrt{-p}], \quad a, b, c, d \in \mathbb{Z}, \quad p \in \{2, 3, 5, 7 \cdots\}, \end{aligned} \tag{1.529}$$

erhält man

$$\begin{aligned} h\{\underline{\alpha} \cdot \underline{\beta}\} &= (ac - pbd)^2 + p(ad + bc)^2 \\ &= a^2c^2 - 2pabcd + p^2b^2d^2 + pa^2d^2 + 2pabcd + pb^2c^2 \\ &= a^2c^2 + p^2b^2d^2 + p\left(a^2d^2 + b^2c^2\right) \\ &= h\{\underline{\alpha}\} \cdot h\{\underline{\beta}\}, \\ &\quad \underline{\alpha}, \underline{\beta} \in \mathbb{Z}[\sqrt{-p}], \quad a, b, c, d \in \mathbb{Z}, \quad p \in \{2, 3, 5, 7 \cdots\}. \end{aligned} \tag{1.530}$$

Offenbar ist $h\{\underline{\alpha}\}$ multiplikativ.

Zunächst gilt es die erste Eigenschaft zu überprüfen, die in Definition 1.48 angegeben ist: Für $\underline{\beta} \neq 0$ und $h\{\underline{\beta}\} \geq 1$ erhält man

$$h\{\underline{\alpha} \cdot \underline{\beta}\} = h\{\underline{\alpha}\} \cdot \underbrace{h\{\underline{\beta}\}}_{\geq 1} \geq h\{\underline{\alpha}\}, \quad \underline{\alpha}, \underline{\beta} \in \mathbb{Z}[\sqrt{-p}]. \tag{1.531}$$

Somit ist die erste Eigenschaft aus Definition 1.48 erfüllt.

Jetzt muss man die zweite Eigenschaft überprüfen, die in Definition 1.48 angegeben ist. Angenommen, dass $\underline{\beta} \mid \underline{\alpha}$ gilt. In diesem Fall verschwindet $\underline{r}$.

Wir betrachten nun den zweiten Teil der zweiten Eigenschaft, d. h. denjenigen Fall, in welchem $\underline{r}$ nicht verschwindet. Es ist bekannt, dass

$$\frac{\underline{\alpha}}{\underline{\beta}} = \lambda + \mathrm{j}\xi\sqrt{p}, \quad \lambda, \xi \in \mathbb{Q}, \quad p \in \{2, 3, 5, 7 \cdots\}, \tag{1.532}$$

gilt. Es gibt eindeutige Werte $l, m \in \mathbb{Z}$ mit

$$|\lambda - l| \leq \frac{1}{2}, \quad \lambda \in \mathbb{Q}, \quad l \in \mathbb{Z}, \tag{1.533}$$

beziehungsweise

$$|\xi - m| \leq \frac{1}{2}, \quad \xi \in \mathbb{Q}, m \in \mathbb{Z}. \tag{1.534}$$

Dann gilt

$$\begin{aligned}
\frac{\underline{\alpha}}{\underline{\beta}} &= \lambda + \mathrm{j}\xi\sqrt{p} \\
&= \lambda + l - l + \mathrm{j}(\xi - m + m)\sqrt{p} \\
&= \underbrace{l + \mathrm{j}m\sqrt{p}}_{=\underline{q}} + \underbrace{(\lambda - l) + \mathrm{j}(\xi - m)\sqrt{p}}_{=\underline{r}/\underline{\beta}} \\
&= \underline{q} + \frac{\underline{r}}{\underline{\beta}}, \quad \underline{q}, \underline{r}, \underline{\alpha}, \underline{\beta} \in \mathbb{Z}[\sqrt{-p}], \quad \lambda, \xi \in \mathbb{Q}, \quad l, m \in \mathbb{Z}, \quad p \in \{2, 3, 5, 7 \cdots\}.
\end{aligned} \tag{1.535}$$

Es wird somit gefordert, dass der Quotient aus den ganzen Zahlen $l, m \in \mathbb{Z}$ besteht, die den jeweiligen Werten $\lambda, \xi \in \mathbb{Q}$ am nächsten sind. Es ergibt sich

$$\frac{\underline{r}}{\underline{\beta}} = (\lambda - l) + \mathrm{j}(\xi - m)\sqrt{p}, \quad \underline{r}, \underline{\beta} \in \mathbb{Z}[\sqrt{-p}], \quad \lambda, \xi \in \mathbb{Q}, \quad l, m \in \mathbb{Z}, \quad p \in \{2, 3, 5, 7 \cdots\}, \tag{1.536}$$

und daher

$$\begin{aligned}
h\left\{\frac{\underline{r}}{\underline{\beta}}\right\} = (\lambda - l)^2 + p(\xi - m)^2 \leq \frac{1}{4} + \frac{p}{4} = \frac{p+1}{4}, \quad \underline{r}, \underline{\beta} \in \mathbb{Z}[\sqrt{-p}], \\
\lambda, \xi \in \mathbb{Q}, \quad l, m \in \mathbb{Z}, \quad p \in \{2, 3, 5, 7 \cdots\}.
\end{aligned} \tag{1.537}$$

Man erhält somit

$$\begin{aligned}
h\{\underline{r}\} = h\left\{\underline{\beta} \cdot \frac{\underline{r}}{\underline{\beta}}\right\} = h\{\underline{\beta}\} \cdot \frac{p+1}{4}, \quad \underline{r}, \underline{\beta} \in \mathbb{Z}[\sqrt{-p}], \\
\lambda, \xi \in \mathbb{Q}, \quad l, m \in \mathbb{Z}, \quad p \in \{2, 3, 5, 7 \cdots\}.
\end{aligned} \tag{1.538}$$

Wegen der Forderung $h\{\underline{r}\} < h\{\underline{\beta}\}$ folgt

$$\frac{p+1}{4} < 1 \quad \Leftrightarrow \quad p < 3, \quad p \in \{2, 3, 5, 7 \cdots\}. \tag{1.539}$$

Daher ist $(\mathbb{Z}[\sqrt{-2}], +, \cdot)$, genau wie die Gauß'schen ganzen Zahlen $(\mathbb{Z}[\sqrt{-1}], \oplus, \odot)$, ein euklidischer Ring [24, S. 4].

Jedoch sind $(\mathbb{Z}[\sqrt{-3}], +, \cdot)$, $(\mathbb{Z}[\sqrt{-5}], +, \cdot)$, $(\mathbb{Z}[\sqrt{-7}], +, \cdot)$, und so weiter *keine euklidischen Ringe*, siehe beispielsweise [24, S. 5].

Beispiel 1.24. Wir betrachten die Menge der monischen Polynome $(\mathbb{F}_2[x]_n, \oplus, \odot)$ mit maximalem Grad $n \in \mathbb{N}^*$ über dem endlichen Körper $\mathbb{F}_2$, d. h. die normierten Polynome vom Grad $\leq n$ mit Koeffizienten in $\mathbb{F}_2$.

$(\mathbb{F}_2[x]_n, \oplus, \odot)$ ist ein Integritätsbereich, da $\mathbb{F}_2$ ein Körper ist [24, S. 4].

Wir definieren

$$\mathbb{F}_2[x]_n := \left\{ a(x) = x^n \oplus a_{n-1} \odot x^{n-1} \oplus \cdots \oplus a_1 \odot x \oplus a_0 \mid a_i \in \mathbb{F}_2, i \in \left\{0, 1 \cdots (n-1)\right\}, n \in \mathbb{N} \right\} \tag{1.540}$$

mit

$$h\left\{a(x)\right\} = \deg\left(a(x)\right) = n \geq 0, \quad a(x) \in \mathbb{F}_2[x]_n, \quad a(x) \neq 0, \quad n \in \mathbb{N}^*, \tag{1.541}$$

d. h. $h\{a(x)\}$ ist gleich dem Grad $\deg(a(x))$ des Polynoms $a(x)$.

Lassen Sie uns evaluieren, ob $(\mathbb{F}_2[x]_n, \oplus, \odot)$ ein euklidischer Ring ist [24, S. 4].

Es sei $m \leq n$, $m, n \in \mathbb{N}^*$. Wir definieren

$$\begin{aligned} &\beta(x) = x^m \oplus b_{m-1} \odot x^{m-1} \oplus \cdots \oplus b_1 \odot x \oplus b_0, \\ &\qquad \beta(x) \in \mathbb{F}_2[x]_n, \quad \beta(x) \neq 0, \quad b_k \in \mathbb{F}_2, \quad k \in \left\{0, 1 \cdots (m-1)\right\}, \quad m, n \in \mathbb{N}^*. \end{aligned} \tag{1.542}$$

Es ist

$$h\left\{\beta(x)\right\} = m \geq 0, \quad \beta(x) \neq 0, \quad n \geq m, \quad m, n \in \mathbb{N}^*. \tag{1.543}$$

Man erhält

$$\begin{aligned} a(x) \odot \beta(x) &= \left(\bigoplus_{i=0}^{n} a_i \odot x^i \right) \odot \left(\bigoplus_{k=0}^{m} b_k \odot x^k \right) \\ &= \bigoplus_{i=0}^{n} \bigoplus_{k=0}^{m} a_i \odot b_k \odot x^{i+k} \\ &= a_0 \odot b_0 \\ &\quad \oplus \ (a_1 \odot b_0 \ \oplus \ a_0 \odot b_1) \odot x^1 \\ &\quad \oplus \ (a_2 \odot b_0 \ \oplus \ a_1 \odot b_1 \ \oplus \ a_0 \odot b_2) \odot x^2 \\ &\quad \cdots \\ &\quad \oplus \ x^{n+m} \\ &= \bigoplus_{i=0}^{n+m} \underbrace{\bigoplus_{k=\max\{0,i-m\}}^{\min\{n,i\}} a_k \odot b_{i-k}}_{\text{diskrete Faltung}} \odot x^i, \end{aligned} \tag{1.544}$$

$$\begin{aligned}&\alpha(x),\beta(x) \in \mathbb{F}_2[x]_n, \quad \alpha(x) \neq 0, \quad \beta(x) \neq 0,\\ &a_i \in \mathbb{F}_2, \quad i \in \{0,1\cdots(n-1)\}, \quad b_k \in \mathbb{F}_2, \quad k \in \{0,1\cdots(m-1)\},\\ &a_n = b_m = 1, \quad n \geq m, \quad m,n \in \mathbb{N}^*.\end{aligned}$$

Darüber hinaus gilt

$$\begin{aligned}h\{\alpha(x) \odot \beta(x)\} = h\{\alpha(x)\} + h\{\beta(x)\} = n + m \geq 0,\\ \alpha(x),\beta(x) \in \mathbb{F}_2[x]_n, \quad \alpha(x) \neq 0, \quad \beta(x) \neq 0,\\ a_n = b_m = 1, \quad n \geq m, \quad m,n \in \mathbb{N}^*.\end{aligned} \tag{1.545}$$

Offenbar ist $h\{\alpha(x)\}$ additiv.

Zudem gilt

$$h\{\alpha(x) \oplus \beta(x)\} = \begin{cases}\max\{h\{\alpha(x)\}, h\{\beta(x)\}\} & \text{für } h\{\alpha(x)\} \neq h\{\beta(x)\},\\ h\{\alpha(x)\} - 1 & \text{für } h\{\alpha(x)\} = h\{\beta(x)\}.\end{cases} \tag{1.546}$$

Zuerst überprüfen wir die erste Eigenschaft aus Definition 1.48. Beziehung (1.545) führt zu

$$\begin{aligned}h\{\alpha(x) \odot \beta(x)\} = h\{\alpha(x)\} + h\{\beta(x)\} = n + \underbrace{m}_{\geq 0} \geq n = h\{\alpha(x)\},\\ \alpha(x),\beta(x) \in \mathbb{F}_2[x]_n, \quad \alpha(x) \neq 0, \quad \beta(x) \neq 0,\\ a_n = b_m = 1, \quad n \geq m, \quad m,n \in \mathbb{N}^*.\end{aligned} \tag{1.547}$$

Somit ist die erste Eigenschaft der Definition 1.48 erfüllt.

Nun gilt es, die zweite Eigenschaft zu betrachten, die in Definition 1.48 gegeben ist. Lassen Sie uns zunächst annehmen, dass $\beta(x) \mid \alpha(x)$ gilt. In diesem Fall verschwindet das Restpolynom $r(x)$, d. h. $r(x)$ ist gleich 0. Daher erfüllt dieser Fall den ersten Teil der zweiten Eigenschaft aus Definition 1.48.

Wir betrachten nun den zweiten Teil der zweiten Eigenschaft, d. h. derjenige Fall, in welchem $r(x)$ nicht verschwindet und der $h\{\beta(x)\} \geq 1$ erfordert. Mit $h\{\beta(x)\} > h\{\alpha(x)\}$ gilt

$$\begin{aligned}q(x) = 0 \quad \Rightarrow \quad r(x) = \alpha(x),\\ q(x), r(x), \alpha(x) \in \mathbb{F}_2[x]_n, \quad \alpha(x) \neq 0, \quad a_n = 1, \quad n \in \mathbb{N}^*,\end{aligned} \tag{1.548}$$

mit $h\{\beta(x)\} > h\{r(x)\}$. Daher ist die zweite Eigenschaft nach Definition 1.48 erfüllt.

Nun sei $h\{\beta(x)\} \leq h\{\alpha(x)\}$, und wir erhalten

$$\begin{aligned}\alpha(x) = q(x) \odot \beta(x) \oplus r(x) \quad \Leftrightarrow \quad r(x) = \alpha(x) \oplus q(x) \odot \beta(x),\\ q(x), r(x), \alpha(x), \beta(x) \in \mathbb{F}_2[x]_n, \quad \alpha(x) \neq 0, \quad \beta(x) \neq 0,\\ a_n = b_m = 1, \quad m,n \in \mathbb{N}^*.\end{aligned} \tag{1.549}$$

Es ist bekannt, dass dies für die trivialen Fälle des ersten Teils der zweiten Eigenschaft, die in Definition 1.48 gegeben ist, zutrifft.

Daher kann man diese als den Induktionsanfang verwenden.

Lassen Sie uns nun zum Induktionsschritt übergehen. Es gilt also

$$\alpha(x) = q(x) \odot \beta(x) \oplus r(x), \quad h\{r(x)\} < h\{\beta(x)\} \tag{1.550}$$

für

$$h\{\alpha(x)\} = n, \quad n \in \mathbb{N}^*. \tag{1.551}$$

Nun muss man den Fall

$$h\{\alpha(x)\} = n+1, \quad n \in \mathbb{N}^*, \tag{1.552}$$

betrachten. Mit

$$\gamma(x) = x^{n+1-m}, \quad m, n \in \mathbb{N}^*, \tag{1.553}$$

erhält man

$$\gamma(x)\beta(x) = x^{n+1-m} \odot \beta(x) = x^{n+1} \oplus \cdots, \quad m, n \in \mathbb{N}^*, \tag{1.554}$$

mit

$$h\{\gamma(x) \odot \beta(x)\} = h\{\gamma(x)\} + h\{\beta(x)\} = n+1-m+m = n+1, \quad m, n \in \mathbb{N}^*. \tag{1.555}$$

Setze

$$\rho(x) = \alpha(x) \oplus \gamma(x) \odot \beta(x), \tag{1.556}$$

mit dem Grad von höchstens n, denn $(x^{n+1} \oplus x^{n+1})$ hebt sich auf. Dann gilt

$$h\{\rho(x)\} = h\{\alpha(x) \oplus \gamma(x) \odot \beta(x)\} \leq n < n+1, \quad n \in \mathbb{N}^*. \tag{1.557}$$

Mit der Induktionshypothese für den Grad n erhält man

$$\rho(x) = \tilde{q}(x) \odot \beta(x) \oplus \tilde{r}(x), \tag{1.558}$$

weil $h\{\rho(x)\}$, wie gefordert, gleich n ist, und daher ergibt sich

$$\alpha(x) \oplus \gamma(x) \odot \beta(x) = \tilde{q}(x) \odot \beta(x) \oplus \tilde{r}(x), \quad h\{\tilde{r}(x)\} < h\{\beta(x)\}. \tag{1.559}$$

Das wird sofort zu

$$\begin{aligned} \alpha(x) &= \tilde{q}(x) \odot \beta(x) \oplus \tilde{r}(x) \oplus \gamma(x) \odot \beta(x) \\ &= \underbrace{\left[\tilde{r}(x) \oplus \gamma(x)\right]}_{=q(x)} \odot \beta(x) \oplus \underbrace{\tilde{r}(x)}_{=r(x)} \\ &= q(x) \odot \beta(x) \oplus r(x), \quad h\{\tilde{r}(x)\} = h\{r(x)\} < h\{\beta(x)\}. \end{aligned} \tag{1.560}$$

Nun kann man die Eindeutigkeit der Lösung betrachten. Angenommen, es gäbe zwei unterschiedliche Lösungen mit $q(x)$ und $r(x)$ sowie $\tilde{q}(x)$ und $\tilde{r}(x)$, d. h.

$$\alpha(x) = q(x) \odot \beta(x) \oplus r(x) = \tilde{q}(x) \odot \beta(x) \oplus \tilde{r}(x) \tag{1.561}$$

mit

$$h\{r(x)\} < h\{\beta(x)\}, \quad h\{\tilde{r}(x)\} < h\{\beta(x)\} \tag{1.562}$$

und

$$\left[q(x) \oplus \tilde{q}(x)\right] \odot \beta(x) = r(x) \oplus \tilde{r}(x). \tag{1.563}$$

Dann ergäbe sich

$$h\{[q(x) \oplus \tilde{q}(x)] \odot \beta(x)\} = h\{q(x) \oplus \tilde{q}(x)\} + h\{\beta(x)\}, \tag{1.564}$$

und daher

$$h\{[q(x) \oplus \tilde{q}(x)]\} + h\{\beta(x)\} = \underbrace{h\{r(x) \oplus \tilde{r}(x)\}}_{<h\{\beta(x)\}} < h\{\beta(x)\}. \tag{1.565}$$

Dies ergibt

$$h\{[q(x) \oplus \tilde{q}(x)]\} < 0. \tag{1.566}$$

Somit müsste $[q(x) \oplus \tilde{q}(x)]$ das Nullpolynom sein. Die Verwendung dieses Ergebnisses in (1.563) führt sofort zu

$$r(x) = \tilde{r}(x). \tag{1.567}$$

Daher ist die zweite Eigenschaft nach Definition 1.48 erfüllt. □

Folglich ist $(\mathbb{F}_2[x]_n, \oplus, \odot)$ ein euklidischer Ring [24, S. 4].

1.12.3 Euklidischer Algorithmus

Euklidische Ringe sind im mathematischen Konzept der zyklischen Blockcodes von größter Bedeutung, siehe beispielsweise [24, Vorwort]. Daher haben wir sie in Abschnitt 1.12.2 betrachtet. Es bedarf keiner großen Fantasie um zu erraten, dass ein geeigneter Divisionsalgorithmus in einem euklidischen Ring hilfreich sein wird, wenn es um das Decodieren eines zyklischen $(n, k, d_{\min})$ binären linearen Blockcodes $\mathbb{V}$ geht [22, S. 155–162], [11, Definition 5.4, S. 144–161]. Bis zu dieser Stelle haben wir uns allerdings noch nicht mit einem geeigneten Divisionsalgorithmus beschäftigt. Wir werden dies in diesem Abschnitt 1.12.3 nachholen.

Die zweite Eigenschaft von Definition 1.48 führt uns zur Suche nach dem *größten gemeinsamen Teiler (ggT)* (engl. „greatest common divisor", gcd) [18, S. 333], [24, S. 4]. Wenn $\alpha \mid \beta_i$ mit $\beta_i \in \{\beta_1, \beta_2, \beta_3 \cdots \beta_n\}$ gilt, dann ist α ein gemeinsamer Teiler aller β_i, $i \in \{1, 2 \cdots n\}$, $n \in \mathbb{N}^*$ [18, S. 333], [24, S. 4]. Wenn δ ein gemeinsamer Teiler aller β_i, $i \in \{1, 2 \cdots n\}$, $n \in \mathbb{N}^*$, ist und wenn jeder andere gemeinsame Teiler all dieser β_i, $i \in \{1, 2 \cdots n\}$, $n \in \mathbb{N}^*$, δ teilt, dann ist δ der *größte gemeinsame Teiler (ggT) (engl. „greatest common divisor", gcd)*, und es gilt [18, S. 333], [24, S. 4]

$$\delta = \mathrm{ggT}\{\beta_1, \beta_2, \beta_3 \cdots \beta_n\}, \quad n \in \mathbb{N}^*. \tag{1.568}$$

Wenn der größte gemeinsame Teiler (ggT) (engl. „greatest common divisor", gcd) $\mathrm{ggT}\{\beta_1, \beta_2, \beta_3 \cdots \beta_n\}$ der Menge $\{\beta_1, \beta_2, \beta_3 \cdots \beta_n\}$ gleich 1 oder eine andere Einheit ist, dann sind die β_i, $i \in \{1, 2 \cdots n\}$, $n \in \mathbb{N}^*$, *teilerfremd*, *relativ prim* oder *einander prim* [18, S. 333], [24, S. 14].

Lassen Sie uns ein Beispiel betrachten.

Beispiel 1.25. Wir betrachten $\mathbb{N}$. Das Ziel ist es, den größten gemeinsamen Teiler (ggT) (engl. „greatest common divisor", gcd) von

$$\alpha = 64 \tag{1.569}$$

und

$$\beta = 48 \tag{1.570}$$

zu finden. Es gilt

$$\begin{aligned} \alpha &= 64 = 2 \cdot 2 \cdot 2 \cdot 2 \cdot 2 \cdot 2, \\ \beta &= 48 = 2 \cdot 2 \cdot 2 \cdot 2 \cdot 3. \end{aligned} \tag{1.571}$$

Offensichtlich haben 64 und 48

$$\delta = 2^4 = 16 \tag{1.572}$$

gemeinsam. Dies ist in der Tat ihr größter gemeinsamer Teiler (ggT) (engl. „greatest common divisor", gcd).

Die gerade verwendete Strategie der „recherche par force brute" scheint nicht sehr effizient zu sein. Daher muss man nach etwas Besserem, wenn nicht sogar nach etwas *viel* Besserem suchen.

Ein erster Schritt hin zu einem effizienten Algorithmus zur Bestimmung des größten gemeinsamen Teilers (ggT) (engl. „greatest common divisor", gcd) ist der folgende Satz 1.31.

Satz 1.31 (Größter gemeinsamer Teiler (ggT) als Linearkombination). *Wenn*

$$\mathbb{B} = \{\beta_1, \beta_2, \beta_3 \cdots \beta_n\} \subseteq \mathbb{E}, \quad n \in \mathbb{N}^*, \tag{1.573}$$

eine endliche Teilmenge eines euklidischen Rings $(\mathbb{E}, \oplus, \odot)$ *ist, dann gibt es in* $\mathbb{E}$ *einen größten gemeinsamen Teiler (ggT) (engl. „greatest common divisor", gcd)* δ*, der als Linearkombination aller* β_i, $i \in \{1, 2 \cdots n\}$, $n \in \mathbb{N}^*$ *ausgedrückt werden kann* [24, *S.* 5]

$$\delta = \bigoplus_{i=1}^{n} \lambda_i \odot \beta_i, \quad \beta_i \in \mathbb{B} \subseteq \mathbb{E}, \quad \lambda_i \in \mathbb{E}, \quad i \in \{1, 2 \cdots n\}, \quad n \in \mathbb{N}^*. \tag{1.574}$$

Beweis. Es seien

$$\mathbb{S} = \left\{ \bigoplus_{i=1}^{n} \mu_i \odot \beta_i \,\middle|\, \mu_i \in \mathbb{E} \right\} \tag{1.575}$$

und $\delta \in \mathbb{S}$, $\delta \neq 0$, mit dem kleinstmöglichen Wert von $h\{\delta\}$ [24, S. 5].

Als Element von $\mathbb{S}$ kann $\delta \in \mathbb{S}$ natürlich als Linearkombination aller β_i, $i \in \{1, 2 \cdots n\}$, $n \in \mathbb{N}^*$, ausgedrückt werden, siehe (1.575) [24, S. 5].

Wir behaupten nun, dass $\delta \in \mathbb{S}$ ein größter gemeinsamer Teiler (ggT) (engl. „greatest common divisor", gcd) der Elemente β_i, $i \in \{1, 2 \cdots n\}$, ist [24, S. 5].

Zunächst zeigen wir, dass $\delta \mid \beta_i$, $i \in \{1, 2 \cdots n\}$, $n \in \mathbb{N}^*$, gilt [24, S. 5]. Da $\delta \neq 0$ ist, gilt gemäß Definition 1.48

$$\beta_i = q_i \odot \delta \oplus r_i, \quad \beta_i, \delta \in \mathbb{S}, \quad q_i \in \mathbb{E}, \quad i \in \{1, 2 \cdots n\}, \quad n \in \mathbb{N}^*, \tag{1.576}$$

wobei entweder r_i gleich 0 ist oder $h\{r_i\} < h\{\delta\}$ für alle $i \in \{1, 2 \cdots n\}$, $n \in \mathbb{N}^*$ [24, S. 5].

Wegen $\beta_i, \delta \in \mathbb{S}$ und $q_i \in \mathbb{E}$ ist r_i auch ein Element von $\mathbb{S}$, da es sich bei r_i um eine Linearkombination von Elementen aus $\mathbb{S}$ handelt [24, S. 5]. Bezeichnet man die additive Inverse von $(q_i \odot \delta)$, $i \in \{1, 2 \cdots n\}$, $n \in \mathbb{N}^*$, mit $\ominus(q_i \odot \delta)$, so erhält man [24, S. 5]

$$r_i = \beta_i \ominus (q_i \odot \delta), \quad r_i, \beta_i, \delta \in \mathbb{S}, \quad q_i \in \mathbb{E}, \quad i \in \{1, 2 \cdots n\}, \quad n \in \mathbb{N}^*. \tag{1.577}$$

Nota bene, dass im Fall von euklidischen Ringen, die über $\mathbb{F}_2$ gebildet werden, $\ominus$ und $\oplus$ identisch sind, siehe beispielsweise [10, Gl. (14) und darunter, S. 197]. Um jedoch eine allgemeinere Sichtweise zu ermöglichen, verwendet man $\ominus$.

Da $\delta \in \mathbb{S}$ den kleinstmöglichen Wert von $h\{\delta\}$ unter den nicht verschwindenden Elementen von $\mathbb{S}$ hat und da Definition 1.48 $h\{r_i\} < h\{\delta\}$ erfordert, muss r_i verschwinden, d. h.

$$r_i = 0, \quad i \in \{1, 2 \cdots n\}, \quad n \in \mathbb{N}^*. \tag{1.578}$$

Daher wird (1.576) zu [24, S. 5]

$$\beta_i = q_i \odot \delta, \quad \beta_i, \delta \in \mathbb{S}, \quad q_i \in \mathbb{E}, \quad i \in \{1, 2 \cdots n\}, \quad n \in \mathbb{N}^*. \tag{1.579}$$

Also ist $\delta \in \mathbb{S}$ ein gemeinsamer Teiler von β_i, $i \in \{1, 2 \cdots n\}$, $n \in \mathbb{N}^*$ [24, S. 5].

Es sei $\varepsilon \in \mathbb{S}$ ein weiterer, von $\delta \in \mathbb{S}$ verschiedener gemeinsamer Teiler von β_i, $i \in \{1, 2 \cdots n\}$, $n \in \mathbb{N}^*$, mit [24, S. 5]

$$\beta_i = q_i' \odot \varepsilon, \quad \beta_i, \varepsilon \in \mathbb{S}, \quad q_i' \in \mathbb{E}, \quad i \in \{1, 2 \cdots n\}, \quad n \in \mathbb{N}^*. \tag{1.580}$$

Mit $\delta \in \mathbb{S}$ gilt

$$\begin{aligned} \delta &= \bigoplus_{i=1}^{n} \lambda_i \odot \beta_i \\ &= \bigoplus_{i=1}^{n} \lambda_i \odot q_i' \odot \varepsilon \\ &= \varepsilon \odot \bigoplus_{i=1}^{n} \lambda_i \odot q_i', \end{aligned} \tag{1.581}$$
$$\beta_i, \delta, \varepsilon \in \mathbb{S}, \quad q_i', \lambda_i \in \mathbb{E}, \quad i \in \{1, 2 \cdots n\}, \quad n \in \mathbb{N}^*.$$

Gleichung (1.581) zeigt, dass $\delta \in \mathbb{S}$ ein Vielfaches von $\varepsilon \in \mathbb{S}$ mit $\varepsilon \mid \delta$ ist. Daher ist wie zuvor behauptet $\delta \in \mathbb{S}$ der größte gemeinsame Teiler (ggT) (engl. „greatest common divisor", gcd) aller β_i, $i \in \{1, 2 \cdots n\}$, $n \in \mathbb{N}^*$, [24, S. 5]. □

Satz 1.31 stellt sicher, dass größte gemeinsame Teiler (ggT) (engl. „greatest common divisors", gcds) existieren [24, S. 5].

Im Folgenden gehen wir erneut vom euklidischen Ring $(\mathbb{E}, \oplus, \odot)$ aus. Zur Vereinfachung der Notation bezeichnen wir die additive Inverse $\oplus a^{-1} \in \mathbb{E}$ von $a \in \mathbb{E}$ mit $\ominus a \in \mathbb{E}$.

Wir betrachten den folgenden hilfreichen Sachverhalt.

Satz 1.32 (Größter gemeinsamer Teiler (ggT) von linearen Funktionen). *Es gilt* [24, *S. 6*]

$$ggT\{s, t\} = ggT\{s, t \ominus r \odot s\} \quad \forall r, s, t \in \mathbb{E}. \tag{1.582}$$

Beweis. Es sei δ der $\mathrm{ggT}\{s,t\}$. Wegen $\delta \mid s$ und $\delta \mid t$, gilt $\delta \mid rs$ und somit $\delta \mid (t \ominus r \odot s)$ [24, S. 6]. Daher ist jeder gemeinsame Teiler von s und t auch ein gemeinsamer Teiler von $(t \ominus r \odot s)$ [24, S. 6]. Ebenso muss ein gemeinsamer Teiler von s und von $(t \ominus r \odot s)$ auch ein gemeinsamer Teiler von s und $(t \ominus r \odot s) \oplus r \odot s$ sein. Es gilt natürlich [24, S. 6]

$$(t \ominus r \odot s) \oplus r \odot s = t. \tag{1.583}$$

Daher muss ein gemeinsamer Teiler von $s \in \mathbb{E}$ und von $(t \ominus r \odot s) \in \mathbb{E}$ ein gemeinsamer Teiler von $s \in \mathbb{E}$ und $t \in \mathbb{E}$ sein [24, S. 6]. □

Nachstehend verwenden wir die folgende Notation

$$t^n = \underbrace{t \odot t \odot t \odot \cdots \odot t}_{n\ \text{Terme}}, \quad t \in \mathbb{E}, \quad n \in \mathbb{N}^*. \tag{1.584}$$

Mit Satz 1.32 kann man Satz 1.33 beweisen.

Satz 1.33 (Größter gemeinsamer Teiler (ggT) von Polynomen). *Es seien* $1, t \in \mathbb{E}$ *Elemente eines beliebigen euklidischen Rings* $(\mathbb{E}, \oplus, \odot)$, *in dem größte gemeinsame Teiler (ggT) (engl. „greatest common divisor", gcd) existieren* [24, S. 6]. *Wenn* $m, n \in \mathbb{N}^*$ *positive ganze Zahlen sind, gilt* [24, S. 6]

$$ggT\{t^n \ominus 1, t^m \ominus 1\} = t^{ggT\{n,m\}} \ominus 1, \quad 1, t \in \mathbb{E}, \quad m, n \in \mathbb{N}^*. \tag{1.585}$$

Beweis. Gleichung (1.585) wird durch vollständige Induktion bewiesen.

Induktionsanfang

Es sei m gleich n gleich 1, d. h. $\max\{m,n\}$ ist gleich 1. Offensichtlich gilt $\mathrm{ggT}\{1,1\}$ ist gleich 1. Dann wird (1.585) zu

$$\mathrm{ggT}\{t \ominus 1, t \ominus 1\} = t \ominus 1, \quad 1, t \in \mathbb{E}. \tag{1.586}$$

Nun sei m gleich n. Offensichtlich gilt $\mathrm{ggT}\{n,n\}$ gleich n. Dann wird (1.585) zu

$$\mathrm{ggT}\{t^n \ominus 1, t^n \ominus 1\} = t^n \ominus 1, \quad 1, t \in \mathbb{E}, \quad n \in \mathbb{N}^*. \tag{1.587}$$

Induktionsschritt

Man nehme als *Induktionshypothese* an, dass

$$\mathrm{ggT}\{t^n \ominus 1, t^m \ominus 1\} = t^{\mathrm{ggT}\{n,m\}} \ominus 1, \quad 1, t \in \mathbb{E}, \quad m, n \in \mathbb{N}^*, \tag{1.588}$$

zutrifft [24, S. 6].

Ohne Beschränkung der Allgemeinheit nehme man weiterhin an, dass $m < n$, $m, n \in \mathbb{N}^*$, gilt [24, S. 6]. Also folgt [24, S. 6]

$$\begin{aligned} t^{n-m} \ominus 1 &= (t^n \ominus 1) \ominus (t^n \ominus 1) \oplus (t^{n-m} \ominus 1) \\ &= (t^n \ominus 1) \ominus \{(t^n \ominus 1) \ominus (t^{n-m} \ominus 1)\} \\ &= (t^n \ominus 1) \ominus (t^n \ominus t^{n-m}) \\ &= (t^n \ominus 1) \ominus t^{n-m} \odot (t^m \ominus 1), \quad 1, t \in \mathbb{E}, \quad m, n \in \mathbb{N}^*. \end{aligned} \tag{1.589}$$

Mit Satz 1.32, mit (1.588) und mit (1.589) sowie mit den Abkürzungen

$$„s\text{“} = (t^m \ominus 1), \quad „t\text{“} = (t^n \ominus 1), \quad „r\text{“} = t^{n-m}, \tag{1.590}$$

erhält man [24, S. 6]

$$\begin{aligned}\mathrm{ggT}\{t^m \ominus 1, t^n \ominus 1\} &= \mathrm{ggT}\{t^m \ominus 1, (t^n \ominus 1) \ominus t^{n-m} \odot (t^m \ominus 1)\}\\ &= \mathrm{ggT}\{t^m \ominus 1, t^{n-m} \ominus 1\}\\ &= t^{\mathrm{ggT}\{m,n-m\}} \ominus 1, \quad 1, t \in \mathbb{E}, \quad m, n \in \mathbb{N}^*. \end{aligned} \tag{1.591}$$

Nun gilt es, $\mathrm{ggT}\{m, n - m\}$ zu betrachten. Mit Satz 1.32 und mit den Abkürzungen

$$„s“ = m, \quad „t“ = n, \quad „r“ = 1, \tag{1.592}$$

ergibt sich [24, S. 6]

$$\mathrm{ggT}\{m, n - m\} = \mathrm{ggT}\{m, n\}. \tag{1.593}$$

Mit (1.591) und (1.593) erhält man [24, S. 6]

$$\mathrm{ggT}\{t^m \ominus 1, t^n \ominus 1\} = t^{\mathrm{ggT}\{m,n\}} \ominus 1, \quad 1, t \in \mathbb{E}, \quad m, n \in \mathbb{N}^*. \tag{1.594}$$

□

Satz 1.33 führt uns zu der folgenden offensichtlichen Schlussfolgerung.

Korollar 1.6 (Größter gemeinsamer Teiler (ggT) von Polynomen vom Grad q^m). *Es sei $x \in \mathbb{E}$ ein Element aus einem beliebigen euklidischen Ring $(\mathbb{E}, \oplus, \odot)$, in dem größte gemeinsame Teiler (ggT) (engl. „greatest common divisor“, gcd) existieren* [24, S. 7]. *Mit $m, n \in \mathbb{N}$ und $q \in \mathbb{N}^*$ ergibt sich* [24, S. 7]

$$ggT\{x^{q^m} \ominus x, x^{q^n} \ominus x\} = x^{q^{ggT\{m,n\}}} \ominus x, \quad x \in \mathbb{E}, \quad m, n \in \mathbb{N}, \quad q \in \mathbb{N}^*. \tag{1.595}$$

Beweis. Wegen

$$\mathrm{ggT}\{x^{q^m} \ominus x, x^{q^n} \ominus x\} = x \odot \mathrm{ggT}\{x^{q^m-1} \ominus 1, x^{q^n-1} \ominus 1\}, \tag{1.596}$$
$$x \in \mathbb{E}, \quad m, n \in \mathbb{N}, \quad q \in \mathbb{N}^*,$$

ergibt sich

$$\mathrm{ggT}\{x^{q^m-1} \ominus 1, x^{q^n-1} \ominus 1\}, \quad x \in \mathbb{E}, \quad m, n \in \mathbb{N}, \quad q \in \mathbb{N}^*. \tag{1.597}$$

Mit den Abkürzungen

$$„n“ = q^m - 1, \quad „m“ = q^n - 1, \quad m, n \in \mathbb{N}, \quad q \in \mathbb{N}^*, \tag{1.598}$$

und mit Satz 1.33 erhält man

$$\mathrm{ggT}\{x^{q^m-1} \ominus 1, x^{q^n-1} \ominus 1\} = x^{\mathrm{ggT}\{[q^m-1],[q^n-1]\}} \ominus 1, \quad x \in \mathbb{E}, \quad m, n \in \mathbb{N}, \quad q \in \mathbb{N}^*. \tag{1.599}$$

Verwendet man Satz 1.33 erneut, so ergibt sich

$$\mathrm{ggT}\{q^m - 1, q^n - 1\} = q^{\mathrm{ggT}\{m,n\}} - 1, \quad m, n \in \mathbb{N}, \quad q \in \mathbb{N}^*. \tag{1.600}$$

Somit erhält man

$$\mathrm{ggT}\{x^{q^m-1} \ominus 1, x^{q^n-1} \ominus 1\} = x^{q^{\mathrm{ggT}\{m,n\}}-1} \ominus 1, \quad x \in \mathbb{E}, \quad m, n \in \mathbb{N}, \quad q \in \mathbb{N}^*, \tag{1.601}$$

und deshalb

$$\mathrm{ggT}\{x^{q^m} \ominus x, x^{q^n} \ominus x\} = x \odot \mathrm{ggT}\{x^{q^m-1} \ominus 1, x^{q^n-1} \ominus 1\} = x^{q^{\mathrm{ggT}\{m,n\}}} \ominus x, \quad (1.602)$$
$$x \in \mathbb{E}, \quad m,n \in \mathbb{N}, \quad q \in \mathbb{N}^*. \qquad \square$$

Nun sind wir bereit für einen Divisionsalgorithmus, und zwar nicht irgendeinen gewöhnlichen, nein, oh nein! Wir nehmen nur das Beste, das es gibt! Wir nehmen den

> *euklidischen Algorithmus* [18, S. 333f.], [24, S. 7f.], [26, S. 718–721],
> entwickelt von dem einzig wahren *Euklid*.

Der euklidische Algorithmus ist der effizienteste Weg, um den größten gemeinsamen Teiler (ggT) (engl. „greatest common divisor", gcd) zu finden [24, S. 5], [26, S. 718–721].

Im Folgenden wird eine erweiterte Version des euklidischen Algorithmus betrachtet. Die Erweiterung des „konventionellen" euklidischen Algorithmus ist die Berechnung einer speziellen Art von Koeffizienten, die als *Bézout-Koeffizienten* s_i und t_i bezeichnet werden, $i \in \{-1, 0, 1, 2, 3 \cdots (n+1)\}$, $n \in \mathbb{N}^*$. Die Bézout-Koeffizienten sind nach dem französischen Mathematiker Etienne *Bézout* (1730–1783) benannt, dessen Erkenntnisse eng mit den Arbeiten des ebenfalls französischen Mathematikers Claude Gaspar Bachet *de Méziriac* (1581–1638) verbunden sind [53, S. 47].

Wir gehen vom euklidischen Bereich $(\mathbb{E}, \oplus, \odot)$ aus. Angenommen, wir haben zwei Elemente $\alpha, \beta \in \mathbb{E}$, die beide ungleich 0 sein sollen, d. h. $\alpha \neq 0$ und $\beta \neq 0$. Unser Bestreben geht dahin, den größten gemeinsamen Teiler (engl. „greatest common divisor", gcd) $\mathrm{ggT}\{\alpha, \beta\} \in \mathbb{E}$ zu ermitteln [24, S. 7f.]. Um die Eindeutigkeit unseres Ergebnisses sicherzustellen, gehen wir von [24, S. 7f.]

$$h\{\alpha\} \geq h\{\beta\}, \quad \alpha \neq 0, \beta \neq 0, \quad \alpha, \beta \in \mathbb{E}, \quad (1.603)$$

aus. Wir bezeichnen den „Quotienten" mit q_i, $i \in \{-1, 0, 1, 2, 3 \cdots (n+1)\}$, $n \in \mathbb{N}^*$. Der „Rest", d. h. der Divisionsrest, sei r_i, $i \in \{-1, 0, 1, 2, 3 \cdots (n+1)\}$, $n \in \mathbb{N}^*$.

Nun ist es an der Zeit, den *erweiterten euklidischen Algorithmus* zu definieren.

Definition 1.49 (Erweiterter euklidischer Algorithmus).

Initialisierung

Zuerst sind die „Reste" r_{-1} und r_0 sowie die Bézout-Koeffizienten s_{-1}, t_{-1}, s_0 und t_0 zu initialisieren

$$\begin{aligned} r_{-1} &= \alpha, & s_{-1} &= 1, & t_{-1} &= 0, \\ r_0 &= \beta, & s_0 &= 0, & t_0 &= 1. \end{aligned} \quad (1.604)$$

Iteration

Für $i \in \{1, 2, 3 \cdots (n+1)\}$, $n \in \mathbb{N}^*$, berechnet man

$$\begin{aligned} r_i &= r_{i-2} \ominus q_i \odot r_{i-1}, \\ s_i &= s_{i-2} \ominus q_i \odot s_{i-1}, \\ t_i &= t_{i-2} \ominus q_i \odot t_{i-1}, \end{aligned} \quad (1.605)$$

bis der Rest r_{n+1} gleich 0 ist. Es ist sicherzustellen, dass $h\{r_i\} < h\{r_{i-1}\}$ gilt [24, S. 7].

Ausgabe

Der größte gemeinsame Teiler (ggT) (engl. „greatest common divisor“, gcd) $\mathrm{ggT}\{\alpha,\beta\} \in \mathbb{E}$ ist [24, S. 7]

$$\mathrm{ggT}\{\alpha,\beta\} = r_n. \tag{1.606}$$

Dies kann rasch verifiziert werden, indem man [24, S. 7, 9]

$$s_n \odot \alpha \oplus t_n \odot \beta \overset{!}{=} r_n = \mathrm{ggT}\{\alpha,\beta\} \tag{1.607}$$

bestimmt.

Lassen Sie uns (1.606) beweisen.

Beweis 1.1 (Beweis von (1.606)). Wir gehen von (1.605) aus. Insbesondere verwenden wir

$$r_i = r_{i-2} \ominus q_i \odot r_{i-1}. \tag{1.608}$$

Mit Satz 1.32 erhält man

$$\mathrm{ggT}\{r_{i-1}, r_i\} = \mathrm{ggT}\{r_{i-1}, r_{i-2} \ominus q_i \odot r_{i-1}\} = \mathrm{ggT}\{r_{i-1}, r_{i-2}\} \tag{1.609}$$

und somit [24, S. 8]

$$\mathrm{ggT}\{r_{i-1}, r_i\} = \mathrm{ggT}\{r_{i-2}, r_{i-1}\}. \tag{1.610}$$

Wegen

$$\mathrm{ggT}\{r_{-1}, r_0\} = \mathrm{ggT}\{\alpha,\beta\}, \quad r_{n+1} = 0, \tag{1.611}$$

ergibt sich für $i \in \{0, 1, 2, 3 \cdots (n+1)\}$, $n \in \mathbb{N}^*$,

$$\mathrm{ggT}\{\alpha,\beta\} = \mathrm{ggT}\{r_0, r_1\} = \mathrm{ggT}\{r_1, r_2\} = \cdots = \mathrm{ggT}\{r_n, r_{n+1}\} = \mathrm{ggT}\{r_n, 0\} = r_n, \tag{1.612}$$

und somit (1.606). □

Nun gilt es, (1.607) genauer anzusehen. Zu beweisen ist [24, Problem 8d, S. 9, 11]

$$s_i \odot \alpha \oplus t_i \odot \beta = r_i, \quad i \in \{-1, 0, 1, 2, 3 \cdots (n+1)\}, \quad n \in \mathbb{N}^*. \tag{1.613}$$

Beweis 1.2 (Beweis von (1.613)). Gleichung (1.613) wird durch vollständige Induktion bewiesen.

Induktionsanfang

Für i gleich -1 erhält man

$$s_{-1} \odot \alpha \oplus t_{-1} \odot \beta = r_{-1}, \tag{1.614}$$

und mit (1.604) ergibt sich die wahre Aussage [24, S. 9]

$$1 \odot \alpha \oplus 0 \odot \beta = \alpha. \tag{1.615}$$

Für i gleich 0 erhält man

$$s_0 \odot \alpha \oplus t_0 \odot \beta = r_0 \tag{1.616}$$

und mit (1.604) ergibt sich die ebenfalls wahre Aussage [24, S. 9]

$$0 \odot \alpha \oplus 1 \odot \beta = \beta. \tag{1.617}$$

Induktionsschritt
Die *Induktionshypothese* ist [24, S. 9]

$$s_{i-2} \odot \alpha \oplus t_{i-2} \odot \beta = r_{i-2}, \quad s_{i-1} \odot \alpha \oplus t_{i-1} \odot \beta = r_{i-1}. \tag{1.618}$$

Nun muss man

$$s_i \odot \alpha \oplus t_i \odot \beta = r_i \tag{1.619}$$

beweisen. Der Beweis wird mit (1.608) und der obigen Induktionshypothese geführt.

Es ergibt sich

$$\begin{aligned} r_i &= r_{i-2} \ominus q_i \odot r_{i-1} \\ &= s_{i-2} \odot \alpha \oplus t_{i-2} \odot \beta \ominus q_i \odot (s_{i-1} \odot \alpha \oplus t_{i-1} \odot \beta) \\ &= (s_{i-2} \ominus q_i \odot s_{i-1}) \odot \alpha \oplus (t_{i-2} \ominus q_i \odot t_{i-1}) \odot \beta. \end{aligned} \tag{1.620}$$

Gleichung (1.605) führt zu

$$s_i = s_{i-2} \ominus q_i \odot s_{i-1}, \quad t_i = t_{i-2} \ominus q_i \odot t_{i-1}, \tag{1.621}$$

und (1.620) wird deshalb zu

$$r_i = s_i \odot \alpha \oplus t_i \odot \beta, \tag{1.622}$$

d. h. zu (1.619) [24, S. 9]. □

Man beachte, dass die Bézout-Koeffizienten nicht eindeutig sind [24, S. 11], [53, S. 47], denn mit (1.607) und der Abkürzung δ für $\mathrm{ggT}\{\alpha, \beta\}$ ergibt sich

$$\begin{aligned} \delta &= s_n \odot \alpha \oplus t_n \odot \beta \\ &= s_n \odot \alpha \oplus t_n \odot \beta \oplus \underbrace{k \odot \beta \odot \alpha \ominus k \odot \beta \odot \alpha}_{=0} \\ &= s_n \odot \alpha \oplus k \odot \beta \odot \alpha \oplus t_n \odot \beta \ominus k \odot \alpha \odot \beta \\ &= \underbrace{(s_n \oplus k \odot \beta)}_{=s_{n,k}} \odot \alpha \oplus \underbrace{(t_n \ominus k \odot \alpha)}_{=t_{n,k}} \odot \beta \\ &= s_{n,k} \odot \alpha \oplus t_{n,k} \odot \beta, \quad k \in \mathbb{Z}, \quad n = \text{const.} \end{aligned} \tag{1.623}$$

Tatsächlich gibt es eine unendliche Anzahl von Bézout-Koeffizienten $s_{n,k}$ und $t_{n,k}$, $k \in \mathbb{Z}$, die (1.607) erfüllen. Obwohl dies verwirrend sein mag, wird man unter dieser Besonderheit bei der Verwendung des erweiterten euklidischen Algorithmus nicht leiden. Der ansprechende Vorteil der Bézout-Koeffizienten ist die Möglichkeit, den berechneten größten gemeinsamen Teiler (ggT) (engl. „greatest common divisor“, gcd) zu verifizieren. Und genau deshalb bevorzugt der Autor den erweiterten euklidischen Algorithmus vor dem regulären euklidischen Algorithmus.

Bemerkung 1.35 (Über Zahlentheorie und „All That Jazz"). Langweilig und keine Ahnung *„What's Going On"* (Marvin Gaye, 1971; was für ein fantastischer Soul-Künstler!)?

Fühlen Sie sich ein wenig *„Distracted"* (Al Jarreau, 1980; was für ein Genie!)?

Lassen Sie es mich versuchen, uns alle wieder auf die richtige Spur zu bringen. Mit etwas Glück nehmen wir auf unserer *„Proud Mary"* (Creedence Clearwater Revival, 1969; nicht zu vergessen die großartige Coverversion von Ike & Tina Turner, 1971) bald wieder Fahrt auf.

Vielleicht erinnern Sie sich an ihre frühen Schuljahre, während derer Sie sich durch mathematische Konzepte kämpften, von denen Sie nicht einmal wussten, dass sie Teil der Zahlentheorie sind, weil Ihnen niemand etwas davon erzählt hatte.

Vielleicht mussten Sie die größten gemeinsamen Teiler (ggT) (engl. „greatest common divisor", gcd) einiger willkürlich gewählter natürlicher Zahlen bestimmen und haben sich ständig gefragt, was in aller Welt die jeweiligen Ergebnisse bringen sollten. Liege ich richtig?

Vielleicht hatten Sie irgendwann den Mut, diese „dumme Frage nach dem tieferen Sinn" zu stellen. War in Ihrem Fall die „Standardantwort" auch, dass man natürliche Zahlen lernen muss, um zählen zu können? Das klingt in etwa so cool wie „How can you have any pudding if you don't eat yer meat?" Diese Liedzeile kennen Sie bestimmt, nicht wahr? Sie stammt aus *„Another Brick In The Wall, Pt. 2"* (Pink Floyd, 1979) mit David Gilmours Oberhammer-Monster-Gitarrensolo.

Vielleicht waren Sie sogar so heldenhaft zu fordern, man solle Ihnen einen Algorithmus nennen, mit dem man die größten gemeinsamen Teiler (ggT) (engl. „greatest common divisor", gcd) finden kann. Forderte man Sie als Antwort darauf auf, Sie mögen „ein Gefühl dafür entwickeln"?

„School's Out!" (Alice Cooper, 1972).

Deshalb lassen Sie es mich einmal mit meinen Antworten versuchen. Hier kommt schon die erste. Die Bestimmung der größten gemeinsamen Teiler (ggT) (engl. „greatest common divisor", gcd) ist ein großartiges Werkzeug zur Analyse und, noch wichtiger, zum Decodieren zyklischer binärer Blockcodes, die in unzähligen Anwendungen eingesetzt werden. Für einen „Kommunikationstechniker" klingt das gut. Größte gemeinsame Teiler (ggT) (engl. „greatest common divisor", gcd) zu finden, scheint sich zu lohnen.

Und hier kommt die nächste Antwort. *„Oh ja, es gibt einen großartigen Algorithmus, den euklidischen Algorithmus!"*

Geht es besser?

Also dann, *„Back To Life"* (Soul II Soul, 1989).

Schauen wir uns zunächst die natürlichen Zahlen an, nur um der *„Good Times"* willen (Chic, 1979), die wir alle hatten, als wir jung waren.

Beispiel 1.26. Wir bestimmen $\text{ggT}\{64, 48\}$ mit dem erweiterten euklidischen Algorithmus.

Das Ergebnis des erweiterten euklidischen Algorithmus ist:

Iterations-nummer		**Bézout-Koeffizienten**		**Rest**	**Quotient**	
	i	s_i	t_i	r_i	q_i	
init	−1	*1*	*0*	$\alpha = 64$	–	
	0	*0*	*1*	$\beta = 48$	–	
$n =$	**1**	**1**	**−1**	**16**	**1**	$= \lfloor r_{-1}/r_0 \rfloor$
$n+1 =$	2	−3	4	0	3	$= \lfloor r_0/r_1 \rfloor$

Daher folgt

$$\text{ggT}\{64, 48\} = r_1 = 16, \tag{1.624}$$

und mit (1.607) erhält man

$$1 \cdot 64 + (-1) \cdot 48 = 16. \tag{1.625}$$

Beispiel 1.27. Versuchen wir es einmal mit ggT{6711, 831}.
Wir erhalten:

Iterations-nummer		Bézout-Koeffizienten		Rest	Quotient	
	i	s_i	t_i	r_i	q_i	
init	−1	*1*	*0*	$\alpha = 6711$	–	
	0	*0*	*1*	$\beta = 831$	–	
	1	1	−8	63	8	
	2	−13	105	12	13	
$n =$	**3**	**66**	**−533**	**3**	**5**	$= \lfloor r_1/r_2 \rfloor$
$n+1 =$	4	−277	2237	0	4	$= \lfloor r_2/r_3 \rfloor$

Daher ist

$$\text{ggT}\{6711, 831\} = r_3 = 3, \tag{1.626}$$

und mit (1.607) erhält man

$$66 \cdot 6711 + (-533) \cdot 831 = 3. \tag{1.627}$$

Beispiel 1.28. Wir betrachten $(\mathbb{F}_2[x]_8, \oplus, \odot)$ und suchen $\text{ggT}\{x^8, x^6 \oplus x^4 \oplus x^2 \oplus x \oplus 1\}$.
Man beginnt mit den folgenden Zuweisungen.

Iterations-nummer		Bézout-Koeffizienten		Rest	Quotient
	i	s_i	t_i	r_i	q_i
init	−1	*1*	*0*	$\alpha = x^8$	–
	0	*0*	*1*	$\beta = x^6 \oplus x^4 \oplus x^2 \oplus x \oplus 1$	–

i gleich 1
Weiter geht es mit

$$\begin{aligned} r_1 &= r_{-1} \oplus q_1 \odot r_0 = x^8 \oplus q_1 \odot \left(x^6 \oplus x^4 \oplus x^2 \oplus x \oplus 1\right), \\ s_1 &= s_{-1} \oplus q_1 \cdot s_0 = 1, \\ t_1 &= t_{-1} \oplus q_1 \cdot t_0 = q_1. \end{aligned} \tag{1.628}$$

Wegen

$$
\begin{array}{ccccccccccccc}
x^8 & & & & & & & & & & & & \\
x^8 & \oplus & x^6 & \oplus & x^4 & \oplus & x^3 & \oplus & x^2 & & & & \\
\hline
 & & x^6 & \oplus & x^4 & \oplus & x^3 & \oplus & x^2 & & & & \\
 & & x^6 & \oplus & x^4 & & & \oplus & x^2 & \oplus & x & \oplus & 1 \\
\cline{3-13}
 & & & & & & x^3 & & & \oplus & x & \oplus & 1
\end{array}
\quad : x^6 \oplus x^4 \oplus x^2 \oplus x \oplus 1 \quad = \quad x^2 \oplus 1
\tag{1.629}
$$

wählt man

$$q_1 = x^2 \oplus 1, \quad r_1 = x^3 \oplus x \oplus 1, \tag{1.630}$$

und erhält

$$s_1 = 1, \quad t_1 = x^2 \oplus 1. \tag{1.631}$$

Darüber hinaus resultiert

$$h\{r_1\} = 3 < h\{r_0\} = 6 < h\{r_{-1}\} = 8. \tag{1.632}$$

$\underline{i = 2}$
Man erhält

$$
\begin{aligned}
r_2 &= r_0 \oplus q_2 \odot r_1 = x^6 \oplus x^4 \oplus x^2 \oplus x \oplus 1 \oplus q_2 \odot \left(x^3 \oplus x \oplus 1\right),\\
s_2 &= s_0 \oplus q_2 \odot s_1 = q_2,\\
t_2 &= t_0 \oplus q_2 \odot t_1 = 1 \oplus q_2 \odot \left(x^2 \oplus 1\right).
\end{aligned}
\tag{1.633}
$$

Wegen

$$
\begin{array}{ccccccccccc}
x^6 & \oplus & x^4 & & & \oplus & x^2 & \oplus & x & \oplus & 1 \\
x^6 & \oplus & x^4 & \oplus & x^3 & & & & & & \\
\hline
 & & & & x^3 & \oplus & x^2 & \oplus & x & \oplus & 1 \\
 & & & & x^3 & & & \oplus & x & \oplus & 1 \\
\cline{5-11}
 & & & & & & x^2 & & & &
\end{array}
\quad : x^3 \oplus x \oplus 1 \quad = \quad x^3 \oplus 1
\tag{1.634}
$$

wählt man

$$q_2 = x^3 \oplus 1, \quad r_2 = x^2, \tag{1.635}$$

und erhält

$$
\begin{aligned}
r_2 &= x^6 \oplus x^4 \oplus x^2 \oplus x \oplus 1 \oplus \left(x^3 \oplus 1\right) \odot \left(x^3 \oplus x \oplus 1\right) = x^2,\\
s_2 &= x^3 \oplus 1,\\
t_2 &= 1 \oplus \left(x^3 \oplus 1\right) \odot \left(x^2 \oplus 1\right) = x^5 \oplus x^3 \oplus x^2,\\
h\{r_2\} &= 2 < h\{r_1\} = 3 < h\{r_0\} = 6 < h\{r_{-1}\} = 8.
\end{aligned}
\tag{1.636}
$$

$\underline{i = 3}$
Man erhält

$$
\begin{aligned}
r_3 &= r_1 \oplus q_3 \odot r_2 = \left(x^3 \oplus x \oplus 1\right) \oplus q_3 \odot x^2,\\
s_3 &= s_1 \oplus q_3 \odot s_2 = 1 \oplus q_3 \odot \left(x^3 \oplus 1\right),\\
t_3 &= t_1 \oplus q_3 \odot t_2 = \left(x^2 \oplus 1\right) \oplus q_3 \odot \left(x^5 \oplus x^3 \oplus x^2\right).
\end{aligned}
\tag{1.637}
$$

Wegen

$$\begin{array}{l} x^3 \oplus x \oplus 1 : x^2 = x \\ \underline{x^3 \qquad\qquad\qquad} \\ \qquad x \oplus 1 \end{array} \tag{1.638}$$

wählt man

$$q_3 = x, \quad r_3 = x \oplus 1, \tag{1.639}$$

und erhält

$$\begin{aligned} r_3 &= \left(x^3 \oplus x \oplus 1\right) \oplus x^3 = x \oplus 1, \\ s_3 &= 1 \oplus x \odot \left(x^3 \oplus 1\right) = x^4 \oplus x \oplus 1, \\ t_3 &= \left(x^2 \oplus 1\right) \oplus x \odot \left(x^5 \oplus x^3 \oplus x^2\right) = x^6 \oplus x^4 \oplus x^3 \oplus x^2 \oplus 1, \\ h\{r_3\} &= 1 < h\{r_2\} = 2 < h\{r_1\} = 3 < h\{r_0\} = 6 < h\{r_{-1}\} = 8. \end{aligned} \tag{1.640}$$

$\underline{i = 4}$
Man erhält

$$\begin{aligned} r_4 &= r_2 \oplus q_4 \odot r_3 = x^2 \oplus q_4 \odot (x \oplus 1), \\ s_4 &= s_2 \oplus q_4 \odot s_3 = \left(x^3 \oplus 1\right) \oplus q_4 \odot \left(x^4 \oplus x \oplus 1\right), \\ t_4 &= t_2 \oplus q_4 \odot t_3 = \left(x^5 \oplus x^3 \oplus x^2\right) \oplus q_4 \odot \left(x^6 \oplus x^4 \oplus x^3 \oplus x^2 \oplus 1\right). \end{aligned} \tag{1.641}$$

Man wählt

$$q_4 = x \oplus 1, \quad r_4 = 1, \tag{1.642}$$

und erhält

$$\begin{aligned} r_4 &= x^2 \oplus (x \oplus 1) \cdot (x \oplus 1) = 1, \\ s_4 &= x^3 \oplus 1 \oplus (x \oplus 1) \cdot \left(x^4 \oplus x \oplus 1\right) = x^5 \oplus x^4 \oplus x^3 \oplus x^2, \\ t_4 &= x^5 \oplus x^3 \oplus x^2 \oplus (x \oplus 1) \odot \left(x^6 \oplus x^4 \oplus x^3 \oplus x^2 \oplus 1\right) \\ &= x^7 \oplus x^6 \oplus x^3 \oplus x \oplus 1, \\ h\{r_4\} &= 0 < h\{r_3\} = 1 < h\{r_2\} = 2 < h\{r_1\} = 3 < h\{r_0\} = 6 < h\{r_{-1}\} = 8. \end{aligned} \tag{1.643}$$

$\underline{i = 5}$
Man erhält

$$\begin{aligned} r_5 &= r_3 \oplus q_5 \odot r_4 = x \oplus 1 \oplus q_5 \odot 1, \\ s_5 &= s_3 \oplus q_5 \odot s_4 = x^4 \oplus x \oplus 1 \oplus q_5 \odot \left(x^5 \oplus x^4 \oplus x^3 \oplus x^2\right), \\ t_5 &= t_3 \oplus q_5 \odot t_4 = x^6 \oplus x^4 \oplus x^3 \oplus x^2 \oplus 1 \oplus q_5 \odot \left(x^7 \oplus x^6 \oplus x^3 \oplus x \oplus 1\right). \end{aligned} \tag{1.644}$$

Wegen

$$x \oplus 1 : 1 = x \oplus 1 \tag{1.645}$$

wählt man

$$q_5 = x \oplus 1, \quad r_5 = 0, \tag{1.646}$$

und erhält

$$\begin{aligned} r_5 &= x \oplus 1 \oplus x \oplus 1 = 0, \\ s_5 &= x^4 \oplus x \oplus 1 \oplus (x \oplus 1) \odot \left(x^5 \oplus x^4 \oplus x^3 \oplus x^2\right) \\ &= x^6 \oplus x^4 \oplus x^2 \oplus x \oplus 1, \\ t_5 &= x^6 \oplus x^4 \oplus x^3 \oplus x^2 \oplus 1 \oplus (x \oplus 1) \odot \left(x^7 \oplus x^6 \oplus x^3 \oplus x \oplus 1\right) \\ &= x^8. \end{aligned} \tag{1.647}$$

Daher gilt

$$\text{ggT}\left\{x^8, x^6 \oplus x^4 \oplus x^2 \oplus x \oplus 1\right\} = r_4 = 1. \tag{1.648}$$

Darüber hinaus erhält man mit (1.607)

$$\left(x^5 \oplus x^4 \oplus x^3 \oplus x^2\right) \odot x^8 \oplus \left(x^7 \oplus x^6 \oplus x^3 \oplus x \oplus 1\right) \odot \left(x^6 \oplus x^4 \oplus x^2 \oplus x \oplus 1\right) = 1. \tag{1.649}$$

Die folgende Tabelle fasst die obigen Ergebnisse zusammen.

i	s_i	t_i	r_i	q_i
-1	1	0	$\alpha = x^8$	–
0	0	1	$\beta = x^6 \oplus x^4 \oplus x^2 \oplus x \oplus 1$	–
1	1	$x^2 \oplus 1$	$x^3 \oplus x \oplus 1$	$x^2 \oplus 1$
2	$x^3 \oplus 1$	$x^5 \oplus x^3 \oplus x^2$	x^2	$x^3 \oplus 1$
3	$x^4 \oplus x \oplus 1$	$x^6 \oplus x^4 \oplus x^3 \oplus x^2 \oplus 1$	$x \oplus 1$	x
4	$x^5 \oplus x^4 \oplus x^3 \oplus x^2$	$x^7 \oplus x^6 \oplus x^3 \oplus x \oplus 1$	1	$x \oplus 1$
5	$x^6 \oplus x^4 \oplus x^2 \oplus x \oplus 1$	x^8	0	$x \oplus 1$

Lassen Sie uns wichtige Eigenschaften der Bézout-Koeffizienten betrachten.

Satz 1.34 (Eigenschaften der Bézout-Koeffizienten). *Für die Bézout-Koeffizienten gilt* [24, *Aufgaben 8a-c, Aufgabe 9, S. 11*]*:*

1:
$$t_i \odot r_{i-1} \ominus t_{i-1} \odot r_i = (\ominus 1)^i \odot \alpha, \quad i \in \left\{1, 2 \cdots (n+1)\right\}, \quad n \in \mathbb{N}^*. \tag{1.650}$$

2:
$$s_i r_{i-1} \ominus s_{i-1} r_i = (\ominus 1)^{i+1} \odot \beta, \quad i \in \left\{1, 2 \cdots (n+1)\right\}, \quad n \in \mathbb{N}^*. \tag{1.651}$$

3:
$$s_i t_{i-1} \ominus s_{i-1} t_i = (\ominus 1)^{i+1}, \quad i \in \left\{1, 2 \cdots (n+1)\right\}, \quad n \in \mathbb{N}^*. \tag{1.652}$$

4:
$$\deg\left(t_i(x)\right) + \deg\left(r_{i-1}(x)\right) = \deg\left(\alpha(x)\right), \quad i \in \left\{1, 2 \cdots (n+1)\right\}, \quad n \in \mathbb{N}^*. \tag{1.653}$$

5:
$$\deg\left(s_i(x)\right) + \deg\left(r_{i-1}(x)\right) = \deg\left(\beta(x)\right), \quad i \in \left\{1, 2 \cdots (n+1)\right\}, \quad n \in \mathbb{N}^*. \tag{1.654}$$

Beweis.

Behauptung 1

Gleichung (1.650) wird durch vollständige Induktion bewiesen.

Induktionsanfang
Man beginnt mit i gleich 0 und erhält die wahre Aussage

$$t_0 \odot r_{-1} \ominus t_{-1} \odot r_0 = 1 \odot r_{-1} \ominus 0 \odot r_0 = r_{-1} = a = (\ominus 1)^0 \odot a. \tag{1.655}$$

Induktionsschritt
Die Induktionshypothese ist

$$t_{i-1} \odot r_{i-2} \ominus t_{i-2} \odot r_{i-1} = (\ominus 1)^{i-1} \odot a. \tag{1.656}$$

Nun ist zu prüfen, ob

$$t_i \odot r_{i-1} \ominus t_{i-1} \odot r_i = (\ominus 1)^i \odot a, \tag{1.657}$$

gilt. Gemäß (1.605) gilt

$$\begin{aligned} r_i &= r_{i-2} \ominus q_i \odot r_{i-1}, \\ s_i &= s_{i-2} \ominus q_i \odot s_{i-1}, \\ t_i &= t_{i-2} \ominus q_i \odot t_{i-1}. \end{aligned} \tag{1.658}$$

Man erhält somit

$$\begin{aligned} t_i \odot r_{i-1} \ominus t_{i-1} \odot r_i &= (t_{i-2} \ominus q_i \odot t_{i-1}) \odot r_{i-1} \ominus t_{i-1} \odot (r_{i-2} \ominus q_i \odot r_{i-1}) \\ &= t_{i-2} \odot r_{i-1} \ominus q_i \odot t_{i-1} \odot r_{i-1} \ominus t_{i-1} \odot r_{i-2} \oplus t_{i-1} \odot q_i \odot r_{i-1} \\ &= t_{i-2} \odot r_{i-1} \ominus t_{i-1} \odot r_{i-2} \underbrace{\ominus t_{i-1} \odot q_i \odot r_{i-1} \oplus t_{i-1} \odot q_i \odot r_{i-1}}_{=0} \\ &= (\ominus 1) \odot \underbrace{(t_{i-1} \odot r_{i-2} \ominus t_{i-2} \odot r_{i-1})}_{=(\ominus 1)^{i-1} \odot a} \\ &= (\ominus 1) \odot (\ominus 1)^{i-1} \odot a \\ &= (\ominus 1)^i \odot a, \end{aligned} \tag{1.659}$$

und daher (1.650).

Behauptung 2
Gleichung (1.651) wird durch vollständige Induktion bewiesen.

Induktionsanfang
Man beginnt mit i gleich 0 und erhält die wahre Aussage

$$s_0 \odot r_{-1} \ominus s_{-1} \odot r_0 = 0 \odot r_{-1} \ominus 1 \odot r_0 = \ominus 1 \odot \beta = (\ominus 1)\beta. \tag{1.660}$$

Induktionsschritt
Die Induktionshypothese ist

$$s_{i-1} r_{i-2} \ominus s_{i-2} r_{i-1} = (\ominus 1)^i \odot \beta. \tag{1.661}$$

Nun ist zu prüfen, ob

$$s_i r_{i-1} \ominus s_{i-1} r_i = (\ominus 1)^{i+1} \odot \beta \tag{1.662}$$

gilt. Wegen (1.605) gilt

$$\begin{aligned} r_i &= r_{i-2} \ominus q_i \odot r_{i-1}, \\ s_i &= s_{i-2} \ominus q_i \odot s_{i-1}, \\ t_i &= t_{i-2} \ominus q_i \odot t_{i-1}. \end{aligned} \tag{1.663}$$

Nun erhält man

$$\begin{aligned} s_i r_{i-1} \ominus s_{i-1} r_i &= (s_{i-2} \ominus q_i \odot s_{i-1}) \odot r_{i-1} \ominus s_{i-1} \odot (r_{i-2} \ominus q_i \odot r_{i-1}) \\ &= s_{i-2} \odot r_{i-1} \ominus q_i \odot s_{i-1} \odot r_{i-1} \ominus s_{i-1} \odot r_{i-2} \oplus s_{i-1} \odot q_i \odot r_{i-1} \\ &= s_{i-2} \odot r_{i-1} \ominus s_{i-1} \odot r_{i-2} \underbrace{\ominus q_i \odot s_{i-1} \odot r_{i-1} \oplus q_i \odot s_{i-1} \odot r_{i-1}}_{=0} \\ &= (\ominus 1) \odot \underbrace{(s_{i-1} \odot r_{i-2} - s_{i-2} \odot r_{i-1})}_{=(\ominus 1)^i \odot \beta} \\ &= (\ominus 1)^{i+1} \odot \beta, \end{aligned} \tag{1.664}$$

und somit (1.651).

Behauptung 3

Gleichung (1.652) wird durch vollständige Induktion bewiesen.

Induktionsanfang

Man beginnt mit i gleich 0 und erhält die wahre Aussage

$$s_0 \odot t_{-1} - s_{-1} \odot t_0 = 0 \odot 0 \ominus 1 \odot 1 = \ominus 1. \tag{1.665}$$

Induktionsschritt

Die Induktionshypothese ist

$$s_{i-1} \odot t_{i-2} \ominus s_{i-2} \odot t_{i-1} = (\ominus 1)^i. \tag{1.666}$$

Nun ist zu prüfen, ob

$$s_i \odot t_{i-1} \ominus s_{i-1} \odot t_i = (\ominus 1)^{i+1} \tag{1.667}$$

gilt. Wegen (1.605) gilt

$$\begin{aligned} r_i &= r_{i-2} \ominus q_i \odot r_{i-1}, \\ s_i &= s_{i-2} \ominus q_i \odot s_{i-1}, \\ t_i &= t_{i-2} \ominus q_i \odot t_{i-1}. \end{aligned} \tag{1.668}$$

Nun erhält man

$$\begin{aligned} s_i \odot t_{i-1} \ominus s_{i-1} \odot t_i &= (s_{i-2} \ominus q_i \odot s_{i-1}) \odot t_{i-1} \ominus s_{i-1} \odot (t_{i-2} \ominus q_i \odot t_{i-1}) \\ &= s_{i-2} \odot t_{i-1} \ominus q_i \odot s_{i-1} \odot t_{i-1} \ominus s_{i-1} \odot t_{i-2} \oplus s_{i-1} \odot q_i \odot t_{i-1} \\ &= s_{i-2} \odot t_{i-1} \ominus s_{i-1} \odot t_{i-2} \underbrace{\ominus q_i \odot s_{i-1} \odot t_{i-1} \oplus q_i \odot s_{i-1} \odot t_{i-1}}_{=0} \\ &= (\ominus 1) \odot \underbrace{(s_{i-1} \odot t_{i-2} \ominus s_{i-2} \odot t_{i-1})}_{=(\ominus 1)^i} \\ &= (\ominus 1)^{i+1}, \end{aligned} \tag{1.669}$$

und somit (1.652).

Behauptung 4
Gleichung (1.653) wird durch vollständige Induktion bewiesen.

Induktionsanfang
Wir beginnen mit i gleich 1. Es gilt

$$\deg\bigl(r_{i-1}(x)\bigr) > \deg\bigl(r_i(x)\bigr), \tag{1.670}$$

da $r_i(x)$ derjenige Rest ist, welchen man erhält, wenn man $r_{i-2}(x)$ durch $r_{i-1}(x)$ teilt. Außerdem gilt

$$t_1(x) = t_{-1}(x) \ominus q_1(x) \odot t_0(x) = \ominus q_1(x). \tag{1.671}$$

Daher erhält man

$$\deg\bigl(t_1(x)\bigr) + \deg\bigl(r_0(x)\bigr) = \deg\bigl(t_1(x) \odot r_0(x)\bigr) = \deg\bigl(\ominus q_1(x) \odot r_0(x)\bigr). \tag{1.672}$$

Da das Vorzeichen keinen Einfluss auf den Grad hat, gilt

$$\deg\bigl(\ominus q_1(x) \odot r_0(x)\bigr) = \deg\bigl(q_1(x) \odot r_0(x)\bigr). \tag{1.673}$$

Man erhält nun

$$\begin{aligned} \deg\bigl(t_1(x)\bigr) + \deg\bigl(r_0(x)\bigr) &= \deg\bigl(q_1(x) \odot r_0(x)\bigr) \\ &= \deg\bigl(q_1(x) \odot r_0(x) \oplus r_1(x)\bigr) \\ &= \deg\bigl(a(x)\bigr). \end{aligned} \tag{1.674}$$

In (1.674) wurden

$$\deg\bigl(r_0(x)\bigr) > \deg\bigl(r_1(x)\bigr), \tag{1.675}$$

und somit

$$\deg\bigl(q_1(x) \odot r_0(x) \oplus r_1(x)\bigr) = \deg\bigl(q_1(x) \odot r_0(x)\bigr) \tag{1.676}$$

sowie

$$r_i(x) = r_{i-2}(x) \ominus q_i(x) \odot r_{i-1}(x) \tag{1.677}$$

verwendet.

Induktions-Schritt
Die Induktionshypothese ist

$$\deg\bigl(t_{i-1}(x)\bigr) + \deg\bigl(r_{i-2}(x)\bigr) = \deg\bigl(a(x)\bigr). \tag{1.678}$$

Mit

$$t_i(x) \odot r_{i-1}(x) \ominus t_{i-1}(x) \odot r_i(x) = (\ominus 1)^i \odot a(x) \tag{1.679}$$

erhält man

$$\deg\bigl(t_i(x) \odot r_{i-1}(x) \ominus t_{i-1}(x) \odot r_i(x)\bigr) = \deg\bigl((\ominus 1)^i \odot a(x)\bigr). \tag{1.680}$$

Da das Vorzeichen keinen Einfluss auf den Grad hat, gilt

$$\deg\big((\ominus 1)^i \odot a(x)\big) = \deg\big(a(x)\big), \tag{1.681}$$

und daher erhält man

$$\deg\big(t_i(x) \odot r_{i-1}(x) \ominus t_{i-1}(x) \odot r_i(x)\big) = \deg\big(a(x)\big). \tag{1.682}$$

Darüber hinaus gilt

$$\deg\big(\ominus t_{i-1}(x) \odot r_i(x)\big) = \deg\big(t_{i-1}(x) \odot r_i(x)\big) = \deg\big(t_{i-1}(x)\big) + \deg\big(r_i(x)\big). \tag{1.683}$$

Mit $\deg(r_i(x)) < \deg(r_{i-1}(x)) < \deg(r_{i-2}(x))$ ergibt sich

$$\deg\big(t_{i-1}(x) \odot r_i(x)\big) = \deg\big(t_{i-1}(x)\big) + \deg\big(r_i(x)\big) < \deg\big(t_{i-1}(x)\big) + \deg\big(r_{i-2}(x)\big). \tag{1.684}$$

Weiterhin erhält man

$$\deg\big(t_{i-1}(x) \odot r_i(x)\big) < \deg\big(a(x)\big). \tag{1.685}$$

Nun folgt

$$\begin{aligned}\deg\big(t_i(x) \odot r_{i-1}(x) \ominus \underbrace{t_{i-1}(x) \odot r_i(x)}_{\deg(t_{i-1}(x)\odot r_i(x))<\deg(a(x))}\big) &= \deg\big(t_i(x) r_{i-1}(x)\big)\\ &= \deg\big(t_i(x)\big) + \deg\big(r_{i-1}(x)\big)\\ &= \deg\big(a(x)\big),\end{aligned} \tag{1.686}$$

und daher gilt

$$\deg\big(t_i(x)\big) + \deg\big(r_{i-1}(x)\big) = \deg\big(a(x)\big). \tag{1.687}$$

Dies beweist die Behauptung.

Behauptung 5
Gleichung (1.654) wird durch vollständige Induktion bewiesen.

Induktionsanfang
Man beginnt mit i gleich 1. Es ist

$$s_1(x) = s_{-1}(x) \ominus \underbrace{q_1(x)}_{=1} \odot s_0(x) \tag{1.688}$$

Außerdem gilt

$$s_{-1}(x) = 1, \quad s_0(x) = 0, \tag{1.689}$$

siehe (1.604). Daher erhält man

$$s_1(x) = 1 \tag{1.690}$$

mit

$$\deg\big(s_1(x)\big) = \deg(1) = 0. \tag{1.691}$$

Darüber hinaus gilt die wahre Aussage

$$\underbrace{\deg\big(s_1(x)\big)}_{=0} + \deg\big(\underbrace{r_0(x)}_{=\beta(x)}\big) = \deg\big(r_0(x)\big) = \deg\big(\beta(x)\big). \tag{1.692}$$

Induktionsschritt

Die Induktionshypothese ist

$$\deg\big(s_{i-1}(x)\big) + \deg\big(r_{i-2}(x)\big) = \deg\big(\beta(x)\big). \tag{1.693}$$

Darüber hinaus hat man

$$\deg\big(s_i(x) \odot r_{i-1}(x) \ominus s_{i-1}(x) \odot r_i(x)\big) = \deg\big((\ominus 1)^{i+1} \odot \beta(x)\big) = \deg\big(\beta(x)\big). \tag{1.694}$$

Zudem gilt

$$\deg\big(\ominus s_{i-1}(x) \odot r_i(x)\big) = \deg\big(s_{i-1}(x) \odot r_i(x)\big). \tag{1.695}$$

Außerdem wissen wir, dass $\deg(r_i(x)) < \deg(r_{i-1}(x)) < \deg(r_{i-2}(x))$ gilt, und erhalten daher

$$\deg\big(s_{i-1}(x) \odot r_i(x)\big) = \deg\big(s_{i-1}(x)\big) + \deg\big(r_i(x)\big) < \deg\big(s_{i-1}(x)\big) + \deg\big(r_{i-2}(x)\big). \tag{1.696}$$

Nun folgen

$$\deg\big(s_{i-1}(x) \odot r_i(x)\big) < \deg\big(\beta(x)\big) \tag{1.697}$$

und

$$\begin{aligned} \deg\big(s_i(x) \odot r_{i-1}(x) \ominus \underbrace{s_{i-1}(x) \odot r_i(x)}_{\deg(s_{i-1}(x) \odot r_i(x)) < \deg(\beta(x))}\big) &= \deg\big(s_i(x) \odot r_{i-1}(x)\big) \\ &= \deg\big(s_i(x)\big) + \deg\big(r_{i-1}(x)\big) \\ &= \deg\big(\beta(x)\big). \end{aligned} \tag{1.698}$$

Daher erhält man die Behauptung

$$\deg\big(s_i(x)\big) + \deg\big(r_{i-1}(x)\big) = \deg\big(\beta(x)\big). \tag{1.699}$$

□

Im Jahr 1202 verwendete Leonardo *Pisano*, genannt *„Fibonacci"*, die rekurrente Folge

$$1\,,\,2\,,\,3\,,\,5\,,\,8\,,\,13\;\cdots$$

um die Anzahl der Nachkommen eines Kaninchenpaars zu modellieren [59, S. 393f.]. Die daraus resultierende bemerkenswerte Folge führt zum *goldenen Schnitt*, der in der Natur allgegenwärtig ist. Aus diesem Grund nannte der Franziskaner Fra. Luca Bartolomeo de *Pacioli* den goldenen Schnitt in seinem Buch über Mathematik aus dem Jahr 1498 auch *„Divina proportione"*, das „göttliche Verhältnis". Dieses Buch wurde vom genialen Leonardo da *Vinci* illustriert, der oft Paciolis Vorlesungen besuchte.

Aufgrund ihrer Berühmtheit muss man einen genaueren Blick auf die *Fibonacci-Zahlen* [24, S. 11], [25, S. 453] werfen. Willkommen, liebe Abenteuerlustige, auf unserer Reise durch das weite Land des euklidischen Bereichs $(\mathbb{N}, +, \cdot)$ [24, S. 4].

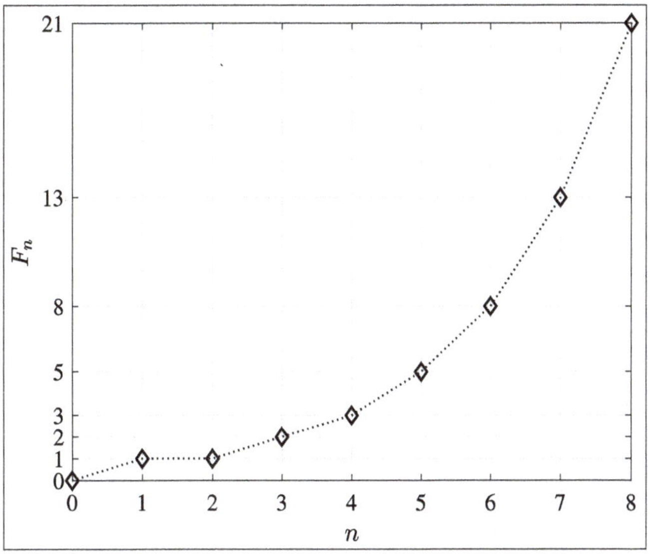

Abb. 1.21: Die ersten neun Fibonacci-Zahlen 0, 1, 1, 2, 3, 5, 8, 13, 21.

Beispiel 1.29. Die *Fibonacci-Zahlen* F_n bilden eine Folge $\{F_n\}$ von ganzen Zahlen, deren Elemente wie folgt definiert sind [24, S. 11]

$$\begin{aligned} F_0 &= 0, \\ F_1 &= 1, \\ F_m &= F_{m-1} + F_{m-2}, \quad m \in \{2, 3, 4 \cdots\}. \end{aligned} \tag{1.700}$$

Die entsprechende Folge $\{F_n\}$ beginnt wie folgt

$$\{0, 1, 1, 2, 3, 5, 8, 13, 21, 34, 55, 89, 144, 233, 377, 610, 987, 1597, 2584, 4181 \cdots\}. \tag{1.701}$$

Die ersten neun Fibonacci-Zahlen sind in Abbildung 1.21 dargestellt.

Es gelten [24, S. 7]

$$\text{ggT}\{F_m, F_n\} = F_{\text{ggT}\{m,n\}}, \quad m, n \in \mathbb{N}, \tag{1.702}$$

und somit

$$\text{ggT}\{F_m, F_{m+1}\} = F_{\text{ggT}\{m,m+1\}}, \quad m \in \mathbb{N}. \tag{1.703}$$

Mit

$$s = m, \quad t = m + 1, \quad r = 1, \quad m \in \mathbb{N}, \tag{1.704}$$

und mit Satz 1.32

$$\text{ggT}\{s, t\} = \text{ggT}\{s, t - rs\}, \quad \forall r, s, t \in \mathbb{N}, \tag{1.705}$$

erhält man

$$\mathrm{ggT}\{m, m+1\} = \mathrm{ggT}\{m, m+1-1\cdot m\} = \mathrm{ggT}\{m, 1\} = 1, \quad m \in \mathbb{N}. \tag{1.706}$$

Daher folgt

$$\mathrm{ggT}\{F_m, F_{m+1}\} = F_{\mathrm{ggT}\{m,m+1\}} = F_{\mathrm{ggT}\{m,1\}} = F_1 = 1, \quad m \in \mathbb{N}. \tag{1.707}$$

Man kann $\mathrm{ggT}\{m, m+1\}$ ebenso mit dem erweiterten euklidischen Algorithmus berechnen. Man erhält dann die folgenden Ergebnisse:

Iterations-nummer		Bézout-Koeffizienten		Rest	Quotient	
	i	s_i	t_i	r_i	q_i	
init	−1	*1*	*0*	$\alpha = m+1$	–	
	0	*0*	*1*	$\beta = m$	–	
$n =$	1	1	−1	1	1	$= \lfloor m+1/m \rfloor$
$n+1 =$	2	$-m$	m	0	m	$= \lfloor m/1 \rfloor$

Somit gilt

$$\mathrm{ggT}\{m, m+1\} = r_1 = 1, \quad m \in \mathbb{N}. \tag{1.708}$$

Mit (1.607) erhält man darüber hinaus

$$1\cdot(m+1) + (-1)\cdot(m) = 1, \quad m \in \mathbb{N}. \tag{1.709}$$

Mit

$$s = F_m, \quad r = -1, \quad t = F_{m-1}, \quad m \in \mathbb{N}, \tag{1.710}$$

und mit Satz 1.32

$$\mathrm{ggT}\{s, t\} = \mathrm{ggT}\{s, t - rs\}, \quad \forall r, s, t \in \mathbb{N}, \tag{1.711}$$

ergibt sich

$$\mathrm{ggT}\{F_m, F_{m-1}\} = \mathrm{ggT}\{F_m, F_m + F_{m-1}\}, \quad m \in \mathbb{N}. \tag{1.712}$$

Daraus ergibt sich

$$\mathrm{ggT}\{F_m, F_{m+1}\} = \mathrm{ggT}\{F_m, F_m + F_{m-1}\} = \mathrm{ggT}\{F_{m-1}, F_m\}, \quad m \in \mathbb{N}. \tag{1.713}$$

Daher erhält man

$$\mathrm{ggT}\{F_m, F_{m+1}\} = \mathrm{ggT}\{F_{m-1}, F_m\} = \cdots = \mathrm{ggT}\{F_0, F_1\} = \mathrm{ggT}\{1, 1\} = 1, \quad m \in \mathbb{N}. \tag{1.714}$$

Aufeinanderfolgende Fibonacci-Zahlen sind also relativ prim beziehungsweise teilerfremd.

Die Natur scheint davon überzeugt zu sein, dass einfache Symmetrien, beispielsweise Verdopplungen, furchtbar langweilig sind. Die Natur möchte es ein bisschen anspruchsvoller.

Lassen Sie uns Tabelle 1.7 erneut betrachten. Alle 2^n, $n \in \mathbb{N}^*$, Polynome $v(x) \in \mathbb{F}_2[x]_{n-1}$, $n \in \mathbb{N}^*$, in Tabelle 1.7 haben einen Grad von höchstens $(n-1)$, $n \in \mathbb{N}^*$. Folglich ergibt die Division dieser Polynome durch $x^n \oplus 1$ den Quotienten 0. Die Reste $r(x) \in \mathbb{F}_2[x]_{n-1}$,

$n \in \mathbb{N}^*$, der 2^n, $n \in \mathbb{N}^*$, Divisionen sind die Polynome $v(x) \in \mathbb{F}_2[x]_{n-1}$, $n \in \mathbb{N}^*$, selbst. Daher gilt

$$v(x) = \underbrace{a(x)}_{=0} \odot (x^n \oplus 1) \oplus r(x), \quad v(x), r(x) \in \mathbb{F}_2[x]_{n-1}, \quad n \in \mathbb{N}^*. \tag{1.715}$$

Man kann diese Erkenntnis verallgemeinern, indem man die zweite Eigenschaft eines euklidischen Rings verwendet, siehe Definition 1.48. Da $\mathbb{F}_2[x]_n$, $n \in \mathbb{N}^*$, und $\mathbb{F}_2[x]$ euklidische Ringe sind, folgt [11, Gl. (5.1.3), S. 132]

$$\begin{gathered} a(x) = q(x) \odot g(x) \oplus r(x), \quad h\{r(x)\} < h\{g(x)\}, \\ a(x), g(x), q(x), r(x) \in \mathbb{F}_2[x]. \end{gathered} \tag{1.716}$$

Satz 1.35 (Divisionsalgorithmus für Polynome). *Es seien $a(x) \in \mathbb{F}_2[x]$ und $g(x) \in \mathbb{F}_2[x] \setminus \{0\}$ zwei Polynome aus $\mathbb{F}_2[x]$ [35, S. 71].*

Dann gibt es ein eindeutiges Paar $q(x), r(x) \in \mathbb{F}_2[x]$ von Polynomen mit [35, S. 72]

$$\begin{gathered} a(x) = q(x) \odot g(x) \oplus r(x), \quad h\big\{r(x)\big\} < h\big\{g(x)\big\}, \\ a(x), g(x), q(x), r(x) \in \mathbb{F}_2[x]. \end{gathered} \tag{1.717}$$

Das Polynom $q(x) \in \mathbb{F}_2[x]$ heißt „Quotientenpolynom" („Quotient"), und das Polynom $r(x) \in \mathbb{F}_2[x]$ heißt „Restpolynom" („Rest").

Beweis. Durch Anwendung der üblichen Polynomdivision, die Sie möglicherweise in der Schule gelernt haben, erhält man den eindeutigen Quotienten $q(x) \in \mathbb{F}_2[x]$ und den eindeutigen Rest $r(x) \in \mathbb{F}_2[x]$.

Falls $q(x), r(x) \in \mathbb{F}_2[x]$ nicht eindeutig wären, ergibt sich

$$a(x) = q_1(x) \odot g(x) \oplus r_1(x) = q_2(x) \odot g(x) \oplus r_2(x). \tag{1.718}$$

Dies führt unmittelbar zu

$$\big(q_1(x) \ominus q_2(x)\big) \odot g(x) = r_2(x) \ominus r_1(x). \tag{1.719}$$

Somit teilt $g(x)$ das Polynom $(r_2(x) \ominus r_1(x))$, d. h. $g(x) \mid (r_2(x) \ominus r_1(x))$.

Es gilt stets $h\{r_1(x)\} < h\{g(x)\}$ und $h\{r_2(x)\} < h\{g(x)\}$. Wenn $(r_2(x) \ominus r_1(x))$ nicht gleich dem Nullpolynom ist, so muss $h\{r_2(x) \ominus r_1(x)\} < h\{g(x)\}$ sein. Daher gilt $\deg(r_2(x) \ominus r_1(x)) < \deg(g(x))$. Also erzwingt $g(x) \mid (r_2(x) \ominus r_1(x))$, dass $(r_2(x) \ominus r_1(x))$ gleich dem Nullpolynom ist.

Wenn $(q_1(x) \ominus q_2(x)) \odot g(x)$ nicht gleich dem Nullpolynom ist, muss es einen Grad von mindestens $\deg(g(x))$ haben. Dies widerspricht aber der Notwendigkeit $\deg(r_2(x) \ominus r_1(x)) < \deg(g(x))$, und daher muss auch $(q_1(x) \ominus q_2(x))$ gleich dem Nullpolynom sein.

Daher gilt (1.717) mit eindeutigen Polynomen $q(x), r(x) \in \mathbb{F}_2[x]$. □

Satz 1.35 heißt *Divisionssatz* und wird auch in [11, Satz A.4, S. 447] diskutiert.

Ausgehend von (1.716) ist es üblich [11, S. 132]

$$r(x) = a(x) \bmod g(x), \quad a(x), g(x), r(x) \in \mathbb{F}_2[x], \tag{1.720}$$

zu schreiben. Man liest

„$r(x)$ *ist kongruent zu* $a(x)$ *modulo* $g(x)$" [25, S. 4], [31, S. 68].

Gleichung (1.720) wird als *Kongruenz* bezeichnet [25, S. 4], [31, S. 68], [35, S. 72].
Wegen $h\{r(x)\} < h\{g(x)\}$ teilt die Division durch $g(x) \in \mathbb{F}_2[x]$, siehe (1.716), alle Polynome $a(x) \in \mathbb{F}_2[x]$ mit den Resten $r(x) \in \mathbb{F}_2[x]$, siehe (1.720). Die Reste $r(x)$ bilden *Restklassen* [25, S. 13], die manchmal auch als *Cosets* bezeichnet werden [11, S. 132], [12, S. 17].
Ein bestimmter Rest $r(x) \in \mathbb{F}_2[x]$ repräsentiert somit eine Restklasse, die oft als $R_{g(x)}[a(x)]$ geschrieben wird [11, Gl. (A.6.5), S. 132, 447], [31, S. 68], [35, S. 72]

$$r(x) = a(x) \bmod g(x) = R_{g(x)}[a(x)], \quad a(x), g(x), r(x) \in \mathbb{F}_2[x]. \tag{1.721}$$

Mit $\bmod g(x)$ zu rechnen bedeutet, $g(x)$ durch 0 zu ersetzen [11, S. 132].

Satz 1.36 (Restklassenarithmetik). *Es gelte die folgenden Rechenregeln:*

<u>1:</u>
$$R_{g(x)}[a(x) \oplus \beta(x)] = R_{g(x)}[a(x)] \oplus R_{g(x)}[\beta(x)]. \tag{1.722}$$

<u>2:</u>
$$R_{g(x)}[a(x) \odot \beta(x)] = R_{g(x)}[R_{g(x)}[a(x)] \odot R_{g(x)}[\beta(x)]]. \tag{1.723}$$

<u>3:</u>
$$R_{g(x)}[a(x) \odot g(x)] = 0. \tag{1.724}$$

<u>4:</u>
$$R_{g(x)}[a(x)] = R_{g(x)}[R_{g(x) \odot h(x)}[a(x)]]. \tag{1.725}$$

<u>5:</u>
$$\deg(a(x)) < \deg(g(x)) \quad \Rightarrow \quad R_{g(x)}[a(x)] = a(x). \tag{1.726}$$

<u>6:</u>
$$R_{x^n \ominus 1}[x^m] = x^{m \bmod n} = x^{R_n[m]}. \tag{1.727}$$

Beweis.
Behauptung 1

$$R_{g(x)}[a(x) \oplus \beta(x)] = (a(x) \oplus \beta(x)) \bmod g(x)$$
$$= a(x) \bmod g(x) \oplus \beta(x) \bmod g(x)$$
$$= R_{g(x)}[a(x)] \oplus R_{g(x)}[\beta(x)]. \tag{1.728}$$

Behauptung 2

$$R_{g(x)}[a(x) \odot \beta(x)] = [a(x) \odot \beta(x)] \bmod g(x)$$
$$= [\underbrace{(q_a(x) \odot g(x) \oplus r_a(x))}_{=a(x)} \odot \underbrace{(q_\beta(x) \odot g(x) \oplus r_\beta(x))}_{=\beta(x)}] \bmod g(x)$$
$$= [q_a(x) \odot q_\beta(x) \odot \{g(x)\}^2 \oplus q_a(x) \odot r_\beta(x) \odot g(x)$$
$$\oplus q_\beta(x) \odot r_a(x) \odot g(x) \oplus r_a(x) \odot r_\beta(x)] \bmod g(x)$$
$$= [q_a(x) \odot q_\beta(x) \odot \{g(x)\}^2] \bmod g(x)$$

$$
\begin{aligned}
&\oplus \left[q_\alpha(x) \odot r_\beta(x) \odot g(x)\right] \bmod g(x)\\
&\oplus \left[q_\beta(x) \odot r_\alpha(x) \odot g(x)\right] \bmod g(x)\\
&\oplus \left[r_\alpha(x) \odot r_\beta(x)\right] \bmod g(x)\\
&= q_\alpha(x) \odot q_\beta(x) \odot 0 \bmod g(x) \oplus q_\alpha(x) \odot r_\beta(x) \odot 0 \bmod g(x)\\
&\quad \oplus q_\beta(x) \odot r_\alpha(x) \odot 0 \bmod g(x) \oplus \left[r_\alpha(x) \odot r_\beta(x)\right] \bmod g(x)\\
&= \left[r_\alpha(x) \odot r_\beta(x)\right] \bmod g(x)\\
&= R_{g(x)}\left[r_\alpha \odot r_\beta(x)\right]\\
&= \left[\big(\alpha(x) \bmod g(x)\big) \odot \big(\beta(x) \bmod g(x)\big)\right] \bmod g(x)\\
&= R_{g(x)}\left[R_{g(x)}\left[\alpha(x)\right] \odot R_{g(x)}\left[\beta(x)\right]\right].
\end{aligned} \tag{1.729}
$$

Behauptung 3

$$
\begin{aligned}
R_{g(x)}\left[\alpha(x) \odot g(x)\right] &= \left[\alpha(x) \odot g(x)\right] \bmod g(x)\\
&= \left[\big(\alpha(x) \bmod g(x)\big) \odot \underbrace{\big(g(x) \bmod g(x)\big)}_{=0}\right] \bmod g(x)\\
&= 0.
\end{aligned} \tag{1.730}
$$

Behauptung 4

$$
\begin{aligned}
R_{g(x)}\Big[\underbrace{R_{g(x)\odot h(x)}\left[\alpha(x)\right]}_{=r(x)}\Big] &= R_{g(x)}\left[\alpha(x) \ominus q(x) \odot g(x) \odot h(x)\right]\\
&= R_{g(x)}\left[\alpha(x)\right] \ominus \underbrace{R_{g(x)}\left[q(x) \odot g(x) \odot h(x)\right]}_{=0}\\
&= R_{g(x)}\left[\alpha(x)\right].
\end{aligned} \tag{1.731}
$$

Behauptung 5

Wegen

$$
\alpha(x) = \underbrace{q(x)}_{=0} \odot g(x) \oplus r(x) = r(x), \quad \text{für } \deg\big(\alpha(x)\big) < \deg\big(g(x)\big) \tag{1.732}
$$

erhält man

$$
R_{g(x)}\left[\alpha(x)\right] = r(x) = \alpha(x). \tag{1.733}
$$

Behauptung 6

Die Berechnung von $\bmod (x^n \ominus 1)$ bedeutet x^n durch 1 zu ersetzen [11, S. 448]. Somit erhält man

$$
\begin{aligned}
R_{x^n \ominus 1}\left[x^m\right] &= x^m \bmod \left(x^n \ominus 1\right)\\
&= x^{\nu n + m \bmod n} \bmod \left(x^n \ominus 1\right)\\
&= 1^{\nu n} \odot x^{m \bmod n}\\
&= x^{m \bmod n} &(1.734)\\
&= x^{R_n[m]}, \quad m, n, \nu \in \mathbb{N}. &(1.735)
\end{aligned}
$$

□

Nach dem Üben der Restklassenarithmetik gemäß Satz 1.36 kann man leicht zyklische Verschiebungen in zyklischen binären linearen Blockcodes $\mathbb{V}$ bestimmen, siehe beispielsweise [11, Satz 5.1, S. 132f.].

Satz 1.37 (Zyklische Verschiebungen eines Codeworts). *Es sei* $\mathbf{v} \in \mathbb{V} \subseteq \mathbb{F}_2^n$, $n \in \mathbb{N}^*$, *gleich* $(v_0, v_1 \cdots v_{n-1})$, $n \in \mathbb{N}^*$, *ein Codewort, das mit dem Polynom* $v(x) \in \mathbb{F}_2[x]_{n-1}$, $n \in \mathbb{N}^*$, *gleich* $(v_0 \odot x^0 \oplus v_1 \odot x^1 \odot \cdots \odot v_{n-1} \odot x^{n-1})$, $n \in \mathbb{N}^*$, *assoziiert ist.*

Dann ergibt die m-fache zyklische Verschiebung das Codewort $(v_{n-m}, v_{n-m+1} \cdots v_{n-1}, v_0, v_1 \cdots v_{n-m-1})$, $m, n \in \mathbb{N}^*$, *das dem Polynom* $R_{x^n \ominus 1}[x^m \odot v(x)]$, $m, n \in \mathbb{N}^*$ *entspricht* [11, *Satz 5.1, S. 132f.*].

Beweis. Es ist

$$\begin{aligned}
R_{x^n \ominus 1}\left[x^m \odot v(x)\right] &= R_{x^n \ominus 1}\left[\left(v_0 \odot x^0 \oplus v_1 \odot x^1 \odot \cdots \odot v_{n-1} \odot x^{n-1}\right) \odot x^m\right] \\
&= \left[v_0 \odot x^m \oplus v_1 \odot x^{m+1} \oplus \cdots \oplus v_{n-m-1} \odot x^{n-1}\right. \\
&\quad \left.\oplus\, v_{n-m} \odot x^n \oplus \cdots \odot v_{n-1} \odot x^{m+n-1}\right] \bmod \left(x^n \ominus 1\right) \\
&= v_0 \odot x^m \oplus v_1 \odot x^{m+1} \oplus \cdots \oplus v_{n-m-1} \odot x^{n-1} \\
&\quad \oplus v_{n-m} \odot x^0 \oplus \cdots \odot v_{n-1} \odot x^{m-1} \\
&= v_{n-m} \odot x^0 \oplus \cdots \odot v_{n-1} \odot x^{m-1} \\
&\quad \oplus v_0 \odot x^m \oplus v_1 \odot x^{m+1} \oplus \cdots \oplus v_{n-m-1} \odot x^{n-1}.
\end{aligned} \tag{1.736}$$

Dieses Polynom entspricht dem Codewort $(v_{n-m}, v_{n-m+1} \cdots v_{n-1}, v_0, v_1 \cdots v_{n-m-1})$, $m, n \in \mathbb{N}^*$. □

1.12.4 Eindeutige Zerlegung in euklidischen Ringen

Die Primzahlen und die irreduziblen Elemente sowie die zusammengesetzten Elemente eines euklidischen Rings stehen durch den *Fundamentalsatz der Arithmetik* in Beziehung. Diesen Fundamentalsatz der Arithmetik gilt es in diesem Abschnitt 1.12.4 zu beweisen. Man beginnt mit der formalen Definition der *Einheit*.

Definition 1.50 (Einheit). Es sei $(\mathbb{E}, \oplus, \odot)$ ein euklidischer Ring. Eine *Einheit* $u \in \mathbb{E}$ ist jeder Teiler von 1, d. h. $u \in \mathbb{E}$ ist dann und nur dann eine Einheit, wenn es ein $q \in \mathbb{E}$ gibt mit [24, S. 13]

$$u \odot q = 1, \quad u, q \in \mathbb{E}. \tag{1.737}$$

Offensichtlich hat eine Einheit bezüglich ihrer Größe die folgende Eigenschaft

$$h\{u \odot q\} = h\{1\}, \quad u, q \in \mathbb{E}. \tag{1.738}$$

Beispiel 1.30. Wir betrachten die ganzen Zahlen, d. h. $(\mathbb{Z}, +, \cdot)$. Diese sind ein euklidischer Ring mit [24, S. 4]

$$h\{u\} = |u| \geq 1, \quad u \in \mathbb{Z} \setminus \{0\}. \tag{1.739}$$

Die Größe $h\{u\}$ ist multiplikativ

$$h\{uq\} = h\{u\}h\{q\}, \quad u, q \in \mathbb{Z}\setminus\{0\}. \tag{1.740}$$

Man muss nun

$$uq = 1, \quad u, q \in \mathbb{Z}\setminus\{0\}, \tag{1.741}$$

auswerten. Mit

$$h\{uq\} = |uq| = \underbrace{|u|}_{\geq 1}\underbrace{|q|}_{\geq 1} = h\{1\} = 1, \quad u, q \in \mathbb{Z}\setminus\{0\}, \tag{1.742}$$

und mit

$$h\{u\} = |u| = 1, \quad u, q \in \mathbb{Z}\setminus\{0\}, \tag{1.743}$$

erhält man

$$u \in \{-1, +1\}. \tag{1.744}$$

Daher sind u gleich -1 und u gleich $+1$ die einzigen Einheiten in $(\mathbb{Z}, +, \cdot)$ [24, S. 13].

Beispiel 1.31. Wir betrachten den euklidische Bereich der normierten Polynome $(\mathbb{F}_2[x]_n, \oplus, \odot)$ über dem Körper $\mathbb{F}_2$, d. h. die Polynome mit Koeffizienten in $\mathbb{F}_2$.

Die Einheiten in $(\mathbb{F}_2[x]_n, \oplus, \odot)$ sind Skalare, d. h. Polynome vom Grad 0 [24, S. 13]. In $\mathbb{F}_2$ gibt es nur ein Element u, welches

$$u \odot q = 1, \quad u, q \in \mathbb{F}_2 = \{0, 1\}, \tag{1.745}$$

erfüllt, nämlich

$$u = 1, \tag{1.746}$$

denn es gilt

$$u \odot q = \begin{cases} 1 & \text{für } u = 1,\ q = 1, \\ 0 & \text{für } u = 1,\ q = 0, \\ 0 & \text{für } u = 0,\ q = 1, \\ 0 & \text{für } u = 0,\ q = 0, \end{cases} \quad u, q \in \mathbb{F}_2. \tag{1.747}$$

Daher ist die einzige Einheit in $(\mathbb{F}_2[x]_n, \oplus, \odot)$ das Polynom

$$u(x) = 1. \tag{1.748}$$

Die Multiplikation eines beliebigen Elements $p(x)$ aus $(\mathbb{F}_2[x]_n, \oplus, \odot)$ mit $u(x)$ gleich 1 lässt $p(x)$ unverändert. Es gilt also

$$p(x) \odot u(x) = p(x). \tag{1.749}$$

Beispiel 1.32. Wir betrachten den euklidischen Ring der Gauß'schen Zahlen [53, S. 65]

$$\mathbb{Z}[\sqrt{-1}] := \{a + b\sqrt{-1} \mid a, b \in \mathbb{Z}\}. \tag{1.750}$$

Es sei $\underline{u}$

$$\underline{u} = a + b\sqrt{-1} = a + \mathrm{j}b, \quad a, b \in \mathbb{Z}. \tag{1.751}$$

Dann gilt

$$h\{\underline{u}\} = a^2 + b^2 \geq 1, \quad \underline{u} \in \mathbb{Z}[\sqrt{-1}] \setminus \{0\}. \tag{1.752}$$

Die Größe $h\{\underline{u}\}$ ist multiplikativ

$$h\{\underline{uq}\} = h\{\underline{u}\}h\{\underline{q}\}, \quad \underline{u}, \underline{q} \in \mathbb{Z}[\sqrt{-1}] \setminus \{0\}. \tag{1.753}$$

Nun wird

$$\underline{uq} = 1, \quad \underline{u}, \underline{q} \in \mathbb{Z}[\sqrt{-1}] \setminus \{0\}, \tag{1.754}$$

zu

$$h\{\underline{uq}\} = \underbrace{h\{\underline{u}\}}_{\geq 1} \underbrace{h\{\underline{q}\}}_{\geq 1} = h\{1\} = 1, \quad \underline{u}, \underline{q} \in \mathbb{Z}[\sqrt{-1}] \setminus \{0\}. \tag{1.755}$$

Man fordert somit

$$h\{\underline{u}\} = a^2 + b^2 = 1, \quad \underline{u} \in \mathbb{Z}[\sqrt{-1}] \setminus \{0\}. \tag{1.756}$$

Dies führt direkt zu
- $a^2 = 1$, d. h. $a = \pm 1$, und $b^2 = 0$ oder
- $a^2 = 0$ und $b^2 = 1$, d. h. $b = \pm 1$.

Man erhält daher vier Einheiten, nämlich

$$\underline{u}_1 = 1, \quad \underline{u}_2 = -1, \quad \underline{u}_3 = \mathrm{j}, \quad \underline{u}_4 = -\mathrm{j}. \tag{1.757}$$

Definition 1.51 (Assoziierte). Es seien $a, b \in \mathbb{E}$ zwei Elemente des euklidischen Rings $(\mathbb{E}, \oplus, \odot)$, und es sei $u \in \mathbb{E}$ eine Einheit von $(\mathbb{E}, \oplus, \odot)$. Die beiden Elemente a, b heißen *assoziiert*, wenn [24, S. 13]

$$a = u \odot b, \quad a, b, u \in \mathbb{E}, \tag{1.758}$$

gilt.

Gleichung (1.758) ist symmetrisch. Dies wird im Folgenden bewiesen. Angenommen, es gibt eine Einheit $v \in \mathbb{E}$, die zusammen mit $u \in \mathbb{E}$ die Bedingung (1.737) aus Definition 1.50 erfüllt

$$v \odot q = 1, \quad u, q \in \mathbb{E}. \tag{1.759}$$

Die Multiplikation beider Seiten von (1.758) mit $v \in \mathbb{E}$ führt zu

$$v \odot a = \underbrace{v \odot u}_{=1} \odot b = b, \quad a, b, u, v \in \mathbb{E}. \tag{1.760}$$

Somit ist (1.758) reflexiv, weil

$$a = u \odot a, \quad a, u \in \mathbb{E}, \tag{1.761}$$

für u gleich 1 gilt.

Darüber hinaus ist (1.758) transitiv, denn wenn

$$a = u \odot b, \quad a, b, u \in \mathbb{E}, \tag{1.762}$$

für eine Einheit u gilt und

$$b = v \odot c, \quad b, c, v \in \mathbb{E}, \tag{1.763}$$

für eine Einheit v wahr ist, dann folgt

$$a = u \odot v \odot c, \quad a, b, u, v \in \mathbb{E}, \tag{1.764}$$

In (1.764) ist $u \odot v \in \mathbb{E}$ eine Einheit.

Da (1.758) symmetrisch, reflexiv und transitiv ist, ist (1.758) eine *Äquivalenzrelation* [24, S. 17].

Beispiel 1.33. Wir betrachten die ganzen Zahlen, d. h. $(\mathbb{Z}, +, \cdot)$, mit der Einheit u aus $\{-1, +1\}$.
Zum Beispiel sind +3 und −3 assoziiert. Es gilt [24, S. 13]

$$\underbrace{+3}_{=a} = \underbrace{(-1)}_{=u} \underbrace{(-3)}_{=b}, \quad a, b, u \in \mathbb{Z}. \tag{1.765}$$

Beispiel 1.34. Wir betrachten die Gauß'schen Zahlen $(\mathbb{Z}[\sqrt{-1}], \oplus, \odot)$ mit der Einheit u aus $\{-1, +1, -\mathrm{j}, +\mathrm{j}\}$.
Zum Beispiel sind $(1 + \mathrm{j})$ und $(1 - \mathrm{j})$ assoziiert, weil [24, S. 13]

$$\underbrace{1 + \mathrm{j}}_{=a} = \underbrace{\mathrm{j}}_{=u} \odot \underbrace{(1 - \mathrm{j})}_{=b}, \quad a, b, u \in \mathbb{Z}[\sqrt{-1}]. \tag{1.766}$$

Nun gilt es, den Begriff *Zerlegung* beziehungsweise *Faktorisierung* zu definieren.

Definition 1.52 (Zerlegung / Faktorisierung). Es sei $b \in \mathbb{E}$ ein Element des euklidischen Bereichs $(\mathbb{E}, \oplus, \odot)$. Eine *Zerlegung* beziehungsweise *Faktorisierung* von $b \in \mathbb{E}$ ist ein Ausdruck der Form [24, S. 13]

$$b = a_1 \odot a_2 \odot a_3 \odot \cdots \odot a_r, \quad a_1, a_2, a_3 \cdots a_r, b \in \mathbb{E}, \quad r \in \mathbb{N}^*. \tag{1.767}$$

Beispiel 1.35. Offensichtlich ist (1.737) eine Faktorisierung von 1

$$1 = u \odot q, \quad u, q \in \mathbb{E}. \tag{1.768}$$

In (1.768) werden die Einheiten $u, q \in \mathbb{E}$ verwendet. Darüber hinaus ergibt die Multiplikation von (1.768) mit $b \in \mathbb{E}$ das triviale Ergebnis [24, S. 13]

$$b = b \odot u \odot q, \quad b, u, q \in \mathbb{E}. \tag{1.769}$$

Die Faktorisierung (1.767) heißt *triviale Faktorisierung*, wenn jeder der Terme a_i, $i \in \{1, 2 \cdots r\}$, $r \in \mathbb{N}^*$, in (1.767) außer einem Term eine Einheit und der verbleibende Term a_i ein Assoziierter von b ist. Das wird aus der folgenden Überlegung klar. Lassen Sie uns dazu von der trivialen Faktorisierung (1.737)

$$1 = u_1 \cdot q, \quad u_1, q \in \mathbb{E}, \tag{1.770}$$

mit den Einheiten $u_1 \in \mathbb{E}$ und dem weiteren Term $q \in \mathbb{E}$ ausgehen. Natürlich kann man den Term $q \in \mathbb{E}$ als einen Assoziierten einer Einheit $u_2 \in \mathbb{E}$ mit der Einheit $u_3 \in \mathbb{E}$ folgendermaßen

$$q = u_2 \odot u_3 = 1 \tag{1.771}$$

umschreiben. Es ergibt sich dann die triviale Faktorisierung

$$1 = u_1 \odot u_2 \odot u_3, \quad u_1, u_2, u_3 \in \mathbb{E}. \tag{1.772}$$

Die Fortsetzungen dieser Art der Umschreibung bringen schließlich die triviale Faktorisierung

$$1 = u_1 \odot u_2 \odot u_3 \odot \cdots \odot u_r, \quad u_1, u_2, u_3 \cdots u_r \in \mathbb{E}, \quad r \in \mathbb{N}^*. \tag{1.773}$$

Jetzt multipliziert man (1.773) mit $b \in \mathbb{E}$ und erhält die triviale Faktorisierung

$$b = b \odot u_1 \odot u_2 \odot u_3 \odot \cdots \odot u_r, \quad b, u_1, u_2, u_3 \cdots u_r \in \mathbb{E}, \quad r \in \mathbb{N}^*. \tag{1.774}$$

Das Kombinieren einer willkürlich gewählten Einheit u_k in (1.774) mit $b \in \mathbb{E}$ bildet den Assoziierten $u_k \odot b$, und man gelangt zur trivialen Faktorisierung

$$b = (u_k \odot b) \odot \underbrace{u_1 \odot u_2 \odot u_3 \odot \cdots \odot u_{k-1} \odot u_{k+1} \odot \cdots \odot u_r}_{r-1 \text{ Terme}}, \tag{1.775}$$

$$b, u_1, u_2, u_3 \cdots u_r \in \mathbb{E}, \quad k \in \{1, 2 \cdots r\}, \quad r \in \mathbb{N}^*. \tag{1.776}$$

Der Vergleich von (1.776) mit (1.767) und

$$a_i = \begin{cases} u_i & \text{für } i \in \{1, 2, 3 \cdots r\} \setminus \{k\}, \\ u_k \odot b & \text{für } i = k, \end{cases}, \quad k \in \{1, 2 \cdots r\}, \quad r \in \mathbb{N}^*, \tag{1.777}$$

zeigt, dass *in einer trivialen Faktorisierung genau einer der Faktoren a_k ein Assoziierter von b* ist.

Lassen Sie uns nun die Elemente $p \in \mathbb{E}$ betrachten, die nur triviale Faktorisierungen haben.

Definition 1.53 (Irreduzibles Element $p \in \mathbb{E}$). Es sei $p \in \mathbb{E}$ ein Element eines euklidischen Rings $(\mathbb{E}, \oplus, \odot)$. Darüber hinaus sei $p \in \mathbb{E}$ keine Einheit.

Wenn jede mögliche Faktorisierung von $p \in \mathbb{E}$ trivial ist, so heißt $p \in \mathbb{E}$ *irreduzibel* [24, S. 13] beziehungsweise *irreduzibles Element*.

Definition 1.54 (Primzahl). Wenn ein irreduzibles Element $p \in \mathbb{E}$ eines euklidischen Rings $(\mathbb{E}, \oplus, \odot)$ das Primzahlkriterium erfüllt [53, Satz 4.2, S. 65f.], wird es als *Primzahl* bezeichnet [24, S. 13].

Beispiel 1.36. In $(\mathbb{Z}, +, \cdot)$ sind die Primzahlen $\pm 2, \pm 3, \pm 5, \pm 7, \pm 11, \pm 13, \pm 17, \pm 19, \pm 23, \pm 29, \pm 31, \pm 37 \cdots$, [53, S. 56].

Beispiel 1.37. Die Primzahlen in $(\mathbb{Z}[\sqrt{-1}], \oplus, \odot)$ sind

– die gewöhnlichen rationalen Primzahlen, die kongruent zu 3 (mod4) sind, beispielsweise

$$\begin{aligned}
&3, 7, 11, 19, 23, 31, 43, 47, 59, 67, 71, 79, 83, 103,\\
&107, 127, 131, 139, 151, 163, 167, 179, 191, 199,\\
&211, 223, 227, 239, 251, 263, 271, 283, 307, 311,\\
&331, 347, 359, 367, 379, 383, 419, 431, 439, 443,\\
&463, 467, 479, 487, 491, 499, 503, 523, 547, 563,\\
&571, 587, 599, 607, 619, 631, 643, 647, 659, 683,\\
&691, 719, 727, 739, 743, 751, 787, 811, 823, 827,\\
&839, 859, 863, 883, 887, 907, 911, 919, 947, 967,\\
&971, 983, 991 \cdots,
\end{aligned} \tag{1.778}$$

– komplexe Primzahlen der Form $(a + \mathrm{j}b)$ mit $h\{a + \mathrm{j}b\}$ gleich 2, d. h.

$$(1 + \mathrm{j}), (-1 + \mathrm{j}), (1 - \mathrm{j}) \quad \text{und} \quad (-1 - \mathrm{j}), \tag{1.779}$$

– komplexe Primzahlen der Form $(a + \mathrm{j}b)$ mit $h\{a + \mathrm{j}b\}$ gleich einer rationalen Primzahl kongruent zu 1 (mod4), d. h.

$$\begin{aligned}
&(-10 - 9\mathrm{j}), (-10 - 7\mathrm{j}), (-10 - 3\mathrm{j}), (-10 - 1\mathrm{j}), (-10 + 1\mathrm{j}),\\
&(-10 + 3\mathrm{j}), (-10 + 7\mathrm{j}), (-10 + 9\mathrm{j}), (-9 - 10\mathrm{j}), (-9 - 4\mathrm{j}),\\
&(-9 + 4\mathrm{j}), (-9 + 10\mathrm{j}), (-8 - 7\mathrm{j}), (-8 - 5\mathrm{j}), (-8 - 3\mathrm{j}),\\
&(-8 + 3\mathrm{j}), (-8 + 5\mathrm{j}), (-8 + 7\mathrm{j}), (-7 - 10\mathrm{j}), (-7 - 8\mathrm{j}),\\
&(-7 - 2\mathrm{j}), (-7 + 2\mathrm{j}), (-7 + 8\mathrm{j}), (-7 + 10\mathrm{j}), (-6 - 5\mathrm{j}),\\
&(-6 - 1\mathrm{j}), (-6 + 1\mathrm{j}), (-6 + 5\mathrm{j}), (-5 - 8\mathrm{j}), (-5 - 6\mathrm{j}),\\
&(-5 - 4\mathrm{j}), (-5 - 2\mathrm{j}), (-5 + 2\mathrm{j}), (-5 + 4\mathrm{j}), (-5 + 6\mathrm{j}),\\
&(-5 + 8\mathrm{j}), (-4 - 9\mathrm{j}), (-4 - 5\mathrm{j}), (-4 - 1\mathrm{j}), (-4 + 1\mathrm{j}),\\
&(-4 + 5\mathrm{j}), (-4 + 9\mathrm{j}), (-3 - 10\mathrm{j}), (-3 - 8\mathrm{j}), (-3 - 2\mathrm{j}),\\
&(-3 + 2\mathrm{j}), (-3 + 8\mathrm{j}), (-3 + 10\mathrm{j}), (-2 - 7\mathrm{j}), (-2 - 5\mathrm{j}),\\
&(-2 - 3\mathrm{j}), (-2 - 1\mathrm{j}), (-2 + 1\mathrm{j}), (-2 + 3\mathrm{j}), (-2 + 5\mathrm{j}),\\
&(-2 + 7\mathrm{j}), (-1 - 10\mathrm{j}), (-1 - 6\mathrm{j}), (-1 - 4\mathrm{j}), (-1 - 2\mathrm{j}),
\end{aligned}$$

$$(-1+2j),(-1+4j),(-1+6j),(-1+10j),(1-10j),$$
$$(1-6j),(1-4j),(1-2j),(1+2j),(1+4j),(1+6j),$$
$$(1+10j),(2-7j),(2-5j),(2-3j),(2-1j),(2+1j),$$
$$(2+3j),(2+5j),(2+7j),(3-10j),(3-8j),(3-2j),$$
$$(3+2j),(3+8j),(3+10j),(4-9j),(4-5j),(4-1j),$$
$$(4+1j),(4+5j),(4+9j),(5-8j),(5-6j),(5-4j),$$
$$(5-2j),(5+2j),(5+4j),(5+6j),(5+8j),(6-5j),$$
$$(6-1j),(6+1j),(6+5j),(7-10j),(7-8j),(7-2j),$$
$$(7+2j),(7+8j),(7+10j),(8-7j),(8-5j),(8-3j),$$
$$(8+3j),(8+5j),(8+7j),(9-10j),(9-4j),(9+4j),$$
$$(9+10j),(10-9j),(10-7j),(10-3j),(10-1j),(10+1j),$$
$$(10+3j),(10+7j),(10+9j)\cdots . \tag{1.780}$$

Was ergibt sich, wenn ein Teiler $\delta \in \mathbb{E}$ von $b \in \mathbb{E}$ kein Assoziierter von $b \in \mathbb{E}$ ist?

Definition 1.55 (Echter Teiler). Es seien $b \in \mathbb{E}$ und $\delta \in \mathbb{E}$ zwei Elemente des euklidischen Rings $(\mathbb{E}, \oplus, \odot)$.

Wenn $\delta \in \mathbb{E}$ ein Teiler von $b \in \mathbb{E}$ ist und kein Assoziierter von $b \in \mathbb{E}$ ist, dann wird $\delta \in \mathbb{E}$ als *echter Teiler* bezeichnet [24, S. 14].

In einem euklidischen Ring $(\mathbb{E}, \oplus, \odot)$ heißen zwei Elemente $a \in \mathbb{E}$ und $b \in \mathbb{E}$ *teilerfremd* beziehungsweise *relativ prim*, wenn ihr größter gemeinsamer Teiler (ggT) (engl. „greatest common divisor", gcd) 1 oder eine andere Einheit ist. Dies führt uns zum nächsten Korollar.

Korollar 1.7 (1 als Linearkombination teilerfremder Elemente). *In einem euklidischen Ring* $(\mathbb{E}, \oplus, \odot)$ *kann die Einheit* $1 \in \mathbb{E}$ *als Linearkombination von zwei teilerfremden Elementen* $a \in \mathbb{E}$ *und* $b \in \mathbb{E}$ *ausgedrückt werden* [24, *S. 14*].

Beweis. Satz 1.31 lehrt, dass man $1 \in \mathbb{E}$ als Linearkombination von $a \in \mathbb{E}$ und $b \in \mathbb{E}$ ausdrücken kann, d. h. [24, S. 14]

$$a \odot s \oplus b \odot t = 1 = \mathrm{ggT}\{a, b\}, \quad a, b, s, t \in \mathbb{E}. \tag{1.781}$$

Dies ergibt sich auch aus (1.607). □

Korollar 1.8 (Teilerfremde Elemente). *Es sei* $p \in \mathbb{E}$ *eine Primzahl in einem euklidischen Ring* $(\mathbb{E}, \oplus, \odot)$. *Wenn* $p \in \mathbb{E}$ *das Element* $a \in \mathbb{E}$ *nicht teilt, dann sind* p *und* a teilerfremd [24, *S. 14*].

Beweis. Es sei $d \in \mathbb{E}$ ein gemeinsamer Teiler von $p \in \mathbb{E}$ und $a \in \mathbb{E}$. Da p eine Primzahl ist, muss d entweder eine Einheit oder ein Assoziat von p sein [24, S. 14]. Da p das Element a nicht teilt, wird a auch von keinem Assoziat von p geteilt [24, S. 14]. Daher muss d eine Einheit sein [24, S. 14]. Somit ist der gemeinsame Teiler von p und a eine Einheit, und es gilt $\mathrm{ggT}\{p, a\}$ ist gleich 1. Daher sind p und a teilerfremd [24, S. 14]. □

Wenn der Term p den Term a nicht teilt, dann existieren offensichtlich $s, t \in \mathbb{E}$ mit [24, S. 14]

$$p \odot s \oplus a \odot t = 1 = \text{ggT}\{p, a\}, \quad a, p, s, t \in \mathbb{E}. \tag{1.782}$$

Schließlich können wir eine bekannte Tatsache in Form eines Korollars präsentieren.

Korollar 1.9 (Primzahlkriterium in einem euklidischen Ring). *Es seien $a, b, p \in \mathbb{E}$ drei Elemente in einem euklidischen Ring $(\mathbb{E}, \oplus, \odot)$. Es sei p irreduzibel. Ferner sei $p \mid (a \odot b)$.*

Dann gilt entweder $p \mid a$ oder $p \mid b$ oder beides [24, S. 15].

Beweis. Für $p \mid a$ gibt es nichts Weiteres zu beweisen [24, S. 15].

Wenn p das Element a nicht teilt, gilt [24, S. 15]

$$p \odot s \oplus a \odot t = 1, \quad a, p, s, t \in \mathbb{E}. \tag{1.783}$$

Multipliziert man mit b, so ergibt sich [24, S. 15]

$$p \odot b \odot s \oplus a \odot b \odot t = b, \quad a, b, p, s, t \in \mathbb{E}. \tag{1.784}$$

Es gilt $p \mid (p \odot b \odot s)$. Außerdem gilt nach Voraussetzung $p \mid (a \odot b)$. Daraus folgt auch $p \mid (a \odot b \odot t)$. Deshalb ergibt sich $p \mid (p \odot b \odot s \oplus a \odot b \odot t)$. Mit der rechten Seite von (1.784) folgt $p \mid b$. □

Korollar 1.10 (Größe eines echten Teilers). *Es seien $a \in \mathbb{E}$ und $b \in \mathbb{E}$ zwei Elemente in einem euklidischen Ring $(\mathbb{E}, \oplus, \odot)$.*

Wenn $a \in \mathbb{E}$ ein echter Teiler von $b \in \mathbb{E}$ ist, dann gilt [24, S. 15]

$$h\{a\} < h\{b\}, \quad a, b \in \mathbb{E}. \tag{1.785}$$

Beweis. Es $c \in \mathbb{E}$ keine Einheit. Außerdem sei [24, S. 15]

$$b = a \odot c, \quad a, b, c \in \mathbb{E}. \tag{1.786}$$

Also sind $a \in \mathbb{E}$ und $b \in \mathbb{E}$ keine Assoziate.

Teilt man $a \in \mathbb{E}$ durch $b \in \mathbb{E}$, so ergibt sich [24, S. 15]

$$a = q \odot b \oplus r, \quad h\{r\} < h\{b\}, \quad a, b, q, r \in \mathbb{E}, \tag{1.787}$$

und man erhält [24, S. 15]

$$r = a \ominus q \odot b = a \ominus q \odot (a \odot c) = a \odot (1 \ominus q \odot c), \quad a, b, c, q, r \in \mathbb{E}. \tag{1.788}$$

Da $c \in \mathbb{E}$ keine Einheit ist, verschwindet $(1 \ominus q \odot c)$ sicherlich nicht. Aus der ersten Eigenschaft von Definition 1.48 folgt [24, S. 15]

$$h\{r\} = h\{a \odot (1 \ominus q \odot c)\} \geq h\{a\}, \quad a, c, q, r \in \mathbb{E}, \tag{1.789}$$

und wir erhalten die Behauptung [24, S. 15]

$$h\{a\} \leq h\{r\} < h\{b\}, \quad a, b, r \in \mathbb{E}. \tag{1.790}$$

□

Unsere beiden letzten Korollare in dieser Reihe kommen jetzt. Ausgehend von Korollar 1.9 erhält man Folgendes.

Korollar 1.11 (Größter gemeinsamer Teiler (ggT) von zwei Polynomen). *Es seien $r_{-1}(x)$ und $r_0(x)$ Polynome mit* [10, *Satz 14, S. 363*]

$$\deg\big(r_0(x)\big) \leq \deg\big(r_{-1}(x)\big) \tag{1.791}$$

und dem größten gemeinsamen Teiler (ggT) (engl. „greatest common divisor", gcd)

$$ggT\big\{r_{-1}(x), r_0(x)\big\} = h(x). \tag{1.792}$$

Dann existieren Polynome $a(x)$ und $b(x)$ mit [10, *Satz 14, Gl. (58), S. 363*]

$$a(x) \odot r_{-1}(x) \oplus b(x) \odot r_0(x) = h(x) = ggT\big\{r_{-1}(x), r_0(x)\big\}. \tag{1.793}$$

Beweis. Wir verwenden den erweiterten euklidischen Algorithmus, siehe Definition 1.49 und Satz 1.35, um unsere Behauptung zu beweisen.

Die Polynome $a_i(x)$ und $b_i(x)$, $i \in \{-1, 0, 1, 2 \cdots\}$, seien wie folgt definiert [10, Satz 14, Gl. (59), S. 363]

$$a_{-1}(x) = 0, \quad b_{-1}(x) = 1, \tag{1.794}$$

$$a_0(x) = 1, \quad b_0(x) = 0, \tag{1.795}$$

und [10, Satz 14, Gl. (60), S. 363]

$$a_i(x) = q_i(x) \odot a_{i-1}(x) \oplus a_{i-2}(x), \quad i \in \{-1, 0, 1, 2 \cdots\}, \tag{1.796}$$

$$b_i(x) = q_i(x) \odot b_{i-1}(x) \oplus b_{i-2}(x), \quad i \in \{-1, 0, 1, 2 \cdots\}. \tag{1.797}$$

Es folgt [10, Satz 14, Gl. (61), S. 364]

$$\begin{aligned} \begin{pmatrix} a_i(x) & a_{i-1}(x) \\ b_i(x) & b_{i-1}(x) \end{pmatrix} &= \begin{pmatrix} a_{i-1}(x) & a_{i-2}(x) \\ b_{i-1}(x) & b_{i-2}(x) \end{pmatrix} \odot \begin{pmatrix} q_i(x) & 1 \\ 1 & 0 \end{pmatrix} \\ &= \underbrace{\begin{pmatrix} 1 & 0 \\ 0 & 1 \end{pmatrix}}_{=\boldsymbol{I}_2} \odot \begin{pmatrix} q_1(x) & 1 \\ 1 & 0 \end{pmatrix} \odot \begin{pmatrix} q_2(x) & 1 \\ 1 & 0 \end{pmatrix} \odot \cdots \odot \begin{pmatrix} q_i(x) & 1 \\ 1 & 0 \end{pmatrix} \end{aligned} \tag{1.798}$$

mit den Determinanten [10, Satz 14, S. 364]

$$\det \begin{pmatrix} a_i(x) & a_{i-1}(x) \\ b_i(x) & b_{i-1}(x) \end{pmatrix} = (\ominus 1)^i = (\oplus 1)^i = 1, \quad i \in \mathbb{N}^*. \tag{1.799}$$

Wenn man ausnutzt, dass $\ominus$ und $\oplus$ in der Arithmetik über $\mathbb{F}_2$ identisch sind, so ist Gleichung (1.799) eine Folge des Multiplikationssatzes

$$\det(\boldsymbol{AB}) = \det(\boldsymbol{A}) \cdot \det(\boldsymbol{B}), \tag{1.800}$$

siehe beispielsweise [3] für einen Beweis.

Darüber hinaus hat man [10, Satz 14, Gl. (62), S. 364]

$$\begin{pmatrix} r_{-1}(x) \\ r_0(x) \end{pmatrix} = \begin{pmatrix} a_i(x) & a_{i-1}(x) \\ b_i(x) & b_{i-1}(x) \end{pmatrix} \odot \begin{pmatrix} r_{i-1}(x) \\ r_i(x) \end{pmatrix}. \tag{1.801}$$

Dies führt zu [10, Satz 14, Gl. (63), S. 364]

$$\begin{pmatrix} r_{i-1}(x) \\ r_i(x) \end{pmatrix} = (\ominus 1)^i \odot \begin{pmatrix} b_{i-1}(x) & \ominus a_{i-1}(x) \\ \ominus b_i(x) & a_i(x) \end{pmatrix} \odot \begin{pmatrix} r_{-1}(x) \\ r_0(x) \end{pmatrix}$$
$$= \begin{pmatrix} b_{i-1}(x) & a_{i-1}(x) \\ b_i(x) & a_i(x) \end{pmatrix} \odot \begin{pmatrix} r_{-1}(x) \\ r_0(x) \end{pmatrix}. \tag{1.802}$$

Mit (1.611) und mit (1.612), ergibt sich insbesondere [10, Satz 14, Gl. (64), S. 364]

$$r_i(x) = b_i(x) \odot r_{-1}(x) \oplus a_i(x) \odot r_0(x) = a_i(x) \odot r_0(x) \oplus b_i(x) \odot r_{-1}(x)$$
$$= \text{ggT}\{r_{-1}(x), r_0(x)\}. \tag{1.803}$$

□

Korollar 1.11 führt unmittelbar zur folgenden Erkenntnis.

Korollar 1.12 (Größter gemeinsamer Teiler (ggT) von zwei teilerfremden Polynomen). *Es seien $r_{-1}(x)$ und $r_0(x)$ zwei teilerfremde Polynome mit* [10, *Satz 14, S. 363*]

$$\deg(r_0(x)) \leq \deg(r_{-1}(x)). \tag{1.804}$$

Deshalb haben $r_{-1}(x)$ und $r_0(x)$ den größten gemeinsamen Teiler (ggT) (engl. „greatest common divisor", gcd)

$$ggT\{r_{-1}(x), r_0(x)\} = 1. \tag{1.805}$$

Dann existieren Polynome $a(x)$ und $b(x)$ [10, *Satz 14, Gl. (58), S. 363*]

$$a(x) \odot r_{-1}(x) \oplus b(x) \odot r_0(x) = 1. \tag{1.806}$$

Beweis. Der Beweis ist in Korollar 1.11. □

Schließlich geben wir den *Fundamentalsatz der Arithmetik* an, der auch *Eindeutigkeitssatz der Primfaktorzerlegung* heißt.

Satz 1.38 (Fundamentalsatz der Arithmetik). *Es sei $b \in \mathbb{E}$ ein Element in einem euklidischen Bereich $(\mathbb{E}, \oplus, \odot)$. Dann gilt Folgendes:*

1: *Das Element $b \in \mathbb{E}$ kann als Produkt von Primzahlen $p_1 \in \mathbb{E}, p_2 \in \mathbb{E}, p_3 \in \mathbb{E} \cdots p_r \in \mathbb{E}, r \in \mathbb{N}^*$, geschrieben werden, d. h.*

$$b = p_1 \odot p_2 \odot p_3 \odot \cdots \odot p_r, \quad p_i \in \mathbb{E}, \quad i \subset \{1, 2 \cdots r\}, \quad r \in \mathbb{N}^*. \tag{1.807}$$

2: *Wenn $b \in \mathbb{E}$ auf eine andere Weise als Produkt von Primzahlen $q_1 \in \mathbb{E}, q_2 \in \mathbb{E}, q_3 \in \mathbb{E} \cdots q_s \in \mathbb{E}$, $s \in \mathbb{N}^*$, geschrieben wird, dann ist*

$$r = s, \quad r, s \in \mathbb{N}^*, \tag{1.808}$$

und nach geeigneter Umnummerierung sind die Primzahlen p_i und q_i, $i \in \{1, 2 \cdots r\}, r \in \mathbb{N}^*$, Assoziierte [24, *S. 15*].

Beweis.

Behauptung 1

Wenn $b \in \mathbb{E}$ eine Primzahl ist, dann erfüllt der Ausdruck $b = b$ unsere Anforderungen [24, S. 15].

Andernfalls hat $b \in \mathbb{E}$ eine nichttriviale Faktorisierung

$$b = a \odot c, \quad a, b, c \in \mathbb{E}, \tag{1.809}$$

wobei $a \in \mathbb{E}$ und $c \in \mathbb{E}$ echte Teiler von $b \in \mathbb{E}$ sind [24, S. 15].

Aus Korollar 1.10 folgt

$$h\{a\} < h\{b\}, \quad h\{c\} < h\{b\}, \quad a, b, c \in \mathbb{E}, \tag{1.810}$$

und daher können $a \in \mathbb{E}$ sowie $c \in \mathbb{E}$ als Produkt von Primzahlen dargestellt werden

$$\begin{aligned} a = p_1 \odot p_2 \odot \cdots \odot p_j, \quad c = p_{j+1} \odot p_{j+2} \odot \cdots \odot p_r, \\ p_i \in \mathbb{E}, \quad i \in \{1, 2 \cdots r\}, \quad j \in \big\{1, 2 \cdots (r-1)\big\}, \quad r \in \mathbb{N}^*, \quad a, c \in \mathbb{E}. \end{aligned} \tag{1.811}$$

Wie behauptet, führt dies zu [24, S. 16]

$$\begin{aligned} b = a \odot c = p_1 \odot p_2 \odot \cdots \odot p_j \odot p_{j+1} \odot p_{j+2} \odot \cdots \odot p_r, \\ a, b, c, p_i \in \mathbb{E}, \quad i \in \{1, 2 \cdots r\}, \quad r \in \mathbb{N}^*. \end{aligned} \tag{1.812}$$

Behauptung 2

Es gilt beispielsweise $p_1 \mid (q_1 \odot q_2 \odot q_3 \odot \cdots \odot q_s)$. Daher muss p_1 mindestens einen Faktor $q_i \in \mathbb{E}, i \in \{1, 2 \cdots s\}, s \in \mathbb{N}^*$, teilen [24, S. 16]. Wir führen die Neunummerierung so durch, dass $p_1 \mid q_1$ gilt [24, S. 16].

Da jedoch $p_1 \in \mathbb{E}$ und $q_1 \in \mathbb{E}$ Primzahlen sind und p_1 keine Einheit ist, müssen p_1 und q_1 für eine Einheit $u_1 \in \mathbb{E}$ Assoziierte sein [24, S. 16]

$$q_1 = u_1 \cdot p_1, \quad p_1, q_1, u_1 \in \mathbb{E}. \tag{1.813}$$

Wir definieren nun allgemein

$$q_i = u_i \odot p_i, p_i, q_i, u_i \in \mathbb{E}, \quad i \in \big\{1, 2 \cdots \min\{r, s\}\big\} \quad r, s \in \mathbb{N}^*, \tag{1.814}$$

für einige Einheiten $u_i, i \in \{1, 2 \cdots \min\{r, s\}\}, r, s \in \mathbb{N}^*$ [24, S. 16]. Daher erhält man

$$p_1 \odot p_2 \odot p_3 \odot \cdots \odot p_r = \underbrace{q_1}_{=u_1 \odot p_1} \odot q_2 \odot q_3 \odot \cdots \odot q_s = (u_1 \odot p_1) \odot q_2 \odot q_3 \odot \cdots \odot q_s, \quad r, s \in \mathbb{N}^*. \tag{1.815}$$

Nachdem man beide Seiten durch p_1 dividiert hat, ergibt sich

$$\begin{aligned} p_2 \odot p_3 \odot \cdots \odot p_r &= (u_1 \odot q_2) \odot q_3 \odot \cdots \odot q_s \\ &= u_1 \odot \underbrace{q_2}_{=u_2 \odot p_2} \odot q_3 \odot \cdots \odot q_s \\ &= u_1 \odot u_2 \odot p_2 \odot q_3 \odot \cdots \odot q_s. \quad r, s \in \mathbb{N}^*. \end{aligned} \tag{1.816}$$

Die Division durch p_2 ergibt

$$p_3 \odot \cdots \odot p_r = u_1 \odot u_2 \odot q_3 \odot \cdots \odot q_s, \quad r, s \in \mathbb{N}^*. \tag{1.817}$$

Nachfolgend wird die Notation

$$\bigodot_{i=1}^{r} p_i, \quad r \in \mathbb{N}^*, \tag{1.818}$$

als abkürzende Schreibweise für die r-fache Multiplikation mit der Multiplikationsoperation $\odot$, $r \in \mathbb{N}^*$, verwendet.

Man nehme nun an, dass $r < s$ ist. Außerdem sind $r < s$ Terme auf der rechten Seite zu ersetzen und beide Seiten durch $\bigodot_{i=3}^{r} p_i$ zu dividieren. Somit erhält man

$$1 = \left(\bigodot_{i=3}^{r} u_i\right) \odot q_{r+1} \odot \cdots \odot q_s, \quad r, s \in \mathbb{N}^*. \tag{1.819}$$

Die Elemente $q_{r+1}, q_{r+2} \cdots q_s, r, s \in \mathbb{N}^*$, müssen deshalb Einheiten sein. Dies widerspricht der Voraussetzung. Daher ist der Fall $r < s$ unmöglich.

Was ist mit $r > s$? Jetzt, nachdem $s < r$ Terme auf der rechten Seite ersetzt und beide Seiten durch $\bigodot_{i=3}^{s} p_i$ dividiert sind, erhält man

$$p_{s+1} \odot \cdots \odot p_r = \bigodot_{i=3}^{s} u_i, \quad r, s \in \mathbb{N}^*. \tag{1.820}$$

Somit müssen $p_{s+1}, p_{s+2} \cdots p_r$ Einheiten sein. Dies widerspricht der Voraussetzung. Daher ist $r > s$ ebenfalls unmöglich.

Der einzige zulässige Fall ergibt sich für

$$r = s, \quad r, s \in \mathbb{N}^*, \tag{1.821}$$

in dem man r gleich s Terme auf der rechten Seite ersetzt und beide Seiten durch $\bigodot_{i=3}^{r} p_i$ dividiert. Dies führt zu

$$1 = \bigodot_{i=3}^{r} u_i, \quad r \in \mathbb{N}^*. \tag{1.822}$$

Somit ist die Darstellung von $b \in \mathbb{E}$ in zwei verschiedenen Formen

$$b = p_1 \odot p_2 \odot p_3 \cdots\cdots p_r = q_1 \odot q_2 \odot q_3 \cdots q_s, \quad r, s \in \mathbb{N}^*, \tag{1.823}$$

mit den Primzahlen $p_i \in \mathbb{E}$ und $q_i \in \mathbb{E}, i \in \{1, 2 \cdots r\}, r \in \mathbb{N}^*$, nur dann möglich, wenn die $p_i \in \mathbb{E}$ und die $q_i \in \mathbb{E}, i \in \{1, 2 \cdots r\}, r \in \mathbb{N}^*$, nach geeigneter Neunummerierung paarweise assoziiert sind. □

Beispiel 1.38. Wir betrachten die Gauß'schen Zahlen $(\mathbb{Z}[\sqrt{-1}], +, \cdot)$ [24, S. 4].

Wir wollen zunächst $8 \in \mathbb{Z}[\sqrt{-1}]$ faktorisieren. Man erhält

$$8 = (1 + \mathrm{j})^5 \cdot (-1 + \mathrm{j}). \tag{1.824}$$

Wie sieht es mit $(8 + 4\mathrm{j}) \in \mathbb{Z}[\sqrt{-1}]$ aus? Man erhält

$$8 + 4\mathrm{j} = -(1 + \mathrm{j})^4 \cdot (2 + \mathrm{j}). \tag{1.825}$$

Nun nehmen wir uns $10 \in \mathbb{Z}[\sqrt{-1}]$ vor. Man erhält

$$10 = -(1 + \mathrm{j})^2 \cdot (2 + \mathrm{j}) \cdot (1 + 2\mathrm{j}). \tag{1.826}$$

Weiter geht es mit $12 \in \mathbb{Z}[\sqrt{-1}]$. Man erhält

$$12 = -(1 + \mathrm{j})^4 \cdot 3. \tag{1.827}$$

Nun geht es $(45+3\mathrm{j}) \in \mathbb{Z}[\sqrt{-1}]$ an den Kragen. Man erhält

$$45+3\mathrm{j} = (1+\mathrm{j}) \cdot 3 \cdot (8-7\mathrm{j}). \tag{1.828}$$

Schließlich betrachten wir $60 \in \mathbb{Z}[\sqrt{-1}]$. Man erhält

$$60 = -(1+\mathrm{j})^3 \cdot (1-\mathrm{j}) \cdot 3 \cdot (2+\mathrm{j}) \cdot (1+2\mathrm{j}). \tag{1.829}$$

Beispiel 1.39. Wir betrachten den euklidischen Ring der normierten Polynome $(\mathbb{F}_2[x]_n, \oplus, \odot)$ über dem Körper $\mathbb{F}_2$, d. h. die Polynome mit Koeffizienten in $\mathbb{F}_2$.

Wir kennen bereits die Einheit

$$u(x) = 1. \tag{1.830}$$

Das Polynom

$$i_1(x) = x, \quad i_1(x) \in \mathbb{F}_2[x]_n, \tag{1.831}$$

ist irreduzibel, weil es nur durch $u(x)$ oder durch $i_1(x)$ teilbar ist.

Darüber hinaus ist das Polynom

$$i_2(x) = x \oplus 1, \quad i_2(x) \in \mathbb{F}_2[x]_n, \tag{1.832}$$

irreduzibel, weil es nur durch $u(x)$ oder durch $i_2(x)$ teilbar ist.

Das Polynom

$$p_1(x) = x^2, \quad p_1(x) \in \mathbb{F}_2[x]_n, \tag{1.833}$$

ist nicht irreduzibel. Es ist nämlich

$$p_1(x) = x^2 = x \odot x = \left(i_1(x)\right)^2. \tag{1.834}$$

Das Polynom

$$p_2(x) = x^2 \oplus 1, \quad p_2(x) \in \mathbb{F}_2[x]_n, \tag{1.835}$$

ist ebenfalls nicht irreduzibel. Es gilt

$$\begin{array}{ccccc} x^2 & \oplus & & & 1 \quad : x \oplus 1 \quad = \quad x \oplus 1, \\ x^2 & \oplus & x & & \\ \hline & & x & \oplus & 1 \\ & & x & \oplus & 1 \\ \hline & & & & 0 \end{array} \tag{1.836}$$

und daher erhält man

$$p_2(x) = x^2 \oplus 1 = \left(i_2(x)\right)^2 = (x \oplus 1)^2. \tag{1.837}$$

Das Polynom

$$i_3(x) = x^2 \oplus x \oplus 1, \quad i_3(x) \in \mathbb{F}_2[x]_n, \tag{1.838}$$

ist irreduzibel, weil es weder von $i_1(x)$ noch von $i_2(x)$ geteilt wird.

Das Polynom

$$p_3(x) = x^2 \oplus x, \quad p_3(x) \in \mathbb{F}_2[x]_n, \tag{1.839}$$

ist nicht irreduzibel, denn es gilt

$$p_3(x) = x^2 \oplus x = x \odot (x \oplus 1) = i_1(x) \odot i_2(x). \tag{1.840}$$

Das Polynom

$$i_4(x) = x^3 \oplus x \oplus 1, \quad i_4(x) \in \mathbb{F}_2[x]_n, \tag{1.841}$$

ist irreduzibel, weil weder $i_1(x)$ noch $i_2(x)$ noch $i_3(x)$ das Polynom $i_4(x)$ teilen.

Das Polynom

$$i_5(x) = x^3 \oplus x^2 \oplus 1, \quad i_5(x) \in \mathbb{F}_2[x]_n, \tag{1.842}$$

ist irreduzibel, weil weder $i_1(x)$ noch $i_2(x)$ noch $i_3(x)$ noch $i_4(x)$ das Polynom $i_5(x)$ teilen.

Die Polynome

$$\begin{aligned} i_6(x) &= x^4 \oplus x \oplus 1, \\ i_7(x) &= x^4 \oplus x^3 \oplus x^2 \oplus x \oplus 1, \\ i_8(x) &= x^4 \oplus x^3 \oplus 1, \quad i_6(x), i_7(x), i_8(x) \in \mathbb{F}_2[x]_n, \end{aligned} \tag{1.843}$$

sind ebenfalls irreduzibel.

1.12.5 Konstruktion des endlichen Körpers $\mathbb{F}_{2^n}$

Wir betrachten den Vektorraum $\mathbb{F}_2^n$, $n \in \mathbb{N}^*$. Wir wissen bereits, dass die n-Tupel, d. h. die Zeilenvektoren mit n Komponenten aus $\mathbb{F}_2$, einfach durch Vektoraddition addiert werden können. Nimmt man die genannten Komponenten stets aus $\mathbb{F}_2$, so ist die Vektorsubtraktion dasselbe wie die Vektoraddition [10, S. 82]. Zum Beispiel ergibt sich [10, S. 82]

$$(a_0, a_1, a_2, a_3 \cdots a_{n-1}) \oplus (a_0, a_1, a_2, a_3 \cdots a_{n-1}) = \mathbf{0}_n, \quad n \in \mathbb{N}^*. \tag{1.844}$$

Wie sieht es mit der Multiplikation zweier Zeilenvektoren aus? Also, die geht ... ja wie geht die eigentlich, diese Multiplikation? So einfach anschaulich geht sie schon mal nicht. Vielleicht geht sie ja wenigstens anschaulich einfach.

Wir haben bereits gelernt, dass man jeden Zeilenvektoren aus $\mathbb{F}_2^n$, $n \in \mathbb{N}^*$. durch ein geeignetes Polynom darstellen kann. Vielleicht ist das ein guter Ansatz, die Multiplikation zu definieren. Mal sehen.

Wir wählen also einen abstrakten „Platzhalter", und zwar ein beliebiges Körperelement $\alpha \in \mathbb{F}_{2^n}$, und dieses Körperelement verwenden wir, um jedes zulässige n-Tupel, $n \in \mathbb{N}^*$, d. h. jeden Zeilenvektor, mit einem Polynom in α zu assoziieren [10, S. 82].

Das geht zum Beispiel wie folgt:

n-Tupel $\in \mathbb{F}_2^n$	**Polynom $\in \mathbb{F}_2[x]_{n-1}$ mit Körperelement $\alpha \in \mathbb{F}_{2^n}$**
$(0, 0, 0, 0 \cdots 0, 0)$	0
$(1, 0, 0, 0 \cdots 0, 0)$	1
$(0, 1, 0, 0 \cdots 0, 0)$	α
$(1, 1, 0, 0 \cdots 0, 0)$	$1 \oplus \alpha$
$(0, 0, 1, 0 \cdots 0, 0)$	α^2
$(1, 0, 1, 0 \cdots 0, 0)$	$1 \oplus \alpha^2$
$(0, 1, 1, 0 \cdots 0, 0)$	$\alpha^2 \oplus \alpha^3$
$\vdots$	$\vdots$
$(1, 1, 1, 1 \cdots 1, 1)$	$\bigoplus_{i=0}^{n-1} \alpha^i$

Wie man Polynome miteinander multipliziert, dürfte jedem von uns klar sein. Da wir jedes zu multiplizierende Polynom in α mit einem bestimmten zugehörigen n-Tupel von $\mathbb{F}_2^n$ verknüpfen, könnten wir das Ergebnis der Polynommultiplikation auch mit einem Zeilenvektor verknüpfen, nicht wahr? Versuchen wir mal unser Glück!

Die Multiplikation der n-Tupel von $\mathbb{F}_2^n$ entspricht der Multiplikation der obigen Polynome, zum Beispiel wie folgt [10, S. 82]

$$(1, 1, 1, 1 \cdots 1, 1) \odot (1, 1, 1, 1 \cdots 1, 1) \leftrightarrow \bigoplus_{i=0}^{n-1} \alpha^i \odot \bigoplus_{j=0}^{n-1} \alpha^j = \bigoplus_{i=0}^{n-1} \bigoplus_{j=0}^{n-1} \alpha^i \odot \alpha^j = \bigoplus_{i=0}^{n-1} \bigoplus_{j=0}^{n-1} \alpha^{i+j} \tag{1.845}$$

mit dem Grad $2(n-1)$, der für $n > 1$ größer als $(n-1)$ ist. Der Leser könnte jetzt denken „Warte mal, dieses Ergebnis entspricht keinem der zulässigen n-Tupel“! Stimmt. Leider. Aber bevor wir den *„Shot Gun Blues“* (Downchild Blues Band, 1973; es gibt eine tolle Coverversion von The Blues Brothers auf deren Debütalbum „Briefcase Full of Blues“ aus dem Jahr 1978) kriegen, finden wir lieber einen Weg, dieses kleine Problemchen zu überwinden [10, S. 82]. Einverstanden?

Wir gehen pragmatisch vor und verlangen, dass α eine bestimmte feste Gleichung vom Grad $n \in \mathbb{N}^*$ erfüllen muss. Diese bestimmte feste Gleichung hat die folgende Form

$$\underbrace{1 \oplus [\text{Polynom in } \alpha \text{ ohne die Konstante 1 und mit Grad höchstens } (n-1)] \oplus \alpha^n}_{\text{Polynom } \pi(\alpha) \text{ vom Grad } n} = 0, \quad n \in \mathbb{N}^*. \tag{1.846}$$

Aus (1.846) ergibt sich sofort

$$\pi(\alpha) = 0, \quad n \in \mathbb{N}^*. \tag{1.847}$$

Aus (1.847) ist ersichtlich, dass α offensichtlich eine *Nullstelle* des Polynoms $\pi(x)$ ist [31, S. 78]. Das Körperelement α wird auch *Wurzel* der Gleichung (1.847) genannt [31, S. 78].

Gleichung (1.847) führt zu

$$\alpha^n = 1 \oplus [\text{Polynom in } \alpha \text{ ohne die Konstante 1 und mit Grad höchstens } (n-1)],\quad n \in \mathbb{N}^*.$$

Beispiel 1.40. Wir betrachten n gleich 4. Eine geeignete Version von (1.847) ist [10, S. 82]

$$\pi(\alpha) = 1 \oplus \alpha \oplus \alpha^4 = 0, \quad \Leftrightarrow \quad \alpha^4 = 1 \oplus \alpha. \tag{1.848}$$

Dann ergibt sich

$$\begin{aligned}
\alpha^{-\infty} &= 0,\\
\alpha^0 &= 1,\\
\alpha^1 &= \alpha,\\
\alpha^2 &= \alpha^2,\\
\alpha^3 &= \alpha^3,\\
\alpha^4 &= 1 \oplus \alpha,\\
\alpha^5 &= \alpha \oplus \alpha^2,\\
\alpha^6 &= \alpha^2 \oplus \alpha^3,\\
\alpha^7 = \alpha^3 \oplus \alpha^4 &= 1 \oplus \alpha \oplus \alpha^3,\\
\alpha^8 = \alpha^4 \oplus \alpha^5 &= 1 \oplus \alpha^2,\\
\alpha^9 = \alpha^5 \oplus \alpha^6 &= \alpha \oplus \alpha^3,\\
\alpha^{10} = \alpha^6 \oplus \alpha^7 &= 1 \oplus \alpha \oplus \alpha^2,\\
\alpha^{11} = \alpha^7 \oplus \alpha^8 &= \alpha \oplus \alpha^2 \oplus \alpha^3,\\
\alpha^{12} = \alpha^8 \oplus \alpha^9 &= 1 \oplus \alpha \oplus \alpha^2 \oplus \alpha^3,\\
\alpha^{13} = \alpha^9 \oplus \alpha^{10} &= 1 \oplus \alpha^2 \oplus \alpha^3,\\
\alpha^{14} = \alpha^{10} \oplus \alpha^{11} &= 1 \oplus \alpha^3,\\
\alpha^{15} = \alpha^{11} \oplus \alpha^{12} &= 1,\\
\alpha^{16} = \alpha^{12} \oplus \alpha^{13} &= \alpha.
\end{aligned} \tag{1.849}$$

Somit erhält man die folgende Tabelle [10, S. 85].

4-tupel $\in \mathbb{F}_2^4$	Polynom $\in \mathbb{F}_2[x]_3$ mit Körperelement $a \in \mathbb{F}_2^4$	Potenz von $a \in \mathbb{F}_2^4$	Logarithmus
$(0,0,0,0)$	0	$a^{-\infty}$	$-\infty$
$(1,0,0,0)$	1	a^0	0
$(0,1,0,0)$	a	a^1	1
$(0,0,1,0)$	a^2	a^2	2
$(0,0,0,1)$	a^3	a^3	3
$(1,1,0,0)$	$1 \oplus a$	a^4	4
$(0,1,1,0)$	$a \oplus a^2$	a^5	5
$(0,0,1,1)$	$a^2 \oplus a^3$	a^6	6
$(1,1,0,1)$	$1 \oplus a \oplus a^3$	a^7	7
$(1,0,1,0)$	$1 \oplus a^2$	a^8	8
$(0,1,0,1)$	$a \oplus a^3$	a^9	9
$(1,1,1,0)$	$1 \oplus a \oplus a^2$	a^{10}	10
$(0,1,1,1)$	$a \oplus a^2 \oplus a^3$	a^{11}	11
$(1,1,1,1)$	$1 \oplus a \oplus a^2 \oplus a^3$	a^{12}	12
$(1,0,1,1)$	$1 \oplus a^2 \oplus a^3$	a^{13}	13
$(1,0,0,1)$	$1 \oplus a^3$	a^{14}	14

Die obige Tabelle stellt den endlichen Körper $\mathbb{F}_{2^4}$ dar, das gleich $\mathbb{F}_{16}$ ist und durch $1 \oplus a \oplus a^4 = 0$ erzeugt wird [10, S. 85]. $\mathbb{F}_{16}$ wird als *Galois-Feld der Ordnung 16* bezeichnet [10, S. 84]. Der endliche Körper $\mathbb{F}_{16}$ besteht aus allen Polynomen in a mit binären Koeffizienten und mit dem Grad höchstens 3, wobei die Berechnungen modulo dem Polynom $\pi(a)$ gleich $(1 \oplus a \oplus a^4)$ durchgeführt werden [10, S. 93].

Laut der obigen Tabelle können die Körperelemente auf verschiedene Arten geschrieben werden [10, S. 84]. Man stellt fest, dass die von Null verschiedenen Elemente des Körpers eine *zyklische Gruppe der Ordnung 15 mit dem Generator a* bilden. Es ist

$$a^{15} = 1. \tag{1.850}$$

In Beispiel 1.39 wird ausführlich dargestellt, dass das gewählte Polynom $\pi(x)$, das offensichtlich den Generator a als Nullstelle hat, ein *irreduzibles Polynom* ist [10, S. 84]. Außerdem wird in Definition 1.56 definiert, was unter einem irreduziblen Polynom zu verstehen ist.

Das Element a oder ein anderer Generator dieser zyklischen Gruppe wird als *primitives Element* von $\mathbb{F}_{2^4}$ bezeichnet [10, S. 84]. Zum Beispiel sind a und a^2 primitiv, aber a^5 ist es nicht [10, S. 84].

Ein Polynom, das ein primitives Element als Nullstelle hat, wird als *primitives Polynom* bezeichnet [10, S. 84].

Mit

$$a^{15} \oplus 1 = 0, \tag{1.851}$$

erhält man

$$\underbrace{a^{14}}_{=1 \oplus a^3} \odot a \oplus 1 = 0 \tag{1.852}$$

und somit

$$a \oplus a^4 \oplus 1 = 0 \quad \Leftrightarrow \quad 1 \oplus a \oplus a^4 = 0. \tag{1.853}$$

Alle endlichen Körper können auf die in diesem Beispiel 1.40 dargestellte Weise erhalten werden [10, Kapitel 4].

Nicht alle irreduziblen Polynome sind primitiv [10, S. 84]. Zum Beispiel ist $(1 \oplus x \oplus x^2 \oplus x^3 \oplus x^4)$ kein primitives Polynom aber irreduzibel und könnte daher verwendet werden, um den endlichen Körper $\mathbb{F}_{16}$ zu erzeugen [10, S. 84].

Mit der obigen Tabelle kann man (1, 1, 0, 1) mit (1, 0, 0, 1) multiplizieren. Wir erhalten [10, S. 82]

$$\begin{aligned}(1 \oplus \alpha \oplus \alpha^3) \odot (1 \oplus \alpha^3) &= 1 \oplus \alpha \oplus \alpha^4 \oplus \alpha^6 \\ &= \underbrace{1 \oplus \alpha \oplus 1 \oplus \alpha}_{=0} \oplus (1 \oplus \alpha) \odot \alpha^2, \\ &= \alpha^2 \oplus \alpha^3.\end{aligned} \tag{1.854}$$

Eine erneute Konsultation der obigen Tabelle liefert [10, S. 82]

$$\alpha^2 \oplus \alpha^3 \leftrightarrow (0, 0, 1, 1). \tag{1.855}$$

Die Berechnung gemäß (1.854) entspricht der Division $(1 \oplus \alpha \oplus \alpha^4 \oplus \alpha^6)$ durch $(1 \oplus \alpha \oplus \alpha^4)$ und der Beibehaltung des Rests [10, S. 82].

Ausgehend von $(1 \oplus \alpha \oplus \alpha^4 \oplus \alpha^6)$ sehen wir, dass das Produkt von Polynomen modulo $\pi(\alpha)$ folgendermaßen reduziert wird [10, S. 83]

$$1 \oplus \alpha \oplus \alpha^4 \oplus \alpha^6 = \underbrace{\left[1 \oplus \alpha^2\right]}_{\text{„Quotient"}} \odot \pi(\alpha) \oplus \underbrace{\alpha^2 \oplus \alpha^3}_{\text{„Rest"}} = (\alpha^2 \oplus \alpha^3) \bmod \pi(\alpha). \tag{1.856}$$

Ähnlich erhält man [10, S. 83]

$$\alpha^4 = (1 \oplus \alpha) \bmod \pi(\alpha). \tag{1.857}$$

Jetzt haben wir neben der Addition auch die Multiplikation im Griff! Jeder von uns darf jetzt „*Ça Plane Pour Moi*" (Plastic Bertrand, 1977; aus Belgien kommen nicht nur „moules frites") sagen!

Da $\mathbb{F}_{2^n}, n \in \mathbb{N}^*$, ein endlicher Körper ist, muss die Multiplikation eine Inverse haben. Dies ist nur möglich, wenn das Polynom $\pi(x) \in \mathbb{F}_2[x]_{n-1}$, $n \in \mathbb{N}^*$, über $\mathbb{F}_2$ irreduzibel ist.

Definition 1.56 (Irreduzibles Polynom). Ein Polynom ist *irreduzibel* über einem Körper, wenn es nicht das Produkt von zwei Polynomen niedrigeren Grades in dem Körper ist [10, S. 83].

Ein irreduzibles Polynom ist wie eine Primzahl, da es keine nichttrivialen Faktoren hat [10, S. 83]. Analog zu Satz 1.38 kann jedes Polynom bis auf einen konstanten Faktor eindeutig als Produkt irreduzibler Polynome geschrieben werden [10, S. 83].

Satz 1.39 (Irreduzibles Polynom und Inverses). *Wenn $\pi(x)$ irreduzibel ist, dann hat jedes vom Nullpolynom verschiedene Polynom $B(\alpha)$ ein eindeutiges inverses Polynom $B(\alpha)^{-1}$ [10, S. 83]*

$$B(\alpha) \odot B(\alpha)^{-1} \equiv 1 \bmod \pi(\alpha). \tag{1.858}$$

Beweis. Betrachten Sie alle Produkte $A(\alpha) \odot B(\alpha)$, in denen $A(\alpha)$ alle Polynome durchläuft [10, S. 83], beispielsweise

$$1, \alpha, \alpha \oplus 1, \alpha^2 \cdots \left(\alpha^3 \oplus \alpha^2 \oplus \alpha \oplus 1\right), \tag{1.859}$$

im Fall von $\mathbb{F}_{16}$.

Die genannten Produkte $A(\alpha) \odot B(\alpha)$ müssen mod $\pi(\alpha)$ alle unterschiedlich sein. Aus

$$A_1(\alpha) \odot B(\alpha) = A_2(\alpha) \odot B(\alpha) \bmod \pi(\alpha), \tag{1.860}$$

erhält man beispielsweise

$$A_1(\alpha) \odot B(\alpha) \oplus A_2(\alpha) \odot B(\alpha) = 0 \bmod \pi(\alpha), \tag{1.861}$$

d. h.

$$\left[A_1(\alpha) \oplus A_2(\alpha)\right] \odot B(\alpha) = 0 \bmod \pi(\alpha). \tag{1.862}$$

Somit gilt $\pi(\alpha) \mid [A_1(\alpha) \oplus A_2(\alpha)] \odot B(\alpha)$.

Da $\pi(\alpha)$ irreduzibel ist, gilt entweder $\pi(\alpha) \mid (A_1(\alpha) \oplus A_2(\alpha))$ oder $\pi(\alpha) \mid B(\alpha)$ [10, S. 83]. Da die Grade von $A_1(\alpha), A_2(\alpha)$ und $B(\alpha)$ geringer sind als der Grad von $\pi(\alpha)$, kann diese Situation nur auftreten, wenn [10, S. 83]

$$A_1(\alpha) = A_2(\alpha) \tag{1.863}$$

gilt. Daher sind alle Produkte $A(\alpha) \odot B(\alpha)$ unterschiedlich.

Die Produkte $A(\alpha) \odot B(\alpha)$ müssen mod $\pi(\alpha)$ in irgendeiner Reihenfolge in (1.859) enthalten sein [10, S. 83]. Insbesondere muss für ein bestimmtes $A(\alpha)$ gelten, dass $A(\alpha) \odot B(\alpha)$ gleich 1 ist. Dann ist $A(\alpha)$ gleich $B(\alpha)^{-1}$ [10, S. 83]. □

Beispiel 1.41. Lassen Sie uns Beispiel 1.40 erneut betrachten.

Das Polynom $(1 \oplus x \oplus x^4)$ ist über $\mathbb{F}_2$ irreduzibel [10, S. 83f.]. Das Polynom $(1 \oplus x \oplus x^4)$ hat den Grad 4 und enthält daher, falls nicht irreduzibel, einen Faktor vom Grad 1 oder 2. Im Fall des Grades 1 gibt es nur zwei Polynome, nämlich [10, S. 84]

- x und
- $(1 \oplus x)$.

Im Fall des Grades 2 resultieren genau vier Polynome, nämlich [10, S. 84]

- x^2,
- $(1 \oplus x^2)$,
- $(x \oplus x^2)$ und
- $(1 \oplus x \oplus x^2)$.

Lassen Sie uns betrachten, ob das Polynom x das Polynom $\pi(x)$ teilt. Es ist

$$\begin{array}{lllllllll} x^4 & \oplus & x & \oplus & 1 & : & x & = & x^3 \oplus 1. \\ x^4 & & & & & & & & \\ \hline & & x & \oplus & 1 & & & & \\ & & x & & & & & & \\ \hline & & & & 1 & & & & \end{array} \tag{1.864}$$

Man erhält einen von Null verschiedenen Rest, nämlich 1, und daher gilt $x \nmid \pi(x)$. Dies wird als „x teilt $\pi(x)$ nicht“ gelesen.

Lassen Sie uns betrachten, ob $\pi(x)$ durch $(1 \oplus x)$ geteilt werden kann. Wir erhalten

$$\begin{array}{ccccccc} x^4 & \oplus & x & \oplus & 1 & : x \oplus 1 & = x^3 \oplus x^2 \oplus x. \\ x^4 & \oplus & x^3 & & & & \\ \hline x^3 & \oplus & x & \oplus & 1 & & \\ x^3 & \oplus & x^2 & & & & \\ \hline x^2 & \oplus & x & \oplus & 1 & & \\ x^2 & \oplus & x & & & & \\ \hline & & & & 1 & & \end{array} \tag{1.865}$$

Wieder hat man einen von Null verschiedenen Rest, nämlich 1, und deshalb gilt $(1 \oplus x) \nmid \pi(x)$.

Lassen Sie uns betrachten, ob $\pi(x)$ durch x^2 dividiert werden kann.

$$\begin{array}{cccccc} x^4 & \oplus & x & \oplus & 1 & : \; x^2 = x^2 \\ x^4 & & & & & \\ \hline & & x & \oplus & 1 & \end{array} \tag{1.866}$$

So hat man einen von Null verschiedenen Rest, $(1 \oplus x)$, und daher $x^2 \nmid \pi(x)$.

Lassen Sie uns betrachten, ob $\pi(x)$ durch $(1 \oplus x^2)$ dividiert werden kann. Es ist

$$\begin{array}{cccccc} x^4 & \oplus & x & \oplus & 1 & : \; x^2 \oplus 1 = x^2 \oplus 1. \\ x^4 & \oplus & x^2 & & & \\ \hline x^2 & \oplus & x & \oplus & 1 & \\ x^2 & & & \oplus & 1 & \\ \hline & & x & & & \end{array} \tag{1.867}$$

Erneut hat man einen von Null verschiedenen Rest, nämlich x, und deshalb gilt $(1 \oplus x^2) \nmid \pi(x)$.

Lassen Sie uns betrachten, ob $\pi(x)$ durch $(x \oplus x^2)$ dividiert werden kann. Es gilt

$$\begin{array}{cccccc} x^4 & \oplus & x & \oplus & 1 & : \; x^2 \oplus x = x^2 \oplus x. \\ x^4 & \oplus & x^3 & & & \\ \hline x^3 & \oplus & x & \oplus & 1 & \\ x^3 & \oplus & x & & & \\ \hline & & & & 1 & \end{array} \tag{1.868}$$

Und wieder hat man einen von Null verschiedenen Rest, nämlich 1, und deshalb gilt $(x \oplus x^2) \nmid \pi(x)$.

Lassen Sie uns schließlich betrachten, ob $\pi(x)$ durch $(1 \oplus x \oplus x^2)$ dividiert werden kann. Es ist

$$\begin{array}{cccccc} x^4 & \oplus & x & \oplus & 1 & : \; x^2 \oplus x \oplus 1 = x^2 \oplus x. \\ x^4 & \oplus & x^3 & \oplus & x^2 & \\ \hline x^3 \oplus x^2 & \oplus & x & \oplus & 1 & \\ x^3 \oplus x^2 & \oplus & x & & & \\ \hline & & & & 1 & \end{array} \tag{1.869}$$

Erneut hat man einen von Null verschiedenen Rest, nämlich 1, und deshalb gilt $(1 \oplus x \oplus x^2) \nmid \pi(x)$.

Offensichtlich ist $\pi(x)$ irreduzibel. Daher kann $\pi(x)$ gleich $(1 \oplus x \oplus x^4)$ zur Erzeugung von $\mathbb{F}_{16}$ verwendet werden.

Beispiel 1.42. Lassen Sie uns $\mathbb{F}_{2^3}$ gleich $\mathbb{F}_8$ betrachten. Die Tabellen 1.10 und 1.11 enthalten zwei Versionen von $\mathbb{F}_8$. Zur Erzeugung wurde einmal das irreduzible Polynom [10, S. 93]

$$\pi_1(x) = 1 \oplus x \oplus x^3 \tag{1.870}$$

und einmal das irreduzible Polynom [10, S. 93]

$$\pi_2(x) = 1 \oplus x^2 \oplus x^3 \tag{1.871}$$

verwendet.

Beispiel 1.43. $\mathbb{F}_4$ kann mit dem irreduziblen Polynom

$$\pi(x) = 1 \oplus x \oplus x^2 \tag{1.872}$$

erzeugt werden, siehe Tabelle 1.12.

Tab. 1.10: Erste Version von $\mathbb{F}_{2^3}$ gleich $\mathbb{F}_8$ (angepasst nach [10, S. 101]).

$\pi_1(x) = 1 \oplus x \oplus x^3 \quad (\alpha^7 = 1)$			
als 3-Tupel	**als Polynom**	**als Potenz von α**	**Logarithmus**
(0, 0, 0)	0	0	$-\infty$
(1, 0, 0)	1	α^0	0
(0, 1, 0)	α	α^1	1
(0, 0, 1)	α^2	α^2	2
(1, 1, 0)	$1 \oplus \alpha$	α^3	3
(0, 1, 1)	$\alpha \oplus \alpha^2$	α^4	4
(1, 1, 1)	$1 \oplus \alpha \oplus \alpha^2$	α^5	5
(1, 0, 1)	$1 \oplus \alpha^2$	α^6	6

Tab. 1.11: Zweite Version von $\mathbb{F}_{2^3}$ gleich $\mathbb{F}_8$ (angepasst nach [10, S. 101]).

$\pi_2(x) = 1 \oplus x^2 \oplus x^3 \quad (\alpha^7 = 1)$			
als 3-Tupel	**als Polynom**	**als Potenz von α**	**Logarithmus**
(0, 0, 0)	0	0	$-\infty$
(1, 0, 0)	1	α^0	0
(0, 1, 0)	α	α^1	1
(0, 0, 1)	α^2	α^2	2
(1, 0, 1)	$1 \oplus \alpha^2$	α^3	3
(1, 1, 1)	$1 \oplus \alpha \oplus \alpha^2$	α^4	4
(1, 1, 0)	$1 \oplus \alpha$	α^5	5
(0, 1, 1)	$\alpha \oplus \alpha^2$	α^6	6

Tab. 1.12: $\mathbb{F}_{2^2}$ gleich $\mathbb{F}_4$.

$\pi(x) = 1 \oplus x \oplus x^2 \quad (\alpha^3 = 1)$			
as a 2-Tupel	**als Polynom**	**als Potenz von α**	**Logarithmus**
(0, 0)	0	0	$-\infty$
(1, 0)	1	α^0	0
(0, 1)	α	α^1	1
(1, 1)	$1 \oplus \alpha$	α^2	2

$\mathbb{F}_2$ kann mit dem irreduziblen Polynom

$$\pi(x) = 1 \oplus x, \tag{1.873}$$

erzeugt werden, siehe Tabelle 1.13.

Sowohl $\mathbb{F}_2$ als auch $\mathbb{F}_{2^2}$ sind eindeutig.

Tab. 1.13: $\mathbb{F}_2$.

$\pi(x) = 1 \oplus x \quad (\alpha^1 = 1)$			
als 1-Tupel	**als Polynom**	**als Potenz von α**	**Logarithmus**
0	0	0	$-\infty$
1	1	α^0	0

1.12.6 Minimale Polynome, Konjugierte und Kreisteilungsklassen

Um zyklische Codes weiter analysieren zu können, führen wir das Konzept der *Minimalpolynome* ein [10, S. 99], [11, S. 178]. Wir beginnen mit der zyklischen Natur der betrachteten endlichen Körper. Dann widmen wir uns dem *kleinen Fermat'schen Satz*.

Lassen Sie uns eine maximale Menge $\mathbb{F}$ von m, $m \in \mathbb{N}^*$, Körperelementen $\beta_0 = 1, \beta_1, \beta_2 \cdots \beta_{m-1}$, $m \in \mathbb{N}^*$, wählen, die über $\mathbb{F}_2$ [10, S. 96] linear unabhängig sind. Diese m Elemente bilden eine Menge von Basiselementen von $\mathbb{F}$. Dann enthält $\mathbb{F}$ nur die Elemente [10, S. 96]

$$\begin{gathered} a_0 \odot \beta_0 \oplus a_1 \odot \beta_1 \oplus \cdots \oplus a_{m-1} \odot \beta_{m-1}, \\ \beta_i \in \mathbb{F}, \quad \beta_0 = 1, \quad a_i \in \mathbb{F}_2, \quad i \in \{0, 1 \cdots (m-1)\}, \quad m \in \mathbb{N}^*. \end{gathered} \tag{1.874}$$

Gemäß (1.874) wird jedes Element von $\mathbb{F}$ durch eine Linearkombination derjenigen m Basiselemente $\beta_0 = 1, \beta_1, \beta_2 \cdots \beta_{m-1}$, $m \in \mathbb{N}^*$, gebildet, welche durch eindeutige binäre Gewichtsfaktoren $a_i \in \mathbb{F}_2$, $i \in \{0, 1 \cdots (m-1)\}$, $m \in \mathbb{N}^*$ gewichtet werden [10, S. 96].

Somit ist $\mathbb{F}$ ein Vektorraum der Dimension m über $\mathbb{F}_2$ und enthält 2^m Elemente, $m \in \mathbb{N}^*$ [10, S. 96]. Daher hat $\mathbb{F}$ die Ordnung 2^m [10, S. 96].

Es sei $\mathbb{F}^*$ die Menge der $(2^m - 1)$, $m \in \mathbb{N}^*$, von Null verschiedenen Elemente von $\mathbb{F}$ [10, S. 96].

Satz 1.40 ($\mathbb{F}^*$ als zyklische multiplikative Gruppe). *Eine endliche multiplikative Gruppe ist zyklisch, wenn sie aus den Elementen* $1, \alpha, \alpha^2, \alpha^3, \ldots, \alpha^{r-1}$ *mit* $\alpha^r = 1$ *besteht* [10, *S. 96*]. *Dann wird* α *als Generator der Gruppe bezeichnet* [10, *S. 96*].

$\mathbb{F}^*$ *ist eine endliche* zyklische multiplikative Gruppe *der Ordnung* r *gleich* $(2^m - 1)$ [10, *S. 96*].

Beweis. Aus der Definition eines endlichen Körpers [10, S. 96] folgt, dass $\mathbb{F}^*$ eine multiplikative Gruppe ist.

Es sei außerdem $\alpha \in \mathbb{F}^*$ [10, S. 96].

Da $\mathbb{F}^*$ die Kardinalzahl $(2^m - 1)$, $m \in \mathbb{N}^*$, hat, hat der Ausdruck α^i, $i \in \{0, 1 \cdots (2^m - 2)\}$, höchstens $(2^m - 1)$ verschiedene Werte [10, S. 96]. Daher gibt es ganze Zahlen r, $1 \le r \le (2^m - 1)$, und i, $0 \le i \le (2^m - 2)$, mit [10, S. 96]

$$\alpha^{r+i} = \alpha^i \quad \Leftrightarrow \quad \alpha^r = 1, \tag{1.875}$$
$$i \in \{0, 1 \cdots (2^m - 2)\}, \quad r \in \{1, 2 \cdots (2^m - 1)\}, \quad m \in \mathbb{N}^*.$$

Die kleinste ganze Zahl r, welche (1.875) erfüllt, wird als die *Ordnung von* $\alpha \in \mathbb{F}^*$ bezeichnet [10, S. 96].

Wir wählen nun $\alpha \in \mathbb{F}^*$ so, dass die Ordnung r von $\alpha \in \mathbb{F}^*$ so groß wie möglich ist [10, S. 96]. Wir legen dar, dass die Ordnung l eines beliebigen Elements $\beta \in \mathbb{F}^*$ die ganze Zahl r teilt [10, S. 96].

Für eine beliebige Primzahl p ergeben sich die Ordnungen r und l wie folgt [10, S. 96]

$$r = p^a r', \quad l = p^b l', \quad r \nmid r', \quad r \nmid l'. \tag{1.876}$$

Mit (1.875) erhält man [10, S. 96]

$$\left(\alpha^{p^a}\right)^{r'+i} = \alpha^{p^a(r'+i)} = \alpha^{p^a r' + p^a i} = \alpha^{r + p^a i} = \alpha^{p^a i} = \left(\alpha^{p^a}\right)^i, \tag{1.877}$$
$$i \in \{0, 1 \cdots (2^m - 2)\}, \quad m \in \mathbb{N}^*.$$

Daher hat α^{p^a} die Ordnung r' [10, S. 96].

Mit (1.875) erhält man außerdem [10, S. 96]

$$\beta^{l+i} = \beta^{p^b l' + i} = \left(\beta^{l'}\right)^{p^b + \frac{i}{l'}} = \left(\beta^{l'}\right)^{\frac{i}{l'}}, \tag{1.878}$$
$$i \in \{0, 1 \cdots (2^m - 2)\}, \quad m \in \mathbb{N}^*.$$

Daher hat $\beta^{l'}$ die Ordnung p^b [10, S. 96].

Somit hat $\alpha^{p^a} \odot \beta^{l'}$ die Ordnung $r' \cdot p^b$ [10, S. 96]. Es muss $b \le a$ gelten, denn andernfalls wäre r nicht maximal [10, S. 96]. Somit ist jede Primzahlpotenz, die ein Teiler von l ist, auch ein Teiler von r. Daraus folgt, dass die Zahl l die Zahl r teilt [10, S. 96]. Daher erfüllt jedes $\beta \in \mathbb{F}^*$ die Gleichung $x^r \oplus 1 = 0$. Also ist $x^r \oplus 1$ durch $\bigodot_{\beta \in F^*} (x \oplus \beta)$ teilbar [10, S. 96].

Da es $(2^m - 1)$ Elemente in $\mathbb{F}^*$ gibt, erhält man $r \ge (2^m - 1)$ [10, S. 96]. Aber die Voraussetzung verlangt $r \le (2^m - 1)$. Beide Bedingungen gemeinsam können nur für [10, S. 96]

$$r = 2^m - 1, \quad m \in \mathbb{N}^*, \tag{1.879}$$

erfüllt werden. Daher gilt

$$\bigodot_{\beta \in F^*} (x \oplus \beta) = x^{2^m-1} \oplus 1, \quad m \in \mathbb{N}^*, \tag{1.880}$$

und die von Null verschiedenen Elemente von $\mathbb{F}$ bilden die zyklische Gruppe $a, a^2, a^3 \cdots a^{2^m-2}$, $a^{2^m-1} = 1$. □

Satz 1.40 lehrt uns, dass mit dem Generator $a \in \mathbb{F}_{2^m}$ in $\mathbb{F}_{2^m}$, $m \in \mathbb{N}^*$, der Zusammenhang

$$a^{2^m-1} = 1, \quad m \in \mathbb{N}^*, \tag{1.881}$$

gilt, siehe (1.875). Daher ist die *Inverse* $a^{-1} \in \mathbb{F}_{2^m}$, $m \in \mathbb{N}^*$, *des Generators* $a \in \mathbb{F}_{2^m}$, $m \in \mathbb{N}^*$, gleich

$$a^{-1} = a^{2^m-2}, \quad m \in \mathbb{N}^*. \tag{1.882}$$

Korollar 1.13 (Kleiner Fermat'scher Satz). *Jedes Element β eines Körpers $\mathbb{F}$ der Ordnung 2^m erfüllt die Identität*

$$\beta^{2^m} = \beta \tag{1.883}$$

und ist somit eine Lösung der Gleichung [10, *S. 96*]

$$x^{2^m} = x. \tag{1.884}$$

Daher folgt direkt aus Satz 1.40 [10, *S. 96*]

$$x^{2^m} \oplus x = \bigodot_{\beta \in \mathbb{F}} (x \oplus \beta). \tag{1.885}$$

Wenn $\mathbb{F}$ ein Körper der Ordnung 2^m ist, so hat ein primitives Element a von $\mathbb{F}$ die Ordnung $(2^m - 1)$ [10, S. 97]. Daraus folgt, dass jedes von Null verschiedene Element von $\mathbb{F}$ eine Potenz von a ist [10, S. 97].

Satz 1.41 (Primitives Element in einem Körper). *Jeder endliche Körper $\mathbb{F}$ enthält ein primitives Element* [10, *S. 97*].

Beweis. Man nehme a, den Generator der zyklischen Gruppe $\mathbb{F}^*$ [10, S. 97]. □

Es sei $\mathbb{F}$ ein beliebiger endlicher Körper der Ordnung 2^m, $m \in \mathbb{N}$ [10, S. 95]. $\mathbb{F}$ enthält das Einselement 1. Da $\mathbb{F}$ endlich ist, können die Elemente 1, $(1 \oplus 1)$, $(1 \oplus 1 \oplus 1) \cdots$ nicht alle verschieden sein [10, S. 95].

Tatsächlich ist die kleinste Zahl p mit $\underbrace{1 \oplus 1 \oplus \cdots \oplus 1}_{p \text{ Terme}} = 0$ in unserem Fall gleich 2 [10, S. 95].

Diese kleinste Zahl p ist stets eine *Primzahl* und heißt *Charakteristik* des Körpers $\mathbb{F}$ [10, S. 95]. In unserem Fall ist die Charakteristik p gleich 2 und, wie gefordert, eine Primzahl [10, S. 95].

Satz 1.42 (Potenzen von Elementen in einem Körper). *In jedem endlichen Körper $\mathbb{F}$ mit der Charakteristik* 2 *gilt* [10, S. 97]

$$(x \oplus y)^2 = x^2 \oplus y^2. \tag{1.886}$$

Beweis. Es ist

$$(x \oplus y)^2 = \underbrace{x \odot x}_{x^2} \oplus \underbrace{x \odot y \oplus x \odot y}_{=0} \oplus \underbrace{y \odot y}_{y^2} = x^2 \oplus y^2. \tag{1.887}$$

□

Betrachtet man erneut das Polynom $(x^{2^m} \oplus x)$, so ergibt sich

$$\beta^{2^m} \oplus \beta = 0, \quad m \in \mathbb{N}^*. \tag{1.888}$$

Definition 1.57 (Minimalpolynom). Das Minimalpolynom von β über $\mathbb{F}_2$ ist das normierte Polynom kleinsten Grades $M(x)$ mit Koeffizienten aus $\mathbb{F}_2$ mit [10, S. 99]

$$M(\beta) = 0. \tag{1.889}$$

Wir betrachten im Folgenden alle wichtige Eigenschaften der Minimalpolynome.

Satz 1.43 (Eigenschaft M1: Minimale Polynome sind irreduzibel). *$M(x)$ ist irreduzibel* [10, S. 99].

Beweis. Man nehme an, $M(x)$ wäre nicht irreduzibel. Dann erhält man

$$M(x) = M_1(x) \odot M_2(x) \tag{1.890}$$

mit $\deg(M_1(x)) > 0$ und $\deg(M_2(x)) > 0$ [10, S. 99]. Daraus folgt

$$M(\beta) = M_1(\beta) \odot M_2(\beta) = 0. \tag{1.891}$$

Es muss also mindestens entweder $M_1(\beta)$ gleich 0 oder $M_2(\beta)$ gleich 0 sein. Dies widerspricht jedoch der Tatsache, dass $M(x)$ den kleinsten Grad mit $M(\beta) = 0$ hat [10, S. 99]. □

Satz 1.44 (Eigenschaft M2: $M(x)$ teilt $f(x)$ mit $f(\beta)$ gleich 0). *Wenn $f(x)$ mit $f(\beta)$ gleich* 0 *ein beliebiges Polynom mit Koeffizienten aus $\mathbb{F}_2$ ist, dann teilt $M(x)$ dieses Polynom $f(x)$* [10, S. 99].

Beweis. Durch Division von $M(x)$ und $f(x)$ erhält man

$$f(x) = M(x) \odot a(x) \oplus r(x). \tag{1.892}$$

Es gilt $\deg(r(x)) < \deg(M(x))$ [10, S. 100].

Mit x gleich β ergibt sich

$$0 = 0 \oplus r(\beta), \tag{1.893}$$

und somit ist $r(x)$ ein Polynom mit einem kleineren Grad als $M(x)$, das β als Nullstelle hat [10, S. 100]. Dies ist ein Widerspruch, es sei denn, $r(x)$ ist gleich 0 [10, S. 100]. Dann ist $f(x)$ durch $M(x)$ teilbar [10, S. 100]. □

Mit dem kleinen Fermat'schen Satz, siehe Korollar 1.13, und mit Satz 1.44 als Beweis, erhält man den folgenden wichtigen Satz 1.45.

Satz 1.45 (Eigenschaft M3: $M(x)$ teilt $x^{2^m} \oplus x$). *$M(x)$ teilt $x^{2^m} \oplus x$* [10, *S. 100*].

Beweis. Wie bereits erwähnt, ist Satz 1.44 der Beweis. □

Satz 1.46 (Eigenschaft M4: Grad von $M(x)$ ist $\leq m$). *Es gilt* $\deg M(x) \leq m$ [10, *S. 100*].

Beweis. $\mathbb{F}_{2^m}$ ist ein Vektorraum der Dimension m über $\mathbb{F}_2$ [10, S. 100].

Daher sind beliebige $(m+1)$ Elemente, wie $1, \beta, \beta^2, \beta^3 \cdots \beta^m$, linear abhängig. Es existieren also Koeffizienten $a_i \in \mathbb{F}_2$, die nicht alle gleich 0 sind, mit [10, S. 100]

$$\bigoplus_{i=0}^{m} a_i \odot \beta^i = 0. \tag{1.894}$$

Somit ist

$$\bigoplus_{i=0}^{m} a_i \odot x^i \tag{1.895}$$

ein Polynom vom Grad $\leq m$, das β als Nullstelle hat [10, S. 100]. Daher gilt $\deg M(x) \leq m$ [10, S. 100]. □

Satz 1.47 (Eigenschaft M5: Primitives Polynom hat den Grad m). *Das Minimalpolynom eines primitiven Elements von $\mathbb{F}_{2^m}$ hat den Grad m* [10, *S. 100*]. *Ein solches Polynom wird* primitives Polynom *genannt* [10, *S. 100*].

Beweis. Es sei α ein primitives Element von $\mathbb{F}_{2^m}$ mit dem Minimalpolynom $M(x)$ vom Grad d [10, S. 100]. Dann kann man $M(x)$ verwenden, um ein endliches Feld $\mathbb{F}$ der Ordnung 2^m zu erzeugen [10, S. 100].

Da $\mathbb{F}$ aber α und somit alle Elemente von $\mathbb{F}_{2^m}$ enthält, muss der Grad von $M(x)$ als Generator von $\mathbb{E}$ die Bedingung $d \geq m$ erfüllen [10, S. 100]. Da jedoch nach Satz 1.46 $\deg M(x) \leq m$ gefordert wird, ist der Grad des primitiven Polynoms genau m [10, S. 100]. □

Beispiel 1.44. Es sei m gleich 1. Man erhält [10, S. 107]

$$\alpha^1 = 1, \quad \Leftrightarrow \quad 1 = \alpha^{-1}, \tag{1.896}$$

in $\mathbb{F}_2$. In $\mathbb{F}_2$ mit $\alpha \oplus 1 = 0$ haben die Minimalpolynome Koeffizienten gleich 0 oder gleich 1. Daraus ergibt sich Folgendes:

Element von $\mathbb{F}_2$	**Minimalpolynom**		
0			x
$1 = \alpha^{-1}$	$M^{(0)}(x)$	$=$	$x \oplus 1$

Beide Polynome x und $M^{(0)}(x)$ haben den Grad 1 und sind irreduzibel [10, S. 107].

Es sei m gleich 2. Man erhält

$$\alpha^3 = 1, \quad \Leftrightarrow \quad \alpha^2 = \alpha^{-1}, \tag{1.897}$$

in $\mathbb{F}_{2^2}$ gleich $\mathbb{F}_4$. In $\mathbb{F}_{2^2}$ gleich $\mathbb{F}_4$ mit $\alpha^2 \oplus \alpha \oplus 1 = 0$ haben die Minimalpolynome Koeffizienten gleich 0 oder 1. Daraus ergibt sich Folgendes [10, S. 108]:

Element von $\mathbb{F}_{2^2}$	Minimalpolynom		
0			x
1	$M^{(0)}(x)$	=	$x \oplus 1$
$\alpha, \alpha^2 = \alpha^{-1}$	$M^{(1)}(x)$	=	$x^2 \oplus x \oplus 1$

Es gibt nur ein irreduzibles Polynom vom Grad 2, nämlich $M^{(1)}(x)$ gleich $x^2 \oplus x \oplus 1$. Da $M^{(1)}(x)$ gleich $x^2 \oplus x \oplus 1$ das Polynom des primitiven Elements α ist, ist es das primitive Polynom von $\mathbb{F}_{2^2}$ gleich $\mathbb{F}_4$ mit $\alpha^2 \oplus \alpha \oplus 1 = 0$.

Es sei m gleich 3. Man erhält

$$\alpha^7 = 1, \quad \Leftrightarrow \quad \alpha^6 = \alpha^{-1}, \tag{1.898}$$

in $\mathbb{F}_{2^3}$ gleich $\mathbb{F}_8$. In $\mathbb{F}_{2^3}$ gleich $\mathbb{F}_8$ mit $\alpha^3 \oplus \alpha \oplus 1 = 0$ haben die Minimalpolynome Koeffizienten gleich 0 oder 1. Daraus ergibt sich Folgendes [10, S. 108]:

Element von $\mathbb{F}_{2^3}$	Minimalpolynom		
0			x
1	$M^{(0)}(x)$	=	$x \oplus 1$
$\alpha, \alpha^2, \alpha^4$	$M^{(1)}(x)$	=	$x^3 \oplus x \oplus 1$
$\alpha^3, \alpha^6 = \alpha^{-1}, \alpha^5$	$M^{(3)}(x)$	=	$x^3 \oplus x^2 \oplus 1$

Es gibt zwei irreduzible Polynome vom Grad 3, nämlich $M^{(1)}(x)$ gleich $x^3 \oplus x \oplus 1$ und $M^{(3)}(x)$ gleich $x^3 \oplus x^2 \oplus 1$. Da $M^{(1)}(x)$ gleich $x^3 \oplus x \oplus 1$ das Polynom des primitiven Elements α ist, ist es das primitive Polynom von $\mathbb{F}_{2^3}$ gleich $\mathbb{F}_8$ mit $\alpha^3 \oplus \alpha \oplus 1 = 0$.

Es sei m gleich 4. Laut Beispiel 1.40 hat man

$$\alpha^{15} = 1, \quad \Leftrightarrow \quad \alpha^{14} = \alpha^{-1}, \tag{1.899}$$

in $\mathbb{F}_{2^4}$ gleich $\mathbb{F}_{16}$. In $\mathbb{F}_{2^4}$, gleich $\mathbb{F}_{16}$ mit $\alpha^4 \oplus \alpha \oplus 1 = 0$ haben die Minimalpolynome Koeffizienten gleich 0 oder 1. Daraus ergibt sich Folgendes [10, S. 99, 109]:

Element von $\mathbb{F}_{2^4}$	Minimalpolynom		
0			x
1	$M^{(0)}(x)$	=	$x \oplus 1$
$\alpha, \alpha^2, \alpha^4, \alpha^8$	$M^{(1)}(x)$	=	$x^4 \oplus x \oplus 1$
$\alpha^3, \alpha^6, \alpha^{12}, \alpha^9$	$M^{(3)}(x)$	=	$x^4 \oplus x^3 \oplus x^2 \oplus x \oplus 1$
α^5, α^{10}	$M^{(5)}(x)$	=	$x^2 \oplus x \oplus 1$
$\alpha^7, \alpha^{14} = \alpha^{-1}, \alpha^{13}, \alpha^{11}$	$M^{(7)}(x)$	=	$x^4 \oplus x^3 \oplus 1$

Es gibt drei irreduzible Polynome vom Grad 4, nämlich $M^{(1)}(x)$ gleich $x^4 \oplus x \oplus 1$, $M^{(3)}(x)$ gleich $x^4 \oplus x^3 \oplus x^2 \oplus x \oplus 1$ und $M^{(7)}(x)$ gleich $x^4 \oplus x^3 \oplus 1$. Da $M^{(1)}(x)$ gleich $x^4 \oplus x \oplus 1$ das Polynom des primitiven Elements α ist, ist es das primitive Polynom von $\mathbb{F}_{2^4}$ gleich $\mathbb{F}_{16}$ mit $\alpha^4 \oplus \alpha \oplus 1 = 0$.

Es sei m gleich 5. Man erhält

$$\alpha^{31} = 1, \quad \Leftrightarrow \quad \alpha^{30} = \alpha^{-1}, \tag{1.900}$$

in $\mathbb{F}_{2^5}$ gleich $\mathbb{F}_{32}$. In $\mathbb{F}_{2^5}$ gleich $\mathbb{F}_{32}$ mit $\alpha^5 \oplus \alpha^2 \oplus 1 = 0$ haben die Minimalpolynome Koeffizienten gleich 0 oder 1. Man erhält somit [10, S. 109]:

Element von $\mathbb{F}_{2^5}$	**Minimalpolynom**		
0			x
1	$M^{(0)}(x)$	=	$x \oplus 1$
$\alpha, \alpha^2, \alpha^4, \alpha^8, \alpha^{16}$	$M^{(1)}(x)$	=	$x^5 \oplus x^2 \oplus 1$
$\alpha^3, \alpha^6, \alpha^{12}, \alpha^{24}, \alpha^{17}$	$M^{(3)}(x)$	=	$x^5 \oplus x^4 \oplus x^3 \oplus x^2 \oplus 1$
$\alpha^5, \alpha^{10}, \alpha^{20}, \alpha^9, \alpha^{18}$	$M^{(5)}(x)$	=	$x^5 \oplus x^4 \oplus x^2 \oplus x \oplus 1$
$\alpha^7, \alpha^{14}, \alpha^{28}, \alpha^{25}, \alpha^{19}$	$M^{(7)}(x)$	=	$x^5 \oplus x^3 \oplus x^2 \oplus x \oplus 1$
$\alpha^{11}, \alpha^{22}, \alpha^{13}, \alpha^{26}, \alpha^{21}$	$M^{(11)}(x)$	=	$x^5 \oplus x^4 \oplus x^3 \oplus x \oplus 1$
$\alpha^{15}, \alpha^{30} = \alpha^{-1}, \alpha^{29}, \alpha^{27}, \alpha^{23}$	$M^{(15)}(x)$	=	$x^5 \oplus x^3 \oplus 1$

Es gibt sechs irreduzible Polynome vom Grad 5, nämlich $M^{(1)}(x)$ gleich $x^5 \oplus x^2 \oplus 1$, $M^{(3)}(x)$ gleich $x^5 \oplus x^4 \oplus x^3 \oplus x^2 \oplus 1$, $M^{(5)}(x)$ gleich $x^5 \oplus x^4 \oplus x^2 \oplus x \oplus 1$, $M^{(7)}(x)$ gleich $x^5 \oplus x^3 \oplus x^2 \oplus x \oplus 1$, $M^{(11)}(x)$ gleich $x^5 \oplus x^4 \oplus x^3 \oplus x \oplus 1$ und $M^{(15)}(x)$ gleich $x^5 \oplus x^3 \oplus 1$. Da $M^{(1)}(x)$ gleich $x^5 \oplus x^2 \oplus 1$ das Polynom des primitiven Elements α ist, ist es das primitive Polynom von $\mathbb{F}_{2^5}$ gleich $\mathbb{F}_{32}$ mit $\alpha^5 \oplus \alpha^2 \oplus 1 = 0$.

In $\mathbb{F}_{2^5}$ gleich $\mathbb{F}_{32}$ mit $\alpha^5 \oplus \alpha^3 \oplus 1 = 0$ haben die Minimalpolynome Koeffizienten gleich 0 oder 1. Man erhält [10, S. 109]:

Element von $\mathbb{F}_{2^5}$	**Minimalpolynom**		
0			x
1	$M^{(0)}(x)$	=	$x \oplus 1$
$\alpha, \alpha^2, \alpha^4, \alpha^8, \alpha^{16}$	$M^{(1)}(x)$	=	$x^5 \oplus x^3 \oplus 1$
$\alpha^3, \alpha^6, \alpha^{12}, \alpha^{24}, \alpha^{17}$	$M^{(3)}(x)$	=	$x^5 \oplus x^3 \oplus x^2 \oplus x \oplus 1$
$\alpha^5, \alpha^{10}, \alpha^{20}, \alpha^9, \alpha^{18}$	$M^{(5)}(x)$	=	$x^5 \oplus x^4 \oplus x^3 \oplus x \oplus 1$
$\alpha^7, \alpha^{14}, \alpha^{28}, \alpha^{25}, \alpha^{19}$	$M^{(7)}(x)$	=	$x^5 \oplus x^4 \oplus x^3 \oplus x^2 \oplus 1$
$\alpha^{11}, \alpha^{22}, \alpha^{13}, \alpha^{26}, \alpha^{21}$	$M^{(11)}(x)$	=	$x^5 \oplus x^4 \oplus x^2 \oplus x \oplus 1$
$\alpha^{15}, \alpha^{30} = \alpha^{-1}, \alpha^{29}, \alpha^{27}, \alpha^{23}$	$M^{(15)}(x)$	=	$x^5 \oplus x^2 \oplus 1$

Da $M^{(1)}(x)$ gleich $x^5 \oplus x^3 \oplus 1$ das Polynom des primitiven Elements α ist, ist es das primitive Polynom von $\mathbb{F}_{2^5}$ gleich $\mathbb{F}_{32}$ mit $\alpha^5 \oplus \alpha^3 \oplus 1 = 0$.

Bemerkung 1.36 (Zu Minimalpolynomen). Wenn ein irreduzibles Polynom $\pi(x)$ verwendet wird, um den endlichen Körper $\mathbb{F}_{2^m}$, $m \in \mathbb{N}^*$, zu erzeugen, und $\alpha \in \mathbb{F}_{2^m}$ eine Wurzel, d. h. eine Nullstelle von $\pi(x)$ ist, dann ist $\pi(x)$ das Minimalpolynom von α [10, S. 100].

Zwei Körper $\mathbb{F}$ und $\mathbb{G}$ heißen *isomorph*, wenn es eine Abbildung von $\mathbb{F}$ nach $\mathbb{G}$ gibt, welche die Addition und die Multiplikation erhält [10, S. 101].

Satz 1.48 (Isomorphismus endlicher Körper). *Alle endlichen Körper der Ordnung 2^m, $m \in \mathbb{N}^*$, sind isomorph* [10, *S. 101*].

Beweis. Es seien $\mathbb{F}$ und $\mathbb{G}$ Körper der Ordnung 2^m, und es sei α ein primitives Element von $\mathbb{F}$ mit dem Minimalpolynom $M(x)$ [10, S. 101]. Nach Satz 1.45 teilt $M(x)$ das Polynom $x^{2^m} \oplus x$ [10, S. 101].

Mit dem kleinen Fermat'schen Satz, siehe Korollar 1.13, gibt es ein Element β aus $\mathbb{G}$, welches das Minimalpolynom $M(x)$ hat [10, S. 101]. Jetzt kann $\mathbb{F}$ als die Menge aller Polynome in α mit dem Grad $\leq (m-1)$ betrachtet werden, d. h. $\mathbb{F}$ besteht aus Polynomen modulo $M(x)$ [10, S. 101].

Darüber hinaus besteht $\mathbb{G}$ aus allen Polynomen in β vom Grad $\leq (m-1)$ [10, S. 101].

Daher ist die Abbildung $\alpha \leftrightarrow \beta$ ein Isomorphismus $\mathbb{F} \leftrightarrow \mathbb{G}$ [10, S. 101]. □

Beispiel 1.45. Die beiden Versionen von $\mathbb{F}_{2^3}$ gleich $\mathbb{F}_8$, die in den Tabellen 1.10 und 1.11 angegeben sind, sind offensichtlich isomorph [10, S. 101].

Es gibt zwei weitere Eigenschaften von Minimalpolynomen, die für zyklische Codes wichtig sind.

Satz 1.49 (Eigenschaft M6: Elemente mit identischen Minimalpolynomen). *In $\mathbb{F}_{2^m}$ haben β und β^2 das gleiche Minimalpolynom* [10, *S. 103*].

Beweis. [Beweis anhand eines Beispiels] Wir betrachten $\mathbb{F}_{16}$. Angenommen, dass β das Minimalpolynom $(x^4 \oplus x \oplus 1)$ hat [10, S. 103]

$$\beta^4 \oplus \beta \oplus 1 = 0. \tag{1.901}$$

Jetzt betrachten wir β^2. Es muss [10, S. 103]

$$\left(\beta^2\right)^4 \oplus \beta^2 \oplus 1 = 0 \tag{1.902}$$

gelten. Mit

$$(x \oplus y)^2 = x^2 \oplus y^2, \tag{1.903}$$

siehe Satz 1.42, und mit

$$(\beta \oplus 1)^2 = (\beta \oplus 1) \odot (\beta \oplus 1) = \beta^2 \oplus 1 \tag{1.904}$$

hat man [10, S. 103]

$$\left(\beta^2\right)^4 \oplus \beta^2 \oplus 1 = \left(\beta^4\right)^2 \oplus (\beta \oplus 1)^2 = \left(\beta^4 \oplus \beta \oplus 1\right)^2 = 0. \tag{1.905}$$

Nach Satz 1.44 teilt das Minimalpolynom von β^2 das Polynom $(x^4 \oplus x \oplus 1)$ [10, S. 104].

Außerdem ist $(\beta^2)^8$ gleich β. Also kann man leicht zeigen, dass das Minimalpolynom von β dasjenige von β^2 teilt [10, S. 104]. Daher sind sie gleich [10, S. 104]. □

Solche Elemente des Körpers, welche zum gleichen Minimalpolynom gehören, heißen *konjugiert* beziehungsweise *Konjugierte* [10, S. 104].

Beispiel 1.46. Wir betrachten $\mathbb{F}_{16}$ [10, S. 104]. Ausgehend von Satz 1.49 haben die folgenden Elemente alle das gleiche Minimalpolynom [10, S. 104]

$$a,\ a^2,\ \left(a^2\right)^2 = a^4,\ \left(a^4\right)^2 = a^8.\ \left(\left(a^8\right)^2 = a^{16} = a\right). \tag{1.906}$$

Ebenso haben

$$a^3,\ \left(a^3\right)^2 = a^6,\ \left(a^6\right)^2 = a^{12},\ \left(a^{12}\right)^2 = a^{24} = a^9,\ \left(\left(a^9\right)^2 = a^{18} = a^3\right) \tag{1.907}$$

alle das gleiche Minimalpolynom [10, S. 104].

Auch

$$a^5,\ \left(a^5\right)^2 = a^{10},\ \left(\left(a^{10}\right)^2 = a^{20} = a^5\right) \tag{1.908}$$

haben alle das gleiche Minimalpolynom.

Schließlich haben

$$a^7,\ \left(a^7\right)^2 = a^{14},\ \left(a^{14}\right)^2 = a^{28} = a^{13},\ \left(a^{13}\right)^2 = a^{26} = a^{11},$$
$$\left(\left(a^{11}\right)^2 = a^{22} = a^7\right) \tag{1.909}$$

alle das gleiche Minimalpolynom.

Es wird deutlich, dass die Potenzen von a in disjunkte Mengen zerfallen, die man *zyklotomische Nebenklassen* beziehungsweise *zyklotomische Cosets* nennt.

Alle α^j in einer zyklotomischen Nebenklasse haben dasselbe Minimalpolynom [10, S. 104].

Definition 1.58 (Kreisteilungsklasse / zyklotomische Nebenklasse / zyklotomisches Coset). Die Operation des Multiplizierens mit der Charakteristik 2 teilt die ganzen Zahlen mod$(2^m - 1)$ in Mengen, die als *Kreisteilungsklasses, zyklotomische Nebenklasses* beziehungsweise *zyklotomische Cosets* bezeichnet werden [10, S. 104].

Diejenige Kreisteilungsklasse, welche s enthält, besteht aus

$$\{s, (2\cdot s), (2^2\cdot s), (2^3\cdot s), (2^4\cdot s), (2^5\cdot s), (2^6\cdot s)\cdots(2^{m_s-1}\cdot s)\}. \tag{1.910}$$

In (1.910) ist $m_s \in \mathbb{N}^*$ die kleinste positive natürliche Zahl mit [10, S. 104]

$$2^{m_s}\cdot s = s \bmod (2^m - 1) = R_{2^m-1}[s], \quad m_s, m \in \mathbb{N}^*. \tag{1.911}$$

Nota bene, dass die Kreisteilungsklassen paarweise disjunkt sind [10, S. 104].

Bemerkung 1.37 (Zu Kreisteilungsklassen (zyklotomischen Nebenklassen)). Lassen Sie uns etwas Licht auf den Aufbau der Kreisteilungsklassen (zyklotomischen Nebenklassen) werfen. Wir wissen, dass das Multiplizieren mit 2 die nichtnegativen ganzen Zahlen mod $(2^m - 1)$, $m \in \mathbb{N}$, in *Kreisteilungsklassen (zyklotomische Nebenklassen)* [10, Definition, S. 104] einteilt.

Mit $s \in \mathbb{N}$ als *Cosetrepräsentanten* [10, S. 104] ist jede Kreisteilungsklasse (zyklotomische Nebenklasse) durch $\{s, 2s, 2^2 s, 2^3 s \cdots 2^{m_s - 1} s\}$ gegeben. Der Parameter $m_s \in \mathbb{N}$ führt auf $2^{m_s} s$ gleich s mod $(2^m - 1)$, d. h. $R_{2^m - 1}[s]$, $m \in \mathbb{N}$.

Offensichtlich führt s gleich 0 zur Kreisteilungsklasse $\mathbb{C}_0$ gleich $\{0\}$.

Darüber hinaus impliziert die obige Diskussion, dass die Cosetrepräsentanten $s > 0$ ungerade ganze Zahlen sein müssen.

Eine anschauliche Möglichkeit, die genannten Kreisteilungsklassen (zyklotomischen Nebenklassen) für $s > 0$ aufzubauen, besteht darin, von der binären Darstellung der ganzen Zahlen > 0 auszugehen. Da $(2^m - 1)$ mod $(2^m - 1)$ gleich 0 ist, werden alle ganzen Zahlen in die Menge $\{0, 1 \cdots (2^m - 2)\}$, $m \in \mathbb{N}$, abgebildet.

Die oben illustrierte Konstruktionsregel zeigt, dass die möglichen Cosetrepräsentanten $s > 0$ Folgendes erfüllen:

$$0 \le s \le 2^{m-1} - 1, \quad s \text{ ungerade}, \quad m \in \{2, 3, 4 \cdots\}. \tag{1.912}$$

Dann kann man schreiben

$$\begin{aligned} s &= 2^{m-2} \cdot s_{m-2} + 2^{m-3} \cdot s_{m-3} + \cdots + 2^3 \cdot s_3 + 2^2 \cdot s_2 + 2^1 \cdot s_1 + 2^0 \cdot \underbrace{1}_{= s_0,\ s \text{ ist ungerade}}, \\ &= 2^{m-1} \cdot s_{m-1} + 2^{m-2} \cdot s_{m-2} + \cdots + 2^3 \cdot s_3 + 2^2 \cdot s_2 + 2^1 \cdot s_1 + 1, \\ & s_j \in \mathbb{F}_2, \quad j \in \{0, 1 \cdots (m-1)\}, \quad m \in \{2, 3, 4 \cdots\}. \end{aligned} \tag{1.913}$$

Daher kann s durch den folgenden binären Vektor dargestellt werden.

	2^{m-1}	2^{m-2}	$\cdots$	2^3	2^2	2^1	$2^0 = 1$	
(	0,	s_{m-2}	$\cdots$	s_3,	s_2,	s_1,	1	)

Das wollen wir genauer betrachten.

Lassen Sie uns mit s gleich 1 beginnen. Dies kann nur für $m \ge 2$ vorkommen. Wir konstruieren $\mathbb{C}_1$. Man erhält Folgendes.

Konstruktionsregel		2^{m-1}	2^{m-2}	$\cdots$	2^3	2^2	2^1	$2^0 = 1$		**Nebenklassen-element**
s	(	0,	0	$\cdots$	0,	0,	0,	1	)	1
$2s$	(	0,	0	$\cdots$	0,	0,	1,	0	)	2
$4s$	(	0,	0	$\cdots$	0,	1,	0,	0	)	4
$8s$	(	0,	0	$\cdots$	1,	0,	0,	0	)	8
$\vdots$	$\vdots$	$\vdots$	$\vdots$	$\vdots$	$\vdots$	$\vdots$	$\vdots$	$\vdots$	$\vdots$	$\vdots$
$2^{m-2}s$	(	0,	1	$\cdots$	0,	0,	0,	0	)	2^{m-2}
$2^{m-1}s$	(	1,	0	$\cdots$	0,	0,	0,	0	)	2^{m-1}
$2^m s$ mod $(2^m - 1)$	(	0,	0	$\cdots$	0,	0,	0,	1	)	1

Daher ist

$$\mathbb{C}_1 = \{1, 2, 4 \cdots 2^{m-1}\}, \quad w_H\{s\} = 1, \quad m_s = m, \quad m, m_s \in \mathbb{N}. \tag{1.914}$$

Als Nächstes analysieren wir Cosetrepräsentanten mit einer Hamming-Gewicht $w_H\{s\}$ gleich 2. Im Allgemeinen haben diese Cosetrepräsentanten die Form

$$s = 2^j + 1, \quad j \in \{1, 2 \cdots (m-1)\}, \quad m \in \mathbb{N}, \tag{1.915}$$

d. h. es gilt $s \in \{3, 5, 9, 17, 33, 65 \cdots\}$.

Zum Beispiel ergibt sich im Fall von s gleich 3, das nur für $m \geq 3$ vorkommen kann, Folgendes.

Konstruktionsregel		2^{m-1}	2^{m-2}	…	2^3	2^2	2^1	$2^0 = 1$		**Nebenklassen-element**
s	(	0,	0	⋯	0,	0,	1,	1	)	3
$2s$	(	0,	0	⋯	0,	1,	1,	0	)	6
$4s$	(	0,	0	⋯	1,	1,	0,	0	)	12
⋮	⋮	⋮	⋮	⋮	⋮	⋮	⋮	⋮	⋮	⋮
$2^{m-2}s$	(	1,	1	⋯	0,	0,	0,	0	)	$3 \cdot 2^{m-2}$
$2^{m-1}s$	(	1,	0	⋯	0,	0,	0,	1	)	$2^{m-1} + 1$
$2^m s \bmod (2^m - 1)$	(	0,	0	⋯	0,	0,	1,	1	)	3

Daher erhält man

$$\mathbb{C}_3 = \{3, 6 \cdots 3 \cdot 2^{m-2}, (2^{m-1} + 1)\}, \quad w_H\{s\} = 2, \quad m_s = m, \quad m, m_s \in \mathbb{N}. \tag{1.916}$$

Im Fall von s gleich 5, das nur für $m \geq 4$ vorkommen kann, erhält man die folgende Tabelle.

Konstruktionsregel		2^{m-1}	2^{m-2}	…	2^3	2^2	2^1	$2^0 = 1$		**Nebenklassen-element**
s	(	0,	0	⋯	0,	1,	0,	1	)	5
$2s$	(	0,	0	⋯	1,	0,	1,	0	)	10
⋮	⋮	⋮	⋮	⋮	⋮	⋮	⋮	⋮	⋮	⋮
$2^{m-3}s$	(	1,	0	⋯	0,	0,	0,	0	)	$5 \cdot 2^{m-3}$
$2^{m-2}s$	(	0,	1	⋯	0,	0,	0,	1	)	$2^{m-2} + 1$
$2^{m-1}s$	(	1,	0	⋯	0,	0,	1,	0	)	$2^{m-1} + 2$
$2^m s \bmod (2^m - 1)$	(	0,	0	⋯	0,	1,	0,	1	)	5

Daher ist

$$\mathbb{C}_5 = \{5, 10 \cdots 5 \cdot 2^{m-3}, (2^{m-2} + 1), (2^{m-1} + 2)\}, \tag{1.917}$$
$$w_H\{s\} = 2, \quad m_s = m, \quad m, m_s \in \mathbb{N}.$$

Im Fall von s gleich 7, das nur für $m \geq 4$ vorkommen kann, erhält man Folgendes.

Konstruktionsregel		2^{m-1}	2^{m-2}	$\cdots$	2^3	2^2	2^1	$2^0 = 1$		**Nebenklassen-element**
s	(	0,	0	$\cdots$	0,	1,	1,	1	)	7
$2s$	(	0,	0	$\cdots$	1,	1,	1,	0	)	14
$\vdots$	$\vdots$	$\vdots$	$\vdots$	$\vdots$	$\vdots$	$\vdots$	$\vdots$	$\vdots$	$\vdots$	$\vdots$
$2^{m-3}s$	(	1,	1	$\cdots$	0,	0,	0,	0	)	$7 \cdot 2^{m-3}$
$2^{m-2}s$	(	1,	1	$\cdots$	0,	0,	0,	1	)	$3 \cdot 2^{m-2} + 1$
$2^{m-1}s$	(	1,	0	$\cdots$	0,	0,	1,	1	)	$2^{m-1} + 3$
$2^m s \bmod (2^m - 1)$	(	0,	0	$\cdots$	0,	1,	1,	1	)	7

Daher erhält man

$$\mathbb{C}_7 = \{7, 14 \cdots 7 \cdot 2^{m-3}, (3 \cdot 2^{m-2} + 1), (2^{m-1} + 3)\}, \qquad (1.918)$$
$$w_{\mathrm{H}}\{s\} = 3, \quad m_s = m, \quad m, m_s \in \mathbb{N}.$$

Im Fall von s gleich 9, das nur für $m \geq 6$ vorkommen kann, weil $9 \in \mathbb{C}_5$ für m gleich 5, ergibt sich die folgende Tabelle.

Konstruktionsregel		2^{m-1}	2^{m-2}	$\cdots$	2^3	2^2	2^1	$2^0 = 1$		**Nebenklassen-element**
s	(	0,	0	$\cdots$	1,	0,	0,	1	)	9
$2s$	(	0,	0	$\cdots$	0,	0,	1,	0	)	18
$\vdots$	$\vdots$	$\vdots$	$\vdots$	$\vdots$	$\vdots$	$\vdots$	$\vdots$	$\vdots$	$\vdots$	$\vdots$
$2^{m-4}s$	(	1,	0	$\cdots$	0,	0,	0,	0	)	$9 \cdot 2^{m-4}$
$2^{m-3}s$	(	0,	0	$\cdots$	0,	0,	0,	1	)	$2^{m-3} + 1$
$2^{m-2}s$	(	0,	1	$\cdots$	0,	0,	1,	0	)	$2^{m-2} + 2$
$2^{m-1}s$	(	1,	0	$\cdots$	0,	1,	0,	0	)	$2^{m-1} + 4$
$2^m s \bmod (2^m - 1)$	(	0,	0	$\cdots$	1,	0,	0,	1	)	9

Daher erhält man

$$\mathbb{C}_9 = \{9, 18 \cdots 9 \cdot 2^{m-4}, (2^{m-3} + 1), (2^{m-2} + 2), (2^{m-1} + 4)\}, \qquad (1.919)$$
$$w_{\mathrm{H}}\{s\} = 2, \quad m_s = m, \quad m, m_s \in \mathbb{N}.$$

Im Fall von s gleich 11, das nur für $m \geq 5$ vorkommen kann, erhält man die folgende Tabelle.

Konstruktionsregel		2^{m-1}	2^{m-2}	$\cdots$	2^3	2^2	2^1	$2^0 = 1$		**Nebenklassen-element**
s	(	0,	0	$\cdots$	1,	0,	1,	1	)	11
$2s$	(	0,	0	$\cdots$	0,	1,	1,	0	)	22
$\vdots$	$\vdots$	$\vdots$	$\vdots$	$\vdots$	$\vdots$	$\vdots$	$\vdots$	$\vdots$	$\vdots$	$\vdots$
$2^{m-4}s$	(	1,	0	$\cdots$	0,	0,	0,	0	)	$11 \cdot 2^{m-4}$
$2^{m-3}s$	(	0,	1	$\cdots$	0,	0,	0,	1	)	$3 \cdot 2^{m-3} + 1$
$2^{m-2}s$	(	1,	1	$\cdots$	0,	0,	1,	0	)	$3 \cdot 2^{m-2} + 2$
$2^{m-1}s$	(	1,	0	$\cdots$	0,	1,	0,	1	)	$2^{m-1} + 5$
$2^m s \bmod (2^m - 1)$	(	0,	0	$\cdots$	1,	0,	1,	1	)	11

Daher resultiert

$$\mathbb{C}_{11} = \{11, 22 \cdots 11 \cdot 2^{m-4}, (3 \cdot 2^{m-3} + 1), (3 \cdot 2^{m-2} + 2), (2^{m-1} + 5)\}, \qquad (1.920)$$
$$w_H\{s\} = 3, \quad m_s = m, \quad m, m_s \in \mathbb{N}.$$

Im Fall von s gleich 13, das nur für $m \geq 6$ vorkommen kann, weil $13 \in \mathbb{C}_{11}$ für m gleich 5, erhält man die folgende Tabelle.

Konstruktionsregel		2^{m-1}	2^{m-2}	...	2^3	2^2	2^1	$2^0 = 1$		**Nebenklassen-element**
s	(	0,	0	...	1,	1,	0,	1	)	13
$2s$	(	0,	0	...	1,	0,	1,	0	)	26
⋮	⋮	⋮	⋮	⋮	⋮	⋮	⋮	⋮	⋮	⋮
$2^{m-4}s$	(	1,	1	...	0,	0,	0,	0	)	$13 \cdot 2^{m-4}$
$2^{m-3}s$	(	1,	0	...	0,	0,	0,	1	)	$5 \cdot 2^{m-3} + 1$
$2^{m-2}s$	(	0,	1	...	0,	0,	1,	1	)	$2^{m-2} + 3$
$2^{m-1}s$	(	1,	0	...	0,	1,	1,	0	)	$2^{m-1} + 6$
$2^m s \bmod (2^m - 1)$	(	0,	0	...	1,	1,	0,	1	)	13

Daher erhält man

$$\mathbb{C}_{13} = \{11, 22 \cdots 13 \cdot 2^{m-4}, (5 \cdot 2^{m-3} + 1), (2^{m-2} + 3), (2^{m-1} + 6)\}, \qquad (1.921)$$
$$w_H\{s\} = 3, \quad m_s = m, \quad m, m_s \in \mathbb{N}.$$

Im Fall von s gleich 15, das nur für $m \geq 5$ auftreten kann, ergibt sich die folgende Tabelle.

Konstruktionsregel		2^{m-1}	2^{m-2}	...	2^3	2^2	2^1	$2^0 = 1$		**Nebenklassen-element**
s	(	0,	0	...	1,	1,	1,	1	)	15
$2s$	(	0,	0	...	1,	1,	1,	0	)	30
⋮	⋮	⋮	⋮	⋮	⋮	⋮	⋮	⋮	⋮	⋮
$2^{m-4}s$	(	1,	1	...	0,	0,	0,	0	)	$15 \cdot 2^{m-4}$
$2^{m-3}s$	(	1,	1	...	0,	0,	0,	1	)	$7 \cdot 2^{m-3} + 1$
$2^{m-2}s$	(	1,	1	...	0,	0,	1,	1	)	$3 \cdot 2^{m-2} + 3$
$2^{m-1}s$	(	1,	0	...	0,	1,	1,	1	)	$2^{m-1} + 7$
$2^m s \bmod (2^m - 1)$	(	0,	0	...	1,	1,	1,	1	)	15

Daher erhält man

$$\mathbb{C}_{15} = \{15, 30 \cdots 15 \cdot 2^{m-4}, (7 \cdot 2^{m-3} + 1), (3 \cdot 2^{m-2} + 3), (2^{m-1} + 7)\}, \qquad (1.922)$$
$$w_H\{s\} = 4, \quad m_s = m, \quad m, m_s \in \mathbb{N}.$$

Beispiel 1.47. Wir betrachten m gleich 1. In diesem Fall ist mod $(2^1 - 1)$ gleich mod (1) zu berechnen. Die Kreisteilungsklasse für m gleich 1 ist

$$\mathbb{C}_0 = \{0\}. \tag{1.923}$$

Wir betrachten m gleich 2. In diesem Fall ist $\mathrm{mod}(2^2 - 1)$ gleich mod(3) zu berechnen. Die Elemente für $s > 1$ sind in bereits existierenden Kreisteilungsklassen enthalten. Die Kreisteilungsklassen für m gleich 2 sind

$$\mathbb{C}_0 = \{0\}, \quad \mathbb{C}_1 = \{1, 2\}. \tag{1.924}$$

Wir betrachten m gleich 3. In diesem Fall ist $\mathrm{mod}(2^3 - 1)$ gleich mod(7) zu berechnen. Die Elemente für s gleich 2 sind in der Kreisteilungsklasse C_1 enthalten. Die Elemente für $s > 3$ sind in bereits existierenden Kreisteilungsklassen enthalten. Die Kreisteilungsklassen für m gleich 3 [10, S. 105] sind

$$\mathbb{C}_0 = \{0\}, \quad \mathbb{C}_1 = \{1, 2, 4\}, \quad \mathbb{C}_3 = \{3, 6, 5\}. \tag{1.925}$$

Wenn s die kleinste Zahl in einer Kreisteilungsklasse ist, so wird diese Kreisteilungsklasse mit $\mathbb{C}_s$ bezeichnet [10, S. 104]. Die kleinsten Indizes s in den Kreisteilungsklassen heißen *Cosetrepräsentanten* $\mathrm{mod}(2^m - 1)$ beziehungsweise *Repräsentanten der Nebenklasse* $\mathrm{mod}(2^m - 1)$ [10, S. 104].

Beispiel 1.48. Wir betrachten nun m gleich 4. In diesem Fall ist $\mathrm{mod}(2^4 - 1)$ gleich mod(15) zu berechnen. Die Elemente für s gleich 2 und s gleich 4 sind in der Kreisteilungsklasse $\mathbb{C}_1$ enthalten. Die Elemente für s gleich 6 sind in der Kreisteilungsklasse $\mathbb{C}_3$ enthalten. Die Elemente für $s > 7$ sind in bereits existierenden Kreisteilungsklassen enthalten. Daher sind die Kreisteilungsklassen für m gleich 4 [10, S. 104]

$$\begin{aligned} \mathbb{C}_0 &= \{0\}, \\ \mathbb{C}_1 &= \{1, 2, 4, 8\}, \\ \mathbb{C}_3 &= \{3, 6, 12, 9\}, \\ \mathbb{C}_5 &= \{5, 10\}, \\ \mathbb{C}_7 &= \{7, 14, 13, 11\}. \end{aligned} \tag{1.926}$$

Wir betrachten nun m gleich 5. In diesem Fall ist mod $(2^5 - 1) =$ mod (31) zu berechnen. Die Elemente für s gleich 2, s gleich 4 und s gleich 8 sind in der Kreisteilungsklasse $\mathbb{C}_1$ enthalten. Die Elemente für s gleich 6 und s gleich 12 sind in der Kreisteilungsklasse $\mathbb{C}_3$ enthalten. Die Elemente für s gleich 9 und s gleich 10 sind in der Kreisteilungsklasse $\mathbb{C}_5$ enthalten. Die Elemente für s gleich 14 sind in der Kreisteilungsklasse $\mathbb{C}_7$ enthalten. Die Elemente für s gleich 13 sind in der Kreisteilungsklasse $\mathbb{C}_{11}$ enthalten. Die Elemente für $s > 15$ sind in bereits existierenden Kreisteilungsklassen enthalten. Daher sind die Kreisteilungsklassen für m gleich 5 [10, S. 105]

$$\begin{aligned} \mathbb{C}_0 &= \{0\}, \\ \mathbb{C}_1 &= \{1, 2, 4, 8, 16\}, \\ \mathbb{C}_3 &= \{3, 6, 12, 24, 17\}, \\ \mathbb{C}_5 &= \{5, 10, 20, 9, 18\}, \\ \mathbb{C}_7 &= \{7, 14, 28, 25, 19\}, \\ \mathbb{C}_{11} &= \{11, 22, 13, 26, 21\}, \\ \mathbb{C}_{15} &= \{15, 30, 29, 27, 23\}. \end{aligned} \tag{1.927}$$

Nun kann man das Minimalpolynom einer Kreisteilungsklasse definieren.

Definition 1.59 (Minimalpolynom einer Kreisteilungsklasse). Es sei $M^{(i)}(x)$ das Minimalpolynom von $\alpha^i \in \mathbb{F}_{2^m}$ [10, S. 104]. Ausgehend von Satz 1.49 erhält man [10, S. 104]

$$M^{(2i)}(x) = M^{(i)}(x). \tag{1.928}$$

Wenn i in der Kreisteilungsklasse $\mathbb{C}_s$ ist, dann gilt in $\mathbb{F}_{2^m}$ [10, S. 109]

$$\bigodot_{j\in\mathbb{C}_s}(x \oplus \alpha^j) \text{ teilt } M^{(i)}(x). \tag{1.929}$$

Dies liefert die siebente Eigenschaft der Minimalpolynome.

Satz 1.50 (Eigenschaft M7: Minimalpolynom als Produkt von $(x \oplus \alpha^j)$). *Wenn i in der Kreisteilungsklasse $\mathbb{C}_s$ ist, dann gilt* [10, *S. 105*]

$$M^{(i)}(x) = \bigodot_{j\in\mathbb{C}_s}(x \oplus \alpha^j). \tag{1.930}$$

Korollar 1.14 (Eigenschaft M8: Produkt von nichttrivialen Minimalpolynomen). *Ausgehend vom kleinen Fermat'schen Satz, siehe Korollar* 1.13, *ergibt sich*

$$x^{2^m} \oplus x = x \odot \bigodot_{s} M^{(s)}(x) \tag{1.931}$$

und somit

$$x^{2^m-1} \oplus 1 = \bigodot_{s} M^{(s)}(x), \tag{1.932}$$

wobei s durch die Cosetrepräsentanten $\bmod(2^m-1)$ *läuft* [10, *S. 105*].

Bemerkung 1.38 (Zur Faktorisierung von $(x^{2^m-1} \oplus 1)$ über $\mathbb{F}_{2^m}$). Ausgehend von (1.930) und (1.932) erhält man [11, Satz 6.3, Gl. (6.2.13), S. 174], [10, Gl. (13), S. 197]

$$x^n \oplus 1 = x^{2^m-1} \oplus 1 = \bigodot_{s}\bigodot_{j\in\mathbb{C}_s}(x \oplus \alpha^j) = \bigodot_{j=0}^{2^m-2}(x \oplus \alpha^j) = \bigodot_{j=0}^{n-1}(x \oplus \alpha^j), \tag{1.933}$$
$$n = 2^m - 1, \quad m \in \mathbb{N}^*,$$

wobei α ein primitives Element des endlichen Körpers $\mathbb{F}_{2^m}$ $m \in \mathbb{N}^*$, ist, siehe auch Satz 1.40.

Gleichung (1.933) ist die *Faktorisierung von* $(x^n \oplus 1)$ *gleich* $(x^{2^m-1} \oplus 1)$ *über* $\mathbb{F}_{2^m}$ *gleich* $\mathbb{F}_{n+1}$ [10, S. 196]. Daher wird $\mathbb{F}_{2^m}$ gleich $\mathbb{F}_{n+1}$ als der *Zerfällungskörper* von $(x^n \oplus 1)$ gleich $(x^{2^m-1} \oplus 1)$ beziehungsweise der *Kreisteilungskörper* von $(x^n \oplus 1)$ gleich $(x^{2^m-1} \oplus 1)$ bezeichnet [11, S. 174], [10, S. 196].

Die Größen $\alpha^j, j \in \{0, 1 \cdots (n-1)\} = \{0, 1 \cdots (2^m-2)\}$ sind die Nullstellen von $(x^n \oplus 1)$ gleich $(x^{2^m-1} \oplus 1)$ und heißen die *primitiven n-ten Wurzeln der Einheit* [10, S. 196f.]. Diese primitiven n-ten Wurzeln der Einheit bilden eine zyklische Untergruppe von $\mathbb{F}_{2^m}^*$ [10, S. 196f.].

Gleichung (1.933) lehrt uns, dass $(x^n \oplus 1)$ gleich $(x^{2^m-1} \oplus 1)$ genau n gleich $(2^m - 1)$, $m \in \mathbb{N}^*$, verschiedene Nullstellen hat [10, S. 196].

Bevor wir den Beweis von (1.933) angeben, betrachten wir die Faktorisierung eines primitiven Polynoms über $\mathbb{F}_{2^m}$, $m \in \mathbb{N}^*$.

Satz 1.51 (Faktorisierung eines primitiven Polynoms $p(x) \in \mathbb{F}_2[x]_m$). *Es sei $p(x) \in \mathbb{F}_2[x]_m$, $m \in \mathbb{N}^*$, ein primitives Polynom mit* $\deg(p(x))$ *gleich $m \in \mathbb{N}^*$.*

Weiterhin sei $\alpha \in \mathbb{F}_{2^m}$, $m \in \mathbb{N}^*$, ein primitives Element. Schließlich sei n gleich $(2^m - 1)$, $m \in \mathbb{N}^*$.

Das primitive Polynom $p(x) \in \mathbb{F}_2[x]_m$, $m \in \mathbb{N}^*$, ist irreduzibel über $\mathbb{F}_2$ [11, *Satz 6.3, S. 174*].

Darüber hinaus hat das primitive Polynom $p(x)$ m verschiedene Nullstellen α^{2^i}, $i \in \{0, 1 \cdots (m-1)\}$, $m \in \mathbb{N}^*$, d. h.

$$p(x) = \bigodot_{i=0}^{m-1} \left(x \oplus \alpha^{2^i}\right), \quad m \in \mathbb{N}^*. \tag{1.934}$$

Somit kann $p(x)$ in lineare Faktoren $(x \oplus \alpha^{2^i})$, $i \in \{0, 1 \cdots (m-1)\}$, $m \in \mathbb{N}^*$, über $\mathbb{F}_{2^m}$ [11, *Satz 6.3, S. 174*] *zerlegt werden.*

Beweis. Mit Satz 1.42 erhält man [11, Satz 6.2, S. 173f.]

$$\left[p(x)\right]^{2^m} = p\left(x^{2^m}\right), \quad m \in \mathbb{N}^*, \tag{1.935}$$

und somit [11, S. 175]

$$p\left(\alpha^{2^i}\right) = \left[p(\alpha)\right]^{2^i} = 0^{2^i} = 0, \quad i \in \left\{0, 1 \cdots (m-1)\right\}, \quad m \in \mathbb{N}^*, \tag{1.936}$$

da $p(\alpha)$ gleich 0 ist. Daher sind die m Werte α^{2^i}, $i \in \{0, 1 \cdots (m-1)\}$, $m \in \mathbb{N}^*$, die Nullstellen von $p(x) \in \mathbb{F}_2[x]_m$.

Mit $i \in \{0, 1 \cdots (m-1)\}$, $m \in \mathbb{N}^*$, erhält man

$$0 \le 2^i \le 2^{m-1} < 2^m - 1, \quad i \in \left\{0, 1 \cdots (m-1)\right\}, \quad m \in \mathbb{N}^*. \tag{1.937}$$

Dies zeigt eindeutig, dass alle m Werte α^{2^i}, $i \in \{0, 1 \cdots (m-1)\}$, $m \in \mathbb{N}^*$, unterschiedlich sind [11, S. 175]. □

Nun betrachten wir den Beweis von (1.933).

Satz 1.52 (Faktorisierung von $(x^{2^m-1} \oplus 1)$). *Es sei n gleich $(2^m - 1)$, $m \in \mathbb{N}^*$. Weiterhin sei $\alpha \in \mathbb{F}_{2^m}$, $m \in \mathbb{N}^*$, ein primitives Element.*

Dann hat das Polynom $(x^{2^m-1} \oplus 1)$ genau n gleich $(2^m - 1)$, $m \in \mathbb{N}^*$, Nullstellen α^{2^i}, $i \in \{0, 1 \cdots (2^m - 2)\}$, $m \in \mathbb{N}^*$, welche $\mathbb{F}_{2^m} \setminus \{0\}$ bilden [11, *Satz 6.3, S. 174*]. *Somit sind die $m \in \mathbb{N}^*$, Nullstellen α^{2^i}, $i \in \{0, 1 \cdots (2^m - 2)\}$, $m \in \mathbb{N}^*$, die von Null verschiedenen Elemente in $\mathbb{F}_{2^m}$, $m \in \mathbb{N}^*$, sind. $\mathbb{F}_{2^m} \setminus \{0\}$, $m \in \mathbb{N}^*$, kann auch als* [10, *S. 96*] *$\mathbb{F}_{2^m}^*$ bezeichnet werden.*

Beweis. Der Beweis von Satz 1.51 zeigt die Behauptung. □

Lassen Sie uns schließlich die *primitiven Polynome* erneut betrachten. Es ist bereits bekannt, dass

– ein Polynom, das ein primitives Element als Nullstelle hat, *primitives Polynom* heißt [10, S. 84] und dass

– das Minimalpolynom eines primitiven Elements von $\mathbb{F}_{2^m}$ gemäß Satz 1.47 den Grad m hat und darüber hinaus natürlich ein primitives Polynom ist [10, S. 100].

Satz 1.53 (Primitives Polynom — Teil 2). *Es sei n gleich $(2^m - 1)$, $m \in \mathbb{N}^*$, und es sei $p(x) \in \mathbb{F}_2[x]_m$, $m \in \mathbb{N}^*$, ein irreduzibles Polynom mit* $\deg(p(x))$ *gleich $m \in \mathbb{N}^*$. Dann folgt [11, Satz 6.4, S. 175f.]*

$$p(x) \text{ ist ein primitives Polynom} \quad \Leftrightarrow \quad 2^m - 1 = \min\{l \in \mathbb{N}^* \mid p(x) \mid (x^l \oplus 1)\}. \tag{1.938}$$

Beweis. Zunächst nehme man an, dass $p(x)$ ein primitives Polynom ist. Durch Kombination von Satz 1.51 und Satz 1.52 wissen wir, dass $p(x) \mid (x^n \oplus 1)$, $n = (2^m - 1)$, $m \in \mathbb{N}^*$, gilt [11, Satz 6.4, S. 175f.]. Wenn $p(x)$ auch $(x^l \oplus 1)$ teilte, $l < n$, $n = (2^m - 1)$, $m \in \mathbb{N}^*$, so hätte man

$$q(x) \odot p(x) = x^l \oplus 1, \quad l < n, \quad n = (2^m - 1), \quad m \in \mathbb{N}^*, \tag{1.939}$$

für ein Polynom $q(x) \in \mathbb{F}_2[x]_m$ [11, Satz 6.4, S. 175f.]. Mit dem primitiven Element $\alpha \in \mathbb{F}_{2^m}$ hat man $p(\alpha)$ gleich 0 und daher [11, Satz 6.4, S. 175f.]

$$\alpha^l = 1, \quad \alpha \in \mathbb{F}_{2^m}, \quad l < n, \quad n = (2^m - 1), \quad m \in \mathbb{N}^*. \tag{1.940}$$

Dies widerspricht der Annahme, dass $p(x)$ ein primitives Polynom ist. Daher teilt $p(x)$ das Polynom $(x^l \oplus 1)$, $l < n$, $n = (2^m - 1)$, $m \in \mathbb{N}^*$, nicht [11, Satz 6.4, S. 175f.].

Jetzt nehme man an, dass $p(x)$ kein primitives Polynom ist [11, Satz 6.4, S. 175f.]. Dann gibt es ein Element $\gamma \in \mathbb{F}_{2^m}$, für das $p(\gamma)$ gleich 0 ist und [11, Satz 6.4, S. 175f.]

$$\gamma^l = 1, \quad \gamma \in \mathbb{F}_{2^m}, \quad l < n, \quad n = (2^m - 1), \quad m \in \mathbb{N}^*. \tag{1.941}$$

Nach Satz 1.35 gibt es Polynome $q(x)$ und $r(x)$ mit [11, Satz 6.4, S. 175f.]

$$x^l \oplus 1 = q(x) \odot p(x) \oplus r(x) \quad \deg(r(x)) < m, \quad l < n, \quad n = (2^m - 1), \quad m \in \mathbb{N}^*. \tag{1.942}$$

Deshalb muss $r(x)$ insgesamt $m \in \mathbb{N}^*$ verschiedene Nullstellen haben. Dies kann nur dann erfüllt werden, wenn $r(x)$ gleich dem Nullpolynom ist [11, Satz 6.4, S. 175f.]. Dies jedoch widerspricht der Annahme, dass $p(x)$ nicht $(x^l \oplus 1)$ teilt [11, Satz 6.4, S. 175f.].

Daher muss $p(x)$ ein primitives Polynom sein [11, Satz 6.4, S. 175f.]. □

Die wesentlichen Eigenschaften der Minimalpolynome aus diesem Abschnitt 1.12.6 sind in Tabelle 1.14 [10, S. 99–105] zusammengefasst.

Dieser Abschnitt 1.12 bot eine Menge interessanter Informationen, insbesondere über Polynome. In die Welt der Polynome einzutauchen und in tiefere Bereiche zu schwimmen, scheint jetzt kein Problem mehr zu sein, weil wir schon recht sichere Schwimmer geworden sind. Wollen wir das einmal versuchen?

Es ist bereits bekannt, dass $\mathbb{F}_2[x]_{n-1}$, $n \in \mathbb{N}^*$, die Menge aller Polynome vom Grad $(n - 1)$, $n \in \mathbb{N}^*$, oder einem geringeren Grad bezeichnet [11, Definition 5.2, S. 131], siehe Definition 1.43.

Darüber hinaus lehrt uns Beispiel 1.24, dass $(\mathbb{F}_2[x]_{n-1}, \oplus, \odot)$ ein euklidischer Ring und daher auch ein *Ring*, oder präziser gesagt ein *kommutativer Ring mit Identität* ist [10, S. 189], siehe Definition 1.47 kombiniert mit Definition 1.48. Deshalb können wir Folgendes

Tab. 1.14: Eigenschaften der Minimalpolynome $M(x)$ und $M^{(i)}(x)$, $i \in \mathbb{C}_s$ (angepasst nach beispielsweise [10, S. 99–105]).

Nr.	Eigenschaft
M1	$M(x)$ ist irreduzibel.
M2	$M(x)$ mit $M(\beta) = 0$ teilt jedes Polynom $f(x)$ mit $f(\beta) = 0$.
M3	$M(x)$ teilt $x^{2^m} \oplus x$.
M4	$\deg(M(x)) \leq m$ in $\mathbb{F}_{2^m}$.
M5	$\deg(M(x)) = m$ des Minimalpolynoms $M(x)$ eines primitiven Elements $\alpha \in \mathbb{F}_{2^m}$.
M6	$\beta \in \mathbb{F}_{2^m}$ und $\beta^2 \in \mathbb{F}_{2^m}$ haben dasselbe Minimalpolynom $M(x)$.
M7	$M^{(i)}(x) = \bigodot_{j \in \mathbb{C}_s} (x \oplus \alpha^j)$, $i \in \mathbb{C}_s$.
M8	$x^{2^m-1} \oplus 1 = \bigodot_s M^{(s)}(x)$, wobei s die Cosetrepräsentanten mod$(2^m - 1)$ durchläuft.

$$\mathbb{F}_2[x]_{n-1} = \frac{\mathbb{F}_2[x]}{x^n \oplus 1} = \frac{\mathbb{F}_2[x]}{(x^n \oplus 1)} = \frac{\mathbb{F}_2[x]}{\langle x^n \oplus 1\rangle}, \quad n \in \mathbb{N}^*, \tag{1.943}$$

schreiben [10, S. 189], [31, Definition 4.4.1, S. 79]. Es sei $p(x) \in \mathbb{F}_2[x]$ ein beliebiges Polynom in $\mathbb{F}_2[x]$. Mit $p(x) \in \mathbb{F}_2[x]$ gilt

$$R_{x^n \oplus 1}[p(x)] \in \mathbb{F}_2[x]_{n-1}, \quad n \in \mathbb{N}^*. \tag{1.944}$$

Daher besteht $\mathbb{F}_2[x]_{n-1}$, $n \in \mathbb{N}^*$, aus allen Restklassen $R_{x^n \oplus 1}[p(x)]$ mit $p(x) \in \mathbb{F}_2[x]$ [10, S. 189].

Definition 1.60 (Polynomring $\mathbb{F}_2[x]_{n-1}$ gleich $\mathbb{F}_2[x]/(x^n \oplus 1)$ gleich $\mathbb{F}_2[x]/\langle x^n \oplus 1\rangle$). Der Ring der Polynome $p(x)$ modulo $(x^n \oplus 1)$, $n \in \mathbb{N}^*$, heißt *Polynomring* $\mathbb{F}_2[x]_{n-1}$ gleich $\mathbb{F}_2[x]/(x^n \oplus 1)$ gleich $\mathbb{F}_2[x]/\langle x^n \oplus 1\rangle$, $n \in \mathbb{N}^*$, siehe (1.943), und ist die Menge der Polynome mit einem Grad kleiner als $n \in \mathbb{N}^*$. Im Polynomring $\mathbb{F}_2[x]_{n-1}$ gleich $\mathbb{F}_2[x]/(x^n \oplus 1)$ gleich $\mathbb{F}_2[x]/\langle x^n \oplus 1\rangle$, $n \in \mathbb{N}^*$, gelten die Additionsvorschrift für Polynome und die Multiplikationsvorschrift für Polynome modulo $(x^n \oplus 1)$, $n \in \mathbb{N}^*$.

Wir wissen bereits, dass das Multiplizieren eines beliebigen Polynoms $v(x) \in \mathbb{F}_2[x]$ beispielsweise mit x in $\mathbb{F}_2[x]_{n-1}$, $n \in \mathbb{N}^*$, eine zyklische Verschiebung bringt, siehe Satz 1.37, weil in $\mathbb{F}_2[x]_{n-1}$, $n \in \mathbb{N}^*$, x^n gleich 1 ist [10, S. 189]. Dieses Wissen führt uns direkt zu den nächsten beiden Definitionen [11, Definition A.5, S. 442], [10, S. 189].

Definition 1.61 (Ideal). Ein Ideal $\mathcal{I}$ von $\mathbb{F}_2[x]_{n-1}$, $n \in \mathbb{N}^*$, ist eine Teilmenge beziehungsweise ein linearer Unterraum von $\mathbb{F}_2[x]_{n-1}$, $n \in \mathbb{N}^*$, und es gilt [11, Definition A.5, S. 442], [10, S. 189]:

(i) Wenn $v(x), w(x) \in \mathcal{I}$, so ist $v(x) \ominus w(x) \in \mathcal{I}$.

(ii) Wenn $v(x) \in \mathcal{I}$, dann ist auch $r(x) \odot v(x) \in \mathcal{I}$ für alle $r(x) \in \mathbb{F}_2[x]_{n-1}$, $n \in \mathbb{N}^*$ [10, S. 189], [26, S. 750].

Offensichtlich kann man (ii) durch die folgende Aussage ersetzen:

(iii) Wenn $v(x) \in \mathcal{I}$, dann ist auch $x \odot v(x) \in \mathcal{I}$ [10, S. 189].

Punkt (ii) der Definition 1.61 fordert, dass alle Vielfachen eines beliebigen Polynoms $v(x) \in \mathcal{I}$ ebenfalls Elemente des Ideals $\mathcal{I} \subseteq \mathbb{F}_2[x]_{n-1}$, $n \in \mathbb{N}^*$, sind.

Nun betrachten wir ein festes Polynom $g(x) \in \mathcal{I}$. Dieses Polynom $g(x) \in \mathcal{I}$ erzeugt das Ideal $\mathcal{I}$.

Definition 1.62 (Hauptideal). Ein Ideal $\mathcal{I}$, das von einem festen Polynom $g(x)$ erzeugt wird, wird mit [11, Definition A.5, S. 442]

$$\mathcal{I} = \left\langle g(x) \right\rangle = \left\{ g(x) \odot r(x) \mid r(x) \in \mathbb{F}_2[x]_{n-1} \right\}, \quad g(x) \text{ fest}, \quad n \in \mathbb{N}^*, \tag{1.945}$$

bezeichnet und heißt *Hauptideal* [10, S. 190], [11, Definition A.5, S. 442], [26, S. 750]. Das Polynom $g(x)$ wird als *Generatorpolynom des Hauptideals* bezeichnet [10, S. 190].

Tatsächlich ist jedes Ideal $\mathcal{I} \subseteq \mathbb{F}_2[x]_{n-1}$, $n \in \mathbb{N}^*$, in $\mathbb{F}_2[x]_{n-1}$, $n \in \mathbb{N}^*$, ein Hauptideal [10, S. 190].

1.12.7 Irreduzible Polynome

Um einen zyklischen $(n, k, d_{\min})$ binären linearen Blockcode $\mathbb{V}$ zu erzeugen, benötigt man irreduzible Polynome. Die Suche nach solchen irreduziblen Polynomen steht daher im Fokus dieses Abschnitts 1.12.7

Satz 1.54 (Produkt irreduzibler normierter Polynome). *Für jeden Körper $\mathbb{F}_{2^m}$ gilt* [10, S. 107]

$$\begin{aligned} x^{2^m} \oplus x &= \textit{Produkt aller normierten Polynome,} \\ &\quad \textit{irreduzibel über } \mathbb{F}_{2^m}\textit{, deren} \\ &\quad \textit{Grad m teilt.} \end{aligned} \tag{1.946}$$

Beweis. Der erste Teil des Beweises geht vom irreduziblen Polynom $\pi(x)$ über $\mathbb{F}_2$ aus [10, Satz 10, S. 107].

Es sei $\deg(\pi(x))$ gleich $d \in \mathbb{N}^*$, und d sei ein Teiler von m, d. h. $d \mid m$ [10, Satz 10, S. 107]. Der triviale Fall ist, dass $\pi(x)$ gleich x ist [10, Satz 10, S. 107].

Angenommen, $\pi(x) \neq x$ [10, Satz 10, S. 107]. Verwendet man $\pi(x) \neq x$, um einen endlichen Körper $\mathbb{F}_{2^m}$ zu erzeugen, dann ist $\pi(x)$ das Minimalpolynom eines der Elemente des Körpers [10, Satz 10, S. 107]. Daher teilt $\pi(x)$ das Polynom $(x^{2^d-1} \oplus 1)$, d. h. $\pi(x) \mid (x^{2^d-1} \oplus 1)$, siehe Satz 1.45, und folglich gilt $\pi(x) \mid (x^{2^d} \oplus x)$ [10, Satz 10, S. 107].

Nun betrachtet man den zweiten Teil des Beweises. Wir nehmen an, dass das Polynom $\pi(x)$ irreduzibel sei und außerdem den Grad $\deg(\pi(x))$ gleich $d \in \mathbb{N}^*$ habe [10, Satz 10, S. 107]. Ferner gelte $\pi(x) \mid (x^{2^d} \oplus x)$ [10, Satz 10, S. 107].

Man zeigt, dass $d \mid m$ gilt [10, Satz 10, S. 107]. Wir betrachten erneut den nichttrivialen Fall $\pi(x) \neq x$ mit $\pi(x) \mid (x^{2^d-1} \oplus 1)$, siehe Satz 1.45 [10, Satz 10, S. 107]. Es gilt $\pi(x) \neq x$ zu verwenden, um einen endlichen Körper $\mathbb{F}_{2^m}$ mit der Ordnung 2^d zu erzeugen [10, Satz 10, S. 107].

Es sei $\alpha \in \mathbb{F}_{2^m}$ eine Nullstelle von $\pi(x)$ [10, Satz 10, S. 107]. Ferner sei $\beta \in \mathbb{F}_{2^m}$ ein primitives Element von $\mathbb{F}_{2^m}$ [10, Satz 10, S. 107]. Dann gilt [10, Satz 10, Gleichung (9), S. 107]

$$\begin{aligned} \beta &= c_0 \oplus c_1 \odot \alpha \oplus \cdots \oplus c_{d-1} \odot \alpha^{d-1}, \\ c_i &\in \mathbb{F}_2, \quad i \in \left\{0, 1 \cdots (d-1)\right\}, \quad d \in \mathbb{N}^*. \end{aligned} \tag{1.947}$$

Da $\pi(\alpha)$ gleich 0 ist und

$$\alpha^{2^m} = \alpha \tag{1.948}$$

gilt, führen Satz 1.42 und (1.947) zu [10, Satz 10, S. 107]

$$\beta^{2^m} = \beta \quad \Leftrightarrow \quad \beta^{2^m-1} = 1. \tag{1.949}$$

Die Ordnung $(2^d - 1)$ muss somit $(2^m - 1)$ teilen. Daher gilt $d \mid m$. □

Beispiel 1.49. Zunächst betrachtet man m gleich 1, d. h. $\mathbb{F}_2$ [10, S. 107]. Verwendet man (1.931), so ergibt sich [10, S. 107]

$$x^2 \oplus x = x \odot M^{(0)}(x) = x \odot (x \oplus 1). \tag{1.950}$$

$M^{(0)}(x)$ kann auch mit (1.923) und mit (1.930) gefunden werden

$$M^{(0)}(x) = \bigodot_{j \in \mathbb{C}_0} \left(x \oplus \alpha^j\right) = \bigodot_{j \in \{0\}} \left(x \oplus \alpha^j\right) = x \oplus 1, \quad \mathbb{C}_0 = \{0\}. \tag{1.951}$$

Es gibt zwei irreduzible Polynome mit dem Grad 1, nämlich x und $(x \oplus 1)$ [10, S. 107]. Die Minimalpolynome von 0 und 1 in $\mathbb{F}_2$ sind jeweils x und $(x \oplus 1)$ [10, S. 107]. Es folgt:

Element	Minimalpolynom
0	x
1	$M^{(0)}(x) = x \oplus 1$

Beispiel 1.50. Nun betrachtet man m gleich 2, d. h. $\mathbb{F}_{2^2}$ gleich $\mathbb{F}_4$ [10, S. 107]. Verwendet man (1.931), so erhält man

$$\begin{aligned} x^4 \oplus x &= x \odot \bigodot_{s=0}^{1} M^{(s)}(x) \\ &= x \odot M^{(0)}(x) \odot M^{(1)}(x) \\ &= x \odot (x \oplus 1) \odot M^{(1)}(x). \end{aligned} \tag{1.952}$$

In (1.952) ist

$$M^{(0)}(x) = x \oplus 1, \tag{1.953}$$

denn aus (1.924) und aus (1.930) ergibt sich

$$M^{(0)}(x) = \bigodot_{j \in \mathbb{C}_0} \left(x \oplus \alpha^j\right) = x \oplus 1, \quad \mathbb{C}_0 = \{0\}. \tag{1.954}$$

$M^{(1)}(x)$ kann ebenfalls mithilfe von (1.924) und (1.930) bestimmt werden

$$\begin{aligned} M^{(1)}(x) &= \bigodot_{j \in \mathbb{C}_1} \left(x \oplus \alpha^j\right) \\ &= \bigodot_{j \in \{1,2\}} \left(x \oplus \alpha^j\right) \\ &= (x \oplus \alpha) \odot \left(x \oplus \alpha^2\right) \\ &= x^2 \oplus x \odot \left(\alpha^2 \oplus \alpha\right) \oplus \alpha^3. \end{aligned} \tag{1.955}$$

Mit

$$\alpha^2 \oplus \alpha = 1, \quad \alpha^3 = 1, \tag{1.956}$$

wird (1.955) zu

$$M^{(1)}(x) = x^2 \oplus x \oplus 1. \tag{1.957}$$

Ein anderer Weg zu $M^{(1)}(x)$ ist folgender. Zuerst teilt man $(x^4 \oplus x)$ durch x und erhält

$$x^3 \oplus 1 = \underbrace{(x \oplus 1)}_{=M^{(0)}(x)} \odot M^{(1)}(x). \tag{1.958}$$

Nun teilt man $(x^3 \oplus 1)$ durch $(x \oplus 1)$ und erhält

$$\begin{array}{ccccccc}
x^3 & & & \oplus & 1 & : & x \oplus 1 \quad = x^2 \oplus x \oplus 1.\\
x^3 & \oplus & x^2 & & & & \\
\hline
 & & x^2 & \oplus & 1 & & \\
 & & x^2 \oplus x & & & & \\
\hline
 & & x & \oplus & 1 & & \\
 & & x & \oplus & 1 & & \\
\hline
 & & x & \oplus & 0 & &
\end{array} \tag{1.959}$$

Dies führt sofort zu

$$M^{(1)}(x) = x^2 \oplus x \oplus 1. \tag{1.960}$$

Es gibt nur ein irreduzibles Polynom zweiten Grades, nämlich $x^2 \oplus x \oplus 1$ [10, S. 108]. Die Minimalpolynome von $\mathbb{F}_4$ sind [10, S. 108]

Elemente von $\mathbb{F}_4$	**Minimalpolynom**
0	x
1	$M^{(0)}(x) = x \oplus 1$
α, α^2	$M^{(1)}(x) = M^{(2)}(x) = x^2 \oplus x \oplus 1$

Beispiel 1.51. Wir betrachten nun m gleich 3, d. h. $\mathbb{F}_{2^3}$ gleich $\mathbb{F}_8$ mit $\alpha^3 \oplus \alpha \oplus 1 = 0$ [10, S. 108].

Mit (1.925) erhält man

$$M^{(0)}(x) = \bigodot_{j \in \mathbb{C}_0} \left(x \oplus \alpha^j\right) = \bigodot_{j \in \{0\}} \left(x \oplus \alpha^j\right) = x \oplus 1. \tag{1.961}$$

Mit (1.931) ergibt sich die Gleichung

$$x^7 \oplus 1 = \underbrace{(x \oplus 1)}_{=M^{(0)}(x)} \odot M^{(1)}(x) \odot M^{(3)}(x). \tag{1.962}$$

Mit (1.447) ergibt die Polynomdivision von $(x^7 \oplus 1)$ durch $(x \oplus 1)$

$$\left(x^7 \oplus 1\right) = (x \oplus 1) \odot \left(x^6 \oplus x^5 \oplus x^4 \oplus x^3 \oplus x^2 \oplus x \oplus 1\right). \tag{1.963}$$

Daher erhält man

$$M^{(1)}(x) \odot M^{(3)}(x) = x^6 \oplus x^5 \oplus x^4 \oplus x^3 \oplus x^2 \oplus x \oplus 1. \tag{1.964}$$

Man kann $M^{(1)}(x)$ berechnen, indem man von (1.925) und (1.930) ausgeht

$$\begin{aligned} M^{(1)}(x) &= \bigodot_{j\in\{1,2,4\}} \left(x \oplus a^j\right) \\ &= (x \oplus a) \odot \left(x \oplus a^2\right) \odot \left(x \oplus a^4\right) \\ &= \left(x^2 \oplus a \odot x \oplus a^2 \odot x \oplus a^3\right) \odot \left(x \oplus a^4\right) \\ &= x^3 \oplus a \odot x^2 \oplus a^2 \odot x^2 \oplus a^3 \odot x \oplus a^4 \odot x^2 \oplus a^5 \odot x \oplus a^6 \odot x \oplus a^7 \\ &= x^3 \oplus a \odot x^2 \oplus a^2 \odot x^2 \oplus a^4 \odot x^2 \oplus a^3 \odot x \oplus a^5 \odot x \oplus a^6 \odot x \oplus a^7 \\ &= x^3 \oplus x^2 \odot \left(a \oplus a^2 \oplus a^4\right) \oplus x \odot \left(a^3 \oplus a^5 \oplus a^6\right) \oplus a^7. \end{aligned} \tag{1.965}$$

Mit

$$a^3 = 1 \oplus a, \quad a^7 = 1, \tag{1.966}$$

in $\mathbb{F}_8$ folgt

$$\begin{aligned} M^{(1)}(x) &= x^3 \oplus x^2 \odot a \odot \underbrace{\left(1 \oplus a \oplus a^3\right)}_{=0} \oplus x \odot \left(a^3 \oplus a^5 \oplus a^6\right) \oplus 1 \\ &= x^3 \oplus x \odot a^3 \odot \left(1 \oplus a^2 \oplus \underbrace{a^3}_{=1\oplus a}\right) \oplus 1 \\ &= x^3 \oplus x \odot a^4 \odot \underbrace{(1 \oplus a)}_{=a^3} \oplus 1 \\ &= x^3 \oplus x \odot \underbrace{a^7}_{=1} \oplus 1 \end{aligned} \tag{1.967}$$

und daher

$$M^{(1)}(x) = x^3 \oplus x \oplus 1. \tag{1.968}$$

Mit (1.925) und (1.930) erhält man

$$\begin{aligned} M^{(3)}(x) &= \bigodot_{j\in\{3,6,5\}} \left(x \oplus a^j\right) \\ &= \left(x \oplus a^3\right) \odot \left(x \oplus a^6\right) \odot \left(x \oplus a^5\right) \\ &= \left[x^2 \oplus x \odot \left(a^6 \oplus a^3\right) \oplus a^9\right] \odot \left(x \oplus a^5\right) \\ &= x^3 \oplus x^2 \odot \left(a^6 \oplus a^3\right) \oplus x \odot a^9 \oplus x^2 \odot a^5 \oplus x \odot a^5 \odot \left(a^6 \oplus a^3\right) \oplus \underbrace{a^{14}}_{=1} \\ &= x^3 \oplus x^2 \odot \left(a^6 \oplus a^3 \oplus a^5\right) \oplus x \odot a^5 \odot \left(a^6 \oplus a^3 \oplus a^4\right) \oplus 1 \\ &= x^3 \oplus x^2 \odot a^3 \odot \left(1 \oplus a^2 \oplus \underbrace{a^3}_{=1\oplus a}\right) \oplus x \odot a^8 \odot \underbrace{\left(a^3 \oplus 1 \oplus a\right)}_{=0} \oplus 1 \\ &= x^3 \oplus x^2 \odot a^4 \odot \underbrace{(a \oplus 1)}_{=a^3} \oplus 1 \\ &= x^3 \oplus x^2 \odot \underbrace{a^7}_{=1} \oplus 1 \end{aligned} \tag{1.969}$$

und daher

$$M^{(3)}(x) = x^3 \oplus x^2 \oplus 1. \tag{1.970}$$

Es ergibt sich also die folgende Tabelle [10, S. 108].

Elemente	Minimalpolynom
0	x
1	$M^{(0)}(x) = x \oplus 1$
a, a^2, a^4	$M^{(1)}(x) = x^3 \oplus x \oplus 1$
a^3, a^6, a^5	$M^{(3)}(x) = x^3 \oplus x^2 \oplus 1$

Die Minimalpolynome $M^{(1)}(x)$ gleich $(x^3 \oplus x \oplus 1)$ und $M^{(3)}(x)$ gleich $(x^3 \oplus x^2 \oplus 1)$ werden als *reziproke Polynome* bezeichnet, denn es gilt [10, S. 108]

$$M^{(1)}(x) = x^3 \odot M^{(3)}\left(x^{-1}\right). \tag{1.971}$$

Im Allgemeinen ist das reziproke Polynom des Polynoms $f(x)$ gleich [10, S. 108]

$$x^{\deg f(x)} f\left(x^{-1}\right). \tag{1.972}$$

Die Nullstellen des reziproken Polynoms sind die reziproken Werte der Nullstellen des ursprünglichen Polynoms [10, S. 108]. Das reziproke Polynom eines irreduziblen Polynoms ist ebenfalls irreduzibel [10, S. 108]. Wenn also a das Minimalpolynom $M^{(1)}(x)$ hat, ist sofort klar, dass a^{-1} das Minimalpolynom $M^{(-1)}(x)$ hat, denn $M^{(-1)}(x)$ ist das reziproke Polynom von $M^{(1)}(x)$ [10, S. 108].

Nun können wir Abschnitt 1.11 fortsetzen.

1.13 Zyklische $(n, k, d_{\min})$ binäre lineare Blockcodes, zum Zweiten

1.13.1 Ideale und Generatorpolynome

„Get Back“ (The Beatles, 1969) zu zyklischen $(n, k, d_{\min})$ binären linearen Blockcodes. Wir erweitern nun Abschnitt 1.11. Mit unserem neu erlernten Wissen über Zahlentheorie, siehe Abschnitt 1.12, betrachten wir erneut die Generatorpolynome.

Satz 1.55 (Generatorpolynom eines zyklischen $(n, k, d_{\min})$ binären linearen Blockcodes $\mathbb{V}$ teilt $(x^n \oplus 1)$). *Es sei $g(x) \in \mathbb{F}_2[x]_{n-k}$, $k, n \in \mathbb{N}^*$, über $\mathbb{F}_2$, mit dem Grad $(n-k)$, $k, n \in \mathbb{N}^*$, ein Generatorpolynom eines $(n, k, d_{\min})$ binären linearen Blockcodes $\mathbb{V}$ [11, Satz 5.2, S. 134].*

Der $(n, k, d_{\min})$ binäre lineare Blockcode $\mathbb{V}$ ist dann und nur dann zyklisch, wenn $g(x) \in \mathbb{F}_2[x]_{n-k}$, $k, n \in \mathbb{N}^*$, das Polynom $(x^n \oplus 1)$ teilt [11, Satz 5.2, S. 134].

Beweis. Gemäß Satz 1.35 gibt es Polynome $q(x)$ und $r(x)$ mit

$$x^n \oplus 1 = q(x) \odot g(x) \oplus r(x), \quad \deg\left(r(x)\right) < \deg\left(g(x)\right) = n-k, \quad k, n \in \mathbb{N}^*. \tag{1.973}$$

Daher ergibt sich [11, Satz 5.2, S. 134]

$$r(x) = R_{x^n \oplus 1}\left[r(x)\right] = R_{x^n \oplus 1}\left[x^n \oplus 1 \oplus q(x) \odot g(x)\right] = R_{x^n \oplus 1}\left[q(x) \odot g(x)\right]. \tag{1.974}$$

Da $q(x) \odot g(x)$ mod $(x^n \oplus 1)$ die lineare Überlagerung zyklischer Verschiebungen von $g(x)$ ist, wobei $q(x)$ diese Verschiebungen steuert, siehe Satz 1.37, ist $r(x)$ gleich $R_{x^n \oplus 1}[q(x) \odot g(x)]$ auch ein Codewort, d. h. $R_{x^n \oplus 1}[q(x) \odot g(x)] \in \mathbb{V}$, jedoch mit $\deg(r(x)) < (n-k)$, $k, n \in \mathbb{N}^*$. Dies ist nur möglich für $r(x)$ gleich 0. Deshalb folgt $g(x) \mid (x^n \oplus 1)$ [11, Satz 5.2, S. 134].

Nach Satz 1.37 ist die zyklische Verschiebung $R_{x^n \oplus 1}[x^m \odot v(x)] \in \mathbb{V}$ des Codeworts

$$v(x) = u(x) \odot g(x) \tag{1.975}$$

auch ein Codewort. Daraus folgt $g(x) \mid (x^n \oplus 1)$ [11, Satz 5.2, S. 134].

Das normierte Generatorpolynom $g(x) \in \mathbb{F}_2[x]_{n-k}$, $k, n \in \mathbb{N}^*$, über $\mathbb{F}_2$ mit dem Grad $(n-k)$, $k, n \in \mathbb{N}^*$, ist aus folgendem Grund eindeutig. Angenommen, es gäbe ein zweites Generatorpolynom, $g(x) \odot y(x)$, dann wäre $\deg(y(x))$ gleich 0, weil $\deg(g(x) \odot y(x))$ gleich $\deg(g(x))$ [11, Satz 5.2, S. 134] sein muss. Daher ist $y(x)$ eine Konstante, nämlich 1. Es folgt $g(x) \odot y(x)$ gleich $g(x)$. □

Korollar 1.15 (Nichttriviale Minimalpolynome als Generatorpolynome). *Die Kombination aus Korollar* 1.14 *und Satz* 1.55 *führt zu*

$$n = 2^m - 1, \quad m \in \mathbb{N}^*, \tag{1.976}$$

siehe beispielsweise [10, *S. 192*]. *Deshalb folgt unmittelbar* [10, *Gl. (14), S. 197*]

$$x^n \oplus 1 = \bigodot_s M^{(s)}(x) \quad n \in \mathbb{N}^*, \tag{1.977}$$

wobei s die Cosetrepräsentanten mod *n*, $n \in \mathbb{N}^*$, *durchläuft.*

Dies lehrt uns, dass

- *die irreduziblen nichttrivialen Minimalpolynome* $M^{(s)}(x)$ *mit s aus der Menge der Cosetrepräsentanten sowie*
- *das Produkt beliebig gewählter irreduzibler nichttrivialer und verschiedener Minimalpolynome* $M^{(s)}(x)$ *mit s aus der Menge der Cosetrepräsentanten*

als Generatorpolynome zyklischer $(n, k, d_{\min})$ *binärer linearer Blockcodes verwendet werden können, siehe beispielsweise* [10, *Satz 2, S. 192; Satz 3, S. 193; Gl. (15), S. 199; S. 205*].

Diese Erkenntnis führt zu den Bose-Chaudhuri-Hocquenghem (BCH)-Codes, *die eine große Familie leistungsfähiger zyklischer Codes bilden* [22, *S. 194f.*]. *BCH-Codes sind eine Verallgemeinerung der Hamming-Codes* [22, *S. 194*]. *Die binären BCH-Codes, die in diesem Lehrbuch ausschließlich betrachtet werden, wurden 1959 von Hocquenghem und 1960 von Bose und Chaudhuri entdeckt* [22, *S. 194*].

Korollar 1.16 (Faktoren von $(x^n \oplus 1)$ zur Bildung von Generatorpolynomen). *Es sei* $\mathbb{K}$ *die Vereinigung einer beliebigen Auswahl von Kreisteilungsklassen* $\mathbb{C}_s$ *für den Fall*

$$n = 2^m - 1, \quad m \in \mathbb{N}^*. \tag{1.978}$$

*Ausgehend von (*1.933*) aus Bemerkung* 1.38 *kann jedes Produkt von* $(x \oplus \alpha^j)$ *mit* $j \in \mathbb{K}$ *als Generatorpolynom verwendet werden* [10, *Gl. (15), S. 199*]

$$g(x) = \bigodot_{j \in \mathbb{K}} \left(x \oplus \alpha^j\right). \tag{1.979}$$

Jeder zyklische Code hat ein Generatorpolynom $g(x) \in \mathcal{I} \subseteq \mathbb{F}_2[x]_{n-1}, n \in \mathbb{N}^*$ [10, S. 190].

Wie wäre es jetzt mit einer neuen Definition eines zyklischen Codes?

Definition 1.63 (Zyklischer Code). Ein zyklischer Code der Länge n ist ein Hauptideal $\mathcal{I} \subseteq \mathbb{F}_2[x]_{n-1}, n \in \mathbb{N}^*$ [10, S. 189].

Der zyklische $(n, k, d_{\min})$ binäre lineare Blockcode $\mathbb{V}$ ist offensichtlich durch [10, Satz 1, S. 190]

$$\mathcal{I} = \langle g(x) \rangle \tag{1.980}$$

gegeben. Gemäß Korollar 1.16 und Definition 1.63 wird ein zyklischer $(n, k, d_{\min})$ binärer linearer Blockcode $\mathbb{V}$ in Bezug auf die Nullstellen eines beliebigen Polynoms $v(x) \in \mathcal{I}$ definiert [10, S. 199].

Wow, das Studium der Zahlentheorie hat sich definitiv gelohnt.

In der Regel ist die Länge n eines zyklischen Codes eine ungerade natürliche Zahl, beispielsweise ist n gleich $(2^m - 1)$, $m \in \mathbb{N}^*$, siehe unter anderem unsere obigen Darlegungen zur Faktorisierung.

Beispiel 1.52. Der zyklische (3, 2, 2) binäre lineare Blockcode

$$\mathbb{V} = \{(0,0,0), (1,1,0), (0,1,1), (1,0,1)\} \tag{1.981}$$

wird durch das Hauptideal [10, S. 190] dargestellt

$$\mathcal{I} = \{ \underbrace{0}_{=v^{(0)}(x)}, \underbrace{1 \oplus x}_{=v^{(1)}(x)}, \underbrace{x \oplus x^2}_{=v^{(2)}(x)}, \underbrace{1 \oplus x^2}_{=v^{(3)}(x)} \} \subset \mathbb{F}_2[x]_3. \tag{1.982}$$

Da $\mathbb{F}_2[x]_3$ acht Elemente enthält, ist das Hauptideal $\mathcal{I}$ eine Teilmenge davon.

Beweis. $\mathbb{V}$ und daher auch $\mathcal{I}$ ist bezüglich der Addition abgeschlossen und daher linear [10, S. 190]

$$\begin{aligned}
(0,0,0) \oplus (0,0,0) &= (0,0,0) \in \mathbb{V}, \\
(0,0,0) \oplus (1,1,0) &= (1,1,0) \in \mathbb{V}, \\
(0,0,0) \oplus (0,1,1) &= (0,1,1) \in \mathbb{V}, \\
(0,0,0) \oplus (1,0,1) &= (1,0,1) \in \mathbb{V}, \\
(1,1,0) \oplus (1,1,0) &= (0,0,0) \in \mathbb{V}, \\
(1,1,0) \oplus (0,1,1) &= (1,0,1) \in \mathbb{V}, \\
(1,1,0) \oplus (1,0,1) &= (0,1,1) \in \mathbb{V}, \\
(0,1,1) \oplus (0,1,1) &= (0,0,0) \in \mathbb{V}, \\
(0,1,1) \oplus (1,0,1) &= (1,1,0) \in \mathbb{V}, \\
(1,0,1) \oplus (1,0,1) &= (0,0,0) \in \mathbb{V}.
\end{aligned} \tag{1.983}$$

Wegen

$$x^3 = 1 \tag{1.984}$$

ist jedes Vielfache $x^i \odot v^{(k)}(x)$, $i \in \mathbb{Z}$, $k \in \{0, 1, 2, 3\}$, wieder in $\mathcal{I}$ [10, S. 190]

$$\begin{aligned} x^{i} \odot v^{(0)}(x) &= v^{(0)}(x) = 0, \\ x^{3i+1} \odot v^{(1)}(x) &= x^{3i+0} \odot v^{(2)}(x) = x^{3i-1} \odot v^{(3)}(x) = v^{(2)}(x), \\ x^{3i+2} \odot v^{(1)}(x) &= x^{3i+1} \odot v^{(2)}(x) = x^{3i+0} \odot v^{(3)}(x) = v^{(3)}(x), \\ x^{3i+3} \odot v^{(1)}(x) &= x^{3i+2} \odot v^{(2)}(x) = x^{3i+1} \odot v^{(3)}(x) = v^{(1)}(x), \\ &i \in \mathbb{Z}. \end{aligned} \tag{1.985}$$

□

Der nächste Satz 1.56 beweist einige grundlegende Eigenschaften von zyklischen Codes.

Satz 1.56 (Eigenschaften zyklischer $(n, k, d_{\min})$ binärer linearer Blockcodes). *Es sei $\mathcal{I}$ ein von der leeren Menge $\emptyset$ verschiedenes Ideal $\subseteq \mathbb{F}_2[x]_{n-1}$, $n \in \mathbb{N}^*$, d. h. ein zyklischer Code der Länge n* [10, S. 190].

1: *Es gibt ein eindeutiges normiertes Polynom $g(x) \in \mathcal{I}$ mit minimalem Grad* [10, S. 190].

2: *Das Ideal $\mathcal{I}$ ist ein Hauptideal $\mathcal{I} = \langle g(x) \rangle$, d. h. $g(x)$ ist ein Generatorpolynom von $\mathcal{I}$* [10, S. 190].

3: *Das Generatorpolynom $g(x)$ ist ein Faktor von $(x^n \oplus 1)$* [10, S. 190].

4: a: *Jedes $v(x) \in \mathcal{I}$ kann in $\mathbb{F}_2[x]$ eindeutig als $v(x) = u(x) \odot g(x)$ geschrieben werden;*
   b: *die Nachricht $u(x) \in \mathbb{F}_2[x]$ hat den Grad $< (n - r) = k$;*
   c: *der Grad von $g(x)$ ist r gleich $(n - k)$* [10, S. 190]*;*
   d: *die Dimension von $\mathcal{I}$ ist $(n - r) = k$;*
   e: *somit wird die Nachricht $u(x) \in \mathbb{F}_2[x]$ zum Codewort $v(x) = u(x) \odot g(x)$* [10, S. 190].

5: *Wenn das Generatorpolynom $g(x)$ gleich $(g_0 \oplus g_1 \odot x \oplus g_2 \odot x^2 \oplus \cdots \oplus g_r \odot x^r\}$ ist, dann wird $\mathcal{I}$ von den Zeilen der Generatormatrix* [10, S. 190f.]

$$\boldsymbol{G} = \begin{pmatrix} g_0 & g_1 & \cdots & \cdots & \cdots & \cdots & g_{n-k-1} & g_{n-k} & 0 & 0 & \cdots & 0 \\ 0 & g_0 & g_1 & \cdots & \cdots & \cdots & \cdots & g_{n-k-1} & g_{n-k} & 0 & \cdots & 0 \\ \vdots & \vdots & \ddots & \ddots & \ddots & \ddots & \ddots & \ddots & \ddots & \ddots & \ddots & \vdots \\ \vdots & \vdots & \ddots & \ddots & \ddots & \ddots & \ddots & \ddots & \ddots & \ddots & \ddots & \vdots \\ 0 & 0 & \cdots & 0 & g_0 & g_1 & \cdots & \cdots & \cdots & \cdots & g_{n-k-1} & g_{n-k} \end{pmatrix}, \tag{1.986}$$

erzeugt, und es gilt [10, Gl. (1), S. 191]

$$\boldsymbol{G} = \begin{pmatrix} g(x) \\ x \odot g(x) \\ \vdots \\ x^{k-1} \odot g(x) \end{pmatrix}, \quad k \in \mathbb{N}^*. \tag{1.987}$$

Beweis.

<u>*Behauptung 1*</u>

Angenommen, $f(x), g(x) \in \mathcal{I}$ sind normiert und haben den minimalen Grad r gleich $(n-k)$, $k, n \in \mathbb{N}^*$ [10, S. 191]. Da beide normiert sind, hat $(f(x) \oplus g(x)) \in \mathcal{I}$ einen niedrigeren Grad als r gleich $(n-k)$, $k, n \in \mathbb{N}^*$. Dies ist ein Widerspruch, es sei denn $f(x)$ und $g(x)$ sind identisch, und $(f(x) \oplus g(x))$ ist somit das Nullpolynom [10, S. 191].

<u>*Behauptung 2*</u>

Es sei $v(x) \in \mathcal{I}$ [10, S. 191]. Dann folgt aus Satz 1.35 [10, S. 191]

$$v(x) = q(x) \odot g(x) \oplus r(x), \quad \deg\big(r(x)\big) < r = n - k, \quad k, n \in \mathbb{N}^*. \tag{1.988}$$

Somit gilt

$$r(x) = v(x) \oplus q(x) \odot g(x) \in \mathcal{I}, \tag{1.989}$$

da der Code linear ist [10, S. 191]. Daher muss $r(x)$ verschwinden [10, S. 191]. Daraus folgt $v(x) \in \langle g(x) \rangle$ [10, S. 191].

Behauptung 3
Behauptung 2 und Satz 1.35 implizieren [10, S. 191]

$$x^n \oplus 1 = q(x) \odot g(x) \oplus r(x), \quad \deg\bigl(r(x)\bigr) < r = n - k, \quad k, n \in \mathbb{N}^*. \tag{1.990}$$

In $\mathbb{F}_2[x]_{n-1}$, $n \in \mathbb{N}^*$, heißt das

$$r(x) = \ominus\, q(x) \odot g(x) = q(x) \odot g(x) \in \mathcal{I}. \tag{1.991}$$

Dies ist ein Widerspruch, es sei denn, $r(x)$ verschwindet [10, S. 191].

Behauptung 4, Behauptung 5
Gemäß Behauptung 2 ist jedes $v(x) \in \mathcal{I}$ mit $\deg(v(x)) < n$ gleich $u(x) \odot g(x) \in \mathbb{F}_2[x]_{n-1}$, $n \in \mathbb{N}^*$ [10, S. 191]. Mit $e(x), w(x) \in \mathbb{F}_2[x]_{n-1}$ und $r(x)$ gleich 0 folgt [10, S. 191]

$$\begin{aligned} v(x) &= w(x) \odot g(x) \oplus e(x) \odot \underbrace{\left(x^n \oplus 1\right)}_{=q(x) \odot g(x)} \in \mathbb{F}_2[x] \\ &= w(x) \odot g(x) \oplus e(x) \odot q(x) \odot g(x) \in \mathbb{F}_2[x] \\ &= \underbrace{\left[w(x) \oplus e(x) \odot q(x)\right]}_{=u(x)} \odot g(x) \in \mathbb{F}_2[x] \\ &= u(x) \odot g(x) \in \mathbb{F}_2[x]. \end{aligned}, \tag{1.992}$$

Offensichtlich gilt [10, S. 191]

$$\deg\bigl(u(x)\bigr) \le n - r - 1 = k - 1, \quad k, n \in \mathbb{N}^*. \tag{1.993}$$

Somit besteht der zyklische $(n, k, d_{\min})$ binäre lineare Blockcode $\mathbb{V}$ aus mit Polynomen vom Grad $\le (n - r - 1)$ gleich $(k - 1)$ erzeugten Vielfachen von $g(x)$, ausgewertet in $\mathbb{F}_2[x]$, aber nicht in $\mathbb{F}_2[x]_{n-1}$, $n \in \mathbb{N}^*$ [10, S. 191].

Es gibt $(n - r)$ gleich k, $k, n \in \mathbb{N}^*$, linear unabhängige Vielfache von $g(x)$, nämlich $g(x)$, $(x \odot g(x))$, $(x^2 \odot g(x)) \cdots (x^{n-r-1} \odot g(x)) = (x^{k-1} \odot g(x))$ [10, S. 191]. Die entsprechenden Vektoren sind die Zeilen der Generatormatrix $\boldsymbol{G}$. Somit hat der Code die Dimension $(n - r)$ gleich k, $k, n \in \mathbb{N}^*$, [10, S. 191]. □

Bis jetzt haben wir das Generatorpolynom $g(x)$ eines zyklischen Codes als Polynom mit dem kleinsten Grad im Code betrachtet [10, S. 199]. Es sind allerdings auch andere Generatorpolynome möglich [10, S. 199].

Satz 1.57 (Andere Generatorpolynome eines zyklischen Codes). *Es sei $\mathbb{K}$ die Vereinigung einer beliebigen Auswahl von Kreisteilungsklassen $\mathbb{C}_s$ für den Fall*

$$n = 2^m - 1, \quad m \in \mathbb{N}^*. \tag{1.994}$$

Weiterhin sei $p(x) \in \mathbb{F}_2[x]_{n-1}$, $n \in \mathbb{N}^*$, ein Polynom mit $p(a^i) \neq 0$ für alle $i \notin \mathbb{K}$, d. h. das Polynom $p(x)$ führt keine neuen Nullstellen ein.

Dann erzeugen $g(x)$ und $p(x) \odot g(x)$ denselben Code. Zum Beispiel erzeugt $[g(x)]^2$ denselben Code wie $g(x)$ [10, S. 199].

Beweis. Offensichtlich gilt $\langle g(x) \rangle \supseteq \langle p(x) \odot g(x) \rangle$ [10, S. 199]. Da $g(x)$ das Polynom $(x^n \oplus 1)$, $n \in \mathbb{N}^*$, teilt, gibt es ein Polynom $h(x)$, das wir als *Prüfpolynom* bezeichnen werden, mit

$$g(x) \odot h(x) = x^n \oplus 1 \quad \text{in } \mathbb{F}_2[x], \quad n \in \mathbb{N}^*. \tag{1.995}$$

Gleichung (1.995) entspricht

$$g(x) \odot h(x) = 0 \quad \text{in } \mathbb{F}_2[x]_{n-1}, \quad n \in \mathbb{N}^*. \tag{1.996}$$

Das Prüfpolynom $h(x)$ und $p(x)$ müssen teilerfremd sein, wenn $g(x)$ und $p(x) \odot g(x)$ denselben Code erzeugen sollen [10, S. 199]. Dann gibt es Polynome $a(x)$, $b(x)$ mit [10, S. 199]

$$1 = a(x) \odot p(x) \oplus b(x) \odot h(x) \quad \text{in } \mathbb{F}_2[x] \tag{1.997}$$

beziehungsweise [10, S. 199]

$$g(x) = a(x) \odot p(x) \odot g(x) \oplus b(x) \underbrace{h(x) \odot g(x)}_{=0 \text{ in } \mathbb{F}_2[x]_{n-1}} \quad \text{in } \mathbb{F}_2[x] \tag{1.998}$$

und somit [10, S. 199]

$$g(x) = a(x) \odot p(x) \odot g(x) \quad \text{in } \mathbb{F}_2[x]_{n-1}. \tag{1.999}$$

Es gilt also [10, S. 199]

$$\langle g(x) \rangle \subseteq \langle p(x) \odot g(x) \rangle. \tag{1.1000}$$

Wegen $\langle g(x) \rangle \supseteq \langle p(x) \odot g(x) \rangle$ erhält man

$$\langle g(x) \rangle = \langle p(x) \odot g(x) \rangle. \tag{1.1001}$$

□

1.13.2 Prüfpolynom

Der zyklische $(n, k, d_{\min})$ binäre lineare Blockcode $\mathbb{V}$ habe das Generatorpolynom $g(x)$ [10, S. 194]. Es folgt aus Satz 1.56, dass dieses Generatorpolynom $g(x)$ das Polynom $(x^n \oplus 1)$ teilt [10, S. 194]. Daher erhält man mit einem nicht verschwindenden Polynom $h(x)$, das wie in Satz 1.57 *Prüfpolynom* genannt wird, [10, S. 194]

$$g(x) \odot h(x) = x^n \oplus 1 \quad \text{in } \mathbb{F}_2[x], \quad \deg(g(x) \odot h(x)) = n, \quad n \in \mathbb{N}^*, \tag{1.1002}$$

und somit [10, S. 194]

$$g(x) \odot h(x) = 0 \quad \text{in } \mathbb{F}_2[x]_{n-1}, \quad n \in \mathbb{N}^*. \tag{1.1003}$$

In $\mathbb{F}_2[x]$ ist $\deg(g(x) \odot h(x))$ gleich $n \in \mathbb{N}^*$ und $\deg(g(x))$ gleich $(n-k)$, $k, n \in \mathbb{N}^*$. Daher erhält man [10, S. 195]

$$\deg(h(x)) = \deg(g(x) \odot h(x)) - \deg(g(x)) = n - (n-k) = k, \quad k, n \in \mathbb{N}^*. \tag{1.1004}$$

Dies ist die Dimension des zyklischen $(n, k, d_{\min})$ binären linearen Blockcodes $\mathbb{V}$.

Es ergibt sich [10, S. 194]

$$h(x) = \frac{x^n \oplus 1}{g(x)} = \bigoplus_{m=0}^{k} h_m \odot x^m \quad \text{in } \mathbb{F}_2[x], \quad h_k \neq 0, \quad k, n \in \mathbb{N}^*. \tag{1.1005}$$

Bemerkung 1.39 (Warum wird $h(x)$ Prüfpolynom genannt?). Der Grund für den Namen „Prüfpolynom" ist der folgende [10, S. 194]. Wenn das Polynom

$$v(x) = u(x) \odot g(x) = \bigoplus_{j=0}^{n-1} v_j \odot x^j, \quad n \in \mathbb{N}^*, \tag{1.1006}$$

ein Codepolynom aus $\mathcal{I}$ und daher ein Codewort des zyklischen $(n, k, d_{\min})$ binären linearen Blockcodes $\mathbb{V}$ ist, dann gilt [10, S. 194]

$$\begin{aligned} v(x) \odot h(x) &= \underbrace{u(x) \odot g(x)}_{=v(x)} \odot h(x) \\ &= \bigoplus_{j=0}^{n-1} \bigoplus_{m=0}^{k} v_j \odot h_m \odot x^{j+m} \\ &= \bigoplus_{j=0}^{n-1} \bigoplus_{m=j}^{k+j} v_j \odot h_{m-j} \odot x^m \\ &= 0 \quad \text{in } \mathbb{F}_2[x]_{n-1}, \quad n \in \mathbb{N}^*. \end{aligned} \tag{1.1007}$$

Natürlich müssen die Indizes in (1.1007) mod n genommen werden [10, S. 194]. In (1.1007) ist der Koeffizient von x^m durch [10, S. 194]

$$\bigoplus_{j=0}^{n-1} v_j \odot h_{m-j} = 0, \quad m \in \{0, 1 \cdots (n-1)\}, \quad n \in \mathbb{N}^*, \tag{1.1008}$$

gegeben. Auch in (1.1008) sind die Indizes mod n zu nehmen. Gleichung (1.1008) zeigt, dass $v(x) \in \mathcal{I}$ die $(n-k)$, $k, n \in \mathbb{N}^*$, Paritätsprüfungen [10, Gl. (11), S. 195]

$$\begin{array}{ccccccccccc} v_{n-k-1} \odot h_k & \oplus & v_{n-k} \odot h_{k-1} & \oplus & v_{n-k+1} \odot h_{k-2} & \oplus & \cdots & \oplus & v_{n-1} \odot h_0 & = & 0, \\ v_{n-k-2} \odot h_k & \oplus & v_{n-k-1} \odot h_{k-1} & \oplus & v_{n-k} \odot h_{k-2} & \oplus & \cdots & \oplus & v_{n-2} \odot h_0 & = & 0, \\ v_{n-k-3} \odot h_k & \oplus & v_{n-k-2} \odot h_{k-1} & \oplus & v_{n-k-1} \odot h_{k-2} & \oplus & \cdots & \oplus & v_{n-3} \odot h_0 & = & 0, \\ & \vdots & & \vdots & & \vdots & & \vdots & & \vdots & \\ v_0 \odot h_k & \oplus & v_1 \odot h_{k-1} & \oplus & v_2 \odot h_{k-2} & \oplus & \cdots & \oplus & v_k \odot h_0 & = & 0, \end{array} \tag{1.1009}$$

mit $h_k \neq 0$ [10, S. 195], d. h. [10, Gl. (11), S. 195]

$$\begin{array}{ccccccccccc} v_{n-k-1} & \oplus & v_{n-k} \odot h_{k-1} & \oplus & v_{n-k+1} \odot h_{k-2} & \oplus & \cdots & \oplus & v_{n-1} \odot h_0 & = & 0. \\ v_{n-k-2} & \oplus & v_{n-k-1} \odot h_{k-1} & \oplus & v_{n-k} \odot h_{k-2} & \oplus & \cdots & \oplus & v_{n-2} \odot h_0 & = & 0, \\ v_{n-k-3} & \oplus & v_{n-k-2} \odot h_{k-1} & \oplus & v_{n-k-1} \odot h_{k-2} & \oplus & \cdots & \oplus & v_{n-3} \odot h_0 & = & 0, \\ & \vdots & & \vdots & & \vdots & & \vdots & & \vdots & \\ v_0 & \oplus & v_1 \odot h_{k-1} & \oplus & v_2 \odot h_{k-2} & \oplus & \cdots & \oplus & v_k \odot h_0 & = & 0, \end{array} \tag{1.1010}$$

erfüllen muss. Dann erfüllt auch $v(x) \in \mathcal{I}$ die *lineare Rekurrenz* [10, Gl. (12), S. 195]

$$v_j \oplus v_{j+1} \odot h_{k-1} \oplus v_{j+2} \odot h_{k-2} \oplus \cdots \oplus v_{j+k} \odot h_0 = 0, \quad j \in \{0, 1 \cdots (n-k-1)\}, \quad n \in \mathbb{N}^*. \tag{1.1011}$$

Wenn $v_{n-k}, v_{n-k+1} \cdots v_{n-2}, v_{n-1}, k, n \in \mathbb{N}^*$, die $k \in \mathbb{N}^*$ Nachrichtensymbole sind, so definieren (1.1008) und (1.1011) nacheinander die $(n-k), k, n \in \mathbb{N}^*$, Paritätsprüfsymbole $v_0, v_1, \cdots v_{n-k-2}, v_{n-k-1}$ [10, S. 195].

Es sei

$$\boldsymbol{H} = \begin{pmatrix} 0 & \cdots & 0 & h_k & \cdots & h_2 & h_1 & h_0 \\ 0 & \cdots & h_k & \cdots & h_2 & h_1 & h_0 & 0 \\ \vdots & \iddots & \vdots & \iddots & \iddots & \iddots & \iddots & \vdots \\ h_k & \cdots & h_2 & h_1 & h_0 & 0 & \cdots & 0 \end{pmatrix} \tag{1.1012}$$

die *Prüfmatrix (Paritätsprüfmatrix)* [10, Gl. (9), S. 195]. Wenn $\boldsymbol{v}$ ein Codewort ist, d. h. $\boldsymbol{v} \in \mathbb{V}$, und somit $v(x) \in \mathcal{I}$ ein Codepolynom ist, führt (1.1008), zu [10, S. 195]

$$\boldsymbol{v}\boldsymbol{H}^{\mathrm{T}} = \boldsymbol{0}_{n-k}, \quad k, n \in \mathbb{N}^*. \tag{1.1013}$$

Nun sei $\mathbb{V}$ ein zyklischer Code mit dem Generatorpolynom $g(x)$, und es sei $h(x)$ gleich $(x^n \oplus 1)/g(x)$ das Prüfpolynom [10, S. 196]. Dann beweist (1.1012) den folgenden Satz 1.58.

Satz 1.58 (Dualer Code eines zyklischen Codes). *Der duale Code $\mathbb{V}^{\perp}$ eines zyklischen $(n, k, d_{\min})$ binären linearen Blockcodes $\mathbb{V}$ ist zyklisch und hat das Generatorpolynom* [10, *S. 196*]

$$g^{\perp}(x) = x^{\deg(h(x))} \odot h\left(x^{-1}\right). \tag{1.1014}$$

Beweis. Der Beweis ist (1.1012). □

Gemäß Satz 1.58 ist der Code mit dem Generatorpolynom $h(x)$ gleich $(x^n \oplus 1)/g(x)$ äquivalent zu $\mathbb{V}^{\perp}$ [10, S. 196]. In der Tat besteht er aus den Codewörtern von $\mathbb{V}^{\perp}$, deren Koordinaten von hinten nach vorne, also rückwärts geschrieben sind [10, S. 196].

1.13.3 Inversionsformel

Lassen Sie uns nun unser Wissen über endliche Körper erweitern. Zunächst führen wir den folgenden Satz 1.59 ein, den wir bereits für unendliche Mengen, beispielsweise die Menge der komplexen Zahlen $\mathbb{C}$, kennen.

Satz 1.59 (Summe der Nullstellen in $\mathbb{F}_{2^m}$). *Es sei $\xi \in \mathbb{F}_{2^m}$, $m \in \mathbb{N}^*$, eine beliebige Nullstelle von $(x^n \oplus 1)$, d. h. es gelte $(\xi^n \oplus 1) = 0$* [10, *S. 200*].

Es sei n gleich $(2^m - 1)$, $m \in \mathbb{N}^*$, d. h. n ist eine ungerade natürliche Zahl.

Dann gilt [10, *S. 200*]

$$\bigoplus_{i=0}^{n-1} \xi^i = \begin{cases} 0 & \text{für } \xi \neq 1, \\ n \bmod 2 & \text{für } \xi = 1, \end{cases} = \begin{cases} 0 & \text{für } \xi \neq 1, \\ 1 & \text{für } \xi = 1. \end{cases} \tag{1.1015}$$

Beweis. Wenn ξ gleich 1 ist, so ist die Summe $(\bigoplus_{i=0}^{n-1} 1)$ gleich $n \bmod 2$ [10, S. 200].

Es sei nun $\xi \neq 1$. Mit der Voraussetzung $(\xi^n \oplus 1) = 0$ ergibt sich sofort [18, Gl. (1.54c), S. 19], [10, S. 200]

$$\bigoplus_{i=0}^{n-1} \xi^i = \frac{1}{\xi \oplus 1} \cdot \underbrace{\left(\xi^n \oplus 1\right)}_{=0} = \frac{0}{\xi \oplus 1} = 0. \tag{1.1016}$$

□

Satz 1.60 (Inversionsformel). *Das Codewort* $\mathbf{v}$ *gleich* $(v_0, v_1 \cdots v_{n-1})$, $n \in \mathbb{N}^*$, *entspricht dem Codepolynom*

$$v(x) = v_0 \oplus v_1 \odot x \oplus \cdots \oplus v_{n-1} \odot x^{n-1}, \quad n \in \mathbb{N}^*. \tag{1.1017}$$

Es gilt [10, *S. 200*]

$$v_i = \bigoplus_{j=0}^{n-1} v\left(\alpha^j\right) \odot \alpha^{-i \cdot j}, \quad i \in \{0, 1 \cdots (n-1)\}, \quad n \in \mathbb{N}^*, \quad n \text{ ungerade}. \tag{1.1018}$$

Beweis. Mit

$$v\left(\alpha^j\right) = v_0 \oplus v_1 \odot \alpha^j \oplus \cdots \oplus v_{n-1} \odot \alpha^{j(n-1)} = \bigoplus_{k=0}^{n-1} v_k \odot \alpha^{j \cdot k} \tag{1.1019}$$

folgt [10, S. 200]

$$\bigoplus_{j=0}^{n-1} v\left(\alpha^j\right) \odot \alpha^{-i \cdot j} = \bigoplus_{j=0}^{n-1} \bigoplus_{k=0}^{n-1} v_k \alpha^{-i \cdot j} \odot \alpha^{j \cdot k} = \bigoplus_{k=0}^{n-1} v_k \bigoplus_{j=0}^{n-1} \alpha^{-j \cdot i + j \cdot k} = \bigoplus_{k=0}^{n-1} v_k \bigoplus_{j=0}^{n-1} \alpha^{j \cdot (k-i)}. \tag{1.1020}$$

Mit dem Kronecker-Symbol

$$\delta_{ik} = \begin{cases} 1 & \text{wenn } i = k, \\ 0 & \text{wenn } i \neq k, \end{cases} \tag{1.1021}$$

und mit Satz 1.59 ergibt sich sofort

$$\bigoplus_{j=0}^{n-1} \alpha^{j \cdot (k-i)} = \begin{cases} 0 & \text{wenn } k \neq i \\ 1 & \text{wenn } k = i \end{cases} = \delta_{ik}. \tag{1.1022}$$

Daher erhält man [10, S. 200]

$$\bigoplus_{j=0}^{n-1} v\left(\alpha^j\right) \odot \alpha^{-i \cdot j} = \bigoplus_{k=0}^{n-1} v_k \delta_{ik} = v_i, \quad i \in \{0, 1 \cdots (n-1)\}, \quad n \in \mathbb{N}^*, \quad n \text{ ungerade}. \tag{1.1023}$$

□

Bemerkung 1.40 (Zu (1.1018)). Es seien $\alpha^j, j \in \{0, 1 \cdots (n-1)\}, n \in \mathbb{N}^*$, die n-ten Wurzeln der Einheit mit [18, Gl. (19.222b), S. 956]

$$\omega_n^j = \left[\exp\left\{\mathrm{j}\frac{2\pi}{n}\right\}\right]^j, \quad \mathrm{j} = \sqrt{-1}, \quad j \in \{0, 1 \cdots (n-1)\}, \quad n \in \mathbb{N}^*, \tag{1.1024}$$

in der Menge der komplexen Zahlen $\mathbb{C}$. Es ist bemerkenswert, dass $\bigoplus_{j=0}^{n-1} v(\alpha^j) \odot \alpha^{-i\cdot j}$ aus (1.1018) wie die *diskrete Fourier-Transformation (DFT)* aussieht [31, Definition 6.1.1, S. 132].

Die Ähnlichkeit zwischen der Inversionsformel

$$v_i = \bigoplus_{j=0}^{n-1} v\left(\alpha^j\right) \odot \alpha^{-i\cdot j}, \quad i \in \{0,1\cdots(n-1)\}, \quad n \in \mathbb{N}^*, \quad n \text{ ungerade.} \tag{1.1025}$$

nach (1.1018) und der Brechnungsvorschrift der Fourierkoeffizienten [18, Gl. (19.222a), S. 956], [26, Gl. (7.76), S. 1208] ist frappierend. Man ist versucht zu behaupten, dass die Komponenten des Codewortes $\boldsymbol{v}$ gleich $(v_0, v_1 \cdots v_{n-1})$, $n \in \mathbb{N}^*$, die „Amplituden der Spektrallinien" im „Linienspektrum" des Codepolynoms

$$v(x) = v_0 \oplus v_1 \odot x \oplus \cdots \oplus v_{n-1} \odot x^{n-1}, \quad n \in \mathbb{N}^*, \tag{1.1026}$$

sind.

Das Codewort $\boldsymbol{v}$ existiert im „Spektralbereich", während das Codepolynom $v(x)$ im „Ursprungsbereich" existiert.

1.13.4 Idempotente Polynome

Ein besonders bemerkenswertes Polynom, das mit einem zyklischen $(n, k, d_{\min})$ binären linearen Blockcode $\mathbb{V}$ assoziiert ist, ist sein *idempotentes Polynom* $E(x)$ [10, S. 216].

Definition 1.64 (Idempotentes Polynom). Ein Polynom $E(x) \in \mathbb{F}_2[x]_{n-1}$ ist *idempotent* beziehungsweise ein *idempotentes Polynom*, wenn [10, S. 217]

$$E(x) = \left[E(x)\right]^2 = E\left(x^2\right) \tag{1.1027}$$

gilt.

Beispiel 1.53. Wir betrachten $\mathbb{F}_2[x]_7$. In $\mathbb{F}_2[x]_7$ erhält man

$$x^7 = 1. \tag{1.1028}$$

$E(x)$ gleich $(x \oplus x^2 \oplus x^4)$ ist ein idempotentes Polynom in $\mathbb{F}_2[x]_7$, weil

$$\begin{aligned}
\left[E(x)\right]^2 &= \left(x \oplus x^2 \oplus x^4\right) \odot \left(x \oplus x^2 \oplus x^4\right) \\
&= x^2 \oplus x^3 \oplus x^5 \oplus x^3 \oplus x^4 \oplus x^6 \oplus x^5 \oplus x^6 \oplus x^8 \\
&= x^2 \oplus \underbrace{x^3 \oplus x^3}_{=0} \oplus x^4 \oplus \underbrace{x^5 \oplus x^5}_{=0} \oplus \underbrace{x^6 \oplus x^6}_{=0} \oplus x^8 \\
&= x^2 \oplus x^4 \oplus \underbrace{x^8}_{=x} \\
&= E\left(x^2\right) \\
&= x \oplus x^2 \oplus x^4 \\
&= E(x)
\end{aligned} \tag{1.1029}$$

gilt.

Darüber hinaus ist $E(x)$ gleich 1 ein idempotentes Polynom in $\mathbb{F}_2[x]_7$, denn es ist

$$[E(x)]^2 = 1^2 = 1 = E\left(x^2\right) = E(x). \tag{1.1030}$$

Außerdem ist $E(x)$ gleich $(x^3 \oplus x^6 \oplus x^5)$ ein idempotentes Polynom in $\mathbb{F}_2[x]_7$, weil man

$$\begin{aligned}
[E(x)]^2 &= \left(x^3 \oplus x^6 \oplus x^5\right) \odot \left(x^3 \oplus x^6 \oplus x^5\right) \\
&= x^6 \oplus x^9 \oplus x^8 \oplus x^9 \oplus x^{12} \oplus x^{11} \oplus x^8 \oplus x^{11} \oplus x^{10} \\
&= x^6 \oplus x^{12} \oplus x^{10} \oplus \underbrace{x^9 \oplus x^9}_{=0} \oplus \underbrace{x^8 \oplus x^8}_{=0} \oplus \underbrace{x^{11} \oplus x^{11}}_{=0} \\
&= x^6 \oplus x^{12} \oplus x^{10} \\
&= E\left(x^2\right) \\
&= x^6 \oplus \underbrace{x^7}_{=1} x^5 \oplus \underbrace{x^7}_{=1} x^3 \\
&= x^3 \oplus x^6 \oplus x^5 \\
&= E(x)
\end{aligned} \tag{1.1031}$$

erhält.

Im Allgemeinen gilt, dass das Polynom

$$E(x) = \bigoplus_{k=0}^{n-1} \varepsilon_k \odot x^k, \quad \varepsilon_k \in \mathbb{F}_2, \quad k \in \{0, 1 \cdots (n-1)\}, \quad n \in \mathbb{N}^*, \tag{1.1032}$$

dann und nur dann ein idempotentes Polynom ist, wenn ε_k gleich ε_{2k} mit Indizes mod n ist [10, S. 217].

Wenn $E(x)$ ein idempotentes Polynom ist, dann ist auch $(1 \oplus E(x))$ [10, S. 217] ein idempotentes Polynom.

Beispiel 1.54. Wir betrachten erneut $\mathbb{F}_2[x]_7$ mit

$$x^7 = 1. \tag{1.1033}$$

$E(x)$ gleich $(1 \oplus x \oplus x^2 \oplus x^4)$ ist ein idempotentes Polynom in $\mathbb{F}_2[x]_7$, denn es gilt

$$\begin{aligned}
[E(x)]^2 &= \left(1 \oplus x \oplus x^2 \oplus x^4\right) \odot \left(1 \oplus x \oplus x^2 \oplus x^4\right) \\
&= 1 \oplus x \oplus x^2 \oplus x^4 \oplus x \oplus x^2 \oplus x^3 \oplus x^5 \oplus x^2 \oplus x^3 \oplus x^4 \oplus x^6 \oplus x^4 \oplus x^5 \oplus x^6 \oplus x^8 \\
&= 1 \oplus \underbrace{x \oplus x}_{=0} \oplus \underbrace{x^2 \oplus x^2}_{=0} \oplus x^2 \oplus \underbrace{x^3 \oplus x^3}_{=0} \oplus \underbrace{x^4 \oplus x^4}_{=0} \oplus x^4 \oplus \underbrace{x^5 \oplus x^5}_{=0} \oplus \underbrace{x^6 \oplus x^6}_{=0} \oplus x^8 \\
&= 1 \oplus x^2 \oplus x^4 \oplus x^8 \\
&= E\left(x^2\right) \\
&= 1 \oplus x^2 \oplus x^4 \oplus \underbrace{x^8}_{=x} \\
&= 1 \oplus x \oplus x^2 \oplus x^4 \\
&= E(x).
\end{aligned} \tag{1.1034}$$

Darüber hinaus ist $E(x)$ gleich 0 ein idempotentes Polynom in $\mathbb{F}_2[x]_7$, denn es gilt

$$\left[E(x)\right]^2 = 0^2 = 0 = E\left(x^2\right) = E(x). \tag{1.1035}$$

Weiterhin ist $E(x)$ gleich $(1 \oplus x^3 \oplus x^6 \oplus x^5)$ ein idempotentes Polynom in $\mathbb{F}_2[x]_7$, denn es gilt

$$\begin{aligned}
\left[E(x)\right]^2 &= \left(1 \oplus x^3 \oplus x^6 \oplus x^5\right)\left(1 \oplus x^3 \oplus x^6 \oplus x^5\right) \\
&= 1 \oplus x^3 \oplus x^6 \oplus x^5 \oplus x^3 \oplus x^6 \oplus x^9 \oplus x^8 \oplus x^6 \oplus x^9 \oplus x^{12} \oplus x^{11} \oplus x^5 \oplus x^8 \oplus x^{11} \oplus x^{10} \\
&= 1 \oplus \underbrace{x^3 \oplus x^3}_{==0} \oplus \underbrace{x^5 \oplus x^5}_{=0} \oplus \underbrace{x^6 \oplus x^6}_{=0} \oplus x^6 \oplus \underbrace{x^8 \oplus x^8}_{=0} \oplus \underbrace{x^9 \oplus x^9}_{=0} \oplus \underbrace{11}_{=0} \oplus x^{11} \oplus x^{12} \oplus x^{10} \\
&= 1 \oplus x^6 \oplus x^{12} \oplus x^{10} \\
&= E\left(x^2\right) \\
&= 1 \oplus x^6 \oplus \underbrace{x^7}_{=1} x^5 \oplus \underbrace{x^7}_{=1} x^3 \\
&= 1 \oplus x^3 \oplus x^6 \oplus x^5 \\
&= E(x).
\end{aligned} \tag{1.1036}$$

Wir betrachten erneut einen zyklischen $(n, k, d_{\min})$ binären linearen Blockcode $\mathbb{V}$ und beweisen den folgenden Satz 1.61.

Satz 1.61 (Ein zyklischer Code hat ein eindeutiges idempotentes Polynom).

1: *Ein zyklischer $(n, k, d_{\min})$ binärer linearer Blockcode $\mathbb{V}$, d. h. $\mathcal{I}$ gleich $\langle g(x) \rangle$, enthält ein eindeutiges idempotentes Polynom $E(x)$, und es gilt* [10, *Satz 1, S. 217*]

$$\mathcal{I} = \left\langle E(x) \right\rangle. \tag{1.1037}$$

$E(x)$ ist gleich $(p(x) \odot g(x))$ für ein geeignet gewähltes Polynom $p(x)$, wenn [10, *Satz 1, S. 217*]

$$E\left(\alpha^i\right) = 0 \text{ genau dann, wenn } g\left(\alpha^i\right) = 0, \tag{1.1038}$$

gilt.

2: *Darüber hinaus ist $v(x)$ dann und nur dann $\in \mathcal{I}$, wenn $v(x) \odot E(x)$ gleich $v(x)$ ist* [10, *Satz 1, S. 217*].

Beweis.

Behauptung 1

Die Polynome $g(x)$ und $h(x)$ seien teilerfremd [10, Satz 1, S. 217]. Es sei weiterhin [10, Satz 1, S. 217]

$$x^n \oplus 1 = g(x) \odot h(x). \tag{1.1039}$$

Gemäß Korollar 1.12 existieren Polynome $p(x)$ und $q(x)$ mit [10, Satz 1, Gl. (1), S. 217]

$$p(x) \odot g(x) \oplus q(x) \odot h(x) = 1 \quad \text{in } \mathbb{F}_2[x]. \tag{1.1040}$$

Man setze nun $E(x)$ gleich $p(x) \odot g(x)$ [10, Satz 1, S. 217]. Dann erhält man [10, Satz 1, S. 217]

$$p(x) \odot g(x) \odot \underbrace{\left[p(x) \odot g(x) \oplus q(x) \odot h(x)\right]}_{=1} = p(x) \odot g(x) \tag{1.1041}$$

beziehungsweise

$$\underbrace{p(x) \odot g(x)}_{=E(x)} \odot \underbrace{p(x) \odot g(x)}_{=E(x)} \oplus p(x) \odot \underbrace{g(x) \odot h(x)}_{=0 \text{ in } \mathbb{F}_2[x]_{n-1}} \odot q(x)$$

$$= \left[E(x)\right]^2 = E(x) \quad \text{in } \mathbb{F}_2[x]_{n-1}, \quad n \in \mathbb{N}^*. \tag{1.1042}$$

Somit ist $E(x)$ ein idempotentes Polynom [10, Satz 1, S. 217].

Da $g(x)$ und $h(x)$ teilerfremd sind, ist eine n-te Wurzel der Einheit eine Nullstelle von entweder $g(x)$ oder $h(x)$, aber nicht von beiden [10, Satz 1, S. 217]. Daher muss eine n-te Wurzel der Einheit, die eine Nullstelle von $p(x)$ ist, auch eine Nullstelle von $g(x)$ sein [10, S. 217]. Da $p(x)$ keine neuen Nullstellen einführt, siehe Satz 1.57, erzeugen $E(x)$ und $g(x)$ denselben Code [10, Satz 1, S. 217].

Behauptung 2

Wenn $v(x)$ gleich $(v(x) \odot E(x))$ ist, dann ist $v(x) \in \mathcal{I}$ [10, Satz 1, S. 217].

Wenn $v(x) \in \mathcal{I}$ ist, dann gelten [10, Satz 1, S. 217f.]

$$v(x) = b(x) \odot E(x) \tag{1.1043}$$

und

$$v(x) \odot E(x) = b(x) \odot E(x) \odot E(x) = b(x) \odot \left[E(x)\right]^2 = b(x) \odot E(x) = v(x). \tag{1.1044}$$

Einzigartigkeit

Letztlich gilt es zu zeigen, dass $E(x)$ das eindeutige idempotente Polynom ist, das $\mathcal{I}$ erzeugt.

Angenommen, es gäbe ein anderes idempotentes Polynom $F(x)$, das $\mathcal{I}$ erzeugt [10, Satz 1, S. 218]. Dann hat man gemäß Behauptung 2 [10, Satz 1, S. 218]

$$F(x) \odot E(x) = F(x) \tag{1.1045}$$

und gleichzeitig [10, Satz 1, S. 218]

$$F(x) \odot E(x) = E(x) \tag{1.1046}$$

und somit [10, Satz 1, S. 218]

$$F(x) = E(x). \tag{1.1047}$$

□

Mit (1.1015) und mit Satz 1.59 gilt [10, Lemma 2, S. 218]

$$E(\alpha^j) = \bigoplus_{k=0}^{n-1} \varepsilon_k \alpha^{j \cdot k} = 0 \text{ oder } 1, \quad j \in \{0, 1 \cdots (n-1)\}, \quad n \in \mathbb{N}^*. \tag{1.1048}$$

Beispiel 1.55. Wir betrachten die drei idempotenten Polynome

$$\begin{aligned} E_1(x) &= x \oplus x^2 \oplus x^4, \\ E_2(x) &= 1, \\ E_3(x) &= x^3 \oplus x^6 \oplus x^5, \end{aligned} \tag{1.1049}$$

von $\mathbb{F}_2[x]_7$, die bereits in Beispiel 1.53 eingeführt wurden. Offensichtlich gilt

$$\begin{aligned} E_1(1) &= 1 \oplus 1 \oplus 1 = 1, \\ E_2(1) &= 1, \\ E_3(1) &= 1 \oplus 1 \oplus 1 = 1. \end{aligned} \tag{1.1050}$$

Wir betrachten nun x gleich $\alpha \in \mathbb{F}_8$. Da in $\mathbb{F}_8$ beispielsweise

$$\alpha^3 = 1 \oplus \alpha \tag{1.1051}$$

ist, erhält man

$$\begin{aligned} E_1(\alpha) &= \alpha \oplus \alpha^2 \oplus \alpha^4 = \alpha \odot \left(1 \oplus \alpha \oplus \alpha^3\right) = \alpha \odot (\underbrace{1 \oplus \alpha \oplus 1 \oplus \alpha}_{=0}) = 0 \\ E_2(\alpha) &= 1, \\ E_3(\alpha) &= \alpha^3 \oplus \alpha^6 \oplus \alpha^5 = \alpha^3\left(1 \oplus \alpha^3 \oplus \alpha^2\right) \\ &= (1 \oplus \alpha) \odot \left(\underbrace{1 \oplus 1}_{=0} \oplus \alpha \oplus \alpha^2\right) \\ &= \alpha \oplus \underbrace{\alpha^2 \oplus \alpha^2}_{=0} \oplus \alpha^3 = \underbrace{\alpha \oplus \alpha}_{=0} \oplus 1 = 1. \end{aligned} \tag{1.1052}$$

Aufgrund von Satz 1.60 hat man [10, Lemma 2, S. 218]

$$\varepsilon_i = \bigoplus_{j=0}^{n-1} E(\alpha^j) \odot \alpha^{-i \cdot j} = \bigoplus_{s} \bigoplus_{j \in \mathbb{C}_s} \alpha^{-i \cdot j}, \quad i \in \{0, 1 \cdots (n-1)\}, \quad n \in \mathbb{N}^*, \tag{1.1053}$$

als Koeffizienten von $E(x)$. Daher gilt [10, Lemma 4, S. 219]

$$E(x) = \bigoplus_{k=0}^{n-1} \varepsilon_k \odot x^k = \bigoplus_{s} \bigoplus_{j \in \mathbb{C}_s} x^j, \quad n \in \mathbb{N}^*. \tag{1.1054}$$

Es sei das Polynom $a(x) \in \mathbb{F}_2[x]_{n-1}$, $n \in \mathbb{N}^*$, durch [10, S. 218]

$$a(x) = a_0 \oplus a_1 \odot x \oplus a_2 \odot x^2 \oplus \cdots \oplus a_{n-1} \odot x^{n-1} = \bigoplus_{j=0}^{n-1} a_j \odot x^j, \quad n \in \mathbb{N}^*, \tag{1.1055}$$

gegeben. Man beachte, dass x^n in $\mathbb{F}_2[x]_{n-1}$ $n \in \mathbb{N}^*$, durch 1 ersetzt wird. Man definiert nun $a^*(x) \in \mathbb{F}_2[x]_{n-1}$, $n \in \mathbb{N}^*$, wie folgt

$$a^*(x) = a_0 \oplus a_1 \odot x^{n-1} \oplus a_2 \odot x^{n-2} \oplus \cdots \oplus a_{n-1} \odot x = \bigoplus_{j=0}^{n-1} a_j \odot x^{n-j}, \quad n \in \mathbb{N}^*. \tag{1.1056}$$

Lemma 1.1 ($E^*(x)$ ist ein idempotentes Polynom). *Wenn $E(x)$ ein idempotentes Polynom ist, dann ist auch $E^*(x)$ ein idempotentes Polynom* [10, *Lemma 4, S. 219*].

Beweis. Mit (1.1054), d. h. mit

$$E(x) = \bigoplus_s \bigoplus_{j \in \mathbb{C}_s} x^j, \quad n \in \mathbb{N}^*, \tag{1.1057}$$

erhält man

$$E^*(x) = \bigoplus_s \bigoplus_{j \in \mathbb{C}_s} x^{-j} = \bigoplus_s \bigoplus_{j \in \mathbb{C}_{-s}} x^j, \quad n \in \mathbb{N}^*. \tag{1.1058}$$

□

Satz 1.62 ($(1 \oplus E(x))^*$ ist das idempotente Polynom des dualen Codes). *Wenn der zyklische (n, k, d_{min}) binäre lineare Blockcode $\mathbb{V}$ das idempotente Polynom $E(x)$ hat, dann hat sein dualer Code $\mathbb{V}^\perp$ das idempotente Polynom $(1 \oplus E(x))^*$ [10, Satz 5, S. 219].*

Beweis. Es seien $\alpha_1, \alpha_2 \cdots \alpha_n$, $n \in \mathbb{N}^*$, die n-ten Wurzeln der Einheit [10, Satz 5, S. 219]. Man nehme nun an, dass $\alpha_1, \alpha_2 \cdots \alpha_t$, $1 \le t < n$, $n \in \mathbb{N}^*$, die Nullstellen von $\mathcal{I}$ und damit des zyklischen (n, k, d_{min}) binären linearen Blockcodes $\mathbb{V}$ sind. Es gelten [10, Satz 5, S. 219]

$$E(\alpha_i) = 0, \quad i \in \{1, 2 \cdots t\}, \quad 1 \le t < n, \quad n \in \mathbb{N}^*, \tag{1.1059}$$

und [10, Satz 5, S. 219]

$$E(\alpha_i) = 1, \quad i \in \{(t+1), (t+2) \cdots n\}, \quad 1 \le t < n, \quad n \in \mathbb{N}^*. \tag{1.1060}$$

Offensichtlich hat $(1 \oplus E(x))$ die Nullstellen $\alpha_{t+1}, \alpha_{t+2} \cdots \alpha_n$, $1 \le t < n$, $n \in \mathbb{N}^*$, und $(1 \oplus E(x))^*$ hat die Nullstellen $\alpha_{t+1}^{-1}, \alpha_{t+2}^{-1} \cdots \alpha_n^{-1}$, $1 \le t < n$, $n \in \mathbb{N}^*$ [10, Satz 5, S. 219]. Gemäß Satz 1.58 sind dies die Nullstellen des dualen Codes $\mathbb{V}^\perp$ [10, Satz 5, S. 219]. □

1.13.5 Minimale Ideale und primitive idempotente Polynome

Ein *minimales Ideal* ist ein Ideal, das kein kleineres, von der leeren Menge verschiedenes Ideal enthält [10, S. 219]. Der entsprechende zyklische (n, k, d_{min}) binäre lineare Blockcode $\mathbb{V}$ wird als *minimaler Code* oder *irreduzibler Code* bezeichnet, und das idempotente Polynom des minimalen Ideals wird als *primitives idempotentes Polynom* bezeichnet [10, S. 219].

Die von Null verschiedenen Elemente eines minimalen Ideals müssen $\{\alpha^i \mid i \in \mathbb{C}_s\}$ für manche Kreisteilungsklassen $\mathbb{C}_s$ sein [10, S. 219]. Man bezeichnet dieses minimale Ideal mit $\mathcal{M}_s$, und das entsprechende primitive idempotente Polynom mit $\theta_s(x)$ [10, S. 219]

$$\mathcal{M}_s = \langle \theta_s(x) \rangle. \tag{1.1061}$$

Daher gilt [10, S. 219]

$$\theta_s(\alpha^j) = \begin{cases} 1 & \text{wenn } j \in \mathbb{C}_s, \\ 0 & \text{sonst.} \end{cases} \tag{1.1062}$$

Es ist [10, S. 219]

$$\theta_0(x) = \frac{x^n \oplus 1}{x \oplus 1} = \bigoplus_{i=0}^{n-1} x^i, \quad n \in \mathbb{N}^*. \tag{1.1063}$$

Satz 1.63 (Konstruktionsregel für primitive idempotente Polynome). *Es sei* [10, *Satz 6, S. 220*]

$$\varepsilon_i = \bigoplus_{j\in\mathbb{C}_s} \alpha^{-i\cdot j}, \quad i \in \{0, 1 \cdots (n-1)\}, \quad n \in \mathbb{N}^*. \tag{1.1064}$$

Das mit der Kreisteilungsklasse $\mathbb{C}_s$ *assoziierte primitive idempotente Polynom ist* [10, *Satz 6, S. 220*]

$$\theta_s(x) = \bigoplus_{i=0}^{n-1} \varepsilon_i \odot x^i. \tag{1.1065}$$

Beweis. Aus Satz 1.60 folgt [10, S. 220]

$$\varepsilon_i = \bigoplus_{j=0}^{n-1} \theta_s(\alpha^j) \odot \alpha^{-i\cdot j} = \bigoplus_{j\in\mathbb{C}_s} \alpha^{-i\cdot j}, \quad i \in \{0, 1 \cdots (n-1)\}, \quad n \in \mathbb{N}^*. \tag{1.1066}$$

□

Kombiniert man (1.1065) mit (1.1064), so erhält man offensichtlich [10, S. 221]

$$\theta_s(x) = \bigoplus_{i=0}^{n-1} \underbrace{\left(\bigoplus_{j\in\mathbb{C}_s} \alpha^{-i\cdot j}\right)}_{=\varepsilon_i} \odot x^i, \quad n \in \mathbb{N}^*. \tag{1.1067}$$

Beispiel 1.56. Gemäß Beispiel 1.47 gibt es eine Kreisteilungsklasse für m gleich 1, d. h. für $\mathbb{F}_2$, nämlich

$$\mathbb{C}_0 = \{0\}. \tag{1.1068}$$

Darüber hinaus hat man n gleich $(2^m - 1)$ gleich 1. Es gibt nur ein primitives idempotentes Polynom

$$\theta_0(x) = \bigoplus_{i=0}^{0} x^i = 1, \tag{1.1069}$$

siehe (1.1063). Man beachte

$$\bigoplus_s \theta_s(x) = \theta_0(x) = 1. \tag{1.1070}$$

Gemäß (1.1062) ergibt sich $\theta_0(\alpha^0)$ gleich 1.

Im Fall von m gleich 2 ist n gleich $(2^m - 1)$ gleich 3. Gemäß Beispiel 1.47 gibt es zwei Kreisteilungsklassen für m gleich 2, d. h. für $\mathbb{F}_{2^2}$ gleich $\mathbb{F}_4$, nämlich

$$\mathbb{C}_0 = \{0\}, \quad \mathbb{C}_1 = \{1, 2\}. \tag{1.1071}$$

Es gibt zwei primitive idempotente Polynome

$$\theta_0(x) = \bigoplus_{i=0}^{2} x^i = 1 \oplus x \oplus x^2 \tag{1.1072}$$

gemäß (1.1063) und $\theta_1(x)$, das noch bestimmt werden muss. Gemäß Tabelle 1.12 erhält man

$$\begin{aligned} \alpha^3 &= 1, \\ \alpha^2 &= \alpha^{-1}, \\ \alpha^1 &= \alpha^{-2}, \end{aligned} \tag{1.1073}$$

und

$$\alpha^2 = 1 \oplus \alpha. \tag{1.1074}$$

Offensichtlich gilt

$$\theta_0\left(\alpha^0\right) = \bigoplus_{i=0}^{2}\left(\alpha^0\right)^i = \bigoplus_{i=0}^{2} 1 = 1, \tag{1.1075}$$

da α^0 gleich 1 zur Kreisteilungsklasse $\mathbb{C}_0$ gehört.

Darüber hinaus erhält man

$$\theta_0(\alpha) = 1 \oplus \alpha \oplus \alpha^2 = 1 \oplus \alpha \oplus 1 \oplus \alpha = \underbrace{1 \oplus 1}_{=0} \oplus \underbrace{\alpha \oplus \alpha}_{=0} = 0 \tag{1.1076}$$

und

$$\begin{aligned} \theta_0\left(\alpha^2\right) &= 1 \oplus \alpha^2 \oplus \alpha^4 = 1 \oplus 1 \oplus \alpha \oplus (1 \oplus \alpha)^2 = 1 \oplus (1 \oplus \alpha) \odot (\underbrace{1 \oplus 1}_{=0} \oplus \alpha) \\ &= 1 \oplus \alpha \oplus \alpha^2 = 1 \oplus \alpha \oplus 1 \oplus \alpha = \underbrace{1 \oplus 1}_{=0} \oplus \underbrace{\alpha \oplus \alpha}_{=0} \\ &= 0, \end{aligned} \tag{1.1077}$$

da α und α^2 zur Kreisteilungsklasse $\mathbb{C}_1$ gehören, aber nicht zur Kreisteilungsklasse $\mathbb{C}_0$.

Es gelten also

$$\theta_0\left(x^2\right) = 1 \oplus x^2 \oplus x^4 = 1 \oplus x^2 \oplus \underbrace{x^3}_{=1} x = 1 \oplus x \oplus x^2 = \theta_0(x) \tag{1.1078}$$

und

$$\begin{aligned} \left[\theta_0(x)\right]^2 &= \left[1 \oplus x \oplus x^2\right]^2 \\ &= \left(1 \oplus x \oplus x^2\right) \odot \left(1 \oplus x \oplus x^2\right) \\ &= 1 \oplus x \oplus x^2 \oplus x \oplus x^2 \oplus x^3 \oplus x^2 \oplus x^3 \oplus x^4 \\ &= 1 \oplus \underbrace{x \oplus x}_{=0} \oplus \underbrace{x^2 \oplus x^2}_{=0} \oplus x^2 \oplus \underbrace{x^3 \oplus x^3}_{=0} \oplus x^4 \\ &= 1 \oplus x^2 \oplus x^4 \\ &= 1 \oplus x^2 \oplus \underbrace{x^3}_{=1} \odot x \\ &= 1 \oplus x \oplus x^2 \\ &= \theta_0(x). \end{aligned} \tag{1.1079}$$

Mit (1.1064) ergibt sich

$$\varepsilon_0 = \bigoplus_{j\in\mathbb{C}_1} \alpha^0 = \bigoplus_{j\in\{1,2\}} \alpha^0 = 1 \oplus 1 = 0. \tag{1.1080}$$

Darüber hinaus gilt

$$\varepsilon_1 = \bigoplus_{j\in\mathbb{C}_1} \alpha^{-j} = \bigoplus_{j\in\{1,2\}} \alpha^{-j} = \alpha^{-1} \oplus \alpha^{-2} = \alpha^2 \oplus \alpha = 1 \oplus \underbrace{\alpha \oplus \alpha}_{=0} = 1. \tag{1.1081}$$

Mit

$$\varepsilon_2 = \varepsilon_1 \tag{1.1082}$$

folgt

$$\varepsilon_2 = 1. \tag{1.1083}$$

Gemäß (1.1065) resultiert

$$\theta_1(x) = \bigoplus_{i=0}^{2} \varepsilon_i x^i = \varepsilon_0 x^0 \oplus \varepsilon_1 x^1 \oplus \varepsilon_2 x^2 = x \oplus x^2. \tag{1.1084}$$

Offensichtlich gelten

$$\theta_1(\alpha) = \alpha \oplus \alpha^2 = 1 \tag{1.1085}$$

und

$$\begin{aligned}\theta_1\left(\alpha^2\right) &= \alpha^2 \oplus \alpha^4 = 1 \oplus \alpha \oplus (1 \oplus \alpha)^2 = (1 \oplus \alpha) \odot (\underbrace{1 \oplus 1}_{=0} \oplus \alpha) \\ &= \alpha \oplus \alpha^2 = 1,\end{aligned} \tag{1.1086}$$

weil α und α^2 zur Kreisteilungsklasse $\mathbb{C}_1$ gehören. Zudem erhält man

$$\theta_1\left(\alpha^0\right) = 1 \oplus 1 = 0, \tag{1.1087}$$

weil α^0 zur Kreisteilungsklasse $\mathbb{C}_0$ gehört, aber nicht zur Kreisteilungsklasse $\mathbb{C}_1$. Außerdem erhält man

$$\begin{aligned}\left(\theta_1(x)\right)^2 &= \left(x \oplus x^2\right) \odot \left(x \oplus x^2\right) \\ &= x^2 \oplus \underbrace{x^3 \oplus x^3}_{=0} \oplus x^4 \\ &= x^2 \oplus x^4 \\ &= \theta_1\left(x^2\right) \\ &= x^2 \oplus \underbrace{x^3}_{=1} \odot x \\ &= x \oplus x^2 \\ &= \theta_1(x).\end{aligned} \tag{1.1088}$$

Nota bene, dass

$$\bigoplus_{s} \theta_s(x) = \theta_0(x) \oplus \theta_1(x) = \underbrace{1 \oplus x \oplus x^2}_{=\theta_0(x)} \oplus \underbrace{x \oplus x^2}_{=\theta_1(x)} = 1 \oplus \underbrace{x \oplus x}_{=0} \oplus \underbrace{x^2 \oplus x^2}_{=0} = 1 \tag{1.1089}$$

gilt.

Im Fall von m gleich 3 ist n gleich $(2^m - 1)$ gleich 7. Gemäß Beispiel 1.47 gibt es drei Kreisteilungsklassen für m gleich 2, d. h. für $\mathbb{F}_{2^3}$ gleich $\mathbb{F}_8$, nämlich

$$\mathbb{C}_0 = \{0\}, \quad \mathbb{C}_1 = \{1, 2, 4\}, \quad \mathbb{C}_3 = \{3, 6, 5\}. \tag{1.1090}$$

Folglich gibt es drei primitive idempotente Polynome, nämlich

$$\theta_0(x) = \bigoplus_{i=0}^{6} x^i = 1 \oplus x \oplus x^2 \oplus x^3 \oplus x^4 \oplus x^5 \oplus x^6 \tag{1.1091}$$

nach (1.1063) sowie $\theta_1(x)$ und θ_3, auf die gleich eingegangen wird.

Laut Tabelle 1.10 erhält man

$$\begin{aligned} \alpha^7 &= 1 \\ \alpha^6 &= \alpha^{-1} \\ \alpha^5 &= \alpha^{-2} \\ \alpha^4 &= \alpha^{-3} \\ \alpha^3 &= \alpha^{-4} \\ \alpha^1 &= \alpha^{-5} \\ \alpha^1 &= \alpha^{-6} \\ \alpha^0 &= \alpha^{-7} \end{aligned} \tag{1.1092}$$

und

$$\alpha^3 = 1 \oplus \alpha. \tag{1.1093}$$

Lassen Sie uns nun $\theta_1(x)$ betrachten. Mit (1.1064) erhält man [10, S. 220]

$$\varepsilon_i = \bigoplus_{j \in \mathbb{C}_1} \alpha^{-ij} = \bigoplus_{j \in \{1,2,4\}} \alpha^{-ij} = \alpha^{-i} \oplus \alpha^{-2i} \oplus \alpha^{-4i}, \quad i \in \{1, 2 \cdots 6\}, \tag{1.1094}$$

und daher

$$\begin{aligned} \varepsilon_0 &= 1 \oplus 1 \oplus 1 = 1, \\ \varepsilon_1 &= \alpha^{-1} \oplus \alpha^{-2} \oplus \alpha^{-4} = \alpha^6 \oplus \alpha^5 \oplus \alpha^3 = 1 \oplus \alpha^2 \oplus 1 \oplus \alpha \oplus \alpha^2 \oplus 1 \oplus \alpha = 1, \\ \varepsilon_2 &= \varepsilon_1 = 1, \\ \varepsilon_3 &= \alpha^{-3} \oplus \alpha^{-6} \oplus \alpha^{-12} = \alpha^{-12}\left(\alpha^9 \oplus \alpha^6 \oplus 1\right) = \alpha^2\left(\alpha^2 \oplus 1 \oplus \alpha^2 \oplus 1\right) = 0, \\ \varepsilon_4 &= \varepsilon_2 = 1, \\ \varepsilon_5 &= \alpha^{-5} \oplus \alpha^{-10} \oplus \alpha^{-20} = \alpha^{-20}\left(\alpha^{15} \oplus \alpha^{10} \oplus 1\right) = \alpha^{-20}(\alpha \oplus 1 \oplus \alpha \oplus 1) = 0, \\ \varepsilon_6 &= \varepsilon_3 = 0. \end{aligned} \tag{1.1095}$$

Somit folgt [10, S. 220]

$$\theta_1(x) = 1 \oplus x \oplus x^2 \oplus x^4. \tag{1.1096}$$

Lassen Sie uns nun $\theta_3(x)$ betrachten. Mit (1.1064) ergibt sich [10, S. 220]

$$\varepsilon_i = \bigoplus_{j \in \mathbb{C}_3} \alpha^{-i \cdot j} = \bigoplus_{j \in \{3,6,5\}} \alpha^{-i \cdot j} = \alpha^{-3i} \oplus \alpha^{-6i} \oplus \alpha^{-5i}, \quad i \in \{1, 2 \cdots 6\}. \tag{1.1097}$$

Es folgt

$$\begin{aligned}
\varepsilon_0 &= 1 \oplus 1 \oplus 1 = 1,\\
\varepsilon_1 &= \alpha^{-3} \oplus \alpha^{-6} \oplus \alpha^{-5} = \alpha \oplus \alpha^2 \oplus \alpha \oplus \alpha^2 = 0,\\
\varepsilon_2 &= \varepsilon_1 = 0,\\
\varepsilon_3 &= \alpha^{-9} \oplus \alpha^{-15} \oplus \alpha^{-18} = \alpha^5 \oplus \alpha^6 \oplus \alpha^3 = 1 \oplus \alpha^2 \oplus \alpha \oplus 1 \oplus \alpha^2 \oplus 1 \oplus \alpha = 1,\\
\varepsilon_4 &= \varepsilon_2 = 0,\\
\varepsilon_5 &= \alpha^{-15} \oplus \alpha^{-25} \oplus \alpha^{-30} = \alpha^5\alpha^2 = 1,\\
\varepsilon_6 &= \varepsilon_3 = 1.
\end{aligned} \tag{1.1098}$$

Daher hat man [10, S. 220]

$$\theta_3(x) = 1 \oplus x^3 \oplus x^5 \oplus x^6. \tag{1.1099}$$

Mit Tabelle 1.11 ergibt sich

$$\alpha^3 = 1 \oplus \alpha^2. \tag{1.1100}$$

Das primitive idempotente Polynom $\theta_0(x)$ bleibt unverändert, jedoch $\theta_1(x)$ und $\theta_3(x)$ werden vertauscht [10, S. 220].

Man beachte

$$\begin{aligned}
\bigoplus_s \theta_s(x) &= \theta_0(x) \oplus \theta_1(x) \oplus \theta_3(x)\\
&= \underbrace{1 \oplus x \oplus x^2 \oplus x^3 \oplus x^4 \oplus x^5 \oplus x^6}_{=\theta_0(x)}\\
&\quad \oplus \underbrace{1 \oplus x \oplus x^2 \oplus x^4}_{=\theta_1(x)}\\
&\quad \oplus \underbrace{1 \oplus x^3 \oplus x^5 \oplus x^6}_{=\theta_3(x)}\\
&= 1 \oplus \underbrace{1 \oplus 1}_{=0} \oplus \underbrace{x \oplus x}_{=0} \oplus \underbrace{x^2 \oplus x^2}_{=0} \oplus \underbrace{x^3 \oplus x^3}_{=0}\\
&\quad \oplus \underbrace{x^4 \oplus x^4}_{=0} \oplus \underbrace{x^5 \oplus x^5}_{=0} \oplus \underbrace{x^6 \oplus x^6}_{=0}\\
&= 1.
\end{aligned} \tag{1.1101}$$

Die Verwendung verschiedener Polynome zur Definition des Körpers führt zur Umbenennung der primitiven idempotenten Polynome [10, S. 220].

Satz 1.64 (Eigenschaften primitiver idempotenter Polynome). *Die primitiven idempotenten Polynome haben die folgenden Eigenschaften* [10, *S. 220*].

1:

$$\bigoplus_s \theta_s(x) = 1. \tag{1.1102}$$

2:

$$\theta_i(x) \odot \theta_j(x) = 0, \quad j \neq i. \tag{1.1103}$$

3: *$\mathbb{F}_2[x]_{n-1}$, $n \in \mathbb{N}^*$, ist die direkte Summe der minimalen Ideale, welche durch alle primitiven idempotenten Polynome $\theta_s(x)$ erzeugt werden. Somit kann jedes Polynom $a(x) \in \mathbb{F}_2[x]_{n-1}$, $n \in \mathbb{N}^*$, eindeutig in der Form*

$$a(x) = \bigoplus_{s} a_s(x), \tag{1.1104}$$

geschrieben werden. Das Polynom $a_s(x)$ liegt in demjenigen Ideal, welches von $\theta_s(x)$ erzeugt wird.

4 *Wenn $E(x)$ ein idempotentes Polynom ist, dann kann $E(x)$ in der Form*

$$E(x) = \bigoplus_{s} a_s \odot \theta_s(x) \tag{1.1105}$$

geschrieben werden. Umgekehrt ist jeder solche Ausdruck ein idempotentes Polynom.

Beweis.

Behauptung 1

Mit (1.1067) ergibt sich [10, S. 221]

$$\begin{aligned}
\bigoplus_{s} \theta_s(x) &= \bigoplus_{s} \bigoplus_{i=0}^{n-1} \bigoplus_{j \in \mathbb{C}_s} \alpha^{-i\cdot j} \odot x^i \\
&= \bigoplus_{i=0}^{n-1} x^i \odot \underbrace{\bigoplus_{s} \bigoplus_{j \in \mathbb{C}_s} \alpha^{-i\cdot j}}_{=\bigoplus_{j=0}^{n-1} \alpha^{-i\cdot j}} \\
&= \bigoplus_{i=0}^{n-1} x^i \odot \bigoplus_{j=0}^{n-1} \alpha^{-i\cdot j} \\
&= x^0 \odot \bigoplus_{j=0}^{n-1} \left[\alpha^{-0}\right]^j \oplus \bigoplus_{i=1}^{n-1} x^i \odot \bigoplus_{j=0}^{n-1} \alpha^{-i\cdot j} \\
&= \underbrace{\bigoplus_{j=0}^{n-1} 1^j}_{=1 \text{ gemäß Satz 1.59}} \oplus \bigoplus_{i=1}^{n-1} x^i \odot \underbrace{\bigoplus_{j=0}^{n-1} \alpha^{-i\cdot j}}_{=0 \text{ gemäß Satz 1.59}} \\
&= 1.
\end{aligned} \tag{1.1106}$$

Behauptung 2

Es sei $\mathcal{M}_i$ dasjenige minimale Ideal mit dem primitiven idempotenten Polynom $\theta_i(x)$, und es sei $\mathcal{M}_j$ dasjenige minimale Ideal mit dem primitiven idempotenten Polynom $\theta_j(x)$ [10, S. 221]. Es sei $i \neq j$ [10, S. 221]. Dann ist $\mathcal{M}_i\mathcal{M}_j$ gleich $\mathcal{M}_i \cap \mathcal{M}_j$ ein echtes Unterideal von $\mathcal{M}_i$. Daher ist $\mathcal{M}_i\mathcal{M}_j$ die leere Menge $\emptyset$ für $i \neq j$ [10, S. 221]. Folglich ist $\theta_i(x) \odot \theta_j(x) \in \mathcal{M}_i\mathcal{M}_j$, und daher muss $\theta_i(x) \odot \theta_j(x)$ gleich 0 sein [10, S. 221].

Behauptung 3

Mit (1.1102) erhält man

$$a(x) = a(x) \odot 1 = a(x) \odot \bigoplus_{s} \theta_s(x) = \bigoplus_{s} a_s(x). \tag{1.1107}$$

Das Polynom $a_s(x)$ liegt in demjenigen Ideal, welches durch $\theta_s(x)$ erzeugt wird [10, S. 220].

Behauptung 4
Diejenigen Stellen x von $E(x)$, die keine Nullstellen sind, sind eine Vereinigung derjenigen Stellen der minimalen idempotenten Polynome, die keine Nullstellen sind [10, S. 220]. Dieses Ergebnis folgt aus (1.1062) und aus der Tatsache, dass $E(\alpha^j)$ entweder 1 oder 0 ist [10, S. 220]. □

Jedes idempotente Polynom $E(x)$ ist somit die Summe primitiver idempotenter Polynome $\theta_s(x)$, und jedes Polynom $a(x)$ in $\mathbb{F}_2[x]_{n-1}$ kann eindeutig als Summe von Polynomen $a_s(x)$ aus minimalen Idealen geschrieben werden [10, S. 220f.].

Mit der Definition (1.1056) ist das Polynom $\theta_s^*(x)$ durch

$$\theta_s^*(x) = \theta_{s'}(x), \quad s' \in \mathbb{C}_{-s}, \tag{1.1108}$$

gegeben. Der Index s' ist die kleinste mögliche Zahl und eindeutig. Das Polynom $\theta_s^*(x)$ ist ebenfalls ein primitives idempotentes Polynom mit Stellen $\{\alpha^i \mid i \in \mathbb{C}_{-s}\}$, die keine Nullstellen sind [10, S. 221].

Beispiel 1.57. Aus Beispiel 1.56 ist bekannt, dass für m gleich 1 nur eine Kreisteilungsklasse $\mathbb{C}_0$ existiert. Daher ist $s' \in \mathbb{C}_0$ gleich 0, und man erhält

$$\theta_0^*(x) = \theta_0(x) = 1. \tag{1.1109}$$

Beispiel 1.58. Im Fall von m gleich 2 gibt es zwei Kreisteilungsklassen, nämlich

$$\mathbb{C}_0 = \{0\}, \quad \mathbb{C}_1 = \{1, 2\}, \tag{1.1110}$$

siehe Beispiel 1.56. Im Fall von s gleich 0 ist $s' \in \mathbb{C}_0$ ebenfalls gleich 0, und man erhält

$$\theta_0^*(x) = \theta_0(x) = 1 \oplus x \oplus x^2, \tag{1.1111}$$

siehe Beispiel 1.56. Im Fall von s gleich 1 gilt $s' \in \mathbb{C}_{-1}$. Wegen

$$(-1) \bmod \left(2^2 - 1\right) = (-1 + 3) \bmod \left(2^2 - 1\right) = 2 \in \mathbb{C}_1 \tag{1.1112}$$

sieht man sofort, dass $\mathbb{C}_{-1}$ gleich $\mathbb{C}_1$ ist und s' gleich dem kleinsten Wert von 1 oder 2 ist, also 1. Daher erhält man

$$\theta_1^*(x) = \theta_1(x) = x \oplus x^2, \tag{1.1113}$$

siehe Beispiel 1.56.

Beispiel 1.59. Im Fall von m gleich 3 gibt es drei Kreisteilungsklassen, nämlich

$$\mathbb{C}_0 = \{0\}, \quad \mathbb{C}_1 = \{1, 2, 4\}, \quad \mathbb{C}_3 = \{3, 6, 5\}, \tag{1.1114}$$

siehe Beispiel 1.56. Im Fall von s gleich 0 ist $s' \in \mathbb{C}_0$ ebenfalls gleich 0, und man erhält

$$\theta_0^*(x) = \theta_0(x) = 1 \oplus x \oplus x^2 \oplus x^3 \oplus x^4 \oplus x^5 \oplus x^6, \tag{1.1115}$$

siehe Beispiel 1.56. Für s gleich 1 ist $s' \in \mathbb{C}_{-1}$. Wegen

$$(-1) \bmod \left(2^3 - 1\right) = (-1 + 7) \bmod \left(2^2 - 1\right) = 6 \in \mathbb{C}_3 \tag{1.1116}$$

sieht man sofort, dass $\mathbb{C}_{-1}$ gleich $\mathbb{C}_3$ ist und s' gleich dem kleinsten Wert von 3, 6 oder 5 ist, also 3. Daher erhält man

$$\theta_1^*(x) = \theta_3(x) = 1 \oplus x^3 \oplus x^5 \oplus x^6, \tag{1.1117}$$

siehe Beispiel 1.56.

Im Fall von s gleich 3 ist $s' \in \mathbb{C}_{-3}$. Wegen

$$(-3) \bmod \left(2^3 - 1\right) = (-3 + 7) \bmod \left(2^2 - 1\right) = 4 \in \mathbb{C}_1 \tag{1.1118}$$

sieht man sofort, dass $\mathbb{C}_{-3}$ gleich $\mathbb{C}_1$ ist und s' gleich $\min(1, 2, 4)$ ist. Es folgt s' gleich 1. Daher erhält man

$$\theta_1^*(x) = \theta_3(x) = 1 \oplus x \oplus x^2 \oplus x^4, \tag{1.1119}$$

siehe Beispiel 1.56.

Beispiel 1.60. Im Fall von m gleich 4 gibt es fünf Kreisteilungsklassen, nämlich [10, S. 104]

$$\begin{aligned} \mathbb{C}_0 &= \{0\}, \\ \mathbb{C}_1 &= \{1, 2, 4, 8\}, \\ \mathbb{C}_3 &= \{3, 6, 12, 9\}, \\ \mathbb{C}_5 &= \{5, 10\}, \\ \mathbb{C}_7 &= \{7, 14, 13, 11\}, \end{aligned} \tag{1.1120}$$

siehe Beispiel 1.48.

Man betrachtet $\mathbb{F}_{2^4}$ gleich $\mathbb{F}_{16}$ mit $\alpha^4 \oplus \alpha \oplus 1 = 0$, siehe Beispiel 1.44.

Im Fall von s gleich 0 ist $s' \in \mathbb{C}_0$ ebenfalls gleich 0, und es ergibt sich [10, S. 221]

$$\theta_0^*(x) = \theta_0(x) = \bigoplus_{j=0}^{14} x^j = 1 \oplus x \oplus x^2 \oplus \cdots \oplus x^{14}. \tag{1.1121}$$

Für s gleich 1 ist $s' \in \mathbb{C}_{-1}$. Wegen

$$(-1) \bmod \left(2^4 - 1\right) = (-1 + 15) \bmod 15 = 14 \in \mathbb{C}_7 \tag{1.1122}$$

sieht man sofort, dass $\mathbb{C}_{-1}$ gleich $\mathbb{C}_7$ ist und s' gleich $\min(7, 14, 13, 11)$ ist. Es folgt s' gleich 7. Daher erhält man [10, S. 221]

$$\theta_1^*(x) = \theta_7(x) = x^3 \oplus x^6 \oplus x^7 \oplus x^9 \oplus x^{11} \oplus x^{12} \oplus x^{13} \oplus x^{14}. \tag{1.1123}$$

Im Fall von s gleich 3 ist $s' \in \mathbb{C}_{-3}$. Wegen

$$(-3) \bmod \left(2^4 - 1\right) = (-3 + 15) \bmod (15) = 12 \in \mathbb{C}_3 \tag{1.1124}$$

sieht man sofort, dass $\mathbb{C}_{-3}$ gleich $\mathbb{C}_3$ ist und $\min(3, 6, 12, 9)$ ist. Es folgt s' gleich 3. Daher erhält man [10, S. 221]

$$\begin{aligned}\theta_3^*(x) &= \theta_3(x)\\ &= x \oplus x^2 \oplus x^3 \oplus x^4 \oplus x^6 \oplus x^7 \oplus x^8 \oplus x^9 \oplus x^{11} \oplus x^{12} \oplus x^{13} \oplus x^{14}.\end{aligned} \tag{1.1125}$$

Im Fall von s gleich 5 gilt $s' \in \mathbb{C}_{-5}$. Wegen

$$(-5) \bmod \left(2^4 - 1\right) = (-5 + 15) \bmod (15) = 10 \in \mathbb{C}_5 \tag{1.1126}$$

sieht man sofort, dass $\mathbb{C}_{-5}$ gleich $\mathbb{C}_5$ ist und s' gleich $\min(5, 10)$ ist. Daraus folgt s' gleich 5. Daher erhält man [10, S. 221]

$$\theta_5^*(x) = \theta_5(x) = x \oplus x^2 \oplus x^4 \oplus x^5 \oplus x^7 \oplus x^8 \oplus x^{10} \oplus x^{11} \oplus x^{13} \oplus x^{14}. \tag{1.1127}$$

Im Fall von s gleich 7 ist $s' \in \mathbb{C}_{-7}$. Wegen

$$(-7) \bmod \left(2^4 - 1\right) = (-7 + 15) \bmod (15) = 8 \in \mathbb{C}_1 \tag{1.1128}$$

sieht man sofort, dass $\mathbb{C}_{-7}$ gleich $\mathbb{C}_1$ ist und s' gleich $\min(1, 2, 4, 8)$ ist. Es folgt s' gleich 1. Daher erhält man [10, S. 221]

$$\theta_7^*(x) = \theta_1(x) = x \oplus x^2 \oplus x^3 \oplus x^4 \oplus x^6 \oplus x^8 \oplus x^9 \oplus x^{12}. \tag{1.1129}$$

Beispiel 1.61. Im Fall von m gleich 5 gibt es fünf Kreisteilungsklassen, nämlich [10, S. 104]

$$\begin{aligned}\mathbb{C}_0 &= \{0\},\\ \mathbb{C}_1 &= \{1, 2, 4, 8, 16\},\\ \mathbb{C}_3 &= \{3, 6, 12, 24, 17\},\\ \mathbb{C}_5 &= \{5, 10, 20, 9, 18\},\\ \mathbb{C}_7 &= \{7, 14, 28, 25, 19\},\\ \mathbb{C}_{11} &= \{11, 22, 13, 26, 21\},\\ \mathbb{C}_{15} &= \{15, 30, 29, 27, 23\},\end{aligned} \tag{1.1130}$$

siehe Beispiel 1.48.

Man betrachtet $\mathbb{F}_{2^5}$ gleich $\mathbb{F}_{32}$ mit $\alpha^5 \oplus \alpha^3 \oplus 1 = 0$, siehe Beispiel 1.44.

Im Fall von s gleich 0 ist $s' \in \mathbb{C}_0$ ebenfalls gleich 0, und es resultiert [10, S. 222]

$$\theta_0^*(x) = \theta_0(x) = \bigoplus_{j=0}^{30} x^j = 1 \oplus x \oplus x^2 \oplus \cdots \oplus x^{30}. \tag{1.1131}$$

Für s gleich 1 ist $s' \in \mathbb{C}_{-1}$. Wegen

$$(-1) \bmod \left(2^5 - 1\right) = (-1 + 31) \bmod 31 = 30 \in \mathbb{C}_{15} \tag{1.1132}$$

sieht man sofort, dass $\mathbb{C}_{-1}$ gleich $\mathbb{C}_{15}$ ist und s' gleich $\min(15, 30, 29, 27, 23)$ ist. Es folgt s' gleich 15. Daher erhält man [10, S. 222]

$$\begin{aligned}\theta_1^*(x) &= \theta_{15}(x)\\ &= 1 \oplus x^3 \oplus x^5 \oplus x^6 \oplus x^9 \oplus x^{10} \oplus x^{11} \oplus x^{12} \oplus x^{13}\\ &\quad \oplus x^{17} \oplus x^{18} \oplus x^{20} \oplus x^{21} \oplus x^{22} \oplus x^{24} \oplus x^{26}.\end{aligned} \tag{1.1133}$$

Im Fall von s gleich 3 ist $s' \in \mathbb{C}_{-3}$. Wegen

$$(-3) \bmod \left(2^5 - 1\right) = (-3 + 31) \bmod 31 = 28 \in \mathbb{C}_7 \tag{1.1134}$$

sieht man sofort, dass $\mathbb{C}_{-3}$ gleich $\mathbb{C}_7$ ist und s' gleich $\min(7, 14, 28, 25, 19)$ ist. Daraus folgt s' gleich 7. Daher erhält man [10, S. 222]

$$\begin{aligned}\theta_3^*(x) &= \theta_7(x)\\ &= 1 \oplus x \oplus x^2 \oplus x^3 \oplus x^4 \oplus x^6 \oplus x^7 \oplus x^8 \oplus x^{12}\\ &\quad \oplus x^{14} \oplus x^{16} \oplus x^{17} \oplus x^{19} \oplus x^{24} \oplus x^{25} \oplus x^{28}.\end{aligned} \tag{1.1135}$$

Im Fall von s gleich 5 ist $s' \in \mathbb{C}_{-5}$. Wegen

$$(-5) \bmod \left(2^5 - 1\right) = (-5 + 31) \bmod 31 = 26 \in \mathbb{C}_{11} \tag{1.1136}$$

sieht man sofort, dass $\mathbb{C}_{-5}$ gleich $\mathbb{C}_5$ ist und s' gleich $\min(11, 22, 13, 26, 21)$ ist. Es ergibt sich s' gleich 11. Daher erhält man [10, S. 222]

$$\begin{aligned}\theta_5^*(x) &= \theta_{11}(x)\\ &= 1 \oplus x \oplus x^2 \oplus x^4 \oplus x^8 \oplus x^{11} \oplus x^{13} \oplus x^{15} \oplus x^{16}\\ &\quad \oplus x^{21} \oplus x^{22} \oplus x^{23} \oplus x^{26} \oplus x^{27} \oplus x^{29} \oplus x^{30}.\end{aligned} \tag{1.1137}$$

Im Fall von s gleich 7 ist $s' \in \mathbb{C}_{-7}$. Wegen

$$(-7) \bmod \left(2^5 - 1\right) = (-7 + 31) \bmod 31 = 24 \in \mathbb{C}_3 \tag{1.1138}$$

sieht man sofort, dass $\mathbb{C}_{-7}$ gleich $\mathbb{C}_3$ ist und s' gleich $\min(3, 6, 12, 24, 17)$ ist. Es folgt s' gleich 3. Daher resultiert [10, S. 222]

$$\begin{aligned}\theta_7^*(x) &= \theta_3(x)\\ &= 1 \oplus x^3 \oplus x^6 \oplus x^7 \oplus x^{12} \oplus x^{14} \oplus x^{15} \oplus x^{17} \oplus x^{19}\\ &\quad \oplus x^{23} \oplus x^{24} \oplus x^{25} \oplus x^{27} \oplus x^{28} \oplus x^{29} \oplus x^{30}.\end{aligned} \tag{1.1139}$$

In dem Fall von s gleich 11 gilt $s' \in \mathbb{C}_{-11}$. Wegen

$$(-11) \bmod \left(2^5 - 1\right) = (-11 + 31) \bmod 31 = 20 \in \mathbb{C}_5 \tag{1.1140}$$

sieht man sofort, dass $\mathbb{C}_{-11}$ gleich $\mathbb{C}_5$ ist und s' gleich $\min(5, 10, 20, 9, 18)$. Es folgt s' gleich 5. Daher erhält man [10, S. 222]

$$\begin{aligned}\theta_{11}^*(x) &= \theta_5(x)\\ &= 1 \oplus x \oplus x^2 \oplus x^3 \oplus x^5 \oplus x^8 \oplus x^9 \oplus x^{10} \oplus x^{15}\\ &\quad \oplus x^{16} \oplus x^{18} \oplus x^{20} \oplus x^{23} \oplus x^{27} \oplus x^{29} \oplus x^{30}.\end{aligned} \tag{1.1141}$$

Im Fall von s gleich 15 ist $s' \in \mathbb{C}_{-15}$. Wegen

$$(-15) \bmod \left(2^5 - 1\right) = (-15 + 31) \bmod 31 = 16 \in \mathbb{C}_1, \tag{1.1142}$$

sieht man sofort, dass $\mathbb{C}_{-11}$ gleich $\mathbb{C}_5$ ist und s' gleich $\min(1, 2, 4, 8, 16)$. Es folgt s' gleich 1. Daher ergibt sich [10, S. 222]

$$\begin{aligned}\theta_{15}^*(x) &= \theta_1(x)\\ &= 1 \oplus x^5 \oplus x^7 \oplus x^9 \oplus x^{10} \oplus x^{11} \oplus x^{13} \oplus x^{14} \oplus x^{18} \oplus x^{19}\\ &\quad \oplus x^{20} \oplus x^{21} \oplus x^{22} \oplus x^{25} \oplus x^{26} \oplus x^{28}.\end{aligned} \tag{1.1143}$$

1.14 Einige Beispiele von zyklischen $(n, k, d_{\min})$ binärer linearer Blockcodes

1.14.1 Einführende Bemerkung

In diesem Abschnitt 1.14 werden drei Typen von zyklischen $(n, k, d_{\min})$ binären linearen Blockcodes $\mathbb{V}$ illustriert, nämlich

- zyklische Hamming-Codes,
- zyklische Simplex-Codes und
- doppelfehlerkorrigierende Bose-Chaudhuri-Hocquenghem (BCH) Codes

Sie, lieber Leser, könnten sich fragen, warum diese Auswahl so spärlich ist. Der Grund ist ganz einfach. Bis heute wurden nur solche klassischen zyklischen $(n, k, d_{\min})$ binären linearen Blockcodes $\mathbb{V}$ mit der Codelänge von $n \leq 256$ und mit der Dimensionen $k \leq 256$ Bits identifiziert [33, Tabelle 1.1, S. 21], [60]. Solche klassischen zyklischen $(n, k, d_{\min})$ binären linearen Blockcodes $\mathbb{V}$ sind viel zu kurz für die Datenübertragung in modernen Mobilkommunikationssystemen und werden daher ausschließlich für den Fehlerschutz von Kontrollinformationen betrachtet. Daher glaubt der Autor, dass wenige Beispiele ausreichen.

1.14.2 Zyklische Hamming-Codes

Lassen Sie uns erneut die Hamming-Codes betrachten, siehe Abschnitt 1.9.5.

Beispiel 1.62. Der (7, 4, 3) Hamming-Code ist ein binärer linearer Blockcode $\mathbb{V}$ mit der Prüfmatrix (Paritätsprüfmatrix) [10, S. 24]

$$\boldsymbol{H} = \begin{pmatrix} 0 & 0 & 0 & 1 & 1 & 1 & 1 \\ 0 & 1 & 1 & 0 & 0 & 1 & 1 \\ 1 & 0 & 1 & 0 & 1 & 0 & 1 \end{pmatrix}. \tag{1.1144}$$

Man nimmt die Spalten in der natürlichen Reihenfolge der zunehmenden binären Zahlen, wobei

- die erste Spalte $(0 \cdot 2^2 + 0 \cdot 2^1 + 1 \cdot 2^0) = 1$,
- die zweite Spalte $(0 \cdot 2^2 + 1 \cdot 2^1 + 0 \cdot 2^0) = 2$,
- die dritte Spalte $(0 \cdot 2^2 + 1 \cdot 2^1 + 1 \cdot 2^0) = 3$,
- die vierte Spalte $(1 \cdot 2^2 + 0 \cdot 2^1 + 0 \cdot 2^0) = 4$,
- die fünfte Spalte $(1 \cdot 2^2 + 0 \cdot 2^1 + 1 \cdot 2^0) = 5$,
- die sechste Spalte $(1 \cdot 2^2 + 1 \cdot 2^1 + 0 \cdot 2^0) = 6$ und

– die siebte Spalte $(1 \cdot 2^2 + 1 \cdot 2^1 + 1 \cdot 2^0) = 7$

repräsentiert.

Um die Prüfmatrix (Paritätsprüfmatrix) in der Standardform [10, Gl. (2), S. 2; Gl. (39), S. 24] von (1.184) zu erhalten, ordnet man die Spalten in einer anderen Reihenfolge, nämlich (4, 2, 1, 3, 5, 6, 7). Es ergibt sich [10, S. 24]

$$\boldsymbol{H}' = \begin{pmatrix} 1 & 0 & 0 & 0 & 1 & 1 & 1 \\ 0 & 1 & 0 & 1 & 0 & 1 & 1 \\ 0 & 0 & 1 & 1 & 1 & 0 & 1 \end{pmatrix}. \tag{1.1145}$$

$\boldsymbol{H}'$ repräsentiert einen äquivalenten (7, 4, 3) Hamming-Code $\mathbb{V}'$.

Ein weiterer äquivalenter (7, 4, 3) Hamming-Code $\mathbb{V}''$ hat die Prüfmatrix (Paritätsprüfmatrix) [10, S. 25]

$$\boldsymbol{H}'' = \begin{pmatrix} 1 & 1 & 1 & 0 & 1 & 0 & 0 \\ 0 & 1 & 1 & 1 & 0 & 1 & 0 \\ 0 & 0 & 1 & 1 & 1 & 0 & 1 \end{pmatrix}, \tag{1.1146}$$

die offensichtlich eine rechtszirkulante Matrix ist. Die erste Zeile ist

$$\begin{pmatrix} 1 & 1 & 1 & 0 & 1 & 0 & 0 \end{pmatrix}. \tag{1.1147}$$

Ausgehend von Definition 1.40, stellt man fest dass die Prüfmatrix (Paritätsprüfmatrix) eines binären Hamming-Codes der Länge n gleich $(2^h - 1)$, $h \in \{2, 3, 4 \cdots\}$, als Spalten alle $(2^h - 1)$ von Null verschiedenen h-Tupel hat [10, S. 191].

Wenn α ein primitives Element von $\mathbb{F}_{2^h}$, $h \in \{2, 3, 4 \cdots\}$, ist, dann sind $1, \alpha, \alpha^2, \alpha^3 \cdots \alpha^{2^h-2}$, $h \in \{2, 3, 4 \cdots\}$, paarweise unterschiedlich und können durch von Null verschiedene binäre h-Tupel dargestellt werden [10, S. 191].

Somit hat der zyklische $(n = 2^h - 1, k = 2^h - h - 1, d_{\min} = 3)$ Hamming-Code eine Prüfmatrix (Paritätsprüfmatrix), die als

$$\boldsymbol{H} = (1, \alpha, \alpha^2, \alpha^3 \cdots \alpha^{2^h-2}), \tag{1.1148}$$

geschrieben werden kann. Jeder Eintrag in $\boldsymbol{H}$ nach (1.1148) ist eines der gerade erwähnten binären h-Tupel [10, S. 191f.].

Beispiel 1.63. Wir betrachten h gleich 3 und $\mathbb{F}_{2^3}$ in der Form von Tabelle 1.10 mit dem primitiven Polynom

$$\pi_1(x) = 1 \oplus x \oplus x^3, \tag{1.1149}$$

welches gleichzeitig das Minimalpolynom $M^{(1)}(x)$ ist.

Mit

$$2^h - 2 = 2^3 - 2 = 6 \tag{1.1150}$$

und mit (1.1148) erhält man

$$\boldsymbol{H}_{M^{(1)}(x)} = \left(1, \alpha, \alpha^2, \alpha^3, \ldots, \alpha^6\right) = \begin{pmatrix} 0 & 0 & 1 & 0 & 1 & 1 & 1 \\ 0 & 1 & 0 & 1 & 1 & 1 & 0 \\ 1 & 0 & 0 & 1 & 0 & 1 & 1 \end{pmatrix}. \tag{1.1151}$$

Wegen (1.1149) gilt

$$1 \oplus \alpha \oplus \alpha^3 = 0. \tag{1.1152}$$

Ein Codewort $\boldsymbol{v}$ erfüllt

$$\boldsymbol{v}\boldsymbol{H}^{\mathrm{T}}_{M^{(1)}(x)} = \boldsymbol{0}_3, \tag{1.1153}$$

d. h.

$$(v_0, v_1, v_2, v_3, v_4, v_5, v_6, v_7) \begin{pmatrix} 0 & 0 & 1 \\ 0 & 1 & 0 \\ 1 & 0 & 0 \\ 0 & 1 & 1 \\ 1 & 1 & 0 \\ 1 & 1 & 1 \\ 1 & 0 & 1 \end{pmatrix} = (0, 0, 0). \tag{1.1154}$$

Es ergeben sich die Paritätsprüfgleichungen

$$\begin{aligned} v_2 \oplus v_4 \oplus v_5 \oplus v_6 &= 0, \\ v_1 \oplus v_3 \oplus v_4 \oplus v_5 &= 0, \\ v_0 \oplus v_3 \oplus v_5 \oplus v_6 &= 0. \end{aligned} \tag{1.1155}$$

Es sei das Codewort $\boldsymbol{v}$ gleich $(v_0, v_1 \cdots v_{n-1})$, $n \in \mathbb{N}^*$, und das entsprechende Polynom sei $v(x)$ gleich $v_0 \oplus v_1 \odot x \oplus \cdots \oplus v_{n-1} \odot x^{n-1}$, $n \in \mathbb{N}^*$. Im Allgemeinen ist der Vektor $\boldsymbol{v}$ gleich $(v_0, v_1 \cdots v_{n-1})$, $n \in \mathbb{N}^*$, dann und nur dann ein Codewort, wenn

$$\boldsymbol{v}\boldsymbol{H}^{\mathrm{T}} = \boldsymbol{0}_h, \quad h \in \{2, 3, 4 \cdots\}, \tag{1.1156}$$

gilt. Es ergeben sich sodann

$$\boldsymbol{v} \begin{pmatrix} 1 \\ \alpha \\ \alpha^2 \\ \alpha^3 \\ \vdots \\ \alpha^{2^h-2} \end{pmatrix} = \boldsymbol{0}_h, \quad h \in \{2, 3, 4 \cdots\}, \tag{1.1157}$$

beziehungsweise

$$\bigoplus_{i=0}^{n-1} v_i \odot \alpha^i = 0 \quad \Leftrightarrow \quad v(\alpha) = 0. \tag{1.1158}$$

Mit anderen Worten ist $v(x)$ dann und nur dann ein Codepolynom, wenn das Minimalpolynom $M^{(1)}(x)$ das Polynom $v(x)$ teilt [10, S. 192]. Offensichtlich beweist dies den folgenden Satz 1.65.

Satz 1.65 (Generatorpolynom eines zyklischen Hamming-Codes). *Der zyklische $(n = 2^h - 1, k = 2^h - h - 1, d_{\min} = 3)$ Hamming-Code hat das Minimalpolynom $M^{(1)}(x)$ als Generatorpolynom $g(x)$ [10, S. 192].*

Beispiel 1.64. Es sei angemerkt, dass ein äquivalenter zyklischer (7, 4, 3) Hamming-Code mit dem Minimalpolynom

$$M^{(3)}(x) = 1 \oplus x^2 \oplus x^3 \tag{1.1159}$$

erzeugt werden kann. Es ergibt sich

$$\boldsymbol{H}_{M^{(3)}(x)} = \begin{pmatrix} 0 & 0 & 1 & 1 & 1 & 0 & 1 \\ 0 & 1 & 0 & 0 & 1 & 1 & 1 \\ 1 & 0 & 0 & 1 & 1 & 1 & 0 \end{pmatrix}, \tag{1.1160}$$

$\boldsymbol{H}_{M^{(3)}(x)}$ entsteht durch die Permutation der Spalten von $\boldsymbol{H}_{M^{(1)}(x)}$ aus Beispiel 1.63 in der Reihenfolge (1, 2, 3, 7, 6, 4, 5).

1.14.3 Zyklische Simplex-Codes

Mit n gleich $(2^h - 1)$, $h \in \{2, 3, 4 \cdots\}$, generiert das primitive idempotente Polynom $\theta_1(x)$ den zyklischen $(2^h - 1, h, 2^{h-1})$ Simplex-Code [10, S. 221]. Die von Null verschiedenen Codewörter sind die $(2^h - 1)$ zyklischen Verschiebungen von $\theta_1(x)$ [10, S. 221].

Wenn n gleich $(2^h - 1)$ ist und $(2^h - 1)$ sowie s teilerfremd sind, so ist α^s ebenfalls ein primitives Element. Daher generiert $\theta_s(x)$ einen Code, der äquivalent zu dem oben genannten zyklischen Simplex-Code ist [10, S. 221].

Wir werden später sehen, dass zyklische Simplex-Codes durch m-Sequenzen generiert werden können [10, S. 89].

1.14.4 Doppelfehlerkorrigierende Bose-Chaudhuri-Hocquenghem (BCH) Codes

In diesem Abschnitt 1.14.4 wird der doppelfehlerkorrigierende Bose-Chaudhuri-Hocquenghem (BCH) Code $\mathbb{V}$ der Länge n gleich $(2^m - 1)$, $m \in \{3, 4, 5 \cdots\}$, betrachtet. Dieser doppelfehlerkorrigierende Bose-Chaudhuri-Hocquenghem (BCH) Code $\mathbb{V}$ wird anhand der Prüfmatrix (Paritätsprüfmatrix) definiert [10, Gl. (7), S. 192f.]

$$\boldsymbol{H} = \begin{pmatrix} 1 & \alpha & \alpha^2 & \cdots & \alpha^{2^m-2} \\ 1 & \alpha^3 & \alpha^{3\cdot 2} & \cdots & \alpha^{3\cdot(2^m-2)} \end{pmatrix} = \begin{pmatrix} 1 & \alpha & \alpha^2 & \cdots & \alpha^{2^m-2} \\ 1 & \alpha^3 & \alpha^6 & \cdots & \alpha^{3\cdot(2^m-2)} \end{pmatrix}, \quad m \in \{3, 4, 5 \cdots\}. \tag{1.1161}$$

Wie schon im Fall der zyklischen Hamming-Codes nach Abschnitt 1.14.2, siehe insbesondere (1.1148), wird jeder Eintrag in (1.1161) durch das entsprechende binäre m-Tupel ersetzt [10, S. 88, 192f.].

Offensichtlich ist [10, S. 193]

$$\boldsymbol{v}\boldsymbol{H}^{\mathrm{T}} = \boldsymbol{0}_{(n-k)} \tag{1.1162}$$

notwendig, damit $\boldsymbol{v}$ ein zulässiges Codewort ist. Diese Forderung führt zu den beiden gleichzeitig zu erfüllenden Paritätsprüfgleichungen [10, S. 193]

$$\bigoplus_{i=0}^{n-1} v_i \alpha^i = 0 \quad \text{und} \quad \bigoplus_{i=0}^{n-1} v_i \alpha^{3i} = 0. \tag{1.1163}$$

Es ergibt sich deshalb [10, S. 193]

$$v(\alpha) = 0 \quad \text{und} \quad v(\alpha^3) = 0. \tag{1.1164}$$

Sowohl das Minimalpolynom $M^{(1)}(x)$ von α als auch das Minimalpolynom $M^{(3)}(x)$ von α^3 müssen $v(x)$ deshalb teilen [10, S. 193]

$$M^{(1)}(x) \mid v(x) \quad \text{und} \quad M^{(3)}(x) \mid v(x). \tag{1.1165}$$

Die beiden Bedingungen aus (1.1165) müssen gleichzeitig erfüllt werden, und daher muss für das Generatorpolynom die folgende Bedingung gelten [10, S. 193]

$$g(x) = \mathrm{kgV}\{M^{(1)}(x), M^{(3)}(x)\}. \tag{1.1166}$$

In (1.1166) ist $\mathrm{kgV}\{M^{(1)}(x), M^{(3)}(x)\}$ das *kleinste gemeinsame Vielfache (kgV)* (engl. „least common multiple“, LCM) [18, S. 334] der Minimalpolynome $M^{(1)}(x)$ und $M^{(3)}(x)$ [22, S. 195], [10, S. 193].

Das Minimalpolynom $M^{(1)}(x)$ von α ist irreduzibel, siehe die Eigenschaft M1 in Tabelle 1.14, und entspricht der Kreisteilungsklasse, d. h. der zyklotomischen Nebenklasse, $\mathbb{C}_1$, siehe die Eigenschaft M7 in Tabelle 1.14.

Darüber hinaus ist das Minimalpolynom $M^{(3)}(x)$ von α^3 ebenfalls irreduzibel, siehe die Eigenschaft M1 in Tabelle 1.14, und entspricht der Kreisteilungsklasse, d. h. der zyklotomischen Nebenklasse, $\mathbb{C}_3$, siehe die Eigenschaft M7 in Tabelle 1.14.

Da sowohl $M^{(1)}(x)$ als auch $M^{(3)}(x)$ irreduzibel und offensichtlich verschieden sind, gilt

$$\mathrm{kgV}\{M^{(1)}(x), M^{(3)}(x)\} = M^{(1)}(x) \odot M^{(3)}(x) \tag{1.1167}$$

und somit [10, Satz 3, S. 193]

$$g(x) = M^{(1)}(x) \odot M^{(3)}(x). \tag{1.1168}$$

Satz 1.66 (Generatorpolynom eines doppelfehlerkorrigierenden BCH-Codes). *Der doppelfehlerkorrigierende BCH-Code hat die Parameter* [10, *Satz 3, S. 193*]

$$\left(n = 2^m - 1, \quad k = 2^m - 1 - 2m, \quad d_{\min} \geq 5\right), \quad m \in \{3, 4, 5 \cdots\}, \tag{1.1169}$$

und ist ein zyklischer Code mit dem Generatorpolynom [10, *Satz 3, S. 193*]

$$g(x) = M^{(1)}(x) \odot M^{(3)}(x). \tag{1.1170}$$

Beweis. Der Beweis ist oben gegeben. □

1.15 Permutationsmatrizen

Die hier betrachteten Aspekte der Matrizenrechnung sind vorteilhaft für

- die Bestimmung der Generatormatrizen von *Reed-Muller (RM) Codes*, siehe Abschnitt 1.17 und insbesondere 1.17.4,
- für die Behandlung von *Turbo-Faltungscodes*, siehe beispielsweise Kapitel 2, und
- für das Verständnis von *Polarcodes*, siehe Kapitel 4.

Zunächst werden *Permutationsmatrizen* betrachtet, die eine wichtige Komponente bei der Bestimmung der Generatormatrizen von Polarcodes bilden. Eine umfassende Behandlung von Permutationsmatrizen findet sich beispielsweise in [50, Abschnitt 2.4, S. 24–31].

Eine *Permutationsmatrix* $\boldsymbol{\Sigma}$ erlaubt es uns, die Zeilen der Generatormatrix $\boldsymbol{G}$ eines Polarcodes zu permutieren. Mit der $N \times N$ Einheitsmatrix $\boldsymbol{I}_N$ hat eine $N \times N$ Permutationsmatrix $\boldsymbol{\Sigma}_N$ die folgende Eigenschaft

$$\boldsymbol{\Sigma}_N^{\mathrm{T}} \boldsymbol{\Sigma}_N = \boldsymbol{\Sigma}_N \boldsymbol{\Sigma}_N^{\mathrm{T}} = \boldsymbol{I}_N, \quad N \in \mathbb{N}^*. \tag{1.1171}$$

$\boldsymbol{\Sigma}_N$ heißt *Permutationsmatrix der Ordnung N* [50, S. 25]. Im Allgemeinen sind Permutationsmatrizen orthogonal, d. h. unitär im Fall der komplexen Rechnung [50, Gl. (2.4.10)-(2.4.12), S. 26], [61, S. 54f.]. Daher bewahren Permutationsmatrizen auch die Abstände, beispielsweise die Hamming-Abstände, zwischen Paaren von Vektoren.

Permutationen, insbesondere zufällige Permutationen, sind in der Codierungstheorie von großer Bedeutung, siehe beispielsweise Kapitel 2 über Turbo-Faltungscodes. Ein wichtiges zufälliges zyklisches Permutationsverfahren wurde von Sandra *Sattolo* [62] eingeführt. Wenn man den zufälligen Teil weglässt, führt uns dieses Permutationsverfahren zum „perfekten Mischen mod(p)" $\boldsymbol{\Sigma}_{p,q}$ mit $p \cdot q$ gleich N, $N, p, q \in \mathbb{N}^*$.

Das „perfekte Mischen mod(p)" ist durch die Abbildung der Einheitszeilenvektoren

$$\boldsymbol{e}_k = (\underbrace{0}_{\text{nullte Position}} \cdots 0 \underbrace{1}_{k\text{te Position}} 0 \cdots \underbrace{0}_{(N-1)\text{te Position}}), \quad k \in \{0, 1 \cdots (N-1)\}, \quad N \in \mathbb{N}^*, \tag{1.1172}$$

auf

$$\boldsymbol{e}_{\tilde{k}(k)}^{\mathrm{T}} = \boldsymbol{\Sigma}_{p,q}\boldsymbol{e}_k^{\mathrm{T}}, \quad \tilde{k}(k) = \left\lfloor \frac{k}{p} \right\rfloor + (k \bmod p) \cdot q, \quad p \cdot q = N, \qquad (1.1173)$$
$$k \in \{0, 1 \cdots (N-1)\}, \quad N, p, q \in \mathbb{N}^*,$$

definiert.

Wir beschränken uns auf gerade Werte von N, d. h. $N/2 \in \mathbb{N}^*$. Mit p gleich 2 und q gleich $N/2$ erhält man beispielsweise

$$\tilde{k}(k) = \left\lfloor \frac{k}{2} \right\rfloor + (k \bmod 2) \cdot \frac{N}{2}, \quad k \in \{0, 1 \cdots (N-1)\}, \quad N \in \mathbb{N}^*, \qquad (1.1174)$$

beziehungsweise

$$\begin{aligned}
\tilde{k}(0) &= 0 + [0 \bmod 2] \cdot \frac{N}{2} = 0 + 0 \cdot \frac{N}{2} = 0, \\
\tilde{k}(1) &= 0 + [1 \bmod 2] \cdot \frac{N}{2} = 0 + 1 \cdot \frac{N}{2} = \frac{N}{2}, \\
\tilde{k}(2) &= 1 + [2 \bmod 2] \cdot \frac{N}{2} = 1 + 0 \cdot \frac{N}{2} = 1, \\
\tilde{k}(3) &= 1 + [3 \bmod 2] \cdot \frac{N}{2} = 1 + 1 \cdot \frac{N}{2} = \frac{N}{2} + 1, \\
\tilde{k}(4) &= 2 + [4 \bmod 2] \cdot \frac{N}{2} = 2 + 0 \cdot \frac{N}{2} = 2, \\
\tilde{k}(5) &= 2 + [5 \bmod 2] \cdot \frac{N}{2} = 2 + 1 \cdot \frac{N}{2} = \frac{N}{2} + 2, \\
&\vdots \\
\tilde{k}(N-2) &= \left\lfloor \frac{N-2}{2} \right\rfloor + [(N-2) \bmod 2] \cdot \frac{N}{2} = \frac{N}{2} - 1, \\
\tilde{k}(N-1) &= \left\lfloor \frac{N-1}{2} \right\rfloor + [(N-1) \bmod 2] \cdot \frac{N}{2} = N - 1,
\end{aligned} \qquad (1.1175)$$

und somit

$$(v_0, v_2, v_4 \cdots v_{N-2}, v_1, v_3, v_5 \cdots v_{N-1})^{\mathrm{T}} = \boldsymbol{\Sigma}_{2,\frac{N}{2}} (v_0, v_1 \cdots v_{N-1})^{\mathrm{T}}. \qquad (1.1176)$$

Wir erhalten also

$$\boldsymbol{\Sigma}_{2,\frac{N}{2}} = \begin{pmatrix} 1 & 0 & 0 & 0 & 0 & \cdots & 0 & 0 & 0 \\ 0 & 0 & 1 & 0 & 0 & \cdots & 0 & 0 & 0 \\ 0 & 0 & 0 & 0 & 1 & \cdots & 0 & 0 & 0 \\ \vdots & \vdots & \vdots & \vdots & \vdots & \cdots & \vdots & \vdots & \vdots \\ 0 & 0 & 0 & 0 & 0 & \cdots & 0 & 1 & 0 \\ 0 & 1 & 0 & 0 & 0 & \cdots & 0 & 0 & 0 \\ 0 & 0 & 0 & 1 & 0 & \cdots & 0 & 0 & 0 \\ \vdots & \vdots & \vdots & \vdots & \vdots & \cdots & \vdots & \vdots & \vdots \\ 0 & 0 & 0 & 0 & 0 & \cdots & 1 & 0 & 0 \\ 0 & 0 & 0 & 0 & 0 & \cdots & 0 & 0 & 1 \end{pmatrix} \begin{matrix} \leftarrow \text{Zeile} & 0 \\ \leftarrow \text{Zeile} & 1 \\ \leftarrow \text{Zeile} & 2 \\ & \\ \leftarrow \text{Zeile} & N/2-1 \\ \leftarrow \text{Zeile} & N/2 \\ \leftarrow \text{Zeile} & N/2+1 \\ & \\ \leftarrow \text{Zeile} & N-2 \\ \leftarrow \text{Zeile} & N-1 \end{matrix} \qquad (1.1177)$$

und

$$\boldsymbol{\Sigma}^{\mathrm{T}}_{2,\frac{N}{2}} = \begin{pmatrix} 1 & 0 & 0 & \cdots & 0 & 0 & 0 & \cdots & 0 & 0 \\ 0 & 0 & 0 & \cdots & 0 & 1 & 0 & \cdots & 0 & 0 \\ 0 & 1 & 0 & \cdots & 0 & 0 & 0 & \cdots & 0 & 0 \\ 0 & 0 & 0 & \cdots & 0 & 0 & 1 & \cdots & 0 & 0 \\ 0 & 0 & 1 & \cdots & 0 & 0 & 0 & \cdots & 0 & 0 \\ \vdots & \vdots & \vdots & \vdots & \vdots & \vdots & \vdots & \vdots & \vdots & \vdots \\ 0 & 0 & 0 & \cdots & 0 & 0 & 0 & \cdots & 1 & 0 \\ 0 & 0 & 0 & \cdots & 1 & 0 & 0 & \cdots & 0 & 0 \\ 0 & 0 & 0 & \cdots & 0 & 0 & 0 & \cdots & 0 & 1 \end{pmatrix}. \qquad (1.1178)$$

Erwartungsgemäß gilt

$$\boldsymbol{\Sigma}_{2,\frac{N}{2}} \boldsymbol{\Sigma}^{\mathrm{T}}_{2,\frac{N}{2}} = \boldsymbol{\Sigma}^{\mathrm{T}}_{2,\frac{N}{2}} \boldsymbol{\Sigma}_{2,\frac{N}{2}} = \boldsymbol{I}_N. \qquad (1.1179)$$

Offensichtlich stammen alle N^2, $N \in \mathbb{N}^*$, Komponenten einer Permutationsmatrix aus $\mathbb{F}_2$. Darüber hinaus ist das Hamming-Gewicht jeder Zeile einer Permutationsmatrix, das auch *Zeilengewicht* beziehungsweise *Zeilen-Hamming-Gewicht* heißt [22, S. 857], konstruktionsbedingt gleich 1, siehe (1.1172) und (1.1173). Da jeder der Einheitszeilenvektoren $\boldsymbol{e}_k$, $k \in \{0, 1 \cdots (N-1)\}$, $N \in \mathbb{N}^*$, aus (1.1172) nur einmal in einer Permutationsmatrix verwendet wird, ist auch das Hamming-Gewicht jeder Spalte einer Permutationsmatrix, das auch *Spaltengewicht* beziehungsweise *Spalten-Hamming-Gewicht* heißt [22, S. 857], gleich 1.

Beispiel 1.65. Wir betrachten N gleich 2. Man erhält

$$\boldsymbol{\Sigma}_{2,1} = \boldsymbol{\Sigma}^{\mathrm{T}}_{2,1} = \begin{pmatrix} 1 & 0 \\ 0 & 1 \end{pmatrix} = \boldsymbol{I}_2. \qquad (1.1180)$$

Nun kommt N gleich 4 dran. Man erhält

$$\boldsymbol{\Sigma}_{2,2} = \boldsymbol{\Sigma}_{2,2}^{\mathrm{T}} = \begin{pmatrix} 1 & 0 & 0 & 0 \\ 0 & 0 & 1 & 0 \\ 0 & 1 & 0 & 0 \\ 0 & 0 & 0 & 1 \end{pmatrix}. \tag{1.1181}$$

Weiter geht es mit N gleich 8. Man erhält

$$\boldsymbol{\Sigma}_{2,4} = \begin{pmatrix} 1 & 0 & 0 & 0 & 0 & 0 & 0 & 0 \\ 0 & 0 & 1 & 0 & 0 & 0 & 0 & 0 \\ 0 & 0 & 0 & 0 & 1 & 0 & 0 & 0 \\ 0 & 0 & 0 & 0 & 0 & 0 & 1 & 0 \\ 0 & 1 & 0 & 0 & 0 & 0 & 0 & 0 \\ 0 & 0 & 0 & 1 & 0 & 0 & 0 & 0 \\ 0 & 0 & 0 & 0 & 0 & 1 & 0 & 0 \\ 0 & 0 & 0 & 0 & 0 & 0 & 0 & 1 \end{pmatrix} \tag{1.1182}$$

und

$$\boldsymbol{\Sigma}_{2,4}^{\mathrm{T}} = \begin{pmatrix} 1 & 0 & 0 & 0 & 0 & 0 & 0 & 0 \\ 0 & 0 & 0 & 0 & 1 & 0 & 0 & 0 \\ 0 & 1 & 0 & 0 & 0 & 0 & 0 & 0 \\ 0 & 0 & 0 & 0 & 0 & 1 & 0 & 0 \\ 0 & 0 & 1 & 0 & 0 & 0 & 0 & 0 \\ 0 & 0 & 0 & 0 & 0 & 0 & 1 & 0 \\ 0 & 0 & 0 & 1 & 0 & 0 & 0 & 0 \\ 0 & 0 & 0 & 0 & 0 & 0 & 0 & 1 \end{pmatrix}. \tag{1.1183}$$

Im Fall der Polarcodes benötigt man nur die Matrizen $\boldsymbol{\Sigma}_{2,N/2}$ und $\boldsymbol{\Sigma}_{2,N/2}^{\mathrm{T}}$. Wir vereinfachen deshalb unsere Notation folgendermaßen

$$\boldsymbol{\Pi}_N = \boldsymbol{\Sigma}_{2,\frac{N}{2}}^{\mathrm{T}}, \quad \boldsymbol{\Pi}_N^{\mathrm{T}} = \boldsymbol{\Sigma}_{2,\frac{N}{2}}. \tag{1.1184}$$

Mit (1.1184) wird (1.1179) zu

$$\boldsymbol{\Pi}_N^{\mathrm{T}} \boldsymbol{\Pi}_N = \boldsymbol{\Pi}_N \boldsymbol{\Pi}_N^{\mathrm{T}} = \boldsymbol{I}_N. \tag{1.1185}$$

1.16 Kronecker-Produkt

Als Nächstes betrachten wir das *Kronecker-Produkt* [22, S. 114], [10, S. 421], [63, Gl. (1.21), S. 13], [61, S. 107], [64, Gl. (2.1), S. 21]. Das Kronecker-Produkt ist nach dem deutschen Mathematiker Leopold *Kronecker* benannt. Das Kronecker-Produkt wird immer auf Matrizen angewendet [61, S. 107], welche die Darstellungen von Tensoren zweiter Stufe in den jeweiligen Basen von Vektorräumen sind. Diese Vektorräume haben beliebige Dimensionen, die im Fall eines Hilbertraums auch unendlich sein kann [61, Definition 4.16, S. 289].

Tensoren repräsentieren beispielsweise lineare Operatoren, die auf Elemente der genannten Vektorräume wirken [61, Definition 4.16, S. 289]. Daher ist das Tensorprodukt eine Erweiterung des Kronecker-Produkts [61, S. viii].

Da

- eine skalare Zahl als spezielle Matrix mit einer einzigen Zeile und einer einzigen Spalte und somit als Tensor nullter Stufe betrachtet werden kann,
- ein Zeilenvektor als spezielle Matrix mit einer einzigen Zeile und $N \in \mathbb{N}^*$ Spalten und somit als Tensor erster Stufe betrachtet werden kann und
- ein Spaltenvektor als spezielle Matrix mit $N \in \mathbb{N}^*$ Zeilen und einer einzigen Spalte und somit auch als Tensor erster Stufe betrachtet werden kann,

kann das Kronecker-Produkt auch auf Skalare und Vektoren angewendet werden. Im Fall eines Skalars, d. h. eines Tensors nullter Stufe, ist das Kronecker-Produkt identisch mit der konventionellen Multiplikation.

In diesem Abschnitt 1.16 werden solche Matrizen betrachtet, welche Komponenten aus der Menge $\mathbb{R}$ der reellen Zahlen oder aus der Menge $\mathbb{C}$ der komplexen Zahlen haben. Da $\mathbb{F}_2 \subset \mathbb{R} \subset \mathbb{C}$ und da die multiplikative Operation „$\odot$" in $\mathbb{F}_2$ denselben Effekt hat wie die konventionelle Multiplikation in $\mathbb{R}$ und $\mathbb{C}$, wird im Folgenden auf die Bezeichnung „$\odot$" verzichtet.

Mit der $m \times m$ Matrix $\boldsymbol{A}$, welche die Komponenten a_{ij}, $i, j \in \{0, 1 \cdots (m-1)\}$, $m \in \mathbb{N}^*$, hat, und der $n \times n$ Matrix $\boldsymbol{B}$, welche die Komponenten b_{kl}, $k, l \in \{0, 1 \cdots (n-1)\}$, $n \in \mathbb{N}^*$, hat, ist das Kronecker-Produkt von $\boldsymbol{A}$ und $\boldsymbol{B}$ die $mn \times mn$ Matrix $\boldsymbol{A} \otimes \boldsymbol{B}$ mit [22, S. 114], [10, S. 421], [63, Gl. (1.21), S. 13], [61, S. 107], [64, Gl. (2.1), S. 21]

$$\boldsymbol{A} \otimes \boldsymbol{B} = \begin{pmatrix} a_{00}\boldsymbol{B} & a_{01}\boldsymbol{B} & \cdots & a_{0(m-1)}\boldsymbol{B} \\ a_{10}\boldsymbol{B} & a_{11}\boldsymbol{B} & \cdots & a_{1(m-1)}\boldsymbol{B} \\ \vdots & \vdots & \ddots & \vdots \\ a_{(m-1)0}\boldsymbol{B} & a_{(m-1)1}\boldsymbol{B} & \cdots & a_{(m-1)(m-1)}\boldsymbol{B} \end{pmatrix}. \tag{1.1186}$$

Nota bene, dass für a_{ij} gleich 1 der Ausdruck $a_{ij}\boldsymbol{B}$ gleich $\boldsymbol{B}$ ist. Für a_{ij} gleich 0 ist $a_{ij}\boldsymbol{B}$ gleich die Nullmatrix $\boldsymbol{0}_{n\times n}$.

Kronecker-Potenzen sind als [61, S. 116f.]

$$\boldsymbol{A}^{\otimes N} = \boldsymbol{A} \otimes \boldsymbol{A}^{\otimes(N-1)} = \boldsymbol{A}^{\otimes(N-1)} \otimes \boldsymbol{A}, \quad N \in \mathbb{N}^*, \tag{1.1187}$$

d. h.

$$\begin{aligned} \boldsymbol{A}^{\otimes 2} &= \boldsymbol{A} \otimes \boldsymbol{A}, \\ \boldsymbol{A}^{\otimes 3} &= \boldsymbol{A} \otimes \boldsymbol{A}^{\otimes 2} = \boldsymbol{A} \otimes \boldsymbol{A} \otimes \boldsymbol{A} = \boldsymbol{A}^{\otimes 2} \otimes \boldsymbol{A}, \\ \boldsymbol{A}^{\otimes 4} &= \boldsymbol{A} \otimes \boldsymbol{A}^{\otimes 3} = \boldsymbol{A} \otimes \boldsymbol{A} \otimes \boldsymbol{A}^{\otimes 2} = \boldsymbol{A} \otimes \boldsymbol{A} \otimes \boldsymbol{A} \otimes \boldsymbol{A} = \boldsymbol{A}^{\otimes 3} \otimes \boldsymbol{A}, \end{aligned} \tag{1.1188}$$

und so weiter, definiert.

Nun seien

$$\boldsymbol{A} = \begin{pmatrix} a_{00} & a_{01} \\ a_{10} & a_{11} \end{pmatrix}, \quad \boldsymbol{C} = \begin{pmatrix} c_{00} & c_{01} \\ c_{10} & c_{11} \end{pmatrix} \tag{1.1189}$$

zwei 2×2 Matrizen, und $\boldsymbol{B}$ und $\boldsymbol{D}$ seien zwei $N/2 \times N/2$ Matrizen. Dann erhält man [61, S. 119]

$$(\boldsymbol{A} \otimes \boldsymbol{B})(\boldsymbol{C} \otimes \boldsymbol{D}) = \begin{pmatrix} a_{00}\boldsymbol{B} & a_{01}\boldsymbol{B} \\ a_{10}\boldsymbol{B} & a_{11}\boldsymbol{B} \end{pmatrix} \begin{pmatrix} c_{00}\boldsymbol{D} & c_{01}\boldsymbol{D} \\ c_{10}\boldsymbol{D} & c_{11}\boldsymbol{D} \end{pmatrix} = \underbrace{\begin{pmatrix} \sum_{j=0}^{1} a_{0j}c_{j0} & \sum_{j=0}^{1} a_{0j}c_{j1} \\ \sum_{j=0}^{1} a_{1j}c_{j0} & \sum_{j=0}^{1} a_{1j}c_{j1} \end{pmatrix}}_{=\boldsymbol{AC}} \otimes \boldsymbol{BD}$$

$$= \boldsymbol{AC} \otimes \boldsymbol{BD}. \tag{1.1190}$$

Mit der 2×2 Matrix $\boldsymbol{A}$ und der $N/2 \times N/2$ Matrix $\boldsymbol{B}$ hat man

$$\boldsymbol{B} \otimes \boldsymbol{A} = \boldsymbol{\Pi}_N(\boldsymbol{A} \otimes \boldsymbol{B})\boldsymbol{\Pi}_N^{\mathrm{T}}. \tag{1.1191}$$

Nun gilt es genauer hinzuschauen.

Satz 1.67 (Nichtkommutative Eigenschaft des Kronecker-Produkts — Teil 1). *Es sei $\boldsymbol{A}$ eine $m \times n$ Matrix und $\boldsymbol{B}$ eine $p \times q$ Matrix. Außerdem sei $\boldsymbol{\Pi}$ eine $nq \times nq$ Permutationsmatrix mit der Inversen $\boldsymbol{\Pi}^T$, und es sei $\boldsymbol{\Phi}$ eine $mp \times mp$ Permutationsmatrix.*

Dann erhält man

$$\boldsymbol{B} \otimes \boldsymbol{A} = \boldsymbol{\Phi}(\boldsymbol{A} \otimes \boldsymbol{B})\boldsymbol{\Pi}^T. \tag{1.1192}$$

Beweis. Es seien

$$\boldsymbol{x} = (x_0, x_1 \cdots x_{n-1})^{\mathrm{T}} \tag{1.1193}$$

ein Spaltenvektor mit n Komponenten $x_0, x_1 \cdots x_{n-1}$ und

$$\boldsymbol{r} = (r_0, r_1 \cdots r_{m-1})^{\mathrm{T}} = \boldsymbol{Ax}, \tag{1.1194}$$

ein Spaltenvektor mit m Komponenten $r_0, r_1 \cdots r_{m-1}$.

Außerdem seien

$$\boldsymbol{y} = (y_0, y_1 \cdots y_{q-1})^{\mathrm{T}} \tag{1.1195}$$

ein Spaltenvektor mit q Komponenten $y_0, y_1 \cdots y_{q-1}$ und

$$\boldsymbol{s} = (s_0, s_1 \cdots s_{p-1})^{\mathrm{T}} = \boldsymbol{By}, \tag{1.1196}$$

ein Spaltenvektor mit p Komponenten $s_0, s_1 \cdots s_{p-1}$.

Abgesehen von der Reihenfolge der Elemente enthalten die Kronecker-Produkte

$$x \otimes y = \begin{pmatrix} x_0 \\ x_1 \\ \vdots \\ x_{n-1} \end{pmatrix} \otimes y = \begin{pmatrix} x_0 y \\ x_1 y \\ \vdots \\ x_{n-1} y \end{pmatrix} = \begin{pmatrix} x_0 y_0 \\ x_0 y_1 \\ \vdots \\ x_0 y_{q-1} \\ x_1 y_0 \\ x_1 y_1 \\ \vdots \\ x_1 y_{q-1} \\ \vdots \\ x_{n-1} y_0 \\ x_{n-1} y_1 \\ \vdots \\ x_{n-1} y_{q-1} \end{pmatrix} \quad (1.1197)$$

und

$$y \otimes x = \begin{pmatrix} y_0 \\ y_1 \\ \vdots \\ y_{q-1} \end{pmatrix} \otimes x = \begin{pmatrix} y_0 x \\ y_1 x \\ \vdots \\ y_{q-1} x \end{pmatrix} = \begin{pmatrix} y_0 x_0 \\ y_0 x_1 \\ \vdots \\ y_0 x_{n-1} \\ y_1 x_0 \\ y_1 x_1 \\ \vdots \\ y_1 x_{n-1} \\ \vdots \\ y_{q-1} x_0 \\ y_{q-1} x_1 \\ \vdots \\ y_1 q - 1 x_{n-1} \end{pmatrix} \quad (1.1198)$$

die gleichen Elemente.

Daher existiert eine umkehrbare $nq \times nq$ Permutationsmatrix $\boldsymbol{\Pi}$, die $x \otimes y$ in $y \otimes x$ transformiert, d. h. man erhält

$$y \otimes x = \boldsymbol{\Pi}(x \otimes y). \quad (1.1199)$$

Abgesehen von der Reihenfolge der Elemente enthalten die Kronecker-Produkte

$$\boldsymbol{r}\otimes\boldsymbol{s}=\begin{pmatrix} r_0\\ r_1\\ \vdots\\ r_{m-1}\end{pmatrix}\otimes\boldsymbol{s}=\begin{pmatrix} r_0\boldsymbol{s}\\ r_1\boldsymbol{s}\\ \vdots\\ r_{m-1}\boldsymbol{s}\end{pmatrix}=\begin{pmatrix} r_0s_0\\ r_0s_1\\ \vdots\\ r_0s_{p-1}\\ r_1s_0\\ r_1s_1\\ \vdots\\ r_1s_{p-1}\\ \vdots\\ r_{m-1}s_0\\ r_{m-1}s_1\\ \vdots\\ r_{m-1}s_{p-1}\end{pmatrix} \tag{1.1200}$$

und

$$\boldsymbol{s}\otimes\boldsymbol{r}=\begin{pmatrix} s_0\\ s_1\\ \vdots\\ s_{p-1}\end{pmatrix}\otimes\boldsymbol{r}=\begin{pmatrix} s_0\boldsymbol{r}\\ s_1\boldsymbol{r}\\ \vdots\\ s_{p-1}\boldsymbol{r}\end{pmatrix}=\begin{pmatrix} s_0r_0\\ s_0r_1\\ \vdots\\ s_0r_{m-1}\\ s_1r_0\\ s_1r_1\\ \vdots\\ s_1r_{m-1}\\ \vdots\\ s_{p-1}r_0\\ s_{p-1}r_1\\ \vdots\\ s_{p-1}r_{m-1}\end{pmatrix} \tag{1.1201}$$

enthalten dieselben Elemente.

Daher gibt es eine invertierbare $mp \times mp$ Permutationsmatrix $\boldsymbol{\Phi}$, die $\boldsymbol{r}\otimes\boldsymbol{s}$ in $\boldsymbol{s}\otimes\boldsymbol{r}$ transformiert, d. h. man erhält

$$\boldsymbol{s}\otimes\boldsymbol{r}=\boldsymbol{\Phi}(\boldsymbol{r}\otimes\boldsymbol{s}). \tag{1.1202}$$

Mit (1.1190) und mit (1.1194) sowie mit (1.1196) ergeben sich

$$(\boldsymbol{A}\otimes\boldsymbol{B})(\boldsymbol{x}\otimes\boldsymbol{y})=\boldsymbol{A}\boldsymbol{x}\otimes\boldsymbol{B}\boldsymbol{y}=\boldsymbol{r}\otimes\boldsymbol{s} \tag{1.1203}$$

und

$$(\boldsymbol{B}\otimes\boldsymbol{A})(\boldsymbol{y}\otimes\boldsymbol{x})=\boldsymbol{B}\boldsymbol{y}\otimes\boldsymbol{A}\boldsymbol{x}=\boldsymbol{s}\otimes\boldsymbol{r}. \tag{1.1204}$$

Mit (1.1202) wird (1.1203) zu

$$\boldsymbol{\Phi}(\boldsymbol{A} \otimes \boldsymbol{B})(\boldsymbol{x} \otimes \boldsymbol{y}) = \boldsymbol{s} \otimes \boldsymbol{r}, \tag{1.1205}$$

und mit (1.1199) wird (1.1204) zu

$$(\boldsymbol{B} \otimes \boldsymbol{A})\boldsymbol{\Pi}(\boldsymbol{x} \otimes \boldsymbol{y}) = \boldsymbol{s} \otimes \boldsymbol{r}. \tag{1.1206}$$

Da (1.1205) und (1.1206) gleich sind, erhält man

$$\boldsymbol{\Phi}(\boldsymbol{A} \otimes \boldsymbol{B})(\boldsymbol{x} \otimes \boldsymbol{y}) = (\boldsymbol{B} \otimes \boldsymbol{A})\boldsymbol{\Pi}(\boldsymbol{x} \otimes \boldsymbol{y}), \tag{1.1207}$$

und daher gilt

$$\boldsymbol{\Phi}(\boldsymbol{A} \otimes \boldsymbol{B}) = (\boldsymbol{B} \otimes \boldsymbol{A})\boldsymbol{\Pi}. \tag{1.1208}$$

Da $\boldsymbol{\Pi}$ invertierbar ist, erhält man

$$\boldsymbol{B} \otimes \boldsymbol{A} = \boldsymbol{\Phi}(\boldsymbol{A} \otimes \boldsymbol{B})\boldsymbol{\Pi}^{\mathrm{T}}. \tag{1.1209}$$

□

Wir betrachten nun den Fall von (1.1191).

Satz 1.68 (Nichtkommutative Eigenschaft des Kronecker-Produkts — Teil 2). *Es sei $\boldsymbol{A}$ eine 2×2 Matrix und $\boldsymbol{B}$ eine $N/2 \times N/2$ Matrix. Ferner sei $\boldsymbol{\Pi}_N$ die $N \times N$ Permutationsmatrix, die durch* (7.132) *gegeben ist.*

Dann gilt

$$\boldsymbol{B} \otimes \boldsymbol{A} = \boldsymbol{\Pi}_N(\boldsymbol{A} \otimes \boldsymbol{B})\boldsymbol{\Pi}_N^{T}. \tag{1.1210}$$

Beweis. Es seien

$$\boldsymbol{x} = (x_0, x_1)^{\mathrm{T}} \tag{1.1211}$$

ein Spaltenvektor mit 2 Komponenten x_0, x_1 und

$$\boldsymbol{r} = (r_0, r_1)^{\mathrm{T}} = \boldsymbol{A}\boldsymbol{x} \tag{1.1212}$$

ein Spaltenvektor mit 2 Komponenten r_0, r_1.

Ferner seien

$$\boldsymbol{y} = (y_0, y_1 \cdots y_{\frac{N}{2}-1})^{\mathrm{T}} \tag{1.1213}$$

ein Spaltenvektor mit $N/2$ Komponenten $y_0, y_1 \cdots y_{\frac{N}{2}-1}$ und

$$\boldsymbol{s} = (s_0, s_1 \cdots s_{\frac{N}{2}-1})^{\mathrm{T}} = \boldsymbol{B}\boldsymbol{y}, \tag{1.1214}$$

ein Spaltenvektor mit $N/2$ Komponenten $s_0, s_1 \cdots s_{\frac{N}{2}-1}$.

Die Kronecker-Produkte

$$\boldsymbol{x} \otimes \boldsymbol{y} = \begin{pmatrix} x_0 \\ x_1 \end{pmatrix} \otimes \boldsymbol{y} = \begin{pmatrix} x_0\boldsymbol{y} \\ x_1\boldsymbol{y} \end{pmatrix} = \begin{pmatrix} x_0y_0 \\ x_0y_1 \\ \vdots \\ x_0y_{\frac{N}{2}-1} \\ x_1y_0 \\ x_1y_1 \\ \vdots \\ x_1y_{\frac{N}{2}-1} \end{pmatrix} \tag{1.1215}$$

und

$$\boldsymbol{y} \otimes \boldsymbol{x} = \begin{pmatrix} y_0 \\ y_1 \\ \vdots \\ y_{\frac{N}{2}-1} \end{pmatrix} \otimes \boldsymbol{x} = \begin{pmatrix} y_0\boldsymbol{x} \\ y_1\boldsymbol{x} \\ \vdots \\ y_{\frac{N}{2}-1}\boldsymbol{x} \end{pmatrix} = \begin{pmatrix} y_0x_0 \\ y_0x_1 \\ y_1x_0 \\ y_1x_1 \\ \vdots \\ y_{\frac{N}{2}-1}x_0 \\ y_{\frac{N}{2}.1}x_1 \end{pmatrix} \tag{1.1216}$$

enthalten dieselben Elemente.

Mit einer geeignet gewählten Permutationsmatrix $\boldsymbol{\Pi}_N$ erhält man

$$\boldsymbol{y} \otimes \boldsymbol{x} = \boldsymbol{\Pi}_N(\boldsymbol{x} \otimes \boldsymbol{y}). \tag{1.1217}$$

Außerdem enthalten die Kronecker-Produkte

$$\boldsymbol{r} \otimes \boldsymbol{s} = \begin{pmatrix} r_0 \\ r_1 \end{pmatrix} \otimes \boldsymbol{s} = \begin{pmatrix} r_0\boldsymbol{s} \\ r_1\boldsymbol{s} \end{pmatrix} = \begin{pmatrix} r_0s_0 \\ r_0s_1 \\ \vdots \\ r_0s_{\frac{N}{2}-1} \\ r_1s_0 \\ r_1s_1 \\ \vdots \\ r_1s_{\frac{N}{2}-1} \end{pmatrix} \tag{1.1218}$$

und

$$\boldsymbol{s} \otimes \boldsymbol{r} = \begin{pmatrix} s_0 \\ s_1 \\ \vdots \\ s_{\frac{N}{2}-1} \end{pmatrix} \otimes \boldsymbol{r} = \begin{pmatrix} s_0\boldsymbol{r} \\ s_1\boldsymbol{r} \\ \vdots \\ s_{\frac{N}{2}-1}\boldsymbol{r} \end{pmatrix} = \begin{pmatrix} s_0r_0 \\ s_0r_1 \\ s_1r_0 \\ s_1r_1 \\ \vdots \\ s_{\frac{N}{2}-1}r_0 \\ s_{\frac{N}{2}-1}r_1 \end{pmatrix} \tag{1.1219}$$

dieselben Elemente.

Mit $\boldsymbol{\Phi}$ gleich $\boldsymbol{\Pi}_N$ ergibt sich

$$\boldsymbol{s} \otimes \boldsymbol{r} = \boldsymbol{\Pi}_N(\boldsymbol{r} \otimes \boldsymbol{s}). \tag{1.1220}$$

Gleichung (1.1207) wird dann zu

$$\boldsymbol{\Pi}_N(\boldsymbol{A} \otimes \boldsymbol{B})(\boldsymbol{x} \otimes \boldsymbol{y}) = (\boldsymbol{B} \otimes \boldsymbol{A})\boldsymbol{\Pi}_N(\boldsymbol{x} \otimes \boldsymbol{y}). \tag{1.1221}$$

Daher gelten

$$\boldsymbol{\Pi}_N(\boldsymbol{A} \otimes \boldsymbol{B}) = (\boldsymbol{B} \otimes \boldsymbol{A})\boldsymbol{\Pi}_N \tag{1.1222}$$

und somit

$$\boldsymbol{B} \otimes \boldsymbol{A} = \boldsymbol{\Pi}_N(\boldsymbol{A} \otimes \boldsymbol{B})\boldsymbol{\Pi}_N^{\mathrm{T}}. \tag{1.1223}$$

□

Nun wählen wir spezielle Matrizen $\boldsymbol{A}$ und $\boldsymbol{B}$. Zuerst ersetzen wir die 2×2 Matrix $\boldsymbol{A}$ durch $\boldsymbol{I}_2$. Als Nächstes bezeichnen wir die $N/2 \times N/2$ Matrix $\boldsymbol{B}$ mit $\boldsymbol{B}_{N/2}$. Dann wird (1.1191) zu

$$\boldsymbol{B}_{N/2} \otimes \boldsymbol{I}_2 = \boldsymbol{\Pi}_N(\boldsymbol{I}_2 \otimes \boldsymbol{B}_{N/2})\boldsymbol{\Pi}_N^{\mathrm{T}}. \tag{1.1224}$$

Mit (1.1185) führt das Multiplizieren von (1.1224) von links mit $\boldsymbol{\Pi}_N^{\mathrm{T}}$ zu

$$\boldsymbol{\Pi}_N^{\mathrm{T}}(\boldsymbol{B}_{N/2} \otimes \boldsymbol{I}_2) = \underbrace{\boldsymbol{\Pi}_N^{\mathrm{T}}\boldsymbol{\Pi}_N}_{=\boldsymbol{I}_N}(\boldsymbol{I}_2 \otimes \boldsymbol{B}_{N/2})\boldsymbol{\Pi}_N^{\mathrm{T}} = (\boldsymbol{I}_2 \otimes \boldsymbol{B}_{N/2})\boldsymbol{\Pi}_N^{\mathrm{T}}, \tag{1.1225}$$

und das Multiplizieren von (1.1224) von rechts mit $\boldsymbol{\Pi}_N$ führt zu

$$(\boldsymbol{B}_{N/2} \otimes \boldsymbol{I}_2)\boldsymbol{\Pi}_N = \boldsymbol{\Pi}_N(\boldsymbol{I}_2 \otimes \boldsymbol{B}_{N/2})\underbrace{\boldsymbol{\Pi}_N^{\mathrm{T}}\boldsymbol{\Pi}_N}_{=\boldsymbol{I}_N} = \boldsymbol{\Pi}_N(\boldsymbol{I}_2 \otimes \boldsymbol{B}_{N/2}). \tag{1.1226}$$

Da $(\boldsymbol{B}_{N/2} \otimes \boldsymbol{I}_2)\boldsymbol{\Pi}_N$ und $\boldsymbol{\Pi}_N(\boldsymbol{I}_2 \otimes \boldsymbol{B}_{N/2})$ zwei $N \times N$ Matrizen sind, ist

$$\boldsymbol{B}_N \overset{\text{def}}{=} \boldsymbol{\Pi}_N(\boldsymbol{I}_2 \otimes \boldsymbol{B}_{N/2}), \quad \boldsymbol{B}_1 = 1, \quad N \in \{2, 4, 8, 16 \cdots 2^{\mu} \cdots\}, \quad \mu \in \mathbb{N}^*, \tag{1.1227}$$

die rekursive Definition von $\boldsymbol{B}_N$.

Beispiel 1.66. Wir betrachten N gleich 2. Es gilt

$$\boldsymbol{B}_2 = \boldsymbol{\Pi}_2(\boldsymbol{I}_2 \otimes \boldsymbol{B}_1) = \boldsymbol{\Sigma}_{2,1}^{\mathrm{T}}\boldsymbol{I}_2 = \begin{pmatrix} 1 & 0 \\ 0 & 1 \end{pmatrix}\boldsymbol{I}_2 = \boldsymbol{I}_2 = \boldsymbol{B}_2^{\mathrm{T}}. \tag{1.1228}$$

Jetzt kommt N gleich 4 dran. Man erhält

$$\boldsymbol{B}_4 = \boldsymbol{\Pi}_4(\boldsymbol{I}_2 \otimes \boldsymbol{B}_2) = \begin{pmatrix} 1 & 0 & 0 & 0 \\ 0 & 0 & 1 & 0 \\ 0 & 1 & 0 & 0 \\ 0 & 0 & 0 & 1 \end{pmatrix}\boldsymbol{I}_4 = \begin{pmatrix} 1 & 0 & 0 & 0 \\ 0 & 0 & 1 & 0 \\ 0 & 1 & 0 & 0 \\ 0 & 0 & 0 & 1 \end{pmatrix} = \boldsymbol{\Pi}_4 = \boldsymbol{B}_4^{\mathrm{T}}. \tag{1.1229}$$

Weiter geht es mit N gleich 8. Es ergibt sich

$$\boldsymbol{B}_8 = \boldsymbol{\Pi}_8(\boldsymbol{I}_2 \otimes \boldsymbol{B}_4) = \begin{pmatrix} 1 & 0 & 0 & 0 & 0 & 0 & 0 & 0 \\ 0 & 0 & 0 & 0 & 1 & 0 & 0 & 0 \\ 0 & 1 & 0 & 0 & 0 & 0 & 0 & 0 \\ 0 & 0 & 0 & 0 & 0 & 1 & 0 & 0 \\ 0 & 0 & 1 & 0 & 0 & 0 & 0 & 0 \\ 0 & 0 & 0 & 0 & 0 & 0 & 1 & 0 \\ 0 & 0 & 0 & 1 & 0 & 0 & 0 & 0 \\ 0 & 0 & 0 & 0 & 0 & 0 & 0 & 1 \end{pmatrix} \begin{pmatrix} 1 & 0 & 0 & 0 & 0 & 0 & 0 & 0 \\ 0 & 0 & 1 & 0 & 0 & 0 & 0 & 0 \\ 0 & 1 & 0 & 0 & 0 & 0 & 0 & 0 \\ 0 & 0 & 0 & 1 & 0 & 0 & 0 & 0 \\ 0 & 0 & 0 & 0 & 1 & 0 & 0 & 0 \\ 0 & 0 & 0 & 0 & 0 & 0 & 1 & 0 \\ 0 & 0 & 0 & 0 & 0 & 1 & 0 & 0 \\ 0 & 0 & 0 & 0 & 0 & 0 & 0 & 1 \end{pmatrix}$$

$$= \begin{pmatrix} 1 & 0 & 0 & 0 & 0 & 0 & 0 & 0 \\ 0 & 0 & 0 & 0 & 1 & 0 & 0 & 0 \\ 0 & 0 & 1 & 0 & 0 & 0 & 0 & 0 \\ 0 & 0 & 0 & 0 & 0 & 0 & 1 & 0 \\ 0 & 1 & 0 & 0 & 0 & 0 & 0 & 0 \\ 0 & 0 & 0 & 0 & 0 & 1 & 0 & 0 \\ 0 & 0 & 0 & 1 & 0 & 0 & 0 & 0 \\ 0 & 0 & 0 & 0 & 0 & 0 & 0 & 1 \end{pmatrix} = \boldsymbol{B}_8^{\mathrm{T}}. \tag{1.1230}$$

Offensichtlich ist $\boldsymbol{B}_N$ symmetrisch, und es gilt

$$\boldsymbol{B}_N = \boldsymbol{B}_N^{\mathrm{T}}. \tag{1.1231}$$

Beweis 1.3 (Beweis von (1.1231)). Gleichung (1.1231) kann durch vollständige Induktion gezeigt werden.

Induktionsanfang
Die Fälle N gleich 2, 4 und 8 sind bereits oben gezeigt. Es gilt also beispielsweise $\boldsymbol{B}_2$ gleich $\boldsymbol{B}_2^{\mathrm{T}}$.

Induktionsschritt
Die Induktionshypothese besteht aus

$$\boldsymbol{B}_{N/2} = \boldsymbol{B}_{N/2}^{\mathrm{T}} \tag{1.1232}$$

und

$$\begin{aligned} \boldsymbol{\Pi}_N &= \begin{pmatrix} [\boldsymbol{\Pi}_N]_1 & [\boldsymbol{\Pi}_N]_2 \\ [\boldsymbol{\Pi}_N]_3 & [\boldsymbol{\Pi}_N]_4 \end{pmatrix} = \begin{pmatrix} [\boldsymbol{\Pi}_N]_1^{\mathrm{T}} & [\boldsymbol{\Pi}_N]_3^{\mathrm{T}} \\ [\boldsymbol{\Pi}_N]_2^{\mathrm{T}} & [\boldsymbol{\Pi}_N]_4^{\mathrm{T}} \end{pmatrix}, \\ \boldsymbol{\Pi}_N^{\mathrm{T}} &= \begin{pmatrix} [\boldsymbol{\Pi}_N]_1 & [\boldsymbol{\Pi}_N]_2 \\ [\boldsymbol{\Pi}_N]_3 & [\boldsymbol{\Pi}_N]_4 \end{pmatrix}^{\mathrm{T}} = \begin{pmatrix} [\boldsymbol{\Pi}_N]_1^{\mathrm{T}} & [\boldsymbol{\Pi}_N]_3^{\mathrm{T}} \\ [\boldsymbol{\Pi}_N]_2^{\mathrm{T}} & [\boldsymbol{\Pi}_N]_4^{\mathrm{T}} \end{pmatrix} \end{aligned} \tag{1.1233}$$

mit den Untermatrizen $[\boldsymbol{\Pi}_N]_1$, $[\boldsymbol{\Pi}_N]_2$, $[\boldsymbol{\Pi}_N]_3$ und $[\boldsymbol{\Pi}_N]_4$.

Es ergibt sich

$$\begin{aligned} \boldsymbol{B}_N^{\mathrm{T}} &= \left[\boldsymbol{\Pi}_N(\boldsymbol{I}_2 \otimes \boldsymbol{B}_{N/2})\right]^{\mathrm{T}} = (\boldsymbol{I}_2 \otimes \boldsymbol{B}_{N/2})^{\mathrm{T}} \boldsymbol{\Pi}_N^{\mathrm{T}} = \left(\boldsymbol{I}_2 \otimes \boldsymbol{B}_{N/2}^{\mathrm{T}}\right) \boldsymbol{\Pi}_N^{\mathrm{T}} \\ &= (\boldsymbol{I}_2 \otimes \boldsymbol{B}_{N/2}) \boldsymbol{\Pi}_N^{\mathrm{T}} \\ &= \begin{pmatrix} \boldsymbol{B}_{N/2} & \boldsymbol{0}_{N/2 \times N/2} \\ \boldsymbol{0}_{N/2 \times N/2} & \boldsymbol{B}_{N/2} \end{pmatrix} \boldsymbol{\Pi}_N^{\mathrm{T}} \end{aligned}$$

$$
\begin{aligned}
&= \begin{pmatrix} \boldsymbol{B}_{N/2} & \boldsymbol{0}_{N/2\times N/2} \\ \boldsymbol{0}_{N/2,N/2} & \boldsymbol{B}_{N/2} \end{pmatrix} \begin{pmatrix} [\boldsymbol{\Pi}_N]_1^{\mathrm{T}} & [\boldsymbol{\Pi}_N]_3^{\mathrm{T}} \\ [\boldsymbol{\Pi}_N]_2^{\mathrm{T}} & [\boldsymbol{\Pi}_N]_4^{\mathrm{T}} \end{pmatrix} \\
&= \begin{pmatrix} \boldsymbol{B}_{N/2}[\boldsymbol{\Pi}_N]_1^{\mathrm{T}} & \boldsymbol{B}_{N/2}[\boldsymbol{\Pi}_N]_3^{\mathrm{T}} \\ \boldsymbol{B}_{N/2}[\boldsymbol{\Pi}_N]_2^{\mathrm{T}} & \boldsymbol{B}_{N/2}[\boldsymbol{\Pi}_N]_4^{\mathrm{T}} \end{pmatrix} \\
&= \begin{pmatrix} ([\boldsymbol{\Pi}_N]_1\boldsymbol{B}_{N/2})^{\mathrm{T}} & ([\boldsymbol{\Pi}_N]_3\boldsymbol{B}_{N/2})^{\mathrm{T}} \\ ([\boldsymbol{\Pi}_N]_2\boldsymbol{B}_{N/2})^{\mathrm{T}} & ([\boldsymbol{\Pi}_N]_4\boldsymbol{B}_{N/2})^{\mathrm{T}} \end{pmatrix} \\
&= \begin{pmatrix} ([\boldsymbol{\Pi}_N]_1\boldsymbol{B}_{N/2}) & ([\boldsymbol{\Pi}_N]_2\boldsymbol{B}_{N/2}) \\ ([\boldsymbol{\Pi}_N]_3\boldsymbol{B}_{N/2}) & ([\boldsymbol{\Pi}_N]_4\boldsymbol{B}_{N/2}) \end{pmatrix} \\
&= \begin{pmatrix} [\boldsymbol{\Pi}_N]_1 & [\boldsymbol{\Pi}_N]_2 \\ [\boldsymbol{\Pi}_N]_3 & [\boldsymbol{\Pi}_N]_4 \end{pmatrix} \begin{pmatrix} \boldsymbol{B}_{N/2} & \boldsymbol{0}_{N/2\times N/2} \\ \boldsymbol{0}_{N/2\times N/2} & \boldsymbol{B}_{N/2} \end{pmatrix},
\end{aligned} \tag{1.1234}
$$

und daher gilt

$$
\boldsymbol{B}_N^{\mathrm{T}} = \boldsymbol{\Pi}_N \begin{pmatrix} \boldsymbol{B}_{N/2} & \boldsymbol{0}_{N/2,N/2} \\ \boldsymbol{0}_{N/2\times N/2} & \boldsymbol{B}_{N/2} \end{pmatrix} = \boldsymbol{\Pi}_N(\boldsymbol{I}_2 \otimes \boldsymbol{B}_{N/2}) = \boldsymbol{B}_N. \tag{1.1235}
$$

□

Zusammenfassend gilt

$$
\boldsymbol{B}_N = \boldsymbol{B}_N^{\mathrm{T}} = (\boldsymbol{I}_2 \otimes \boldsymbol{B}_{N/2})\boldsymbol{\Pi}_N^{\mathrm{T}} = \boldsymbol{\Pi}_N(\boldsymbol{I}_2 \otimes \boldsymbol{B}_{N/2}). \tag{1.1236}
$$

Jetzt sind wir für die Reed-Muller (RM) Codes und für die Polarcodes bereit.

1.17 Reed-Muller (RM) Codes

1.17.1 Definition der Reed-Muller (RM) Codes

Reed-Muller (RM) Codes [22, S. 99, 105–119], [11, S. 399–401], [12, S. 107–109, 115–119], [31, S. 166–169, 418–426], [48, S. 122–126] sind $(n, k, d_{\min})$ binäre lineare Blockcodes und gehören zu den wichtigen linearen Blockcodes, die seit der Einführung des Mobilkommunikationssystems der dritten Generation *3G/UMTS (Third Generation / Universal Mobile Telecommunications System)* [65, Abschnitt 4.3.1, S. 27–29], [66, Tabelle 8, Abschnitt 4.3.3, S. 55f.] in modernen Mobilkommunikationssystemen eingesetzt werden. Nach bestem Wissen des Autors findet sich die detaillierteste Diskussion und Analyse der Reed-Muller (RM) Codes in [10, Kapitel 13–15, S. 370–479].

Reed-Muller (RM) wurden 1954 von David E. *Muller* entdeckt [67], [22, S. 99], und sind mehrfachfehlerkorrigierende Codes [22, S. 99]. Der erste Decodierungsalgorithmus für diese Codes wurde ebenfalls im Jahr 1954 von Irving S. *Reed* entwickelt [68], [22, S. 99].

Reed-Muller (RM) Codes, die in der Konstruktion einfach und reich an strukturellen Eigenschaften sind [22, S. 99], sind eine der ältesten und am besten verstandenen Codefamilien [10, S. 370] und können entweder mit

– *Kanaldecodierungsverfahren mit quantisierten Eingaben* (engl. „hard input decoding"), bei denen die Eingaben aus demselben Wertevorrat wie die Nachrichtensymbole stammen, z. B. aus $\mathbb{F}_2$, oder mit

- *Kanaldecodierungsverfahren mit „weichen" Eingaben* (engl. „soft input decoding"), bei denen die Eingaben aus einem anderen, mächtigeren Wertevorrat als die Nachrichtensymbole stammen, z. B. im Idealfall aus $\mathbb{R}$ oder aus $\mathbb{C}$,

decodiert werden [22, S. 99].

Reed-Muller (RM) Codes können sehr einfach in Bezug auf *Boolesche Funktionen* definiert werden [10, S. 370]. Wir betrachten Codes der Länge n gleich 2^m, $m, n \in \mathbb{N}^*$, definiert, und dazu benötigt man m, $m \in \mathbb{N}^*$, Variablen $x_1, x_2 \cdots x_m$, $m \in \mathbb{N}^*$, welche die Werte 0 oder 1 annehmen, d. h. $x_1, x_2 \cdots x_m \in \mathbb{F}_2$ [10, S. 370].

Alternativ seien

$$\boldsymbol{x} = (x_1, x_2 \cdots x_m), \quad \boldsymbol{x} \in \mathbb{F}_2^m, \quad m \in \mathbb{N}^*, \tag{1.1237}$$

die binären m-Tupel aus $\mathbb{F}_2^m$, $m \in \mathbb{N}^*$ [10, S. 370]. Jede Funktion

$$f(\boldsymbol{x}) = f(x_1, x_2 \cdots x_m) \in \mathbb{F}_2, \quad m \in \mathbb{N}^*, \tag{1.1238}$$

welche die Werte 0 und 1 annimmt, heißt *Boolesche Funktion* [10, S. 371]. Eine Boolesche Funktion $f(\boldsymbol{x})$ kann durch eine solche Wahrheitstabelle spezifiziert werden, welche den jeweiligen Wert von $f(\boldsymbol{x})$ für alle ihre 2^m, $m \in \mathbb{N}^*$, möglichen Argumente angibt [10, S. 371].

Beispiel 1.67. Für m gleich 3 wird eine solche Boolesche Funktion durch die folgende Wahrheitstabelle spezifiziert [10, S. 371].

$\sum_{j=1}^{m} 2^{j-1} x_j$	0	1	2	3	4	5	6	7
x_3	0	0	0	0	1	1	1	1
x_2	0	0	1	1	0	0	1	1
x_1	0	1	0	1	0	1	0	1
$f(\boldsymbol{x}) = f(x_1, x_2, x_3)$	0	0	0	1	1	0	0	0

(1.1239)

Nota bene, dass x_j^2, $j \in \{1, 2, 3\}$, gleich x_j, $j \in \{1, 2, 3\}$, ist [10, S. 371].

Die Spalten der Wahrheitstabelle haben die natürliche Anordnung, die von 0 bis 7 steigt, siehe Beispiel 1.67 [10, S. 371].

Die letzte Zeile der obigen Tabelle gibt diejenigen Werte an, welche $f(x_1, x_2, x_3)$ annimmt [10, S. 371]. Alle diese Werte bilden den binären Vektor

$$\boldsymbol{f} = (0, 0, 0, 1, 1, 0, 0, 0) \in \mathbb{F}_2^8 \tag{1.1240}$$

der Länge n gleich 2^m, $m \in \mathbb{N}^*$ [10, S. 371]. In unserem Fall ist n gleich [10, S. 371].

Ein Code besteht aus allen binären Vektoren $\boldsymbol{f} \in \mathbb{F}_2^m$, $m \in \mathbb{N}^*$ [10, S. 371].

Die letzte Zeile der Wahrheitstabelle kann willkürlich ausgefüllt werden, denn es gibt 2^{2^m} Boolesche Funktionen mit m Variablen [10, S. 371] und eine Boolesche Funktion kann sofort aus ihrer Wahrheitstabelle gefunden werden [10, S. 371].

Definition 1.65 (Auf Boolesche Funktionen angewendete logische Operationen). Es seien $\oplus$ die additive Operation und $\odot$ multiplikative Operation des endlichen Körpers $\mathbb{F}_2$.

Wir definieren die folgenden Operationen [10, S. 371]:

$$\begin{aligned} f(x)\ \text{EXKLUSIVES ODER}\ g(x) &= f(x) \oplus g(x), \\ f(x)\ \text{UND}\ g(x) &= f(x) \odot g(x), \\ f(x) \vee g(x) &= f(x) \vee g(x) \quad = f(x) \oplus g(x) \oplus f(x) \odot g(x), \\ \text{NICHT} f(x) &= \bar{f}(x) \quad = 1 \oplus f(x). \end{aligned} \tag{1.1241}$$

Beispiel 1.68. Im vorangegangenen Beispiel 1.67 wurde die folgende Boolesche Funktion

$$f(x_1, x_2, x_3) = x_1 \odot x_2 \odot \overline{x_3} \vee \overline{x_1} \odot \overline{x_2} \odot x_3, \tag{1.1242}$$

verwendet. Diese heißt *disjunktive Normalform* von f [10, S. 371].

Mit (1.1241) ergibt sich [10, S. 371]

$$\begin{aligned} x_1 \odot x_2 \odot \overline{x_3} \vee \overline{x_1} \odot \overline{x_2} \odot x_3 &= x_1 \odot x_2 \odot \overline{x_3} \oplus \overline{x_1} \odot \overline{x_2} \odot x_3 \\ &\quad \oplus x_1 \odot x_2 \odot \overline{x_3} \odot \overline{x_1} \odot \overline{x_2} \odot x_3 \\ &= x_1 \odot x_2 \odot \overline{x_3} \oplus \overline{x_1} \odot \overline{x_2} \odot x_3 \\ &\quad \oplus \underbrace{x_1 \odot \overline{x_1}}_{=0} \odot \underbrace{x_2 \odot \overline{x_2}}_{=0} \odot \underbrace{\overline{x_3} \odot x_3}_{=0} \\ &= x_1 \odot x_2 \odot \underbrace{(1 \oplus x_3)}_{=\overline{x_3}} \oplus \underbrace{(1 \oplus x_1)}_{=\overline{x_1}} \odot \underbrace{(1 \oplus x_2)}_{=\overline{x_2}} \odot x_3 \\ &= x_1 \odot x_2 \oplus x_1 \odot x_2 \odot x_3 \\ &\quad \oplus (1 \oplus x_1) \odot (1 \oplus x_2) \odot x_3 \\ &= x_1 \odot x_2 \oplus x_1 \odot x_2 \odot x_3 \\ &\quad \oplus (1 \oplus x_2) \odot x_3 \oplus x_1(1 \oplus x_2) \odot x_3 \\ &= x_1 \odot x_2 \oplus x_1 \odot x_2 \odot x_3 \oplus x_3 \\ &\quad \oplus x_2 \odot x_3 \oplus x_1 \odot x_3 \oplus x_1 \odot x_2 \odot x_3 \\ &= x_1 \odot x_2 \oplus x_3 \oplus x_2 \odot x_3 \oplus x_1 \odot x_3 \\ &\quad \oplus \underbrace{x_1 \odot x_2 \odot x_3 \oplus x_1 \odot x_2 \odot x_3}_{=0} \\ &= x_1 \odot x_2 \oplus x_1 \odot x_3 \oplus x_2 \odot x_3 \oplus x_3. \end{aligned}$$

Jede Boolesche Funktion ist offensichtlich eine Summe der elementaren Funktionen

$$\left.\begin{array}{c} 1, \\ x_1,\ x_2 \cdots x_m, \\ x_1 \odot x_2,\ x_1 \odot x_3 \cdots x_{m-1} \odot x_m, \\ x_1 \odot x_2 \odot x_3,\ x_1 \odot x_2 \odot x_4 \cdots x_{m-2} \odot x_{m-1} \odot x_m, \\ \cdots \\ x_1 \odot x_2 \odot \cdots \odot x_m, \end{array}\right. \quad m \in \mathbb{N}^*, \tag{1.1243}$$

mit Koeffizienten 0 oder 1 [10, S. 371]. Mit dem binomischen Lehrsatz [18, Gl. (1.36c), S. 12] folgt, dass es

$$\begin{aligned}&\binom{m}{0}+\binom{m}{1}+\binom{m}{2}+\cdots+\binom{m}{m}\\&=\sum_{i=0}^{m}\binom{m}{i}=\sum_{i=0}^{m}\binom{m}{i}1^{m-i}1^{i}=2^{m},\quad m\in\mathbb{N}^{*},\end{aligned}\tag{1.1244}$$

Funktionen nach (1.1243) gibt [10, S. 371]. Mit (1.1237) wird daher jede Boolesche Funktion durch

$$\begin{aligned}f(\boldsymbol{x})=a_0&\\&\oplus a_1\odot x_1\oplus a_2\odot x_2\oplus\cdots\oplus a_m\odot x_m\\&\oplus a_{m+1}\odot x_1\odot x_2\oplus a_{m+2}\odot x_1\odot x_3\oplus\cdots\oplus a_{(m+1)m/2}\odot x_{m-1}\odot x_m\\&\oplus a_{(m+1)m/2+1}\odot x_1\odot x_2\odot x_3\\&\oplus a_{(m+1)m/2+2}\odot x_1\odot x_2\odot x_4\oplus\cdots\\&\oplus a_{(m^2+5)m/6}\odot x_{m-2}\odot x_{m-1}\odot x_m\\&\oplus\cdots\\&\oplus a_{2^m-1}\odot x_1\odot x_2\odot\cdots\odot x_m,\quad m\in\mathbb{N}^{*}.\end{aligned}\tag{1.1245}$$

dargestellt.

Da es insgesamt 2^{2^m} Boolesche Funktionen von m Variablen gibt, müssen all die erwähnten Summen unterschiedlich sein [10, S. 371]. Mit anderen Worten, diejenigen 2^m Vektoren, welche den Funktionen (1.1243) entsprechen, sind linear unabhängig [10, S. 371].

Wenn $f(x_1, x_2 \cdots x_m)$ eine Boolesche Funktion ist, dann gilt

$$f(x_1,x_2\cdots x_m)=x_m\odot f(x_1,x_2\cdots x_{m-1},1)\ \vee\ \overline{x_m}\odot f(x_1,x_2\cdots x_{m-1},0).\tag{1.1246}$$

Denn wenn x_m gleich 1 ist, folgt $\overline{x_m}f(x_1, x_2 \cdots x_{m-1}, 0)$ gleich 0. Dann ist

$$\begin{aligned}1\odot f(x_1,x_2\cdots x_{m-1},1)=a_0&\\&\oplus a_1\odot x_1\oplus a_2\odot x_2\oplus\cdots\oplus a_m\odot 1\\&\oplus a_{m+1}\odot x_1\odot x_2\\&\oplus a_{m+2}\odot x_1\odot x_3\oplus\cdots\\&\oplus a_{(m+1)m/2}\odot x_{m-1}\odot 1\\&\oplus a_{(m+1)m/2+1}\odot x_1\odot x_2\odot x_3\\&\oplus a_{(m+1)m/2+2}\odot x_1\odot x_2\odot x_4\oplus\cdots\\&\oplus a_{(m^2+5)m/6}\odot x_{m-2}\odot x_{m-1}\odot 1\end{aligned}$$

$$\begin{aligned}&\oplus \cdots\\&\oplus\ a_{2^m-1} \odot x_1 \odot x_2 \odot \cdots \odot 1, \quad m \in \mathbb{N}^*,\end{aligned} \tag{1.1247}$$

die Boolesche Funktion $f(x_1, x_2 \cdots x_m)$. Und wenn x_m gleich 0 und somit $\overline{x_m}$ gleich 1 ist, folgt $x_m f(x_1, x_2 \cdots x_{m-1}, 1)$ gleich 0. Dann ist

$$\begin{aligned}1 \odot f(x_1, x_2 \cdots x_{m-1}, 0) = a_0&\\&\oplus\ a_1 \odot x_1 \ \oplus\ a_2 \odot x_2 \ \oplus\ \cdots \ \oplus\ a_m \odot 0\\&\oplus\ a_{m+1} \odot x_1 \odot x_2\\&\oplus\ a_{m+2} \odot x_1 \odot x_3 \ \oplus\ \cdots\\&\oplus\ a_{(m+1)m/2} \odot x_{m-1} \odot 0\\&\oplus\ a_{(m+1)m/2+1} \odot x_1 \odot x_2 \odot x_3\\&\oplus\ a_{(m+1)m/2+2} \odot x_1 \odot x_2 \odot x_4 \ \oplus\ \cdots\\&\oplus\ a_{(m^2+5)m/6} \odot x_{m-2} \odot x_{m-1} \odot 0\\&\oplus \cdots\\&\oplus\ a_{2^m-1} \odot x_1 \odot x_2 \odot \cdots \odot 0, \quad m \in \mathbb{N}^*,\end{aligned} \tag{1.1248}$$

die Boolesche Funktion $f(x_1, x_2 \cdots x_m)$ [10, S. 372].

Wenn $f(x_1, x_2 \cdots x_m)$ eine Boolesche Funktion ist, dann gilt

$$f(x_1, x_2 \cdots x_m) = x_m \odot g(x_1, x_2 \cdots x_{m-1}) \ \oplus\ h(x_1, x_2 \cdots x_{m-1}), \tag{1.1249}$$

wenn $g(x_1, x_2 \cdots x_{m-1})$ und $h(x_1, x_2 \cdots x_{m-1})$ solche Boolesche Funktionen sind, welche die jeweils 2^{m-1} elementaren Funktionen

$$\left.\begin{matrix}1,\\x_1,\ x_2\ \cdots\ x_{m-1},\\x_1 \odot x_2,\ x_1 \odot x_3\ \cdots\ x_{m-2} \odot x_{m-1},\\x_1 \odot x_2 \odot x_3,\ x_1 \odot x_2 \odot x_4\ \cdots\ x_{m-3} \odot x_{m-2} \odot x_{m-1},\\\cdots\\x_1 \odot x_2 \odot\ \cdots\ \odot x_{m-1},\end{matrix}\right\} \quad m \in \mathbb{N}^*. \tag{1.1250}$$

verwenden [10, S. 372]. Zudem hat man die *disjunktive Normalform* [10, S. 372]

$$\begin{gathered}f(x_1, x_2 \cdots x_m) = \bigoplus_{i_1=0}^{1} \cdots \bigoplus_{i_m=0}^{1} f(i_1, i_2 \cdots i_m) \odot y_1^{(i_1)} \odot y_2^{(i_2)} \odot \cdots \odot y_m^{(i_m)},\\y_j^{(1)} = x_j, \quad y_j^{(0)} = \overline{x_j} = 1 \oplus x_j, \quad j \in \{1, 2 \cdots m\}, \quad m \in \mathbb{N}^*.\end{gathered} \tag{1.1251}$$

Für das Folgende benötigen wir die Notation $\boldsymbol{b} \lhd \boldsymbol{a}$. Diese Notation bedeutet, dass die Menge der Einsen in $\boldsymbol{b}$ eine Teilmenge der Menge der Einsen in $\boldsymbol{a}$ ist.

Satz 1.69 (Reihendarstellung einer Booleschen Funktion). *Jede Boolesche Funktion* $f(x_1, x_2 \cdots x_m) \in \mathbb{F}_2$ *kann in Potenzen von* $x_j \in \mathbb{F}_2, j \in \{1, 2 \cdots m\}, m \in \mathbb{N}^*$, *geschrieben werden* [10, S. 372]

$$f(\boldsymbol{x}) = f(x_1, x_2 \cdots x_m) = \bigoplus_{\boldsymbol{a} \in \mathbb{F}_2^m} g(\boldsymbol{a}) \odot x_1^{a_1} \odot x_2^{a_2} \cdots \odot x_m^{a_m}, \quad \boldsymbol{a}, \boldsymbol{x} \in \mathbb{F}_2^m. \tag{1.1252}$$

Mit

$$\boldsymbol{b} = (b_1, b_2 \cdots b_m) \in \mathbb{F}_2^m \tag{1.1253}$$

*werden die Koeffizienten in (*1.1252*) durch* [10, *S. 372*]

$$g(\boldsymbol{a}) = \bigoplus_{\boldsymbol{b} \lhd \boldsymbol{a}} f(b_1, b_2 \cdots b_m) \tag{1.1254}$$

gegeben.

Beweis. Gleichung (1.1245) ergibt für m gleich 1

$$f(x_1) = a_0 \oplus a_1 x_1. \tag{1.1255}$$

Gleichung (1.1252) wird zu

$$f(x_1) = \bigoplus_{a \in \mathbb{F}_2} g(a_1) \cdot x_1^{a_1} = g(0) \cdot 1 \oplus g(1) \cdot x_1, \tag{1.1256}$$

und die disjunktive Normalform für $f(x_1)$ ist dann

$$\begin{aligned} f(x_1) &= \bigoplus_{i_1=0}^{1} f(i_1) \cdot y_1^{(i_1)} \\ &= f(0) \cdot y_1^{(0)} \oplus f(1) \cdot y_1^{(1)} \\ &= f(0) \cdot (1 \oplus x_1) \oplus f(1) \cdot x_1 \\ &= f(0) \cdot 1 \oplus \big(f(0) \oplus f(1)\big) \cdot x_1. \end{aligned} \tag{1.1257}$$

Die Wahl

$$g(0) = a_0 = f(0), \quad g(1) = a_1 = f(0) \oplus f(1) \tag{1.1258}$$

beweist (1.1254) und (1.1252) [10, S. 372].

Für m gleich 2 führt (1.1245) zu

$$f(x_1, x_2) = a_0 \oplus a_1 x_1 \oplus a_2 x_2 \oplus a_3 x_1 x_2, \tag{1.1259}$$

und (1.1252) ergibt

$$\begin{aligned} f(x_1, x_2) &= \bigoplus_{a \in \mathbb{F}_2^2} g(a_1, a_2) \odot x_1^{a_1} \odot x_2^{a_2} \\ &= g(0,0) \odot 1 \oplus g(1,0) \odot x_1 \oplus g(0,1) \odot x_2 \oplus g(1,1) \odot x_1 \odot x_2. \end{aligned} \tag{1.1260}$$

Die disjunktive Normalform für $f(x_1, x_2)$ ist in diesem Fall

$$f(x_1, x_2) = \bigoplus_{i_1=0}^{1} \bigoplus_{i_2=0}^{1} f(i_1, i_2) \odot y_1^{(i_1)} \odot y_2^{(i_2)}$$

$$
\begin{aligned}
&= \bigoplus_{i_2=0}^{1} f(0,i_2) \odot y_1^{(0)} \odot y_2^{(i_2)} \odot \bigoplus_{i_2=0}^{1} f(1,i_2) \cdot y_1^{(1)} \odot y_2^{(i_2)} \\
&= f(0,0) \odot y_1^{(0)} \odot y_2^{(0)} \oplus f(0,1) \odot y_1^{(0)} \odot y_2^{(1)} \\
&\quad \oplus f(1,0) \odot y_1^{(1)} \odot y_2^{(0)} \oplus f(1,1) \odot y_1^{(1)} \odot y_2^{(1)} \\
&= f(0,0) \odot (1 \oplus x_1) \odot (1 \oplus x_2) \oplus f(0,1) \odot (1 \oplus x_1) \odot x_2 \\
&\quad \oplus f(1,0) \odot x_1 \odot (1 \oplus x_2) \oplus f(1,1) \odot x_1 \odot x_2 \qquad (1.1261) \\
&= f(0,0) \odot [1 \oplus x_1 \oplus x_2 \oplus x_1 \odot x_2] \oplus f(0,1) \odot [x_2 \oplus x_1 \odot x_2] \\
&\quad \oplus f(1,0) \odot [x_1 \oplus x_1 \odot x_2] \oplus f(1,1) \odot x_1 \odot x_2 \\
&= f(0,0) \odot 1 \\
&\quad \oplus \left[f(0,0) \oplus f(1,0)\right] \odot x_1 \\
&\quad \oplus \left[f(0,0) \oplus f(0,1)\right] \odot x_2 \\
&\quad \oplus \left[f(0,0) \oplus f(0,1) \oplus f(1,0) \oplus f(1,1)\right] \odot x_1 \odot x_2 .
\end{aligned}
$$

Die Wahl

$$
\begin{aligned}
g(0,0) &= a_0 = f(0,0), \\
g(1,0) &= a_1 = f(0,0) \oplus f(1,0), \\
g(0,1) &= a_2 = f(0,0) \oplus f(0,1), \\
g(1,1) &= a_3 = f(0,0) \oplus f(0,1) \oplus f(1,0) \oplus f(1,1),
\end{aligned} \qquad (1.1262)
$$

beweist (1.1254) und (1.1252) [10, S. 372].

Man kann auf diese Weise leicht fortfahren. □

Für beliebige ganze Zahlen m und r mit

$$0 \leq r \leq m, \quad r, m \in \mathbb{N}, \qquad (1.1263)$$

existiert ein binärer Reed-Muller (RM) Code r-ter Ordnung [22, S. 105]

$$\mathcal{RM}(r,m).$$

Es sei $(x_1, x_2 \cdots x_m)$ ein Vektor aus $\mathbb{F}_2^m$ und $\boldsymbol{f}$ der Vektor der Länge 2^m, der wie oben diskutiert aus einer Booleschen Funktion $f(x_1, x_2 \cdots x_m)$ entsteht [10, S. 372].

Definition 1.66 (Reed-Muller (RM) Code). Der Reed-Muller (RM) Code r-ter Ordnung $\mathcal{RM}(r,m)$ mit der Länge n gleich 2^m für $0 \leq r \leq m, r, m \in \mathbb{N}$, ist die Menge aller binären Vektoren $\boldsymbol{f}$, die aus einer Booleschen Funktion $f(x_1, x_2 \cdots x_m)$, $m \in \mathbb{N}$, hervorgehen. Die Boolesche Funktion $f(x_1, x_2 \cdots x_m)$, $m \in \mathbb{N}$, ist ein Polynom vom Grad $\leq r$ [10, S. 373].

Beispiel 1.69. Es sei m gleich 3. Wir nehmen die Boolesche Funktion

$$f(x_1, x_2, x_3) = a_0 \oplus a_1 \odot x_1 \oplus a_2 \odot x_2 \oplus a_3 \odot x_3. \qquad (1.1264)$$

Der Grad dieser Booleschen Funktion $f(x_1, x_2, x_3)$ ist 1. Gemäß Definition 1.66 ist der Reed-Muller (RM) Code erster Ordnung $\mathcal{RM}(1,3)$ mit (1.1264) zu bilden.

Man erhält die folgende Wahrheitstabelle

$\sum_{j=1}^{m} 2^{j-1} x_j$	0	1	2	3
x_3	0	0	0	0
x_2	0	0	1	1
x_1	0	1	0	1
$f(x_1, x_2, x_3)$	a_0	$a_0 \oplus a_1$	$a_0 \oplus a_2$	$a_0 \oplus a_1 \oplus a_2$
$\sum_{j=1}^{m} 2^{j-1} x_j$	4	5	6	7
x_3	1	1	1	1
x_2	0	0	1	1
x_1	0	1	0	1
$f(x_1, x_2, x_3)$	$a_0 \oplus a_3$	$a_0 \oplus a_1 \oplus a_3$	$a_0 \oplus a_2 \oplus a_3$	$a_0 \oplus a_1 \oplus a_2 \oplus a_3$

(1.1265)

Es werden sich also 2^{m+1} gleich 16 binäre Vektoren $\boldsymbol{f}^{(j)}, j \in \{1, 2 \cdots 16\}$, ergeben. Diese 16 binären Vektoren wollen wir im Folgenden bestimmen.

Es sei $a_0 = a_1 = a_2 = a_3 = 0$. Dann ist der erste binäre Vektor

$$\boldsymbol{f}^{(1)} = \begin{pmatrix} 0 & 0 & 0 & 0 & 0 & 0 & 0 & 0 \end{pmatrix} = \boldsymbol{0}_8. \tag{1.1266}$$

Nun sei $a_3 = 1$ und $a_0 = a_1 = a_2 = 0$. Dann ist der zweite binäre Vektor

$$\boldsymbol{f}^{(2)} = \begin{pmatrix} 0 & 0 & 0 & 0 & 1 & 1 & 1 & 1 \end{pmatrix}. \tag{1.1267}$$

Nun sei $a_2 = 1$ und $a_0 = a_1 = a_3 = 0$. Dann ist der dritte binäre Vektor

$$\boldsymbol{f}^{(3)} = \begin{pmatrix} 0 & 0 & 1 & 1 & 0 & 0 & 1 & 1 \end{pmatrix}. \tag{1.1268}$$

Nun sei $a_1 = 1$ und $a_0 = a_2 = a_3 = 0$. Dann ist der vierte binäre Vektor

$$\boldsymbol{f}^{(4)} = \begin{pmatrix} 0 & 1 & 0 & 1 & 0 & 1 & 0 & 1 \end{pmatrix}. \tag{1.1269}$$

Nun sei $a_2 = a_3 = 1$ und $a_0 = a_1 = 0$. Dann ist der fünfte binäre Vektor

$$\boldsymbol{f}^{(5)} = \begin{pmatrix} 0 & 0 & 1 & 1 & 1 & 1 & 0 & 0 \end{pmatrix}. \tag{1.1270}$$

Nun sei $a_1 = a_3 = 1$ und $a_0 = a_2 = 0$. Dann ist der sechste binäre Vektor

$$\boldsymbol{f}^{(6)} = \begin{pmatrix} 0 & 1 & 0 & 1 & 1 & 0 & 1 & 0 \end{pmatrix}. \tag{1.1271}$$

Nun sei $a_1 = a_2 = 1$ und $a_0 = a_3 = 0$. Dann ist der siebte binäre Vektor

$$\boldsymbol{f}^{(7)} = \begin{pmatrix} 0 & 1 & 1 & 0 & 0 & 1 & 1 & 0 \end{pmatrix}. \tag{1.1272}$$

Nun sei $a_1 = a_2 = a_3 = 1$ und $a_0 = 0$. Dann ist der achte binäre Vektor

$$\boldsymbol{f}^{(8)} = \begin{pmatrix} 0 & 1 & 1 & 0 & 1 & 0 & 0 & 1 \end{pmatrix}. \tag{1.1273}$$

Nun sei $a_0 = 1$ und $a_1 = a_2 = a_3 = 0$. Dann ist der neunte binäre Vektor

$$f^{(9)} = \begin{pmatrix} 1 & 1 & 1 & 1 & 1 & 1 & 1 & 1 \end{pmatrix} = \mathbf{1}_8. \tag{1.1274}$$

Nun sei $a_0 = a_3 = 1$ und $a_1 = a_2 = 0$. Dann ist der zehnte binäre Vektor

$$f^{(10)} = \begin{pmatrix} 1 & 1 & 1 & 1 & 0 & 0 & 0 & 0 \end{pmatrix}. \tag{1.1275}$$

Nun sei $a_0 = a_2 = 1$ und $a_1 = a_3 = 0$. Dann ist der elfte binäre Vektor

$$f^{(11)} = \begin{pmatrix} 1 & 1 & 0 & 0 & 1 & 1 & 0 & 0 \end{pmatrix}. \tag{1.1276}$$

Nun sei $a_0 = a_1 = 1$ und $a_2 = a_3 = 0$. Dann ist der zwölfte binäre Vektor

$$f^{(12)} = \begin{pmatrix} 1 & 0 & 1 & 0 & 1 & 0 & 1 & 0 \end{pmatrix}. \tag{1.1277}$$

Nun sei $a_0 = a_2 = a_3 = 1$ und $a_1 = 0$. Dann ist der dreizehnte binäre Vektor

$$f^{(13)} = \begin{pmatrix} 1 & 1 & 0 & 0 & 0 & 0 & 1 & 1 \end{pmatrix}. \tag{1.1278}$$

Nun sei $a_0 = a_1 = a_3 = 1$ und $a_2 = 0$. Dann ist der vierzehnte binäre Vektor

$$f^{(14)} = \begin{pmatrix} 1 & 0 & 1 & 0 & 0 & 1 & 0 & 1 \end{pmatrix}. \tag{1.1279}$$

Nun sei $a_0 = a_1 = a_2 = 1$ und $a_3 = 0$. Dann ist der fünfzehnte binäre Vektor

$$f^{(15)} = \begin{pmatrix} 1 & 0 & 0 & 1 & 1 & 0 & 0 & 1 \end{pmatrix}. \tag{1.1280}$$

Nun sei $a_0 = a_1 = a_2 = a_3 = 1$. Dann ist der sechzehnte binäre Vektor

$$f^{(16)} = \begin{pmatrix} 1 & 0 & 0 & 1 & 0 & 1 & 1 & 0 \end{pmatrix}. \tag{1.1281}$$

Daher ist der Reed-Muller (RM) Code erster Ordnung $\mathcal{RM}(1,3)$ durch

$$\mathbb{V} = \left\{ \begin{matrix} \begin{pmatrix} 0 & 0 & 0 & 0 & 0 & 0 & 0 & 0 \end{pmatrix}, \begin{pmatrix} 0 & 0 & 0 & 0 & 1 & 1 & 1 & 1 \end{pmatrix}, \\ \begin{pmatrix} 0 & 0 & 1 & 1 & 0 & 0 & 1 & 1 \end{pmatrix}, \begin{pmatrix} 0 & 1 & 0 & 1 & 0 & 1 & 0 & 1 \end{pmatrix}, \\ \begin{pmatrix} 0 & 0 & 1 & 1 & 1 & 1 & 0 & 0 \end{pmatrix}, \begin{pmatrix} 0 & 1 & 0 & 1 & 1 & 0 & 1 & 0 \end{pmatrix}, \\ \begin{pmatrix} 0 & 1 & 1 & 0 & 0 & 1 & 1 & 0 \end{pmatrix}, \begin{pmatrix} 0 & 1 & 1 & 0 & 1 & 0 & 0 & 1 \end{pmatrix}, \\ \begin{pmatrix} 1 & 1 & 1 & 1 & 1 & 1 & 1 & 1 \end{pmatrix}, \begin{pmatrix} 1 & 1 & 1 & 1 & 0 & 0 & 0 & 0 \end{pmatrix}, \\ \begin{pmatrix} 1 & 1 & 0 & 0 & 1 & 1 & 0 & 0 \end{pmatrix}, \begin{pmatrix} 1 & 0 & 1 & 0 & 1 & 0 & 1 & 0 \end{pmatrix}, \\ \begin{pmatrix} 1 & 1 & 0 & 0 & 0 & 0 & 1 & 1 \end{pmatrix}, \begin{pmatrix} 1 & 0 & 1 & 0 & 0 & 1 & 0 & 1 \end{pmatrix}, \\ \begin{pmatrix} 1 & 0 & 0 & 1 & 1 & 0 & 0 & 1 \end{pmatrix}, \begin{pmatrix} 1 & 0 & 0 & 1 & 0 & 1 & 1 & 0 \end{pmatrix} \end{matrix} \right\} \tag{1.1282}$$

gegeben.

Lassen Sie uns die m gleich drei Basisvektoren

$$\begin{aligned} v^{(3)} &= \begin{pmatrix} 0 & 0 & 0 & 0 & 1 & 1 & 1 & 1 \end{pmatrix}, \\ v^{(2)} &= \begin{pmatrix} 0 & 0 & 1 & 1 & 0 & 0 & 1 & 1 \end{pmatrix}, \\ v^{(1)} &= \begin{pmatrix} 0 & 1 & 0 & 1 & 0 & 1 & 0 & 1 \end{pmatrix}, \end{aligned} \tag{1.1283}$$

definieren. Zusammen mit

$$\boldsymbol{v}^{(0)} = \mathbf{1}_8 = \begin{pmatrix} 1 & 1 & 1 & 1 & 1 & 1 & 1 & 1 \end{pmatrix} \tag{1.1284}$$

kann die $(m+1)\times 2^m$ gleich 4×8 Generatormatrix des Reed-Muller (RM) Codes erster Ordnung $\mathcal{RM}(1,3)$ in der folgenden Form

$$\boldsymbol{G}_{\mathcal{RM}(1,3)} = \begin{pmatrix} \boldsymbol{v}^{(0)} \\ \boldsymbol{v}^{(1)} \\ \boldsymbol{v}^{(2)} \\ \boldsymbol{v}^{(3)} \end{pmatrix} = \begin{pmatrix} 1 & 1 & 1 & 1 & 1 & 1 & 1 & 1 \\ 0 & 1 & 0 & 1 & 0 & 1 & 0 & 1 \\ 0 & 0 & 1 & 1 & 0 & 0 & 1 & 1 \\ 0 & 0 & 0 & 0 & 1 & 1 & 1 & 1 \end{pmatrix}, \tag{1.1285}$$

angegeben werden.

Jetzt kann man die 16 Codewörter des Reed-Muller (RM) Codes erster Ordnung $\mathcal{RM}(1,3)$ auf folgende Weise auf die sechzehn Funktionen $\boldsymbol{f}^{(1)}$ bis $\boldsymbol{f}^{(16)}$ abbilden [10, S. 373]:

$$\begin{aligned}
\mathbf{0}_8 &= \begin{pmatrix} 0 & 0 & 0 & 0 & 0 & 0 & 0 & 0 \end{pmatrix} = \boldsymbol{f}^{(1)}, \\
\boldsymbol{v}^{(3)} &= \begin{pmatrix} 0 & 0 & 0 & 0 & 1 & 1 & 1 & 1 \end{pmatrix} = \boldsymbol{f}^{(2)}, \\
\boldsymbol{v}^{(2)} &= \begin{pmatrix} 0 & 0 & 1 & 1 & 0 & 0 & 1 & 1 \end{pmatrix} = \boldsymbol{f}^{(3)}, \\
\boldsymbol{v}^{(1)} &= \begin{pmatrix} 0 & 1 & 0 & 1 & 0 & 1 & 0 & 1 \end{pmatrix} = \boldsymbol{f}^{(4)}, \\
\boldsymbol{v}^{(2)} \oplus \boldsymbol{v}^{(3)} &= \begin{pmatrix} 0 & 0 & 1 & 1 & 1 & 1 & 0 & 0 \end{pmatrix} = \boldsymbol{f}^{(5)}, \\
\boldsymbol{v}^{(1)} \oplus \boldsymbol{v}^{(3)} &= \begin{pmatrix} 0 & 1 & 0 & 1 & 1 & 0 & 1 & 0 \end{pmatrix} = \boldsymbol{f}^{(6)}, \\
\boldsymbol{v}^{(1)} \oplus \boldsymbol{v}^{(2)} &= \begin{pmatrix} 0 & 1 & 1 & 0 & 0 & 1 & 1 & 0 \end{pmatrix} = \boldsymbol{f}^{(7)}, \\
\boldsymbol{v}^{(1)} \oplus \boldsymbol{v}^{(2)} \oplus \boldsymbol{v}^{(3)} &= \begin{pmatrix} 0 & 1 & 1 & 0 & 1 & 0 & 0 & 1 \end{pmatrix} = \boldsymbol{f}^{(8)}, \\
\mathbf{1}_8 &= \begin{pmatrix} 1 & 1 & 1 & 1 & 1 & 1 & 1 & 1 \end{pmatrix} = \boldsymbol{f}^{(9)}, \\
\mathbf{1}_8 \oplus \boldsymbol{v}^{(3)} &= \begin{pmatrix} 1 & 1 & 1 & 1 & 0 & 0 & 0 & 0 \end{pmatrix} = \boldsymbol{f}^{(10)}, \\
\mathbf{1}_8 \oplus \boldsymbol{v}^{(2)} &= \begin{pmatrix} 1 & 1 & 0 & 0 & 1 & 1 & 0 & 0 \end{pmatrix} = \boldsymbol{f}^{(11)}, \\
\mathbf{1}_8 \oplus \boldsymbol{v}^{(1)} &= \begin{pmatrix} 1 & 0 & 1 & 0 & 1 & 0 & 1 & 0 \end{pmatrix} = \boldsymbol{f}^{(12)}, \\
\mathbf{1}_8 \oplus \boldsymbol{v}^{(2)} \oplus \boldsymbol{v}^{(3)} &= \begin{pmatrix} 1 & 1 & 0 & 0 & 0 & 0 & 1 & 1 \end{pmatrix} = \boldsymbol{f}^{(13)}, \\
\mathbf{1}_8 \oplus \boldsymbol{v}^{(1)} \oplus \boldsymbol{v}^{(3)} &= \begin{pmatrix} 1 & 0 & 1 & 0 & 0 & 1 & 0 & 1 \end{pmatrix} = \boldsymbol{f}^{(14)}, \\
\mathbf{1}_8 \oplus \boldsymbol{v}^{(1)} \oplus \boldsymbol{v}^{(2)} &= \begin{pmatrix} 1 & 0 & 0 & 1 & 1 & 0 & 0 & 1 \end{pmatrix} = \boldsymbol{f}^{(15)}, \\
\mathbf{1}_8 \oplus \boldsymbol{v}^{(1)} \oplus \boldsymbol{v}^{(2)} \oplus \boldsymbol{v}^{(3)} &= \begin{pmatrix} 1 & 0 & 0 & 1 & 0 & 1 & 1 & 0 \end{pmatrix} = \boldsymbol{f}^{(16)}.
\end{aligned} \tag{1.1286}$$

Die Minimaldistanz $d_{\min}$ des Reed-Muller (RM) Code erster Ordnung $\mathcal{RM}(1,3)$ ist 2^{m-1} gleich 4.

Daher ist der Reed-Muller (RM) Code erster Ordnung $\mathcal{RM}(1,3)$ ein $(2^m, [m+1], 2^{m-1})$ binärer linearer Blockcode $\mathbb{V}$ mit m gleich 3, d. h. ein $(8,4,4)$ binärer linearer Blockcode $\mathbb{V}$.

1.17.2 Eigenschaften von Reed-Muller (RM) Codes

Der Reed-Muller (RM) Code r-ter Ordnung $\mathcal{RM}(r,m)$ hat die folgenden Parameter [22, S. 105], [10, S. 373ff.]:

i) Die *Länge* n des Reed-Muller (RM) Codes r-ter Ordnung $\mathcal{RM}(r,m)$ ist mit Definition 1.66 [22, S. 105], [10, S. 373]

$$n = 2^m, \quad m, n \in \mathbb{N}. \tag{1.1287}$$

ii) Mit (1.1244) ist die *Dimension* $k(r, m)$ des Reed-Muller (RM) Codes r-ter Ordnung $\mathcal{RM}(r, m)$ [22, S. 105], [10, S. 371, 373]

$$k(r,m) = \binom{m}{0} + \binom{m}{1} + \binom{m}{2} + \cdots + \binom{m}{r} = \sum_{i=0}^{r} \binom{m}{i}, \tag{1.1288}$$

$$0 \le r \le m, \quad m, r \in \mathbb{N}.$$

iii) Die *Minimaldistanz* $d_{\min}$ des Reed-Muller (RM) Codes r-ter Ordnung $\mathcal{RM}(r, m)$ ist [22, S. 105], [10, Satz 3, S. 375]

$$d_{\min} = 2^{m-r}, \quad 0 \le r \le m, \quad m, r \in \mathbb{N}. \tag{1.1289}$$

Der Reed-Muller (RM) Code r-ter Ordnung $\mathcal{RM}(r, m)$ ist daher ein [22, S. 105], [10, S. 376]

$$\left(2^m, \left[\sum_{i=0}^{r} \binom{m}{i}\right], 2^{m-r}\right) \text{ binärer linearer Blockcode } \mathbb{V}.$$

iv) Offensichtlich gilt mit der Dimension $k(r, m)$, $0 \le r \le m$, $m, r \in \mathbb{N}$, des Reed-Muller (RM) Codes r-ter Ordnung $\mathcal{RM}(r, m)$ nach (1.1288), dass die *Coderate* R des Reed-Muller (RM) Codes r-ter Ordnung $\mathcal{RM}(r, m)$ gleich

$$R = \frac{k(r,m)}{n} = \frac{\sum_{i=0}^{r} \binom{m}{i}}{2^m}, \quad 0 \le r \le m, \quad r, m \in \mathbb{N}, \tag{1.1290}$$

ist, und man erhält

$$\underbrace{\frac{1}{2^m}}_{R \text{ des } \mathcal{RM}(0,m) \text{ Codes}} \le \underbrace{\frac{1}{2^m} + \frac{m}{2^m}}_{R \text{ des } \mathcal{RM}(1,m) \text{ Codes}} \le \underbrace{\frac{1}{2^m} + \frac{m}{2^m} + \frac{(m-1)m}{2^{m+1}}}_{R \text{ des } \mathcal{RM}(2,m) \text{ Codes}} \le \underbrace{1}_{R \text{ des } \mathcal{RM}(m,m) \text{ Codes}}, \tag{1.1291}$$

$$m \in \mathbb{N}.$$

Beispiel 1.70. Es sei m gleich 5 und r gleich 1. Dann gilt

$$n = 2^5 = 32, \quad k(1,5) = 1 + 5 = 6, \quad d_{\min} = 2^{5-1} = 16. \tag{1.1292}$$

Daher ist der Reed-Muller (RM) Code erster Ordnung $\mathcal{RM}(1, 5)$ ein $(32, 6, 16)$ binärer linearer Blockcode $\mathbb{V}$.

Die Coderate des Reed-Muller (RM) Codes erster Ordnung $\mathcal{RM}(1,5)$ ist bemerkenswert gering

$$R = \frac{\sum_{i=0}^{1} \binom{5}{i}}{2^5} = \frac{3}{16} = 0{,}1875 < \frac{1}{5}. \tag{1.1293}$$

Beispiel 1.71. Es sei m gleich 5 und r gleich 2. Dann erhält man

$$n = 2^5 = 32, \quad k(2,5) = 1 + 5 + 10 = 16, \quad d_{\text{min}} = 2^{5-2} = 8. \tag{1.1294}$$

Daher ist der Reed-Muller (RM) Code zweiter Ordnung $\mathcal{RM}(2,5)$ ein $(32,16,8)$ binärer linearer Blockcode $\mathbb{V}$.

Die Coderate des Reed-Muller (RM) Codes zweiter Ordnung $\mathcal{RM}(2,5)$ ist viel akzeptabler

$$R = \frac{\sum_{i=0}^{2} \binom{5}{i}}{2^5} = \frac{1}{2}. \tag{1.1295}$$

Für $1 \le i \le m$, $i, m \in \mathbb{N}$, sei $\boldsymbol{v}^{(i)}$ ein 2^m-Tupel über $\mathbb{F}_2$ der folgenden Form [22, Gl. (4.4), S. 105]:

$$\boldsymbol{v}^{(i)} = (\underbrace{0\cdots0}_{2^{i-1}}\underbrace{1\cdots1}_{2^{i-1}}\underbrace{0\cdots0}_{2^{i-1}}\cdots\underbrace{1\cdots1}_{2^{i-1}}), \quad 1 \le i \le m, \quad i, m \in \mathbb{N}. \tag{1.1296}$$

Offensichtlich besteht $\boldsymbol{v}^{(i)}$, $i \in \mathbb{N}$, aus $2^{m-(i-1)}$, $i, m \in \mathbb{N}$, abwechselnden „Nur-Nullen-Tupel" und „Nur-Einsen-Tupel", jeweils der Länge 2^{i-1}, $i \in \mathbb{N}$ [22, Gl. (4.4), S. 105]. Das Hamming-Gewicht von $\boldsymbol{v}^{(i)}$ ist

$$w_{\mathrm{H}}\{\boldsymbol{v}^{(i)}\} = 2^{m-(i-1)-1} \cdot 2^{i-1} = 2^{m-1}, \quad 1 \le i \le m, \quad i, m \in \mathbb{N}. \tag{1.1297}$$

Beispiel 1.72. Es sei m gleich 4 [22, S. 105]. Dann hat jedes $\boldsymbol{v}^{(i)}$, $1 \le i \le 4$, $i \in \mathbb{N}$, 2^4 gleich 16 Komponenten, d. h. Koordinaten. Daher ist $\boldsymbol{v}^{(i)}$ ein 16-Tupel [22, S. 105]. Da m gleich 4, gibt es m gleich 4 solche 16-Tupel $\boldsymbol{v}^{(i)}$, $1 \le i \le 4$, $i \in \mathbb{N}$.

Das erste 16-Tupel $\boldsymbol{v}^{(1)}$ hat insgesamt $2^{4-(i-1)}$ gleich 2^4, d. h. 16, wechselnde „Nur-Nullen-Tupel" und „Nur-Einsen-Tupel" der Länge 2^{i-1} gleich 2^0, d. h. 1. Es gilt

$$\boldsymbol{v}^{(1)} = (0,1,0,1,0,1,0,1,0,1,0,1,0,1,0,1). \tag{1.1298}$$

Wie erwartet ergibt sich

$$w_{\mathrm{H}}\{\boldsymbol{v}^{(1)}\} = 2^{4-1} = 8. \tag{1.1299}$$

Das zweite 16-Tupel $\boldsymbol{v}^{(2)}$ hat insgesamt $2^{4-(i-1)}$ gleich 2^3, d. h. 8, wechselnde „Nur-Nullen-Tupel" und „Nur-Einsen-Tupel" der Länge 2^{i-1} gleich 2^1, d. h. 2. Es gilt

$$\boldsymbol{v}^{(2)} = (0,0,1,1,0,0,1,1,0,0,1,1,0,0,1,1). \tag{1.1300}$$

Wie erwartet ergibt sich

$$w_H\{\boldsymbol{v}^{(2)}\} = 2^{4-1} = 8. \tag{1.1301}$$

Das dritte 16-Tupel $\boldsymbol{v}^{(3)}$ hat insgesamt $2^{4-(i-1)}$ gleich 2^2, d. h. 4, wechselnde „Nur-Nullen-Tupel“ und „Nur-Einsen-Tupel“ der Länge 2^{i-1} gleich 2^2, d. h. 4. Es gilt

$$\boldsymbol{v}^{(3)} = (0,0,0,0,1,1,1,1,0,0,0,0,1,1,1,1). \tag{1.1302}$$

Wie erwartet ergibt sich

$$w_H\{\boldsymbol{v}^{(3)}\} = 2^{4-1} = 8. \tag{1.1303}$$

Das letzte, d. h. das vierte, 16-Tupel $\boldsymbol{v}^{(4)}$ hat insgesamt $2^{4-(i-1)}$ gleich 2^1, d. h. 2, wechselnde „Nur-Nullen-Tupel“ und „Nur-Einsen-Tupel“ der Länge 2^{i-1} gleich 2^3, d. h. 8. Es gilt

$$\boldsymbol{v}^{(4)} = (0,0,0,0,0,0,0,0,1,1,1,1,1,1,1,1). \tag{1.1304}$$

Wie erwartet ergibt sich

$$w_H\{\boldsymbol{v}^{(4)}\} = 2^{4-1} = 8. \tag{1.1305}$$

Es seien

$$\boldsymbol{a} = (a_0, a_1 \cdots a_{2^m-1}) \in \mathbb{F}_2^{2^m}, \quad m \in \mathbb{N}, \tag{1.1306}$$

und

$$\boldsymbol{b} = (b_0, b_1 \cdots b_{2^m-1}) \in \mathbb{F}_2^{2^m}, \quad m \in \mathbb{N}, \tag{1.1307}$$

zwei binäre 2^m-Tupel [22, S. 105]. Das *logische (Boolesche) Produkt* von $\boldsymbol{a} \in \mathbb{F}_2^{2^m}$ und $\boldsymbol{b} \in \mathbb{F}_2^{2^m}$ ist [22, S. 105]

$$\boldsymbol{a} \boxdot \boldsymbol{b} = (a_0 \odot b_0, a_1 \odot b_1 \cdots a_{2^m-1} \odot b_{2^m-1}) \in \mathbb{F}_2^{2^m}, \quad n \in \mathbb{N}^*. \tag{1.1308}$$

Des Weiteren sei [22, S. 105]

$$\boldsymbol{v}^{(0)} = \mathbf{1}_{2^m}, \quad n \in \mathbb{N}^*, \tag{1.1309}$$

der Einsvektor der Länge 2^m mit dem Hamming-Gewicht 2^m. Der Produktvektor

$$\boldsymbol{v}^{(i_1)} \boxdot \boldsymbol{v}^{(i_2)} \boxdot \cdots \boxdot \boldsymbol{v}^{(i_p)}, \quad 1 \le i_1 \le i_2 \le \cdots \le i_p \le m, \quad i_1, i_2 \cdots i_p, m \in \mathbb{N}, \tag{1.1310}$$

hat den Grad p [22, SS. 105f.]. Da die Hamming-Gewichte von $\boldsymbol{v}^{(1)}$, $\boldsymbol{v}^{(2)}$, $\boldsymbol{v}^{(3)} \cdots \boldsymbol{v}^{(m)}$ alle gleich 2^{m-1} sind, ist das Hamming-Gewicht des Produktvektors $\boldsymbol{v}^{(i_1)} \boxdot \boldsymbol{v}^{(i_2)} \boxdot \cdots \boxdot \boldsymbol{v}^{(i_p)}$, $1 \le i_1 \le i_2 \le \cdots \le i_p \le m$, ebenfalls gerade und eine Zweierpotenz [22, S. 106]

$$w_H\{\boldsymbol{v}^{(i_1)} \boxdot \boldsymbol{v}^{(i_2)} \boxdot \cdots \boxdot \boldsymbol{v}^{(i_p)}\} = 2^{m-p}, \quad 1 \le i_1 \le i_2 \le \cdots \le i_p \le m, \quad i_1, i_2 \cdots i_p, m \in \mathbb{N}. \tag{1.1311}$$

Beispiel 1.73. Es sei m gleich 4 [22, S. 106]. Man erhält

$$\boldsymbol{v}^{(0)} = (1,1,1,1,1,1,1,1,1,1,1,1,1,1,1,1), \quad w_{\mathrm{H}}\left\{\boldsymbol{v}^{(0)}\right\} = 16. \tag{1.1312}$$

In Beispiel 1.72 ergaben sich die folgenden vier 16-Tupel:

$$\begin{aligned} \boldsymbol{v}^{(1)} &= (0,1,0,1,0,1,0,1,0,1,0,1,0,1,0,1), \\ \boldsymbol{v}^{(2)} &= (0,0,1,1,0,0,1,1,0,0,1,1,0,0,1,1), \\ \boldsymbol{v}^{(3)} &= (0,0,0,0,1,1,1,1,0,0,0,0,1,1,1,1), \\ \boldsymbol{v}^{(4)} &= (0,0,0,0,0,0,0,0,1,1,1,1,1,1,1,1), \end{aligned} \tag{1.1313}$$

mit

$$w_{\mathrm{H}}\left\{\boldsymbol{v}^{(1)}\right\} = w_{\mathrm{H}}\left\{\boldsymbol{v}^{(2)}\right\} = w_{\mathrm{H}}\left\{\boldsymbol{v}^{(3)}\right\} = w_{\mathrm{H}}\left\{\boldsymbol{v}^{(4)}\right\} = 2^{4-1} = 8. \tag{1.1314}$$

Es folgen

$$\begin{aligned} \boldsymbol{v}^{(1)} \boxdot \boldsymbol{v}^{(2)} &= (0,1,0,1,0,1,0,1,0,1,0,1,0,1,0,1) \boxdot (0,0,1,1,0,0,1,1,0,0,1,1,0,0,1,1) \\ &= (0,0,0,1,0,0,0,1,0,0,0,1,0,0,0,1), \\ \boldsymbol{v}^{(1)} \boxdot \boldsymbol{v}^{(3)} &= (0,1,0,1,0,1,0,1,0,1,0,1,0,1,0,1) \boxdot (0,0,0,0,1,1,1,1,0,0,0,0,1,1,1,1) \\ &= (0,0,0,0,0,1,0,1,0,0,0,0,0,1,0,1), \\ \boldsymbol{v}^{(1)} \boxdot \boldsymbol{v}^{(4)} &= (0,1,0,1,0,1,0,1,0,1,0,1,0,1,0,1) \boxdot (0,0,0,0,0,0,0,0,1,1,1,1,1,1,1,1) \\ &= (0,0,0,0,0,0,0,0,0,1,0,1,0,1,0,1), \\ \boldsymbol{v}^{(2)} \boxdot \boldsymbol{v}^{(3)} &= (0,0,1,1,0,0,1,1,0,0,1,1,0,0,1,1) \boxdot (0,0,0,0,1,1,1,1,0,0,0,0,1,1,1,1) \\ &= (0,0,0,0,0,0,1,1,0,0,0,0,0,0,1,1), \\ \boldsymbol{v}^{(2)} \boxdot \boldsymbol{v}^{(4)} &= (0,0,1,1,0,0,1,1,0,0,1,1,0,0,1,1) \boxdot (0,0,0,0,0,0,0,0,1,1,1,1,1,1,1,1) \\ &= (0,0,0,0,0,0,0,0,0,0,1,1,0,0,1,1), \\ \boldsymbol{v}^{(3)} \boxdot \boldsymbol{v}^{(4)} &= (0,0,0,0,1,1,1,1,0,0,0,0,1,1,1,1) \boxdot (0,0,0,0,0,0,0,0,1,1,1,1,1,1,1,1) \\ &= (0,0,0,0,0,0,0,0,0,0,0,0,1,1,1,1). \end{aligned} \tag{1.1315}$$

Wie erwartet ergibt sich

$$\begin{aligned} w_{\mathrm{H}}\left\{\boldsymbol{v}^{(1)} \boxdot \boldsymbol{v}^{(2)}\right\} &= w_{\mathrm{H}}\left\{\boldsymbol{v}^{(1)} \boxdot \boldsymbol{v}^{(3)}\right\} \\ &= w_{\mathrm{H}}\left\{\boldsymbol{v}^{(1)} \boxdot \boldsymbol{v}^{(4)}\right\} \\ &= w_{\mathrm{H}}\left\{\boldsymbol{v}^{(2)} \boxdot \boldsymbol{v}^{(3)}\right\} \\ &= w_{\mathrm{H}}\left\{\boldsymbol{v}^{(2)} \boxdot \boldsymbol{v}^{(4)}\right\} \\ &= w_{\mathrm{H}}\left\{\boldsymbol{v}^{(3)} \boxdot \boldsymbol{v}^{(4)}\right\} \\ &= 2^{4-2} = 4. \end{aligned} \tag{1.1316}$$

Weiterhin erhält man

$$\begin{aligned}
v^{(1)} \boxdot v^{(2)} \boxdot v^{(3)} &= (0,0,0,1,0,0,0,1,0,0,0,1,0,0,0,1)\\
&\boxdot (0,0,0,0,1,1,1,1,0,0,0,0,1,1,1,1)\\
&= (0,1,0,1,0,1,0,1,0,1,0,1,0,1,0,1)\\
&\boxdot (0,0,0,0,0,0,1,1,0,0,0,0,0,0,1,1)\\
&= (0,0,0,0,0,0,0,1,0,0,0,0,0,0,0,1),\\
v^{(1)} \boxdot v^{(2)} \boxdot v^{(4)} &= (0,0,0,1,0,0,0,1,0,0,0,1,0,0,0,1)\\
&\boxdot (0,0,0,0,0,0,0,0,1,1,1,1,1,1,1,1)\\
&= (0,1,0,1,0,1,0,1,0,1,0,1,0,1,0,1)\\
&\boxdot (0,0,0,0,0,0,0,0,0,0,1,1,0,0,1,1)\\
&= (0,0,0,0,0,0,0,0,0,0,0,1,0,0,0,1),\\
v^{(1)} \boxdot v^{(3)} \boxdot v^{(4)} &= (0,0,0,0,0,1,0,1,0,0,0,0,0,1,0,1)\\
&\boxdot (0,0,0,0,0,0,0,0,1,1,1,1,1,1,1,1)\\
&= (0,1,0,1,0,1,0,1,0,1,0,1,0,1,0,1)\\
&\boxdot (0,0,0,0,0,0,0,0,0,0,0,0,1,1,1,1)\\
&= (0,0,0,0,0,0,0,0,0,0,0,0,0,1,0,1),\\
v^{(2)} \boxdot v^{(3)} \boxdot v^{(4)} &= (0,0,0,0,0,0,1,1,0,0,0,0,0,0,1,1)\\
&\boxdot (0,0,0,0,0,0,0,0,1,1,1,1,1,1,1,1)\\
&= (0,0,1,1,0,0,1,1,0,0,1,1,0,0,1,1)\\
&\boxdot (0,0,0,0,0,0,0,0,0,0,0,0,1,1,1,1)\\
&= (0,0,0,0,0,0,0,0,0,0,0,0,0,0,1,1).
\end{aligned} \tag{1.1317}$$

Wie erwartet ergibt sich

$$\begin{aligned}
w_{\mathrm{H}}\{v^{(1)} \boxdot v^{(2)} \boxdot v^{(3)}\} &= w_{\mathrm{H}}\{v^{(1)} \boxdot v^{(2)} \boxdot v^{(4)}\}\\
&= w_{\mathrm{H}}\{v^{(1)} \boxdot v^{(3)} \boxdot v^{(4)}\}\\
&= w_{\mathrm{H}}\{v^{(2)} \boxdot v^{(3)} \boxdot v^{(4)}\}\\
&= 2^{4-3} = 2.
\end{aligned} \tag{1.1318}$$

Schließlich erhält man

$$\begin{aligned}
v^{(1)} \boxdot v^{(2)} \boxdot v^{(3)} \boxdot v^{(4)} &= (0,0,0,0,0,0,0,1,0,0,0,0,0,0,0,1)\\
&\boxdot (0,0,0,0,0,0,0,0,1,1,1,1,1,1,1,1)\\
&= (0,0,0,0,0,0,0,0,0,0,0,0,0,0,0,1).
\end{aligned} \tag{1.1319}$$

Wie erwartet ergibt sich

$$w_{\mathrm{H}}\{v^{(1)} \boxdot v^{(2)} \boxdot v^{(3)} \boxdot v^{(4)}\} = 2^{4-4} = 1. \tag{1.1320}$$

Der Reed-Muller (RM) Code r-ter Ordnung $\mathcal{RM}(r,m)$ der Länge 2^m wird durch die folgende Menge von $k(r,m)$, $0 \le r \le m$, $m, r \in \mathbb{N}$, paarweise unabhängigen binären Vektoren aus $\mathbb{F}_2^{2^m}$ erzeugt, d. h. *aufgespannt* [22, Gleichung (4.5), Seite 106]:

$$\left\{\begin{array}{c} \boldsymbol{v}^{(0)}, \\ \boldsymbol{v}^{(1)}, \boldsymbol{v}^{(2)} \cdots \boldsymbol{v}^{(m)}, \\ \boldsymbol{v}^{(1)} \boxdot \boldsymbol{v}^{(2)}, \boldsymbol{v}^{(1)} \boxdot \boldsymbol{v}^{(3)} \cdots \boldsymbol{v}^{(m-1)} \boxdot \boldsymbol{v}^{(m)}, \\ \boldsymbol{v}^{(1)} \boxdot \boldsymbol{v}^{(2)} \boxdot \boldsymbol{v}^{(3)}, \boldsymbol{v}^{(1)} \boxdot \boldsymbol{v}^{(3)} \boxdot \boldsymbol{v}^{(4)} \cdots \boldsymbol{v}^{(m-2)} \boxdot \boldsymbol{v}^{(m-1)} \boxdot \boldsymbol{v}^{(m)}, \\ \vdots \\ \text{bis zu Produkten vom Grad } r \end{array}\right\}, \quad 0 \le r \le m, \quad m, r \in \mathbb{N}. \tag{1.1321}$$

Die Generatormatrix $\boldsymbol{G}_{\mathcal{RM}(r,m)}$ wird durch diese $k(r,m)$, $0 \le r \le m$, $m, r \in \mathbb{N}$, paarweise unabhängigen binären Vektoren aus (1.1321) bestimmt, indem diese $k(r,m)$, $0 \le r \le m$, $m, r \in \mathbb{N}$, paarweise unabhängigen binären Vektoren aus (1.1321) als Zeilen von $\boldsymbol{G}_{\mathcal{RM}(r,m)}$ angeordnet werden. Dies führt zum folgenden Ergebnis [22, Gleichung (4.5), Seite 106]:

$$\boldsymbol{G}_{\mathcal{RM}(r,m)} = \begin{pmatrix} \boldsymbol{v}^{(0)} \\ \boldsymbol{v}^{(1)} \\ \boldsymbol{v}^{(2)} \\ \vdots \\ \boldsymbol{v}^{(m)} \\ \boldsymbol{v}^{(1)} \boxdot \boldsymbol{v}^{(2)} \\ \boldsymbol{v}^{(1)} \boxdot \boldsymbol{v}^{(3)} \\ \vdots \\ \boldsymbol{v}^{(m-1)} \boxdot \boldsymbol{v}^{(m)} \\ \boldsymbol{v}^{(1)} \boxdot \boldsymbol{v}^{(2)} \boxdot \boldsymbol{v}^{(3)} \\ \boldsymbol{v}^{(1)} \boxdot \boldsymbol{v}^{(3)} \boxdot \boldsymbol{v}^{(4)} \\ \vdots \\ \boldsymbol{v}^{(m-2)} \boxdot \boldsymbol{v}^{(m-1)} \boxdot \boldsymbol{v}^{(m)} \\ \vdots \\ \text{bis zu Produkten vom Grad } r \end{pmatrix} = \begin{pmatrix} \boldsymbol{1}_{2^m} \\ \boldsymbol{v}^{(1)} \\ \boldsymbol{v}^{(2)} \\ \vdots \\ \boldsymbol{v}^{(m)} \\ \boldsymbol{v}^{(1)} \boxdot \boldsymbol{v}^{(2)} \\ \boldsymbol{v}^{(1)} \boxdot \boldsymbol{v}^{(3)} \\ \vdots \\ \boldsymbol{v}^{(m-1)} \boxdot \boldsymbol{v}^{(m)} \\ \boldsymbol{v}^{(1)} \boxdot \boldsymbol{v}^{(2)} \boxdot \boldsymbol{v}^{(3)} \\ \boldsymbol{v}^{(1)} \boxdot \boldsymbol{v}^{(3)} \boxdot \boldsymbol{v}^{(4)} \\ \vdots \\ \boldsymbol{v}^{(m-2)} \boxdot \boldsymbol{v}^{(m-1)} \boxdot \boldsymbol{v}^{(m)} \\ \vdots \\ \text{bis zu Produkten vom Grad } r \end{pmatrix}, \tag{1.1322}$$

$$0 \le r \le m, \quad m, r \in \mathbb{N}.$$

Daher hat der Reed-Muller (RM) Code r-ter Ordnung $\mathcal{RM}(r,m)$ die Dimension $k(r,m)$ [22, S. 106].

Für $0 \le p \le r$, $p, r \in \mathbb{N}$, gibt es genau

$$\binom{m}{p} = \frac{m!}{p!(m-p)!}, \quad 0 \le p \le r \le m, \quad m, p, r \in \mathbb{N}, \tag{1.1323}$$

Zeilen mit dem Hamming-Gewicht 2^{m-p}, $m, p \in \mathbb{N}$, in $\boldsymbol{G}_{\mathcal{RM}(r,m)}$ [22, S. 106].

Zunächst betrachten wir den Fall r gleich 0. Dann kann p nur gleich 0 sein. Im Fall des Reed-Muller-Codes (RM) nullter Ordnung $\mathcal{RM}(0,m)$ hat man

$$\binom{m}{0} = \frac{m!}{m!} = 1, \quad m \in \mathbb{N}, \tag{1.1324}$$

d. h. eine einzige Zeile mit dem Hamming-Gewicht 2^m, $m \in \mathbb{N}$, in $\boldsymbol{G}_{\mathcal{RM}(0,m)}$, $m \in \mathbb{N}$. Es gibt keine weiteren Zeilen in $\boldsymbol{G}_{\mathcal{RM}(0,m)}$, $m \in \mathbb{N}$. Daher ist der Reed-Muller (RM) Code nullter Ordnung $\mathcal{RM}(0,m)$ der Wiederholungscode der Länge 2^m, der durch die 1×2^m Generatormatrix

$$\boldsymbol{G}_{\mathcal{RM}(0,m)} = \left(\boldsymbol{v}^{(0)}\right) = \left(\mathbf{1}_{2^m}\right) \tag{1.1325}$$

erzeugt wird.

Wir betrachten nun den Fall r gleich 1. In diesem Fall kann p die Werte 0 und 1 annehmen. Daher hat die Generatormatrix $\boldsymbol{G}_{\mathcal{RM}(1,m)}$ des Reed-Muller (RM) Codes erster Ordnung $\mathcal{RM}(1,m)$

$$\binom{m}{0} = \frac{m!}{m!} = 1, \quad m \in \mathbb{N}, \tag{1.1326}$$

d. h. eine Zeile mit dem Hamming-Gewicht 2^m, $m \in \mathbb{N}$, beziehungsweise eine Zeile mit dem Vektor mit lauter Einsen $\boldsymbol{v}^{(0)}$ gleich $\mathbf{1}_{2^m}$, und

$$\binom{m}{1} = \frac{m!}{(m-1)!} = m, \quad m \in \mathbb{N}, \tag{1.1327}$$

Zeilen mit dem Hamming-Gewicht 2^{m-1}, $m \in \mathbb{N}$, welche die binären Vektoren $\boldsymbol{v}^{(i)}$, $1 \le i \le m$, $i, m \in \mathbb{N}$, sind. Es gibt keine weiteren Zeilen in $\boldsymbol{G}_{\mathcal{RM}(1,m)}$. Daher wird der Reed-Muller (RM) Code erster Ordnung $\mathcal{RM}(1,m)$ durch die $(m+1) \times 2^m$, $m \in \mathbb{N}$, Generatormatrix

$$\boldsymbol{G}_{\mathcal{RM}(1,m)} = \begin{pmatrix} \boldsymbol{v}^{(0)} \\ \boldsymbol{v}^{(1)} \\ \boldsymbol{v}^{(2)} \\ \vdots \\ \boldsymbol{v}^{(m-1)} \\ \boldsymbol{v}^{(m)} \end{pmatrix} = \begin{pmatrix} \mathbf{1}_{2^m} \\ \boldsymbol{v}^{(1)} \\ \boldsymbol{v}^{(2)} \\ \vdots \\ \boldsymbol{v}^{(m-1)} \\ \boldsymbol{v}^{(m)} \end{pmatrix}, \quad m \in \mathbb{N}, \tag{1.1328}$$

erzeugt.

In Bezug auf den Reed-Muller (RM) Code erster Ordnung $\mathcal{RM}(1,m)$ gilt also die folgende Definition 1.67 [12, Definition 5.1, S. 107f.].

Definition 1.67 (Reed-Muller (RM) Code erster Ordnung). Die Generatormatrix $\boldsymbol{G}_{\mathcal{RM}(1,m)}$ des Reed-Muller (RM) Codes erster Ordnung $\mathcal{RM}(1,m)$ besteht aus [12, Definition 5.1, S. 107f.]

- einer Zeile, die der Einsvektor $\mathbf{1}_{2^m}$, $m \in \mathbb{N}^*$, ist, und
- einer Untermatrix, die 2^m, $m \in \mathbb{N}^*$, Spalten hat, wobei jede Spalte eines der paarweise unterschiedlichen m-Tupel aus $\mathbb{F}_2^m$, $m \in \mathbb{N}^*$, ist.

Der Reed-Muller (RM) Code erster Ordnung $\mathcal{RM}(1,m)$ ist ein $(2^m, m+1, 2^{m-1})$ binärer linearer Blockcode [12, Definition 5.1, S. 107f.].

Beispiel 1.74. Der Reed-Muller (RM) Code erster Ordnung $\mathcal{RM}(1,4)$ ist ein $(16,5,8)$ binärer linearer Blockcode mit der 5×16 Generatormatrix

$$\boldsymbol{G}_{\mathcal{RM}(1,4)} = \begin{pmatrix} \boldsymbol{v}^{(0)} \\ \boldsymbol{v}^{(4)} \\ \boldsymbol{v}^{(3)} \\ \boldsymbol{v}^{(2)} \\ \boldsymbol{v}^{(1)} \end{pmatrix} = \begin{pmatrix} 1&1&1&1&1&1&1&1&1&1&1&1&1&1&1&1 \\ 0&0&0&0&0&0&0&0&1&1&1&1&1&1&1&1 \\ 0&0&0&0&1&1&1&1&0&0&0&0&1&1&1&1 \\ 0&0&1&1&0&0&1&1&0&0&1&1&0&0&1&1 \\ 0&1&0&1&0&1&0&1&0&1&0&1&0&1&0&1 \end{pmatrix}, \tag{1.1329}$$

wenn man ausgehend von Beispiel 1.75 die Zeilen umordnet.

Mit (1.1329), erhält man die $(m+1) \times 2^m$, d. h. 5×16, Matrix

$$\begin{aligned} \boldsymbol{W}_{(m+1)\times 2^m} &= \mathbf{1}_{(m+1)\times 2^m} - 2 \cdot \boldsymbol{G}_{\mathcal{RM}(1,m)} \qquad (1.1330) \\ &= \boldsymbol{W}_{5\times 16} \\ &= \mathbf{1}_{5\times 16} - 2 \cdot \boldsymbol{G}_{\mathcal{RM}(1,4)} \\ &= \begin{pmatrix} -1&-1&-1&-1&-1&-1&-1&-1&-1&-1&-1&-1&-1&-1&-1&-1 \\ +1&+1&+1&+1&+1&+1&+1&+1&-1&-1&-1&-1&-1&-1&-1&-1 \\ +1&+1&+1&+1&-1&-1&-1&-1&+1&+1&+1&+1&-1&-1&-1&-1 \\ +1&+1&-1&-1&+1&+1&-1&-1&+1&+1&-1&-1&+1&+1&-1&-1 \\ +1&-1&+1&-1&+1&-1&+1&-1&+1&-1&+1&-1&+1&-1&+1&-1 \end{pmatrix}. \qquad (1.1331) \end{aligned}$$

Es sei $[\boldsymbol{W}_{5\times 16}]_{ij}$, $i \in \{0,1,2,3,4,5\}$, $j \in \{0,1,\ldots,15\}$, das Element von $\boldsymbol{W}_{5\times 16}$ in Zeile i und Spalte j.

Dann erhält man sofort

$$\begin{aligned} \frac{1}{2^m} \sum_{j=0}^{2^m-1} [\boldsymbol{W}_{(m+1)\times 2^m}]_{ij} \cdot [\boldsymbol{W}_{(m+1)\times 2^m}]_{kj} &= \frac{1}{16} \sum_{j=0}^{15} [\boldsymbol{W}_{5\times 16}]_{ij} \cdot [\boldsymbol{W}_{5\times 16}]_{kj} \\ &= \begin{cases} 1 & \text{if } i = k, \\ 0 & \text{if } i \neq k, \end{cases} \qquad (1.1332) \\ &= \delta_{ik}, \quad i,k \in \{0,1,2,3,4,5\}. \end{aligned}$$

Die Zeilenvektoren von $\boldsymbol{W}_{5\times 16}$ sind paarweise orthogonal.

Um die Struktur der $([m+1] \times 2^m)$ Generatormatrix $\boldsymbol{G}_{\mathcal{RM}(1,m)}$, $m \in \mathbb{N}^*$, beziehungsweise der $([m+1] \times 2^m)$ Matrix $\boldsymbol{W}_{(m+1)\times 2^m}$, $m \in \mathbb{N}^*$, weiter zu veranschaulichen, gilt es die *Rademacher-Sinusfunktion* zu definieren [63, Gl. (3.1), S. 46], die nach dem deutschen Mathematiker Hans Adolph *Rademacher* benannt ist [69].

Definition 1.68 (Rademacher-Funktionen). Mit der Gaußklammer $\lfloor x \rfloor$ hat die *Rademacher-Sinusfunktion* $\text{sir} : \mathbb{R} \to \{-1, +1\}$ die Funktionsvorschrift [63, Gl. (3.1), S. 46]

$$\text{sir}\{x\} = (-1)^{\lfloor 2 \cdot x \rfloor}. \tag{1.1333}$$

Mit der Gaußklammer $\lfloor x \rfloor$ hat die *Rademacher-Kosinusfunktion* $\text{cor} : \mathbb{R} \to \{-1, +1\}$ die Funktionsvorschrift [63, Gl. (3.1), S. 46]

$$\text{cor}\{x\} = (-1)^{\lfloor 2 \cdot x + \frac{1}{2} \rfloor} = \text{sir}\left\{x + \frac{1}{4}\right\}. \tag{1.1334}$$

Verwendet man die Rademacher-Sinusfunktion, so sieht man sofort, dass

- die erste Zeile der $([m+1] \times 2^m)$ Matrix $\boldsymbol{W}_{(m+1)\times 2^m}$, $m \in \mathbb{N}^*$, durch $-\text{sir}\{j/2^{m+1}\}$ gleich $\text{cor}\{j/2^{m+1} + 1/4\}$ und gleich $(-1)^{\lfloor j/2^m \rfloor}$, d. h. $+1$, $j \in \{0, 1 \cdots (2^m - 1)\}$, $m \in \mathbb{N}^*$, gegeben ist,
- die zweite Zeile der $([m+1] \times 2^m)$ Matrix $\boldsymbol{W}_{(m+1)\times 2^m}$, $m \in \mathbb{N}^*$, durch $\text{sir}\{j/2^m\}$ gleich $(-1)^{\lfloor j/2^{m-1} \rfloor}$, $j \in \{0, 1 \cdots (2^m - 1)\}$, $m \in \mathbb{N}^*$, gegeben ist,
- die dritte Zeile der $([m+1] \times 2^m)$ Matrix $\boldsymbol{W}_{(m+1)\times 2^m}$, $m \in \mathbb{N}^*$, durch $\text{sir}\{j/2^{m-1}\}$ gleich $(-1)^{\lfloor j/2^{m-2} \rfloor}$, $j \in \{0, 1 \cdots (2^m - 1)\}$, $m \in \mathbb{N}^*$, gegeben ist,
- die vierte Zeile der $([m+1] \times 2^m)$ Matrix $\boldsymbol{W}_{(m+1)\times 2^m}$, $m \in \mathbb{N}^*$, durch $\text{sir}\{j/2^{m-2}\}$ gleich $(-1)^{\lfloor j/2^{m-3} \rfloor}$, $j \in \{0, 1 \cdots (2^m - 1)\}$, $m \in \mathbb{N}^*$, gegeben ist,
- die fünfte Zeile der $([m+1] \times 2^m)$ Matrix $\boldsymbol{W}_{(m+1)\times 2^m}$, $m \in \mathbb{N}^*$, durch $\text{sir}\{j/2^{m-3}\}$ gleich $(-1)^{\lfloor j/2^{m-4} \rfloor}$, $j \in \{0, 1 \cdots (2^m - 1)\}$, $m \in \mathbb{N}^*$, gegeben ist,
- ...
- die m-te Zeile der $([m+1] \times 2^m)$ Matrix $\boldsymbol{W}_{(m+1)\times 2^m}$, $m \in \mathbb{N}^*$, durch $\text{sir}\{j/2^2\}$ gleich $(-1)^{\lfloor j/2 \rfloor}$, $j \in \{0, 1 \cdots (2^m - 1)\}$, $m \in \mathbb{N}^*$, gegeben ist und
- die $(m+1)$-te und letzte Zeile der $([m+1] \times 2^m)$ Matrix $\boldsymbol{W}_{(m+1)\times 2^m}$, $m \in \mathbb{N}^*$, durch $\text{sir}\{j/2\}$ gleich $(-1)^{\lfloor j/2^0 \rfloor}$, d. h. $(-1)^{\lfloor j \rfloor}$, $j \in \{0, 1 \cdots (2^m - 1)\}$, $m \in \mathbb{N}^*$, gegeben ist.

Lassen Sie uns nun r gleich 2 betrachten. In diesem Fall kann p die Werte 0, 1 und 2 annehmen. Daher hat die Generatormatrix $\boldsymbol{G}_{\mathcal{RM}(2,m)}$ des Reed-Muller (RM) Codes zweiter Ordnung $\mathcal{RM}(2, m)$

$$\binom{m}{0} = \frac{m!}{m!} = 1, \quad m \in \mathbb{N}, \tag{1.1335}$$

d. h. eine Zeile mit dem Hamming-Gewicht 2^m, $m \in \mathbb{N}$, d. h. dem Vektor mit lauter Einsen $\boldsymbol{v}^{(0)}$ gleich $\mathbf{1}_{2^m}$,

$$\binom{m}{1} = \frac{m!}{(m-1)!} = m, \quad m \in \mathbb{N}, \tag{1.1336}$$

Zeilen mit dem Hamming-Gewicht 2^{m-1}, $m \in \mathbb{N}$, welche die binären Vektoren $\boldsymbol{v}^{(i)}$, $1 \leq i \leq m$, $i, m \in \mathbb{N}$, sind, und

$$\binom{m}{2} = \frac{m!}{2(m-2)!} = \frac{(m-1)m}{2}, \quad m \in \mathbb{N}, \tag{1.1337}$$

Zeilen mit dem Hamming-Gewicht 2^{m-2}, $m \in \mathbb{N}$, welche diejenigen binären Vektoren darstellen, die durch die logischen (Booleschen) Produkte

$$\boldsymbol{v}^{(i_1)} \boxdot \boldsymbol{v}^{(i_2)}, \quad 1 \leq i_1 \leq i_2 \leq m, \quad i_1, i_2, m \in \mathbb{N}, \tag{1.1338}$$

vom Grad 2 gebildet werden. Es gibt keine weiteren Zeilen in $\boldsymbol{G}_{\mathcal{RM}(2,m)}$. Daher wird der Reed-Muller (RM) Code zweiter Ordnung $\mathcal{RM}(2, m)$ von der $[(m^2 + m + 2)/2] \times 2^m$ Generatormatrix

$$\boldsymbol{G}_{\mathcal{RM}(2,m)} = \begin{pmatrix} \boldsymbol{v}^{(0)} \\ \boldsymbol{v}^{(1)} \\ \boldsymbol{v}^{(2)} \\ \vdots \\ \boldsymbol{v}^{(m-1)} \\ \boldsymbol{v}^{(m)} \\ \boldsymbol{v}^{(1)} \boxdot \boldsymbol{v}^{(2)} \\ \boldsymbol{v}^{(1)} \boxdot \boldsymbol{v}^{(3)} \\ \boldsymbol{v}^{(1)} \boxdot \boldsymbol{v}^{(4)} \\ \vdots \\ \boldsymbol{v}^{(m-2)} \boxdot \boldsymbol{v}^{(m)} \\ \boldsymbol{v}^{(m-1)} \boxdot \boldsymbol{v}^{(m)} \end{pmatrix} = \begin{pmatrix} \mathbf{1}_{2^m} \\ \boldsymbol{v}^{(1)} \\ \boldsymbol{v}^{(2)} \\ \vdots \\ \boldsymbol{v}^{(m-1)} \\ \boldsymbol{v}^{(m)} \\ \boldsymbol{v}^{(1)} \boxdot \boldsymbol{v}^{(2)} \\ \boldsymbol{v}^{(1)} \boxdot \boldsymbol{v}^{(3)} \\ \boldsymbol{v}^{(1)} \boxdot \boldsymbol{v}^{(4)} \\ \vdots \\ \boldsymbol{v}^{(m-2)} \boxdot \boldsymbol{v}^{(m)} \\ \boldsymbol{v}^{(m-1)} \boxdot \boldsymbol{v}^{(m)} \end{pmatrix}, \quad m \in \mathbb{N}, \tag{1.1339}$$

erzeugt.

Der Reed-Muller (RM) Code $(m-1)$-ter Ordnung $\mathcal{RM}([m-1], m)$ hat die Minimaldistanz

$$d_{\min} = 2. \tag{1.1340}$$

Dieser Reed-Muller (RM) Code $(m-1)$-ter Ordnung ist ein Einzelparitätsprüfcode (engl. „single parity check (SPC) code") [22, S. 106].

Beispiel 1.75. Lassen Sie uns m gleich 4 betrachten.

Der Reed-Muller (RM) Code nullter Ordnung $\mathcal{RM}(0, 4)$ wird durch die 1×16 Generatormatrix erzeugt

$$\boldsymbol{G}_{\mathcal{RM}(0,4)} = (1111111111111111). \tag{1.1341}$$

Seine Minimaldistanz $d_{\min}$ beträgt 16.

Der Reed-Muller (RM) Code erster Ordnung $\mathcal{RM}(1, 4)$ wird durch die 5×16 Generatormatrix erzeugt

$$\boldsymbol{G}_{\mathcal{RM}(1,4)} = \begin{pmatrix} \boldsymbol{v}^{(0)} \\ \boldsymbol{v}^{(1)} \\ \boldsymbol{v}^{(2)} \\ \boldsymbol{v}^{(3)} \\ \boldsymbol{v}^{(4)} \end{pmatrix} = \begin{pmatrix} 1 & 1 & 1 & 1 & 1 & 1 & 1 & 1 & 1 & 1 & 1 & 1 & 1 & 1 & 1 & 1 \\ 0 & 1 & 0 & 1 & 0 & 1 & 0 & 1 & 0 & 1 & 0 & 1 & 0 & 1 & 0 & 1 \\ 0 & 0 & 1 & 1 & 0 & 0 & 1 & 1 & 0 & 0 & 1 & 1 & 0 & 0 & 1 & 1 \\ 0 & 0 & 0 & 0 & 1 & 1 & 1 & 1 & 0 & 0 & 0 & 0 & 1 & 1 & 1 & 1 \\ 0 & 0 & 0 & 0 & 0 & 0 & 0 & 0 & 1 & 1 & 1 & 1 & 1 & 1 & 1 & 1 \end{pmatrix}. \tag{1.1342}$$

Seine Minimaldistanz beträgt 8.

Natürlich können die Zeilen der 5×16 Generatormatrix umgeordnet werden, ohne den Code zu ändern, beispielsweise

$$\boldsymbol{G}_{\mathcal{RM}(1,4)} = \begin{pmatrix} \boldsymbol{v}^{(0)} \\ \boldsymbol{v}^{(4)} \\ \boldsymbol{v}^{(3)} \\ \boldsymbol{v}^{(2)} \\ \boldsymbol{v}^{(1)} \end{pmatrix} = \begin{pmatrix} 1 & 1 & 1 & 1 & 1 & 1 & 1 & 1 & 1 & 1 & 1 & 1 & 1 & 1 & 1 & 1 \\ 0 & 0 & 0 & 0 & 0 & 0 & 0 & 0 & 1 & 1 & 1 & 1 & 1 & 1 & 1 & 1 \\ 0 & 0 & 0 & 0 & 1 & 1 & 1 & 1 & 0 & 0 & 0 & 0 & 1 & 1 & 1 & 1 \\ 0 & 0 & 1 & 1 & 0 & 0 & 1 & 1 & 0 & 0 & 1 & 1 & 0 & 0 & 1 & 1 \\ 0 & 1 & 0 & 1 & 0 & 1 & 0 & 1 & 0 & 1 & 0 & 1 & 0 & 1 & 0 & 1 \end{pmatrix}. \tag{1.1343}$$

In dem Fall des Reed-Muller (RM) Codes zweiter Ordnung $\mathcal{RM}(2,4)$ gibt es

$$\begin{pmatrix} 4 \\ 2 \end{pmatrix} = 6 \tag{1.1344}$$

Zeilen mit Hamming-Gewicht 2^{4-2} gleich 4. Diese sind diejenigen binären Vektoren, welche durch logische (Boolesche) Produkte gebildet werden:

$$\begin{aligned} \boldsymbol{v}^{(1)} \boxdot \boldsymbol{v}^{(2)} &= (0,0,0,1,0,0,0,1,0,0,0,1,0,0,0,1), \\ \boldsymbol{v}^{(1)} \boxdot \boldsymbol{v}^{(3)} &= (0,0,0,0,0,1,0,1,0,0,0,0,0,1,0,1), \\ \boldsymbol{v}^{(1)} \boxdot \boldsymbol{v}^{(4)} &= (0,0,0,0,0,0,0,0,0,1,0,1,0,1,0,1), \\ \boldsymbol{v}^{(2)} \boxdot \boldsymbol{v}^{(3)} &= (0,0,0,0,0,0,1,1,0,0,0,0,0,0,1,1), \\ \boldsymbol{v}^{(2)} \boxdot \boldsymbol{v}^{(4)} &= (0,0,0,0,0,0,0,0,0,0,1,1,0,0,1,1), \\ \boldsymbol{v}^{(3)} \boxdot \boldsymbol{v}^{(4)} &= (0,0,0,0,0,0,0,0,0,0,0,0,1,1,1,1). \end{aligned} \tag{1.1345}$$

Die zugehörige 11×16 Generatormatrix ist

$$\boldsymbol{G}_{\mathcal{RM}(2,4)} = \begin{pmatrix} \boldsymbol{v}^{(0)} \\ \boldsymbol{v}^{(1)} \\ \boldsymbol{v}^{(2)} \\ \boldsymbol{v}^{(3)} \\ \boldsymbol{v}^{(4)} \\ \boldsymbol{v}^{(1)} \boxdot \boldsymbol{v}^{(2)} \\ \boldsymbol{v}^{(1)} \boxdot \boldsymbol{v}^{(3)} \\ \boldsymbol{v}^{(1)} \boxdot \boldsymbol{v}^{(4)} \\ \boldsymbol{v}^{(2)} \boxdot \boldsymbol{v}^{(3)} \\ \boldsymbol{v}^{(2)} \boxdot \boldsymbol{v}^{(4)} \\ \boldsymbol{v}^{(3)} \boxdot \boldsymbol{v}^{(4)} \end{pmatrix} = \begin{pmatrix} 1 & 1 & 1 & 1 & 1 & 1 & 1 & 1 & 1 & 1 & 1 & 1 & 1 & 1 & 1 & 1 \\ 0 & 1 & 0 & 1 & 0 & 1 & 0 & 1 & 0 & 1 & 0 & 1 & 0 & 1 & 0 & 1 \\ 0 & 0 & 1 & 1 & 0 & 0 & 1 & 1 & 0 & 0 & 1 & 1 & 0 & 0 & 1 & 1 \\ 0 & 0 & 0 & 0 & 1 & 1 & 1 & 1 & 0 & 0 & 0 & 0 & 1 & 1 & 1 & 1 \\ 0 & 0 & 0 & 0 & 0 & 0 & 0 & 0 & 1 & 1 & 1 & 1 & 1 & 1 & 1 & 1 \\ 0 & 0 & 0 & 1 & 0 & 0 & 0 & 1 & 0 & 0 & 0 & 1 & 0 & 0 & 0 & 1 \\ 0 & 0 & 0 & 0 & 0 & 1 & 0 & 1 & 0 & 0 & 0 & 0 & 0 & 1 & 0 & 1 \\ 0 & 0 & 0 & 0 & 0 & 0 & 0 & 0 & 0 & 1 & 0 & 1 & 0 & 1 & 0 & 1 \\ 0 & 0 & 0 & 0 & 0 & 0 & 1 & 1 & 0 & 0 & 0 & 0 & 0 & 0 & 1 & 1 \\ 0 & 0 & 0 & 0 & 0 & 0 & 0 & 0 & 0 & 0 & 1 & 1 & 0 & 0 & 1 & 1 \\ 0 & 0 & 0 & 0 & 0 & 0 & 0 & 0 & 0 & 0 & 0 & 0 & 1 & 1 & 1 & 1 \end{pmatrix}. \tag{1.1346}$$

Die Minimaldistanz beträgt 4.

Auch im Fall des Reed-Muller (RM) Codes zweiter Ordnung $\mathcal{RM}(2,4)$ ändert eine Umordnung der Zeilen den Code nicht:

$$
\boldsymbol{G}_{\mathcal{RM}(2,4)} = \begin{pmatrix} \boldsymbol{v}^{(0)} \\ \boldsymbol{v}^{(4)} \\ \boldsymbol{v}^{(3)} \\ \boldsymbol{v}^{(2)} \\ \boldsymbol{v}^{(1)} \\ \boldsymbol{v}^{(3)} \boxdot \boldsymbol{v}^{(4)} \\ \boldsymbol{v}^{(2)} \boxdot \boldsymbol{v}^{(4)} \\ \boldsymbol{v}^{(1)} \boxdot \boldsymbol{v}^{(4)} \\ \boldsymbol{v}^{(2)} \boxdot \boldsymbol{v}^{(3)} \\ \boldsymbol{v}^{(1)} \boxdot \boldsymbol{v}^{(3)} \\ \boldsymbol{v}^{(1)} \boxdot \boldsymbol{v}^{(2)} \end{pmatrix} = \begin{pmatrix} 1&1&1&1&1&1&1&1&1&1&1&1&1&1&1&1 \\ 0&0&0&0&0&0&0&0&1&1&1&1&1&1&1&1 \\ 0&0&0&0&1&1&1&1&0&0&0&0&1&1&1&1 \\ 0&0&1&1&0&0&1&1&0&0&1&1&0&0&1&1 \\ 0&1&0&1&0&1&0&1&0&1&0&1&0&1&0&1 \\ 0&0&0&0&0&0&0&0&0&0&0&0&1&1&1&1 \\ 0&0&0&0&0&0&0&0&0&0&1&1&0&0&1&1 \\ 0&0&0&0&0&0&0&0&0&1&0&1&0&1&0&1 \\ 0&0&0&0&0&0&1&1&0&0&0&0&0&0&1&1 \\ 0&0&0&0&0&1&0&1&0&0&0&0&0&1&0&1 \\ 0&0&0&1&0&0&0&1&0&0&0&1&0&0&0&1 \end{pmatrix}. \tag{1.1347}
$$

Da alle Vektoren in $\boldsymbol{G}_{\mathcal{RM}(r,m)}$ ein gerades Hamming-Gewicht haben, haben alle Codewörter im Reed-Muller (RM) Code r-ter Ordnung $\mathcal{RM}(r,m)$ ein gerades Hamming-Gewicht [22, S. 106].

Aus der Konstruktion des Codes ist sofort zu sehen, dass der Reed-Muller (RM) Code $[r-1]$-ter Ordnung $\mathcal{RM}([r-1],m)$ ein echter Untercode des Reed-Muller (RM) Codes r-ter Ordnung $\mathcal{RM}(r,m)$ ist [22, S. 106]. Daher hat man die folgende „Einschlusskette" [22, Gl. (4.6), S. 106].

$$
\mathcal{RM}(0,m) \subset \mathcal{RM}(1,m) \subset \mathcal{RM}(2,m) \subset \cdots \subset \mathcal{RM}(r,m) \subset \cdots \subset \mathcal{RM}(m,m). \tag{1.1348}
$$

Beispiel 1.76. Aus Beispiel 1.75 folgt

$$
\mathcal{RM}(0,4) \subset \mathcal{RM}(1,4) \subset \mathcal{RM}(2,4). \tag{1.1349}
$$

1.17.3 Punktierte Reed-Muller (RM) Codes

Punktierung bedeutet, mindestens eine Koordinate, d. h. eine Komponente aller Codewörter zu löschen [10, S. 28f.]. Daher bedeutet Punktierung, eine Spalte der Generatormatrix zu verwerfen. Natürlich kann Punktierung auf einen Reed-Muller (RM) Code r-ter Ordnung $\mathcal{RM}(r,m)$, $m, r \in \mathbb{N}$, angewendet werden.

Definition 1.69 (Punktierter Reed-Muller (RM) Code r-ter Ordnung). Für $0 \le r \le (m-1)$ wird der punktierte Reed-Muller (RM) Code r-ter Ordnung $\mathcal{RM}(r,m)^*$ durch Punktierung, d. h. Löschen, derjenigen Komponente aus den Codewörtern $\boldsymbol{f} \in \mathbb{F}_2^{2^m}$, $m \in \mathbb{N}$, des Reed-Muller (RM) Codes r-ter Ordnung $\mathcal{RM}(r,m)$ erzeugt, welche durch den Wert der Booleschen Funktion $f(x_1, x_2 \cdots x_m)$ bei

$$
x_1 = x_2 = x_3 = \cdots = x_m = 0, \quad m \in \mathbb{N}, \tag{1.1350}
$$

festgelegt ist [10, S. 377].

Der punktierte Reed-Muller (RM) Code r-ter Ordnung $\mathcal{RM}(r,m)^*$ hat die Länge n gleich $[2^m - 1]$, $m \in \mathbb{N}$, und die unveränderte Dimension $k(r,m)$, $0 \le r \le m$, $m, r \in \mathbb{N}$, siehe (1.1288) [10, S. 377].

Aufgrund der Punktierung wird die Minimaldistanz d_{min} des punktierten Reed-Muller (RM) Codes r-ter Ordnung $\mathcal{RM}(r,m)^*$ um 1 verringert, d. h. d_{min} ist $[2^{m-r} - 1]$, $0 \le r \le m$, $m, r \in \mathbb{N}$.

Daher ist der punktierte Reed-Muller (RM) Code r-ter Ordnung $\mathcal{RM}(r,m)^*$ ein [10, S. 377]

$$\left([2^m - 1], \left[\sum_{i=0}^{r} \binom{m}{i}\right], [2^{m-r} - 1]\right) \text{ binärer linearer Blockcode } \mathbb{V}.$$

Zum Beispiel hat der punktierte Reed-Muller (RM) Code erster Ordnung $\mathcal{RM}(1,m)^*$

- die Länge n gleich $[2^m - 1]$,
- die Dimension $k(r,m)$ gleich $(m+1)$ und
- die Minimaldistanz d_{min} gleich $(2^{m-1} - 1)$.

Wir haben dann einen $(2^m - 1, m + 1, 2^{m-1} - 1)$ binären linearen Blockcode $\mathbb{V}$ [10, Bild 1.13, S. 31].

Die in Definition 1.69 erwähnte Koordinate entspricht derjenigen bestimmten Spalte der Generatormatrix $\boldsymbol{G}_{\mathcal{RM}(r,m)}$, welche in allen Zeilen außer der ersten Zeile Nullen hat. Häufig ist dies die erste Spalte von $\boldsymbol{G}_{\mathcal{RM}(r,m)}$. Diese Spalte entspricht der Gesamtparitätsprüfung (engl. „overall parity check"). Daher löscht die Punktierung diese bestimmte Koordinate des Reed-Muller (RM) Codes r-ter Ordnung $\mathcal{RM}(r,m)$, welche die Gesamtparitätsprüfung (engl. „overall parity check") implementiert [10, Bild 1.13, S. 31].

Beispiel 1.77. Wir gehen von Beispiel 1.69 aus.

Wir sehen sofort, dass die zu punktierende Koordinate die erste Koordinate ist. Daher ist der punktierte Reed-Muller (RM) Code erster Ordnung $\mathcal{RM}(1,3)^*$

$$\mathbb{V} = \begin{Bmatrix} (0,0,0,0,0,0,0), & (0,0,0,1,1,1,1), & (0,1,1,0,1,1,1), & (1,0,1,0,1,0,1), \\ (0,1,1,1,1,0,0), & (1,0,1,1,0,1,0), & (1,1,0,0,1,1,0), & (1,1,0,1,0,0,1), \\ (1,1,1,1,1,1,1), & (1,1,1,0,0,0,0), & (1,0,0,1,1,0,0), & (0,1,0,1,0,1,0), \\ (1,0,0,0,0,1,1), & (0,1,0,0,1,0,1), & (0,0,1,1,0,0,1), & (0,0,1,0,1,1,0) \end{Bmatrix}. \tag{1.1351}$$

Lassen Sie uns die m gleich drei Basisvektoren

$$\begin{aligned} \boldsymbol{v}^{(3)*} &= (0,0,0,1,1,1,1), \\ \boldsymbol{v}^{(2)*} &= (0,1,1,0,0,1,1), \\ \boldsymbol{v}^{(1)*} &= (1,0,1,0,1,0,1), \end{aligned} \tag{1.1352}$$

definieren. Zusammen mit

$$\boldsymbol{v}^{(0)*} = \mathbf{1}_7 = (1,1,1,1,1,1,1) \tag{1.1353}$$

ergibt sich die $(m+1) \times [2^m - 1]$ gleich 4×7 Generatormatrix des punktierten Reed-Muller (RM) Codes erster Ordnung $\mathcal{RM}(1,3)^*$ zu

$$\boldsymbol{G}_{\mathcal{RM}(1,3)^*} = \begin{pmatrix} \boldsymbol{v}^{(0)*} \\ \boldsymbol{v}^{(1)*} \\ \boldsymbol{v}^{(2)*} \\ \boldsymbol{v}^{(3)*} \end{pmatrix} = \begin{pmatrix} 1 & 1 & 1 & 1 & 1 & 1 & 1 \\ 1 & 0 & 1 & 0 & 1 & 0 & 1 \\ 0 & 1 & 1 & 0 & 0 & 1 & 1 \\ 0 & 0 & 0 & 1 & 1 & 1 & 1 \end{pmatrix}. \quad (1.1354)$$

Es ist leicht zu erkennen, dass die Minimaldistanz $d_{\min}$ des punktierten Reed-Muller (RM) Codes erster Ordnung $\mathcal{RM}(1,3)^*$ gleich 3 ist, d. h. $(2^{m-1} - 1)$ für m gleich 3. Daher ist der punktierte Reed-Muller (RM) Code erster Ordnung $\mathcal{RM}(1,3)^*$ ein $(7,4,3)$ binärer linearer Blockcode $\mathbb{V}$.

Lassen Sie uns eine äquivalente Version des punktierten Reed-Muller (RM) Codes erster Ordnung $\mathcal{RM}(1,3)^*$ durch Permutation der Spalten von $\boldsymbol{G}_{\mathcal{RM}(1,3)^*}$ erzeugen. Zuerst permutiert man die Spalten 2 und 3 und erhält die Generatormatrix

$$\begin{pmatrix} 1 & 1 & 1 & 1 & 1 & 1 & 1 \\ 1 & 1 & 0 & 0 & 1 & 0 & 1 \\ 0 & 1 & 1 & 0 & 0 & 1 & 1 \\ 0 & 0 & 0 & 1 & 1 & 1 & 1 \end{pmatrix}. \quad (1.1355)$$

Nun fährt man fort, indem man die Spalten 3 und 7 permutiert, und erhält

$$\begin{pmatrix} 1 & 1 & 1 & 1 & 1 & 1 & 1 \\ 1 & 1 & 1 & 0 & 1 & 0 & 0 \\ 0 & 1 & 1 & 0 & 0 & 1 & 1 \\ 0 & 0 & 1 & 1 & 1 & 1 & 0 \end{pmatrix}. \quad (1.1356)$$

Im nächsten Schritt permutiert man die Spalten 4 und 6 und erhält

$$\begin{pmatrix} 1 & 1 & 1 & 1 & 1 & 1 & 1 \\ 1 & 1 & 1 & 0 & 1 & 0 & 0 \\ 0 & 1 & 1 & 1 & 0 & 0 & 1 \\ 0 & 0 & 1 & 1 & 1 & 1 & 0 \end{pmatrix}. \quad (1.1357)$$

Schließlich permutiert man die Spalten 6 und 7 und erhält die Generatormatrix der äquivalenten Version des punktierten Reed-Muller (RM) Codes erster Ordnung $\mathcal{RM}(1,3)^*$

$$\boldsymbol{G}'_{\mathcal{RM}(1,3)^*} = \begin{pmatrix} 1 & 1 & 1 & 1 & 1 & 1 & 1 \\ 1 & 1 & 1 & 0 & 1 & 0 & 0 \\ 0 & 1 & 1 & 1 & 0 & 1 & 0 \\ 0 & 0 & 1 & 1 & 1 & 0 & 1 \end{pmatrix}. \quad (1.1358)$$

Ein genauerer Blick zeigt, dass die dritte und die vierte Zeile zyklische Verschiebungen der zweiten Zeile sind. Außerdem sehen wir, dass der $\mathcal{RM}(1,3)$ Code das augmentierte Dual des zyklischen binären $(7,4,3)$ Hamming-Codes ist. Daher kann man sagen, dass der punktierte Reed-Muller (RM) Code erster Ordnung $\mathcal{RM}(1,3)^*$ ein zyklischer Code ist.

Die zweite, die dritte und die vierte Zeile von $\boldsymbol{G}'_{\mathcal{RM}(1,3)^*}$ nach (1.1358) sind linear unabhängig. Nota bene, dass im Fall von m gleich 3 nur drei linear unabhängige Verschiebungen existieren. Eine weitere Verschiebung der vierten Zeile ergibt den Vektor

$$\begin{pmatrix} 1 & 0 & 0 & 1 & 1 & 1 & 0 \end{pmatrix}, \quad (1.1359)$$

der die Summe der zweiten und der dritten Zeile von $G'_{\mathcal{RM}(1,3)^*}$ aus (1.1358) ist. Eine weitere Verschiebung ergibt

$$\begin{pmatrix} 0 & 1 & 0 & 0 & 1 & 1 & 1 \end{pmatrix}. \tag{1.1360}$$

Dies ist die Summe der dritten und der vierten Zeile von $G'_{\mathcal{RM}(1,3)^*}$ nach (1.1358). Eine weitere Verschiebung ergibt

$$\begin{pmatrix} 1 & 0 & 1 & 0 & 0 & 1 & 1 \end{pmatrix}. \tag{1.1361}$$

Dies ist die Summe der zweiten, der dritten und der vierten Zeile von $G'_{\mathcal{RM}(1,3)^*}$ aus (1.1358). Zudem ergibt eine weitere Verschiebung

$$\begin{pmatrix} 1 & 1 & 0 & 1 & 0 & 0 & 1 \end{pmatrix}. \tag{1.1362}$$

Dies ist die Summe der zweiten und der vierten Zeile von $G'_{\mathcal{RM}(1,3)^*}$ nach (1.1358). Die nächste Verschiebung ergibt die zweite Zeile von $G'_{\mathcal{RM}(1,3)^*}$ nach (1.1358).

Beispiel 1.78. Wir setzen Beispiel 1.77 fort.

Derjenige Zeilenvektor

$$\begin{pmatrix} 1 & 1 & 1 & 0 & 1 & 0 & 0 \end{pmatrix}, \tag{1.1363}$$

welcher die zweite Zeile von $G'_{\mathcal{RM}(1,3)^*}$ nach (1.1358) bildet, kann durch das primitive idempotente Polynom

$$\theta_1(x) = 1 \oplus x \oplus x^2 \oplus x^4, \tag{1.1364}$$

aus Beispiel 1.56 dargestellt werden. Das primitive idempotente Polynom $\theta_1(x)$ kann durch ein *linear rückgekoppeltes Schieberegister (engl. „linear feedback shift register", LFSR)* mit dem Rückkopplungs-Polynom

$$M^{(1)}(x) = 1 \oplus x \oplus x^3 \tag{1.1365}$$

generiert werden, wenn der Anfangszustand

$$\begin{pmatrix} 1 & 1 & 1 \end{pmatrix} \tag{1.1366}$$

gewählt wird.

Ein linear rückgekoppeltes Schieberegister (engl. „linear feedback shift register", LFSR), das durch ein Polynom über $\mathbb{F}_2$ mit dem Grad $m \in \mathbb{N}^*$ geregelt wird, kann 2^m verschiedene Zustände annehmen, wobei jeder Zustand durch eine ganze Zahl von 0 bis $(2^m - 1)$ nummeriert und durch einen eindeutigen binären Vektor der Länge $m \in \mathbb{N}^*$ charakterisiert wird, der die binäre Darstellung der besagten ganzen Zahl ist.

Die Initialisierung des linear rückgekoppelten Schieberegisters (engl. „linear feedback shift register", LFSR) im Zustand 0, d. h. mit dem binären Vektor

$$(\underbrace{0, 0 \cdots 0}_{m \text{ Komponenten}}), \tag{1.1367}$$

führt zur Ausgabefolge, die nur aus Nullen besteht. Der Zustand des linear rückgekoppelten Schieberegisters (engl. „linear feedback shift register", LFSR) bleibt zu jedem Zeitpunkt derselbe Zustand 0. Deshalb muss man die Initialisierung im Zustand 0 vermeiden [70, S. 43].

Vielmehr muss das linear rückgekoppelte Schieberegister (engl. „linear feedback shift register", LFSR) in einem von 0 verschiedenen Zustand initialisiert werden. Die Anzahl der von 0 verschiedenen Zustände, die das linear rückgekoppelte Schieberegister (engl. „linear feedback shift register", LFSR) annehmen kann, ist $(2^m - 1)$, $m \in \mathbb{N}^*$ [70, S. 43].

Die Initialisierung des linear rückgekoppelten Schieberegisters (engl. „linear feedback shift register", LFSR) in einem dieser von 0 verschiedenen Zustände führt zu einer periodischen Ausgabefolge [70, S. 43], die sowohl aus Nullen als auch aus Einsen besteht. Die Ausgabefolge wiederholt sich einer bestimmten Anzahl von Takten. Die Periode der besagten Ausgabefolge ist auf maximal $(2^m - 1)$, $m \in \mathbb{N}^*$, Takte beschränkt, d. h. sie wird durch die Anzahl der von 0 verschiedenen Zustände bestimmt, die das linear rückgekoppelte Schieberegister (engl. „linear feedback shift register", LFSR) annehmen kann [70, S. 43]. Ob diese maximale Periode von $(2^m - 1)$, $m \in \mathbb{N}^*$, erreicht wird, hängt von der Wahl des oben genannten Polynoms über $\mathbb{F}_2$ mit dem Grad $m \in \mathbb{N}^*$ ab [70, S. 43].

Das Rückkopplungspolynom $M^{(1)}(x)$, das in Abbildung 1.22 verwendet wird, ist ein irreduzibles Polynom, das aus der Faktorisierung

$$x^7 \oplus 1 = (1 \oplus x) \odot \left(1 \oplus x \oplus x^3\right) \odot \left(1 \oplus x^2 \oplus x^3\right) \tag{1.1368}$$

von $(x^7 \oplus 1)$ stammt. Wir setzen

$$\begin{aligned} M^{(0)}(x) &= 1 \oplus x, \\ M^{(1)}(x) &= 1 \oplus x \oplus x^3, \\ M^{(3)}(x) &= 1 \oplus x^2 \oplus x^3, \end{aligned} \tag{1.1369}$$

und verwenden $M^{(1)}(x)$. Die Polynome $M^{(0)}(x)$, $M^{(1)}(x)$ und $M^{(3)}(x)$ sind die Minimalpolynome von $\mathbb{F}_8$, siehe Beispiel 1.51. Man kann leicht zeigen, dass beide Seiten von (1.1368) gleich sind:

$$\begin{aligned} x^7 \oplus 1 &= (1 \oplus x) \odot \left(1 \oplus x \oplus x^3\right) \odot \left(1 \oplus x^2 \oplus x^3\right) \\ &= (1 \oplus x) \odot \left(1 \oplus x \oplus x^3 \oplus x^2 \oplus x^3 \oplus x^5 \oplus x^3 \oplus x^4 \oplus x^6\right) \\ &= (1 \oplus x) \odot \left(1 \oplus x \oplus x^2 \oplus \underbrace{x^3 \oplus x^3 \oplus x^3}_{=x^3} \oplus x^4 \oplus x^5 \oplus x^6\right) \\ &= (1 \oplus x) \odot \left(1 \oplus x \oplus x^2 \oplus x^3 \oplus x^4 \oplus x^5 \oplus x^6\right) \\ &= 1 \oplus x \oplus x^2 \oplus x^3 \oplus x^4 \oplus x^5 \oplus x^6 \oplus x \oplus x^2 \oplus x^3 \oplus x^4 \oplus x^5 \oplus x^6 \oplus x^7 \\ &= 1 \oplus \underbrace{x \oplus x}_{=0} \oplus \underbrace{x^2 \oplus x^2}_{=0} \oplus \underbrace{x^3 \oplus x^3}_{=0} \oplus \underbrace{x^4 \oplus x^4}_{=0} \oplus \underbrace{x^5 \oplus x^5}_{=0} \oplus \underbrace{x^6 \oplus x^6}_{=0} \oplus x^7 \\ &= x^7 \oplus 1. \end{aligned} \tag{1.1370}$$

Darüber hinaus ist das Polynom $M^{(1)}(x)$ gleich $x^3 \oplus x \oplus 1$, das primitive Polynom [70, Tabelle 3.2, S. 44] $\pi_1(x)$ von $\mathbb{F}_8$ gemäß Tabelle 1.10.

Die Verwendung primitiver Polynome zur Einrichtung der Rückkopplung eines linear rückgekoppelten Schieberegisters (engl. „linear feedback shift register", LFSR) ergibt immer Ausgabefolgen mit Perioden maximaler Länge [70, S. 43]. Solche Ausgabefolgen werden daher als *Maximalfolgen* beziehungsweise als *m-Sequenzen* [70, S. 43] bezeichnet.

Solche m-Sequenzen ähneln zufälligen Folgen von Nullen und Einsen und werden daher auch als *„Pseudorauschfolgen"* (engl. „pseudo noise (PN) sequences") [10, Definition, S. 408] bezeichnet. Man könnte sie auch *Pseudozufallsfolgen* nennen [41, S. 90].

Somit ist die periodische Ausgabefolge eine m-Sequenz. Eine Periode der periodischen Ausgabefolge kann als das Polynom $\theta_1(x) = x^4 \oplus x^2 \oplus x \oplus 1$ angegeben werden. [70, Tabelle 3.3, S. 46]; $\theta_1(x)$ ist ein primitives idempotentes Polynom. Kurz gesagt, ein primitives idempotentes Polynom ist die Periode einer m-Sequenz, die durch ein linear rückgekoppeltes Schieberegister (engl. „linear feedback shift register", LFSR) erzeugt wird, wenn ein primitives Polynom als Rückkopplungspolynom zum Einsatz kommt.

Ausgehend von $M^{(3)}(x)$ kann eine modifizierte Version des oben beschriebenen linear rückgekoppelten Schieberegisters (engl. „linear feedback shift register", LFSR) nach Abbildung 1.22 festgelegt werden, siehe Abbildung 1.23. Jetzt wird der Anfangszustand

$$\begin{pmatrix} 0 & 0 & 1 \end{pmatrix}, \tag{1.1371}$$

verwendet.

Das linear rückgekoppelte Schieberegister (engl. „linear feedback shift register", LFSR) nach Abbildung 1.23 erzeugt ebenfalls eine periodische Ausgabefolge, deren Periode mit dem Polynom $\theta_3(x)$ beschrieben werden kann; $\theta_3(x)$ ist ein primitives idempotentes Polynom und kann als zweite Zeile einer äquivalenten Version $\boldsymbol{G}''_{\mathcal{RM}(1,3)^*}$ von $\boldsymbol{G}'_{\mathcal{RM}(1,3)^*}$ aus (1.1358) dienen. Die entsprechende Generatormatrix ist

$$\boldsymbol{G}''_{\mathcal{RM}(1,3)^*} = \begin{pmatrix} 1 & 1 & 1 & 1 & 1 & 1 & 1 \\ 1 & 0 & 0 & 1 & 0 & 1 & 1 \\ 1 & 1 & 0 & 0 & 1 & 0 & 1 \\ 1 & 1 & 1 & 0 & 0 & 1 & 0 \end{pmatrix}. \tag{1.1372}$$

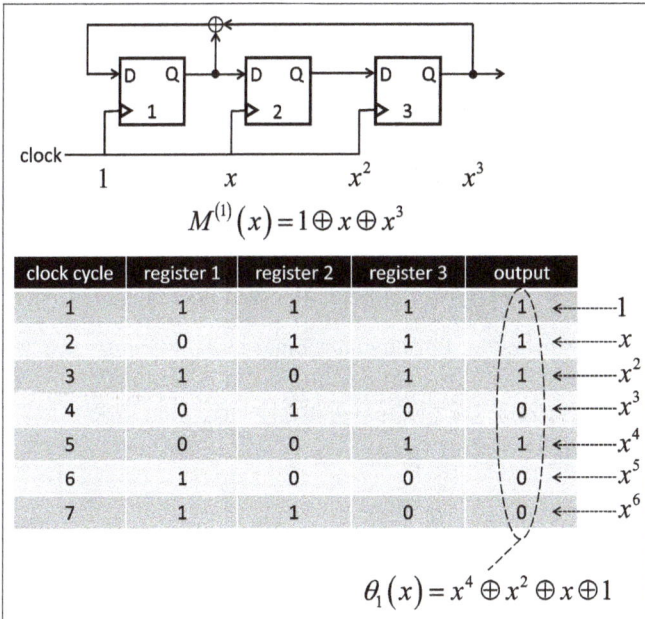

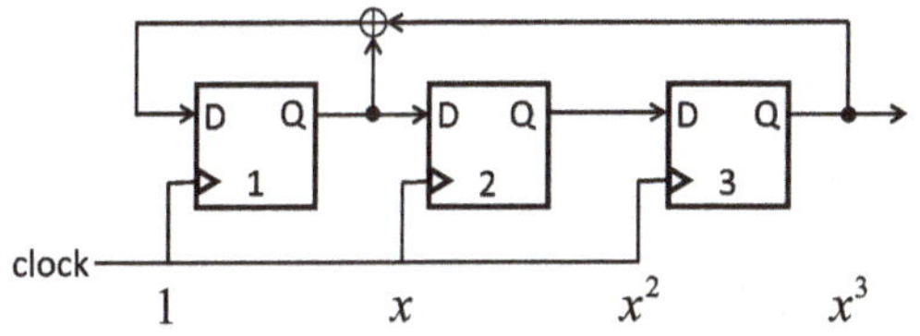

$$M^{(1)}(x) = 1 \oplus x \oplus x^3$$

clock cycle	register 1	register 2	register 3	output	
1	1	1	1	1	1
2	0	1	1	1	x
3	1	0	1	1	x^2
4	0	1	0	0	x^3
5	0	0	1	1	x^4
6	1	0	0	0	x^5
7	1	1	0	0	x^6

$$\theta_1(x) = x^4 \oplus x^2 \oplus x \oplus 1$$

Abb. 1.22: *Linear rückgekoppeltes Schieberegister (engl. „linear feedback shift register", LFSR)* mit dem in $\mathbb{F}_2$ irreduziblen Minimalpolynom $M^{(1)}(x) = x^3 \oplus x \oplus 1$ [70, S. 42], das gleichzeitig das primitive Polynom von $\mathbb{F}_8$ ist [70, Tabelle 3.2, S. 44]; das gezeigte linear rückgekoppelte Schieberegister (engl. „linear feedback shift register", LFSR) erzeugt die periodische Ausgabefolge, die als primitives idempotentes Polynom $\theta_1(x) = x^4 \oplus x^2 \oplus x \oplus 1$ [70, Tabelle 3.3, S. 46] dargestellt werden kann.

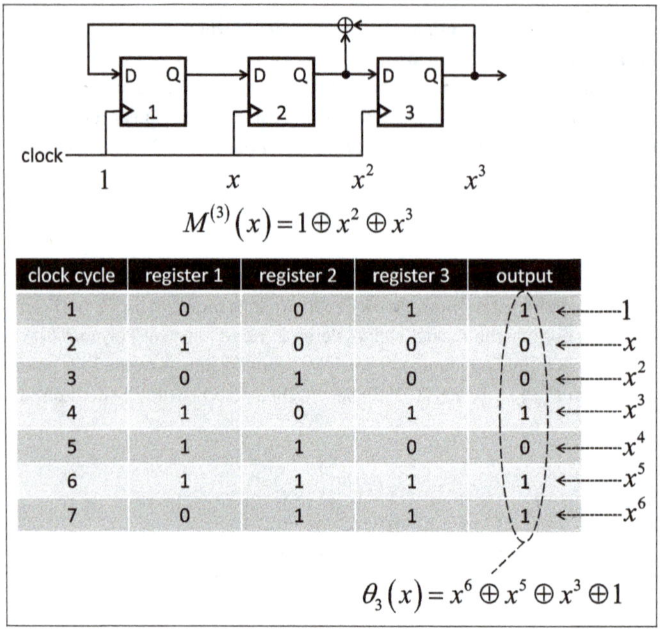

Abb. 1.23: *Linear rückgekoppeltes Schieberegister (engl. „linear feedback shift register", LFSR)* mit dem in $\mathbb{F}_2$ irreduziblen Minimalpolynom $M^{(3)}(x) = x^3 \oplus x^2 \oplus 1$ [70, S. 43], das gleichzeitig das primitive Polynom von $\mathbb{F}_8$ gemäß Tabelle 1.11 ist; das gezeigte linear rückgekoppelte Schieberegister (engl. „linear feedback shift register", LFSR) erzeugt die periodische Ausgabefolge, die als primitives idempotentes Polynom $\theta_3(x) = x^6 \oplus x^5 \oplus x^3 \oplus 1$ dargestellt werden kann.

Der punktierte Reed-Muller (RM) Code r-ter Ordnung $\mathcal{RM}(r,m)^*$ ist ein zyklischer Code, der als Nullstellen α^s für all jene Cosetrepräsentanten s hat, welche die Bedingungen

$$1 \le \mathcal{H}\{s\} \le m - r - 1 \quad \text{und} \quad 1 \le s \le 2^{m-1} - 1 \tag{1.1373}$$

erfüllen. In (1.1373) ist $\mathcal{H}\{s\}$ die Anzahl der Einsen in der binären Darstellung von $s \ge 0$ ist [10, S. 383].

Das Generatorpolynom $g(x)$ und das Prüfpolynom $h(x)$ des punktierten Reed-Muller (RM) Codes r-ter Ordnung $\mathcal{RM}(r,m)^*$ sind

$$g(x) = \bigodot_{\substack{1 \le \mathcal{H}\{s\} \le m-r-1 \\ 1 \le s \le 2^{m-1}-1}} M^{(s)}(x), \tag{1.1374}$$

$$h(x) = (x \oplus 1) \odot \bigodot_{\substack{m-r \le \mathcal{H}\{s\} \le m-1 \\ 1 \le s \le 2^{m-1}-1}} M^{(s)}(x), \tag{1.1375}$$

für $0 \le r \le m-1$, $m, r \in \mathbb{N}$, wobei s durch die Repräsentanten der Kreisteilungsklassen (zyklotomischen Nebenklassen) läuft und $M^{(s)}(x)$ das Minimalpolynom von α^s ist [10, S. 383]. Nota bene, dass ein leeres Produkt gleich 1 ist [10, S. 383].

Beispiel 1.79. Wir betrachten den punktierten Reed-Muller (RM) Code erster Ordnung $\mathcal{RM}(1,3)^*$.

Mit (1.1373), mit r gleich 1 und mit m gleich 3 erhält man

$$\mathcal{H}\{s\} = 1 \quad \text{und} \quad 1 \le s \le 3, \tag{1.1376}$$

und somit

$$s = 1, \quad s = 2, \quad s = 4. \tag{1.1377}$$

Die Elemente der Kreisteilungsklasse $\mathbb{C}_1$ erfüllen also die Anforderung, jedoch

$$s = 3, \quad s = 5, \quad s = 6, \tag{1.1378}$$

d. h. die Elemente der Kreisteilungsklasse $\mathbb{C}_3$ erfüllen die Anforderung nicht.

Da nur der Cosetrepräsentant s gleich 1 der Kreisteilungsklasse $\mathbb{C}_1$ genommen werden soll, erhält man

$$g(x) = \bigodot_{s=1}^{1} M^{(s)}(x) = M^{(1)}(x) = x^3 \oplus x \oplus 1. \tag{1.1379}$$

Für das Prüfpolynom muss man

$$m - r \le \mathcal{H}\{s\} \le m - 1, \tag{1.1380}$$

berücksichtigen. Es ergibt sich

$$2 \le \mathcal{H}\{s\} \le 2. \tag{1.1381}$$

Dies führt zu

$$s = 3, \quad s = 5, \quad s = 6, \tag{1.1382}$$

d. h. die Elemente der Kreisteilungsklasse $\mathbb{C}_3$ erfüllen diese Anforderung. Daher gilt

$$h(x) = (x \oplus 1) \odot \bigodot_{s=3}^{3} M^{(s)}(x) = (x \oplus 1) \odot M^{(3)}(x) \tag{1.1383}$$

mit

$$M^{(3)}(x) = x^3 \oplus x^2 \oplus 1. \tag{1.1384}$$

Das führt zu

$$\begin{aligned} h(x) &= (x \oplus 1) \odot \left(x^3 \oplus x^2 \oplus 1\right) = x^4 \oplus x^3 \oplus x \oplus x^3 \oplus x^2 \oplus 1 \\ &= x^4 \oplus \underbrace{x^3 \oplus x^3}_{=0} \oplus x^2 \oplus x \oplus 1 \\ &= x^4 \oplus x^2 \oplus x \oplus 1. \end{aligned} \tag{1.1385}$$

Nun gilt es $g(x) \odot h(x) \in \mathbb{F}_2[x]_7$ zu berechnen. Wir erhalten wie erwartet

$$
\begin{aligned}
g(x) \odot h(x) &= \left(x^3 \oplus x \oplus 1\right) \odot \left(x^4 \oplus x^2 \oplus x \oplus 1\right) \\
&= \underbrace{x^7}_{=1} \oplus x^5 \oplus x^4 \oplus x^3 \oplus x^5 \oplus x^3 \oplus x^2 \oplus x \oplus x^4 \oplus x^2 \oplus x \oplus 1 \\
&= \underbrace{x^5 \oplus x^5}_{=0} \oplus \underbrace{x^4 \oplus x^4}_{=0} \oplus \underbrace{x^3 \oplus x^3}_{=0} \oplus \underbrace{x^2 \oplus x^2}_{=0} \oplus \underbrace{x \oplus x}_{=0} \\
&= 0.
\end{aligned}
\tag{1.1386}
$$

Beispiel 1.80. Lassen Sie uns den punktierten Reed-Muller (RM) Code erster Ordnung $\mathcal{RM}(1,4)^*$ betrachten.

Man erhält

$$1 \le \mathcal{H}\{s\} \le m - r - 1 \quad \text{und} \quad 1 \le s \le 2^{m-1} - 1. \tag{1.1387}$$

Daraus folgt

$$1 \le \mathcal{H}\{s\} \le 2 \quad \text{und} \quad 1 \le s \le 7, \tag{1.1388}$$

sowie

$$s = 1, \quad s = 2, \quad s = 4, \quad s = 8. \tag{1.1389}$$

Die Elemente

$$s = 3, \quad s = 6, \quad s = 12, \quad s = 9, \tag{1.1390}$$

der Kreisteilungsklasse $\mathbb{C}_1$, die Elemente

$$s = 5, \quad s = 10, \tag{1.1391}$$

der Kreisteilungsklasse $\mathbb{C}_3$, und die Elemente

$$s = 7, \quad s = 14, \quad s = 13, \quad s = 11, \tag{1.1392}$$

der Kreisteilungsklasse $\mathbb{C}_5$ erfüllen die Anforderung, aber die Elemente der Kreisteilungsklasse $\mathbb{C}_7$ erfüllen die Anforderungen nicht.

Da nur die Cosetrepräsentanten der Kreisteilungsklassen $\mathbb{C}_1$, $\mathbb{C}_3$ und $\mathbb{C}_5$ berücksichtigt werden, erhält man

$$
\begin{aligned}
g(x) &= \bigodot_{s \in \{1,3,5\}} M^{(s)}(x) = M^{(1)}(x) \odot M^{(3)}(x) \odot M^{(5)}(x) \\
&= \left(x^4 \oplus x \oplus 1\right) \odot \left(x^4 \oplus x^3 \oplus x^2 \oplus x \oplus 1\right) \odot \left(x^2 \oplus x \oplus 1\right) \\
&= \left(x^8 \oplus x^7 \oplus x^6 \oplus x^5 \oplus x^4 \oplus x^5 \oplus x^4 \oplus x^3 \oplus x^2 \oplus x \oplus x^4 \oplus x^3 \oplus x^2 \oplus x \oplus 1\right) \\
&\quad \odot \left(x^2 \oplus x \oplus 1\right) \\
&= \left(x^8 \oplus x^7 \oplus x^6 \oplus x^4 \oplus 1\right) \odot \left(x^2 \oplus x \oplus 1\right) \\
&= x^{10} \oplus x^9 \oplus x^8 \oplus x^9 \oplus x^8 \oplus x^7 \oplus x^8 \oplus x^7 \oplus x^6 \oplus x^6 \oplus x^5 \oplus x^4 \oplus x^2 \oplus x \oplus 1 \\
&= x^{10} \oplus x^8 \oplus x^5 \oplus x^4 \oplus x^2 \oplus x \oplus 1.
\end{aligned}
\tag{1.1393}
$$

Für das Prüfpolynom muss man

$$m - r \le \mathcal{H}\{s\} \le m - 1 \tag{1.1394}$$

berücksichtigen. Es folgt

$$3 \leq \mathcal{H}\{s\} \leq 3 \tag{1.1395}$$

und daher

$$s = 7, \quad s = 14, \quad s = 13, \quad s = 11. \tag{1.1396}$$

Dies sind die Elemente der Kreisteilungsklasse $\mathbb{C}_7$. Daher erhält man

$$h(x) = (x \oplus 1) \odot \bigodot_{s=7} M^{(s)}(x) = (x \oplus 1) \odot M^{(7)}(x) \tag{1.1397}$$

mit

$$M^{(7)}(x) = x^4 \oplus x^3 \oplus 1. \tag{1.1398}$$

Es folgt

$$\begin{aligned} h(x) &= (x \oplus 1) \odot \left(x^4 \oplus x^3 \oplus 1\right) = x^5 \oplus x^4 \oplus x \oplus x^4 \oplus x^3 \oplus 1 \\ &= x^5 \oplus x^3 \oplus x \oplus 1. \end{aligned} \tag{1.1399}$$

Nun berechnen wir $g(x) \odot h(x)$ in $\mathbb{F}_2[x]_{15}$. Wie erwartet ergibt sich

$$\begin{aligned} g(x) \odot h(x) &= \left(x^{10} \oplus x^8 \oplus x^5 \oplus x^4 \oplus x^2 \oplus x \oplus 1\right) \\ &\quad \odot \left(x^5 \oplus x^3 \oplus x \oplus 1\right) \\ &= \underbrace{x^{15}}_{=1} \oplus x^{13} \oplus x^{11} \oplus x^{10} \oplus x^{13} \oplus x^{11} \oplus x^9 \oplus x^8 \\ &\quad \oplus x^{10} \oplus x^8 \oplus x^6 \oplus x^5 \oplus x^9 \oplus x^7 \oplus x^5 \oplus x^4 \\ &\quad \oplus x^7 \oplus x^5 \oplus x^3 \oplus x^2 \oplus x^6 \oplus x^4 \oplus x^2 \oplus x \\ &\quad \oplus x^5 \oplus x^3 \oplus x \oplus 1 \\ &= 0. \end{aligned} \tag{1.1400}$$

Mit dem Cosetrepräsentanten s, siehe Bemerkung 1.37, ist das *idempotente Polynom* des punktierten Reed-Muller (RM) Codes r-ter Ordnung $\mathcal{RM}(r,m)^*$ [10, S. 383]

$$E_{\mathcal{RM}(r,m)^*}(x) = \theta_0(x) \oplus \bigoplus_{\substack{1 \leq \mathcal{H}\{s\} \leq r \\ 1 \leq s \leq 2^{m-1}-1}} \theta_s(x) \tag{1.1401}$$

beziehungsweise, indem α durch α^{-1} ersetzt wird, [10, S. 383]

$$E_{\mathcal{RM}(r,m)^*}(x) = \theta_0(x) \oplus \bigoplus_{\substack{m-r \leq \mathcal{H}\{s\} \leq m-1 \\ 1 \leq s \leq 2^{m-1}-1}} \theta_s(x), \tag{1.1402}$$

wobei s durch die Cosetrepräsentanten läuft [10, S. 383].

Wir betrachten beispielsweise den punktierten Reed-Muller (RM) Code erster Ordnung $\mathcal{RM}(1,m)^*$. Es muss

$$1 \leq \mathcal{H}\{s\} \leq 1 \quad \text{und} \quad 1 \leq s \leq 2^{m-1} - 1 \tag{1.1403}$$

gelten. Diese Bedingungen werden nur von Elementen der Kreisteilungsklassen $\mathbb{C}_1$ erfüllt. Daher wird das idempotente Polynom des punktierten Reed-Muller (RM) Codes erster Ordnung $\mathcal{RM}(1,m)^*$ zu

$$E_{\mathcal{RM}(1,m)^*}(x) = \theta_0(x) \oplus \theta_1(x). \tag{1.1404}$$

Wir betrachten nun den punktierten Reed-Muller (RM) Code zweiter Ordnung $\mathcal{RM}(2,m)^*$. In diesem Fall hat man die Bedingungen

$$1 \leq \mathcal{H}\{s\} \leq 2 \quad \text{und} \quad 1 \leq s \leq 2^{m-1} - 1. \tag{1.1405}$$

Diese werden nur von Elementen der Kreisteilungsklassen
- $\mathbb{C}_1$ und
- $\mathbb{C}_{2^i+1}, i \in \{1, 2 \cdots (m-1)\}$

erfüllt. Daher wird das idempotente Polynom des punktierten Reed-Muller (RM) Codes zweiter Ordnung $\mathcal{RM}(2,m)^*$ zu

$$\begin{aligned} E_{\mathcal{RM}(2,m)^*}(x) &= \theta_0(x) \oplus \bigoplus_{\substack{\mathcal{H}\{s\}=1 \\ 1 \leq s \leq 2^{m-1}-1}} \theta_s(x) \oplus \bigoplus_{\substack{\mathcal{H}\{s\}=2 \\ 3 \leq s \leq 2^{m-1}-1}} \theta_s(x) \\ &= \theta_0(x) \oplus \theta_1(x) \bigoplus_{\substack{\mathcal{H}\{s\}=2 \\ 3 \leq s \leq 2^{m-1}-1}} \theta_s(x), \quad m \in \mathbb{N}. \end{aligned} \tag{1.1406}$$

Die idempotenten Polynome des punktierten Reed-Muller (RM) Codes r-ter Ordnung $\mathcal{RM}(r,m)^*$ können auch mit den primitiven idempotenten Polynomen $\theta_s^*(x)$ dargestellt werden [10, S. 383f.]. Dann resultiert das idempotente Polynom des punktierten Reed-Muller (RM) Codes erster Ordnung $\mathcal{RM}(1,m)^*$ [10, S. 384]

$$\theta_0(x) \oplus \theta_1^*(x), \tag{1.1407}$$

und das idempotente Polynom des punktierten Reed-Muller (RM) Codes zweiter Ordnung $\mathcal{RM}(2,m)^*$ wird zu [10, S. 384]

$$\theta_0(x) \oplus \theta_1^*(x) \oplus \bigoplus_{i=\lfloor (m+1)/2 \rfloor}^{m-1} \theta_{1+2^i}^*(x), \quad m \in \mathbb{N}. \tag{1.1408}$$

Beispiel 1.81. Wir betrachten den punktierten Reed-Muller (RM) Code $\mathcal{RM}(1,3)^*$.
Die Anforderung

$$1 \leq \mathcal{H}\{s\} \leq r \quad \text{und} \quad 1 \leq s \leq 3 \tag{1.1409}$$

wird zu

$$1 \leq \mathcal{H}\{s\} \leq 1 \quad \text{und} \quad 1 \leq s \leq 3. \tag{1.1410}$$

Es folgt

$$s = 1, \quad s = 2, \quad s = 4, \tag{1.1411}$$

d. h. die Elemente der Kreisteilungsklasse $\mathbb{C}_1$ erfüllen die Anforderung, jedoch die Elemente

$$s = 3, \quad s = 5, \quad s = 6, \tag{1.1412}$$

der Kreisteilungsklasse $\mathbb{C}_3$ erfüllen die Anforderung nicht.

Da nur der Cosetrepräsentant s gleich 1 der Kreisteilungsklasse $\mathbb{C}_1$ genommen werden soll, ergibt sich

$$\begin{aligned} E_{\mathcal{RM}(1,3)^*}(x) &= \theta_0(x) \bigoplus_{s \in \{1\}} \theta_s(x) = \theta_0(x) \oplus \theta_1(x) \\ &= \underbrace{\left(1 \oplus x \oplus x^2 \oplus x^3 \oplus x^4 \oplus x^5 \oplus x^6\right)}_{=\theta_0(x)} \oplus \underbrace{\left(1 \oplus x \oplus x^2 \oplus x^4\right)}_{=\theta_1(x)} \\ &= x^3 \oplus x^5 \oplus x^6. \end{aligned} \tag{1.1413}$$

Nota bene, dass

$$E_{\mathrm{RM}(1,3)^*}(x) = 1 \oplus \theta_3(x) \tag{1.1414}$$

gilt.

Die allgemeinen Codewörter im punktierten Reed-Muller (RM) Code nullter Ordnung $\mathcal{RM}(0,m)^*$ haben die Form

$$a_0 \odot \theta_0(x), \quad a_0 \in \mathbb{F}_2, \tag{1.1415}$$

d. h. sie sind entweder $\theta_0(x)$ oder $0 \odot \theta_0(x)$ [10, S. 384]. Daher haben die allgemeinen Codewörter im Reed-Muller (RM) Code nullter Ordnung $\mathcal{RM}(0,m)$ die Form [10, S. 384]

$$\left|\, a_0 \mid a_0 \odot \theta_0(x) \,\right|, \quad a_0 \in \mathbb{F}_2, \tag{1.1416}$$

wobei der erste Teil des Codewortes, $a_0 \in \mathbb{F}_2$, der *Gesamtparitätsprüfung* entspricht und der zweite Teil, $a_0 \odot \theta_0(x)$, ist im zyklischen punktierten Reed-Muller (RM) Code nullter Ordnung $\mathcal{RM}(0,m)^*$ [10, S. 384]. Offensichtlich sind sowohl der zyklische punktierte Reed-Muller (RM) Code nullter Ordnung $\mathcal{RM}(0,m)^*$ als auch der Reed-Muller (RM) Code nullter Ordnung $\mathcal{RM}(0,m)$ Wiederholungscodes.

Die allgemeinen Codewörter im punktierten Reed-Muller (RM) Code erster Ordnung $\mathcal{RM}(1,m)^*$ haben die Form

$$\begin{aligned} &a_0 \odot \theta_0(x) \oplus a_1 \odot x^{i_1} \odot \theta_1^*(x), \\ &\quad a_0, a_1 \in \mathbb{F}_2, \quad i_1 \in \{0,1,2 \cdots (2^m - 2)\}, \quad m \in \mathbb{N}, \end{aligned} \tag{1.1417}$$

wobei $(x^{i_1} \odot \theta_1^*(x))$ die $(2^m - 1)$, $m \in \mathbb{N}$, zyklischen Verschiebungen des primitiven idempotenten Polynoms $\theta_1^*(x)$ sind [10, S. 384].

Daher haben die allgemeinen Codewörter im Reed-Muller (RM) Code erster Ordnung $\mathcal{RM}(1, m)$ die Form [10, S. 384]

$$\begin{gathered} |\, a_0 \mid a_0 \odot \theta_0(x) \oplus a_1 \odot x^{i_1} \odot \theta_1^*(x) \,|, \\ a_0, a_1 \in \mathbb{F}_2, \quad i_1 \in \{0, 1, 2 \cdots (2^m - 2)\}, \quad m \in \mathbb{N}. \end{gathered} \tag{1.1418}$$

Entsprechend haben die allgemeinen Codewörter im punktierten Reed-Muller (RM) Code zweiter Ordnung $\mathcal{RM}(2, m)^*$ die Form [10, S. 384]

$$\begin{gathered} a_0 \odot \theta_0(x) \oplus a_1 \odot x^{i_1} \odot \theta_1^*(x) \bigoplus_{i=\lfloor (m+1)/2 \rfloor}^{m-1} a_i \odot x^{s_i} \odot \theta_{1+2^i}^*(x) \\ a_0, a_1, a_i \in \mathbb{F}_2, \quad i \in \{\lfloor (m+1)/2 \rfloor \cdots (m-1)\}, \quad i_1 \in \{0, 1, 2 \cdots (2^m - 2)\}, \quad m \in \mathbb{N}. \end{gathered} \tag{1.1419}$$

Daher haben die allgemeinen Codewörter im Reed-Muller (RM) Code zweiter Ordnung $\mathcal{RM}(2, m)$ die Form [10, S. 384]

$$\begin{gathered} \left| a_0 \mid a_0 \odot \theta_0(x) \oplus a_1 \odot x^{i_1} \odot \theta_1^*(x) \bigoplus_{i=\lfloor (m+1)/2 \rfloor}^{m-1} a_i \odot x^{s_i} \odot \theta_{1+2^i}^*(x) \right|, \\ a_0, a_1, a_i \in \mathbb{F}_2, \quad i \in \{\lfloor (m+1)/2 \rfloor \cdots (m-1)\}, \quad i_1, s_i \in \{0, 1, 2 \cdots (2^m - 2)\}, \quad m \in \mathbb{N}. \end{gathered} \tag{1.1420}$$

Beispiel 1.82. Wir betrachten
- den Reed-Muller (RM) Code nullter Ordnung $\mathcal{RM}(0, 5)$,
- den Reed-Muller (RM) Code erster Ordnung $\mathcal{RM}(1, 5)$ und
- den Reed-Muller (RM) Code zweiter Ordnung $\mathcal{RM}(2, 5)$.

Nach Beispiel 1.48 sind die Kreisteilungsklassen von $\mathbb{F}_{2^5}$ gleich $\mathbb{F}_{32}$

$$\begin{aligned} \mathbb{C}_0 &= \{0\}, \\ \mathbb{C}_1 &= \{1, 2, 4, 8, 16\}, \\ \mathbb{C}_3 &= \{3, 6, 12, 24, 17\}, \\ \mathbb{C}_5 &= \{5, 10, 20, 9, 18\}, \\ \mathbb{C}_7 &= \{7, 14, 28, 25, 19\}, \\ \mathbb{C}_{11} &= \{11, 22, 13, 26, 21\}, \\ \mathbb{C}_{15} &= \{15, 30, 29, 27, 23\}. \end{aligned} \tag{1.1421}$$

Wir erhalten insbesondere [10, S. 222]

$$\begin{aligned} \mathbb{C}_0: \quad & \theta_0^*(x) = \theta_0(x) = \bigoplus_{j=0}^{30} x^j, \\ \mathbb{C}_{15}: \quad & \theta_1^*(x) = \theta_{15}(x) \\ & \qquad = 1 \oplus x^3 \oplus x^5 \oplus x^6 \oplus x^9 \oplus x^{10} \oplus x^{11} \end{aligned}$$

$$
\begin{aligned}
&\qquad \oplus x^{12} \oplus x^{13} \oplus x^{17} \oplus x^{18} \oplus x^{20} \\
&\qquad \oplus x^{21} \oplus x^{22} \oplus x^{24} \oplus x^{26}, \\
\mathbb{C}_7: \quad & \theta_3^*(x) = \theta_7(x) = \theta_{17}^*(x) \quad \big(-17 \bmod 31 = 14 \in \mathbb{C}_7 \mapsto s' = 7\big) \\
&\qquad = 1 \oplus x \oplus x^2 \oplus x^3 \oplus x^4 \oplus x^6 \oplus x^7 \\
&\qquad \oplus x^8 \oplus x^{12} \oplus x^{14} \oplus x^{16} \oplus x^{17} \\
&\qquad \oplus x^{19} \oplus x^{24} \oplus x^{25} \oplus x^{28}, \\
\mathbb{C}_{11}: \quad & \theta_5^*(x) = \theta_{11}(x) = \theta_9^*(x) \quad \big(-9 \bmod 31 = 22 \in \mathbb{C}_{11} \mapsto s' = 11\big) \\
&\qquad = 1 \oplus x \oplus x^2 \oplus x^4 \oplus x^8 \oplus x^{11} \oplus x^{13} \\
&\qquad \oplus x^{15} \oplus x^{16} \oplus x^{21} \oplus x^{22} \oplus x^{23} \\
&\qquad \oplus x^{26} \oplus x^{27} \oplus x^{29} \oplus x^{30}, \qquad (1.1422)\\
\mathbb{C}_3: \quad & \theta_7^*(x) = \theta_3(x) \\
&\qquad = 1 \oplus x^3 \oplus x^6 \oplus x^7 \oplus x^{12} \oplus x^{14} \\
&\qquad \oplus x^{15} \oplus x^{17} \oplus x^{19} \oplus x^{23} \oplus x^{24} \\
&\qquad \oplus x^{25} \oplus x^{27} \oplus x^{28} \oplus x^{29} \oplus x^{30}, \\
\mathbb{C}_5: \quad & \theta_{11}^*(x) = \theta_5(x) \\
&\qquad = 1 \oplus x \oplus x^2 \oplus x^3 \oplus x^5 \oplus x^8 \\
&\qquad \oplus x^9 \oplus x^{10} \oplus x^{15} \oplus x^{16} \oplus x^{18} \\
&\qquad \oplus x^{20} \oplus x^{23} \oplus x^{27} \oplus x^{29} \oplus x^{30}, \\
\mathbb{C}_1: \quad & \theta_{15}^*(x) = \theta_1(x) \\
&\qquad = 1 \oplus x^5 \oplus x^7 \oplus x^9 \oplus x^{10} \oplus x^{11} \\
&\qquad \oplus x^{13} \oplus x^{14} \oplus x^{18} \oplus x^{19} \oplus x^{20} \\
&\qquad \oplus x^{21} \oplus x^{22} \oplus x^{25} \oplus x^{26} \oplus x^{28}.
\end{aligned}
$$

Das idempotente Polynom des punktierten Reed-Muller (RM) Codes zweiter Ordnung $\mathcal{RM}(2,5)^*$ ist [10, S. 384]

$$
\begin{aligned}
E_{\mathcal{RM}(2,5)^*}(x) &= \theta_0(x) \oplus \theta_1^*(x) \oplus \bigoplus_{i=\lfloor(5+1)/2\rfloor}^{5-1} \theta_{1+2^i}^*(x) \\
&= \theta_0(x) \oplus \theta_1^*(x) \oplus \bigoplus_{i=3}^{4} \theta_{1+2^i}^*(x) \\
&= \theta_0(x) \oplus \theta_1^*(x) \oplus \theta_{1+2^3}^*(x) \oplus \theta_{1+2^4}^*(x) \\
&= \theta_0(x) \oplus \theta_1^*(x) \oplus \underbrace{\theta_9^*(x)}_{=\theta_5^*(x)} \oplus \underbrace{\theta_{17}^*(x)}_{=\theta_3^*(x)} \\
&= \theta_0(x) \oplus \theta_1^*(x) \oplus \theta_3^*(x) \oplus \theta_5^*(x). \qquad (1.1423)
\end{aligned}
$$

Daher resultiert

$$
\begin{aligned}
\mathcal{RM}(0,5): &\quad \big| a_0 \mid a_0 \odot \theta_0(x) \big|, \\
\mathcal{RM}(1,5): &\quad \big| a_0 \mid a_0 \odot \theta_0(x) \oplus a_1 \odot x^{i_1} \theta_1^*(x) \big|,
\end{aligned}
$$

$$\begin{aligned}\mathcal{RM}(2,5):\ & \big|\, a_0 \mid a_0 \odot \theta_0(x) \oplus a_1 \odot x^{i_1} \odot \theta_1^*(x) \\ & \oplus a_2 \odot x^{s_1} \odot \theta_5^*(x) \oplus a_3 \odot x^{s_2} \odot \theta_3^*(x) \,\big|, \\ & a_0, a_1, a_2, a_3 \in \mathbb{F}_2, \quad i_1, s_1, s_2 \in \{0, 1 \cdots 30\}.\end{aligned} \tag{1.1424}$$

Man erhält nun

$$\boldsymbol{G}_{\mathcal{RM}(0,5)} = \begin{pmatrix} 1 & \theta_0(x) \end{pmatrix} \qquad = \begin{pmatrix} 1 & \theta_0^*(x) \end{pmatrix}, \tag{1.1425}$$

$$\boldsymbol{G}_{\mathcal{RM}(1,5)} = \begin{pmatrix} 1 & \theta_0(x) \\ 0 & \theta_1^*(x) \\ 0 & x^1 \odot \theta_1^*(x) \\ 0 & x^2 \odot \theta_1^*(x) \\ 0 & x^3 \odot \theta_1^*(x) \\ 0 & x^4 \odot \theta_1^*(x) \end{pmatrix} = \begin{pmatrix} 1 & \theta_0^*(x) \\ 0 & \theta_1^*(x) \\ 0 & x^1 \odot \theta_1^*(x) \\ 0 & x^2 \odot \theta_1^*(x) \\ 0 & x^3 \odot \theta_1^*(x) \\ 0 & x^4 \odot \theta_1^*(x) \end{pmatrix}, \tag{1.1426}$$

$$\boldsymbol{G}_{\mathcal{RM}(2,5)} = \begin{pmatrix} 1 & \theta_0(x) \\ 0 & \theta_1^*(x) \\ 0 & x^1 \odot \theta_1^*(x) \\ 0 & x^2 \odot \theta_1^*(x) \\ 0 & x^3 \odot \theta_1^*(x) \\ 0 & x^4 \odot \theta_1^*(x) \\ 0 & \theta_5^*(x) \\ 0 & x^1 \odot \theta_5^*(x) \\ 0 & x^2 \odot \theta_5^*(x) \\ 0 & x^3 \odot \theta_5^*(x) \\ 0 & x^4 \odot \theta_5^*(x) \\ 0 & \theta_3^*(x) \\ 0 & x^1 \odot \theta_3^*(x) \\ 0 & x^2 \odot \theta_3^*(x) \\ 0 & x^3 \odot \theta_3^*(x) \\ 0 & x^4 \odot \theta_3^*(x) \end{pmatrix} = \begin{pmatrix} 1 & \theta_0^*(x) \\ 0 & \theta_1^*(x) \\ 0 & x^1 \odot \theta_1^*(x) \\ 0 & x^2 \odot \theta_1^*(x) \\ 0 & x^3 \odot \theta_1^*(x) \\ 0 & x^4 \odot \theta_1^*(x) \\ 0 & \theta_5^*(x) \\ 0 & x^1 \odot \theta_5^*(x) \\ 0 & x^2 \odot \theta_5^*(x) \\ 0 & x^3 \odot \theta_5^*(x) \\ 0 & x^4 \odot \theta_5^*(x) \\ 0 & \theta_3^*(x) \\ 0 & x^1 \odot \theta_3^*(x) \\ 0 & x^2 \odot \theta_3^*(x) \\ 0 & x^3 \odot \theta_3^*(x) \\ 0 & x^4 \odot \theta_3^*(x) \end{pmatrix}. \tag{1.1427}$$

Nota bene, dass sich die generierten Codes nicht ändern, wenn die Zeilen permutiert werden.

Die oben angegebenen primitiven idempotenten Polynome können auch als binäre Vektoren dargestellt werden [10, S. 222]

$$\begin{aligned}
\boldsymbol{\theta}_0^* &= \boldsymbol{\theta}_0 & &= (1\,1\,1\,1\,1\,1\,1\,1\,1\,1\,1\,1\,1\,1\,1\,1\,1\,1\,1\,1\,1\,1\,1\,1\,1\,1\,1\,1\,1\,1\,1), \\
\boldsymbol{\theta}_1^* &= \boldsymbol{\theta}_{15} & &= (1\,0\,0\,1\,0\,1\,1\,0\,0\,1\,1\,1\,1\,1\,0\,0\,0\,1\,1\,0\,1\,1\,1\,0\,1\,0\,1\,0\,0\,0\,0), \\
\boldsymbol{\theta}_3^* &= \boldsymbol{\theta}_7 &= \boldsymbol{\theta}_{17}^* &= (1\,1\,1\,1\,1\,0\,1\,1\,1\,0\,0\,0\,1\,0\,1\,0\,1\,1\,0\,1\,0\,0\,0\,0\,1\,1\,0\,0\,1\,0\,0), \\
\boldsymbol{\theta}_5^* &= \boldsymbol{\theta}_{11} &= \boldsymbol{\theta}_9^* &= (1\,1\,1\,0\,1\,0\,0\,0\,1\,0\,0\,1\,0\,1\,0\,1\,1\,0\,0\,0\,0\,1\,1\,1\,0\,0\,1\,1\,0\,1\,1), \\
\boldsymbol{\theta}_7^* &= \boldsymbol{\theta}_3 & &= (1\,0\,0\,1\,0\,0\,1\,1\,0\,0\,0\,0\,1\,0\,1\,1\,0\,1\,0\,1\,0\,0\,0\,1\,1\,1\,0\,1\,1\,1\,1), \\
\boldsymbol{\theta}_{11}^* &= \boldsymbol{\theta}_5 & &= (1\,1\,1\,0\,1\,1\,0\,0\,1\,1\,1\,0\,0\,0\,0\,1\,1\,0\,1\,0\,1\,0\,0\,1\,0\,0\,0\,1\,0\,1\,1), \\
\boldsymbol{\theta}_{15}^* &= \boldsymbol{\theta}_1 & &= (1\,0\,0\,0\,0\,1\,0\,1\,0\,1\,1\,1\,0\,1\,1\,0\,0\,0\,1\,1\,1\,1\,1\,0\,0\,1\,1\,0\,1\,0\,0).
\end{aligned} \tag{1.1428}$$

Diese binären Vektoren können direkt verwendet werden, wenn die Generatormatrizen $\boldsymbol{G}_{\mathcal{RM}(0,5)}$, $\boldsymbol{G}_{\mathcal{RM}(1,5)}$ und $\boldsymbol{G}_{\mathcal{RM}(2,5)}$ aufgestellt werden.

1.17.4 Konstruktion von Reed-Muller (RM) Codes mithilfe des Kronecker-Produkts

Wir gehen von der 2×2 Matrix über $\mathbb{F}_2$ [22, Gl. (4.14), S. 114]

$$\boldsymbol{H}_2 = \begin{pmatrix} 1 & 1 \\ 0 & 1 \end{pmatrix} \tag{1.1429}$$

aus. Das Kronecker-Produkt von $\boldsymbol{H}_2$ mit sich selbst ergibt die 4×4 Matrix [22, Gl. (4.15), S. 114]

$$\boldsymbol{H}_4 = \boldsymbol{H}_2^{\otimes 2} = \boldsymbol{H}_2 \otimes \boldsymbol{H}_2 = \begin{pmatrix} \boldsymbol{H}_2 & \boldsymbol{H}_2 \\ \boldsymbol{0}_{2\times 2} & \boldsymbol{H}_2 \end{pmatrix} = \begin{pmatrix} 1 & 1 & 1 & 1 \\ 0 & 1 & 0 & 1 \\ 0 & 0 & 1 & 1 \\ 0 & 0 & 0 & 1 \end{pmatrix}. \tag{1.1430}$$

Das dreifache Kronecker-Produkt von $\boldsymbol{H}_2$ mit sich selbst ist die 8×8 Matrix [22, Gl. (4.16), S. 115]

$$\begin{aligned} \boldsymbol{H}_8 &= \boldsymbol{H}_2^{\otimes 3} \\ &= \boldsymbol{H}_2 \otimes \boldsymbol{H}_2 \otimes \boldsymbol{H}_2 \\ &= \boldsymbol{H}_2 \otimes \boldsymbol{H}_4 \\ &= \begin{pmatrix} \boldsymbol{H}_4 & \boldsymbol{H}_4 \\ \boldsymbol{0}_{4\times 4} & \boldsymbol{H}_4 \end{pmatrix} \\ &= \begin{pmatrix} 1 & 1 & 1 & 1 & 1 & 1 & 1 & 1 \\ 0 & 1 & 0 & 1 & 0 & 1 & 0 & 1 \\ 0 & 0 & 1 & 1 & 0 & 0 & 1 & 1 \\ 0 & 0 & 0 & 1 & 0 & 0 & 0 & 1 \\ 0 & 0 & 0 & 0 & 1 & 1 & 1 & 1 \\ 0 & 0 & 0 & 0 & 0 & 1 & 0 & 1 \\ 0 & 0 & 0 & 0 & 0 & 0 & 1 & 1 \\ 0 & 0 & 0 & 0 & 0 & 0 & 0 & 1 \end{pmatrix}. \end{aligned} \tag{1.1431}$$

Darüber hinaus wird das vierfache Kronecker-Produkt von $\boldsymbol{H}_2$ mit sich selbst zur 16×16 Matrix [22, S. 115]

$$\boldsymbol{H}_{16} = \boldsymbol{H}_2^{\otimes 4} = \begin{pmatrix} \boldsymbol{H}_8 & \boldsymbol{H}_8 \\ \boldsymbol{0}_{8\times 8} & \boldsymbol{H}_8 \end{pmatrix}$$

$$= \begin{pmatrix}
1 & 1 & 1 & 1 & 1 & 1 & 1 & 1 & 1 & 1 & 1 & 1 & 1 & 1 & 1 & 1 \\
0 & 1 & 0 & 1 & 0 & 1 & 0 & 1 & 0 & 1 & 0 & 1 & 0 & 1 & 0 & 1 \\
0 & 0 & 1 & 1 & 0 & 0 & 1 & 1 & 0 & 0 & 1 & 1 & 0 & 0 & 1 & 1 \\
0 & 0 & 0 & 1 & 0 & 0 & 0 & 1 & 0 & 0 & 0 & 1 & 0 & 0 & 0 & 1 \\
0 & 0 & 0 & 0 & 1 & 1 & 1 & 1 & 0 & 0 & 0 & 0 & 1 & 1 & 1 & 1 \\
0 & 0 & 0 & 0 & 0 & 1 & 0 & 1 & 0 & 0 & 0 & 0 & 0 & 1 & 0 & 1 \\
0 & 0 & 0 & 0 & 0 & 0 & 1 & 1 & 0 & 0 & 0 & 0 & 0 & 0 & 1 & 1 \\
0 & 0 & 0 & 0 & 0 & 0 & 0 & 1 & 0 & 0 & 0 & 0 & 0 & 0 & 0 & 1 \\
0 & 0 & 0 & 0 & 0 & 0 & 0 & 0 & 1 & 1 & 1 & 1 & 1 & 1 & 1 & 1 \\
0 & 0 & 0 & 0 & 0 & 0 & 0 & 0 & 0 & 1 & 0 & 1 & 0 & 1 & 0 & 1 \\
0 & 0 & 0 & 0 & 0 & 0 & 0 & 0 & 0 & 0 & 1 & 1 & 0 & 0 & 1 & 1 \\
0 & 0 & 0 & 0 & 0 & 0 & 0 & 0 & 0 & 0 & 0 & 1 & 0 & 0 & 0 & 1 \\
0 & 0 & 0 & 0 & 0 & 0 & 0 & 0 & 0 & 0 & 0 & 0 & 1 & 1 & 1 & 1 \\
0 & 0 & 0 & 0 & 0 & 0 & 0 & 0 & 0 & 0 & 0 & 0 & 0 & 1 & 0 & 1 \\
0 & 0 & 0 & 0 & 0 & 0 & 0 & 0 & 0 & 0 & 0 & 0 & 0 & 0 & 1 & 1 \\
0 & 0 & 0 & 0 & 0 & 0 & 0 & 0 & 0 & 0 & 0 & 0 & 0 & 0 & 0 & 1
\end{pmatrix}. \tag{1.1432}$$

Das m-fache Kronecker-Produkt von $\boldsymbol{H}_2$ mit sich selbst kann auf ähnliche Weise ermittelt werden. Es ergibt sich die $2^m \times 2^m$ Matrix [22, S. 115], [10, S. 422]

$$\boldsymbol{H}_{2^m} = \boldsymbol{H}_2^{\otimes m} = \boldsymbol{H}_2 \otimes \boldsymbol{H}_{2^{m-1}} = \underbrace{\boldsymbol{H}_2 \otimes \boldsymbol{H}_2 \otimes \cdots \otimes \boldsymbol{H}_2}_{m \text{ Faktoren}} \tag{1.1433}$$

$$= \begin{pmatrix} \boldsymbol{H}_{2^{m-1}} & \boldsymbol{H}_{2^{m-1}} \\ \boldsymbol{0}_{2^{m-1}\times 2^{m-1}} & \boldsymbol{H}_{2^{m-1}} \end{pmatrix}, \quad m \in \mathbb{N}^*. \tag{1.1434}$$

Die Matrizen $\boldsymbol{H}_{2^m}$, $m \in \mathbb{N}^*$, stehen in engem Zusammenhang mit den *Hadamard-Matrizen vom Sylvestertyp* [12, S. 116], [10, Bild 2.3, S. 44].

Die Zeilen von $\boldsymbol{H}_{2^m}$ haben die Hamming-Gewichte [22, S. 115]

$$2^0, 2^1, 2^2 \cdots 2^{m-2}, 2^{m-1}, 2^m, \quad m \in \mathbb{N}^*. \tag{1.1435}$$

Die Anzahl der Zeilen mit Hamming-Gewicht 2^{m-l}, $0 \le l \le m$, $l, m \in \mathbb{N}^*$, ist gleich [22, S. 115]

$$\begin{pmatrix} m \\ l \end{pmatrix}, \quad 0 \le l \le m, \quad l, m \in \mathbb{N}^*. \tag{1.1436}$$

Die Generatormatrix $\boldsymbol{G}_{\mathcal{RM}(r,m)}$ des Reed-Muller (RM) Codes r-ter Ordnung $\mathcal{RM}(r, m)$ besteht aus denjenigen Zeilenvektoren von $\boldsymbol{H}_{2^m}$, welche durch (1.1433) definiert sind und die Hamming-Gewichte gleich oder größer als 2^{m-r} aufweisen [22, S. 115]. Diese Zeilenvektoren sind dieselben Zeilenvektoren, welche in (1.1322) verwendet werden, mit der Ausnahme, dass sie permutiert sind [22, S. 115] und daher einen äquivalenten Code erzeugen.

Beispiel 1.83. Die Generatormatrix $\boldsymbol{G}_{\mathcal{RM}(2,4)}$ besteht aus jenen Zeilenvektoren von $\boldsymbol{H}_{16}$, die durch (1.1432) gegeben sind und die Hamming-Gewichte 4, 8 und 16 haben [22, S. 115]

$$\boldsymbol{G}_{\mathcal{RM}(2,4)} = \begin{pmatrix} 1&1&1&1&1&1&1&1&1&1&1&1&1&1&1&1 \\ 0&1&0&1&0&1&0&1&0&1&0&1&0&1&0&1 \\ 0&0&1&1&0&0&1&1&0&0&1&1&0&0&1&1 \\ 0&0&0&1&0&0&0&1&0&0&0&1&0&0&0&1 \\ 0&0&0&0&1&1&1&1&0&0&0&0&1&1&1&1 \\ 0&0&0&0&0&1&0&1&0&0&0&0&0&1&0&1 \\ 0&0&0&0&0&0&1&1&0&0&0&0&0&0&1&1 \\ 0&0&0&0&0&0&0&0&1&1&1&1&1&1&1&1 \\ 0&0&0&0&0&0&0&0&0&1&0&1&0&1&0&1 \\ 0&0&0&0&0&0&0&0&0&0&1&1&0&0&1&1 \\ 0&0&0&0&0&0&0&0&0&0&0&0&1&1&1&1 \end{pmatrix}. \quad (1.1437)$$

Beispiel 1.84. Die Generatormatrix $\boldsymbol{G}_{\mathcal{RM}(1,4)}$ besteht aus jenen Zeilenvektoren von $\boldsymbol{H}_{16}$, die durch (1.1432) gegeben sind und die Hamming-Gewichte 8 und 16 haben [22, S. 115]

$$\boldsymbol{G}_{\mathcal{RM}(1,4)} = \begin{pmatrix} 1&1&1&1&1&1&1&1&1&1&1&1&1&1&1&1 \\ 0&1&0&1&0&1&0&1&0&1&0&1&0&1&0&1 \\ 0&0&1&1&0&0&1&1&0&0&1&1&0&0&1&1 \\ 0&0&0&0&1&1&1&1&0&0&0&0&1&1&1&1 \\ 0&0&0&0&0&0&0&0&1&1&1&1&1&1&1&1 \end{pmatrix}. \quad (1.1438)$$

1.17.5 Subcodes von Reed-Muller (RM) Codes

Lassen Sie uns mit einem Beispiel beginnen.

Beispiel 1.85. Im Fall von m gleich 5 gibt es genau sechs irreduzible Polynome, d. h. Minimalpolynome, vom Grad 5 über $\mathbb{F}_2$, siehe Beispiel 1.44 und [10, Bild 7.1, S. 198]. Diese Minimalpolynome sind Faktoren von $x^{31} \oplus 1$ [10, S. 109].

Wir betrachten im Folgenden $\mathbb{F}_{2^5}$ gleich $\mathbb{F}_{32}$ mit $\alpha^5 \oplus \alpha^3 \oplus 1 = 0$, siehe Beispiel 1.44.

Wenn man den jeweiligen Faktor von $x^{31} \oplus 1$ in oktaler Zahlendarstellung mit dem niedrigsten Grad linksseitig bestimmt, siehe [10, Bild 7.1, S. 198], und die dazugehörige Kreisteilungsklasse in Klammern schreibt, so ergeben sich die sechs Minimalpolynome

$$M^{(0)}(x) = x \oplus 1 \qquad (6_8, \text{ assoziiert mit } \mathbb{C}_0), \quad (1.1439)$$

$$M^{(1)}(x) = x^5 \oplus x^3 \oplus 1 \qquad (45_8, \text{ assoziiert mit } \mathbb{C}_1), \quad (1.1440)$$

$$M^{(3)}(x) = x^5 \oplus x^3 \oplus x^2 \oplus x \oplus 1 \qquad (75_8, \text{ assoziiert mit } \mathbb{C}_3), \quad (1.1441)$$

$$M^{(5)}(x) = x^5 \oplus x^4 \oplus x^3 \oplus x \oplus 1 \qquad (67_8, \text{ assoziiert mit } \mathbb{C}_5), \quad (1.1442)$$

$$M^{(7)}(x) = x^5 \oplus x^4 \oplus x^3 \oplus x^2 \oplus 1 \qquad (57_8, \text{ assoziiert mit } \mathbb{C}_7), \quad (1.1443)$$

$$M^{(11)}(x) = x^5 \oplus x^4 \oplus x^2 \oplus x \oplus 1 \qquad (73_8, \text{ assoziiert mit } \mathbb{C}_{11}), \tag{1.1444}$$

$$M^{(15)}(x) = x^5 \oplus x^2 \oplus 1 \qquad (51_8, \text{ assoziiert mit } \mathbb{C}_{15}). \tag{1.1445}$$

Die primitiven idempotenten Polynome sind [10, S. 222]

$$\begin{aligned}
\theta_0^*(x) &= \theta_0(x) = \bigoplus_{j=0}^{30} x^j = 1 \oplus x \oplus x^2 \oplus \cdots \oplus x^{30}, \\
\theta_1^*(x) &= \theta_{15}(x) \\
&= 1 \oplus x^3 \oplus x^5 \oplus x^6 \oplus x^9 \oplus x^{10} \oplus x^{11} \oplus x^{12} \oplus x^{13} \\
&\quad \oplus x^{17} \oplus x^{18} \oplus x^{20} \oplus x^{21} \oplus x^{22} \oplus x^{24} \oplus x^{26}, \\
\theta_3^*(x) &= \theta_7(x) \\
&= 1 \oplus x \oplus x^2 \oplus x^3 \oplus x^4 \oplus x^6 \oplus x^7 \oplus x^8 \oplus x^{12} \\
&\quad \oplus x^{14} \oplus x^{16} \oplus x^{17} \oplus x^{19} \oplus x^{24} \oplus x^{25} \oplus x^{28}, \\
\theta_5^*(x) &= \theta_{11}(x) \\
&= 1 \oplus x \oplus x^2 \oplus x^4 \oplus x^8 \oplus x^{11} \oplus x^{13} \oplus x^{15} \oplus x^{16} \\
&\quad \oplus x^{21} \oplus x^{22} \oplus x^{23} \oplus x^{26} \oplus x^{27} \oplus x^{29} \oplus x^{30}, \\
\theta_7^*(x) &= \theta_3(x) \\
&= 1 \oplus x^3 \oplus x^6 \oplus x^7 \oplus x^{12} \oplus x^{14} \oplus x^{15} \oplus x^{17} \oplus x^{19} \\
&\quad \oplus x^{23} \oplus x^{24} \oplus x^{25} \oplus x^{27} \oplus x^{28} \oplus x^{29} \oplus x^{30}, \\
\theta_{11}^*(x) &= \theta_5(x) \\
&= 1 \oplus x \oplus x^2 \oplus x^3 \oplus x^5 \oplus x^8 \oplus x^9 \oplus x^{10} \oplus x^{15} \\
&\quad \oplus x^{16} \oplus x^{18} \oplus x^{20} \oplus x^{23} \oplus x^{27} \oplus x^{29} \oplus x^{30}, \\
\theta_{15}^*(x) &= \theta_1(x) \\
&= 1 \oplus x^5 \oplus x^7 \oplus x^9 \oplus x^{10} \oplus x^{11} \oplus x^{13} \oplus x^{14} \oplus x^{18} \oplus x^{19} \\
&\quad \oplus x^{20} \oplus x^{21} \oplus x^{22} \oplus x^{25} \oplus x^{26} \oplus x^{28}.
\end{aligned} \tag{1.1446}$$

Folgende Beobachtungen können festgehalten werden.

- Wenn das Minimalpolynom $M^{(15)}(x)$ von (1.1445) als Rückkopplungspolynom eines linear rückgekoppelten Schieberegisters (engl. „linear feedback shift register“, LFSR) verwendet wird, wird das primitive idempotente Polynom θ_1^* als eine Periode einer m-Sequenz generiert.
- Wenn das Minimalpolynom $M^{(7)}(x)$ von (1.1443) als Rückkopplungspolynom eines linear rückgekoppelten Schieberegisters (engl. „linear feedback shift register“, LFSR) verwendet wird, wird das primitive idempotente Polynom θ_3^* als eine Periode einer m-Sequenz generiert.
- Wenn das Minimalpolynom $M^{(11)}(x)$ von (1.1444) als Rückkopplungspolynom eines linear rückgekoppelten Schieberegisters (engl. „linear feedback shift register“, LFSR) verwendet wird, wird das primitive idempotente Polynom θ_5^* als eine Periode einer m-Sequenz generiert.
- Wenn das Minimalpolynom $M^{(3)}(x)$ von (1.1441) als Rückkopplungspolynom eines linear rückgekoppelten Schieberegisters (engl. „linear feedback shift register“, LFSR) verwendet wird, wird das primitive idempotente Polynom θ_7^* als eine Periode einer m-Sequenz generiert.
- Wenn das Minimalpolynom $M^{(5)}(x)$ von (1.1442) als Rückkopplungspolynom eines linear rückgekoppelten Schieberegisters (engl. „linear feedback shift register“, LFSR) verwendet wird, wird das primitive idempotente Polynom θ_{11}^* als eine Periode einer m-Sequenz generiert.

– Wenn das Minimalpolynom $M^{(1)}(x)$ von (1.1440) als Rückkopplungspolynom eines linear rückgekoppelten Schieberegisters (engl. „linear feedback shift register", LFSR) verwendet wird, wird das primitive idempotente Polynom θ_{15}^* als eine Periode einer m-Sequenz generiert.

Gemäß Beispiel 1.82 hat der punktierte Reed-Muller (RM) Code zweiter Ordnung $\mathcal{RM}(2,5)^*$ das idempotente Polynom [10, S. 384]

$$\theta_0(x) \oplus \theta_1^*(x) \oplus \theta_5^*(x) \oplus \theta_3^*(x). \tag{1.1447}$$

Mit (1.1425), mit (1.1426) und mit (1.1427) aus Beispiel 1.82 sowie mit (1.1447) ergibt sich, dass
– der Reed-Muller (RM) Code erster Ordnung $\mathcal{RM}(1,5)$ auf einer einzelnen m-Sequenz mit der durch das primitive idempotente Polynom $\theta_1^*(x)$ dargestellten Periode basiert, und
– der zweite Reed-Muller (RM) Code $\mathcal{RM}(2,5)$ auf drei verschiedenen m-Sequenzen mit den durch die primitiven idempotenten Polynome $\theta_1^*(x)$, $\theta_5^*(x)$ und $\theta_3^*(x)$ dargestellten Perioden basiert.

Im Fall des Reed-Muller (RM) Codes erster Ordnung $\mathcal{RM}(1,5)$ kann jede m-Sequenz für das Aufstellen der Generatormatrix ausgewählt werden, vorausgesetzt, man kann äquivalente Versionen des Codes akzeptieren. Der Reed-Muller (RM) Code erster Ordnung $\mathcal{RM}(1,5)$ könnte also beispielsweise auf $\theta_5^*(x)$ oder $\theta_3^*(x)$ anstelle von $\theta_1^*(x)$ basieren.

Da der Reed-Muller (RM) Code erster Ordnung $\mathcal{RM}(1,5)$, der ein [10, Bild 1.13, S. 31]

$$(2^m, m+1, 2^{m-1}) = (32, 6, 16) \tag{1.1448}$$

binärer linearer Blockcode ist, der auf einer m-Sequenz beruht, enthält der punktierte Reed-Muller (RM) Code erster Ordnung $\mathcal{RM}(1,5)^*$, der ein [10, Bild 1.13, S. 31]

$$(2^m - 1, m+1, 2^{m-1} - 1) = (31, 6, 15) \tag{1.1449}$$

binärer linearer Blockcode ist, die zyklisch verschobenen Versionen dieser m-Sequenz. Durch die Entfernung, d. h. das Weglassen der ersten Zeile aus der Generatormatrix $\boldsymbol{G}_{\mathcal{RM}(1,5)^*}$ des punktierten Reed-Muller (RM) Codes erster Ordnung $\mathcal{RM}(1,5)^*$, erhält man denjenigen *Simplex-Code*, welcher ein [10, Bild 1.13, S. 31]

$$(2^m - 1, m, 2^{m-1}) = (31, 5, 16) \tag{1.1450}$$

binärer linearer Blockcode ist. Daher enthält dieser Simplex-Code nur zyklisch verschobene Versionen einer m-Sequenz [10, S. 89].

Lassen Sie uns mit Beispiel 1.85 fortfahren.

Beispiel 1.86. Man kann leicht aus Beispiel 1.85 erkennen, dass
– der Reed-Muller (RM) Code nullter Ordnung $\mathcal{RM}(0,5)$ mit dem primitiven idempotenten Polynom $\theta_0(x)$ ein Untercode des Reed-Muller (RM) Codes erster Ordnung $\mathcal{RM}(1,5)$ ist, der sowohl auf dem primitiven idempotenten Polynom $\theta_0(x)$ als auch auf einem weiteren primitiven idempotenten Polynom aus der Menge

$$\{\theta_1^*(x), \theta_3^*(x), \theta_5^*(x)\}, \tag{1.1451}$$

basiert, und dass
- der Reed-Muller (RM) Code erster Ordnung $\mathcal{RM}(1,5)$ selbst ein Untercode des Reed-Muller (RM) Codes zweiter Ordnung $\mathcal{RM}(2,5)$ ist, der auf den primitiven idempotenten Polynomen $\theta_0(x)$, $\theta_1^*(x)$, $\theta_3^*(x)$ und $\theta_5^*(x)$ basiert.

Man kann nun zu dem Schluss kommen, dass man Untercodes konstruieren könnte, die zwischen dem Reed-Muller (RM) Code erster Ordnung $\mathcal{RM}(1,5)$ und dem Reed-Muller (RM) Code zweiter Ordnung $\mathcal{RM}(2,5)$ liegen, indem man beispielsweise aus $\boldsymbol{G}_{\mathcal{RM}(2,5)}$ nach (1.1427) entweder
- die Zeilen mit dem primitiven idempotenten Polynom $\theta_1^*(x)$ weglässt und nur die Zeilen mit den primitiven idempotenten Polynomen $\theta_0(x)$, $\theta_5^*(x)$ und $\theta_3^*(x)$ übrig bleiben,
- die Zeilen mit dem primitiven idempotenten Polynom $\theta_5^*(x)$ weglässt und nur die Zeilen mit den primitiven idempotenten Polynomen $\theta_0(x)$, $\theta_1^*(x)$ und $\theta_3^*(x)$ übrig bleiben, oder
- die Zeilen mit dem primitiven idempotenten Polynom $\theta_3^*(x)$ weglässt und nur die Zeilen mit den primitiven idempotenten Polynomen $\theta_0(x)$, $\theta_1^*(x)$ und $\theta_5^*(x)$ übrig bleiben.

Zwei verschiedene m-Sequenzen in einem Code **definitiv** *„Ring My Bell“* (Anita Ward, 1979), bei Ihnen auch? Eine wichtige Lektion, die Robert *Gold* lehrte, ist, dass es

> *„eine Klasse von Paaren maximaler linearer Folgen* (Anmerkung des Autors: m-Sequenzen)*, für die man die Kreuzkorrelationsfunktion genau bestimmen kann, die drei Werte hat,“*

gibt [71, S. 154], siehe auch [72, S. 619]. Ein solches Paar aus zwei ausgewählten m-Sequenzen wird auch als *bevorzugtes Paar* (engl. „preferred pair“) bezeichnet [70, S. 96], [73, S. 406]. Die Kombination, d. h. die Addition, der beiden m-Sequenzen eines bevorzugten Paares (engl. „preferred pair“) ergibt einen *Gold-Code* [73, S. 404–407], der auch als *Gold-Folge* bezeichnet wird [70, S. 95f.]. Zum Beispiel zeigt [73, Bild 8–19, S. 407] einen Generator eines Gold-Codes, der aus der Summe des
- primitiven idempotenten Polynoms $\theta_{15}^*(x)$, siehe das in der oberen Hälfte von [73, Bild 8-19, S. 407] dargestellte linear rückgekoppelte Schieberegister (engl. „linear feedback shift register“, LFSR), und des
- primitiven idempotenten Polynoms $\theta_7^*(x)$, siehe das in der unteren Hälfte von [73, Bild 8-19, S. 407] dargestellte linear rückgekoppelte Schieberegister (engl. „linear feedback shift register“, LFSR)

besteht.

Es sei $\theta_i^*(x)$ eine Periode der ersten m-Sequenz des bevorzugten Paares (engl. „preferred pair“) mit der vektoriellen Darstellung

$$\begin{aligned}\boldsymbol{\theta}_i^* &= ([\boldsymbol{\theta}_i^*]_0, [\boldsymbol{\theta}_i^*]_1 \cdots [\boldsymbol{\theta}_i^*]_{2^m-2}), \quad i \in \{1, 2 \cdots (2^{m-1}-1)\}, \\ &= ([\boldsymbol{\theta}_i^*]_0, [\boldsymbol{\theta}_i^*]_1 \cdots [\boldsymbol{\theta}_i^*]_{30}), \quad i \in \{1, 2 \cdots 15\},\end{aligned} \tag{1.1452}$$

und es sei $\theta_j^*(x)$, $i \neq j$, eine Periode der zweiten m-Sequenz des bevorzugten Paares (engl. „preferred pair“) mit der vektoriellen Darstellung

$$\boldsymbol{\theta}_j^* = ([\boldsymbol{\theta}_j^*]_0, [\boldsymbol{\theta}_j^*]_1 \cdots [\boldsymbol{\theta}_j^*]_{2^m-2}), \quad i \neq j, \quad i, j \in \{1, 2 \cdots (2^{m-1}-1)\}, \tag{1.1453}$$

$$= ([\boldsymbol{\theta}_j^*]_0, [\boldsymbol{\theta}_j^*]_1 \cdots [\boldsymbol{\theta}_j^*]_{30}), \quad i \neq j, \quad i,j \in \{1,2\cdots 15\},$$

dann ist in unserem betrachteten Fall von m gleich 5, die *periodische Kreuzkorrelationsfunktion* durch [70, Gl. (2.49), S. 24]

$$\phi_{ij}(\tau) = \sum_{n=0}^{2^m-2} (1-2\cdot[\boldsymbol{\theta}_i^*]_n)\cdot(1-2\cdot[\boldsymbol{\theta}_j^*]_{[(n+\tau) \bmod 31]}), \tag{1.1454}$$
$$i \neq j, \quad i,j \in \{1,2\cdots(2^{m-1}-1)\}, \quad \tau \in \{0,1\cdots(2^m-2)\},$$
$$= \sum_{n=0}^{30} (1-2\cdot[\boldsymbol{\theta}_i^*]_n)\cdot(1-2\cdot[\boldsymbol{\theta}_j^*]_{[(n+\tau) \bmod 31]}), \tag{1.1455}$$
$$i \neq j, \quad i,j \in \{1,2\cdots 15\}, \quad \tau \in \{0,1\cdots 30\},$$

gegeben, $[\boldsymbol{\theta}_i^*]_n$, $n \in \{0,1\cdots(2^m-2)\}$, $i \in \{1,2\cdots(2^{m-1}-1)\}$, ist die n-te Komponente des primitiven idempotenten Polynoms in vektorieller Form, $\boldsymbol{\theta}_i^*$, $i \in \{1,2\cdots(2^{m-1}-1)\}$, und $(1-2\cdot[\boldsymbol{\theta}_i^*]_n)$, $n \in \{0,1\cdots(2^m-2)\}$, $i \in \{1,2\cdots(2^{m-1}-1)\}$, stellt die bipolare Version der n-ten Komponente des primitiven idempotenten Polynoms in vektorieller Form, $[\boldsymbol{\theta}_i^*]_n$, $n \in \{0,1\cdots(2^m-2)\}$, $i \in \{1,2\cdots(2^{m-1}-1)\}$, dar.

Die *„drei Werte"*, die oben erwähnt werden, sind [71, S. 155]

$$\phi_{ij}(\tau) = \begin{cases} (-1) & \text{wenn } (1-2\cdot[\boldsymbol{\theta}_i^*]_\tau) = +1, \\ (-[2^{(m+1)/2}+1]) \text{ oder } (+[2^{(m+1)/2}-1]) & \text{wenn } (1-2\cdot[\boldsymbol{\theta}_i^*]_\tau) = -1, \end{cases} \tag{1.1456}$$
$$\tau \in \{0,1\cdots(2^m-2)\},$$
$$= \begin{cases} (-1) & \text{wenn } (1-2\cdot[\boldsymbol{\theta}_i^*]_\tau) = +1, \\ (-9) \text{ oder } (+7) & \text{wenn } (1-2\cdot[\boldsymbol{\theta}_i^*]_\tau) = -1, \end{cases} \tag{1.1457}$$
$$\tau \in \{0,1\cdots 30\}.$$

Lassen Sie uns mit Beispiel 1.86 fortfahren.

Beispiel 1.87. Lassen Sie uns nun die folgenden Paare von m-Sequenzen
- $\theta_3^*(x)$ und $\theta_5^*(x)$,
- $\theta_1^*(x)$ und $\theta_3^*(x)$ und
- $\theta_1^*(x)$ und $\theta_5^*(x)$

betrachten und bewerten, ob diese Paare bevorzugte Paare (engl. „preferred pairs") sind. Bei der Auswertung der Ergebnisse, die in Abbildung 1.24, Abbildung 1.25 und Abbildung 1.26 gezeigt werden, sehen wir, dass alle drei Paare von m-Sequenzen bevorzugte Paare sind. Daher enthält der zweite punktierte Reed-Muller (RM) Code $\mathcal{RM}(2,5)^*$ zyklisch verschobene Versionen von m-Sequenzen und von Gold-Codes. Somit beruht auch der Reed-Muller (RM) Code zweiter Ordnung $\mathcal{RM}(2,5)$ sowohl auf m-Sequenzen als auch auf Gold-Codes.

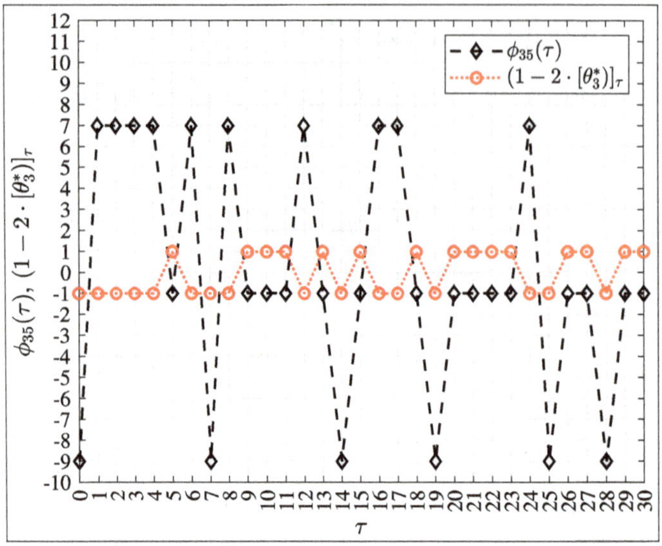

Abb. 1.24: Periodische Kreuzkorrelationsfunktion $\phi_{35}(\tau)$.

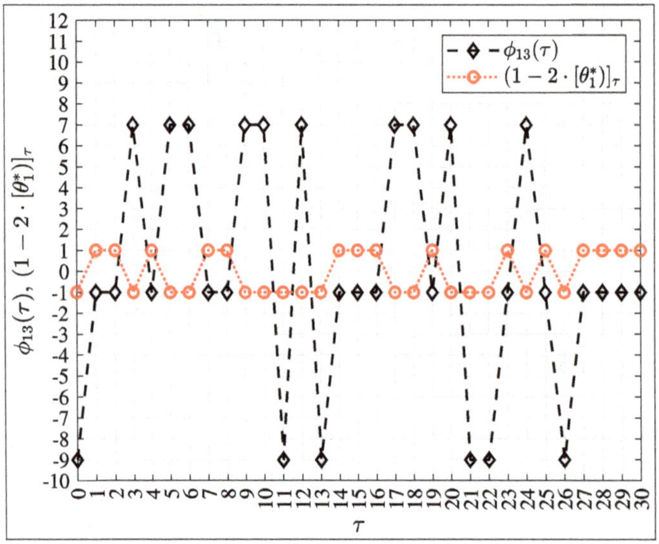

Abb. 1.25: Periodische Kreuzkorrelationsfunktion $\phi_{13}(\tau)$.

Zusammenfassend kann man sagen, dass es Untercodes des Reed-Muller (RM) Codes zweiter Ordnung $\mathcal{RM}(2,m)$ und folglich des punktierten Reed-Muller (RM) Codes zweiter Ordnung $\mathcal{RM}(2,m)^*$ gibt, siehe [10, Kapitel 15, S. 499–455], insbesondere [10, Korollar 17, S. 455]. Im Folgenden wird [10, Korollar 17, S. 455] verwendet.

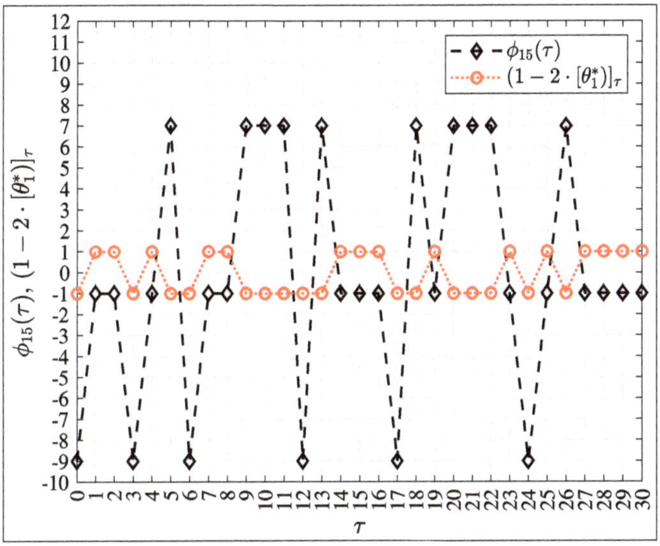

Abb. 1.26: Periodische Kreuzkorrelationsfunktion $\phi_{15}(\tau)$.

Satz 1.70 (Untercodes der Reed-Muller (RM) Codes zweiter Ordnung). *Es sei m gleich* $2t+1$ *ungerade, und es sei d eine beliebige Zahl im Bereich* $1 \le d \le t$ [10, *Korollar 17, S. 455*].

Dann gibt es zwei

$$\left[2^m, m(t-d+2)+1, 2^{m-1}-2^{m-d-1}\right] \tag{1.1458}$$

Untercodes des Reed-Muller (RM) Codes zweiter Ordnung $\mathcal{RM}(2,m)$*, die durch die Erweiterung der zyklischen Untercodes des punktierten Reed-Muller (RM) Codes zweiter Ordnung* $\mathcal{RM}(2,m)^*$ *aufgestellt werden. Der genannte punktierte Reed-Muller (RM) Code zweiter Ordnung* $\mathcal{RM}(2,m)^*$ *hat die primitiven idempotenten Polynome* [10, *Korollar 17, S. 455*]

$$\theta_0(x) \oplus \theta_1^*(x) \bigoplus_{i=d}^{t} \theta_{1+2^i}^*(x) \tag{1.1459}$$

und [10, *Korollar 17, S. 455*]

$$\theta_0(x) \oplus \theta_1^*(x) \bigoplus_{i=1}^{t-d+1} \theta_{1+2^i}^*(x). \tag{1.1460}$$

Die beiden Untercodes haben die Hamming-Gewichte 2^{m-1} *und* $(2^{m-1} \pm 2^{m-h-1})$ *für alle h im Bereich* $d \le h \le t$ [10, *Korollar 17, S. 455*].

Beispiel 1.88. Wir betrachten erneut den Reed-Muller (RM) Code zweiter Ordnung $\mathcal{RM}(2,5)$, d. h. m gleich 5.

In diesem Fall ergibt sich mit m gleich $2t+1$

$$t = \frac{m-1}{2} = \frac{5-1}{2} = 2. \tag{1.1461}$$

Für d gleich 1 gibt es zwei $(32, 16, 8)$ binäre lineare Blockcodes, die Untercodes des Reed-Muller (RM) Codes zweiter Ordnung $\mathcal{RM}(2, 5)$ sind. Da jedoch der Reed-Muller (RM) Code zweiter Ordnung $\mathcal{RM}(2, 5)$ bereits ein $(32, 16, 8)$ binärer linearer Blockcode ist, ist es zweifelhaft, den Fall d gleich 1 weiter betrachten zu wollen.

Wählt man d gleich 2, so findet man zwei $(32, 11, 12)$ binäre lineare Blockcodes, die Untercodes $\mathbb{V}_1$ und $\mathbb{V}_2$ des Reed-Muller (RM) Codes zweiter Ordnung $\mathcal{RM}(2, 5)$ sind und die zwischen $\mathcal{RM}(1, 5)$ und $\mathcal{RM}(2, 5)$ liegen, d. h.

$$\mathcal{RM}(1, 5) \subset \mathbb{V}_1 \subset \mathcal{RM}(2, 5), \tag{1.1462}$$

$$\mathcal{RM}(1, 5) \subset \mathbb{V}_2 \subset \mathcal{RM}(2, 5). \tag{1.1463}$$

Diesen Weg gilt es weiterzuverfolgen.

Das idempotente Polynom von $\mathbb{V}_1$ ist

$$E^{(1)}(x) = \theta_0(x) \oplus \theta_1^*(x) \oplus \theta_5^*(x). \tag{1.1464}$$

Das idempotente Polynom von $\mathbb{V}_2$ ist

$$E^{(2)}(x) = \theta_0(x) \oplus \theta_1^*(x) \oplus \theta_3^*(x). \tag{1.1465}$$

Mit den primitiven idempotenten Polynomen $\theta_0(x)$, $\theta_1^*(x)$, $\theta_3^*(x)$ und $\theta_5^*(x)$ [10, S. 222], siehe (1.1446), können die Generator-Matrizen

$$\boldsymbol{G}_{\mathbb{V}_1} = \begin{pmatrix} 1 & \theta_0(x) \\ 0 & \theta_3^*(x) \\ 0 & x^1 \odot \theta_3^*(x) \\ 0 & x^2 \odot \theta_3^*(x) \\ 0 & x^3 \odot \theta_3^*(x) \\ 0 & x^4 \odot \theta_3^*(x) \\ 0 & \theta_1^*(x) \\ 0 & x^1 \odot \theta_1^*(x) \\ 0 & x^2 \odot \theta_1^*(x) \\ 0 & x^3 \odot \theta_1^*(x) \\ 0 & x^4 \odot \theta_1^*(x) \end{pmatrix}, \quad \boldsymbol{G}_{\mathbb{V}_2} = \begin{pmatrix} 1 & \theta_0(x) \\ 0 & \theta_5^*(x) \\ 0 & x^1 \odot \theta_5^*(x) \\ 0 & x^2 \odot \theta_5^*(x) \\ 0 & x^3 \odot \theta_5^*(x) \\ 0 & x^4 \odot \theta_5^*(x) \\ 0 & \theta_1^*(x) \\ 0 & x^1 \odot \theta_1^*(x) \\ 0 & x^2 \odot \theta_1^*(x) \\ 0 & x^3 \odot \theta_1^*(x) \\ 0 & x^4 \odot \theta_1^*(x) \end{pmatrix}, \tag{1.1466}$$

von $\mathbb{V}_1$ und $\mathbb{V}_2$ gebildet werden.

Wenn man die Spalten von $G_{\mathbb{V}_2}$ auf folgende Weise umsortiert

$$\begin{gathered}(5, 23, 4, 26, 22, 3, 10, 25, 28, 30, 21, 13, 2, 9, 19, \\ 6, 24, 27, 11, 29, 31, 14, 20, 7, 12, 32, 15, 8, 16, 17, 18),\end{gathered} \tag{1.1467}$$

d. h. Spalte 5 der ursprünglichen $G_{\mathbb{V}_2}$ wird nun zu Spalte 1, Spalte 23 der ursprünglichen $G_{\mathbb{V}_2}$ wird nun zu Spalte 2 und so weiter, so erhält man einen äquivalenten Code. Die sich ergebende Generatormatrix dieses äquivalenten Codes hat in den ersten sechs Zeilen die wohlbekannte Form der Generatormatrix des Reed-Muller (RM) Codes erster Ordnung $\mathcal{RM}(1,5)$.

Schließlich ergibt sich durch das Löschen der letzten Zeile der neuen Generatormatrix derjenige $(32,10,12)$ Code, welcher im Mobilkommunikationssystem der dritten Generation 3G/UMTS (Third Generation / Universal Mobile Telecommunications System) zum Schutz des *Transportformat-Kombinations-Indikators* (engl. transport format combination indicator (TFCI)) verwendet wird [74, Tabelle 8, Abschnitt 4.3.3, S. 55f.]. Eine punktierte Version eines äquivalenten Codes wurde bereits in [10, S. 451] erwähnt.

Die Existenz solcher Untercodes des Reed-Muller (RM) Codes zweiter Ordnung $\mathcal{RM}(2,m)$ wurde bereits in [71, 2. Fußnote, rechte Spalte, S. 154] erwähnt.

1.18 Faltungscodes

Nach Abschnitt 1.14.1 wurden bis jetzt nur solche klassischen $(n,k,d_{\min})$ binären linearen Blockcodes mit Codelängen bis n gleich 256 Bits und mit Dimensionen k kleiner oder gleich 256 Bits identifiziert [33, Tabelle 1.1, S. 21], [60]. Solche Codelängen und Dimensionen sind für viele Kommunikationsanwendungen und insbesondere für die moderne Mobilkommunikation viel zu klein.

Darüber hinaus stellt der Mobilfunkkanal erhebliche Hürden für die Nachrichtenübertragung auf. Dadurch ist die Äquivokation $\mathrm{H}\{X \mid Y\}$ groß. Oft braucht man Coderaten von 1/2 oder weniger, um eine akzeptable Übertragungsqualität zu erzielen. Dies erfordert eine Begrenzung der Länge k der übermittelten Nachrichten auf weniger als 130 Bits. Das ist für die moderne Mobilkommunikation prohibitiv gering.

Kanalcodes mit einer großen Dimension k, welche die Äquivokation $\mathrm{H}\{X \mid Y\}$ in Schach halten, sind heute wichtiger denn je. Eine erste vielversprechende Lösung ist die Verwendung von *binären Faltungscodes*, die ursprünglich *„sliding parity-check codes“* genannt wurden. Binäre Faltungscodes wurden erstmals von Peter *Elias* im Jahr 1955 als Alternative zu Blockcodes eingeführt, [22, S. 453]. In seinem grundlegenden Artikel schrieb Elias sinngemäß [37, S. 70–73]:

Zitat [37, S. 70–73]. „Es gibt *(Anmerkung des Autors: die Anzahl der Codewörter)* 2^k, $k \in \mathbb{N}^*$, Einträge *(Anmerkung des Autors: die Codewörter)* in einem Codebuch und n binäre Ziffern in jedem Eintrag *(Anmerkung des Autors: jedes Codewort enthält n Bits)*. Dieses Codebuch muss sowohl beim Sender als auch beim Empfänger gespeichert werden. Dies ist unpraktisch für solche Werte von *(Anmerkung des Autors: die Länge des Codes)* n und *(Anmerkung des Autors: die Coderate)* R, die groß genug sind, um die Fehlerwahrscheinlichkeit bei der Detektion erheblich zu reduzieren.

$(\cdots)$

Es ist natürlich möglich, systematische Codierungsverfahren zu entwerfen $(\cdots)$. Das einzige Codierungsverfahren dieser Art, das erwiesenermaßen Information mit einer positiven Rate überträgt, erreicht jedoch weder die Kanalkapazität, noch verringert sich seine Fehlerwahrscheinlichkeit schnell genug.

$(\cdots)$

Es gibt eine alternative Vorgehensweise. Es geht darum, eine kleine Teilmenge von Codes mit einem einfachen Codierungs- und Decodierungsverfahren zu finden, die im Sinne der gleichen mittleren Fehlerwahrscheinlichkeit typisch für die Menge aller möglichen Codes sind.
(· · ·)
Es ist möglich, einen zufälligen Paritätsprüfcode zu konstruieren, der nur $(n-1)$ zufällige binäre Auswahlen erfordert, indem man die Koeffizientenmatrix (· · ·) ändert.
(· · ·)
Wenn in einem Code dieses Typs, der als *„gleitender Paritätsprüfcode"* (engl. *„sliding parity-check code"*) bezeichnet werden kann, die Prüfzeichen zwischen den Informationszeichen eingestreut sind, dann kann die Blocklänge n unbegrenzt groß gemacht werden."

Dies führt uns zu folgendem Wissen.

a) Das von Elias erwähnte *Gleiten* kann durch eine Faltung realisiert werden.
b) Zyklische (n, k, d_{min}) binäre lineare Blockcodes werden ebenfalls durch die Faltung bestimmt, siehe beispielsweise Bemerkung 1.31.
c) Faltungscodes können auf zyklischen (n, k, d_{min}) binären linearen Blockcodes basieren.

Aber wie kann man die oben erwähnte Längenbeschränkung überwinden?

Lassen Sie uns pragmatisch sein und den folgenden *Brute-Force*-Versuch angehen.

a) Lassen Sie uns zunächst vergessen, dass die Anzahl $(n-k+1), k, n \in \mathbb{N}^*$, der möglicherweise von 0 verschiedenen Komponenten $g_0, g_1 \cdots g_{n-k}$ des nichtverschwindenden Zeilenvektors $\boldsymbol{g}$ nach (1.436) die Coderate R bestimmt, da mit wachsendem k auch n entsprechend wachsen wird, während $(k-n)$ konstant und endlich bleibt, und daher R für $k, n \to \infty$ gegen 1 konvergiert.
b) Lassen Sie uns stattdessen diejenige Zahl $(n-k)$, welche in $\boldsymbol{g}$ aus (1.436) verwendet wird, durch die endliche Größe $(\nu-1) \in \mathbb{N}^*$ ersetzen. Wir definieren dann einen nichtverschwindenden *ersten Generatorvektor des Faltungscodes* gemäß

$$\boldsymbol{g}^{(0)} = (g_0^{(0)}, g_1^{(0)} \cdots g_{\nu-1}^{(0)}), \quad g_0^{(0)} = g_{\nu-1}^{(0)} = 1, \quad g_m^{(0)} \in \mathbb{F}_2, \quad m \in \{1, 2 \cdots (\nu-2)\}, \quad \nu \in \mathbb{N}^*. \tag{1.1468}$$

Wir werden die endliche Größe $\nu \in \mathbb{N}^*$ als *Einflusslänge des Faltungscodes* bezeichnen [11, S. 246], [40, S. 229], [32, S. 159].

Bemerkung 1.41 (Zur Einflusslänge). Im Gegensatz zu Blockcodes werden mit einem binären Faltungscode große Minimaldistanzen und niedrige Fehlerwahrscheinlichkeiten nicht durch Erhöhung von k und n, $k, n \in \mathbb{N}^*$, erreicht, sondern durch die Erhöhung der *Einflusslänge* $\nu \in \mathbb{N}^*$ des Faltungscodes [22, S. 453]. Es ist jedoch bemerkenswert, dass kleine $\nu \in \mathbb{N}^*$, typischerweise kleiner als 18, für eine überzeugend geringe Fehlerwahrscheinlichkeit ausreichen, siehe beispielsweise [11, Tabelle 8.4, S. 257], [12, Tabelle 8.10, S. 319; Tabelle 8.11, S. 320; Tabelle 8.14 und Tabelle 8.15, S. 321], [38, S. 492–496], [21, Tabelle 4.2-1, S. 215].

Leider hat der Begriff „Einflusslänge" eines Faltungscodes keine eindeutige und allgemein akzeptierte Definition.

Lin und Costello [22, S. 459], Blahut [31, S. 271f.] und Bossert [12, S. 232] bezeichnen den größten Index $(\nu-1) \in \mathbb{N}^*$, der Komponenten $g_m \in \mathbb{F}_2, m \in \{0, 1 \cdots (\nu-1)\}, \nu \in \mathbb{N}^*$, des ersten Generatorvektors $\boldsymbol{g}^{(0)}$ des Faltungscodes, siehe (1.1468), als die Einflusslänge des Faltungscodes.

Allerdings definieren Friedrichs [11, S. 246], Proakis [38, S. 471f.], Viterbi und Omura [40, S. 229], Anderson und Mohan [21, S. 201], Glover und Grant [75, S. 352] und Biglieri [32, S. 159], dass die Einflusslänge des Faltungscodes die Länge $\nu \in \mathbb{N}^*$ des ersten Generatorvektors $\boldsymbol{g}^{(0)}$ des Faltungscodes sein soll, siehe (1.1468).

c) Nun gilt es einen ersten Teil der Faltungscodierung einzuführen, indem man eine nichtverschwindende *erste Generatormatrix des Faltungscodes*

$$\boldsymbol{G}^{(0)} = \begin{pmatrix} g_0^{(0)} & g_1^{(0)} & \cdots & g_{\nu-1}^{(0)} & 0 & \cdots & 0 & \cdots \\ 0 & g_0^{(0)} & \cdots & g_{\nu-2}^{(0)} & g_{\nu-1}^{(0)} & \cdots & 0 & \cdots \\ \vdots & \vdots & \ddots & \vdots & \vdots & \ddots & \vdots & \ddots \\ 0 & 0 & \cdots & g_0^{(0)} & g_1^{(0)} & \cdots & g_{\nu-1}^{(0)} & \cdots \\ \vdots & \vdots & \ddots & \vdots & \ddots & \ddots & \vdots & \ddots \end{pmatrix}, \quad k, \nu \in \mathbb{N}^*, \tag{1.1469}$$

festgelegt, die unbegrenzt groß werden kann.

Bemerkung 1.42 (Zu Faltungscodes als Blockcodes). Im Falle der Nachricht $\boldsymbol{u}$ und des Generatorvektors $\boldsymbol{g}^{(0)}$ mit endlichen Längen erhält man auch bei Verwendung eines Faltungscodes ein Codewort $\boldsymbol{v}$ mit endlicher Länge. In diesem Fall ist $\boldsymbol{G}^{(0)}$ von (1.1469) eine $k \times (k + \nu - 1)$, $k, \nu \in \mathbb{N}^*$, Matrix.

d) Wir legen die Coderate R und damit die maximal zu bekämpfende Äquivokation $\max \mathrm{H}\{X \mid Y\}$ fest, indem wir mehr als nur einen einzigen Generatorvektor und somit mehr als nur eine einzige Generatormatrix verwenden. Beispielsweise verwenden wir einen zweiten Generatorvektor $\boldsymbol{g}^{(1)}$ und somit eine zweite Generatormatrix $\boldsymbol{G}^{(1)}$, um die Coderate R von 1/2 zu erzielen. Die Coderate R von 1/3 erfordert einen dritten Generatorvektor $\boldsymbol{g}^{(2)}$ und somit eine dritte Generatormatrix $\boldsymbol{G}^{(2)}$ und so weiter. Die nichtverschwindende gesamte *Generatormatrix des Faltungscodes* ist somit

$$\boldsymbol{G} = (\boldsymbol{G}^{(0)}, \boldsymbol{G}^{(1)} \cdots \boldsymbol{G}^{(K_\mathrm{c}-1)}), \quad R = \frac{1}{K_\mathrm{c}}, \quad K_\mathrm{c} \in \mathbb{N}^*, \tag{1.1470}$$

$$= \Bigg(\overbrace{\begin{matrix} g_0^{(0)} & \cdots & g_{\nu-1}^{(0)} & 0 & \cdots \\ 0 & g_0^{(0)} & \cdots & g_{\nu-1}^{(0)} & \cdots \\ \vdots & \ddots & \ddots & \ddots & \ddots \end{matrix}}^{\boldsymbol{G}^{(0)}} \begin{matrix} \cdots \\ \cdots \\ \cdots \end{matrix} \overbrace{\begin{matrix} g_0^{(K_\mathrm{c}-1)} & \cdots & g_{\nu-1}^{(K_\mathrm{c}-1)} & 0 & \cdots \\ 0 & g_0^{(K_\mathrm{c}-1)} & \cdots & g_{\nu-1}^{(K_\mathrm{c}-1)} & \cdots \\ \vdots & \ddots & \ddots & \ddots & \ddots \end{matrix}}^{\boldsymbol{G}^{(K_\mathrm{c}-1)}} \Bigg). \tag{1.1471}$$

Beispiel 1.89. Wir betrachten K_c gleich 2 und

$$\boldsymbol{g}^{(0)} = (1,0,1,1), \quad \boldsymbol{g}^{(1)} = (1,1,1,1). \tag{1.1472}$$

Dann erhält man

$$\boldsymbol{G} = \left(\overbrace{\begin{array}{cccccccc} 1 & 0 & 1 & 1 & 0 & 0 & \cdots \\ 0 & 1 & 0 & 1 & 1 & 0 & \cdots \\ 0 & 0 & 1 & 0 & 1 & 1 & \cdots \\ \vdots & \ddots & \ddots & \ddots & \ddots & \ddots & \ddots \end{array}}^{\boldsymbol{G}^{(0)}} \overbrace{\begin{array}{ccccccc} 1 & 1 & 1 & 1 & 0 & 0 & \cdots \\ 0 & 1 & 1 & 1 & 1 & 0 & \cdots \\ 0 & 0 & 1 & 1 & 1 & 1 & \cdots \\ \vdots & \ddots & \ddots & \ddots & \ddots & \ddots & \ddots \end{array}}^{\boldsymbol{G}^{(1)}} \right). \tag{1.1473}$$

Offensichtlich erzeugt der binäre Faltungscode mit der Generatormatrix $\boldsymbol{G}$ aus (1.1470) $K_c \in \mathbb{N}^*$ Codebits pro Nachrichtenbit. Anstatt die Form von (1.1470) zu verwenden, kann man den äquivalenten binären Faltungscode mit [22, Gl. (11.8), S. 456], [12, S. 235]

$$\boldsymbol{G} = \begin{pmatrix} g_0^{(0)} & \cdots & g_0^{(K_c-1)} & g_1^{(0)} & \cdots & g_1^{(K_c-1)} & \cdots & g_{\nu-1}^{(0)} & \cdots & g_{\nu-1}^{(K_c-1)} & 0 & \cdots \\ 0 & \cdots & 0 & g_0^{(0)} & \cdots & g_0^{(K_c-1)} & \cdots & g_{\nu-2}^{(0)} & \cdots & g_{\nu-2}^{(K_c-1)} & \cdots & \cdots \\ 0 & \cdots & 0 & 0 & \cdots & 0 & \cdots & g_{\nu-3}^{(0)} & \cdots & g_{\nu-3}^{(K_c-1)} & \cdots & \cdots \\ \vdots & \cdots & \vdots & \vdots & \cdots & \vdots & \ddots & \vdots & \cdots & \vdots & \vdots & \ddots \end{pmatrix},$$
$$K_c \in \mathbb{N}^*, \tag{1.1474}$$

einsetzen.

Beispiel 1.90. Ausgehend von Beispiel 1.89 erhält man

$$\boldsymbol{G} = \begin{pmatrix} 1 & 1 & 0 & 1 & 1 & 1 & 1 & 1 & 0 & 0 & 0 & 0 & \cdots \\ 0 & 0 & 1 & 1 & 0 & 1 & 1 & 1 & 1 & 1 & 0 & 0 & \cdots \\ 0 & 0 & 0 & 0 & 1 & 1 & 0 & 1 & 1 & 1 & 1 & 1 & \cdots \\ 0 & 0 & 0 & 0 & 0 & 0 & 1 & 1 & 0 & 1 & 1 & 1 & \cdots \\ \vdots & \vdots & \vdots & \vdots & \vdots & \vdots & \vdots & \vdots & \vdots & \vdots & \vdots & \vdots & \ddots \end{pmatrix}. \tag{1.1475}$$

Abbildung 1.27 zeigt das Blockdiagramm des Codierers eines binären Faltungscodes mit der Coderate R gleich 1/2, mit der Einflusslänge ν gleich 4 und mit $\boldsymbol{G}$ aus (1.1475) [22, Bild 11.1, S. 455].

Das Polynom $g^{(0)}(x)$ ist das irreduzible Minimalpolynom $M^{(3)}(x)$ von $\mathbb{F}_8$ und wird in oktaler Zahlendarstellung als 15_8 angegeben [38, Tabelle 8.2-1, S. 492].

Das Polynom $g^{(1)}(x)$ ist gleich $(M^{(0)}(x))^3$ und somit gleich $(x \oplus 1)^3$ und wird in oktaler Zahlendarstellung als 17_8 angegeben [38, Tabelle 8.2-1, S. 492].

Das Polynom $g^{(1)}(x)$ ist somit nicht irreduzibel in $\mathbb{F}_8$. Allerdings ist $M^{(0)}(x)$ irreduzibel in $\mathbb{F}_2$ und das Minimalpolynom des Elements 1 in $\mathbb{F}_8$.

Mit den von Null verschiedenen Vektoren [12, S. 234]

$$\boldsymbol{G}_m = \begin{pmatrix} g_m^{(0)} & \cdots & g_m^{(K_c-1)} \end{pmatrix}, \quad m \in \{0, 1 \cdots (\nu-1)\}, \quad \nu \in \mathbb{N}^*, \tag{1.1476}$$

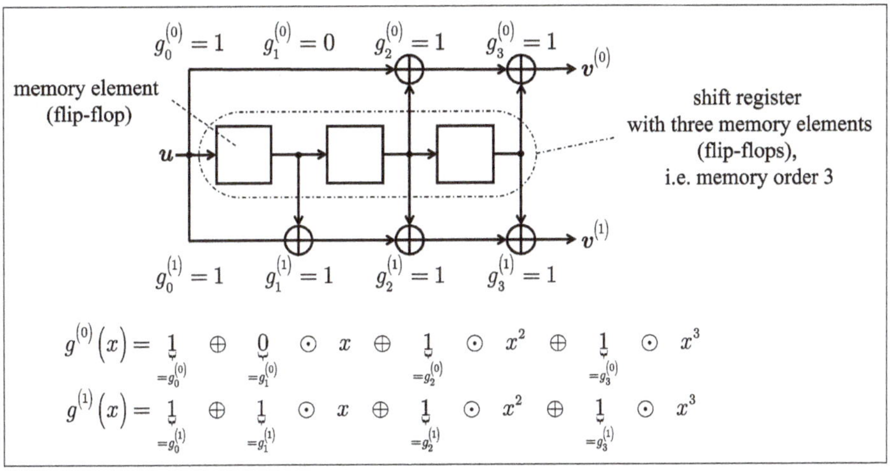

Abb. 1.27: Blockdiagramm des Codierers eines binären Faltungscodes mit der Coderate *R* gleich 1/2, mit der Einflusslänge *ν* gleich 4 und mit ***G*** aus (1.1475) (angepasst nach [22, Bild 11.1, S. 455]).

wird (1.1474) zu [12, S. 234]

$$\boldsymbol{G} = \begin{pmatrix} \boldsymbol{G}_0 & \boldsymbol{G}_1 & \boldsymbol{G}_2 & \cdots & \boldsymbol{G}_{\nu-1} & \boldsymbol{0}_{1\times\nu} & \boldsymbol{0}_{1\times\nu} & \cdots & \boldsymbol{0}_{1\times\nu} & \cdots \\ \boldsymbol{0}_{1\times\nu} & \boldsymbol{G}_0 & \boldsymbol{G}_1 & \cdots & \boldsymbol{G}_{\nu-2} & \boldsymbol{G}_{\nu-1} & \boldsymbol{0}_{1\times\nu} & \cdots & \boldsymbol{0}_{1\times\nu} & \cdots \\ \boldsymbol{0}_{1\times\nu} & \boldsymbol{0}_{1\times\nu} & \boldsymbol{G}_0 & \cdots & \boldsymbol{G}_{\nu-3} & \boldsymbol{G}_{\nu-2} & \boldsymbol{G}_{\nu-1} & \cdots & \boldsymbol{0}_{1\times\nu} & \cdots \\ \vdots & \vdots & \ddots & \ddots & \vdots & \vdots & \ddots & \ddots & \vdots & \ddots \end{pmatrix}, \quad \nu \in \mathbb{N}^*. \tag{1.1477}$$

Wir erhalten die allgemeinste Form von $\boldsymbol{G}$ nach (1.1477), wenn wir $\boldsymbol{G}_m$ und folglich auch $\boldsymbol{0}_{1\times\nu}$ durch Matrizen ersetzen [12, S. 234]. Diesen Aspekt werden wir jedoch nicht weiter diskutieren.

Da binäre Faltungscodes offensichtlich zyklische Codes sind, kann man die $K_\text{c} \in \mathbb{N}^*$ von Null verschiedenen Polynome [11, Gl. (8.2.1), S. 249]

$$g^{(k_\text{c})}(x) = \bigoplus_{m=0}^{\nu-1} g_m^{(k_\text{c})} \odot x^m = g_0^{(k_\text{c})} \oplus g_1^{(k_\text{c})} \odot x \oplus \cdots \oplus g_{\nu-1}^{(k_\text{c})} \odot x^{\nu-1}, \tag{1.1478}$$
$$k_\text{c} \in \{0, 1 \cdots (K_\text{c} - 1)\}, \quad K_\text{c} \in \mathbb{N}^*,$$

mit den Generatorvektoren $\boldsymbol{g}^{(k_\text{c})}$, $k_\text{c} \in \{0, 1 \cdots (K_\text{c} - 1)\}$, $K_\text{c} \in \mathbb{N}^*$, siehe (1.1468), des Faltungscodes verknüpfen. Mit dem Nachrichtenpolynom $u(x)$ werden die Codepolynome zu [11, Gl. (8.2.5), S. 249]

$$v^{(k_\text{c})}(x) = u(x) \odot g^{(k_\text{c})}(x), \quad k_\text{c} \in \{0, 1 \cdots (K_\text{c} - 1)\}, \quad K_\text{c} \in \mathbb{N}^*. \tag{1.1479}$$

Mit der *Matrix der Generatorpolynome des Faltungscodes* [11, Gl. (8.2.4), S. 249]

$$\boldsymbol{G}(x) = \left(g^{(0)}(x), g^{(1)}(x) \cdots g^{(K_\mathrm{c}-1)}(x)\right), \quad K_\mathrm{c} \in \mathbb{N}^*, \tag{1.1480}$$

die oft als *Generatormatrix des Faltungscodes* bezeichnet wird, und mit dem *Codepolynomvektor* [11, Gl. (8.2.4), S. 249]

$$\boldsymbol{v}(x) = \left(v^{(0)}(x), v^{(1)}(x) \cdots v^{(K_\mathrm{c}-1)}(x)\right), \quad K_\mathrm{c} \in \mathbb{N}^*, \tag{1.1481}$$

erhält man [11, Gl. (8.2.4), S. 249]

$$\boldsymbol{v}(x) = u(x) \odot \boldsymbol{G}(x) \quad \left(= u(x)\boldsymbol{G}(x)\right), \quad k_\mathrm{c} \in \{0, 1 \cdots (K_\mathrm{c} - 1)\}, \quad K_\mathrm{c} \in \mathbb{N}^*. \tag{1.1482}$$

Der Code kann somit wie folgt definiert werden [11, Gl. (8.2.6), S. 249]

$$\mathbb{V} = \left\{u(x) \odot \boldsymbol{G}(x) \mid u(x) \in \mathbb{F}_2[x]\right\}. \tag{1.1483}$$

Mit der Generatormatrix $\boldsymbol{G}$ nach (1.1470) beziehungsweise $\boldsymbol{G}(x)$ aus (1.1480) hat der Codierer des binären Faltungscodes eine *Vorwärtskopplungs*-Struktur [22, S. 454], siehe beispielsweise Abbildung 1.27. Solche Codierer werden wegen der endlichen Einflusslänge $\nu \in \mathbb{N}^*$ auch als *Finite Impulse Response (FIR)* Codierer bezeichnet [12, S. 232]. Man könnte auch von einem *Transversalcodierer* (engl. „finite impulse response (FIR) encoder") sprechen.

Erinnern Sie sich an (1.1470) und (1.1480)?

Wenn man [3, Abschnitt 3.9], [76, Gl. (5.43), S. 209] und Bemerkung 1.31 betrachtet, stellt man fest, dass $\boldsymbol{G}$ aus (1.1470) die gleiche Struktur wie $\underline{\boldsymbol{A}}^\mathrm{T}$ gemäß [76, Gl. (5.43), S. 209] hat. Offensichtlich ähnelt ein binärer Faltungscode, der mit $\boldsymbol{G}$ nach (1.1470) erzeugt wurde, der *kohärenten Empfangsantennendiversität (engl. „coherent receiver antenna diversity", CRAD)* siehe beispielsweise [77, Bild 1, S. 76, 78], mit einem Sender, der über eine einzige Sendeantenne verfügt, und mit einem Empfänger, der $K_\mathrm{c} \in \mathbb{N}^*$ Empfangsantennen hat, siehe [76, Bild 4.24, S. 184]. Im Fall des betrachteten binären Faltungscodes korrespondiert jede Teilmatrix $\boldsymbol{G}^{(k_\mathrm{c})}$, $k_\mathrm{c} \in \{0, 1 \cdots (K_\mathrm{c} - 1)\}$, $K_\mathrm{c} \in \mathbb{N}^*$, mit einem eigenen „Diversitätszweig", d. h. mit einer eigenen Verbindung zwischen der einzelnen Sendeantenne und der $k_\mathrm{c}$ten, $k_\mathrm{c} \in \{0, 1 \cdots (K_\mathrm{c} - 1)\}$, $K_\mathrm{c} \in \mathbb{N}^*$, Empfangsantenne.

Ein wichtiger Unterschied zwischen dem binären Faltungscode und der kohärenten Empfangsantennendiversität (engl. „coherent receiver antenna diversity", CRAD) liegt in der Tatsache,

- dass im Fall des binären Faltungscodes die genannten „Diversitätszweige" vollständig vom Sender realisiert werden müssen; das führt bei wachsendem $K_\mathrm{c} \in \mathbb{N}^*$ zur Reduzierung der Coderate R und infolgedessen der Übertragungsrate,
- während im Fall der kohärenten Empfangsantennendiversität (engl. „coherent receiver antenna diversity", CRAD) die Realisierung der „Diversitätszweige" hauptsächlich durch physikalische Gegebenheiten bestimmt wird, d. h. durch die räumliche Beschaffenheit des physikalischen Mobilfunkkanals; dies vermeidet eine Re-

duzierung der Übertragungsrate bei Erhöhung der Anzahl der Empfangsantennen $K_\mathrm{R} \in \mathbb{N}^*$.

„That's Life" („Blue Eyes Himself" Frank Sinatra, 1966), „you're riding high in April, shot down in May, but I know I'm gonna change that tune when I'm back on top, back on top in June! My, my."

Diversitätsverfahren bieten die größten Vorteile, wenn die unterschiedlichen „Diversitätszweige" voneinander unabhängig sind [38, S. 828f.]. Andere Ausdrücke, die man in diesem Zusammenhang finden kann, sind „unkorreliert" und „orthogonal".

Wie lässt sich dies in „die Sprache der binären Faltungscodes" übersetzen?

Offensichtlich muss man fordern, dass die Generatorpolynome $g^{(k_\mathrm{c})}(x)$, $k_\mathrm{c} \in \{0, 1 \cdots (K_\mathrm{c} - 1)\}$, $K_\mathrm{c} \in \mathbb{N}^*$, „möglichst unterschiedlich sind". In der „Sprache der Polynome" bedeutet diese Anforderung, dass die nichtverschwindenden Generatorpolynome $g^{(k_\mathrm{c})}(x)$, $k_\mathrm{c} \in \{0, 1 \cdots (K_\mathrm{c} - 1)\}$, $K_\mathrm{c} \in \mathbb{N}^*$, teilerfremd sein müssen. Wir verlangen also

$$\mathrm{ggT}\{g^{(0)}(x), g^{(1)}(x) \cdots g^{(K_\mathrm{c}-1)}(x)\} = 1, \quad K_\mathrm{c} \in \mathbb{N}^*. \tag{1.1484}$$

Andernfalls wird der Decodierer gelegentlich eine unendliche Anzahl von Fehlern erzeugen, obwohl das Nachrichtenpolynom $u(x)$ einen endlichen Grad hat, siehe beispielsweise [11, S. 254], [31, S. 284]. Ein solches Verhalten des Decodierens, das durch eine unsachgemäße Realisierung der Kanalcodierung ermöglicht wurde, ist wirklich *katastrophal* [11, S. 254], [31, S. 284]. Offensichtlich bezieht sich die Bedingung (1.1484) auf den Codierungs- und den Decodierungsvorgang, aber nicht auf den Code selbst [31, S. 284].

Definition 1.70 (Nicht-katastrophale Generatormatrix). Die Matrix der Generatorpolynome des Faltungscodes, d. h. die Generatormatrix des Faltungscodes, $\boldsymbol{G}(x)$ nach (1.1480) wird dann als *nicht-katastrophale Generatormatrix* bezeichnet, wenn (1.1484) erfüllt ist [11, Satz 8.1, S. 254f.], [31, Definition 9.4.3, S. 284].

Bemerkung 1.43 (Zur nicht-katastrophalen Generatormatrix). Wir verlangen, dass die Generatorpolynome $g^{(k_\mathrm{c})}(x)$, $k_\mathrm{c} \in \{0, 1 \cdots (K_\mathrm{c} - 1)\}$, $K_\mathrm{c} \in \mathbb{N}^*$, ungleich 0 sind. Falls

$$\mathrm{ggT}\left\{g^{(0)}(x), g^{(1)}(x) \cdots g^{(K_\mathrm{c}-1)}(x)\right\} = p(x), \quad p(x) \neq 0, \quad K_\mathrm{c} \in \mathbb{N}^*, \tag{1.1485}$$

gilt, ist

$$\boldsymbol{G}(x) = \left(\frac{g^{(0)}(x)}{p(x)}, \frac{g^{(1)}(x)}{p(x)} \cdots \frac{g^{(K_\mathrm{c}-1)}(x)}{p(x)}\right), \quad K_\mathrm{c} \in \mathbb{N}^*, \tag{1.1486}$$

die nicht-katastrophale Generatormatrix.

Offensichtlich haben alle Polynome $g^{(k_\mathrm{c})}(x)/p(x)$, $k_\mathrm{c} \in \{0, 1 \cdots (K_\mathrm{c} - 1)\}$, $K_\mathrm{c} \in \mathbb{N}^*$, einen endlichen Grad und repräsentieren somit einen *Transversalcodierer*, den wir auch *Vorwärtscodierer* beziehungsweise *Vorwärtskopplungscodierer* (engl. „feedforward encoder") nennen.

Im Folgenden gehen wir davon aus, dass (1.1484) erfüllt und folglich $\boldsymbol{G}$ nicht-katastrophal ist.

Beispiel 1.91. Lassen Sie uns mit den Beispielen 1.89 und 1.90 fortfahren.
Nach Abbildung 1.27 gelten

$$g^{(0)}(x) = x^3 \oplus x^2 \oplus 1 \tag{1.1487}$$

und

$$g^{(1)}(x) = x^3 \oplus x^2 \oplus x \oplus 1. \tag{1.1488}$$

Es ergibt sich sofort

$$\text{ggT}\{(x^3 \oplus x^2 \oplus x \oplus 1), (x^3 \oplus x^2 \oplus 1)\} = 1. \tag{1.1489}$$

Daher sind $g^{(0)}(x)$ und $g^{(1)}(x)$ teilerfremd.

Vergleicht man den Aufbau des Codierers eines binären Faltungscodes mit dem Mehrwegeübertragungskanal, der in der Mobilkommunikation auftritt und auch als Mobilfunkkanal bezeichnet wird, so kommt man sofort zu dem Schluss, dass das Codieren sowie das Decodieren des besagten binären Faltungscodes durch ein *Trellis* beschrieben werden kann, das auch als *Trellisdiagramm* bezeichnet wird, siehe beispielsweise [3]. Da die in modernen Mobilkommunikationssystemen übertragenen Nachrichten eine endliche Länge haben und beispielsweise aus $n \in \mathbb{N}^*$ Nachrichtenbits bestehen, sind die Bestimmung des Anfangszustands mit dem Anfangszustandsvektor $\mathfrak{s}_0$ im Trellis sowie die Bestimmung des Endzustands im Trellis von größter Bedeutung. Im Fall des Mobilfunkkanals wird die Nachricht daher von Tailsymbolen, d. h. Tailbits im Fall binärer Nachrichtensymbole, angeführt und beendet.

Vorausgesetzt, dass die Übertragung binär ist, wird der Mobilfunkkanal durch ein *Transversalfilter* (engl. „finite impulse response (FIR) filter") mit $W_\text{p} \in \mathbb{N}^*$ Wegen modelliert und entspricht in der *Mealy-Modellierung* einem endlichen Automaten (engl. „finite state machine", FSM), der zu jedem Zeitpunkt $2^{W_\text{p}-1}$, $W_\text{p} \in \mathbb{N}^*$, Zustände hat [78, Abschnitt 4.3.1, S. 116–118].

Da die erwähnte Modellierung des Mobilfunkkanals nur virtuell ist, denn es gibt für den Mobilfunkkanal keine echte Hardware, die den Mobilfunkkanal zu einem ponderablen endlichen Automaten (engl. „finite state machine", FSM) macht, gibt es auch keinen „Reset"-Knopf, um den Anfangszustand mit dem festen gewünschten Anfangszustandsvektor $\mathfrak{s}_0$ zu initialisieren. Das Initialisieren des Anfangszustands mit dem Anfangszustandsvektor $\mathfrak{s}_0$ erfordert daher die Übertragung von $(W_\text{p} - 1)$ Tailbits, die der eigentlichen Nachricht vorausgehen und die im Folgenden als *Vorhuttailbits* bezeichnet werden. Darüber hinaus muss der Endzustand festgelegt werden, indem $(W_\text{p} - 1)$ Tailbits, die der eigentlichen Nachricht nachfolgen, übertragen werden und die im Folgenden als *Nachhuttailbits* bezeichnet werden. Ohne Beschränkung der Allgemeinheit können die Vorhuttailbits und die Nachhuttailbits auf 0 gesetzt werden. In diesem Fall sind sowohl der Anfangszustand als auch der Endzustand identisch und haben die Zustandsvektoren

$$\mathfrak{s}_0 = \underbrace{(0,0\cdots 0)}_{W_\mathrm{p}-1\ \text{Nullen}} = \mathbf{0}_{W_\mathrm{p}-1} = \mathfrak{s}_{n+W_\mathrm{p}-1}, \quad W_\mathrm{p}, n \in \mathbb{N}^*. \tag{1.1490}$$

Das sieht so aus, als ob der Endzustand auf den Anfangszustand in einer Weise kopiert wurde, die dem zyklischen Präfix ähnelt, das vom *orthogonalen Frequenzmultiplexverfahren* (engl. „orthogonal frequency division multiplexing“, OFDM) bekannt ist, siehe beispielsweise [3]. Diese Situation wird in Abbildung 1.28 dargestellt.

Die „Coderate“, die mit dem zeitdiskreten Signal verbunden ist, ist

$$\frac{n}{n+2\cdot(W_\mathrm{p}-1)} \le 1, \quad W_\mathrm{p}, n \in \mathbb{N}^*. \tag{1.1491}$$

Es gibt wegen der $2\cdot(W_\mathrm{p}-1)$ Tailbits also einen kleinen Ratenverlust. Allerdings nähert sich die „Coderate“ für große $n \in \mathbb{N}^*$ und kleine $W_\mathrm{p} \in \mathbb{N}^*$ dem Wert 1. Der Ratenverlust nimmt ab und geht gegen 0.

Im Fall des Codierers eines binären Faltungscodes übernimmt die Einflusslänge ν die Rolle der Anzahl W_p der Pfade des diskreten Mobilfunkkanals. Die Nachricht $\boldsymbol{u}$ besteht aus $k \in \mathbb{N}^*$ Nachrichtenbits. Jetzt sind keine Vorhuttailbits erforderlich, weil man einen „Reset“-Knopf am Schieberegister hat, das im Codierer des binären Faltungscodes enthalten ist. Die $(\nu-1)$ Nachhuttailbits sind jedoch nach wie vor erforderlich, siehe Abbildung 1.28. Wiederum ohne Beschränkung der Allgemeinheit können die Nachhuttailbits auf 0 gesetzt werden, und der Anfangszustand wird auf $\mathbf{0}_{\nu-1}$ initialisiert, d. h. es gilt stets

$$\mathfrak{s}_0 = \underbrace{(0,0\cdots 0)}_{\nu-1\ \text{Nullen}} = \mathbf{0}_{\nu-1} = \mathfrak{s}_{k+\nu-1}, \quad k, \nu \in \mathbb{N}^*. \tag{1.1492}$$

Diese Situation fühlt sich auch so an, als ob der Endzustand auf den Anfangszustand in einer Weise kopiert wurde, die dem zyklischen Präfix ähnelt, das vom *orthogonalen Frequenzmultiplexverfahren* (engl. „orthogonal frequency division multiplexing“, OFDM) bekannt ist, siehe beispielsweise [3]. Mit der Anzahl K_c der „Diversitätszweige“ des binären Faltungscodes ist die zugehörige Coderate somit

$$\frac{1}{K_\mathrm{c}}\cdot\frac{k}{k+\nu-1} \le \frac{1}{K_\mathrm{c}}, \quad K_\mathrm{c}, k, \nu \in \mathbb{N}^*. \tag{1.1493}$$

Natürlich nähert sich diese Coderate für große $k \in \mathbb{N}^*$ und kleine $\nu \in \mathbb{N}^*$ dem Wert $1/K_\mathrm{c}$.

Man kann die Coderate weiter erhöhen, damit diese in jedem Fall

$$\frac{1}{K_\mathrm{c}}, \quad K_\mathrm{c} \in \mathbb{N}^*, \tag{1.1494}$$

beträgt.

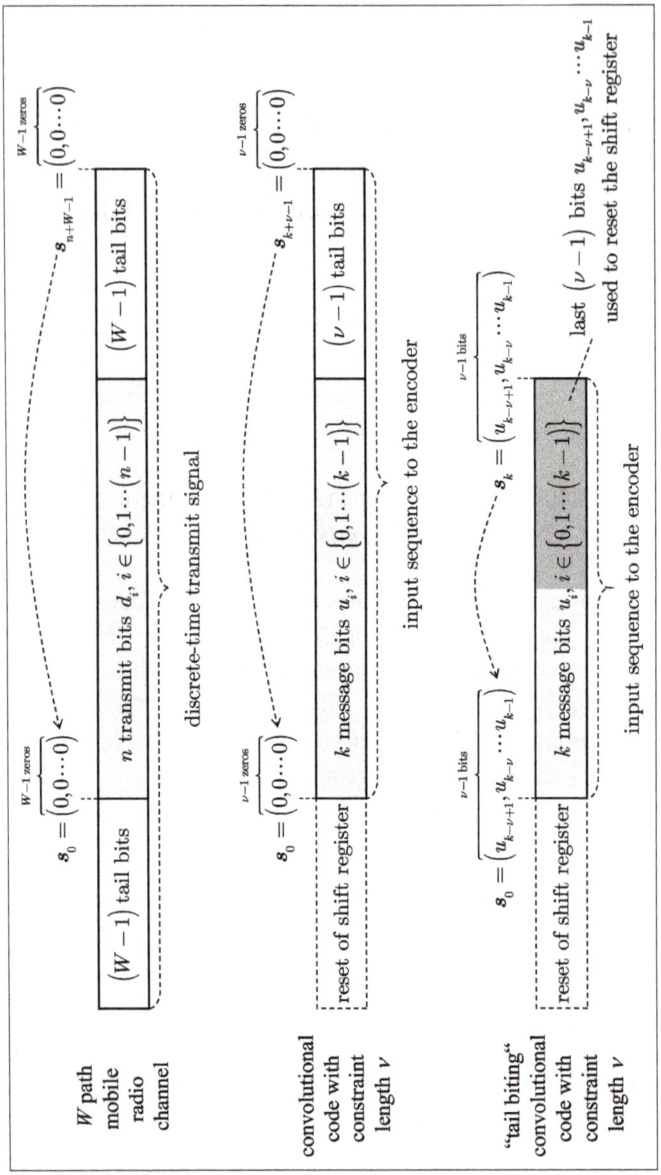

Abb. 1.28: Zur Ähnlichkeit zwischen der Übertragung über einen Mobilfunkkanal mit W_p Wegen und der Codierung mit einem binären Faltungscode.

Eine erste Option ist der Verzicht auf die (ν − 1) Nachhuttailbits. Dies führt zu einer Leistungsminderung [79, S. 104].

Eine zweite Option ist die Anwendung des „*Tail Biting*“-Konzepts, das auch im Mobilkommunikationssystem der vierten Generation 4G/LTE (Fourth Generation / Long

Term Evolution) und in dessen Weiterentwicklung 4G/LTE-Advanced zum Einsatz kommt [80, Abschnitt 5.1.3, S. 12–14]. „Tail Biting“ wurde erstmals in [79] vorgeschlagen. Kurz gesagt und ohne Details verwendet man beim „Tail Biting“ die letzten $(\nu - 1)$ Nachrichtenbits, um den Anfangszustand $\mathfrak{s}_0$ zu initialisieren [79, S. 104], siehe Abbildung 1.28. Da der Anfangszustand $\mathfrak{s}_0$ und der Endzustand $\mathfrak{s}_{k+\nu-1}$ dem Decodierer jedoch nicht bekannt sind, müssen beide geschätzt werden. Dies führt im Vergleich zum Fall des bekannten Endzustands zu einem geringen Leistungsverlust [79, Tabelle I, S. 107].

Im Allgemeinen ist der binäre Faltungscode, der mit der Generatormatrix $\boldsymbol{G}(x)$ des Faltungscodes nach (1.1480) erzeugt wird, nichtsystematisch [22, Bild 11.1, S. 454f.]. Da jedoch alle Generatorpolynome $g^{(k_\mathrm{c})}(x)$, $k_\mathrm{c} \in \{0, 1 \cdots (K_\mathrm{c} - 1)\}$, $K_\mathrm{c} \in \mathbb{N}^*$, ungleich 0 sind, ergibt sich sofort

$$\boldsymbol{G}(x) = g^{(0)}(x)\left(1, \frac{g^{(1)}(x)}{g^{(0)}(x)} \cdots \frac{g^{(K_\mathrm{c}-1)}(x)}{g^{(0)}(x)}\right), \quad K_\mathrm{c} \in \mathbb{N}^*. \tag{1.1495}$$

Daher kann ein äquivalenter *systematischer* binärer Faltungscode beispielsweise durch die Verwendung der Generatormatrix des Faltungscodes in der folgenden Form erzeugt werden [22, Gl. (11.44), S. 465; Gl. (11.64), S. 471], [12, Gl. (8.19), S. 254]

$$\boldsymbol{G}_\mathrm{sys}(x) = \left(1, \frac{g^{(1)}(x)}{g^{(0)}(x)} \cdots \frac{g^{(K_\mathrm{c}-1)}(x)}{g^{(0)}(x)}\right), \quad K_\mathrm{c} \in \mathbb{N}^*. \tag{1.1496}$$

Dann ist Gleichung (1.1484) erfüllt.

Nota bene, dass alle Polynome $g^{(k_\mathrm{c})}(x)/g^{(0)}(x)$, $k_\mathrm{c} \in \{1, 2 \cdots (K_\mathrm{c} - 1)\}$, $K_\mathrm{c} \in \mathbb{N}^*$, einen unendlichen Grad haben. Der Codierer des binären Faltungscodes ähnelt dann einem rückgekoppelten Filter (engl. „infinite impulse response (IIR) filter“) [12, S. 233], das auch als *IIR-System* bezeichnet wird [12, S. 245]. Der binäre Faltungscode, der durch $\boldsymbol{G}_\mathrm{sys}(x)$ von (1.1496) realisiert wird, wird ebenfalls als *rekursiver systematischer Faltungscode* (engl. „recursive systematic convolutional (RSC) code“) bezeichnet [81, S. 1064]. Man benötigt diese RSC-Codes als Komponenten von Turbo-Faltungscodes.

Beispiel 1.92. Lassen Sie uns mit den Beispielen 1.89, 1.90 und 1.91 fortfahren.

Ein möglicher rekursiver systematischer Faltungscode (engl. „recursive systematic convolutional (RSC) code“), siehe Abbildung 1.27, kann mit

$$G_\mathrm{sys}(x) = \left(1 \quad \frac{1 \oplus x \oplus x^2 \oplus x^3}{1 \oplus x^2 \oplus x^3}\right) = \left(1 \quad \frac{x^3 \oplus x^2 \oplus x \oplus 1}{x^3 \oplus x^2 \oplus 1}\right) = \left(1 \quad \frac{(M^{(0)}(x))^3}{M^{(3)}(x)}\right) \tag{1.1497}$$

realisiert werden.

Das *Rückkopplungspolynom* $g^{(1)}(x)$ ist das irreduzible Minimalpolynom

$$g^{(1)}(x) = M^{(3)}(x) = x^3 \oplus x^2 \oplus 1 \tag{1.1498}$$

aus $\mathbb{F}_8$ mit $(\alpha^3 \oplus \alpha \oplus 1) = 0$.

Das *Vorwärtspolynom* beziehungsweise *Vorwärtskopplungspolynom* $g^{(0)}(x)$ ist gegeben durch das reduzible Polynom

$$g^{(0)}(x) = \left(M^{(0)}(x)\right)^3 = (x \oplus 1)^3 = x^3 \oplus x^2 \oplus x \oplus 1. \tag{1.1499}$$

$M^{(0)}(x)$ ist das Minimalpolynom des Elements 1 von $\mathbb{F}_8$.

$M^{(3)}(x)$ aus $\mathbb{F}_8$ wird auch durch die Oktalzahl 15_8 dargestellt [38, Tabelle 8.2-1, S. 492], und $(M^{(0)}(x))^3$ kann auch durch die Oktalzahl 17_8 angegeben werden [38, Tabelle 8.2-1, S. 492].

Abbildung 1.29 veranschaulicht das Blockdiagramm des Codierers des rekursiven systematischen Faltungscodes (engl. „recursive systematic convolutional (RSC) code") mit der Coderate R gleich 1/2, mit der Einflusslänge ν gleich 4 und mit $\boldsymbol{G}_{\text{sys}}(x)$ aus (1.1497).

Die Division durch $M^{(3)}(x)$ kann durch einen Rückkopplungskreis realisiert werden, siehe beispielsweise [10, Bild 7.6, S. 210]. Folglich kann man den Codierer eines rekursiven systematischen Faltungscodes (engl. „recursive systematic convolutional (RSC) code") mit einem Rückkopplungskreis realisieren.

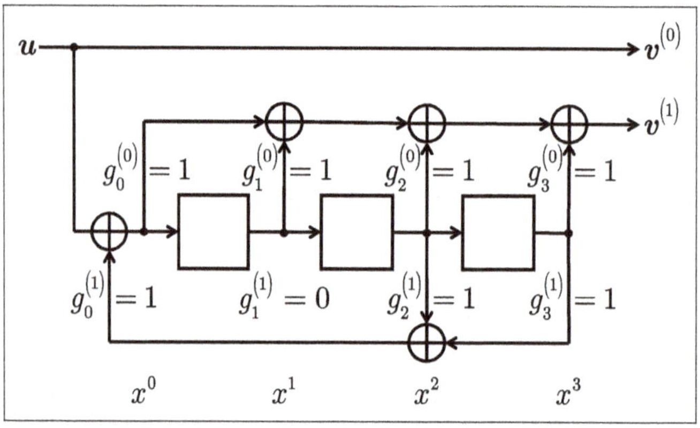

Abb. 1.29: Blockdiagramm des Codierers des rekursiven systematischen Faltungscodes (engl. „recursive systematic convolutional (RSC) code") mit der Coderate R gleich 1/2, mit der Einflusslänge ν gleich 4 und mit $\boldsymbol{G}_{\text{sys}}(x)$ nach (1.1497).

Das linear rückgekoppelte Schieberegister (engl. „linear feedback shift register", LFSR) mit dem irreduziblen Polynom $M^{(3)}(x)$ erzeugt eine m-Sequenz, die zufällig, d. h. wie „Pseudorauschen" (engl. „pseudo noise") aussieht. Ausgehend vom *Argument der Zufallscodierung (engl. „random coding argument")* von [13, Satz 11, S. 22–24] erscheint es weise, ein primitives oder irreduzibles Polynom als Rückkopplungspolynom in einem rekursiven systematischen Faltungscode (engl. „recursive systematic convolutional (RSC) code") zu wählen.

Bemerkung 1.44 (Zur Kontrolle der Coderate R). Die oben dargestellte Kontrolle der Coderate R erscheint ziemlich grob, nicht wahr? Dieser offensichtliche Nachteil kann durch Punktierung der Codewörter überwunden werden, siehe beispielsweise Abschnitt 1.10 sowie [22, S. 554, 582–598], [11, S. 251–253], [12, S. 255–259] und [21, S. 217–219].

Im Jahr 1967 schlug Andrew J. *Viterbi* eine *Maximum-Likelihood (ML)-Folgenschätzung* (engl. „maximum-likelihood sequence estimation", MLSE) vor, die als *Viterbi-Algorith-*

mus (VA) bezeichnet wird. Der *Viterbi-Algorithmus (VA)* ist recht einfach zu implementieren und trug deshalb erheblich zur Verbreitung binärer Faltungscodes bei, beispielsweise in der Weltraumkommunikation und der Satellitenkommunikation in den 1970er Jahren [22, S. 453]. Der Viterbi-Algorithmus (VA) erzeugt jedoch in keiner Variante symbolbasierte Log-Likelihood-Verhältnisse (engl. „log-likelihood ratios", LLRs) von überragender Qualität.

Im Jahr 1974 führten *Bahl, Cocke, Jelinek* und *Raviv* die *symbolbasierte Maximum-a-posteriori Wahrscheinlichkeit (MAP)-Decodierung* ein, die auch als *BCJR-Decodierung* beziehungsweise als *BCJR-Algorithmus* bezeichnet wird [22, S. 453] und Log-Likelihood-Verhältnisse (engl. „log-likelihood ratios", LLRs) von bester Qualität erzeugt. Der BCJR-Algorithmus eignet sich daher bestens für den Einsatz in Decodierern für Turbo-Faltungscodes.

Der Leser sei auf [3] verwiesen, um weitere Details zu den genannten Algorithmen zu erhalten, die für die Decodierung von binären Faltungscodes eingesetzt werden können.

Bemerkung 1.45 (Laserbasiertes Quantenkommunikationssystem mit klassischer Kanalcodierung — Faltungscodes). Ausgehend von den Bemerkungen in [3] zur Simulation der kohärenten Zustände und des Strahlungsfeldes des thermischen Hintergrundrauschens in der Quantenkommunikation sowie zur Quantendatendetektion wollen wir nun das dort behandelte laserbasierte Quantenkommunikationssystem mit Ein-Aus-Tastung (engl. „on-off keying", OOK) mit der klassischen Kanalcodierung kombinieren.

In den Bemerkungen 1.45, 2.1 und 3.3 einschließlich der Abbildungen 1.30, 1.31, 1.32, 2.10 und 3.11 bedeutet das Attribut *„klassisch"*, dass keine Quantenkanalcodierung zum Einsatz kommt. Der Leser mag sich fragen „Warum nicht Quantenfehlerkorrektur verwenden?"

Zunächst einmal gilt es zu erläutern, was der Ausdruck „Quantenfehlerkorrektur" bedeutet. Die Quantenfehlerkorrektur geht davon aus, dass die zu schützende Information in Form von mindestens einem Quantenbit vorliegen, das als *„Qubit (engl. „quantum bit")"* bezeichnet wird, [82, S. 425], [83, S. 237, 241]. Diese genannte Information ist keine klassischen Information, sondern Quanteninformation. Deshalb realisiert die Quantenfehlerkorrektur die Codierung von Quantenzuständen, um sie gegen die Auswirkungen der Wechselwirkungen mit weiteren quantenmechanischen Systemen wie den Photonen des thermischen Hintergrundrauschens unanfällig zu machen. Derlei Wechselwirkungen führen zur *Dekohärenz* [82, S. 425], [83, S. 237]. Bei der Quantenfehlerkorrektur wird in der Regel die Verschränkung (engl. „entanglement") von quantenmechanischen Systemen ausgenutzt [82, S. 459, 461], [83, S. 241].

In modernen Mobilkommunikationssystemen ist man jedoch an der Übertragung von klassischer Information interessiert. Daher erscheint der Einsatz der Quantenfehlerkorrektur zunächst unpassend. Tatsächlich ist der Hauptanwendungsbereich der Quantenfehlerkorrektur im *„Quantencomputing"* (engl. „quantum computing") [82, S. 425, 464; Abschnitt 10.6], [83, S. 237].

Oft zielt die Quantenfehlerkorrektur darauf ab, ein einzelnes logisches Qubit mit einer Anzahl n von physikalischen Qubits zu schützen. Dadurch wird die Dimension k des Codes gleich 1 [83, S. 245–247, 251], [84, S. 31]. Die Länge des Quantenfehlerkorrekturcodes beträgt $n > 1$. Die zur praktischen Anwendung der Quantenfehlerkorrektur notwendigen Quantenfehlerkorrekturcodes haben in der Regel Längen n von 9 oder weniger. Die Länge n gleich 5 ist die untere Schranke [83, S. 251], [84, S. 32]. Wünschenswert lange Quantenfehlerkorrekturcodes mit $n \gg 1$ und mit großer Dimension $k \gg 1$ sind derzeit offenbar noch nicht bekannt. Es scheint also, dass man bei der Quantenfehlerkorrektur mehr um die Coderate R gleich $1/n$ besorgt ist als um die Dimension k und die Länge des Codes n. Bedauerlicherweise ist die Coderate $R \leq 1/5$ aus der Sicht eines Mobilfunkingenieurs nahezu prohibitiv niedrig.

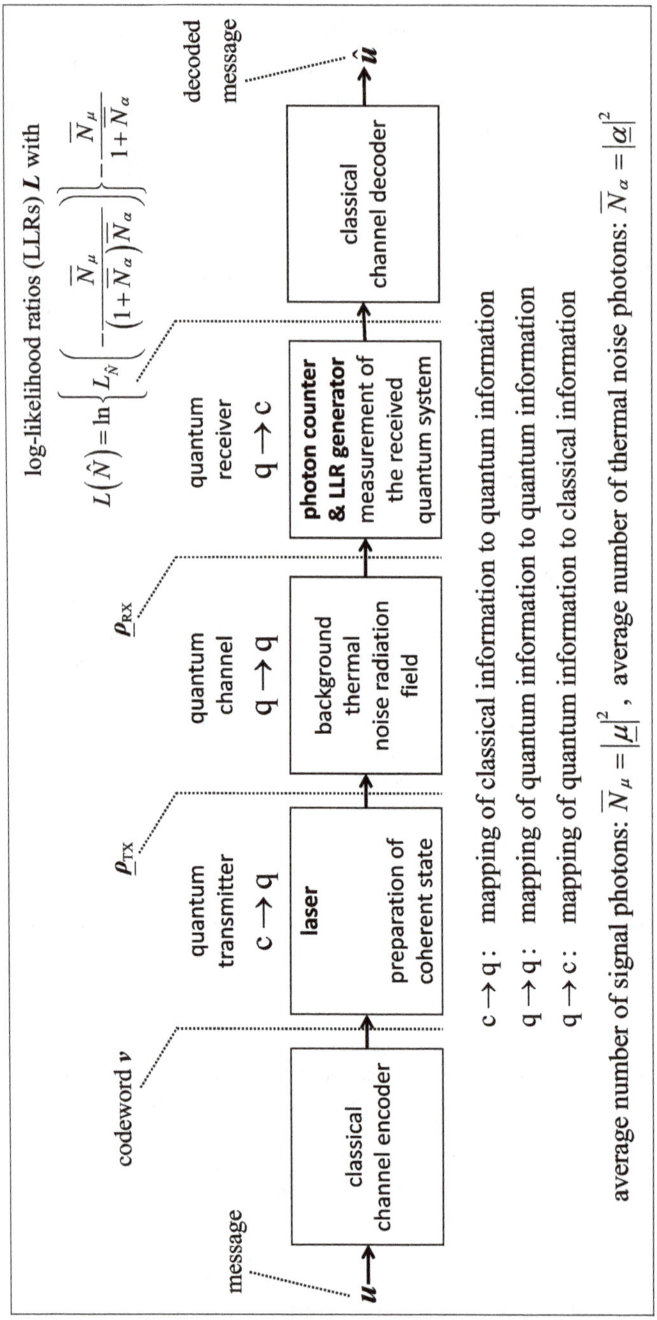

Abb. 1.30: Blockschaltbild des betrachteten laserbasierten Quantenkommunikationssystems mit Ein-Aus-Tastung (engl. „on-off keying", OOK) und einem klassischen Kanalcodierer am Eingang sowie einem klassischen Kanaldecodierer am Ausgang (angepasst nach [85, Bild 11, S. 115] und [86, Bild 5.1, S. 184; Bild 8.1, S. 382]).

Kurz gesagt, lautet die hier zu beantwortende Frage, ob die Funkfrontends in einem modernen Mobilkommunikationssystem einfach beispielsweise durch ein laserbasiertes Quantenkommunikationssystem mit Ein-Aus-Tastung (engl. „on-off keying“, OOK) ersetzt werden können, um so die verbleibenden Komponenten des modernen Mobilkommunikationssystems einschließlich der klassischen Kanalcodierung unverändert weiternutzen zu können und somit beispielsweise prohibitiv niedrige Coderaten zu vermeiden sowie weiterhin die wünschenswert robuste Übertragung klassischer Information zu gewährleisten.

In dieser Bemerkung 1.45 wird dargelegt, dass dies tatsächlich möglich ist.

Natürlich bleibt die Einbeziehung der Quantenfehlerkorrektur in zukünftige Kommunikationssysteme weiterhin eine Option.

Abbildung 1.30 zeigt das Blockschaltbild der einfachen Simulationsumgebung, die aus dem oben genannten laserbasierten Quantenkommunikationssystem mit Ein-Aus-Tastung (engl. „on-off keying“, OOK) mit einem klassischen Kanalcodierer an seinem Eingang und einem klassischen Kanaldecodierer an seinem Ausgang besteht (angepasst nach [85, Bild 11, S. 115] und [86, Bild 5.1, S. 184; Bild 8.1, S. 382]). In Bezug auf die oben genannten beiden Bemerkungen von [3], umfasst das dargestellte Kommunikationssystem

- den klassischen Kanalcodierer,
- den Laser, der die Codebits in kohärente Zustände umsetzt, die zugehörigen Photonen emittiert und auf diese Weise als Senderfrontend fungiert,
- den Quantenkanal, der das Strahlungsfeld des thermischen Hintergrundrauschens umfasst,
- den Photonenzähler und den Log-Likelihood-Verhältnis (engl. „log-likelihood ratio“, LLR)-Generator, der die Messung des empfangenen Strahlungsfelds durchführt und als Quantenempfänger und somit als Empfängerfrontend fungiert, und
- den klassischen Kanaldecodierer.

In dieser Bemerkung 1.45 wird ein Faltungscode als klassischer Kanalcode verwendet. Der klassische Kanaldecodierer ist ein Maximum-Likelihood-Decodierer (engl. „maximum-likelihood decoder“), der den Viterbi-Algorithmus (VA) verwendet [38, S. 482–489], und den genannten Faltungscode decodiert.

Nach Abbildung 1.30 wird die *Nachricht* $\mathbf{u}$, die aus den Nachrichtenbits $u_i, i \in \{0, 1 \cdots (k-1)\}, k \in \mathbb{N}^*$, besteht, in den klassischen Kanalcodierer eingespeist. Der klassische Kanalcodierer erzeugt das *Codewort* $\mathbf{v}$, das aus den Codebits $v_j, j \in \{0, 1 \cdots (n-1)\}, k \leq n, k, n \in \mathbb{N}^*$, besteht. Dann wird ein Codebit v_j, $j \in \{0, 1 \cdots (n-1)\}, k \leq n, k, n \in \mathbb{N}^*$, nach dem anderen an den Laser geliefert, der die Ein-Aus-Tastung (engl. „on-off keying“, OOK) auf folgende Weise realisiert [86, S. 318]:

- Im Fall des gegenwärtigen Codebits $v_j, j \in \{0, 1 \cdots (n-1)\}, k \leq n, k, n \in \mathbb{N}^*$, mit dem Wert 0 verwendet der Laser den kohärenten Zustand $|0\rangle$, d. h. er emittiert überhaupt keine Photonen.
- Im Fall des gegenwärtigen Codebits $v_j, j \in \{0, 1 \cdots (n-1)\}, k \leq n, k, n \in \mathbb{N}^*$, mit dem Wert 1 verwendet der Laser den kohärenten Zustand $|\underline{\mu}\rangle$, d. h. er emittiert im Durchschnitt $\overline{N}_\mu$ gleich $|\underline{\mu}|^2 > 0$ Photonen, die man als *Signalphotonen* bezeichnet.

Wenn die erwähnten reinen Zustände $|0\rangle$ und $|\underline{\mu}\rangle$ durch den quantenmechanischen Dichteoperator $\underline{\boldsymbol{\rho}}_{\mathrm{TX}}$ dargestellt werden, erhält man

$$\underline{\boldsymbol{\rho}}_{\mathrm{TX}} = \begin{cases} |0\rangle\langle 0| & \text{für } v_j = 0, \\ |\underline{\mu}\rangle\langle\underline{\mu}| & \text{für } v_j = 1, \end{cases} \quad j \in \{0, 1 \cdots (n-1)\}, \quad k \leq n, k, n \in \mathbb{N}^*. \tag{1.1500}$$

Um das Bild zu vervollständigen, bedeutet der Grundzustand $|0\rangle$, dass der quantenmechanische harmonische Oszillator, also der Laser, keine Photonen emittiert, aber dennoch eine von 0 verschiedene Nullpunktsenergie (engl. „zero-point energy“, ZPE) hat. Diese Nullpunktsenergie (engl. „zero-point energy“, ZPE) kann er nicht emittieren. Diese Nullpunktsenergie (engl. „zero-point energy“, ZPE) kann folglich nicht beobachtet werden [87, S. 145f.], [88, zweite Spalte, S. 749].

Die genannte Nullpunktsenergie (engl. „zero-point energy“, ZPE) ist also *„nicht verfügbar für das Grillen von Steaks“* [88, zweite Spalte, S. 749]. Dennoch ist diese Nullpunktsenergie (engl. „zero-point energy“, ZPE) Teil des quantenmechanischen Strahlungsfeldes, das aus Oszillationen und Oszillatoren besteht.

Der Quantenkanal, der das Strahlungsfeld des thermischen Hintergrundrauschens mit im Mittel $\overline{N}_a$ *Rauschphotonen* umfasst, bewirkt die Störung des gesendeten quantenmechanischen Strahlungsfelds mit dem quantenmechanischen Dichteoperator $\underline{\boldsymbol{\rho}}_{\mathrm{TX}}$ und mit im Mittel $\overline{N}_\mu$ gleich $|\underline{\mu}|^2$ *Signalphotonen*. Am Ausgang des Quantenkanals und somit am Eingang des Quantenempfängers hat das quantenmechanische Strahlungsfeld den quantenmechanischen Dichteoperator [86, Gl. (8.2), S. 363; Gl. (8.8), S. 365]

$$\underline{\boldsymbol{\rho}}_{\mathrm{RX}} = \frac{1}{\pi \overline{N}_a} \begin{cases} \int\limits_{\mathbb{C}} \exp\{-|\underline{a}|^2/\overline{N}_a\} |\underline{a}\rangle\langle\underline{a}| \, \mathrm{d}\underline{a} & \text{für } v_j = 0, \\ \int\limits_{\mathbb{C}} \exp\{-|\underline{a} - \underline{\mu}|^2/\overline{N}_a\} |\underline{a}\rangle\langle\underline{a}| \, \mathrm{d}\underline{a} & \text{für } v_j = 1, \end{cases} \tag{1.1501}$$

$$j \in \{0, 1 \cdots (n-1)\}, \quad k \le n, k, n \in \mathbb{N}^*. \tag{1.1502}$$

Der Quantenempfänger ist ein Photonenzähler, der die Anzahl $\hat{N}$ der empfangenen Photonen misst und dann mit $\hat{N}$ das Log-Likelihood-Verhältnis (engl. „log-likelihood ratio“, LLR)

$$L(\hat{N}) = \ln\left\{L_{\hat{N}}\left(-\frac{\overline{N}_\mu}{(1+\overline{N}_a)\overline{N}_a}\right)\right\} - \frac{\overline{N}_\mu}{1+\overline{N}_a}, \tag{1.1503}$$

ermittelt. In (1.1503) ist $L_{\hat{N}}(\cdot)$ das reguläre *Laguerre-Polynom*, siehe beispielsweise die Bemerkung zur Simulation von kohärenten Zuständen und dem Strahlungsfeld des thermischen Hintergrundrauschens in der Quantenkommunikation [3].

Die Berechnung der Log-Likelihood-Verhältnisse (engl. „log-likelihood ratios“, LLRs) erfolgt nacheinander für alle n Codebits $v_j, j \in \{0, 1 \cdots (n-1)\}, k \le n, k, n \in \mathbb{N}^*$. Diese Log-Likelihood-Verhältnisse (engl. „log-likelihood ratios“, LLRs) bilden den Log-Likelihood-Verhältnisse (engl. „log-likelihood ratios“, LLRs)-Vektor $\boldsymbol{L}$.

Ausgehend vom Log-Likelihood-Verhältnisse (engl. „log-likelihood ratios“, LLRs)-Vektor $\boldsymbol{L}$ bestimmt der klassische Kanaldecodierer die decodierte Nachricht $\hat{\boldsymbol{u}}$.

Abbildung 1.31 veranschaulicht die Simulationsergebnisse der uncodierten Bitfehlerverhältnisse, d. h. ohne jegliche klassische Kanaldecodierung, und der codierten Bitfehlerverhältnisse nach der Decodierung des Faltungscodes mit den oktalen Generatoren 5_8 und 7_8 und mit der Coderate R gleich 1/2 [38, Tabelle 8.2-1, S. 492]. Die mittlere Anzahl $\overline{N}_a \in \{0\,,\ 0{,}01\,,\ 0{,}03\}$ der Rauschphotonen ist der Kurvenparameter.

Die Coderate R gleich 1/2 wird explizit in den präsentierten Simulationsergebnissen berücksichtigt. Denn ein Nachrichtenbit $u_i, i \in \{0, 1 \cdots (k-1)\}, k \in \mathbb{N}^*$, wird durch $1/R$ gleich 2 Codebits dargestellt.

Wenn man beispielsweise $\overline{N}_a$ gleich 0 betrachtet, so wird bei $\overline{N}_\mu$ gleich 2 das uncodierte Bitfehlerverhältnis von ungefähr $7 \cdot 10^{-2}$ erzielt, während das codierte Bitfehlerverhältnis bei dem entsprechenden $\overline{N}_\mu$ gleich 4 ungefähr $5 \cdot 10^{-3}$ beträgt.

Wenn man die Simulationsergebnisse der uncodierten Bitfehlerverhältnisse betrachtet, die in der Bemerkung zur Quantendatendetektion nach [3] enthalten sind, so findet man das uncodierte Bitfehlerverhältnis von ungefähr gleich $2 \cdot 10^{-4}$ bei $\overline{N}_\mu$ gleich 8, während das codierte Bitfehlerverhältnis von ungefähr $2 \cdot 10^{-4}$ gemäß Abbildung 1.31 nur $\overline{N}_\mu$ von ungefähr 5,9 erfordert. Das ist eine Einsparung von im Mittel mehr als zwei Signalphotonen.

Darüber hinaus zeigt Abbildung 1.32 die Simulationsergebnisse der uncodierten Bitfehlerverhältnisse ohne jegliche klassische Kanalcodierung und der codierten Bitfehlerverhältnisse nach der Decodierung des Faltungscodes mit den oktalen Generatoren 561_8 und 753_8 und mit der Coderate R gleich 1/2 [38, Tabelle 8.2-1, S. 492]. Die mittlere Anzahl $\overline{N}_\alpha \in \{0\,,\ 0{,}01\,,\ 0{,}03\}$ ist der Kurvenparameter. Wiederum wird die Coderate R gleich 1/2 explizit in den präsentierten Simulationsergebnissen berücksichtigt.

Für $\overline{N}_\alpha$ gleich 0 beispielsweise das uncodierte Bitfehlerverhältnis von ungefähr $7\cdot10^{-2}$ bei $\overline{N}_\mu$ gleich 2, während das codierte Bitfehlerverhältnis beim entsprechenden $\overline{N}_\mu$ gleich 4 weniger als $2\cdot10^{-4}$ beträgt.

Schaut man sich die Simulationsergebnisse der uncodierten Bitfehlerverhältnisse gemäß der Bemerkung zur Quantendatendetektion in [3] an, so wird das uncodierte Bitfehlerverhältnis von ungefähr $2\cdot10^{-4}$ bei $\overline{N}_\mu$ gleich 8 erreicht, während das codierte Bitfehlerverhältnis von ungefähr $2\cdot10^{-4}$ laut Abbildung 1.32 nur $\overline{N}_\mu$ ungefähr gleich 4 erfordert. Dies ist eine Ersparnis von ungefähr vier Signalphotonen im Mittel.

Abschließend diskutieren wir die erreichten Simulationsergebnisse im Lichte der Quantenfehlerkorrektur. Da jedes Photon als die Realisierung eines physikalischen Qubits betrachtet werden kann, das in der Quantenfehlerkorrektur verwendet wird, siehe beispielsweise [84, S. 30], und da bekannt ist, dass die minimale Anzahl physikalischer Qubits in bekannten Quantenfehlerkorrekturcodes 5 beträgt, siehe oben, betrachten wir das erreichbare Bitfehlerverhältnis bei $\overline{N}_\mu$ gleich 5. Im Fall von Abbildung 1.31 wird das entsprechende codierte Bitfehlerverhältnis bei $\overline{N}_\mu$ gleich 5 nicht weit unter 10^{-3} fallen. Das bedeutet, dass die Quantenfehlerkorrektur einen klaren Vorteil zeigt. Wird jedoch der Faltungscode mit Coderate R gleich 1/2 und den Generatoren in Oktal 561_8 und 753_8 betrachtet, kann das codierte Bitfehlerverhältnis bei $\overline{N}_\mu$ gleich 5 unter 10^{-4} fallen. Dies ist im Vergleich zur Quantenfehlerkorrektur nicht wirklich unattraktiv.

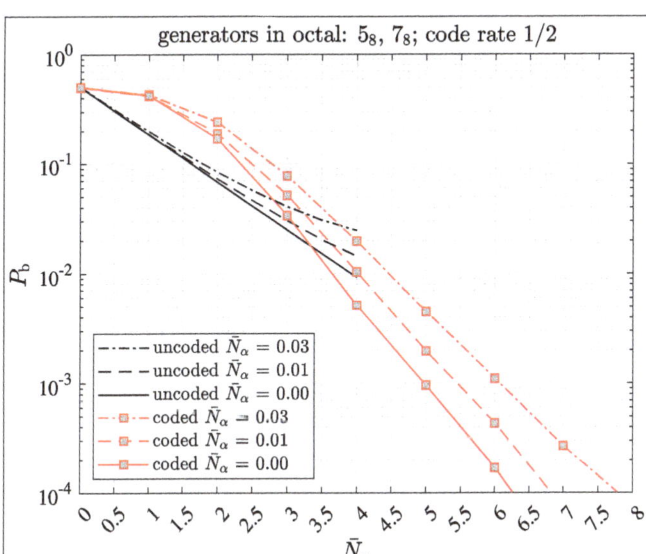

Abb. 1.31: Simulationsergebnisse der uncodierten Bitfehlerverhältnisse ohne irgendeine klassische Kanaldecodierung und der codierten Bitfehlerverhältnisse am Ausgang der Decodierung des Faltungscodes mit den oktalen Generatoren 5_8 und 7_8 und mit der Coderate R gleich 1/2; die mittlere Anzahl $\overline{N}_\alpha \in \{0\,,\ 0{,}01\,,\ 0{,}03\}$ ist der Kurvenparameter.

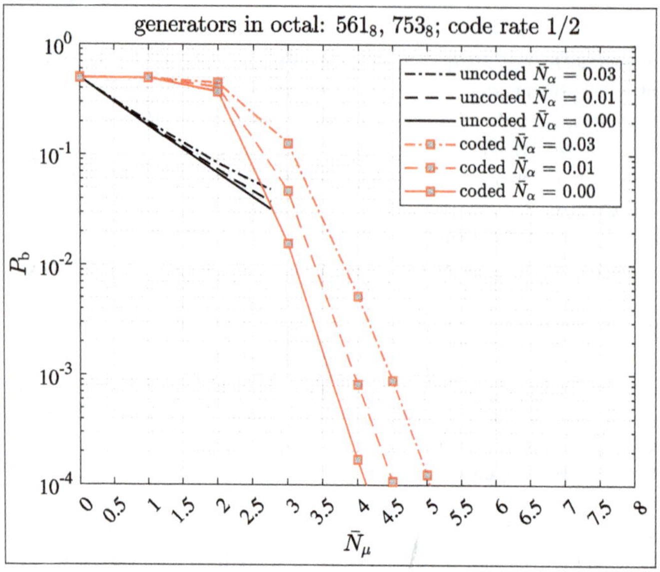

Abb. 1.32: Simulationsergebnisse der uncodierten Bitfehlerverhältnisse ohne irgendeine klassische Kanaldecodierung und der codierten Bitfehlerverhältnisse am Ausgang der Decodierung des Faltungscodes mit den oktalen Generatoren 561_8 und 753_8 und mit der Coderate R gleich 1/2; die mittlere Anzahl $\overline{N}_a \in \{0\,,\,0{,}01\,,\,0{,}03\}$ ist der Kurvenparameter.

2 Turbo-Faltungscode

2.1 Aufstieg und Fall

Turbo-Faltungscodes wurden erstmals von *Berrou*, *Glavieux* und *Thitimajshima* im Jahr 1993 auf der *International Conference on Communications (ICC'93)* vorgeschlagen, die im Mai 1993 in Genf stattfand [81]. In der Tat zeigten Claude *Berrou*, Alain *Glavieux* und Punya *Thitimajshima* einen ersten *Turbo-Faltungscode*, der ein Vertreter einer neuen Codeklasse mit dem Potenzial, sich der Kanalkapazität so nah wie nie zuvor anzunähern, war, ist und bleibt. Wenn man auf das zurückblickt, was vor gut dreißig Jahren geschah, mag die Aussage, Turbo-Faltungscodes nutzten lediglich bereits vorher Vorhandenes, dessen Potenzial bis dahin bedauerlicherweise noch von keinem Informationstheoretiker erkannt worden war, recht emotionslos erscheinen. In der Tat ist diese Kritik am damaligen Stand der Informationstheorie und deren Protagonisten nicht von der Hand zu weisen, denn es war letztlich ein Mikroelektroniker, nämlich Claude Berrou, der der Welt zeigte, was man durch geschicktes Kombinieren von Bekanntem, nämlich

- die parallele Verkettung zweier identischer *Teilcodes* mit einem geeignet gewählten Turbo-Faltungscode-Verschachteler (engl. „vonvolutional turbo code interleaver") und
- die Verwendung eines einzelnen einfachen rekursiven systematischen Faltungscodes (engl. „recursive systematic convolutional (RSC) code") als Teilcode,

erreichen kann.

Es ist die Verwendung der genannten Faltungscodes als Teilcodes, welche der gerade beschriebenen Variante von Turbo-Codes den Namen *Turbo-Faltungscodes* einbringt. Aus der Familie der Turbo-Codes haben sich in modernen Mobilkommunikationssystemen bislang nur Turbo-Faltungscodes als relevant erwiesen. Daher werden andere Varianten von Turbo-Codes in diesem Lehrbuch vernachlässigt.

Abbildung 2.1 zeigt eine Übersicht über die Struktur des Turbo-Faltungscode-Codierers basierend auf [81, Bild 2, S. 1065], siehe auch [89, Bild 2, S. 136]. Wie bereits oben angedeutet, enthält der Turbo-Faltungscode-Codierer einen Turbo-Faltungscode-Verschachteler und zwei rekursive systematische Faltungscodierer (engl. „recursive systematic convolutional (RSC) encoders"), die üblicherweise identisch gewählt werden.

Der in Abbildung 2.1 gezeigte Turbo-Faltungscode hat die Coderate R gleich 1/3. Der *Nachrichtenvektor* $\boldsymbol{u}$ liegt am Eingang des Turbo-Faltungscode-Codierers. Der Turbo-Faltungscode-Codierer erzeugt zwei *Prüfziffernvektoren* $\boldsymbol{v}^{(1)}$ und $\boldsymbol{v}^{(2)}$ und stellt diese beiden Prüfziffernvektoren $\boldsymbol{v}^{(1)}$ und $\boldsymbol{v}^{(2)}$ zusammen mit dem Nachrichtenvektor $\boldsymbol{u}$ an seinem Ausgang bereit. Da das vom Turbo-Faltungscode-Codierer erzeugte Codewort den eingangsseitigen Nachrichtenvektor $\boldsymbol{u}$ vollständig enthält, ist der Turbo-Faltungscode ein systematischer Code.

https://doi.org/10.1515/9783111446080-002

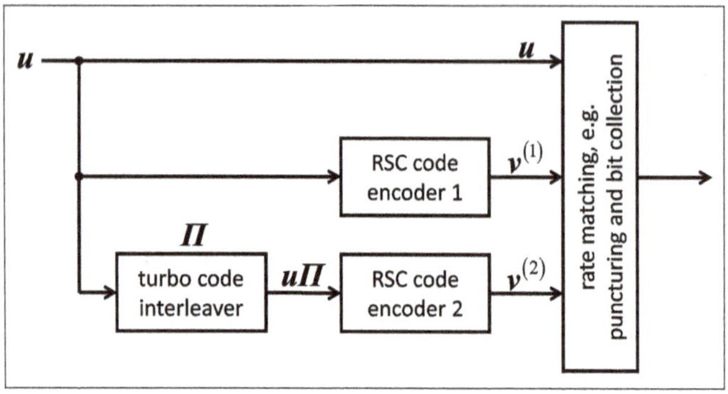

Abb. 2.1: Turbo-Faltungscode-Codierer (angepasst nach [81, Bild 2, S. 1065] und [89, Bild 2, S. 136]).

Am Ausgang des Turbo-Faltungscode-Codierers erfolgt die Ratenanpassung durch das Punktieren und, beziehungsweise oder, das Wiederholen von Bits, die in den drei Vektoren $\boldsymbol{u}$, $\boldsymbol{v}^{(1)}$ und $\boldsymbol{v}^{(2)}$ enthalten sind, sowie die Bitsammlung mit dem Ziel, einen einzelnen Ausgangsvektor zu erzeugen.

Die erwähnte Ratenanpassung erlaubt die Variation der Coderate R. Zum Beispiel führt das abwechselnde Punktieren der Bits in den beiden Prüfziffernvektoren $\boldsymbol{v}^{(1)}$ und $\boldsymbol{v}^{(2)}$, bei dem nur jeweils die Hälfte der Bits von $\boldsymbol{v}^{(1)}$ und $\boldsymbol{v}^{(2)}$ verbleibt, während der Nachrichtenvektor $\boldsymbol{u}$ vollständig erhalten bleibt, zu der Coderate R gleich 1/2, siehe [81, Bild 2, S. 1065].

Neue Codes vorzuschlagen ist möglicherweise nicht so besonders, wie man denken könnte. Allerdings bilden Turbo-Faltungscodes eine Ausnahme. Im Gegensatz zu so gut wie fast jedem anderen Kanalcode haben Turbo-Faltungscodes mindestens zwei auffallende Eigenschaften, die jeder sofort verstehen kann, nämlich:

- einen großartigen Namen, der zumindest „Formel-1-Rennsport für Kommunikationssysteme“ suggeriert; da kann man nicht anders als an Sammy Hagars *„I Can't Drive 55“* aus dem Jahr 1984 denken; dieser Song wird einfach nie alt; Marketing par excellence, Hut ab, Claude, das ist und bleibt genial;
- ein atemberaubend geringes Bitfehlerverhältnis (engl. „bit error ratio“, BER) bei ebenso geringem Signal-Stör-Verhältnis (engl. „signal-to-noise ratio“, SNR), das für die in modernen Mobilkommunikationssystemen zunehmend wichtiger werdende große Dimension k eines Kanalcodes bis dahin noch nicht erreicht worden war.

Abbildung 2.2 zeigt das simulierte, typische Bitfehlerverhältnis (engl. „bit error ratio“, BER) P_b des Turbo-Faltungscodes mit der Coderate 1/2, der von Berrou, Glavieux und Thitimajshima in [81, Bild 5, S. 1069] vorgeschlagen wurde, über dem Signal-Stör-Verhältnis (engl. „signal-to-noise ratio“, SNR) $10 \cdot \log_{10}(E_\mathrm{b}/N_0)$ in dB bei der Übertragung über einen schwundfreien Einwegkanal mit additivem weißem Gauß'chen Rauschen. Wie oben erwähnt, wird die Coderate R gleich 1/2 durch das abwechselnde Punktieren der Bits in den beiden Prüfziffernvektoren $\boldsymbol{v}^{(1)}$ und $\boldsymbol{v}^{(2)}$, bei dem nur die Hälfte der Bits

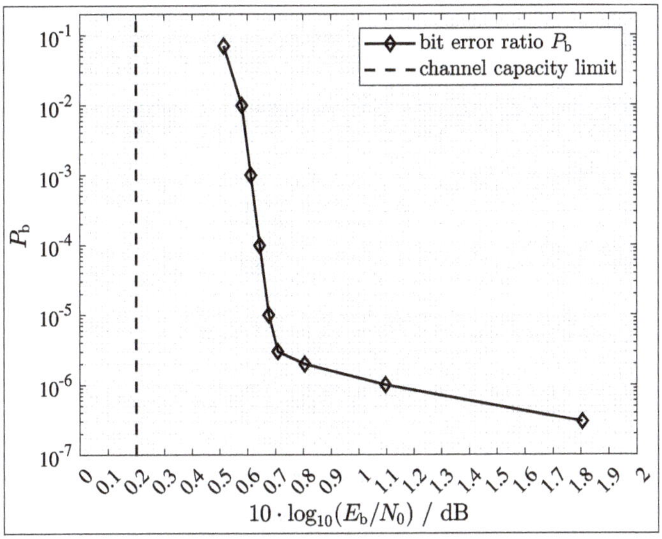

Abb. 2.2: Bitfehlerverhältnis (engl. „bit error ratio“, BER) P_b über dem Signal-Stör-Verhältnis (engl. „signal-to-noise ratio“, SNR) $10 \cdot \log_{10}(E_b/N_0)$ in dB, das mit dem Turbo-Faltungscode mit der Coderate 1/2, der von Berrou, Glavieux und Thitimajshima vorgeschlagen wurde, bei der Übertragung über einen schwundfreien Einwegkanal mit additivem weißem Gauß'schem Rauschen erreichbar ist (angepasst nach [81, Bild 5, S. 1069] und [22, Bild 16.3, S. 771]).

von $\boldsymbol{v}^{(1)}$ und $\boldsymbol{v}^{(2)}$ verbleibt, während die Nachrichtenbits unberührt bleiben, siehe [81, Bild 2, S. 1065], erreicht.

Nach Abbildung 2.2 benötigt der in [81] vorgeschlagene Turbo-Faltungscode nur ein Signal-Stör-Verhältnis (engl. „signal-to-noise ratio“, SNR) $10 \log_{10}(E_b/N_0)$ von etwa 0,7 dB, um das Bitfehlerverhältnis (engl. „bit error ratio“, BER) P_b gleich 10^{-5} zu erreichen. Das benötigte Signal-Stör-Verhältnis (engl. „signal-to-noise ratio“, SNR) ist also nur etwa 0,5 dB größer als dasjenige an der Grenze der Kanalkapazität der binären Phasenumtastung (engl. „binary phase shift keying“, BPSK) [22, S. 771]. Turbo-Faltungscodes zeigen daher das Potenzial, die mit klassischen Kanalcodes wie beispielsweise Faltungscodes erreichbare Übertragungsqualität erheblich zu übertreffen [22, S. 771].

Gérard *Battail* zeigte [41, Bild 5, S. 87f.], dass die mit dem Bitfehlerverhältnis (engl. „bit error ratio“, BER) P_b gemessene Übertragungsqualität, die in Abbildung 2.2 gezeigt wird, typisch für *schwach zufallsähnliche Codes* ist und identifizierte Turbo-Faltungscodes als schwach zufallsähnliche Codes [41, S. 88, 91f.]. Der Grund dafür, dass ein solcher Code „*schwach* zufallsähnlich“ und nicht „*stark* zufallsähnlich“ oder einfach „zufallsähnlich“ genannt wird, liegt darin, dass nur die durchschnittlichen Eigenschaften der Verteilung der Hamming-Gewichte der Codewörter, insbesondere der Mittelwert und die Varianz sowie die durchschnittliche Form der genannten Verteilung, an die eines stark zufallsähnlichen Codes erinnern [41, S. 76]. Im Gegensatz dazu ist bei stark zufallsähnlichen Codes jeder Term der Verteilung der Hamming-Gewichte der Codewörter nahe der Verteilung der Zufallscodierung [41, S. 76]. Das Abflachen der Kurve des Bitfehlerverhältnisses (engl. „bit error ratio“, BER) P_b ab dem Wert 0,7 dB des Signal-Stör-Verhältnisses (engl. „signal-to-noise ratio“, SNR) $10 \cdot \log_{10}(E_b/N_0)$ ist auf die eher geringe *„freie Distanz“* des verwendeten Turbo-Faltungscodes, d. h. auf die eher geringe Minimaldistanz zurückzuführen [41, Bild 5, S. 87f.].

Ein „zweiter Stich ins Herz“ des einen oder anderen etablierten Informationstheoretikers war, dass es nur drei Mobilfunkingenieure brauchte, nämlich Markus *Naßhan*, Josef *Blanz* und den Autor [90, Bild 4, S. 774], um der Welt zu zeigen, dass Turbo-Faltungscodes die beste Wahl für die moderne Mobilkommunikation waren, beginnend mit dem Mobilkommunikationssystem der dritten Generation *3G/UMTS (Third Generation / Universal Mobile Telecommunications System)* [91, S. 112f.]. Tatsächlich war nach bestem Wissen des Autors [90] die allererste Veröffentlichung, die sich mit Turbo-Faltungscodes in Mobilfunksystemen beschäftigte.

Und, „Herzschmerz Nummer drei“, es waren der Autor und Markus *Naßhan*, die als Erste entdeckten, dass eines der bemerkenswertesten Leistungsmerkmale von Turbo-Faltungscodes die im Vergleich zu klassischen Faltungscodes deutliche Verbesserung des *Blockfehlerverhältnisses* (engl. „block error ratio“, BLER), das auch *„Rahmenfehlerverhältnis“* (engl. „frame error ratio“, FER) genannt wird, siehe beispielsweise [90, Bild 4, S. 774], bei moderaten Werten des Signal-Stör-Verhältnisses (engl. „signal-to-noise ratio“, SNR) ist. Das Blockfehlerverhältnis (engl. „block error ratio“, BLER) ist das Verhältnis der Anzahl der fehlerhaft decodierten Nachrichten zur Gesamtanzahl der übertragenen Nachrichten. Obwohl Battail das Blockfehlerverhältnis (engl. „block error ratio“, BLER) schwach zufallsähnlicher Codes bei niedrigen Werten des Signal-Stör-Verhältnisses (engl. „signal-to-noise ratio“, SNR) als „schlecht“ bezeichnet [41, S. 76, 92], zeigt sich, dass bei moderaten und hohen Werten des Signal-Stör-Verhältnisses (engl. „signal-to-noise ratio“, SNR) das erreichbare Blockfehlerverhältnis (engl. „block error ratio“, BLER) durchaus ansprechend gering ist. Seit den frühen 2000er Jahren ist das erzielbare Blockfehlerverhältnis (engl. „block error ratio“, BLER) ein sehr wichtiges Leistungsmerkmal im Mobilkommunikationssystem der dritten Generation 3G/UMTS (Third Generation / Universal Mobile Telecommunications System) sowie im Mobilkommunikationssystem der vierten Generation 4G/LTE (Fourth Generation / Long Term Evolution) und in dessen Weiterentwicklung 4G/LTE-Advanced als auch in neueren modernen Mobilkommunikationssystemen geworden.

Nach Abbildung 2.1 ist der von Berrou, Glavieux und Thitimajshima im Jahr 1993 vorgeschlagene Turbo-Faltungscode [81] ein systematischer Code, d. h. es werden keine Nachrichtenbits punktiert. Nach bestem Wissen des Autors waren der Autor, Jörg *Plechinger*, Markus *Doetsch* und Friedbert Manfred *Berens* die Ersten, die

- *ratenkompatible punktierte Turbo-Faltungscodes* (engl. „rate compatible punctured turbo codes“, RCPTC) [89, Bild 2, S. 136, 138f.], die für die Verbindungsanpassung (engl. „link adaptation“) erforderlich sind [89, Bild 1, S. 135–137], vorschlugen und darüber hinaus

- zeigten, dass das Punktieren einiger Nachrichtenbits Leistungsgewinne bringt, obwohl der resultierende Turbo-Faltungscode nicht mehr systematisch ist. Diese Art des Punktierens wird in [89, S. 140f.] als *„UKL Punktierung"* bezeichnet.

UKL steht für Universität Kaiserslautern, an der die vier Autoren von [89] damals gemeinsam forschten.

Konzepte zur Verbindungsanpassung (engl. „link adaptation"), die bereits in [89] diskutiert wurden, sind in Standards für moderne Mobilkommunikationssystems eingeflossen. Da solche modernen Mobilkommunikationssysteme wie das Mobilkommunikationssystem der dritten Generation 3G/UMTS (Third Generation / Universal Mobile Telecommunications System) sowie das Mobilkommunikationssystem der vierten Generation 4G/LTE (Fourth Generation / Long Term Evolution) und dessen Weiterentwicklung 4G/LTE-Advanced Verfahren zur hybriden automatischen Wiederholungsanforderung (engl. „hybrid automatic repeat request", HARQ) verwenden, sind erneute Übertragungen mit teilweise punktierten systematischen Informationen seit langem Teil dieser Standards [92, Bild 8.15; Bild 8.16: Bild 9.3; Bild 9.23; S. 83, 85f., 139–142, 169, 172, 200].

Nachdem Turbo-Faltungscodes für fast drei Jahrzehnte „en vogue" und ein gefeiertes Asset des Mobilkommunikationssystems der dritten Generation 3G/UMTS (Third Generation / Universal Mobile Telecommunications System) [91, S. 112f.] sowie des Mobilkommunikationssystems der vierten Generation 4G/LTE (Fourth Generation / Long Term Evolution) und von dessen Weiterentwicklung 4G/LTE-Advanced [93, S. 61f., 145], [92, Bild 8.15; Bild 8.16: Bild 9.3; Bild 9.23; S. 83, 85f., 139–142, 169, 172, 200] waren und bleiben, „hörten" sich Turbo-Faltungscodes zunehmend wie die abgenutzte Aufnahme eines Lieblingslieds an, und schließlich schwand die sie betreffende Gunst derjenigen Standardisierungsdelegierten, welche das Mobilkommunikationssystem der fünften Generation 5G/NR (Fifth Generation / New Radio) konzipierten. Die Turbo-Faltungscodes wurden durch *„Low Density Parity Check (LDPC) Codes"* [94, S. 41, 102, 134–140, 402] [95, S. 66, 156–160] ersetzt, weil man in der Weiterentwicklung der Turbo-Faltungscodes nicht mehr ausreichend viel Potenzial sah.

Der allgemein zitierte Grund für diese Entscheidung ist der „hohe Implementierungsaufwand". Der Autor hat erhebliche Bedenken gegen diese Argumentation, da er glaubt, dass stets die erzielbare Systemleistung die Leitlinie für die Auswahl von Komponenten sein sollte. Wenn der Implementierungsaufwand von Turbo-Faltungscodes ein derartiges Problem ist, dann sollte man als Erstes die Nutzung mehrerer Antennen überdenken. Wenn man bedenkt, dass die meisten mobilen Teilnehmerendgeräte (engl. „user equipment", UE) und wahrscheinlich fast alle Basisstationen (engl. „base stations" beziehungsweise „nodeB" oder „eNB") Multistandardgeräte sind, müssen nun zwei verschiedene, inkompatible und in etwa gleich aufwändige Kanalcodierungsverfahren, nämlich Turbo-Faltungscodes und LDPC-Codes, gleichzeitig sowohl in mobilen Teilnehmerendgeräten (engl. „user equipment", UE) als auch in Basisstationen (engl. „base stations" beziehungsweise „nodeB" oder „eNB") implementiert werden. Insbesondere der Implementierungsaufwand von hochintegrierten Modemschaltungen beispielsweise für Smartphones muss in diesem Zusammenhang sorgfältig betrachtet werden. Allein schon deshalb hätte die Weiterentwicklung des Turbo-Faltungscodes, der im Mobilkommunikationssystem der dritten Generation 3G/UMTS (Third Generation / Universal Mobile Telecommunications System) sowie im Mobilkommunikationssystem der vierten Generation 4G/LTE (Fourth Generation / Long Term Evolution) und in dessen Weiterentwicklung 4G/LTE-Advanced verwendet wird, für Anwendungen im Mobilkommunikationssystem der fünften Generation 5G/NR (Fifth Generation / New Radio) den Vorteil der Rückwärtskompatibilität und somit auch eines insgesamt vertretbaren Implementierungsaufwands geboten. Darüber hinaus wird beispielsweise der Implementierungsaufwand von mobilen Teilnehmerendgeräten (engl. „user equipment", UE) sicherlich nicht durch die hochintegrierten Modemschaltungen dominiert, sondern vielmehr durch Einheiten der Mensch-Maschine-Schnittstelle u. a. durch die berührungsempfindlichen Anzeigen.

Der angegebene Grund für das Verwerfen von Turbo-Faltungscodes scheint daher nicht die ganze Wahrheit zu sein. Vielmehr fühlt sich der Autor an die 3G/UMTS-Standardisierung erinnert, die nie rein technologiegetrieben schien und in einigen Aspekten auch wie „mit heißer Nadel gestrickt" wirkt. Im Gegensatz dazu glaubt der Autor, dass das Mobilkommunikationssystem der zweiten Generation 2G/GSM (Second Generation / Global System for Mobile Communications) sowie das Mobilkommunikationssystem der vierten Generation 4G/LTE (Fourth Generation / Long Term Evolution) und dessen Weiterentwicklung 4G/LTE-Advanced wunderbare Ingenieurleistungen waren. Bedauerlicherweise kann der Autor daher die Vorstellung nicht abschütteln, dass die Qualität von Mobilkommunikationsstandards wie eine antipodale binäre Folge zwischen „gut gemacht" und „gut gemeint" schwankt. Nichtsdestotrotz sind die in Kapitel 3 besprochenen LDPC-Codes sicherlich eine gute Wahl, so wie es Turbo-Faltungscodes waren, als es um das Mobilkommunikationssystem der dritten Generation 3G/UMTS (Third Generation / Universal Mobile Telecommunications System) sowie um das Mobilkommunikationssystem der vierten Generation 4G/LTE (Fourth Generation / Long Term Evolution) und um dessen Weiterentwicklung 4G/LTE-Advanced ging. Da die Bedeutung von Turbo-Faltungscodes allmählich abnimmt, hat der Autor beschlossen, deren Diskussion auf dieses kurze Kapitel zu beschränken.

2.2 Parallele Verkettung von rekursiven systematischen Faltungscodes

Abbildung 2.3 zeigt den Turbo-Faltungscode-Codierer mit der Coderate 1/3, der die Grundlage desjenigen Turbo-Faltungscode-Codierers bildet, welcher von Berrou, Glavieux und Thitimajshima [81, Bild 2, S. 1065] eingesetzt wurde. Der gezeigte Turbo-Faltungscode-Codierer verwendet das aus dem *Minimalpolynom* $M^{(0)}(x)$ aus $\mathbb{F}_{16}$ des Elements 1 gebildete *reduzible Polynom* $(M^{(0)}(x))^4$ aus $\mathbb{F}_{16}$, definiert durch $(\alpha^4 \oplus \alpha \oplus 1)$ gleich 0, als Vorwärtskopplungspolynom und das Minimalpolynom $M^{(3)}(x)$ aus $\mathbb{F}_{16}$ als

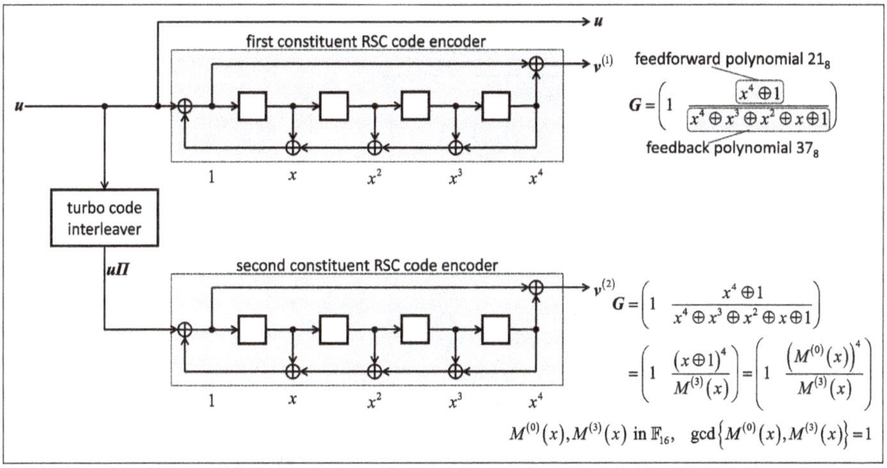

Abb. 2.3: Turbo-Faltungscode-Codierer, wie er von Berrou, Glavieux und Thitimajshima eingesetzt wurde, mit dem reduziblen Polynom $(M^{(0)}(x))^4$ als Vorwärtskopplungspolynom und dem Minimalpolynom $M^{(3)}(x)$ aus $\mathbb{F}_{16}$ als Rückkopplungspolynom; die Einflusslänge (engl. „constraint length“) ν der enthaltenen RSC-Codes beträgt 5; $M^{(0)}(x)$ ist das Minimalpolynom des Elements 1 aus $\mathbb{F}_{16}$ (angepasst nach [81, Bild 2, S. 1065]).

Rückkopplungspolynom. Die Minimalpolynome $M^{(0)}(x)$ aus $\mathbb{F}_{16}$ und $M^{(3)}(x)$ aus $\mathbb{F}_{16}$ sind teilerfremd, d. h. ihr größter gemeinsamer Teiler (ggT) (engl. „greatest common divisor“, gcd) ist gleich 1. Die Wahl des Minimalpolynoms $M^{(3)}(x)$ aus $\mathbb{F}_{16}$ als Rückkopplungspolynom ist, wie bereits bekannt, eine Folge des *Arguments der Zufallscodierung* (engl. „random coding argument“) von [13, Satz 11, S. 22–24].

Jeder enthaltene Teilcode ist derselbe rekursive systematische Faltungscodierer (engl. „recursive systematic convolutional (RSC) encoders“). Im Fall von Abbildung 2.3 hat jeder enthaltene Teilcode die Einflusslänge (engl. „constraint length“) ν gleich 5 und wird daher durch Polynome mit einem Grad, der nicht größer ist als $(\nu - 1)$, d. h. 4 beschrieben. Dies ist die Anzahl der Flip-Flops, die in jedem linearen Schieberegister enthalten sind, das in jedem der enthaltenen Teilcodes verwendet wird. Daher wird $(\nu - 1)$ auch als *Speicherordnung* bezeichnet [22, Definition 11.2, S. 159].

Abbildung 2.4 zeigt den Turbo-Faltungscode-Codierer mit der Coderate 1/3, der von Jung et al. verwendet wurde, siehe beispielsweise [89, Bild 2, S. 136; Bild 4, S.138] und [96, Bild 5.9, S. 139], und der das aus dem Minimalpolynom $M^{(0)}(x)$ des Elements 1 aus $\mathbb{F}_4$, definiert durch $M^{(1)}(\alpha)$ gleich 0, gebildete reduzible Polynom $(M^{(0)}(x))^2$ aus $\mathbb{F}_4$ als Vorwärtskopplungspolynom sowie das Minimalpolynom $M^{(1)}(x)$ aus $\mathbb{F}_4$ als Rückkopplungspolynom einsetzt. Die Minimalpolynome $M^{(0)}(x)$ aus $\mathbb{F}_4$ und $M^{(1)}(x)$ aus $\mathbb{F}_4$ sind teilerfremd, d. h. ihr größter gemeinsamer Teiler (ggT) (engl. „greatest common divisor“, gcd) ist gleich 1. Die Wahl des Minimalpolynoms $M^{(1)}(x)$ aus $\mathbb{F}_4$ als Rückkopplungspolynom ist, wie bereits bekannt, eine Folge des *Arguments der Zufallscodierung* (engl. „random coding argument“) von [13, Satz 11, S. 22–24].

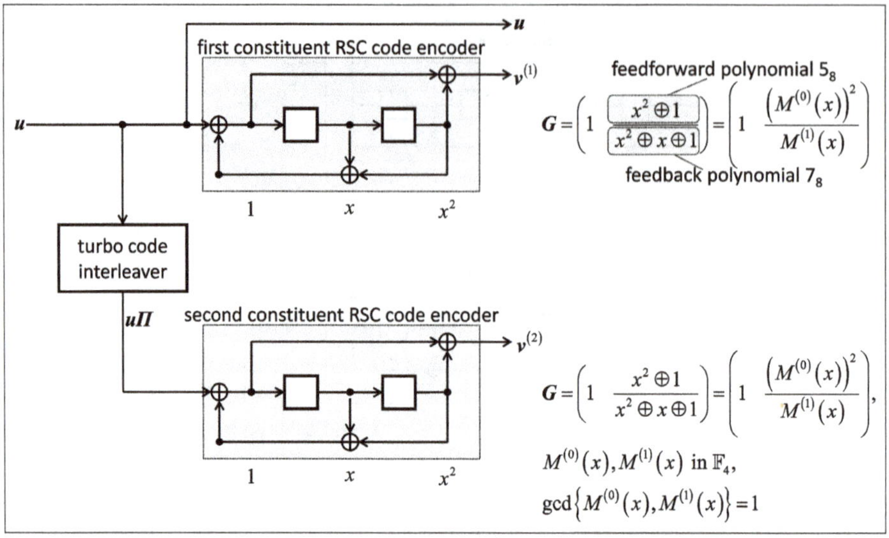

Abb. 2.4: Turbo-Faltungscode-Codierer, wie er von Jung et al. eingesetzt wurde, mit dem reduziblen Polynom $(M^{(0)}(x))^2$ als Vorwärtskopplungspolynom und dem Minimalpolynom $M^{(1)}(x)$ aus $\mathbb{F}_4$ als Rückkopplungspolynom; die Einflusslänge ν der enthaltenen RSC-Codes beträgt 3; $M^{(0)}(x)$ ist das Minimalpolynom des Elements 1 in $\mathbb{F}_4$ (angepasst nach [89, Bild 2, S. 136; Bild 4, S.138]).

Abbildung 2.5 zeigt einen zweiten Turbo-Faltungscode-Codierer mit der Coderate 1/3, der vom Autor [97, S. 86] verwendet wurde und der das aus dem Minimalpolynom $M^{(0)}(x)$ des Elements 1 aus $\mathbb{F}_8$, definiert durch $(\alpha^3 \oplus \alpha \oplus 1)$ gleich 0, gebildete reduzible Polynom $(M^{(0)}(x))^3$ aus $\mathbb{F}_8$ als Vorwärtskopplungspolynom sowie das Minimalpolynom $M^{(3)}(x)$ aus $\mathbb{F}_8$ als Rückkopplungspolynom einsetzt. Die Minimalpolynome $M^{(0)}(x)$ aus $\mathbb{F}_8$ und $M^{(3)}(x)$ aus $\mathbb{F}_8$ sind teilerfremd, d. h. ihr größter gemeinsamer Teiler (ggT) (engl. „greatest common divisor", gcd) ist gleich 1. Die Wahl des Minimalpolynoms $M^{(3)}(x)$ aus $\mathbb{F}_8$ als Rückkopplungspolynom ist, wie bereits bekannt, eine Folge des *Arguments der Zufallscodierung* (engl. „random coding argument") von [13, Satz 11, S. 22–24].

Abbildung 2.6 zeigt den UMTS/LTE Turbo-Faltungscode-Codierer mit Coderate 1/3 [65, Bild 4, S. 23], [80, Bild 5.2.3-2, S. 15]. Dieser verwendet das Minimalpolynom $M^{(1)}(x)$ aus $\mathbb{F}_8$ als Vorwärtskopplungspolynom und das Minimalpolynom $M^{(3)}(x)$ aus $\mathbb{F}_8$ als Rückkopplungspolynom. Wie bereits bekannt, ist das Minimalpolynom $M^{(1)}(x)$ das primitive Polynom von $\mathbb{F}_8$, definiert durch $M^{(1)}(\alpha)$ gleich 0, und das Minimalpolynom $M^{(3)}(x)$ aus $\mathbb{F}_8$ ist das zweite irreduzible Polynom vom Grad 3. Natürlich sind $M^{(1)}(x)$ aus $\mathbb{F}_8$ und $M^{(3)}(x)$ aus $\mathbb{F}_8$ teilerfremd, d. h. ihr größter gemeinsamer Teiler (ggT) (engl. „greatest common divisor", gcd) ist gleich 1. Die Wahl des Minimalpolynoms $M^{(3)}(x)$ aus $\mathbb{F}_8$ als Rückkopplungspolynom ist eine Folge des *Arguments der Zufallscodierung* (engl. „random coding argument") [13, Satz 11, S. 22–24]. Abbildung 2.6a) veranschaulicht den regulären Betrieb, während Abbildung 2.6b) den Trellisterminierungsbetrieb zeigt.

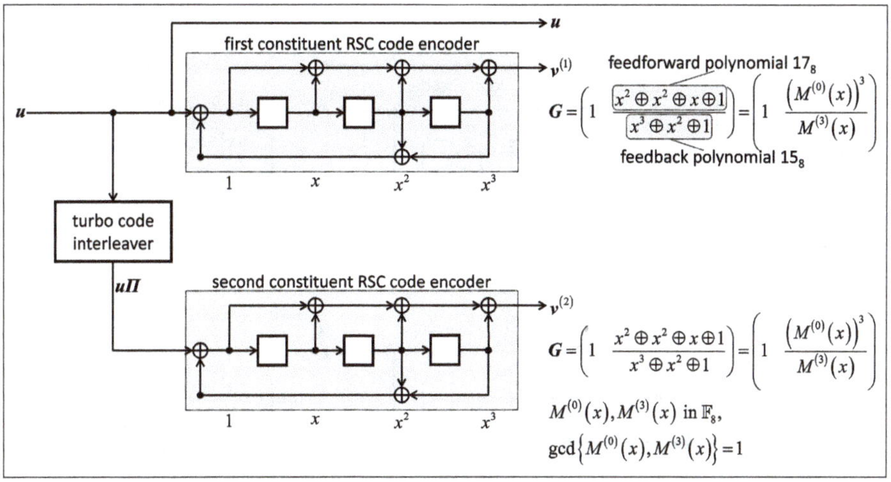

Abb. 2.5: Turbo-Faltungscode-Codierer, wie er vom Autor eingesetzt wurde [97, S. 86], mit dem reduziblen Polynom $(M^{(0)}(x))^3$ als Vorwärtskopplungspolynom und dem Minimalpolynom $M^{(3)}(x)$ aus $\mathbb{F}_8$ als Rückkopplungspolynom; die Einflusslänge ν der enthaltenen RSC-Codes beträgt 4; $M^{(0)}(x)$ ist das Minimalpolynom des Elements 1 in $\mathbb{F}_8$.

Im Fall von konventionellen Faltungscodes nutzt die Kanaldecodierung normalerweise das Trellis des Faltungscodes aus. Da moderne Mobilkommunikationssysteme Nachrichten endlicher Länge übertragen, sind darüber hinaus die Kenntnis des Anfangszustands und des Endzustands wichtig. Die Kanaldecodierung funktioniert nämlich am besten, wenn dem Kanaldecodierer sowohl der Anfangszustand als auch der Endzustand bekannt sind. Im Fall des Anfangszustands ist dies einfach zu erreichen, indem man sich auf einen bestimmten Zustand einigt, von dem das lineare Schieberegister ausgehen soll. Üblicherweise ist dies der Zustand $\mathfrak{s}_0$ mit der Nummer 0.

Im Fall von konventionellen Faltungscodes mit nichtsystematischen Codierern, die nur Vorwärtskopplungsarchitekturen verwenden, kann ein gewünschter Endzustand leicht erreicht werden, indem jede Nachricht mit $(\nu - 1)$ Tailbits ergänzt wird, von denen jedes üblicherweise auf 0 gesetzt wird. Dies ergibt den Endzustand $\mathfrak{s}_{k+\nu-1}$ mit der Nummer 0.

Im Fall von rekursiven systematischen Faltungscodes (engl. „recursive systematic convolutional (RSC) codes“) hängt die Wahl derjenigen Tailbits, welche zum Erreichen des Endzustands $\mathfrak{s}_{k+\nu-1}$ mit der Nummer 0 benötigt werden, allerdings von demjenigen Zustand ab, welcher am Ende der Nachricht vorliegt. Insbesondere hinsichtlich des zweiten in einem Turbo-Faltungscode enthaltenen Teilcode ist es eine beachtliche Aufgabe, diese Tailbits auszuwählen und sie nach ihrer Wahl dem Nachrichtenvektor einzufügen. Die 3GPP-Delegierten kamen jedoch auf eine geniale Lösung für dieses Problem, die zum Einbau von zwei zusätzlichen Schaltern im Turbo-Faltungscode-Codierer führte, siehe Abbildung 2.6.

a)

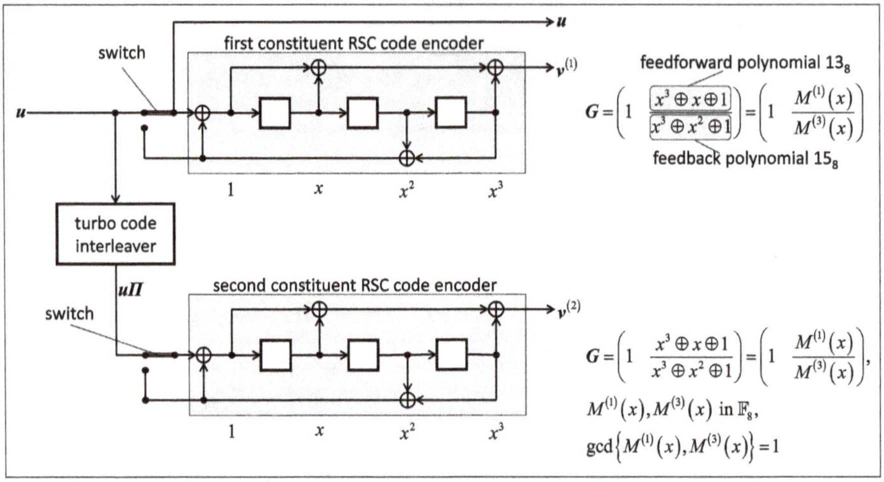

b)

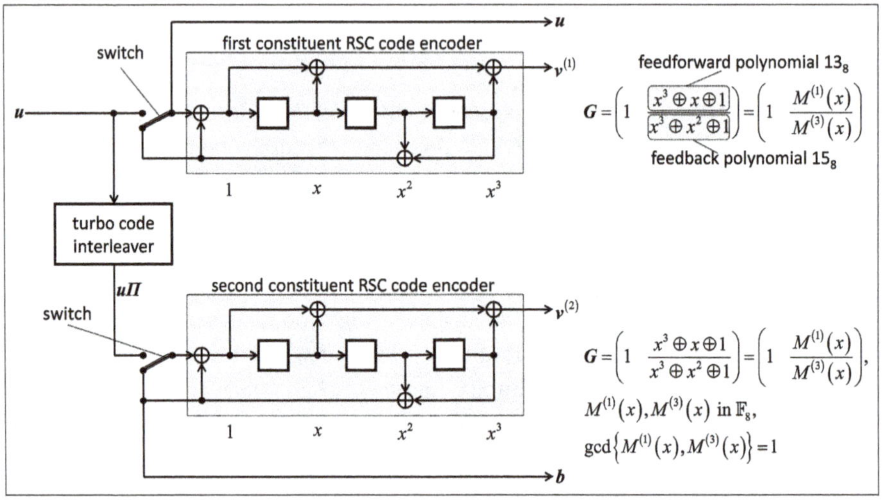

Abb. 2.6: UMTS/LTE Turbo-Faltungscode-Codierer mit dem Minimalpolynom $M^{(1)}(x)$ aus $\mathbb{F}_8$ als Vorwärtskopplungspolynom und dem Minimalpolynom $M^{(3)}(x)$ aus $\mathbb{F}_8$ als Rückkopplungspolynom (angepasst nach [65, Bild 4, S. 23] und [80, Bild 5.2.3-2, S. 15]); die Einflusslänge ν der enthaltenen RSC-Codes beträgt 4; a) regulärer Betrieb mit beiden Schaltern in der Position „oben"; b) Trellisterminierungsbetrieb mit beiden Schaltern in der Position „unten".

Die Kanalcodierung funktioniert folgendermaßen. Zuerst werden die Anfangszustände beider Teilcodecodierer initialisiert. Danach sind die Anfangszustände $\mathfrak{s}_0$ mit der Nummer 0 festgelegt. Die Schalter befinden sich in der Position „oben", siehe Abbildung 2.6a). Dann wird die Nachricht codiert. Nach Eingabe des letzten Nachrichtenbits werden die beiden Schalter in die Position „unten" umgelegt und drei weitere Taktzyklen im Trellisterminierungsbetrieb nach Abbildung 2.6b) durchgeführt.

Abbildung 2.7 veranschaulicht den Trellisterminierungsbetrieb des zweiten im UMTS/LTE Turbo-Faltungscode-Codierer enthaltenen Teilcodecodierers [65, Bild 4, S. 23], [80, Bild 5.2.3-2, S. 15].

	1	x	x^2	x^3
regular operation	$a_{k-3} \oplus a_{k-4}$	a_{k-1}	a_{k-2}	a_{k-3}	$a_{k-3} \oplus a_{k-4}$

second constituent RSC code encoder · switch · $v^{(2)}$ · b

	1	x	x^2	x^3	
regular operation	$a_{k-3} \oplus a_{k-4}$	a_{k-1}	a_{k-2}	a_{k-3}	$a_{k-3} \oplus a_{k-4}$
termination operation	$a_{k-2} \oplus a_{k-3}$	0	a_{k-1}	a_{k-2}	$a_{k-2} \oplus a_{k-3}$
	$a_{k-1} \oplus a_{k-2}$	0	0	a_{k-1}	$a_{k-1} \oplus a_{k-2}$
	a_{k-1}	0	0	0	a_{k-1}

state

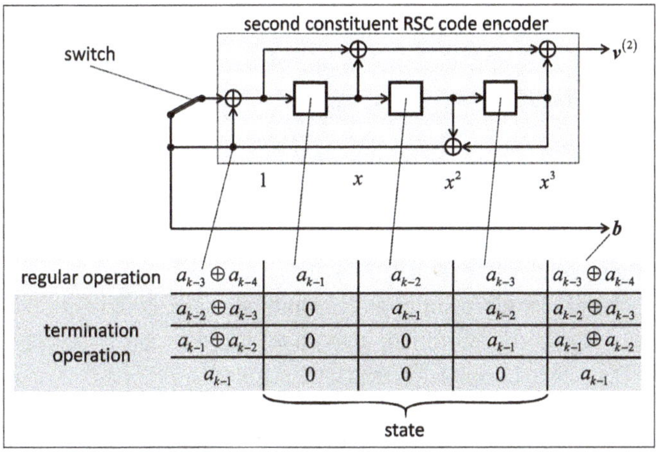

Abb. 2.7: Veranschaulichung des Trellisterminierungsbetriebs des zweiten im UMTS/LTE Turbo-Faltungscode-Codierer enthaltenen Teilcodecodierers, siehe Abbildung 2.6.

Die mit einem Turbo-Faltungscode erzielbare Übertragungsqualität hängt erheblich von der Wahl des Turbo-Faltungscode-Verschachtelers (engl. „convolutional turbo code interleaver") sowohl hinsichtlich der Größe des Turbo-Faltungscode-Verschachtelers, die gleich der Dimension $k \in \mathbb{N}^*$ des Turbo-Faltungscodes ist, als auch hinsichtlich der Struktur des Turbo-Faltungscode-Verschachtelers ab [96, Kapitel 7, S. 193–229], [98, S. 682], [99, S. 1301f.; Bild 5, S. 1303]. Der Turbo-Faltungscode-Verschachteler ist ein integraler Bestandteil des Turbo-Faltungscode.

Im Vergleich zum Einsatz eines Turbo-Faltungscode-Verschachtelers mit einer regulären Struktur bringt die Verwendung eines Turbo-Faltungscode-Verschachtelers mit einer zufällig anmutenden Struktur eine erhebliche Verringerung des bei einem gegebenen Signal-Stör-Verhältnis (engl. „signal-to-noise ratio", SNR) gemessenen Bitfehlerverhältnisses (engl. „bit error ratio", BER), siehe beispielsweise [22, S. 778], [96, Kapitel 7, S. 193–229]. Im Wesentlichen ist es dem Turbo-Faltungscode-Verschachteler geschuldet, dass sehr kleine und einfache rekursive systematische Faltungscodes (engl. „recursive systematic convolutional (RSC) codes") als Teilcodes eines Turbo-Faltungscodes einen langen, zufällig aussehenden und deshalb mächtigen Kanalcode ausmachen.

Wir bezeichnen die Einflusslänge im Folgenden nach wie vor mit $v \in \mathbb{N}^* \setminus \{1\}$. Das Minimalpolynom des Elements 1 des endlichen Körpers $\mathbb{F}_{2^{v-1}}$ ist $M^{(0)}(x)$.

Was den Entwurf guter Turbo-Faltungscodes betrifft, so scheint die Auswahl der als Teilcodes infrage kommenden rekursiven systematischen Faltungscodes (engl. „recursive systematic convolutional (RSC) code“) eine mehr oder weniger gelöste Aufgabe zu sein. Bezüglich des Entwurfs und der Wahl der als Teilcodes in einem Turbo-Faltungscode enthaltenen rekursiven systematischen Faltungscodes (engl. „recursive systematic convolutional (RSC) code“) macht man die folgenden vier Beobachtungen:

1. Das Vorwärtskopplungspolynom und das Rückkopplungspolynom haben denselben Grad $(\nu - 1)$.
2. Das Vorwärtskopplungspolynom und das Rückkopplungspolynom sind teilerfremd, d. h. ihr größter gemeinsamer Teiler (ggT) (engl. „greatest common divisor“, gcd) ist gleich 1.
3. Das Vorwärtskopplungspolynom kann ein irreduzibles Polynom vom Grad $(\nu - 1)$ des endlichen Körpers $\mathbb{F}_{2^{\nu-1}}$, beispielsweise das primitive Minimalpolynom $M^{(1)}(x)$ des endlichen Körpers $\mathbb{F}_{2^{\nu-1}}$, sein, aber es kann auch das reduzible Polynom $(M^{(0)}(x))^{\nu-1}$ sein, siehe beispielsweise [41, Gl. (8), S. 90].
4. Das Rückkopplungspolynom ist ein primitives Polynom oder ein irreduzibles Polynom, beispielsweise das primitive Minimalpolynom $M^{(1)}(x)$ oder das irreduzible Minimalpolynom $M^{(3)}(x)$, siehe beispielsweise [41, Gl. (8), S. 90].

Selbst in Abwesenheit eines Nachrichtenvektors erzeugt der Codierer eines rekursiven systematischen Faltungscodes (engl. „recursive systematic convolutional (RSC) code“), welcher der obigen Liste der Beobachtungen entspricht, eine *Maximalfolge* beziehungsweise *m-Sequenz* [70, S. 43] mit Periode $2^{\nu-1}$, $\nu \in \mathbb{N}^* \setminus \{1\}$, wenn sein Anfangszustand $\mathfrak{s}_0$ nicht der Zustand mit der Nummer 0 ist. Solche m-Sequenzen ähneln zufälligen Folgen von Nullen und Einsen und werden daher auch als *„Pseudorauschfolgen“* (engl. „pseudo noise (PN) sequences“) [10, Definition, S. 406–412] bezeichnet. Man könnte sie auch *Pseudozufallsfolgen* nennen [41, S. 90]. Deshalb nennt Battail den Codierer des genannten rekursiven systematischen Faltungscodes (engl. „recursive systematic convolutional (RSC) code“) einen *Pseudozufallscodierer* (engl. „pseudo-random encoder“) [41, S. 90].

Wahrscheinlich bleibt der Entwurf des Turbo-Faltungscode-Verschachtelers der kreativste Aspekt bei der Generierung eines guten Turbo-Faltungscodes, siehe [22, S. 778], [96, Kapitel 7, S. 193–229]. Die Wahl des richtigen Turbo-Faltungscode-Verschachtelers macht den Entwurf eines Turbo-Faltungscodes mühsam, und es scheint schwer vorherzusagen, ob man den bestmöglichen Turbo-Faltungscode für die gewünschte Anwendung finden kann und wie lange es dauern wird, diesen zu finden.

Aufgrund der sehr speziellen Verteilung der Hamming-Gewichte der Codewörter eines Turbo-Faltungscodes fällt der Kurvenverlauf des Bitfehlerverhältnisses (engl. „bit error ratio“, BER) P_b über dem Signal-Stör-Verhältnis (engl. „signal-to-noise ratio“, SNR),

- bei niedrigen Werten des Signal-Stör-Verhältnisses (engl. „signal-to-noise ratio“, SNR) sehr rasch strikt monoton und
- bei moderaten und hohen Werten des Signal-Stör-Verhältnisses (engl. „signal-to-noise ratio“, SNR) in der Regel deutlich weniger rasch strikt monoton,

siehe Abbildung 2.2 [96, S. 171]. Dieses bei moderaten und hohen Werten des Signal-Stör-Verhältnisses (engl. „signal-to-noise ratio", SNR) beobachtete Abflachen des Kurvenverlaufs des Bitfehlerverhältnisses (engl. „bit error ratio", BER) P_b wird manchmal als „Fehlerteppich" (engl. „error floor") bezeichnet [96, S. 171]. Insbesondere im Hinblick auf die Analyse von Battail [41, Bild 5, S. 87f.] scheint der Ausdruck „Fehlerteppich" (engl. „error floor") jedoch nicht angemessen zu sein.

Ähnlich wie die Fibonacci-Zahlen, siehe Beispiel 1.29, hebt die hier betrachtete Turbo-Codierung ebenfalls die Bedeutung von Primzahlen und Irreduziblen in der Natur hervor. Die Natur scheint sich einfach für Zahlentheorie zu begeistern.

Nota bene, dass sich die in diesem Abschnitt 2.2 betrachteten Turbo-Faltungscodes auf moderne Mobilkommunikationssysteme beziehen. Im Fall der Weltraumkommunikation wurden Turbo-Faltungscodes mit Coderaten, die deutlich unter 1/3 liegen, betrachtet. Solche Turbo-Faltungscodes werden hier jedoch nicht besprochen, da sie für die moderne Mobilkommunikation als nicht relevant gelten.

2.3 Decodierung von Turbo-Faltungscodes

Abbildung 2.8 zeigt das Blockdiagramm eines Empfängers mit Empfangsantennendiversität mit $K_\mathrm{R} \in \mathbb{N}^*$ Empfangsantennen, mit K_R signalangepassten Filtern (engl. „matched filters", MFs) und mit Maximalgewinnkombinieren (engl. „maximal ratio combining" beziehungsweise „maximum ratio combining", MRC) [3, Abschnitt 3.9], ei-

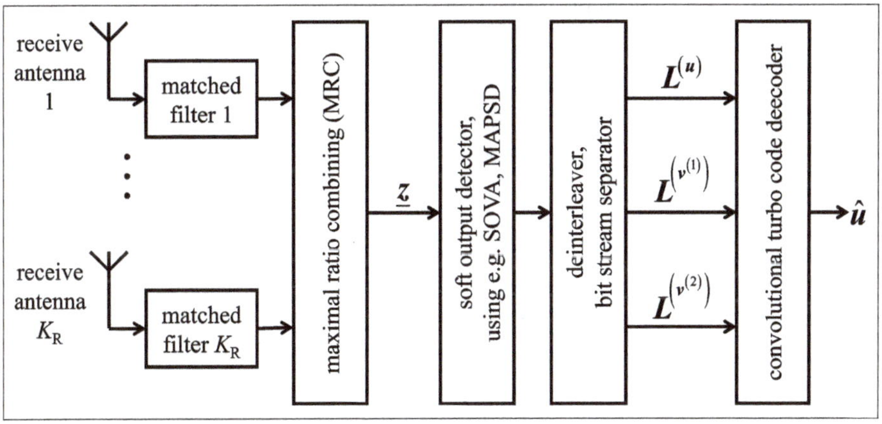

Abb. 2.8: Blockdiagramm eines Empfängers mit Empfangsantennendiversität und Maximalgewinnkombinieren (engl. „maximum ratio combining", MRC) [3, Abschnitt 3.9], einem Datendetektor, der exakte oder approximierte Log-Likelihood-Verhältnisse (LLRs) ausgibt und deshalb „Soft Output"-Datendetektor genannt wird [3, Abschnitt 3.9], und einem Turbo-Faltungscode-Decodierer.

nem Soft-Output-Detektor, der beispielsweise auf dem *Soft-Output-Viterbi-Algorithmus (SOVA)* basiert, siehe beispielsweise [3, Abschnitt 3.9.12–3.9.14], oder der ein *Maximum a-posteriori Symboldetektor (MAPSD)* ist, siehe beispielsweise [3, Abschnitt 3.9.15], sowie einem Turbo-Faltungscode-Decodierer.

Um die Auswirkungen von Bündelfehlern (engl. „burst errors") zu mindern und zugleich von Zeitdiversität profitieren zu können, verwendet der Sender einen Verschachteler (engl. „interleaver") zwischen dem Turbo-Faltungscode-Codierer und dem digitalen Modulator, siehe beispielsweise [76, Bild 4.24, S. 184, 186]. Das dadurch bewirkte senderseitige Verschachteln (engl. „interleaving") muss im Empfänger durch einen geeigneten Entschachteler (engl. „deinterleaver"), dessen Eingang an den Ausgang des Soft-Output-Detektors und dessen Ausgänge an die Eingänge des Turbo-Faltungscode-Decodierers angeschlossen sind, rückgängig gemacht werden, siehe beispielsweise [76, S. 187].

Der in Abbildung 2.8 gezeigte Entschachteler (engl. „deinterleaver") erzeugt drei gleich lange Vektoren, nämlich:

– den Vektor der Log-Likelihood-Verhältnisse (engl. „log-likelihood ratios", LLRs)

$$\boldsymbol{L}^{(\boldsymbol{u})} = (L_0^{(\boldsymbol{u})}, L_1^{(\boldsymbol{u})} \cdots L_{k-1}^{(\boldsymbol{u})}, \underbrace{L_k^{(\boldsymbol{u})}, L_{k+1}^{(\boldsymbol{u})}, \cdots L_{k+\nu-2}^{(\boldsymbol{u})}}_{\text{erzeugt durch die Terminierung}}), \quad k, \nu \in \mathbb{N}^*, \tag{2.1}$$

$$\begin{aligned} L_i^{(\boldsymbol{u})} &= \ln\left\{\frac{\mathrm{P}\{u_i = 0 \mid \underline{\boldsymbol{z}}\}}{\mathrm{P}\{u_i = 1 \mid \underline{\boldsymbol{z}}\}}\right\} \\ &= \ln\left\{\frac{\mathrm{p}(\underline{\boldsymbol{z}} \mid u_i = 0)\mathrm{P}\{u_i = 0\}}{\mathrm{p}(\underline{\boldsymbol{z}})} \cdot \frac{\mathrm{p}(\underline{\boldsymbol{z}})}{\mathrm{p}(\underline{\boldsymbol{z}} \mid u_i = 1)\mathrm{P}\{u_i = 1\}}\right\} \\ &= \ln\left\{\frac{\mathrm{p}(\underline{\boldsymbol{z}} \mid u_i = 0)}{\mathrm{p}(\underline{\boldsymbol{z}} \mid u_i = 1)} \frac{\mathrm{P}\{u_i = 0\}}{\mathrm{P}\{u_i = 1\}}\right\} \\ &= \ln\left\{\frac{\mathrm{p}(\underline{\boldsymbol{z}} \mid u_i = 0)}{\mathrm{p}(\underline{\boldsymbol{z}} \mid u_i = 1)}\right\} + \underbrace{\ln\left\{\frac{\mathrm{P}\{u_i = 0\}}{\mathrm{P}\{u_i = 1\}}\right\}}_{=0 \text{ für gleichwahrscheinliche 0 und 1}} \\ &= \ln\left\{\frac{\mathrm{p}(\underline{\boldsymbol{z}} \mid u_i = 0)}{\mathrm{p}(\underline{\boldsymbol{z}} \mid u_i = 1)}\right\}, \quad i \in \{0, 1 \cdots (k-1), k \cdots (k+\nu-2)\}, \quad k, \nu \in \mathbb{N}^*, \end{aligned} \tag{2.2}$$

der diejenigen Log-Likelihood-Verhältnisse (engl. „log-likelihood ratios", LLRs) enthält, welche mit der Übertragung und dem Empfang des systematischen Ausgabevektors $\boldsymbol{u}$ des Turbo-Faltungscode-Codierers verbunden sind, siehe die Abbildungen 2.1, 2.3, 2.4 und 2.6,

– den Vektor der Log-Likelihood-Verhältnisse (engl. „log-likelihood ratios", LLRs)

$$\boldsymbol{L}^{(\boldsymbol{v}^{(1)})} = (L_0^{(\boldsymbol{v}^{(1)})}, L_1^{(\boldsymbol{v}^{(1)})} \cdots L_{k-1}^{(\boldsymbol{v}^{(1)})}, \underbrace{L_k^{(\boldsymbol{v}^{(1)})}, L_{k+1}^{(\boldsymbol{v}^{(1)})}, \cdots L_{k+\nu-2}^{(\boldsymbol{v}^{(1)})}}_{\text{erzeugt durch die Terminierung}}), \quad k, \nu \in \mathbb{N}^*, \tag{2.3}$$

$$L_i^{(\boldsymbol{v}^{(1)})} = \ln\left\{\frac{\mathrm{P}\{v_i^{(1)} = 0 \mid \underline{\boldsymbol{z}}\}}{\mathrm{P}\{v_i^{(1)} = 1 \mid \underline{\boldsymbol{z}}\}}\right\}$$

$$= \ln\left\{\frac{\mathrm{p}(\underline{\mathbf{z}} \mid v_i^{(1)} = 0)}{\mathrm{p}(\underline{\mathbf{z}} \mid v_i^{(1)} = 1)}\right\} + \underbrace{\ln\left\{\frac{\mathrm{P}\{v_i^{(1)} = 0\}}{\mathrm{P}\{v_i^{(1)} = 1\}}\right\}}_{=0 \text{ für gleichwahrscheinliche 0 und 1}}$$

$$= \ln\left\{\frac{\mathrm{p}(\underline{\mathbf{z}} \mid v_i^{(1)} = 0)}{\mathrm{p}(\underline{\mathbf{z}} \mid v_i^{(1)} = 1)}\right\}, \quad i \in \{0, 1 \cdots (k-1), k \cdots (k+\nu-2)\}, \quad k, \nu \in \mathbb{N}^*, \tag{2.4}$$

der diejenigen Log-Likelihood-Verhältnisse (engl. „log-likelihood ratios“, LLRs) enthält, welche mit der Übertragung und dem Empfang des ersten Paritätsprüfvektors $\boldsymbol{v}^{(1)}$ des Turbo-Faltungscode-Codierers verbunden sind, siehe die Abbildungen 2.1, 2.3, 2.4 und 2.6, und

– den Vektor der Log-Likelihood-Verhältnisse (engl. „log-likelihood ratios“, LLRs)

$$\boldsymbol{L}^{(\boldsymbol{v}^{(2)})} = (L_0^{(\boldsymbol{v}^{(2)})}, L_1^{(\boldsymbol{v}^{(2)})} \cdots L_{k-1}^{(\boldsymbol{v}^{(2)})}, \underbrace{L_k^{(\boldsymbol{v}^{(2)})}, L_{k+1}^{(\boldsymbol{v}^{(2)})}, \cdots L_{k+\nu-2}^{(\boldsymbol{v}^{(2)})}}_{\text{erzeugt durch die Terminierung}}), \quad k, \nu \in \mathbb{N}^*, \tag{2.5}$$

$$L_i^{(\boldsymbol{v}^{(2)})} = \ln\left\{\frac{\mathrm{P}\{v_i^{(2)} = 0 \mid \underline{\mathbf{z}}\}}{\mathrm{P}\{v_i^{(2)} = 1 \mid \underline{\mathbf{z}}\}}\right\}$$

$$= \ln\left\{\frac{\mathrm{p}(\underline{\mathbf{z}} \mid v_i^{(2)} = 0)}{\mathrm{p}(\underline{\mathbf{z}} \mid v_i^{(2)} = 1)}\right\} + \underbrace{\ln\left\{\frac{\mathrm{P}\{v_i^{(2)} = 0\}}{\mathrm{P}\{v_i^{(2)} = 1\}}\right\}}_{=0 \text{ für gleichwahrscheinliche 0 und 1}}$$

$$= \ln\left\{\frac{\mathrm{p}(\underline{\mathbf{z}} \mid v_i^{(2)} = 0)}{\mathrm{p}(\underline{\mathbf{z}} \mid v_i^{(2)} = 1)}\right\}, \quad i \in \{0, 1 \cdots (k-1), k \cdots (k+\nu-2)\}, \quad k, \nu \in \mathbb{N}^*, \tag{2.6}$$

der diejenigen Log-Likelihood-Verhältnisse (engl. „log-likelihood ratios“, LLRs) enthält, welche mit der Übertragung und dem Empfang des zweiten Paritätsprüfvektors $\boldsymbol{v}^{(2)}$ des Turbo-Faltungscode-Codierers verbunden sind, siehe die Abbildungen 2.1, 2.3, 2.4 und 2.6.

Man erhält unmittelbar

$$\mathrm{p}(\underline{\mathbf{z}} \mid u_i = 0) = \frac{\exp\{L_i^{(\boldsymbol{u})}\}}{\exp\{L_i^{(\boldsymbol{u})}\} + 1}, \quad \mathrm{p}(\underline{\mathbf{z}} \mid u_i = 1) = \frac{1}{\exp\{L_i^{(\boldsymbol{u})}\} + 1} \tag{2.7}$$

und somit

$$\mathrm{p}(\underline{\mathbf{z}} \mid u_i) = \frac{\exp\{(1 \oplus u_i) \cdot L_i^{(\boldsymbol{u})}\}}{\exp\{L_i^{(\boldsymbol{u})}\} + 1}, \quad i \in \{0, 1 \cdots (k-1), k \cdots (k+\nu-2)\}, \quad k, \nu \in \mathbb{N}^*, \tag{2.8}$$

$$\mathrm{p}(\underline{\mathbf{z}} \mid v_i^{(1)}) = \frac{\exp\{(1 \oplus v_i^{(1)}) \cdot L_i^{(\boldsymbol{v}^{(1)})}\}}{\exp\{L_i^{(\boldsymbol{v}^{(1)})}\} + 1}, \quad i \in \{0, 1 \cdots (k-1), k \cdots (k+\nu-2)\}, \quad k, \nu \in \mathbb{N}^*, \tag{2.9}$$

$$p(\underline{z}\,|\,v_i^{(2)}) = \frac{\exp\{(1 \oplus v_i^{(2)}) \cdot L_i^{(v^{(2)})}\}}{\exp\{L_i^{(v^{(2)})}\} + 1}, \qquad i \in \{0, 1 \cdots (k-1), k \cdots (k+\nu-2)\}, \qquad k, \nu \in \mathbb{N}^*. \tag{2.10}$$

Diejenige suboptimale iterative Decodierung, welche individuelle SISO (engl. „soft input soft output")-Decodierer für jeden der als Teilcodes enthaltenen rekursiven systematischen Faltungscodes (engl. „recursive systematic convolutional (RSC) codes") in iterativer Weise verwendet, ist aufwandsgünstig zu realisieren und erzielt bei einem gegebenen Signal-Stör-Verhältnis (engl. „signal-to-noise ratio", SNR) in der Regel ein erfreulich geringes Bitfehlerverhältnis (engl. „bit error ratio", BER) [96, S. 157]. Die entsprechende generische Struktur eines Turbo-Faltungscode-Decodierers ist in Abbildung 2.9 dargestellt [22, Bild 16.6, S. 780], [89, Bild 3, S. 137], [100, Bild 2, S. 532]. Der Turbo-Faltungscode Decodierer implementiert eine suboptimale iterative Decodierungsstrategie, indem er

- einen ersten Teilcode-Decodierer (engl. „constituent decoder") für das Decodieren des ersten rekursiven systematischen Faltungscodes (engl. „recursive systematic convolutional (RSC) code"),
- einen zweiten Teilcode-Decodierer (engl. „constituent decoder") für das Decodieren des zweiten rekursiven systematischen Faltungscodes (engl. „recursive systematic convolutional (RSC) code"),
- zwei Turbo-Faltungscode-Verschachteler, die jeweils dieselbe Permutationsmatrix **Π** verwenden,

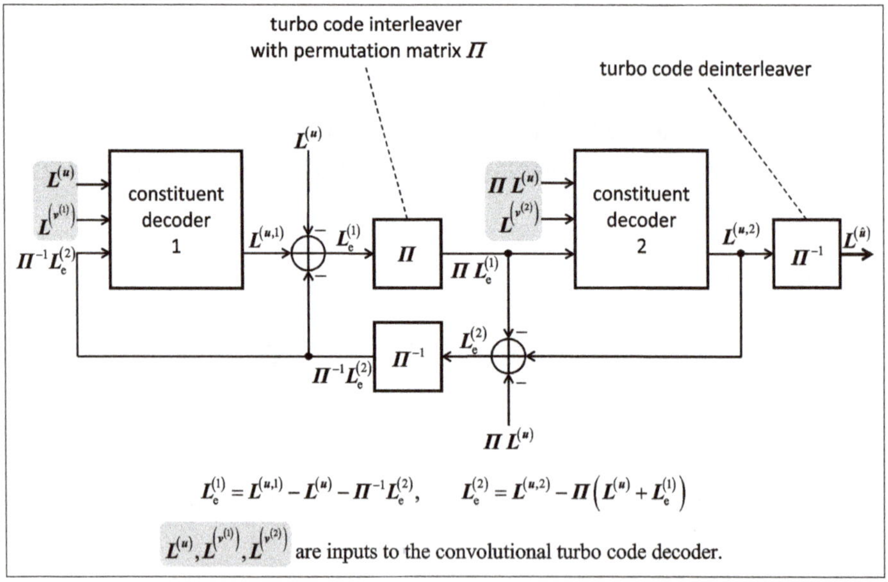

Abb. 2.9: Prinzipieller Aufbau eines Turbo-Faltungscode-Decodierers (angepasst nach [22, Bild 16.6, S. 780], [89, Bild 3, S. 137] und [100, Bild 2, S. 532]).

- einen Turbo-Faltungscode-Entschachteler, der die invertierte Permutationsmatrix $\boldsymbol{\Pi}^{-1}$ verwendet, und
- zwei Addierer, von denen jeder einen ersten Eingang mit positiver Gewichtung und einen zweiten sowie einen dritten Eingang mit jeweils negativer Gewichtung hat, welche die Differenz des ersten und der weiteren beiden Eingangsvektoren berechnen.

Die drei Vektoren der Log-Likelihood-Verhältnisse (engl. „log-likelihood ratios", LLRs) $\boldsymbol{L}^{(\boldsymbol{u})}$, $\boldsymbol{L}^{(\boldsymbol{v}^{(1)})}$ und $\boldsymbol{L}^{(\boldsymbol{v}^{(2)})}$ sind die Eingänge des Turbo-Faltungscode-Decodierers, siehe Abbildung 2.8.

Die beiden Vektoren der Log-Likelihood-Verhältnisse (engl. „log-likelihood ratios", LLRs) $\boldsymbol{L}^{(\boldsymbol{u})}$ und $\boldsymbol{L}^{(\boldsymbol{v}^{(1)})}$ werden vom ersten Teilcode-Decodierer (engl. „constituent decoder") für das Decodieren des ersten rekursiven systematischen Faltungscodes (engl. „recursive systematic convolutional (RSC) code") verarbeitet. $\boldsymbol{L}^{(\boldsymbol{u})}$ repräsentiert die systematische Information und wird daher als *Vektor der systematischen Log-Likelihood-Verhältnisse* (engl. „log-likelihood ratios", LLRs) bezeichnet. $\boldsymbol{L}^{(\boldsymbol{v}^{(1)})}$ repräsentiert die Paritätsprüfinformation, die dem Codieren mit dem ersten Teilcode des Turbo-Faltungscodes intrinsisch ist, und wird daher als *erster Vektor der intrinsischen Log-Likelihood-Verhältnisse* (engl. „log-likelihood ratios", LLRs) bezeichnet.

Zu Beginn des iterativen Decodierungsprozesses wird der Vektor $\boldsymbol{\Pi}^{-1}\boldsymbol{L}_{\mathrm{e}}^{(2)}$ auf den Nullvektor $\boldsymbol{0}_{k+\nu-1}$, $k, \nu \in \mathbb{N}^*$, initialisiert. Der erste Teilcode-Decodierer (engl. „constituent decoder") für das Decodieren des ersten rekursiven systematischen Faltungscodes (engl. „recursive systematic convolutional (RSC) code") erzeugt den Ausgangsvektor $\boldsymbol{L}^{(\boldsymbol{u},1)}$, der den positiv gewichteten Eingang des linken Addierers darstellt. Der Vektor $\boldsymbol{L}^{(\boldsymbol{u})}$ und der Vektor $\boldsymbol{\Pi}^{-1}\boldsymbol{L}_{\mathrm{e}}^{(2)}$ sind die negativ gewichteten Eingänge desselben Addierers, welcher

$$\boldsymbol{L}_{\mathrm{e}}^{(1)} = \boldsymbol{L}^{(\boldsymbol{u},1)} - \boldsymbol{L}^{(\boldsymbol{u})} - \boldsymbol{\Pi}^{-1}\boldsymbol{L}_{\mathrm{e}}^{(2)} \tag{2.11}$$

berechnet. Nach der Verarbeitung von $\boldsymbol{L}_{\mathrm{e}}^{(1)}$ durch den Turbo-Faltungscode-Verschachteler werden der *verschachtelte systematische Vektor der Log-Likelihood-Verhältnisse* (engl. „log-likelihood ratios", LLRs) $\boldsymbol{\Pi}\boldsymbol{L}^{(\boldsymbol{u})}$, der verschachtelte Vektor $\boldsymbol{\Pi}\boldsymbol{L}_{\mathrm{e}}^{(1)}$ und der *zweite intrinsische Vektor der Log-Likelihood-Verhältnisse* (engl. „log-likelihood ratios", LLRs) $\boldsymbol{L}^{(\boldsymbol{v}^{(2)})}$ vom zweiten Teilcode-Decodierer (engl. „constituent decoder") für das Decodieren des zweiten rekursiven systematischen Faltungscodes (engl. „recursive systematic convolutional (RSC) code") verarbeitet. Der verschachtelte Vektor $\boldsymbol{\Pi}\boldsymbol{L}_{\mathrm{e}}^{(1)}$ repräsentiert die verschachtelte Version derjenigen zusätzlichen Information über den Nachrichtenvektor $\boldsymbol{u}$, welche durch den Decodierungsprozess des ersten Teilcode-Decodierers für das Decodieren des ersten rekursiven systematischen Faltungscodes (engl. „recursive systematic convolutional (RSC) code") erzeugt wurde. Da $\boldsymbol{\Pi}\boldsymbol{L}_{\mathrm{e}}^{(1)}$ nicht mit der Codierung oder der Decodierung des zweiten Teilcode-Decodierers für das Decodieren des zweiten rekursiven systematischen Faltungscodes (engl. „recursive systematic convolutional

(RSC) code“) in Beziehung steht, wird es als der *verschachtelte erste extrinsische Vektor der Log-Likelihood-Verhältnisse* (engl. „log-likelihood ratios“, LLRs) betrachtet. Es ergibt sich

$$\boldsymbol{\Pi}\boldsymbol{L}_{\mathrm{e}}^{(1)} = ([\boldsymbol{\Pi}\boldsymbol{L}_{\mathrm{e}}^{(1)}]_0, [\boldsymbol{\Pi}\boldsymbol{L}_{\mathrm{e}}^{(1)}]_1 \cdots [\boldsymbol{\Pi}\boldsymbol{L}_{\mathrm{e}}^{(1)}]_{k-1} \cdots [\boldsymbol{\Pi}\boldsymbol{L}_{\mathrm{e}}^{(1)}]_{k+\nu-2}), \quad k, \nu \in \mathbb{N}^*. \tag{2.12}$$

Der zweite Teilcode-Decodierer (engl. „constituent decoder“) für das Decodieren des zweiten rekursiven systematischen Faltungscodes (engl. „recursive systematic convolutional (RSC) code“) erzeugt den Ausgangsvektor $\boldsymbol{L}^{(\boldsymbol{u},2)}$, der den positiv gewichteten Eingang des rechten Addierers darstellt. Der verschachtelte systematische Vektor der Log-Likelihood-Verhältnisse (engl. „log-likelihood ratios“, LLRs) $\boldsymbol{\Pi}\boldsymbol{L}^{(\boldsymbol{u})}$ und der verschachtelte erste extrinsische Vektor der Log-Likelihood-Verhältnisse (engl. „log-likelihood ratios“, LLRs) $\boldsymbol{\Pi}\boldsymbol{L}_{\mathrm{e}}^{(1)}$ sind die negativ gewichteten Eingänge desselben Addierers, welcher

$$\boldsymbol{L}_{\mathrm{e}}^{(2)} = \boldsymbol{L}^{(\boldsymbol{u},2)} - \boldsymbol{\Pi}\boldsymbol{L}^{(\boldsymbol{u})} - \boldsymbol{\Pi}\boldsymbol{L}_{\mathrm{e}}^{(1)} \tag{2.13}$$

berechnet. Nach dem Turbo-Faltungscode-Entschachteln erhält man den *entschachtelten zweiten extrinsischen Vektor der Log-Likelihood-Verhältnisse* (engl. „log-likelihood ratios“, LLRs)

$$\boldsymbol{\Pi}^{-1}\boldsymbol{L}_{\mathrm{e}}^{(2)} = ([\boldsymbol{\Pi}^{-1}\boldsymbol{L}_{\mathrm{e}}^{(2)}]_0, [\boldsymbol{\Pi}^{-1}\boldsymbol{L}_{\mathrm{e}}^{(2)}]_1 \cdots [\boldsymbol{\Pi}^{-1}\boldsymbol{L}_{\mathrm{e}}^{(2)}]_{k-1} \cdots [\boldsymbol{\Pi}^{-1}\boldsymbol{L}_{\mathrm{e}}^{(2)}]_{k+\nu-2}), \quad k, \nu \in \mathbb{N}^*, \tag{2.14}$$

mit

$$\mathrm{p}(\mathrm{e}2 \mid u_i) = \frac{\exp\{(1 \oplus u_i) \cdot [\boldsymbol{\Pi}^{-1}\boldsymbol{L}_{\mathrm{e}}^{(2)}]_i\}}{\exp\{[\boldsymbol{\Pi}^{-1}\boldsymbol{L}_{\mathrm{e}}^{(2)}]_i\} + 1}, \quad i \in \{0, 1 \cdots (k-1), k \cdots (k+\nu-2)\}, \quad k, \nu \in \mathbb{N}^*. \tag{2.15}$$

Nach einer bestimmten Anzahl von Decodieriterationen erzeugt der Turbo-Faltungscode-Decodierer den „Soft-Output“-Vektor $\boldsymbol{L}^{(\hat{\boldsymbol{u}})}$ [96, S. 164f.], der an eine nachfolgende Empfangsstufe übergeben wird.

Üblicherweise verwenden die Teilcode-Decodierer (engl. „constituent decoder“) eine Variante derjenigen *Maximum a-posteriori-Symboldetektion*, siehe beispielsweise [3, Abschnitt 3.9.15], welche erstmals im Jahr 1974 von *Bahl*, *Cocke*, *Jelinek* und *Raviv* [101] vorgeschlagen wurde und als BCJR-Algorithmus bekannt ist. Der BCJR-Algorithmus kann auf jeden linearen Code angewendet werden. Der BCJR-Algorithmus ist deshalb hervorragend für die Implementierung in den Decodierern für die Teilcodes eines Turbo-Faltungscodes geeignet [96, S. 138–149, S. 159–163]. Darüber hinaus kann der BCJR-Algorithmus auch im logarithmischen Bereich ausgeführt werden. Dadurch kann der Rechenaufwand erheblich reduziert werden [96, S. 151f.]. Vereinfachte Versionen dieses Kanaldecodierungsalgorithmus existieren ebenfalls, beispielsweise

- der max*-log-MAP-Decodierer und
- der max-log-MAP-Decodierer, der nach bestem Wissen des Autors erstmals von ihm für den Einsatz in Turbo-Faltungscode-Decodierern vorgeschlagen wurde [97], siehe auch [96, S. 149–151].

Betrachtet man den BCJR-Algorithmus, so basiert der erste Teilcode-Decodierer (engl. „constituent decoder") für das Decodieren des ersten rekursiven systematischen Faltungscodes (engl. „recursive systematic convolutional (RSC) code") auf dem *Inkrement der Übergangsmetrik* [3, Abschnitt 3.9.15]

$$\begin{aligned}\gamma(\boldsymbol{s}_i, \boldsymbol{s}_{i+1}) &= \mathrm{p}(\underline{\mathbf{z}} \mid u_i) \cdot \mathrm{p}(\underline{\mathbf{z}} \mid v_i^{(1)}) \cdot \mathrm{p}(\mathrm{e2} \mid u_i) \\ &= \frac{\exp\{(1 \oplus u_i) \cdot L_i^{(\boldsymbol{u})}\}}{\exp\{L_i^{(\boldsymbol{u})}\} + 1} \cdot \frac{\exp\{(1 \oplus v_i^{(1)}) \cdot L_i^{(\boldsymbol{v}^{(1)})}\}}{\exp\{L_i^{(\boldsymbol{v}^{(1)})}\} + 1} \cdot \frac{\exp\{(1 \oplus u_i) \cdot [\boldsymbol{\Pi}^{-1}\boldsymbol{L}_\mathrm{e}^{(2)}]_i\}}{\exp\{[\boldsymbol{\Pi}^{-1}\boldsymbol{L}_\mathrm{e}^{(2)}]_i\} + 1} \\ &= \frac{\exp\{(1 \oplus u_i) \cdot (L_i^{(\boldsymbol{u})} + [\boldsymbol{\Pi}^{-1}\boldsymbol{L}_\mathrm{e}^{(2)}]_i) + (1 \oplus v_i^{(1)}) \cdot L_i^{(\boldsymbol{v}^{(1)})}\}}{(\exp\{L_i^{(\boldsymbol{u})}\} + 1) \cdot (\exp\{[\boldsymbol{\Pi}^{-1}\boldsymbol{L}_\mathrm{e}^{(2)}]_i\} + 1) \cdot (\exp\{L_i^{(\boldsymbol{v}^{(1)})}\} + 1)}, \\ &\quad i \in \{0, 1 \cdots (k-1), k \cdots (k+\nu-2)\}, \quad k, \nu \in \mathbb{N}^*.\end{aligned} \tag{2.16}$$

Es sei

$$[\boldsymbol{\Pi}\boldsymbol{L}^{(\boldsymbol{u})}]_i, \quad i \in \{0, 1 \cdots (k-1), k \cdots (k+\nu-2)\}, \quad k, \nu \in \mathbb{N}^*, \tag{2.17}$$

die i-te, $i \in \{0, 1 \cdots (k-1), k \cdots (k+\nu-2)\}$, $k, \nu \in \mathbb{N}^*$, Komponente von $\boldsymbol{\Pi}\boldsymbol{L}^{(\boldsymbol{u})}$, es sei

$$[\boldsymbol{\Pi}\boldsymbol{L}_\mathrm{e}^{(1)}]_i, \quad i \in \{0, 1 \cdots (k-1), k \cdots (k+\nu-2)\}, \quad k, \nu \in \mathbb{N}^*, \tag{2.18}$$

die i-te, $i \in \{0, 1 \cdots (k-1), k \cdots (k+\nu-2)\}$, $k, \nu \in \mathbb{N}^*$, Komponente von $\boldsymbol{\Pi}\boldsymbol{L}_\mathrm{e}^{(1)}$, und sei

$$[\boldsymbol{\Pi}\boldsymbol{u}]_i, \quad i \in \{0, 1 \cdots (k-1), k \cdots (k+\nu-2)\}, \quad k, \nu \in \mathbb{N}^*, \tag{2.19}$$

die i-te, $i \in \{0, 1 \cdots (k-1), k \cdots (k+\nu-2)\}$, $k, \nu \in \mathbb{N}^*$, Komponente von $\boldsymbol{\Pi}\boldsymbol{u}$, die zu (2.16) gehört. Des Weiteren definieren wir

$$\begin{aligned}\mathrm{p}(\underline{\mathbf{z}} \mid [\boldsymbol{\Pi}\boldsymbol{u}]_i) &= \frac{\exp\{(1 \oplus [\boldsymbol{\Pi}\boldsymbol{u}]_i)[\boldsymbol{\Pi}\boldsymbol{L}^{(\boldsymbol{u})}]_i\}}{\exp\{[\boldsymbol{\Pi}\boldsymbol{L}^{(\boldsymbol{u})}]_i\} + 1}, \\ &\quad i \in \{0, 1 \cdots (k-1), k \cdots (k+\nu-2)\}, \quad k, \nu \in \mathbb{N}^*,\end{aligned} \tag{2.20}$$

$$\begin{aligned}\mathrm{p}(\mathrm{e1} \mid [\boldsymbol{\Pi}\boldsymbol{u}]_i) &= \frac{\exp\{(1 \oplus [\boldsymbol{\Pi}\boldsymbol{u}]_i) \cdot [\boldsymbol{\Pi}\boldsymbol{L}_\mathrm{e}^{(1)}]_i\}}{\exp\{[\boldsymbol{\Pi}\boldsymbol{L}_\mathrm{e}^{(1)}]_i\} + 1}, \\ &\quad i \in \{0, 1 \cdots (k-1), k \cdots (k+\nu-2)\}, \quad k, \nu \in \mathbb{N}^*.\end{aligned} \tag{2.21}$$

Dann basiert der zweite Teilcode-Decodierer (engl. „constituent decoder“) für das Decodieren des zweiten rekursiven systematischen Faltungscodes (engl. „recursive systematic convolutional (RSC) code“) auf dem Inkrement der Übergangsmetrik [3, Abschnitt 3.9.15]

$$\begin{aligned}\gamma(\boldsymbol{s}_i, \boldsymbol{s}_{i+1}) &= \mathrm{p}(\underline{\mathbf{z}} \mid [\boldsymbol{\Pi u}]_i) \cdot \mathrm{p}(\underline{\mathbf{z}} \mid v_i^{(2)}) \cdot \mathrm{p}(\mathrm{e1} \mid [\boldsymbol{\Pi u}]_i) \\ &= \frac{\exp\{(1 \oplus [\boldsymbol{\Pi u}]_i)[\boldsymbol{\Pi L}^{(\boldsymbol{u})}]_i\}}{\exp\{[\boldsymbol{\Pi L}^{(\boldsymbol{u})}]_i\} + 1} \\ &\quad \cdot \frac{\exp\{(1 \oplus v_i^{(2)}) \cdot L_i^{(\boldsymbol{v}^{(2)})}\}}{\exp\{L_i^{(\boldsymbol{v}^{(2)})}\} + 1} \\ &\quad \cdot \frac{\exp\{(1 \oplus [\boldsymbol{\Pi u}]_i) \cdot [\boldsymbol{\Pi L}_{\mathrm{e}}^{(1)}]_i\}}{\exp\{[\boldsymbol{\Pi L}_{\mathrm{e}}^{(1)}]_i\} + 1} \qquad (2.22) \\ &= \frac{\exp\{(1 \oplus [\boldsymbol{\Pi u}]_i) \cdot ([\boldsymbol{\Pi L}^{(\boldsymbol{u})}]_i + [\boldsymbol{\Pi L}_{\mathrm{e}}^{(1)}]_i) + (1 \oplus v_i^{(2)}) \cdot L_i^{(\boldsymbol{v}^{(2)})}\}}{(\exp\{[\boldsymbol{\Pi L}^{(\boldsymbol{u})}]_i\} + 1) \cdot (\exp\{[\boldsymbol{\Pi L}_{\mathrm{e}}^{(1)}]_i\} + 1) \cdot (\exp\{L_i^{(\boldsymbol{v}^{(2)})}\} + 1)}, \qquad (2.23) \\ &\quad i \in \{0, 1 \cdots (k-1), k \cdots (k+\nu-2)\}, \quad k, \nu \in \mathbb{N}^*.\end{aligned}$$

Offensichtlich haben die Inkremente der Übergangsmetrik $\gamma(\boldsymbol{s}_i, \boldsymbol{s}_{i+1})$ im Falle des ersten Teilcode-Decodierers für das Decodieren des ersten rekursiven systematischen Faltungscodes (engl. „recursive systematic convolutional (RSC) code“) und im Falle des zweiten Teilcode-Decodierers für das Decodieren des zweiten rekursiven systematischen Faltungscodes (engl. „recursive systematic convolutional (RSC) code“) die Form eines Inkrements der Übergangsmetrik, die typischerweise in herkömmlichen Diversitätsempfängern mit drei Diversitätszweigen auftritt. Im Gegensatz zu herkömmlichen Diversitätsempfängern werden jedoch die Terme $\mathrm{p}(\mathrm{e2} \mid u_i)$ und $\mathrm{p}(\mathrm{e1} \mid [\boldsymbol{\Pi u}]_i)$, die den dritten „Diversitätszweig“ in den jeweiligen Teilcode-Decodierern darstellen, im Turbo-Faltungscode-Decodierer erzeugt, anstatt real existierende Diversitätszweige zu sein, die dem Turbo-Faltungscode Decodierer Eingaben liefern. Daher sind $\mathrm{p}(\mathrm{e2} \mid u_i)$ und $\mathrm{p}(\mathrm{e1} \mid [\boldsymbol{\Pi u}]_i)$ keine Eingaben für den Turbo-Faltungscode-Decodierer. Die Tatsache, dass der dritte „Diversitätszweig“ während des Decodierungsvorgangs erzeugt wird, erleichtert die iterative Aktualisierung und Verbesserung der enthaltenen Informationen. Die erwähnte Verbesserung kann direkt aus der iterativen Reduktion des Bitfehlerverhältnisses (engl. „bit error ratio“, BER) bei einem gegebenen, niedrigen Signal-Stör-Verhältnis (engl. „signal-to-noise ratio“, SNR) abgelesen werden. Jedoch nimmt die Verbesserung von einer Iteration zur nächsten mit steigender Iterationszahl ab. Typischerweise werden nach der achten Iteration keine wesentlichen Verbesserungen mehr beobachtet.

Die Wahl des Inkrements der Übergangsmetrik $\mathrm{p}(\underline{\mathbf{z}} \mid u_i) \cdot \mathrm{p}(\underline{\mathbf{z}} \mid v_i^{(1)}) \cdot \mathrm{p}(\mathrm{e2} \mid u_i)$ im Falle des ersten Teilcode-Decodierers für das Decodieren des ersten rekursiven systematischen Faltungscodes (engl. „recursive systematic convolutional (RSC) code“) zeigt, dass die jeweiligen Komponenten der entsprechenden Vektoren Log-Likelihood-Verhältnisse (engl. „log-likelihood ratios", LLRs) $\boldsymbol{L}^{(\boldsymbol{u})}$, $\boldsymbol{L}^{(\boldsymbol{v}^{(1)})}$ sowie $\boldsymbol{\Pi}^{-1}\boldsymbol{L}_{\mathrm{e}}^{(2)}$ als unabhängig angenommen werden. Die gleiche Annahme der Unabhängigkeit wird für das Inkrement der Übergangsmetrik $\mathrm{p}(\underline{\mathbf{z}} \mid [\boldsymbol{\Pi u}]_i) \cdot \mathrm{p}(\underline{\mathbf{z}} \mid v_i^{(2)}) \cdot \mathrm{p}(\mathrm{e1} \mid [\boldsymbol{\Pi u}]_i)$ im Falle des zweiten Teilcode-Decodierers für das Decodieren des zweiten rekursiven systematischen Faltungscodes (engl. „recursive systematic convolutional (RSC) code") bezogen auf die jeweiligen Komponenten der entsprechenden Vektoren der Log-Likelihood-Verhältnisse (engl. „log-likelihood ratios", LLRs) $\boldsymbol{\Pi L}^{(\boldsymbol{u})}$, $\boldsymbol{L}^{(\boldsymbol{v}^{(2)})}$ sowie $\boldsymbol{\Pi L}_{\mathrm{e}}^{(1)}$ getroffen.

Die Annahme der Unabhängigkeit ist vermutlich etwas euphemistisch [81, S. 1067]. Es wurde beobachtet, dass der Turbo-Faltungscode-Verschachteler einen erheblichen Einfluss auf die Abhängigkeit der Vektoren der Log-Likelihood-Verhältnisse (engl. „log-likelihood ratios", LLRs) hat [81, S. 1067]. Sowohl die Größe als auch die Struktur des Turbo-Faltungscode-Verschachtelers sind in diesem Zusammenhang relevant. Je größer der Turbo-Faltungscode-Verschachteler ist, desto geringer ist die genannte Abhängigkeit. Es ist vorteilhaft, dass das erreichbare Bitfehlerverhältnis (engl. „bit error ratio", BER) bei einem gegebenen niedrigen Signal-Stör-Verhältnis (engl. „signal-to-noise ratio", SNR) typischerweise mit wachsender Größe des Turbo-Faltungscode-Verschachtelers reduziert wird [96, S. 166–169]. Auch bietet zufälliges Verschachteln eine größere Reduktion des erreichbaren Bitfehlerverhältnisses (engl. „bit error ratio", BER) bei einem gegebenen niedrigen Signal-Stör-Verhältnis (engl. „signal-to-noise ratio", SNR) als regelmäßig strukturiertes Verschachteln [96, S. 193–225].

Weitere Diskussionen zur Turbo-Faltungscode-Decodierung sind beispielsweise in [76, Anhang E, S. 343–368], [3] und [96, Kapitel 6, S. 157–178].

Viele betrachten die Verarbeitung der Log-Likelihood-Verhältnisse (engl. „log-likelihood ratios", LLRs) im Turbo-Faltungscode-Decodierer als den erhellendsten Teil der Turbo-Faltungscodes. Tatsächlich scheint es keinen besseren Prüfstand für die Entwicklung eines soliden „Bauchgefühls" über Zuverlässigkeitsinformationen und den Austausch wechselseitiger Informationen zu geben.

Insbesondere haben die von Stephan *ten Brink* [102] entwickelten *EXIT-Diagramme* (engl. „extrinsic information transfer (EXIT) charts") geholfen, das „LLR-Spiel" etwas besser zu verstehen. EXIT bedeutet soviel wie *Weitergabe von extrinischer Information.* Das hat uns allen geholfen, ein wenig mehr über die Natur der Turbo-Faltungscodes und der iterativen Decodierung zu verstehen.

Mehrere Veröffentlichungen scheinen implizit anzudeuten, dass Turbo-Faltungscodes ein abgeschlossenes Thema sind. Der Autor ist jedoch nicht so sehr von dieser Vorstellung überzeugt. Insbesondere scheint es lohnenswert, tiefer in den *„Ozean der Unabhängigkeit"* einzutauchen.

Bemerkung 2.1 (Laserbasiertes Quantenkommunikationssystem mit klassischer anspruchsvoller Kanalcodierung — UMTS/LTE Turbo-Faltungscode zum Ersten). Wir betrachten erneut das laserbasierte Quantenkommunikationssystem mit Ein-Aus-Tastung (engl. „on-off keying", OOK), das in Abbildung 1.30 und

Bemerkung 1.45 eingeführt wurde. An seinem Eingang ist ein klassischer Kanalcodierer und an seinem Ausgang ein klassischer Kanaldecodierer [85, Bild 11, S. 115], [86, Bild 5.1, S. 184; Bild 8.1, S. 382]. Das Attribut *„klassisch"* bedeutet wieder, dass keine Quantenkanalcodierung zum Einsatz kommt, siehe die Bemerkungen 1.45 und 3.3, sowie die Abbildungen 1.30, 1.31, 1.32, 2.10 und 3.11.

In der vorliegenden Bemerkung 2.1 wird als klassischer Kanalcode der UMTS/LTE Turbo-Faltungscode verwendet. Wir betrachten die Dimension k gleich 6144 und die Coderate R gleich 1/3 [80, Bild 5.2.3-2, S. 15].

Der Turbo-Faltungscode-Decodierer beinhaltet jeweils einen max-log-MAP-Symboldecodierer für jeden der beiden RSC-Codes im Turbo-Faltungscode und gibt das Decodierergebnis nach fünf Decodieriterationen aus. Nach bestem Wissen des Autors geht der Vorschlag, max-log-MAP-Symboldecodierer im Zusammenhang mit der Decodierung von Turbo-Faltungscodes zu verwenden, auf eine Arbeit des Autors aus dem Januar 1995 zurück [97].

Abbildung 2.10 zeigt Simulationsergebnisse sowohl der uncodierten Bitfehlerverhältnisse P_b, d. h. ohne irgendeine Kanaldecodierung, als auch der codierten Bitfehlerverhältnisse P_b, d. h. gemessen am Ausgang des Turbo-Faltungscode-Decodierers bei Verwendung des UMTS/LTE Turbo-Faltungscodes [80, Bild 5.2.3-2, S. 15]. Die mittlere Anzahl $\overline{N}_a \in \{0, 0.01, 0.03\}$ thermischer Rauschphotonen ist der Kurvenparameter. Die Übertragung erfolgt über einen schwundfreien Einwegkanal.

Im Fall der uncodierten Übertragung wird P_b über der mittleren Anzahl $\overline{N}_\mu$ der vom Laser emittierten Signalphotonen je gesendetem Bit aufgetragen.

Im Fall der codierten Übertragung wird P_b über der mittleren Anzahl $\overline{N}_\mu$ der vom Laser emittierten Signalphotonen je Nachrichtenbit $u_i, i \in \{0, 1 \cdots (k-1)\}, k \in \mathbb{N}^*$, das vor der Kanalcodierung vorliegt, nicht aber je Codebit $v_j, j \in \{0, 1 \cdots (n-1)\}, k = Rn = n/3, k, n \in \mathbb{N}^*$, aufgetragen. Dadurch wird die Coderate R gleich 1/3 ausdrücklich in $\overline{N}_\mu$ berücksichtigt, denn die mittlere Anzahl von Signalphotonen je Nachrichtenbit $u_i, i \in \{0, 1 \cdots (k-1)\}, k \in \mathbb{N}^*$, ist um den Faktor der reziproken Coderate $1/R$ größer als die mittlere Anzahl von Signalphotonen je Codebit $v_j, j \in \{0, 1 \cdots (n-1)\}, k = Rn = n/3, k, n \in \mathbb{N}^*$. Dies wurde auch im Rahmen der Bemerkung 1.45 berücksichtigt.

Wenn man beispielsweise $\overline{N}_a$ gleich 0 betrachtet, so wird für $\overline{N}_\mu$ gleich 1 das uncodierte Bitfehlerverhältnis P_b von etwa 0,2 erreicht. Wenn man die Simulationsergebnisse der uncodierten Bitfehlerverhältnisse betrachtet, die in der Bemerkung zur Quantenmessung beispielsweise in [3] angegeben wurden, so sieht man, dass das uncodierte Bitfehlerverhältnis P_b bei $\overline{N}_\mu$ gleich 8 ungefähr gleich $2 \cdot 10^{-4}$ ist. Abbildung 2.10 zeigt, dass das codierte Bitfehlerverhältnis P_b bei $\overline{N}_\mu$ gleich 3 bereits geringer als 10^{-4} ist. Gegenüber der uncodierten Übertragung entspricht dies einer Einsparung von im Mittel rund fünf Signalphotonen.

Lassen Sie uns nun kurz die Quantenfehlerkorrektur betrachten. Da man jedes Photon als die Realisierung eines physischen Qubits betrachten kann, das in der Quantenfehlerkorrektur verwendet wird, siehe beispielsweise [84, S. 30], und da bekannt ist, dass die minimale Anzahl physischer Qubits in bekannten Quantenfehlerkorrektur-Codes 5 beträgt, muss man feststellen, dass Abbildung 2.10 einen klaren Hinweis darauf gibt, dass der eingesetzte Turbo-Faltungscode mit einer Coderate von 1/3 und nicht, wie im Fall der Quantenfehlerkorrektur, von $\leq 1/5$ eine enorme Konkurrenz zur Quantenfehlerkorrektur darstellt.

Bemerkung 2.2 (Laserbasiertes Quantenkommunikationssystem mit klassischer anspruchsvoller Kanalcodierung und Übertragung über Mehrwegekanäle — UMTS/LTE Turbo-Faltungscode zum Zweiten). Wir betrachten erneut das laserbasierte Quantenkommunikationssystem mit Ein-Aus-Tastung (engl. „on-off keying", OOK), siehe Abbildung 1.30 und Bemerkung 1.45. Wieder setzen wir den UMTS/LTE Turbo-Faltungscode ein. Wie bereits in Bemerkung 2.1 wird also keine Quantenkanalcodierung verwendet. Als Parameter werden die Dimension k gleich 304 und die Länge n gleich 924 einschließlich der 12 Tailbits

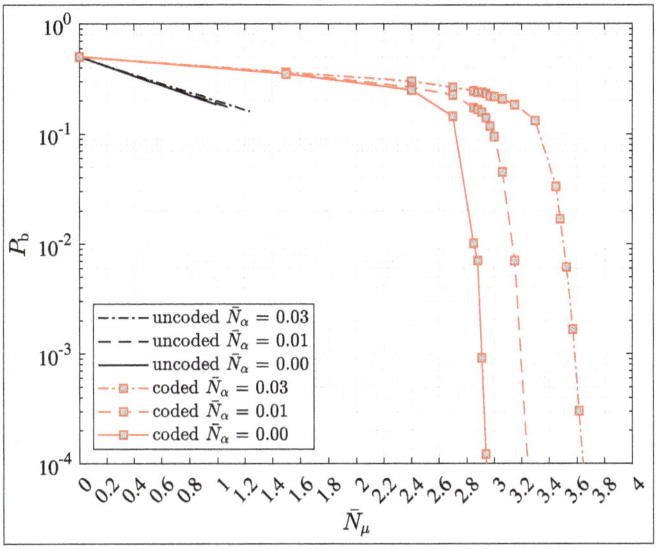

Abb. 2.10: Simulationsergebnisse der uncodierten Bitfehlerverhältnisse P_b ohne Kanaldecodierung und der codierten Bitfehlerverhältnisse P_b, d. h. gemessen am Ausgang des Turbo-Faltungscode-Decodierers bei Verwendung des UMTS/LTE Turbo-Faltungscodes mit der Dimension k gleich 6144 und der Coderate R gleich 1/3 [80, Bild 5.2.3-2, S. 15]; der Turbo-Faltungscode-Decodierer beinhaltet jeweils einen max-log-MAP-Symboldecodierer für jeden der beiden RSC-Codes im Turbo-Faltungscode und gibt das Decodierergebnis nach fünf Decodieriterationen aus; die mittlere Anzahl $\overline{N}_\alpha \in \{0, 0.01, 0.03\}$ thermischer Rauschphotonen ist der Kurvenparameter.

zur Terminierung [80, Abschnitt 5.1.3.2.2, S. 15] gewählt. Die Coderate ist

$$R = \frac{304}{924} \approx 0{,}329. \tag{2.24}$$

Als Maß für die erzielbare Übertragungsqualität betrachten wir das codierte Bitfehlerverhältnis P_b über der mittleren Anzahl gesendeter Signalphotonen $\overline{N}_\mu$ pro Nachrichtenbit. Das besagte codierte Bitfehlerverhältnis P_b wird durch Simulationen der Nachrichtenübertragung im betrachteten laserbasierten Quantenkommunikationssystem bestimmt. Die mittlere Anzahl der thermischen Photonen wird gemäß $\overline{N}_\alpha \in \{0\,,\ 0{,}1\,,\ 0{,}3\,,\ 0{,}5\,,\ 1{,}0\}$ gewählt.

Es werden sechs Varianten der Quantendatendetektion verwendet, nämlich:

- die log-Quanten-Maximum-Likelihood (ML)-Symboldetektion (log-QMLSSD),
- die max*-log-Quanten-Maximum-Likelihood (ML)-Symboldetektion (max*-log-QMLSSD),
- die max-log-Quanten-Maximum-Likelihood (ML)-Symboldetektion (max-log-QMLSSD),
- die Quanten-Maximum-Likelihood (ML)-Folgendetektion mit Log-Likelihood-Verhältnis (engl. „log-likelihood ratio“, LLR)-Erzeugung nach der „BATTAIL RULE (BR)“, kurz *SOVA (Soft Output Viterbi Algorithmus)-Quantenfolgendetektion mit der „BATTAIL RULE (BR)“*,
- die Quanten-Maximum-Likelihood (ML)-Folgendetektion (QMLSD) mit Log-Likelihood-Verhältnis (engl. „log-likelihood ratio“, LLR)-Erzeugung nach der „HUBER RULE (HR)“ kurz *SOVA (Soft Output Viterbi Algorithmus)-Quantenfolgendetektion mit der „HUBER RULE (HR)“*, und

- die Quanten-Maximum-Likelihood (ML)-Folgendetektion (QMLSD) mit Log-Likelihood-Verhältnis (engl. „log-likelihood ratio“, LLR)-Erzeugung nach der „SIMPLE RULE (SR)“, kurz *SOVA (Soft Output Viterbi Algorithmus)-Quantenfolgendetektion mit der „SIMPLE RULE (SR)“*.

Der Turbo-Faltungscode-Decodierer verwendet max-log-MAP-Symboldecodierer für die Decodierung der beiden im UMTS/LTE Turbo-Faltungscode enthaltenen RSC-Codes.

Im Gegensatz zu Bemerkung 2.1 erfolgt die Übertragung vorliegend nicht über einen schwundfreien Einwegkanal, sondern über einen schwundfreien Mehrwegekanal. So zeigt

- Abbildung 2.11 die bei der Übertragung über den schwundfreien Mehrwegekanal mit der Kanalimpulsantwort (engl. „channel impulse response“, CIR) CIR #4 mit W_p gleich 2 Wegen, siehe [3, Tabelle 3.7], erhaltenen Simulationsergebnisse,
- Abbildung 2.12 die bei der Übertragung über den schwundfreien Mehrwegekanal mit der Kanalimpulsantwort (engl. „channel impulse response“, CIR) CIR #5 mit W_p gleich 3 Wegen, siehe [3, Tabelle 3.7], erhaltenen Simulationsergebnisse und
- Abbildung 2.13 die bei der Übertragung über den schwundfreien Mehrwegekanal mit der Kanalimpulsantwort (engl. „channel impulse response“, CIR) CIR #6 mit W_p gleich 4 Wegen, siehe [3, Tabelle 3.7], erhaltenen Simulationsergebnisse.

Erwartungsgemäß wächst in jedem der drei Bilder die zum Erreichen eines gewünschten Wertes des Bitfehlerverhältnisses P_b, beispielsweise 10^{-3}, erforderliche mittlere Anzahl gesendeter Signalphotonen $\overline{N}_\mu$, wenn die mittlere Anzahl der thermischen Photonen $\overline{N}_a$ größer wird. Darüber hinaus wächst die zum Erreichen eines gewünschten Wertes des Bitfehlerverhältnisses P_b, beispielsweise 10^{-3}, erforderliche mittlere Anzahl gesendeter Signalphotonen $\overline{N}_\mu$ mit wachsender Zahl W_p der Pfade bei sonst gleichen Parametern.

Betrachtet man die Übertragung über einen bestimmten schwundfreien Mehrwegekanal mit der Kanalimpulsantwort (engl. „channel impulse response“, CIR) CIR #c, $c \in \{4, 5, 6\}$ fest, und dafür einen festen Wert $\overline{N}_a \in \{0\,,\ 0{,}1\,,\ 0{,}3\,,\ 0{,}5\,,\ 1{,}0\}$, so sieht man, dass zum Erreichen eines gewünschten Wertes des Bitfehlerverhältnisses P_b, beispielsweise 10^{-3},

- die log-Quanten-Maximum-Likelihood (ML)-Symboldetektion (log-QMLSSD) die geringste erforderliche mittlere Anzahl gesendeter Signalphotonen $\overline{N}_\mu$ braucht,
- die max*-log-Quanten-Maximum-Likelihood (ML)-Symboldetektion (max*-log-QMLSSD) in der Regel nur eine geringfügig größere erforderliche mittlere Anzahl gesendeter Signalphotonen $\overline{N}_\mu$ als die log-Quanten-Maximum-Likelihood (ML)-Symboldetektion (log-QMLSSD) braucht,
- die max-log-Quanten-Maximum-Likelihood (ML)-Symboldetektion (max-log-QMLSSD) die drittkleinste erforderliche mittlere Anzahl gesendeter Signalphotonen $\overline{N}_\mu$ braucht,
- die SOVA-Quantenfolgendetektion mit der „BATTAIL RULE (BR)“ die drittgrößte erforderliche mittlere Anzahl gesendeter Signalphotonen $\overline{N}_\mu$ braucht,
- die SOVA-Quantenfolgendetektion mit der „HUBER RULE (HR)“ die zweitgrößte erforderliche mittlere Anzahl gesendeter Signalphotonen $\overline{N}_\mu$ braucht und
- die SOVA-Quantenfolgendetektion mit der „SIMPLE RULE (SR)“ die größte erforderliche mittlere Anzahl gesendeter Signalphotonen $\overline{N}_\mu$ braucht.

Dies liegt an der sich zunehmend verschlechternden Güte der von den in der gerade angegebenen Reihenfolge Quantendetektoren ausgegebenen Log-Likelihood-Verhältnis (engl. „log-likelihood ratio“, LLR)-Werte.

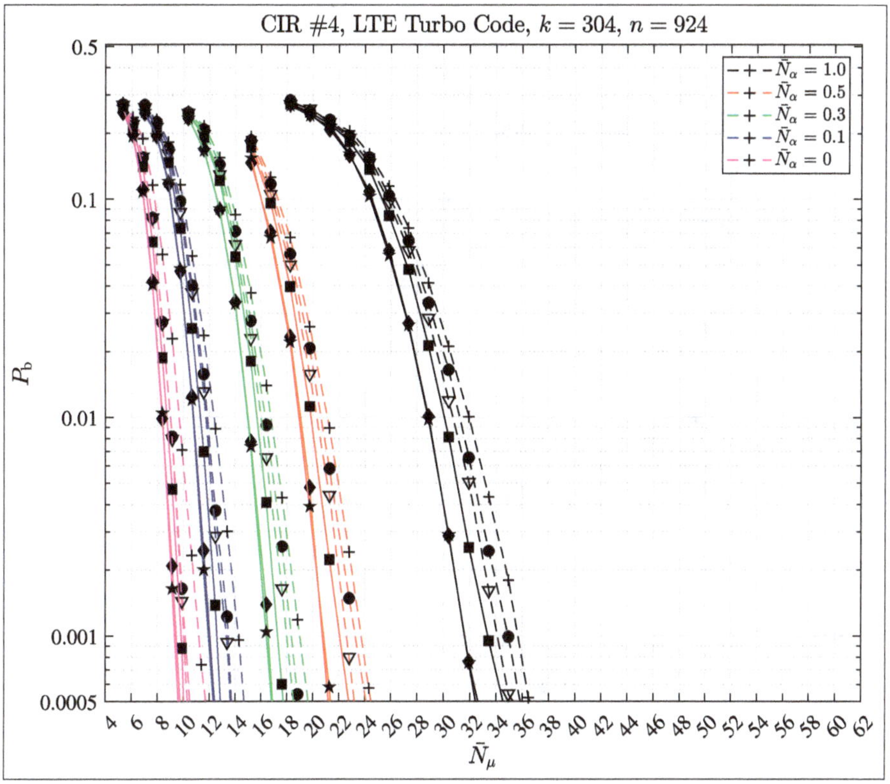

Legende:

magenta	$\overline{N}_\alpha = 0$
blau	$\overline{N}_\alpha = 0{,}1$
grün	$\overline{N}_\alpha = 0{,}3$
rot	$\overline{N}_\alpha = 0{,}5$
schwarz	$\overline{N}_\alpha = 1{,}0$

—★—	log-Quanten-ML-Symboldetektion (log-QMLSSD)
—♦—	max*-log-Quanten-ML-Symboldetektion (max*-log-QMLSSD)
—■—	max-log-Quanten-ML-Symboldetektion (max-log-QMLSSD)
- - -▽- - -	SOVA-Quantenfolgendetektion mit „BATTAIL RULE (BR)“
- - -•- - -	SOVA-Quantenfolgendetektion mit „HUBER RULE (HR)“
- - -+- - -	SOVA-Quantenfolgendetektion mit „SIMPLE RULE (SR)“

Abb. 2.11: Simulationsergebnisse für das Bitfehlerverhältnis P_b über der mittleren Anzahl gesendeter Signalphotonen $\overline{N}_\mu$ pro Nachrichtenbit bei Verwendung des 4G/LTE Turbo-Faltungscodes mit der Dimension k gleich 304 und der Länge n gleich 924 einschließlich der 12 Tailbits zur Terminierung [80, Abschnitt 5.1.3.2.2, S. 15] und der Übertragung über den schwundfreien Mehrwegekanal mit der Kanalimpulsantwort (engl. „channel impulse response“, CIR) CIR #4, siehe [3, Tabelle 3.7]; die Coderate R gleich $304/924 \approx 0{,}329$ ist explizit in $\overline{N}_\mu$ berücksichtigt; der Turbo-Faltungscode-Decodierer verwendet max-log-MAP-Symboldecodierer für die Decodierung der Komponentencodes.

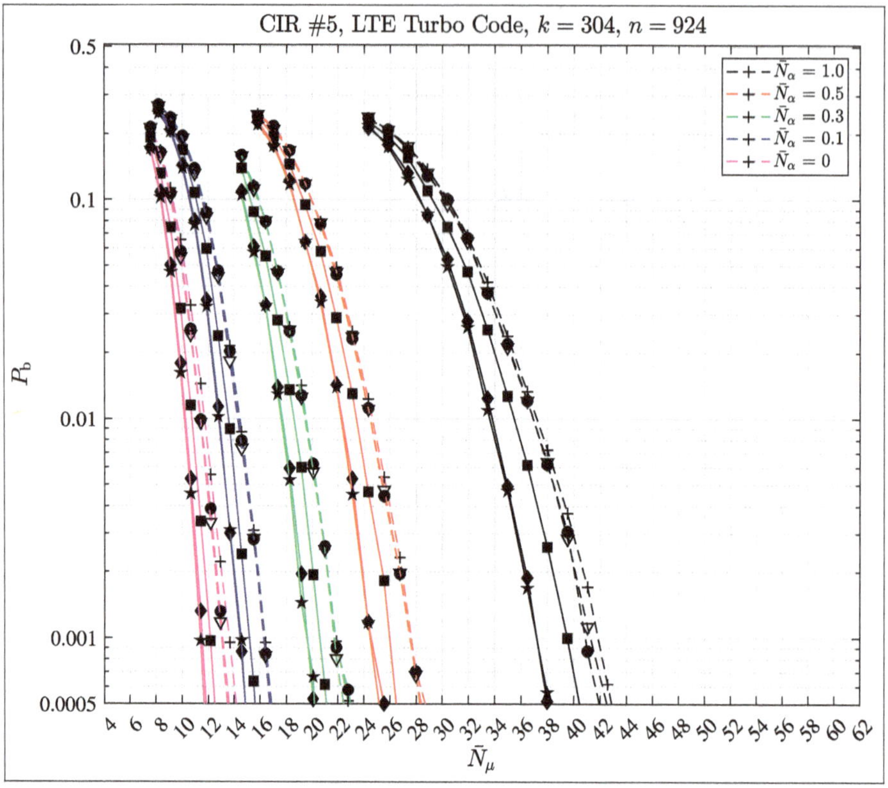

Legende:

magenta	$\overline{N}_\alpha = 0$
blau	$\overline{N}_\alpha = 0{,}1$
grün	$\overline{N}_\alpha = 0{,}3$
rot	$\overline{N}_\alpha = 0{,}5$
schwarz	$\overline{N}_\alpha = 1{,}0$

—★—	log-Quanten-ML-Symboldetektion (log-QMLSSD)
—♦—	max*-log-Quanten-ML-Symboldetektion (max*-log-QMLSSD)
—■—	max-log-Quanten-ML-Symboldetektion (max-log-QMLSSD)
- - -▽- - -	SOVA-Quantenfolgendetektion mit „BATTAIL RULE (BR)“
- - -•- - -	SOVA-Quantenfolgendetektion mit „HUBER RULE (HR)“
- - -+- - -	SOVA-Quantenfolgendetektion mit „SIMPLE RULE (SR)“

Abb. 2.12: Simulationsergebnisse für das Bitfehlerverhältnis P_b über der mittleren Anzahl gesendeter Signalphotonen $\overline{N}_\mu$ pro Nachrichtenbit bei Verwendung des 4G/LTE Turbo-Faltungscodes mit der Dimension k gleich 304 und der Länge n gleich 924 einschließlich der 12 Tailbits zur Terminierung [80, Abschnitt 5.1.3.2.2, S. 15] und der Übertragung über den schwundfreien Mehrwegekanal mit der Kanalimpulsantwort (engl. „channel impulse response“, CIR) CIR #5, siehe [3, Tabelle 3.7]; die Coderate R gleich 304/924 ≈ 0,329 ist explizit in $\overline{N}_\mu$ berücksichtigt; der Turbo-Faltungscode-Decodierer verwendet max-log-MAP-Symboldecodierer für die Decodierung der Komponentencodes.

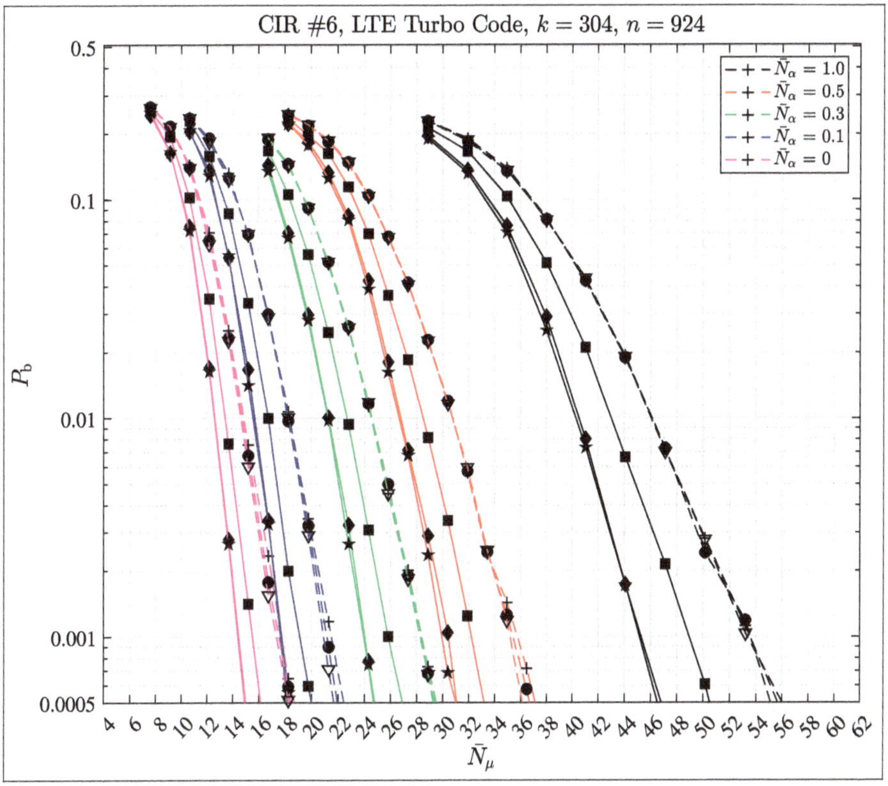

Legende:

magenta	$\overline{N}_\alpha = 0$
blau	$\overline{N}_\alpha = 0{,}1$
grün	$\overline{N}_\alpha = 0{,}3$
rot	$\overline{N}_\alpha = 0{,}5$
schwarz	$\overline{N}_\alpha = 1{,}0$

—⋆—	log-Quanten-ML-Symboldetektion (log-QMLSSD)
—♦—	max*-log-Quanten-ML-Symboldetektion (max*-log-QMLSSD)
—■—	max-log-Quanten-ML-Symboldetektion (max-log-QMLSSD)
- - -▽- - -	SOVA-Quantenfolgendetektion mit „BATTAIL RULE (BR)“
- - -•- - -	SOVA-Quantenfolgendetektion mit „HUBER RULE (HR)“
- - -+- - -	SOVA-Quantenfolgendetektion mit „SIMPLE RULE (SR)“

Abb. 2.13: Simulationsergebnisse für das Bitfehlerverhältnis P_b über der mittleren Anzahl gesendeter Signalphotonen $\overline{N}_\mu$ pro Nachrichtenbit bei Verwendung des 4G/LTE Turbo-Faltungscodes mit der Dimension k gleich 304 und der Länge n gleich 924 einschließlich der 12 Tailbits zur Terminierung [80, Abschnitt 5.1.3.2.2, S. 15] und der Übertragung über den schwundfreien Mehrwegekanal mit der Kanalimpulsantwort (engl. „channel impulse response“, CIR) CIR #6, siehe [3, Tabelle 3.7]; die Coderate R gleich $304/924 \approx 0{,}329$ ist explizit in $\overline{N}_\mu$ berücksichtigt; der Turbo-Faltungscode-Decodierer verwendet max-log-MAP-Symboldecodierer für die Decodierung der Komponentencodes.

3 Low Density Parity Check (LDPC) Codes

3.1 Definition

Im Jahr 1955 schlug Peter *Elias* die Faltungscodes vor [37]. Fünf Jahre später, im Jahr 1960, reichte einer seiner akademischen Schüler, Robert Gray *Gallager*, eine Doktorarbeit (D. Sc.) [103] ein, die den Titel

Low Density Parity Check (LDPC) Codes

trug und eine neue Art von (n, k, d_{min}) binären linearen Blockcodes beliebiger Länge $n \in \mathbb{N}^*$ einführte, bei der jede Komponente eines Codewortes durch eine kleine, aber feste Anzahl von Paritätsprüfungen überprüft wird und jede Paritätsprüfungsmenge eine kleine, aber feste Anzahl von Komponenten eines Codewortes enthält [103, S. 2]. Im Jahr 1962 veröffentlichte Gallager die Hauptkonzepte seiner Doktorarbeit in einem Artikel, der in den *IRE Transactions on Information Theory* erschien [104]. Im Jahr 1963 stellte Gallager uns eine Forschungsmonografie [105] zur Verfügung, die eine erweiterte Version seiner Doktorarbeit [103] ist.

Nach den Veröffentlichungen von Gallager in den Jahren 1960 [103], 1962 [104] und 1963 [105] fielen die Low Density Parity Check (LDPC) Codes in einen vierunddreißig (34!) Jahre andauernden „Dornröschenschlaf" und wurden nahezu vergessen. Die nächste IEEE-Veröffentlichung zu Low Density Parity Check (LDPC) Codes erschien erst im Jahr 1997 [106]. In dem besagten Beitrag [106] zur Tagung *IEEE International Symposium on Information Theory* in Ulm verglich *MacKay* seine Ergebnisse zu Low Density Parity Check (LDPC) Codes mit den entsprechenden Ergebnissen für Turbo-Faltungscodes und zeigte, dass Low Density Parity Check (LDPC) Codes fast genauso leistungsstark wie Turbo-Faltungscodes sind. Dies zeigt eindeutig, dass der Grund für das erneute Interesse an Gallagers Erfindung nach so vielen Jahren der Vergessenheit die herausragende Leistungsfähigkeit der Turbo-Faltungscodes war. In der Tat lösten die im Jahr 1993 von *Berrou*, *Glavieux* und *Thitimajshima* [81] eingeführten Turbo-Faltungscodes eine regelrechte Lawine in der Forschung auf dem Gebiet der Kanalcodierung aus.

Im Jahr 1997 wurden Low Density Parity Check (LDPC) Codes noch als *GL-Codes* bezeichnet. Seit der von *McEliece*, *MacKay* und *Cheng* verfassten Veröffentlichung [107] aus dem Jahr 1998 ist Gallagers Erfindung jedoch als *Low Density Parity Check (LDPC) Codes* bekannt, siehe beispielsweise [22, Kapitel 17, S. 851–945], [31, S. 354f.].

Seit dem Ende des vergangenen Jahrtausends waren die Standardisierungsdelegierten davon überzeugt, dass Turbo-Faltungscodes Teil des Mobilkommunikationssystems der dritten Generation 3G/UMTS (Third Generation / Universal Mobile Telecommunications System) [91, S. 112f.] sowie des Mobilkommunikationssystems der vierten Generation 4G/LTE (Fourth Generation / Long Term Evolution) und dessen Weiterentwicklung 4G/LTE-Advanced [93, S. 61f., 145], [92, Bild 8.15; Bild 8.16; Bild 9.3; Bild 9.23; S. 83, 85f., 139–142, 169, 172, 200], sein sollten. Im Zuge der Standardisierung des Mobilkommunika-

https://doi.org/10.1515/9783111446080-003

tionssystems der fünften Generation 5G/NR (Fifth Generation / New Radio) gewannen jedoch Low Density Parity Check (LDPC) Codes das Rennen gegen die Turbo-Faltungscodes [94, S. 41, 102, 134–140, 402] [95, S. 66, 156–160].

Der allgemein angegebene Grund für diese Entscheidung ist der „hohe Implementierungsaufwand". Wie bereits in Kapitel 2 erwähnt, zweifelt der Autor an der Richtigkeit dieser Entscheidung, da er glaubt, dass stets die erzielbare Systemleistung die Leitlinie für die Auswahl von Komponenten sein sollte. Wenn der Implementierungsaufwand von Turbo-Faltungscodes ein derartiges Problem ist, dann sollte man als Erstes die Nutzung mehrerer Antennen überdenken. Wenn man bedenkt, dass die meisten mobilen Teilnehmerendgeräte (engl. „user equipment", UE) und wahrscheinlich fast alle Basisstationen (engl. „base stations" beziehungsweise „nodeB" oder „eNB") Multistandardgeräte sind, müssen nun zwei verschiedene, inkompatible und in etwa gleich aufwändige Kanalcodierungsverfahren, nämlich Turbo-Faltungscodes und LDPC-Codes, gleichzeitig sowohl in mobilen Teilnehmerendgeräten (engl. „user equipment", UE) als auch in Basisstationen (engl. „base stations" beziehungsweise „nodeB" oder „eNB") implementiert werden. Besonders der Implementierungsaufwand von hochintegrierten Modemschaltungen beispielsweise für Smartphones muss in diesem Zusammenhang sorgfältig betrachtet werden. Allein schon deshalb hätte die Weiterentwicklung des Turbo-Faltungscodes, der im Mobilkommunikationssystem der dritten Generation 3G/UMTS (Third Generation / Universal Mobile Telecommunications System) sowie im Mobilkommunikationssystem der vierten Generation 4G/LTE (Fourth Generation / Long Term Evolution) und in dessen Weiterentwicklung 4G/LTE-Advanced verwendet wird, für Anwendungen im Mobilkommunikationssystem der fünften Generation 5G/NR (Fifth Generation / New Radio) den Vorteil der Rückwärtskompatibilität und somit auch eines insgesamt vertretbaren Implementierungsaufwands geboten. Darüber hinaus wird beispielsweise der Implementierungsaufwand von mobilen Teilnehmerendgeräten (engl. „user equipment", UE) sicherlich nicht durch die hochintegrierten Modemschaltungen dominiert, sondern vielmehr durch Einheiten der Mensch-Maschine-Schnittstelle u. a. durch die berührungsempfindlichen Anzeigen.

Der angegebene Grund für das Verwerfen von Turbo-Faltungscodes scheint daher nicht die ganze Wahrheit zu sein. Vielmehr fühlt sich der Autor an die 3G/UMTS-Standardisierung erinnert, die nie rein technologiegetrieben schien und in einigen Aspekten auch wie „mit heißer Nadel gestrickt" wirkt. Im Gegensatz zu seiner Einschätzung das Mobilkommunikationssystem der dritten Generation 3G/UMTS (Third Generation / Universal Mobile Telecommunications System) betreffend glaubt der Autor, dass das Mobilkommunikationssystem der zweiten Generation 2G/GSM (Second Generation / Global System for Mobile Communications) sowie das Mobilkommunikationssystem der vierten Generation 4G/LTE (Fourth Generation / Long Term Evolution) und dessen Weiterentwicklung 4G/LTE-Advanced wunderbare Ingenieurleistungen waren. Bedauerlicherweise kann der Autor daher die Vorstellung nicht abschütteln, dass die Qualität von Mobilkommunikationsstandards wie eine antipodale binäre Folge zwischen „gut gemacht" und „gut gemeint" schwankt. Nichtsdestotrotz sind Low Density

Parity Check (LDPC) Codes sicherlich eine gute Wahl, so wie es Turbo-Faltungscodes waren, als es um das Mobilkommunikationssystem der dritten Generation 3G/UMTS (Third Generation / Universal Mobile Telecommunications System) sowie um das Mobilkommunikationssystem der vierten Generation 4G/LTE (Fourth Generation / Long Term Evolution) und um dessen Weiterentwicklung 4G/LTE-Advanced ging.

Warum sind Low Density Parity Check (LDPC) Codes also so gut? Gérard *Battail* zeigte [108, S. 202] dass Low Density Parity Check (LDPC) Codes genau wie Turbo-Faltungscodes *schwach zufallsähnliche Codes* sind, siehe Abschnitt 2.1 und [41, S. 88, 91f.]. Ein Low Density Parity Check (LDPC) Code wird deshalb als „*schwach* zufallsähnlich" und nicht als „*stark* zufallsähnlich" oder einfach als „zufallsähnlich" bezeichnet, weil nur die durchschnittlichen Eigenschaften der Verteilung der Hamming-Gewichte der Codewörter, insbesondere der Mittelwert und die Varianz sowie die durchschnittliche Form der genannten Verteilung, an die eines stark zufallsähnlichen Codes erinnern [41, S. 76]. Im Gegensatz dazu ist bei stark zufallsähnlichen Codes jeder Term der Verteilung der Hamming-Gewichte der Codewörter nahe der Verteilung der Zufallscodierung [41, S. 76].

Bevor wir diese Erkenntnis beleuchten, betrachten wir die Bedeutung des Ausdrucks „low density parity check". Zunächst einmal sind Low Density Parity Check (LDPC) Codes (n, k, d_{min}) binäre lineare Blockcodes. Die erwähnte Paritätsprüfung fußt auf der $(n-k) \times n$ Paritätsprüfmatrix $\boldsymbol{H}$. Offensichtlich bezieht sich „low density parity check" auf die Struktur der $(n-k) \times n$ Paritätsprüfmatrix $\boldsymbol{H}$, $k < n$, $k, n \in \mathbb{N}^*$, eines Low Density Parity Check (LDPC) Codes.

Was bedeutet also „low density"? Da eine bestimmte Komponente v_j, $j \in \{0, 1 \cdots (n-1)\}$, $n \in \mathbb{N}^*$, eines Codeworts $\boldsymbol{v} \in \mathbb{F}_2^n$, $n \in \mathbb{N}^*$, nur dann „geprüft" wird, wenn es eine 1 in der j-ten Spalte der betreffenden Zeile der $(n-k) \times n$ Paritätsprüfmatrix $\boldsymbol{H}$ gibt, bezieht sich „low density" offensichtlich auf die Anzahl der Einsen pro Spalte der $(n-k) \times n$ Paritätsprüfmatrix $\boldsymbol{H}$ eines Low Density Parity Check (LDPC) Codes, siehe beispielsweise [108, S. 202]. Es gibt $(d_{\text{min}} - 1)$ linear unabhängige Spalten der Paritätsprüfmatrix $\boldsymbol{H}$.

Lassen Sie uns also von einer $(n-k) \times n$ Paritätsprüfmatrix $\boldsymbol{H}$ mit $n \in \mathbb{N}^*$ Spalten ausgehen, von denen jede Spalte aus $(n-k)$, $k < n$, $k, n \in \mathbb{N}^*$, Komponenten besteht, die Werte aus $\mathbb{F}_2$ annehmen können. Jede der n Spalten der $(n-k) \times n$ Paritätsprüfmatrix $\boldsymbol{H}$ enthält genau y, $y \in \{2, 3 \cdots (n-k)\}$, $k < n$, $k, n \in \mathbb{N}^*$, Einsen.

Der Gauß'sche Algorithmus [18, S. 284f.] beziehungsweise das Gauß'sche Eliminationsverfahren [18, S. 918–920] ermöglicht es uns, $\boldsymbol{H}$ in die systematische Form [22, Gl. (3.7), S. 70]

$$\boldsymbol{H}_{\text{sys}} = \begin{pmatrix} \boldsymbol{I}_{n-k} & \boldsymbol{P}^{\mathrm{T}} \end{pmatrix}, \quad k < n, \quad k, n \in \mathbb{N}^*, \tag{3.1}$$

zu transformieren. In (3.1) ist $\boldsymbol{P}^{\mathrm{T}}$ die $(n-k) \times k$ *transponierte Paritätsmatrix* [22, Gl. (3.4), S. 69], die mit $(n-k)\, k < n$, $k, n \in \mathbb{N}^*$, Eliminationsschritten [108, S. 202] bestimmt werden kann.

Zu Begin des Gauß'schen Algorithmus [18, S. 284f., 918–920] ist die Dichte der Einsen in einer Spalte gleich [108, S. 202]

$$r_0 = \frac{\gamma}{n-k}, \quad \gamma \in \{2, 3 \cdots (n-k)\}, \quad k < n, \quad k, n \in \mathbb{N}^*. \tag{3.2}$$

Die mittlere Dichte der Einsen pro Spalte r_i ist nach dem i-ten, $i \in \{1, 2 \cdots (n-k)\}$, $k < n$, $k, n \in \mathbb{N}^*$, Eliminationsschritt gleich [108, S. 202]

$$r_i = r_{i-1} \cdot \left[1 - \frac{1}{n-k} + \left(1 + \frac{2}{n-k}\right) \cdot r_{i-1} - 2r_{i-1}^2\right], \tag{3.3}$$
$$i \in \{1, 2 \cdots (n-k)\}, \quad k < n, \quad k, n \in \mathbb{N}^*.$$

Wir nehmen an, dass $(n-k)$, $k < n$, $k, n \in \mathbb{N}^*$, groß ist. Dann können wir die mittlere Dichte der Einsen pro Spalte nach $(n-k) \to \infty$ Eliminierungsschritten bestimmen. Es ergibt sich

$$r_\infty = r_\infty \cdot [1 + r_\infty - 2r_\infty^2] \tag{3.4}$$

beziehungsweise

$$r_\infty \cdot \left[r_\infty - \frac{1}{2}\right] = 0. \tag{3.5}$$

Das Polynom $(r_\infty \cdot [r_\infty - 1/2])$ hat die zwei Wurzeln 0 und 1/2. Da r_i gemäß (3.3) mit zunehmendem i wächst, ist nur r_∞ gleich 1/2 sinnvoll [108, S. 202]. Das bedeutet, dass jede der Komponenten der transponierten $(n-k) \times k$ Paritätsmatrix $\boldsymbol{P}^\mathrm{T}$ zufällig und unabhängig von allen anderen Komponenten mit Wahrscheinlichkeit 1/2 aus $\mathbb{F}_2$ gewählt wird. Offensichtlich sind $\boldsymbol{P}^\mathrm{T}$ und somit auch $\boldsymbol{P}$ zufällig mit einer Dichte von 1/2 [108, S. 202]. Da wir $\boldsymbol{H}_{\mathrm{sys}}$ mit dem Gauß'schen Algorithmus [18, S. 284f., 918–920] konstruiert und dann festgestellt haben, dass $\boldsymbol{P}^\mathrm{T}$ zufällig ist, kann man $\boldsymbol{H}$ und daher auch die Generator-Matrix $\boldsymbol{G}$ zufällig wählen [108, S. 202]. Ähnlich wie Turbo-Faltungscodes ist ein Low Density Parity Check (LDPC) Code ein schwach zufallsähnlicher Code, siehe oben [108, S. 202].

Definition 3.1 (Low Density Parity Check (LDPC) Code). Ein Low Density Parity Check (LDPC) Code ist definiert als der *Kern* [109, S. 108] beziehungsweise der *Nullraum* [109, S. 108] einer Paritätsprüfmatrix $\boldsymbol{H}$ mit den folgenden Eigenschaften [22, Definition 17.1, S. 852]:

(1) Jede Zeile von $\boldsymbol{H}$ besteht aus ρ, $\rho \in \{2, 3 \cdots n\}$, $n \in \mathbb{N}^*$, Einsen.

(2) Jede Spalte von $\boldsymbol{H}$ besteht aus γ, $\gamma \in \{2, 3 \cdots (n-k)\}$, $k, n \in \mathbb{N}^*$, Einsen.

(3) Die Anzahl λ der Einsen, die in zwei beliebigen Spalten gemeinsam sind, ist höchstens 1, d. h. $\lambda \in \{0, 1\}$.

(4) Sowohl ρ als auch γ sind im Vergleich zur Länge n, $n \in \mathbb{N}^*$, des Codes und der Anzahl J, $J \in \mathbb{N}^*$, der Zeilen von $\boldsymbol{H}$ klein.

Gemäß der Definition 3.1 lässt man die Anzahl der Paritätsprüfgleichungen $J \in \mathbb{N}^*$ flexibel, anstatt sie auf $(n-k)$, $k < n$, $k, n \in \mathbb{N}^*$, zu beschränken.

Gemäß den Eigenschaften (1) und (2) hat die Paritätsprüfmatrix $\boldsymbol{H}$ ein konstantes Zeilen-Hamming-Gewicht beziehungsweise Zeilengewicht ρ und ein konstantes Spalten-Hamming-Gewicht beziehungsweise Spaltengewicht γ [22, S. 852]. Die Eigenschaft (3) besagt, dass keine zwei Zeilen der Paritätsprüfmatrix $\boldsymbol{H}$ mehr als eine 1 gemeinsam haben [22, S. 852].

Da gemäß der Eigenschaft (4) sowohl ρ als auch γ im Vergleich zur Länge $n, n \in \mathbb{N}^*$, des Low Density Parity Check (LDPC) Codes und der Anzahl der Zeilen $J \in \mathbb{N}^*$ in der Paritätsprüfmatrix $\boldsymbol{H}$ klein sind, hat die Paritätsprüfmatrix $\boldsymbol{H}$ eine kleine Dichte von Einsen [22, S. 852].

Da es J Zeilen gibt, die jeweils ρ Einsen enthalten, ist die Gesamtanzahl der Einsen in der Paritätsprüfmatrix $\boldsymbol{H}$ durch $J\rho$ gegeben. Da die Paritätsprüfmatrix $\boldsymbol{H}$ Jn Komponenten hat, ist die Dichte der Einsen, die als *Dichte der Paritätsprüfmatrix* $\boldsymbol{H}$ bezeichnet wird, gleich [22, S. 852]

$$r = \frac{J\rho}{Jn} = \frac{\rho}{n}, \quad \rho \in \{2, 3 \cdots n\}, \quad J, n \in \mathbb{N}^*. \tag{3.6}$$

Wir betrachten nun die Spalten der Paritätsprüfmatrix $\boldsymbol{H}$. Es gibt n Spalten, die jeweils γ Einsen enthalten. Daher erhält man [22, S. 852]

$$r = \frac{\gamma n}{Jn} = \frac{\gamma}{J}, \quad \gamma \in \{2, 3 \cdots (n-k)\}, \quad k < n, \quad J, k, n \in \mathbb{N}^*, \tag{3.7}$$

beziehungsweise [22, S. 852]

$$r = \frac{\rho}{n} = \frac{\gamma}{J}, \quad \gamma \in \{2, 3 \cdots (n-k)\}, \quad \rho \in \{2, 3 \cdots n\}, \quad k < n, \quad J, k, n \in \mathbb{N}^*. \tag{3.8}$$

Eine niedrige Dichte r nach (3.8) impliziert, dass $\boldsymbol{H}$ eine dünnbesetzte Matrix ist [22, S. 852]. Da ρ und γ konstant sind, wird der Low Density Parity Check (LDPC) Code als *(γ, ρ)-regulärer Low Density Parity Check (LDPC) Code* bezeichnet [22, S. 852].

Bemerkung 3.1 (Irregulärer Low Density Parity Check (LDPC) Code). Wenn die Gewichte der Spalten sowie die Gewichte der Zeilen der Paritätsprüfmatrix $\boldsymbol{H}$ variieren, heißt der Low Density Parity Check (LDPC) Code *irregulärer Low Density Parity Check (LDPC) Code* [22, S. 852].

Wir betrachten einen $(n, k, d_{\min})$ binärer linearer Low Density Parity Check (LDPC) Code $\mathbb{L}$ Code, der durch eine $J \times n$ Paritätsprüfmatrix $\boldsymbol{H}$ spezifiziert ist [22, S. 854]. Es seien

$$\boldsymbol{h}^{(0)}, \boldsymbol{h}^{(1)} \cdots \boldsymbol{h}^{(J-1)}, \quad J \in \mathbb{N}^*, \tag{3.9}$$

die J Zeilenvektoren der $J \times n$ Paritätsprüfmatrix $\boldsymbol{H}$ [22, S. 854]. Jeder Zeilenvektor $\boldsymbol{h}^{(j)}$, $j \in \{0, 1 \cdots (J-1)\}, J \in \mathbb{N}^*$, hat n Komponenten aus $\mathbb{F}_2$, und es gilt [22, S. 854]

$$\boldsymbol{h}^{(j)} = (h_0^{(j)}, h_1^{(j)} \cdots h_{n-1}^{(j)}), \quad h_i^{(j)} \in \mathbb{F}_2, \quad j \in \{0, 1 \cdots (J-1)\}, \quad i \in \{0, 1 \cdots (n-1)\}, \quad J, n \in \mathbb{N}^*. \tag{3.10}$$

Die Zeilenvektoren $\boldsymbol{h}^{(j)}, j \in \{0, 1 \cdots (J-1)\}\ J \in \mathbb{N}^*$, der Paritätsprüfmatrix $\boldsymbol{H}$ sind nicht notwendigerweise alle linear unabhängig über $\mathbb{F}_2$. Das bedeutet, dass die Paritätsprüfmatrix $\boldsymbol{H}$ nicht unbedingt einen vollen Rang $\text{Rg}\{\boldsymbol{H}\}$ hat. Der Rang $\text{Rg}\{\boldsymbol{H}\}$ der Paritätsprüfmatrix $\boldsymbol{H}$ wird durch die Anzahl der linear unabhängigen Zeilenvektoren bestimmt und steht in folgender Beziehung zur Länge n und der Dimension k des Codes:

$$\text{Rg}\{\boldsymbol{H}\} = n - k, \quad k < n, \quad k, n \in \mathbb{N}^*. \tag{3.11}$$

Daher gilt im Fall von

$$J > n - k, \quad k < n, \quad k, n \in \mathbb{N}^*, \tag{3.12}$$

dass es $(J - n + k)$ Zeilenvektoren gibt, die linear von den verbleibenden $(n - k)$ Zeilenvektoren abhängen. Um die Dimension k des Codes zu bestimmen, muss man den Rang $\text{Rg}\{\boldsymbol{H}\}$ berechnen.

Beispiel 3.1. Man betrachte den zyklischen $(7, 3)$ binären linearen Blockcode mit der Paritätsprüfmatrix [22, S. 858]:

$$\boldsymbol{H} = \begin{pmatrix} 1 & 1 & 0 & 1 & 0 & 0 & 0 \\ 0 & 1 & 1 & 0 & 1 & 0 & 0 \\ 0 & 0 & 1 & 1 & 0 & 1 & 0 \\ 0 & 0 & 0 & 1 & 1 & 0 & 1 \\ 1 & 0 & 0 & 0 & 1 & 1 & 0 \\ 0 & 1 & 0 & 0 & 0 & 1 & 1 \\ 1 & 0 & 1 & 0 & 0 & 0 & 1 \end{pmatrix}. \tag{3.13}$$

Dieser zyklische $(7, 3)$ binäre lineare Blockcode hat folgende Eigenschaften [22]:

- Dimension des Codes: $k = 3$.
- Länge des Codes: $n = 7$.
- Coderate: $R = 3/7$.
- Anzahl der Einsen pro Zeile: $\rho = 3 \quad (< n = 7)$.
- Anzahl der Einsen pro Spalte: $\gamma = 3 \quad (< n = 7)$.
- Anzahl der Einsen, die in zwei beliebigen Spalten gemeinsam sind: $\lambda = 1$.

Daher kann der zyklische $(7, 3)$ binäre lineare Blockcode als Low Density Parity Check (LDPC) Code betrachtet werden. Die J gleich 7 Zeilenvektoren von $\boldsymbol{H}$ nach (3.13) sind

$$\begin{aligned} \boldsymbol{h}^{(0)} &= (1, 1, 0, 1, 0, 0, 0), \\ \boldsymbol{h}^{(1)} &= (0, 1, 1, 0, 1, 0, 0), \\ \boldsymbol{h}^{(2)} &= (0, 0, 1, 1, 0, 1, 0), \\ \boldsymbol{h}^{(3)} &= (0, 0, 0, 1, 1, 0, 1), \\ \boldsymbol{h}^{(4)} &= (1, 0, 0, 0, 1, 1, 0), \\ \boldsymbol{h}^{(5)} &= (0, 1, 0, 0, 0, 1, 1), \\ \boldsymbol{h}^{(6)} &= (1, 0, 1, 0, 0, 0, 1). \end{aligned} \tag{3.14}$$

Nun berechnet man alle

$$\begin{pmatrix} 4 \\ 2 \end{pmatrix} + \begin{pmatrix} 4 \\ 3 \end{pmatrix} + \begin{pmatrix} 4 \\ 4 \end{pmatrix} = 6 + 4 + 1 = 11 \tag{3.15}$$

linearen Kombinationen der ersten vier Zeilenvektoren $\boldsymbol{h}^{(0)}$, $\boldsymbol{h}^{(1)}$, $\boldsymbol{h}^{(2)}$ und $\boldsymbol{h}^{(3)}$

$$\begin{aligned}
\boldsymbol{h}^{(0)} \oplus \boldsymbol{h}^{(1)} &= (1,0,1,1,1,0,0),\\
\boldsymbol{h}^{(0)} \oplus \boldsymbol{h}^{(2)} &= (1,1,1,0,0,1,0),\\
\boldsymbol{h}^{(0)} \oplus \boldsymbol{h}^{(3)} &= (1,1,0,0,1,0,1),\\
\boldsymbol{h}^{(1)} \oplus \boldsymbol{h}^{(2)} &= (0,1,0,1,1,1,0),\\
\boldsymbol{h}^{(1)} \oplus \boldsymbol{h}^{(3)} &= (0,1,1,1,0,0,1),\\
\boldsymbol{h}^{(2)} \oplus \boldsymbol{h}^{(3)} &= (0,0,1,0,1,1,1),\\
\boldsymbol{h}^{(0)} \oplus \boldsymbol{h}^{(1)} \oplus \boldsymbol{h}^{(2)} &= (1,0,0,0,1,1,0) = \boldsymbol{h}^{(4)},\\
\boldsymbol{h}^{(0)} \oplus \boldsymbol{h}^{(1)} \oplus \boldsymbol{h}^{(3)} &= (1,0,1,0,0,0,1) = \boldsymbol{h}^{(6)},\\
\boldsymbol{h}^{(0)} \oplus \boldsymbol{h}^{(2)} \oplus \boldsymbol{h}^{(3)} &= (1,1,1,1,1,1,1),\\
\boldsymbol{h}^{(1)} \oplus \boldsymbol{h}^{(2)} \oplus \boldsymbol{h}^{(3)} &= (0,1,0,0,0,1,1) = \boldsymbol{h}^{(5)},\\
\boldsymbol{h}^{(0)} \oplus \boldsymbol{h}^{(1)} \oplus \boldsymbol{h}^{(2)} \oplus \boldsymbol{h}^{(3)} &= (1,0,0,1,0,1,1).
\end{aligned} \tag{3.16}$$

Nach (3.16) sind $\boldsymbol{h}^{(0)}$, $\boldsymbol{h}^{(1)}$, $\boldsymbol{h}^{(2)}$ und $\boldsymbol{h}^{(3)}$ linear unabhängig, da sie nicht durch eine der oben angeführten linearen Kombinationen erhalten werden können, während $\boldsymbol{h}^{(4)}$, $\boldsymbol{h}^{(5)}$ und $\boldsymbol{h}^{(6)}$ von $\boldsymbol{h}^{(0)}$, $\boldsymbol{h}^{(1)}$, $\boldsymbol{h}^{(2)}$ und $\boldsymbol{h}^{(3)}$ linear abhängig sind. Daher ist der Rang der Paritätsprüfmatrix $\boldsymbol{H}$ gleich 4.

Man betrachte nun das Standardverfahren, den *Gauß'schen Algorithmus*, zur Bestimmung des Rangs der Paritätsprüfmatrix $\boldsymbol{H}$, siehe [18, S. 254, 284f., 918–920]. Die Paritätsprüfmatrix $\boldsymbol{H}$ ist durch den Gauß'schen Algorithmus in die reduzierte Zeilenstufenform zu transformieren [18, S. 918–920]. Wir beginnen mit der ersten Zeile als der Startzeile. Da die ersten vier Zeilen bereits in der Zeilenstufenform sind, addiert man die erste Zeile in den nächsten zwei Schritten zu den Zeilen 5 und 7. Das Addieren der Zeile 1 zur Zeile 5 führt zu

$$\boldsymbol{H}^{(1)} = \begin{pmatrix}
1 & 1 & 0 & 1 & 0 & 0 & 0\\
0 & 1 & 1 & 0 & 1 & 0 & 0\\
0 & 0 & 1 & 1 & 0 & 1 & 0\\
0 & 0 & 0 & 1 & 1 & 0 & 1\\
0 & 1 & 0 & 1 & 1 & 1 & 0\\
0 & 1 & 0 & 0 & 0 & 1 & 1\\
1 & 0 & 1 & 0 & 0 & 0 & 1
\end{pmatrix}. \tag{3.17}$$

Das Addieren der Zeile 1 zur Zeile 7 ergibt

$$\boldsymbol{H}^{(2)} = \begin{pmatrix}
1 & 1 & 0 & 1 & 0 & 0 & 0\\
0 & 1 & 1 & 0 & 1 & 0 & 0\\
0 & 0 & 1 & 1 & 0 & 1 & 0\\
0 & 0 & 0 & 1 & 1 & 0 & 1\\
0 & 1 & 0 & 1 & 1 & 1 & 0\\
0 & 1 & 0 & 0 & 0 & 1 & 1\\
0 & 1 & 1 & 1 & 0 & 0 & 1
\end{pmatrix}. \tag{3.18}$$

Die Gestalt der ersten Spalte liegt nun in der gewünschten Form vor. Jetzt ist mit der Zeile 2 fortzufahren. Das Addieren der Zeile 2 zur Zeile 5 ergibt

$$\boldsymbol{H}^{(3)} = \begin{pmatrix} 1 & 1 & 0 & 1 & 0 & 0 & 0 \\ 0 & 1 & 1 & 0 & 1 & 0 & 0 \\ 0 & 0 & 1 & 1 & 0 & 1 & 0 \\ 0 & 0 & 0 & 1 & 1 & 0 & 1 \\ 0 & 0 & 1 & 1 & 0 & 1 & 0 \\ 0 & 1 & 0 & 0 & 0 & 1 & 1 \\ 0 & 1 & 1 & 1 & 0 & 0 & 1 \end{pmatrix}. \tag{3.19}$$

Das Addieren der Zeile 2 zur Zeile 6 führt auf

$$\boldsymbol{H}^{(4)} = \begin{pmatrix} 1 & 1 & 0 & 1 & 0 & 0 & 0 \\ 0 & 1 & 1 & 0 & 1 & 0 & 0 \\ 0 & 0 & 1 & 1 & 0 & 1 & 0 \\ 0 & 0 & 0 & 1 & 1 & 0 & 1 \\ 0 & 0 & 1 & 1 & 0 & 1 & 0 \\ 0 & 0 & 1 & 0 & 1 & 1 & 1 \\ 0 & 1 & 1 & 1 & 0 & 0 & 1 \end{pmatrix}. \tag{3.20}$$

Das Addieren der Zeile 2 zur Zeile 7 ergibt

$$\boldsymbol{H}^{(5)} = \begin{pmatrix} 1 & 1 & 0 & 1 & 0 & 0 & 0 \\ 0 & 1 & 1 & 0 & 1 & 0 & 0 \\ 0 & 0 & 1 & 1 & 0 & 1 & 0 \\ 0 & 0 & 0 & 1 & 1 & 0 & 1 \\ 0 & 0 & 1 & 1 & 0 & 1 & 0 \\ 0 & 0 & 1 & 0 & 1 & 1 & 1 \\ 0 & 0 & 0 & 1 & 1 & 0 & 1 \end{pmatrix}. \tag{3.21}$$

Nun ist auch die zweite Spalte in der gewünschten Form. Also ist mit der Zeile 3 fortzufahren. Das Addieren der Zeile 3 zur Zeile 5 ergibt

$$\boldsymbol{H}^{(6)} = \begin{pmatrix} 1 & 1 & 0 & 1 & 0 & 0 & 0 \\ 0 & 1 & 1 & 0 & 1 & 0 & 0 \\ 0 & 0 & 1 & 1 & 0 & 1 & 0 \\ 0 & 0 & 0 & 1 & 1 & 0 & 1 \\ 0 & 0 & 0 & 0 & 0 & 0 & 0 \\ 0 & 0 & 1 & 0 & 1 & 1 & 1 \\ 0 & 0 & 0 & 1 & 1 & 0 & 1 \end{pmatrix}. \tag{3.22}$$

Das Addieren der Zeile 3 zur Zeile 6 führt zu

$$\boldsymbol{H}^{(7)} = \begin{pmatrix} 1 & 1 & 0 & 1 & 0 & 0 & 0 \\ 0 & 1 & 1 & 0 & 1 & 0 & 0 \\ 0 & 0 & 1 & 1 & 0 & 1 & 0 \\ 0 & 0 & 0 & 1 & 1 & 0 & 1 \\ 0 & 0 & 0 & 0 & 0 & 0 & 0 \\ 0 & 0 & 0 & 1 & 1 & 0 & 1 \\ 0 & 0 & 0 & 1 & 1 & 0 & 1 \end{pmatrix}. \tag{3.23}$$

Jetzt ist auch die dritte Spalte in der gewünschten Form. Also ist mit der Zeile 4 fortzufahren. Das Addieren der Zeile 4 zur Zeile 6 führt zu

$$\boldsymbol{H}^{(8)} = \begin{pmatrix} 1 & 1 & 0 & 1 & 0 & 0 & 0 \\ 0 & 1 & 1 & 0 & 1 & 0 & 0 \\ 0 & 0 & 1 & 1 & 0 & 1 & 0 \\ 0 & 0 & 0 & 1 & 1 & 0 & 1 \\ 0 & 0 & 0 & 0 & 0 & 0 & 0 \\ 0 & 0 & 0 & 0 & 0 & 0 & 0 \\ 0 & 0 & 0 & 1 & 1 & 0 & 1 \end{pmatrix}. \tag{3.24}$$

Schließlich ergibt das Addieren der Zeile 4 zur Zeile 7

$$\boldsymbol{H}^{(9)} = \begin{pmatrix} 1 & 1 & 0 & 1 & 0 & 0 & 0 \\ 0 & 1 & 1 & 0 & 1 & 0 & 0 \\ 0 & 0 & 1 & 1 & 0 & 1 & 0 \\ 0 & 0 & 0 & 1 & 1 & 0 & 1 \\ 0 & 0 & 0 & 0 & 0 & 0 & 0 \\ 0 & 0 & 0 & 0 & 0 & 0 & 0 \\ 0 & 0 & 0 & 0 & 0 & 0 & 0 \end{pmatrix}. \tag{3.25}$$

$\boldsymbol{H}^{(9)}$ ist in der Zeilenstufenform. Der Gauß'sche Algorithmus ist beendet.

Der Rang von $\boldsymbol{H}^{(9)}$ ist die Anzahl derjenigen Zeilen, die nicht nur aus Nullen bestehen, d. h. $\mathrm{Rg}\{\boldsymbol{H}^{(9)}\}$ und somit $\mathrm{Rg}\{\boldsymbol{H}\}$ ist gleich 4.

Zu beachten ist, dass nur elementare Zeilenoperationen verwendet werden, um $\boldsymbol{H}$ in $\boldsymbol{H}^{(9)}$ zu transformieren. Das bedeutet, dass die resultierende Paritätsprüfmatrix $\boldsymbol{H}^{(9)}$ denselben Code prüft wie $\boldsymbol{H}$. Daher ist $\mathrm{Rg}\{\boldsymbol{H}\}$ der Paritätsprüfmatrix $\boldsymbol{H}$ ebenfalls gleich 4.

Da die Länge des Codes n gleich 7 und $\mathrm{Rg}\{\boldsymbol{H}\}$ der Paritätsprüfmatrix $\boldsymbol{H}$ gleich 4 ist, ist die Dimension des Codes gemäß (3.11)

$$k = n - \mathrm{Rg}\{\boldsymbol{H}\} = 7 - 4 = 3. \tag{3.26}$$

Mit dem Codewort

$$\boldsymbol{v} = (v_0, v_1 \cdots v_{n-1}), \quad v_i \in \mathbb{F}_2, \quad i \in \{0, 1 \cdots (n-1)\}, \quad n \in \mathbb{N}^*, \tag{3.27}$$

des $(n, k, d_{\min})$ binären linearen Low Density Parity Check (LDPC) Codes $\mathbb{L}$ ergibt das Skalarprodukt [22, Gl. (17.2), S. 854]

$$s_j = \boldsymbol{v}[\boldsymbol{h}^{(j)}]^{\mathrm{T}} = \bigoplus_{i=0}^{n-1} v_i \odot h_i^{(j)} = 0, \quad j \in \{0, 1 \cdots (J-1)\}, \quad J \in \mathbb{N}^*, \tag{3.28}$$

die j-te von J *Paritätsprüfziffern* beziehungsweise *Paritätsprüfgleichungen*, die durch die J Zeilen der Paritätsprüfmatrix $\boldsymbol{H}$ spezifiziert werden [22, S. 854]. Man sagt, ein Codebit $v_i \in \mathbb{F}_2$, $i \in \{0, 1 \cdots (n-1)\}$, $n \in \mathbb{N}^*$, werde von der Summe s_j, $j \in \{0, 1 \cdots (J-1)\}$, $J \in \mathbb{N}^*$, gemäß (3.28) oder durch die j-te Zeile $\boldsymbol{h}^{(j)}$, $j \in \{0, 1 \cdots (J-1)\}$, $J \in \mathbb{N}^*$, der Paritätsprüfmatrix $\boldsymbol{H}$ dann und nur dann geprüft, wenn [22, S. 854f.]

$$h_i^{(j)} = 1, \quad i \in \{0, 1 \cdots (n-1)\}, \quad n \in \mathbb{N}^*, \tag{3.29}$$

gilt. Das Spaltengewicht $\gamma < J$ der Paritätsprüfmatrix $\boldsymbol{H}$ ist gleich der Anzahl der Zeilenvektoren, die (3.29) erfüllen.

Diejenigen γ Zeilenvektoren der Paritätsprüfmatrix $\boldsymbol{H}$, welche das Codebit $v_i \in \mathbb{F}_2$ prüfen, sind

$$\boldsymbol{h}^{(j_0)}, \boldsymbol{h}^{(j_1)} \cdots \boldsymbol{h}^{(j_{\gamma-1})}, \quad h_i^{(j)} = 1 \,\forall\, j \in \{j_0, j_1 \cdots j_{\gamma-1}\}, \tag{3.30}$$

mit

$$\boldsymbol{h}^{(j)} = (h_0^{(j)}, h_1^{(j)} \cdots \underbrace{1}_{i\text{-te Stelle}} \cdots h_{n-1}^{(j)}) \quad j \in \{j_0, j_1 \cdots j_{\gamma-1}\}. \tag{3.31}$$

Diese γ Zeilenvektoren bilden die Menge

$$\mathbb{A}^{(i)} = \{\boldsymbol{h}^{(j_0)}, \boldsymbol{h}^{(j_1)} \cdots \boldsymbol{h}^{(j_{\gamma-1})}\}, \quad h_i^{(j)} = 1 \,\forall\, j \in \{j_0, j_1 \cdots j_{\gamma-1}\}, \quad i \in \{0, 1 \cdots (n-1)\}, \quad n \in \mathbb{N}^*. \tag{3.32}$$

Es folgt aus Eigenschaft (3) in Definition 3.1, dass jedes andere Codebit als v_i *von höchstens einem Zeilenvektor in* $\mathbb{A}^{(i)}$ nach (3.32) geprüft wird [22, S. 872]. Daher sind die γ Zeilenvektoren in $\mathbb{A}^{(i)}$ nach (3.32) *„orthogonal"* zum Codebit v_i [22, S. 872].

Jedes Fehlermuster mit $\lfloor \gamma/2 \rfloor$ oder weniger Fehlern kann durch den Low Density Parity Check (LDPC) Code der Definition 3.1 korrigiert werden [22, S. 872]. Folglich ist die Mindestdistanz $d_{\min}$ durch $(\gamma + 1)$ nach unten beschränkt, d. h. es gilt [22, S. 872]

$$d_{\min} \geq \gamma + 1. \tag{3.33}$$

Leider gibt es kein „Rezept" für den Entwurf eines guten $(n, k, d_{\min})$ binären linearen Low Density Parity Check (LDPC) Codes $\mathbb{L}$, siehe beispielsweise [22, S. 853f.]. Oft werden daher computergestützte Suchverfahren verwendet, um einen langen $(n, k, d_{\min})$ binären linearen Low Density Parity Check (LDPC) Code $\mathbb{L}$ zu finden. Dies scheint der Nachteil des Entwurfs von Low Density Parity Check (LDPC) Codes zu sein. Daher ist es schwer zu sagen, ob eine Suche bei einer vorgegebenen Entwurfsdauer erfolgreich sein wird oder nicht.

3.2 Decodierung von Low Density Parity Check (LDPC) Codes

3.2.1 Tanner-Graphen

Im Folgenden betrachten wir die Decodierung von Low Density Parity Check (LDPC) Codes basierend auf einer speziellen Art von *Graphen* [110, S.387], [30, Definition B.1, S. 244], die *Tanner-Graphen* genannt werden [22, Bild 17.6, S. 355–358]. Tanner-Graphen wurden im Jahr 1981 von Robert Michael *Tanner* eingeführt [111]. Ein Graph [22, S. 855], [110, S. 387], [30, Definition B.1, S. 244]

$$\mathcal{G} = (\mathbb{V}, \mathbb{E}) \tag{3.34}$$

besteht aus einer Menge von *Knoten*

$$\mathbb{V} = \{v_1, v_2, \ldots\} \tag{3.35}$$

und einer Menge von *Kanten*

$$\mathbb{E} = \{\varepsilon_1, \varepsilon_2 \cdots\}. \tag{3.36}$$

Jede Kante ε_k, $k \in \mathbb{N}^*$, wird mit einem ungeordneten Paar (v_i, v_j) von Knoten identifiziert [22, S. 855]. Diejenigen Knoten v_i und v_j, welche mit der Kante ε_k assoziiert sind, heißen *Endknoten* von ε_k [22, S. 855]. Die Knoten v_i und v_j sind *durch die Kante* ε_k [22, S. 855] *verbunden*. Deshalb sind die Knoten v_i und v_j *benachbart* oder *adjacent* oder *verbunden* [22, S. 856]. Die Kante ε_k und die Knoten v_i und v_j sind *inzident* [22, S. 855]. Die Anzahl derjenigen Kanten, welche mit einem Knoten v_i inzident sind, wird als *Grad des Knotens* v_i $d(v_i)$ bezeichnet [22, S. 855]. Zwei Kanten, die sich an einem gemeinsamen Knoten treffen, heißen *benachbart* oder *adjacent* oder *verbunden* [22, S. 856].

Ein Graph $\mathcal{G}$ mit einer endlichen Anzahl von Knoten und Kanten wird als *endlicher Graph* [22, S. 856] bezeichnet. Ein Graph $\mathcal{G}$ wird üblicherweise durch ein Diagramm dargestellt, in dem die Knoten durch Punkte und jede Kante durch eine Linie dargestellt wird, die ihre jeweiligen Endknoten verbindet [22, S. 855], siehe Abbildung 3.1.

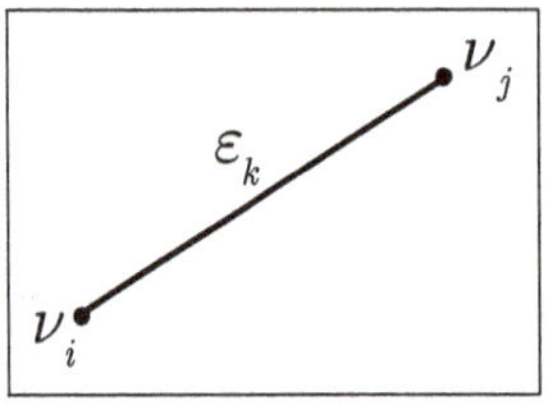

Abb. 3.1: Knoten v_i und v_j, verbunden durch die Kante ε_k.

Beispiel 3.2. Der Graph $\mathcal{G}$ besteht aus sechs Knoten und zehn Kanten, siehe Abbildung 3.2 und [22, Bild 17.3, S. 855]. Der Graph $\mathcal{G}$ hat beispielsweise die folgenden Eigenschaften:

$$\begin{aligned} d(v_4) &= 4, \\ d(v_6) &= 2. \end{aligned} \tag{3.37}$$

Die Knoten v_2 und v_4 sind durch ε_3 verbunden. Die Knoten v_3 und v_6 sind durch ε_9 verbunden. Die Kanten ε_1 und ε_2 sind benachbart. Die Kanten ε_4 und ε_6 sind benachbart.

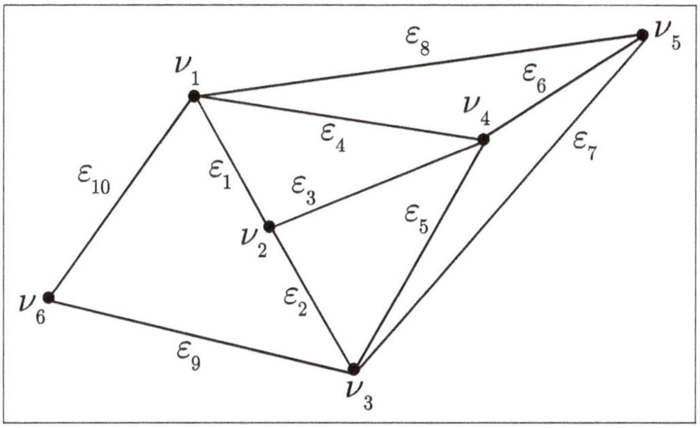

Abb. 3.2: Graph $\mathcal{G}$ des Beispiels 3.2 (angepasst nach [22, Bild 17.3, S. 855]).

Ein *Pfad* in einem Graphen $\mathcal{G}$ ist eine endliche alternierende Folge von Knoten und Kanten, die mit einem Knoten beginnt und mit einem Knoten endet [22, S. 856]. Jede Kante ist inzident mit demjenigen Knoten, welcher ihr vorangeht beziehungsweise welcher ihr folgt. Kein Knoten erscheint mehr als einmal in einem Pfad [22, S. 856]. Die Anzahl der Kanten in einem Pfad wird als *Länge* des Pfades bezeichnet [22, S. 856].

Beispiel 3.3. Abbildung 3.3 zeigt ein Beispiel eines Pfades. Dieser Pfad ist

$$\nu_1,\ \varepsilon_1,\ \nu_2,\ \varepsilon_3,\ \nu_4,\ \varepsilon_6,\ \nu_5,\ \varepsilon_7,\ \nu_3, \tag{3.38}$$

[22, S. 856]. Die Pfadlänge beträgt 4 [22, S. 856].

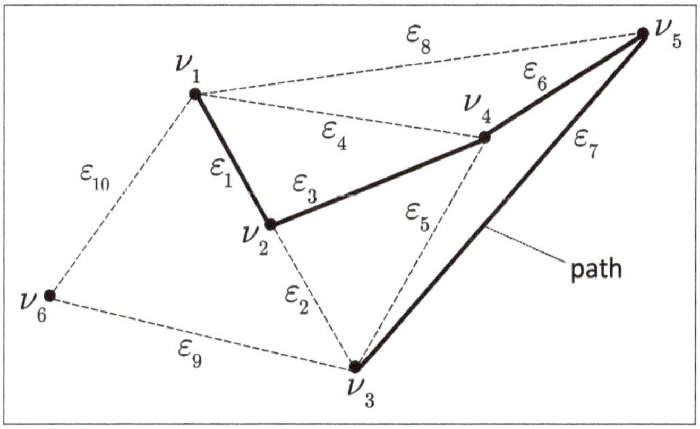

Abb. 3.3: Beispiel für einen Pfad im Graphen $\mathcal{G}$ der Beispiele 3.2 und 3.3, siehe Abbildung 3.2.

Es ist möglich, dass ein Pfad an ein und demselben Knoten beginnt und endet [22, S. 856]. Ein solcher geschlossener Pfad wird als *Zyklus* beziehungsweise als *Kreis* bezeichnet [22, S. 856]. Der Kreis ist ein spezieller Zyklus, in dem außer dem identischen Anfangs- und Endknoten jeder weitere Knoten genau einmal enthalten ist [22, S. 856].

Beispiel 3.4. Abbildung 3.4 stellt den Kreis

$$\nu_1, \varepsilon_1, \nu_2, \varepsilon_3, \nu_4, \varepsilon_4, \nu_1, \tag{3.39}$$

im Graphen $\mathcal{G}$ gemäß der Beispiele 3.2 und 3.3 dar [22, Bild 17.3, S. 855]. Dieser Kreis hat die Pfadlänge 3.

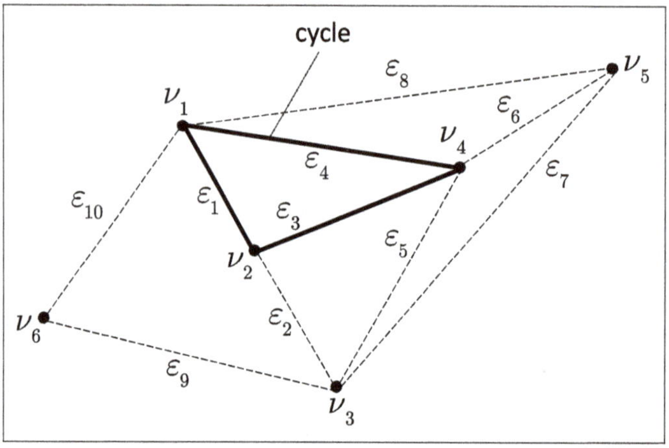

Abb. 3.4: Beispiel eines Kreises im Graphen $\mathcal{G}$ der Beispiele 3.2 und 3.3, siehe Abbildung 3.2.

Eine Kante, bei welcher der Anfangs- und Endknoten identisch sind, ist ein Zyklus der Länge 1 [22, S. 856]. Dieser Zyklus wird als *Schleife* beziehungsweise als *Schlinge* bezeichnet [22, S. 856]. Die Länge des kürzesten Kreises, der keine Schleife ist, wird als *Taillenweite* (engl. „girth") des Graphen bezeichnet [22, S. 856].

Beispiel 3.5. Die Taillenweite des in Abbildung 3.2 gezeigten Graphen $\mathcal{G}$ beträgt 3, siehe auch Abbildung 3.4.

Ein Graph ohne Kreise wird als *kreisfrei* beziehungsweise *zyklenfrei* bezeichnet [22, S. 856]. Ein kreisfreier Graph ist ein *Baum* [22, S. 856].

Ein Graph wird als *zusammenhängend* bezeichnet, wenn es mindestens einen Pfad zwischen jedem Knotenpaar in $\mathcal{G}$ gibt [22, S. 856].

Beispiel 3.6. Der in Abbildung 3.2 gezeigte Graph $\mathcal{G}$ ist zusammenhängend.

Ein Graph $\mathcal{G}$ ist *bipartit*, wenn seine Menge von Knoten $\mathbb{V}$ in zwei disjunkte Teilmengen $\mathbb{V}^{(1)}$ und $\mathbb{V}^{(2)}$ aufgeteilt werden kann, d. h.

$$\mathbb{V}^{(1)} \cap \mathbb{V}^{(2)} = \mathbb{V}^{(1)}\mathbb{V}^{(2)} = \emptyset, \tag{3.40}$$

sodass jede Kante in $\mathbb{E}$ stets einen Knoten in $\mathbb{V}^{(1)}$ mit einem Knoten in $\mathbb{V}^{(2)}$ verbindet und keine Knoten in der Menge $\mathbb{V}^{(1)}$ direkt miteinander verbunden sind beziehungsweise keine Knoten in der Menge $\mathbb{V}^{(2)}$ direkt miteinander verbunden sind [22, S. 856]. Es ist offensichtlich, dass *ein bipartiter Graph keine Schleifen* aufweist [22, S. 856].

Beispiel 3.7. Abbildung 3.5 zeigt das Beispiel eines bipartiten Graphen $\mathcal{G}$ [22, Bild 17.5, S. 857]. Man erhält

$$\begin{aligned}\mathbb{V}^{(1)} &= \{v_1, v_2, v_3\},\\ \mathbb{V}^{(2)} &= \{v_4, v_5, v_6, v_7, v_8\}.\end{aligned} \tag{3.41}$$

Die Taillenweite des Graphen beträgt 6.

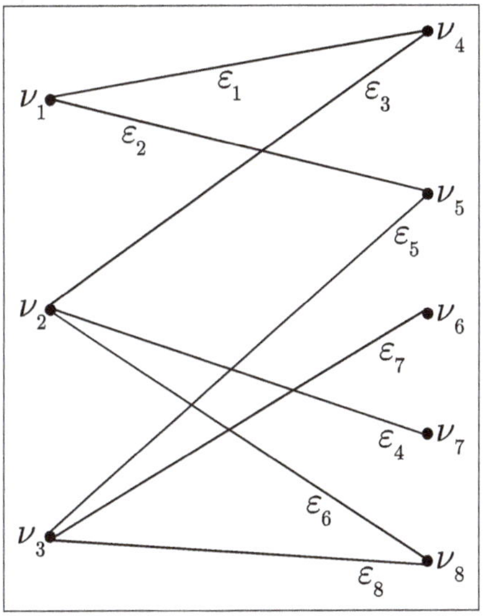

Abb. 3.5: Beispiel eines bipartiten Graphen (angepasst nach [22, Bild 17.5, S. 857]).

Wenn ein bipartiter Graph Kreise enthält, dann haben alle Kreise gerade Längen, da das Verlassen eines Knotens in $\mathbb{V}^{(1)}$ und das Zurückkehren zu einem anderen Knoten in $\mathbb{V}^{(1)}$ jedes Mal zwei Kanten erfordert [22, S. 856].

Für einen (n, k, d_{min}) binären linearen Low Density Parity Check (LDPC) Code $\mathbb{L}$ der Länge n mit der Paritätsprüfmatrix $\boldsymbol{H}$ mit J Zeilenvektoren $\boldsymbol{h}^{(j)}, j \in \{0, 1 \cdots (J-1)\}, J \in \mathbb{N}^*$, erstellen wir einen bipartiten Graphen $\mathcal{G}_\text{T}$, der aus zwei Mengen von Knoten $\mathbb{V}^{(1)}$ und $\mathbb{V}^{(2)}$ besteht [22, S. 857]. Der Graph $\mathcal{G}_\text{T}$ wird als *Tanner-Graph* bezeichnet [22, S. 857].

Die erste Menge $\mathbb{V}^{(1)}$ besteht aus denjenigen n Knoten, welche die n Codebits $v_0, v_1 \cdots v_{n-1}$, $n \in \mathbb{N}^*$, repräsentieren [22, S. 857]. Diese Knoten werden als *Codebitknoten* oder *Variablenknoten* (engl. „variable nodes") bezeichnet [22, S. 857]. Im Folgenden identifizieren wir daher die Variablenknoten $v_i^{(1)} \in \mathbb{V}^{(1)}$ mit den n Codebits $v_i, i \in \{0, 1 \cdots (n-1)\}, n \in \mathbb{N}^*$.

Die zweite Menge $\mathbb{V}^{(2)}$ besteht aus denjenigen J Knoten, welche die J Paritätsprüfsummen oder Paritätsprüfgleichungen $s_0, s_1 \cdots s_{J-1}, J \in \mathbb{N}^*$, nach (3.28) repräsentieren [22, S. 857]. Diese Knoten werden als *Prüfsummenknoten* oder *Prüfknoten* (engl. „check nodes") bezeichnet [22, S. 857]. Im Folgenden identifizieren wir daher die Prüfsummenknoten $v_j^{(2)} \in \mathbb{V}^{(2)}$ mit den n Paritätsprüfsummen $s_j, j \in \{0, 1 \cdots (J-1)\}, J \in \mathbb{N}^*$.

Ein Variablenknoten v_i, $i \in \{0, 1 \cdots (n-1)\}$, $n \in \mathbb{N}^*$, ist mit einem Prüfsummenknoten $s_j, j \in \{0, 1 \cdots (J-1)\}, J \in \mathbb{N}^*$, dann und nur dann durch eine Kante verbunden, die als (v_i, s_j) bezeichnet wird, wenn das Codebit $v_i, i \in \{0, 1 \cdots (n-1)\}, n \in \mathbb{N}^*$, durch die Paritätsprüfsumme $s_j, j \in \{0, 1 \cdots (J-1)\}, J \in \mathbb{N}^*$ geprüft wird [22, S. 857]. Wie erforderlich, sind keine zwei Variablenknoten miteinander verbunden [22, S. 857]. Wie erforderlich, sind keine zwei Prüfsummenknoten miteinander verbunden [22, S. 857].

Der Grad eines Variablenknotens v_i, $i \in \{0, 1 \cdots (n-1)\}$, $n \in \mathbb{N}^*$, entspricht der Anzahl der Prüfsummen, die v_i, $i \in \{0, 1 \cdots (n-1)\}$, $n \in \mathbb{N}^*$, prüfen [22, S. 857]. Daher entspricht der Grad eines Prüfsummenknotens $s_j, j \in \{0, 1 \cdots (J-1)\}, J \in \mathbb{N}^*$, der Anzahl der Codebits, die von $s_j, j \in \{0, 1 \cdots (J-1)\}, J \in \mathbb{N}^*$, geprüft werden [22, S. 857].

Die Konstruktion eines Tanner-Graphen $\mathcal{G}_T$ ist in Abbildung 3.6 veranschaulicht, siehe [22, S. 857f.].

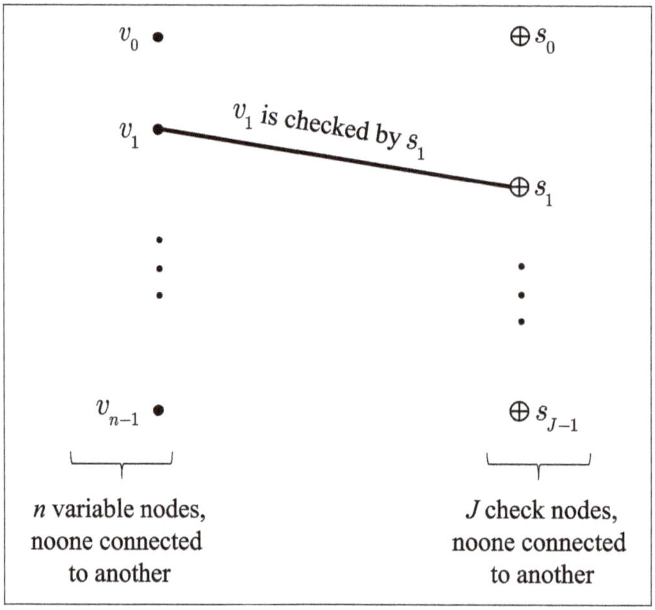

Abb. 3.6: Konstruktion eines Tanner-Graphen $\mathcal{G}_T$ (angepasst nach [22, S. 857f.]).

Beispiel 3.8. Der (n, k, d_{min}) binäre lineare Low Density Parity Check (LDPC) Code $\mathbb{L}$ mit der Paritätprüfmatrix

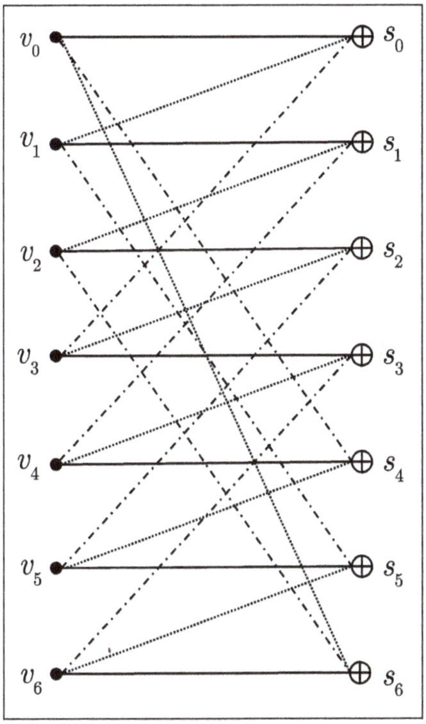

Abb. 3.7: Tanner-Graph $\mathcal{G}_\mathrm{T}$ für $\boldsymbol{H}$ (angepasst nach [22, Bild 17.6, S. 858]).

$$\boldsymbol{H} = \begin{pmatrix} 1 & 1 & 0 & 1 & 0 & 0 & 0 \\ 0 & 1 & 1 & 0 & 1 & 0 & 0 \\ 0 & 0 & 1 & 1 & 0 & 1 & 0 \\ 0 & 0 & 0 & 1 & 1 & 0 & 1 \\ 1 & 0 & 0 & 0 & 1 & 1 & 0 \\ 0 & 1 & 0 & 0 & 0 & 1 & 1 \\ 1 & 0 & 1 & 0 & 0 & 0 & 1 \end{pmatrix} \tag{3.42}$$

aus (3.13) hat den Tanner-Graphen $\mathcal{G}_\mathrm{T}$ in Abbildung 3.7, siehe [22, S. 858]. Dieser Low Density Parity Check (LDPC) Code hat die folgenden Prüfsummen

$$\begin{aligned} s_0 &= v_0 \oplus v_1 \oplus v_3, \\ s_1 &= v_1 \oplus v_2 \oplus v_4, \\ s_2 &= v_2 \oplus v_3 \oplus v_5, \\ s_3 &= v_3 \oplus v_4 \oplus v_6, \\ s_4 &= v_0 \oplus v_4 \oplus v_5, \\ s_5 &= v_1 \oplus v_5 \oplus v_6, \\ s_6 &= v_0 \oplus v_2 \oplus v_6. \end{aligned} \tag{3.43}$$

Die Taillenweite (engl. „girth“), d. h. die Länge des kürzesten Kreises, in diesem Tanner-Graphen $\mathcal{G}_\mathrm{T}$ beträgt 6.

Für einen (γ, ρ)-regulären (n, k, d_{min}) binären linearen Low Density Parity Check (LDPC) Code $\mathbb{L}$ sind die Grade aller Variablenknoten im Tanner-Graphen $\mathcal{G}_{\text{T}}$ konstant und gleich γ, d. h. sie sind gleich dem Spaltengewicht der Prüfsummenmatrix $\boldsymbol{H}$ [22, S. 857]. Außerdem sind die Grade aller Prüfsummenknoten konstant und gleich ρ, d. h. sie sind gleich dem Zeilengewicht der Prüfsummenmatrix $\boldsymbol{H}$ [22, S. 857]. Folglich wird der entsprechende Tanner-Graph $\mathcal{G}_{\text{T}}$ als *regulär* bezeichnet [22, S. 857].

Darüber hinaus folgt aus Definition 3.1, dass keine zwei Codebits eines (n, k, d_{min}) binären linearen Low Density Parity Check (LDPC) Codes $\mathbb{L}$ durch zwei verschiedene Prüfsummen geprüft werden [22, S. 857]. Dies impliziert, dass der Tanner-Graph eines (n, k, d_{min}) binären linearen Low Density Parity Check (LDPC) Codes $\mathbb{L}$ *keine Kreise der Länge* 4 *enthält* [22, S. 857].

3.2.2 Verarbeitung von Log-Likelihood-Verhältnissen in Prüfsummen

Neben ihrer Ähnlichkeit zu schwach zufallsähnlichen Codes haben Low Density Parity Check (LDPC) Codes und Turbo-Faltungscodes auch eine Gemeinsamkeit hinsichtlich der Verarbeitung von Log-Likelihood-Verhältnissen (engl. „log-likelihood ratios“, LLRs). In diesem Zusammenhang werden die Low Density Parity Check (LDPC) Codes dazu beitragen, unser Wissen auf die Verarbeitung von Log-Likelihood-Verhältnissen (engl. „log-likelihood ratios“, LLRs) in Prüfsummen zu erweitern. Wir wollen diesen Aspekt im Folgenden besprechen.

Abbildung 3.8 zeigt das generische Blockdiagramm eines Empfängers mit Empfangsantennendiversität mit $K_{\text{R}} \in \mathbb{N}^*$ Empfangsantennen, mit K_{R} signalangepassten Filtern (engl. „matched filters“, MFs) und mit Maximalgewinnkombinieren (engl. „maximal ratio combining“ beziehungsweise „maximum ratio combining“, MRC) [3, Abschnitt 3.9], einem Soft-Output-Detektor, der beispielsweise auf dem *Soft-Output-Viterbi-Algorithmus (SOVA)* basiert, siehe beispielsweise [3, Abschnitt 3.9.12–3.9.14],

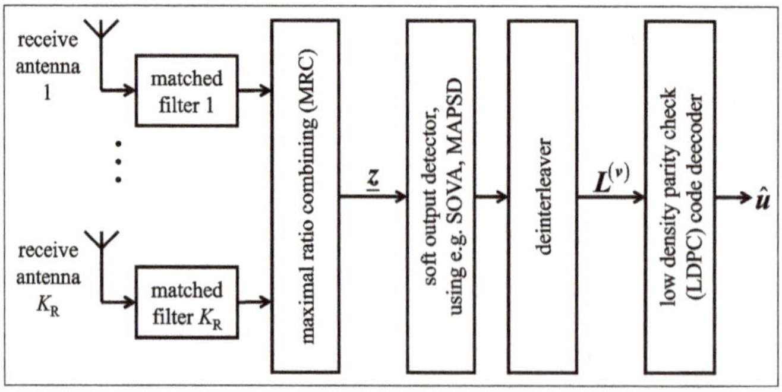

Abb. 3.8: Generisches Blockdiagramm eines Empfängers mit Empfangsantennendiversität, Soft-Output-Detektor und LDPC-Decodierer (angepasst nach [3, Abschnitt 3.9]).

oder der ein *Maximum a-posteriori Symboldetektor (MAPSD)* ist, siehe beispielsweise [3, Abschnitt 3.9.15], sowie einem Kanaldecodierer für den $(n, k, d_{\min})$ binären linearen Low Density Parity Check (LDPC) Code $\mathbb{L}$. Diesen Kanaldecodierer werden wir kurz LDPC-Decodierer nennen. Das gezeigte Blockdiagramm ähnelt Abbildung 2.8. Der Hauptunterschied besteht darin, dass der Entschachteler (engl. „deinterleaver") nur einen einzigen Ausgabevektor erzeugt, nämlich den Vektor der Log-Likelihood-Verhältnisse (engl. „log-likelihood ratios", LLRs)

$$\boldsymbol{L}^{(v)} = (L_0^{(v)}, L_1^{(v)} \cdots L_{n-1}^{(v)}), \quad n \in \mathbb{N}^*, \tag{3.44}$$

$$\begin{aligned} L_i^{(v)} &= \ln\left\{\frac{\mathrm{P}\{v_i = 0 \mid \underline{\mathbf{z}}\}}{\mathrm{P}\{v_i = 1 \mid \underline{\mathbf{z}}\}}\right\} \\ &= \ln\left\{\frac{\mathrm{p}(\underline{\mathbf{z}} \mid v_i = 0)}{\mathrm{p}(\underline{\mathbf{z}} \mid v_i = 1)}\right\} + \underbrace{\ln\left\{\frac{\mathrm{P}\{v_i = 0\}}{\mathrm{P}\{v_i = 1\}}\right\}}_{=0 \text{ für gleichwahrscheinliche 0 und 1}} \\ &= \ln\left\{\frac{\mathrm{p}(\underline{\mathbf{z}} \mid v_i = 0)}{\mathrm{p}(\underline{\mathbf{z}} \mid v_i = 1)}\right\}, \quad i \in \{0, 1 \cdots (n-1)\}, \quad n \in \mathbb{N}^*, \end{aligned} \tag{3.45}$$

der diejenigen Log-Likelihood-Verhältnisse (engl. „log-likelihood ratios", LLRs) enthält, welche mit der Übertragung und dem Empfang der Codebits $v_i \in \mathbb{F}_2$, $i \in \{0, 1 \cdots (n-1)\}$, $n \in \mathbb{N}^*$, verbunden sind. Wie im Fall der Turbo-Faltungscodes erhält man

$$\mathrm{p}(\underline{\mathbf{z}} \mid v_i) = \frac{\exp\{(1 \oplus v_i) \cdot L_i^{(v)}\}}{\exp\{L_i^{(v)}\} + 1}, \quad i \in \{0, 1 \cdots (n-1)\}, \quad n \in \mathbb{N}^*. \tag{3.46}$$

Der neue Aspekt bei der Kanaldecodierung ist die Verarbeitung der Log-Likelihood-Verhältnisse (engl. „log-likelihood ratios", LLRs) in den Prüfsummenknoten. Daher betrachten wir diesen Aspekt detailliert.

Lassen Sie uns mit dem einfachsten Fall beginnen. Wir behandeln die Verarbeitung derjenigen Log-Likelihood-Verhältnisse (engl. „log-likelihood ratios", LLRs), welche mit einer solchen Prüfsumme verbunden sind, die nur aus zwei Termen besteht und deshalb nur zwei Codebits v_p und v_q prüft. Dann wird das bedingte Log-Likelihood-Verhältnis (engl. „log-likelihood ratio", LLR) zu

$$\begin{aligned} L_p^{(v)} = \ln\left\{\frac{\mathrm{p}(\underline{\mathbf{z}} \mid v_p = 0)}{\mathrm{p}(\underline{\mathbf{z}} \mid v_p = 1)}\right\}, \quad L_q^{(v)} = \ln\left\{\frac{\mathrm{p}(\underline{\mathbf{z}} \mid v_q = 0)}{\mathrm{p}(\underline{\mathbf{z}} \mid v_q = 1)}\right\}, \\ p \neq q, \quad p, q \in \{0, 1 \cdots (n-1)\}, \quad n \in \mathbb{N}^*. \end{aligned} \tag{3.47}$$

Die Prüfsumme

$$s_j = v_p \oplus v_q \quad p \neq q, \quad p, q \in \{0, 1 \cdots (n-1)\}, \quad j \in \{0, 1 \cdots (J-1)\}, \quad J, n \in \mathbb{N}^*, \tag{3.48}$$

ist die j-te Komponente des *Prüfsummenvektors*

$$\boldsymbol{s} = (s_0, s_1 \cdots s_{J-1}), \quad J \in \mathbb{N}^*. \tag{3.49}$$

Wir berechnen nun

$$L_j^{(s)} = \ln\left\{\frac{\mathsf{P}\{s_j = 0 \mid \underline{\boldsymbol{z}}\}}{\mathsf{P}\{s_j = 1 \mid \underline{\boldsymbol{z}}\}}\right\}, \quad j \in \{0, 1 \cdots (J-1)\}, \quad J, n \in \mathbb{N}^*, \tag{3.50}$$

als Funktion von $L_p^{(v)}$ und $L_q^{(v)}$.

Um zur gewünschten Darstellung zu gelangen, unterscheidet man zwischen den Fällen

$$s_j = v_p \oplus v_q = 0 \tag{3.51}$$

und

$$s_j = v_p \oplus v_q = 1. \tag{3.52}$$

Im ersten Fall kann s_j offensichtlich nur dann den Wert 0 annehmen, wenn

- dasjenige Ereignis $\mathbb{E}_1$ gleich $\{(v_p = 0)(v_q = 0)\}$ eintritt, bei welchem v_p und v_q gemeinsam gleich 0 sind, oder
- dasjenige Ereignis $\mathbb{E}_2$ gleich $\{(v_p = 1)(v_q = 1)\}$ eintritt, bei welchem v_p und v_q gemeinsam gleich 1 sind.

Da die beiden Ereignisse $\mathbb{E}_1$ und $\mathbb{E}_2$ disjunkt sind und daher nicht gleichzeitig eintreten können, gilt

$$\mathbb{E}_1 \cap \mathbb{E}_2 = \mathbb{E}_1\mathbb{E}_2 = \emptyset, \tag{3.53}$$

und man erhält [112, Gl. (10), S. 7]

$$\begin{aligned} \mathsf{P}\{s_j = 0 \mid \underline{\boldsymbol{z}}\} &= \mathsf{P}\{\mathbb{E}_1 + \mathbb{E}_2 \mid \underline{\boldsymbol{z}}\} \\ &= \mathsf{P}\{\mathbb{E}_1 \mid \underline{\boldsymbol{z}}\} + \mathsf{P}\{\mathbb{E}_2 \mid \underline{\boldsymbol{z}}\} \\ &= \mathsf{P}\{(v_p = 0)(v_q = 0) \mid \underline{\boldsymbol{z}}\} + \mathsf{P}\{(v_p = 1)(v_q = 1) \mid \underline{\boldsymbol{z}}\}. \end{aligned} \tag{3.54}$$

Unter der Annahme, dass die Ereignisse $\{v_p\}$ und $\{v_q\}$ unabhängig sind, folgt [112, Gl. (2), S. 9]

$$\mathsf{P}\{s_j = 0 \mid \underline{\boldsymbol{z}}\} = \mathsf{P}\{v_p = 0 \mid \underline{\boldsymbol{z}}\} \cdot \mathsf{P}\{v_q = 0 \mid \underline{\boldsymbol{z}}\} + \mathsf{P}\{v_p = 1 \mid \underline{\boldsymbol{z}}\} \cdot \mathsf{P}\{v_q = 1 \mid \underline{\boldsymbol{z}}\}. \tag{3.55}$$

Im zweiten Fall s_j gleich 1 erhalten wir auf dieselbe Weise das Ergebnis

$$\mathsf{P}\{s_j = 1 \mid \underline{\boldsymbol{z}}\} = \mathsf{P}\{v_p = 0 \mid \underline{\boldsymbol{z}}\} \cdot \mathsf{P}\{v_q = 1 \mid \underline{\boldsymbol{z}}\} + \mathsf{P}\{v_p = 1 \mid \underline{\boldsymbol{z}}\} \cdot \mathsf{P}\{v_q = 0 \mid \underline{\boldsymbol{z}}\}. \tag{3.56}$$

Daher ergibt sich, siehe beispielsweise [113, Gl. (1), S. 1033], [114, Gl. (5), S. 306],

$$
\begin{aligned}
L_j^{(\mathrm{s})} &= \ln\left\{\frac{\mathrm{P}\{v_p=0\mid\underline{\mathbf{z}}\}\cdot\mathrm{P}\{v_q=0\mid\underline{\mathbf{z}}\}+\mathrm{P}\{v_p=1\mid\underline{\mathbf{z}}\}\cdot\mathrm{P}\{v_q=1\mid\underline{\mathbf{z}}\}}{\mathrm{P}\{v_p=0\mid\underline{\mathbf{z}}\}\cdot\mathrm{P}\{v_q=1\mid\underline{\mathbf{z}}\}+\mathrm{P}\{v_p=1\mid\underline{\mathbf{z}}\}\cdot\mathrm{P}\{v_q=0\mid\underline{\mathbf{z}}\}}\right\}\\
&= \ln\left\{\frac{1+\frac{\mathrm{P}\{v_p=0|\underline{\mathbf{z}}\}}{\mathrm{P}\{v_p=1|\underline{\mathbf{z}}\}}\cdot\frac{\mathrm{P}\{v_q=0|\underline{\mathbf{z}}\}}{\mathrm{P}\{v_q=1|\underline{\mathbf{z}}\}}}{\frac{\mathrm{P}\{v_p=0|\underline{\mathbf{z}}\}\cdot\mathrm{P}\{v_q=1|\underline{\mathbf{z}}\}}{\mathrm{P}\{v_p=1|\underline{\mathbf{z}}\}\cdot\mathrm{P}\{v_q=1|\underline{\mathbf{z}}\}}+\frac{\mathrm{P}\{v_p=1|\underline{\mathbf{z}}\}\cdot\mathrm{P}\{v_q=0|\underline{\mathbf{z}}\}}{\mathrm{P}\{v_p=1|\underline{\mathbf{z}}\}\cdot\mathrm{P}\{v_q=1|\underline{\mathbf{z}}\}}}\right\}\\
&= \ln\left\{\frac{1+\frac{\mathrm{P}\{v_p=0|\underline{\mathbf{z}}\}}{\mathrm{P}\{v_p=1|\underline{\mathbf{z}}\}}\cdot\frac{\mathrm{P}\{v_q=0|\underline{\mathbf{z}}\}}{\mathrm{P}\{v_q=1|\underline{\mathbf{z}}\}}}{\frac{\mathrm{P}\{v_p=0|\underline{\mathbf{z}}\}}{\mathrm{P}\{v_p=1|\underline{\mathbf{z}}\}}+\frac{\mathrm{P}\{v_q=0|\underline{\mathbf{z}}\}}{\mathrm{P}\{v_q=1|\underline{\mathbf{z}}\}}}\right\}\\
&= \ln\left\{\frac{1+\exp\{L_p^{(\mathrm{v})}\}\cdot\exp\{L_q^{(\mathrm{v})}\}}{\exp\{L_p^{(\mathrm{v})}\}+\exp\{L_q^{(\mathrm{v})}\}}\right\}\\
&= \ln\left\{\frac{1+\exp\{L_p^{(\mathrm{v})}+L_q^{(\mathrm{v})}\}}{\exp\{L_p^{(\mathrm{v})}\}+\exp\{L_q^{(\mathrm{v})}\}}\right\},\quad j\in\{0,1\cdots(J-1)\},\quad J\in\mathbb{N}^*. \qquad (3.57)
\end{aligned}
$$

Bemerkung 3.2 (Log-Likelihood-Verhältnisse (engl. „log-likelihood ratios" LLRs) an Prüfknoten (engl. „check nodes")). Die in dieser Bemerkung 3.2 dargelegten Sachverhalte gehen auf gemeinsam von Herrn Kushtrim Dini und dem Autor gefundene Ergebnisse zurück.

Die Decodierer von anspruchsvollen binären Blockcodes wie Low Density Parity Check (LDPC) Codes und Polarcodes basieren auf Faktorgraphen, die aus variablen Knoten (engl. „variable nodes") und Prüfknoten (engl. „check nodes") bestehen, siehe beispielsweise [115, Abb. 17, S. 511].

An den Prüfknoten (engl. „check nodes") müssen die Prüfsummen für die Summe von mindestens zwei verschiedenen Bits bestimmt werden. Dies erfolgt durch rekursive Anwendung der binären Operation $\oplus$ unter Ausnutzung des Assoziationsgesetzes. Es reicht deshalb aus, die zu den genannten Prüfsummen gehörenden Log-Likelihood-Verhältnisse (engl. „log-likelihood ratios", LLRs) für lediglich zwei verschiedene Bits zu berechnen.

Es seien $v, w \in \mathbb{F}_2 = \{0,1\}$ zwei Bits, die eine erste Prüfsumme und damit ein einziges neues Bit $v \oplus w \in \mathbb{F}_2$ bilden. Ferner sei

$$L(v) = \ln\left\{\frac{\mathrm{P}\{\{v=0\}\}}{\mathrm{P}\{\{v=1\}\}}\right\} \in \mathbb{R} \qquad (3.58)$$

das zum Bit $v \in \mathbb{F}_2 = \{0,1\}$ gehörende Log-Likelihood-Verhältnis (engl. „log-likelihood ratios", LLR) und

$$L(w) = \ln\left\{\frac{\mathrm{P}\{\{w=0\}\}}{\mathrm{P}\{\{w=1\}\}}\right\} \in \mathbb{R} \qquad (3.59)$$

das zum Bit $w \in \mathbb{F}_2 = \{0,1\}$ gehörende Log-Likelihood-Verhältnis (engl. „log-likelihood ratio", LLR). Mit der binären „box plus"-Operation $\boxplus$ gilt für das Log-Likelihood-Verhältnis (engl. „log-likelihood ratios", LLR) von $v \oplus w \in \mathbb{F}_2$ sei

$$L(v\oplus w) = \ln\left\{\frac{\mathrm{P}\{\{v\oplus w=0\}\}}{\mathrm{P}\{\{v\oplus w=1\}\}}\right\} \overset{\text{def}}{=} L(v) \boxplus L(w) \in \mathbb{R}. \qquad (3.60)$$

Die zugehörige Wahrheitstabelle lautet folgendermaßen:

$v \in \mathbb{F}_2$	$w \in \mathbb{F}_2$	$v \oplus w \in \mathbb{F}_2$
0	0	0
0	1	1
1	0	1
1	1	0

Wir erhalten

$$\mathrm{P}\big\{\{v \oplus w = 0\}\big\} = \mathrm{P}\big\{\{v = 0\}\big\} \cdot \mathrm{P}\big\{\{w = 0\} \mid \{v = 0\}\big\} + \mathrm{P}\big\{\{v = 1\}\big\} \cdot \mathrm{P}\big\{\{w = 1\} \mid \{v = 1\}\big\}, \tag{3.61}$$

$$\mathrm{P}\big\{\{v \oplus w = 1\}\big\} = \mathrm{P}\big\{\{v = 0\}\big\} \cdot \mathrm{P}\big\{\{w = 1\} \mid \{v = 0\}\big\} + \mathrm{P}\big\{\{v = 1\}\big\} \cdot \mathrm{P}\big\{\{w = 0\} \mid \{v = 1\}\big\}. \tag{3.62}$$

Wir nehmen an, dass die beiden Bits $v, w \in \mathbb{F}_2$ (statistisch) unabhängig sind. Dann wird $L(v \oplus w)$ aus (3.60) zu der bereits bekannten Formel

$$\begin{aligned} L(v \oplus w) &= \ln\left\{\frac{\mathrm{P}\{\{v = 0\}\} \cdot \mathrm{P}\{\{w = 0\}\} + \mathrm{P}\{\{v = 1\}\} \cdot \mathrm{P}\{\{w = 1\}\}}{\mathrm{P}\{\{v = 0\}\} \cdot \mathrm{P}\{\{w = 1\}\} + \mathrm{P}\{\{v = 1\}\} \cdot \mathrm{P}\{\{w = 0\}\}}\right\} \\ &= \ln\left\{\frac{1 + \frac{\mathrm{P}\{\{v=0\}\}}{\mathrm{P}\{\{v=1\}\}} \cdot \frac{\mathrm{P}\{\{w=0\}\}}{\mathrm{P}\{\{w=0\}\}}}{\frac{\mathrm{P}\{\{v=0\}\}}{\mathrm{P}\{\{v=1\}\}} + \frac{\mathrm{P}\{\{w=0\}\}}{\mathrm{P}\{\{w=1\}\}}}\right\} \\ &= \ln\left\{\frac{1 + e^{L(v)+L(w)}}{e^{L(v)} + e^{L(w)}}\right\}. \end{aligned} \tag{3.63}$$

Es ergibt sich unmittelbar

$$\begin{aligned} L(v) \boxplus (-\infty) &= \lim_{L(w)\to-\infty}\left\{\ln\left\{\frac{1 + \overbrace{e^{L(v)} \cdot e^{L(w)}}^{\to 0}}{e^{L(v)} + \underbrace{e^{L(w)}}_{\to 0}}\right\}\right\} = \ln\left\{\frac{1}{e^{L(v)}}\right\} = \ln\left\{e^{-L(w)}\right\} \\ &= -L(v), \end{aligned} \tag{3.64}$$

$$\begin{aligned} L(v) \boxplus 0 &= \ln\left\{\frac{1 + e^{L(v)}}{e^{L(v)} + 1}\right\} = \ln\{1\} \\ &= 0, \end{aligned} \tag{3.65}$$

$$\begin{aligned} L(v) \boxplus (+\infty) &= \lim_{L(w)\to+\infty}\left\{\ln\left\{\underbrace{\frac{e^{L}(w)}{e^{L}(w)}}_{=1} \cdot \frac{\overbrace{e^{-L(w)}}^{\to 0} + e^{L(v)}}{e^{L(v)} \cdot \underbrace{e^{-L(w)}}_{\to 0} + 1}\right\}\right\} = \ln\left\{\frac{e^{L(v)}}{1}\right\} = \ln\left\{e^{L(v)}\right\} \\ &= +L(v), \end{aligned} \tag{3.66}$$

siehe auch [116, Gln. (8) und (9), S. 430].

Mit

$$\tanh\left(\frac{L(v)}{2}\right) = \frac{\exp\{\frac{L(v)}{2}\} - \exp\{-\frac{L(v)}{2}\}}{\exp\{\frac{L(v)}{2}\} + \exp\{-\frac{L(v)}{2}\}} = \frac{\exp\{L(v)\} - 1}{\exp\{L(v)\} + 1}, \tag{3.67}$$

und [18, Gl. (2.214), S. 93]

$$\operatorname{arctanh}(x) = \frac{1}{2}\ln\left\{\frac{1 + x}{1 - x}\right\}, \quad |x| < 1, \tag{3.68}$$

ergibt sich die ebenfalls bereits bekannte „arctanh"-Darstellung von $L(v \oplus w)$ zu

$$\begin{aligned} L(v \oplus w) &= \ln\left\{\frac{1 + e^{L(v)+L(w)}}{e^{L(v)} + e^{L(w)}}\right\} \\ &= \ln\left\{\frac{2e^{L(v)+L(w)} + 2}{2e^{L(v)} + 2e^{L(w)}}\right\} \\ &= \ln\left\{\frac{e^{L(v)+L(w)} + e^{L(v)} + e^{L(w)} + 1 + e^{L(v)+L(w)} - e^{L(v)} - e^{L(w)} + 1}{e^{L(v)+L(w)} + e^{L(v)} + e^{L(w)} + 1 - e^{L(v)+L(w)} + e^{L(v)} + e^{L(w)} - 1}\right\} \\ &= \ln\left\{\frac{1 + \frac{e^{L(v)+L(w)} - e^{L(v)} - e^{L(w)} + 1}{e^{L(v)+L(w)} + e^{L(v)} + e^{L(w)} + 1}}{1 - \frac{e^{L(v)+L(w)} - e^{L(v)} - e^{L(w)} + 1}{e^{L(v)+L(w)} + e^{L(v)} + e^{L(w)} + 1}}\right\} \\ &= \ln\left\{\frac{1 + \frac{e^{L(v)}-1}{e^{L(v)}+1} \cdot \frac{e^{L(w)}-1}{e^{L(w)}+1}}{1 - \frac{e^{L(v)}-1}{e^{L(v)}+1} \cdot \frac{e^{L(w)}-1}{e^{L(w)}+1}}\right\} \\ &= 2 \cdot \frac{1}{2} \ln\left\{\frac{1 + \tanh(\frac{L(v)}{2}) \cdot \tanh(\frac{L(w)}{2})}{1 - \tanh(\frac{L(v)}{2}) \cdot \tanh(\frac{L(w)}{2})}\right\} \\ &= 2 \operatorname{arctanh}\left(\tanh\left(\frac{L(v)}{2}\right) \cdot \tanh\left(\frac{L(w)}{2}\right)\right). \end{aligned} \tag{3.69}$$

Weiterhin ist

$$L(v \oplus w) = \ln\left\{1 + e^{L(v)+L(w)}\right\} - \ln\left\{e^{L(v)} + e^{L(w)}\right\}. \tag{3.70}$$

Wegen

$$1 = e^0, \tag{3.71}$$

folgt mit dem *Jacobi'schen Logarithmus* [3, Satz 3.25, Gl. (3.1313), S. 472] der Zusammenhang

$$\begin{aligned} \ln\left\{1 + e^{L(v)+L(w)}\right\} &= \max\left\{0, \left(L(v) + L(w)\right)\right\} + \ln\left\{1 + e^{-|0-(L(v)+L(w))|}\right\} \\ &= \max\left\{0, \left(L(v) + L(w)\right)\right\} + \ln\left\{1 + e^{-|L(v)+L(w)|}\right\}, \end{aligned} \tag{3.72}$$

$$\ln\left\{e^{L(v)} + e^{L(w)}\right\} = \max\left\{L(v), L(w)\right\} + \ln\left\{1 + e^{-|L(v)-L(w)|}\right\}. \tag{3.73}$$

Jetzt wird (3.70) zu

$$\begin{aligned} L(v \oplus w) &= \max\left\{0, \left(L(v) + L(w)\right)\right\} + \ln\left\{1 + e^{-|L(v)+L(w)|}\right\} \\ &\quad - \max\left\{L(v), L(w)\right\} - \ln\left\{1 + e^{-|L(v)-L(w)|}\right\} \\ &= \max\left\{0, \left(L(v) + L(w)\right)\right\} - \max\left\{L(v), L(w)\right\} + \ln\left\{\frac{1 + e^{-|L(v)+L(w)|}}{1 + e^{-|L(v)-L(w)|}}\right\} \\ &= \underbrace{\max\left\{0, \left(L(v) + L(w)\right)\right\} - \max\left\{L(v), L(w)\right\}}_{\text{„min-sum"-Term}} \\ &\quad + \underbrace{\ln\left\{1 + e^{-|L(v)+L(w)|}\right\} - \ln\left\{1 + e^{-|L(v)-L(w)|}\right\}}_{\text{Korrekturterm}}. \end{aligned} \tag{3.74}$$

(3.74) besteht aus einem „min-sum"-Term und einem Korrekturterm.

Wir betrachten zunächst den „min-sum"-Term für den ersten Fall $L(v)$ gleich $L(w)$. Es folgt

$$\max\{0, (L(v) + L(w))\} - \max\{L(v), L(w)\} = \max\{0, 2L(v)\} - L(v) \tag{3.75}$$

aus (3.74). Falls zudem $L(v) \leq 0$ ist, erhalten wir

$$\begin{aligned}\max\{0, (L(v) + L(w))\} - \max\{L(v), L(w)\} &= 0 - L(v) = |L(v)| \\ &= \operatorname{sgn}(L(v)) \cdot \operatorname{sgn}(L(w)) \cdot \min\{|L(v)|, |L(w)|\}\end{aligned} \tag{3.76}$$

aus (3.75). Für $L(v) > 0$ folgt

$$\begin{aligned}\max\{0, (L(v) + L(w))\} - \max\{L(v), L(w)\} &= 2L(v) - L(v) = L(v) = |L(v)| \\ &= \operatorname{sgn}(L(v)) \cdot \operatorname{sgn}(L(w)) \cdot \min\{|L(v)|, |L(w)|\}\end{aligned} \tag{3.77}$$

aus (3.75).

Wir betrachten nun den „min-sum"-Term für den zweiten Fall $L(v) > L(w)$ und erhalten zunächst

$$\max\{0, (L(v) + L(w))\} - \max\{L(v), L(w)\} = \max\{0, (L(v) + L(w))\} - L(v). \tag{3.78}$$

Falls $L(w) < L(v) < 0$ und somit $|L(v)| < |L(w)|$ ist, erhält man

$$\begin{aligned}\max\{0, (L(v) + L(w))\} - \max\{L(v), L(w)\} &= 0 - L(v) = |L(v)| \\ &= \operatorname{sgn}(L(v)) \cdot \operatorname{sgn}(L(w)) \cdot \min\{|L(v)|, |L(w)|\}\end{aligned} \tag{3.79}$$

aus (3.78). Für $L(w) < 0 \leq L(v) \leq |L(w)|$ und somit $|L(v)| < |L(w)|$ folgt

$$\begin{aligned}\max\{0, (L(v) + L(w))\} - \max\{L(v), L(w)\} &= 0 - L(v) = -|L(v)| \\ &= \operatorname{sgn}(L(v)) \cdot \operatorname{sgn}(L(w)) \cdot \min\{|L(v)|, |L(w)|\}\end{aligned} \tag{3.80}$$

aus (3.78). Für $L(w) < 0 \leq |L(w)| < L(v)$ und somit $|L(v)| > |L(w)|$ ergibt sich

$$\begin{aligned}\max\{0, (L(v) + L(w))\} - \max\{L(v), L(w)\} &= L(v) + L(w) - L(v) = L(w) = -|L(w)| \\ &= \operatorname{sgn}(L(v)) \cdot \operatorname{sgn}(L(w)) \cdot \min\{|L(v)|, |L(w)|\}\end{aligned} \tag{3.81}$$

aus (3.78). Für $L(w) = 0 < L(v)$ und somit $|L(v)| > |L(w)|$ erhält man

$$\begin{aligned}\max\{0, (L(v) + L(w))\} - \max\{L(v), L(w)\} &= L(v) + L(w) - L(v) = L(w) = |L(w)| \\ &= \operatorname{sgn}(L(v)) \cdot \operatorname{sgn}(L(w)) \cdot \min\{|L(v)|, |L(w)|\}\end{aligned} \tag{3.82}$$

aus (3.78). Schließlich ergibt sich für $0 < L(w) < L(v)$ und somit $|L(v)| > |L(w)|$ der Zusammenhang

$$\begin{aligned}\max\{0, (L(v) + L(w))\} - \max\{L(v), L(w)\} &= L(v) + L(w) - L(v) = L(w) = |L(w)| \\ &= \operatorname{sgn}(L(v)) \cdot \operatorname{sgn}(L(w)) \cdot \min\{|L(v)|, |L(w)|\}\end{aligned} \tag{3.83}$$

aus (3.78).

Der dritte Fall, $L(w) > L(v)$ ist vollkommen analog zum gerade behandelten zweiten Fall, wenn man beim zweiten Fall die Rollen von $L(v)$ und $L(w)$ vertauscht.

Zusammengefasst ergibt sich also für den „min-sum"-Term

$$\begin{aligned}&\max\{0, (L(v) + L(w))\} - \max\{L(v), L(w)\} \\ &\qquad = \operatorname{sgn}(L(v)) \cdot \operatorname{sgn}(L(w)) \cdot \min\{|L(v)|, |L(w)|\},\end{aligned} \tag{3.84}$$

und (3.74) wird zu

$$L(v \oplus w) = \underbrace{\operatorname{sgn}\big(L(v)\big) \cdot \operatorname{sgn}\big(L(w)\big) \cdot \min\big\{\big|L(v)\big|, \big|L(w)\big|\big\}}_{\text{„min-sum"-Term}} + \underbrace{\ln\big\{1 + e^{-|L(v)+L(w)|}\big\} - \ln\big\{1 + e^{-|L(v)-L(w)|}\big\}}_{\text{Korrekturterm}}. \tag{3.85}$$

Wegen [3, Bemerkung 3.23, Gl. (3.1318), S. 472]

$$0 < \ln\big\{1 + e^{-|L(v)|}\big\} \leq \ln 2 \approx 0.6931, \quad \forall\, L(v) \in \mathbb{R}, \tag{3.86}$$

gilt

$$\Big|\ln\big\{1 + e^{-|L(v)+L(w)|}\big\} - \ln\big\{1 + e^{-|L(v)-L(w)|}\big\}\Big| \leq \ln 2 \approx 0.6931, \quad \forall\, L(v), L(w) \in \mathbb{R}, \tag{3.87}$$

für den Korrekturterm. Vernachlässigt man deshalb den Korrekturterm, so erhält man die übliche Näherung [117, Gl. (17), S. 293], [115, S. 512], [118, Gl. (6), S. 2], [119, Gl. (5), S. 1606], [120, Gl. (12), S. 3], [121, Gl. (8), S. 656], [122, Gl. (4), S. 5340]

$$L(v \oplus w) = L(v) \boxplus L(w) \approx \operatorname{sgn}\big(L(v)\big) \cdot \operatorname{sgn}\big(L(w)\big) \cdot \min\big\{\big|L(v)\big|, \big|L(w)\big|\big\}. \tag{3.88}$$

Aufgrund der Einfachheit und dem daraus resultierenden geringen Implementierungsaufwand von (3.88) wird diese Näherung sehr gerne für Implementierungen herangezogen. Es muss jedoch mit Leistungseinbußen gerechnet werden.

Um die genannten Leistungseinbußen abzumildern, sollte der Korrekturterm nach (3.74) bzw. (3.85) ausdrücklich berücksichtigt werden. Eine implementierungsfreundliche Version dieses Korrekturterms ist deshalb wünschenswert. Wenden wir uns also dem Korrekturterm nach (3.74) bzw. (3.85) zu.

Wir betrachten zunächst den Fall $L(v) < 0$, $L(w) < 0$. Man erhält

$$\begin{aligned}
&\ln\big\{1 + e^{-|L(v)+L(w)|}\big\} - \ln\big\{1 + e^{-|L(v)-L(w)|}\big\} \\
&\quad = \ln\big\{1 + e^{-|-|L(v)|-|L(w)||}\big\} - \ln\big\{1 + e^{-|-|L(v)|+|L(w)||}\big\} \\
&\quad = \ln\big\{1 + e^{-||L(v)|+|L(w)||}\big\} - \ln\big\{1 + e^{-||L(v)|-|L(w)||}\big\} \\
&\quad = \underbrace{\operatorname{sgn}\big(L(v)\big) \cdot \operatorname{sgn}\big(L(w)\big)}_{=(-1)\cdot(-1)=+1} \\
&\qquad \cdot \Big\{\ln\big\{1 + e^{-||L(v)|+|L(w)||}\big\} - \ln\big\{1 + e^{-||L(v)|-|L(w)||}\big\}\Big\}.
\end{aligned} \tag{3.89}$$

Nun betrachten wir den Fall $L(v) < 0$, $0 < L(w)$ und erhalten

$$\begin{aligned}
&\ln\big\{1 + e^{-|L(v)+L(w)|}\big\} - \ln\big\{1 + e^{-|L(v)-L(w)|}\big\} \\
&\quad = \ln\big\{1 + e^{-|-|L(v)|+|L(w)||}\big\} - \ln\big\{1 + e^{-|-|L(v)|-|L(w)||}\big\} \\
&\quad = \ln\big\{1 + e^{-||L(v)|-|L(w)||}\big\} - \ln\big\{1 + e^{-||L(v)|+|L(w)||}\big\} \\
&\quad = -\Big\{\ln\big\{1 + e^{-||L(v)|+|L(w)||}\big\} - \ln\big\{1 + e^{-||L(v)|-|L(w)||}\big\}\Big\} \\
&\quad = \underbrace{\operatorname{sgn}\big(L(v)\big) \cdot \operatorname{sgn}\big(L(w)\big)}_{=(-1)\cdot(+1)=-1} \\
&\qquad \cdot \Big\{\ln\big\{1 + e^{-||L(v)|+|L(w)||}\big\} - \ln\big\{1 + e^{-||L(v)|-|L(w)||}\big\}\Big\}.
\end{aligned} \tag{3.90}$$

Betrachtet man den Fall $0 < L(v)$, $L(w) < 0$, so ergibt sich

$$\begin{aligned}
&\ln\{1+e^{-|L(v)+L(w)|}\} - \ln\{1+e^{-|L(v)-L(w)|}\} \\
&\quad = \ln\{1+e^{-||L(v)|-|L(w)||}\} - \ln\{1+e^{-||L(v)|+|L(w)||}\} \\
&\quad = -\{\ln\{1+e^{-||L(v)|+|L(w)||}\} - \ln\{1+e^{-||L(v)|-|L(w)||}\}\} \\
&\quad = \underbrace{\operatorname{sgn}(L(v)) \cdot \operatorname{sgn}(L(w))}_{=(+1)\cdot(-1)=-1} \\
&\qquad \cdot \{\ln\{1+e^{-||L(v)|+|L(w)||}\} - \ln\{1+e^{-||L(v)|-|L(w)||}\}\}.
\end{aligned} \tag{3.91}$$

Es bleibt noch der Fall $0 < L(v)$, $0 < L(w)$. Jetzt erhält man

$$\begin{aligned}
&\ln\{1+e^{-|L(v)+L(w)|}\} - \ln\{1+e^{-|L(v)-L(w)|}\} \\
&\quad = \ln\{1+e^{-||L(v)|+|L(w)||}\} - \ln\{1+e^{-||L(v)|-|L(w)||}\} \\
&\quad = \underbrace{\operatorname{sgn}(L(v)) \cdot \operatorname{sgn}(L(w))}_{=(+1)\cdot(+1)=+1} \\
&\qquad \cdot \{\ln\{1+e^{-||L(v)|+|L(w)||}\} - \ln\{1+e^{-||L(v)|-|L(w)||}\}\}.
\end{aligned} \tag{3.92}$$

Zusammenfassend gilt

$$\begin{aligned}
&\ln\{1+e^{-|L(v)+L(w)|}\} - \ln\{1+e^{-|L(v)-L(w)|}\} \\
&\quad = \operatorname{sgn}(L(v)) \cdot \operatorname{sgn}(L(w)) \\
&\qquad \cdot \{\ln\{1+e^{-||L(v)|+|L(w)||}\} - \ln\{1+e^{-||L(v)|-|L(w)||}\}\}.
\end{aligned} \tag{3.93}$$

Eine weitere alternative Darstellung von (3.63) findet man folgendermaßen

$$\begin{aligned}
L(v \oplus w) &= \ln\left\{\frac{1+e^{L(v)+L(w)}}{e^{L(v)}+e^{L(w)}}\right\} \\
&= \ln\left\{\underbrace{\frac{\exp\{\frac{L(v)+L(w)}{2}\}}{\exp\{\frac{L(v)+L(w)}{2}\}}}_{=1} \cdot \frac{\exp\{-\frac{L(v)+L(w)}{2}\} + \exp\{\frac{L(v)+L(w)}{2}\}}{\exp\{\frac{L(v)-L(w)}{2}\} + \exp\{-\frac{L(v)-L(w)}{2}\}}\right\} \\
&= \ln\left\{\underbrace{\frac{\exp\{\frac{L(v)+L(w)}{2}\} + \exp\{-\frac{L(v)+L(w)}{2}\}}{2}}_{=\cosh\{(L(v)+L(w))/2\}} \cdot \underbrace{\frac{2}{\exp\{\frac{L(v)-L(w)}{2}\} + \exp\{-\frac{L(v)-L(w)}{2}\}}}_{=1/\cosh\{(L(v)-L(w))/2\}}\right\} \\
&= \ln\left\{\frac{\cosh(\frac{L(v)+L(w)}{2})}{\cosh(\frac{L(v)-L(w)}{2})}\right\} \\
&= \ln\left\{\cosh\left(\frac{L(v)+L(w)}{2}\right)\right\} - \ln\left\{\cosh\left(\frac{L(v)-L(w)}{2}\right)\right\}.
\end{aligned} \tag{3.94}$$

Mit dem Jacobi'schen Logarithmus, siehe beispielsweise [3, Gl. (3.1313), Theorem 3.25, S. 472], ergibt sich

$$\begin{aligned}
\ln\{\cosh(x)\} &= \ln\left\{\frac{e^x + e^{-x}}{2}\right\} \\
&= \ln\{e^x + e^{-x}\} - \ln\{2\} \\
&= \underbrace{\max\{x, (-x)\}}_{=|x|} + \ln\{1+e^{-|x-(-x)|}\} - \ln\{2\}
\end{aligned}$$

$$= |x| - \ln\{2\} + \ln\left\{1 + e^{-2|x|}\right\} \tag{3.95}$$

$$\approx |x| - \ln\{2\}. \tag{3.96}$$

Mit (3.95) wird (3.94) zu

$$\begin{aligned}
L(v \oplus w) = {} & \left|\frac{L(v) + L(w)}{2}\right| - \ln\{2\} + \ln\left\{1 + e^{-2|\frac{L(v)+L(w)}{2}|}\right\} \\
& - \left|\frac{L(v) - L(w)}{2}\right| + \ln\{2\} - \ln\left\{1 + e^{-2|\frac{L(v)-L(w)}{2}|}\right\} \\
= {} & \frac{|L(v) + L(w)| - |L(v) - L(w)|}{2} \\
& \ln\left\{1 + e^{-|L(v)+L(w)|}\right\} - \ln\left\{1 + e^{-|L(v)-L(w)|}\right\}.
\end{aligned} \tag{3.97}$$

Wir betrachten nun den Term $(|L(v) + L(w)| - |L(v) - L(w)|)$ in (3.97). Es gilt Folgendes.

$L(v)$	$L(w)$	$\lvert L(v) + L(w)\rvert$	$\lvert L(v) - L(w)\rvert$
$L(v) \leq 0$	$L(w) \leq 0$	$\lvert -\lvert L(v)\rvert - \lvert L(w)\rvert\rvert = \lvert\lvert L(v)\rvert + \lvert L(w)\rvert\rvert$	$\lvert -\lvert L(v)\rvert + \lvert L(w)\rvert\rvert = \lvert\lvert L(v)\rvert - \lvert L(w)\rvert\rvert$
$L(v) \leq 0$	$L(w) > 0$	$\lvert -\lvert L(v)\rvert + \lvert L(w)\rvert\rvert = \lvert\lvert L(v)\rvert - \lvert L(w)\rvert\rvert$	$\lvert -\lvert L(v)\rvert - \lvert L(w)\rvert\rvert = \lvert\lvert L(v)\rvert + \lvert L(w)\rvert\rvert$
$L(v) > 0$	$L(w) \leq 0$	$\lvert\lvert L(v)\rvert - \lvert L(w)\rvert\rvert = \lvert\lvert L(v)\rvert + \lvert L(w)\rvert\rvert$	$\lvert\lvert L(v)\rvert + \lvert L(w)\rvert\rvert = \lvert\lvert L(v)\rvert - \lvert L(w)\rvert\rvert$
$L(v) > 0$	$L(w) > 0$	$\lvert\lvert L(v)\rvert + \lvert L(w)\rvert\rvert = \lvert\lvert L(v)\rvert + \lvert L(w)\rvert\rvert$	$\lvert\lvert L(v)\rvert - \lvert L(w)\rvert\rvert = \lvert\lvert L(v)\rvert - \lvert L(w)\rvert\rvert$

In jedem der oben gezeigten vier Fälle erhält man

$$\begin{aligned}
& \left|L(v) + L(w)\right| - \left|L(v) - L(w)\right| \\
& \qquad = \operatorname{sgn}\big(L(v)\big) \cdot \operatorname{sgn}(b) \cdot \left\{\left||L(v)\right| + |L(w)|| - ||L(v)| - |L(w)|\right|\right\},
\end{aligned} \tag{3.98}$$

und es ergibt sich

$$\begin{aligned}
\frac{|L(v) + L(w)| - |L(v) - L(w)|}{2} &= \operatorname{sgn}\big(L(v)\big) \cdot \operatorname{sgn}\big(L(w)\big) \\
& \quad \cdot \frac{||L(v)| + |L(w)|| - ||L(v)| - |L(w)|}{2} && (3.99) \\
&= \max\left\{0, \big(L(v) + L(w)\big)\right\} - \max\left\{L(v), L(w)\right\} && (3.100) \\
&= \operatorname{sgn}\big(L(v)\big) \cdot \operatorname{sgn}\big(L(w)\big) \cdot \min\left\{\left|L(v)\right|, \left|L(w)\right|\right\}. && (3.101)
\end{aligned}$$

Insgesamt erhalten wir

- die bekannten exakten Ergebnisse

$$\begin{aligned}
L(v \oplus w) &= L(v) \boxplus L(w) \\
&= \ln\left\{\frac{1 + e^{L(v)+L(w)}}{e^{L(v)} + e^{L(w)}}\right\} && (3.102) \\
&= 2\operatorname{arctanh}\left(\tanh\left(\frac{L(v)}{2}\right) \cdot \tanh\left(\frac{L(w)}{2}\right)\right) && (3.103) \\
&= \operatorname{sgn}\big(L(v)\big) \cdot \operatorname{sgn}\big(L(w)\big) \cdot \min\left\{\left|L(v)\right|, \left|L(w)\right|\right\} \\
&\quad + \ln\left\{1 + e^{-|L(v)+L(w)|}\right\} - \ln\left\{1 + e^{-|L(v)-L(w)|}\right\} && (3.104)
\end{aligned}$$

$$= \operatorname{sgn}\big(L(v)\big) \cdot \operatorname{sgn}\big(L(w)\big)$$
$$\cdot \Big\{\min\big\{|L(v)|, |L(w)|\big\} + \ln\big\{1 + e^{-||L(v)|+|L(w)||}\big\} - \ln\big\{1 + e^{-||L(v)|-|L(w)||}\big\}\Big\} \tag{3.105}$$
$$= \max\big\{0, \big(L(v) + L(w)\big)\big\} - \max\big\{L(v), L(w)\big\}$$
$$+ \ln\big\{1 + e^{-|L(v)+L(w)|}\big\} - \ln\big\{1 + e^{-|L(v)-L(w)|}\big\}, \tag{3.106}$$

– die bekannten Ergebnisse mit Näherungen

$$L(v \oplus w) \approx \operatorname{sgn}\big(L(v)\big) \cdot \operatorname{sgn}\big(L(w)\big) \cdot \min\big\{|L(v)|, |L(w)|\big\} \tag{3.107}$$
$$\approx \max\big\{0, \big(L(v) + L(w)\big)\big\} - \max\big\{L(v), L(w)\big\}, \tag{3.108}$$

– neue exakte Ergebnisse

$$L(v \oplus w) = \max\big\{0, \big(L(v) + L(w)\big)\big\} - \max\big\{L(v), L(w)\big\}$$
$$+ \operatorname{sgn}\big(L(v)\big) \cdot \operatorname{sgn}\big(L(w)\big)$$
$$\cdot \Big\{\ln\big\{1 + e^{-||L(v)|+|L(w)||}\big\} - \ln\big\{1 + e^{-||L(v)|-|L(w)||}\big\}\Big\} \tag{3.109}$$
$$= \frac{|L(v) + L(w)| - |L(v) - L(w)|}{2}$$
$$+ \ln\big\{1 + e^{-|L(v)+L(w)|}\big\} - \ln\big\{1 + e^{-|L(v)-L(w)|}\big\} \tag{3.110}$$
$$= \frac{|L(v) + L(w)| - |L(v) - L(w)|}{2}$$
$$+ \operatorname{sgn}\big(L(v)\big) \cdot \operatorname{sgn}\big(L(w)\big)$$
$$\cdot \Big(\ln\big\{1 + e^{-||L(v)|+|L(w)||}\big\} - \ln\big\{1 + e^{-||L(v)|-|L(w)||}\big\}\Big) \tag{3.111}$$
$$= \operatorname{sgn}\big(L(v)\big) \cdot \operatorname{sgn}\big(L(w)\big) \cdot \frac{||L(v)| + |L(w)|| - ||L(v)| - |L(w)||}{2}$$
$$+ \ln\big\{1 + e^{-|L(v)+L(w)|}\big\} - \ln\big\{1 + e^{-|L(v)-L(w)|}\big\} \tag{3.112}$$
$$= \operatorname{sgn}\big(L(v)\big) \cdot \operatorname{sgn}\big(L(w)\big) \cdot \Bigg\{\frac{||L(v)| + |L(w)|| - ||L(v)| - |L(w)||}{2}$$
$$+ \Big(\ln\big\{1 + e^{-||L(v)|+|L(w)||}\big\} - \ln\big\{1 + e^{-||L(v)|-|L(w)||}\big\}\Big)\Bigg\} \tag{3.113}$$

und

– neue Ergebnisse mit Näherungen

$$L(v \oplus w) \approx \frac{|L(v) + L(w)| - |L(v) - L(w)|}{2} \tag{3.114}$$
$$\approx \operatorname{sgn}(a) \cdot \operatorname{sgn}(b) \cdot \frac{||L(v)| + |L(w)|| - ||L(v)| - |L(w)||}{2}. \tag{3.115}$$

Alternativ kann man

$$L_j^{(s)} = \ln\left\{\frac{(\exp\{L_p^{(v)}\} + 1)(\exp\{L_q^{(v)}\} + 1) + (\exp\{L_p^{(v)}\} - 1)(\exp\{L_q^{(v)}\} - 1)}{(\exp\{L_p^{(v)}\} + 1)(\exp\{L_q^{(v)}\} + 1) - (\exp\{L_p^{(v)}\} - 1)(\exp\{L_q^{(v)}\} - 1)}\right\}$$
$$= \ln\left\{\frac{\prod_{i\in\{p,q\}}(\exp\{L_i^{(v)}\} + 1) + \prod_{i\in\{p,q\}}(\exp\{L_i^{(v)}\} - 1)}{\prod_{i\in\{p,q\}}(\exp\{L_i^{(v)}\} + 1) - \prod_{i\in\{p,q\}}(\exp\{L_i^{(v)}\} - 1)}\right\}$$

$$= \ln\left\{\frac{1+\prod_{i\in\{p,q\}}\frac{(\exp\{L_i^{(v)}\}-1)}{(\exp\{L_i^{(v)}\}+1)}}{1-\prod_{i\in\{p,q\}}\frac{(\exp\{L_i^{(v)}\}-1)}{(\exp\{L_i^{(v)}\}+1)}}\right\} = \ln\left\{\frac{1+\prod_{i\in\{p,q\}}\frac{\exp\{L_i^{(v)}/2\}-\exp\{-L_i^{(v)}/2\}}{\exp\{L_i^{(v)}/2\}+\exp\{-L_i^{(v)}/2\}}}{1-\prod_{i\in\{p,q\}}\frac{\exp\{L_i^{(v)}/2\}-\exp\{-L_i^{(v)}/2\}}{\exp\{L_i^{(v)}/2\}+\exp\{-L_i^{(v)}/2\}}}\right\} \tag{3.116}$$

schreiben. Gleichung (3.116) wird zu [18, Gl. (3.13c), S. 134]

$$L_j^{(s)} = \ln\left\{\frac{1+\prod_{i\in\{p,q\}}\tanh\{L_i^{(v)}/2\}}{1-\prod_{i\in\{p,q\}}\tanh\{L_i^{(v)}/2\}}\right\}. \tag{3.117}$$

Es sei $\{i_0, i_1 \cdots i_{p-1}\}$ die Menge der Indizes jener Codebits, welche durch s_j nach (3.118) geprüft werden. Wir betrachten nun die Paritätsprüfsumme

$$s_j = \bigoplus_{i\in\{i_0,i_1\cdots i_{p-1}\}} v_i, \quad j \in \{0, 1\cdots(J-1)\}, \quad J \in \mathbb{N}^*. \tag{3.118}$$

Wir werden durch vollständige Induktion beweisen, dass [123, Gl. (48), S. 240]

$$L_j^{(s)} = \ln\left\{\frac{\prod_{i\in\{i_0,i_1\cdots i_{p-1}\}}(\exp\{L_i^{(v)}\}+1) + \prod_{i\in\{i_0,i_1\cdots i_{p-1}\}}(\exp\{L_i^{(v)}\}-1)}{\prod_{i\in\{i_0,i_1\cdots i_{p-1}\}}(\exp\{L_i^{(v)}\}+1) - \prod_{i\in\{i_0,i_1\cdots i_{p-1}\}}(\exp\{L_i^{(v)}\}-1)}\right\}, \tag{3.119}$$
$$j \in \{0, 1\cdots(J-1)\}, \quad J \in \mathbb{N}^*,$$

gilt.

Beweis 3.1 (Beweis von (3.119)).
Induktionsanfang
Im Fall von $y = 1$ haben wir die wahre Aussage

$$L_j^{(s)} = \ln\left\{\frac{(\exp\{L_{i_0}^{(v)}\}+1) + (\exp\{L_{i_0}^{(v)}\}-1)}{(\exp\{L_{i_0}^{(v)}\}+1) - (\exp\{L_{i_0}^{(v)}\}-1)}\right\} = \ln\left\{\frac{2\cdot\exp\{L_{i_0}^{(v)}\}}{2}\right\}$$
$$= \ln\left\{\exp\left\{L_{i_0}^{(v)}\right\}\right\} = L_{i_0}^{(v)}. \tag{3.120}$$

Im Fall von $y = 2$ gilt (3.116).

Induktionsschritt
Man geht von (3.119) aus und zeigt

$$\tilde{L}_j^{(s)} = \ln\left\{\frac{\prod_{i\in\{i_0,i_1\cdots i_p\}}(\exp\{L_i^{(v)}\}+1) + \prod_{i\in\{i_0,i_1\cdots i_p\}}(\exp\{L_i^{(v)}\}-1)}{\prod_{i\in\{i_0,i_1\cdots i_p\}}(\exp\{L_i^{(v)}\}+1) - \prod_{i\in\{i_0,i_1\cdots i_p\}}(\exp\{L_i^{(v)}\}-1)}\right\} \tag{3.121}$$

für die Menge $\{i_0, i_1 \cdots i_p\}$.
Aus (3.119) folgt

$$e^{L_j^{(s)}} + 1 = \frac{2\cdot\prod_{i\in\{i_0,i_1\cdots i_{p-1}\}}(e^{L_i^{(v)}}+1)}{\prod_{i\in\{i_0,i_1\cdots i_{p-1}\}}(e^{L_i^{(v)}}+1) - \prod_{i\in\{i_0,i_1\cdots i_{p-1}\}}(e^{L_i^{(v)}}-1)}, \tag{3.122}$$

$$e^{L_j^{(s)}} - 1 = \frac{2 \cdot \prod_{i\in\{i_0,i_1\cdots i_{p-1}\}} (e^{L_i^{(v)}} - 1)}{\prod_{i\in\{i_0,i_1\cdots i_{p-1}\}} (e^{L_i^{(v)}} + 1) - \prod_{i\in\{i_0,i_1\cdots i_{p-1}\}} (e^{L_i^{(v)}} - 1)}. \tag{3.123}$$

Zudem gilt

$$\left(e^{L_j^{(s)}} + 1\right)\left(e^{L_{i_p}^{(v)}} + 1\right) = \frac{2 \cdot \prod_{i\in\{i_0,i_1\cdots i_p\}} (e^{L_i^{(v)}} + 1)}{\prod_{i\in\{i_0,i_1\cdots i_{p-1}\}} (e^{L_i^{(v)}} + 1) - \prod_{i\in\{i_0,i_1\cdots i_{p-1}\}} (e^{L_i^{(v)}} - 1)}, \tag{3.124}$$

$$\left(e^{L_j^{(s)}} - 1\right)\left(e^{L_{i_p}^{(v)}} - 1\right) = \frac{2 \cdot \prod_{i\in\{i_0,i_1\cdots i_p\}} (e^{L_i^{(v)}} - 1)}{\prod_{i\in\{i_0,i_1\cdots i_{p-1}\}} (e^{L_i^{(v)}} + 1) - \prod_{i\in\{i_0,i_1\cdots i_{p-1}\}} (e^{L_i^{(v)}} - 1)}. \tag{3.125}$$

Daher erhält man

$$\begin{aligned}\tilde{L}_j^{(s)} &= \frac{(e^{L_j^{(s)}} + 1)(e^{L_{i_p}^{(v)}} + 1) + (e^{L_j^{(s)}} - 1)(e^{L_{i_p}^{(v)}} - 1)}{(e^{L_j^{(s)}} + 1)(e^{L_{i_p}^{(v)}} + 1) - (e^{L_j^{(s)}} - 1)(e^{L_{i_p}^{(v)}} - 1)} \\ &= \frac{\prod_{i\in\{i_0,i_1\cdots i_p\}} (e^{L_i^{(v)}} + 1) + \prod_{i\in\{i_0,i_1\cdots i_p\}} (e^{L_i^{(v)}} - 1)}{\prod_{i\in\{i_0,i_1\cdots i_p\}} (e^{L_i^{(v)}} + 1) - \prod_{i\in\{i_0,i_1\cdots i_p\}} (e^{L_i^{(v)}} - 1)}.\end{aligned} \tag{3.126}$$

□

Weiterhin erhält man [22, Gl. (17.61), S. 879], [123, Gl. (48), S. 240], [18, Gl. (3.13c), S. 134],

$$L_j^{(s)} = \ln\left\{\frac{1 + \prod_{i\in\{i_0,i_1\cdots i_{p-1}\}} \frac{\exp\{L_i^{(v)}\}-1}{\exp\{L_i^{(v)}\}+1}}{1 - \prod_{i\in\{i_0,i_1\cdots i_{p-1}\}} \frac{\exp\{L_i^{(v)}\}-1}{\exp\{L_i^{(v)}\}+1}}\right\} = \ln\left\{\frac{1 + \prod_{i\in\{i_0,i_1\cdots i_{p-1}\}} \tanh\{L_i^{(v)}/2\}}{1 - \prod_{i\in\{i_0,i_1\cdots i_{p-1}\}} \tanh\{L_i^{(v)}/2\}}\right\}, \tag{3.127}$$

$$j \in \{0,1\cdots(J-1)\}, \quad J \in \mathbb{N}^*.$$

3.2.3 Summen-Produkt-Algorithmus (SPA) zur Kanaldecodierung

In diesem Abschnitt 3.2.3 wird das iterative Kanaldecodierungsverfahren *Summen-Produkt-Algorithmus* (engl. „sum product algorithm“, SPA) für $(n, k, d_{\min})$ binäre lineare Low Density Parity Check (LDPC) Codes $\mathbb{L}$ erläutert [22, S. 875–880]. Das Ziel dieses Kanaldecodierungsverfahrens ist es, die Log-Likelihood-Verhältnisse (engl. „log-likelihood ratio“, LLR) $L_i^{(v)}$, $i \in \{0,1\cdots(n-1)\}$, $n \in \mathbb{N}^*$, durch Ausnutzen der Codestruktur, beziehungsweise des Tanner-Graphen $\mathcal{G}_\text{T}$, iterativ zu aktualisieren, bevor die endgültige Entscheidung des Kanaldecodierers ausgegeben wird, siehe beispielsweise [22, S. 875].

Wir betrachten den Tanner-Graphen $\mathcal{G}_\text{T}$ eines Low Density Parity Check (LDPC) Codes. Es sei $\mathbb{M}(i)$ die Menge der Prüfsummenknoten beziehungsweise der Prüfknoten (engl. „check nodes“), die mit demjenigen Codebitknoten beziehungsweise demjenigen Variablenknoten (engl. „variable node“) verbunden sind, welcher dem Codebit v_i und dem Log-Likelihood-Verhältnis (engl. „log-likelihood ratio“, LLR) $L_i^{(v)}$ entspricht, siehe Abbildung 3.9 [22, S. 857]. Ferner sei $\mathbb{N}(j)$ die Menge der Codebitknoten beziehungsweise Variablenknoten (engl. „variable nodes“), die mit demjenigen Prüfsummenknoten be-

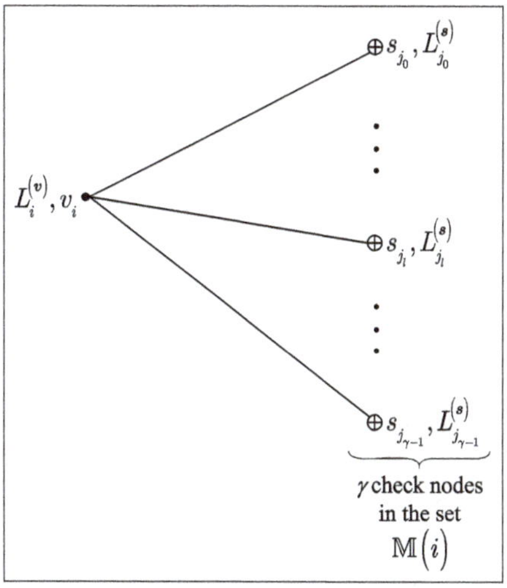

Abb. 3.9: Prüfknoten in der Menge $\mathbb{M}(i)$ (angepasst nach [22, S. 857]).

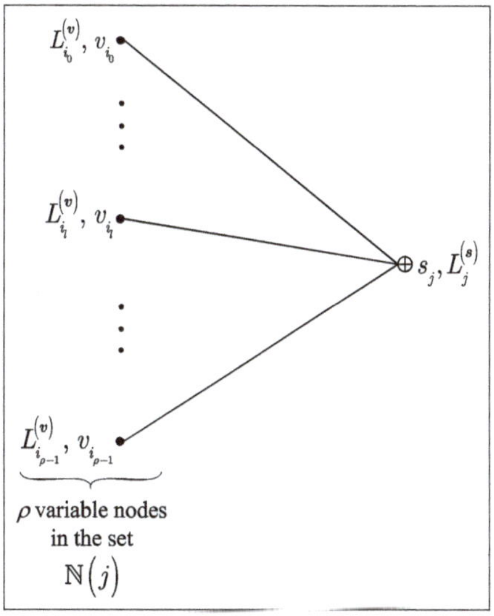

Abb. 3.10: Variablenknoten in der Menge $\mathbb{N}(j)$ (angepasst nach [22, S. 857]).

ziehungsweise demjenigen Prüfknoten (engl. „check node") s_j verbunden sind, welcher der j-ten Paritätsprüfsumme entspricht, siehe Abbildung 3.10 [22, S. 857].

Der Summen-Produkt-Algorithmus (engl. „sum product algorithm", SPA) umfasst einen Initialisierungsschritt und drei weitere Decodierschritte [22, S. 875–880]. Es sei $\lambda_{i\to j}$ diejenige Nachricht, welche vom Variablenknoten v_i zum Prüfknoten s_j gesendet wird [22, S. 875–880]. Weiterhin sei $\Lambda_{j\mapsto i}$ diejenige Nachricht, welche vom Prüfknoten s_j zum Variablenknoten v_i zurückgesendet wird [22, S. 875–880].

Der Summen-Produkt-Algorithmus (engl. „sum product algorithm", SPA) arbeitet wie folgt [22, S. 875–880].

Definition 3.2 (Summen-Produkt-Algorithmus (SPA)).
1) Initialisierungsschritt
Es gilt

$$\lambda_{i\mapsto j} = L_i^{(v)}, \quad i \in \{0,1\cdots(n-1)\}, \quad j \in \{0,1\cdots(J-1)\}, \quad J,n \in \mathbb{N}^*, \tag{3.128}$$

$$\Lambda_{j\mapsto i} = 0, \quad i \in \{0,1\cdots(n-1)\}, \quad j \in \{0,1\cdots(J-1)\}, \quad J,n \in \mathbb{N}^*. \tag{3.129}$$

2) Schritt der Prüfknoten-Aktualisierung
Für jeden Prüfknoten $s_j, j \in \{0,1\cdots(J-1)\}, J \in \mathbb{N}^*$, und für jedes $v_{i_l} \in \mathbb{N}(j)\setminus\{v_i\}$, berechne die *extrinsische Information*, die mit $\lambda_{i_l\mapsto j}$ assoziiert ist, als neuen Wert für $\Lambda_{j\mapsto i}$, wie in Abschnitt 3.2.2 dargestellt. Diese extrinsische Information wird an den Variablenknoten v_i zur weiteren Verarbeitung zurückgesendet.

3) Schritt der Variablenknoten-Aktualisierung
Für jeden Variablenknoten v_i in der Menge der Variablenknoten und für jedes $s_{j_l} \in \mathbb{M}(i)\setminus\{s_j\}$ berechne

$$\lambda_{i\mapsto j} = L_i^{(v)} + \sum_{s_{j_l}\in\mathbb{M}(i)\setminus\{s_j\}} \Lambda_{j_l\mapsto i}, \quad i \in \{0,1\cdots(n-1)\}, \quad n \in \mathbb{N}^*. \tag{3.130}$$

Der Schritt der Prüfknoten-Aktualisierung und der Schritt der Variablenknoten-Aktualisierung sind die beiden Schritte der Iterationsschleife. Typischerweise werden etwa hundert (100) Iterationen durchgeführt, bevor der Entscheidungsschritt stattfindet.

4) Entscheidungsschritt
Im Entscheidungsschritt, der den Schritt der Variablenknoten-Aktualisierung in der letzten Iteration ersetzt, berechne

$$\lambda_i = L_i^{(v)} + \sum_{s_j\in\mathbb{M}(i)} \Lambda_{j\mapsto i}, \quad i \in \{0,1\cdots(n-1)\}, \quad n \in \mathbb{N}^*. \tag{3.131}$$

Dann quantisiere $\lambda_i, i \in \{0,1\cdots(n-1)\}, n \in \mathbb{N}^*$, nach der folgenden Regel

$$\lambda_i^{(q)} = \begin{cases} 0 & \text{für } \lambda_i \geq 0, \\ 1 & \text{für } \lambda_i < 0, \end{cases} \quad i \in \{0,1\cdots(n-1)\}, \quad n \in \mathbb{N}^*. \tag{3.132}$$

Als nächstes berechne

$$\left(\lambda_0^{(q)}, \lambda_1^{(q)} \cdots \lambda_{n-1}^{(q)}\right)\boldsymbol{H}^{\mathrm{T}}. \tag{3.133}$$

Wenn diese Prüfsummen alle null sind, dann beende die Decodierung, andernfalls setze die obige Iteration fort, d. h. den Schritt der Prüfknoten-Aktualisierung und den Schritt der Variablenknoten-Aktualisierung. Wenn der Summen-Produkt-Algorithmus (engl. „sum product algorithm", SPA) nicht innerhalb einer vorher festgesetzten maximalen Anzahl von Iterationen stoppt, wird ein Decodierungsfehler ausgegeben.

Bemerkung 3.3 (Laserbasiertes Quantenkommunikationssystem mit klassischer anspruchsvoller Kanalcodierung — Low Density Parity Check (LDPC) Code). Wir betrachten das laserbasierte Quantenkommunikationssystem mit Ein-Aus-Tastung (engl. „on-off keying", OOK) nach Abbildung 1.30 und Bemerkung 1.45 und fügen einen klassischen Kanalcodierer an seinem Eingang und einen zugehörigen klassischen Kanaldecodierer an seinem Ausgang hinzu (angepasst nach [85, Bild 11, S. 115] und [86, Bild 5.1, S. 184; Bild 8.1, S. 382]). Man erinnere sich erneut daran, dass in den Bemerkungen 1.45, 2.1 und 3.3 einschließlich der Abbildungen 1.30, 1.31, 1.32, 2.10 und 3.11 das Attribut „*klassisch*" bedeutet, dass keine Quantenkanalcodierung zum Einsatz kommt.

In dieser Bemerkung 3.3 implementiert der klassische Kanalcodierer die Codierung desjenigen Low Density Parity Check (LDPC) Codes, der im drahtlosen lokalen Netzwerk (engl. „wireless local area network", WLAN)-Standard IEEE 802.11 [124, Tabelle F-1, S. 4130] verwendet wird. Wir wählen k gleich 540 Nachrichtenbits, n gleich 648 Codebits und die Coderate R gleich 5/6. Der klassische Kanaldecodierer verwendet den Summen-Produkt-Algorithmus (engl. „sum product algorithm", SPA) mit zehn Decodierungsiterationen.

Abbildung 3.11 zeigt Simulationsergebnisse des uncodierten Bitfehlerverhältnisses ohne jegliche klassische Kanaldecodierung und des codierten Bitfehlerverhältnisses mit klassischer Kanaldecodierung, wenn der genannte Low Density Parity Check (LDPC) Code [124, Tabelle F-1, S. 4130] mit k gleich 540 Nachrichtenbits, mit n gleich 648 Codebits und mit der Coderate R gleich 5/6 verwendet wird. Die mittlere Anzahl $\overline{N}_\alpha \in \{0\,,\ 0{,}01\,,\ 0{,}03\}$ ist der Kurvenparameter. Wie in den Bemerkungen 1.45 und 2.1 wird die Coderate R gleich 5/6 explizit in den dargestellten Simulationsergebnissen berücksichtigt.

Wenn man beispielsweise $\overline{N}_\alpha$ gleich 0 und die Simulationsergebnisse des uncodierten Bitfehlerverhältnisses aus der Bemerkung zur Quantendatendetektion in [3] betrachtet, so ist bei $\overline{N}_\mu$ gleich 8 das uncodierte Bitfehlerverhältnis ungefähr gleich $2 \cdot 10^{-4}$. Abbildung 3.11 hingegen zeigt, dass das codierte Bitfehlerverhältnis von ungefähr $2 \cdot 10^{-4}$ bei lediglich $\overline{N}_\mu$ von etwa 4,9 erreicht wird. Die Verwendung des gewählten Low Density Parity Check (LDPC) Codes spart im Mittel etwa drei Signalphotonen.

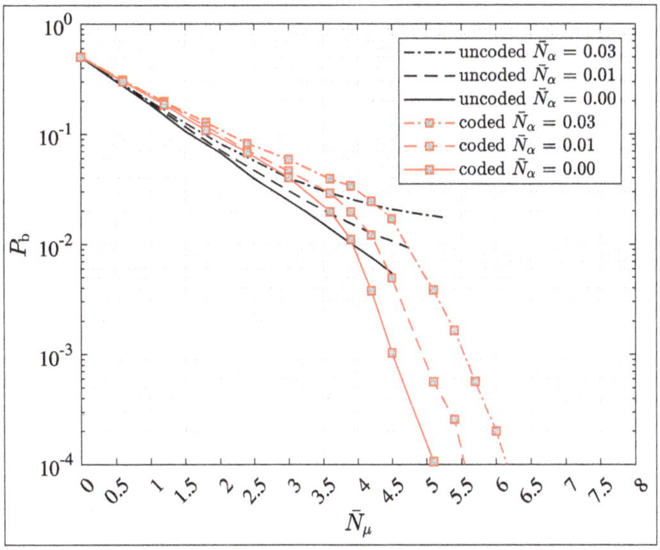

Abb. 3.11: Simulationsergebnisse des uncodierten Bitfehlerverhältnisses ohne jegliche klassische Kanaldecodierung und des codierten Bitfehlerverhältnisses mit klassischer Kanaldecodierung, wenn der Low Density Parity Check (LDPC) Code [124, Tabelle F-1, S. 4130] mit k gleich 540 Nachrichtenbits, mit n gleich 648 Codebits und mit der Coderate R gleich 5/6 verwendet wird; der klassische Kanaldecodierer verwendet den Summen-Produkt-Algorithmus (engl. „sum product algorithm", SPA) mit zehn Decodierungsiterationen; die mittlere Anzahl $\overline{N}_\alpha \in \{0\,,\ 0{,}01\,,\ 0{,}03\}$ ist der Kurvenparameter.

4 Polarcodes

4.1 Paradigma der Kanalpolarisation

Nach bestem Wissen des Autors wurden *Polarcodes* erstmals im Jahr 2009 diskutiert, siehe beispielsweise [23]. Im Wesentlichen können Polarcodes als eine Erweiterung der Reed-Muller (RM) Codes angesehen werden, die seit Jahrzehnten bekannt sind [125, Abschnitt III]. Dieser Umstand wurde bereits von Erdal Arikan, der als „Erfinder" der Polarcodes gilt, hervorgehoben [23, S. 3055f., 3068f.]. Arikan selbst stellt Folgendes fest [23, S. 3055f., 3069].

Zitat. Im Verlauf dieser Arbeit wurde klar, dass die Codierung mit Polarcodes viel mit der Codierung mit Reed-Muller (RM) Codes gemeinsam hat (...). Tatsächlich scheinen die rekursive Codekonstruktion und die SC (Anmerkung des Autors: „successive cancellation")-Decodierung, zwei wesentliche Elemente der Codierung mit Polarcodes, durch Reed-Muller (RM) Codes in die Codierungstheorie eingeführt worden zu sein.
(...)
Im Gegensatz zur Codierung mit Polarcodes wählt man bei der Codierung mit Reed-Muller (RM) Codes die Informationsmenge kanalunabhängig; diese ist nicht so fein auf das Phänomen der Kanalpolarisation abgestimmt wie im Fall der Codierung mit Polarcodes.
(...)
So geht die Codierung mit Polarcodes über die Codierung mit Reed-Muller (RM) Codes hinaus (...).
(...)
Es ist bemerkenswert, dass die Möglichkeit, dass Reed-Muller (RM) Codes kapazitätserreichende Codes bei ML (Anmerkung des Autors: Maximum-Likelihood)-Decodierung sein können, in der Literatur anscheinend keine Beachtung gefunden hat.
(Übersetzung durch den Autor)

Die attraktivsten Aspekte der Polarcodes sind

- die Erstellung der Generatormatrizen durch Anwendung des wohlbekannten Kronecker-Produkt-Kalküls, das bereits in Abschnitt 1.17.4 diskutiert wurde, und
- die Verwendung der ebenfalls bekannten *Kettenregel der Information* [14, Gl. (2.2.29), S. 22], die das Wesentliche dessen darstellt, das manche das Paradigma der „Kanalpolarisation" nennen [125, Abschnitt III].

In [125, Abschnitt III] werden Vorläufer der Polarcodes erwähnt. In diesem Zusammenhang sollte die Dissertation von Korada aus dem Jahr 2009 [126] hervorgehoben werden. Obwohl es disputabel erscheint, Polarcodes als neu oder „nichttrivial" zu bezeichnen, ist die Anwendung der Informationstheorie beim Codeentwurf herausragend und bemerkenswert. Nach Ansicht des Autors verdienen Polarcodes deshalb einen Platz unter den *anspruchsvollen Kanalcodes*.

Warum also sind Polarcodes im Zusammenhang mit moderner Mobilkommunikation wichtig geworden? Dies gilt es zu analysieren.

https://doi.org/10.1515/9783111446080-004

Es ist bereits bekannt, dass moderne Mobilkommunikationssysteme den Nutzern eine Vielzahl von Diensten bieten, die diese möglicherweise sogar gleichzeitig nutzen möchten. Dieser Anspruch führte bereits im Mobilfunksystem der dritten Generation 3G/UMTS (Third Generation / Universal Mobile Telecommunications System) zur Einführung der *Transport-Format-Kombinations-Kennung* (engl. „transport format combination indicator“, TFCI) [91, Bild 6.19, S. 113], [80, Abschnitt 4.3.3, S. 55]. Darüber hinaus stützen sich das Mobilfunksystem der vierten Generation 4G/LTE (Fourth Generation / Long Term Evolution) und dessen Weiterentwicklung 4G/LTE-Advanced auf Reed-Muller (RM) Codes zur Übertragung von Steuerinformationen, siehe beispielsweise [80, Abschnitt 5.2.2.64, S. 120f.]. Es ist die enge Verbindung zwischen Reed-Muller (RM) Codes und Polarcodes, welche Polarcodes zu einer perfekten Wahl für die Einbindung in das Mobilkommunikationssystem der fünften Generation 5G/NR (Fifth Generation / New Radio) macht, um die Codierung der dort verwendeten Steuerkanäle weiterzuentwickeln.

Wir tauchen nun in die technischen Details der Polarcodes ein. Zunächst betrachten wir diejenigen informationstheoretischen Aspekte, welche zum Verständnis der Polarcodes hilfreich sein werden. Dazu gehen wir von der Übertragung einer Vielzahl von N Übertragungssignalen aus. Diese bestehen aus den N binären Eingangssymbolen $X_0, X_1 \cdots X_{N-1}$, $N \in \mathbb{N}^*$, des Übertragungskanals, welche den Sendevektor

$$\boldsymbol{X} = (X_0, X_1 \cdots X_{N-1}), \quad X_i \in \mathbb{F}_2, \quad i \in \{0, 1 \cdots (N-1)\}, \quad N \in \mathbb{N}^*, \tag{4.1}$$

bilden. Die erwähnte Übertragung führt zum Empfang einer Vielzahl von N Empfangssignalen. Diese bestehen aus den N Ausgangssymbolen $Y_0, Y_1 \cdots Y_{N-1}$, $N \in \mathbb{N}^*$, des Übertragungskanals, welche den Empfangsvektor

$$\boldsymbol{Y} = (Y_0, Y_1 \cdots Y_{N-1}), \quad N \in \mathbb{N}^*, \tag{4.2}$$

bilden. Die Eingangssymbole X_i, $i \in \{0, 1 \cdots (N-1)\}$, $N \in \mathbb{N}^*$, die den Elementarereignissen $\{X_i\}$, $i \in \{0, 1 \cdots (N-1)\}$, $N \in \mathbb{N}^*$, zugeordnet sind, sind die Ergebnisse von N unabhängigen Zufallsexperimenten mit identischen a-priori-Wahrscheinlichkeiten

$$\mathsf{P}\{\{X_i\}\} = \mathsf{P}\{\{X\}\}, \quad i \in \{0, 1 \cdots (N-1)\}, \quad N \in \mathbb{N}^*, \tag{4.3}$$

für das Auftreten der Ereignisse $\{X_i\}$, $i \in \{0, 1 \cdots (N-1)\}$, $N \in \mathbb{N}^*$. In diesem Fall ist die Kanalkapazität des Übertragungskanals mit einem einzigen Eingangssymbol X_i und einem einzigen Ausgangssymbol Y_i durch

$$C_1 = \max_{\mathsf{P}\{\{X\}\}} I\{X_i; Y_i\}, \quad i \in \{0, 1 \cdots (N-1)\}, \quad N \in \mathbb{N}^*, \tag{4.4}$$

gegeben.

Wir wollen nun einen (n, k, d_{min}) binären linearen Blockcode $\mathbb{V}$ für die gerade geschilderte Übertragung entwerfen. Dies führt zwangsläufig dazu, dass aus der Menge der beiden Operationen {Additionsoperation $\oplus$, Multiplikationsoperation $\odot$} des endlichen Körpers $(\mathbb{F}_2, \oplus, \odot)$ nur die Additionsoperation $\oplus$ für die Codierung verwendet werden kann, wie dies für die klassischen Codes der Fall ist, die in Kapitel 1 besprochen wurden. Beim Entwurf eines Polarcodes müssen wir also die folgende Aufgabe erfüllen:

Finde eine Methode, die nur auf der additiven Operation „$\oplus$“ von $\mathbb{F}_2$ basiert, bei der jedes Kanalausgangssignal Y_i, $i \in \{0,1\cdots(N-1)\}$, $N \in \mathbb{N}^*$, nicht nur vom Eingangssignal X_i, $i \in \{0,1\cdots(N-1)\}$, $N \in \mathbb{N}^*$, abhängt, sondern in den meisten Fällen auch von mindestens einigen weiteren Eingangssymbolen, wobei die Beziehung $I\{\boldsymbol{X};\boldsymbol{Y}\} \leq N \cdot C$ aus [14, Satz 4.2.1, S. 75] erhalten bleibt.

Also soll jede einzelne Übertragung die Kanalkapazität C erreichen.

Wenn man darüber hinaus die wohlbekannte Analyse von Gérard *Battail* [41, Abschnitt 3.2, 3.3 und 4.1, S. 85–88] berücksichtigt, so muss die Minimaldistanz $d_{\min}$ so groß wie nur möglich werden, um mit dem neuen Code die bestmögliche Übertragungsqualität zu gewährleisten. Im Fall der $(n, k, d_{\min})$ binären linearen Low Density Parity Check (LDPC) Codes $\mathbb{L}$ haben wir bereits aus der Definition 3.1 gelernt, dass die Paritätsprüfungen genau dann zur bestmögliche Übertragungsqualität führen, wenn die Spalten und Zeilen der Paritätsprüfmatrix „paarweise orthogonal“ sind, siehe Punkt (3) der Definition 3.1.

Wir beginnen mit einem kleinsten möglichen $(n, k, d_{\min})$ binären linearen Blockcode $\mathbb{V}$, der die Dimension k gleich 2 haben muss, weil bei der Wahl von k gleich 1 der Ausdruck „Codierung“ eher Erheiterung als irgendetwas anderes auslösen dürfte. Folglich muss die Codelänge n gleich 2 sein, weil für die Codelänge 1 das Werfen einer Münze anstelle eines empfangsgesteuerten Konzepts eine probate Decodierung wäre.

Man kann sich nun fragen, wie eine 2×2-Matrix aus $\mathbb{F}_2^{2\times 2}$ aussehen könnte, welche die Anforderung erfüllt, dass höchstens eine 1 in zwei verschiedenen Zeilen oder zwei verschiedenen Spalten gemeinsam auftritt. Zugegeben, der Leser könnte denken, dass in der klassischen Codierung die Paritätsprüfmatrix leer sein muss, weil sie $(n-k)$ gleich 0 Zeilen hat. Aber diese Annahme ist nicht ganz zutreffend. Schauen Sie sich nur einmal einen $(n, k, d_{\min})$ binären linearen Low Density Parity Check (LDPC) Code $\mathbb{L}$ und dessen Paritätsprüfmatrix an. Die Anzahl der Zeilen dieser Paritätsprüfmatrix hängt nicht zwingend mit dem Ergebnis von $(n-k)$ zusammen. Plötzlich erscheint die Suche nach einer quadratischen Matrix nicht mehr so abwegig, und daher ist der Wunsch, eine 2×2-Matrix auszuprobieren, nicht die schlechteste aller Ideen.

Nun kehren wir zur obigen Frage zurück. Beim Erstellen einer 2×2-Matrix mit Elementen aus $\mathbb{F}_2$ kann man nur auf vier verschiedene mögliche Zeilenvektoren zurückgreifen, nämlich $(0,0)$, $(1,0)$, $(0,1)$ und $(1,1)$. Da unsere gesuchte Matrix einen vollen Rang braucht, wird der Nullvektor $(0,0)$ als möglicher Zeilenvektor bereits vor dem Beginn des Spiels vom Platz gestellt und zurück in die Kabine geschickt. Es bleiben daher nur die drei Kombinationen

- $(1,0)$ und $(0,1)$,

- (1, 0) und (1, 1) sowie
- (0, 1) und (1, 1)

übrig. Die Wahl der ersten Kombination (1, 0) und (0, 1) scheint auf den ersten Blick perfekt zu sein. Leider wären dann die Übertragungen von zwei aufeinander folgenden Bits unabhängig, und daher würde die oben formulierte Forderung „*... sondern in den meisten Fällen auch von mindestens einigen weiteren Eingangssymbolen ...*" nie erfüllt werden. Es bleiben also nur zwei Kombinationen übrig, nämlich

- (1, 0) und (1, 1) sowie
- (0, 1) und (1, 1).

Also resultieren die folgenden Auswahlmöglichkeiten

$$\begin{pmatrix} 1 & 0 \\ 1 & 1 \end{pmatrix}, \begin{pmatrix} 1 & 1 \\ 1 & 0 \end{pmatrix}, \begin{pmatrix} 0 & 1 \\ 1 & 1 \end{pmatrix}, \begin{pmatrix} 1 & 1 \\ 0 & 1 \end{pmatrix}. \tag{4.5}$$

Da das Permutieren der Zeilen denselben Code ergibt, bleiben nur

$$\begin{pmatrix} 1 & 0 \\ 1 & 1 \end{pmatrix}, \begin{pmatrix} 0 & 1 \\ 1 & 1 \end{pmatrix} \tag{4.6}$$

übrig, die sich nur in der Reihenfolge der Spalten unterscheiden. Eine Änderung dieser Reihenfolge ergibt äquivalente Codes. Daher bleibt nur eine Wahl, beispielsweise

$$\begin{pmatrix} 1 & 0 \\ 1 & 1 \end{pmatrix}. \tag{4.7}$$

Es spielt tatsächlich auch keine große Rolle, ob man (4.7) als Paritätsprüfmatrix oder als Generatormatrix betrachtet, denn wir würden lediglich einmal den ursprünglichen und einmal den dualen Code betrachten.

Also einigen wir uns auf die folgende Generatormatrix

$$\boldsymbol{G}_2 = \begin{pmatrix} 1 & 0 \\ 1 & 1 \end{pmatrix}. \tag{4.8}$$

Im Fall der Reed-Muller (RM) Codes gilt (1.1429), und man sieht sofort, dass $\boldsymbol{G}_2$ nach (4.8) und $\boldsymbol{H}_2$ aus (1.1429) äquivalente Codes erzeugen.

Längere Codes könnten auf die in Abschnitt 1.17.4 beschriebene Weise erstellt werden.

Nun kann man versuchen, etwas Ordnung in die ausgewählten „*mindestens einige weiteren Eingangssymbole*" zu bringen. Zum Beispiel könnte man verlangen, dass die Transinformation $I\{X_i; \boldsymbol{Y}\}$ $i \in \{0, 1 \cdots (N-1)\}$, $N \in \mathbb{N}^*$, auf die vorhergehenden Kanaleingaben $X_0, X_1 \cdots X_{i-1}$, $i \in \{0, 1 \cdots (N-1)\}$, $N \in \mathbb{N}^*$, bedingt ist. Man ersetzt daher $I\{X_i; \boldsymbol{Y}\}$ durch die *bedingte Transinformation*

$$I\{X_i;\boldsymbol{Y} \mid X_0,X_1\cdots X_{i-1}\} = \mathrm{E}\left\{\log_2\left\{\frac{\mathsf{P}\{\{X_i\}\{\boldsymbol{Y}\} \mid \{X_0\}\{X_1\}\cdots\{X_{i-1}\}\}}{\mathsf{P}\{\{X_i\} \mid \{X_0\}\cdots\{X_{i-1}\}\}\mathsf{P}\{\{\boldsymbol{Y}\} \mid \{X_0\}\cdots\{X_{i-1}\}\}}\right\}\right\} \quad (4.9)$$

$$= \sum_{\boldsymbol{Y},X_0,X_1\cdots X_i} \mathsf{P}\{\{X_i\}\{\boldsymbol{Y}\}\{X_0\}\{X_1\}\cdots\{X_{i-1}\}\}$$

$$\cdot\log_2\left\{\frac{\mathsf{P}\{\{X_i\}\{\boldsymbol{Y}\} \mid \{X_0\}\{X_1\}\cdots\{X_{i-1}\}\}}{\mathsf{P}\{\{X_i\} \mid \{X_0\}\cdots\{X_{i-1}\}\}\mathsf{P}\{\{\boldsymbol{Y}\} \mid \{X_0\}\cdots\{X_{i-1}\}\}}\right\},$$

$$i \in \{0,1\cdots(N-1)\}, \quad N \in \mathbb{N}^*.$$

Die maximale bedingte Transinformation $\max_{\mathsf{P}\{\{X\}\}} I\{X_i;\boldsymbol{Y} \mid X_0,X_1\cdots X_{i-1}\}$ wird nicht zwingend für alle $i \in \{0,1\cdots(N-1)\}$, $N \in \mathbb{N}^*$, gleich sein. Es ist daher zu vermuten, dass es einige Übertragungen mit niedriger Kanalkapazität und einige Übertragungen mit hoher Kanalkapazität gibt.

Klingt das bisher Erläuterte ausnahmslos erfinderisch? Der Autor glaubt, dass eine Abstimmung unter den Lesern und Codierungsexperten möglicherweise nicht zu einem einhelligen „Ja" führt.

Nun schauen wir uns das Paradigma der *Kanalpolarisation* an. Die *Kanalpolarisation* macht aus unabhängigen Kopien eines gegebenen binären diskreten gedächtnislosen Kanals (engl. „discrete memoryless channel", DMC) eine zweite Menge von gleich vielen Kanälen, die einen *„Polarisationseffekt"* aufweisen. Dieser Polarisationseffekt wirkt sich auf die folgende Art und Weise aus: Wenn die Anzahl N solcher polarisierter Kanäle gegen Unendlich geht, so gehen die Kanalkapazitätswerte aller dieser polarisierten Kanäle, bis auf einen verschwindenden Bruchteil polarisierter Kanäle, entweder gegen 1 oder gegen 0 [23, Abschnitt I.B, S. 3052]. Dies wird erreicht, indem virtuelle Kanäle mit der maximalen bedingten Transinformation $\max_{\mathsf{P}\{\{X\}\}} I\{X_i;\boldsymbol{Y} \mid X_0,X_1\cdots X_{i-1}\}$ erzeugt werden. Die Kanalpolarisation wird nachstehend anhand des binären Auslöschungskanals (engl. „binary erasure channel", BEC) veranschaulicht.

Die genannte Kanalpolarisation besteht aus einer
- *Kanalkombinierphase* (engl. „channel combining phase") und einer
- *Kanalaufspaltungsphase* (engl. „channel splitting phase")

[23, Abschnitt I.B, S. 3052]. In der Tat sieht dieser Ansatz konzeptionell neu aus.

Wir betrachten zunächst das Kanalkombinieren (engl. „channel combining").

Man startet von der uncodierten Übertragung von N unabhängigen Ergebnissen, d. h. von den N Übertragungssymbolen $X_0,X_1\cdots X_{N-1}$ der entsprechenden Ereignisse, die alle im Übertragungsvektor $\boldsymbol{X}$ nach (4.1) enthalten sind. Jedes Übertragungssymbol wird über seine eigene Kopie des oben genannten binären diskreten gedächtnislosen Kanal (engl. „discrete memoryless channel", DMC) W übertragen. Wie bereits gesagt, werden alle N binären diskreten gedächtnislosen Kanäle (engl. „discrete memoryless channels", DMCs) W als identisch und unabhängig betrachtet. Daher ist die Wahrscheinlichkeit $\mathsf{P}\{\boldsymbol{X}\}$ gleich

$$\mathsf{P}\{\{\boldsymbol{X}\}\} = \mathsf{P}\{\{X_0\}\{X_1\}\ \cdots\ \{X_{N-1}\}\}$$

$$= \mathsf{P}\{\{X_0\}\} \cdot \mathsf{P}\{\{X_1\}\} \cdot \ldots \cdot \mathsf{P}\{\{X_{N-1}\}\}$$
$$= \prod_{i=0}^{N-1} \mathsf{P}\{\{X_i\}\}, \quad N \in \mathbb{N}^*. \tag{4.10}$$

Der Eingang des ersten binären diskreten gedächtnislosen Kanals (engl. „discrete memoryless channel", DMC) W ist $X_0 \in \mathbb{F}_2$, der Eingang des zweiten binären diskreten gedächtnislosen Kanals (engl. „discrete memoryless channel", DMC) W ist $X_1 \in \mathbb{F}_2$ und so weiter. Die zugehörigen Zufallsexperimente sind unabhängig. Am Ausgang des ersten binären diskreten gedächtnislosen Kanals (engl. „discrete memoryless channel", DMC) W wird die Zufallsvariable, d. h. das Empfangssymbol, Y_0 gemessen, am Ausgang des zweiten binären diskreten gedächtnislosen Kanals (engl. „discrete memoryless channel", DMC) W wird die Zufallsvariable, d. h. das Empfangssymbol, Y_1 gemessen, und so weiter. Die N Zufallsvariablen, d. h. die Empfangssymbole, $Y_0, Y_1 \cdots Y_{N-1}, N \in \mathbb{N}^*$, bilden den Empfangsvektor $\boldsymbol{Y}$ nach (4.2).

Aufgrund der angenommenen Unabhängigkeit ist die Transinformation

$$I\{\boldsymbol{X};\boldsymbol{Y}\} = \sum_{i=0}^{N-1} I\{X_i;\boldsymbol{Y}\} = \sum_{i=0}^{N-1} I\{X_i;Y_i\}, \quad N \in \mathbb{N}^*. \tag{4.11}$$

Folglich ist die Kanalkapazität der Kombination der N binären diskreten gedächtnislosen Kanäle (engl. „discrete memoryless channels", DMCs) W

$$C_N = \max_{\mathsf{P}\{\{\boldsymbol{X}\}\}} I\{\boldsymbol{X};\boldsymbol{Y}\}, \quad N \in \mathbb{N}^*. \tag{4.12}$$

Die N binären diskreten gedächtnislosen Kanäle (engl. „discrete memoryless channels", DMCs) W bilden den *kombinierten diskreten gedächtnislosen Kanal (engl. „combined discrete memoryless channel")*

$$W_N : \boldsymbol{X} \mapsto \boldsymbol{Y}, \quad \text{i.e.} \quad W_N : (X_0, X_1 \cdots X_{N-1}) \mapsto (Y_0, Y_1 \cdots Y_{N-1}), \quad N \in \mathbb{N}^*, \tag{4.13}$$

mit N unabhängigen Zufallsvariablen $X_0, X_1 \cdots X_{N-1}$ am Eingang und N unabhängigen Zufallsvariablen $Y_0, Y_1 \cdots Y_{N-1}$ am Ausgang. Der kombinierte diskrete gedächtnislose Kanal (engl. „combined discrete memoryless channel") W_N wird auch einfach als der *kombinierte Kanal* (engl. „combined channel") bezeichnet [39, Bild 4.4, S. 92f.].

Mit (4.4) wird die Kanalkapazität des kombinierten diskreten gedächtnislosen Kanals (engl. „combined discrete memoryless channel") W_N nach (4.12) zu

$$C_N = \max_{\mathsf{P}\{\{\boldsymbol{X}\}\}} \sum_{i=0}^{N-1} I\{X_i;Y_i\} = \sum_{i=0}^{N-1} \max_{\mathsf{P}\{\{X_i\}\}} I\{X_i;Y_i\} = NC_1, \quad N \in \mathbb{N}^*. \tag{4.14}$$

Die oben beschriebene Situation ist in Abbildung 4.1 verdeutlicht, siehe beispielsweise [39, S. 91f.].

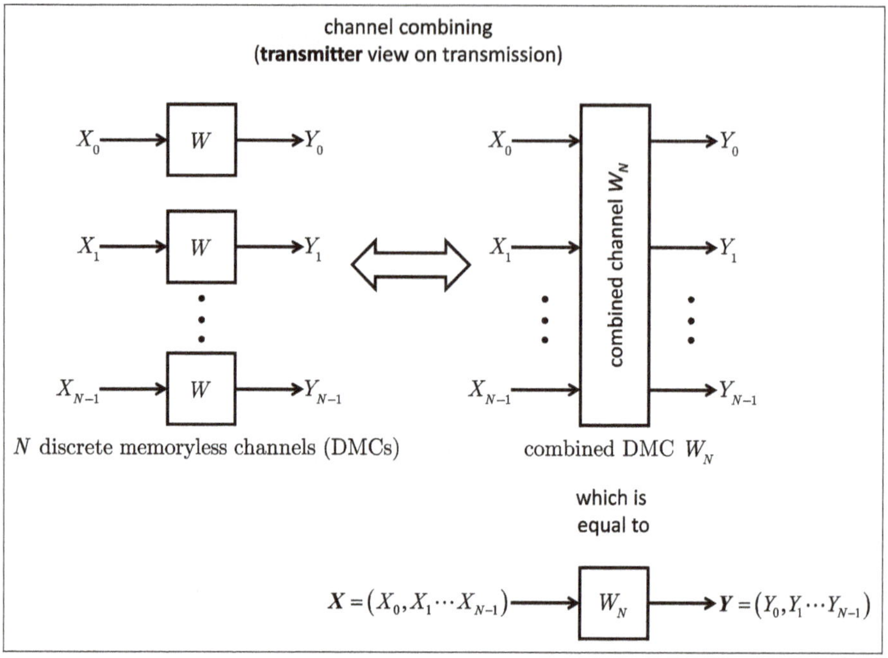

Abb. 4.1: Kanalkombinieren (engl. „channel combining"), d. h. Übertragung über N diskrete gedächtnislose Kanäle (engl. „discrete memoryless channels", DMCs), die den kombinierten diskreten gedächtnislosen Kanal (engl. „combined discrete memoryless channel") W_N bilden (angepasst nach [39, S. 91f.]).

Als Nächstes betrachten wir das Kanalaufspalten (engl. „channel splitting").

Wir wissen, dass die maximale bedingte Transinformation $\max_{\mathrm{P}\{\{X\}\}} I\{X_i; \boldsymbol{Y} \mid X_0, X_1 \cdots X_{i-1}\}$ nicht für alle $i \in \{0,1\cdots(N-1)\}$, $N \in \mathbb{N}^*$, gleich ist. Wir bezeichnen die zugehörigen N Kanäle deshalb als *polarisiert*. Diese polarisierten Kanäle heißen auch *aufgespaltete virtuelle Kanäle* (engl. „split virtual channels"). Zudem werden diese aufgespalteten virtuellen Kanäle als *aufgespaltete Bitkanäle* (engl. „split bit channels") oder einfach als *aufgespaltete Kanäle* (engl. „split channels") bezeichnet [39, Bild 4.9, S. 104, 106].

Nun erstellen wir aufgespaltete virtuelle Kanäle (engl. „split virtual channels"). Der Ausdruck $I\{X_i; \boldsymbol{Y} \mid X_0, X_1 \cdots X_{i-1}\}$, $i \in \{0,1\cdots(N-1)\}$, $N \in \mathbb{N}^*$, zeigt bereits die Form der aufgespalteten virtuellen Kanäle:

- Der erste aufgespaltete virtuelle Kanal W_N^0 hat das Eingangssymbol $X_0 \in \mathbb{F}_2$, und der Ausgang ist der Empfangsvektor $\boldsymbol{Y}$ aus (4.2) am Ausgang des kombinierten Kanals W_N gemäß Abbildung 4.1. Man erhält

$$W_N^0 : X_0 \mapsto \boldsymbol{Y}. \tag{4.15}$$

- Der zweite aufgespaltete virtuelle Kanal W_N^1 hat das Eingangssymbol $X_1 \in \mathbb{F}_2$, und der Ausgang ist der Empfangsvektor $\boldsymbol{Y}$ aus (4.2) am Ausgang des kombinierten Kanals W_N gemäß Abbildung 4.1 sowie das zuvor detektierte Eingangssymbol $\hat{X}_0$, das wir als identisch mit dem tatsächlichen Eingangssymbol X_0 ansehen. Daher resultiert

$$W_N^1 : X_1 \mapsto \boldsymbol{Y}, X_0. \tag{4.16}$$

- Der dritte aufgespaltete virtuelle Kanal W_N^2 hat das Eingangssymbol $X_2 \in \mathbb{F}_2$, und der Ausgang ist der Empfangsvektor $\boldsymbol{Y}$ aus (4.2) am Ausgang des kombinierten Kanals W_N gemäß Abbildung 4.1 sowie die zuvor detektierten Eingangssymbole $\hat{X}_0$ und $\hat{X}_1$, die wir als identisch mit den tatsächlichen Eingangssymbolen X_0 und X_1 ansehen. Es resultiert

$$W_N^2 : X_2 \mapsto \boldsymbol{Y}, X_0, X_1. \tag{4.17}$$

- ...
- Der i-te aufgespaltete virtuelle Kanal W_N^i, $i \in \{0, 1 \cdots (N-1)\}$, $N \in \mathbb{N}^*$, hat das Eingangssymbol X_i, $i \in \{0, 1 \cdots (N-1)\}$, $N \in \mathbb{N}^*$, und der Ausgang ist der Empfangsvektor $\boldsymbol{Y}$ aus (4.2) am Ausgang des kombinierten Kanals W_N gemäß Abbildung 4.1 sowie die zuvor detektierten Eingangssymbole $\hat{X}_0, \hat{X}_1 \cdots \hat{X}_{i-1}$, $i \in \{0, 1 \cdots (N-1)\}$, $N \in \mathbb{N}^*$, die wir als identisch mit den tatsächlichen Eingangssymbolen $X_0, X_1 \cdots X_{i-1}$, $i \in \{0, 1 \cdots (N-1)\}$, $N \in \mathbb{N}^*$ ansehen. Daher resultiert

$$W_N^i : X_i \mapsto \boldsymbol{Y}, X_0, X_1 \cdots X_{i-1}, \quad i \in \{0, 1 \cdots (N-1)\}, \quad N \in \mathbb{N}^*. \tag{4.18}$$

- ...
- Der N-te aufgespaltete virtuelle Kanal W_N^{N-1}, $N \in \mathbb{N}^*$, hat das Eingangssymbol X_{N-1}, $N \in \mathbb{N}^*$, und der Ausgang ist der Empfangsvektor $\boldsymbol{Y}$ aus (4.2) am Ausgang des kombinierten Kanals W_N gemäß Abbildung 4.1 sowie die zuvor detektierten Eingangssymbole $\hat{X}_0, \hat{X}_1 \cdots \hat{X}_{N-2}$, $N \in \mathbb{N}^*$, die wir als identisch mit den tatsächlichen Eingangssymbolen $X_0, X_1 \cdots X_{N-2}$, $N \in \mathbb{N}^*$ ansehen. Daher resultiert

$$W_N^{N-1} : X_{N-1} \mapsto \boldsymbol{Y}, X_0, X_1 \cdots X_{N-2}. \tag{4.19}$$

Die oben beschriebenen aufgespalteten Kanäle sind in Abbildung 4.2 veranschaulicht, siehe beispielsweise [39, S. 103–106].

Offensichtlich kann keines der detektierten Eingangssymbole $\hat{X}_0, \hat{X}_1 \cdots \hat{X}_{N-2}$, $N \in \mathbb{N}^*$, am Ausgang eines aufgespalteten virtuellen Kanals als „echter“ Kanalausgang betrachtet werden. Daher ist der Ansatz des Kanalaufspaltens (engl. „channel splitting“) ohne Empfänger sinnentleert. Das Kanalaufspalten (engl. „channel splitting“) ist der a-posteriori-Blick auf die Übertragung, d. h. der Blick auf die Übertragung vom Empfänger zum Sender anstatt vom Sender zum Empfänger.

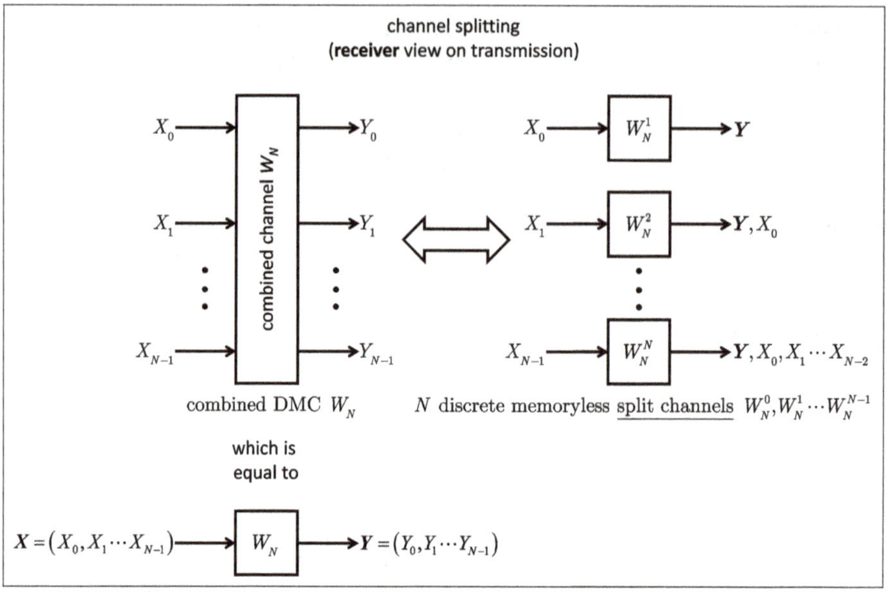

Abb. 4.2: Kanalaufspalten (engl. „channel splitting") (angepasst nach beispielsweise [39, S. 103–106]).

Bislang klingt die Behauptung mit dem Index $i \in \{0, 1 \cdots (N-1)\}$, $N \in \mathbb{N}^*$, variierender Werte der bedingten Transinformation $I\{X_i; \boldsymbol{Y} \mid X_0, X_1 \cdots X_{i-1}\}$ verlockend. Aber kann man dieses Variieren tatsächlich beweisen? Schauen wir einmal.

Man braucht jedoch zuerst ein solides Verständnis über die Kanalkapazität eines binären diskreten gedächtnislosen Kanals (engl. „discrete memoryless channel", DMC). Natürlich wissen wir, dass die Kanalkapazität eines binären diskreten gedächtnislosen Kanals (engl. „discrete memoryless channel", DMC) das Maximum der Transinformation ist und dass das Maximieren bezüglich der Wahrscheinlichkeiten der binären Eingangssymbole, d. h. bezüglich der a-priori Wahrscheinlichkeiten der Quelle, erfolgt.

Also halten wir fest, dass im Fall einer solchen Quelle, welche binäre Eingangssymbole, d. h. Bits, erzeugt, die Quellenentropie durch die binäre Entropiefunktion $H_2\{q\}$ aus (1.216) gegeben ist, siehe Definition 1.31. Die binäre Entropiefunktion erreicht ihr Maximum, wenn die a-priori Wahrscheinlichkeit q des Eingangssymbole 0 gleich 1/2 und daher gleich der a-priori Wahrscheinlichkeit $(1-q)$ des Eingangssymbole 1 ist, siehe Bemerkung 1.18. Dann erhält man die Kanalkapazität, siehe beispielsweise Bemerkung 1.19 im Fall des binären symmetrischen Kanals (engl. „binary symmetric (noisy) channel", BSC) und Bemerkung 1.20 im Fall des binären Auslöschungskanals (engl. „binary erasure channel", BEC).

Wir gehen von der Transinformation eines binären diskreten gedächtnislosen Kanals (engl. „discrete memoryless channel", DMC) [14, Gl. (2.2.7), S. 18] mit dem Eingangssymbol X aus $\mathbb{F}_2$ und dem Ausgangssymbol Y aus $\mathbb{Y}$, beispielsweise $\mathbb{F}_2$ im Fall des binären symmetrischen Kanals (engl. „binary symmetric (noisy) channel", BSC) oder

$(\mathbb{F}_2 + \{e\})$ gleich $\{0, 1, e\}$ im Fall des binären Auslöschungskanals (engl. „binary erasure channel“, BEC), aus und erhalten

$$\begin{aligned}
I\{X;Y\} &= \sum_{X\in\mathbb{F}_2}\sum_{Y\in\mathbb{Y}} \mathsf{P}\{\{X\}\{Y\}\}\cdot\log_2\left\{\frac{\mathsf{P}\{\{X\}\{Y\}\}}{\mathsf{P}\{\{X\}\}\cdot\mathsf{P}\{\{Y\}\}}\right\}\\
&= \sum_{X\in\mathbb{F}_2}\sum_{Y\in\mathbb{Y}} \mathsf{P}\{\{Y\}\mid\{X\}\}\cdot\mathsf{P}\{\{X\}\}\cdot\log_2\left\{\frac{\mathsf{P}\{\{Y\}\mid\{X\}\}\cdot\mathsf{P}\{\{X\}\}}{\mathsf{P}\{\{X\}\}\cdot\mathsf{P}\{\{Y\}\}}\right\}\\
&= \sum_{X\in\mathbb{F}_2}\sum_{Y\in\mathbb{Y}} \mathsf{P}\{\{Y\}\mid\{X\}\}\cdot\mathsf{P}\{\{X\}\}\cdot\log_2\left\{\frac{\mathsf{P}\{\{Y\}\mid\{X\}\}}{\sum_{\tilde{X}\in\mathbb{F}_2}\mathsf{P}\{\{Y\}\{\tilde{X}\}\}}\right\}\\
&= \sum_{X\in\mathbb{F}_2}\sum_{Y\in\mathbb{Y}} \mathsf{P}\{\{Y\}\mid\{X\}\}\cdot\mathsf{P}\{\{X\}\}\cdot\log_2\left\{\frac{\mathsf{P}\{\{Y\}\mid\{X\}\}}{\sum_{\tilde{X}\in\mathbb{F}_2}\mathsf{P}\{\{Y\}\mid\{\tilde{X}\}\}\cdot\mathsf{P}\{\{\tilde{X}\}\}}\right\}\\
&= \sum_{X\in\mathbb{F}_2}\sum_{Y\in\mathbb{Y}} \mathsf{P}\{\{Y\}\mid\{X\}\}\cdot\mathsf{P}\{\{X\}\}\\
&\quad\cdot\log_2\left\{\frac{\mathsf{P}\{\{Y\}\mid\{X\}\}}{\mathsf{P}\{\{Y\}\mid\{0\}\}\cdot\mathsf{P}\{\{0\}\}+\mathsf{P}\{\{Y\}\mid\{1\}\}\cdot\mathsf{P}\{\{1\}\}}\right\}.
\end{aligned}\tag{4.20}$$

Die Transinformation $I\{X;Y\}$ nach (4.20) wird maximal für

$$\mathsf{P}\{\{X\}\} = \mathsf{P}\{\{0\}\} = \mathsf{P}\{\{1\}\} = \frac{1}{2}.\tag{4.21}$$

Die Kanalkapazität des binären diskreten gedächtnislosen Kanal (engl. „discrete memoryless channel“, DMC) W ist also [23, S. 3051]

$$\begin{aligned}
C\{W\} &= \max_{\mathsf{P}\{\{X\}\}} I\{X;Y\}\\
&= \sum_{X\in\mathbb{F}_2}\sum_{Y\in\mathbb{Y}} \frac{1}{2}\mathsf{P}\{\{Y\}\mid\{X\}\}\cdot\log_2\left\{\frac{\mathsf{P}\{\{Y\}\mid\{X\}\}}{\frac{1}{2}\mathsf{P}\{\{Y\}\mid\{0\}\}+\frac{1}{2}\mathsf{P}\{\{Y\}\mid\{1\}\}}\right\}\\
&= \frac{1}{2}\sum_{X\in\mathbb{F}_2}\sum_{Y\in\mathbb{Y}} \mathsf{P}\{\{Y\}\mid\{X\}\}\cdot\log_2\left\{\frac{2\cdot\mathsf{P}\{\{Y\}\mid\{X\}\}}{\mathsf{P}\{\{Y\}\mid\{0\}\}+\mathsf{P}\{\{Y\}\mid\{1\}\}}\right\}.
\end{aligned}\tag{4.22}$$

Die Kanalkapazität $C\{W\}$ aus (4.22) heißt *symmetrische Kanalkapazität* [23, S. 3051].

Nun können wir zu unserer Frage zurückkehren, ob die Behauptung variierender Werte der bedingten Transinformation stimmt, siehe [23, Proposition 4, S. 3057, 3071f.].

Satz 4.1 (Kanalkapazität eines Paares von aufgespalteten virtuellen diskreten gedächtnislosen Kanälen (engl. „discrete memoryless channels“ DMCs)). *Wir gehen von zwei binären diskreten gedächtnislosen Kanälen (engl. „discrete memoryless channels“, DMCs) W aus. Diese beiden Kanäle werden sodann in ein Paar von binären aufgespalteten virtuellen diskreten gedächtnislosen Kanälen (engl. „discrete memoryless channels“, DMCs) W' und W''* [23, *Proposition 4, S. 3057, 3071f.*] *transformiert. Nach dem Aufspalten gelten* [23, *Proposition 4, S. 3057, 3071f.*]

$$C\{W'\} + C\{W''\} = 2C\{W\}\tag{4.23}$$

und

$$C\{W'\} \le C\{W''\} \tag{4.24}$$

mit Gleichheit genau dann, wenn $C\{W\}$ *gleich* 0 *oder* 1 *ist.*

Beweis. Zu betrachten ist nur der Fall $\mathrm{P}\{\{X\}\}$ gleich 1/2. Da man nur zwei Kanäle W hat, gibt es zwei Eingangssymbole X_0 und X_1 und zwei Ausgangssymbole Y_0 und Y_1. Dann folgen die Zusammenhänge

$$\begin{aligned} C\{W'\} &= I\{X_0; Y_0, Y_1\} \\ &= \sum_{X_0,Y_0,Y_1} \mathrm{P}\{\{X_0\}\{Y_0\}\{Y_1\}\} \log_2\left\{\frac{\mathrm{P}\{\{X_0\}\{Y_0\}\{Y_1\}\}}{\mathrm{P}\{\{X_0\}\} \cdot \mathrm{P}\{\{Y_0\}\{Y_1\}\}}\right\} \end{aligned} \tag{4.25}$$

und

$$\begin{aligned} C\{W''\} &= I\{X_1; X_0, Y_0, Y_1\} \\ &= \sum_{X_0,X_1,Y_0,Y_1} \mathrm{P}\{\{X_0\}\{X_1\}\{Y_0\}\{Y_1\}\} \log_2\left\{\frac{\mathrm{P}\{\{X_0\}\{X_1\}\{Y_0\}\{Y_1\}\}}{\mathrm{P}\{\{X_0\}\} \cdot \mathrm{P}\{\{X_0\}\{Y_0\}\{Y_1\}\}}\right\}. \end{aligned} \tag{4.26}$$

Für unabhängige X_0 und X_1 gilt

$$\mathrm{P}\{\{X_1\} \mid \{X_0\}\} = \mathrm{P}\{\{X_1\}\}, \quad \mathrm{P}\{\{X_0\} \mid \{X_1\}\} = \mathrm{P}\{\{X_0\}\}, \tag{4.27}$$

und man erhält

$$\begin{aligned} I\{X_1; Y_0, Y_1 \mid X_0\} &= \sum_{X_0,X_1,Y_0,Y_1} \mathrm{P}\{\{X_0\}\{X_1\}\{Y_0\}\{Y_1\}\} \\ &\quad \cdot \log_2\left\{\frac{\mathrm{P}\{\{X_1\}\{Y_0\}\{Y_1\} \mid \{X_0\}\}}{\mathrm{P}\{\{X_1\} \mid \{X_0\}\}\mathrm{P}\{\{Y_0\}\{Y_1\} \mid \{X_0\}\}}\right\} \\ &= \sum_{X_0,X_1,Y_0,Y_1} \mathrm{P}\{\{X_0\}\{X_1\}\{Y_0\}\{Y_1\}\} \\ &\quad \cdot \log_2\left\{\frac{\mathrm{P}\{\{X_1\}\{Y_0\}\{Y_1\} \mid \{X_0\}\}\mathrm{P}\{\{X_0\}\}}{\mathrm{P}\{\{X_1\}\}\mathrm{P}\{\{Y_0\}\{Y_1\} \mid \{X_0\}\}\mathrm{P}\{\{X_0\}\}}\right\} \\ &= \sum_{X_0,X_1,Y_0,Y_1} \mathrm{P}\{\{X_0\}\{X_1\}\{Y_0\}\{Y_1\}\} \\ &\quad \cdot \log_2\left\{\frac{\mathrm{P}\{\{X_0\}\{X_1\}\{Y_0\}\{Y_1\}\}}{\mathrm{P}\{\{X_1\}\}\mathrm{P}\{\{X_0\}\{Y_0\}\{Y_1\}\}}\right\} \\ &= I\{X_1; X_0, Y_0, Y_1\} \\ &= C\{W''\}. \end{aligned} \tag{4.28}$$

Die Kettenregel der Information [14, Gl. (2.2.28) und (2.2.29), S. 22] führt uns zu

$$I\{X_0, X_1; Y_0, Y_1\} = I\{X_0; Y_0, Y_1\} + I\{X_1; Y_0, Y_1 \mid X_0\} = C\{W'\} + C\{W''\}. \tag{4.29}$$

Mit (4.11) und (4.14) ergibt sich außerdem

$$I\{X_0, X_1; Y_0, Y_1\} = 2 \cdot C\{W\}. \tag{4.30}$$

Daher wird (4.29) zu

$$C\{W'\} + C\{W''\} = 2 \cdot C\{W\}. \tag{4.31}$$

Mit

$$C\{W\} = I\{X_1; Y_1\} = \sum_{X_0, X_1, Y_0, Y_1} \mathrm{P}\{\{X_0\}\{X_1\}\{Y_0\}\{Y_1\}\} \log_2 \left\{ \frac{\mathrm{P}\{\{X_1\}\{Y_1\}\}}{\mathrm{P}\{\{X_1\}\} \cdot \mathrm{P}\{\{Y_1\}\}} \right\} \tag{4.32}$$

und

$$\begin{aligned} I\{X_1; X_0, Y_0 \mid Y_1\} = &\sum_{X_0, X_1, Y_0, Y_1} \mathrm{P}\{\{X_0\}\{X_1\}\{Y_0\}\{Y_1\}\} \\ &\cdot \log_2 \left\{ \frac{\mathrm{P}\{\{X_0\}\{X_1\}\{Y_0\} \mid \{Y_1\}\}}{\mathrm{P}\{\{X_1\} \mid \{Y_1\}\} \cdot \mathrm{P}\{\{X_0\}\{Y_0\} \mid \{Y_1\}\}} \right\} \end{aligned} \tag{4.33}$$

erhält man

$$\begin{aligned} C\{W\} + I\{X_1; X_0, Y_0 \mid Y_1\} = &\sum_{X_0, X_1, Y_0, Y_1} \mathrm{P}\{\{X_0\}\{X_1\}\{Y_0\}\{Y_1\}\} \\ &\cdot \left\{ \log_2 \left\{ \frac{\mathrm{P}\{\{X_1\}\{Y_1\}\}}{\mathrm{P}\{\{X_1\}\} \cdot \mathrm{P}\{\{Y_1\}\}} \right\} \right. \\ &\left. + \log_2 \left\{ \frac{\mathrm{P}\{\{X_0\}\{X_1\}\{Y_0\} \mid \{Y_1\}\}}{\mathrm{P}\{\{X_1\} \mid \{Y_1\}\} \cdot \mathrm{P}\{\{X_0\}\{Y_0\} \mid \{Y_1\}\}} \right\} \right\} \\ = &\sum_{X_0, X_1, Y_0, Y_1} \mathrm{P}\{\{X_0\}\{X_1\}\{Y_0\}\{Y_1\}\} \\ &\cdot \log_2 \left\{ \frac{\mathrm{P}\{\{X_1\}\{Y_1\}\}\mathrm{P}\{\{X_0\}\{X_1\}\{Y_0\} \mid \{Y_1\}\}}{\mathrm{P}\{\{X_1\}\} \cdot \mathrm{P}\{\{X_1\}\{Y_1\}\} \cdot \mathrm{P}\{\{X_0\}\{Y_0\} \mid \{Y_1\}\}} \right\} \\ = &\sum_{X_0, X_1, Y_0, Y_1} \mathrm{P}\{\{X_0\}\{X_1\}\{Y_0\}\{Y_1\}\} \\ &\cdot \log_2 \left\{ \frac{\mathrm{P}\{\{X_0\}\{X_1\}\{Y_0\}\{Y_1\}\}}{\mathrm{P}\{\{X_1\}\} \cdot \mathrm{P}\{\{X_0\}\{Y_0\}\{Y_1\}\}} \right\} \\ = &I\{X_1; Y_0, Y_1, X_0\} \\ = &C\{W''\}. \end{aligned} \tag{4.34}$$

Somit folgt

$$C\{W''\} \geq C\{W\}. \tag{4.35}$$

Mit (4.31) und (4.35) ergibt sich

$$2 \cdot C\{W\} = C\{W''\} + C\{W'\} \geq C\{W\} + C\{W'\} \tag{4.36}$$

und daher

$$C\{W\} \geq C\{W'\}. \tag{4.37}$$

Kombiniert man (4.35) und (4.37), so erhält man

$$C\{W''\} \geq C\{W\} \geq C\{W'\}. \tag{4.38}$$

Die Gleichheit gilt, wenn $I\{X_1; X_0, Y_0 \mid Y_1\}$ gleich 0 ist. Nach (4.33) erfordert dies

$$\mathrm{P}\big\{\{X_0\}\{X_1\}\{Y_0\} \mid \{Y_1\}\big\} = \mathrm{P}\big\{\{X_1\} \mid \{Y_1\}\big\} \cdot \mathrm{P}\big\{\{X_0\}\{Y_0\} \mid \{Y_1\}\big\} \tag{4.39}$$

beziehungsweise

$$\mathrm{P}\big\{\{X_0\}\{X_1\}\{Y_0\}\{Y_1\}\big\}\mathrm{P}\big\{\{Y_1\}\big\} = \mathrm{P}\big\{\{X_1\}\{Y_1\}\big\} \cdot \mathrm{P}\big\{\{X_0\}\{Y_0\}\{Y_1\}\big\}. \tag{4.40}$$

Somit folgt

$$\begin{aligned}\mathrm{P}\big\{\{Y_0\}\{Y_1\} \mid \{X_0\}\{X_1\}\big\}\mathrm{P}\big\{\{Y_1\}\big\} &= \frac{\mathrm{P}\{\{X_0\}\{Y_0\}\{Y_1\}\}}{\mathrm{P}\{\{X_0\}\}} \frac{\mathrm{P}\{\{X_1\}\{Y_1\}\}}{\mathrm{P}\{\{X_1\}\}} \\ &= \mathrm{P}\big\{\{Y_0\}\{Y_1\} \mid \{X_0\}\big\}\mathrm{P}\big\{\{Y_1\} \mid \{X_1\}\big\}.\end{aligned} \tag{4.41}$$

Nota bene, dass die Elementarereignisse $\{X_0\}$ und $\{X_1\}$ sowie die Elementarereignisse $\{Y_0\}$ und $\{Y_1\}$ unabhängig sind. Verwendet man die Generatormatrix $\boldsymbol{G}_2$ nach (4.8), so erhält man

$$(X_0, X_1) = (u_0, u_1)\boldsymbol{G}_2 = (u_0, u_1)\begin{pmatrix} 1 & 0 \\ 1 & 1 \end{pmatrix} = (u_0 \oplus u_1, u_1), \tag{4.42}$$

und es folgt

$$\mathrm{P}\big\{\{Y_0\}\{Y_1\} \mid \{X_0\}\{X_1\}\big\} = \mathrm{P}\big\{\{Y_0\} \mid \{u_0 \oplus u_1\}\big\}\mathrm{P}\big\{\{Y_1\} \mid \{u_1\}\big\}. \tag{4.43}$$

Gleichung (4.41) wird jetzt zu

$$\mathrm{P}\big\{\{Y_1\} \mid \{u_1\}\big\}\mathrm{P}\big\{\{Y_0\} \mid \{u_0 \oplus u_1\}\big\}\mathrm{P}\big\{\{Y_1\}\big\} - \mathrm{P}\big\{\{Y_0\}\{Y_1\} \mid \{u_0\}\big\} = 0. \tag{4.44}$$

Wegen

$$\mathrm{P}\big\{\{Y_1\}\big\} = \frac{1}{2}\mathrm{P}\big\{\{Y_1\} \mid \{u_1\}\big\} + \frac{1}{2}\mathrm{P}\big\{\{Y_1\} \mid \{u_1 \oplus 1\}\big\} \tag{4.45}$$

und

$$\begin{aligned}\mathrm{P}\big\{\{Y_0\}\{Y_1\} \mid \{u_0\}\big\} = &\frac{1}{2}\mathrm{P}\big\{\{Y_0\} \mid \{u_0 \oplus u_1\}\big\}\mathrm{P}\big\{\{Y_1\} \mid \{u_1\}\big\} \\ &+ \frac{1}{2}\mathrm{P}\big\{\{Y_0\} \mid \{u_0 \oplus u_1 \oplus 1\}\big\}\mathrm{P}\big\{\{Y_1\} \mid \{u_1 \oplus 1\}\big\}\end{aligned} \tag{4.46}$$

für den Fall von gleichwahrscheinlichen Nachrichtenbits ergibt sich

$$\mathrm{P}\big\{\{Y_1\} \mid \{u_1\}\big\}\mathrm{P}\big\{\{Y_1\} \mid \{u_1 \oplus 1\}\big\}\Big\{\mathrm{P}\big\{\{Y_0\} \mid \{u_0 \oplus u_1\}\big\} - \mathrm{P}\big\{\{Y_0\} \mid \{u_0 \oplus u_1 \oplus 1\}\big\}\Big\} = 0, \tag{4.47}$$

d. h.

$$\begin{array}{lll} u_0 = 0,\ u_1 = 0, & \Rightarrow & \mathrm{P}\{\{Y_1\} \mid \{0\}\}\mathrm{P}\{\{Y_1\} \mid \{1\}\}\{\mathrm{P}\{\{Y_0\} \mid \{0\}\} - \mathrm{P}\{\{Y_0\} \mid \{1\}\}\} = 0, \\ u_0 = 0,\ u_1 = 1, & \Rightarrow & \mathrm{P}\{\{Y_1\} \mid \{1\}\}\mathrm{P}\{\{Y_1\} \mid \{0\}\}\{\mathrm{P}\{\{Y_0\} \mid \{1\}\} - \mathrm{P}\{\{Y_0\} \mid \{0\}\}\} = 0, \\ u_0 = 1,\ u_1 = 0, & \Rightarrow & \mathrm{P}\{\{Y_1\} \mid \{0\}\}\mathrm{P}\{\{Y_1\} \mid \{1\}\}\{\mathrm{P}\{\{Y_0\} \mid \{1\}\} - \mathrm{P}\{\{Y_0\} \mid \{0\}\}\} = 0, \\ u_0 = 1,\ u_1 = 1, & \Rightarrow & \mathrm{P}\{\{Y_1\} \mid \{1\}\}\mathrm{P}\{\{Y_1\} \mid \{0\}\}\{\mathrm{P}\{\{Y_0\} \mid \{0\}\} - \mathrm{P}\{\{Y_0\} \mid \{1\}\}\} = 0. \end{array} \tag{4.48}$$

Daher gilt

$$\mathrm{P}\big\{\{Y_1\} \mid \{0\}\big\}\mathrm{P}\big\{\{Y_1\} \mid \{1\}\big\}\Big\{\mathrm{P}\big\{\{Y_0\} \mid \{0\}\big\} - \mathrm{P}\big\{\{Y_0\} \mid \{1\}\big\}\Big\} = 0. \tag{4.49}$$

Entweder muss $\mathrm{P}\{\{Y_1\} \mid \{0\}\}\mathrm{P}\{\{Y_1\} \mid \{1\}\}$ verschwinden und somit $C\{W\}$ gleich 1 sein, da keine Auslöschungen oder Fehler vorliegen, oder $\mathrm{P}\{\{Y_0\} \mid \{0\}\}$ muss gleich $\mathrm{P}\{\{Y_0\} \mid \{1\}\}$ und somit $C\{W\}$ gleich 0 sein. □

Satz 4.1 ist ein allgemeines Ergebnis, das für alle diskreten gedächtnislosen Kanäle (engl. „discrete memoryless channels“, DMCs) gilt. Das Argument am Ende des Beweises von Satz 4.1 veranschaulicht das *Paradigma der Kanalpolarisation*. Im Kontext von Polarcodes bedeutet Polarisation, dass es einige aufgespaltete virtuelle Kanäle mit einer gegen 1 tendierenden Kanalkapazität und einige aufgespaltete virtuelle Kanäle mit einer gegen 0 tendierenden Kanalkapazität gibt.

Satz 4.1 ermöglicht es uns, die aufgespalteten virtuellen Kanäle in einer Reihenfolge von „sehr schlecht“, d. h. mit geringer Kanalkapazität in der Nähe von 0, bis „sehr gut“, d. h. mit großer Kanalkapazität in der Nähe von 1, anzuordnen. Die Indizes der entsprechend angeordneten aufgespalteten virtuellen Kanäle wird *Zuverlässigkeitsfolge* (engl. „reliability sequence“) genannt [127, S. 1241].

Nun betrachten wir den *Bhattacharyya-Parameter*.

Satz 4.2 (Bhattacharyya-Parameter aufgespalteter virtueller diskreter gedächtnisloser Kanäle (engl. „discrete memoryless channels“ DMCs)). *Wir gehen von zwei binären diskreten gedächtnislosen Kanälen (engl. „discrete memoryless channels“, DMCs) W aus. Diese beiden Kanäle werden sodann in ein Paar von binären aufgespalteten virtuellen diskreten gedächtnislosen Kanälen (engl. „discrete memoryless channels“, DMCs) W' und W'' [23, Proposition 4, S. 3057, 3071f.] transformiert. Nach dem Aufspalten gelten [23, Proposition 4, S. 3057, 3071f.]*

Dann sind die Bhattacharyya-Parameter der aufgespalteten virtuellen diskreten gedächtnislosen Kanäle (engl. „discrete memoryless channels“, DMCs) [23, S. 3072]

$$Z\left(W''\right) = Z(W)^2 \tag{4.50}$$

und

$$Z\left(W'\right) \leq 2Z(W) - Z(W)^2 \tag{4.51}$$

mit Gleichheit für den Fall, dass W ein binärer Auslöschungskanal (engl. „binary erasure channel“, BEC) ist.

Beweis. Im Allgemeinen ist die Ausgabe von W'' eine Funktion $f(\boldsymbol{Y}_0^1)$ von $\boldsymbol{Y}_0^1$. Mit

$$\mathrm{P}\left\{\left\{f\left(\boldsymbol{Y}_0^1\right)\right\}\{u_0\} \mid \{u_1\}\right\} = \frac{1}{2} \cdot \mathrm{P}\left\{\{Y_0\} \mid \{u_0 \oplus u_1\}\right\} \cdot \mathrm{P}\left\{\{Y_1\} \mid \{u_1\}\right\} \tag{4.52}$$

und daher

$$\begin{aligned} \mathrm{P}\left\{\left\{f\left(\boldsymbol{Y}_0^1\right)\right\}\{u_0\} \mid \{0\}\right\} &= \frac{1}{2} \cdot \mathrm{P}\left\{\{Y_0\} \mid \{u_0\}\right\} \cdot \mathrm{P}\left\{\{Y_1\} \mid \{0\}\right\}, \\ \mathrm{P}\left\{\left\{f\left(\boldsymbol{Y}_0^1\right)\right\}\{u_0\} \mid \{1\}\right\} &= \frac{1}{2} \cdot \mathrm{P}\left\{\{Y_0\} \mid \{u_0 \oplus 1\}\right\} \cdot \mathrm{P}\left\{\{Y_1\} \mid \{1\}\right\}, \end{aligned} \tag{4.53}$$

ist der Bhattacharyya-Parameter $Z(W'')$ durch

$$\begin{aligned} Z\left(W''\right) &= \sum_{\boldsymbol{Y}_0^1, u_0} \sqrt{\mathrm{P}\left\{\left\{f\left(\boldsymbol{Y}_0^1\right)\right\}\{u_0\} \mid \{0\}\right\}\mathrm{P}\left\{\left\{f\left(\boldsymbol{Y}_0^1\right)\right\}\{u_0\} \mid \{1\}\right\}} \\ &= \sum_{\boldsymbol{Y}_0^1, u_0} \frac{1}{2}\sqrt{\mathrm{P}\left\{\{Y_0\} \mid \{u_0\}\right\} \cdot \mathrm{P}\left\{\{Y_1\} \mid \{0\}\right\} \cdot \mathrm{P}\left\{\{Y_0\} \mid \{u_0 \oplus 1\}\right\} \cdot \mathrm{P}\left\{\{Y_1\} \mid \{1\}\right\}} \end{aligned}$$

$$\begin{aligned}
&= \underbrace{\sum_{Y_1} \sqrt{\mathrm{P}\{\{Y_1\} \mid \{0\}\}\mathrm{P}\{\{Y_1\} \mid \{1\}\}}}_{=Z(W)} \\
&\quad \cdot \frac{1}{2}\sum_{Y_0}\sum_{u_0} \sqrt{\mathrm{P}\{\{Y_0\} \mid \{u_0\}\}\mathrm{P}\{\{Y_0\} \mid \{u_0 \oplus 1\}\}} \\
&= Z(W) \cdot \underbrace{\frac{1}{2}\sum_{Y_0} 2 \cdot \sqrt{\mathrm{P}\{\{Y_0\} \mid \{0\}\}\mathrm{P}\{\{Y_0\} \mid \{1\}\}}}_{=Z(W)} \\
&= Z(W)^2 = \epsilon^2
\end{aligned} \tag{4.54}$$

gegeben. Mit (4.110), d. h.

$$\mathrm{P}\{\{f(\boldsymbol{Y}_0^1)\} \mid \{u_0\}\} = \frac{1}{2}\sum_{u_1} \mathrm{P}\{\{Y_0\} \mid \{u_0 \oplus u_1\}\}\mathrm{P}\{\{Y_1\} \mid \{u_1\}\}, \tag{4.55}$$

folgen

$$\begin{aligned}
\mathrm{P}\{\{f(\boldsymbol{Y}_0^1)\} \mid \{0\}\} &= \frac{1}{2}\big(\mathrm{P}\{\{Y_0\} \mid \{0\}\}\mathrm{P}\{\{Y_1\} \mid \{0\}\} + \mathrm{P}\{\{Y_0\} \mid \{1\}\}\mathrm{P}\{\{Y_1\} \mid \{1\}\}\big), \\
\mathrm{P}\{\{f(\boldsymbol{Y}_0^1)\} \mid \{1\}\} &= \frac{1}{2}\big(\mathrm{P}\{\{Y_0\} \mid \{1\}\}\mathrm{P}\{\{Y_1\} \mid \{0\}\} + \mathrm{P}\{\{Y_0\} \mid \{0\}\}\mathrm{P}\{\{Y_1\} \mid \{1\}\}\big).
\end{aligned} \tag{4.56}$$

Der Bhattacharyya-Parameter $Z(W')$ ist also durch

$$\begin{aligned}
Z(W') &= \sum_{\boldsymbol{Y}_0^1} \sqrt{\mathrm{P}\{\{f(\boldsymbol{Y}_0^1)\} \mid \{0\}\}\mathrm{P}\{\{f(\boldsymbol{Y}_0^1)\} \mid \{1\}\}} \\
&= \frac{1}{2} \cdot \sum_{\boldsymbol{Y}_0^1} \sqrt{\mathrm{P}\{\{Y_0\} \mid \{0\}\}\mathrm{P}\{\{Y_1\} \mid \{0\}\} + \mathrm{P}\{\{Y_0\} \mid \{1\}\}\mathrm{P}\{\{Y_1\} \mid \{1\}\}} \\
&\quad \cdot \sqrt{\mathrm{P}\{\{Y_0\} \mid \{1\}\}\mathrm{P}\{\{Y_1\} \mid \{0\}\} + \mathrm{P}\{\{Y_0\} \mid \{0\}\}\mathrm{P}\{\{Y_1\} \mid \{1\}\}}
\end{aligned} \tag{4.57}$$

gegeben, und es folgt [23, S. 3072]

$$\begin{aligned}
Z(W') \le \frac{1}{2}\Bigg[&\sum_{\boldsymbol{Y}_0^1}\Big(\sqrt{\mathrm{P}\{\{Y_0\} \mid \{0\}\}\mathrm{P}\{\{Y_1\} \mid \{0\}\}} + \sqrt{\mathrm{P}\{\{Y_0\} \mid \{1\}\}\mathrm{P}\{\{Y_1\} \mid \{1\}\}}\Big) \\
&\cdot \Big(\sqrt{\mathrm{P}\{\{Y_0\} \mid \{0\}\}\mathrm{P}\{\{Y_1\} \mid \{1\}\}} + \sqrt{\mathrm{P}\{\{Y_0\} \mid \{1\}\}\mathrm{P}\{\{Y_1\} \mid \{0\}\}}\Big)\Bigg] \\
&- \underbrace{\sum_{\boldsymbol{Y}_0^1} \sqrt{\mathrm{P}\{\{Y_0\} \mid \{0\}\}\mathrm{P}\{\{Y_1\} \mid \{0\}\}\mathrm{P}\{\{Y_0\} \mid \{1\}\}\mathrm{P}\{\{Y_1\} \mid \{1\}\}}}_{=Z(W)^2}.
\end{aligned} \tag{4.58}$$

Man erhält daher

$$\begin{aligned}
Z(W') \le \frac{1}{2}\sum_{\boldsymbol{Y}_0^1}&\left(\begin{array}{l}
(\mathrm{P}\{\{Y_0\} \mid \{0\}\} + \mathrm{P}\{\{Y_0\} \mid \{1\}\}) \cdot \sqrt{\mathrm{P}\{\{Y_1\} \mid \{0\}\} \cdot \mathrm{P}\{\{Y_1\} \mid \{1\}\}} \\
+ \\
(\mathrm{P}\{\{Y_1\} \mid \{0\}\} + \mathrm{P}\{\{Y_1\} \mid \{1\}\}) \cdot \sqrt{\mathrm{P}\{\{Y_0\} \mid \{0\}\} \cdot \mathrm{P}\{\{Y_0\} \mid \{1\}\}}
\end{array}\right) \\
&- Z(W)^2,
\end{aligned} \tag{4.59}$$

d. h.

$$Z(W') \leq \frac{1}{2}\left(\begin{array}{l} 2 \cdot \underbrace{\sum_{Y_1} \sqrt{P\{\{Y_1\} \mid \{0\}\} \cdot P\{\{Y_1\} \mid \{1\}\}}}_{=Z(W)} \\ + \\ 2 \cdot \underbrace{\sum_{Y_0} \sqrt{P\{\{Y_0\} \mid \{0\}\} \cdot P\{\{Y_0\} \mid \{1\}\}}}_{=Z(W)} \end{array}\right) - Z(W)^2. \tag{4.60}$$

Die Beziehung (4.60) wird somit zu

$$Z(W') \leq 2Z(W) - Z(W)^2. \tag{4.61}$$

Im Fall des binären Auslöschungskanals (engl. „binary erasure channel“, BEC) resultiert

$$\begin{aligned} Z(W') = &\frac{1}{2}\sqrt{P\{\{0\} \mid \{0\}\} \cdot P\{\{0\} \mid \{0\}\} + P\{\{0\} \mid \{1\}\} \cdot P\{\{0\} \mid \{1\}\}} \\ &\cdot \sqrt{P\{\{0\} \mid \{1\}\} \cdot P\{\{0\} \mid \{0\}\} + P\{\{0\} \mid \{0\}\} \cdot P\{\{0\} \mid \{1\}\}} \\ &+ \frac{1}{2}\sqrt{P\{\{0\} \mid \{0\}\} \cdot P\{\{1\} \mid \{0\}\} + P\{\{0\} \mid \{1\}\} \cdot P\{\{1\} \mid \{1\}\}} \\ &\cdot \sqrt{P\{\{0\} \mid \{1\}\} \cdot P\{\{1\} \mid \{0\}\} + P\{\{0\} \mid \{0\}\} \cdot P\{\{1\} \mid \{1\}\}} \\ &+ \frac{1}{2}\sqrt{P\{\{0\} \mid \{0\}\} \cdot P\{\{e\} \mid \{0\}\} + P\{\{0\} \mid \{1\}\} \cdot P\{\{e\} \mid \{1\}\}} \\ &\cdot \sqrt{P\{\{0\} \mid \{1\}\} \cdot P\{\{e\} \mid \{0\}\} + P\{\{0\} \mid \{0\}\} \cdot P\{\{e\} \mid \{1\}\}} \\ &+ \frac{1}{2}\sqrt{P\{\{1\} \mid \{0\}\} \cdot P\{\{0\} \mid \{0\}\} + P\{\{1\} \mid \{1\}\} \cdot P\{\{0\} \mid \{1\}\}} \\ &\cdot \sqrt{P\{\{1\} \mid \{1\}\} \cdot P\{\{0\} \mid \{0\}\} + P\{\{1\} \mid \{0\}\} \cdot P\{\{0\} \mid \{1\}\}} \\ &+ \frac{1}{2}\sqrt{P\{\{1\} \mid \{0\}\} \cdot P\{\{1\} \mid \{0\}\} + P\{\{1\} \mid \{1\}\} \cdot P\{\{1\} \mid \{1\}\}} \\ &\cdot \sqrt{P\{\{1\} \mid \{1\}\} \cdot P\{\{1\} \mid \{0\}\} + P\{\{1\} \mid \{0\}\} \cdot P\{\{1\} \mid \{1\}\}} \\ &+ \frac{1}{2}\sqrt{P\{\{1\} \mid \{0\}\} \cdot P\{\{e\} \mid \{0\}\} + P\{\{1\} \mid \{1\}\} \cdot P\{\{e\} \mid \{1\}\}} \\ &\cdot \sqrt{P\{\{1\} \mid \{1\}\} \cdot P\{\{e\} \mid \{0\}\} + P\{\{1\} \mid \{0\}\} \cdot P\{\{e\} \mid \{1\}\}} \\ &+ \frac{1}{2}\sqrt{P\{\{e\} \mid \{0\}\} \cdot P\{\{0\} \mid \{0\}\} + P\{\{e\} \mid \{1\}\} \cdot P\{\{0\} \mid \{1\}\}} \\ &\cdot \sqrt{P\{\{e\} \mid \{1\}\} \cdot P\{\{0\} \mid \{0\}\} + P\{\{e\} \mid \{0\}\} \cdot P\{\{0\} \mid \{1\}\}} \\ &+ \frac{1}{2}\sqrt{P\{\{e\} \mid \{0\}\} \cdot P\{\{1\} \mid \{0\}\} + P\{\{e\} \mid \{1\}\} \cdot P\{\{1\} \mid \{1\}\}} \\ &\cdot \sqrt{P\{\{e\} \mid \{1\}\} \cdot P\{\{1\} \mid \{0\}\} + P\{\{e\} \mid \{0\}\} \cdot P\{\{1\} \mid \{1\}\}} \end{aligned} \tag{4.62}$$

$$+\frac{1}{2}\sqrt{\mathrm{P}\{\{e\}\mid\{0\}\}\cdot\mathrm{P}\{\{e\}\mid\{0\}\}+\mathrm{P}\{\{e\}\mid\{1\}\}\cdot\mathrm{P}\{\{e\}\mid\{1\}\}}$$
$$\cdot\sqrt{\mathrm{P}\{\{e\}\mid\{1\}\}\cdot\mathrm{P}\{\{e\}\mid\{0\}\}+\mathrm{P}\{\{e\}\mid\{0\}\}\cdot\mathrm{P}\{\{e\}\mid\{1\}\}}.$$

Gleichung (4.62) führt zu

$$\begin{aligned} Z(W') &= \frac{1}{2}(1-\epsilon)\epsilon+\frac{1}{2}(1-\epsilon)\epsilon+\frac{1}{2}(1-\epsilon)\epsilon+\frac{1}{2}(1-\epsilon)\epsilon+\frac{1}{2}\epsilon\sqrt{2}\cdot\epsilon\sqrt{2} \\ &= 2(1-\epsilon)\epsilon+\epsilon^2 \\ &= 2\epsilon-\epsilon^2 \\ &= 2Z(W)-Z(W)^2. \end{aligned} \tag{4.63}$$

□

Satz 4.2 ist ein allgemeines Ergebnis, das für alle diskreten gedächtnislosen Kanäle (engl. „discrete memoryless channels", DMCs) gilt.

Es gibt einen besonders bedeutenden Fall, nämlich den Fall des binären Auslöschungskanals (engl. „binary erasure channel", BEC), der multiplikatives Rauschen modelliert und daher ein schwundbehafteter Einwegkanal ist. Der binäre Auslöschungskanal (engl. „binary erasure channel", BEC) ist somit gerade für die moderne Mobilkommunikation beachtenswert. Im Fall des binären Auslöschungskanals (engl. „binary erasure channel", BEC) erhält man, siehe beispielsweise [39, Gl. (2.65), S. 58, 88]

$$C\{W\}=1-Z(W) \quad\Leftrightarrow\quad C\{W\}+Z(W)=1, \tag{4.64}$$

d. h. die Kanalkapazität $C\{W\}$ und der Bhattacharyya-Parameter $Z(W)$ sind komplementär [39, S. 88]. Daher erhält man

$$\begin{aligned} C\{W'\} &= 1-Z(W') = 1-2\epsilon+\epsilon^2 = (1-\epsilon)^2 = C\{W\}^2, \\ C\{W''\} &= 1-Z(W'') = 1-\epsilon^2 \qquad\qquad\; = 2C\{W\}-C\{W\}^2. \end{aligned} \tag{4.65}$$

Wegen

$$2C\{W\}^2 \le 2C\{W\} \quad\Leftrightarrow\quad \underbrace{C\{W\}^2}_{=C\{W'\}} \le \underbrace{2C\{W\}-C\{W\}^2}_{=C\{W''\}} \tag{4.66}$$

folgt erwartungsgemäß

$$C\{W'\} \le C\{W''\}. \tag{4.67}$$

Zudem gilt

$$C\{W'\}+C\{W''\} = C\{W\}^2+2C\{W\}-C\{W\}^2 = 2C\{W\}. \tag{4.68}$$

4.2 Rekursive Definition von Generatormatrizen

Wir beginnen mit der 2×2 Matrix

$$\boldsymbol{G}_2 = \begin{pmatrix} 1 & 0 \\ 1 & 1 \end{pmatrix} \in \mathbb{F}_2^{2\times 2}, \tag{4.69}$$

siehe auch (4.8). Ausgehend von Abschnitt 1.16 erhält man

$$\begin{aligned} \boldsymbol{G}_2^{\otimes\mu} &= \boldsymbol{G}_2^{\otimes(\mu-1)} \otimes \boldsymbol{G}_2 = \boldsymbol{\Pi}_N(\boldsymbol{G}_2 \otimes \boldsymbol{G}_2^{\otimes(\mu-1)})\boldsymbol{\Pi}_N^{\mathrm{T}} = \boldsymbol{\Pi}_N \boldsymbol{G}_2^{\otimes\mu} \boldsymbol{\Pi}_N^{\mathrm{T}}, \\ &\mu = \log_2\{N\}, \quad N \in \{2, 4, 8, 16 \cdots 2^\mu \cdots\}, \quad \mu \in \mathbb{N}^*. \end{aligned} \tag{4.70}$$

Die $N \times N$ Generatormatrix eines Polarcodes ist

$$\begin{aligned} \boldsymbol{G}_N &= \boldsymbol{B}_N \boldsymbol{G}_2^{\otimes\mu} = \boldsymbol{\Pi}_N(\boldsymbol{I}_2 \otimes \boldsymbol{B}_{N/2})\boldsymbol{G}_2^{\otimes\mu}, \\ &\mu = \log_2\{N\}, \quad N \in \{2, 4, 8, 16 \cdots 2^\mu \cdots\}, \quad \mu \in \mathbb{N}^*. \end{aligned} \tag{4.71}$$

Weiterhin gilt

$$\begin{aligned} \boldsymbol{G}_N &= \boldsymbol{\Pi}_N(\boldsymbol{I}_2 \otimes \boldsymbol{B}_{N/2})\boldsymbol{G}_2^{\otimes\mu} \\ &= \boldsymbol{\Pi}_N(\boldsymbol{I}_2 \otimes \boldsymbol{B}_{N/2})(\boldsymbol{G}_2 \otimes \boldsymbol{G}_2^{\otimes(\mu-1)}) \\ &= \boldsymbol{\Pi}_N(\boldsymbol{G}_2 \otimes \boldsymbol{B}_{N/2}\boldsymbol{G}_2^{\otimes(\mu-1)}) \\ &= \boldsymbol{\Pi}_N(\boldsymbol{G}_2 \otimes \boldsymbol{G}_{N/2}) \\ &= \boldsymbol{\Pi}_N(\boldsymbol{G}_2\boldsymbol{I}_2 \otimes \boldsymbol{I}_{N/2}\boldsymbol{G}_{N/2}), \\ &\mu = \log_2\{N\}, \quad N \in \{2, 4, 8, 16 \cdots 2^\mu \cdots\}, \quad \mu \in \mathbb{N}^*, \end{aligned} \tag{4.72}$$

und somit

$$\begin{aligned} \boldsymbol{G}_N &= \boldsymbol{\Pi}_N(\boldsymbol{G}_2 \otimes \boldsymbol{I}_{N/2})(\boldsymbol{I}_2 \otimes \boldsymbol{G}_{N/2}), \\ &N \in \{2, 4, 8, 16 \cdots 2^\mu \cdots\}, \quad \mu \in \mathbb{N}^*. \end{aligned} \tag{4.73}$$

Ausgehend von Abschnitt 1.16 erhält man

$$\boldsymbol{I}_{N/2} \otimes \boldsymbol{G}_2 = \boldsymbol{\Pi}_N(\boldsymbol{G}_2 \otimes \boldsymbol{I}_{N/2})\boldsymbol{\Pi}_N^{\mathrm{T}}. \tag{4.74}$$

Gleichung (4.74) wird sofort zu

$$\boldsymbol{\Pi}_N(\boldsymbol{G}_2 \otimes \boldsymbol{I}_{N/2}) = (\boldsymbol{I}_{N/2} \otimes \boldsymbol{G}_2)\boldsymbol{\Pi}_N. \tag{4.75}$$

Mit (4.75) wird (4.73) zu

$$\boldsymbol{G}_N = (\boldsymbol{I}_{N/2} \otimes \boldsymbol{G}_2)\boldsymbol{\Pi}_N(\boldsymbol{I}_2 \otimes \boldsymbol{G}_{N/2}). \tag{4.76}$$

Bemerkung 4.1 (Beziehung zu den Fourier-Matrizen). Wir betrachten (4.76) vor dem Hintergrund der *Fourier-Matrizen* [50, Gl. (2.5.15)–(2.5.22), Abschnitt 2.5, S. 36f.], d. h. der Matrizen der diskreten Fourier-Transformation (engl. „discrete Fourier transform“, DFT), und der *Hadamard-Matrizen* [50, Abschnitt 2.6, Problem 3., S. 39], d. h. der Matrizen der Hadamard-Transformation.

Kombiniert man die Ergebnisse von [50, Gl. (2.5.15)–(2.5.22), Abschnitt 2.5, S. 36f.] mit *Rademacher-Funktionen* [63, Kapitel 3.1, S. 46–49], [69], die im Zusammenhang mit Reed-Muller (RM) Codes eingeführt und in Abschnitt 1.17.2 kurz diskutiert werden, siehe beispielsweise Definition 1.68, kann nicht geleugnet werden, dass Polarcodes „Nachfahren“ von Reed-Muller (RM) Codes sind.

Auch die mathematische Behandlung der rekursiven Definition der Generatormatrizen von Polarcodes, die in diesem Abschnitt 4.2 veranschaulicht wird, kann in [50, Gl. (2.5.15)–(2.5.22), Abschnitt 2.5, S. 36f.] und in [50, Abschnitt 2.6, Problem 3., S. 39] antizipiert werden.

Mit dem Nachrichtenvektor

$$\boldsymbol{u} = (u_0, u_1 \cdots u_{N-1}), \quad N \in \mathbb{N}^*, \tag{4.77}$$

bestimmt man

$$\boldsymbol{u}\boldsymbol{G}_N = \boldsymbol{u}(\boldsymbol{I}_{N/2} \otimes \boldsymbol{G}_2)\boldsymbol{\Pi}_N(\boldsymbol{I}_2 \otimes \boldsymbol{G}_{N/2}). \tag{4.78}$$

Gleichung (4.78) zeigt, dass zunächst
- $N/2$ (lokale) Polartransformationen mit $\boldsymbol{G}_2$ durchgeführt werden, danach
- eine Permutation mit der Permutationsmatrix $\boldsymbol{\Pi}_N$ gleich $\boldsymbol{\Sigma}^{\mathrm{T}}_{2,\frac{N}{2}}$ erfolgt und schließlich
- zwei parallele Polartransformationen mit $\boldsymbol{G}_{N/2}$ durchgeführt werden.

Nun gilt es durch vollständige Induktion zu zeigen, dass

$$\begin{gathered}\boldsymbol{G}_N = \boldsymbol{B}_N\boldsymbol{G}_2^{\otimes\mu} = \boldsymbol{G}_2^{\otimes\mu}\boldsymbol{B}_N,\\ \mu = \log_2\{N\}, \quad N \in \{2, 4, 8, 16 \cdots 2^\mu \cdots\}, \quad \mu \in \mathbb{N}^*,\end{gathered} \tag{4.79}$$

gilt. Offenbar kommutieren $\boldsymbol{B}_N$ und $\boldsymbol{G}_2^{\otimes\mu}$.

Zunächst betrachten wir den Induktionsanfang. Für N gleich 2 ist bereits bekannt, dass $\boldsymbol{B}_2$ gleich $\boldsymbol{B}_2^{\mathrm{T}}$ ist. $\boldsymbol{B}_2$ ist die 2×2 Identitätsmatrix $\boldsymbol{I}_2$. Natürlich kommutiert $\boldsymbol{B}_2$ mit $\boldsymbol{G}_2$.

Der Induktionsschritt beginnt mit der Induktionsvoraussetzung

$$\begin{gathered}\boldsymbol{G}_{N/2}\boldsymbol{B}_{N/2} = \boldsymbol{B}_{N/2}\boldsymbol{G}_2^{\otimes(\mu-1)}\boldsymbol{B}_{N/2} = \boldsymbol{G}_2^{\otimes(\mu-1)}\boldsymbol{B}_{N/2}\boldsymbol{B}_{N/2} = \boldsymbol{G}_2^{\otimes(\mu-1)},\\ \mu = \log_2\{N\}, \quad N \in \{2, 4, 8, 16 \cdots 2^\mu \cdots\}, \quad \mu \in \mathbb{N}^*.\end{gathered} \tag{4.80}$$

Es gilt

$$\begin{aligned}\boldsymbol{G}_N\boldsymbol{B}_N &= \boldsymbol{B}_N\boldsymbol{G}_2^{\otimes\mu}\boldsymbol{B}_N\\ &= \boldsymbol{\Pi}_N(\boldsymbol{I}_2 \otimes \boldsymbol{B}_{N/2})\boldsymbol{G}_2^{\otimes\mu}(\boldsymbol{I}_2 \otimes \boldsymbol{B}_{N/2})\boldsymbol{\Pi}_N^{\mathrm{T}}\\ &= (\boldsymbol{B}_{N/2} \otimes \boldsymbol{I}_2)\boldsymbol{\Pi}_N\boldsymbol{G}_2^{\otimes\mu}\boldsymbol{\Pi}_N^{\mathrm{T}}(\boldsymbol{B}_{N/2} \otimes \boldsymbol{I}_2)\end{aligned}$$

$$
\begin{aligned}
&= (\boldsymbol{B}_{N/2} \otimes \boldsymbol{I}_2)\boldsymbol{G}_2^{\otimes\mu}(\boldsymbol{B}_{N/2} \otimes \boldsymbol{I}_2) \\
&= (\boldsymbol{B}_{N/2} \otimes \boldsymbol{I}_2)\left(\boldsymbol{G}_2^{\otimes(\mu-1)} \otimes \boldsymbol{G}_2\right)(\boldsymbol{B}_{N/2} \otimes \boldsymbol{I}_2) \\
&= \left(\boldsymbol{B}_{N/2}\boldsymbol{G}_2^{\otimes(\mu-1)} \otimes \boldsymbol{G}_2\right)(\boldsymbol{B}_{N/2} \otimes \boldsymbol{I}_2) \\
&= \boldsymbol{B}_{N/2}\boldsymbol{G}_2^{\otimes(\mu-1)}\boldsymbol{B}_{N/2} \otimes \boldsymbol{G}_2 \\
&= \boldsymbol{G}_2^{\otimes(\mu-1)} \otimes \boldsymbol{G}_2 \\
&= \boldsymbol{G}_2^{\otimes\mu}, \quad \mu = \log_2\{N\}, \quad N \in \{2, 4, 8, 16 \cdots 2^\mu \cdots\}, \quad \mu \in \mathbb{N}^*. \qquad (4.81)
\end{aligned}
$$

Das schließt unseren Beweis ab.

Mit (4.71), d. h. mit $\boldsymbol{G}_N$ gleich $\boldsymbol{B}_N\boldsymbol{G}_2^{\otimes\mu}$, und mit (1.1236), d. h. $\boldsymbol{B}_N$ gleich $(\boldsymbol{I}_2 \otimes \boldsymbol{B}_{N/2})\Pi_N^{\mathrm{T}}$, kann man

$$
\begin{aligned}
\boldsymbol{G}_N &= \boldsymbol{G}_2^{\otimes\mu}\boldsymbol{B}_N \\
&= \boldsymbol{G}_2^{\otimes\mu}(\boldsymbol{I}_2 \otimes \boldsymbol{B}_{N/2})\boldsymbol{\Pi}_N^{\mathrm{T}} \\
&= \left(\boldsymbol{G}_2 \otimes \boldsymbol{G}_2^{\otimes(\mu-1)}\right)(\boldsymbol{I}_2 \otimes \boldsymbol{B}_{N/2})\boldsymbol{\Pi}_N^{\mathrm{T}} \\
&= \left(\boldsymbol{G}_2 \otimes \boldsymbol{G}_2^{\otimes(\mu-1)}\boldsymbol{B}_{N/2}\right)\boldsymbol{\Pi}_N^{\mathrm{T}} \\
&= (\boldsymbol{G}_2 \otimes \boldsymbol{G}_{N/2})\boldsymbol{\Pi}_N^{\mathrm{T}} \\
&= (\boldsymbol{I}_2\boldsymbol{G}_2 \otimes \boldsymbol{G}_{N/2}\boldsymbol{I}_{N/2})\boldsymbol{\Pi}_N^{\mathrm{T}} \\
&= (\boldsymbol{I}_2 \otimes \boldsymbol{G}_{N/2})(\boldsymbol{G}_2 \otimes \boldsymbol{I}_{N/2})\boldsymbol{\Pi}_N^{\mathrm{T}}, \qquad (4.82) \\
&\quad \mu = \log_2\{N\}, \quad N \in \{2, 4, 8, 16 \cdots 2^\mu \cdots\}, \quad \mu \in \mathbb{N}^*,
\end{aligned}
$$

schreiben. Ein weiteres Mal Bezug nehmend auf Abschnitt 1.16 erhält man

$$
(\boldsymbol{G}_2 \otimes \boldsymbol{I}_{N/2})\boldsymbol{\Pi}_N^{\mathrm{T}} = \boldsymbol{\Pi}_N^{\mathrm{T}}(\boldsymbol{I}_{N/2} \otimes \boldsymbol{G}_2). \qquad (4.83)
$$

Mit (4.83) wird (4.82) zu

$$
\boldsymbol{G}_N = (\boldsymbol{I}_2 \otimes \boldsymbol{G}_{N/2})\boldsymbol{\Pi}_N^{\mathrm{T}}(\boldsymbol{I}_{N/2} \otimes \boldsymbol{G}_2). \qquad (4.84)
$$

Mit dem Nachrichtenvektor $\boldsymbol{u}$ aus (4.77) ergibt sich

$$
\boldsymbol{u}\boldsymbol{G}_N = \boldsymbol{u}(\boldsymbol{I}_2 \otimes \boldsymbol{G}_{N/2})\boldsymbol{\Pi}_N^{\mathrm{T}}(\boldsymbol{I}_{N/2} \otimes \boldsymbol{G}_2). \qquad (4.85)
$$

Gleichung (4.85) zeigt, dass man zunächst

- zwei parallele Polartransformationen mit $\boldsymbol{G}_{N/2}$, dann
- eine Permutation mit der Permutationsmatrix $\boldsymbol{\Pi}_N^{\mathrm{T}}$ gleich $\boldsymbol{\Sigma}_{2,\frac{N}{2}}$ und schließlich
- $N/2$ lokale Polartransformationen mit $\boldsymbol{G}_2$

durchführt.

Zusammenfassend gilt für die Generatormatrix eines Polarcodes Folgendes:

$$\begin{aligned}
\boldsymbol{G}_N &= \boldsymbol{B}_N \boldsymbol{G}_2^{\otimes\mu} && (4.86)\\
&= \boldsymbol{\Pi}_N(\boldsymbol{I}_2 \otimes \boldsymbol{B}_{N/2})\boldsymbol{G}_2^{\otimes\mu} && (4.87)\\
&= (\boldsymbol{I}_2 \otimes \boldsymbol{G}_{N/2})\boldsymbol{\Pi}_N^{\mathrm{T}}(\boldsymbol{I}_{N/2} \otimes \boldsymbol{G}_2) && (4.88)\\
&= (\boldsymbol{I}_{N/2} \otimes \boldsymbol{G}_2)\boldsymbol{\Pi}_N(\boldsymbol{I}_2 \otimes \boldsymbol{G}_{N/2}), && (4.89)\\
&\quad \mu = \log_2\{N\}, \quad N \in \{2, 4, 8, 16 \cdots 2^\mu \cdots\}, \quad \mu \in \mathbb{N}^*.
\end{aligned}$$

Der auf (4.89) basierende Polarcode ist in Abbildung 4.3 gezeigt.

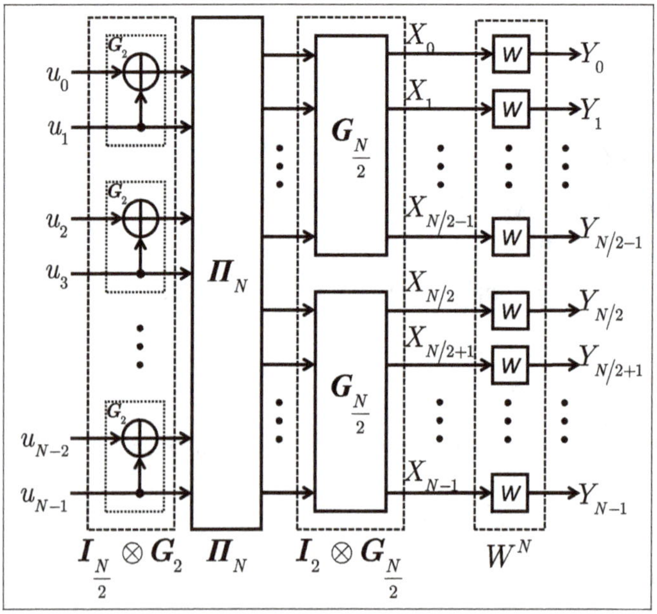

Abb. 4.3: Polarcode basierend auf (4.89) für $N = 2^\mu$, $\mu \in \mathbb{N}^*$ (angepasst nach [39, Bild 4.7, S. 98]).

4.3 Kanalkombinieren (engl. „channel combining") zum Zweiten

Wir führen zunächst den ursprünglichen kombinierten diskreten gedächtnislosen Kanal (engl. „raw combined discrete memoryless channel")

$$W^N : \boldsymbol{X} \mapsto \boldsymbol{Y}, \quad \text{i. e.} \quad W^N : (X_0, X_1 \cdots X_{N-1}) \mapsto (Y_0, Y_1 \cdots Y_{N-1}), \qquad (4.90)$$
$$\mu = \log_2\{N\}, \quad N \in \{2, 4, 8, 16 \cdots 2^\mu \cdots\}, \quad \mu \in \mathbb{N}^*,$$

ein. Der ursprüngliche kombinierte diskrete gedächtnislose Kanal (engl. „raw combined discrete memoryless channel") W^N besteht aus N binären diskreten gedächtnislosen Kanälen (engl. „discrete memoryless channels“, DMCs). Der ursprüngliche kombinierte diskrete gedächtnislose Kanal (engl. „raw combined discrete memoryless channel“) W^N nach (4.90) hat den Eingangsvektor $\boldsymbol{X}$ aus (4.1) und den Ausgangsvektor $\boldsymbol{Y}$ nach (4.2).

Der codierte kombinierte diskrete gedächtnislose Kanal (engl. „encoded combined discrete memoryless channel“)

$$W_N : \boldsymbol{u} \mapsto \boldsymbol{Y} \tag{4.91}$$

hat den Nachrichtenvektor $\boldsymbol{u}$ aus (4.77) als Eingabe, und der Ausgangsvektor ist $\boldsymbol{Y}$ wie im Fall des ursprünglichen kombinierten diskreten gedächtnislosen Kanals (engl. „raw combined discrete memoryless channel“) W^N.

Der Nachrichtenvektor $\boldsymbol{u}$ besteht aus den elementaren Ereignissen $\{u_i\}$, $i \in \{0, 1 \cdots (N-1)\}$, $N \in \{2, 4, 8, 16 \cdots 2^\mu \cdots\}$, $\mu \in \mathbb{N}^*$, die mit den Nachrichtenbits $u_i \in \mathbb{F}_2$, $i \in \{0, 1 \cdots (N-1)\}$, $N \in \{2, 4, 8, 16 \cdots 2^\mu \cdots\}$, $\mu \in \mathbb{N}^*$, assoziiert sind und die Komponenten des Nachrichtenvektors $\boldsymbol{u}$ darstellen. Daher ist die Codelänge n gleich N. N ist eine Zweierpotenz [23, S. 3052].

Die Beziehung zwischen dem ursprünglichen kombinierten diskreten gedächtnislosen Kanal (engl. „raw combined discrete memoryless channel“) W^N und dem codierten kombinierten diskreten gedächtnislosen Kanal (engl. „encoded combined discrete memoryless channel“) W_N ist in Abbildung 4.4 veranschaulicht.

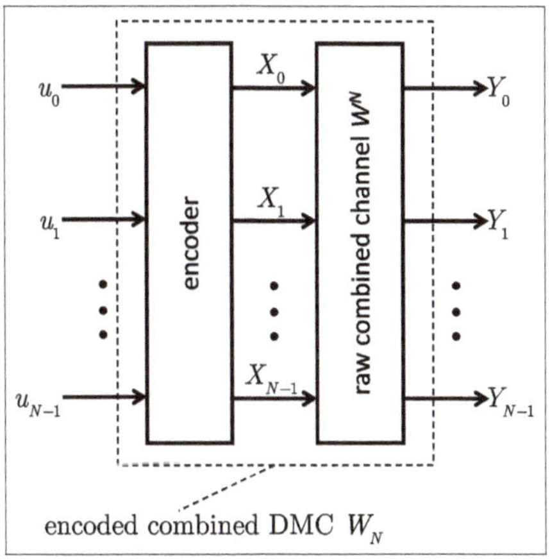

Abb. 4.4: Codierter kombinierter diskreter gedächtnisloser Kanal (engl. „encoded combined discrete memoryless channel“) W_N und ursprünglicher kombinierter diskreter gedächtnisloser Kanal (engl. „raw combined discrete memoryless channel“) W^N.

4.4 Kanalaufspalten (engl. „channel splitting") zum Zweiten

Ausgehend vom codierten kombinierten diskreten gedächtnislosen Kanal (engl. „encoded combined discrete memoryless channel") W_N besteht der nächste Schritt der Kanalpolarisation darin, die *aufgespalteten virtuellen Kanäle* (engl. „split virtual channels")

$$\begin{aligned} W_N^0 &: u_0 \mapsto \boldsymbol{Y}, \\ W_N^1 &: u_1 \mapsto \boldsymbol{Y}, u_0, \\ W_N^2 &: u_2 \mapsto \boldsymbol{Y}, u_0, u_1, \\ &\vdots \\ W_N^i &: u_i \mapsto \boldsymbol{Y}, u_0, u_1 \cdots u_{i-1}, \quad 2 < i < (N-1), \\ &\vdots \\ W_N^{N-1} &: u_{N-1} \mapsto \boldsymbol{Y}, u_0, u_1 \cdots u_{N-2}, \end{aligned} \tag{4.92}$$

zu bilden. Nun muss man die Übergangswahrscheinlichkeiten dieser Kanäle bestimmen.

Satz 4.3 (Übergangswahrscheinlichkeit eines aufgespalteten virtuellen Kanals). *Die Nachrichtenbits u_i nehmen gleichwahrscheinlich die Werte* 1 *und* 0 *an. Dann hat der aufgespaltete virtuelle Kanal W_N^i die Übergangswahrscheinlichkeit*

$$\mathrm{P}_N^i\big\{\{\boldsymbol{Y}\}\{u_0\}\cdots\{u_{i-1}\} \mid \{u_i\}\big\} = \frac{1}{2^{N-1}} \sum_{u_{i+1}\cdots u_{N-1}} \mathrm{P}_N\big\{\{\boldsymbol{Y}\} \mid \{\boldsymbol{u}\}\big\}, \tag{4.93}$$

$$i \in \{0, 1 \cdots (N-1)\}, \quad N \in \{2, 4, 8, 16 \cdots 2^\mu \cdots\}, \quad \mu \in \mathbb{N}^*.$$

Beweis. Die gemeinsame Wahrscheinlichkeit $\mathrm{P}\{\{\boldsymbol{Y}\}\{u_0\}\cdots\{u_{i-1}\}\{u_i\}\}$ ist

$$\mathrm{P}\big\{\{\boldsymbol{Y}\}\{u_0\}\cdots\{u_{i-1}\}\{u_i\}\big\} = \sum_{u_{i+1}\cdots u_{N-1}} \mathrm{P}_N\big\{\{\boldsymbol{Y}\}\{\boldsymbol{u}\}\big\}, \tag{4.94}$$

$$i \in \{0, 1 \cdots (N-1)\}, \quad N \in \{2, 4, 8, 16 \cdots 2^\mu \cdots\}, \quad \mu \in \mathbb{N}^*.$$

Da

$$\mathrm{P}\big\{\{\boldsymbol{Y}\}\{u_0\}\cdots\{u_{i-1}\}\{u_i\}\big\} = \mathrm{P}_N^i\big\{\{\boldsymbol{Y}\}\{u_0\}\cdots\{u_{i-1}\} \mid \{u_i\}\big\} \cdot \mathrm{P}\big\{\{u_i\}\big\} \tag{4.95}$$

$$i \in \{0, 1 \cdots (N-1)\}, \quad N \in \{2, 4, 8, 16 \cdots 2^\mu \cdots\}, \quad \mu \in \mathbb{N}^*,$$

gilt, führt (4.94) zu

$$\begin{aligned} \mathrm{P}_N^i\big\{\{\boldsymbol{Y}\}\{u_0\}\cdots\{u_{i-1}\} \mid \{u_i\}\big\} &= \frac{\mathrm{P}\{\{\boldsymbol{Y}\}\{u_0\}\cdots\{u_{i-1}\}\{u_i\}\}}{\mathrm{P}\{\{u_i\}\}} \\ &= \frac{\sum_{u_{i+1}\cdots u_{N-1}} \mathrm{P}_N\{\{\boldsymbol{Y}\}\{\boldsymbol{u}\}\}}{\mathrm{P}\{\{u_i\}\}}, \end{aligned} \tag{4.96}$$

$$i \in \{0, 1 \cdots (N-1)\}, \quad N \in \{2, 4, 8, 16 \cdots 2^\mu \cdots\}, \quad \mu \in \mathbb{N}^*.$$

Verwendet man

$$\mathrm{P}_N\big\{\{\boldsymbol{Y}\}\{\boldsymbol{u}\}\big\} = \mathrm{P}_N\big\{\{\boldsymbol{Y}\} \mid \{\boldsymbol{u}\}\big\} \cdot \mathrm{P}\big\{\{\boldsymbol{u}\}\big\}, \tag{4.97}$$

so führt (4.96) zu

$$\mathrm{P}_N^i\big\{\{\boldsymbol{Y}\}\{u_0\}\cdots\{u_{i-1}\} \mid \{u_i\}\big\} = \frac{\sum_{u_{i+1}\cdots u_{N-1}} \mathrm{P}_N\{\{\boldsymbol{Y}\} \mid \{\boldsymbol{u}\}\} \cdot \mathrm{P}\{\{\boldsymbol{u}\}\}}{\mathrm{P}\{\{u_i\}\}},$$
$$i \in \big\{0,1\cdots(N-1)\big\}, \quad N \in \big\{2,4,8,16\,\cdots\,2^\mu\,\cdots\big\}, \quad \mu \in \mathbb{N}^*. \tag{4.98}$$

Da alle elementaren Ereignisse $\{u_i\}, i \in \{0,1\cdots(N-1)\}, N \in \{2,4,8,16\,\cdots\,2^\mu\,\cdots\}, \mu \in \mathbb{N}^*$, als unabhängig betrachtet werden, und davon auszugehen ist, dass u_i gleich 0 und u_i gleich 1 gleich wahrscheinlich sind

$$\mathrm{P}\big\{\{u_i = 0\}\big\} = \mathrm{P}\big\{\{u_i = 1\}\big\} = \frac{1}{2},$$
$$i \in \big\{0,1\cdots(N-1)\big\}, \quad N \in \big\{2,4,8,16\,\cdots\,2^\mu\,\cdots\big\}, \quad \mu \in \mathbb{N}^*, \tag{4.99}$$

erhält man

$$\mathrm{P}\big\{\{\boldsymbol{u}\}\big\} = \prod_{i=0}^{N-1} \mathrm{P}\big\{\{u_i\}\big\} = \frac{1}{2^N}, \quad N \in \big\{2,4,8,16\,\cdots\,2^\mu\,\cdots\big\}, \quad \mu \in \mathbb{N}^*. \tag{4.100}$$

Gleichung (4.98) wird dann zu

$$\mathrm{P}_N^i\big\{\{\boldsymbol{Y}\}\{u_0\}\cdots\{u_{i-1}\} \mid \{u_i\}\big\} = \frac{\sum_{u_{i+1}\cdots u_{N-1}} \mathrm{P}_N\{\{\boldsymbol{Y}\} \mid \{\boldsymbol{u}\}\} \cdot \frac{1}{2^N}}{\frac{1}{2}}$$
$$= \frac{1}{2^{N-1}} \sum_{u_{i+1}\cdots u_{N-1}} \mathrm{P}_N\big\{\{\boldsymbol{Y}\} \mid \{\boldsymbol{u}\}\big\}, \tag{4.101}$$
$$i \in \big\{0,1\cdots(N-1)\big\}, \quad N \in \big\{2,4,8,16\,\cdots\,2^\mu\,\cdots\big\}, \quad \mu \in \mathbb{N}^*. \quad \square$$

Daher resultiert

$$\mathrm{P}_N^0\{\{\boldsymbol{Y}\} \mid \{u_0\}\} = \frac{1}{2^{N-1}} \sum_{u_1,u_2\cdots u_{N-1}} \mathrm{P}_N\{\{\boldsymbol{Y}\} \mid \{\boldsymbol{u}\}\},$$
$$\mathrm{P}_N^1\{\{\boldsymbol{Y}\}\{u_0\} \mid \{u_1\}\} = \frac{1}{2^{N-1}} \sum_{u_2,u_3\cdots u_{N-1}} \mathrm{P}_N\{\{\boldsymbol{Y}\} \mid \{\boldsymbol{u}\}\},$$
$$\mathrm{P}_N^2\{\{\boldsymbol{Y}\}\{u_0\}\{u_1\} \mid \{u_2\}\} = \frac{1}{2^{N-1}} \sum_{u_3,u_4\cdots u_{N-1}} \mathrm{P}_N\{\{\boldsymbol{Y}\} \mid \{\boldsymbol{u}\}\},$$
$$\vdots$$
$$\mathrm{P}_N^i\{\{\boldsymbol{Y}\}\{u_0\}\{u_1\}\cdots\{u_{i-1}\} \mid \{u_i\}\} = \frac{1}{2^{N-1}} \sum_{u_{i+1},u_{i+2}\cdots u_{N-1}} \mathrm{P}_N\{\{\boldsymbol{Y}\} \mid \{\boldsymbol{u}\}\}, \tag{4.102}$$
$$3 < n < N-1,$$
$$\vdots$$
$$\mathrm{P}_N^{N-2}\{\{\boldsymbol{Y}\}\{u_0\}\{u_1\}\cdots\{u_{N-3}\} \mid \{u_{N-2}\}\} = \frac{1}{2^{N-1}} \sum_{u_{N-1}} \mathrm{P}_N\{\{\boldsymbol{Y}\} \mid \{\boldsymbol{u}\}\},$$

$$\mathsf{P}_N^{N-1}\{\{\boldsymbol{Y}\}\{u_0\}\{u_1\}\cdots\{u_{N-2}\}\mid\{u_{N-1}\}\} = \frac{1}{2^{N-1}}\mathsf{P}_N\{\{\boldsymbol{Y}\}\mid\{\boldsymbol{u}\}\}.$$

In (4.102) ist $(\boldsymbol{Y}, u_0, u_1 \cdots u_{i-1})$ die Ausgabe von W_N^i, und u_i ist dessen Eingangssymbol [23, S. 3053]. Verwendet man

$$\begin{gathered}\boldsymbol{u}_a^b = (u_a, u_{a+1}\cdots u_b), \quad \boldsymbol{X}_a^b = (X_a, X_{a+1}\cdots X_b), \quad \boldsymbol{Y}_a^b = (Y_a, Y_{a+1}\cdots Y_b), \\ a \le b, \quad a, b \in \{0, 1\cdots(N-1)\}, \quad N \in \mathbb{N}^*,\end{gathered} \tag{4.103}$$

und ersetzt $\mathsf{P}_N\{\{\boldsymbol{Y}\}\mid\{\boldsymbol{u}\}\}$ durch $\mathsf{P}_N\{\{\boldsymbol{Y}_0^{N-1}\}\mid\{\boldsymbol{u}_0^{N-1}\}\}$, so erhält man [23, Gl. (4), S. 3052]

$$\mathsf{P}_N\{\{\boldsymbol{Y}_0^{N-1}\}\mid\{\boldsymbol{u}_0^{N-1}\}\} = \mathsf{P}^N\{\{\boldsymbol{Y}_0^{N-1}\}\mid\{\boldsymbol{X}_0^{N-1}\}\} = \mathsf{P}^N\{\{\boldsymbol{Y}_0^{N-1}\}\mid\{\boldsymbol{u}_0^{N-1}\boldsymbol{G}_N\}\}. \tag{4.104}$$

Daher wird (4.102) zu

$$\begin{aligned}
\mathsf{P}_N^0\{\{\boldsymbol{Y}_0^{N-1}\}\mid\{u_0\}\} &= \frac{1}{2^{N-1}}\sum_{\boldsymbol{u}_1^{N-1}}\mathsf{P}^N\{\{\boldsymbol{Y}_0^{N-1}\}\mid\{\boldsymbol{u}_0^{N-1}\boldsymbol{G}_N\}\},\\
\mathsf{P}_N^1\{\{\boldsymbol{Y}_0^{N-1}\}\{u_0\}\mid\{u_1\}\} &= \frac{1}{2^{N-1}}\sum_{\boldsymbol{u}_2^{N-1}}\mathsf{P}^N\{\{\boldsymbol{Y}_0^{N-1}\}\mid\{\boldsymbol{u}_0^{N-1}\boldsymbol{G}_N\}\},\\
\mathsf{P}_N^2\{\{\boldsymbol{Y}_0^{N-1}\}\{\boldsymbol{u}_0^1\}\mid\{u_2\}\} &= \frac{1}{2^{N-1}}\sum_{\boldsymbol{u}_3^{N-1}}\mathsf{P}^N\{\{\boldsymbol{Y}_0^{N-1}\}\mid\{\boldsymbol{u}_0^{N-1}\boldsymbol{G}_N\}\},\\
&\vdots\\
\mathsf{P}_N^i\{\{\boldsymbol{Y}_0^{N-1}\}\{\boldsymbol{u}_0^{i-1}\}\mid\{u_i\}\} &= \frac{1}{2^{N-1}}\sum_{\boldsymbol{u}_{i+1}^{N-1}}\mathsf{P}^N\{\{\boldsymbol{Y}_0^{N-1}\}\mid\{\boldsymbol{u}_0^{N-1}\boldsymbol{G}_N\}\},\\
&\quad 3 < n < N-1,\\
&\vdots\\
\mathsf{P}_N^{N-2}\{\{\boldsymbol{Y}_0^{N-1}\}\{\boldsymbol{u}_0^{N-3}\}\mid\{u_{N-2}\}\} &= \frac{1}{2^{N-1}}\sum_{u_{N-1}}\mathsf{P}^N\{\{\boldsymbol{Y}_0^{N-1}\}\mid\{\boldsymbol{u}_0^{N-1}\boldsymbol{G}_N\}\},\\
\mathsf{P}_N^{N-1}\{\{\boldsymbol{Y}_0^{N-1}\}\{\boldsymbol{u}_0^{N-2}\}\mid\{u_{N-1}\}\} &= \frac{1}{2^{N-1}}\mathsf{P}^N\{\{\boldsymbol{Y}_0^{N-1}\}\mid\{\boldsymbol{u}_0^{N-1}\boldsymbol{G}_N\}\}.
\end{aligned} \tag{4.105}$$

Mit der Annahme gleichwahrscheinlicher Nachrichtenbits hat der i-te aufgespaltete virtuelle Kanal (engl. „split virtual channel“) $W_N^i : u_i \mapsto \boldsymbol{Y}, u_0, u_1 \cdots u_{i-1}$ die Übergangswahrscheinlichkeit [23, Gl. (5), S. 3053]

$$\mathsf{P}_N^i\{\{\boldsymbol{Y}_0^{N-1}\}\{\boldsymbol{u}_0^{i-1}\}\mid\{u_i\}\} = \frac{1}{2^{N-1}}\sum_{\boldsymbol{u}_{i+1}^{N-1}}\mathsf{P}_N\{\{\boldsymbol{Y}_0^{N-1}\}\mid\{\boldsymbol{u}_0^{N-1}\}\} \tag{4.106}$$

$$= \frac{1}{2^{N-1}}\sum_{\boldsymbol{u}_{i+1}^{N-1}}\mathsf{P}^N\{\{\boldsymbol{Y}_0^{N-1}\}\mid\{\boldsymbol{u}_0^{N-1}\boldsymbol{G}_N\}\}. \tag{4.107}$$

Die i-te Komponente von $\boldsymbol{u}_0^{N-1}\boldsymbol{G}_N$ sei $[\boldsymbol{u}_0^{N-1}\boldsymbol{G}_N]_i$. Da die Übergänge im ursprünglichen kombinierten diskreten gedächtnislosen Kanal (engl. „raw combined discrete memoryless channel") $W^N : \boldsymbol{X} \mapsto \boldsymbol{Y}$ paarweise unabhängig sind, folgt [23, Gl. (17)–(20), S. 3056]

$$\begin{aligned}\mathsf{P}^N\{\{\boldsymbol{Y}_0^{N-1}\} \mid \{\boldsymbol{u}_0^{N-1}\boldsymbol{G}_N\}\} &= \prod_{i=0}^{N-1} \mathsf{P}\{\{y_i\} \mid \{[\boldsymbol{u}_0^{N-1}\boldsymbol{G}_N]_i\}\} \\ &= \mathsf{P}\{\{y_0\} \mid \{[\boldsymbol{u}_0^{N-1}\boldsymbol{G}_N]_0\}\} \cdot \ldots \cdot \mathsf{P}\{\{y_{N-1}\} \mid \{[\boldsymbol{u}_0^{N-1}\boldsymbol{G}_N]_{N-1}\}\}.\end{aligned} \tag{4.108}$$

Beispiel 4.1. Im Fall von N gleich 2 erhält man mit (4.108) [23, Gl. (17)–(20), S. 3056]

$$\begin{aligned}\mathsf{P}_2\{\{\boldsymbol{Y}_0^1\} \mid \{\boldsymbol{u}_0^1\}\} &= \mathsf{P}^2\{\{\boldsymbol{Y}_0^1\} \mid \{\boldsymbol{u}_0^1\boldsymbol{G}_N\}\} \\ &= \mathsf{P}^2\left\{\{(Y_0, Y_1)\} \mid \left\{(u_0, u_1)\begin{pmatrix} 1 & 0 \\ 1 & 1 \end{pmatrix}\right\}\right\} \\ &= \mathsf{P}^2\{\{(Y_0, Y_1)\} \mid \{(u_0 \oplus u_1, u_1)\}\} \\ &= \mathsf{P}\{\{Y_0\} \mid \{u_0 \oplus u_1\}\} \cdot \mathsf{P}\{\{Y_1\} \mid \{u_1\}\}\end{aligned} \tag{4.109}$$

und [23, Gl. (17)–(20), S. 3056]

$$\begin{aligned}\mathsf{P}_2^0\{\{\boldsymbol{Y}_0^1\} \mid \{u_0\}\} &= \frac{1}{2}\sum_{u_1} \mathsf{P}^2\{\{\boldsymbol{Y}_0^1\} \mid \{\boldsymbol{u}_0^1\boldsymbol{G}_N\}\} \\ &= \frac{1}{2}\sum_{u_1} \mathsf{P}\{\{Y_0\} \mid \{u_0 \oplus u_1\}\} \cdot \mathsf{P}\{\{Y_1\} \mid \{u_1\}\},\end{aligned} \tag{4.110}$$

$$\begin{aligned}\mathsf{P}_2^1\{\{\boldsymbol{Y}_0^1\}\{u_0\} \mid \{u_1\}\} &= \frac{1}{2}\mathsf{P}^2\{\{\boldsymbol{Y}_0^1\} \mid \{\boldsymbol{u}_0^1\boldsymbol{G}_N\}\} \\ &= \frac{1}{2}\mathsf{P}\{\{Y_0\} \mid \{u_0 \oplus u_1\}\} \cdot \mathsf{P}\{\{Y_1\} \mid \{u_1\}\}.\end{aligned} \tag{4.111}$$

Es sei

$$\boldsymbol{u}_{0,0}^{N-1} = (u_1, u_3, u_5, u_7 \cdots u_{N-1}) \quad \text{(da } N \text{ gerade ist)} \tag{4.112}$$

derjenige Vektor der Nachrichtenbits, welcher nur die $N/2$ Nachrichtenbits mit *ungeraden* Indizes enthält, und es sei

$$\boldsymbol{u}_{e,0}^{N-1} = (u_0, u_2, u_4, u_6 \cdots u_{N-2}) \quad \text{(da } N \text{ gerade ist)} \tag{4.113}$$

derjenige Vektor der Nachrichtenbits, welcher nur die $N/2$ Nachrichtenbits mit *geraden* Indizes enthält. Es gilt zudem

$$\boldsymbol{u}_{0,0}^{N-1} \oplus \boldsymbol{u}_{e,0}^{N-1} = (u_0 \oplus u_1, u_2 \oplus u_3, u_4 \oplus u_5, u_6 \oplus u_7 \cdots u_{N-2} \oplus u_{N-1}). \tag{4.114}$$

Satz 4.4 (Rekursive Berechnung der Übergangswahrscheinlichkeiten). *Es sei* $i \in \{1, 2 \cdots N\}$, $N \in \{2, 4, 8, 16 \cdots 2^\mu \cdots\}$, $\mu \in \mathbb{N}^*$.

Für den aufgespalteten virtuellen diskreten gedächtnislosen Kanal (engl. „discrete memoryless channel", DMC) $W_{2N}^{2i-2} : u_{2i-2} \mapsto \boldsymbol{Y}, u_0 \cdots u_{2i-3}$, *ist die Übergangswahrscheinlichkeit*

$$\begin{aligned}
&\mathrm{P}_{2N}^{2i-2}\left\{\left\{\boldsymbol{Y}_0^{2N-1}\right\}\left\{\boldsymbol{u}_0^{2i-3}\right\} \mid \{u_{2i-2}\}\right\} \\
&= \frac{1}{2}\sum_{u_{2i-1}} \mathrm{P}_N^{i-1}\left\{\left\{\boldsymbol{Y}_0^{N-1}\right\}\left\{\boldsymbol{u}_{e,0}^{2i-3} \oplus \boldsymbol{u}_{o,0}^{2i-3}\right\} \mid \{u_{2i-2} \oplus u_{2i-1}\}\right\} \\
&\cdot \mathrm{P}_N^{i-1}\left\{\left\{\boldsymbol{Y}_N^{2N-1}\right\}\left\{\boldsymbol{u}_{o,0}^{2i-3}\right\} \mid \{u_{2i-1}\}\right\},
\end{aligned} \tag{4.115}$$

und für den aufgespalteten virtuellen diskreten gedächtnislosen Kanal (engl. „discrete memoryless channel", DMC) $W_{2N}^{2i-1} : u_{2i-1} \mapsto \boldsymbol{Y}, u_0 \cdots u_{2i-2}$, *ist die Übergangswahrscheinlichkeit*

$$\begin{aligned}
&\mathrm{P}_{2N}^{2i-1}\left\{\left\{\boldsymbol{Y}_0^{2N-1}\right\}\left\{\boldsymbol{u}_0^{2i-2}\right\} \mid \{u_{2i-1}\}\right\} \\
&= \frac{1}{2}\mathrm{P}_N^{i-1}\left\{\left\{\boldsymbol{Y}_0^{N-1}\right\}\left\{\boldsymbol{u}_{e,0}^{2i-3} \oplus \boldsymbol{u}_{o,0}^{2i-3}\right\} \mid \{u_{2i-2} \oplus u_{2i-1}\}\right\} \\
&\cdot \mathrm{P}_N^{i-1}\left\{\left\{\boldsymbol{Y}_N^{2N-1}\right\}\left\{\boldsymbol{u}_{o,0}^{2i-3}\right\} \mid \{u_{2i-1}\}\right\}.
\end{aligned} \tag{4.116}$$

Beweis. Es ist bereits bekannt, dass im Fall von N gleich 2 mit (4.108) der Zusammenhang

$$\begin{aligned}
\mathrm{P}_2\left\{\left\{\boldsymbol{Y}_0^1\right\} \mid \left\{\boldsymbol{u}_0^1\right\}\right\} &= \mathrm{P}^2\left\{\left\{\boldsymbol{Y}_0^1\right\} \mid \left\{\boldsymbol{u}_0^1\boldsymbol{G}\right\}\right\} \\
&= \mathrm{P}^2\left\{\left\{(Y_0, Y_1)\right\} \mid \left\{(u_0 \oplus u_1, u_1)\right\}\right\} \\
&= \mathrm{P}\left\{\{Y_0\} \mid \{u_0 \oplus u_1\}\right\}\mathrm{P}\left\{\{Y_1\} \mid \{u_1\}\right\}
\end{aligned} \tag{4.117}$$

gilt, weil u_0 und u_1 unabhängig voneinander sind. Außerdem gelten

$$\begin{aligned}
\mathrm{P}_2^0\left\{\left\{\boldsymbol{Y}_0^1\right\} \mid \{u_0\}\right\} &= \frac{1}{2}\sum_{u_1}\mathrm{P}_2\left\{\left\{\boldsymbol{Y}_0^1\right\} \mid \left\{\boldsymbol{u}_0^1\right\}\right\} \\
&= \frac{1}{2}\sum_{u_1}\mathrm{P}\left\{\{Y_0\} \mid \{u_0 \oplus u_1\}\right\}\mathrm{P}\left\{\{Y_1\} \mid \{u_1\}\right\}
\end{aligned} \tag{4.118}$$

sowie

$$\begin{aligned}
\mathrm{P}_2^1\left\{\left\{\boldsymbol{Y}_0^1\right\}\{u_0\} \mid \{u_1\}\right\} &= \frac{1}{2}\mathrm{P}_2\left\{\left\{\boldsymbol{Y}_0^1\right\} \mid \left\{\boldsymbol{u}_0^1\right\}\right\} \\
&= \frac{1}{2}\mathrm{P}\left\{\{Y_0\} \mid \{u_0 \oplus u_1\}\right\}\mathrm{P}\left\{\{Y_1\} \mid \{u_1\}\right\}
\end{aligned} \tag{4.119}$$

siehe [23, Gl. (17)–(20), S. 3056]. Im Folgenden werden diese Ergebnisse verallgemeinert.

Wir gehen von

$$\begin{aligned}
\mathrm{P}_{2N}^{2i-2}\left\{\left\{\boldsymbol{Y}_0^{2N-1}\right\}\left\{\boldsymbol{u}_0^{2i-3}\right\} \mid \{u_{2i-2}\}\right\} &= \frac{\mathrm{P}\{\{\boldsymbol{Y}_0^{2N-1}\}\{\boldsymbol{u}_0^{2i-3}\}\{u_{2i-2}\}\}}{\mathrm{P}\{\{u_{2i-2}\}\}} \\
&= \frac{\mathrm{P}\{\{\boldsymbol{Y}_0^{2N-1}\}\{\boldsymbol{u}_0^{2i-2}\}\}}{\frac{1}{2}} \\
&= 2 \cdot \sum_{\boldsymbol{u}_{2i-1}^{2N-1}} \mathrm{P}\left\{\left\{\boldsymbol{Y}_0^{2N-1}\right\}\left\{\boldsymbol{u}_0^{2N-1}\right\}\right\} \\
&= 2 \cdot \sum_{\boldsymbol{u}_{2i-1}^{2N-1}} \mathrm{P}\left\{\left\{\boldsymbol{Y}_0^{2N-1}\right\} \mid \left\{\boldsymbol{u}_0^{2N-1}\right\}\right\}\underbrace{\mathrm{P}\left\{\left\{\boldsymbol{u}_0^{2N-1}\right\}\right\}}_{=1/2^{2N}} \\
&= \frac{1}{2^{2N-1}} \cdot \sum_{\boldsymbol{u}_{2i-1}^{2N-1}} \mathrm{P}\left\{\left\{\boldsymbol{Y}_0^{2N-1}\right\} \mid \left\{\boldsymbol{u}_0^{2N-1}\right\}\right\},
\end{aligned} \tag{4.120}$$

aus. Es ist

$$\mathrm{P}\left\{\left\{\boldsymbol{Y}_0^{2N-1}\right\} \mid \left\{\boldsymbol{u}_0^{2N-1}\right\}\right\} = \mathrm{P}_N\left\{\left\{\boldsymbol{Y}_0^{N-1}\right\} \mid \left\{\boldsymbol{u}_{\mathrm{e},0}^{2N-1} \oplus \boldsymbol{u}_{\mathrm{o},0}^{2N-1}\right\}\right\} \cdot \mathrm{P}_N\left\{\left\{\boldsymbol{Y}_N^{2N-1}\right\} \mid \left\{\boldsymbol{u}_{\mathrm{o},0}^{2N-1}\right\}\right\}. \tag{4.121}$$

Gleichung (4.121) bedeutet, dass die ersten N Abtastwerte in $\boldsymbol{Y}_0^{2N-1}$ immer von $\boldsymbol{u}_{\mathrm{e},0}^{2N-1} \oplus \boldsymbol{u}_{\mathrm{o},0}^{2N-1}$, siehe (4.114), und die letzten N Abtastwerte in $\boldsymbol{Y}_0^{2N-1}$ nur von $\boldsymbol{u}_{\mathrm{o},0}^{2N-1}$ abhängen. Deshalb wird (4.120) zu

$$\begin{aligned}
&\mathrm{P}_{2N}^{2i-2}\left\{\left\{\boldsymbol{Y}_0^{2N-1}\right\}\left\{\boldsymbol{u}_0^{2i-3}\right\} \mid \{u_{2i-2}\}\right\} \\
&= \frac{1}{2^{2N-1}} \cdot \sum_{\boldsymbol{u}_{2i-1}^{2N-1}} \mathrm{P}_N\left\{\left\{\boldsymbol{Y}_0^{N-1}\right\} \mid \left\{\boldsymbol{u}_{\mathrm{e},0}^{2N-1} \oplus \boldsymbol{u}_{\mathrm{o},0}^{2N-1}\right\}\right\} \cdot \mathrm{P}_N\left\{\left\{\boldsymbol{Y}_N^{2N-1}\right\} \mid \left\{\boldsymbol{u}_{\mathrm{o},0}^{2N-1}\right\}\right\}.
\end{aligned} \tag{4.122}$$

Gleichung (4.122) ergibt sodann

$$\begin{aligned}
&\mathrm{P}_{2N}^{2i-2}\left\{\left\{\boldsymbol{Y}_0^{2N-1}\right\}\left\{\boldsymbol{u}_0^{2i-3}\right\} \mid \{u_{2i-2}\}\right\} \\
&= \frac{1}{2}\frac{1}{2^{2N-2}} \cdot \sum_{\boldsymbol{u}_{2i-1}^{2N-1}} \mathrm{P}_N\left\{\left\{\boldsymbol{Y}_0^{N-1}\right\} \mid \left\{\boldsymbol{u}_{\mathrm{e},0}^{2N-1} \oplus \boldsymbol{u}_{\mathrm{o},0}^{2N-1}\right\}\right\} \cdot \mathrm{P}_N\left\{\left\{\boldsymbol{Y}_N^{2N-1}\right\} \mid \left\{\boldsymbol{u}_{\mathrm{o},0}^{2N-1}\right\}\right\} \\
&= \frac{1}{2} \sum_{\boldsymbol{u}_{\mathrm{o},2i-1}^{2N-1}} \frac{1}{2^{N-1}} \cdot \mathrm{P}_N\left\{\left\{\boldsymbol{Y}_N^{2N-1}\right\} \mid \left\{\boldsymbol{u}_{\mathrm{o},0}^{2N-1}\right\}\right\} \\
&\quad \cdot \sum_{\boldsymbol{u}_{\mathrm{e},2i-1}^{2N-1}} \frac{1}{2^{N-1}} \cdot \mathrm{P}_N\left\{\left\{\boldsymbol{Y}_0^{N-1}\right\} \mid \left\{\boldsymbol{u}_{\mathrm{e},0}^{2N-1} \oplus \boldsymbol{u}_{\mathrm{o},0}^{2N-1}\right\}\right\} \\
&= \sum_{\boldsymbol{u}_{2i-1}} \frac{1}{2} \cdot \left(\frac{1}{2^{N-1}} \cdot \sum_{\boldsymbol{u}_{\mathrm{o},2i}^{2N-1}} \mathrm{P}_N\left\{\left\{\boldsymbol{Y}_N^{2N-1}\right\} \mid \left\{\boldsymbol{u}_{\mathrm{o},0}^{2N-1}\right\}\right\}\right) \\
&\quad \cdot \left(\frac{1}{2^{N-1}} \cdot \sum_{\boldsymbol{u}_{\mathrm{e},2i}^{2N-1}} \mathrm{P}_N\left\{\left\{\boldsymbol{Y}_0^{N-1}\right\} \mid \left\{\boldsymbol{u}_{\mathrm{e},0}^{2N-1} \oplus \boldsymbol{u}_{\mathrm{o},0}^{2N-1}\right\}\right\}\right).
\end{aligned} \tag{4.123}$$

Da

$$\mathrm{P}_N^{i-1}\left\{\left\{\boldsymbol{Y}_0^{N-1}\right\}\left\{\boldsymbol{u}_0^{i-2}\right\} \mid \{u_{i-1}\}\right\} = \frac{1}{2^{N-1}} \sum_{\boldsymbol{u}_i^{N-1}} \mathrm{P}_N\left\{\left\{\boldsymbol{Y}_0^{N-1}\right\} \mid \left\{\boldsymbol{u}_0^{N-1}\right\}\right\} \tag{4.124}$$

gemäß (4.107) gilt, erhält man

$$\begin{aligned}
&\mathrm{P}_N^{i-1}\left\{\left\{\boldsymbol{Y}_0^{N-1}\right\}\left\{\boldsymbol{u}_{\mathrm{e},0}^{2i-3} \oplus \boldsymbol{u}_{\mathrm{o},0}^{2i-3}\right\} \mid \{u_{2i-2} \oplus u_{2i-1}\}\right\} \\
&= \frac{1}{2^{N-1}} \cdot \sum_{\boldsymbol{u}_{\mathrm{e},2i}^{2N-1}} \mathrm{P}_N\left\{\left\{\boldsymbol{Y}_0^{N-1}\right\} \mid \left\{\boldsymbol{u}_{\mathrm{e},0}^{2N-1} \oplus \boldsymbol{u}_{\mathrm{o},0}^{2N-1}\right\}\right\}
\end{aligned} \tag{4.125}$$

und

$$\begin{aligned}
&\mathrm{P}_N^{i-1}\left\{\left\{\boldsymbol{Y}_N^{2N-1}\right\}\left\{\boldsymbol{u}_{\mathrm{o},0}^{2i-3}\right\} \mid \{u_{2i-1}\}\right\} \\
&= \frac{1}{2^{N-1}} \cdot \sum_{u_{\mathrm{o},2i}^{2N-1}} \mathrm{P}_N\left\{\left\{\boldsymbol{Y}_N^{2N-1}\right\} \mid \left\{\boldsymbol{u}_{\mathrm{o},0}^{2N-1}\right\}\right\}.
\end{aligned} \tag{4.126}$$

Daraus ergibt sich

$$\begin{aligned}
&\mathrm{P}_{2N}^{2i-2}\left\{\left\{\boldsymbol{Y}_0^{2N-1}\right\}\left\{\boldsymbol{u}_0^{2i-3}\right\} \mid \{u_{2i-2}\}\right\} \\
&= \frac{1}{2} \sum_{\boldsymbol{u}_{2i-1}} \mathrm{P}_N^{i-1}\left\{\left\{\boldsymbol{Y}_N^{2N-1}\right\}\left\{\boldsymbol{u}_{\mathrm{o},0}^{2i-3}\right\} \mid \{u_{2i-1}\}\right\} \\
&\quad \cdot \mathrm{P}_N^{i-1}\left\{\left\{\boldsymbol{Y}_0^{N-1}\right\}\left\{\boldsymbol{u}_{\mathrm{e},0}^{2i-3} \oplus \boldsymbol{u}_{\mathrm{o},0}^{2i-3}\right\} \mid \{u_{2i-2} \oplus u_{2i-1}\}\right\}.
\end{aligned} \tag{4.127}$$

Wegen

$$
\begin{aligned}
\mathsf{P}_{2N}^{2i-1}\left\{\left\{\boldsymbol{Y}_0^{2N-1}\right\}\left\{\boldsymbol{u}_0^{2i-2}\right\} \mid \{u_{2i-1}\}\right\} &= 2 \sum_{\boldsymbol{u}_{2i}^{2N-1}} \mathsf{P}\left\{\left\{\boldsymbol{Y}_0^{2N-1}\right\}\left\{\boldsymbol{u}_0^{2N-1}\right\}\right\} \\
&= \frac{1}{2^{2N-1}} \sum_{\boldsymbol{u}_{2i}^{2N-1}} \mathsf{P}\left\{\left\{\boldsymbol{Y}_0^{2N-1}\right\} \mid \left\{\boldsymbol{u}_0^{2N-1}\right\}\right\} \\
&= \frac{1}{2} \cdot \sum_{\boldsymbol{u}_{2i}^{2N-1}} \frac{1}{2^{N-1}} \cdot \mathsf{P}_N\left\{\left\{\boldsymbol{Y}_0^{N-1}\right\} \mid \left\{\boldsymbol{u}_{e,0}^{2N-1} \oplus \boldsymbol{u}_{o,0}^{2N-1}\right\}\right\} \\
&\quad \cdot \frac{1}{2^{N-1}} \cdot \mathsf{P}_N\left\{\left\{\boldsymbol{Y}_N^{2N-1}\right\} \mid \left\{\boldsymbol{u}_{o,0}^{2N-1}\right\}\right\} \\
&= \frac{1}{2} \cdot \left(\frac{1}{2^{N-1}} \cdot \sum_{\boldsymbol{u}_{o,2i}^{2N-1}} \mathsf{P}_N\left\{\left\{\boldsymbol{Y}_N^{2N-1}\right\} \mid \left\{\boldsymbol{u}_{o,0}^{2N-1}\right\}\right\}\right) \\
&\quad \cdot \left(\frac{1}{2^{N-1}} \cdot \sum_{\boldsymbol{u}_{e,2i}^{2N-1}} \mathsf{P}_N\left\{\left\{\boldsymbol{Y}_0^{N-1}\right\} \mid \left\{\boldsymbol{u}_{e,0}^{2N-1} \oplus \boldsymbol{u}_{o,0}^{2N-1}\right\}\right\}\right)
\end{aligned}
\tag{4.128}
$$

ergibt sich

$$
\begin{aligned}
&\mathsf{P}_{2N}^{2i-1}\left\{\left\{\boldsymbol{Y}_0^{2N-1}\right\}\left\{\boldsymbol{u}_0^{2i-2}\right\} \mid \{u_{2i-1}\}\right\} \\
&= \frac{1}{2} \cdot \mathsf{P}_N^{i-1}\left\{\left\{\boldsymbol{Y}_0^{N-1}\right\}\left\{\boldsymbol{u}_{e,0}^{2i-3} \oplus \boldsymbol{u}_{o,0}^{2i-3}\right\} \mid \{u_{2i-2} \oplus u_{2i-1}\}\right\} \\
&\quad \cdot \mathsf{P}_N^{i-1}\left\{\left\{\boldsymbol{Y}_N^{2N-1}\right\}\left\{\boldsymbol{u}_{o,0}^{2i-3}\right\} \mid \{u_{2i-1}\}\right\}.
\end{aligned}
\tag{4.129}
$$

□

Daher können $\mathsf{P}_{2N}^{2i-2}\{\{\boldsymbol{Y}_0^{2N-1}\}\{\boldsymbol{u}_0^{2i-3}\} \mid \{u_{2i-2}\}\}$ und $\mathsf{P}_{2N}^{2i-1}\{\{\boldsymbol{Y}_0^{2N-1}\}\{\boldsymbol{u}_0^{2i-2}\} \mid \{u_{2i-1}\}\}$ rekursiv berechnet werden.

Beispiel 4.2 (Einfachster Polarcodes der Länge N gleich 2). Wir beschränken uns auf den binären Auslöschungskanal (engl. „binary erasure channel“, BEC). Im Fall von N gleich 2 resultiert der kombinierte diskrete gedächtnislose Kanal (engl. „discrete memoryless channel“, DMC)

$$
\begin{aligned}
&W_2 : \boldsymbol{u} \mapsto \boldsymbol{Y} \\
&\mathsf{P}_N\left\{\left\{\boldsymbol{Y}_0^1\right\} \mid \left\{\boldsymbol{u}_0^1\right\}\right\} = \mathsf{P}\left\{\{Y_0\} \mid \{u_0 \oplus u_1\}\right\} \cdot \mathsf{P}\left\{\{Y_1\} \mid \{u_1\}\right\}.
\end{aligned}
\tag{4.130}
$$

Da X_0 gleich $(u_0 \oplus u_1)$ und X_1 gleich u_1 sind, ist die Codierung umkehrbar. Wendet man die Kettenregel der Transinformation an, so ergibt sich

$$I\{\boldsymbol{u}; \boldsymbol{Y}\} = I\{u_0; \boldsymbol{Y}\} + I\{u_1; \boldsymbol{Y}\} \tag{4.131}$$

sowie

$$C_2 = 2C_1 \tag{4.132}$$

und daher

$$C_2 = 2(1 - \epsilon). \tag{4.133}$$

Damit bewahrt die Codierung (X_0, X_1) gleich $\boldsymbol{u}\boldsymbol{G}_2$ mit $\boldsymbol{G}_2$ aus (4.69), d. h. $(u_0 \oplus u_1, u_1)$, die Summenkapazität.

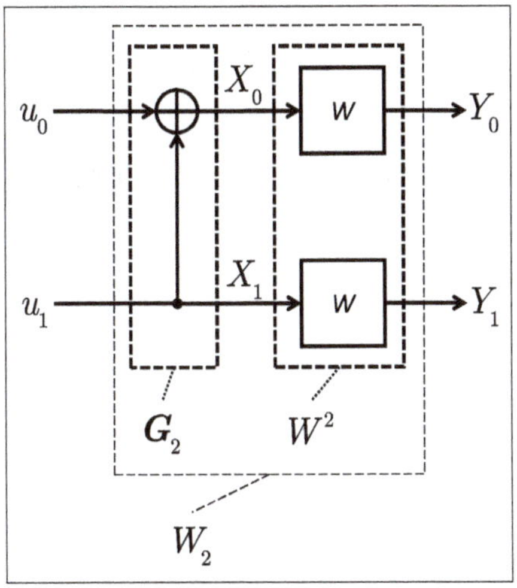

Abb. 4.5: Einfachster Polarcode der Länge N gleich 2 mit zwei binären diskreten gedächtnislosen Kanälen (engl. „discrete memoryless channels“, DMCs), beispielsweise zwei binären Auslöschungskänalen (engl. „binary erasure channels“, BECs) (angepasst nach [39, Bild 3.2, S. 76; Bild 4.6, S. 96]).

Abbildung 4.5 zeigt den Polarcode für N gleich 2 mit

- den beiden binären diskreten gedächtnislosen Kanälen (engl. „discrete memoryless channels“, DMCs) W, die den ursprünglichen kombinierten diskreten gedächtnislosen Kanal (engl. „discrete memoryless channel“, DMC) W^2 bilden,
- der Generatormatrix $\boldsymbol{G}_2$ und
- dem kombinierten diskreten gedächtnislosen Kanal (engl. „discrete memoryless channel“, DMC) W_2, der aus der Generatormatrix $\boldsymbol{G}_2$ und dem ursprünglichen kombinierten diskreten gedächtnislosen Kanal (engl. „discrete memoryless channel“, DMC) W^2 besteht.

Im Fall von N gleich 2 resultieren zwei aufgespaltete virtuelle Kanäle

$$W_2^0 : u_0 \mapsto \boldsymbol{Y}, \quad W_2^1 : u_1 \mapsto \boldsymbol{Y}, u_0. \tag{4.134}$$

Es gilt dann

$$I\{\boldsymbol{u}; \boldsymbol{Y}\} = I\{u_0; \boldsymbol{Y}\} + I\{u_1; \boldsymbol{Y}, u_0\}. \tag{4.135}$$

Dies führt zu C_2 gleich $2C_1$.

Wir erinnern uns, dass

- $\max I\{u_0; \boldsymbol{Y}\}$ die maximale Transinformation über das Ereignis $\{u_0\}$ durch das Auftreten der Ereignisse aus dem gemeinsamen Ensemble $\boldsymbol{Y}$ ist und
- $\max I\{u_1; \boldsymbol{Y}, u_0\}$ die maximale Transinformation über das Ereignis $\{u_1\}$ durch das Auftreten der Ereignisse aus dem gemeinsamen Ensemble $\boldsymbol{Y}$, gegeben das Ereignis $\{u_0\}$, ist.

Abbildung 4.5 impliziert, dass sich

- $\max I\{u_0; \boldsymbol{Y}\}$ auf einen *virtuellen Kanal* W_2^- gleich W_2^0, der die Ausgabesymbole Y_0 und Y_1 mit dem Eingabebit u_0 gleich $(X_0 \oplus X_1)$ verbindet, und

- $\max I\{u_1; \boldsymbol{Y}, u_0\}$ auf einen *virtuellen Kanal* W_2^+ gleich W_2^1, der die Ausgabesymbole Y_0 und Y_1 bei gegebenem Eingabebit u_0 mit dem Eingabebit u_1 gleich X_1 beziehungsweise gleich $(v_1' \oplus u_1)$ verbindet,

beziehen. Da sich diese beiden aufgespalteten virtuellen Kanäle W_2^- gleich W_2^0 und W_2^+ gleich W_2^1 nicht symmetrisch zueinander verhalten, sind ihre Kanalkapazitäten

$$C_2^- = C_2^0 = \max I(u_1; \mathbb{Y}) \tag{4.136}$$

und

$$C_2^+ = C_2^1 = \max I(u_2; \mathbb{Y} \mid u_1) \tag{4.137}$$

nicht gleich.

Im Folgenden gehen wir vom binären Auslöschungskanal (engl. „binary erasure channel", BEC) aus. Bezüglich W_2^- gleich W_2^0, dem ersten dieser beiden aufgespalteten virtuellen Kanäle, wird u_0 gleich $(X_0 \oplus X_1)$ gelöscht, wenn entweder X_0 oder X_1 gelöscht wird, und zwar mit der Auslöschwahrscheinlichkeit

$$\epsilon_2^{(0)} = \underbrace{\epsilon(1-\epsilon)}_{\substack{X_0 \text{ ist gelöscht,} \\ X_1 \text{ ist nicht gelöscht}}} + \underbrace{(1-\epsilon)\epsilon}_{\substack{X_1 \text{ ist gelöscht,} \\ X_0 \text{ ist nicht gelöscht}}} + \underbrace{\epsilon^2}_{\substack{X_0 \text{ und } X_1 \\ \text{werden gelöscht}}} = \epsilon - \epsilon^2 + \epsilon - \epsilon^2 + \epsilon^2 = 2\epsilon - \epsilon^2. \tag{4.138}$$

Die Kanalkapazität dieses ersten Kanals ist also

$$C_2^- = C_2^0 = \max I(u_1; \mathbb{Y}) = 1 - \epsilon_2^{(0)} = 1 - 2\epsilon + \epsilon^2 = (1-\epsilon)^2 = C_1^2. \tag{4.139}$$

Bezüglich W_2^+ gleich W_2^1 wird u_1 gleich $(X_0 \oplus u_0)$ beziehungsweise gleich X_1 nur dann gelöscht, wenn sowohl X_0 als auch X_1 gemeinsam gelöscht werden, und zwar mit der Auslöschwahrscheinlichkeit

$$\epsilon_2^{(1)} = \epsilon^2. \tag{4.140}$$

Die Kanalkapazität dieses zweiten Kanals ist also

$$C_2^+ = C_2^1 = \max I(u_2; \mathbb{Y} \mid u_1) = 1 - \epsilon_2^{(1)} = 1 - \epsilon^2 = 2C_1 - C_1^2. \tag{4.141}$$

Es ergibt sich

$$C_2^+ \geq C_2^- \tag{4.142}$$

mit Gleichheit nur für ϵ gleich 0, dies entspricht dem besten Fall ohne Löschungen, oder ϵ gleich 1, dies ist der schlechteste Fall, in welchem alles gelöscht wird. Es ist wie erwartet

$$C_2^+ + C_2^- = 2C_1. \tag{4.143}$$

Die Kanalkapazitäten C_1 des binären Auslöschungskanals (engl. „binary erasure channel", BEC) sowie C_2^- gleich C_2^0 und C_2^+ gleich C_2^1 der beiden aufgespalteten virtuellen Kanäle W_2^- gleich W_2^0 und W_2^+ gleich W_2^1 sind in Abbildung 4.6 veranschaulicht.

C_2^- nach (4.139) und C_2^+ aus (4.141) wurden ebenfalls in [23] angegeben. Obwohl das Argument und die Herleitung von C_2^- gemäß (4.139) und C_2^+ aus (4.141) offensichtliche Ergebnisse der Informationstheorie sind, wurden sie zuerst von Erdal *Arikan* [23] formuliert.

Die Erzeugung des Codeworts kann mithilfe des binären einstufigen Baumdiagramms veranschaulicht werden, siehe Abbildung 4.7. Die Anzahl der Stufen des binären Baumdiagramms ist die maximale Anzahl von Verbindungen, d. h. Ästen, in einem Pfad.

Auch die Elemente $\rho_i^{(N)}$, $i \in \{0, 1 \cdots (N-1)\}$, $N \in \mathbb{N}^*$, der *Zuverlässigkeitsfolge* sind in Abbildung 4.7 angegeben. Die Zuverlässigkeitsfolge ist ein geordnetes N-Tupel, das auch als *Zuverlässigkeitsvektor* bezeichnet wird

$$\boldsymbol{\rho}^{(N)} = \left(\rho_0^{(N)}, \rho_1^{(N)} \cdots \rho_{N-1}^{(N)}\right). \tag{4.144}$$

Die Zuverlässigkeitsfolge und somit der Zuverlässigkeitsvektor enthält die Nummern der aufgespalteten virtuellen Kanäle in der Reihenfolge der monoton wachsenden Kanalkapazität beziehungsweise des monoton fallenden Bhattacharyya-Parameters und somit in der Reihenfolge der sich monoton verbessernden Übertragungsqualität, beginnend bei sehr schlecht und endend bei sehr gut. Die Komponenten $\rho_i^{(N)}$, $i \in \{0, 1 \cdots (N-1)\}$, $N \in \mathbb{N}^*$, von $\boldsymbol{\rho}^{(N)}$ nach (4.144) können also ganzzahlige Werte zwischen 0 und $(N-1)$ annehmen und müssen unterschiedlich sein. Je größer der Index der Komponente $\rho_i^{(N)}$, $i \in \{0, 1 \cdots (N-1)\}$, $N \in \mathbb{N}^*$, desto zuverlässiger ist die Übertragung des zugehörigen Nachrichtenbits u_i, $i \in \{0, 1 \cdots (N-1)\}$, $N \in \mathbb{N}^*$.

Im Fall von N gleich 2 ist die erste Komponente $\rho_0^{(2)}$ gleich 0, entsprechend der geringen Zuverlässigkeit bei der Übertragung des Nachrichtenbits u_0, während die zweite Komponente $\rho_1^{(2)}$ gleich 1 der guten Zuverlässigkeit bei der Übertragung des Nachrichtenbits u_1 entspricht. Aufgrund von (4.142) wird der aufgespaltete virtuelle Kanal W_2^+ gleich W_2^1 als gut und der aufgespaltete virtuelle Kanal W_2^- gleich W_2^0 als schlecht angesehen. Die Zuverlässigkeit dieser beiden virtuellen Kanäle in aufsteigender Reihenfolge wird durch den Zuverlässigkeitsvektor

$$\boldsymbol{\rho}^{(2)} = (0, 1) \tag{4.145}$$

angezeigt. Die klug entworfene Übertragung hat daher das folgende Konzept:

1) Weise u_0 keine Informationen zu, sondern „friere“ u_0 ein, d. h. lege den Wert von u_0 fest, beispielsweise setze u_0 gleich 0.
2) Verwende nur u_1 als Nachrichtenbit, d. h. um Informationen zu übertragen.

Daher ist der Nachrichtenvektor

$$\boldsymbol{u} = (0, u_1). \tag{4.146}$$

Auf diese Weise gelangt man zum Polarcode

$$\{(0,0), (1,1)\} \tag{4.147}$$

mit

$$\boldsymbol{X} = (0, u_1) \begin{pmatrix} 1 & 0 \\ 1 & 1 \end{pmatrix} = (u_1, u_1). \tag{4.148}$$

Dieser Polarcode ist ein Wiederholungscode wie beispielsweise der Reed-Muller (RM) Code nullter Ordnung $\mathcal{RM}(0,1)$ mit der Dimension K gleich 1, der Länge N gleich 2, dem Mindestabstand $d_{\min}$ gleich 2 und der Coderate

$$R = \frac{K}{N} = \frac{1}{2}. \tag{4.149}$$

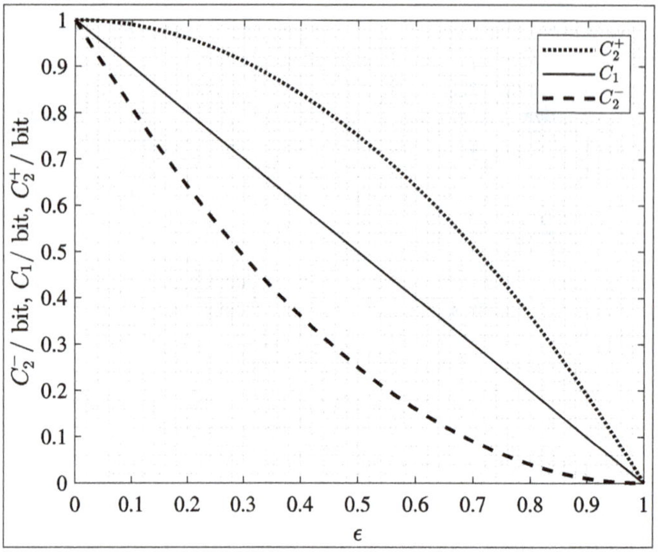

Abb. 4.6: Kanalkapazitäten C_1 des binären Auslöschungskanals (engl. „binary erasure channel“, BEC) sowie C_2^- gleich C_2^0 und C_2^+ gleich C_2^1 der beiden aufgespalteten virtuellen Kanäle W_2^- gleich W_2^0 und W_2^+ gleich W_2^1.

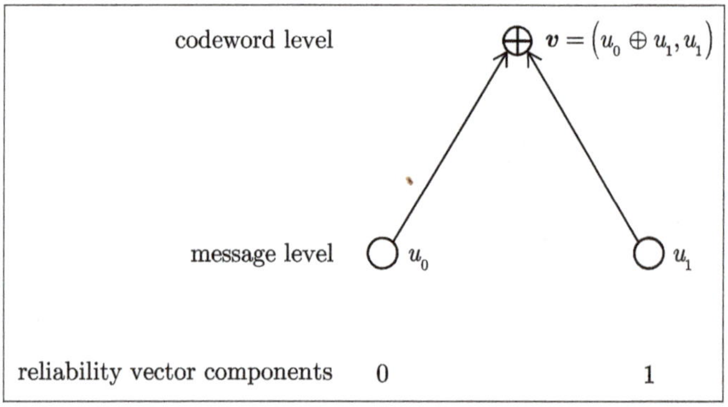

Abb. 4.7: Einstufiges binäres Baumdiagramm der Codierung mit dem Polarcode der Länge N gleich 2.

Beispiel 4.3 (Polarcode der Länge N gleich 4). Wir beschränken uns erneut auf den binären Auslöschungskanal (engl. „binary erasure channel“, BEC). wir betrachten den Fall N gleich 4. Das *zweifache Kronecker-Produkt* von $\boldsymbol{G}_2$ aus (4.69) mit sich selbst ist

$$\boldsymbol{G}_2^{\otimes 2} = \boldsymbol{G}_2 \otimes \boldsymbol{G}_2 = \begin{pmatrix} \boldsymbol{G}_2 & \boldsymbol{0}_{2\times 2} \\ \boldsymbol{G}_2 & \boldsymbol{G}_2 \end{pmatrix} = \begin{pmatrix} 1 & 0 & 0 & 0 \\ 1 & 1 & 0 & 0 \\ 1 & 0 & 1 & 0 \\ 1 & 1 & 1 & 1 \end{pmatrix} . \tag{4.150}$$

Es gelten darüber hinaus

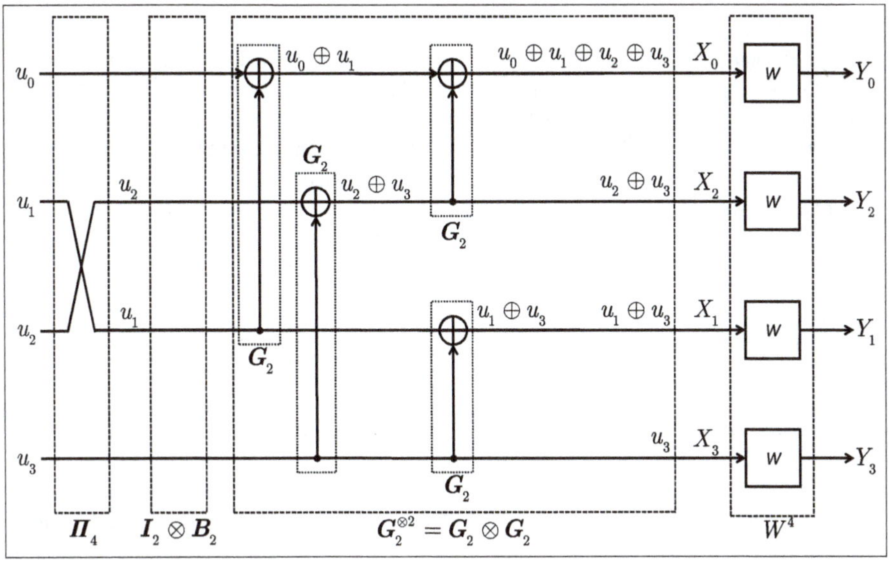

Abb. 4.8: Polarcode der Länge N gleich 4 mit zwei binären Auslöschungskanälen (engl. „binary erasure channels“, BECs).

$$\boldsymbol{\Pi}_4 = \boldsymbol{\Sigma}_{2,2}^{\mathrm{T}} = \begin{pmatrix} 1 & 0 & 0 & 0 \\ 0 & 0 & 1 & 0 \\ 0 & 1 & 0 & 0 \\ 0 & 0 & 0 & 1 \end{pmatrix} \tag{4.151}$$

und

$$\boldsymbol{I}_2 \otimes \boldsymbol{B}_2 = \boldsymbol{I}_2 \otimes \boldsymbol{I}_2 = \boldsymbol{I}_4. \tag{4.152}$$

Daher wird (4.86) für N gleich 4 zu

$$\boldsymbol{G}_4 = \boldsymbol{B}_4 \boldsymbol{G}_2^{\otimes 2} = \boldsymbol{\Pi}_4(\boldsymbol{I}_2 \otimes \boldsymbol{B}_2)\boldsymbol{G}_2^{\otimes 2} = \boldsymbol{\Pi}_4 \boldsymbol{I}_4 \boldsymbol{G}_2^{\otimes 2} = \boldsymbol{\Pi}_4 \boldsymbol{G}_2^{\otimes 2} \tag{4.153}$$

und somit

$$\boldsymbol{G}_4 = \begin{pmatrix} 1 & 0 & 0 & 0 \\ 0 & 0 & 1 & 0 \\ 0 & 1 & 0 & 0 \\ 0 & 0 & 0 & 1 \end{pmatrix} \begin{pmatrix} 1 & 0 & 0 & 0 \\ 1 & 1 & 0 & 0 \\ 1 & 0 & 1 & 0 \\ 1 & 1 & 1 & 1 \end{pmatrix} = \begin{pmatrix} 1 & 0 & 0 & 0 \\ 1 & 0 & 1 & 0 \\ 1 & 1 & 0 & 0 \\ 1 & 1 & 1 & 1 \end{pmatrix}. \tag{4.154}$$

Der entsprechende Polarcode mit der Länge N gleich 4 ist in Abbildung 4.8 dargestellt.

Mit

$$\boldsymbol{G}_N = (\boldsymbol{I}_{N/2} \otimes \boldsymbol{G}_2)\boldsymbol{\Pi}_N(\boldsymbol{I}_2 \otimes \boldsymbol{G}_{N/2}) \tag{4.155}$$

erhält man eine alternative Codierungsstruktur gegeben durch

$$\boldsymbol{G}_4 = (\boldsymbol{I}_2 \otimes \boldsymbol{G}_2)\boldsymbol{\Pi}_4(\boldsymbol{I}_2 \otimes \boldsymbol{G}_2), \tag{4.156}$$

siehe Abbildung 4.9.

Die Erzeugung des Codeworts kann mithilfe eines zweistufigen binären Baumdiagramms veranschaulicht werden, siehe Abbildung 4.10 [39, Bild 2.11, S. 33]. Auch die Komponenten $\rho_i^{(4)}$, $i \in \{0, 1, 2, 3\}$, des Zuverlässigkeitsvektors $\boldsymbol{\rho}^{(4)}$ sind in Abbildung 4.10 dargestellt.

Die erste Komponente $\rho_0^{(4)}$ gleich 0 repräsentiert die geringe Zuverlässigkeit der Übertragung des Nachrichtenbits u_0, die zweite Komponente $\rho_1^{(4)}$ gleich 1 repräsentiert die ein wenig höhere Zuverlässigkeit der Übertragung des Nachrichtenbits u_1 und so weiter.

Mit

$$\boldsymbol{u} = (u_0, u_1, u_2, u_3) \tag{4.157}$$

erhält man

$$\boldsymbol{X} = (u_0, u_1, u_2, u_3) \begin{pmatrix} 1 & 0 & 0 & 0 \\ 1 & 0 & 1 & 0 \\ 1 & 1 & 0 & 0 \\ 1 & 1 & 1 & 1 \end{pmatrix} = \big([u_0 \oplus u_1 \oplus u_2 \oplus u_3], [u_2 \oplus u_3], [u_1 \oplus u_3], u_3\big). \tag{4.158}$$

Der entsprechende Polarcode mit der Länge N gleich 4 ist in Abbildung 4.8 und in Abbildung 4.9 dargestellt.

Mit der Kettenregel für die Transinformation ergibt sich

$$I\{\boldsymbol{u}; \boldsymbol{Y}\} = I\{u_0; \boldsymbol{Y}\} + I\{u_1; \boldsymbol{Y} \mid u_0\} + I\left\{u_2; \boldsymbol{Y} \mid \boldsymbol{u}_0^1\right\} + I\left\{u_3; \boldsymbol{Y} \mid \boldsymbol{u}_0^2\right\}. \tag{4.159}$$

Für die Summenterme auf der rechten Seite der Gleichung (4.159) gilt das Folgende:

- $I\{u_0; \boldsymbol{Y}\}$ bezieht sich auf den *virtuellen Kanal* W_4^{--} gleich W_4^0, der die Ausgabesymbole y_0, y_1, y_2, y_3 mit dem Eingangsbit u_0 gleich $(X_0 \oplus X_1 \oplus X_2 \oplus X_3)$ verbindet,
- $I\{u_1; \boldsymbol{Y} \mid u_0\}$ bezieht sich auf den *virtuellen Kanal* W_4^{-+} gleich W_4^1, der bei gegebenem Eingangsbit u_0 die Ausgabesymbole y_0, y_1, y_2, y_3 mit dem Eingangsbit u_1 gleich $(X_2 \oplus X_3)$ oder gleich $(X_0 \oplus X_1 \oplus u_0)$ verbindet,
- $I\{u_2; \boldsymbol{Y} \mid \boldsymbol{u}_0^1\}$ bezieht sich auf den *virtuellen Kanal* W_4^{+-} gleich W_4^2, der bei gegebenen Eingangsbits u_0 und u_1 die Ausgabesymbole y_0, y_1, y_2, y_3 mit dem Eingangsbit u_2 gleich $(X_0 \oplus X_2 \oplus u_0)$ oder gleich $(X_1 \oplus X_2 \oplus u_1)$ oder gleich $(X_0 \oplus X_3 \oplus u_0 \oplus u_1)$ oder gleich $(X_1 \oplus X_3)$ verbindet,
- $I\{u_3; \boldsymbol{Y} \mid \boldsymbol{u}_0^2\}$ bezieht sich auf den *virtuellen Kanal* W_4^{++} gleich W_4^3, der bei gegebenen Eingangsbits u_0, u_1 und u_2 die Ausgabesymbole y_0, y_1, y_2, y_3 mit dem Eingangsbit u_3 gleich $(X_0 \oplus u_0 \oplus u_1 \oplus u_2)$ oder gleich $(X_1 \oplus u_2)$ oder gleich $(X_2 \oplus u_1)$ oder X_3 oder gleich $(X_0 \oplus X_1 \oplus X_2 \oplus u_0)$ oder gleich $(X_0 \oplus X_1 \oplus X_3 \oplus u_0 \oplus u_1)$ oder gleich $(X_0 \oplus X_2 \oplus X_3 \oplus u_0 \oplus u_2)$ oder gleich $(X_1 \oplus X_2 \oplus X_3 \oplus u_0 \oplus u_1 \oplus u_2)$ verbindet.

Wir betrachten zunächst W_4^{--} gleich W_4^0. Das Eingabebit u_0 wird gelöscht, wenn entweder X_0, X_1, X_2 oder X_3 oder beliebige Kombinationen davon gelöscht werden. Die Auslöschwahrscheinlichkeit ist also

$$\epsilon_4^{(0)} = \binom{4}{1}\epsilon(1-\epsilon)^3 + \binom{4}{2}\epsilon^2(1-\epsilon)^2 + \binom{4}{4}\epsilon^3(1-\epsilon) + \binom{4}{4}\epsilon^4 \tag{4.160}$$

beziehungsweise

$$\epsilon_4^{(0)} = 4\epsilon - 6\epsilon^2 + 4\epsilon^3 - \epsilon^4. \tag{4.161}$$

Folglich ist

$$C_4^{--} = C_4^0 = \max I\{u_0; \boldsymbol{Y}\} = 1 - \epsilon_4^{(0)} = 1 - 4\epsilon + 6\epsilon^2 - 4\epsilon^3 + \epsilon^4 = (1-\epsilon)^4, \tag{4.162}$$

d. h.

$$C_4^{--} = C_4^0 = \left(C_2^-\right)^2 = \left(C_2^0\right)^2. \tag{4.163}$$

Nun betrachten wir W_4^{-+} gleich W_4^1. Das Eingabebit u_1 gleich $(X_2 \oplus X_3)$ oder gleich $(X_0 \oplus X_1 \oplus u_0)$ wird nur dann gelöscht, wenn sowohl $(X_2 \oplus X_3)$ als auch $(X_0 \oplus X_1)$ gelöscht werden. Da $(X_2 \oplus X_3)$ und $(X_0 \oplus X_1)$ unabhängig sind, ist die Auslöschwahrscheinlichkeit

$$\begin{aligned}
\epsilon_4^{(1)} &= \Big[\underbrace{\epsilon(1-\epsilon)}_{\substack{X_0 \text{ ist gelöscht,}\\ X_1 \text{ ist nicht gelöscht}}} + \underbrace{\epsilon(1-\epsilon)}_{\substack{X_1 \text{ ist gelöscht,}\\ X_0 \text{ ist nicht gelöscht}}} + \underbrace{\epsilon^2}_{\substack{X_0 \text{ ist gelöscht und}\\ X_1 \text{ ist gelöscht}}}\Big] \\
&\quad \cdot \Big[\underbrace{\epsilon(1-\epsilon)}_{\substack{X_2 \text{ ist gelöscht,}\\ X_3 \text{ ist nicht gelöscht}}} + \underbrace{\epsilon(1-\epsilon)}_{\substack{X_3 \text{ ist gelöscht,}\\ X_2 \text{ ist nicht gelöscht}}} + \underbrace{\epsilon^2}_{\substack{X_2 \text{ ist gelöscht und}\\ X_3 \text{ ist gelöscht}}}\Big] \\
&= \left[\binom{2}{1}\epsilon(1-\epsilon) + \binom{2}{2}\epsilon^2\right]^2 \\
&= \left[2\epsilon(1-\epsilon) + \epsilon^2\right]^2 \\
&= \left[2\epsilon - \epsilon^2\right]^2
\end{aligned} \tag{4.164}$$

beziehungsweise

$$\epsilon_4^{(1)} = 4\epsilon^2 - 4\epsilon^3 + \epsilon^4. \tag{4.165}$$

Folglich gilt

$$\begin{aligned}
C_4^{-+} &= C_4^1 \\
&= I\{u_1; \boldsymbol{Y} \mid u_0\} \\
&= 1 - \epsilon_4^{(1)} \\
&= 1 - 4\epsilon^2 + 4\epsilon^3 - \epsilon^4 \\
&= 2 - 4\epsilon + 2\epsilon^2 - \left[1 - 4\epsilon + 6\epsilon^2 - 4\epsilon^3 + \epsilon^4\right] \\
&= 2(1-\epsilon)^2 - (1-\epsilon)^4,
\end{aligned} \tag{4.166}$$

d. h.

$$C_4^{-+} = C_4^1 = 2C_2^- - \left(C_2^-\right)^2 = 2C_2^0 - \left(C_2^0\right)^2. \tag{4.167}$$

Wir betrachten nun W_4^{+-} gleich W_4^2. Das Eingabebit u_2 gleich $(X_0 \oplus X_2 \oplus u_0)$ oder gleich $(X_1 \oplus X_2 \oplus u_1)$ oder gleich $(X_0 \oplus X_3 \oplus u_0 \oplus u_1)$ oder gleich $(X_1 \oplus X_3)$ wird nur dann gelöscht, wenn $(X_0 \oplus X_2)$, $(X_1 \oplus X_2)$, $(X_0 \oplus X_3)$ und $(X_1 \oplus X_3)$ gemeinsam gelöscht werden. Die Auslöschwahrscheinlichkeit ist also

$$\begin{aligned}
\epsilon_4^{(2)} &= \underbrace{\epsilon}_{X_0 \text{ ist gelöscht}} \cdot \underbrace{\epsilon}_{X_1 \text{ ist gelöscht}} \cdot \underbrace{(1-\epsilon)}_{X_2 \text{ ist nicht gelöscht}} \cdot \underbrace{(1-\epsilon)}_{X_3 \text{ ist nicht gelöscht}} \\
&\quad + \underbrace{\epsilon}_{X_2 \text{ ist gelöscht}} \cdot \underbrace{\epsilon}_{X_3 \text{ ist gelöscht}} \cdot \underbrace{(1-\epsilon)}_{X_0 \text{ ist nicht gelöscht}} \cdot \underbrace{(1-\epsilon)}_{X_1 \text{ ist nicht gelöscht}} \\
&\quad + \underbrace{\epsilon}_{X_0 \text{ ist gelöscht}} \cdot \underbrace{\epsilon}_{X_1 \text{ ist gelöscht}} \cdot \underbrace{\epsilon}_{X_2 \text{ ist gelöscht}} \cdot \underbrace{(1-\epsilon)}_{X_3 \text{ ist nicht gelöscht}}
\end{aligned}$$

$$
\begin{aligned}
&+ \underbrace{\epsilon}_{X_0 \text{ ist gelöscht}} \cdot \underbrace{\epsilon}_{X_1 \text{ ist gelöscht}} \cdot \underbrace{\epsilon}_{X_3 \text{ ist gelöscht}} \cdot \underbrace{(1-\epsilon)}_{X_2 \text{ ist nicht gelöscht}} \\
&+ \underbrace{\epsilon}_{X_0 \text{ ist gelöscht}} \cdot \underbrace{\epsilon}_{X_2 \text{ ist gelöscht}} \cdot \underbrace{\epsilon}_{X_3 \text{ ist gelöscht}} \cdot \underbrace{(1-\epsilon)}_{X_1 \text{ ist nicht gelöscht}} \\
&+ \underbrace{\epsilon}_{X_1 \text{ ist gelöscht}} \cdot \underbrace{\epsilon}_{X_2 \text{ ist gelöscht}} \cdot \underbrace{\epsilon}_{X_3 \text{ ist gelöscht}} \cdot \underbrace{(1-\epsilon)}_{X_0 \text{ ist nicht gelöscht}} \\
&+ \underbrace{\epsilon}_{X_0 \text{ ist gelöscht}} \cdot \underbrace{\epsilon}_{X_1 \text{ ist gelöscht}} \cdot \underbrace{\epsilon}_{X_2 \text{ ist gelöscht}} \cdot \underbrace{(1-\epsilon)}_{X_3 \text{ ist gelöscht}} \\
&= 2\epsilon^2(1-\epsilon)^2 + 4\epsilon^3(1-\epsilon) + \epsilon^4 \\
&= 2\epsilon^2\left(1 - 2\epsilon + \epsilon^2\right) + 4\epsilon^3 - 3\epsilon^4 \\
&= 2\epsilon^2 - 4\epsilon^3 + 2\epsilon^4 + 4\epsilon^3 - 3\epsilon^4,
\end{aligned}
\tag{4.168}
$$

d. h.

$$\epsilon_4^{(2)} = 2\epsilon^2 - \epsilon^4. \tag{4.169}$$

Es ist Folgendes zu beachten:

- Um $(X_0 \oplus X_2)$, $(X_1 \oplus X_2)$, $(X_0 \oplus X_3)$ und $(X_1 \oplus X_3)$ gemeinsam zu löschen, reicht das Löschen eines einzelnen Bits X_0, X_1, X_2 oder X_3 nicht aus; folglich gibt es keinen Beitrag der Form $\epsilon(1-\epsilon)^3$ in $\epsilon_4^{(2)}$.
- Falls X_0 und X_2 gelöscht würden und X_1 und X_3 nicht, würde $(X_1 \oplus X_3)$ nicht gelöscht werden.
- Falls X_0 und X_3 gelöscht würden und X_1 und X_2 nicht, würde $(X_1 \oplus X_2)$ nicht gelöscht werden.
- Falls X_1 und X_2 gelöscht würden und X_0 und X_3 nicht, würde $(X_0 \oplus X_3)$ nicht gelöscht werden.
- Falls X_1 und X_3 gelöscht würden und X_0 und X_2 nicht, würde $(X_0 \oplus X_2)$ nicht gelöscht werden.

Daher tragen die letzten vier Fälle nicht zu $\epsilon_4^{(2)}$ bei.

Folglich gilt

$$C_4^{+-} = C_4^2 = \max I\{u_2; \boldsymbol{Y} \mid \boldsymbol{u}_0^1\} = 1 - \epsilon_4^{(2)} = 1 - 2\epsilon^2 + \epsilon^4 = \left(1 - \epsilon^2\right)^2, \tag{4.170}$$

d. h.

$$C_4^{+-} = C_4^2 = \left(C_2^+\right)^2 = \left(C_2^1\right)^2. \tag{4.171}$$

Schließlich betrachten wir W_4^{++} gleich W_4^3. Das Eingabebit u_3 gleich $(X_0 \oplus u_0 \oplus u_1 \oplus u_2)$ oder gleich $(X_1 \oplus u_2)$ oder gleich $(X_2 \oplus u_1)$ oder gleich X_3 oder gleich $(X_0 \oplus X_1 \oplus X_2 \oplus u_0)$ oder gleich $(X_0 \oplus X_1 \oplus X_3 \oplus u_0 \oplus u_1)$ oder gleich $(X_0 \oplus X_2 \oplus X_3 \oplus u_0 \oplus u_2)$ oder gleich $(X_1 \oplus X_2 \oplus X_3 \oplus u_0 \oplus u_1 \oplus u_2)$ wird nur dann gelöscht, wenn X_0, X_1, X_2 und X_3 gemeinsam gelöscht sind. Die Auslöschwahrscheinlichkeit ist dann

$$\epsilon_4^{(3)} = \epsilon^4. \tag{4.172}$$

Folglich ergibt sich

$$
\begin{aligned}
C_4^{++} &= C_4^3 \\
&= \max I\{u_3; \boldsymbol{Y} \mid \boldsymbol{u}_0^2\} \\
&= 1 - \epsilon_4^{(3)} \\
&= 1 - \epsilon^4 \\
&= 2 - 2\epsilon^2 - 1 + 2\epsilon^2 - \epsilon^4
\end{aligned}
\tag{4.173}
$$

$$= 2(1-\epsilon^2) - (1-\epsilon^2)^2,$$

d. h.

$$C_4^{++} = C_4^3 = 2C_2^+ - (C_2^+)^2 = 2C_2^1 - (C_2^1)^2. \tag{4.174}$$

Die Kanalkapazitäten C_1, C_4^{--}, C_4^{-+}, C_4^{+-} und C_4^{++} sind in Abbildung 4.11 dargestellt. Wie erwartet erhält man

$$C_4^{--} \le C_4^{-+} \le C_4^{+-} \le C_4^{++} \quad \left(C_4^0 \le C_4^1 \le C_4^2 \le C_4^3\right) \tag{4.175}$$

mit Gleichheit nur für ϵ gleich 1, d. h. wenn der Kanal jede einzelne Übertragung löscht, oder für ϵ gleich 0, d. h. wenn der Kanal fehlerfrei ist. Es gilt außerdem

$$\begin{aligned} C_4 &= C_4^{--} + C_4^{-+} + C_4^{+-} + C_4^{++} \\ &= (C_2^-)^2 + 2C_2^- - (C_2^-)^2 + (C_2^+)^2 + 2C_2^+ - (C_2^+)^2 \\ &= 2(C_2^- + C_2^+) \\ &= 2C_2 \\ &= 4C_1. \end{aligned} \tag{4.176}$$

Der Zuverlässigkeitsvektor ist

$$\boldsymbol{\rho}^{(4)} = (0, 1, 2, 3). \tag{4.177}$$

Eine klug geplante Übertragung hat daher das folgende Konzept:

1) Weise u_0 keine Informationen zu, sondern „friere“ u_0 ein, d. h. weise u_0 einen festen Wert zu, beispielsweise u_0 gleich 0.
2) Verwende nur u_1, u_2 und u_3 oder, vorzugsweise nur u_2 und u_3 für die Nachrichtenübertragung.

Man betrachte den letzteren Fall

$$\boldsymbol{u} = (0, 0, u_2, u_3). \tag{4.178}$$

Mit (4.178) resultiert

$$\boldsymbol{X} = (0, 0, u_2, u_3) \begin{pmatrix} 1 & 0 & 0 & 0 \\ 1 & 0 & 1 & 0 \\ 1 & 1 & 0 & 0 \\ 1 & 1 & 1 & 1 \end{pmatrix} = \left([u_2 \oplus u_3], [u_2 \oplus u_3], u_3, u_3\right). \tag{4.179}$$

Der zugehörige Polarcode mit der Länge N gleich 4, mit der Dimension K gleich 2 und mit dem Mindestabstand $d_{\min}$ gleich 2 und mit der Coderate

$$R = \frac{K}{N} = \frac{1}{2} \tag{4.180}$$

ist

$$\{(0,0,0,0), (1,1,0,0), (1,1,1,1), (0,0,1,1)\}. \tag{4.181}$$

Dies ist ein Untercode des Reed-Muller (RM) Codes erster Ordnung $\mathcal{RM}(1,2)$. Die folgenden Codewörter des Reed-Muller (RM) Codes erster Ordnung $\mathcal{RM}(1,2)$ wurden ausgelassen.

$$\{(0,1,0,1),(1,0,1,0),(0,1,1,0),(1,0,0,1)\}. \tag{4.182}$$

Nun verwendet wir

$$\boldsymbol{u} = (0, u_1, u_2, u_3), \tag{4.183}$$

und erhalten

$$\boldsymbol{X} = (0, u_1, u_2, u_3)\begin{pmatrix} 1 & 0 & 0 & 0 \\ 1 & 0 & 1 & 0 \\ 1 & 1 & 0 & 0 \\ 1 & 1 & 1 & 1 \end{pmatrix} = \big([u_1 \oplus u_2 \oplus u_3], [u_2 \oplus u_3], [u_1 \oplus u_3], u_3\big). \tag{4.184}$$

Der zugehörige Polarcode ist

$$\left\{\begin{matrix} (0,0,0,0),(1,1,1,1), \\ (0,1,0,1),(1,0,1,0), \\ (0,0,1,1),(1,1,0,0), \\ (0,1,1,0),(1,0,0,1) \end{matrix}\right\}. \tag{4.185}$$

Das ist der Reed-Muller (RM) Code erster Ordnung $\mathcal{RM}(1,2)$.

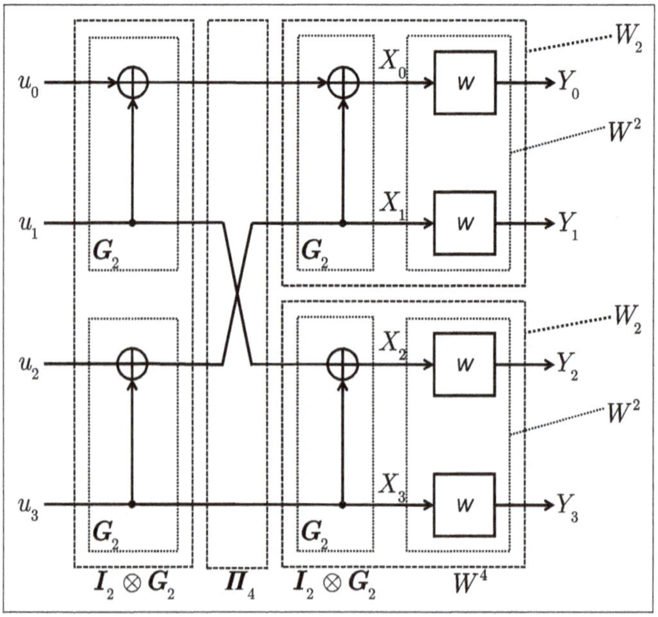

Abb. 4.9: Alternative Darstellung des Polarcodes für N gleich 4 mit zwei binären Auslöschungskanälen (engl. „binary erasure channels", BECs) (angepasst nach [39, Bild 4.8, S. 101]).

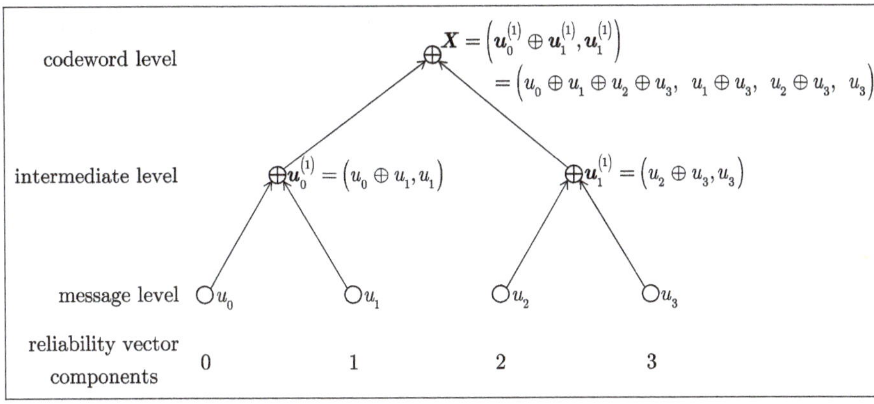

Abb. 4.10: Zweistufiges binäres Baumdiagramm der Codierung mit dem Polarcode der Länge N gleich 4 (angepasst nach beispielsweise [39, Bild 2.11, S. 33]).

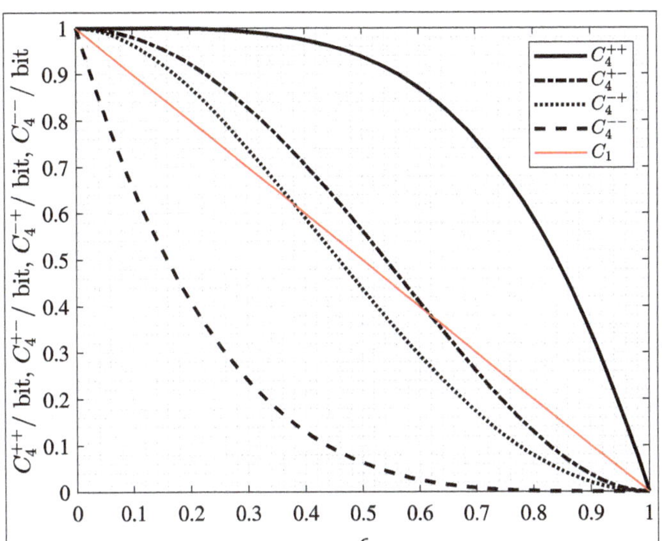

Abb. 4.11: Kanalkapazitäten C_1 des binären Auslöschungskanals (engl. „binary erasure channel“, BEC) sowie C_4^{--}, C_4^{-+}, C_4^{+-} und C_4^{++} der vier aufgespalteten virtuellen Kanäle W_4^{--}, W_4^{-+}, W_4^{+-} und W_4^{++}.

Beispiel 4.4 (Polarcode der Länge N gleich 8). Das *dreifache Kronecker-Produkt* von $\boldsymbol{G}_2$ aus (4.69) ergibt

$$\boldsymbol{G}_2^{\otimes 3} = \boldsymbol{G}_2 \otimes \boldsymbol{G}_2 \otimes \boldsymbol{G}_2 = \begin{pmatrix} 1 & 0 & 0 & 0 & 0 & 0 & 0 & 0 \\ 1 & 1 & 0 & 0 & 0 & 0 & 0 & 0 \\ 1 & 0 & 1 & 0 & 0 & 0 & 0 & 0 \\ 1 & 1 & 1 & 1 & 0 & 0 & 0 & 0 \\ 1 & 0 & 0 & 0 & 1 & 0 & 0 & 0 \\ 1 & 1 & 0 & 0 & 1 & 1 & 0 & 0 \\ 1 & 0 & 1 & 0 & 1 & 0 & 1 & 0 \\ 1 & 1 & 1 & 1 & 1 & 1 & 1 & 1 \end{pmatrix}. \tag{4.186}$$

Die Generatormatrix $\boldsymbol{G}_2^{\otimes 3}$ des Polarcodes mit N gleich 8 kann in die Standardform überführt werden, indem die Zeilen 2 und 5 sowie die Zeilen 4 und 7 getauscht werden, während die Zeilen 1, 3, 6 und 8 an ihrem Platz bleiben.

Man erhält

$$\boldsymbol{G}_8 = \boldsymbol{B}_8 \boldsymbol{G}_2^{\otimes 3} = \begin{pmatrix} 1 & 0 & 0 & 0 & 0 & 0 & 0 & 0 \\ 0 & 0 & 0 & 0 & 1 & 0 & 0 & 0 \\ 0 & 0 & 1 & 0 & 0 & 0 & 0 & 0 \\ 0 & 0 & 0 & 0 & 0 & 0 & 1 & 0 \\ 0 & 1 & 0 & 0 & 0 & 0 & 0 & 0 \\ 0 & 0 & 0 & 0 & 0 & 1 & 0 & 0 \\ 0 & 0 & 0 & 1 & 0 & 0 & 0 & 0 \\ 0 & 0 & 0 & 0 & 0 & 0 & 0 & 1 \end{pmatrix} \begin{pmatrix} 1 & 0 & 0 & 0 & 0 & 0 & 0 & 0 \\ 1 & 1 & 0 & 0 & 0 & 0 & 0 & 0 \\ 1 & 0 & 1 & 0 & 0 & 0 & 0 & 0 \\ 1 & 1 & 1 & 1 & 0 & 0 & 0 & 0 \\ 1 & 0 & 0 & 0 & 1 & 0 & 0 & 0 \\ 1 & 1 & 0 & 0 & 1 & 1 & 0 & 0 \\ 1 & 0 & 1 & 0 & 1 & 0 & 1 & 0 \\ 1 & 1 & 1 & 1 & 1 & 1 & 1 & 1 \end{pmatrix}$$
$$= \begin{pmatrix} 1 & 0 & 0 & 0 & 0 & 0 & 0 & 0 \\ 1 & 0 & 0 & 0 & 1 & 0 & 0 & 0 \\ 1 & 0 & 1 & 0 & 0 & 0 & 0 & 0 \\ 1 & 0 & 1 & 0 & 1 & 0 & 1 & 0 \\ 1 & 1 & 0 & 0 & 0 & 0 & 0 & 0 \\ 1 & 1 & 0 & 0 & 1 & 1 & 0 & 0 \\ 1 & 1 & 1 & 1 & 0 & 0 & 0 & 0 \\ 1 & 1 & 1 & 1 & 1 & 1 & 1 & 1 \end{pmatrix}. \tag{4.187}$$

Verwendet man die Kettenregel der Transinformation, so erhält man

$$\begin{aligned} I\{\boldsymbol{u}; \boldsymbol{Y}\} = {} & I\{u_0; \boldsymbol{Y}\} + I\{u_1; \boldsymbol{Y} \mid u_0\} \\ & + I\left\{u_2; \boldsymbol{Y} \mid \boldsymbol{u}_0^1\right\} + I\left\{u_3; \boldsymbol{Y} \mid \boldsymbol{u}_0^2\right\} \\ & + I\left\{u_4; \boldsymbol{Y} \mid \boldsymbol{u}_0^3\right\} + I\left\{u_5; \boldsymbol{Y} \mid \boldsymbol{u}_0^4\right\} \\ & + I\left\{u_6; \boldsymbol{Y} \mid \boldsymbol{u}_0^5\right\} + I\left\{u_7; \boldsymbol{Y} \mid \boldsymbol{u}_0^6\right\}. \end{aligned} \tag{4.188}$$

Damit ergeben sich die folgenden Kanalkapazitäten der acht aufgespalteten virtuellen Kanäle W_8^{---} gleich W_8^0, bis W_8^{+++} gleich W_8^7 zu

$$\begin{aligned} C_8^{---} &= C_8^0 = \max I\{u_0; \boldsymbol{Y}\} = \left(C_4^{--}\right)^2 = \left(C_4^0\right)^2, \\ C_8^{--+} &= C_8^1 = \max I\{u_1; \boldsymbol{Y} \mid u_0\} = 2C_4^{--} - \left(C_4^{--}\right)^2 = 2C_4^0 - \left(C_4^0\right)^2, \\ C_8^{-+-} &= C_8^2 = \max I\left\{u_2; \boldsymbol{Y} \mid \boldsymbol{u}_0^1\right\} = \left(C_4^{-+}\right)^2 = \left(C_4^1\right)^2, \end{aligned}$$

$$
\begin{aligned}
C_8^{-++} &= C_8^3 = \max I\{u_3; \boldsymbol{Y} \mid \boldsymbol{u}_0^2\} = 2C_4^{-+} - \left(C_4^{-+}\right)^2 = 2C_4^1 - \left(C_4^1\right)^2, \\
C_8^{+--} &= C_8^4 = \max I\{u_4; \boldsymbol{Y} \mid \boldsymbol{u}_0^3\} = \left(C_4^{+-}\right)^2 = \left(C_4^2\right)^2, \\
C_8^{+-+} &= C_8^5 = \max I\{u_5; \boldsymbol{Y} \mid \boldsymbol{u}_0^4\} = 2C_4^{+-} - \left(C_4^{+-}\right)^2 = 2C_4^2 - \left(C_4^2\right)^2, \\
C_8^{++-} &= C_8^6 = \max I\{u_6; \boldsymbol{Y} \mid \boldsymbol{u}_0^5\} = \left(C_4^{++}\right)^2 = \left(C_4^3\right)^2, \\
C_8^{+++} &= C_8^7 = \max I\{u_7; \boldsymbol{Y} \mid \boldsymbol{u}_0^6\} = 2C_4^{++} - \left(C_4^{++}\right)^2 = 2C_4^3 - \left(C_4^3\right)^2.
\end{aligned}
\tag{4.189}
$$

Die Kanalkapazitäten C_8^{---} bis C_8^{+++} der acht aufgespalteten virtuellen Kanäle W_8^{---} bis W_8^{+++} sind in Abbildung 4.12 dargestellt. Man stellt fest, dass

$$
C_8^{---} \le C_8^{--+} \le C_8^{-+-} \le C_8^{+--} \le C_8^{-++} \le C_8^{+-+} \le C_8^{++-} \le C_8^{+++}, \tag{4.190}
$$

d. h.

$$
C_8^0 \le C_8^1 \le C_8^2 \le C_8^4 \le C_8^3 \le C_8^5 \le C_8^6 \le C_8^7 \tag{4.191}
$$

gilt. Außerdem ist

$$
\begin{aligned}
C_8 &= C_8^{---} + C_8^{--+} + C_8^{-+-} + C_8^{+--} + C_8^{-++} + C_8^{+-+} + C_8^{++-} + C_8^{+++} \\
&= 2C_4 \\
&= 4C_2 \\
&= 8C_1.
\end{aligned}
\tag{4.192}
$$

Der Zuverlässigkeitsvektor ist

$$
\boldsymbol{\rho}^{(8)} = (0, 1, 2, 4, 3, 5, 6, 7). \tag{4.193}
$$

Daher ist es ratsam, nur die Bits u_3, u_5, u_6, u_7 für die Datenübertragung zu verwenden. Wir setzen deshalb

$$
\boldsymbol{u} = (0, 0, 0, u_3, 0, u_5, u_6, u_7) \tag{4.194}
$$

und erhalten

$$
\begin{aligned}
\boldsymbol{X} &= (0, 0, 0, u_3, 0, u_5, u_6, u_7)
\begin{pmatrix}
1 & 0 & 0 & 0 & 0 & 0 & 0 & 0 \\
1 & 0 & 0 & 0 & 1 & 0 & 0 & 0 \\
1 & 0 & 1 & 0 & 0 & 0 & 0 & 0 \\
1 & 0 & 1 & 0 & 1 & 0 & 1 & 0 \\
1 & 1 & 0 & 0 & 0 & 0 & 0 & 0 \\
1 & 1 & 0 & 0 & 1 & 1 & 0 & 0 \\
1 & 1 & 1 & 1 & 0 & 0 & 0 & 0 \\
1 & 1 & 1 & 1 & 1 & 1 & 1 & 1
\end{pmatrix} \\
&= \big([u_3 \oplus u_5 \oplus u_6 \oplus u_7], [u_5 \oplus u_6 \oplus u_7], [u_3 \oplus u_6 \oplus u_7], \\
&\qquad [u_6 \oplus u_7], [u_3 \oplus u_5 \oplus u_7], [u_5 \oplus u_7], [u_3 \oplus u_7], u_7\big).
\end{aligned}
\tag{4.195}
$$

Der zugehörige Polarcode mit der Dimension K gleich 4, mit der Länge N gleich 8, mit dem Mindestabstand $d_{\min}$ gleich 4 und mit der Coderate

$$
R = \frac{K}{N} = \frac{1}{2} \tag{4.196}
$$

ist

$$\left\{\begin{array}{l}(0,0,0,0,0,0,0,0),(1,1,1,1,1,1,1,1),(0,0,0,0,1,1,1,1),(1,1,1,1,0,0,0,0),\\(0,0,1,1,1,1,0,0),(1,1,0,0,0,0,1,1),(0,0,1,1,0,0,1,1),(1,1,0,0,1,1,0,0),\\(0,1,1,0,1,0,0,1),(1,0,0,1,0,1,1,0),(0,1,1,0,0,1,1,0),(1,0,0,1,1,0,0,1),\\(0,1,0,1,1,0,1,0),(1,0,1,0,0,1,0,1),(0,1,0,1,0,1,0,1),(1,0,1,0,1,0,1,0)\end{array}\right\}. \tag{4.197}$$

Dieser Polarcode ist identisch mit dem Reed-Muller (RM) Code erster Ordnung $\mathcal{RM}(1,3)$.

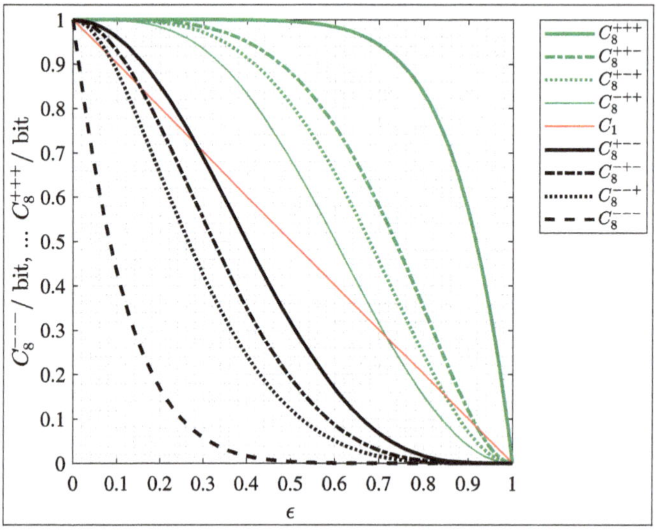

Abb. 4.12: Kanalkapazitäten C_8^{---} bis C_8^{+++} der acht aufgespalteten virtuellen Kanäle W_8^{---} bis W_8^{+++}.

Nun wollen wir die obigen Ergebnisse verallgemeinern. Dazu führen wir zuerst die binäre Darstellung $\beta_\nu\beta_{\nu-1}\cdots\beta_2\beta_1$ einer Zahl $i \in \{0,1\cdots(N-1)\}$, $N = 2^\nu$, $\nu \in \mathbb{N}^*$, ein. Es gilt

$$i = \beta_\nu 2^{\nu-1} + \beta_{\nu-1}2^{\nu-2} + \cdots + \beta_1 2^0, \quad \beta_\nu, \beta_{\nu-1}\cdots\beta_\nu, \beta_1 \in \mathbb{F}_2. \tag{4.198}$$

Mit

$$b_k = \begin{cases} + & \text{für } \beta_k = 1, \\ - & \text{für } \beta_k = 0, \end{cases} \qquad k \in \{1,2\cdots\nu\}, \tag{4.199}$$

ist die Kanalkapazität der N aufgespalteten virtuellen Kanäle, die mit dem binären Auslöschungskanal (engl. „binary erasure channel“, BEC) gebildet werden, gleich [39, Gl. (3.32), S. 88]

$$C_N^{b_\nu\cdots b_2b_1} = \begin{cases} (C_{N/2}^{b_\nu\cdots b_3b_2})^2 & \text{für } b_1 = - \quad (\beta_1 = 0), \\ 2C_{N/2}^{b_\nu\cdots b_3b_2} - (C_{N/2}^{b_\nu\cdots b_3b_2})^2 & \text{für } b_1 = + \quad (\beta_1 = 1), \end{cases} \tag{4.200}$$

und das entsprechende Nachrichtenbit ist u_i mit i gemäß (4.198).

Bemerkung 4.2 (Doob-Martingale). Man betrachte alle Werte $C_N^{i_N}$, $i_N \in \mathbb{N}$, als Zufallsvariablen. Dann ist die Folge

$$\left\{C_1, C_2^{i_2}, C_4^{i_4} \cdots C_{N/2}^{i_{N/2}}, C_N^{i_N} \cdots\right\}, \quad N = 2^\nu, \quad \nu \in \mathbb{N}^*, \quad i_2, i_4 \cdots i_{N/2}, i_N \cdots \in \mathbb{N}, \tag{4.201}$$

die Realisierung eines diskreten stochastischen Prozesses. Darüber hinaus gilt $0 \le C_N^{i_N} \le 1$, $i_N \in \mathbb{N}$. Damit folgt für die mathematische Erwartung [23, Gl. (40), S. 3059]

$$\mathrm{E}\left\{\left|C_N^{i_N}\right|\right\} < \infty, \quad N = 2^\nu, \quad \nu \in \mathbb{N}^*, \quad i_2, i_4 \cdots i_{N/2}, i_N \cdots \in \mathbb{N}. \tag{4.202}$$

Gemäß (4.200) kann jeder Wert $C_N^{i_N}$, $i_N \in \mathbb{N}$, $N = 2^\nu$, $\nu \in \mathbb{N}^*$, nur entweder gleich $(C_{N/2}^{i_{N/2}})^2$ oder gleich $[2C_{N/2}^{i_{N/2}} - (C_{N/2}^{i_{N/2}})^2]$ sein. Jeder dieser beiden Werte wird mit gleicher Wahrscheinlichkeit 1/2 angenommen. Daher ist die bedingte mathematische Erwartung $\mathrm{E}\{C_N^{i_N} \mid C_{N/2}^{i_{N/2}}\}$ bei gegebenem $C_{N/2}^{i_{N/2}}$ gleich [23, Gl. (42), S. 3059]

$$\mathrm{E}\left\{C_N^{i_N} \mid C_{N/2}^{i_{N/2}}\right\} = \frac{1}{2} \cdot \left(C_{N/2}^{i_{N/2}}\right)^2 + \frac{1}{2} \cdot \left[2C_{N/2}^{i_{N/2}} - \left(C_{N/2}^{i_{N/2}}\right)^2\right] = C_{N/2}^{i_{N/2}}. \tag{4.203}$$

Derjenige genannte stochastische Prozess mit Realisierungen der Form (4.201), welcher (4.202) und (4.203) gehorcht, wird als *Doob-Martingal* [128, S. 91] bezeichnet. Doob-Martingale sind nach dem amerikanischen Mathematiker Joseph Leo *Doob* benannt.

Obwohl es mehrere Ursprünge gibt [129], kann das Wort Martingal im Kontext der Wahrscheinlichkeitsrechnung als *„direkt aus dem Vokabular der Glücksspieler entliehen“* betrachtet werden. Glücksspieler bezeichnen ihre Gewinnstrategien als „Martingale“ [129, S. 3]. *„Martingal zu spielen bedeutet, immer alles zu setzen, was verloren wurde“* [129, S. 3].

Nota bene, dass $C_N^{i_N}$, $i_N \in \mathbb{N}$, $N = 2^\nu$, für $N \to \infty$ gegen einen endlichen Grenzwert konvergiert [128, Satz 4.1, S. 319].

Da die Kanalkapazität und der Bhattacharyya-Parameter komplementär zueinander sind [39, S. 88], ergibt sich der Bhattacharyya-Parameter zu [39, Gl. (3.31), S. 88]

$$Z_N^{b_\nu \cdots b_2 b_1} = \begin{cases} 2Z_{N/2}^{b_\nu \cdots b_3 b_2} - (Z_{N/2}^{b_\nu \cdots b_3 b_2})^2 & \text{für } b_1 = - \quad (\beta_1 = 0), \\ (Z_{N/2}^{b_\nu \cdots b_3 b_2})^2 & \text{für } b_1 = + \quad (\beta_1 = 1), \end{cases} \tag{4.204}$$

wenn man vom binären Auslöschungskanal (engl. „binary erasure channel“, BEC) ausgeht.

Die Coderate ist

$$R = \frac{K}{N}, \quad K \le N, \quad K, N \in \mathbb{N}^*. \tag{4.205}$$

Für die zuverlässige Kommunikation ist es ratsam:
- Nachrichtenbits nur über diejenigen aufgespalteten virtuellen Kanäle mit den K größten Werten der Kanalkapazität nach (4.200) zu übertragen und
- die binären Eingangssymbole der verbleibenden $(N - K)$ aufgespalteten virtuellen Kanäle auf einen festen Wert, der in der Regel gleich 0 ist, zu setzen und deshalb diese verbleibenden $(N - K)$ aufgespalteten virtuellen Kanäle nicht für die Übertragung von Nachrichtenbits zu verwenden.

Diejenigen erwähnten binären Eingangssymbole mit einem festen Wert sind „Dummy-Bits“ beziehungsweise *„eingefrorene Bits“* (engl. „frozen bits“).

Beispiel 4.5. Nun ergänzen wir Beispiel 4.2.

Erneut gehen wir vom binären Auslöschungskanal (engl. „binary erasure channel“, BEC) mit der Kanalkapazität

$$C_1 = 1 - \epsilon \tag{4.206}$$

und dem Bhattacharyya-Parameter

$$Z_1 = \epsilon \tag{4.207}$$

aus.

Es sei N gleich 2. Dann resultiert

$$C_2^i\big|_{i=0} = C_2^0 = C_2^- = (C_1)^2 = (1-\epsilon)^2 = 1 - 2\epsilon + \epsilon^2, \tag{4.208}$$

$$\begin{aligned} C_2^i\big|_{i=1} &= C_2^1 = C_2^+ = 2C_1 - (C_1)^2 = 2(1-\epsilon) - (1-\epsilon)^2 = (1-\epsilon)(2-1+\epsilon) \\ &= (1+\epsilon)(1-\epsilon) = 1 - \epsilon^2 \geq C_2^-. \end{aligned} \tag{4.209}$$

Dasjenige Nachrichtenbit, welches zu C_2^- gehört, ist u_0. Dasjenige Nachrichtenbit, welches zu C_2^+ gehört, ist u_1. Da C_2^+ größer oder gleich C_2^- ist, wählt man u_0 als „Dummy-Bit“ beziehungsweise als *„eingefrorenes Bit“* [23, S. 3054], und „frieren“ dessen Wert auf 0 ein. Wir verwenden nur u_1 für die Nachrichtenübertragung.

Der Bhattacharyya-Parameter ist

$$Z_2^i\big|_{i=0} = Z_2^0 = Z_2^- = 2Z_1 - (Z_1)^2 = 2\epsilon - \epsilon^2, \tag{4.210}$$

$$Z_2^i\big|_{i=1} = Z_2^1 = Z_2^+ = (Z_1)^2 = \epsilon^2 \leq Z_2^-. \tag{4.211}$$

Beispiel 4.6. Nun ergänzen wir Beispiel 4.3.

Erneut gehen wir vom binären Auslöschungskanal (engl. „binary erasure channel“, BEC) mit der Kanalkapazität

$$C_1 = 1 - \epsilon \tag{4.212}$$

aus.

Es sei N gleich 4. Dann resultiert

$$C_4^{b_2 b_1} = \begin{cases} (C_2^{b_2})^2 & \text{für } b_1 = -, \\ 2C_2^{b_2} - (C_2^{b_2})^2 & \text{für } b_1 = +, \end{cases} \tag{4.213}$$

beziehungsweise

$$\begin{aligned} C_4^i\big|_{i=0} &= C_4^0 = C_4^{--} = \left(C_2^-\right)^2, && \text{für das Nachrichtenbit } u_0, \\ C_4^i\big|_{i=1} &= C_4^1 = C_4^{-+} = 2C_2^- - \left(C_2^-\right)^2, && \text{für das Nachrichtenbit } u_1, \\ C_4^i\big|_{i=2} &= C_4^2 = C_4^{+-} = \left(C_2^+\right)^2, && \text{für das Nachrichtenbit } u_2, \\ C_4^i\big|_{i=3} &= C_4^3 = C_4^{++} = 2C_2^+ - \left(C_2^+\right)^2, && \text{für das Nachrichtenbit } u_3, \end{aligned} \tag{4.214}$$

wegen

$$C_4^{--} \leq C_4^{-+} \leq C_4^{+-} \leq C_4^{++}, \tag{4.215}$$

sollte die Auswahl der „Dummy-Bits“, d. h. der „eingefrorenen Bits“, nach folgendem Schema erfolgen:

- Zuerst legt man u_0 als „Dummy-Bit“ fest; die Coderate R ist dann 3/4.
- Als Nächstes legt man u_0 und u_1 als „Dummy-Bits“ fest; die Coderate R ist dann 1/2.
- Schließlich legt man u_0, u_1 und u_2 als „Dummy-Bits“ fest; die Coderate R ist dann 1/4.

Der Bhattacharyya-Parameter ist

$$\begin{aligned}
Z_4^i\big|_{i=0} &= Z_4^0 = Z_4^{--} = 2Z_2^- - \left(Z_2^-\right)^2, && \text{für das Nachrichtenbit } u_0,\\
Z_4^i\big|_{i=1} &= Z_4^1 = Z_4^{-+} = \left(Z_2^-\right)^2, && \text{für das Nachrichtenbit } u_1,\\
Z_4^i\big|_{i=2} &= Z_4^2 = Z_4^{+-} = 2Z_2^+ - \left(Z_2^+\right)^2, && \text{für das Nachrichtenbit } u_2,\\
Z_4^i\big|_{i=3} &= Z_4^3 = Z_4^{++} = \left(Z_2^+\right)^2, && \text{für das Nachrichtenbit } u_3.
\end{aligned} \tag{4.216}$$

Beispiel 4.7. Nun ergänzen wir Beispiel 4.4.

Erneut gehen wir vom binären Auslöschungskanal (engl. „binary erasure channel“, BEC) mit der Kanalkapazität

$$C_1 = 1 - \epsilon \tag{4.217}$$

aus.

Es sei N gleich 8. Dann resultiert

$$C_8^{b_3 b_2 b_1} = \begin{cases} (C_4^{b_3 b_2})^2 & \text{für } b_1 = -,\\ 2C_4^{b_3 b_2} - (C_4^{b_3 b_2})^2 & \text{für } b_1 = +, \end{cases} \tag{4.218}$$

d. h.

$$\begin{aligned}
C_8^i\big|_{i=0} &= C_8^0 = C_8^{---} = \left(C_4^{--}\right)^2, && \text{für das Nachrichtenbit } u_0,\\
C_8^i\big|_{i=1} &= C_8^1 = C_8^{--+} = 2C_4^{--} - \left(C_4^{--}\right)^2, && \text{für das Nachrichtenbit } u_1,\\
C_8^i\big|_{i=2} &= C_8^2 = C_8^{-+-} = \left(C_4^{-+}\right)^2, && \text{für das Nachrichtenbit } u_2,\\
C_8^i\big|_{i=3} &= C_8^3 = C_8^{-++} = 2C_4^{-+} - \left(C_4^{-+}\right)^2, && \text{für das Nachrichtenbit } u_3,\\
C_8^i\big|_{i=4} &= C_8^4 = C_8^{+--} = \left(C_4^{+-}\right)^2, && \text{für das Nachrichtenbit } u_4,\\
C_8^i\big|_{i=5} &= C_8^5 = C_8^{+-+} = 2C_4^{+-} - \left(C_4^{+-}\right)^2, && \text{für das Nachrichtenbit } u_5,\\
C_8^i\big|_{i=6} &= C_8^6 = C_8^{++-} = \left(C_4^{++}\right)^2, && \text{für das Nachrichtenbit } u_6,\\
C_8^i\big|_{i=7} &= C_8^7 = C_8^{+++} = 2C_4^{++} - \left(C_4^{++}\right)^2, && \text{für das Nachrichtenbit } u_7,
\end{aligned} \tag{4.219}$$

wegen

$$C_8^{---} \leq C_8^{--+} \leq C_8^{-+-} \leq C_8^{+--} \leq C_8^{-++} \leq C_8^{+-+} \leq C_8^{++-} \leq C_8^{+++} \tag{4.220}$$

sollte die Auswahl der „Dummy-Bits“, d. h. der „eingefrorenen Bits“, nach folgendem Schema erfolgen.

- Zuerst legt man u_0 als „Dummy-Bit“ fest; die Coderate R ist dann 7/8.
- Als Nächstes legt man u_0 und u_1 als „Dummy-Bits“ fest; die Coderate R ist dann 3/4.
- Als Nächstes legt man u_0, u_1 und u_2 als „Dummy-Bits“ fest; die Coderate R ist dann 5/8.
- Als Nächstes legt man u_0, u_1, u_2 und u_4 als „Dummy-Bits“ fest; die Coderate R ist dann 1/2.
- Als Nächstes legt man u_0, u_1, u_2, u_4 und u_3 als „Dummy-Bits“ fest; die Coderate R ist dann 3/8.
- Als Nächstes legt man u_0, u_1, u_2, u_4, u_3 und u_5 als „Dummy-Bits“ fest; die Coderate R ist dann 1/4.
- Schließlich legt man u_0, u_1, u_2, u_4, u_3, u_5 und u_6 als „Dummy-Bits“ fest; die Coderate R ist dann 1/8.

Der Bhattacharyya-Parameter ist

$$\begin{aligned}
Z_8^i\big|_{i=0} &= Z_8^0 = Z_8^{---} = 2Z_4^{--} - \left(Z_4^{--}\right)^2, && \text{für das Nachrichtenbit } u_0,\\
Z_8^i\big|_{i=1} &= Z_8^1 = Z_8^{--+} = \left(Z_4^{--}\right)^2, && \text{für das Nachrichtenbit } u_1,\\
Z_8^i\big|_{i=2} &= Z_8^2 = Z_8^{-+-} = 2Z_4^{-+} - \left(Z_4^{-+}\right)^2, && \text{für das Nachrichtenbit } u_2,\\
Z_8^i\big|_{i=3} &= Z_8^3 = Z_8^{-++} = \left(Z_4^{-+}\right)^2, && \text{für das Nachrichtenbit } u_3,\\
Z_8^i\big|_{i=4} &= Z_8^4 = Z_8^{+--} = 2Z_4^{+-} - \left(Z_4^{+-}\right)^2, && \text{für das Nachrichtenbit } u_4,\\
Z_8^i\big|_{i=5} &= Z_8^5 = Z_8^{+-+} = \left(Z_4^{+-}\right)^2, && \text{für das Nachrichtenbit } u_5,\\
Z_8^i\big|_{i=6} &= Z_8^6 = Z_8^{++-} = 2Z_4^{++} - \left(Z_4^{++}\right)^2, && \text{für das Nachrichtenbit } u_6,\\
Z_8^i\big|_{i=7} &= Z_8^7 = Z_8^{+++} = \left(Z_4^{++}\right)^2, && \text{für das Nachrichtenbit } u_7.
\end{aligned} \tag{4.221}$$

Abbildung 4.13 zeigt die Kanalkapazitäten C_{256}^0 bis C_{256}^{255} der 256 aufgespalteten virtuellen Kanäle W_{256}^0 bis W_{256}^{255}, und Abbildung 4.14 zeigt die Kanalkapazitäten C_{1024}^0 bis C_{1024}^{1023} der

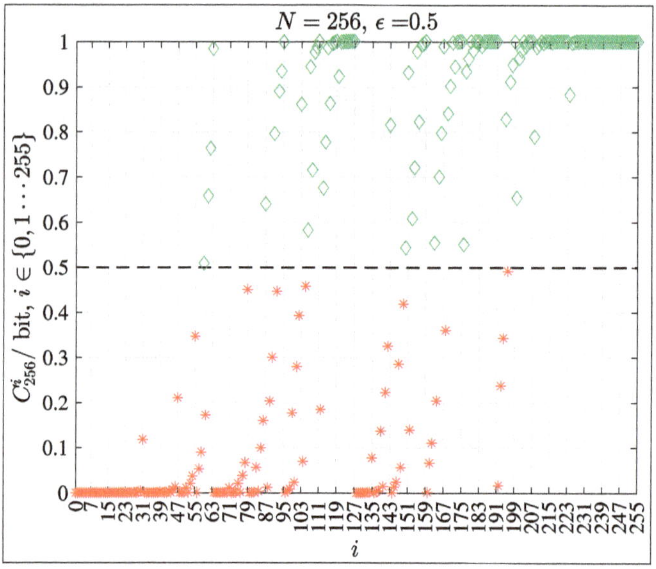

Abb. 4.13: Kanalkapazitäten C_{256}^0 bis C_{256}^{255} der 256 aufgespalteten virtuellen Kanäle W_{256}^0 bis W_{256}^{255}.

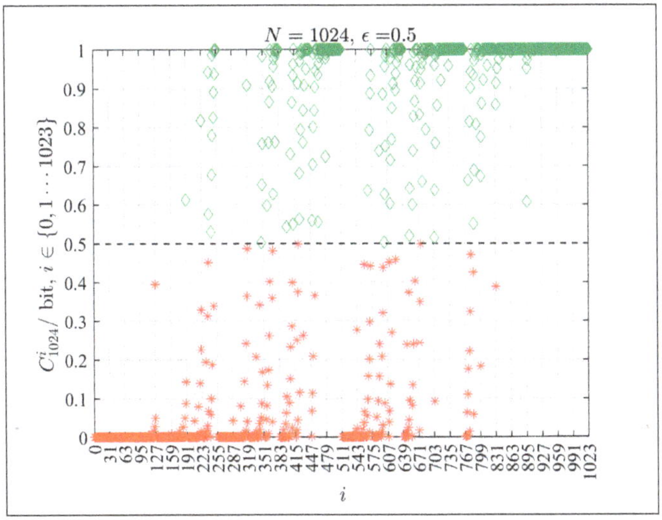

Abb. 4.14: Kanalkapazitäten C^0_{1024} bis C^{1023}_{1024} der 1024 aufgespalteten virtuellen Kanäle W^0_{1024} bis W^{1023}_{1024} (angepasst nach beispielsweise [39, Bild 3.8, S. 89]).

1024 aufgespalteten virtuellen Kanäle W^0_{1024} bis W^{1023}_{1024}. Es ist bemerkenswert, dass selbst im Fall der schlechtesten Kanalbedingung ϵ gleich 0,5 des binären Auslöschungskanals (engl. „binary erasure channel“, BEC) aufgespaltete virtuelle Kanäle existieren, die sich der Kanalkapazität von 1 Bit nähern.

Nach der obigen Diskussion erfordert die bestmögliche robuste Nachrichtenübertragung die Auswahl derjenigen aufgespalteten virtuellen Kanäle mit den größten Werten der Kanalkapazität. Diese Auswahl basiert auf der oben erwähnten Zuverlässigkeitsfolge beziehungsweise auf dem Zuverlässigkeitsvektor. Erst diese Auswahl definiert den Polarcode vollständig. Es ist also die Zuverlässigkeitsfolge, welche den Polarcode bestimmt. Daher ist die Festlegung der Zuverlässigkeitsfolge die *„Quintessenz“ der Konstruktion von Polarcodes.*

Tatsächlich sind Polarcodes nicht universell, denn die Zuverlässigkeitsfolge hängt nicht nur vom Übertragungskanal [23, S. 3055], sondern auch vom Kanalzustand ab, beispielsweise dem Signal-Stör-Verhältnis (engl. „signal-to-noise ratio“, SNR) am Empfangseingang, das bei der Mobilkommunikation zeitselektiv ist.

Beispiel 4.8. Man betrachte den binären Auslöschungskanal (engl. „binary erasure channel“, BEC). Im Fall von N gleich 32 und der Auslöschwahrscheinlichkeit ϵ gleich 0,1 ist der Zuverlässigkeitsvektor

$$\begin{aligned}\boldsymbol{\rho}^{(32)} = (&0, 1, 2, 4, 8, 16, 3, 5, 6, 9, 10, 17, 12, 18, 20, 24,\\ &7, 11, 13, 14, 19, 21, 22, 25, 26, 28, 15, 23, 27, 29, 30, 31),\end{aligned} \tag{4.222}$$

während der Zuverlässigkeitsvektor für die Auslöschwahrscheinlichkeit ϵ gleich 0,5 durch

$$\rho^{(32)} = (0,1,2,4,8,16,3,5,6,9,10,17,12,18,7,20,\\ 11,24,13,19,14,21,22,25,26,28,15,23,27,29,30,31) \qquad (4.223)$$

gegeben ist.

Leider gibt es keinen allgemeingültigen analytischen Ansatz zur Festlegung der Zuverlässigkeitsfolge. Das einzig Innovative am Polarcode bleibt also tatsächlich die festgelegte Zuverlässigkeitsfolge. Diese Tatsache bietet allerdings auch eine große Chance für die Patentierung. Denn alleine die Zuverlässigkeitsfolge bestimmt über die Übertragungsqualität, die mit dem festgelegten Polarcode erzielbar ist. Spätestens jetzt dürfte jedem klar sein, warum man im Rahmen der Standardisierung des Mobilkommunikationssystems der fünften Generation 5G/NR (Fifth Generation / New Radio) so sehr um die Festlegung der Zuverlässigkeitsfolge gerungen hat.

In [23] werden zwei Methoden zur Festlegung der Zuverlässigkeitsfolge angegeben, nämlich:

- eine erste Methode basierend auf dem Bhattacharyya-Parameter, alternativ auf der Kanalkapazität [23, Nr. 4), S. 3055],
- eine zweite Methode basierend auf Monte-Carlo-Simulationen, siehe beispielsweise [23, S. 3055].

Eine analytische Lösung zur Festlegung der Zuverlässigkeitsfolge scheint nur für den binären Auslöschungskanal (engl. „binary erasure channel", BEC) bekannt zu sein. In allen anderen Fällen, insbesondere im Fall der modernen Mobilkommunikation, sind umfangreiche Simulationen erforderlich. Dies ist ein erhebliches Hindernis für den Einsatz von Polarcodes. Zum Beispiel gab es einige unterschiedliche Varianten des Zuverlässigkeitsvektors, bis die endgültige Form nach [130, Tabelle 5.3.1.2-1, S. 17–19] vereinbart wurde.

Nachdem wir einige Beispiele für Polarcodes studiert und die Kanalkapazitäten der aufgespalteten virtuellen Kanäle ermittelt haben, ist es an der Zeit, den Ausdruck *kapazitätserreichend* (engl. *„capacity-achieving"*), der beispielsweise im Titel von Arikans Veröffentlichung [23] verwendet wird, kritisch zu prüfen. Wir gehen von der Länge N gleich 2^ν, $\nu \in \mathbb{N}^*$, aus. Des Weiteren wird die Folge $\{b_\nu \cdots b_2 b_1\}$, die in (4.200) im Exponenten von $C_N^{b_\nu \cdots b_2 b_1}$ verwendet wird, mit dem Vektor

$$\boldsymbol{b}_\nu = (b_\nu \cdots b_2, b_1), \quad \boldsymbol{b} \in \{+,-\}^\nu, \quad \nu \in \mathbb{N}^*, \qquad (4.224)$$

abkürzt. Außerdem führen wir die beiden reellen Schranken $\delta_\mathrm{L} \in (0,1)$ und $\delta_\mathrm{U} \in (0,1)$ ein, welche die Bedingung

$$0 < \delta_\mathrm{L} < \delta_\mathrm{U} < 1 \qquad (4.225)$$

erfüllen. Zudem bezeichnen wir die Anzahl derjenigen aufgespalteten virtuellen Kanäle, welche die Kanalkapazität $C_N^{b_\nu \cdots b_2 b_1} \in (\delta_\mathrm{U}, 1]$ nahe bei 1 haben, mit $n_{\mathrm{U},\nu}$. Dann resultiert

$$0 \leq n_{\mathrm{U},\nu} \leq N = 2^\nu, \quad \alpha_{\mathrm{U},\nu} = \frac{n_{\mathrm{U},\nu}}{N} = \frac{n_{\mathrm{U},\nu}}{2^\nu} \in [0,1], \quad \nu \in \mathbb{N}^*. \tag{4.226}$$

Weiterhin bezeichnen wir die Anzahl derjenigen aufgespalteten virtuellen Kanäle, welche die Kanalkapazität $C_N^{b_\nu \cdots b_2 b_1} \in [\delta_\mathrm{L}, \delta_\mathrm{U}]$ haben, mit n_I. Natürlich ergibt sich

$$0 \leq n_{\mathrm{I},\nu} \leq N = 2^\nu, \quad \alpha_{\mathrm{I},\nu} = \frac{n_{\mathrm{I},\nu}}{N} = \frac{n_{\mathrm{I},\nu}}{2^\nu} \in [0,1], \quad \nu \in \mathbb{N}^*. \tag{4.227}$$

Schließlich bezeichnen wir die Anzahl derjenigen aufgespalteten virtuellen Kanäle, welche die Kanalkapazität $C_N^{b_\nu \cdots b_2 b_1} \in [0, \delta_\mathrm{L})$ nahe bei 0 haben, mit n_L. Analog zu (4.226) folgt

$$0 \leq n_{\mathrm{L},\nu} \leq N = 2^\nu, \quad \alpha_{\mathrm{L},\nu} = \frac{n_{\mathrm{L},\nu}}{N} = \frac{n_{\mathrm{L},\nu}}{2^\nu} \in [0,1], \quad \nu \in \mathbb{N}^*. \tag{4.228}$$

Jetzt wird die Kanalpolarisation zum letzten Mal betrachtet. Der nachfolgende Beweis folgt einem ähnlichen Weg wie der in [131, Satz 9.1, S. 180–184] dargestellte.

Satz 4.5 (Kanalpolarisation). *Für jeden binären diskreten gedächtnislosen Kanal (engl. „discrete memoryless channel", DMC) mit der Kanalkapazität C_1 erhält man*

$$\lim_{N\to\infty} \alpha_{\mathrm{L},\nu} = 1 - C_1, \tag{4.229}$$

$$\lim_{N\to\infty} \alpha_{\mathrm{I},\nu} = 0, \tag{4.230}$$

$$\lim_{N\to\infty} \alpha_{\mathrm{U},\nu} = C_1, \tag{4.231}$$

d. h. die aufgespalteten virtuellen Kanäle polarisieren.

Beweis. Es ist

$$\frac{1}{2^{\nu+1}} \sum_{\boldsymbol{b}_{\nu+1} \in \{+,-\}^{\nu+1}} C_N^{\boldsymbol{b}_{\nu+1}} = \frac{1}{2^\nu} \sum_{\boldsymbol{b}_\nu \in \{+,-\}^\nu} \frac{1}{2}\left(C_N^{\boldsymbol{b}_\nu +} + C_N^{\boldsymbol{b}_\nu -}\right). \tag{4.232}$$

Mit (4.200) erhält man

$$\frac{1}{2}\left(C_N^{\boldsymbol{b}_\nu +} + C_N^{\boldsymbol{b}_\nu -}\right) = C_{N/2}^{\boldsymbol{b}_\nu}, \tag{4.233}$$

und somit ergibt sich

$$\frac{1}{2^{\nu+1}} \sum_{\boldsymbol{b}_{\nu+1} \in \{+,-\}^{\nu+1}} C_N^{\boldsymbol{b}_{\nu+1}} = \frac{1}{2^\nu} \sum_{\boldsymbol{b}_\nu \in \{+,-\}^\nu} C_{N/2}^{\boldsymbol{b}_\nu}. \tag{4.234}$$

Offensichtlich ist (4.234) gleich C_1. Diese Tatsache beweisen wir nachstehend durch vollständige Induktion.

Beweis 4.1 (Beweis durch vollständige Induktion).
Induktionsanfang
Wir gehen von (4.233) für N gleich 2 aus. Es ergibt sich

$$\frac{1}{2}\left(C_2^+ + C_2^-\right) = C_1. \tag{4.235}$$

Dieses Ergebnis ist gleich (4.143).

Induktionschritt

Man geht davon aus, dass

$$\frac{1}{2^{\nu}} \sum_{\boldsymbol{b}_\nu \in \{+,-\}^\nu} C_{N/2}^{\boldsymbol{b}_\nu} = C_1, \tag{4.236}$$

korrekt ist. Kombiniert man (4.234) mit (4.236), so erhält man

$$\frac{1}{2^{\nu+1}} \sum_{\boldsymbol{b}_{\nu+1} \in \{+,-\}^{\nu+1}} C_N^{\boldsymbol{b}_{\nu+1}} = C_1. \tag{4.237}$$

□

Nun kann man zum nächsten Aspekt übergehen. Ausgehend von (4.200) gilt

$$\frac{1}{2}\left(C_N^{\boldsymbol{b}_\nu +} - C_N^{\boldsymbol{b}_\nu -}\right) = C_{N/2}^{\boldsymbol{b}_\nu} - \left(C_{N/2}^{\boldsymbol{b}_\nu}\right)^2. \tag{4.238}$$

Mit (4.233) und mit (4.238), erhält man

$$\begin{aligned}
\frac{(C_N^{\boldsymbol{b}_\nu +})^2 + (C_N^{\boldsymbol{b}_\nu -})^2}{2} &= \frac{(C_N^{\boldsymbol{b}_\nu +})^2 + 2C_N^{\boldsymbol{b}_\nu +}C_N^{\boldsymbol{b}_\nu -} + (C_N^{\boldsymbol{b}_\nu -})^2}{4} + \frac{(C_N^{\boldsymbol{b}_\nu +})^2 - 2C_N^{\boldsymbol{b}_\nu +}C_N^{\boldsymbol{b}_\nu -} + (C_N^{\boldsymbol{b}_\nu -})^2}{4} \\
&= \frac{(C_N^{\boldsymbol{b}_\nu +} + C_N^{\boldsymbol{b}_\nu -})^2}{4} + \frac{(C_N^{\boldsymbol{b}_\nu +} - C_N^{\boldsymbol{b}_\nu -})^2}{4} \\
&= \left(\frac{C_N^{\boldsymbol{b}_\nu +} + C_N^{\boldsymbol{b}_\nu -}}{2}\right)^2 + \left(\frac{C_N^{\boldsymbol{b}_\nu +} - C_N^{\boldsymbol{b}_\nu -}}{2}\right)^2 && (4.239) \\
&= \left(C_{N/2}^{\boldsymbol{b}_\nu}\right)^2 + \left(C_{N/2}^{\boldsymbol{b}_\nu} - \left(C_{N/2}^{\boldsymbol{b}_\nu}\right)^2\right)^2 && (4.240) \\
&= \left(C_{N/2}^{\boldsymbol{b}_\nu}\right)^2 \left\{1 + \left(1 - C_{N/2}^{\boldsymbol{b}_\nu}\right)^2\right\} \geq \left(C_{N/2}^{\boldsymbol{b}_\nu}\right)^2.
\end{aligned}$$

Ausgehend von (4.240) ergibt sich

$$\begin{aligned}
\frac{1}{2^{\nu+1}} \sum_{\boldsymbol{b}_{\nu+1} \in \{+,-\}^{\nu+1}} \left(C_N^{\boldsymbol{b}_{\nu+1}}\right)^2 &= \frac{1}{2^{\nu}} \sum_{\boldsymbol{b}_\nu \in \{+,-\}^\nu} \frac{(C_N^{\boldsymbol{b}_\nu +})^2 + (C_N^{\boldsymbol{b}_\nu -})^2}{2} \\
&= \frac{1}{2^{\nu}} \sum_{\boldsymbol{b}_\nu \in \{+,-\}^\nu} \left(C_{N/2}^{\boldsymbol{b}_\nu}\right)^2 + \frac{1}{2^{\nu}} \sum_{\boldsymbol{b}_\nu \in \{+,-\}^\nu} \left(C_{N/2}^{\boldsymbol{b}_\nu} - \left(C_{N/2}^{\boldsymbol{b}_\nu}\right)^2\right)^2. && (4.241)
\end{aligned}$$

Mit (4.241) erhält man sofort

$$\frac{1}{2^{\nu+1}} \sum_{\boldsymbol{b}_{\nu+1} \in \{+,-\}^{\nu+1}} \left(C_N^{\boldsymbol{b}_{\nu+1}}\right)^2 \geq \frac{1}{2^{\nu}} \sum_{\boldsymbol{b}_\nu \in \{+,-\}^\nu} \left(C_{N/2}^{\boldsymbol{b}_\nu}\right)^2. \tag{4.242}$$

Offensichtlich gilt

$$1 \geq \frac{1}{2^{\nu+1}} \sum_{\boldsymbol{b}_{\nu+1} \in \{+,-\}^{\nu+1}} \left(C_N^{\boldsymbol{b}_{\nu+1}}\right)^2 \geq \frac{1}{2^{\nu}} \sum_{\boldsymbol{b}_\nu \in \{+,-\}^\nu} \left(C_{N/2}^{\boldsymbol{b}_\nu}\right)^2 \geq 0. \tag{4.243}$$

Der erste Term auf der rechten Seite von (4.241) bezieht sich auf jene aufgespalteten virtuellen Kanäle mit Kanalkapazitäten aus $(\delta_\mathrm{U}, 1]$ und $[0, \delta_\mathrm{L})$, während der zweite Term auf der rechten Seite von (4.241) jene aufgespalteten virtuellen Kanäle mit Kanalkapazitäten aus $[\delta_\mathrm{L}, \delta_\mathrm{U}]$ betrifft.

Wir führen nun die nichtnegative Funktion $f(\delta_\mathrm{L}, \delta_\mathrm{U})$ ein. Mit der binären Entropiefunktion $\mathrm{H}_2\{p\}$ nach (1.216) sowie mit deren Umkehrfunktion $\mathrm{H}_2^{-1}\{x\}$ wählen wir [131, S. 182]

$$f(\delta_\mathrm{L}, \delta_\mathrm{U}) = \min_{0<\mathrm{H}_2^{-1}\{1-\delta_\mathrm{U}\} \leq p \leq \mathrm{H}_2^{-1}\{1-\delta_\mathrm{L}\}<1/2} \left(\mathrm{H}_2\left\{2p(1-p)\right\} - \mathrm{H}_2\{p\}\right)^2. \tag{4.244}$$

Die Wahl von $f(\delta_L, \delta_U)$ nach (4.244) wird durch das *Lemma von Frau Gerber* (engl. „Mrs. Gerber's lemma", MGL) bewiesen [131, S. 182] und [132, S. 19].

Beweis 4.2 (Beweis von (4.244)). Aus [131, Lemma 9.2, S. 182] folgt

$$C_1 = 1 - \mathrm{H}_2\{p\}, \quad p \in \left(0, \frac{1}{2}\right), \tag{4.245}$$

und mit der Entropie $\mathrm{H}\{u_0 \oplus u_1 \mid \boldsymbol{Y}_0^1\}$ wird die Kanalkapazität C_2^- zu [131, Lemma 9.2, S. 182]

$$C_2^- = 1 - \mathrm{H}\left\{u_0 \oplus u_1 \mid \boldsymbol{Y}_0^1\right\} \leq 1 - \mathrm{H}_2\left\{2p(1-p)\right\}. \tag{4.246}$$

Diese Ungleichung entspricht genau der Aussage des Lemmas von Frau Gerber, d. h. die Entropie $\mathrm{H}\{u_0 \oplus u_1 \mid \boldsymbol{Y}_0^1\}$ ist durch die binäre Entropiefunktion $\mathrm{H}_2\{2p(1-p)\}$ bei $2p(1-p)$ beschränkt [132, S. 19].

Verwendet man (4.235), erhält man sofort [131, Lemma 9.2, S. 182]

$$\begin{aligned} C_2^+ &= 2C_1 - C_2^- \geq 2 - 2\mathrm{H}_2\{p\} - 1 + \mathrm{H}_2\left\{2p(1-p)\right\} \\ &\geq 1 - 2\mathrm{H}_2\{p\} + \mathrm{H}_2\left\{2p(1-p)\right\}. \end{aligned} \tag{4.247}$$

Daraus folgt

$$C_2^+ - C_2^- \geq -2\mathrm{H}_2\{p\} + 2\mathrm{H}_2\left\{2p(1-p)\right\}. \tag{4.248}$$

Wir erhalten also [131, Lemma 9.2, S. 182]

$$\frac{C_2^+ - C_2^-}{2} \geq \mathrm{H}_2\left\{2p(1-p)\right\} - \mathrm{H}_2\{p\}. \tag{4.249}$$

Dieses Ergebnis führt zur Wahl von (4.244). □

Mit der nichtnegativen Funktion $f(\delta_L, \delta_U)$ aus (4.244) kann man den zweiten Term auf der rechten Seite von (4.241) daher durch

$$\frac{1}{2^\nu} \sum_{\boldsymbol{b}_\nu \in \{+,-\}^\nu} \left(C_{N/2}^{\boldsymbol{b}_\nu} - \left(C_{N/2}^{\boldsymbol{b}_\nu}\right)^2\right)^2 \geq a_{\mathrm{I},\nu} \cdot f(\delta_L, \delta_U) \geq 0 \tag{4.250}$$

abschätzen. Nun kann (4.250) in der folgenden Form

$$\frac{\{\sum_{\boldsymbol{b}_{\nu+1} \in \{+,-\}^{\nu+1}} (C_N^{\boldsymbol{b}_{\nu+1}})^2\}/2^{\nu+1} - \{\sum_{\boldsymbol{b}_\nu \in \{+,-\}^\nu} (C_{N/2}^{\boldsymbol{b}_\nu})^2\}/2^\nu}{f(\delta_L, \delta_U)} \geq a_{\mathrm{I},\nu} \tag{4.251}$$

geschrieben werden. Da die linke Seite von (4.251) gegen 0 strebt, wenn ν gegen ∞ geht, strebt auch $a_{\mathrm{I},\nu}$ gegen 0.

Auf ähnliche Weise erhält man

$$\begin{aligned} C_1 = \frac{1}{2^\nu} \sum_{\boldsymbol{b}_\nu \in \{+,-\}^\nu} C_{N/2}^{\boldsymbol{b}_\nu} &\leq (\delta_L - 0)a_{L,\nu} + (\delta_U - \delta_L)a_{\mathrm{I},\nu} + (1 - \delta_L)a_{U,\nu} \\ &\leq \delta_L + (\delta_U - \delta_L)a_{\mathrm{I},\nu} + (1 - \delta_L)a_{U,\nu}. \end{aligned} \tag{4.252}$$

Dies wird sofort zu

$$C_1 \leq \delta_L + (1 - \delta_L) \lim_{\nu \to \infty} \min a_{U,\nu}. \tag{4.253}$$

Der Zusammenhang (4.253) kann nur dann stets erfüllt werden, wenn $a_{U,\nu}$ gegen C_1 konvergiert.

Schließlich erhält man

$$1 - C_1 = 1 - \frac{1}{2^\nu} \sum_{\boldsymbol{b}_\nu \in \{+,-\}^\nu} C_{N/2}^{\boldsymbol{b}_\nu} \le (\delta_U - 0)a_{L,\nu} + (\delta_U - \delta_L)a_{I,\nu} + (1 - \delta_U)a_{U,\nu}$$
$$\le \delta_U a_{L,\nu} + (1 - \delta_U)C_1 \tag{4.254}$$

und somit

$$1 - C_1 \le \delta_U \lim_{\nu \to \infty} \max a_{L,\nu} + (1 - \delta_U)C_1. \tag{4.255}$$

Die Beziehung (4.255) kann nur dann stets erfüllt werden, wenn $a_{L,\nu}$ gegen $(1 - C_1)$ strebt, wenn ν gegen ∞ geht. □

Satz 4.5 zeigt, dass die Anzahl derjenigen aufgespalteten virtuellen Kanäle, welche für die Nachrichtenübertragung verwendet werden können, gegen NC_1 strebt, wenn N gegen unendlich wächst. Daher ist die Dimension k_∞ des Polarcodes im Fall von $N \to \infty$ gleich

$$k_\infty = \lim_{N \to \infty} NC_1 \quad (\to \infty), \qquad 0 < C_1 \le 1. \tag{4.256}$$

Da N die Länge des Polarcodes ist, ist die erreichbare Übertragungsrate, d. h. die Coderate, R_∞ des Polarcodes im Fall von $N \to \infty$ gleich

$$R_\infty = \lim_{N \to \infty} \frac{NC_1}{N} = C_1 < \infty, \qquad 0 < C_1 \le 1. \tag{4.257}$$

Nota bene, dass N divergieren muss, um die kapazitätserreichende Übertragungsqualität zu erzielen.

Definition 4.1 (Kanalkapazitätserreichender binärer Kanalcode). Ein (n, k) binärer Kanalcode $\mathbb{V}$ mit der Dimension k, mit der Länge n und somit mit der Coderate R gleich k/n, der eine bekannte Konstruktionsregel hat, wird als *„kapazitätserreichend"* bezeichnet, wenn die maximal erreichbare Übertragungsrate, d. h. diejenige Coderate R, für welche die fehlerfreie Übertragung möglich ist, der Kanalkapazität C_1 des binären diskreten gedächtnislosen Kanals (engl. „discrete memoryless channel", DMC) entspricht, über den die Übertragung von Codewörtern aus $\mathbb{V}$ erfolgt.

Eine etwas andere Definition des Begriffs *„kapazitätserreichend"* findet sich beispielsweise in [133, Definition 10, S. 4303]. Diese Definition aus [133, Definition 10, S. 4303] erwähnt jedoch nicht einmal den Begriff *„Kanalkapazität"*. Das lässt die dortige „Definition" [133, Definition 10, S. 4303] zweifelhaft erscheinen.

Offensichtlich erfüllen Polarcodes die Definition 4.1 im Fall von $N \to \infty$. Dies ist der Grund dafür, warum der Begriff *„kapazitätserreichend"* im Zusammenhang mit Polarcodes verwendet wird. Nota bene, dass das Erreichen der Kanalkapazität erfordert, dass die Länge N der Polarcodes über alle Grenzen hinaus wächst. Dies führt zu NC_1 aufgespalteten virtuellen Kanälen, welche die Kanalkapazität 1 erreichen, während die verbleibenden $N(1 - C_1)$ aufgespalteten virtuellen Kanäle die Kanalkapazität 0 haben.

Da die Dimension k_∞ eines Polarcodes, die im Fall von $N \to \infty$ erhalten wird, gleich NC_1 ist, leidet die Übertragung von Codewörtern aus diesem Polarcode über einen betrachteten binären diskreten gedächtnislosen Kanal (engl. „discrete memoryless channel“, DMC) unter dem Verlust gleich $N(1 - C_1)$. Daher beträgt die Äquivokation $(1 - C_1)$, und folglich ist die Quellentropie gleich 1.

Im Gegensatz zu anderen Kanalcodes, die in diesem Buch behandelt werden, liefert die Konstruktionsregel der genannten Polarcodes die Identität derjenigen aufgespalteten virtuellen Kanäle, welche die Kanalkapazität 0 haben. Daher ist bereits *vor* der Übertragung bekannt, welche Bits bei der Übertragung über den betrachteten binären diskreten gedächtnislosen Kanal (engl. „discrete memoryless channel“, DMC) verloren gehen werden.

Weiterhin sollte beachtet werden, dass der binäre Eingang des aufgespalteten virtuellen Kanals W_N^i, $i \in \{0, 1 \cdots N-1\}$, $N = 2^\nu$, $\nu \in \mathbb{N}^*$, das unterscheidbare Nachrichtenbit $u_i \in \mathbb{F}_2$, $i \in \{0, 1 \cdots N-1\}$, $N = 2^\nu$, $\nu \in \mathbb{N}^*$, ist, siehe beispielsweise Abschnitt 4.4 und (4.92). Das gerade Besprochene bedeutet, dass es nur $k_\infty \leq N$, $N = 2^\nu$, $\nu \in \mathbb{N}^*$, der genannten aufgespalteten virtuellen Kanäle mit Kanalkapazität 1 gibt und somit nur $k_\infty \leq N$, $N = 2^\nu$, $\nu \in \mathbb{N}^*$, Nachrichtenbits, die ohne Übertragungsfehler übermittelt werden können. Die verbleibenden $(N - k_\infty)$ Nachrichtenbits gehen auf dem Übertragungskanal verloren. Daher kann man diese verbleibenden $(N - k_\infty)$ Nachrichtenbits als Dummy-Bits betrachten und „einfrieren“, indem man beispielsweise ihre Werte auf 0 setzt.

Die Verwendung von N Nachrichtenbits anstelle von nur $k_\infty \leq N$ Nachrichtenbits in der Codierung mit Polarcodes scheint einen erheblichen Unterschied zu anderen in diesem Buch behandelten Kanalcodes darzustellen. Natürlich kann man die „eingefrorenen“ Nachrichtenbits als Teil der Berechnung derjenigen Redundanz betrachten, welche erforderlich ist, um die Äquivokation zu überwinden.

Bemerkung 4.3 (Auffinden des Steins der Weisen?). Das klingt fast so, als wäre es Erdal Arikan und nicht Harry Potter gelungen, den Stein der Weisen zu finden. In gewisser Weise sieht es so aus, als ob der *„Midas Touch“* (Midnight Star, 1986) auf gewöhnliche Kanalcodes, in unserem Fall die Reed-Muller (RM) Codes, angewendet wird, die dann zu Gold werden, in unserem Fall zu Polarcodes.

Die gefeierte Polarcodierung, siehe auch Satz 4.5, ist jedoch bedauerlicherweise nur für $N \to \infty$ verfügbar. Oh mein Gott, die hiesigen Ausführungen könnten der Ausgangspunkt für jemandes Mutation in einen *„Desperado“* (Eagles, 1973) sein.

Solange N endlich ist, wie dies in jedem Kommunikationssystem erforderlich ist, bietet Satz 4.5 keine Hinweise, und man muss mühevoll rechnen, siehe beispielsweise Abbildung 4.13 und Abbildung 4.14, oder sogar simulieren. Wenn man sich beispielsweise Abbildung 4.13 und Abbildung 4.14 ansieht, polarisieren nicht alle aufgespalteten virtuellen Kanäle, und zudem scheinen die Kanalkapazitätswerte 1 und 0 extrem selten zu sein. Allerdings bieten die vielen aufgespalteten virtuellen Kanäle mit einer *Kanalkapazität niedriger als* 1 *keine fehlerfreie Übertragung*. Diese Fakten bestimmen die veröffentlichten Ergebnisse, die im Folgenden Abschnitt 4.5 diskutiert werden.

Die „überschwängliche Feier“ der Polarcodes erinnert den Autor ein wenig an ähnliche Ereignisse um die Jahrtausendwende im Zusammenhang mit räumlichen Multiplexverfahren. Obwohl es damals einige wenige Wissenschaftler gab, die voraussahen, dass die Verheißungen einer ganzzahligen Vervielfachung der Kanalkapazität, zumindest euphemistisch waren, waren diese wenigen Wissenschaftler klug genug, still zu bleiben und den reißerischen Behauptungen nicht zu widersprechen und so, bildlich besprochen, einer „Kreuzigung“ zu entgehen. Der Autor war ebenfalls einer dieser wenigen „Brunnenvergifter“. Heute ist der Autor froh sagen zu können, dass die Architekten des 4G/LTE-Standards letztendlich einen sinnvollen Weg gefunden haben, mit dem räumlichen Multiplexverfahren umzugehen.

Hinsichtlich des Mobilkommunikationssystems der fünften Generation 5G/NR (Fifth Generation / New Radio) zieht es der Autor jedoch vor, in den meisten Fällen zu schweigen. Der Leser möge jedoch hoffentlich die Meinung eines „alternden Eigenbrötlers“ akzeptieren, der Zweifel an der Wahl der Kanalcodierungsverfahren für das Mobilkommunikationssystem der fünften Generation 5G/NR (Fifth Generation / New Radio) hat. Kurz gesagt, wenn man beispielsweise über die „erstaunlichen Erkenntnisse“ in Bezug auf Polarcodes nachdenkt, kann der Autor nicht umhin zu sagen, dass es keine Möglichkeit gibt, die Natur zu täuschen. Man könnte sonst enden wie Ikarus.

Und dennoch: Wissenschaft und Forschung sind wie ein *„Long Train Runnin'“* (The Doobie Brothers, 1973). Man muss das folgende Motto umsetzen: *„Carry On Wayward Son“* (Kansas, 1976).

4.5 Leistungsfähigkeit von Polarcodes mit endlicher Länge

Das wahrscheinlich bekannteste Decodierungsverfahren für Polarcodes, das als *„Kanalcodierung mit schrittweiser Löschung“* (engl. „successive cancellation (SC) channel decoding“) bezeichnet wird, wurde in [23, S. 3054, 3065–3067] vorgestellt, siehe auch [134, S. 4–8]. Da die deutsche Übersetzung nicht verbreitet ist, werden wir im Folgenden die englischsprachige Bezeichnung *„successive cancellation (SC) channel decoding“* verwenden. Inzwischen wurden viele Decodierungsverfahren für Polarcodes vorgeschlagen, siehe beispielsweise [134].

Bemerkung 4.4 („Successive Cancellation (SC) Channel Decoding“ von Polarcodes). Die decodierten Nachrichtenvektoren für die ungeraden und die geraden Indizes der Nachrichtenbits seien

$$\hat{\boldsymbol{u}}_{\mathrm{o},0}^{N-1} = (\hat{u}_1, \hat{u}_3 \cdots \hat{u}_{N-1}), \quad \hat{\boldsymbol{u}}_{\mathrm{e},0}^{N-1} = (\hat{u}_0, \hat{u}_2 \cdots \hat{u}_{N-2}). \tag{4.258}$$

Mit $i \in \{1, 2 \cdots N/2\}$, definiert man nun die folgenden *Likelihood-Verhältnisse (LRs)*

$$\mathcal{L}_{N/2}^{i-1}\left\{\boldsymbol{Y}_0^{N/2-1}, \hat{\boldsymbol{u}}_{\mathrm{e},0}^{2i-3} \oplus \hat{\boldsymbol{u}}_{\mathrm{o},0}^{2i-3}\right\} = \frac{\mathrm{P}_{N/2}^{i-1}\{\{\boldsymbol{Y}_0^{N/2-1}\}\{\hat{\boldsymbol{u}}_{\mathrm{e},0}^{2i-3} \oplus \hat{\boldsymbol{u}}_{\mathrm{o},0}^{2i-3}\} \mid \{0\}\}}{\mathrm{P}_{N/2}^{i-1}\{\{\boldsymbol{Y}_0^{N/2-1}\}\{\hat{\boldsymbol{u}}_{\mathrm{e},0}^{2i-3} \oplus \hat{\boldsymbol{u}}_{\mathrm{o},0}^{2i-3}\} \mid \{1\}\}}, \tag{4.259}$$

$$\mathcal{L}_{N/2}^{i-1}\left\{\boldsymbol{Y}_{N/2}^{N-1}, \hat{\boldsymbol{u}}_{\mathrm{o},0}^{2i-3}\right\} = \frac{\mathrm{P}_{N/2}^{i-1}\{\{\boldsymbol{Y}_{N/2}^{N-1}\}\{\hat{\boldsymbol{u}}_{\mathrm{o},0}^{2i-3}\} \mid \{0\}\}}{\mathrm{P}_{N/2}^{i-1}\{\{\boldsymbol{Y}_{N/2}^{N-1}\}\{\hat{\boldsymbol{u}}_{\mathrm{o},0}^{2i-3}\} \mid \{1\}\}}, \tag{4.260}$$

sowie die entsprechenden *Log-Likelihood-Verhältnisse (engl. „log-likelihood ratios“, LLRs)*

$$L_{N/2}^{i-1}\left\{\boldsymbol{Y}_0^{N/2-1}, \hat{\boldsymbol{u}}_{\mathrm{e},0}^{2i-3} \oplus \hat{\boldsymbol{u}}_{\mathrm{o},0}^{2i-3}\right\} = \ln\left\{\frac{\mathrm{P}_{N/2}^{i-1}\{\{\boldsymbol{Y}_0^{N/2-1}\}\{\hat{\boldsymbol{u}}_{\mathrm{e},0}^{2i-3} \oplus \hat{\boldsymbol{u}}_{\mathrm{o},0}^{2i-3}\} \mid \{0\}\}}{\mathrm{P}_{N/2}^{i-1}\{\{\boldsymbol{Y}_0^{N/2-1}\}\{\hat{\boldsymbol{u}}_{\mathrm{e},0}^{2i-3} \oplus \hat{\boldsymbol{u}}_{\mathrm{o},0}^{2i-3}\} \mid \{1\}\}}\right\}, \tag{4.261}$$

$$L_{N/2}^{i-1}\left\{\boldsymbol{Y}_{N/2}^{N-1}, \hat{\boldsymbol{u}}_{\mathrm{o},0}^{2i-3}\right\} = \ln\left\{\frac{\mathrm{P}_{N/2}^{i-1}\{\{\boldsymbol{Y}_{N/2}^{N-1}\}\{\hat{\boldsymbol{u}}_{\mathrm{o},0}^{2i-3}\} \mid \{0\}\}}{\mathrm{P}_{N/2}^{i-1}\{\{\boldsymbol{Y}_{N/2}^{N-1}\}\{\hat{\boldsymbol{u}}_{\mathrm{o},0}^{2i-3}\} \mid \{1\}\}}\right\}, \tag{4.262}$$

mit $i \in \{1, 2 \cdots N/2\}$ erhält man somit die Rekursionsformeln [23, Gl. (75) und (76), S. 3065f.], [135, Gl. (9), S. 1668]

$$L_N^{2i-2}\left\{\boldsymbol{Y}_0^{N-1},\hat{\boldsymbol{u}}_0^{2i-3}\right\} = 2\,\mathrm{arctanh}\left\{\tanh\left\{\frac{L_{N/2}^{i-1}\{\boldsymbol{Y}_0^{N/2-1},\hat{\boldsymbol{u}}_{\mathrm{e},0}^{2i-3}\oplus\hat{\boldsymbol{u}}_{\mathrm{o},0}^{2i-3}\}}{2}\right\}\right.$$
$$\left.\cdot\tanh\left\{\frac{L_{N/2}^{i-1}\{\boldsymbol{Y}_{N/2}^{N-1},\hat{\boldsymbol{u}}_{\mathrm{o},0}^{2i-3}\}}{2}\right\}\right\}, \tag{4.263}$$

$$\begin{aligned}L_N^{2i-1}\left\{\boldsymbol{Y}_0^{N-1},\hat{\boldsymbol{u}}_0^{2i-2}\right\} &= (1-2\hat{u}_{2i-2})L_{N/2}^{i-1}\left\{\boldsymbol{Y}_0^{N/2-1},\hat{\boldsymbol{u}}_{\mathrm{e},0}^{2i-3}\oplus\hat{\boldsymbol{u}}_{\mathrm{o},0}^{2i-3}\right\}+L_{N/2}^{i-1}\left\{\boldsymbol{Y}_{N/2}^{N-1},\hat{\boldsymbol{u}}_{\mathrm{o},0}^{2i-3}\right\}\\ &= (-1)^{\hat{u}_{2i-2}}L_{N/2}^{i-1}\left\{\boldsymbol{Y}_0^{N/2-1},\hat{\boldsymbol{u}}_{\mathrm{e},0}^{2i-3}\oplus\hat{\boldsymbol{u}}_{\mathrm{o},0}^{2i-3}\right\}+L_{N/2}^{i-1}\left\{\boldsymbol{Y}_{N/2}^{N-1},\hat{\boldsymbol{u}}_{\mathrm{o},0}^{2i-3}\right\}.\end{aligned} \tag{4.264}$$

Daher kann der „Successive-Cancellation“ Decodierer rekursiv aufgebaut werden. Der „Successive-Cancellation“ Decodierer trifft dann die folgenden Entscheidungen [135, Gl. (1), S. 1665]

$$\begin{aligned}\hat{u}_{i-1} &= 0 \quad \text{für } L_N^{i-1}\left\{\boldsymbol{Y}_0^{N-1},\hat{\boldsymbol{u}}_0^{i-2}\right\}\ge 0,\\ \hat{u}_{i-1} &= 1 \quad \text{für } L_N^{i-1}\left\{\boldsymbol{Y}_0^{N-1},\hat{\boldsymbol{u}}_0^{i-2}\right\}< 0,\end{aligned}\qquad i\in\{1,2\cdots N\}. \tag{4.265}$$

Beispiel 4.9. Man betrachte N gleich 2. Die decodierten Nachrichtenvektoren für die ungeraden und die geraden Indizes der Nachrichtenbits sind

$$\hat{\boldsymbol{u}}_{\mathrm{o},0}^{1} = (\hat{u}_1) = \hat{u}_1,\quad \hat{\boldsymbol{u}}_{\mathrm{e},0}^{1} = (\hat{u}_0) = \hat{u}_0. \tag{4.266}$$

Des Weiteren ist $i\in\{1\}$. Man erhält somit

$$L_2^0\left\{\boldsymbol{Y}_0^1\right\} = 2\,\mathrm{arctanh}\left\{\tanh\left\{\frac{L_1^0\{Y_0\}}{2}\right\}\cdot\tanh\left\{\frac{L_1^0\{Y_1\}}{2}\right\}\right\}, \tag{4.267}$$

$$L_2^1\left\{\boldsymbol{Y}_0^1,\hat{u}_0\right\} = (1-2\hat{u}_0)L_1^0\{Y_0\}+L_1^0\{Y_1\}. \tag{4.268}$$

$L_1^0\{Y_0\}$ ist dasjenige Log-Likelihood-Verhältnis (engl. „log-likelihood ratio“, LLR), welches mit dem ersten Empfangsabtastwert Y_0 assoziiert ist und $L_1^0\{Y_1\}$ ist dasjenige Log-Likelihood-Verhältnis (engl. „log-likelihood ratio“, LLR), welches mit dem zweiten Empfangsabtastwert Y_1 assoziiert ist.

Ausgehend von Beispiel 4.5 und der Wahl von u_0 als „eingefrorenes“ Nachrichtenbit gleich 0, bestimmt der „Successive-Cancellation“ Decodierer

$$L_2^1\left\{\boldsymbol{Y}_0^1,0\right\} = L_1^0\{Y_0\}+L_1^0\{Y_1\} \tag{4.269}$$

und

$$\begin{aligned}\hat{u}_1 &= 0 \quad \text{für } L_2^1\left\{\boldsymbol{Y}_0^1,0\right\}\ge 0,\\ \hat{u}_1 &= 1 \quad \text{für } L_2^1\left\{\boldsymbol{Y}_0^1,0\right\}< 0.\end{aligned} \tag{4.270}$$

Beispiel 4.10. Man betrachte N gleich 4. Die decodierten Nachrichtenvektoren für die ungeraden und die geraden Indizes der Nachrichtenbits sind

$$\hat{\boldsymbol{u}}_{\mathrm{o},0}^{3} = (\hat{u}_1,\hat{u}_3),\quad \hat{\boldsymbol{u}}_{\mathrm{e},0}^{3} = (\hat{u}_0,\hat{u}_2). \tag{4.271}$$

Des Weiteren ist $i\in\{1,2\}$. Es ergibt sich somit

$$L_4^0\left\{\boldsymbol{Y}_0^3\right\} = 2\,\mathrm{arctanh}\left\{\tanh\left\{\frac{L_2^0\{\boldsymbol{Y}_0^1\}}{2}\right\}\cdot\tanh\left\{\frac{L_2^0\{\boldsymbol{Y}_2^3\}}{2}\right\}\right\}, \tag{4.272}$$

$$L_4^1\left\{\boldsymbol{Y}_0^3,\hat{u}_0\right\} = (1-2\hat{u}_0)L_2^0\left\{\boldsymbol{Y}_0^1\right\}+L_2^0\left\{\boldsymbol{Y}_2^3\right\}, \tag{4.273}$$

$$L_4^2\left\{\boldsymbol{Y}_0^3, \hat{\boldsymbol{u}}_0^1\right\} = 2\,\mathrm{arctanh}\left\{\tanh\left\{\frac{L_2^1\{\boldsymbol{Y}_0^1, \hat{u}_0 \oplus \hat{u}_1\}}{2}\right\} \cdot \tanh\left\{\frac{L_2^1\{\boldsymbol{Y}_2^3, \hat{u}_1\}}{2}\right\}\right\}, \tag{4.274}$$

$$L_4^3\left\{\boldsymbol{Y}_0^3, \hat{\boldsymbol{u}}_0^2\right\} = (1 - 2\hat{u}_2) L_2^1\left\{\boldsymbol{Y}_0^1, \hat{u}_0 \oplus \hat{u}_1\right\} + L_2^1\left\{\boldsymbol{Y}_2^3, \hat{u}_1\right\}. \tag{4.275}$$

Ausgehend von Beispiel 4.6 und dem Setzen von u_0 und u_1 als „eingefrorene" Nachrichtenbits gleich 0, bestimmt der „Successive-Cancellation" Decodierer

$$L_4^2\left\{\boldsymbol{Y}_0^3, \boldsymbol{0}_2\right\} = 2\,\mathrm{arctanh}\left\{\tanh\left\{\frac{L_2^1\{\boldsymbol{Y}_0^1, 0\}}{2}\right\} \cdot \tanh\left\{\frac{L_2^1\{\boldsymbol{Y}_2^3, 0\}}{2}\right\}\right\}, \tag{4.276}$$

$$L_4^3\left\{\boldsymbol{Y}_0^3, (0, 0, \hat{u}_2)\right\} = (1 - 2\hat{u}_2) L_2^1\left\{\boldsymbol{Y}_0^1, 0\right\} + L_2^1\left\{\boldsymbol{Y}_2^3, 0\right\} \tag{4.277}$$

und

$$\begin{aligned} \hat{u}_2 &= 0 \quad \text{für } L_4^2\left\{\boldsymbol{Y}_0^3, \boldsymbol{0}_2\right\} \geq 0, \\ \hat{u}_2 &= 1 \quad \text{für } L_4^2\left\{\boldsymbol{Y}_0^3, \boldsymbol{0}_2\right\} < 0, \\ \hat{u}_3 &= 0 \quad \text{für } L_4^3\left\{\boldsymbol{Y}_0^3, (0, 0, \hat{u}_2)\right\} \geq 0, \\ \hat{u}_3 &= 1 \quad \text{für } L_4^3\left\{\boldsymbol{Y}_0^3, (0, 0, \hat{u}_2)\right\} < 0. \end{aligned} \tag{4.278}$$

Obwohl Polarcodes stürmisch gefeiert wurden, haben mehrere Autoren gezeigt, dass Polarcodes von vergleichbaren

- Low Density Parity Check (LDPC) Codes [134, Bild 3.6, S. 52], [136, Bild 9–14], [137, Bilden 11–16, S. 1954–1957], sowie
- Turbo-Faltungscodes [136, Bild 9–14], [137, Bilden 11–16, S. 1954–1957], [138, Bild 6–8, S. 5],

„geschlagen" werden. Es scheint, dass immer noch schwach zufallsähnliche Kanalcodes wie Low Density Parity Check (LDPC) Codes und Turbo-Faltungscodes besser abschneiden als alles andere und somit Shannon die ganze Zeit über recht hatte. Es ist daher mehr als überraschend, dass Polarcodes in den Standard des Mobilkommunikationssystems der fünften Generation 5G/NR (Fifth Generation / New Radio) aufgenommen wurden.

Bemerkung 4.5 (Laserbasiertes Quantenkommunikationssystem mit klassischer anspruchsvoller Kanalcodierung — Vergleich der erzielbaren Bitfehlerverhältnisse bei der Verwendung des 4G/LTE Turbo-Faltungscodes und des 5G/NR (Fifth Generation / New Radio) Polarcodes). Es wird immer wieder behauptet, dass Polarcodes wegen ihrer Eigenschaft, die Kanalkapazität erreichen zu können, alle bisher dagewesenen Kanalcodes „schlagen". In dieser Bemerkung 4.5 wird daher exemplarisch zunächst das bei der Übertragung über den Einwegkanal mit der Kanalimpulsantwort (engl. „channel impulse response", CIR) CIR #1, siehe [3, Tabelle 3.7], im laserbasierten Quantenkommunikationssystem nach Bemerkung 1.45 sowie Abbildung 1.30 bei einer gegebenen mittleren Anzahl gesendeter Signalphotonen $\overline{N}_\mu$ erreichbare Bitfehlerverhältnis P_b für

- den 4G/LTE Turbo-Faltungscode mit der Coderate R gleich $128/268 \approx 0{,}478$ und deshalb mit der Dimension k gleich 128 und mit der Länge n gleich 268 einschließlich der 12 Tailbits zur Terminierung [80, Abschnitt 5.1.3.2.2, S. 15] und
- den 5G/NR (Fifth Generation / New Radio) Polarcode mit der Coderate R gleich $(128 - 24)/256 \approx 0{,}406$ und deshalb mit der Dimension k gleich 128 und der Länge n gleich 256 einschließlich der

24 CRC (engl. „cyclic redundancy check“)-Bits in der Abwärtsstrecke (engl. „downlink“) [130, Abschnitt 5.1, S. 10], die für die Polarcodedecodierung mit dem SCL (engl. „successive cancellation list“)-Decodierer gebraucht werden,

betrachtet. Es wird lediglich der log-ML-Quantensymboldetektor eingesetzt. Der Turbo-Faltungscode-Decodierer verwendet max-log-MAP-Symboldecodierer für die Decodierung der Komponentencodes. Der Polarcode-Decodierer ist ein SCL (engl. „successive cancellation list“)-Decodierer, siehe beispielsweise [139], mit der in 3GPP üblicherweise verwendeten Listenlänge L gleich 8. Die Coderate ist jeweils explizit in $\overline{N}_\mu$ berücksichtigt.

Abbildung 4.15 zeigt die für diesen Fall erhaltenen Simulationsergebnisse, wenn die mittlere Anzahl der thermischen Photonen gemäß $\overline{N}_a \in \{0,\ ,\ 0{,}01,\ ,\ 0{,}03,\ ,\ 0{,}1\}$ variiert. In jedem Fall wird der 5G/NR (Fifth Generation / New Radio) Polarcode vom 4G/LTE Turbo-Faltungscode geschlagen.

Jetzt wird exemplarisch das bei der Übertragung über den Einwegkanal mit der Kanalimpulsantwort (engl. „channel impulse response“, CIR) CIR #1, siehe [3, Tabelle 3.7], im laserbasierten Quantenkommunikationssystem nach Bemerkung 1.45 sowie Abbildung 1.30 bei einer gegebenen mittleren Anzahl gesendeter Signalphotonen $\overline{N}_\mu$ erreichbare Bitfehlerverhältnis P_b für

- den 4G/LTE Turbo-Faltungscode mit der Coderate R gleich $168/516 \approx 0{,}326$ und deshalb mit der Dimension k gleich 168 und mit der Länge n gleich 516 einschließlich der 12 Tailbits zur Terminierung [80, Abschnitt 5.1.3.2.2, S. 15] und
- den 5G/NR (Fifth Generation / New Radio) Polarcode mit der Coderate R gleich $(164-24)/512 \approx 0{,}273$ und deshalb mit der Dimension k gleich 164 und der Länge n gleich 512 einschließlich der 24 CRC (engl. „cyclic redundancy check“)-Bits in der Abwärtsstrecke (engl. „downlink“) [130, Abschnitt 5.1, S. 10], die für die Polarcodedecodierung mit dem SCL (engl. „successive cancellation list“)-Decodierer gebraucht werden,

betrachtet. Es wird erneut lediglich der log-ML-Quantensymboldetektor eingesetzt. Der Turbo-Faltungscode-Decodierer verwendet max-log-MAP-Symboldecodierer für die Decodierung der Komponentencodes. Der Polarcode-Decodierer ist ein SCL (engl. „successive cancellation list“)-Decodierer, siehe beispielsweise [139], mit der in 3GPP üblicherweise verwendeten Listenlänge L gleich 8. Die Coderate ist jeweils explizit in $\overline{N}_\mu$ berücksichtigt.

Abbildung 4.16 zeigt die für diesen Fall erhaltenen Simulationsergebnisse, wenn die mittlere Anzahl der thermischen Photonen gemäß $\overline{N}_a \in \{0,\ ,\ 0{,}01,\ ,\ 0{,}03,\ ,\ 0{,}1\}$ variiert. Auch hier wird in jedem Fall der 5G/NR (Fifth Generation / New Radio) Polarcode vom 4G/LTE Turbo-Faltungscode geschlagen.

Bemerkung 4.6 (Laserbasiertes Quantenkommunikationssystem mit klassischer anspruchsvoller Kanalcodierung und Übertragung über den Einwegkanal — 5G/NR (Fifth Generation / New Radio) Polarcode). Wir betrachten erneut das laserbasierte Quantenkommunikationssystem mit Ein-Aus-Tastung (engl. „on-off keying“, OOK), siehe in Abbildung 1.30 und Bemerkung 1.45. Es wird der 5G/NR (Fifth Generation / New Radio) Polarcode mit der Coderate

$$R = \frac{164-24}{512} \approx 0{,}273 \tag{4.279}$$

und deshalb mit der Dimension k gleich 164 und der Länge n gleich 512 einschließlich der 24 CRC (engl. „cyclic redundancy check“)-Bits in der Abwärtsstrecke (engl. „downlink“) [130, Abschnitt 5.1, S. 10], die für die Polarcodedecodierung mit dem SCL (engl. „successive cancellation list“)-Decodierer gebraucht werden, als klassischer Kanalcode eingesetzt.

Wir betrachten die Übertragung über den Einwegkanal mit der Kanalimpulsantwort (engl. „channel impulse response“, CIR) CIR #1, siehe [3, Tabelle 3.7]. Es wird lediglich der log-ML-Quantensymboldetektor

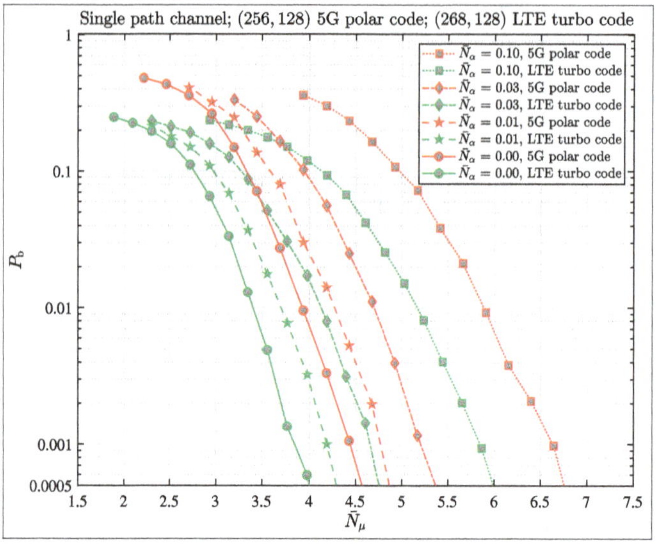

Abb. 4.15: Simulationsergebnisse für das Bitfehlerverhältnis P_b über der mittleren Anzahl gesendeter Signalphotonen $\overline{N}_\mu$ pro Nachrichtenbit bei Verwendung des 4G/LTE Turbo-Faltungscodes mit der Dimension k gleich 128 und der Länge n gleich 268 einschließlich der 12 Tailbits zur Terminierung [80, Abschnitt 5.1.3.2.2, S. 15] bzw. des 5G/NR (Fifth Generation / New Radio) Polarcodes mit der Dimension k gleich 128 und der Länge n gleich 256 einschließlich der 24 CRC (engl. „cyclic redundancy check“)-Bits in der Abwärtsstrecke (engl. „downlink“) [130, Abschnitt 5.1, S. 10], die für die Polarcodedecodierung mit dem SCL (engl. „successive cancellation list“)-Decodierer gebraucht werden, sowie der Übertragung über den Einwegkanal mit der Kanalimpulsantwort (engl. „channel impulse response“, CIR) CIR #1, siehe [3, Tabelle 3.7]; die Coderate R gleich $128/268 \approx 0{,}478$ bzw. $(128 - 24)/256 \approx 0{,}406$ ist jeweils explizit in $\overline{N}_\mu$ berücksichtigt; der Turbo-Faltungscode-Decodierer verwendet max-log-MAP-Symboldecodierer für die Decodierung der Komponentencodes; der Polarcode-Decodierer ist ein SCL (engl. „successive cancellation list“)-Decodierer, siehe beispielsweise [139], mit der in 3GPP üblicherweise verwendeten Listenlänge L gleich 8.

eingesetzt. Der Polarcode-Decodierer ist ein SCL (engl. „successive cancellation list“)-Decodierer, siehe beispielsweise [139], mit der in 3GPP üblicherweise verwendeten Listenlänge L gleich 8. Die Coderate ist jeweils explizit in $\overline{N}_\mu$ berücksichtigt. Ferner wird die mittlere Anzahl thermischer Photonen gemäß $\overline{N}_\alpha \in \{0, , 0{,}1, , 0{,}3, , 0{,}5, , 1\}$ variiert.

Abbildung 4.17 zeigt die Simulationsergebnisse für das erreichbare Bitfehlerverhältnis P_b über der mittleren Anzahl gesendeter Signalphotonen $\overline{N}_\mu$, während Abbildung 4.18 die Simulationsergebnisse für das erreichbare Blockfehlerverhältnis P_{block} über der mittleren Anzahl gesendeter Signalphotonen $\overline{N}_\mu$ veranschaulicht. Erwartungsgemäß wächst in Abbildung 4.17 die zum Erreichen eines gewünschten Wertes des Bitfehlerverhältnisses P_b, beispielsweise 10^{-3}, die erforderliche mittleren Anzahl gesendeter Signalphotonen $\overline{N}_\mu$, wenn die mittlere Anzahl der thermischen Photonen $\overline{N}_\alpha$ größer wird. Ebenso wächst in Abbildung 4.18 die zum Erreichen eines gewünschten Wertes des Blockfehlerverhältnisses P_{block}, beispielsweise 10^{-2}, die erforderliche mittleren Anzahl gesendeter Signalphotonen $\overline{N}_\mu$, wenn die mittlere Anzahl der thermischen Photonen $\overline{N}_\alpha$ größer wird.

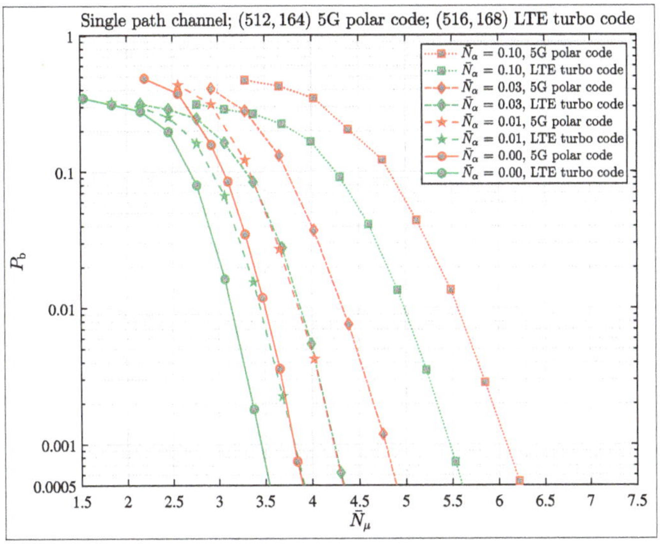

Abb. 4.16: Simulationsergebnisse für das Bitfehlerverhältnis P_b über der mittleren Anzahl gesendeter Signalphotonen $\overline{N}_\mu$ pro Nachrichtenbit bei Verwendung des 4G/LTE Turbo-Faltungscodes mit der Dimension k gleich 168 und der Länge n gleich 516 einschließlich der 12 Tailbits zur Terminierung [80, Abschnitt 5.1.3.2.2, S. 15] bzw. des 5G/NR (Fifth Generation / New Radio) Polarcodes mit der Dimension k gleich 164 und der Länge n gleich 512 einschließlich der 24 CRC (engl. „cyclic redundancy check")-Bits in der Abwärtsstrecke (engl. „downlink") [130, Abschnitt 5.1, S. 10], die für die Polarcodedecodierung mit dem SCL (engl. „successive cancellation list")-Decodierer gebraucht werden, sowie der Übertragung über den Einwegkanal mit der Kanalimpulsantwort (engl. „channel impulse response", CIR) CIR #1, siehe [3, Tabelle 3.7]; die Coderate R gleich $168/516 \approx 0{,}326$ bzw. $(164-24)/512 \approx 0{,}273$ ist jeweils explizit in $\overline{N}_\mu$ berücksichtigt; der Turbo-Faltungscode-Decodierer verwendet max-log-MAP-Symboldecodierer für die Decodierung der Komponentencodes; der Polarcode-Decodierer ist ein SCL (engl. „successive cancellation list")-Decodierer, siehe beispielsweise [139], mit der in 3GPP üblicherweise verwendeten Listenlänge L gleich 8.

Bemerkung 4.7 (Laserbasiertes Quantenkommunikationssystem mit klassischer anspruchsvoller Kanalcodierung und Übertragung über Mehrwegekanäle — 5G/NR (Fifth Generation / New Radio) Polarcode). Wir betrachten erneut das laserbasierte Quantenkommunikationssystem mit Ein-Aus-Tastung (engl. „on-off keying", OOK), siehe in Abbildung 1.30 und Bemerkung 1.45. Es wird erneut der 5G/NR (Fifth Generation / New Radio) Polarcode mit der Coderate

$$R = \frac{164-24}{512} \approx 0{,}273 \tag{4.280}$$

und deshalb mit der Dimension k gleich 164 und der Länge n gleich 512 einschließlich der 24 CRC (engl. „cyclic redundancy check")-Bits in der Abwärtsstrecke (engl. „downlink") [130, Abschnitt 5.1, S. 10], die für die Polarcodedecodierung mit dem SCL (engl. „successive cancellation list")-Decodierer gebraucht werden, als klassischer Kanalcode eingesetzt.

Als Maße für die erzielbare Übertragungsqualität betrachten wir sowohl das Bitfehlerverhältnis P_b als auch das Blockfehlerverhältnis P_block über der mittleren Anzahl gesendeter Signalphotonen $\overline{N}_\mu$ pro Nachrichtenbit. Sowohl das besagte Bitfehlerverhältnis P_b als auch das besagte Blockfehlerverhältnis

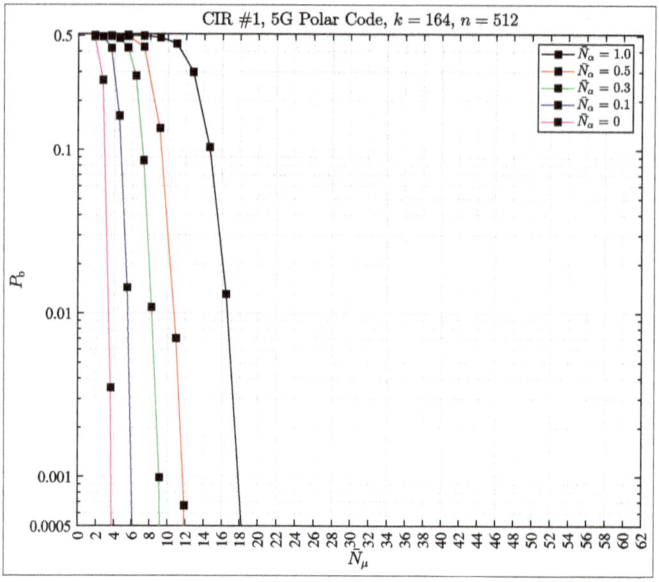

Legende:

magenta	$\overline{N}_\alpha = 0$
blau	$\overline{N}_\alpha = 0{,}1$
grün	$\overline{N}_\alpha = 0{,}3$
rot	$\overline{N}_\alpha = 0{,}5$
schwarz	$\overline{N}_\alpha = 1{,}0$

Abb. 4.17: Simulationsergebnisse für das Bitfehlerverhältnis P_b über der mittleren Anzahl gesendeter Signalphotonen $\overline{N}_\mu$ pro Nachrichtenbit bei Verwendung des 5G/NR (Fifth Generation / New Radio) Polarcode mit der Dimension k gleich 164 und der Länge n gleich 512 einschließlich der 24 CRC (engl. „cyclic redundancy check")-Bits in der Abwärtsstrecke (engl. „downlink") [130, Abschnitt 5.1, S. 10], die für die Polarcodedecodierung mit dem SCL (engl. „successive cancellation list")-Decodierer gebraucht werden, und der Übertragung über den Einwegkanal mit der Kanalimpulsantwort (engl. „channel impulse response", CIR) CIR #1, siehe [3, Tabelle 3.7]; die Coderate R gleich $(164 - 24)/512 \approx 0{,}273$ ist explizit in $\overline{N}_\mu$ berücksichtigt; es wird der log-ML-Quantensymboldetektor verwendet; der Polarcode-Decodierer ist ein SCL (engl. „successive cancellation list")-Decodierer, siehe beispielsweise [139], mit der in 3GPP üblicherweise verwendeten Listenlänge L gleich 8.

P_block werden durch Simulationen der Nachrichtenübertragung im betrachteten laserbasierten Quantenkommunikationssystem bestimmt. Die mittlere Anzahl der thermischen Photonen wird gemäß $\overline{N}_\alpha \in \{0\,,\ 0{,}1\,,\ 0{,}3\,,\ 0{,}5\,,\ 1{,}0\}$ gewählt.

Es werden sechs Varianten der Quantendatendetektion verwendet, nämlich:
- die log-Quanten-Maximum-Likelihood (ML)-Symboldetektion (log-QMLSSD),
- die max*-log-Quanten-Maximum-Likelihood (ML)-Symboldetektion (max*-log-QMLSSD),
- die max-log-Quanten-Maximum-Likelihood (ML)-Symboldetektion (max-log-QMLSSD),
- die Quanten-Maximum-Likelihood (ML)-Folgendetektion mit Log-Likelihood-Verhältnis (engl. „log-likelihood ratio", LLR)-Erzeugung nach der „BATTAIL RULE (BR)", kurz *SOVA (Soft Output Viterbi Algorithmus)-Quantenfolgendetektion mit der „BATTAIL RULE (BR)"*,

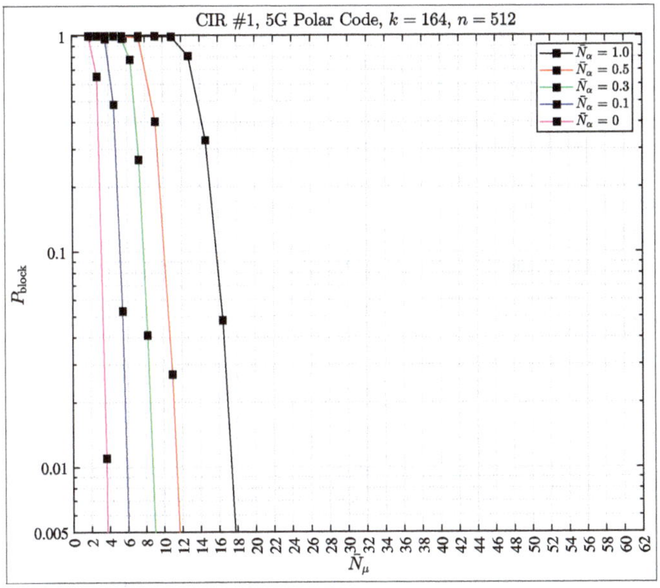

Legende:

magenta	$\overline{N}_{\alpha} = 0$
blau	$\overline{N}_{\alpha} = 0{,}1$
grün	$\overline{N}_{\alpha} = 0{,}3$
rot	$\overline{N}_{\alpha} = 0{,}5$
schwarz	$\overline{N}_{\alpha} = 1{,}0$

Abb. 4.18: Simulationsergebnisse für das Blockfehlerverhältnis P_{block} über der mittleren Anzahl gesendeter Signalphotonen $\overline{N}_{\mu}$ pro Nachrichtenbit bei Verwendung des 5G/NR (Fifth Generation / New Radio) Polarcode mit der Dimension k gleich 164 und der Länge n gleich 512 einschließlich der 24 CRC (engl. „cyclic redundancy check")-Bits in der Abwärtsstrecke (engl. „downlink") [130, Abschnitt 5.1, S. 10], die für die Polarcodedecodierung mit dem SCL (engl. „successive cancellation list")-Decodierer gebraucht werden, und der Übertragung über den Einwegkanal mit der Kanalimpulsantwort (engl. „channel impulse response", CIR) CIR #1, siehe [3, Tabelle 3.7]; die Coderate R gleich $(164 - 24)/512 \approx 0{,}273$ ist explizit in $\overline{N}_{\mu}$ berücksichtigt; es wird der log-ML-Quantensymboldetektor verwendet; der Polarcode-Decodierer ist ein SCL (engl. „successive cancellation list")-Decodierer, siehe beispielsweise [139], mit der in 3GPP üblicherweise verwendeten Listenlänge L gleich 8.

- die Quanten-Maximum-Likelihood (ML)-Folgendetektion (QMLSD) mit Log-Likelihood-Verhältnis (engl. „log-likelihood ratio", LLR)-Erzeugung nach der „HUBER RULE (HR)" kurz *SOVA (Soft Output Viterbi Algorithmus)-Quantenfolgendetektion mit der „HUBER RULE (HR)"*, und
- die Quanten-Maximum-Likelihood (ML)-Folgendetektion (QMLSD) mit Log-Likelihood-Verhältnis (engl. „log-likelihood ratio", LLR)-Erzeugung nach der „SIMPLE RULE (SR)", kurz *SOVA (Soft Output Viterbi Algorithmus)-Quantenfolgendetektion mit der „SIMPLE RULE (SR)"*.

Der Polarcode-Decodierer ist ein SCL (engl. „successive cancellation list")-Decodierer, siehe beispielsweise [139], mit der in 3GPP üblicherweise verwendeten Listenlänge L gleich 8.

Im Gegensatz zu Bemerkung 2.1 erfolgt die Übertragung vorliegend nicht über einen Einwegkanal, sondern über einen Mehrwegekanal. So zeigen

- Abbildung 4.19 und Abbildung 4.22 die bei der Übertragung über den Mehrwegekanal mit der Kanalimpulsantwort (engl. „channel impulse response", CIR) CIR #4 mit W_p gleich 2 Wegen, siehe [3, Tabelle 3.7], erhaltenen Simulationsergebnisse,
- Abbildung 4.20 und Abbildung 4.23 die bei der Übertragung über den Mehrwegekanal mit der Kanalimpulsantwort (engl. „channel impulse response", CIR) CIR #5 mit W_p gleich 3 Wegen, siehe [3, Tabelle 3.7], erhaltenen Simulationsergebnisse sowie
- Abbildung 4.21 und Abbildung 4.24 die bei der Übertragung über den Mehrwegekanal mit der Kanalimpulsantwort (engl. „channel impulse response", CIR) CIR #6 mit W_p gleich 4 Wegen, siehe [3, Tabelle 3.7], erhaltenen Simulationsergebnisse.

Erwartungsgemäß wächst in jedem der drei dargestellten Abbildungen 4.19, 4.20 und 4.21 die zum Erreichen eines gewünschten Wertes des Bitfehlerverhältnisses P_b, beispielsweise 10^{-3}, erforderliche mittlere Anzahl gesendeter Signalphotonen $\overline{N}_\mu$, wenn die mittlere Anzahl der thermischen Photonen $\overline{N}_a$ größer wird. Ebenso wächst in jedem der drei dargestellten Abbildungen 4.22, 4.23 und 4.24 die zum Erreichen eines gewünschten Wertes des Blockfehlerverhältnisses P_block, beispielsweise 10^{-2}, erforderliche mittlere Anzahl gesendeter Signalphotonen $\overline{N}_\mu$, wenn die mittlere Anzahl der thermischen Photonen $\overline{N}_a$ größer wird.

Darüber hinaus wächst die zum Erreichen eines gewünschten Wertes des Bitfehlerverhältnisses P_b, beispielsweise 10^{-3}, erforderliche mittlere Anzahl gesendeter Signalphotonen $\overline{N}_\mu$ mit wachsender Zahl W_p der Pfade bei sonst gleichen Parametern. Ebenso wächst die zum Erreichen eines gewünschten Wertes des Blockfehlerverhältnisses P_block, beispielsweise 10^{-2}, erforderliche mittlere Anzahl gesendeter Signalphotonen $\overline{N}_\mu$ mit wachsender Zahl W_p der Pfade bei sonst gleichen Parametern.

Betrachtet man die Übertragung über einen bestimmten Mehrwegekanal mit der Kanalimpulsantwort (engl. „channel impulse response", CIR) CIR #c, $c \in \{4, 5, 6\}$ fest, und dafür einen festen Wert $\overline{N}_a \in \{0\,,\ 0{,}1\,,\ 0{,}3\,,\ 0{,}5\,,\ 1{,}0\}$, so sieht man, dass zum Erreichen eines gewünschten Wertes des Bitfehlerverhältnisses P_b, beispielsweise 10^{-3}, bzw. des Blockfehlerverhältnisses P_block, beispielsweise 10^{-2},

- die log-Quanten-Maximum-Likelihood (ML)-Symboldetektion (log-QMLSSD) die geringste erforderliche mittlere Anzahl gesendeter Signalphotonen $\overline{N}_\mu$ braucht,
- die max*-log-Quanten-Maximum-Likelihood (ML)-Symboldetektion (max*-log-QMLSSD) in der Regel nur eine geringfügig größere erforderliche mittlere Anzahl gesendeter Signalphotonen $\overline{N}_\mu$ als die log-Quanten-Maximum-Likelihood (ML)-Symboldetektion (log-QMLSSD) braucht,
- die max-log-Quanten-Maximum-Likelihood (ML)-Symboldetektion (max-log-QMLSSD) die drittkleinste erforderliche mittlere Anzahl gesendeter Signalphotonen $\overline{N}_\mu$ braucht,
- die SOVA-Quantenfolgendetektion mit der „BATTAIL RULE (BR)" die drittgrößte erforderliche mittlere Anzahl gesendeter Signalphotonen $\overline{N}_\mu$ braucht,
- die SOVA-Quantenfolgendetektion mit der „HUBER RULE (HR)" die zweitgrößte erforderliche mittlere Anzahl gesendeter Signalphotonen $\overline{N}_\mu$ braucht und
- die SOVA-Quantenfolgendetektion mit der „SIMPLE RULE (SR)" die größte erforderliche mittlere Anzahl gesendeter Signalphotonen $\overline{N}_\mu$ braucht.

Dies liegt an der sich zunehmend verschlechternden Güte der von den in der gerade angegebenen Reihenfolge Quantendetektoren ausgegebenen Log-Likelihood-Verhältnis (engl. „log-likelihood ratio", LLR)-Werte.

Vergleicht man

- Abbildung 2.11 mit Abbildung 4.19,
- Abbildung 2.12 mit Abbildung 4.20 und

- Abbildung 2.13 mit Abbildung 4.21,

so sieht man, dass der 5G/NR (Fifth Generation / New Radio) Polarcode dem 4G/LTE Turbo-Faltungscode unterlegen ist.

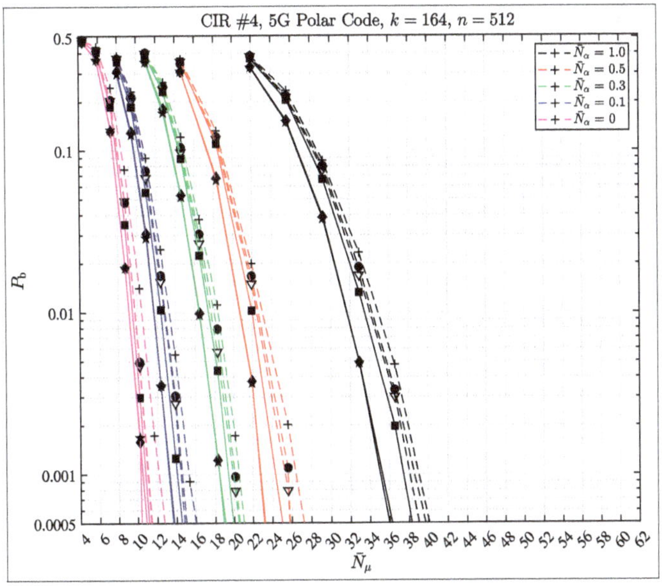

Legende:

magenta	$\overline{N}_\alpha = 0$
blau	$\overline{N}_\alpha = 0{,}1$
grün	$\overline{N}_\alpha = 0{,}3$
rot	$\overline{N}_\alpha = 0{,}5$
schwarz	$\overline{N}_\alpha = 1{,}0$

—★—	log-ML-Quantensymboldetektor
—♦—	max*-log-ML-Quantensymboldetektor
—■—	max-log-ML-Quantensymboldetektor
- - -▽- - -	SOVA-Quantenfolgendetektor mit „BATTAIL RULE (BR)“
- - -•- - -	SOVA-Quantenfolgendetektor mit „HUBER RULE (HR)“
- - -+- - -	SOVA-Quantenfolgendetektor mit „SIMPLE RULE (SR)“

Abb. 4.19: Simulationsergebnisse für das Bitfehlerverhältnis P_b über der mittleren Anzahl gesendeter Signalphotonen $\overline{N}_\mu$ pro Nachrichtenbit bei Verwendung des 5G/NR (Fifth Generation / New Radio) Polarcode mit der Dimension k gleich 164 und der Länge n gleich 512 einschließlich der 24 CRC (engl. „cyclic redundancy check“)-Bits in der Abwärtsstrecke (engl. „downlink“) [130, Abschnitt 5.1, S. 10], die für die Polarcodedecodierung mit dem SCL (engl. „successive cancellation list“)-Decodierer gebraucht werden, und der Übertragung über den Mehrwegekanal mit der Kanalimpulsantwort (engl. „channel impulse response“, CIR) CIR #4, siehe [3, Tabelle 3.7]; die Coderate R gleich $(164 - 24)/512 \approx 0{,}273$ ist explizit in $\overline{N}_\mu$ berücksichtigt; der Polarcode-Decodierer ist ein SCL (engl. „successive cancellation list“)-Decodierer, siehe beispielsweise [139], mit der in 3GPP üblicherweise verwendeten Listenlänge L gleich 8.

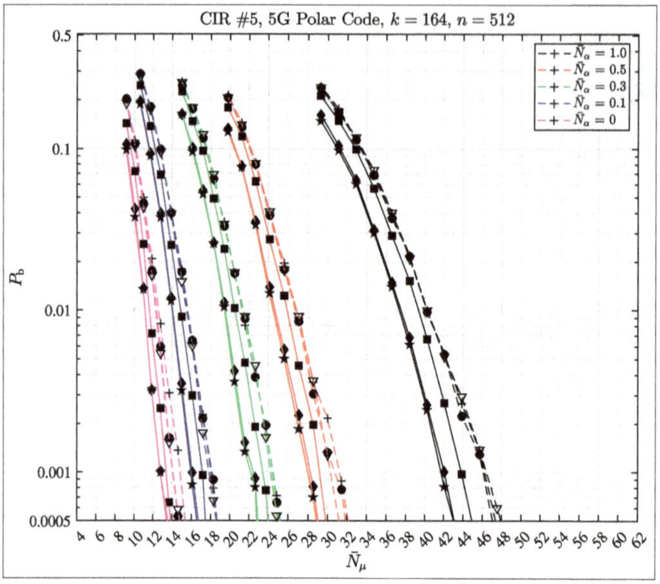

Legende:

magenta	$\overline{N}_\alpha = 0$
blau	$\overline{N}_\alpha = 0{,}1$
grün	$\overline{N}_\alpha = 0{,}3$
rot	$\overline{N}_\alpha = 0{,}5$
schwarz	$\overline{N}_\alpha = 1{,}0$

—★—	log-Quanten-ML-Symboldetektion (log-QMLSSD)
—♦—	max*-log-Quanten-ML-Symboldetektion (max*-log-QMLSSD)
—■—	max-log-Quanten-ML-Symboldetektion (max-log-QMLSSD)
- - -▽- - -	SOVA-Quantenfolgendetektion mit „BATTAIL RULE (BR)“
- - -•- - -	SOVA-Quantenfolgendetektion mit „HUBER RULE (HR)“
- - -+- - -	SOVA-Quantenfolgendetektion mit „SIMPLE RULE (SR)“

Abb. 4.20: Simulationsergebnisse für das Bitfehlerverhältnis P_b über der mittleren Anzahl gesendeter Signalphotonen $\overline{N}_\mu$ pro Nachrichtenbit bei Verwendung des 5G/NR (Fifth Generation / New Radio) Polarcode mit der Dimension k gleich 164 und der Länge n gleich 512 einschließlich der 24 CRC (engl. „cyclic redundancy check“)-Bits in der Abwärtsstrecke (engl. „downlink“) [130, Abschnitt 5.1, S. 10], die für die Polarcodedecodierung mit dem SCL (engl. „successive cancellation list“)-Decodierer gebraucht werden, und der Übertragung über den Mehrwegekanal mit der Kanalimpulsantwort (engl. „channel impulse response“, CIR) CIR #5, siehe [3, Tabelle 3.7]; die Coderate R gleich $(164 - 24)/512 \approx 0{,}273$ ist explizit in $\overline{N}_\mu$ berücksichtigt; der Polarcode-Decodierer ist ein SCL (engl. „successive cancellation list“)-Decodierer, siehe beispielsweise [139], mit der in 3GPP üblicherweise verwendeten Listenlänge L gleich 8.

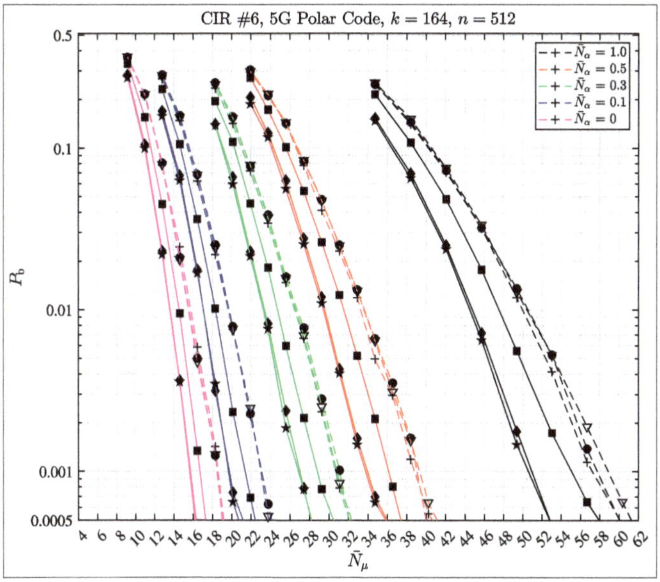

Legende:

magenta	$\overline{N}_\alpha = 0$
blau	$\overline{N}_\alpha = 0{,}1$
grün	$\overline{N}_\alpha = 0{,}3$
rot	$\overline{N}_\alpha = 0{,}5$
schwarz	$\overline{N}_\alpha = 1{,}0$

—★—	log-Quanten-ML-Symboldetektion (log-QMLSSD)
—♦—	max*-log-Quanten-ML-Symboldetektion (max*-log-QMLSSD)
—■—	max-log-Quanten-ML-Symboldetektion (max-log-QMLSSD)
- - -▽- - -	SOVA-Quantenfolgendetektion mit „BATTAIL RULE (BR)“
- - -•- - -	SOVA-Quantenfolgendetektion mit „HUBER RULE (HR)“
- - -+- - -	SOVA-Quantenfolgendetektion mit „SIMPLE RULE (SR)“

Abb. 4.21: Simulationsergebnisse für das Bitfehlerverhältnis P_b über der mittleren Anzahl gesendeter Signalphotonen $\overline{N}_\mu$ pro Nachrichtenbit bei Verwendung des 5G/NR (Fifth Generation / New Radio) Polarcode mit der Dimension k gleich 164 und der Länge n gleich 512 einschließlich der 24 CRC (engl. „cyclic redundancy check“)-Bits in der Abwärtsstrecke (engl. „downlink“) [130, Abschnitt 5.1, S. 10], die für die Polarcodedecodierung mit dem SCL (engl. „successive cancellation list“)-Decodierer gebraucht werden, und der Übertragung über den Mehrwegekanal mit der Kanalimpulsantwort (engl. „channel impulse response“, CIR) CIR #6, siehe [3, Tabelle 3.7]; die Coderate R gleich $(164 - 24)/512 \approx 0{,}273$ ist explizit in $\overline{N}_\mu$ berücksichtigt; der Polarcode-Decodierer ist ein SCL (engl. „successive cancellation list“)-Decodierer, siehe beispielsweise [139], mit der in 3GPP üblicherweise verwendeten Listenlänge L gleich 8.

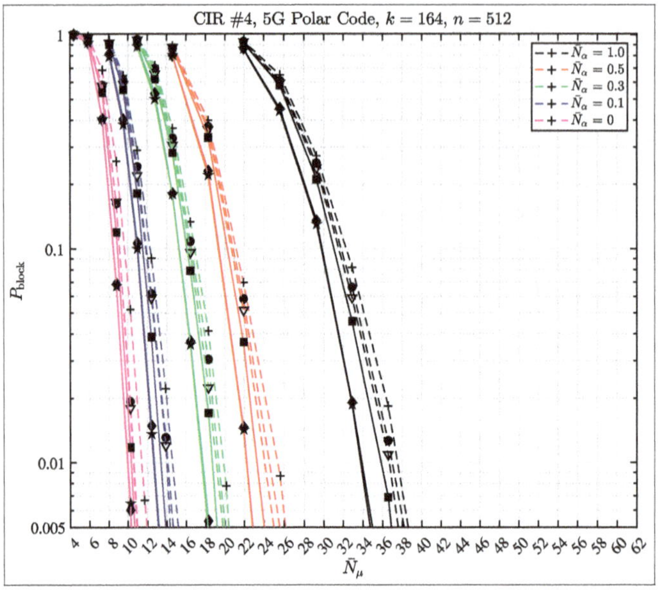

Legende:

magenta	$\overline{N}_\alpha = 0$
blau	$\overline{N}_\alpha = 0{,}1$
grün	$\overline{N}_\alpha = 0{,}3$
rot	$\overline{N}_\alpha = 0{,}5$
schwarz	$\overline{N}_\alpha = 1{,}0$

—★—	log-Quanten-ML-Symboldetektion (log-QMLSSD)
—♦—	max*-log-Quanten-ML-Symboldetektion (max*-log-QMLSSD)
—■—	max-log-Quanten-ML-Symboldetektion (max-log-QMLSSD)
- - -▽- - -	SOVA-Quantenfolgendetektion mit „BATTAIL RULE (BR)“
- - -•- - -	SOVA-Quantenfolgendetektion mit „HUBER RULE (HR)“
- - -+- - -	SOVA-Quantenfolgendetektion mit „SIMPLE RULE (SR)“

Abb. 4.22: Simulationsergebnisse für das Blockfehlerverhältnis P_{block} über der mittleren Anzahl gesendeter Signalphotonen $\overline{N}_\mu$ pro Nachrichtenbit bei Verwendung des 5G/NR (Fifth Generation / New Radio) Polarcode mit der Dimension k gleich 164 und der Länge n gleich 512 einschließlich der 24 CRC (engl. „cyclic redundancy check“)-Bits in der Abwärtsstrecke (engl. „downlink“) [130, Abschnitt 5.1, S. 10], die für die Polarcodedecodierung mit dem SCL (engl. „successive cancellation list“)-Decodierer gebraucht werden, und der Übertragung über den Mehrwegekanal mit der Kanalimpulsantwort (engl. „channel impulse response“, CIR) CIR #4, siehe [3, Tabelle 3.7]; die Coderate R gleich $(164 - 24)/512 \approx 0{,}273$ ist explizit in $\overline{N}_\mu$ berücksichtigt; der Polarcode-Decodierer ist ein SCL (engl. „successive cancellation list“)-Decodierer, siehe beispielsweise [139], mit der in 3GPP üblicherweise verwendeten Listenlänge L gleich 8.

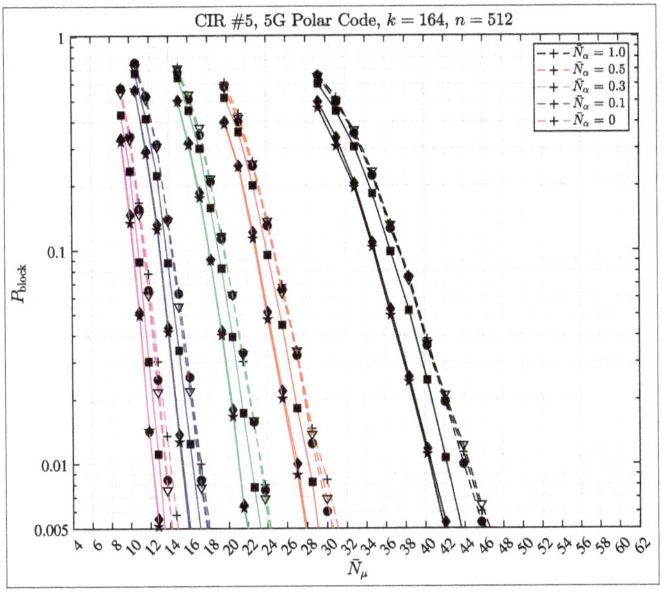

Legende:

magenta	$\overline{N}_\alpha = 0$
blau	$\overline{N}_\alpha = 0{,}1$
grün	$\overline{N}_\alpha = 0{,}3$
rot	$\overline{N}_\alpha = 0{,}5$
schwarz	$\overline{N}_\alpha = 1{,}0$
—★—	log-Quanten-ML-Symboldetektion (log-QMLSSD)
—♦—	max*-log-Quanten-ML-Symboldetektion (max*-log-QMLSSD)
—■—	max-log-Quanten-ML-Symboldetektion (max-log-QMLSSD)
- - -▽- - -	SOVA-Quantenfolgendetektion mit „BATTAIL RULE (BR)“
- - -•- - -	SOVA-Quantenfolgendetektion mit „HUBER RULE (HR)“
- - -+- - -	SOVA-Quantenfolgendetektion mit „SIMPLE RULE (SR)“

Abb. 4.23: Simulationsergebnisse für das Blockfehlerverhältnis P_{block} über der mittleren Anzahl gesendeter Signalphotonen $\overline{N}_\mu$ pro Nachrichtenbit bei Verwendung des 5G/NR (Fifth Generation / New Radio) Polarcode mit der Dimension k gleich 164 und der Länge n gleich 512 einschließlich der 24 CRC (engl. „cyclic redundancy check“)-Bits in der Abwärtsstrecke (engl. „downlink“) [130, Abschnitt 5.1, S. 10], die für die Polarcodedecodierung mit dem SCL (engl. „successive cancellation list“)-Decodierer gebraucht werden, und der Übertragung über den Mehrwegekanal mit der Kanalimpulsantwort (engl. „channel impulse response“, CIR) CIR #5, siehe [3, Tabelle 3.7]; die Coderate R gleich $(164 - 24)/512 \approx 0{,}273$ ist explizit in $\overline{N}_\mu$ berücksichtigt; der Polarcode-Decodierer ist ein SCL (engl. „successive cancellation list“)-Decodierer, siehe beispielsweise [139], mit der in 3GPP üblicherweise verwendeten Listenlänge L gleich 8.

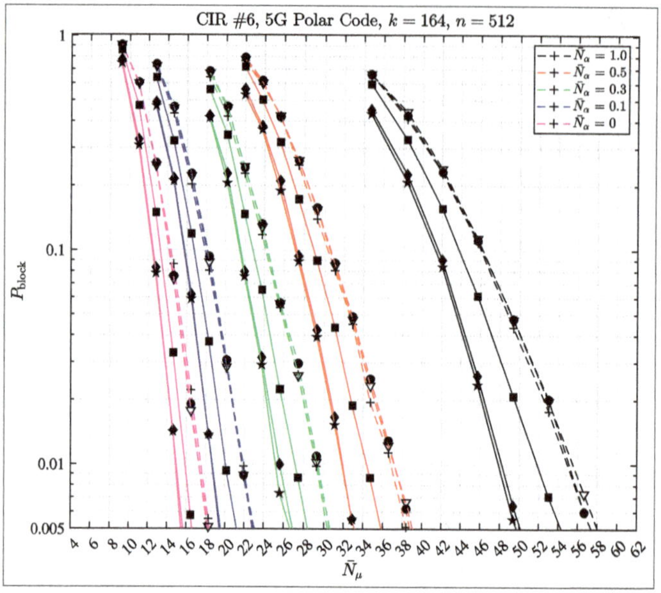

Legende:

magenta	$\overline{N}_\alpha = 0$
blau	$\overline{N}_\alpha = 0{,}1$
grün	$\overline{N}_\alpha = 0{,}3$
rot	$\overline{N}_\alpha = 0{,}5$
schwarz	$\overline{N}_\alpha = 1{,}0$

—⋆—	log-Quanten-ML-Symboldetektion (log-QMLSSD)
—♦—	max*-log-Quanten-ML-Symboldetektion (max*-log-QMLSSD)
—■—	max-log-Quanten-ML-Symboldetektion (max-log-QMLSSD)
- - -▽- - -	SOVA-Quantenfolgendetektion mit „BATTAIL RULE (BR)“
- - -•- - -	SOVA-Quantenfolgendetektion mit „HUBER RULE (HR)“
- - -+- - -	SOVA-Quantenfolgendetektion mit „SIMPLE RULE (SR)“

Abb. 4.24: Simulationsergebnisse für das Blockfehlerverhältnis P_{block} über der mittleren Anzahl gesendeter Signalphotonen $\overline{N}_\mu$ pro Nachrichtenbit bei Verwendung des 5G/NR (Fifth Generation / New Radio) Polarcode mit der Dimension k gleich 164 und der Länge n gleich 512 einschließlich der 24 CRC (engl. „cyclic redundancy check“)-Bits in der Abwärtsstrecke (engl. „downlink“) [130, Abschnitt 5.1, S. 10], die für die Polarcodedecodierung mit dem SCL (engl. „successive cancellation list“)-Decodierer gebraucht werden, und der Übertragung über den Mehrwegekanal mit der Kanalimpulsantwort (engl. „channel impulse response“, CIR) CIR #6, siehe [3, Tabelle 3.7]; die Coderate R gleich $(164 - 24)/512 \approx 0{,}273$ ist explizit in $\overline{N}_\mu$ berücksichtigt; der Polarcode-Decodierer ist ein SCL (engl. „successive cancellation list“)-Decodierer, siehe beispielsweise [139], mit der in 3GPP üblicherweise verwendeten Listenlänge L gleich 8.

Literatur

[1] Brockhaus, F.: Brockhaus Enzyklopädie in vierundzwanzig Bänden, Bd. 12. Neunzehnte Auflage, Mannheim: Brockhaus, 1988.

[2] Brockhaus, F.: Brockhaus Enzyklopädie in vierundzwanzig Bänden, Bd. 21. Neunzehnte Auflage, Mannheim: Brockhaus, 1988.

[3] Jung, P.: Advanced mobile communications — inner physical layer transceiver. Berlin: W. de Gruyter, 2024.

[4] Hawking, S. W.: Eine kurze Geschichte der Zeit — Die Suche nach der Urkraft des Universums. Zweiunddreißigste Auflage, Reinbek: Rowohlt, 2022.

[5] Heisenberg, W.: Der Teil und das Ganze. Fünfzehnte Auflage, München: Piper, 2022.

[6] Brockhaus, F.: Brockhaus Enzyklopädie in vierundzwanzig Bänden, Bd. 22. Neunzehnte Auflage, Mannheim: Brockhaus, 1988.

[7] Brockhaus, F.: Brockhaus Enzyklopädie in vierundzwanzig Bänden, Bd. 2. Neunzehnte Auflage, Mannheim: Brockhaus, 1988.

[8] Brockhaus, F.: Brockhaus Enzyklopädie in vierundzwanzig Bänden, Bd. 17. Neunzehnte Auflage, Mannheim: Brockhaus, 1988.

[9] Delbrück, M.; Heinisch, C.: Nachts teile ich heimlich durch Null — der Mathematik-Kalender 2024. Unterhaching: Athesia/Harenberg, 2023.

[10] MacWilliams, F. J.; Sloane, N. J. A.: The theory of error-correcting code. Amsterdam: North-Holland, 1977.

[11] Friedrichs, B.: Kanalcodierung. Berlin: Springer, 1996.

[12] Bossert, M.: Kanalcodierung. Zweite Auflage, Stuttgart: Teubner, 1998.

[13] Shannon, C. E.: A mathematical theory of communication. The Bell System Technical Journal, Bd. 27 (1948), S. 379–423 and S. 623–656.

[14] Gallager, R. G.: Information theory and reliable communication. New York: Wiley, 1968.

[15] Rafelski, J.: Spezielle Relativitästheorie heute — schlüssig erklärt mit Beispielen, Aufgaben und Diskussionen. Berlin: Springer, 2019.

[16] Goscinny, R.; Tabary, J.: Sternstunden des Großwesirs Isnogud. Bd. 5 der Serie *“Die Abenteuer des Kalifen Harun Al Pussah“*, Stuttgart: Delta, 1976.

[17] Einstein, A.: Über die spezielle und die allgemeine Relativitätstheorie. Vierundzwanzigste Auflage, Heidelberg: Springer, 2001/2013.

[18] Bronstein, I. N.; Semendjajew, K. A.; Musiol, G.; Mühlig, H.: Taschenbuch der Mathematik. Sechste Auflage, Frankfurt a.M.: Harri Deutsch, 2005.

[19] 3GPP TS 36.211 V17.2.0 (2022-06): Physical channels and modulation. Juni 2022.

[20] IEEE Std 100-1992: The new IEEE standard dictionary of electrical and electronics terms. Fünfte Auflage, New York: IEEE, 1993.

[21] Anderson, J. B.; Mohan, S.: Source and channel coding — an algorithmic approach. Boston: Kluwer, 1991.

[22] Lin, S.; Costello, D. J.: Error control coding. Zweite Auflage, Upper Saddle River: Pearson Prentice Hall, 2004.

[23] Arikan, E.: Channel polarization: a method for constructing capacity-achieving codes for symmetric binary-input memoryless channels. IEEE Transactions on Information Theory, Bd. 55 (2009) Nr. 7, S. 3051–3073.

[24] McEliece, R. J.: Finite fields for computer scientists and engineers. Kluwer: Boston, 1987.

[25] Lidl, R.; Niederreiter, H.: Finite fields. Zweite Auflage, Cambridge: Cambridge University Press, 1997.

[26] Bronstein, I. N.; Semendjajew, K. A.; Grosche, G.; Ziegler, V.; Ziegler, D.; Zeidler, E.: Teubner-Taschenbuch der Mathematik — Teil I. Zweite Auflage, Stuttgart: Teubner, 2003.

[27] Tietze, U.; Schenk, C.; Gamm, E.: Halbleiter-Schaltungstechnik. Sechzehnte Auflage, Berlin: Springer Vieweg, 2019.

https://doi.org/10.1515/9783111446080-005

[28] Kantorowitsch, L. W.; Akilow, G. P.: Funktionalanalysis in normierten Räumen. Neunte Auflage, Frankfurt a.M.: Harri Deutsch, 1978.

[29] Burg, K.; Haf, H.; Wille, F.: Höhere Mathematik für Ingenieure — Band II: Lineare Algebra. Dritte Auflage, Stuttgart: Teubner, 1992.

[30] Bossert, M.; Breitbach, M.: Digitale Netze Stuttgart: Teubner, 1999.

[31] Blahut, R. E.: Algebraic codes for data transmission. Cambridge: Cambridge University Press, 2003.

[32] Biglieri, E.: Coding for wireless channels. New York: Springer, 2005.

[33] Tomlinson, M.; Tjhai, C. J.; Ambroze, M. A.; Ahmed, M.; Jibril, M.: Error-correction coding and decoding — bounds, codes, decoders, analysis and applications. Cham: Springer Nature, 2017.

[34] Ball, S.: A course in algebraic error-correcting codes. Cham: Birkhäuser (Springer Nature), 2020.

[35] Blahut, R. E.: Theory and practice of error control codes. Reading: Addison-Wesley, 1983.

[36] Hausdorff, F.: Mengenlehre. Zweite Auflage, Berlin: W. de Gruyter, 1927.

[37] Elias, P.: Coding for two noisy channels. In Colin Cherry (Hrsg.) Information Theory, S. 61–74, San Diego: Academic Press, 1956.

[38] Proakis, J. G.: Digital Communications. Vierte Auflage, Boston: McGraw-Hill, 2001.

[39] Gazi, O.: Polar codes — a non-trivial approach to channel coding. Singapur: Springer, 2019.

[40] Viterbi, A. J.; Omura, J. K.: Principles of digital communication and coding. Tokyo: McGraw-Hill, 1979.

[41] Battail, G.: On random-like codes. In J. Y. Chouinard, P. Fortier, T. A. Gulliver (Hrsg.): Information Theory and Applications II, Canadian Workshop on Information Theory (CWIT) 1995, Lecture Notes in Computer Science, Bd. 1133, S. 76–94, Berlin: Springer, 1996.

[42] Papula, L.: Mathematische Formelsammlung. Neunte Auflage, Wiesbaden: Vieweg, 2006.

[43] Hougardy, S.; Vygen, J.: Algorithmische Mathematik. Berlin: Springer, 2016.

[44] Iverson, K. E.: A programming language. New York: Wiley, 1962.

[45] Hänsler, E.: Statistische Signale. Dritte Auflage, Berlin: Springer, 2001.

[46] Forney, D. G.: Maximum-likelihood sequence estimation of digital sequences in the presence of intersymbol interference. IEEE Transactions on Information Theory, Bd. IT-18 (1972) Nr. 3, S. 363–378.

[47] Forney, D. G.: The Viterbi algorithm. Proceedings of the IEEE, Bd. 61 (1973) Nr. 3, S. 268–278.

[48] Pless, V. S.; Huffmann, W. C. (Herausgeber): Handbook of coding theory — Bd. I. Amsterdam: Elsevier, 2010.

[49] Lee, J. M.: Introduction to topological manifolds. Zweite Auflage, New York: Springer, 2011.

[50] Davis, F. J.: Circulant matrices. New York: Wiley, 1979.

[51] Fine, B.; Gaglione, A.; Moldenhauer, A.; Rosenberger, G.; Spellman, D.: Algebra and number theory — a selection of highlights. Berlin: W. de Gruyter, 2017.

[52] Bartholomé, A.; Rung, J.; Kern, H.: Zahlentheorie für Einsteiger. Siebte Auflage, Wiesbaden: Vieweg + Teubner, 2010.

[53] Ziegenbalg, J.: Elementare Zahlentheorie. Zweite Auflage, Wiesbaden: Springer, 2015.

[54] Dunham, W.: Euler — the master of us all. Bd. 22, New York: The Mathematical Association of America, 1999.

[55] Nahin, P. J.: An imaginary tale — the story of $\sqrt{-1}$. Princeton: Princeton University Press, 1998.

[56] Knauer, U.; Knauer, K.: Diskrete und algebraische Strukturen — kurz gefasst. Zweite Auflage, Berlin: Springer, 2015.

[57] Karpfinger, C.; Meyberg, K.: Algebra — Gruppen — Ringe — Körper. Heidelberg: Spektrum, 2009.

[58] Jost, J.: Algebraische Strukturen. Wiesbaden: Springer, 2019.

[59] Dickson, L. E.: History of the theory of numbers — Bd. 1. Washington: Carnegie Institute of Washington, 1919.

[60] Grassl, M.: Code tables — bounds on the parameters of various types of codes. http://www.codetables.de, ongoing updates.

[61] Hardy, Y.; Steeb, W.-H.: Matrix calculus, Kronecker product and tensor product. Dritte Auflage, Singapur: World Scientific, 2019.

[62] Sattolo, S.: An algorithm to generate a random cyclic permutation. Information Processing Letters, Bd. 22 (1986) Nr. 6, S. 315–317.

[63] Gauß, E.: Walsh-Funktionen für Ingenieure und Naturwissenschaftler. Stuttgart: Teubner, 1994.

[64] Graham, A.: Kronecker products — matrix calculus with applications. Mineola: Dover, 2018.

[65] 3GPP TS 25.212 V17.0.0 (2022-03): Multiplexing and channel coding (FDD). März 2022.

[66] 3GPP TS 25.212 V1.0.0 (1999-04): Multiplexing and channel coding (FDD). April 1999.

[67] Muller, D. E.: Application of boolean algebra to switching circuit design and to error detection. Transactions of the IRE Professional Group on Electronic Computers, Bd. EC-3 (1954) Nr. 3, S. 6–12.

[68] Reed, I. S.: A class of multiple-error-correcting codes and the decoding scheme. Transactions of the IRE Professional Group on Information Theory, Bd. 4 (1954) Nr. 4, S. 38–49.

[69] Rademacher, H.: Einige Sätze über Reihen von allgemeinen Orthogonalfunktionen. Mathematische Annalen, Bd. 87 (1922) Nr. 1/2, S. 112–138.

[70] Lüke, H. D.: Korrelationssignale. Berlin: Springer, 1992.

[71] Gold, R.: Maximal recursive sequences with 3-valued cross-correlation functions. IEEE Transactions on Information Theory, Bd. 14 (1968) Nr. 1, S. 154–156.

[72] Gold, R.: Optimal binary sequences for spread spectrum multiplexing. IEEE Transactions on Information Theory, Bd. 13 (1967) Nr. 4, S. 619–621.

[73] Ziemer, R. E.; Peterson, R. L.: Digital communications and spread spectrum systems. Zweite Auflage, New York: Macmillan, 1985.

[74] 3GPP TS 25.212 V15.0.0 (2017-09): Multiplexing and channel coding (FDD). September 2017.

[75] Glover, I. A.; Grant, P. M.: Digital communications. Hemel Hempstead: Prentice Hall, 1998.

[76] Jung, P.: Analyse und Entwurf digitaler Mobilfunksysteme. Teubner: Stuttgart, 1997.

[77] Jung, P.; Blanz, J.: Joint detection with coherent receiver antenna diversity in CDMA mobile radio systems. IEEE Transactions on Vehicular Technology, Bd. 44 (1995) Nr. 1, S. 76–88.

[78] Sauer-Greff, W.: Optimale und suboptimale Empfänger für verzerrte und gestörte Datensignale unter besonderer Berücksichtigung der aufwandsreduzierten Detektion mittel M-Algorithmus. Doctoral Dissertation, Fachbereich Elektrotechnik, Universität Kaiserslautern, D 386, 1989.

[79] Ma, H. H.; Wolf, J. K.: On tail biting convolutional codes. IEEE Transactions on Communications, Bd. 34 (1986) Nr. 2, S. 104–111.

[80] 3GPP TS 36.212 V17.1.0 (2022-04): Multiplexing and channel coding. April 2022.

[81] Berrou, C.; Glavieux, A.; Thitimajshima, P.: Near Shannon limit error-correcting coding and decoding: turbo-codes (1). Proceedings of the IEEE International Conference on Communications (ICC'93), Genf, Schweiz, S. 1064–1070, 1993.

[82] Nielsen, M. A.; Chuang, I. L.: Quantum computation and quantum information. Zehnte Jubiläumsauflage, Cambridge: Cambridge University Press, 2010.

[83] Homeister, M.: Quantum Computing verstehen. Fünfte Auflage, Wiesbaden: Springer-Vieweg, 2018.

[84] Biercuk, M. J.; Stace, T. M.: Quantum error correction at the threshold: if technologists don't get beyond it, quantum computers will never be big. IEEE Spectrum, Bd. 59 (Juli 2022) Nr. 7, S. 28–46.

[85] Jung, P.: Einführung in die Quantenkommunikation. Düren: Shaker, 2022.

[86] Cariolaro, G.: Quantum communications. Cham: Springer, 2015.

[87] Planck, M.: Eine neue Strahlungshypothese. Verhandlungen der Deutschen Physikalischen Gesellschaft, Bd. 13 (3. Februar 1911), S. 138–148.

[88] Grau, G. K.; Kleen, W. J.: Comments on zero-point energy, quantum noise and spontaneous emission noise. Solid-State Electronics, Bd. 25 (1982) Nr. 8, S. 749–751.

[89] Jung, P.; Plechinger, J.; Doetsch, M.; Berens F. M.: Advances on the application of turbo-codes to data services in third generation mobile networks. Proceedings of the International Symposium on Turbo Codes & Related Topics, Brest, France, S. 135–142, 1997.

[90] Jung, P.; Naßhan, M.; Blanz, J.: Application of turbo-codes to a CDMA mobile radio system using joint detection and antenna diversity. Proceedings of IEEE Vehicular Technology Conference (VTC'94), Stockholm, Sweden, S. 54–59, 1994.

[91] Holma, H.; Toskala, A. (Herausgeber): WCDMA for UMTS — radio access for third generation mobile communications. Chichester: Wiley, 2002.

[92] Chapman, T.; Larsson, E.; von Wrycza, P.; Dahlman, E.; Parkvall, S.; Sköld, J.: HSPA evolution — The fundamentals for mobile broadband. London: Academic Press, 2015.

[93] Cox, C.: An introduction to LTE — Lte, LTE-Advanced, SAE, VoLTE and 4G Mobile Communications. Zweite Auflage, Chichester: Wiley, 2014.

[94] Holma, H.; Toskala, A.; Nakamura, T.: 5G technology — 3GPP new radio. Chichester: Wiley, 2020.

[95] Dahlman, E.; Parkvall, S.; Sköld, J.: 5G NR — The next generation wireless access technology. London: Academic Press, 2018.

[96] Vucetic, B.; Yuan, J.: Turbo codes — principles and applications. Boston: Kluwer, 2000.

[97] Jung, P.: Novel low complexity decoder for turbo-codes. Electronics Letters, Bd. 31 (1995) Nr. 2, S. 86–87.

[98] Jung, P., Naßhan, M.: Results on turbo-codes for speech transmission in a joint detection CDMA mobile radio system with coherent receiver antenna diversity. IEEE Transactions on Vehicular Technology, Bd. 46 (1997) Nr. 4, S. 862–870.

[99] Robertson, P.: Illuminating the structure of code and decoder of parallel concatenated recursive systematic (turbo) codes. Proceedings of the 1994 IEEE GLOBECOM, San Francisco, California, USA, S. 1298–1303, 1994.

[100] Jung, P.: Comparison of turbo-code decoders applied to short frame transmission systems. IEEE Journal on Selected Areas in Communications, Bd. 14 (1996) Nr. 3, S. 530–537.

[101] Bahl, L. R.; Cocke, J.; Jelinek, F.; Raviv, J.: Optimal decoding of linear codes for minimizing symbol error rate. IEEE Transactions on Information Theory, Bd. 20 (März 1974) Nr. 2, S. 284–287.

[102] ten Brink, S.: Convergence behavior of iteratively decoded parallel concatenated codes. IEEE Transactions on Communications, Bd. 49 (2001) Nr. 10, S. 1727–1737.

[103] Gallager, R. G.: Low density parity check codes. Doctoral (D.Sc.) dissertation: Massachusetts Institute of Technology (MIT), Cambridge, USA, 1960.

[104] Gallager, R. G.: Low-density parity-check codes. IRE Transactions on Information Theory, Bd. 8 (1962) Nr. 1, S. 21–28.

[105] Gallager, R. G.: Low density parity check codes. Research Monograph: Massachusetts Institute of Technology (MIT), Cambridge, USA, 1963.

[106] MacKay, D. J. C.: Good error-correcting codes based on very sparse matrices. Proceedings of IEEE International Symposium on Information Theory (ISIT 1997), Ulm, S. 113, 1997.

[107] McEliece, R. J.; MacKay, D. J. C.; Cheng, J.-F.: Finite fields for computer scientists and engineers. IEEE Journal on Selected Areas in Communications, Bd. 16 (1998) Nr. 2, S. 140–152.

[108] Battail, G.: On Gallager's low-density parity-check codes. Proceedings of IEEE International Symposium on Information Theory (ISIT 2000), Sorrento, Italien, S. 202, 2000.

[109] Zurmühl, R.; Falk, S.: Matrizen und ihre Anwendungen 1 — Grundlagen. Sechste Auflage, Berlin: Springer, 1992.

[110] Bertsekas, D.; Gallager, R. G.: Data networks. Zweite Auflage, Englewood Cliffs: Prentice-Hall International, 1992.

[111] Tanner, R. M.: A recursive approach to low complexity codes. IEEE Transactions on Information Theory, Bd. 27 (1981) Nr. 5, S. 533–547.

[112] Kolmogoroff, A. N.: Foundations of the theory of probability. Zweite englische Auflage, Mineola: Dover, 2018.

[113] Freeman, D. F.; Michelson, A. M.: Performance of a two-dimensional product code with soft-decision decoding. Proceedings of the IEEE Military Communications Conference (MILCOM'94), Fort Monmouth, USA, S. 1032–1037, 1994.

[114] Schnabl, G.; Bossert, M.: Soft-decision decoding of Reed-Muller codes as generalized multiple concatenated codes. IEEE Transactions on Information Theory, Bd. 41 (1995) Nr. 1, S. 304–308.

[115] Kschischang, F. R.; Frey, B. J.; Loeliger, H.-A.: Factor graphs and the sum-product algorithm. IEEE Transactions on Information Theory, Bd. 47 (2001) Nr. 2, S. 498–519.

[116] Hagenauer, J.; Offer, E.; Papke, L.: Iterative decoding of binary block and convolutional codes. IEEE Transactions on Information Theory, Bd. 42 (1996) Nr. 2, S. 429–445.

[117] Leroux, C.; Raymond, A.; Sarkis, G.; Gross, W.: A semi-parallel successive-cancellation decoder for polar codes. IEEE Transactions on Signal Processing, Bd. 61 (2013) Nr. 2, S. 289–299.

[118] Balatsoukas-Stimming, A.; Meidlinger, M.; Ghanaatian, R.; Matz, G.; Burg, A.: A fully-unrolled LDPC decoder based on quantized message passing. Proceedings of the 2015 IEEE Workshop on Signal Processing Systems (SiPS), Hangzhou, China, S. 1–6, 2015.

[119] Meidlinger, M.; Balatsoukas-Stimming, A.; Burg, A.; Matz, G.: Quantized message passing for LDPC codes. Proceedings of the 49th Asilomar Conference on Signals, Systems and Computers, Pacific Grove, CA, USA, S. 1606–1610, 2015.

[120] Tahir, B.; Schwarz, S.; Rupp, M.: BER comparison between convolutional, turbo, LDPC, and polar codes. Proceedings of the 2017 24th International Conference on Telecommunications (ICT), Limassol, Zypern, S. 1–7, 3.–5. Mai 2018.

[121] Fang, M.: An improved min-sum polar code decoding algorithm. Proceedings of the 2023 3rd Asia-Pacific Conference on Communications Technology and Computer Science (ACCTCS), Shenyang, China, S. 655–658, 25.–27. Februar 2023.

[122] Raymond, A.; Gross, W.: A scalable successive-cancellation decoder for polar codes. IEEE Transactions on Signal Processing, Bd. 62 (2014) Nr. 20, S. 5339–5347.

[123] Battail, G.; Decouvelaere, M. C.; Godlewski, P.: Replication coding. IEEE Transactions on Information Theory, Bd. IT-25 (1979) Nr. 3, S. 332–345.

[124] IEEE Standard for Information Technology Std 802.11-2020 (Revision of IEEE Std 802.11-2016): Part 11 — wireless LAN medium access control (MAC) and physical layer (PHY) specifications. 2020.

[125] Arikan, E.: A survey of Reed-Muller codes from polar coding perspective. Proceedings of the 2010 IEEE Information Theory Workshop (ITW 2010), Kairo, Ägypten, 2010.

[126] Korada, S. B.: Polar codes for channel and source coding. Dissertation Nr. 4461, Ecole Polytechnique Fédérale de Lausanne (EPFL), Lausanne, Schweiz, 2009.

[127] Goel, C.; Sarkar, A.; Kumaravelu, V. B.; Gudla, V. V.: Polar codes for 5G new radio. Proceedings of the International Conference on Communication and Signal Processing, Melmaruvathur, Indien, S. 1240–1244, 2020.

[128] Doob, J. L.: Stochastic processes. New York: Wiley, 1953.

[129] Mansuy, R.: The origins of the word "martingale". Electronic Journal for History of Probability and Statistics, Bd. 5 (2009) Nr. 1, S. 1–10.

[130] 3GPP TS 38.212 V17.5.0 (2023-03): Multiplexing and channel coding. März 2023.

[131] Alsan, M.: Re-proving channel polarization theorems: an extremality and robustness analysis. Dissertation 6403, EPFL, Lausanne, Schweiz, 2015.

[132] El Gamal, A.; Kim, Y.-H.: Network information theory. Cambridge: Cambridge University Press, 2011.

[133] Kudekar, S.; Kumar, S.; Modelli, M.; Pfister, H. D.; Sasoglu, E.; Urbanke, R. L.: Reed-Muller codes achieve capacity on erasure channels. IEEE Transactions on Information Theory, Bd. 63 (2017) Nr. 7, S. 4298–4316.

[134] Girard, P.; Thibeault, C.; Gross, W. J.: High-speed decoders for polar codes. Cham: Springer, 2017.

[135] Leroux, C.; Tal, I.; Vardy, A.; Gross, W. J.: Hardware architectures for successive cancellation decoding of polar codes. Proceedings of the 2011 IEEE International Conference on Acoustics, Speech and Signal Processing (ICASSP), Prag, Tschechien, S. 1665–1668, 2011.

[136] Tahir, B.; Schwarz, S.; Rupp, M.: BER comparison between convolutional, turbo, LDPC, and polar codes. Proceedings of the 2017 24th International Conference on Telecommunications (ICT), Limassol, Zypern, S. 1–7, 2017.

[137] Cuc, A.-M.; Morgos, F. L.; Grava, C.: Performance analysis of turbo codes, LDPC codes and polar codes over an AWGN channel in the presence of inter symbol interference. Sensors, Bd. 23 (2023) Nr. 4, S. 1942–1961.

[138] Rao, K. D.: Performance analysis of enhanced turbo and polar codes with list decoding for URLLC in 5G systems. Proceedings of the Fifth International Conference for Convergence in Technology (I2CT), Pune, Indien, S. 1–6, 2019.

[139] Balatsoukas-Stimming, A.; Parizi, M. B.; Burg, A.: LLR-based successive cancellation list decoding of polar codes. IEEE Transactions on Signal Processing, Bd. 63 (2015) Nr. 19, S. 5165–5179.

Stichwortverzeichnis

https://doi.org/10.1515/9783111446080-006

www.ingramcontent.com/pod-product-compliance
Lightning Source LLC
Chambersburg PA
CBHW080128220326
41598CB00032B/4990